Paul Wenzel (Hrsg.)

Business Computing mit SAP R/3®

Edition Business Computing

Herausgegeben von Paul Wenzel

Die Edition Business Computing bietet SAP-Anwendern, Entscheidern, Beratern sowie Trainern und Dozenten praxisorientierte Leitfäden für den effizienten Einsatz systemintegrierter Software im Unternehmen.

Die Beiträge zeigen Beispiele und Lösungen zur Verbesserung betrieblicher Abläufe und zur Optimierung von Geschäftsprozessen. Es geht unter anderem um Themen wie R/3®-Anwendungen in der Praxis, ABAP/4® und MIS/EIS®.

Besonderer Vorzug der Reihe ist die spezifische Verbindung von Betriebswirtschaft und Informatik in der angewandten Form einer praxisnahen Wirtschaftsinformatik, die sich als unabhängig versteht gegenüber Firmen und Produkten, und nicht zuletzt dadurch praxisgerechte Hilfestellung anbieten kann.

Die ersten Titel der Reihe:

Geschäftsprozeßoptimierung mit SAP R/3®
hrsg. von Paul Wenzel

Betriebswirtschaftliche Anwendungen des integrierten Systems SAP R/3®
hrsg. von Paul Wenzel

SAP R/3®-Anwendungen in der Praxis
hrsg. von Paul Wenzel

SAP Business Workflow® in der Logistik
von Ulrich Strobel-Vogt

Business Computing mit BAAN™
hrsg. von Paul Wenzel und Henk Post

Business Computing mit NAVISION®-Systemen
hrsg. von Paul Wenzel

Business Computing mit SAP R/3®
hrsg. von Paul Wenzel

Vieweg

Paul Wenzel (Hrsg.)

Business Computing mit SAP R/3®

Modellierung, Customizing und Anwendung betriebswirtschaftlich-integrierter Geschäftsprozesse

Die Deutsche Bibliothek – CIP-Einheitsaufnahme

Business computing mit SAP R/3:
Modellierung, customizing und Anwendung betriebswirtschaftlich-integrierter Geschäftsprozesse / Paul Wenzel (Hrsg.). – 1. Aufl. –
Braunschweig; Wiesbaden: Vieweg, 1999
(Vieweg Edition business computing)
ISBN 978-3-663-05924-0 ISBN 978-3-663-05923-3 (eBook)
DOI 10.1007/978-3-663-05923-3

SAP, R/2, R/3, ABAP/4, SAP Early Watch, SAPoffice, SAP Business Workflow, SAP ArchiveLink, Accelerated SAP, SAP R/3 Retail sind eingetragene Warenzeichen der SAP Aktiengesellschaft Systeme, Anwendungen, Produkte in der Datenverarbeitung, Neurottstr. 16, D-69190 Walldorf. Der Herausgeber bedankt sich für die freundliche Genehmigung der SAP Aktiengesellschaft, die genannten Warenzeichen im Rahmen des vorliegenden Titels verwenden zu dürfen. Die SAP AG ist jedoch nicht Herausgeberin des vorliegenden Titels oder sonst dafür presserechtlich verantwortlich.
Für alle Screen-Shots (Bildschirmmasken) dieses Buches gilt der Hinweis: Copyright SAP AG.

Das in diesem Buch enthaltene Programm-Material ist mit keiner Verpflichtung oder Garantie irgendeiner Art verbunden. Der Herausgeber, die Autoren und der Verlag übernehmen infolgedessen keine Verantwortung und werden keine daraus folgende oder sonstige Haftung übernehmen, die auf irgendeine Art aus der Benutzung dieses Programm-Materials oder Teilen davon entsteht.

1. Auflage 1999

Ursprünglich erschienen bei Friedr. Vieweg & Sohn Verlagsgesellschaft mbH, Braunschweig/Wiesbaden 1999
Softcover reprint of the hardcover 1st edition 1999
Der Verlag Vieweg ist ein Unternehmen der Bertelsmann Fachinformation GmbH.

http://www.vieweg.de

Umschlaggestaltung: Ulrike Weigel, Wiesbaden

Gedruckt auf säurefreiem Papier

Additional material to this book can be downloaded from http://extra.springer.com.

ISBN 978-3-663-05924-0

Inhaltsübersicht

Inhaltsverzeichnis

Kapitel 2

Programmieren mit ABAP/4® - Eine Einführung

Dr.-Ing. Lutz Schmidt / Thomas Kaciuba

Kapitel 13

Empirische Ergebnisse zur Rolle der Geschäftsprozeßoptimierung im Business Reengineering

Dipl.-Kauffrau Christin Emrich

Kapitel 14 Referenzmodelle zur Auswahl und Einführung von Standardsoftware

Dr. Michael Rosemann / Dr. Thomas Rotthowe / Dr. Reinhard Schütte

Kapitel 5

Durch Prozeßbenchmarking zur Verbesserung SAP®-gestützter Geschäftsprozesse

Dipl.-Wirtsch.-Ing. Christine Legner / Dr. Leo Brecht / Prof. Dr. Hubert Österle

Kapitel 16

Prozeßorientiertes Testen im SAP R/3®-Umfeld - Qualitätssicherung der SAP R/3®-Einführung durch methodisches und systematisches Testen

Dipl. oec. Stefan Zerbe / Prof. Dr. Helmut Krcmar

Kapitel 7 Integration von SAP R/3 mit Fuzzy-Tools zur Bewertung von PPS-Entscheidungen

Dr.-Ing. Lutz Schmidt

Kapitel 8

Migration von SAP R/2 nach SAP R/3

Dipl.-Oec. Bülent Uzuner

Kapitel 9

Finanzbuchhaltung aus Sicht des R/3-Referenzmodelles

Dr. rer. nat. Peter Wolf, M.S.

Kapitel 10

Accelerated SAP® im mittelständischen Industriebetrieb - was kann der Anwender dazu beitragen?

Dipl.-Ing. Michael Hubl / Mag. Reinhard Neubauer / Mag. Dr. Martin Lukanowicz / o. Univ.-Prof. Mag. Dr. Alfred Taudes

Kapitel 11

Konzeption und Umsetzung einer Systemarchitektur für die Produktionssteuerung in der Prozeßindustrie

Priv. Doz. Dr. Peter Loos

Kapitel 13 Die Dynamik integrierter Informationssysteme im Konsumgütervertrieb

Dipl.-Ing. Matthias Krause

Kapitel 14

Landesspezifische Geschäftsprozesse bei der Einführung von SAP R/3® in globalen Unternehmen: Hemmschuh oder Quelle von Wettbewerbsvorteilen?

Prof. Dr. rer. pol. Michael Rebstock / Dipl.-Kfm. Johannes G. Selig

Kapitel 15

Neue Möglichkeiten der vertikalen Kooperation mit SAP R/3® Retail

Dipl.-Ing. Matthias Krause / Dipl.-Kfm. Dirk Bliesener

Kapitel 16

Reporting unter SAP R/3® - Probleme und Lösungsansätze.

Der Einsatz des Moduls EC/EIS unter Berücksichtigung der Konzepte Data Warehouse, OLAP, MIS/EIS

Dipl.-Inf. (FH) Reinhard Bär / Norbert Egger

Kapitel 17 Einsatz von SAP R/3® in Hochschulen

Dipl.-Inf., Dipl.-Kfm. Erik Landwehr / Dipl.-Kfm. Christoph Niewöhner / Dipl.-Kfm. Olaf Keitzel

Kapitel 18 Evaluierung des Leistungsspektrums zweier betriebswirtschaftlicher Modellunternehmen am Beispiel von IDES (SAP AG) und der LIVE AG (SNI AG)

Dipl.-Betriebswirt (FH) Stefan Schwarz / Prof. Dr. rer. pol. Paul Wenzel [Hrsg.]

Vorwort

Die Beiträge in diesem Sammelband zum Thema „Business Computing mit SAP R/3®-“ stammen von Praktikern und Hochschullehrern, die durchweg über langjährige Erfahrungen im Umgang mit betriebswirtschaftlicher Anwendungssoftware, insbes. mit SAP R/3®, verfügen. Mit diesem Buch werden anwendungsbezogene sowie branchenspezifische Schwerpunkte zum **R/3-System der Versionen 3.X** besonders herausgestellt.

Bei der Zusammenstellung der einzelnen Beiträge wurde keinen Wert auf durchgängige inhaltliche Konsistenz gelegt, sondern vielmehr auf die Darstellung einzelner modul- und projektspezifischer Erkenntnisse. Denn besonders aus der projektmäßigen Umsetzung einzelner Problemstellungen - im Rahmen der Einführung von Standardsoftware - resultieren wertvolle praxisnahe Informationen für den Transfer in den betrieblichen Alltag.

Die dem **Buch beiliegende CD** ergänzt die schriftlichen Ausführungen durch zahlreiche Video-Sequenzen und Hilfe-Texte und zeigt dem Leser die spezifische Verbindung von Betriebswirtschaft und Informatik in der angewandten Form einer praxisnahen Wirtschaftsinformatik.

Dargestellt mit dem **Symbol** erkennt der Leser, daß es weiterführende Informationen, Ergänzungen etc. zum beschriebenen Sachverhalt auf der beiliegenden CD[1] gibt. Insbes. längere Einstellungen im System und Prozeßabläufe werden per Screencam-Film, per WinHelp-Datei und Präsentationen anschaulich vorgestellt. Es war jedoch bis zum Erscheinungstermin dieses Buches nur möglich, drei der vorliegenden Beiträge (**Kapitel 9** „Finanzbuchhaltung aus Sicht des R/3®-Referenzmodelles“, **Kapitel 16** „Reporting unter SAP R/3® - Probleme und Lösungsansätze“) und **Kapitel 18** „Evaluierung des Leistungsspektrums zweier betriebswirtschaftlicher Modellunternehmen am Beispiel von IDES (SAP AG) und der LIVE AG (SNI AG)“ mit diesem Service auszustatten. Aber besonders in dieser Form der Systemdarstellung liegt m. E. die Zukunft von praxisnahen Veröffentlichungen.

1 **Bedienung** und **Installationshinweise** finden Sie auf der letzten Seite des Buches (S. 816) und direkt auf der CD („*Bedienung der CD.doc*“).

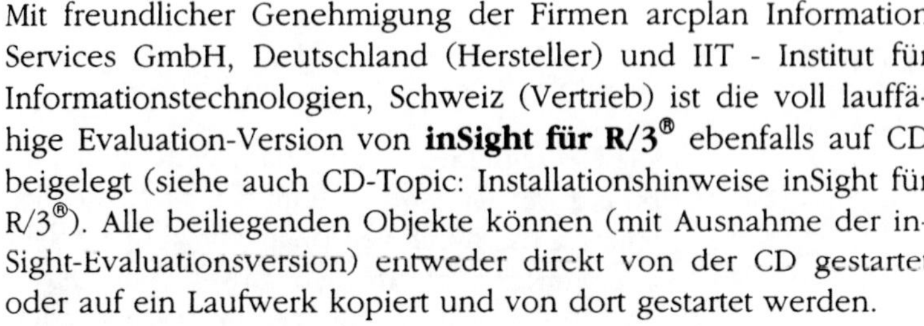

Mit freundlicher Genehmigung der Firmen arcplan Information Services GmbH, Deutschland (Hersteller) und IIT - Institut für Informationstechnologien, Schweiz (Vertrieb) ist die voll lauffähige Evaluation-Version von **inSight für R/3®** ebenfalls auf CD beigelegt (siehe auch CD-Topic: Installationshinweise inSight für R/3®). Alle beiliegenden Objekte können (mit Ausnahme der inSight-Evaluationsversion) entweder direkt von der CD gestartet oder auf ein Laufwerk kopiert und von dort gestartet werden.

Ebenfalls mit freundlicher Genehmigung der SAP AG ist eine **MIS/EIS-Präsentation** von Herrn Jürgen Daum (SAP AG, Walldorf) von der CD - in Form einer selbstlauffähigen PowerPoint-Show - abspielbar.

Die **TU-Ilmenau** stellt sich - neben den beiden Buchbeiträgen - mit einer aufwendigen PowerPoint-Show, die jedoch nur über PowerPoint 7 und nicht über den PowerPoint-Viewer abspielbar ist, mit dem Projekt **PROBAS** den fachkundigen Lesern vor.

Das Ziel dieses Sammelbandes besteht darin, eine Spannweite an R/3-spezifischen Themen aufzuspannen und zu erschließen. Das Spektrum der vorgestellten Inhalte reicht von der **praxisnahen Einführung** in die Software R/3 mit einer Vielzahl von SAP-Begriffen und -Einstellungen, über das **ABAP/4-Programmieren**, über **Referenzmodelle**, über das Rechnungswesen mit dem Modul **FI**, über **Migration**, über **optische Archivierung**, über **R/3-Retail**, über das **Management-Informations-System MIS/EIS**, über den Einsatz von R/3 in der **Hochschulverwaltung** bis hin zur Evaluierung der Modellfirmen **IDES** und der **LIVE AG**.

Für die geschätzte Mitarbeit und das Engagement der Autoren (siehe Autorenverzeichnis, S. 789 ff) bedanke ich mich herzlichst.

Mein Dank gilt auch **Herrn Dipl.-Inf. cand. Robert Marekovic** (Konstanz), der in kürzester Zeit eine HTML-Oberfläche für die beiliegende CD geschaffen hat.

Zuletzt **danke ich besonders meiner lieben Frau Martina** und meiner **Schwester Birgit Kraus** (Lebach), die in vielen Tagen und Wochen das Lektorat für dieses Werk übernommen haben.

Paul Wenzel, Hainburg im Juni 1998

Kapitel 1

Einführung in SAP R/3®

Dr.-Ing. Lutz Schmidt
Dipl. W.-inf. Thomas Döring
Dipl. W.-inf. Andreas Weiß

Technische Universität Ilmenau
Fakultät für Wirtschaftswissenschaften
Fachgebiet Wirtschaftsinformatik I

1 Einleitung

Das betriebswirtschaftliche Standardsoftwaresystem R/3 der SAP AG hat sich in den letzten Jahren zum Marktführer für Client/Server-Anwendungen im betriebswirtschaftlichen Bereich entwickelt. Bei fast 10.000 Einzelprogrammen steht der Anwender dieses Systems vor einer fast unüberschaubaren Vielfalt. Hinzu kommt die weitgehende Integration aller abgedeckten Anwendungsbereiche sowie die große Geschwindigkeit, mit der das Softwareprodukt weiterentwickelt wird.

Auf der anderen Seite wird oftmals ein weitgehendes Wissen über die Strukturen und Zusammenhänge des Softwaresystems benötigt.

Der vorliegende Beitrag stellt sich zur Aufgabe, dem Anwender zu helfen, die für ihn notwendigen Informationen zu finden. Die SAP AG stellt dazu innerhalb und außerhalb von R/3 **vielfältige Informationsmöglichkeiten** bereit. Ziel ist es, Wege aufzuzeigen, die unabhängig von der konkreten betriebswirtschaftlichen Anwendung gegangen werden können, um die vorhandenen Informationen zu finden und zu nutzen.

Im zweiten Kapitel wird **Bedienoberfläche** von R/3 erläutert. Hiermit soll dem Nutzer ein schneller Einstieg in die Handhabung des Systems verschafft werden.

Im darauffolgenden Kapitel steht das **Hilfesystem** und seine Bestandteile im Mittelpunkt. Sie bilden die zentrale Informationsquelle für die theoretische Einarbeitung in einen R/3-Bereich.

Kapitel 4 beschäftigt sich mit den Einführungswerkzeugen. In diesem Kapitel ist beschrieben, welche Informationen bei der Anpassung eines R/3-Systems an die betrieblichen Erfordernisse verfügbar sind. Es werden das **Vorgehensmodell** und der **Einführungsleitfaden** beschrieben. Letzterer enthält die Einstiegspunkte für die praktische Durchführung dieser **Customizing** genannten Anpassung.

In den Kapiteln 5 und 6 stehen aufbereitete Informationen über die im R/3 abgebildeten betriebswirtschaftlichen Objekte und die realisierten Geschäftsprozesse im Mittelpunkt. Das in Kapitel 5 dargestellte **R/3-Referenzmodell** enthält grafische Darstellungen dieser Informationen. Der **Business Navigator** ist das Werkzeug zur Betrachtung des Referenzmodells. Er bietet sich an, um Überblicks- und Detailinformationen über die integrierten Abläufe im R/3-System zu erhalten. Anhand des Referenzmodells können die betrieblichen Erfordernisse und die Möglichkeiten von R/3 auf einer logischen Ebene abgeglichen werden.

Der **Data Modeler** (Kapitel 6) bietet Informationen über das in R/3 realisierte **Datenmodell**. Er kann benutzt werden, um die vorhandenen Datenstrukturen und deren Beziehungen zu analysieren.

Das in Kapitel 7 beschriebene **ABAP/4-Dictionary** verwaltet alle Meta-Informationen der gespeicherten Daten und Programmelemente. Das Dictionary stellt damit die informationstechnische Sicht auf die Bestandteile von R/3 bereit. Diese Informationen sind insbesondere bei Anpassungen und Erweiterungen des Standardsystems erforderlich.

Im letzten Kapitel werden weitere Informationsquellen für R/3-Anwender, wie das **Online Service System**, das **Computing Center Management System** oder der **WWW-Server** der SAP AG kurz beschrieben.

2 Systembedienung

Ziel dieses Kapitels soll sein, die grundlegenden Bedienungsmöglichkeiten des R/3-System zu erläutern. Man erhält hier Informationen zum Einstieg in das System, dem Bildschirmaufbau und den Systemfunktionalitäten. Die Menüeinträge Werkzeuge und System werden erläutert.

2.1 An- und Abmelden

Mandant

Im System R/3 können mehrere Mandanten geführt werden. Unter einem Mandanten wird im R/3-System eine juristische oder organisatorische Einheit verstanden, für die spezielle Systemeinstellungen gelten. Eine Unternehmung oder ein Konzern wird im SAP-Sprachgebrauch als Mandant bezeichnet und besitzt eine

Anmelden

jeweilige Mandantennummer. Für die Anmeldung in einen Mandanten, sind die entsprechende Mandantennummer, der dazugehörige Nutzername und das Kennwort notwendig. Diese Angaben werden in einem Anmeldefenster, das beim Starten des Programms erscheint, eingegeben (vergl. Abb. 2.1). Nach der Anmeldung befindet sich das System im Normalmodus, aus dem heraus die Arbeiten durchgeführt werden können.

Sprache

Wenn man Bilder, Menüs und Felder in einer anderen Sprache als Deutsch anzeigen möchten, stellt man den Cursor auf das Feld Sprache und gibt das entsprechende Sprachkennzeichen, z.B. „E" für Englisch, ein.

Kennwort

Beim Ändern des persönlichen Kennworts sollten folgende Ordnungsregeln beachtet werden:

- Kennwortlänge zwischen drei und acht Zeichen
- als erstes Zeichen kein Ausrufezeichen (!), Fragezeichen (?), Leerzeichen ()
- die ersten drei Zeichen, die im Benutzernamen enthalten sind, dürfen beim Kennwort nicht wiederkehren
- drei aufeinanderfolgende gleiche Zeichen sind am Beginn nicht erlaubt
- zwischen Klein- und Großschreibung wird nicht unterschieden
- keines der fünf zuletzt verwendeten Paßwörter ist zulässig
- das Kennwort darf nicht PASS oder SAP* lauten

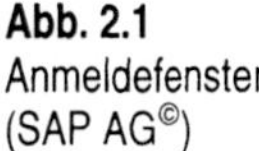

Abb. 2.1
Anmeldefenster
(SAP AG©)

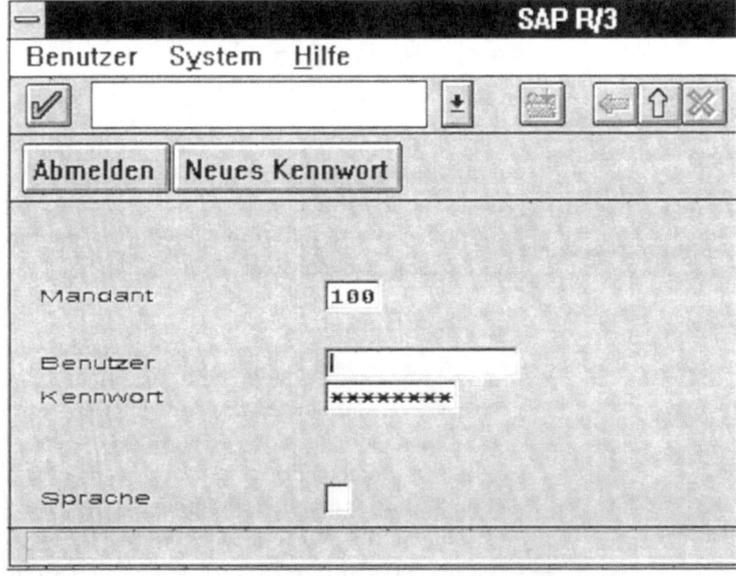

Begriffsdefinitionen

Nach der erfolgreichen Anmeldung können unterschiedliche in sich abgeschlossene Funktionen (Transaktionen) ausgeführt werden. Eine **Transaktion** umfaßt einen logisch abgeschlossenen Vorgang im R/3-System. Darunter ist eine Folge zusammengehöriger Dialogschritte (Bildschirmmasken) für einen in sich abgeschlossenen betriebswirtschaftlichen Vorgang (z.B. Anlegen eines Lieferanten) zu verstehen. Die Bildschirmmasken werden zusammen mit der dazugehörigen Ablauflogik mit **Dynpro** (Dynamisches Programm) bezeichnet.

Abmelden

Um die Arbeit im System ordnungsgemäß zu beenden, muß man sich abmelden. Nur so ist gewährleistet, daß alle Daten gesichert werden und nicht verlorengehen können. Die Abmeldung kann grundsätzlich aus jedem Programmpunkt im System erfolgen. Dazu stehen unterschiedliche Wege zur Verfügung. Die Menüfunktion heißt *System → Abmelden*. Das Abmelden beendet nicht nur den aktiven Modus, sondern führt dazu, daß alle geöffneten Modi geschlossen werden. Ein Modus wird durch ein eigenständiges Fenster repräsentiert, indem eine Anwendung abläuft. Die Arbeit mit mehreren Modi wird im Kapitel 2.3.2 erläutert.

2.2 Bildschirmaufbau

SAP-GUI

Um dem Benutzer die Verwendung des R/3-Systems zu erleichtern, wurde die Benutzerschnittstelle **SAP-Graphical User Interface** (SAP-GUI) primär nach den Regeln des Windows-Style-Guide entwickelt (vgl. Abb. 2.2 und 2.4). Die Benutzeroberfläche des R/3-Systems ähnelt daher bekannten Windows-Applikationen. SAP-GUI ist jedoch nicht nur auf PC's mit Microsoft-Windows-Benutzeroberfläche[1] lauffähig, sondern kann bspw. auch auf OS/2 und Apple Macintosh-Plattformen aufsetzen. Im Beitrag wird von einer Microsoft-Windows-Oberfläche ausgegangen. Die Funktionalität ist im Prinzip plattformunabhängig. Der Bildschirm ist in verschiedene Bereiche aufgeteilt.

1 Microsoft Windows ist eingetragenes Warenzeichen der Microsoft Corporation

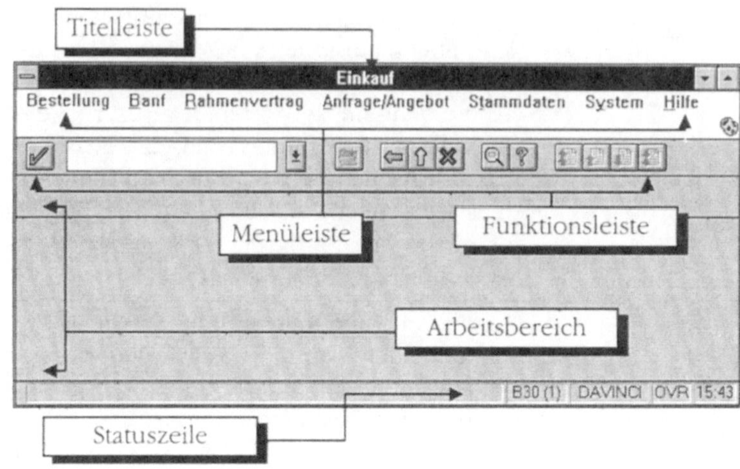

Abb. 2.2 Bildschirmbereiche des SAP-GUI (SAP AG©)

Die **Titelleiste** überschreibt die aktuelle Anwendung. Die **Menüleiste** umfaßt neben dem Menünamen alle untergliederten Menüeinträge. Darunter befindet sich die **Funktionsleiste**. Je nach Kontext der augenblicklichen Anwendung verändert sich die Funktionalität und Gestalt dieser Leiste. Die Grundfunktionen sind in Abb. 2.4 (Funktionalitäten des SAP-GUI) dargestellt. Mittels Klick auf die rechte Maustaste werden alle momentan gültigen Funktionstasten angezeigt. In diesem Zusammenhang sei erwähnt, daß es meist mehrere Möglichkeiten der Bedienung gibt, die die gleiche Funktionalität bewirken. Der größte Bereich darunter ist der eigentliche **Arbeitsbereich**. Der unterste Bereich im Bildschirm wird häufig als **Statuszeile** bezeichnet. In ihm werden Systemnachrichten zur aktuellen Anwendung angezeigt.

Dialogfenster

Im R/3-System gibt es mehrere Fenstertypen. Erscheint im aktiven Fenster ein neues Fenster zur Anzeige und Eingabe von Informationen so spricht man von einem Dialogfenster. Der Nutzer muß den Dialog durch eine Eingabe beenden, bevor mit dem dahinterliegenden Menü weitergearbeitet werden kann.

Wenn man im R/3-System Informationen eingibt, kann es vorkommen, daß man bei der Eingabe Optionen auswählen muß. In manchen Fällen kann nur eine Auswahl getroffen werden, in anderen Fällen kann man aus mehreren angebotenen Möglichkeiten auswählen. Wenn das System nur eine Auswahlmöglichkeit anbietet, werden **Auswahlknöpfe** angezeigt.

Gibt es mehrere Auswahlmöglichkeiten, muß man unter **Ankreuzfeldern** wählen. Die unterschiedlichen Fenstertypen sind in Abb. 2.3 dargestellt.

Abb. 2.3
Die unterschiedlichen Fenstertypen (SAP AG©)

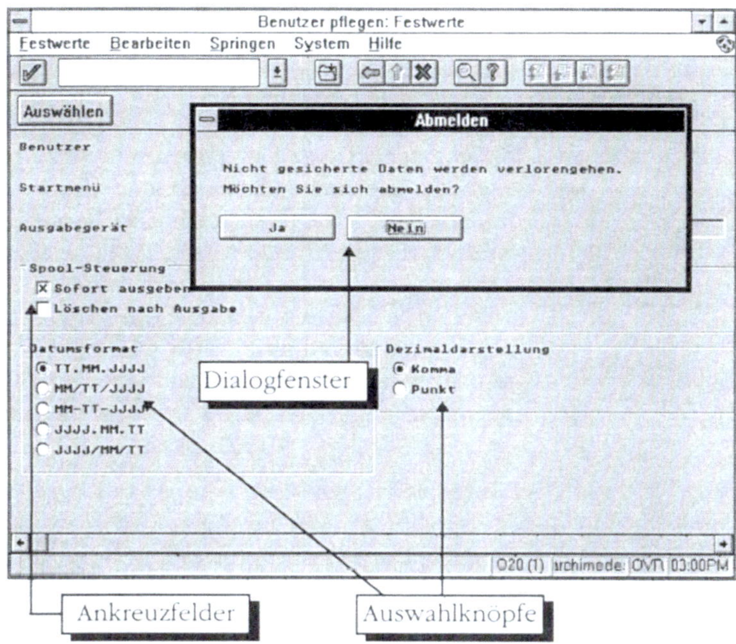

Abb. 2.4 erklärt wichtige Funktionen des Grafischen Nutzerinterfaces (GUI)

Abb. 2.4
Funktionalitäten des GUI (SAP AG©)

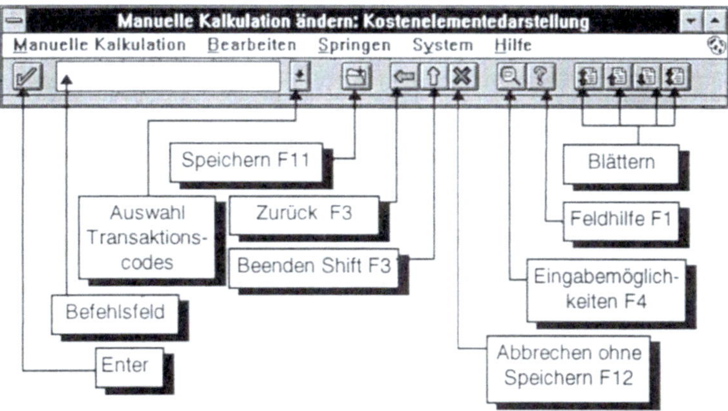

Einige Spezifika der Bedienung sollen nachfolgend kurz erläutert werden:

Befehlsfeld

Im Befehlsfeld kann man durch die Eingabe eines Transaktionscodes jede beliebige Anwendung des R/3-Systems aufrufen.

Transaktionscode

Durch die Eingabe des 4-stelligen Transaktionscodes gelangt man zur ersten Bildschirmmaske einer Anwendung (Transaktion).

Mit ***/n*** beendet man die aktuelle Anwendung. Um z.B. die Anzeige der Lieferantendaten Einkauf direkt über den Transaktionscode MK03 und nicht über den Menüpfad anzuzeigen, muß */nmk03* eingeben und danach [Enter] betätigt werden. Die Verwendung des /n vor dem vierstelligen Transaktionscode hat weiterhin den Vorteil, daß durch das vorherige Beenden die neu zu startende Transaktion (Anwendung) vom Wurzelursprung aus gesucht wird, und damit ist ein Start von jeder beliebigen Stelle im System aus möglich. Mit /o vor dem Transaktionscode wird ein neuer Modi mit der zu startenden Transaktion geöffnet.

Die Ermittlung des Transaktionscodes der aktuellen Anwendung erfolgt über die Menüfunktion *System → Status* (siehe auch Kapitel 3.4) Da sich mit Release-Wechseln oft die Menüpfade, aber nicht die Transaktioscodes verändern, werden die wichtigen Transaktionscodes im Beitrag in Klammern hinter den Menüpfaden angegeben.

Drückt man auf den Auswahlknopf rechts neben dem Eingabefeld, werden die bisher abgearbeiteten Transaktionscodes zur Auswahl angeboten.

Zurück und Beenden

Mittels F3 bzw. [⇦] kommt man **zum vorherigen Bildschirm**.

Bei der Verwendung von Shift F3 (F15) bzw. [⇧] wird eine **gesamte Transaktion**, die aus mehreren Bildschirmfolgen bestehen kann, **beendet** und man gelangt in die vorherige Transaktion.

Blättern

Um sich durch Datenbankauswertungen in Listform zu bewegen, gibt es mehrere Alternativen.

R/3 bietet unterhalb der Menüleiste Ikons an ,

die das **Bewegen durch eine Liste** erlauben. Weitere Möglichkeiten sind die Bildlaufleisten oder die Tasten „Bild abwärts“

bzw. „Bild aufwärts“. Allerdings funktionieren nicht immer alle Möglichkeiten alternativ.

dynamisches Menü

Da das R/3-System über eine fast unüberschaubare Anzahl von Anwendungen und damit über eine weit- und tiefverzweigte Menüstruktur verfügt, erleichtert das dynamische Menü, eine Anwendung zu finden. Man erreicht es im Ausgangsbildschirm des R/3-Systems mit dem Button Dyn.Menü bzw. mit F5.

Das dynamische Menü hilft, wenn der Weg über die Menüleiste zu einer speziellen Anwendung nicht bekannt ist oder man eine Übersicht über die Anwendungen eines Sachverhalts, wie z.B. „Kostenstelle“, wünscht. Neben den Namen der gesuchten Anwendungen werden im dynamischen Menü auch die Transaktionscodes angezeigt. Man kann sich auf diese Weise z.B. eine Liste erstellen, in der alle Anwendungen, die die Kreditoren betreffen, angezeigt werden.

Durch Betätigen der **rechten Maustaste** erscheint ein Menü, aus dem die wichtigsten Funktionen für das aktuelle Fenster gewählt werden können. Die Funktionen sind auch hier kontextbezogen.

2.3 Menüstruktur

Über Menüs werden die Anwendungen (Transaktionen) aufgerufen. Die Menüleiste im Startbild (siehe Abb. 2.5) ist in Arbeitsgebiete eingeteilt. Durch Anklicken eines Arbeitsgebietes öffnet man ein Pull-Down-Menü. Jede Arbeitsgebietsebene enthält eine weitere Menüleiste. Über die Menüs und die eventuell folgenden Untermenüs der Arbeitsgebietsebene wird die Transaktion ausgewählt. Die Verwendung von Transaktionscodes ist, wie bereits beschrieben, eine zweite Möglichkeit, um Anwendungen im R/3 zu erreichen.
Der Basisbildschirm enthält neben den Standardanwendungen, wie *Werkzeuge, System, Hilfe* oder das Symbol Palette die Ausgangspunkte zur Verzweigung in die betriebswirtschaftlichen Komponenten, wie *Rechnungswesen, Logistik* oder *Personal.*

2.3.1 Werkzeuge

Unter dem Menüpunkt **Werkzeuge** sind eine Reihe von Tools zusammengefaßt, die über die tägliche Arbeit mit dem R/3-

System hinausgehen. Hier soll nur eine kurze Erläuterung dieser Werkzeuge erfolgen. Auf einige, besonders die Einführungswerkzeuge, wird im Verlaufe des Buches noch detaillierter eingegangen.

Abb. 2.5 Menüpunkt Werkzeuge (SAP AG©)

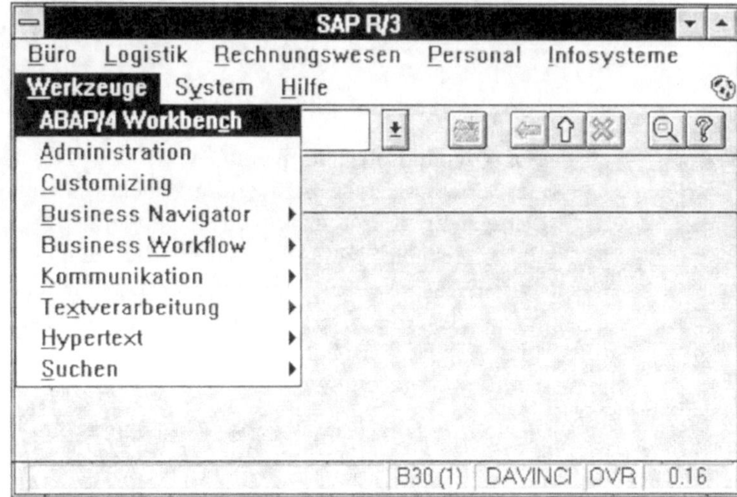

ABAP/4 Workbench

Die ABAP/4 Workbench umfaßt prinzipiell zwei Hauptfunktionalitäten. Zum einen können hier Entwickler zusätzliche Programme zum R/3-System in einer echten Programmierentwicklungsumgebung erstellen. Zum anderen können mit dem ABAP/4 Dictionary Informationen über die Daten, deren Eigenschaften und die Beziehungen zwischen den Datenobjekten ermittelt werden.

Mit Hilfe der **Systemadministration** wird das R/3-System überwacht und verwaltet. Eine Funktion, die nicht nur für Administratoren von Nutzen ist, ist das Anzeigen und Löschen von Modi der Benutzer. Der Funktionsaufruf sieht folgendermaßen aus: *Administration → Monitor → Systemüberwachung → Benutzerübersicht* (SM04). Es kann dadurch z.B. ein „abgestürzter" Modus endgültig gelöscht werden. Hierbei ist Vorsicht geboten, da leicht der falsche Modus gelöscht werden kann.

Im Kapitel 8.1 wird auf das Computing Center Management System eingegangen. Diese Funktion ist ebenfalls im Menüzweig Administration enthalten.

Customizing

Das Customizing ist eine Methode zur Einführung und Erweiterung des R/3-Systems und stellt Werkzeuge zur Systemeinstellung zur Verfügung.

Customizing ist das Verfahren, mit dem man die unternehmensneutral ausgelieferte Funktionalität den spezifischen betriebswirtschaftlichen Anforderungen eines Unternehmens anpaßt. Eine strukturierte Hilfe der Abläufe des Customizing bietet das **Vorgehensmodell** und der **Einführungsleitfaden** (Implementation Management Guide, IMG). Eine detailliertere Beschreibung über diese zwei Einführungswerkzeuge erfolgt in Kapitel 4 dieses Beitrags. Das R/3-Vorgehensmodell unterstützt bei der Ersteinführung des R/3-Systems, bei System-Upgrade und Release-Wechsel sowie bei der Einführung weiterer Funktionen oder Prozesse im Umfeld eines schon produktiven Systems. Es liefert dabei einen zeitlichen Strukturplan für Einführungs-Projekte und legt die Bearbeitungsreihenfolge fest. Das R/3-Vorgehensmodell beinhaltet die vier Phasen für die Einführung von R/3-Produkten mit den erforderlichen Arbeitspaketen in jeder Phase.

Business Navigator

Der Business Navigator ist ein in das R/3-System integriertes Tool, das die Funktionalität bereitstellt, die verschiedenen Modelle der unterschiedlichen Sichten des R/3-Referenzmodell zu nutzen. Dabei werden teilweise Methoden des Data Modelers genutzt. Erläuterungen hierzu findet man in den Kapiteln 5 u. 6.

Business Workflow

Mit dem SAP Business Workflow werden Entwicklungswerkzeuge bereitgestellt, um Geschäftsvorgänge anwendungsübergreifend zu organisieren, zu überwachen und zu automatisieren. Arbeitsabläufe, die häufig durchlaufen werden, können somit als Workflow abgearbeitet werden.

Kommunikationsserver

Der SAP-Kommunikationsserver ermöglicht den Austausch von EDI-, Mail und Telematik-Dokumenten zwischen SAP-Systemen (R/2 und R/3) und externen Kommunikationspartnern. Mittels **Kommunikation** können Einstellungen des SAP-Kommunikationsservers vorgenommen werden.

Textverarbeitung

Mit dem Menüpunkt *Textverarbeitung* sind Einstellungen für den **SAPscript-Editor** möglich. Der SAPscript-Editor ist ein Werkzeug zur Texterfassung und zur Textgestaltung.

Hypertext

Im R/3-System können Dokumentationen in Online-Büchern hierarchisch gegliedert werden. Die Pflege und Erweiterung der Online-Bücher, die in die Erweiterte Hilfe (vergleiche Kapitel 3) integriert werden können, erfolgt mit dem Menüpunkt Hypertext. Es ist möglich, vorhandene Online-Bücher anzuzeigen, sowie eigene Strukturen zu pflegen.

Die Funktion **Suchen** dient zur Gewinnung spezifischer Informationen, strukturiert nach Informationsklassen, wie z.B. Release-Informationen.

2.3.2 Allgemeine Systemfunktionen

Die Systemfunktionen können im Menüpunkt *System* aufgerufen werden. Die Menüeinträge sind in Abb. 2.6 dargestellt.

Abb. 2.6
Menüpunkt „System" (SAP AG©)

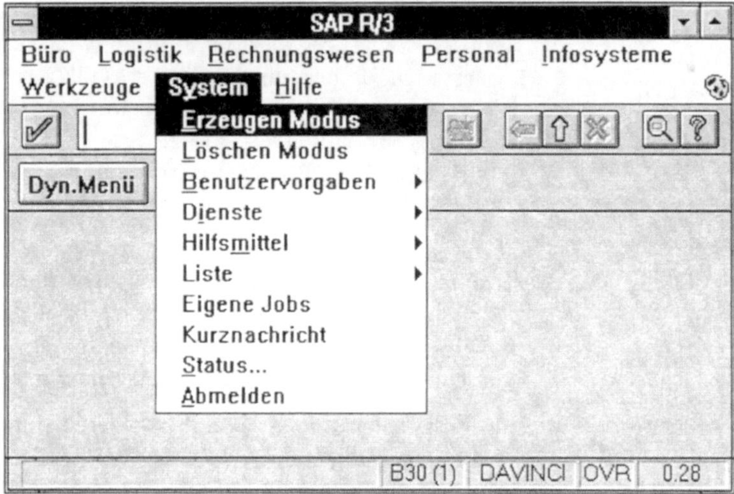

Unter anderem stehen folgende Funktionen zur Verfügung:

Mit Hilfe des Menüeintrags **Erzeugen Modus** gewinnt man einen weiteren Modus im System. Jeder Modus wird in Windows als eigenständige Task behandelt. Er stellt somit auch ein eigenständiges Fenster dar. Beim Erzeugen eines Modus wird ein neues R/3-Fenster mit der Ausgangsmenüstruktur geöffnet, um darin parallele Arbeiten durchführen zu können. Dies empfiehlt sich, wenn in einem Modus lange Wartezeiten auftreten und inzwischen an anderer Stelle weitergearbeitet werden kann. Auch wenn eine Transaktion für sofortigen Nachfragen unterbrochen werden müßte oder zur Verfolgung von Querverweisen, ist es einfacher, einen weiteren Modus zu benutzen. Insgesamt sind pro Benutzersitzung bis zu 6 Modi möglich. Ein Wechseln von einem Modus in den anderen kann entweder durch Anklicken des nicht aktiven Fensters oder über den Task-Manager erfolgen.

Die Funktion **Löschen Modus** schließt den momentan aktiven Modus und wechselt in den vorherigen Modus. Sollte es sich um den einzigen Modus handeln, der geöffnet ist, so wird R/3 beendet.

Benutzervorgaben

Für jeden Benutzer wird ein eigener Benutzerstammsatz angelegt. Er enthält folgende Benutzervorgaben als individuelle Voreinstellungen: Benutzeradresse mit persönlichen Daten des Benutzers, Benutzerfestwerte mit allgemeinen Voreinstellungen und Benutzerparameter mit Vorschlagswerten für spezielle Felder.

Die **Benutzeradresse** dient hauptsächlich der eindeutigen Identifikation des Nutzers durch die Systemadministration.

Benutzerfestwerte legen Voreinstellungen, die für alle Anwendungen gelten, fest.

- Startmenü zum direkten Weg in ein vorgegebenes Menü nach der Anmeldung
- Ausgabegerät (Standardausgabedrucker)
- Spoolsteuerung (allgemeine Einstellungen zur Druckausgabe)
- Datumsformat (Auswahl nach Länderspezifika)
- Dezimaldarstellung von Zahlen (Auswahl Punkt oder Komma)

Eine besondere Arbeitserleichterung bringt die Pflege der **Benutzerparameter**. Bei vielen Transaktionen werden bestimmte Eingaben immer wieder verlangt. Beispiel hierfür sind die Eingabedaten „Buchungskreis“ im Rechnungswesen oder „Einkaufsorganisation“ im Vertrieb bzw. im Bereich Materialwirtschaft. Arbeitet ein Mitarbeiter prinzipiell nur in einem Buchungskreis oder einer Einkaufsorganisation, können Vorschlagswerte für diese bestimmten Felder definiert werden. In Abb. 2.7 wird die Definition eines Benutzerparameters am Beispiel der Einkaufsorganisation 0008 dargestellt.

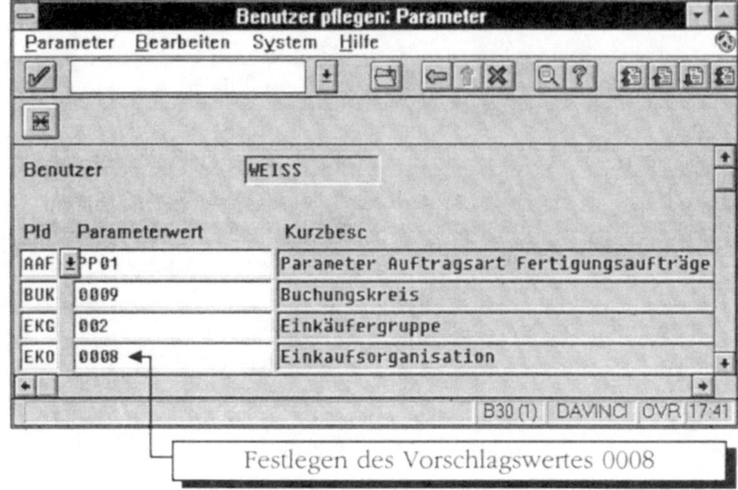

Abb. 2.7 Definition von Benutzerparametern (SAP AG©)

Der Vorschlagswert erscheint später bei jeder geforderten Dateneingabe, damit nicht jedesmal die gleiche Eingabe erfolgen muß. Dies erspart Zeit und verringert Fehler. Der Vorschlagswert 0008 für die Einkaufsorganisation wird im Abschnitt 2.4 beim Anlegen eines Lieferanten, in diesem Abschnitt wiederkehren. Die Ermittlung des Parameternamens (PID) wird im Kapitel 3.4 beschrieben.

Mit Hilfe von **Status** ist eine Anzeige der verschiedenen Benutzer- und Systemdaten möglich. Auf die Ermittlung der Transaktionsnummer wurde bereits hingewiesen. Die vor allem für Entwickler wichtigsten Statusinformationen, die Repository-Daten, sind für das Beispiel „Anzeige von Lieferanten im Einkauf" in Abb. 2.8 dargestellt.

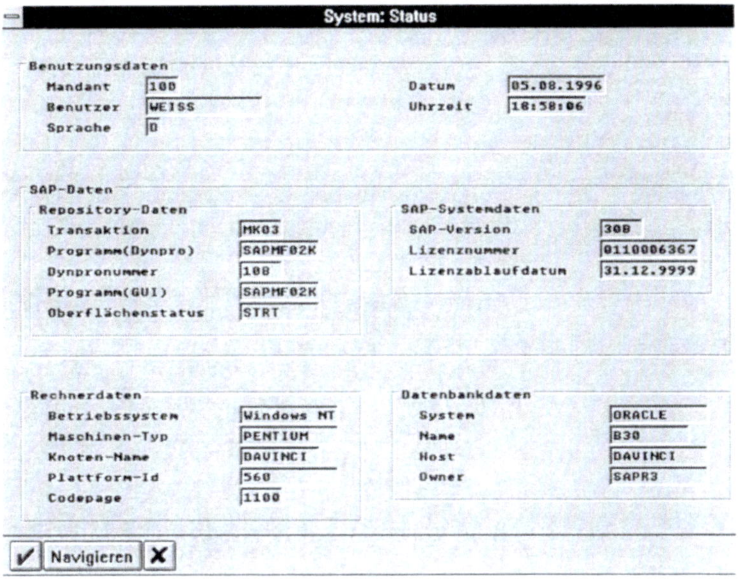

Abb. 2.8
Statusinformationen im R/3 (SAP AG©)

System: Status

Benutzungsdaten
Mandant 100
Benutzer WEISS
Sprache D
Datum 05.08.1996
Uhrzeit 18:58:06

SAP-Daten
Repository-Daten
Transaktion MK03
Programm(Dynpro) SAPMF02K
Dynpronummer 100
Programm(GUI) SAPMF02K
Oberflächenstatus STRT
SAP-Systemdaten
SAP-Version 30B
Lizenznummer 0110006367
Lizenzablaufdatum 31.12.9999

Rechnerdaten
Betriebssystem Windows NT
Maschinen-Typ PENTIUM
Knoten-Name DAVINCI
Plattform-Id 560
Codepage 1100

Datenbankdaten
System ORACLE
Name B30
Host DAVINCI
Owner SAPR3

Navigieren

Die Funktion **Abmelden** beendet die R/3-Sitzung. Im Unterschied zur Funktion *Löschen Modus* werden auch alle anderen offenen Modi beendet.

Download ist eine Funktion, um in Listenform auf dem Bildschirm angezeigte Daten in eine Datei umzuleiten. Dies stellt die einfachste Möglichkeit dar, Daten in ein anderes Textsystem (z.B. Word) zu übernehmen. Der Aufruf erfolgt über *System → Liste → Download*.

Die Funktion **Druckaufträge** dient zum Überwachen des Realisierungsstandes von Druckaufträgen. Außerdem ist es hier möglich, sich das Layout des Druckauftrages anzusehen. Der Aufruf erfolgt über *System → Liste → Druckaufträge*.

2.3.3 Benutzermenü

Ein Benutzermenü ist ein vom Bearbeiter selbst zusammengestelltes Menü. Auf diese Weise kann sich jeder Benutzer ein Menü erstellen, das seinen individuellen Gewohnheiten, Vorstellungen und Fähigkeiten entspricht. Es wird gebraucht, um

- Arbeitsvorgänge abzukürzen, indem Direkteinstiegsmöglichkeiten in bestimmte Menüpunkte definiert werden, die sonst nur durch umständliches Navigieren erreichbar sind;

- oft wiederkehrende Vorgänge zusammenzufassen und
- schnelle Wechsel zwischen bestimmten Vorgängen durchführen zu können.

Abb. 2.9 zeigt ein Benutzermenü mit mehreren Transaktionen, die in diesem Beitrag verwendet werden.

Abb. 2.9
Benutzermenü (SAP AG©)

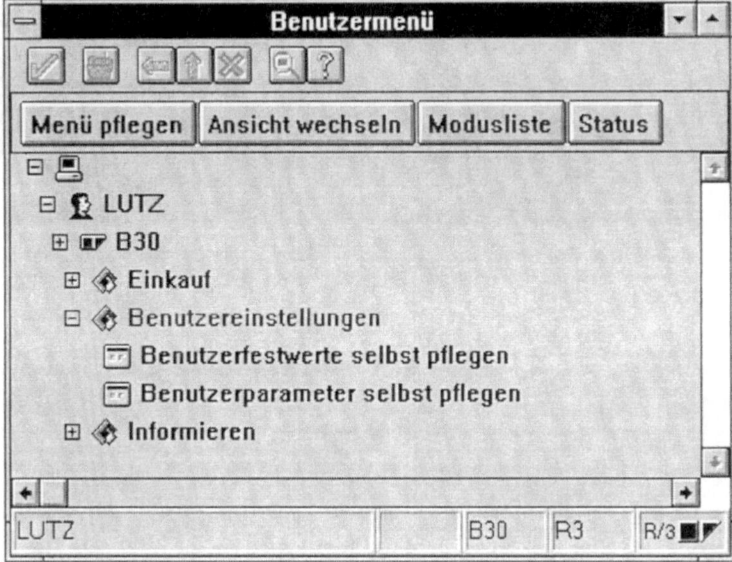

Zu erkennen ist, daß die Menüeinträge zu Arbeitsbereichen zusammengefaßt sind. Die Erstellung und Anpassung eines eigenen Benutzermenüs ist denkbar einfach. Mit der Transaktion *System → Benutzervorgaben → Benutzermenü pflegen* (SU54) wird das dazu notwendige Pflegeprogramm gestartet.

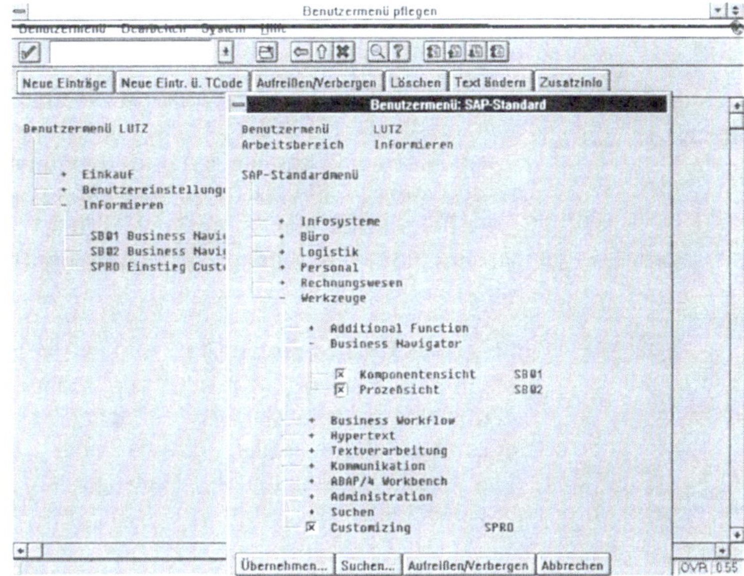

Abb. 2.10
Pflegetransaktion für Benutzermenü (SAP AG©)

Steht der Cursor auf *Benutzermenü*, können mit der Funktion *Bearbeiten → Neue Einträge...* **Arbeitsbereiche** definiert werden. Wurde der Cursor auf einem Arbeitsbereich positioniert, können **Transaktionen** in diesen Bereich übernommen werden. Die Einträge sind im angebotenen R/3-Standardmenü auszuwählen und anzukreuzen. Ist der Transaktionscode bekannt, kann er mit der Funktion *Bearbeiten → Neue Eintr. ü. Tcode* direkt hinzugefügt werden. Alle Bezeichnungen können standardmäßig übernommen oder benutzerspezifisch angepaßt werden. Ein neu eingerichtetes oder verändertes Benutzermenü ist erst nach nochmaligem Anmelden im R/3-System verfügbar.

2.4 Beispiel zur Handhabung

Einige generelle Hinweise zur Arbeit im R/3-System sollen nun anhand der Eingabe des neuen Lieferanten „Mustermann AG" für den Bereich Einkauf gegeben werden. Der Menübaum für diese Funktion sieht folgendermaßen aus: *Logistik → Materialwirtschaft → Einkauf → Stammdaten → Lieferant → Anlegen* (MK01).

2.4.1 Matchcodesuche

Wenn man einen neuen Lieferanten (Kreditor) anlegen will, muß dieser einer Kontengruppe zugeordnet werden. Falls nicht bekannt ist, welche Kontengruppen im System gepflegt sind, kann man diese mit Hilfe der Matchcodesuche anzeigen lassen. Mit einem Matchcode können somit im System abgelegte Datensätze gesucht werden. Ein Matchcode besteht aus Suchbegriffen, die in einer bestimmten Reihenfolge angeordnet sind. Jeder Matchcode hat eine eigene Kennung, die **Matchcode-ID**. Für einen Datensatz bietet R/3 meist mehrere Matchcode-Sätze zur Auswahl an.

Matchcode

Ein gelbes Dreieck im Eingabefeld oder die Drucktaste neben dem aktiven Eingabefeld zeigen die Felder an, bei denen eine Suche mit dem Matchcode möglich ist. Die Suche mit Hilfe eines Matchcodes erfolgt entweder über die Funktionstaste F4 oder durch Klicken mit der Maustaste auf die Drucktaste des Eingabefeldes.

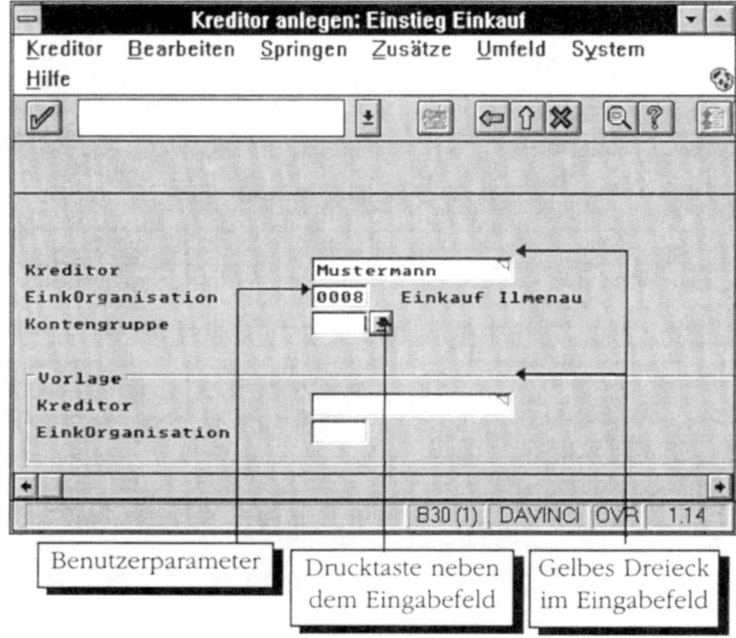

Abb. 2.11 Möglichkeiten zur Suche mit Matchcode (SAP AG©)

In der Liste der für diesen Datensatz vorgesehenen Matchcode-ID wird ein Matchcode durch Anklicken und dem anschließenden Drücken der F2-Taste ausgewählt. In der folgenden Liste mit

Sucheingaben werden die Suchbegriffe eingetragen, die bekannt sind. Darauf erhält man eine Liste aller Datensätze, die den Suchkriterien entsprechen. Aus ihnen kann dann der gesuchte Datensatz gewählt werden. Im Abb. 2.12 wird aus der Liste der möglichen Kontengruppen die Gruppe Warenlieferanten ausgewählt.

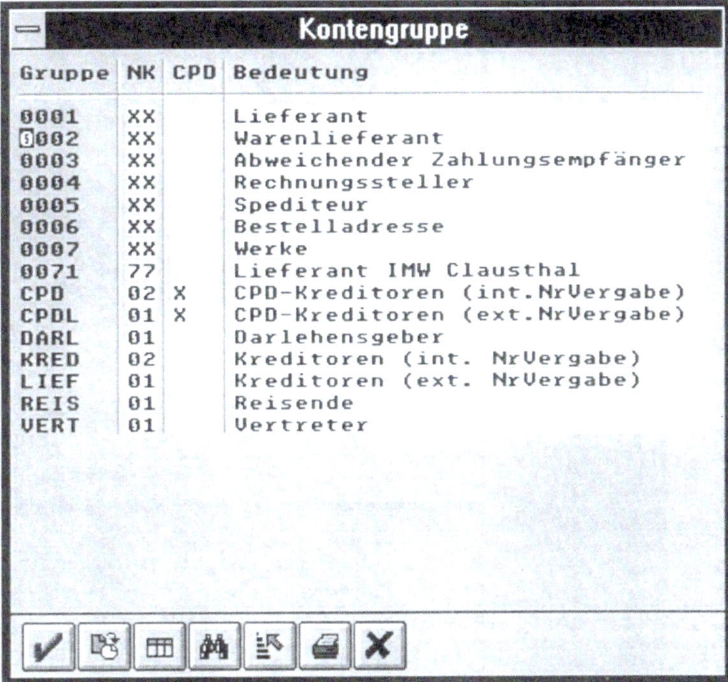

Kontengruppe

Gruppe	NK	CPD	Bedeutung
0001	XX		Lieferant
0002	XX		Warenlieferant
0003	XX		Abweichender Zahlungsempfänger
0004	XX		Rechnungssteller
0005	XX		Spediteur
0006	XX		Bestelladresse
0007	XX		Werke
0071	77		Lieferant IMW Clausthal
CPD	02	X	CPD-Kreditoren (int.NrVergabe)
CPDL	01	X	CPD-Kreditoren (ext.NrVergabe)
DARL	01		Darlehensgeber
KRED	02		Kreditoren (int. NrVergabe)
LIEF	01		Kreditoren (ext. NrVergabe)
REIS	01		Reisende
VERT	01		Vertreter

Abb. 2.12
Liste von Eingabemöglichkeiten bei Matchcodesuche (SAP AG©)

2.4.2 Eingabeüberprüfung

Beim Erfassen der Daten werden die in die Felder eingegebenen Werte vom System überprüft. Neben der Kontrolle, ob alle durch ein „?" im Eingabefeld gekennzeichneten Pflichteingaben erfolgt sind, überprüft R/3, ob die Werte im gültigen Bereich liegen. Im folgenden Beispiel überprüft das System die Postleitzahl in Abhängigkeit vom Länderschlüssel. Wird als Land Deutschland angegeben, ist nur eine 5-stellige Postleitzahl möglich. Dies wird in Abb. 2.13 gezeigt.

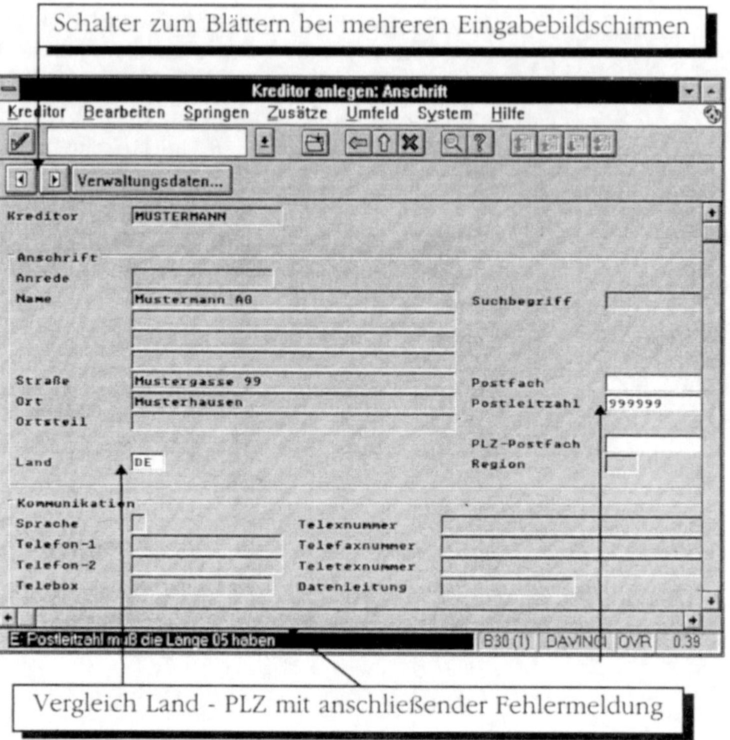

Abb. 2.13
Eingabeüberpüfung der PLZ (SAP AG©)

Eine Transaktion kann erst dann abgeschlossen werden (durch [Enter] und Sichern), wenn alle erforderlichen Eingaben erfolgt sind. Hierbei soll noch einmal auf die Bedeutung des Sicherns hingewiesen werden. Erst dadurch werden Datenveränderungen und Nutzereingaben gespeichert. Gehören mehrere Eingabemasken zu einer Transaktion, kann man durch [Enter] zur nächsten Maske gelangen oder besser mit den Schaltern unter der Menüleiste in den Masken vor- bzw. zurückblättern.

3 Hilfesystem im R/3

Das Hilfesystem des R/3-Systems ist sowohl bei der Einarbeitung als auch bei der täglichen Arbeit eine wirkungsvolle Unterstützung. In diesem Kapitel soll der Nutzer in die vielfältigen Hilfe-Alternativen eingeführt werden und erfahren, in welcher Situation er mit welchem Hilfe-Tool die wichtigsten Informationen erhält. Dazu werden die Feldhilfe, das Hilfemenü, die R/3-Online-Dokumentation sowie die Technische Info erläutert.

3.1 Feldhilfe

Das R/3-System bietet vielfältige Möglichkeiten zur Hilfestellung. Die erste ist das Drücken von F1. Dadurch öffnet sich ein **kontextbezogenes Hilfefenster**. Eine andere Möglichkeit ist das Anklicken des Fragezeichensymbols in der Symbolleiste. Die Funktionalität entspricht der von F1. Da sich die Hilfe auf das Feld bezieht, in dem sich der Cursor gerade befindet, wird sie auch als Feldhilfe bezeichnet. Neben der Anzeige eines kontextbezogenen Hilfetextes kann man von hier aus in die „Erweiterte Hilfe" sowie in die „Technische Info" verzweigen (vergleiche Kapitel 3.2).

3.2 Hilfemenü

Unterschiedliche Hilfestellungen bietet das Hilfemenü in der Menüzeile. Hier stehen 6 verschiedene Auswahlmöglichkeiten zur Verfügung.

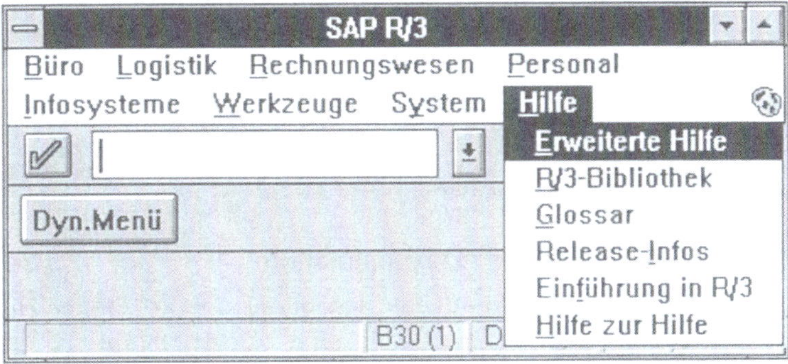

Abb. 3.1 Hilfemenü (SAP AG©)

Mit der Funktion **Erweiterte Hilfe** wird die kontextbezogene R/3-Online-Dokumentation (R/3-Bibliothek) aufgerufen. Benötigt man z.B. Erläuterungen, um eine Anfrage im „Einkauf" anzulegen (ME41), gelangt man aus dieser Transaktion heraus über *Hilfe → Erweiterte Hilfe* sofort zum Eintrag „Anfragen anlegen" der R/3-Bibliothek.

Benutzt man die **R/3-Bibliothek,** so wird die R/3-Online-Dokumentation zur Systembeschreibung aufgerufen (vergleiche Kapitel 3.3). Im Unterschied zur Erweiterten Hilfe gelangt man hier zum Inhaltsverzeichnis der Online-Dokumentation und kann von da in die interessierenden Themengebiete verzweigen.

Durch Aufruf von **Glossar** erhält man eine alphabetische Auflistung von Fachbegriffen, die im Kontext zu der aktuellen Transaktion stehen. Will man z.B. bei der Erfassung eines Lieferanten (MK01) im „Einkauf" wissen, was sich hinter einem Kreditorenstammsatz verbirgt, erhält man hier folgende Begriffsdefinition: „Datensatz, der alle Informationen zum Geschäftspartner enthält, die unter anderem für die Abwicklung von Geschäftsvorfällen benötigt werden. Dazu zählen z.B. Anschrift und Bankverbindung."

Release-Infos

Mit der Funktion Release-Infos kann man sich über Neuerungen, Erweiterungen und Veränderungen in den einzelnen Bereichen des Systems bei Release-Wechseln informieren. Die Struktur ist dabei ähnlich der des Einführungsleitfadens (vergleiche Kapitel 4). Im Bereich Einkauf erfährt man hier z.B., daß ab Release 3.0 Lieferplaneinteilungen mit EDI möglich sind.

Einführung in R/3

Mit dem Menüeintrag Einführung in R/3 wird der gleichnamige Menüpunkt der R/3-Online-Dokumentation aufgerufen. Hier wird die prinzipielle Handhabung des R/3-Systems erläutert. Man wird mit den Eingabemöglichkeiten bzw. mit der Art der Navigation im System vertraut gemacht.

Hilfe zur Hilfe

Durch die Funktion Hilfe zur Hilfe erfolgt eine Anleitung zur R/3-Online-Hilfe. Es werden Aussagen zu den Elementen gemacht, für die die Online-Hilfe zur Verfügung steht und welche Möglichkeiten des Aufrufs es gibt.

3.3 Online-Dokumentation

Aufgrund der Bedeutung der R/3-Online-Dokumentation ist es sinnvoll, hierzu eine kurze Einführung zu geben. Die R/3-Online-Dokumentation ist eines der wichtigsten Instrumentarien zur Einarbeitung in das R/3-System. Sie hat einen sehr großen Umfang und beantwortet auch Fragen zu detaillierten Themen. Leider stehen Möglichkeitsbeschreibungen des Systems gegenüber Handlungsanleitungen im Vordergrund. Die R/3-Online-Dokumentation wird als **externe Anwendung** auf CD-ROM durch die SAP AG ausgeliefert. Sie kann damit vom direkten R/3-Betrieb unabhängig auf jedem PC mit entsprechenden Hardwarevoraussetzungen genutzt werden. Darüber hinaus ist der direkte Aufruf aus dem R/3-System möglich.

Man kann Hilfe zu folgenden Elementen anfordern: Felder, Menüs und Menüfunktionen, Systemmeldungen, Reports. Besonders hilfreich sind die Funktionen:

- *Drucken*

Schließlich gibt es immer noch genügend Anwender, die auf Papier besser navigieren können als durch mehrere Screens.

- *Kopieren*

Dies ist besonders bei der Anfertigung eigener Dokumentationen nützlich.

- *Lesezeichen*

Besonders bei der Bearbeitung komplexer Themen kann man bei der Navigation die Übersicht verlieren. In diesem Fall erleichtert die Definition von Lesezeichen die Arbeit.

- *Suchen*

Hier werden zu einem bestimmten gesuchten Begriff Themen aufgelistet, in die man dann verzweigen kann. Leider funktioniert die Suchfunktion nur dann, wenn der gesuchte Begriff auch im gerade aktuellen Kapitel der Hilfe verzeichnet ist. Das Inhaltsverzeichnis der R/3-Bibliothek ist in Abb. 3.2 dargestellt.

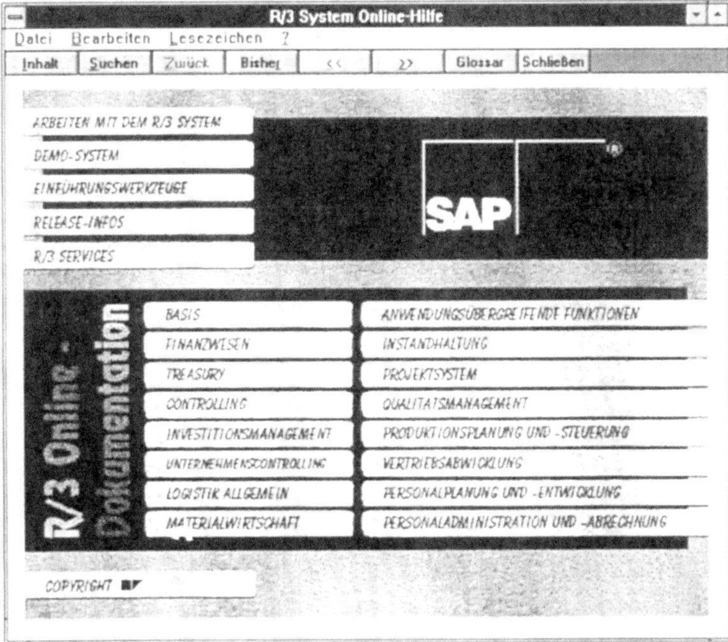

Abb. 3.2 Eröffnungsbildschirm der R/3-Online-Hilfe - R/3-Bibliothek - (SAP AG©)

3.4 Technische Information

Durch die Technische Info lassen sich **Attribute des aktuellen Bildschirmbildes** (Feld-, Dynpro- oder GUI-Daten) anzeigen. Sie wird über die Feldhilfe aufgeblendet. Im Beispiel aus Kapitel 2.4, dem Anlegen eines Lieferanten im „Einkauf" (MK01), würde man wie folgt vorgehen: Will man detailliertere Informationen über das Feld Kreditor erhalten, positioniert man den Cursor auf diesem Feld und aktiviert die Feldhilfe mit F1. Angezeigt wird eine kurze begriffliche Erläuterung und Schaltflächen für weitere Verzweigungen. Nun muß die Schaltfläche *Technische Info* betätigt werden. Die internen Informationen für dieses Feld sind in Abb. 3.3 dargestellt.

Abb. 3.3 Informationen der Technischen Info (SAP AG©)

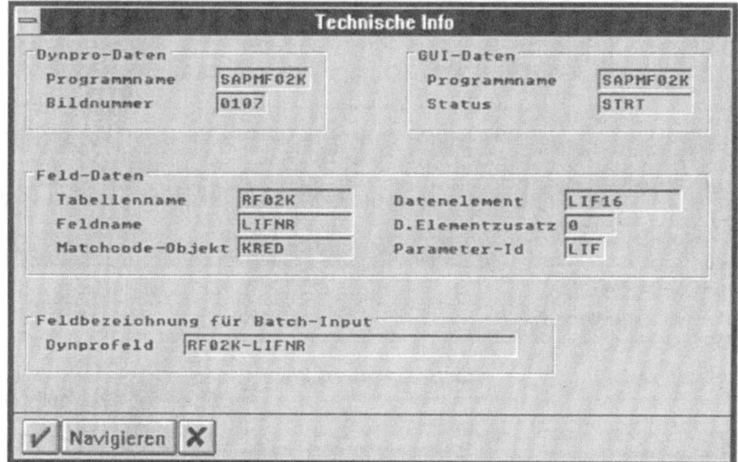

Auf diese Weise kann die **Parameter-ID** ermittelt werden, die für die Festlegung von Benutzerparametern erforderlich ist (vergl. Abb. 2.7). Die hier erhältlichen Angaben über Programm-, Feld- bzw. Tabellennamen sind besonders für Programmentwickler von Bedeutung. Diese Informationen sind z.B. für die Erstellung von Programmen zur Übernahme externer Daten nötig.

4 Einführungswerkzeuge

Ziel dieses Kapitels soll es sein, den Nutzer mit den Einführungswerkzeugen **Vorgehensmodell** und **Einführungsleitfaden** vertraut zu machen. Im Abschnitt **Implementation Management Guide (IMG)** - Einführungsleitfaden erfolgt eine detaillierte Beschreibung über ein kundenspezifisches Customizing. Dem Anwender werden die hierfür notwendigen Informationen nahe gebracht. Beim **Customizing** wird die unternehmensneutral ausgelieferte Funktionalität den unternehmensspezifischen Bedingungen mittels Parametereinstellungen angepaßt.

4.1 Vorgehensmodell

Mit dem Vorgehensmodell stellt die SAP AG einen Leitfaden für die Art und Weise der Einführung eines R/3-Systems in ein konkretes Unternehmen bereit. Dazu beschreibt das Modell auf einer hohen Abstraktionsstufe die Phasen, Teilschritte und Aufgaben eines R/3-Einführungsprojektes und kann als Planungsgrundlage dieses Projektes dienen. Es gliedert sich in die **Phasen eines Einführungsprojektes**:

4 Phasen des Einführungsprojektes

- Organisation und Konzeption
- Detaillierung und Realisierung
- Produktionsvorbereitung und
- Produktionsanlauf.

Darstellungsformen

Das Vorgehensmodell wird über das Menü *Werkzeuge → Customizing → Grundfunktionen → Vorgehensmodell* (SVGM) aufgerufen. Es sind zwei Darstellungsformen möglich. Neben einer **grafischen Darstellung** des Modells, aus der insbesondere die Abfolge der Phasen erkennbar ist, können die abgeschlossene Arbeitseinheiten auch in einen **Drill-Down-Menü** angezeigt werden. Diese sind der jeweiligen Phase zugeordnet. Zu den Arbeitseinheiten werden Voraussetzungen, Inhalt und Ziele kurz beschrieben. Abb. 4.1 zeigt einen Ausschnitt des Vorgehensmodells in beiden Darstellungsformen.

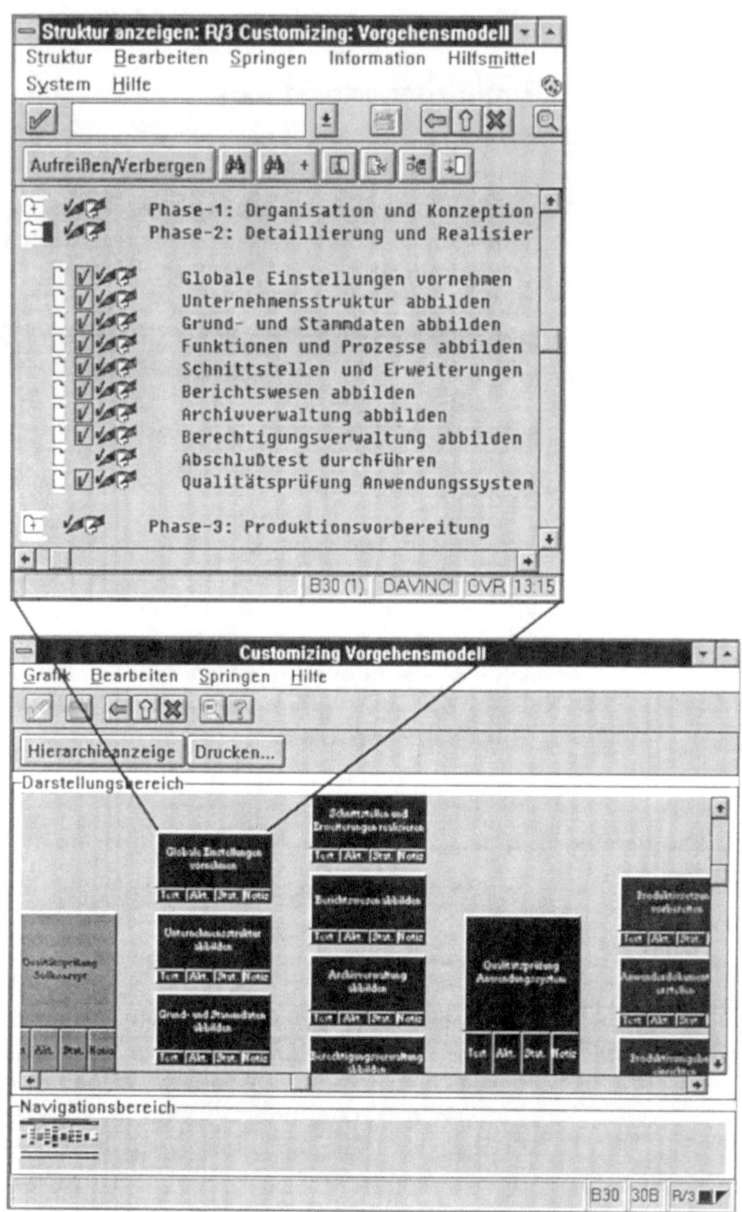

Abb. 4.1
Darstellung des Vorgehensmodells (SAP AG©)

Das Vorgehensmodell kann nicht nur zur Information über den Projektablauf herangezogen, sondern auch zur Überwachung und Dokumentation des Projektes eingesetzt werden.

4.2 Einführungsleitfaden

Der Einführungsleitfaden (**Implementation Management Guide, IMG**) stellt eine strukturierte Hilfe beim Customizing, die auch als Parametrisierung der Standardsoftware R/3 bezeichnet wird, dar.

Customizing

Customizing ist das Verfahren, mit dem die unternehmensneutral ausgelieferte Funktionalität den spezifischen betriebswirtschaftlichen Anforderungen eines Unternehmens angepaßt sowie die Phasen der Einführung und der Anpassung in einem einfachen Werkzeug für Projektsteuerung dokumentiert und verwaltet werden. Aufgrund seines hierarchischen Aufbaus stellt der Implementation Management Guide eine sinnvolle Schrittfolge bei der Einführung des R/3-Systems bzw. seiner Module dar.

Das Customizing ist kein Verfahren zur Modifizierung der R/3-Standardprogramme, sondern eine Möglichkeit, in entsprechenden Tabellen die Rahmenbedingungen für den R/3-Benutzer vorzugeben.

Der Einführungsleitfaden enthält einen Überblick über die Standardeinstellungen im Kundensystem. Er ist integraler Bestandteil der **Business Engineering Workbench** und dient der Implementierung des R/3-Systems. Mit dem Release 3.0 wurde er zu einem modellbasierten Ansatz ausgebaut.

4.2.1 Configure to order

Configure to order besagt, daß ein durch den Kunden gefordertes Customizing konfiguriert wird. Damit wird der Problematik Rechnung getragen, daß im IMG alle Aktivitäten (zur Zeit sind es etwa 8500) zur Implementierung enthalten sind, jedoch kein Kunde alle Aktivitäten benötigt. Der IMG wird demzufolge kundenspezifisch angepaßt.

IMG konfigurieren

Ausgangspunkt bei der Konfiguration des IMG ist immer der **SAP-Referenz-IMG**, der alle Aktivitäten enthält. Durch Auswahl von Länderspezifika, der Geschäftskomponenten und der benötigten Funktionen, wird ein spezieller **Unternehmens-IMG** generiert. Dieser enthält alle notwendigen Customizing-Aktivitäten zur Implementierung der Anwendungskomponenten in einem spezifischen Unternehmen.

Danach wird ein Customizing Projekt entworfen, um die R/3-Implementation besser zu strukturieren und zu unterstützen. Daraus wird ein sogenannter **Projekt-IMG** entwickelt.

Es ist sinnvoll, den Unternehmens-IMG in mehrere Projekt-IMG's zu zerlegen. Die Praxis zeigt, daß meist nicht alle Komponenten auf einmal implementiert werden.

Desweiteren kann man einen release-spezifischen **Einführungsleitfaden** generieren. Dies ist für das Unternehmen auf der Basis des Unternehmens-IMG's oder aber für jedes Customizing-Projekt auf der Basis des Projekt-IMG's möglich. Der release-spezifische Einführungsleitfaden faßt alle Dokumente aus dem Unternehmens-IMG oder aus dem Projekt-IMG zusammen, wofür Release-Informationen vorhanden sind. Der release-spezifischen Einführungsleitfaden läßt sich für unterschiedliche Release- und Upgrade-Stände generieren.

Die Anzahl der Aktivitäten innerhalb der Projekt-IMG's können durch verschiedene Sichten, z.B. durch die Sicht Muß-Aktivitäten, nochmals reduziert werden. Der Konfigurationsprozeß des IMG's ist in Abb. 4.2 darg estellt.

Abb. 4.2
Konfiguration des IMG

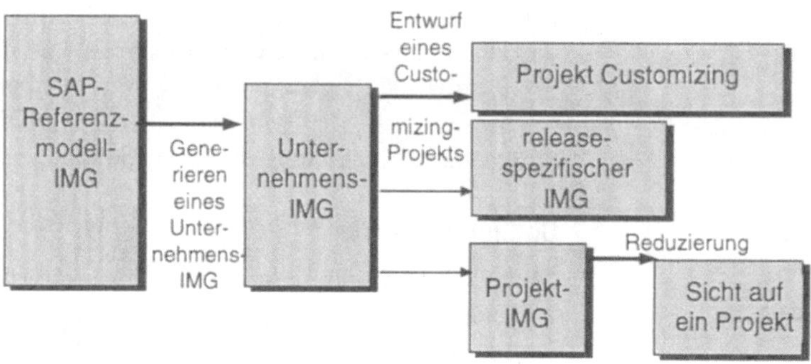

Unabhängig davon, welcher IMG gerade bearbeitet wird, ist der Grundaufbau immer identisch. Durch die hierarchische Struktur wird immer nur das angezeigt, was erforderlich ist, und bei Bedarf können detailliertere Elemente aufgeblendet werden. In Abb. 4.3 wird die Grundstruktur des IMG's für alle Kompone nten dargestellt.

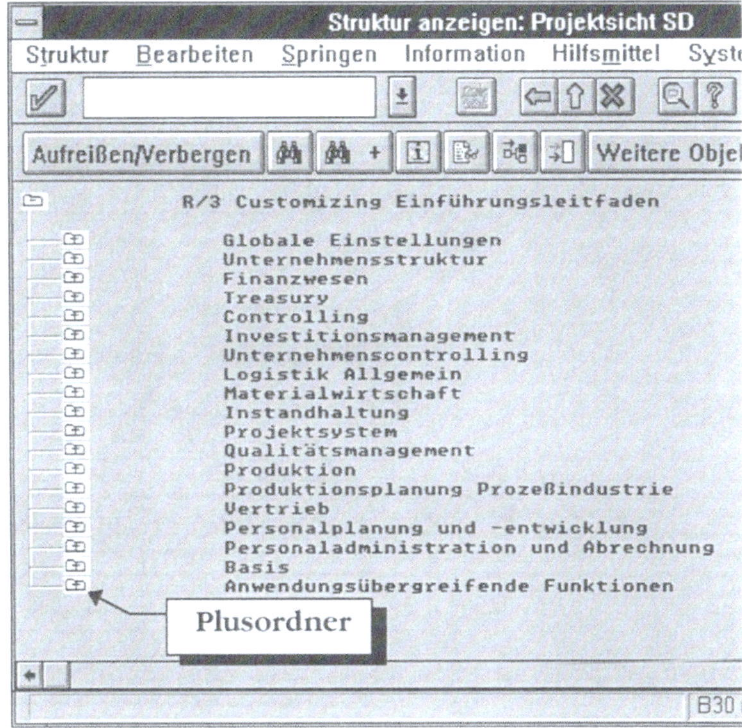

Abb. 4.3
Grundstruktur des IMG (SAP AG©)

Informationen im IMG

Solange ein „Plusordner" der Menüstruktur vorsteht, findet man durch Klicken bzw. die Funktion *Aufreißen* detailliertere Informationen. Der IMG zeigt neben dem Titel folgende Informationen an: die Namen der Transaktionen und Objekte, die Existenz einer Anmerkung (Notiz), die Existenz einer Notiz über eine Release-Information, die Notwendigkeit einer Aktivität und die Verbindung einer Aktivität zum Prozedur-Modell bzw. zu einer Länderspezifik. Die Symbolik des IMG ist in Abb. 4.4 dargestellt.

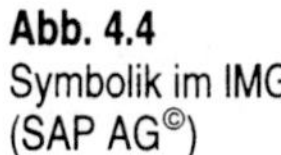

Abb. 4.4
Symbolik im IMG (SAP AG©)

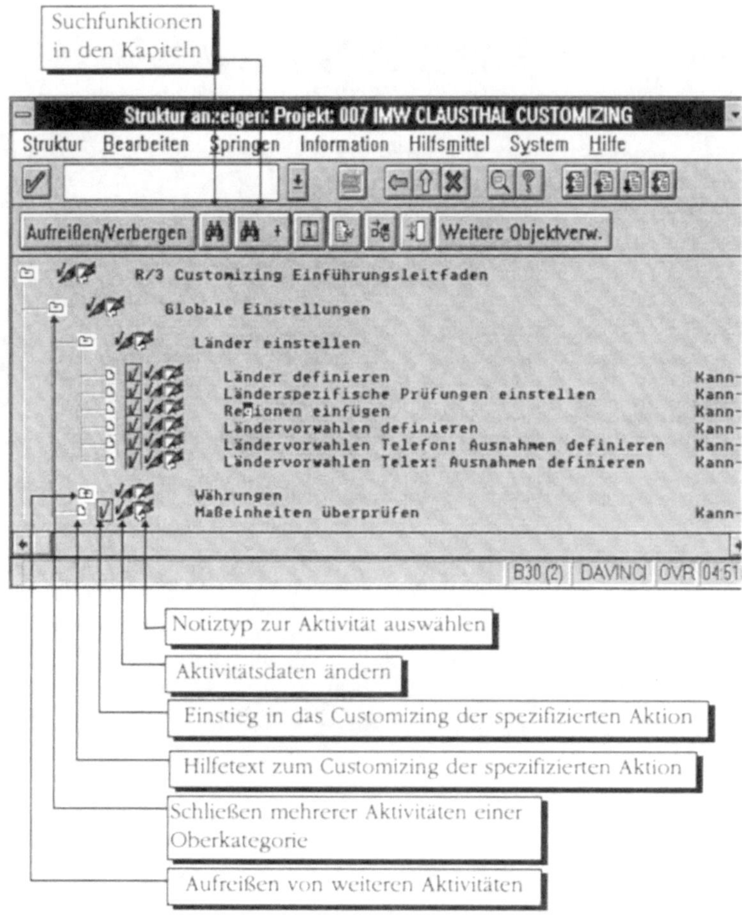

Hilfetexte

Die Notwendigkeit und Ausführung jeder Customizing-Aktivität ist durch Hilfetexte ausführlich dokumentiert. Man kann bei der Anzeige der Hilfetexte zwischen der Windows-Hilfe und dem SAPscript wählen. Dies geschieht über die Menüfolge: *Hilfsmittel → Textanzeige → mit SAPscript/mit WINHelp.*

Die Arbeit mittels WINHelp hat mehrere Vorteile. Erstens dient es der Vereinheitlichung, Zusammenhänge sind durch Grafiken besser abbildbar und außerdem macht es ein paralleles kontextbezogenes Arbeiten möglich. Man kann deshalb während der Einstellung der Parameter im R/3-Customizing durch Taskwechsel die Erläuterungen einblenden.

Als nützlich hat sich die **Suchfunktion im IMG** erwiesen. Besonders die Anzeige von Treffern ermöglicht eine Einschätzung, wofür und wieviel Einstellungen notwendig sind.

Wenn man z.B. wissen will, an welcher Stelle des IMG's Einstellungen im Zusammenhang mit dem Lieferanten möglich sind, gibt man zunächst den Suchbegriff „Lieferant" in die Suchmaske ein, sucht nach ihm als Zeichenkette und läßt sich eine Trefferliste erstellen.

Abb. 4.5
Trefferliste beim Suchstring „Lieferant" im IMG (SAP AG©)

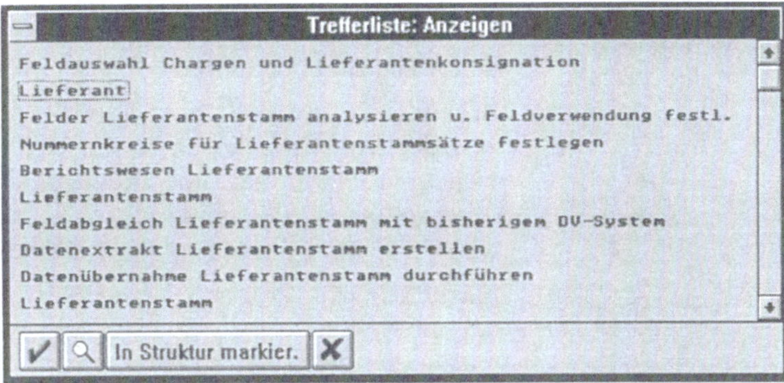

In dieser Trefferliste kann man nun mit Hilfe der Lupe Informationen aus der R/3-Online-Hilfe erhalten oder mittels *In Struktur markier.* direkt zu der Stelle des IMG's verzweigen, an der Einstellungen zum „Lieferant" möglich sind.

Abb. 4.6
Einstellungen zu „Lieferanten" im IMG (SAP AG©)

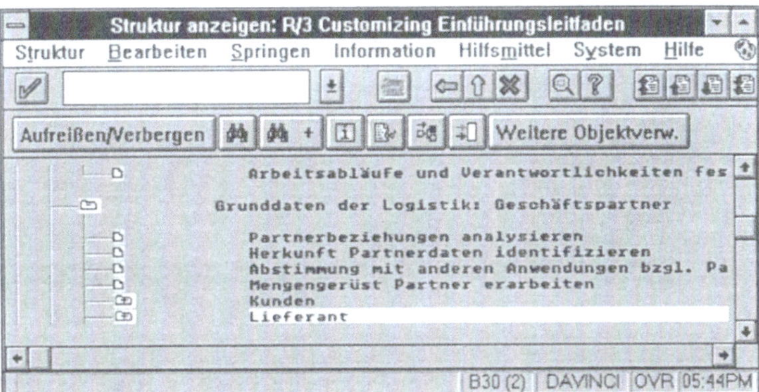

4.2.2 Systematik der IMG-Aktivitäten

Die Aktivitäten im IMG sind folgendermaßen systematisiert:

- Zuordnung zu Anwendungskomponenten (Gruppierung über die Komponenten Rechnungswesen, Logistik, Personalwesen und Basis)
- Zuordnung zu Ländern (einige Aktivitäten sind länderspezifisch)
- Zuordnung zu einem Arbeitspaket des Vorgehensmodells (man kann direkt von einer speziellen Etappe im Vorgehensmodell zum IMG verzweigen und die dafür vorgesehenen Aktivitäten durchführen)
- Klassifikation als Muß- oder Kannaktivität (man kann sich zu jeder Aktivität anzeigen lassen, ob diese unbedingt notwendig ist, wie z.B. die Kontenfindung, und deshalb durchgeführt werden muß, oder diese Aktivität durchgeführt werden kann, wie z.B. die Pflege der Nummernkreise)
- Klassifikation in kritisch oder unkritisch (kritische Aktivitäten erfordern besondere Sorgfalt, weil Fehler dort sehr weitreichende Konsequenzen haben)

Die beschriebene Informationsbasis des IMG erreicht man über: *Werkzeuge → Customizing → Unt.IMG → Information → Titel und IMG Info*. Will man sich z.B. über die Notwendigkeit von Aktivitäten für Einstellungen beim „Lieferant" informieren, erhält man das in Abb. 4.7 dargestellte Ergebnis.

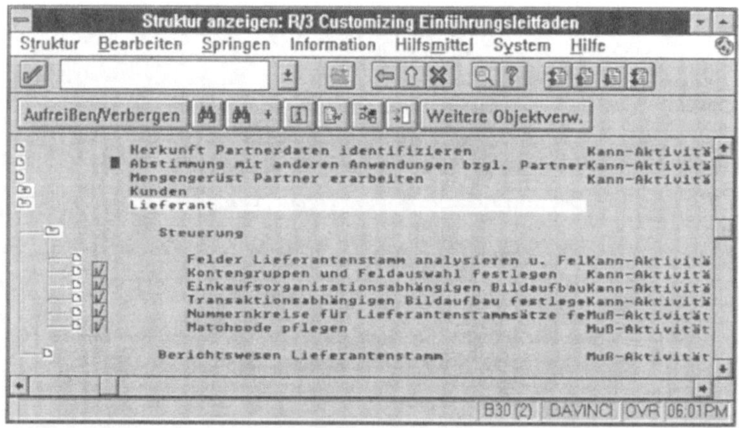

Abb. 4.7 Notwendigkeit der Aktivitäten für Einstellungen des „Lieferanten" im IMG (SAP AG©)

4.2.3 Projektverwaltung

Mit der Projektverwaltung kann das Customizing konkret auf ein bestimmtes Projekt zugeschnitten und eingeschränkt werden.

Projekte anlegen

Im Rahmen der einzelnen **Projekte** kann der IMG auf spezielle Anwendungskomponenten und verschiedene Sichten hin gekürzt werden. Die Sichten können in die beschriebenen Muß- und Kannaktivitäten sowie kritische und unkritische Aktivitäten unterteilt werden. In einem Projekt werden außerdem die Dauer und die Verantwortlichen identifiziert. Als Beispiel kann man die Einführung der Logistik mit allen Muß- und Kann- sowie kritischen Aktivitäten sehen. Der IMG in diesem Falle würde wie in Abb. 4.8 aussehen.

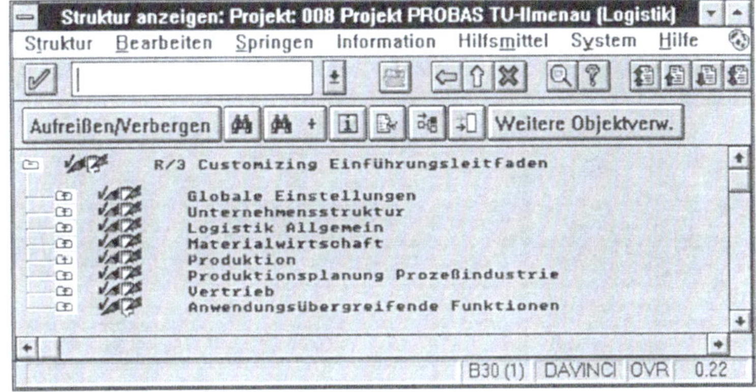

Abb. 4.8 projektspezifischer IMG (SAP AG©)

Projekte dokumentieren

Bei der Einführung des R/3-Systems ist es sinnvoll, eine **projektbegleitende Dokumentation** anzulegen. Die SAP AG bietet dafür den Notiztyp an. Damit kann man die Projektdokumentation strukturieren. Es gibt zwei verschiedene Typen von Projektdokumentation:

- projektspezifische Dokumentation

Diese Projektdokumentation wird Dokumenten, einem Notiztyp oder einem Customizing-Projekt im Projekt-IMG zugeordnet.

- projektübergreifende Dokumentation

Diese Dokumentation wird Dokumenten oder einem Notiztyp im SAP-Referenz-IMG zugeordnet. Das bedeutet, daß diese Projektdokumentation für alle Projekt-IMG's gilt, in denen das Dokument erscheint. Wird der Notiztyp als „Global" gekennzeichnet, steht dieser Notiztyp allen Customizing-Projekten zur Verfügung.

So entsteht automatisch eine projektübergreifende Dokumentation.

Für die Erfassung der Projektdokumentation kann man zwischen Microsoft Word für Windows[2] oder SAPscript wählen.

Projekte auswerten

Man kann zu jedem Dokument des Einführungsleitfadens verschiedene Statusinformationen hinterlegen. Über die **Projektauswertungen** hat man die Möglichkeit, die hinterlegten Statusinformationen auszuwerten. Dabei kann man selbst bestimmen, nach welchen Selektionskriterien man die Auswertungen einschränkt und wie die Ergebnisse der Auswertungen schließlich auf dem Bildschirm und dem Papierausdruck dargestellt werden. Die in Abb. 4.9 dargestellten Selektionskriterien werden standardmäßig angeboten.

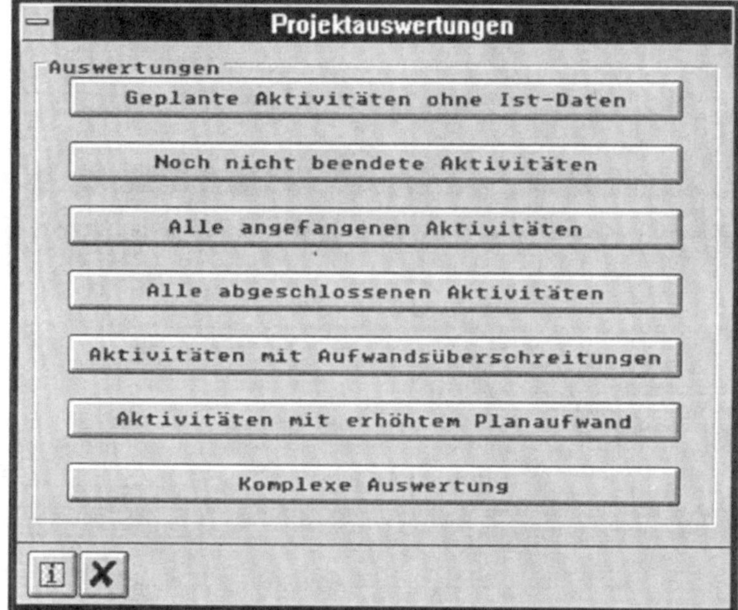

Abb. 4.9 Kriterien zur Projektauswertung (SAP AG©)

Bei jedem dieser Selektionskriterien kann man die Projektauswertung weiter einschränken. Da die Einschränkungen durch ein logisches UND verknüpft sind, nimmt die angezeigte Datenmenge mit jeder weiteren Einschränkung ab.

Austausch mit Microsoft Project

Für Anwender von **Microsoft Project**[3] können die Statusinformationen sowohl an Microsoft Project übergeben als auch um-

2 Microsoft Word für Windows ist eingetragenes Warenzeichen der Microsoft Corporation

gekehrt Microsoft Project Daten in Statusinformationen übernommen werden.

4.2.4 Zusätzliche Funktionalität

Transport von Customizing-Elementen

Die Funktionalität Transport von Customizing-Elementen dient der Übertragung von Customizing-Einstellungen. Ein typisches Anwendungsbeispiel ist nachfolgend beschrieben. Während in einer Produktivumgebung bereits mit R/3 gearbeitet wird, werden in einer Testumgebung weitere Geschäftsprozesse eines Unternehmens im R/3 implementiert. Wenn das Customizing in der Testumgebung zufriedenstellend abgeschlossen ist, werden die gesamten Einstellungen von der Testumgebung in die Produktivumgebung übernommen. Man unterscheidet beim Transport von Customizing-Elementen zwischen dem Austausch von zwei verschiedenen SAP-Systemen oder innerhalb eines SAP-Systems zwischen einem Test- und einem Produktivmandanten. Die folgende Tabelle zeigt eine Übersicht darüber, welche Customizing-Elemente auf welche Weise transportiert werden können.

Tab. 4.1 Transportmöglichkeiten für Customizing-Elementen

Customizing-Elemente	**Transportmöglichkeit zwischen zwei SAP-Systemen**	**Transportmöglichkeit innerhalb eines SAP-Systems**
mandantenabhängige Tabelleneinträge	Ja	Ja
mandantenunabhängige Tabelleneinträge	Ja	Nein
mandantenabhängige Tabellen	Ja	Ja
mandantenunabhängige Tabellen	Ja	Nein
ganzer Mandant	Ja	Ja
Notiz	Ja	Nein
Dokumente	Ja	Nein
Einführungsleitfaden	Ja	Nein
Hierarchiestruktur	Ja	Nein

[3] Microsoft Project ist eingetragenes Warenzeichen der Microsoft Corporation

Organisationseinheiten kopieren

Es ist möglich, mit Hilfe des Kopierwerkzeugs Organisationseinheiten, wie Werk oder Buchungskreise, zu kopieren, zu löschen, zu bearbeiten oder zu überprüfen. Die Funktionen dazu findet man im Ordner Unternehmensstruktur des IMG.

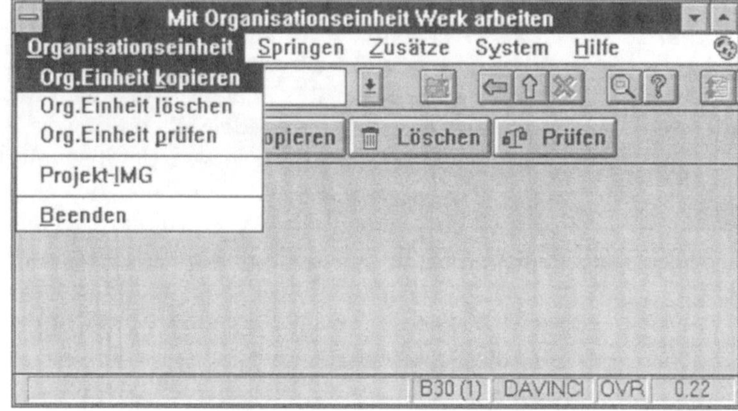

Abb. 4.10 Kopierfunktionen von Organisationseinheit (Werk) (SAP AG©)

Folgende **Arbeitsschritte** müssen durchgeführt werden:

- Menüauswahl: *Werkzeuge → Customizing → Einführungsprojekte → Anzeige Unternehmens IMG (Projekt-IMG) → Unternehmensstruktur → Kopierfunktionen* (EC01 für Buchungskreis und EC02 für Werk);
- Auswahl der zu kopierenden Organisationseinheit;
- Überprüfen auf Konsistenz mittels: *Zusätze → Technische Protokolle → Ergebnis prüfen;*
- wenn keine Inkonsistenzen auftreten, kann die Nummer der Zielorganisationseinheit eingegeben werden;
- mittels *Projekt-IMG* werden alle veränderten Objekte angezeigt und können nachträglich angepaßt werden.

5

R/3-Referenzmodell

Mit dem **R/3-Referenzmodell** unterstreicht die SAP AG ihre Strategie, die betriebswirtschaftlichen Strukturen des Softwareproduktes R/3 offenzulegen. In diesem Modell werden alle Prozesse und die damit verbundenen Business Objects, Entitätstypen, Funktionen und Systemorganisationseinheiten dargestellt, die mit dem R/3-System realisierbar sind.

Das R/3-Referenzmodell soll den Mitarbeitern der Unternehmen bei der Einführung des R/3-Systems eine Hilfestellung geben. Dies basiert vor allem darauf, daß die betriebswirtschaftlichen Prozesse, die das R/3-System unterstützt, in einer leicht verständlichen Form abgebildet werden und durch die Integration anderer Informationssysteme leicht ausgewertet werden können.

In dem Referenzmodell des **Release 3.0** sind ungefähr 800 Prozesse integriert, die den vollständigen Leistungsumfang des R/3-Systems auf der betriebswirtschaftlichen Seite dokumentieren.

5.1 Architektur des R/3-Referenzmodells

ARIS

Bei der Gestaltung der Referenzmodelle wurde auf die **Architektur integrierter Informationssysteme (ARIS)** zurückgegriffen. Der Grundgedanke ist, daß das Informationssystem auf der Basis vollständig integrierter Geschäftsprozesse abgebildet wird. Die dabei entstehende Komplexität durch die Zerlegung des Modells in verschiedene Sichten aufgelöst. SCHEER schlägt in seinem Werk „Architektur integrierter Informationssysteme“ folgende vier Sichten vor:

- **die Datensicht**
- **die Funktionssicht**
- **die Organisationssicht**
- **die Steuerungssicht**

Dabei stellt die Steuerungssicht, die die verschiedenen Geschäftsprozesse enthält, das Bindeglied dar.

Spezifik des R/3-Referenzmodells

Für das R/3-Referenzmodell wurden verschiedene Einschränkungen und Veränderungen definiert.

1. Es werden nur die **betriebswirtschaftlichen Prozesse** betrachtet. Die DV-technische Umsetzung des Informationssystems ist nicht Gegenstand des Modells.

2. Die Einteilung der Sichten des Referenzmodells wurde um die **Informationsflußsicht** und die **Kommunikationssicht** erweitert.

Folgende Objekte sind für das R/3-Referenzmodell zugelassen:

- **Business Objects** sind betriebswirtschaftliche Objekte, wie z.B. ein Kundenauftrag oder eine Stückliste, die den Kern der R/3-Anwendungen ausmachen. Sie sind in sich abgeschlossen und enthalten ein Datenmodell, eine Schnittstelle und die Objektmethoden.
- **Entitätstypen** sind eine abstrakte Repräsentation einer Menge von ähnlichen Elementen der realen Welt. Sie bilden jeweils eine Tabelle im ABAP/4-Dictonary (Kapitel 7) ab.
- **Prozesse** sind Folgen von zeitlich und logisch geordneten Funktionen zu Bearbeitung betriebswirtschaftlicher Sachverhalte.
- **Informationsflüsse** stellen den Transport von Informationsobjekten (z.B. Entitätstypen oder Business Objects) zwischen verschiedenen Anwendungsbereichen dar.
- **Funktionen** sind betriebswirtschaftliche Aufgaben, die Eingangsdaten zu Ausgangsdaten verarbeitet.
- **Systemorganisationseinheiten** sind die abstrakte Repräsentation der verschiedenen Elemente der Organisationsstruktur des R/3-Systems.

5.2 Sichten des Referenzmodells

Die verschiedenen Sichten des Referenzmodells werden im folgenden Abschnitt erläutert. Für jede Sicht wurden von der SAP AG maximal zwei Modelltypen zur grafischen Darstellung als Standard definiert.

Organisationssicht

Die Organisationssicht zeigt die komplette systemorganisatorische Struktur des R/3-Systems. Außerdem existieren Diagramme für jede einzelne Anwendungskomponente.

Der benutzte Modelltyp ist im Systemorganigramm mit den folgenden zwei Elementen dargestellt:

- Systemorganisationseinheit

- Beziehungstyp

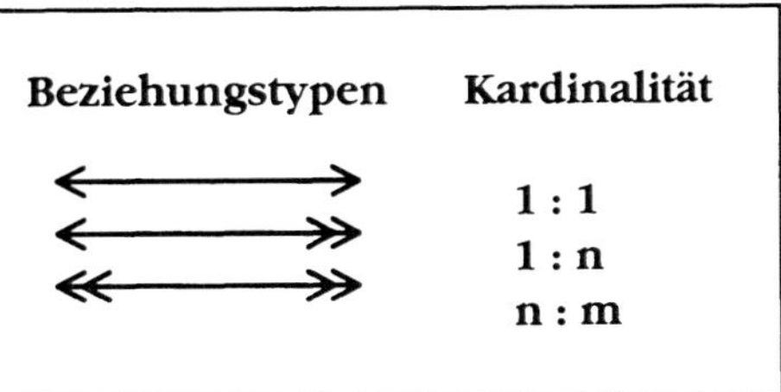

Die Beziehungstypen werden durch ihre Kardinalitäten näher beschrieben.

Das folgende Bild zeigt einen Ausschnitt des Systemorganigramms „Materialwirtschaft".

Abb. 5.1 Ausschnitt des Systemorganigramms „Materialwirtschaft"

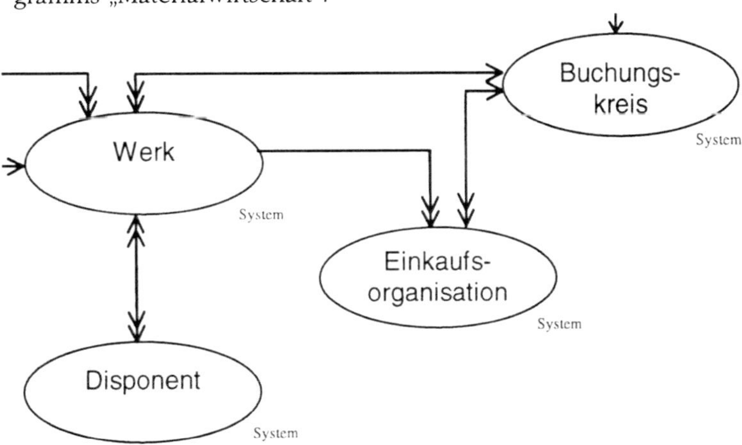

Funktionssicht

Die Funktionssicht zeigt die funktionelle Gliederung von R/3. Im R/3-Analyzer werden dazu Modelle vom Typ Funktionsbaum genutzt. Die Art der Kanten ist „prozeßorientiert übergeordnet". Außerdem wurden SAP-Applikationsdiagramme für das komplette R/3-System und für die einzelnen Anwendungskomponenten CO und FI angelegt.

Im Business Navigator wird diese Sicht nur durch Textseiten unterstützt. Diese geben eine Übersicht und erlauben die weitere Verzweigung in die Prozeßsicht.

Datensicht

Die Datensicht beschreibt die Struktur der im R/3-System enthaltenen Daten. Dabei werden ausschließlich Diagramme vom Typ SAP-SERM (siehe Kapitel 6) genutzt. Es wird dabei zwischen Business Objects und Entitätstypen als Hauptelemente der Diagramme unterschieden.

Für eine weiterführende Betrachtung der Datenstruktur werden Methoden des Data Modelers angeboten. Für die Arbeit mit den Business Objects werden die Funktionen des Object-Browser - ein Werkzeug des R/3-Systems - genutzt.

Damit können die Methoden, das Interface sowie die Schlüsselfelder der Business Objects untersucht werden (Menüpfad *Springen → Objekttyp*). Als Beispiel für die Datensicht in Abb. 5.2 dient die Spezialisierungsstruktur des Business Objects „Geschäftspartner".

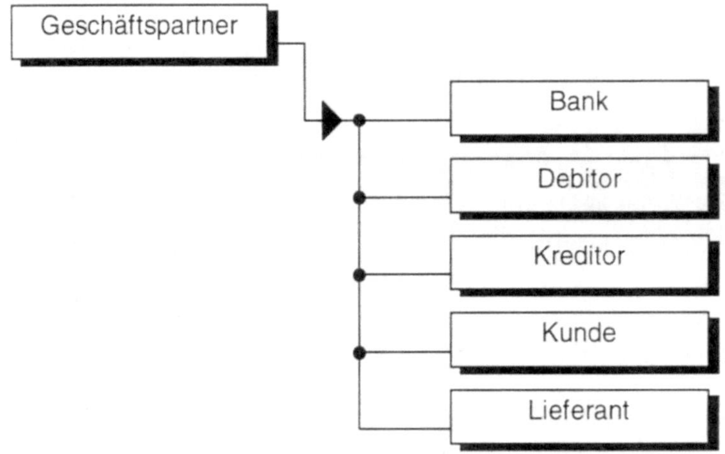

Abb. 5.2 Business Object „Geschäftspartner"

Informationsflußsicht

Die Informationsflußsicht bildet die möglichen Informationsflüsse im R/3-System ab. Im Business Navigator werden nur Textdarstellungen verwendet, die die Quellen, Senken und die zu transportierenden Informationsobjekte für eine ausgewählte Funktion darstellen.

Prozeßsicht

In der Prozeßsicht werden die im R/3-System verfügbaren Prozesse abgebildet. Als Darstellungsmittel werden Prozeßauswahlmatrizen und erweiterte Ereignis-Prozeß-Ketten (im folgenden EPK) genutzt. Die Prozeßauswahlmatrizen geben einen Überblick über die applikationsspezifischen Prozesse. Diese werden dann mittels EPKs verfeinert dargestellt. Die wichtigsten Elemente einer EPK sind:

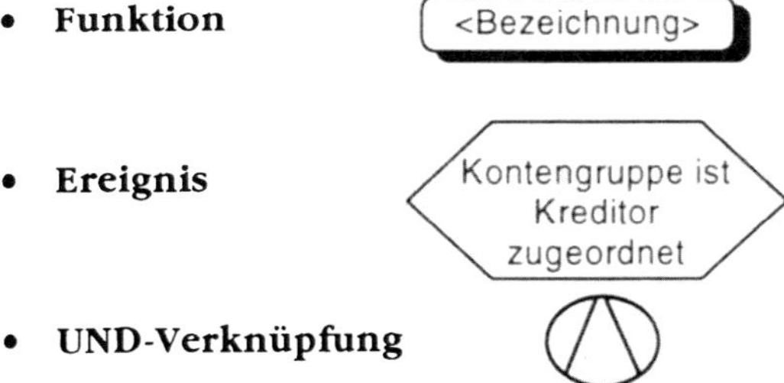

Die folgende Abb. zeigt einen Ausschnitt des Prozesses „Lieferantenstammbearbeitung" in Form einer EPK.

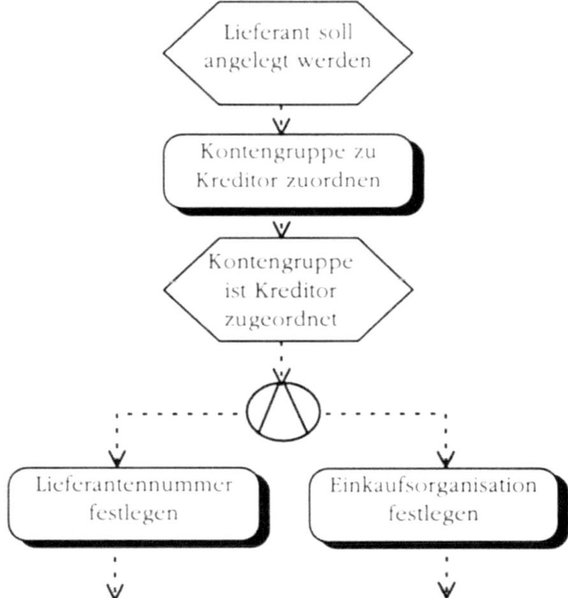

Abb. 5.3
EPK „Lieferanten-stammbearbeitung"

Kommunikationssicht

In der Kommunikationssicht soll die Kommunikation zwischen den einzelnen Organisationseinheiten abgebildet werden.

Die Elemente dieses Modelltypes sind:

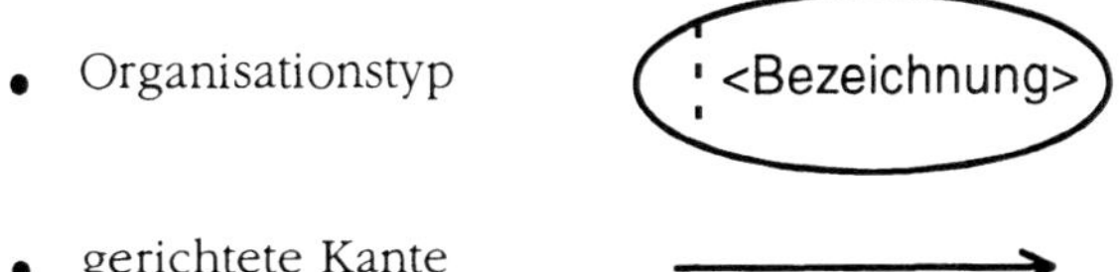

- gerichtete Kante

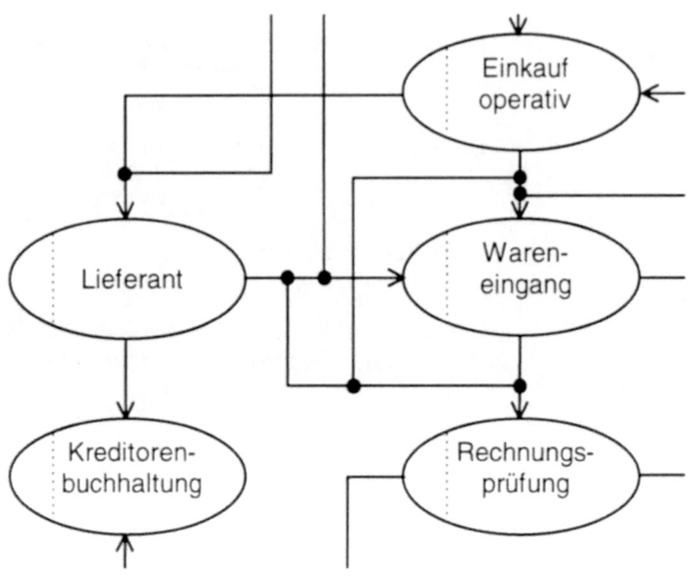

Abb. 5.4 Ausschnitt des Kommunikationsdiagramms „Einkauf"

5.3 Business Navigator

Für die Arbeit mit dem Referenzmodell stehen verschiedene Werkzeuge, z.B. der Business Navigator[4] und der R/3-Analyzer zur Verfügung.

Der Business Navigator ist ein in das R/3-System integriertes Tool, das die Funktionalität bereitstellt, die verschiedenen Modelle des R/3-Referenzmodell zu betrachten. Die Integration besteht in der Möglichkeit, die verschiedenen Funktionen des R/3-Systems auch direkt aus dem Business Navigator heraus aufzurufen. Ein Beispiel dafür ist, daß die Customizingfunktionen und die einzelnen Transaktionen direkt aus dem entsprechenden Prozeß- oder Komponentenmodell heraus gestartet werden können.

Um eine effektive und übersichtliche Informationsgewinnung mit dem Referenzmodell zu sichern, werden außerdem Methoden verschiedener Informationssysteme des R/3-Systems genutzt. Die folgende Abb. 5.5 zeigt eine Übersicht mit den wichtigsten Verbindungen.

4 siehe auch hierzu Kapitel 2 „**Finanzbuchhaltung aus Sicht des R/3-Referenzmodelles**" und auf der beiliegenden CD „**Der Business Navigator**".

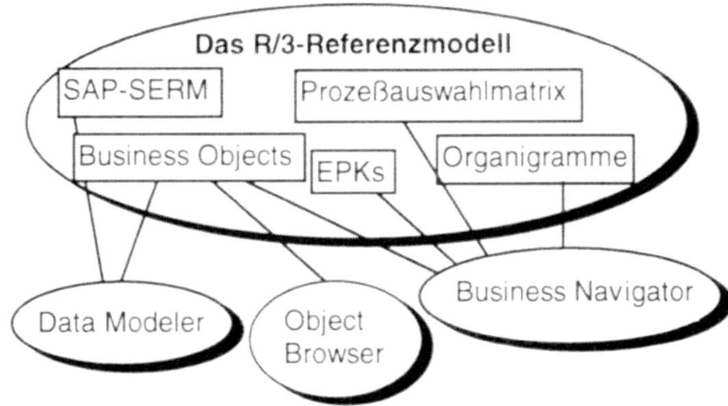

Abb. 5.5 Informationssysteme und das R/3-Referenzmodell

R/3-Analyzer

Neben dem Business Navigator existieren weiterhin externe Tools, die eine Navigation im R/3-Referenzmodell ermöglichen. Ein Beispiel dafür ist der R/3-Analyzer. Er besteht aus der Navigationskomponente des ARIS-Toolsets[5]. Mit den weiteren Komponenten des Toolsets können eigene Modelle angelegt und bearbeitet werden. Außerdem ist dann ein Soll-Ist-Vergleich mit dem Referenzmodell möglich.

In dem folgenden Kapitel soll zunächst eine kurze Einführung zur Handhabung des Business Navigators gegeben werden. Danach wird dargestellt, welche Navigationspfade und Direktverbindungen auf dem Weg durch das R/3-Referenzmodell möglich sind.

5.3.1 Handhabung

Im folgenden Abschnitt sollen einige Methoden des Business Navigator vorgestellt werden, die die Arbeit mit ihm erleichtern.

navigieren

Im Business Navigator werden verschiedene Wege angeboten, um von einem Diagramm oder Textbildschirm zum nächsten zu gelangen. Die Methoden Menüpfad, Schaltfläche und Doppelklick sollen kurz vorgestellt werden. Es existieren noch weitere Möglichkeiten (z.B. Klick mit der rechten Maustaste oder Nutzen der Funktionstasten), auf die im weiteren nicht eingegangen werden soll.

Menüpfad

Die Menüpfade sind einfach gegliedert. In Abb. 5.6 werden Verzweigungen gezeigt, die für ein Systemorganigramm möglich sind.

5 ARIS-Toolset ist eingetragenes Warenzeichen der IDS Prof. Scheer GmbH

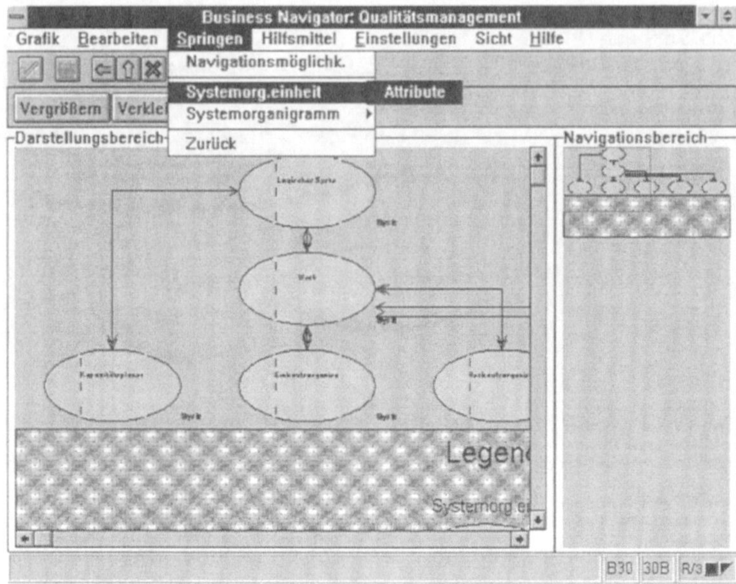

Abb. 5.6 Menüpfade für Systemorganigramme (SAP AG©)

In diesem Fall sind für die einzelnen Einheiten („Systemorg.-einheit") und für das Gesamtmodell („Systemorganigramm") jeweils nur die Attribute aufrufbar. In anderen Situationen können dies auch Verzweigungen in ein anderes Modell sein. Wird bei der Verzweigung Bezug auf eine Einheit oder ein Element des Modells genommen, muß dieses vorher durch einen Mausklick (links) markiert worden sein.

Schaltfläche

In den unterschiedlichen Modellen stehen verschiedene Schaltflächen zur Verfügung. Abb. 5.7 zeigt zwei verschiedene Typen. Die Schaltfläche der ersten Kategorie dient der Steuerung der grafischen Darstellung des Modells.

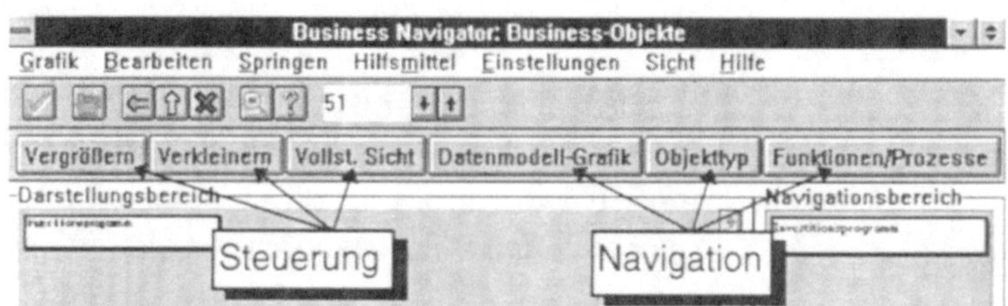

Abb. 5.7 Schaltfläche im Business Object „Investitionsprogramm" (SAP AG©)

Die Schaltfläche der zweiten Kategorie erlaubt die Verzweigung in andere Diagramme oder Textbildschirme des Referenzmodells. Bezieht sich die Aktion auf ein einzelnes Element der Grafik, muß dieses vorher markiert worden sein.

Doppelklick

Ein Doppelklick auf einen Abschnitt (siehe Abb. 5.8) oder auf ein Element in einer Grafik öffnet ein zusätzliches Menü.

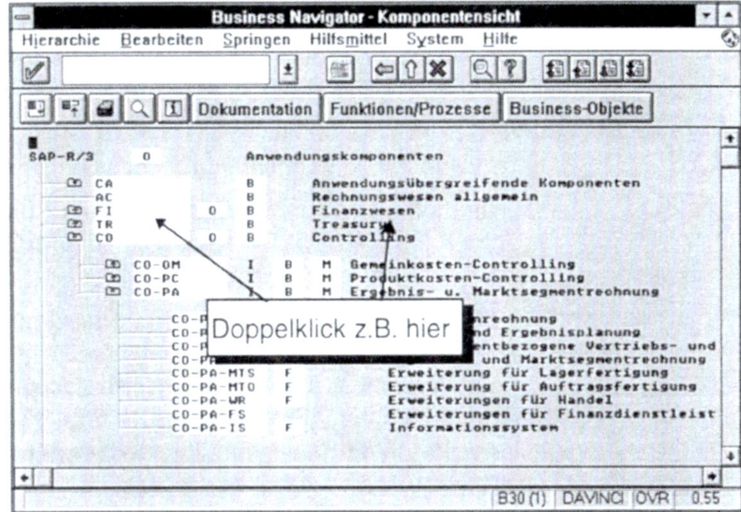

Abb. 5.8
Ausgangspunkt beim Öffnen eines zusätzlichen Menüs (SAP AG©)

Das Menü in Abb. 5.9 zeigt die Möglichkeiten zum weiteren Verzweigen für das gewählte Element oder den gewählten Abschnitt an.

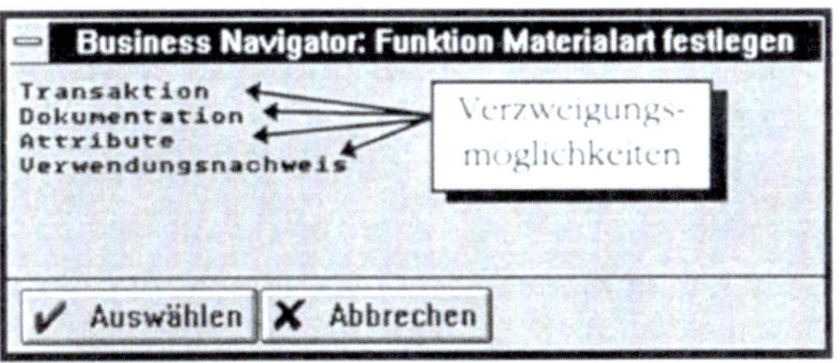

Abb. 5.9
Navigationsmenü der Funktion „Materialart anlegen" (SAP AG©)

Die gewünschte Aktion kann dann durch einen doppelten Mausklick oder der Schaltfläche *Auswählen* selektiert werden. Diese Art des Navigierens bietet sich vor allem dann an, wenn der weitere Pfad noch nicht sicher feststeht. Ansonsten sollte einer der weiter oben beschriebenen, meist schnelleren Möglichkeiten genutzt werden.

Reduzierung der Drill-Down-Menüs

Für den Einstieg in das R/3-Referenzmodell werden **Drill-Down-Menüs** genutzt. Um den Umfang dieser Menüs zu reduzieren, gibt es zwei Möglichkeiten.

Die erste besteht darin, die strukturierte Liste **auf eine Unterstruktur** zu **begrenzen**. Dabei muß die Wurzel des interessierenden Ausschnitts mit einem Klick der linken Maustaste markiert und der Menüpunkt *Bearbeiten → Ausschnitt setzen* aufgerufen werden. Das Rücksetzen der Restriktionen ist durch einen Doppelklick auf die Zeichenkette „SAP R/3" in der obersten Zeile der Hierarchie möglich.

Mit der zweiten Möglichkeit kann der Umfang des Drill-Down-Menüs in der Komponentensicht reduziert werden.

Dazu muß man einen **Filter zu einem IMG-Projekt setzen** (siehe Kapitel 4.2.1). Der Menüpfad dazu ist *Bearbeiten → IMG-Filter → Customizing-Projekt*.

In dem folgenden Dialog wird die Projektnummer erfragt. Nach der Bestätigung erscheint die vereinfachte Hierarchie. Diese Funktion bietet sich an, wenn man mit einem speziellen Projekt arbeitet, zu dem Einschränkungen im IMG definiert wurden. Diese Restriktion kann nur durch Verlassen des Business Navigators zurückgesetzt werden.

Direktaufrufe

Für alle Anwendungskomponenten kann man aus den Drill-Down-Menüs der Komponentensicht (siehe Kapitel 5.3.3) die zugehörigen **IMG-Aktivitäten aufrufen**. Die gewünschte Ebene muß mit der linken Maustaste markiert und über Menüpfad *Springen → IMG-Aktivitäten* aufgerufen werden.

Direkt über den Business Navigator kann man für alle Prozesse die zugehörigen **Transaktionen aufrufen**. Dies erfolgt über den Menüpunkt *Bearbeiten → <Modelltyp> → Transaktion* oder durch einen Doppelklick auf den gewünschten Prozeß und einer weiteren Vorgehensweise nach Kapitel 5.3.1.

Zu jedem Modell kann man verschiedene **Attribute abrufen**. Sie geben zusätzliche Hintergrundinformationen über das Modell und über verschiedene Elemente des Modells. Davon ausgenommen sind die Kanten in den Diagrammen. Modellattribute werden über den Menüpfad *Springen → <Modelltyp> → Attribut* aufgerufen. Sollen zu einem Element Attribute angezeigt werden, müssen diese mit der Maus markiert werden. Danach ist der Menüpunkt *Springen → <Elementtyp> → Attribut* zu starten.

5.3.2 Eintrittsmöglichkeiten

Der Business Navigator stellt zwei Menüpfade als **Eintrittspunkte** für das Navigieren im R/3-Referenzmodell bereit:

Komponentensicht

Werkzeuge → Business Navigator → Komponentensicht (SB01)

Prozeßsicht

Werkzeuge → Business Navigator → Prozeßsicht (SB02)

Nach Anwahl dieser Menüpunkte wird ein Drill-Down-Menü angezeigt, das nach den Anwendungskomponenten oder nach den Prozessen gegliedert ist.

5.3.3 Komponentensicht

Die Abb. 5.10 zeigt das Drill-Down-Menü der **Komponentensicht**. Es spiegelt die **statische Hierarchie** der Funktionalität im R/3-System wieder.

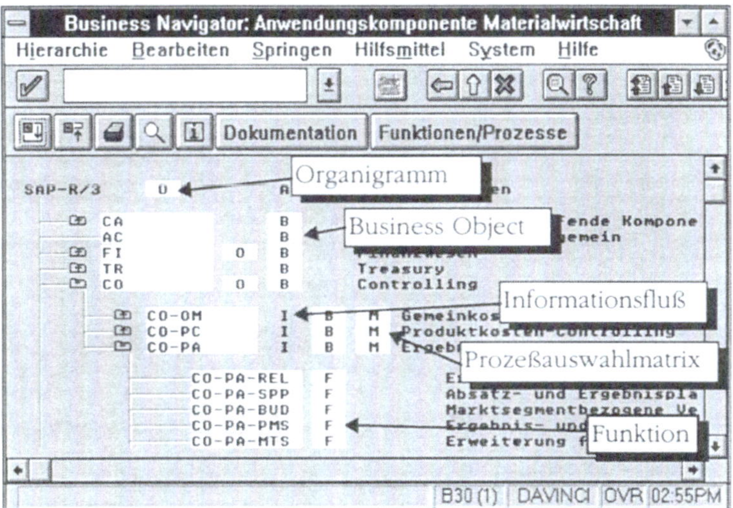

Abb. 5.10 Komponentensicht (SAP AG©)

Arbeit mit den Drill-Down-Menüs

Die verschiedenen Ebenen können mittels der Maussteuerung oder der Schaltfläche **expandiert** oder **komprimiert** werden.

Mit der Maus genügt ein Doppelklick auf ein , um die nächste Ebene zu expandieren. Ein Doppelklick auf ein komprimiert alle darunterliegenden Ebenen.

Soll die Schaltfläche zum Expandieren genutzt werden, muß die interessierende Ebene vorher markiert werden. Nach dem Klick auf den Button werden alle darunterliegenden Ebenen angezeigt.

Mit der Schaltfläche muß auf ähnliche Weise verfahren werden, allerdings ist dann das Ziel, die darunterliegenden Ebenen zu komprimieren.

Auf jeder Detaillierungsebene der Struktur sind bestimmte **Modelltypen** zulässig und implementiert.

Die Buchstaben, die in Abb. 5.10 enthalten sind, stehen für einen dieser Modelltypen. Sie werden für die Ebenen angegeben, die mit den entsprechenden Modellen hinterlegt sind.

5.3.4 Prozeßsicht

Die Darstellungsweise nach dem Menüpunkt **Prozeßsicht** ist ein Äquivalent der „Komponentensicht". Allerdings stehen hier inhaltlich die **dynamischen Aspekte** - die Prozesse des R/3-Systems - im Vordergrund.

Abb. 5.11 Prozeßsicht (SAP AG©)

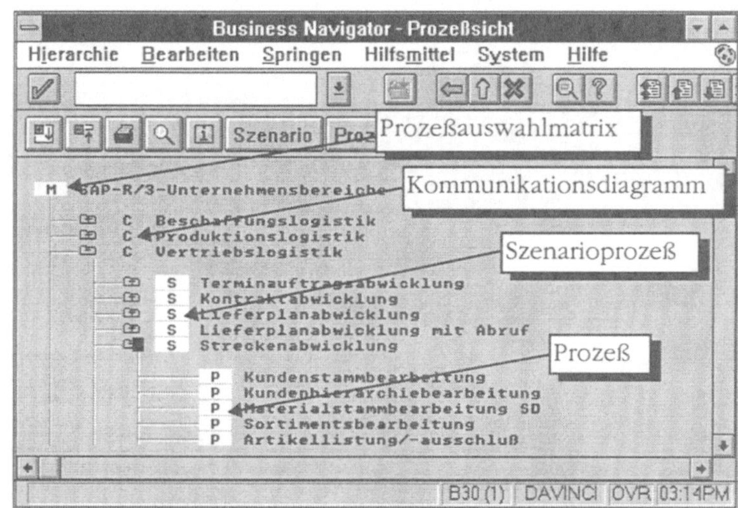

Die Steuerung des Drill-Down-Menüs erfolgt auf die gleiche Weise wie in der Komponentensicht.

Den verschiedenen Ebenen wurde genau ein Modelltyp zugeordnet. Auf der höchsten Ebene wurde eine Prozeßauswahlmatrix implementiert, die die gesamte Prozeßstruktur aggregiert wiedergibt. Allerdings ist dieser Einstieg auf Grund seiner Komplexität sehr zeitaufwendig. Für die Szenarioprozesse und die normalen Prozesse wurde der Modelltyp der EPK genutzt.

5.3.5 Navigationspfade

Auf dem Weg durch das R/3-Referenzmodell existieren viele Möglichkeiten. Für den Benutzer ist es ebenso leicht, eine Abkürzung zu finden, wie sich zu verlaufen. Deshalb sollen im folgenden Abschnitt die wichtigsten Pfade als Übersicht dargestellt werden.

Einstieg

Die Abb. 5.12 soll darstellen, wie die einzelnen Darstellungssichten des R/3-Referenzmodelles über die Einstiegspunkte **Komponentensicht** und **Prozeßsicht** zu erreichen sind. Außerdem sind in dieser Abbildung die Buchstaben aufgeführt, die zur Identifizierung der Modellsichten in den Drill-Down-Menüs dienen.

Abb. 5.12 Einstiegspunkte des R/3-Referenzmodells

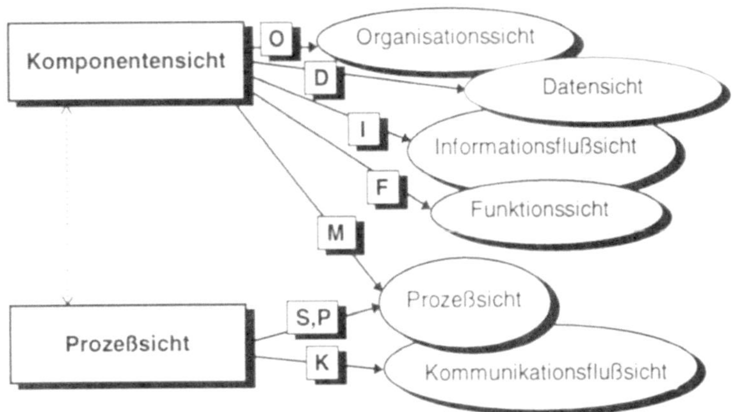

Dabei ist zu beachten, daß die Bezeichnung Prozeßsicht sowohl den Menüpunkt im R/3-System darstellt, als auch eine Darstellungssicht des Referenzmodells repräsentiert.

Von der Komponentensicht kann über den Menüpunkte *Springen → Prozeßsicht* direkt zur Prozeßsicht gesprungen werden. Für die entgegengesetzte Richtung lautet der Menüpfad *Springen → Komponentensicht*.

Wege durch das Referenzmodell

Zwischen den verschiedenen Sichten des R/3-Referenzmodells und ihren Modellen existieren eine Vielzahl von **Querverbindungen**. Die wichtigsten werden in Abb. 5.13. kurz dargestellt.

Die angehefteten Symbole in der Abb. weisen darauf hin, ob die dargestellten Sichten als Text oder als Grafik wiedergegeben werden.

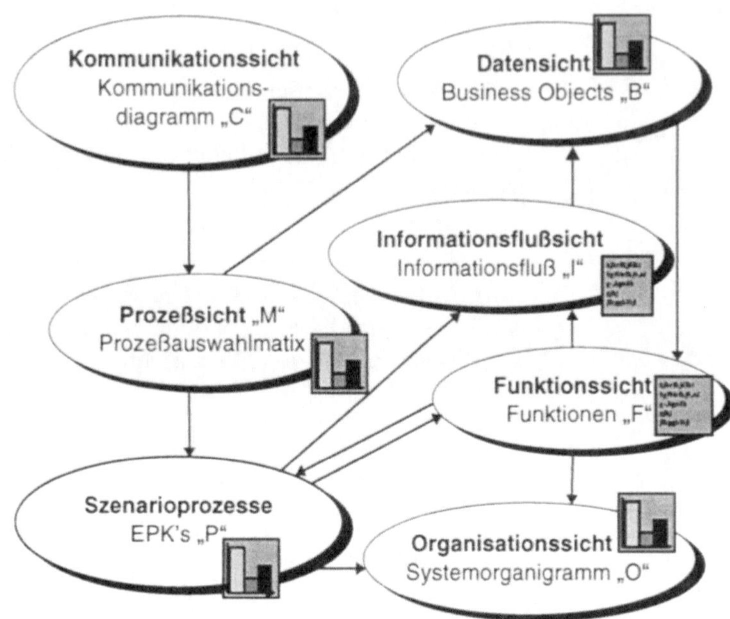

Abb. 5.13 wichtige Verbindungen im R/3-Referenzmodell

Um diese Navigationspfade zu nutzen, können die im Kapitel 5.3.1 beschriebenen Methoden verwendet werden.

6 Data Modeler

Der Data Modeler stellt die Funktionalität bereit, um mit dem **Datenmodell** des R/3-Systems effektiv zu arbeiten. Außerdem stehen Methoden zum Anlegen und Pflegen von benutzerspezifischen Datenstrukturen zur Verfügung. Dabei können sowohl einzelne Elemente als auch Datenmodelle vom Typ SAP-SERM bearbeitet werden.

Dieses Tool soll dem Nutzer die Möglichkeiten geben, sich tiefer in die Datenstruktur des R/3-Systems einzuarbeiten und ihn befähigen, bei der Einführung oder Erweiterung des R/3-Systems effektiv Informationen zu sammeln und zu pflegen.

Der Data Modeler unterstützt sowohl die horizontale Integration, indem er die Navigation zu den Funktionen und Prozessen gewährleistet, die die entsprechenden Entitätstypen benutzen sowie die vertikale Integration, die die Verbindung zwischen dem Datenmodell, den Tabellen und den Views im System erhält.

6.1 Datenmodell

Das verwendete Datenmodell ist vom Typ **SAP-SERM**. Dies wurde durch die SAP aus den Entity-Relationship-Model entwikkelt. Abb. 6.1 zeigt einen Ausschnitt des Datenmodells über die „Einkaufsinformation".

Abb. 6.1 Datenmodell „Einkaufsinformation" (SAP AG©)

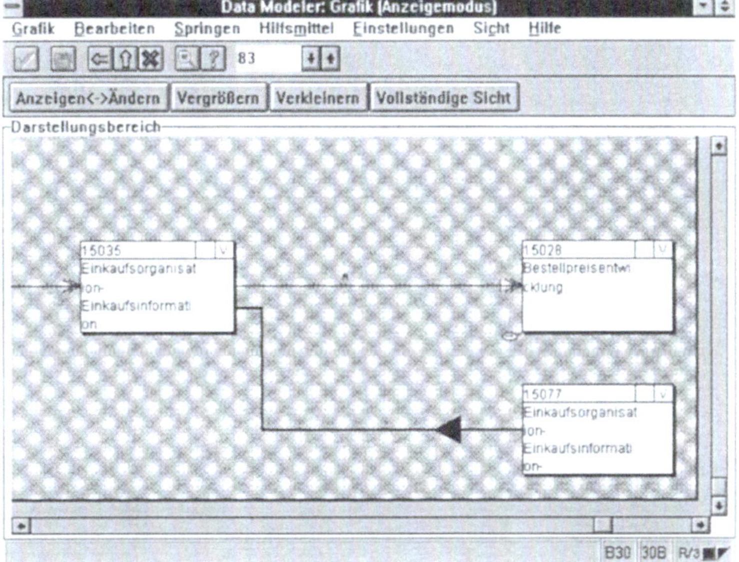

Modellelemente

Die Elemente des Modells sind Entitäts- und Beziehungstypen. Ihre Ausprägungen werden wie folgt dargestellt:

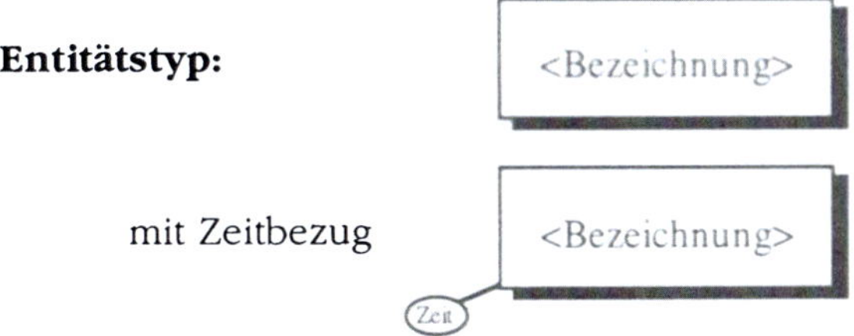

Beziehungstyp:

Beziehungstyp SAP-Typen	Kardinalität SAP-Typen	Kardinalität herkömmlich
——→	1:1	1,1 : 1,1
——|→	1:C	1,1 : 0,1
——→→	1:M	1,1 : 1,n
——|→→	1:CM	1,1 : 0,n

Zusätzlich existieren noch weitere Kantentypen, z.B. konditionelle und temporäre Kantentypen sowie die Spezialisierung.

Die Entitätstypen sind über ein Vielzahl von Beziehungen miteinander verknüpft. Jedem Element eines Datenmodells werden **systemspezifische Attribute** zugeordnet. Sie sagen etwas über dessen Art, Beschaffenheit und Lebensdauer aus.

In den meisten Fällen wird ein Entitätstyp im R/3-System durch eine Tabelle oder einen View repräsentiert. Über den Menüpfad *Springen → Entitätstypen → Dictionary-Zuordnung* sind die Daten des zugehörigen **Dictionary-Eintrages** verfügbar. Voraussetzung ist, daß ein Element des grafischen Modells markiert wurde. Die Abb. 6.2 zeigt einen Bildschirmauschnitt für den Entitätstyp „Lieferant".

Abb. 6.2 Dictionary-Eintrag zum Entitätstyp „Lieferant" (SAP AG©)

6.2 Standardmodelle des Data Modeler

Der Data Modeler kann über den Menüpfad *Werkzeuge → ABAP/4-Workbench Entwicklung → Data Modeler* (SD11) gestartet werden.

Datenmodelle

Zwei Datenmodelle sind standardmäßig im R/3-System implementiert:

- Das **SAP-Architekturmodell** enthält eine ausführliche Beschreibung der Datenstruktur des gesamten R/3-Systems. Die Hierarchie ist prozeßorientiert gegliedert. Außerdem wurden auf der entsprechenden Ebene die Business Objects eingeordnet.

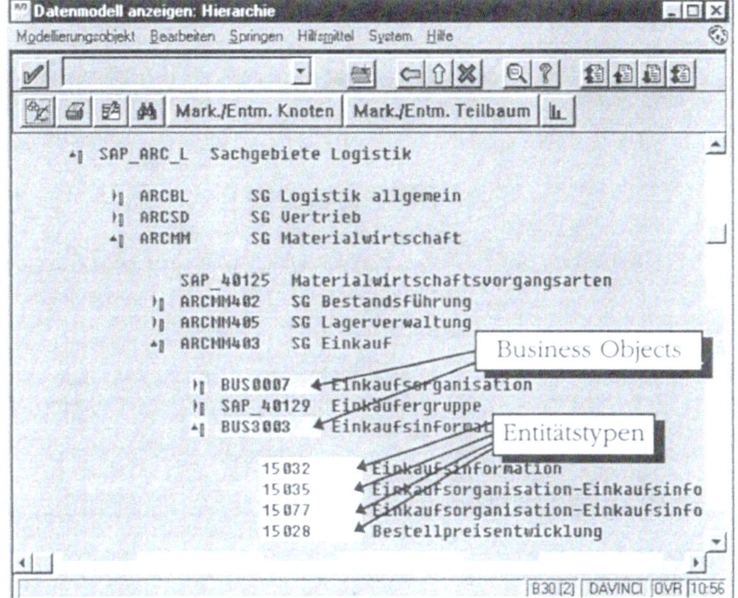

Abb. 6.3 Ausschnitt der SAP-Architektur (SAP AG©)

- Das **SAP-Anwendungsmodell** gliedert die Struktur mehr anwendungsbezogen. Dabei wird stärker auf die einzelnen Module des R/3-Systems und deren Teilfunktionen fokussiert. Die Entitätstypen werden den Teilfunktionen direkt zugeordnet.

Der Einstieg für diese Standardmodelle erfolgt über die Schaltflächen SAP Anwendungen oder Mark./Entm. Knoten

6.3 Handhabung

Fokus setzen

Einen **Fokus** oder auch einen **Ausschnitt** zu setzen, wie im Kapitel 5.3.1 beschrieben, ist ebenso bei den Drill-Down-Menüs des Data Modelers möglich. Allerdings heißt der Menüpfad hier *Bearbeiten → Focus setzen.*

markieren und entmarkieren

Um eine grafische Wiedergabe zu aktivieren, müssen die interessierenden Elemente markiert werden. In den Drill-Down-Menüs können einzelne Zeilen oder ganze Teilbäume markiert oder entmarkiert werden. Die SAP bezeichnet eine einzelne Zeile als **Knoten**.

Die Abb. 6.4 zeigt das Drill-Down-Menü der SAP-Architektur, in dem ein Teilbaum und verschiedene Knoten weiß markiert sind.

Abb. 6.4 Drill-Down-Menü mit Markierungen (SAP AG©)

Um einen gesamten Teilbaum zu markieren, muß der höchstgelegene Knoten angeklickt werden und dann die Schaltfläche Mark./Entm. Teilbaum oder der Menüpunkt *Bearbeiten → Mark./Entm. Teilbaum* betätigt werden. In Abb. 6.4 wurde dies für den Teilbaum „ARCSD - Vertrieb" ausgeführt.

Anschließend wurde der Knoten „ARCSD302 - SG - Verkauf" entmarkiert. Die Schaltfläche für diese Aktion ist der Mark./Entm. Knoten und der zugehörige Menüpfad heißt *Bearbeiten → Mark./Entm. Knoten.*

Anzeigen

Nach dem Einstieg in ein Datenmodell wird ein Drill-Down-Menü angezeigt. Die kleinsten Elemente oder das Ende jedes Zweiges wird durch einen Entitätstyp repräsentiert. Für diese Einheiten lassen sich verschiedene Darstellungsformen spezifizieren.

Ein Doppelklick auf ein Element öffnet einen Textbildschirm mit der zugehörigen **Definition**. Die Entitätstypen können für sich allein oder im variablen Verbund angezeigt werden. Dazu müssen alle interessierenden Elemente mit den oben beschriebenen Methoden markiert werden.

Ein Mausklick auf das Symbol aktiviert die **grafische Darstellung**. Die grafische Anzeige bietet eine Reihe von Möglichkeiten, weitere Informationen zu erhalten.

Informationen über die **Entitätstypen der Grafik** können über den Menüpfad *Springen → Entitätstyp → <Bezeichnung>* abgerufen werden. Desweiteren kann ein Verwendungsnachweis der Entität in Funktionen sowie Angaben zu dem Objekttyp über diesen Menüpfad angefordert werden.

Informationen über **Vorgänger und Nachfolger einer Entität** können über den Menüpfad *Hilfsmittel → Umfeld holen → <Bezeichnung>* aufgerufen werden. Die interessierenden Entitäten müssen allerdings vorher markiert sein. Sollen mehrere Elemente markiert werden, muß während der Mausklicke die Shift-Taste gedrückt werden.

Viele der oben beschriebenen Menüpfade werden oft auch durch Schaltflächen in der Kopfzeile abgebildet. Diese wurden allerdings nicht noch einmal explizit erläutert, da sie in der Regel selbsterklärend sind.

Die Funktionen **Anlegen** und **Pflegen** werden dem Nutzer vom R/3-System ebenfalls zur Verfügung gestellt.

Neue Entitäten und Datenmodelle müssen zuerst definiert werden. Danach können über einen grafischen Editor die Beziehungen angelegt und zugeordnet werden. Außerdem ist es möglich, den Entitätstypen existierende Tabellen oder Views zuzuordnen. Dadurch wird die Verbindung zum Data Dictionary hergestellt.

Diese Aktivitäten im Detail zu erläutern, würde den Rahmen sprengen und ist auch nicht das Ziel dieser Veröffentlichung. Deshalb sei an dieser Stelle auf die Online-Hilfe des R/3-Systems verwiesen.

7 ABAP/4-Dictionary

Oft besteht die Notwendigkeit, die zugrundeliegenden Datenstrukturen des R/3-Systems anzupassen oder zumindest zu verstehen. Das nachfolgende Kapitel zeigt einen Weg, den aktuellsten Stand dieser Informationen zu ermitteln. Vorangestellt ist ein Abschnitt über diesen Teil der Systemarchitektur, das ABAP/4 Dictionary. Dieser soll das Verständnis der nachfolgenden Erläuterungen erleichtern.

7.1 Datenverwaltung in R/3

Das System R/3 hat die Aufgabe, betriebswirtschaftliche Daten entgegenzunehmen, zu verarbeiten und auszugeben. Hierfür ist es notwendig, viele dieser Daten dauerhaft zu sichern. Dazu kommt der Anspruch, Tausende von Programmen und andere Bestandteilen der Anwendungsentwicklung zu hinterlegen. R/3 nutzt eine relationale Datenbank, um diese Objekte zu definieren, zu speichern und zu verwalten.

Informationsbasis

Zwischen der relationalen Datenbank und den Anwendungsprogrammen steht das ABAP/4-Dictionary. Dieses Dictionary ist damit die **zentrale Informationsbasis** für Benutzer und Anwendungsprogramme. Es sichert den plattformunabhängigen Zugriff auf alle gespeicherten Daten und verwaltet deren Eigenschaften (Name, Länge, Format und andere) und gegenseitige Beziehungen. Darüber hinaus stellt das ABAP/4-Dictionary die **Metadaten** über die zugrundeliegenden Datenbankstrukturen sowie Werkzeuge zur Datenbearbeitung bereit.

Integration

Das ABAP/4-Dictionary ist vollständig in die ABAP/4-Entwicklungsumgebung integriert. Wird in der Entwicklungsumgebung eine Änderung an den Objekten des ABAP/4-Dictionaries vorgenommen, so kann diese Änderung sofort von allen Teilen der Anwendungsentwicklung genutzt werden. Beim erstmaligen Aufruf eines neuen oder geänderten Objektes erfolgt deshalb automatisch eine Neu- oder Nachgenerierung des abzuarbeitenden Codes.

Alle Informationen werden im R/3-System nur einmal in der Datenbank hinterlegt. Über das ABAP/4-Dictionary kann jeder Bereich auf sie zugreifen. Veränderte Daten werden damit sofort systemweit zur Verfügung gestellt. **Aktualität, Sicherheit und Konsistenz** der Daten werden auf diese Weise gewährleistet.

7.2 Objekte des ABAP/4-Dictionary

Tabellenaufbau

Die Datenverwaltung in R/3 basiert auf dem relationalen Datenmodell. Das heißt, alle Informationen sind in Form von **Tabellen** (Relationen) abgelegt. Die Tabellen enthalten eine beliebige Anzahl von **Datensätzen** (Tupel), die aus einem oder mehreren **Feldern** (Attribute) gebildet werden. Abb. 7.1 zeigt einen Ausschnitt der Tabelle LFA1, in der Adreßdaten von Lieferanten gespeichert sind.

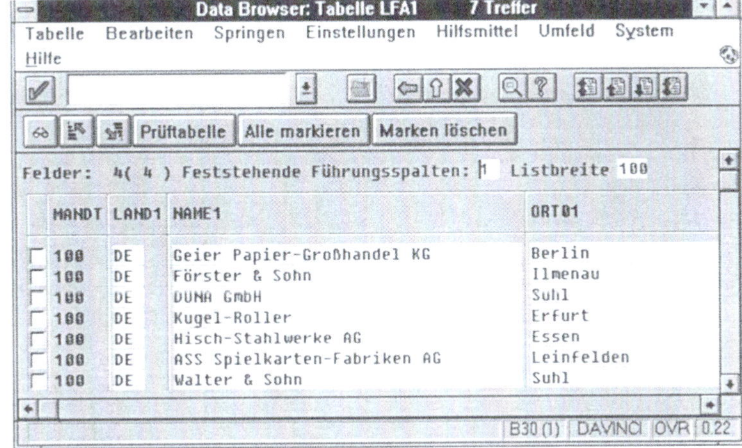

Abb. 7.1 Tabelle LFA1 (SAP AG©)

Tabellenarten

Jede Tabelle besitzt einen Primärschlüssel. Er besteht aus den Feldern, die gemeinsam jede Tabellenzeile eindeutig identifizieren. In der Regel sind die Tabellen im ABAP/4-Dictionary so definiert, wie sie real in der Datenbank abgespeichert sind. Man spricht deshalb von **transparenten Tabellen**. Ausnahmen stellen **Pool- und Cluster-Tabellen** dar, bei denen jeweils mehrere Dictionary-Tabellen zu einer Datenbanktabelle zusammengefaßt sind. In diesem Zusammenhang sei auf Strukturen verwiesen. Diese definieren den Aufbau von internen Tabellen, die nur während der Laufzeit eines Anwendungsprogrammes im Hauptspeicher verfügbar sind und keine Entsprechung in der Datenbank haben.

Feldeigenschaften

Die Informationen über konkrete oder abstrakte Objekte der Realität werden als Werte in Tabellenfeldern abgelegt. Die Felder besitzen betriebswirtschaftliche, anwendungsspezifische und technische Eigenschaften.

Diese Eigenschaften werden in 3 Ebenen definiert. Das Feld selbst enthält die betriebswirtschaftliche Bedeutung. Es verweist auf ein **Datenelement**, welches die logische Bedeutung festlegt. Mit ihm werden bspw. Schlüsselworttexte und Tabellenüberschriften festgelegt. Auch die Feldhilfe bezieht sich auf dieses Objekt. Das Datenelement wiederum verweist auf eine **Domäne**. Diese bestimmt die technischen Eigenschaften, wie Format, Länge und Wertebereich. Eine Domäne kann in mehreren Datenelementen und ein Datenelement in mehreren Feldern einer oder unterschiedlicher Tabellen verwendet werden. Neben Formatangaben kann der gültige Wertebereich eines Feldes in einer Domäne, auch eine Prüftabelle oder eine Liste von Festwerten festgelegt werden. Über diese Zuordnungen kann automatisch überprüft werden, ob eine Werteingabe gültig ist oder zurückgewiesen werden muß.

Abb. 7.2 Dictionaryobjekte

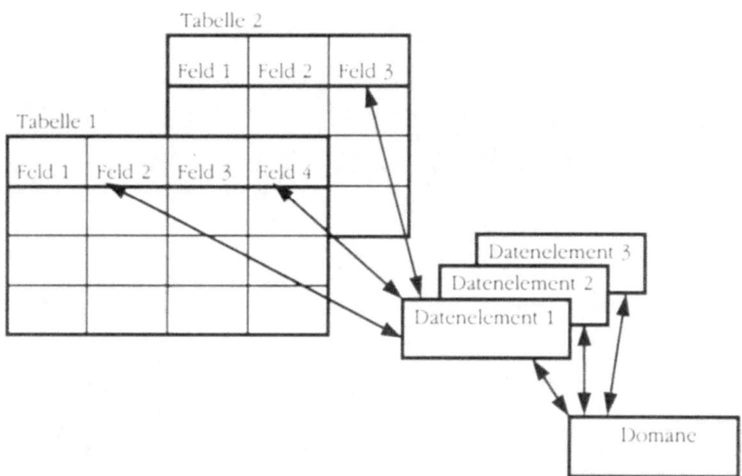

Neben diesen Grundelementen des ABAP/4-Dictionaries existieren eine Reihe weiterer Elemente mit unterschiedlicher Bedeutung. Sie sollen hier nur kurz erwähnt werden.

weitere Elemente

Views sind virtuelle Tabellen, die ausgewählte Felder einer oder mehrerer Tabellen miteinander verknüpfen und in Tabellenform zur Verfügung stellen.

Sperrobjekte dienen der Synchronisation des Zugriffs mehrerer Benutzer auf den gleichen Datenbestand.

Matchcodeobjekte sind spezielle Views zur Unterstützung der Selektion von Datensätzen. Typgruppen sind programmübergreifende, im ABAP/4-Dictionary abgelegte Definitionen von Variablen und Konstanten.

Data Dictionary

In manchen Teilen des R/3-Systems wird der Begriff Data Dictionary verwendet. Unter diesem Begriff werden die bisher beschriebenen Objekte zusammengefaßt. Das ABAP/4-Dictionary enthält jedoch zusätzlich Modellierungsobjekte, wie Datenmodelle, Programmelemente, wie ABAP/4-Programme und Umfeldobjekte, wie Zugriffsberechtigungen.

7.3 Repository-Informationssystem

Das Repository-Informationssystem ist das zentrale Auskunftssystem über die Objekte des ABAP/4-Dictionaries. Neben der Objektsuche dient dieses Informationssystem auch als Ausgangspunkt für die Anzeige und Pflege dieser Elemente. Über den Menüpfad *Werkzeuge → ABAP/4-Workbench → Übersicht → Infosystem* erreicht man das Einstiegsbild.

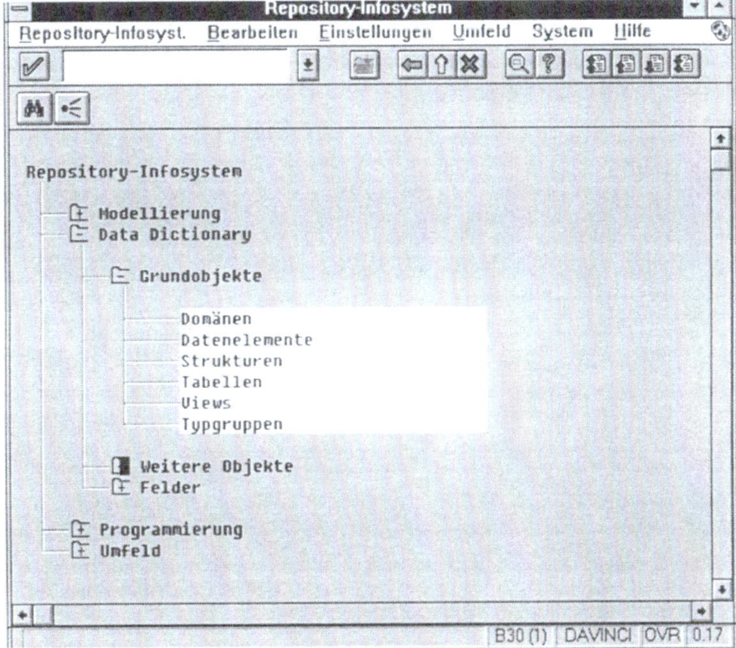

Abb. 7.3 Einstiegsbild des Repository-Informationssystems (SAP AG©)

Die Handhabung des Informationssystems soll an einem Beispiel erläutert werden. Im Kapitel 2.4 wurde beispielhaft die Eingabe der Lieferantenadresse eingegeben. Jetzt sollen Informationen über die Dictionary-Grundobjekte, die mit dem Feld „Land" in Verbindung stehen. Über die technischen Hilfe des entsprechenden Bildschirmfeldes (vergleiche Kapitel 3.4) wurde der Tabellenname LFA! und der Feldname LAND1 ermittelt.

Zu Beginn wählt man im Ausgangsbild des Repository-Informationssystem das Objekt, im Bereich Data Dictionary-Grundobjekte den Eintrag Tabellen mit einem Doppelklick aus. Danach ist der Tabellenname in das angebotene Selektionsfeld einzutragen und in einem weiteren Bildschirmbild die Tabelle auszuwählen. Die nachfolgende Abb. kann über die Funktion *Tabelle → Anzeigen* erreicht werden.

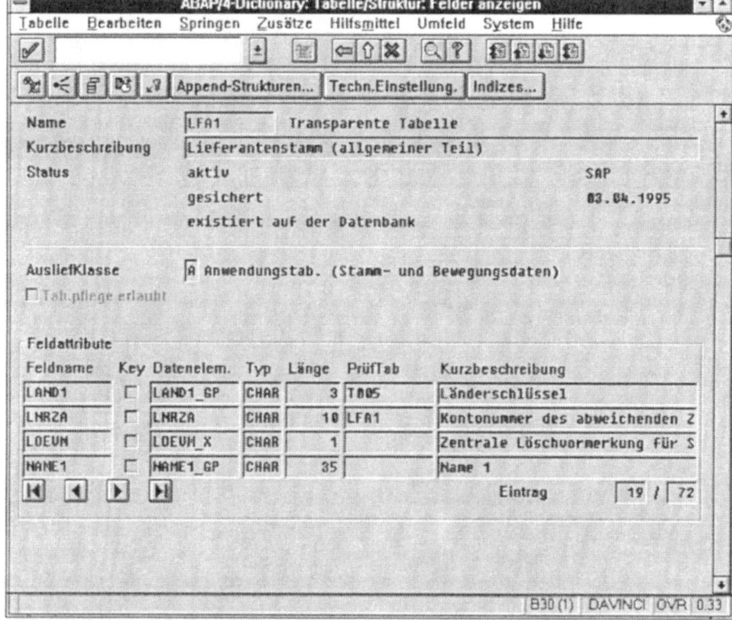

Abb. 7.4 Tabelleninformationen (SAP AG©)

Objektattribute

Sie enthält allgemeine Informationen zur Tabelle, wie deren Typ (Transparente Tabelle) und zeigt wichtige **Attribute** der Tabellenfelder. So ist zu entnehmen, daß das Feld LAND1 dem Datenelement LAND1_GP zugeordnet ist

Analog können vom Ausgangsbild des Repository-Informationssystem Informationen zu einem Feld gesucht werden.

Verwendungsnachweis

In der Selektionsmaske kann Tabelle und Feld angegeben werden. Trägt man nur den Feldnamen ein, so ergibt die Suche in der Datenbank die Liste aller Tabellen, in der das Feld LAND1 enthalten ist. Die Abb. 7.5 zeigt einige der über 500 Tabellen.

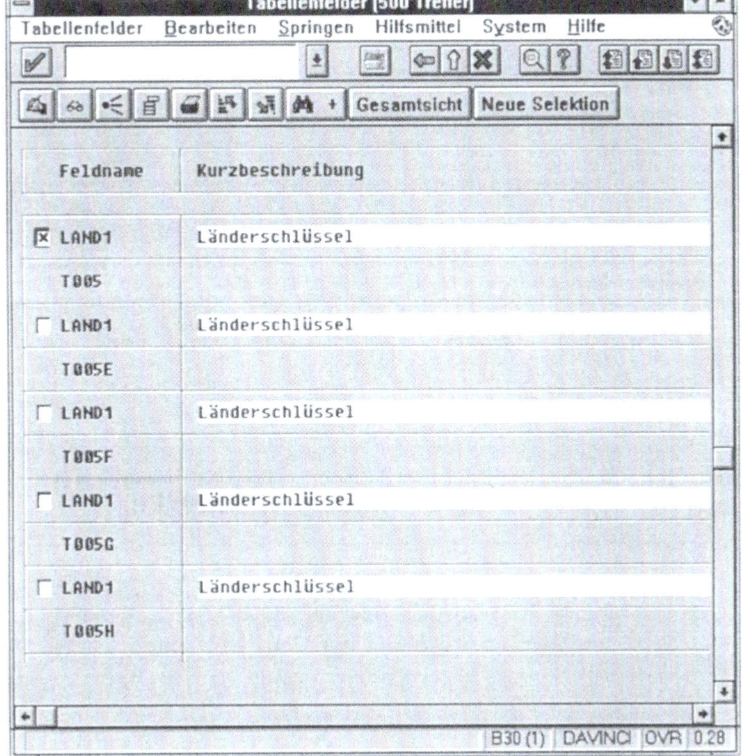

Abb. 7.5 Verwendungsliste von Tabellenfeldern (SAP AG©)

In gleicher Weise können Informationen zu Datenelement und Domäne sowie zur Prüftabelle gewonnen werden.

Inhalt

Über unterschiedliche Menüeinträge kann auch direkt von einem Bildschirmbild zur Anzeige damit verbundener Informationen gesprungen werden. Ein Beispiel ist die Anzeige des Tabelleninhaltes aus dem Bildschirmbild zur Tabellenstruktur (Abb. 7.6). Diese Anzeige kann über *Hilfsmittel → Tabelleninhalt* gestartet werden. Die nachfolgende Abb. zeigt einen Ausschnitt aus dem Inhalt der Prüftabelle T005. Im Feld LAND1 steht die Länderkennung (DE für Deutschland) und im Feld LNPLZ die vorgeschriebene Länge der Postleitzahl.

Abb. 7.6
Tabelleninhalt
(SAP AG©)

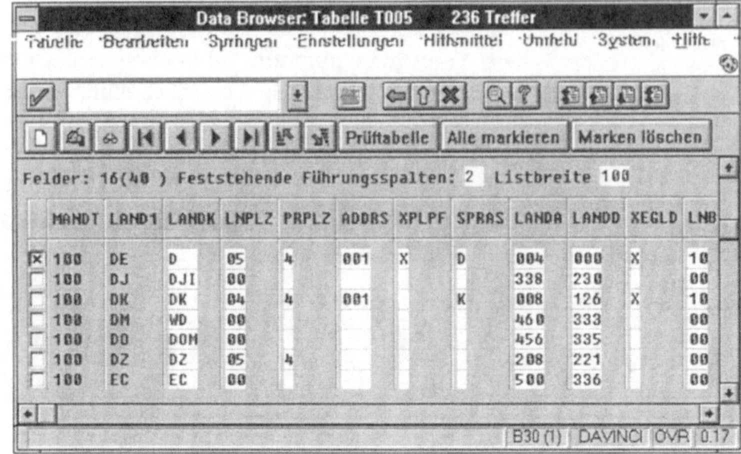

	MANDT	LAND1	LANDK	LNPLZ	PRPLZ	ADDRS	XPLPF	SPRAS	LANDA	LANDD	XEGLD	LNB
☒	100	DE	D	05	4	001	X	D	004	000	X	10
☐	100	DJ	DJI	00					338	230		00
☐	100	DK	DK	04	4	001		K	008	126	X	10
☐	100	DM	WD	00					460	333		00
☐	100	DO	DOM	00					456	335		00
☐	100	DZ	DZ	05	4				208	221		00
☐	100	EC	EC	00					500	336		00

Damit sind die Informationen ermittelt, die zur Eingabeüberprüfung im Kapitel 2.4.2 notwendig sind.

8 Weitere Informationsquellen

Im folgenden Kapitel sollen einige weitere Möglichkeiten der Informationsbeschaffung kurz angesprochen werden. Neben dem lokal verfügbaren Computing Center Management System zur Systemüberwachung werden Informationsquellen außerhalb des R/3-Systems erwähnt.

8.1 Computing Center Management System

Das Computing Center Management System (CCMS) dient zum **Überwachen, Steuern und Konfigurieren** einer R/3-Installation. Dieses Managementsystem ist das zentrale Werkzeug für die Systemadministration zur Überwachung über den aktuellen Zustand des R/3-Systems. U.a. können Informationen über die Systemlast und die Performance angezeigt werden. Für Überblicksinformationen stehen grafische Monitore zur Verfügung. Die dort angezeigten Systemparameter werden dynamisch aktualisiert. Weitere listenorientierte Monitore liefern Detailinformationen, um Probleme zu analysieren und Systemanpassungen vornehmen zu können. Der Einstieg in das CCMS erfolgt über *Werkzeuge → Administration → Monitor.*

Als ein Beispiel ist in Abb. 8.1 der Performance-Monitor dargestellt aus dem aktuelle Systemparameter, wie die Hauptspeicherbelegung ablesbar sind. Er ist über *Werkzeuge → Administration → Monitor → Performance → Alerts → Local → Operating System* aufrufbar.

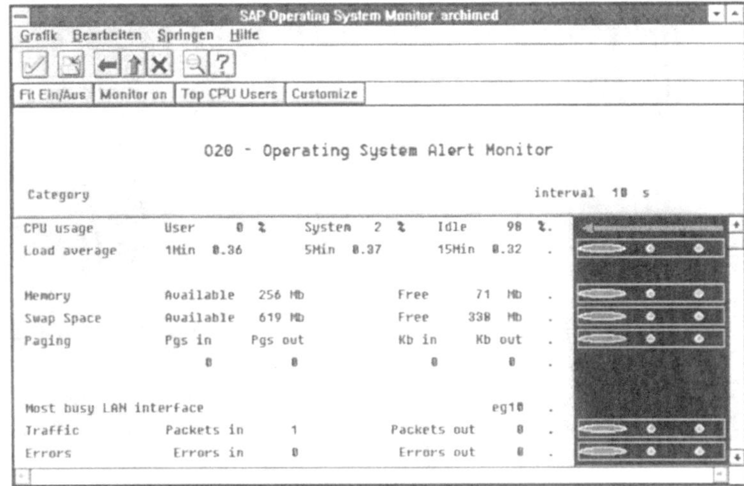

Abb. 8.1
Performance-Monitor (SAP AG©)

8.2 Online Service System

Da es praktisch unmöglich ist, Software vollkommen fehlerfrei zu erstellen und zu nutzen, kommt einer schnellen, effektiven Behebung auftretender Probleme eine große Bedeutung zu. Die **Beschaffung von Hinweisen und Programmkorrekturen** für das System R/3 erfolgt am effektivsten über das Online Service System (OSS). Das OSS ist eine Datenbank, die an zentraler Stelle (für Europa in Walldorf) für den Zugriff von R/3-Nutzern durch die SAP AG bereitgestellt wird. Der Zugang erfordert eine Online-Verbindung zwischen dem R/3-System des Anwenders und dem Supportsystem. Wenn die technischen Voraussetzungen gegeben sind, kann der Zugriff vom R/3-Bildschirm aus über den Aufruf der Transaktion OSS1 erfolgen.

Im OSS können Meldungen über aufgetretene Problemsituationen im Dialog erfaßt werden. Als Ergebnis werden Hinweise zu deren Beseitigung sowie, wenn notwendig, einzelne Korrekturen fehlerhafter Programme zur Verfügung gestellt. Unabhängig von aufgetretenen Fehlern stellt die SAP AG im OSS komplexe Vorabkorrekturen bereit. Diese Hot-Packages können angefordert, übertragen und in das Kundensystem eingespielt werden.

Darüber hinaus bietet OSS Möglichkeiten, in einer Vielzahl von abgelegten Hinweisen selbst Informationen zur Problembewältigung zu suchen. Neben Fehlerhinweisen sind unter anderem aktuelle Informationen über Änderungen und Weiterentwicklungen, Informationen zu Schulungskursen abrufbar.

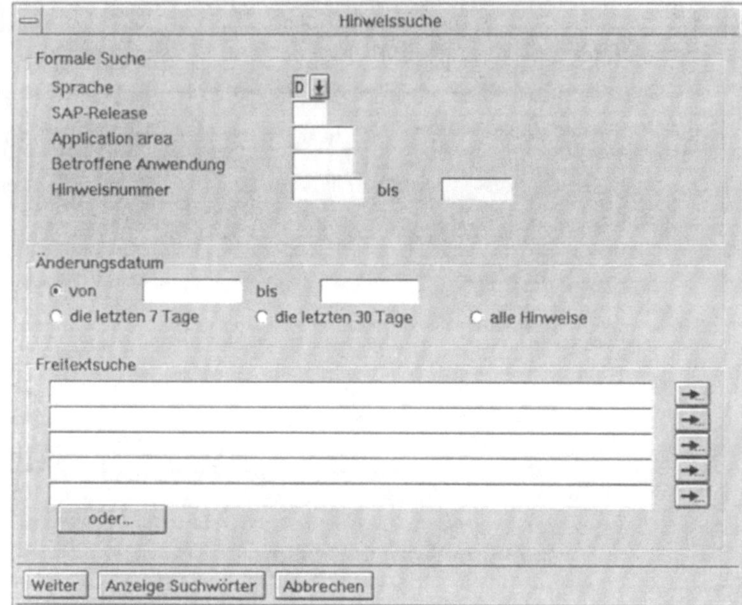

Abb. 8.2 Hinweissuche im OSS (SAP AG©)

8.3 World Wide Web (WWW)-Server

Die SAP AG bietet über World Wide Web (WWW) den Zugang zu einem weiteren Informationsserver. WWW ist ein verteiltes **Informationssystem im Internet**. Der Einstieg erfordert einen Internet-Zugang und eine Software zur Anzeige von WWW-Seiten. Einstiegsadresse der SAP AG ist **http://www.sap-ag.de/**. Angeboten werden aktuelle Informationen über das Unternehmen SAP AG und über seine Produkte. Dabei werden sowohl Produktmerkmale beschrieben, als auch Anwenderberichte gegeben. Der WWW-Server enthält unter anderem Veranstaltungshinweise, Presseinformationen und weiter Bildungsangebote.

Hier sei darauf verwiesen, daß auch Kunden und Partner der SAP AG Informationen über R/3 und seine Anwendung im WWW bereitstellen. Eine Aufstellung wird in (Lit1) gegeben. Das Angebot an Informationen über WWW wird sich nach Auskunft der SAP AG in Zukunft noch wesentlich erweitern.

Abb. 8.3
WWW-Seite

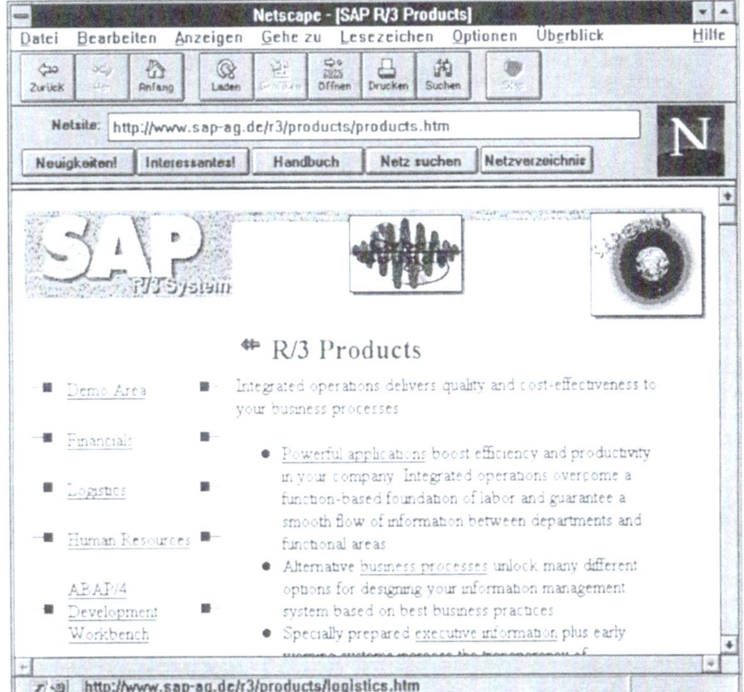

9 Zusammenfassung

Das Softwaresystem R/3 der SAP AG zeichnet sich durch große Funktionsvielfalt und hohe Komplexität aus. Deshalb werden während der Einführung und der Anwendung des Systems verschiedenste Informationen benötigt. Die SAP AG bietet einen ganzen Komplex von Werkzeugen zum Auffinden und zur Nutzung unterschiedlicher Informationsquellen. Neben Hilfen zur Systemanwendung werden Informationen zu Aufbau und Architektur des Systems R/3 angeboten. Die Informationen werden teils in grafischer Form, teils als beschreibende Texte und teils als direkte Sicht auf die Softwarestrukturen bereitgestellt.

Es kommt jetzt auf den Anwender selbst an, sich die für sein Aufgabenfeld notwendigen Informationen zu beschaffen und dabei die geeignetste Darstellungsform und das passendste Werkzeug zu wählen. Hierzu sollte ein Beitrag geleistet werden.

Literaturverzeichnis

Scheer, A.W.: Architektur integrierter Informationssysteme, Springer Verlag, Berlin-Heidelberg, 1994

Knolmeyer, G.: SAP-Produkte und deren Umfeld im Internet; Wirtschaftsinformatik 38(1996)1, S. 87-93.

SAP AG [Hrsg.]: SAPinfo-Continuous Business Engineering, März 1996.

SAP AG [Hrsg.]: Vortragsdokumentation zu SAPPHIRE Wien 96, Walldorf 1996

SAP AG [Hrsg.]: SAP-Online-Dokumentation, Version 3.0d, Walldorf, 1996.

Kapitel 2

Programmieren mit ABAP/4® - Eine Einführung

Dr.-Ing. Lutz Schmidt
Thomas Kaciuba

Technische Universität Ilmenau
Fakultät für Wirtschaftswissenschaften
Fachgebiet Wirtschaftsinformatik I

1 Einführung

Das R/3-System wurde zum überwiegenden Teil in der von der SAP AG entwickelten **Programmiersprache ABAP/4** geschrieben. Die Sprache ABAP/4 ist integraler Bestandteil dieses Systems. Mit der **ABAP/4 Development Workbench** steht dem R/3-Nutzer eine vollständige Entwicklungsumgebung zur Verfügung, die den gesamten Softwarelebenszyklus vom Systementwurf über die Implementierung und den Test bis hin zur Einführung und Pflege unterstützt.

Der Beitrag gibt eine Einführung in die **Anwendung der Programmiersprache ABAP/4** sowie in die **Bedienung der R/3-Entwicklungsumgebung**. Der Leser dieses Beitrages soll befähigt werden, einfache ABAP/4-Programme zu erstellen und dabei Grundfunktionen der ABAP/4 Development Workbench zu nutzen. Voraussetzung für das Verständnis ist die Lektüre des Beitrages "Informieren im System R/3" in diesem Buch.

Durch die Beschränkung auf eine relativ geringe Anzahl von Seiten ist es nicht möglich, alle Fakten ausführlich zu erläutern. Die Online-Hilfe und die Online-Dokumentation des R/3-Systems geben weitere Informationen zu den beschriebenen Befehlen und Konzepten. Sollten Probleme beim Verständnis der Beispielprogramme auftreten, so empfiehlt es sich, diese mit der im Kapitel 4.7 beschriebenen Testhilfe schrittweise abzuarbeiten.

Syntaxangaben

Innerhalb dieses Beitrages werden Syntaxangaben als Konstruktionsmuster für Anweisungen angegeben. Diese Angaben orientieren sich an der erweiterten Backus-Naur-Form (EBNF) und den sonst üblichen Syntaxangaben in derartigen Veröffentlichungen. Einschränkungen werden bei der Vollständigkeit gemacht, da Befehle oft selten benutzte Sonderformen annehmen können, deren Aufnahme in die allgemeine Syntaxangabe diese nur schwer lesbar machen würde.

Um das Lesen der Syntaxangaben so einfach wie möglich zu gestalten, werden alle Schlüsselwörter und sonstige zum Befehl gehörige Zeichen (Terminalsymbole) fett hervorgehoben. Die folgende Tabelle enthält alle verwendeten Konstrukte.

Tab. 1.1
Schreibweise von Syntaxangaben

Konstrukt	**Beschreibung**
SELECT	einfaches Schlüsselwort, das so zu übernehmen ist.
<Tabelle>	Platzhalter für den Namen einer Tabelle, z.B. LFA1, mit dem ersetzt werden muß.
[ASCENDING]	optionaler Befehlsteil, meist Zusätze
{<Var>|<Feld>}	Auswahl innerhalb einer Anweisung (es ist entweder eine Variable oder ein Feld anzugeben)
[<Str>]$^{n:m}$	Listen von mindestens n, maximal m Vorkommnissen des Wortes. Die Angaben der einzelnen Wörter werden durch Leerzeichen getrennt.

Es sind beliebige Kombinationen dieser Konstrukte zugelassen. Es wird nur der Regelkörper (die eigentliche Anweisung) angegeben.

2 ABAP/4 - Sprache und Entwicklungsumgebung

ABAP/4 hat seinen Ursprung in der Programmiersprache Cobol. Anfangs wurden vor allem Sprachelemente zur Erstellung von Drucklisten integriert. Davon zeugt die ursprüngliche Bezeichnung "Allgemeiner BerichtsAufbereitungsProzessor". Inzwischen sind unterschiedliche Sprachelemente eingeflossen. Leistungsfähige integrierte Tools vervollständigen die Entwicklungsumgebung. Diesen Sachverhalt gibt die aktuelle Bezeichnung "Advanced Business Aplication Programming 4th Generation" wieder.

Spezifik

Im Gegensatz zu universell einsetzbaren Programmiersprachen, wie C, Pascal oder Fortran, ist ABAP/4 stark auf die **Erstellung betriebswirtschaftlicher Anwendungen** ausgerichtet. Eine Reihe von Konzepten, wie das Konzept der Dialoggestaltung mit dynamischen Programmen (Dynpros) oder die Art und Weise der Verwaltung von Textelementen, erleichtern die Umsetzung solcher Anwendungen. Diese Konzepte geben das Vorgehen bei der Programmgestaltung weitgehend vor. Von diesen Vorgaben kann nicht oder nur schwer abgewichen werden. Abhilfe schafft hier die Integration von externen Programmen über definierte Schnittstellen. Die Realisierung solcher Anbindungen wird durch ABAP/4-Funktionsbausteine und durch verfügbare Bibliotheken für andere Programmiersprachen unterstützt.

ABAP/4 enthält komplexe Makrobefehle, insbesondere zur Datenorganisation. Über SQL-Befehle können effektiv Datenbankabfragen programmiert werden.

Eine große anwendungsorientierte Funktionsbibliothek erleichtert die Umsetzung betriebswirtschaftlicher Softwarelösungen. Eine wesentliche Eigenschaft von ABAP/4-Programmen ist die Möglichkeit, auszugebende Texte unabhängig vom Quelltext anzulegen und zu verwalten. Damit können mehrsprachige Anwendungen effektiv erstellt werden.

Weiterentwicklung

ABAP/4 wird ständig weiterentwickelt, ist aber weiterhin abwärtskompatibel. So werden bspw. gegenwärtig verstärkt **objektorientierte Elemente** für den Zugriff externer Programme auf ABAP/4-Entwicklungen eingebunden. Die **Aufwärtskompatibilität** ist auf der einen Seite Voraussetzung für die Weiterverwendung einmal erstellter Anwendungen. Auf der anderen Seite führt sie zu einem ansteigenden Sprachumfang. Veraltete Bestandteile werden zwangsläufig weiterhin genutzt, und die Entwicklungsumgebung selbst wird unübersichtlicher.

Abarbeitung

Die ABAP/4-Programme werden **interpretativ** abgearbeitet. Dabei wird zur Laufzeit beim erstmaligen Programmaufruf ein optimierter Zwischencode generiert und ausgeführt. Bei wiederholtem Programmaufruf entfällt diese Generierung. Diese Vorgehensweise hat den Vorteil, daß jede freigegebene Programmänderung sofort von allen Anwendern genutzt werden kann und daß Programmänderungen auch im laufenden Betrieb des R/3-Systems durchgeführt werden können. Aufgrund der Neugenerierung kommt es beim erstmaligen Aufruf eines neuen oder geänderten Programmes zu höheren Laufzeiten.

ABAP/4 Development Workbench

Die ABAP/4 Entwicklungsumgebung - **ABAP/4 Development Workbench** - beinhaltet eine Reihe von Tools zur Unterstützung der Entwicklung, Überprüfung und Verwaltung von Programmen. Dazu gehören Editoren für Quelltexte, Bildschirmmasken und Menüs sowie ein Debugger. Insbesondere wird das Management von Softwareentwicklungsprojekten in großen Entwicklerteams effektiv unterstützt.

Hierzu dienen die Programmverwaltungs- und Programmsuchsysteme sowie das Transportsystem. Letzteres ermöglicht die gleichzeitige und integrierte Programmentwicklung auf mehreren Rechnersystemen. Zur Unterstützung großer Entwicklungsprojekte gehört darüber hinaus die Möglichkeit der Vereinheitlichung von Programmierung und Design durch vorhandene Standards und Richtlinien.

Ein weiteres Merkmal der ABAP/4 Development Workbench ist die **vollständige Integration** aller Bestandteile des R/3-Systems. So kann durch die Einbindung des ABAP/4 Dictionaries effektiv auf die darunterliegende relationale Datenbank zugegriffen werden. Die Datenverwaltung erfolgt durch das ABAP/4-Dictionary und die darunterliegende relationale Datenbank und muß deshalb nicht innerhalb von ABAP/4-Programmen realisiert werden.

Programmkategorien

Mit ABAP/4 können unterschiedliche **Programmkategorien** erstellt werden. **Reports** erzeugen Listen auf Basis von Daten aus der Datenbank. **Dialogorientierte Anwendungen** sind Programme zur interaktiven Bearbeitung von Daten. Sie bestehen aus Eingabemasken und Programmcode zur Datenverarbeitung. Der anwendungsspezifische Teil des Programmcodes wird in einem Modulpool gespeichert. **Kommunikationsprogramme** dienen zur Zusammenarbeit von ABAP/4-Anwendungen mit externen Programmen, z.B. mit anderen SAP-Systemen. **Batch-Input-Programme** werden zur automatischen Datenübernahme in das R/3-System benutzt.

So wie das System R/3 selbst sind ABAP/4-Entwicklungen auf unterschiedlichen Hardware- und Betriebssystemplattformen lauffähig. Mehrere relationale Datenbanken sind alternativ nutzbar. Verteilte Datenbanken werden nicht unterstützt. Die entwikkelten Anwendungen können auf Client/Server-Konfigurationen verteilt abgearbeitet werden.

3 Erste Schritte zur Programmerstellung

In diesem Kapitel soll der Leser dazu befähigt werden, ein erstes lauffähiges Programm mit der ABAP/4 Development Workbench zu erstellen und abzuarbeiten. Voraussetzung dafür ist eine Anmeldung im R/3-System mit den Nutzerrechten für die Anwendung der Workbench sowie eine Registrierung als ABAP/4-Entwickler.

3.1 Anmeldung als ABAP/4-Entwickler

Anmeldung im OSS

Ab dem Release 3.0 ist es erforderlich, daß sich Programmierer, als ABAP/4-Entwickler direkt bei der SAP AG registrieren lassen. Die Registrierung erfolgt über das **Online-Support-System** (OSS). Dazu ist der direkte Zugang zum entsprechenden Server der SAP AG notwendig. Der Einstieg in das OSS erfolgt direkt über die Eingabe des Transaktionscodes OSS1. Die Anmeldung kann nur ein Nutzer mit OSS-Berechtigung vornehmen. Als Ergebnis wird das Paßwort angezeigt.

Abb. 3.1
Registrierung als ABAP/4-Entwickler (SAP AG©)

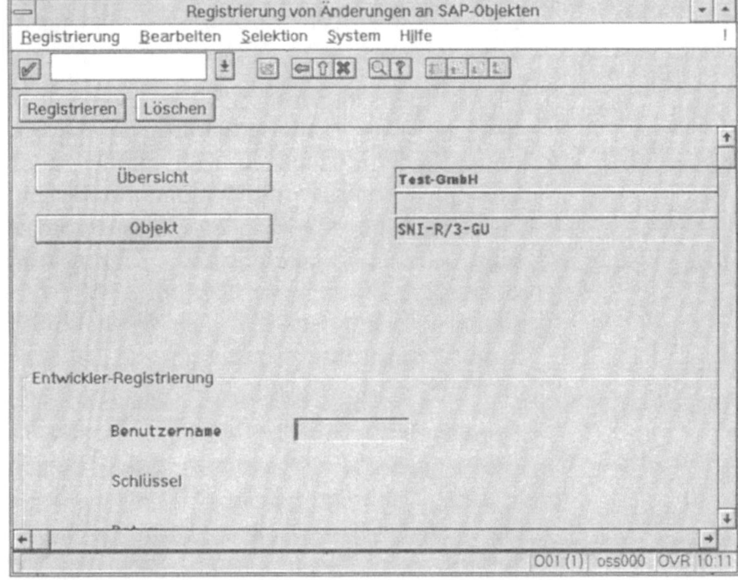

Wenn es erforderlich ist, Originalobjekte des R/3-Systems zu ändern, ist ebenfalls eine Registrierung dieser Änderungen im OSS erforderlich. Dabei wird die entsprechende Änderung beantragt und ein Zugangsschlüssel vom OSS zurückgeliefert. Ein typisches Beispiel dafür sind notwendige Fehlerkorrekturen in R/3-Anwendungsprogrammen. Darüber hinaus sollten Änderungen an den Originalobjekten nur in Ausnahmefällen vorgenommen werden.

3.2 Einstieg in die Entwicklungsumgebung

Zur Eingabe des Quelltextes eines ABAP/4-Programmes dient der Quelltexteditor. Ihn erreicht man über *Werkzeuge → ABAP/4-Workbench → Entwicklung → ABAP/4-Editor* (SE38).

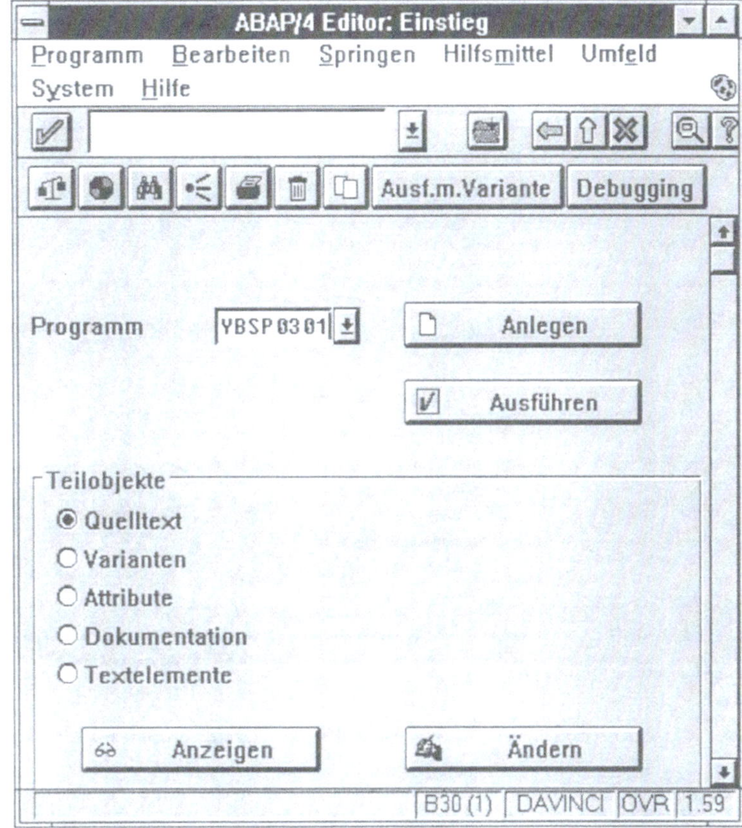

Abb. 3.2 Einstieg in den ABAP/4-Editor (SAP AG©)

Im dargestellten Dynpro wird man aufgefordet, einen Programmnamen einzugeben.

Namenskonventionen

Der Programmname kann bis zu acht Zeichen lang sein und identifiziert das Programm eindeutig. Für **Kundenentwicklungen** hat die SAP AG einen besonderen Namensraum vorgegeben. Dieser umfaßt alle Programme, die mit Y oder Z beginnen. Alle anderen Programme sind für **Eigenentwicklungen der SAP AG** reserviert. Der Name sollte so gewählt werden, daß er eine Aussage über das Programm oder dessen Art zuläßt. Für die Beispiele dieses Beitrages wurde der Namensbereich YBSPzzxx gewählt, wobei zz für das Kapitel und xx für eine laufende Nummer steht.

Nach Eintragung des Programmnamens und Aufruf der Funktion *Anlegen* sind die Attribute des zu erstellenden Programmes festzulegen.

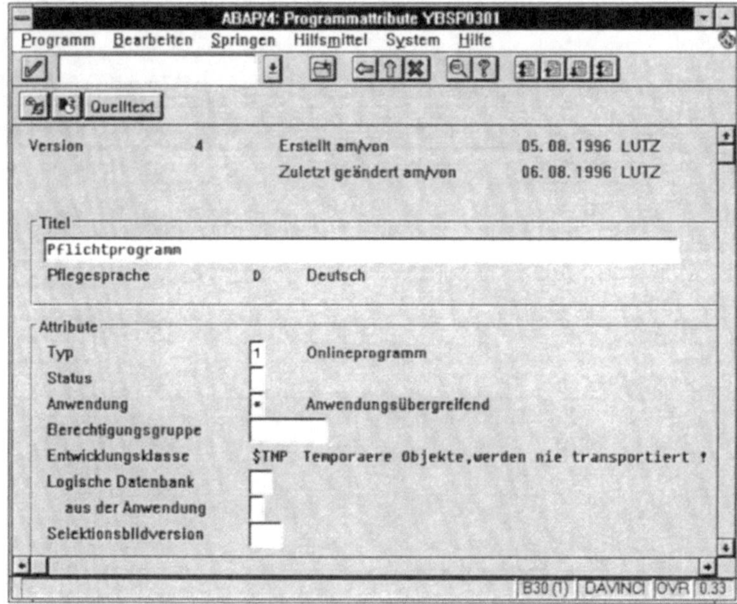

Abb. 3.3 Programmattribute (SAP AG©)

Pflichtattribute sind der Titel, der Typ und die Anwendung des Programmes.

Programmattribute

Der **Titel des Programmes** ist eine Kurzbeschreibung. Sie dient der späteren Identifikation des Programmes in Suchlisten und wird automatisch als Standardüberschrift in der von einem Programm erzeugten Liste ausgegeben.

Der Typ legt den **Programmtypen** fest. Ein Programm zur Datenauswertung hat den Typ 1 (Online-Report). Für Dialoganwendungen muß der Typ M (Modulpool) gewählt werden. Diese Anwendungen werden jedoch zusätzlich mit den Werkzeugen Screenpainter und Menupainter erstellt. Durch den Typ wird die Art und Weise der Abarbeitung festgelegt. Bspw. sind nur Programme vom Typ 1 aus dem Editor heraus zu starten.

Mit der Festlegung der **Anwendung** wird das Programm einem der vorhandenen R/3-Module (z.B. Produktionsplanung) zugeordnet. Nicht zuordenbare Programme erhalten den Eintrag "*" (anwendungsübergreifend). Programmtyp und Anwendung dienen der Unterstützung von Suchoperationen.

Nach dem Sichern der eingegebenen Attribute erscheint ein zum Korrektur- und Transportsystem gehöriges Bildschirmbild. Hier ist die Entwicklungsklasse in den Programmkatalog einzutragen.

Abb. 3.4
Pflege des Objektkatalogeintrages (SAP AG©)

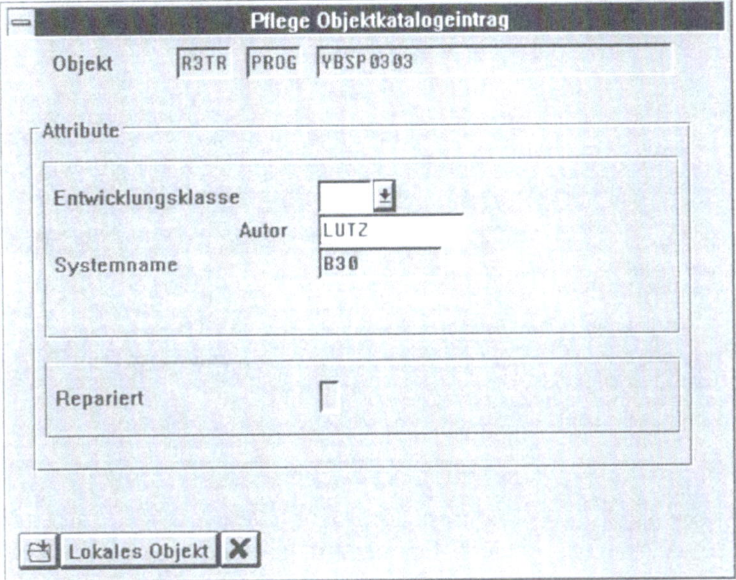

Eine **Entwicklungsklasse** dient der Zusammenfassung von logisch zusammengehörenden Entwicklungsobjekten innerhalb der ABAP/4 Development Workbench. Die Zuordnung ist Voraussetzung für einen späteren Transport dieser Programme auf andere R/3-Installationen. Beispiel dafür ist die Überführung der Objekte von einem speziellen Testsystem auf ein Produktivsystem. Test- und Demonstrationsprogramme, die nicht transportiert werden sollen, werden der Klasse `$TMP` zugeordnet. Dazu ist die Drucktaste *Lokales Objekt* zu betätigen. Nach dem Sichern des Katalogeintrages kann der Quelltexteditor mit *Springen* → *Quelltext* aufgerufen werden. Eine Beschreibung der wichtigsten Funktionen dieses Editors erfolgt im Kapitel 3.4.

3.3 Hello-World-Programm

Bei der Einführung in Programmiersprachen scheint es unausweichlich, ein Beispiel zu geben, das den Satz "Hello, World" auf den Bildschirm bringt. Um diesem ungeschriebenen Gesetz Rechnung zu tragen, soll auch hier mit dessen Erstellung begonnen werden. Im Arbeitsbereich des Editors wird die erste Programmzeile mit dem Programmnamen bereits beim Programmeinstieg generiert. Weitere Zeilen sind mit der Taste ↵ (ab Release 3.0) erstellbar. Nachfolgend ist der vollständige Quelltext angegeben.

```
REPORT YBSP0301.
WRITE 'Hello, World.'.
```

Dieses kurze Programm ist bereits lauffähig. Durch den Aufruf der Funktion *Programm → Ausführen* wird es abgearbeitet. Das folgende Bild zeigt das Ergebnis.

Abb. 3.5 Ergebnisliste (SAP AG©)

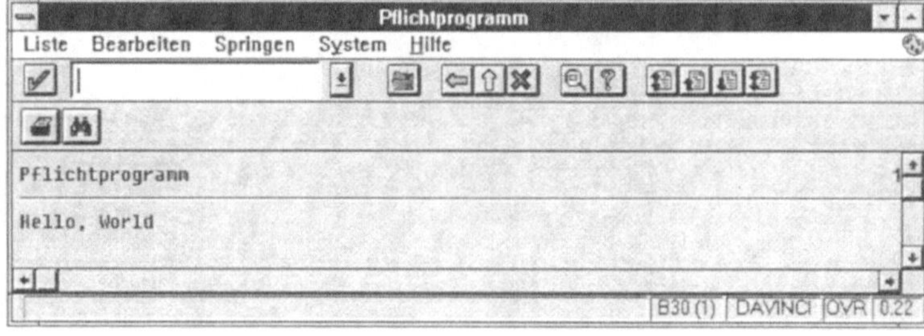

Anzeige

Die erzeugte Liste enthält neben der durch `WRITE` erzeugten Ausschrift den als Attribut eingegebenen Titel und eine Seitennumerierung. Für die Anzeige wird ein **Listinterpreter** genutzt, der Zusatzfunktionen, wie das Ausdrucken und das Blättern in längeren Listen, ermöglicht.

Um den Leser ein wenig zu desillusionieren: nicht jedes Programm ist so kurz und so einfach. ABAP/4 ist optimiert für die Erstellung von Reports und Dialogtransaktionen nach SAP-Standard. In diesen Bereichen ist die Sprache ein mächtiges, nützliches und relativ einfaches Hilfsmittel, Daten zu erfassen bzw. auszuwerten. Es muß aber auch klar sein, daß es eine Menge von Bereichen gibt, z.B. aufwendige Berechnungen oder Parsing von Dateien, in denen die Sprache schwerfällig und umständlich ist. ABAP/4 ist kein Allheilmittel, aber eine gute Unterstützung in der Arbeit mit dem System R/3, wenn man es richtig einzusetzen versteht. Dazu sollen die nächsten Kapitel einen kleinen Beitrag leisten.

3.4 Quelltexteditor

Der Quelltexteditor ist selbst eine mit ABAP/4 erstellte Dialoganwendung. Seine Oberfläche ist ebenfalls ein Dynpro und deshalb zeilenorientiert. Jedoch wurden inzwischen viele Funktionen moderner, seitenorientierter Editoren aufgenommen.

Editormodus

Ab dem Release 3.0 kann der Editor in unterschiedlichen Modi benutzt werden. Der **PC-Modus** ist angelehnt an die Funktionalität von PC-Editoren. So bietet er textverarbeitungsähnliche Befehle zum Kopieren, Ausschneiden und Einfügen. Standardmäßig eingestellt ist der PC-Modus mit Zeilennumerierung. Im **Kommando-Modus** kann die aus R/2 und früheren R/3-Releases gewohnte Arbeitsweise weitgehend beibehalten werden. Editorbefehle werden in diesem Modus in eine spezielle Kopfzeile oder in den Bereich der Zeilennummern eingetragen und dann aktiviert. Es folgt ein kurzer Überblick über die wichtigsten Eigenschaften des Editors im PC-Modus.

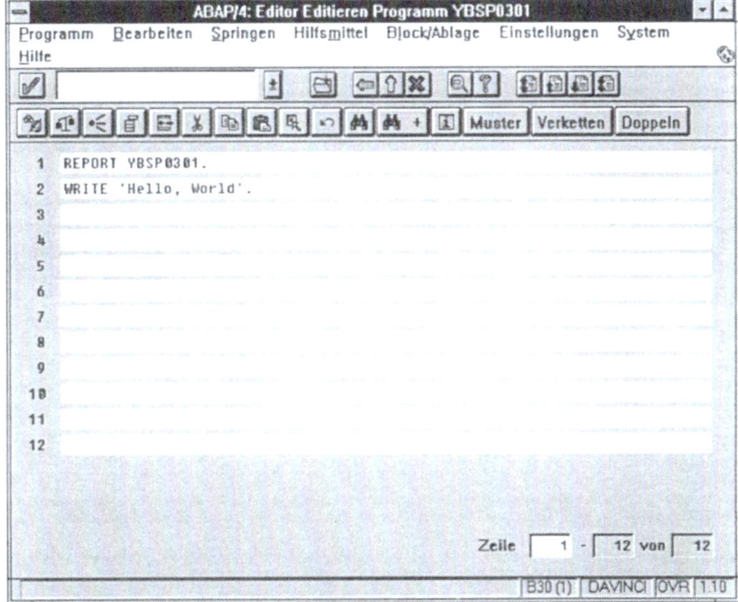

Abb. 3.6 Quelltexteditor im PC-Modus (SAP AG©)

In Tabelle 3.1 sind wichtige Funktionen zusammengestellt, die über das Menü und meist auch über Funktionstasten aktivierbar sind. Die aktuelle Belegung der Funktionstasten wird durch Betätigen der rechten Maustaste angezeigt.

Tab. 3.1
Wichtige Menüfunktionen des Editors

Menüpfad	Taste		Funktion
Programm → Sichern ohne Prüfen	F11		Sichern des Quelltextes auf der Datenbank
Programm → Prüfen → Aktuelles Programm	F26		Überprüfen des aktuellen Quelltextes auf Syntaxfehler
Programm → Drucken	F13		Ausdruck des Quelltextes
Programm → Ausführen			Start der Programmabarbeitung
Programm → Pretty Printer			Formelle Anpassung des Quelltextes
Bearbeiten → Suchen/ Ersetzen	F38		Suchen und Ersetzen von Zeichenketten im Programm und dessen Includes
Bearbeiten → Anweisungsmuster...			Einfügen von vorgefertigten Schlüsselwortstrukturen
Bearbeiten → Weitere Funktionen → INCLUDE auflösen			Einfügen des Quellcodes des markierten Includes-Aufrufes
Bearbeiten → Weitere Funktionen → Kommandoeingabe			Eingaben spezieller Editorkommandos
Bearbeiten → Zeile → Zeile verketten			Anhängen der nachfolgenden an die markierte Zeile
Hilfsmittel → Hilfe zu ...	F48		Anzeige von Informationen zu ABAP/4-Begriffen und -Objekten
Hilfsmittel → Download...	F20		Speichern des Quelltextes auf das Front-End
Hilfsmittel → Upload...			Laden eines Quelltextes

Navigation

Der ABAP/4-Editor bietet umfangreiche Möglichkeiten zur **Navigation** im Programm und hin zu anderen Entwicklungstools. Wenn der Cursor auf einem Sprachelement im Anweisungsteil positioniert ist, wird mit einem Doppelklick der linken Maustaste bei Variablen zur Definition und bei Schlüsselwörtern zur Hilfe verzweigt. Ein Doppelklick auf eine Variablendefinition ruft einen Verwendungsnachweis dieser Variable auf.

Markierungen innerhalb einer Zeile können mit der linken Maustaste erfolgen. Zum Markieren mehrerer Zeilen muß der Cursor auf der ersten und dann auf der letzten Zeile positioniert und jeweils die Funktionstaste F9 betätigt werden. Die Windows-Zwischenablage kann mit den Tastenkombinationen CTRL-X für Ausschneiden, CTRL-C für Kopieren und CTRL-V für Einfügen benutzt werden.

Eingaben sind wahlweise in Groß- und Kleinbuchstaben möglich. Sie werden nach Betätigen von ↵ einheitlich, je nach Editoreinstellung, in Klein- oder Großbuchstaben umgesetzt. Nicht umgesetzt werden Textkonstanten und Kommentare.

4 Einfache Reports erstellen

In diesem Abschnitt werden die grundlegenden Sprachelemente von ABAP/4 dargelegt. Dabei stehen Datendeklarationen und Ausgabeanweisungen im Mittelpunkt. Darüber hinaus wird das Konzept der quelltextunabhängigen Textbausteinverwaltung erläutert.

4.1 Programmaufbau

Jedes Programm besteht aus einem Deklarationsteil und einem **Operationsteil**. Im Deklarationsteil werden alle Datenstrukturen, Tabellen und Parameter vereinbart. Der Operationsteil enthält die auszuführenden Programmanweisungen. ABAP-Statements beginnen in der Regel mit einem Schlüsselwort und werden mit einem Punkt (**.**) abgeschlossen. Wörter werden durch mindestens ein Leerzeichen voneinander getrennt.

```
REPORT YBSP0401.
* Deklarationsteil
DATA NAME(4) VALUE 'Text'.
* Operationsteil
WRITE NAME.
```

Die Anweisungen können formatfrei eingegeben werden. Mehrere Anweisungen pro Zeile und einzelne Anweisungen über mehrere Zeilen sind erlaubt.

Es ist möglich, mehrere aufeinanderfolgende Anweisungen mit dem gleichen Schlüsselwort zu **Kettensätzen** zusammenzufassen. Nach dem Schlüsselwort muß dann ein Doppelpunkt (**:**) eingegeben werden. Die geketteten Anweisungsteile werden durch Kommata (**,**) getrennt. Vor und hinter den Trennzeichen können Leerzeichen stehen. Die Anweisungen

```
WRITE 'Name: '.
WRITE NAME.
```

sind identisch mit dem Kettensatz

```
WRITE: 'Name: ', NAME.
```

REPORT

Das **REPORT**-Statement definiert Namen und Attribute der vom Programm erstellten Liste und steht am Anfang eines jeden Reports. Attribute sind im besonderen durch folgende Zusätze spezifizierbar:

`NO STANDARD PAGE HEADING`
: Standardseitenkopf wird nicht angezeigt

`LINE-SIZE <col>`
: Zeilenlänge wird auf <col> Spalten gesetzt. Maximale Spaltenanzahl ist 255, Standard 80 Spalten.

`LINE-COUNT <lines>[(<n>)]`
: Es werden pro Seite <lines> Zeilen angelegt. Davon werden, wenn angegeben, <n> Zeilen am Seitenende für die END-OF-PAGE-Verarbeitung (vergleiche Ereignisorientierung im Kapitel 6.2) reserviert.

Kommentare

Kommentare können auf zwei unterschiedliche Arten im Programm eingetragen werden. Ein Stern (*) in Spalte 1 kennzeichnet eine gesamte Zeile als Kommentar. Nach einem Anführungszeichen (") innerhalb einer Zeile wird der Text bis zum Zeilenende als Kommentar interpretiert.

```
* Das ist eine Kommentarzeile
DATA NAME. " Vereinbarung der Variable NAME
```

4.2 Definition von Datenfeldern, Typen und Konstanten

Variablendeklaration

Datenfelder (Variablen) müssen vor ihrer erstmaligen Benutzung im Deklarationsteil des Programmes definiert werden. Dazu ist neben dem Schlüsselwort **DATA** die Angabe eines Datentyps und der Feldlänge oder einer Referenz erforderlich. Im folgenden werden die Begriffe Deklaration und Definition synonym verwendet, da in ABAP/4 der Deklarationszeitpunkt immer mit dem Definitionszeitpunkt zusammenfällt. Dies gilt sowohl für Daten als auch für Unterprogramme.

Feldnamen

Feldnamen können bis zu 30 Zeichen lang sein und Sonderzeichen sowie Ziffern enthalten. Das erste Zeichen sollte ein Buchstabe sein. Die Zeichen ( ) + . , und : sind nicht erlaubt. Der Bindestrich (-) sollte nicht verwendet werden, da er als Trennstrich für die Bestandteile zusammengesetzter Feldnamen verwendet wird. Empfehlenswert ist, zusammengesetzte Feldnamen mit einem Unterstrich (_) zu unterteilen und darüber hinaus auf Sonderzeichen im Feldnamen zu verzichten. Einige Namen sind in ABAP/4 vordefiniert. Dazu gehören die Systemvariablen, die generell mit SY oder SYST beginnen. Die Liste dieser Variablen läßt sich mit dem Editorkommando SHOW SY unter *Bearbeiten → Weitere Funktionen → Kommandoeingabe* anzeigen. Die Tabelle 4.1 zeigt einige Beispiele.

Tab. 4.1 Systemvariablen

Systemvariable	Bedeutung
SY-REPID	ABAP/4-Programmname
SY-UNAME	Name des Benutzers, der das Programm abarbeitet
SY-DATUM	Aktuelles Datum
SY-UZEIT	Aktuelle Uhrzeit
SY-SUBRC	Return-Code
SY-LANGU	Anmeldesprache

Die DATA-Anweisung verfügt über eine Reihe von Zusätzen, von denen nur einige dargestellt werden können. Feldleisten (Records) sowie interne Tabellen werden im Kapitel 8 behandelt. Eine einfache Datendeklaration hat folgenden Aufbau:

```
DATA <Variablenname>[(<Länge>)] {TYPE <Typ>|LIKE
<Var>} [VALUE <Standardwert>].
```

Dabei gilt für die einzelnen Teile folgendes:

- `<Variablenname>` ist eine Zeichenkette von bis zu 30 Buchstaben, die die Variable symbolisiert.
- `<Länge>` ist die Länge des Feldes in Byte, wenn eine andere als die Standardlänge gewünscht wird. Dies ist insbesondere für Zeichenketten interessant, da deren Standardlänge nur 1 Zeichen beträgt. Eine Längenangabe ist allgemein nur für die anschließend erklärten Typen `C`, `P`, `N` und `X` zulässig.
- `<Typ>` ist einer der in der folgenden Tabelle aufgelisteten Typen.

Tab. 4.2 Datentypen

Typ	Bedeutung	Standardlänge	Initialwert
C	Text (Zeichenkette)	1	Leerzeichen
N	Numerischer Text	1	'000...0'
D	Datum (YYYYMMDD = <Jahr><Monat><Tag>)	8	'000000000'
T	Zeitpunkt (HHMMSS = <Stunde><Minute><Sekunde>)	6	'0000000'
X	Hexadezimalzahl	1	'00'
I	Ganze Zahl (Integer)	4	0
P	Gepackte (Festkomma-)Zahl	8	0
F	Gleitpunktzahl (Float)	8	0.0

Der Typ gibt an, wie der Feldinhalt bei Berechnungen und Ausgaben interpretiert wird. Er legt darüber hinaus Länge, einen Initialwert und den erlaubten Zeichenvorrat fest. Während der Typ `C` alle Zeichen enthalten kann, sind für den Typ `N` nur Ziffern als Eingabe möglich. Soll ein Apostroph (') in einer Zeichenkette erscheinen, ist er doppelt ('') einzugeben.

Der Typ `T` hat die Besonderheit, daß er bei Bereichsüberschreitungen am Ende des Tages, d.h. nach dem Wert 235959, ohne Laufzeitfehler die Zählung wieder von vorn mit 000000 beginnt.

Gleitpunktzahlen werden standardmäßig in Exponentialdarstellung ausgegeben. Der gültige Wertebereich reicht von -1E307 bis 1E307. Die Genauigkeit beträgt ca. 15 Stellen. Hier einige Beispiele:

```
* Definition eines Feldes vom Typ Datum
DATA DATUM1 TYPE D.
Definition einer Zeichenkette der Länge 10
DATA NAME_ALT(10) TYPE C.
* Definition einer Zeichenkette der Länge 1
DATA ZEICHEN.
* Definition einer gepackten Festkommazahl
DATA FZAHL TYPE P.
* Definition von 3 Ganzen Zahlen
DATA I1,I2,I3 TYPE I.
* Definition einer Festkommazahl mit 8 Vor-
* und 2 Nachkommastellen.
DATA VAL2(10) TYPE P DECIMALS 2.
```

Die Angaben des Typs und der Länge sind optional. Erfolgen sie nicht, werden der Typ C bzw. die festgelegte Standardlänge des entsprechenden Datentyps verwendet.

Soll eine Variable den gleichen Typ wie eine bereits deklarierte Variable besitzen, kann dies über den Zusatz **LIKE** definiert werden.

```
* Definition einer Zeichenkette der Länge 10
DATA NAME_ALT(10) TYPE C.
* Definition einer Zeichenkette der Länge 10
DATA NAME_NEU LIKE NAME_ALT.
* Definition einer Variable vom gleichen
* Typ wie die Systemvariable SY-BNAME
DATA NUTZER LIKE SY-BNAME.
```

Typdeklaration

Ab dem Release 3.0 können mit dem Schlüsselwort **TYPES** eigene Typen definiert werden. Diese Typen können dann in nachfolgenden DATA-Anweisungen benutzt werden:

```
* Definition eines Zeichenkettentyps mit der * Länge
20
TYPES: T_KETTE(20).
* Definition einer Variable vom Typ T_KETTE
DATA Z TYPE T_KETTE.
```

Es besteht ab dem Release 3.0 auch die Möglichkeit, direkt Konstanten mit dem Schlüsselwort **CONSTANTS** zu vereinbaren:

```
CONSTANTS DATUM1 TYPE D VALUE '19970101'.
```

Konstanten-deklaration

Bei der Zuweisung von Initialwerten und der Konstantenvereinbarungen sind für die Typen C und N in Apostrophe eingeschlossene Textliterale (z.B. 'Name') anzugeben. Für die Typen P und I sind Zahlenliterale ohne Apostrophe (z.B. 2340) zu schreiben. Für alle anderen Typen sowie für Angaben mit Nachkommastellen zum Typ P sind Textliterale anzugeben, die vom ABAP/4-System automatisch konvertiert werden.

Der gesamte Datenbereich eines ABAP/4-Programmes ist auf 64 KByte beschränkt.

4.3 Ausgabe und Formatierung

Mit Ausgabeanweisungen können die Inhalte von Datenfeldern auf ein Ausgabemedium übertragen werden. Standardmäßig erfolgt eine Ausgabe als Liste auf dem Bildschirm. Es ist aber auch möglich, die Ausgabe auf einen Drucker umzuleiten. Ein spezielles Programm dient zur komfortablen Ausgabesteuerung. Durch dieses werden neben den vom Nutzer veranlaßten Ausgaben Titel und Seitenzahl ergänzt (vgl. Abb. 3.5). Darüber hinaus kann in der angezeigten Liste geblättert werden.

Ausgabeanweisung

Mit der **WRITE**-Anweisung werden Feldinhalte ausgegeben. Dabei gilt folgende Syntax:

```
WRITE [AT] [/][<Spalte>][(<Ausgabelänge>)] <Wert>
[<Format>].
```

Ein Schrägstrich (/) heißt, die Ausgabe startet auf einer neuen Zeile, sofern die aktuelle nicht leer ist. Ist eine Spalte angegeben, fängt dort der Schreibvorgang an. Mit <Ausgabelänge> kann die Länge des Strings begrenzt werden. Alle drei Angaben müssen, soweit vorhanden, ohne trennendes Leerzeichen angegeben werden. Z.B. schreibt `WRITE /5(20) NAME.` den Namen auf eine neue Zeile, in die 5. Spalte mit einer Maximalausgabelänge von 20 Zeichen.

<Format> kann sehr vielschichtige Zusätze umfassen, die wichtigsten zeigt folgende Übersicht:

Tab. 4.3 Zusätze der FORMAT-Option

Zusatz	Bedeutung
DD/MM/YYYY	Datum im benutzerspezifischen Format
USING EDIT MASK <Maske>	Formatierung gemäß Maske, wobei '_' für ein Zeichen des einfachen Ausgabestrings steht, z.B. ZEIT USING EDIT MASK '__:__:__'
EXPONENT <n>	Exponent forcierbar, EXPONENT 0 heißt ohne Exponentenzusatz
DECIMALS <Anz>	Limitieren der Dezimalstellen einer nichtganzen Zahl, z.B. vom Typ F
NO-GAP	kein Abstand (=Leerzeichen) hinter Feld ausgeben
LEFT-JUSTIFIED	linksbündig ausgeben
CENTERED	zentriert ausgeben (entsprechend der definierten Feldlänge)
RIGHT-JUSTIFIED	rechtsbündig ausgeben

Für die benutzerspezifische Ausgabe des Datums muß dessen Form in der Transaktion zur Festlegung der Benutzerangaben *System → Benutzervorgaben → Benutzerfestwerte* (SU50) ausgewählt werden.

Formatierung

Zur Formatierung der Ausgabe stehen eine Reihe von Befehlen zur Verfügung. Nachfolgend sind die wichtigsten Ausgabeoperationen und -klauseln mit Beispielen aufgelistet. Genauere Informationen gibt die Online-Hilfe:

```
* Ausgabe der Variablen NAME_ALT
WRITE NAME_ALT.
* Ausgabe mehrerer Variablen in einer Zeile
WRITE: NAME_ALT, NAME_NEU.
* Ausgabe eines Textes in eine neue Zeile
WRITE / 'Name: '.
* Ausgabe von maximal 20 Zeichen der Varia-
* ble NAME_ALT in eine neue Zeile ab der
* Spalte 10
```

```
WRITE /10(20) NAME_ALT.
* Ausgabe von NAME_NEU ab der gleichen Spal-
* te wie NAME_ALT
WRITE / NAME_NEU UNDER NAME_ALT.
* Ausgabe der Festkommazahl FZAHL mit 3
* Dezimalstellen
WRITE FZAHL DECIMALS 3.
* Benutzerspezifische Datumsausgabe
WRITE DATUM DD/MM/YYYY.
* Ausgabe einer Leerzeile
SKIP.
* Ausgabe von 5 Leerzeilen
SKIP 5.
* Ausgabe einer Linie
ULINE.
* Schreibt den nachfolgenden Text hervorge-
* hoben
FORMAT INTENSIFIED ON.
* Schreibt den nachfolgenden Text normal
FORMAT INTENSIFIED OFF.
* Forciert den Anfang einer neuen Seite
NEW-PAGE.
```

Seit Version 3.0 gibt es auch die Möglichkeit, Icons und Symbole mit WRITE anzuzeigen. Genaueres über die Zusätze AS ICON und AS SYMBOL findet man in der Online-Hilfe zu WRITE.

4.4 Wertzuweisungen und Operationen

Wertzuweisung

Sollen Werte an Datenfelder übergeben werden, müssen diese zugewiesen werden. Bei Verwendung des Zuweisungsoperators (=) ist keine Steuerungsanweisung notwendig.

```
* Übertragung des Wertes der Variable
* NAME_ALT auf die Variable NAME_NEU.
NAME_NEU = NAME_ALT.
```

In vielen ABAP/4-Programmen wird das Schlüsselwort **MOVE** verwendet. Es hat die gleiche Bedeutung.

```
* Übertragung des Wertes der Variable
* NAME_ALT auf die Variable NAME_NEU.
MOVE NAME_ALT TO NAME_NEU.
```

Operationen

Wertzuweisungen und andere Anweisungen können Operationen enthalten. Als Standardoperatoren stehen +, -, / (Division), * (Multiplikation), ** (Potenzierung), **DIV** (ganzzahlige Division) und **MOD** (Rest der ganzzahligen Division) zur Verfügung. Weitere mathematische Funktionen können der Online-Dokumentation entnommen werden. Klammersetzung ist erlaubt. Vor und nach jedem Operator und jeder Klammer muß ein Leerzeichen stehen.

```
* I1 wird 4 gesetzt
I1 = 12 / ( 7 - 4).
* Für I2 ergibt sich 3
I2 = 7 MOD 4.
* Die Operation ergibt den Wert 7
I3 = I1 + I2.
```

Die hier angegebene Schreibweise ist die Kurzform der Wertzuweisung mit dem optionalen Schlüsselwort **COMPUTE**. Die vollständige Syntax lautet:

```
COMPUTE <Feld> = <Ausdruck>.
```

Alternativ können die Anweisungen **ADD TO, SUBTRACT FROM, MULTIPLY BY** und **DIVIDE BY** verwendet werden. Zu beachten ist, daß kein Ausdruck verwendet werden darf und daß die Ergebnisvariable am Ende der Anweisung steht.

```
ADD <Wert> TO <Feld>.
```

Operationen mit unterschiedlichen Typen von Variablen erfordern eine Typanpassung. ABAP/4 nimmt diese Anpassungen automatisch vor. Es muß nur sichergestellt sein, daß das Quellfeld gültige Werte des Zielfeldtyps besitzt. Im nachfolgenden Beispiel dürfen deshalb die Variablen S1 und S2 nur Vorzeichen, Ziffern und Dezimalpunkt enthalten.

```
DATA: S1(4) VALUE '25.3',
      S2(4) VALUE '25,3',
      N TYPE I.

* N bekommt den Wert 25 zugewiesen.
N = S1.
* Die Anweisung führt zu einem Laufzeit-
* fehler, da ein Komma nicht als Dezimal-
* punkt interpretiert wird.
N = S2.
```

Das Operationszeichen (+) wird auch als Offsetangabe für Zeichenketten benutzt.

```
* Das 3. bis 7. Zeichen von C wird an C1
* übergeben.
C1 = C+3(5).
```

Da nur die fehlenden Leerzeichen eine Addition von einer solchen Zeichenkettenoperation unterscheiden, führt

```
I1 = C+3.
```

anstelle von

```
I1 = C + 3.
```

nicht zu einem Syntaxfehler, aber zu einem falschen Ergebnis.

Variablen initialisieren

Die Anweisung **CLEAR** setzt Variablen auf ihren durch den Typ festgelegten Initialwert, sie speichert jedoch nicht einen mit VALUE festgelegten Anfangswert zurück.

```
* Die Variable I1 wird auf 0 und die Varia-
* ble DATUM1 auf '00000000' zurückgesetzt.
CLEAR I1, DATUM1,.
```

4.5 Textelemente

Textelemente anlegen

Ein wesentliches Merkmal der mit ABAP/4 erstellten Anwendungssysteme ist die leichte Anpaßbarkeit der Bildschirmausschriften an unterschiedliche Sprachen. Die Basis dafür bildet die Trennung von Texten und Programmablauf. Zu diesem Zweck können außerhalb des Quelltextes mehrsprachige Textelemente eingegeben werden. Zur Eingabe der Textelemente ist im Einstiegsbild des Quelltext-Editors das Teilobjekt Textelemente zu markieren und die Funktion *Anlegen* auszuführen. Im ersten Dynpro muß die Textart ausgewählt werden.

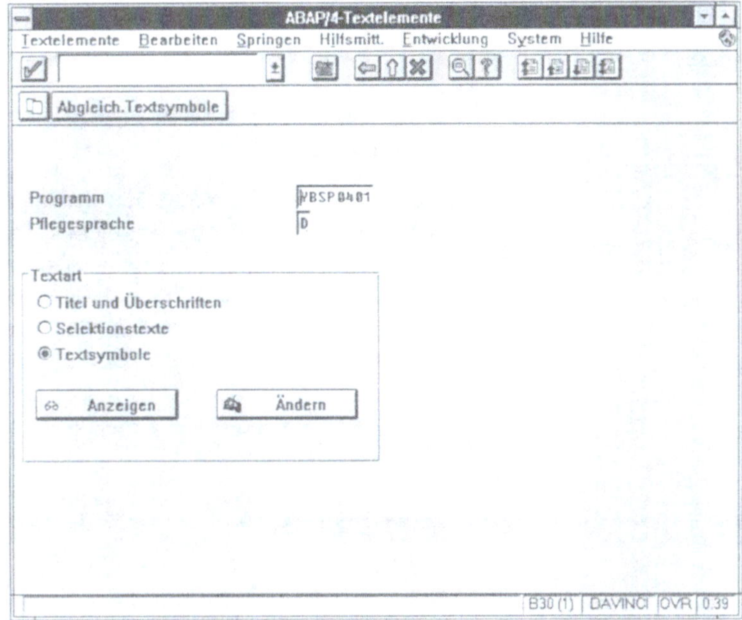

Abb. 4.1
Einstiegsbild zur Erfassung der Textelemente (SAP AG©)

Aus diesem heraus erreicht man über die Funktion „Ändern" die Erfassungsmaske der Textelemente.

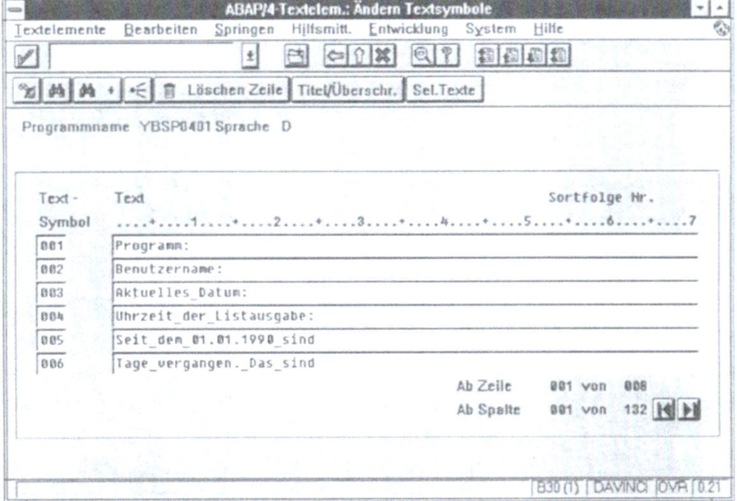

Abb. 4.2
Erfassungsmaske für Textelemente (SAP AG©)

Textelemente aufrufen

Die Textelemente sind dreistellig numeriert und werden im dazugehörigen Quelltext als Variable TEXT-xxx angesprochen.

```
* Ausgabe der Zeichenkette "Datum: "
WRITE TEXT-003.
```

Eine Ausgabe von Textelementen kann nur erfolgen, wenn sie in der Anmeldesprache des Nutzers, der das Programm abarbeitet, erfaßt wurden. Ein sprachunabhängiger Default-Wert kann in der Schreibweise WRITE 'Datum:'(002). vereinbart werden. Er wird nur verwendet, wenn kein spezielles Textelement in der Anmeldesprache erfaßt wurde. Aus dem Einstiegsbild der Textelemente (vgl. Abb. 4.1) können die aktuellen Default-Werte als reguläre Textelemente mit dem Befehl *Bearbeiten → Abgleich.Textsymbole* abgespeichert werden.

4.6 Anwendungsbeispiel

Es folgt ein kurzes Anwendungsbeispiel für die erläuterten Anweisungen:

```
REPORT YBSP0401.
DATA: DATE1 TYPE D,
      DIFF TYPE I,
      WOCHE TYPE I,
      TAG TYPE I.
WRITE: / 'Programm:'(001), SY-REPID.
WRITE: / 'Heute ist der', SY-DATUM.
SKIP 2.
* Umwandlung Zeichenkette in Datum
DATE1 = '19900101'.
* Umwandlung Datum in ganze Zahl
DIFF = SY-DATUM - DATE1.
WOCHE = DIFF DIV 7.
TAG = DIFF MOD 7.
WRITE: / TEXT-005, (3) DIFF, TEXT-006,
        /(3) WOCHE, TEXT-007,
          (1) TAG, TEXT-008.
SKIP 2.
ULINE.
WRITE: / TEXT-002, 30 SY-UNAME.
WRITE: / TEXT-003, SY-DATUM UNDER SY-UNAME.
WRITE: / TEXT-004, SY-UZEIT UNDER SY-UNAME.
```

Abb. 4.3 zeigt das Ergebnis:

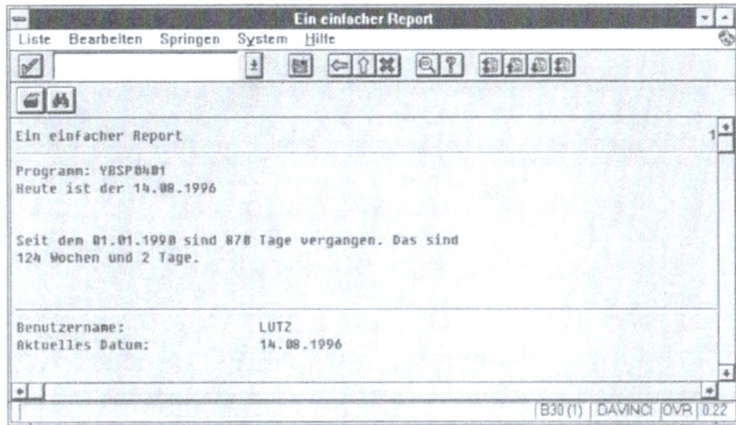

Abb. 4.3
Ausgabe von Textelementen (SAP AG©)

Obwohl sich die Arbeit mit Textelementen und damit die Trennung von Quellcode und Texten fast immer empfiehlt, werden in den nachfolgenden Beispielen alle auszugebenden Texte direkt in den Quelltext aufgenommen, um die Darstellung übersichtlicher zu gestalten.

4.7 Testhilfe

Ein wichtiges Werkzeug bei der ABAP/4-Programmierung ist die Testhilfe (Debugger). Sie ermöglicht die Programmunterbrechung an vordefinierten Haltepunkten und das schrittweise Abarbeiten von Programmsequenzen. Dabei können bei Programmunterbrechungen alle im Programm angesprochenen Felder, formale Parameter und Tabellen angezeigt werden. Feldinhalte können dann direkt verändert werden.

Programmtest

Mit *Programm → Ausführen → Debugging* kann die Testhilfe aus dem Quelltexteditor heraus gestartet werden.

Abb. 4.4
Testhilfe
(SAP AG©)

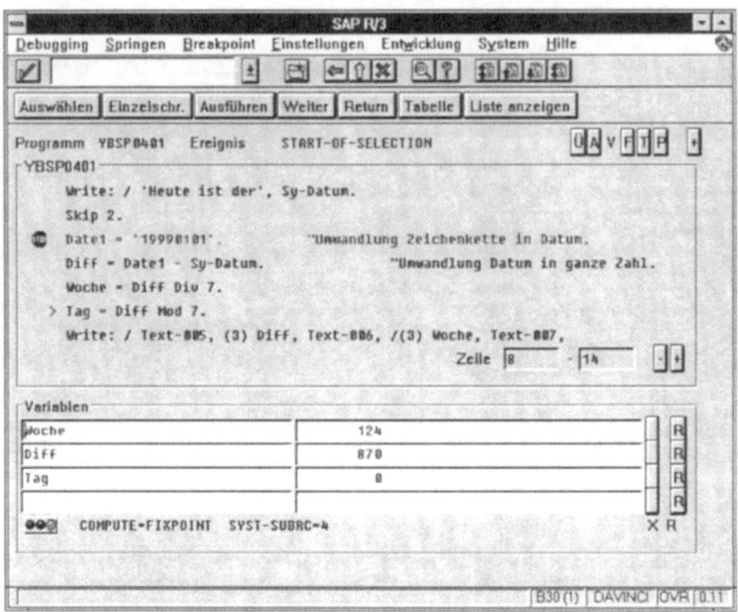

Haltepunkte setzen

Die Unterbrechung an einer vorgegebenen Stelle im Programm erfolgt über **Haltepunkte** (Breakpoints). Solch ein Breakpoint kann für die aktuelle Zeile aus dem Editor heraus mit *Hilfsmittel → Breakpoint → Setzen* festgelegt werden. Bei einer darauffolgenden Abarbeitung des Programmes (z.B. mit *Programm → Ausführen*) wird bei Erreichen eines Breakpoints im Programmablauf die Testhilfe angezeigt. Im oberen Teil des Bildes ist der Ausschnitt des Quellcodes abgebildet, der die aktuelle Programmzeile enthält. Die nächste zu bearbeitende Zeile ist mit (>) gekennzeichnet. Haltepunkte sind farbig hervorgehoben und mit STOP markiert.

Der Programmablauf kann auch in Abhängigkeit vom Eintreten bestimmter Ereignisse unterbrochen werden. Bspw. kann das Programm immer dann angehalten werden, wenn sich ein bestimmter Feldinhalt ändert. Dazu ist aus der Testhilfe heraus über die Funktion *Springen → Felder* ein Überwachungspunkt (Watchpoint) zu definieren.

Im unteren Bildteil können Felder angegeben werden, deren Inhalt bei der Abarbeitung überwacht werden soll. Das geschieht am einfachsten durch Anklicken des Feldnamens im Quelltext oder durch direkte Eingabe der Bezeichnung. Im dargestellten Beispiel (vgl. Abb. 4.4) ist der Wert der Variable WOCHE berechnet worden, der Wert der Variable TAG wird im nächsten Schritt ermittelt.

Mit der Replace-Funktion können Feldinhalte geändert werden. Dazu ist nach der Werteingabe das neben dem Eingabefeld befindliche, mit einem R versehene Feld, zu markieren. Der Inhalt einer Tabelle kann über die Funktion *Springen → Tabelle* und die Angabe des Tabellennamens angezeigt werden. Die einzelnen Zeilen sind durchnumeriert, die Kopfzeile ist mit ">>>>>" gekennzeichnet. In dieser Anzeige können keine Werte geändert werden.

5 Bearbeiten von Datenbanktabellen

Tabellendeklaration

Am häufigsten werden ABAP/4-Programme zur Verarbeitung von im R/3-System gespeicherten Datenbeständen benutzt. Ziel dieses Kapitels ist es, den Leser zu befähigen, einfache Auswertungen von diesen Daten zu erstellen. Alle Daten sind in Tabellen der angeschlossenen relationalen Datenbank gespeichert.

5.1 Deklarieren von Datenbanktabellen

Die Namen der Tabellen, die im Programm verwendet werden, müssen im Deklarationsteil in einer **TABLES**-Anweisung aufgelistet werden.

```
TABLES: LFA1, LFB1, LFC1.
```

Diese Deklaration ist mit einer Definition eines Datenaustauschbereiches zwischen Programm und Tabelle verbunden. Dieser Bereich wird in ABAP/4 Kopfzeile der Tabelle genannt. Er enthält beim Bearbeiten der Tabelle die Daten des aktuellen Datensatzes aus der Tabelle. Der Datenaustauschbereich ist eine Feldleiste. Dieser zusammengesetzte Typ wird in Kapitel 8.1 genauer beschrieben.

Die einzelnen Felder werden über <Tabellenname>-<Feldname> angesprochen. LFA1-NAME1 bezeichnet bspw. das Feld NAME1 in der Tabelle LFA1 (Lieferantenstammdaten, allgemeiner Teil).

Mit der TABLES-Anweisung werden nur Datenbank-Tabellen deklariert. Auf interne Tabellen, die erst zur Laufzeit erstellt werden, wird im Kapitel 8.2 eingegangen.

5.2 Lesen von Werten aus einer Datenbanktabelle

In ABAP/4 gibt es ein SQL-Subset. Das Subset ist eine Untermenge von SQL-Befehlen zur Arbeit über Datenbanktabellen, dessen Befehle unabhängig von der physisch darunterliegenden Datenbank sind. Das Subset umfaßt die Befehle SELECT, INSERT, UPDATE, MODIFY und DELETE. Datenbanktabellen sind dabei transparente, Pool- und Cluster-Tabellen sowie Views.

Lesen von Datensätzen

Die SELECT-Anweisung dient dem Auslesen von Daten aus der Datenbank. Sie kann im Programm auf jede Datenbanktabelle angewendet werden, die mit TABLES deklariert wurde. Es gibt zwei grundlegende Ausprägungen der Anweisung.

Die gebräuchlichere hat die folgende Form:

```
SELECT * FROM <Tabelle> [WHERE <Bedingun-
 gen>] [ORDER BY <Felder>] [UP TO <n> ROWS].
  <Verarbeitung des Datensatzes>
ENDSELECT.
```

Bedingungen

Die Anweisung arbeitet in einer Schleife alle Datensätze ab, die den Bedingungen der WHERE-Klausel genügen.

Innerhalb der Schleife, die durch das Schlüsselwort ENDSELECT. beendet wird, kann der jeweils aktuelle Datensatz bearbeitet werden. Er steht in der Kopfzeile der bearbeiteten Tabelle. Selektiert man bspw. über die Tabelle UMSATZ mit den Feldern KUNDENNR und UMSATZ, so sind diese über UMSATZ-KUNDENNR beziehungsweise UMSATZ-UMSATZ ansprech- und auswertbar.

Für die Zusätze der SELECT-Anweisung gilt folgendes:

Die WHERE-Klausel erlaubt, den Datenbestand durch Bedingungen einzuschränken. Das hat einen erheblichen Performance-Vorteil gegenüber einer eigenen Einschränkung innerhalb der SELECT-Schleife. Innerhalb der WHERE-Klausel müssen die Felder der aktuellen Tabelle ohne den Zusatz <Tabelle>- angegeben werden.

Mit der **ORDER BY**-Klausel können die Daten nach einem oder mehreren Feldern geordnet werden. Die Angabe der Felder erfolgt sortiert. Das heißt, zuerst werden die Daten nach dem ersten angegebenen Feld geordnet, innerhalb von Gruppen mit dem gleichen Feldinhalt nach dem zweiten usw.. Die Syntax für die Angabe eines Feldes lautet jeweils <Feld> **[ASCENDING|DESCENDING]**, wobei der Zusatz ASCENDING für aufsteigende, DESCENDING für absteigende Sortierfolge steht. Ist kein Zusatz angegeben, ist die Standardsortierrichtung aufsteigend. Der Zusatz PRIMARY KEY sortiert nach den Primärschlüsselfeldern der Tabelle.

Mit dem Zusatz UP TO <n> ROWS kann die Bearbeitung auf die ersten n Datensätze beschränkt werden.

Um das Gesagte etwas plastischer zu machen, seien hier zwei Beispiele angegeben, wie die SELECT-Anweisung aussehen kann:

```
SELECT * FROM LFA1 WHERE ORT01 = 'Berlin'
```

Liest aus der Tabelle LFA1 alle Angaben über Lieferanten, die in Berlin ansässig sind.

```
SELECT * FROM UMTAB ORDER BY UMSATZ DESCENDING
  UP TO 10 ROWS.
```

Liest aus der imaginären Tabelle UMTAB die 10 umsatzstärksten Kunden, absteigend nach Umsatz geordnet.

Es gibt auch die Möglichkeit, SELECT-Schleifen zu schachteln. Dies ist besonders für Tabellenhierarchien mit 1:n-Beziehungen wichtig.

Angenommen, die Tabellen

KUNDEN(KUNDENNR, NAME, STRASSE, PLZ, ORT) und UMSATZ(KUNDENNR, GJAHR, UMSATZ)

enthielten Kunden und ihre jährlichen Umsätze, so könnte eine Liste folgendermaßen erstellt werden:

```
REPORT YBSP0002.
TABLES: KUNDEN, UMSATZ.
* Kunden der Reihe nach, alphabetisch geord-
* net, durchgehen
SELECT * FROM KUNDEN ORDER BY NAME.
  WRITE: / KUNDEN-NAME, KUNDEN-STRASSE,
  KUNDEN-PLZ, KUNDEN-ORT.
* gebe für jeden Kunden seine Umsätze in
* allen Geschäftsjahren aus, das neueste
* Geschäftsjahr zuerst
```

```
      SELECT * FROM UMSATZ
         WHERE KUNDENNR = KUNDEN-KUNDENNR
         ORDER BY GJAHR DESCENDING.
        WRITE: / '          ', UMSATZ-GJAHR, UMSATZ-
UMSATZ.
      ENDSELECT.
    ENDSELECT.
```

Die resultierende Liste könnte etwa so aussehen:

Abb. 5.1 Liste der Kundenumsätze

```
Liste der Kundenumsätze          02.06.1996
Fa. Meier       Lindenweg      98529 Suhl
            1996        2.700,00
            1995       12.673,00
            1993          212,14
Fa. Müller      Ehrenberg      98693 Ilmenau
            1996        3.700,12
            1995        7.785,00
...
```

Die Abarbeitung dieses Beispiels erfordert ein Anlegen der Tabellen in dieser Form im ABAP/4-Dictionary.

Lesen einzelner Datensätze

Die zweite Ausprägung von SELECT ins die **SELECT SINGLE**-Anweisung Die SELECT SINGLE-Anweisung liest, wenn die Bedingung erfüllt ist, genau einen Datensatz und schreibt ihn in die Kopfzeile der Tabelle. Sie hat die folgende Form:

```
SELECT SINGLE * FROM <Tabelle> WHERE <Bedingung>.
```

Ein ENDSELECT darf nicht geschrieben werden.

SELECT SINGLE liest einen Datensatz über seinen Schlüssel aus. Dazu müssen alle Felder, die zum Schlüssel gehören, über einen Vergleich auf Gleichheit als Bedingung angegeben werden. Ist z.B. die Tabelle UMTAB als UMTAB(KUNDE, UMSATZ), das bedeutet mit KUNDE als Schlüssel, definiert, so könnte die SELECT-Anweisung folgendermaßen aussehen:

```
SELECT SINGLE * FROM UMTAB WHERE KUNDE = '2796'.
```

Den Erfolg einer SELECT-Anweisung kann man überprüfen, indem man den Wert der Variable SY-SUBRC ermittelt. Ist er 0, war die Suche erfolgreich und mindestens ein Datensatz (bei SELECT SINGLE genau ein Datensatz) wurde gefunden, ist sie 4, wurde kein Datensatz selektiert. Der Wert 8 bedeutet, die SELECT SINGLE-Anweisung trifft für mehrere Datensätze zu.

5.3 Ändern von Datenbanktabellen

Für Änderungen von Datenbanktabellen können die Befehle INSERT, MODIFY und DELETE verwendet werden.

INSERT <Tabelle> fügt den Inhalt der Kopfzeile als neuen Datensatz in die Tabelle ein. Dabei muß sichergestellt sein, daß noch kein Datensatz mit dem gleichen Schlüssel existiert. Ist das der Fall, wird INSERT nicht ausgeführt und im Feld SY-SUBRC wird ein Fehlercode (Wert größer 0) erzeugt.

Ein Datensatz kann mit dem Befehl UPDATE <Tabelle> überschrieben werden. Hier muß sichergestellt sein, daß ein Satz mit gleichem Schlüssel bereits existiert. Das Ergebnis ist ebenfalls am Wert der Variable SY-SUBRC abzulesen.

Der Befehl MODIFY <Tabelle> verbindet Einfügen und Ändern. Er prüft selbständig, ob ein Datensatz mit gleichem Schlüssel vorhanden ist. Ist das der Fall, wird geändert, ansonsten wird eingefügt. Der MODIFY-Befehl hat deshalb eine schlechtere Performance als UPDATE und INSERT.

Mit DELETE FROM <Tabelle> WHERE <Bedingung> können einzelne oder mehrere Datensätze gelöscht werden.

Sollen mehrere Datensätze aus einer internen Tabelle in eine Datenbanktabelle mit gleicher Struktur übernommen werden, kann die Anweisung MODIFY <Datenbanktabelle> FROM <interne Tabelle> benutzt werden.

Auch UPDATE eignet sich zum Ändern mehrerer Datensätze. Die Anweisung dazu lautet UPDATE <Tabelle> SET <Zuweisung> WHERE <Bedingung>. Als Zuweisung ist es möglich, den alten Wert durch den neuen Wert zu ändern oder den alten Wert um den neuen zu erhöhen bzw. zu vermindern. Die Bedingung gibt an, in welchen Datensätzen Änderungen vorgenommen werden sollen. Das nachfolgende Beispiel ändert alle Postleitzahlen in den Adreßdaten der Lieferanten aus der Stadt Oberhof:

```
UPDATE LFA1
  SET LFA1-POSTLZ = '911111'
  WHERE LFA1 ORT01 = 'Oberhof'.
```

Beim Schreiben in mehrere logisch zusammenhängende Datenbanktabellen kann das Problem entstehen, daß ein Fehler erst nach den ersten erfolgreichen Operationen auftritt. Deshalb muß es möglich sein, einzelne Änderungen rückgängig zu machen. Der Befehl dafür heißt ROLLBACK WORK. Demgegenüber werden alle Änderungen mit COMMIT WORK festgeschrieben. ROLLBACK WORK wirkt bis zum letzten COMMIT WORK oder zum letzten Bildwechsel zurück.

6 Elemente der Programmsteuerung

Die bisher dargestellten Syntaxelemente dienen der sequentiellen Abarbeitung von ABAP/4-Programmen. Soll der Programmablauf in Abhängigkeit von Werten und Ereignissen beeinflußt werden, müssen Steuerstrukturen genutzt werden. ABAP/4 bietet neben den auch in anderen Programmiersprachen verwendeten Grundstrukturen (Verzweigung und Schleife) die Möglichkeit, den Programmablauf ereignisgesteuert zu gestalten. Beide Varianten werden in diesem Kapitel dargestellt.

6.1 Grundlegende Steuerstrukturen

Mit ABAP/4 lassen sich die in prozeduralen Sprachen üblichen Verzweigungen und Zyklen realisieren. Diese und die dabei verwendbaren Bedingungen werden im folgenden kurz beschrieben.

Verzweigungen

Die Anweisung **IF <Bedingung>.** verzweigt entsprechend des Resultates einer Bedingung. Ist die Bedingung erfüllt, werden die Anweisungen im Ja-(IF-)Zweig ausgeführt, ansonsten die des Nein-(ELSE-)Zweiges. Soll die Abarbeitung des Nein-Zweiges durch eine weitere IF-Anweisung aufgespalten werden, können ELSE. und IF <Bedingung>. zur Anweisung ELSEIF <Bedingung>. verbunden werden. Die Anweisung **ENDIF.** schließt die Verzweigung ab.

```
IF X > Y.
  WRITE / 'X ist größer als Y'.
ELSEIF X = Y.
  WRITE / 'X und Y sind gleich'.
ELSE.
  WRITE / 'Y ist größer als X'
ENDIF.
```

Sollen mehr als zwei alternative Anweisungsfolgen in Abhängigkeit eines Feldinhaltes ausgewählt werden, empfiehlt sich die **CASE**-Anweisung. Mit ihr wird der Feldinhalt mit mehreren Werten verglichen. Es werden dann die Anweisungen abgearbeitet, die auf **WHEN** <Wert>**.** mit dem übereinstimmenden Wert folgen. **WHEN OTHERS.** bezeichnet die Anweisungen, die ausgeführt werden sollen, wenn der Feldinhalt keinem der vorgegebenen Werte entspricht. **ENDCASE.** schließt die CASE-Anweisung ab.

```
CASE X.
  WHEN 1.
    WRITE / 'Der Inhalt von Feld X ist 1'.
  WHEN 2.
    WRITE / 'Der Inhalt von Feld X ist 2'.
  WHEN 6.
    WRITE / 'Der Inhalt von Feld X ist 6'.
  WHEN OTHERS.
    WRITE / 'Der Inhalt von Feld X ist ',
            'weder 1 noch 2 noch 6'.ENDCASE.
```

Zyklen

Die wiederholte Abarbeitung von Anweisungen wird mittels Zyklen realisiert. ABAP/4 unterscheidet Zählzyklen und abweisende Schleifen.

Zählschleife

Die **DO**-Anweisung wird gemeinsam mit einem Parameter und dem Zusatz TIMES als Zählschleife verwendet (DO <Parameter> TIMES.). Der Parameter gibt die Anzahl der Wiederholungen an. **ENDDO.** beendet den Zyklus.

```
* Schleife mit 5 Durchläufen
DO 5 TIMES.
* Ausgabe des aktuellen Schleifenzählers
        WRITE / SY-INDEX.
ENDDO.
```

Der Zusatz VARYING ... FROM ... NEXT ermöglicht eine Wiederholung der Abarbeitung in vordefinierten Schritten. Bei der ersten Abarbeitung erhält das VARYING-Feld die Adresse des FROM-Feldes. Im zweiten Durchlauf wird die Adresse des NEXT-Feldes verwendet. Bei jeder weiteren Wiederholung wird die Adresse des VARYING-Feldes um die Differenz zwischen FROM- und NEXT-Adresse erhöht.

```
* Schleife mit 5 Durchläufen
DO 5 TIMES VARYING X FROM A NEXT B.
```

```
* Ausgabe des aktuellen Wertes von X.
        WRITE / X.
ENDDO.
```

Eine Endlosschleife entsteht, wenn die DO-Anweisung ohne Parameter und TIMES verwendet wird. Diese kann nur durch eine Abbruchanweisung (vgl. Kapitel 6.1.3) verlassen werden.

Abweisende Schleife

Die Abarbeitung eines **WHILE**-Zyklusses ist von der Bedingung abhängig, die in der WHILE-Anweisung formuliert wird (WHILE <Bedingung>.). Sie wird ausgeführt, sofern und solange diese Bedingung erfüllt ist. Dieser abweisende Zyklus wird mit ENDWHILE. abgeschlossen.

```
X = 2.
WHILE X < 1000.
* Schleife zur Ausgabe der Potenzen von 2,
* die kleiner als 1000 sind
        WRITE / X.
        X = X * 2.
ENDWHILE.
```

Analog des Zusatzes VARYING ... FROM ... NEXT in der DO-Anweisung können mit VARY ... FROM ... NEXT vordefinierte Schritte in einer WHILE-Anweisung programmiert werden.

Schleifenzähler

Innerhalb der Schleife wird die aktuelle Zahl der bisherigen Schleifendurchläufe in der Systemvariable **SY-INDEX** zur Verfügung gestellt.

Abbruchanweisungen

Die Ablaufsteuerung von Programmen sollte prinzipiell durch die beschriebenen Steueranweisungen oder durch eine Ereignissteuerung erfolgen. Abbruchanweisungen zum vorzeitigen Beenden der Abarbeitung sollten nur in Ausnahmefällen verwendet werden.

Die Anweisung **CONTINUE** bewirkt, daß der aktuelle Zyklus nicht zu Ende geführt wird; es beginnt sofort der nächste Schleifendurchlauf. **CHECK** wirkt analog zu CONTINUE, wenn die Bedingung der CHECK-Anweisung nicht erfüllt ist. Mit der Anweisung **EXIT** wird eine Schleife ohne Bedingung verlassen.

Außerhalb von Schleifen haben CHECK und EXIT ähnliche Wirkungen. Werden sie innerhalb von Verarbeitungsblöcken (FORM, MODULE, FUNCTION oder AT) abgearbeitet, werden die nachfolgenden Anweisungen des Blockes nicht mehr ausgeführt.

Im Hauptprogramm eines Reports führt `EXIT` zu dessen Ende und zur sofortigen Anzeige des Programmergebnisses als Liste.

Bedingungen

Die Ausführung vieler Anweisungen ist abhängig von Bedingungen. Diese werden durch logische Ausdrücke definiert. Eine Möglichkeit ist der Vergleich von zwei Feldinhalten oder eines Feldinhaltes mit einem Wert. In Tabelle 6.1 sind Vergleichsoperatoren aufgelistet.

Tab. 6.1
Vergleichsoperatoren

Kurzbezeichnung	**Zeichen**	**Bedeutung**
EQ	=	gleich
NE	<>, ><	ungleich
GT	>	größer
LT	<	kleiner
GE	>=, =>	größer gleich
LE	<=, <=	kleiner gleich

Hier einige Beispiele:

```
IF I <> 1.
IF X GE Y.
IF SY-UNAME = 'MEIER'.
```

Mit der Klausel `BETWEEN` ... `AND` ... kann überprüft werden, ob der Inhalt eines Feldes innerhalb eines vorgegebenen Intervalles liegt. Die Klausel `IS INITIAL` vergleicht den Feldinhalt mit dem Standardinitialwert des entsprechenden Feldtyps.

```
IF X BETWEEN 10 AND 20.
* entspricht 10 <= X <= 20
IF X IS INITIAL.
```

Zeichenketten lassen sich mit folgenden Operatoren vergleichen:

Tab. 6.2 Zeichenketten-operatoren

Kurzbe-zeichnung	Lang-bezeichnung	Bedeutung
CO	Contains Only	Erfüllt, wenn der erste Operand nur Zeichen des zweiten Operanden enthält.
CN	Contains Not Only	Erfüllt, wenn der erste Operand nicht nur Zeichen des zweiten Operanden enthält.
CA	Contains Any	Erfüllt, wenn der erste Operand mindestens ein Zeichen des zweiten Operanden enthält.
NA	Contains Not Any	Erfüllt, wenn der erste Operand kein Zeichen des zweiten Operanden enthält.
CS	Contains String	Erfüllt, wenn der erste Operand die Zeichenfolge des zweiten Operanden enthält.
NS	Contains No String	Erfüllt, wenn der erste Operand nicht die Zeichenfolge des zweiten Operanden enthält.
CP	Contains Pattern	Erfüllt, wenn der erste Operand das Muster des zweiten Operanden enthält.
NP	Contains No Pattern	Erfüllt, wenn der erste Operand nicht das Muster des zweiten Operanden enthält.

Dem Größenvergleich zwischen Strings wird eine lexikographische Ordnung zugrunde gelegt. Bei der Verwendung von CP und NP steht das Symbol (+) für genau ein beliebiges Zeichen und (*) für eine beliebige Zeichenfolge. Das Symbol (#) steht vor einem "zeichengetreu" zu vergleichenden Zeichen. CS und NS unterscheiden nicht zwischen Groß- und Kleinschreibung. Die angegebenen Stringvergleiche können bei der WHERE-Klausel allerdings nicht eingesetzt werden, sie sind nur bei IF- und CHECK-Anweisungen gültig.

Ergebnis des Vergleiches

Die Systemvariable **SY-FDPOS** enthält weitere Informationen des Vergleiches. So wird die Feldlänge des ersten Operanden bei nicht erfüllter Bedingung in dieser Variable hinterlegt. Bei erfüllter Bedingung wird die Anzahl der Zeichen bis zu der Stelle im ersten Operanden abgelegt, ab welcher die Bedingung erfüllt wird.

Der Operator **IN** dient der Überprüfung, ob ein Wert innerhalb eines mit SELECT-OPTIONS zu Programmbeginn eingegebenen Intervalls liegt.

```
IF X IN WERT.
  WRITE / 'X ist zulässig'.
ELSE.
  WRITE / 'X ist kein zulässiger Wert'
ENDIF.
```

Verknüpfung mehrerer Bedingungen

Die einzelnen Bedingungen können über **AND** und **OR** logisch verknüpft werden. Sollte es nötig sein, einzelne Teile klar abzutrennen, ist eine Klammerung möglich.

Die Verknüpfung AND hat zur Folge, daß der Datensatz nur dann selektiert, d.h. bearbeitet wird, wenn beide verknüpften Bedingungen erfüllt sind. Bei einer Verknüpfung mit OR reicht es hingegen, wenn eine der beiden Bedingungen erfüllt ist.

Bedingungen sind in der Regel Vergleiche, hier von Feldern mit anderen Feldern oder Konstanten oder Verknüpfungen von Vergleichen.

Nicht aufgeführt sind Bitvergleiche, hier sei auf die Online-Hilfe verwiesen.

6.2 Ereignisorientierte Programmsteuerung

Konzept

Reports werden benutzt, um Daten aus Datenbanktabellen zu lesen, zu verarbeiten und auszugeben. Während der Abarbeitung dieser Programme treten eine Reihe von Ereignissen auf. Beispiele dafür sind der Programmbeginn, das Lesen eines Datensatzes oder das Beenden einer Bildschirmeingabe. ABAP/4-Programme können diese Ereignisse auswerten und im Ergebnis den Programmablauf steuern. Jedesmal, wenn ein Ereignis eintritt, werden die zugehörigen Anweisungen abgearbeitet. Die Ablaufsteuerung selbst wird dabei von einem Rahmenprogramm übernommen, in das der eigentliche Quelltext eingefügt wird. Somit müssen im vom Nutzer erstellten Quelltext lediglich die steuernden Ereignisse und die darauffolgenden Anweisungen definiert werden.

Die Ereignisse werden über Zeitpunkt- oder Ereignisschlüsselwörter definiert. Diese teilen das Programm in mehrere Verarbeitungsblöcke auf. Ein Verarbeitungsblock beginnt mit einem Schlüsselwort. Danach folgen die Anweisungen, die nach Eintreten des Ereignisses abgearbeitet werden sollen. Abgeschlossen wird ein Verarbeitungsblock

- durch das Schlüsselwort zu Beginn des nächsten Blockes,
- durch ein internes Unterprogramm oder
- durch das Programmende.

Die Reihenfolge der Verarbeitungsblöcke im Quelltext ist beliebig, jedoch wird wegen der besseren Übersichtlichkeit empfohlen, sie in der Reihenfolge ihres Auftretens zu vereinbaren.

Die größte Bedeutung hat die Ereignissteuerung im Zusammenhang mit Datenbankoperationen, die eine logische Datenbank nutzen. Der Begriff der logischen Datenbank wird im Kapitel 8.3 näher erläutert. Wesentlich ist, daß über die logische Datenbank Datensätze aus mehreren hierarchisch zusammenhängenden Tabellen vom ABAP/4-Prozessor geordnet zur Verfügung gestellt werden.

Abb. 6.1 zeigt einen Ausschnitt aus der in der logischen Datenbank festgelegten Tabellenhierarchie der Lieferantendaten.

Abb. 6.1
Logische Datenbank KDF (SAP AG©)

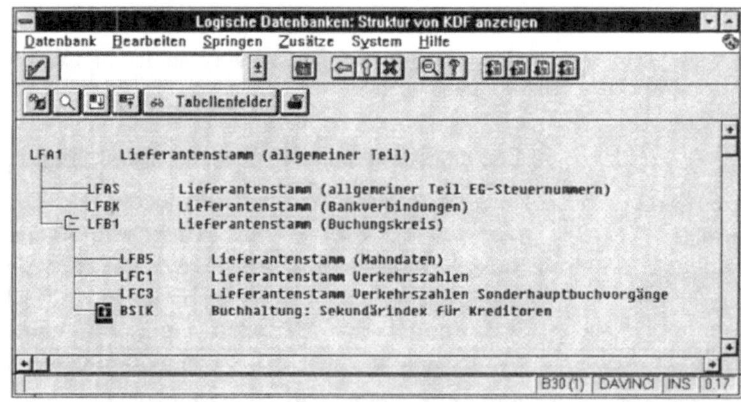

Ereignisse

Die ABAP/4-Syntax ermöglicht die Programmsteuerung aufgrund unterschiedlicher Ereignisse. Allgemein verwendbare Ereignisse sind `INITIALIZATION.`, `START-OF-SELECTION.`, `END-OF-`

SELECTION. GET <Tabelle>. und GET <Tabelle> LATE. definieren Ereignisse, die beim Lesen von Tabellen auftreten. TOP-OF-PAGE. und END-OF-PAGE. sind Ereignisse bei der Ausgabe von Listen, sie dienen zur Aufbereitung von Listen. Vom Programmbenutzer können die Ereignisse AT LINE-SELECTION., AT PFxx., und AT USER-COMMAND. ausgelöst werden. Letztere werden im interaktiven Reporting verwendet. Nachfolgend werden einige Ereignisse der Ablaufsteuerung genauer beschrieben.

Programmbeginn

Das Ereignis **INITIALIZATION.** tritt zu Programmbeginn ein. Mit den zugehörigen Anweisungen können Selektionskriterien und Parameter vor Ausgabe des Selektionsbildschirms verändert werden.

Das Ereignis **START-OF-SELECTION.** findet nach der Bearbeitung des Selektionsbildschirmes und vor der ersten Leseoperation auf Datenbanktabellen statt. Seine Angabe ist optional. Wenn ein Programm, wie das Programm YBSP0301, keine Ereignisschlüsselwörter enthält, werden alle Anweisungen deshalb direkt zum genannten Zeitpunkt ausgeführt. Wird das Schlüsselwort START-OF-SELECTION nicht mit angegeben, so müssen die zugehörigen Anweisungen am Beginn des Quelltextes, vor Unterprogrammdeklarationen und Anweisungsblöcken, für andere Ereignisse stehen, da sie sonst zum falschen Zeitpunkt abgearbeitet werden würden. Deshalb empfiehlt sich die Angabe dieses Schlüsselwortes insbesondere in komplexeren Programmen. Nach START-OF-SELECTION. können Initialisierungen für die nachfolgenden Anweisungsblöcke programmiert werden.

Programmende

END-OF-SELECTION. bezeichnet den Zeitpunkt nach dem Lesen und Verarbeiten aller Tabellen.

Datensatz lesen

Die Ereignisse **GET <Tabelle>.** und **GET <Tabelle> LATE.** setzen voraus, daß die angegebenen Tabellen vorher mit der TABLES-Anweisung deklariert wurden. Desweiteren muß das Programm als Attribut eine logische Datenbank enthalten, die diese Tabellen enthält. Diese logische Datenbank legt fest, in welcher Reihenfolge die Tabellen durch den ABAP/4-Prozessor abgearbeitet werden. Erläuterungen zum Konzept der logischen Dantenbank sowie Beispiele zu den Ereignissen GET <Tabelle>. und GET <Tabelle> LATE. werden im Kapitel 8.3 gegeben.

Es gibt mehrere Anweisungen, mit denen die Abarbeitung eines GET-Ereignisses vorzeitig abgebrochen werden kann.

Abbruchanweisungen

REJECT bricht die Abarbeitung der Anweisungen des laufenden GET-Ereignisses ab und beginnt mit dem nächsten GET-Ereignis.

Mit REJECT <Datenbanktabelle> wird zum nächsten zugehörigen GET <Datenbanktabelle> gesprungen.

STOP unterbricht gleichermaßen und führt sofort den Anweisungsblock END-OF-SELECTION aus.

EXIT überspringt auch diesen Anweisungsblock und zeigt sofort die Ausgabeliste an.

CHECK <Bedingung>. wirkt wie REJECT., wenn die Bedingung nicht erfüllt ist. In ABAP/4-Programmen wird oft CHECK anstatt einer IF-Anweisung verwendet, um bestimmte Datensätze von der Verarbeitung auszuschließen.

7 Modularisierung von Programmen

ABAP/4 ist speziell für die Erstellung komplexer Anwendungen ausgelegt. Sie enthält Sprachelemente, die diese Anwendungen in einzelne, in sich abgeschlossene Teile zerlegen. Durch die Erstellung solcher Module wird die Übersichtlichkeit des Quelltextes erhöht. Außerdem können Programmabschnitte redundanzfrei kodiert und dann mehrfach verwendet werden. Dies spart Systemressourcen und Entwicklungsaufwand. Ein weiterer Vorteil ist, daß die Module nach der Definition der Schnittstellen unabhängig voneinander entwickelt werden können. Dadurch können komplexe Anwendungen nach der Top-Down-Entwicklungsmethode erstellt werden. Die Parallelentwicklung mehrerer Module wird ermöglicht.

In ABAP/4 können Unterprogramme und Funktionsbausteine zur Modularisierung eingesetzt werden. Unterprogramme sind wiederverwendbare Programmabschnitte mit definierten Schnittstellen. Sie entsprechen weitestgehend den Unterroutinen anderer Programmiersprachen. Funktionsbausteine sind spezielle Unterroutinen mit fest definierter Form. Sie werden unabhängig von den aufrufenden Programmen in einer zentralen Bibliothek gespeichert.

Zur besseren Gliederung von Quelltexten können auch Include-Programme verwendet werden. Diese Programme sind keine in sich abgeschlossene Programmabschnitte mit definierten Schnittstellen, sondern ausgelagerte Quelltextabschnitte.

7.1 Include-Programm

Ein Include-Programm ist ein **beliebiger Quelltextabschnitt**, der in den aufrufenden Report beim Syntaxcheck und bei der Codegenerierung eingefügt wird. Es wird als eigenständiges Programm vom Typ I erzeugt und kann durch die Anweisung **INCLUDE** <Name>. im Report aufgerufen werden. Include-Programme können alle ABAP/4-Anweisungen außer der REPORT-Anweisung enthalten. Es ist demnach auch möglich, in ein Include-Programm wiederum INCLUDE-Anweisungen aufzunehmen. Nur sich selbst dürfen Include-Programme nicht aufrufen. Nachfolgend ist das kleine Beispiel aus Abschnitt 3.3 unter Verwendung eines Include-Programmes umgeschrieben worden.

Quelltext des aufrufenden Reports:

```
REPORT YBSP0701.
INCLUDE YBSP0702.
```

Quelltext des Include-Programmes YBSP0702:

```
WRITE 'Hello, World'.
```

7.2 Unterprogramme

Unterprogramme (Form-Routinen) dienen der **Abarbeitung von Teilaufgaben** des Gesamtprogrammes. Diese Abarbeitung sollte dabei weitgehend unabhängig von anderen Programmteilen ablaufen können. Definiert werden diese Routinen in der Regel am Ende des aufrufenden Programmes. Ein Unterprogramm wird durch **FORM** <Unterprogrammname> [<Parameterdefinition>]. eingeleitet und durch **ENDFORM.** abgeschlossen. Innerhalb eines Unterprogrammes sind keine ereignisbezogenen Anweisungen und keine weiteren FORM-Anweisungen möglich. Dagegen können Typen und Daten auch im Unterprogramm deklariert werden. Sie haben dann nur in diesem Programmteil Gültigkeit.

Definition

Aufgerufen wird ein Unterprogramm mit **PERFORM** <Unterprogrammname> [<Parameterdefinition>].

Aufruf

Bei der Wahl des Unterprogrammnamens sind die gleichen Konventionen einzuhalten wie bei der Datendeklaration (vgl. Kapitel 4.2).

```
REPORT YBSP0703.
DATA: C1(12) VALUE 'HELLO, WORLD',
      C2(12).
```

```
* Aufruf des  Unterprogramms
PERFORM UP1 USING C1.
C2 = 'HELLO, USER'.
PERFORM UP1 USING C2.

* Definition des  Unterprogramms
FORM UP1 USING VALUE(UP1_TEXT).
  WRITE / UP1_TEXT.
ENDFORM.
```

Soll ein Unterprogramm benutzt werden, welches nicht im aktuellen sondern in einem externen Programm definiert ist, so ist hinter dem Unterprogrammnamen der Name des externen Programmes anzugeben.

```
PERFORM UP1(YBSP0703).
```

Alle Daten des aufrufenden Programmes sind auch innerhalb des aufgerufenen Unterprogrammes verfügbar. Eine konsequente Modularisierung erfordert, die Zusammenhänge zwischen aufrufendem Programm und Unterprogramm klar zu definieren. Dazu sind die Daten des Hauptprogrammes, die innerhalb des Unterprogrammes verwendet werden sollen, als Parameter zu übergeben und nicht direkt auf die globalen Daten zuzugreifen. Übergeben werden können Einzelfelder, Feldleisten und interne Tabellen, jedoch keine Datenbanktabellen (vgl. Kapitel 8).

Variablenübergabe

Jedem Parameter aus dem Unterprogramm (**Formalparameter**) wird dabei bei jedem Aufruf des Unterprogrammes ein Parameter des Hauptprogrammes (**Aktualparameter**) zugeordnet. Formalparameter werden in der FORM-Anweisung festgelegt, Aktualparameter werden mit PERFORM definiert.

Unterprogrammparameter werden in **Referenz- und Wertparameter** unterschieden. Bei einem Referenzparameter wird nur die Adresse des Aktualparameters an das Unterprogramm übermittelt. Wird der Wert eines solchen Parameters im Unterprogramm verändert, so wird die Änderung direkt auf der Variable im Hauptprogramm vollzogen. Die Definition erfolgt mit dem Schlüsselwort USING.

```
FORM UP1 USING FELD1 FELD2.
```

Wertparameter sind eigenständige Variablen des Unterprogrammes. Beim Aufruf des Unterprogrammes werden die Werte der zugehörigen Aktualparameter an die Formalparameter übergeben. Die Werte der Aktualparameter bleiben erhalten. Damit können diese Wertparameter nur als Eingabe- und nicht als Ausgabeparameter des Unterprogrammes benutzt werden.

Die Definition erfolgt mit `USING VALUE`.

```
FORM UP1 USING VALUE(FELD1) VALUE(FELD2).
```

Eine Mischform ist die Definition von Parametern mit dem Schlüsselwort `CHANGING VALUE(<Feld>)`. Mit `CHANGING VALUE(<Feld>)` wird ein Wertparameter vereinbart, dessen Wert am Ende des Unterprogrammes wieder auf den zugehörigen Aktualparameter übertragen wird. Damit ist dieser Parameter sowohl für Ein- als auch für Ausgaben aus dem Unterprogramm anwendbar. Eine Wertübergabe erfolgt auch, wenn das Unterprogramm mit EXIT abgebrochen wird. Sie erfolgt nicht bei einem Abbruch mit einer Fehlernachricht.

```
FORM UP1 CHANGING VALUE(FELD1).
```

Tabellenübergabe

Interne Tabellen (vgl. Kapitel 8) können nicht mit `USING` übergeben werden. Für sie ist der Zusatz `TABLES <Tabellenname>` notwendig. Dieser Zusatz muß als erster nach den Schlüsselwörtern `FORM` oder `PERFORM` angegeben werden.

```
PERFORM UP1 TABLES TAB1.
```

Bei der Übergabe von Feldleisten und Tabellen ist es möglich, zusätzlich deren Struktur dem Unterprogramm mitzuteilen. Dazu ist in der `FORM`-Anweisung direkt hinter dem entsprechenden Parameternamen der Zusatz `TYPE <Strukturangabe>` anzufügen. Durch diesen Zusatz wird gesichert, daß die Typen der Formalparameter mit den Typen der Aktualparameter kompatibel sind. Falsche Typangaben führen zu Syntaxfehlern. Typkonvertierungen werden nicht ausgeführt. Nähere Informationen, z.B. zur Typkompatibilität, findet man in der Online-Dokumentation.

Ohne diese Angabe kann auf die Tabellen nur mit zeilenorientierten Operationen, wie `APPEND` oder `READ`, zugegriffen werden. Auch auf Feldleisten kann nur als Ganzes zugegriffen werden. Ihr Inhalt wird als Zeichenkette interpretiert. Mit der Strukturangabe kann wie gewohnt mit Einzelfeldern der Tabellen und Feldleisten gearbeitet werden.

```
REPORT YBSP0701.
TYPES: BEGIN OF TABTYP OCCURS 10,
    NAME(10) TYPE C,
    ORT(15) TYPE C,
     END OF TABTYP.
DATA TAB1 TYPE TABTYP.
...
PERFORM UP1 TABLES TAB1.
...
FORM UP1 TABLES TAB1 TYPE TABTYP.
...
ENDFORM.
```

Werden mehrere Parameter vereinbart, so müssen die Zusätze `TABLES`, `USING` und `CHANGING` in nachfolgender Reihenfolge geschrieben werden:

```
FORM UP1 TABLES TAB1 USING FELD1 CHANGING VA-
LUE(FELD2).
```

Soll im Unterprogramm auf Datenbanktabellen zugegriffen werden, so müssen diese mit der Anweisung `LOCAL <Tabellenname>` vereinbart werden.

```
FORM UP1.
LOCAL USR03.
...
ENDFORM.
```

7.3 Funktionsbausteine

Funktionsbausteine sind in einer Zentralbibliothek verwaltete, logisch abgeschlossene Unterprogramme mit einer fest definierten Schnittstelle zum Nutzer. Nachfolgend soll kurz beschrieben werden, wie Funktionsbausteine aufgerufen und erstellt werden können.

Aufruf

Mit der ABAP/4-Entwicklungsumgebung wird eine große Anzahl leistungsfähiger Funktionsbausteine mitgeliefert. Diese sowie selbstgeschriebene Funktionsbausteine können mit der **CALL FUNCTION**-Anweisung aufgerufen werden:

```
CALL FUNCTION <Baustein>
  [EXPORTING [<Formalparameter>=<Aktual-
    parameter>]1:∞]
  [IMPORTING [<Formalparameter>=<Aktual-
    parameter>]1:∞]
  [CHANGING [<Formalparameter>=<Aktual-
    parameter>]1:∞]
  [TABLES [<Formalparameter>=<Aktual-
    parameter>]1:∞]
  [EXCEPTIONS [<Ausnahme>=<Fehlercode>]1:∞
    [OTHERS=<Fehlercode>]].
```

Die Option `EXPORTING` wird für Eingabeparameter benutzt. Mit `IMPORTING` werden Ausgaben von Formal- an Aktualparameter deklariert. `CHANGING` definiert Ein-/Ausgabeparameter. Mit `TABLES` werden Tabellen übergeben. `EXCEPTIONS` dient der Ausnahmebehandlung. Mit ihnen können bei vorzeitigem Abbruch der Abarbeitung zusätzliche Verarbeitungsschritte eingeleitet werden.

Da jeder Funktionsaufruf spezifische Optionen hat, ist auch dessen Aufruf spezifisch. Deshalb ist es am einfachsten, über die Menüfunktion *Bearbeiten → Anweisungsmuster* und die Eingabe der Bausteinbezeichnung den Aufruf in den aktuellen Programmcode einzufügen. Bei dieser Arbeitsweise müssen nur die Aktualparameter ergänzt werden.

Erstellen von Funktionsbausteinen

Für die Erstellung von Funktionsbausteinen steht eine eigene Entwicklungsumgebung zur Verfügung. Diese ist über *Werkzeuge → ABAP/4 Workbench → Entwicklung → Funktionsbibliothek* (SE37) erreichbar. Um einen Funktionsbaustein zu erstellen, ist es nötig, daß vorher eine Funktionsgruppe über *Springen → FGruppenverwaltung → Gruppe anlegen* angelegt wurde. Ein Funktionsbaustein wird erstellt, wenn ein Name angegeben und *Anlegen* gewählt wird. Der Name der Funktionsgruppe muß dabei mit Y oder Z, der des Funktionsbausteins mit Y_ oder Z_ beginnen.

Dann sind die Verwaltungs- und Schnittstellendaten zu pflegen. Hier kann über das *Springen*-Menü oder [Bild↑] und [Bild↓] navigiert werden. Im Abb. 7.1 können die einzelnen Parameter der Funktion definiert werden. Import-Parameter sind dabei Parameter, die nur der Datenversorgung des Funktionsbausteines dienen, Export-Parameter solche, die nur eine Wertrückgabe realisieren, Changing-Parameter verbinden beide Funktionen.

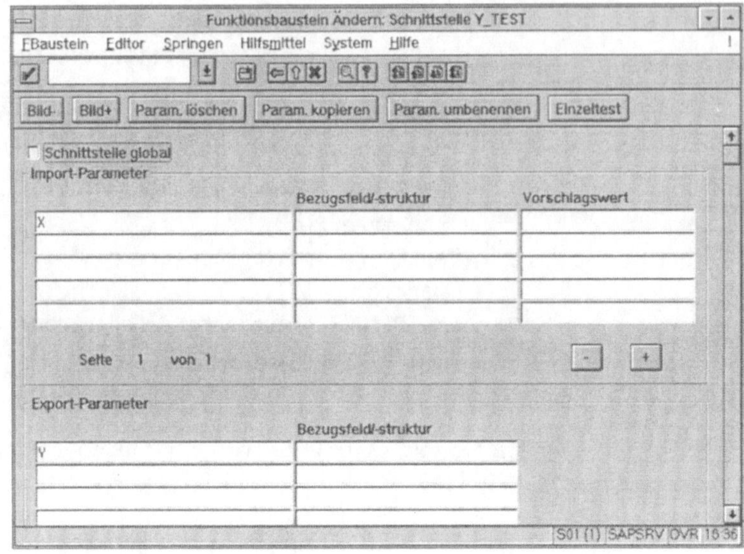

Abb. 7.1 Schnittstelle I/E Screenshot der Schnittstelle von Y_TEST (SAP AG©)

Das Bild Schnittstelle T/A ermöglicht die Definition zu übergebender interner Tabellen und der möglichen Ausnahmen, die die Funktion generiert. Ausnahmen sind dabei Fehlersituationen, die vom aufrufenden Programm abgefangen und bearbeitet werden können. Innerhalb des Quelltextes des Funktionsbausteins werden sie mit **RAISE** <Ausnahme>. oder **MESSAGE** <Msg> **RAISING** <Ausnahme>. erzeugt. Wird eine Ausnahme nicht abgefangen, wird vom System der Laufzeitfehler RAISE_EXCEPTION generiert.

Fehlerbehandlung

Über *Springen → Fbaustein → Quelltext* wird der Editor aufgerufen, in dem die Funktion definiert werden kann. Dabei sind die üblichen ABAP/4-Befehle zu verwenden. Parameter der Funktion können wie Variablen angesprochen werden. Ein Funktionskörper für die Funktion Y_DEC, die Y = X - 1 zurückgibt, könnte bspw. so aussehen:

```
FUNCTION Y_TEST.
*-------------------------------------------
* Lokale Schnittstelle:
*         IMPORTING
*               VALUE(X)
*         EXPORTING
*               VALUE(Y)
*         EXCEPTIONS
*               BAD_PARAMETER
*-------------------------------------------
```

```
IF X = 0.
    RAISE BAD_PARAMETER.
  ELSE.
    Y = X - 1.
  ENDIF.
ENDFUNCTION.
```

Um den Funktionsbaustein verwenden zu können, muß er jetzt nur noch aktiviert werden. Außerdem gibt es unter *Funktionsbaustein → Testumgebung → Einzeltest* im Eingangsbildschirm die Möglichkeit, das Verhalten der Funktion zu überprüfen.

8 Weiterführende Programmiertechniken

Im folgenden Kapitel sollen wichtige ABAP/4-spezifische Konzepte und Programmelemente kurz vorgestellt werden.

8.1 Feldleisten

Deklaration

Feldleisten sind logische Blöcke von Variablen, die bei bestimmten Befehlen als Einheit angegeben werden können. Sie entsprechen Records in Pascal beziehungsweise Strukturen in C. Feldleisten werden über eine DATA-Anweisung erstellt, bei der nach einem **BEGIN OF** <Rec>**.** die Liste der Felder und ein **END OF** <Rec>**.** folgen. Die einzelnen Felder werden, wie in Tabellen, über <Rec>-<Feld> angesprochen.

Anwendung

Insbesondere bei Kopier- und Massenverarbeitungsoperationen lohnt es sich, Feldleisten einzusetzen. So kann z.B. mit dem Befehl MOVE eine Feldleiste als Ganzes kopiert werden. Feldleisten eignen sich dadurch auch als Puffer für Datensätze einer Datei oder Zeilen einer Tabelle. In letzterem Fall wird von einem Arbeitsbereich (Workarea), gesprochen. Diese Verwendung wird im nächsten Abschnitt behandelt. Außerdem stellen Feldleisten einen logischen Zusammenhang zwischen Feldern her und erleichtern dadurch das Verstehen von Programmen.

In ABAP/4 gibt es besondere Blockbearbeitungsbefehle, MOVE-CORRESPONDING, ADD-CORRESPONDING, SUBTRACT-CORRESPONDING und so weiter, die den Stammbefehl, hier MOVE, ADD und SUBTRACT, auf gleichnamige Felder innerhalb der beiden angegebenen Feldleisten anwenden. Sind z.B. zwei Feldleisten wie folgt definiert:

```
DATA: BEGIN OF REC1,
        FELD1(10),
        FELD2 TYPE I,
        FELD3(10),
      END OF REC1.
DATA: BEGIN OF REC2,
        FELD1(5),
        FELD2(5),
        FELD4(10),
      END OF REC2.
```

dann kopier die Anweisung

```
MOVE-CORRESPONDING REC1 TO REC2.
```

die Felder FELD1 und FELD2 von REC1 auf REC2. Das Feld FELD3 von REC1 wird jedoch nicht auf das FELD4 von REC2 übertragen. Die ggf. notwendige Konvertierung wird für jedes Feld getrennt vorgenommen. Kann eine Konvertierung nicht durchgeführt werden, führt das zu einem Laufzeitfehler.

Sollen Strukturen des ABAP/4-Dictionary als Feldleiste nachgebildet werden, kann der Befehl **INCLUDE STRUCTURE <Struct>.** verwendet werden. Er ist wie im folgenden Beispiel einzusetzen:

```
* Belegstruktur f. Auftragspos.
DATA: BEGIN OF REC.
        INCLUDE STRUCTURE AFPOB.
      END OF REC.
```

8.2 Interne Tabellen

Tabellen, die nur während der Programmlaufzeit im Hauptspeicher existieren, werden interne Tabellen genannt. Ihr Inhalt wird nicht in der Datenbank gespeichert. Sie dienen der Zwischenspeicherung häufig gebrauchter oder noch aufzubereitender Daten. Der Zugriff auf die interne Tabelle läuft schneller, schon allein weil sie zumeist nur die Informationen enthält, die das Programm auch wirklich braucht und weil sie bei richtiger Dimensionierung ohne Festplattenzugriffe arbeitet.

Tabellenarten

Es gibt **interne Tabellen mit und ohne Kopfzeile**. Die Kopfzeile ist ein Datenaustauschbereich zwischen Tabelle und Programm, der als Feldleiste angelegt ist. Wird die Tabelle ohne Kopfzeile deklariert, muß zum Datenaustausch zwischen Tabelle und Programm zusätzlich eine entsprechende Workarea, das heißt eine Feldleiste, definiert werden. Die jeweils verwendeten Befehle unterscheiden sich nur unwesentlich bei Verwendung der beiden Definitionsmöglichkeiten.

Abb. 8.1
Tabelle mit Kopfzeile

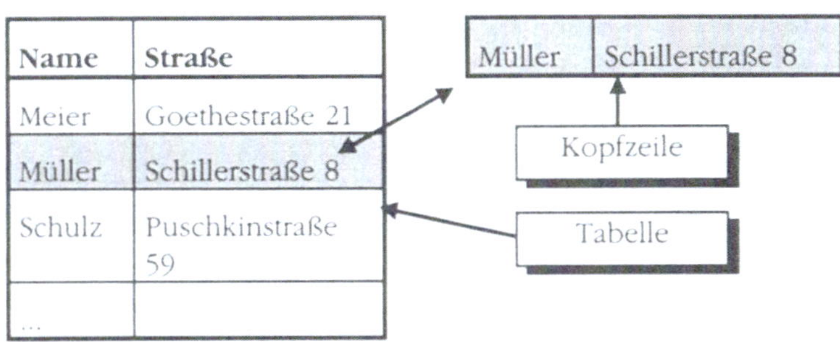

Deklaration

Eine interne Tabelle mit Kopfzeile wird weitgehend wie eine Feldleiste deklariert, lediglich ein **OCCURS**-Parameter kommt hinzu, der besagt, wieviele Datensätze der Tabelle ständig im Speicher gehalten werden. Die Tabelle wird aber nicht auf diese Anzahl von Zeilen beschränkt, die weiteren Zeilen werden ausgelagert. Ein Beispiel:

```
DATA: BEGIN OF ITAB OCCURS 20,
        ZAHL TYPE I,
        TEXT(80),
      END OF ITAB.
```

Tabellen, die von Vergleichsstrukturen oder Typen abgeleitet werden, sind ohne Kopfzeile.

```
TYPES: BEGIN OF TWA,
         ZAHL TYPE I,
         TEXT(80),
       END OF TWA.
DATA: ITAB1 TYPE TWA OCCURS 50,
      ITAB2 LIKE AFPOB OCCURS 20.
```

Die Felder der Kopfzeile werden, wie bei Tabellen üblich, über ITAB-ZAHL beziehungsweise ITAB-TEXT angesprochen. Um einen neuen Datensatz anzulegen, wird die Kopfzeile (bzw. die Workarea) entsprechend gefüllt und das Kommando APPEND (oder

INSERT) aufgerufen. Die Tabelle kann als Ganzes über SORT nach bestimmten Kriterien sortiert und danach über eine LOOP-Schleife abgearbeitet werden.

Tab. 8.1
Befehle für interne Tabellen

Interne Tabellen mit Kopfzeile	**Interne Tabellen ohne Kopfzeile**
MOVE <Wert> **TO** <Tab>-<Feld>.	**MOVE** <Wert> **TO** <wa>-<Feld>.
APPEND <Tab> [INDEX <i>].	**APPEND** <wa> **TO** <Tab> [INDEX <i>].
LOOP AT <Tab>. <Anweisungen> **ENDLOOP.**	**LOOP AT** <Tab> **INTO** <wa>. <Anweisungen> **ENDLOOP.**
INSERT <Tab> **INDEX** <i>.	**INSERT** <wa> **INTO** <Tab> **INDEX** <i>.
MODIFY <Tab> **INDEX** <i>.	**MODIFY** <Tab> **INDEX** <i> **FROM** <wa>.
DELETE <Tab> **INDEX** <i>.	
SORT <Tab> **BY** [<Feld> {[**ASCENDING**]|**DESCENDING**}]$^{1:\infty}$.	

Innerhalb einer **LOOP-Schleife** ist es erlaubt, die Angabe des Index für INSERT, MODIFY und DELETE wegzulassen. Die LOOP-Schleife kann auch auf bestimmte Datensätze mittels Index (FROM ... TO ...) oder Bedingung (WHERE ...) eingeschränkt werden.

```
* bearbeite alle Zeilen der Reihe nach
LOOP AT ITAB.
  WRITE: / ITAB-ZAHL, ITAB-TEXT.
ENDLOOP.
```

Pseudoereignisse

Innerhalb der LOOP-Schleife kann auf bestimmte Pseudoereignisse eingegangen werden, um die Ausgabeliste zu formatieren. Diese Pseudoereignisbearbeitungen werden immer als AT...ENDAT-Block angegeben. **AT FIRST.** bedeutet dabei, die Schleife ist gerade beim ersten Datensatz der Tabelle, **AT LAST.** beim letzten. **AT NEW** <Feld>**.** wird immer dann ausgelöst, wenn sich der Inhalt von <Feld> gegenüber dem letzten Schleifendurchlauf geändert hat. Anweisungen, die nicht in einem AT-Block stehen, werden in jedem Durchlauf, d.h. zu jeder Zeile der Tabelle, ausgeführt.

Mit **READ TABLE** <Tab> **[INTO** <wa>] <Zusätze>**.** kann auf einzelne Datensätze der Tabelle zugegriffen werden. Der Befehl **CLEAR** <Tab>**.** setzt die Kopfzeile einer Tabelle zurück, **REFRESH** <Tab>**.** löscht den gesamten Tabelleninhalt.

Ein umfassendes Beispiel zu internen Tabellen ist im folgenden Abschnitt zu logischen Datenbanken enthalten.

8.3 Logische Datenbanken

Logische Datenbanken implementieren eine **Tabellenhierarchie** zu einem oft verwendeten Themengebiet. Sie beinhalten auch den Code zum Auslesen der Daten unter Berücksichtigung der gegebenen Relationen zwischen den Tabellen. Eine Liste der vorhandenen logischen Datenbanken liefert die Transaktion SE36, die auch über *Werkzeuge → APAP/4 Workbench → Entwicklung → Programmierumfeld → Logische Datenbanken* erreichbar ist.

Um eine logische Datenbank zu verwenden, muß sie in den Attributen zum Programm eingetragen werden. Alle Tabellen von Interesse werden dann wie üblich über TABLES definiert.

Ereignissteuerung

Das Lesen der Daten übernimmt die logische Datenbank. Sie implementiert auch **Standardselektionen** für den Datenbestand. Immer, wenn ein bestimmter Datensatz der Tabelle <Tab> gelesen wurde, wird das Ereignis **GET** <Tab>**.** ausgelöst. Zu diesem Zeitpunkt kann auf die Daten in der Kopfzeile der Tabelle zugegriffen werden.

Sind die Tabellen LFA1 und LFB1 hierarchisch, wie in Abb. 6.1 angeordnet, so wird zuerst ein Datensatz aus LFA1 gelesen (Ereignis GET LFA1.) und dann alle korrespondierenden Datensätze aus LFB1 (Ereignis GET LFB1.; Kopfleiste LFA1 ist noch gültig), bevor mit dem nächsten Datensatz von LFA1 fortgefahren wird. Zwischen LFA1 und LFB1 besteht eine 1:n-Beziehung.

Abb. 8.2 Ablaufschema Auslesen Logische Datenbank

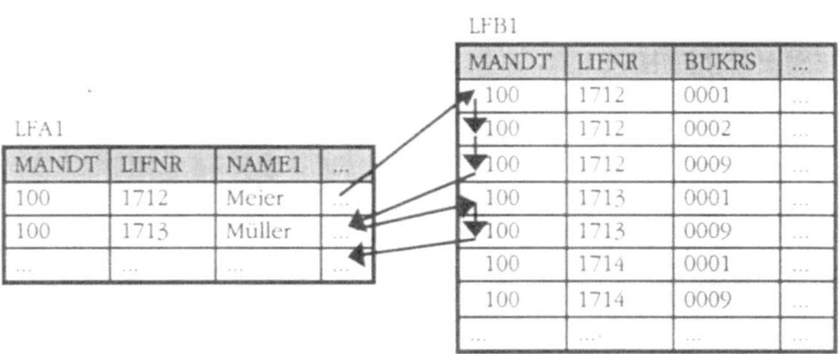

In den nachfolgenden Beispielen wird die Datenbank KDF benutzt. Wenn keine logische Datenbank als Attribut definiert ist, werden die Anweisungen zu den Ereignissen GET und GET LATE nicht abgearbeitet. Es wird jedoch kein Fehlerhinweis ausgegeben.

```
REPORT YBSP0601.
TABLES LFA1.
GET LFA1.
WRITE: LFA1-NAME1, LFA1-LIFNR, LFA1-TELF1.
```

Dieser Report erstellt eine Liste aller Lieferantennamen und -nummern sowie der zugehörigen Telefonnummern.

Wenn eine untergeordnete Tabelle der logischen Datenbank angesprochen wird, so stehen gleichzeitig die Felder der übergeordneten Tabellen zur Verfügung. Sie können verarbeitet werden, falls auch diese Tabellen mit TABLES deklariert wurden. Durch die unterschiedliche Aufteilung der Ausgabeanweisung kann die Listausgabe spezifisch angepaßt werden. Dazu zwei Beispiele:

```
GET LFA1.
WRITE LFA1-NAME1.
GET LFC1.
WRITE: / LFC1-LIFNR, LFC1-GJAHR, LFC1-UM01U.
```

Abb. 8.3
Ausgabevariante 1

```
...
Förster& Sohn
7900     1995     1.500,00-
7900     1995     1.930,00-
Stahlwerke AG
7930     1995    10.000,00-
7930     1996     5.000,00-
...
```

Hier erfolgt die Ausgabe des Lieferantennamens nur einmal. Im zweiten Beispiel erscheint der Lieferantenname in jeder Ausgabezeile. Die Daten der Tabelle LFA1 stehen innerhalb von GET LFC1. zur Verfügung, weil diese der Tabelle LFC1 hierarchisch übergeordnet ist:

```
GET LFC1.
WRITE: / LFA1-NAME1, LFC1-LIFNR, LFC1-GJAHR, LFC1-
UM01U.
```

Abb. 8.4 Ausgabevariante 2

```
...
Förster& Sohn 7900     1995     1.500,00-
Förster& Sohn 7900     1995     1.930,00-
Stahlwerke AG 7930     1995    10.000,00-
Stahlwerke AG 7930     1996     5.000,00-
...
```

Das Ereignis **GET <Tab> LATE.** wird dann ausgelöst, wenn alle hierarchisch darunterliegenden Tabellen abgearbeitet wurden. In Abb. 8.2 würde GET LFA1 LATE. bspw. ausgelöst, nachdem der dritte Datensatz von LFB1 gelesen wurde und bevor der zweite Datensatz von LFA1 gelesen wird.

Im folgenden Beispiel soll die gemeinsame Verwendung einer logischen Datenbank und einer internen Tabelle deutlich werden. Das Programm generiert eine Liste von Umsätzen der Kunden in verschiedenen Ländern. Eine Selektion nach Debitorenkonto, Buchungskreis oder Geschäftsjahr ist bereits standardmäßig über die logische Datenbank realisiert.

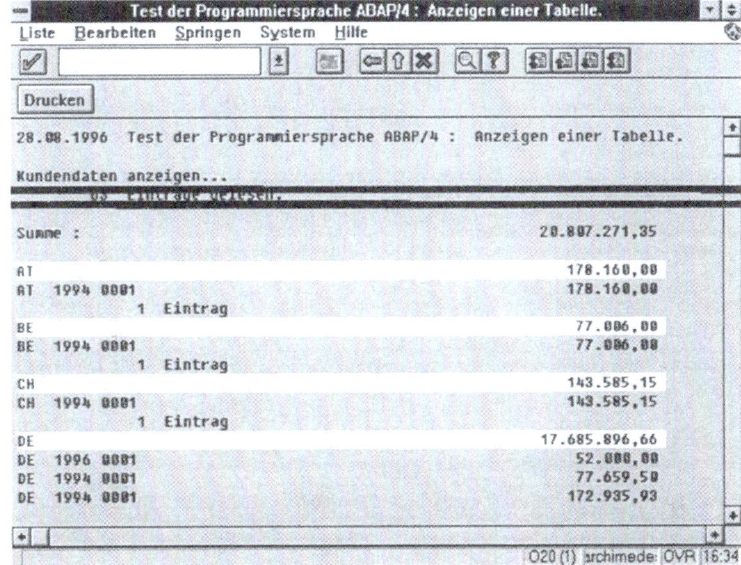

Abb. 8.5 Liste der Kundenumsätze (SAP AG©)

```
REPORT YBSP0801 .
* Verwendet die logische Datenbank DDF
* - in Attributen deklariert
TABLES: KNA1, KNB1, KNC1.

* Deklaration der internen Tabelle
DATA: BEGIN OF T OCCURS 50,
        LAND1 LIKE KNA1-LAND1,
        GJAHR LIKE KNC1-GJAHR,
        BUKRS LIKE KNB1-BUKRS,
        UM01U LIKE KNC1-UM01U,
        UM02U LIKE KNC1-UM01U,
        UM03U LIKE KNC1-UM01U,
        UM04U LIKE KNC1-UM01U,
        UM05U LIKE KNC1-UM01U,
        UM06U LIKE KNC1-UM01U,
        UM07U LIKE KNC1-UM01U,
        UM08U LIKE KNC1-UM01U,
        UM09U LIKE KNC1-UM01U,
        UM10U LIKE KNC1-UM01U,
        UM11U LIKE KNC1-UM01U,
        UM12U LIKE KNC1-UM01U,
        UM13U LIKE KNC1-UM01U,
        UM14U LIKE KNC1-UM01U,
        UM15U LIKE KNC1-UM01U,
        UM16U LIKE KNC1-UM01U,
      END OF T,
      COUNT TYPE I VALUE 0,
      UMSATZ LIKE KNC1-UM01U.

START-OF-SELECTION.
  FORMAT INTENSIFIED OFF.
  WRITE / 'Kundendaten anzeigen...'.

* Interne Tabelle füllen
GET KNC1.
  MOVE-CORRESPONDING KNC1 TO T.
  T-LAND1 = KNA1-LAND1.
  T-BUKRS = KNB1-BUKRS.
  APPEND T.
  ADD 1 TO COUNT.
```

```
END-OF-SELECTION.
  FORMAT INTENSIFIED OFF.
  WRITE: COUNT, 'Einträge gelesen.'.
  SKIP.

  SORT T BY LAND1 GJAHR DESCENDING BUKRS.

* Interne Tabelle in einer Schleife
* "abarbeiten"
  LOOP AT T.
    AT FIRST.          "Vor dem ersten Element
      SUM.
      FORMAT: COLOR OFF, INTENSIFIED ON.
      PERFORM CALCUMSATZ USING UMSATZ.
      WRITE: / 'Summe :   ', 50 UMSATZ.
      ULINE (71).
      COUNT = 0.
    ENDAT.

    AT NEW LAND1.      "Bei neuem Wert LAND1
      IF COUNT NE 0.
        PERFORM INFO USING COUNT.
        COUNT = 0.
      ENDIF.
      SUM.
      PERFORM CALCUMSATZ USING UMSATZ.
      FORMAT COLOR 3.
      WRITE: / T-LAND1, UMSATZ UNDER UMSATZ.
    ENDAT.

*   Jedes Element
    FORMAT: COLOR OFF, INTENSIFIED OFF.
    ADD 1 TO COUNT.
    PERFORM CALCUMSATZ USING UMSATZ.
    IF UMSATZ NE 0.
      WRITE: / T-LAND1, T-GJAHR, T-BUKRS,
               UMSATZ UNDER UMSATZ.
    ENDIF.

    AT LAST.     "Nach dem letzten Element
      IF COUNT NE 0.
        PERFORM INFO USING COUNT.
      ENDIF.
```

```
      FORMAT: COLOR OFF, INTENSIFIED ON.
      ULINE (71).
    ENDAT.
  ENDLOOP.

* Unterprogramm Info; gibt die Anzahl der
* Einträge aus
FORM INFO USING VALUE(X).
  IF X EQ 1.
    WRITE: /5 X, 'Eintrag'.
  ELSE.
    WRITE: /5 X, 'Einträge'.
  ENDIF.
ENDFORM.

* Unterprogramm zur Berechnung des Umsatzes
FORM CALCUMSATZ USING UMSATZ.
  UMSATZ = T-UM01U + T-UM02U + T-UM03U +
           T-UM04U + T-UM05U + T-UM06U +
           T-UM07U + T-UM08U + T-UM09U +
           T-UM10U + T-UM11U + T-UM12U +
           T-UM13U + T-UM14U + T-UM15U +
           T-UM16U.
ENDFORM.
```

Vor dem Lesen der Datenbank wird das Ereignis **START-OF-SELECTION.** generiert, nach dem Lesen **END-OF-SELECTION.** (vgl. Kapitel 6.2).

8.4 Interaktive Reports

Es gibt in ABAP/4 die Möglichkeit, Reports interaktiv zu gestalten. D.h., das Programm kann auf Aktionen des Nutzers in der Liste - wie Doppelklicken einer Zeile oder das Betätigen einer Funktionstaste - reagieren.

Detailinformationen anzeigen

Um beim Doppelklicken auf eine Zeile Detailinformationen anzeigen zu können, ist es üblich, zu jeder entsprechenden Ausgabezeile einen Schlüsselwert mittels **HIDE** <Wert>**.** zu hinterlegen, der später zum Wiederauffinden des Datensatzes verwendet werden kann. Der Wert wird zum Ereignis **AT LINE-SELECTION.** bzw. **AT USER-COMMAND.** wieder in das entsprechende Feld kopiert und kann dann dort genutzt werden. Zusatzinformationen sollten in einem gesonderten Fenster ausgegeben werden.

Das Hilfethema "AT - Ereignisse auf Listen" enthält weitere wichtige Informationen zur Erstellung interaktiver Reports.

Als Beispiel eines interaktiven Reports sei hier ein Programm vorgestellt, das es ermöglicht, über die Kurzbeschreibung der Felder eine Tabelle zu finden. Die Kurzbeschreibungen sind in den Datenelementen des Feldes zu finden. Nach der Eingabe eines Textes wird deshalb zuerst eine Liste der Datenelmente erstellt, deren Kurztext den eingegebenen Text enthält. Dies kann relativ lange dauern, da die Tabelle der Datenelemente relativ groß ist. Beim doppelten Anklicken eines interessierenden Datenelements wird eine Liste aller Tabellen eingeblendet, in denen ein derartiges Feld vorkommt.

Um das Verständnis des Ablaufs zu erleichtern, wird zunächst nur eine Grundversion des Programms dargestellt. Anschließend wird das Programm ausgebaut und komfortabler gestaltet.

```
REPORT YBSP0802 LINE-SIZE 100.
TABLES: DD04T, DD03L, DD02L, DD02T.
PARAMETERS STRING(60) LOWER CASE.

* Erstellen der Liste der Datenelemente
* (langsam)
SELECT * FROM DD04T.
  IF DD04T-DDTEXT CS STRING.
    WRITE: / DD04T-ROLLNAME, DD04T-DDTEXT.
    HIDE DD04T-ROLLNAME.
  ENDIF.
ENDSELECT.

* Bei doppelt angeklickter Zeile wird ein
* Fenster geöffnet und alle Felder zum
* Datenelement werden angezeigt.
AT LINE-SELECTION.
* Ereignis nur in Grundliste bearbeiten
  CHECK SY-LSIND = 1.
  WINDOW STARTING AT 3 5 ENDING AT 74 15.
  WRITE: / 'Tabelle    Feld        Typ',
           '       Name der Tabelle'.
  SELECT * FROM DD03L
    WHERE ROLLNAME = DD04T-ROLLNAME.
    SELECT SINGLE * FROM DD02L
      WHERE TABNAME = DD03L-TABNAME
```

```
        AND AS4LOCAL = DD03L-AS4LOCAL
        AND AS4VERS = DD03L-AS4VERS.
    SELECT SINGLE * FROM DD02T
      WHERE TABNAME = DD03L-TABNAME
        AND AS4LOCAL = DD03L-AS4LOCAL
        AND AS4VERS = DD03L-AS4VERS
        AND DDLANGUAGE = SY-LANGU.
    WRITE: / DD03L-TABNAME, DD03L-FIELDNAME,
             DD02L-TABCLASS, DD02T-DDTEXT.
  ENDSELECT.
```

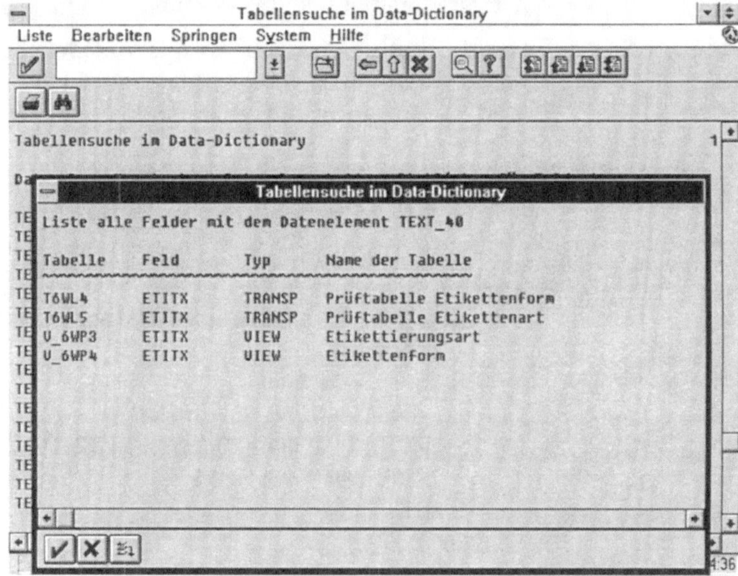

Abb. 8.6 Suchliste für 'Kurztext' nach Auswahl eines Datenelements (SAP AG©)

Innerhalb von Reports können auch Funktionen verwendet werden, die über Maus oder Tastatur ausgelöst werden. Diese Funktionen gehören zu einem GUI-Status genannten Zustand des Nutzerinterfaces. Wie sie definiert werden, wird im Kapitel 9 - Dialogtransaktionen - erläutert.

Die erweiterte Version des Feldersuchprogrammes verwendet die nachfolgend beschriebenen GUI-Stati. Der Status 100 bezeichnet die Grundliste, der Status 150 die aufgeblendete Liste der Tabellen.

Tab. 8.2
GUI-Stati

Status	Beschreibung
100	Funktion 'BACK' (Ok-Symbol), Funktion 'RW' (Abbruch-Symbol), Funktion 'TABL' (Tabelle anzeigen, Symbol frei gewählt), Auswählen (F2, 'PICK') deaktiviert
150	Funktion 'BACK' (Ok-Symbol), Funktion 'RW' (Abbruch-Symbol), Auswählen (F2) deaktiviert

Die Selektionstexte lauten wie folgt:

Tab. 8.3
Selektionstexte

Parameter	Text im Selektionsbildschirm
SHOWINT	Interne Tabellen auch anzeigen
STRING	Suchstring
XPATTERN	Suchstring als Muster

Mit den Parametern SHOWINT und XPATTERN wurden zwei Auswahlmöglichkeiten zur Programmsteuerung hinzugefügt. So werden alle internen Tabellen nur angezeigt, wenn das Ankreuzfeld SHOWINT vorher ausgewahlt wurde.

```
REPORT YBSP0803 LINE-SIZE 100.
TABLES: DD04T, DD03L, DD02L, DD02T.
PARAMETERS: STRING(60) LOWER CASE,
            XPATTERN AS CHECKBOX,
            SHOWINT AS CHECKBOX.
DATA: COUNT TYPE I,
      NUMENTRIES TYPE I,
      PERC TYPE I,
      NUM(6),
      BUF(100),
      RESULT.

* Durchsuchen der Tabelle nach passenden
* Datenelementen
FORMAT INTENSIFIED OFF.
PERFORM UINFORM USING 0
  'Suche nach passenden Datenelementen...'.
COUNT = 0.
SELECT COUNT( * ) INTO NUMENTRIES
  FROM DD04T.
```

```
FORMAT INTENSIFIED ON.
SELECT * FROM DD04T.
  ADD 1 TO COUNT.
  IF XPATTERN = 'X'.
    IF DD04T-DDTEXT CP STRING.
      WRITE: / DD04T-ROLLNAME, DD04T-DDTEXT.
      HIDE DD04T-ROLLNAME.
    ENDIF.
  ELSE.
    IF DD04T-DDTEXT CS STRING.
      WRITE: / DD04T-ROLLNAME, DD04T-DDTEXT.
      HIDE DD04T-ROLLNAME.
    ENDIF.
  ENDIF.
  PERC = COUNT MOD 1237.
  IF PERC = 0.
    PERC = ( COUNT * 100 ) DIV NUMENTRIES.
    NUM = COUNT.
    CONCATENATE NUM ' Datensätze gelesen...'
      INTO BUF.
    PERFORM UINFORM USING PERC BUF.
  ENDIF.
ENDSELECT.
FORMAT INTENSIFIED OFF.
NUM = COUNT.
CONCATENATE '...' NUM
  ' Datenelemente analysiert.' INTO BUF.
PERFORM UINFORM USING 0 BUF.

* Bei Auswahl eines Datenelements Fenster
* mit Verwendungsnachweis öffnen
AT LINE-SELECTION.
  WINDOW STARTING AT 3 5 ENDING AT 74 15.
  SET PF-STATUS '100'.
  FORMAT INTENSIFIED OFF.
  WRITE: / 'Liste alle Felder mit dem ',
           'Datenelement', DD04T-ROLLNAME.
  SKIP.
  WRITE: / 'Tabelle    Feld       Typ',
           '       Name der Tabelle'.
  FORMAT INTENSIFIED ON.
  SELECT * FROM DD03L
    WHERE ROLLNAME = DD04T-ROLLNAME.
```

```
      SELECT SINGLE * FROM DD02L
        WHERE TABNAME = DD03L-TABNAME
          AND AS4LOCAL = DD03L-AS4LOCAL
          AND AS4VERS = DD03L-AS4VERS.
      SELECT SINGLE * FROM DD02T
        WHERE TABNAME = DD03L-TABNAME
          AND AS4LOCAL = DD03L-AS4LOCAL
          AND AS4VERS = DD03L-AS4VERS
          AND DDLANGUAGE = SY-LANGU.
      IF SHOWINT = 'X' OR
         DD02L-TABCLASS <> 'INTTAB'.
        WRITE: / DD03L-TABNAME,
                 DD03L-FIELDNAME,
                 DD02L-TABCLASS,
                 DD02T-DDTEXT.
        HIDE: DD03L-TABNAME, DD03L-FIELDNAME,
              DD03L-AS4LOCAL,DD03L-AS4VERS,
              DD02L-TABCLASS.
      ENDIF.
    ENDSELECT.

AT USER-COMMAND.
  CASE SY-UCOMM.
*   Bei Auswahl einer Tabelle deren Felder
*   anzeigen
    WHEN 'TABL'.
      WINDOW STARTING AT 2 2
             ENDING AT 74 16.
      SET PF-STATUS '150'.
      FORMAT INTENSIFIED OFF.
      WRITE: / 'Liste Tabelle',
               DD03L-TABNAME.
      WRITE: / 'Feld       Typ Länge  ',
               'Kurztext zum Feld'.
      WRITE  / '-------------------------',
               '---------------'.
      FORMAT INTENSIFIED ON.
      SELECT * FROM DD03L
        WHERE TABNAME = DD03L-TABNAME
          AND AS4LOCAL = DD03L-AS4LOCAL
          AND AS4VERS = DD03L-AS4VERS
          AND FIELDNAME <> '.INCLUDE'
        ORDER BY POSITION.
```

```
*       Wähle neuesten Text, Version aus
*       DD03L nicht immer vorhanden.
        DD04T-DDTEXT = '<undokumentiert>'.
        SELECT * FROM DD04T
          WHERE ROLLNAME = DD03L-ROLLNAME
            AND DDLANGUAGE = SY-LANGU
            ORDER BY AS4VERS DESCENDING.
          EXIT.
        ENDSELECT.
        WRITE: / DD03L-FIELDNAME,
                 DD03L-KEYFLAG,
                 DD03L-INTTYPE,
                 DD03L-INTLEN, DD04T-DDTEXT.
      ENDSELECT.
  ENDCASE.

* Arbeitsfortschrittsanzeige in Statuszeile
FORM UINFORM USING VALUE(PERC) VALUE(MESG).
  IF PERC > 100.
    PERC = 100.
  ENDIF.
  CALL FUNCTION 'SAPGUI_PROGRESS_INDICATOR'
       EXPORTING
            PERCENTAGE = PERC
            TEXT       = MESG
       EXCEPTIONS
            OTHERS     = 1.
ENDFORM.
```

8.5 Arbeit mit Dateien

Die Arbeit mit Dateien hat im R/3-System eine geringere Bedeutung als in anderen Programmiersystemen. Die persistente Haltung der Daten erfolgt meist über die unterliegende Datenbank. Dateien sind aber zur Kommunikation mit externen Systemen, d.h. für den **Datenim- und -export**, von Bedeutung.

Anwendung

Die Arbeit mit einer Datei folgt immer dem gleichen Schema, das nachfolgend für einen lesenden Zugriff dargestellt wird. Für nähere Informationen über die Befehle ist die Online-Hilfe nutzbar.

```
REPORT YBSP0804.
* Deklaration eines Transferpuffers, meist
* als String oder Feldleiste
```

```
DATA: BEGIN OF BUF,
        FELD1(20) TYPE C,
        FELD2 TYPE I,
      END OF BUF.
DATA: ERRBUF(100).

* Definition des Dateinamens auf dem Server
PARAMETERS FILENAME(70)
           DEFAULT '/tmp/test.dat'.
* Öffnen der Datei für zeilenweises Lesen
OPEN DATASET FILENAME FOR INPUT IN TEXT MODE
             MESSAGE ERRBUF.
* wenn Fehler beim Öffnen, Meldung in ERRBUF
IF SY-SUBRC <> 0.
  WRITE: / 'Fehler beim Öffnen -', ERRBUF.
ENDIF.
* Lesen aller Datensätze in einer Schleife
READ DATASET FILENAME INTO BUF.
WHILE SY-SUBRC = 0.
* ... mache irgend etwas mit den Daten
  WRITE: / BUF-FELD1, BUF-FELD2.
* nächsten Datensatz lesen
  READ DATASET FILENAME INTO BUF.
ENDWHILE.
* Datei wieder schließen
CLOSE DATASET FILENAME.
```

Weitere Befehle sind **TRANSFER** <buf> **TO** <file>. zum Schreiben in eine Datei, die zum Schreiben geöffnet ist, z.B. über OPEN DATASET FILENAME FOR OUTPUT IN TEXT MODE.. Dateien können auch binär gelesen und geschrieben werden. **DELETE DATASET** <file>. löscht eine Datei auf dem Server. Wie eine Datei vom Server auf das Front-End kopiert werden kann, wird im Beispiel zum Abschnitt 9.8 dargelegt.

8.6 Zeichenkettenbearbeitung

Die Möglichkeiten zur Zeichenkettenbearbeitung sind in der Version 3.0 ausgeweitet worden, bleiben aber immer noch hinter dem Sprachumfang konventioneller Programmiersprachen der 3. Generation zurück. Nachfolgend eine kurze Übersicht:

Mit **WRITE** <Ausdruck> **TO** <Variable>[+<Off>] [(<Len>)]. kann ein Ausdruck, z.B. eine Variable oder ein Text, statt auf den Bildschirm in eine Variable (an der Stelle <Off> mit der Maximallänge <Len>) geschrieben werden. Die meisten Formatzusätze von WRITE sind erlaubt.

REPLACE <StrAlt> **WITH** <StrNeu> **INTO** <Feld>**.** ersetzt im Feld <Feld> das erste Vorkommen der Zeichenkette <StrAlt> mit der Zeichenkette <StrNeu>.

SHIFT <String> {[**BY** <Zahl> **PLACES**] {[**LEFT**]|**RIGHT**} [**CIRCULAR**]|...}. verschiebt den String innerhalb des Feldes nach links oder rechts, wahlweise um mehrere Zeichen oder rotierend.

OVERLAY <Feld1> **WITH** <Feld2>**.** setzt im <Feld1> an allen Stellen, an denen sich ein Leerzeichen befindet, das entsprechende Zeichen aus <Feld2> ein.

<Variable> **= STRLEN(** <String> **).** bestimmt die Länge des Strings.

CONDENSE <String> **[NO-GAPS].** verdichtet den String so, daß Zwischenräume nur noch ein Leerzeichen umfassen bzw. beim Zusatz NO-GAPS alle Zwischenräume gelöscht werden.

TRANSLATE <String> {**TO UPPER CASE**|**TO LOWER CASE**|...}. konvertiert den String in Groß- bzw. Kleinbuchstaben. Es gibt noch weitere Konvertierungsmöglichkeiten.

CONCATENATE [<Str>]$^{2:\infty}$ **INTO** <String> [**SEPARATED BY** <Zeichen>]. verkettet die Strings <Str1>, <Str2>, usw. zu einer in <String> gespeicherten Zeichenkette. Die einzelnen Teile können dabei durch ein Zeichen <Zeichen> getrennt werden.

SPLIT <String> **AT** <Zeichen> **INTO** {[<Str>]$^{2:\infty}$|**TABLE** <Tab>}. zerlegt einen String jeweils am Trennzeichen <Zeichen> und speichert die einzelnen Teile wahlweise in eine Liste von Feldern oder in eine „interne" Tabelle.

8.7 Feldsymbole

Um Strings zeichenweise zu bearbeiten oder die Flexibilität von Zeigern in anderen Programmiersprachen nachzubilden, gibt es in ABAP/4 die Möglichkeit, sogenannte Feldsymbole zu verwenden. Sie werden über das Schlüsselwort FIELD-SYMBOLS deklariert und zur Laufzeit mit ASSIGN belegt. Feldsymbole werden im Quelltext durch spitze Klammern gekennzeichnet. Sie müssen bei allen Feldsymbolen vorhanden sein.

Referenzen auf Variablen

Feldsymbole sind demnach **Referenzen auf Variablen**, die erst zur Laufzeit des Programms bestimmt werden. Ein Feldsymbol kann im Programmlauf verschiedene Variablen referenzieren. Wird dann eine Aktion mit dem Feldsymbol ausgeführt, wird sie über dem referenzierten Wert vollzogen.

Um das etwas anschaulicher zu machen, ein Beispiel: <f> sei ein Feldsymbol, dem mittels ASSIGN FELD TO <f>. die Variable FELD zugewiesen wurde. Dann setzt der Befehl CLEAR <f>. die Variable FELD entsprechend zurück, nicht die Referenzierung durch <f>!

```
* Das folgende Unterprogramm ersetzt alle
* Unterstriche durch Leerzeichen
FORM REMOVEUNDERSCORES USING BUF.
  FIELD-SYMBOLS <CH>.
  DATA: LEN TYPE I, POS TYPE I.
* Länge des Strings ermitteln
  LEN = STRLEN( BUF ).
* Felder der Reihe nach von vorn abarbeiten,
* erstes Zeichen hat Index 0.
  DO LEN TIMES.
    POS = SY-INDEX - 1.
*   Zuweisen des Zeichens zu <CH>
    ASSIGN BUF+POS(1) TO <CH>.
    IF <CH> = '_'.
      <CH> = ' '.
    ENDIF.
  ENDDO.
ENDFORM.
```

Die Konstruktion BUF+POS(1) innerhalb der ASSIGN-Anweisung steht für ein Zeichen an der Position POS innerhalb von BUF. Das entsprechende Zeichen kann dann so angesprochen werden, als wäre es eine Variable. Eine flexiblere Möglichkeit, einem Feldsymbol eine Variable zuzuweisen, ist die über den Inhalt eines Textfeldes:

ASSIGN (FELDNAME) TO <F>. weist <F> das in FELDNAME als Zeichenkette stehende Feld zu.

9 Dialogtransaktionen

9.1 Das Konzept

Reports sind zur Ermittlung und Aufbereitung von entscheidungsrelevantem Wissen gut geeignet. Wenn es aber darum geht, in Interaktion mit dem Benutzer zu treten und Daten eingeben zu lassen, sind andere Programme notwendig. Für diese Aktivitäten gibt es im R/3-System Dialogtransaktionen, die aus stark variierbaren Folgen von Dynpros bestehen.

Dynpro

Ein Dynpro ist ein **Bildschirmbild inklusive** der dahinterliegenden **Ablauflogik**. Die Ablauflogik definiert die Aktionen des Programms zum Aufbau des Bildschirms und Füllen der Felder sowie Reaktionen auf Anfragen und Aktionen des Nutzers. Aktionen des Nutzers werden dabei meist über das **Menü, Funktionstasten** oder **Druckknöpfe** ausgelöst. die gemeinsam den GUI-Status der Benutzungsoberfläche definieren. Eine Feldeingabe ist aus Programmsicht keine Aktion, sie wird erst durch Bestätigung einer Funktionstaste oder vergleichbare Handlungen zu einer Aktion. Ein GUI-Status kann über mehrere Dynpros hinweg aktiv sein.

GUI-Status

PBO
PAI

Das Ereignis PBO (**Process Before Output**) wird vor dem Senden des Bildschirms ausgelöst, PAI (**Process After Input**) nach einer Aktion des Nutzers. Das Verhalten des Programms wird üblicherweise in Modulen codiert, die im zugehörigen Modulpool, einem ABAP/4-Programm vom Typ M, abgelegt sind. Diese Module können dann in der Ablauflogik des jeweiligen Dynpros aufgerufen werden.

```
PROCESS BEFORE OUTPUT.
  MODULE PBO0201.
PROCESS AFTER INPUT.
  MODULE PAI0201.
```

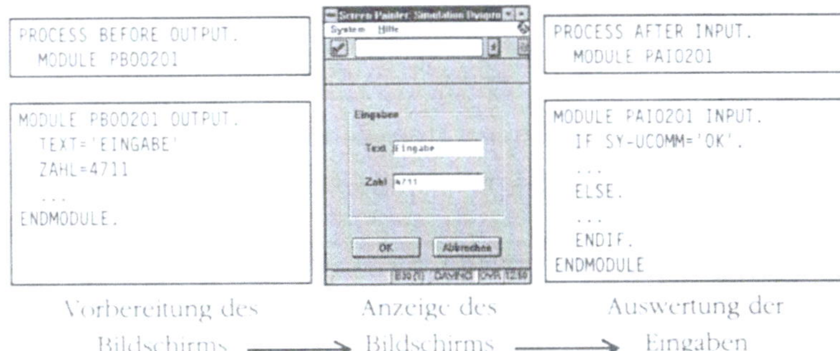

Abb. 9.1 Dynpro-Ablaufschema (SAP AG©)

Dialogtransaktionen stellen somit eine Verbindung von Bildschirmbildern, GUI-Stati, Ablauflogiken, Modulen, Nachrichten und Tabellen dar. Nachfolgend sollen diese Elemente einzeln erläutert werden.

Zur Unterstützung der Erstellung von Dialogtransaktionen dient der Object-Browser *Werkzeuge → ABAP/4 Workbench → Übersicht → Object Browser* (SE80), der eine Übersicht über das Projekt bietet und weitreichende Navigationsmöglichkeiten beinhaltet. Von hier aus können auch die einzelnen Komponenten der Dialogtransaktion angelegt und bearbeitet werden.

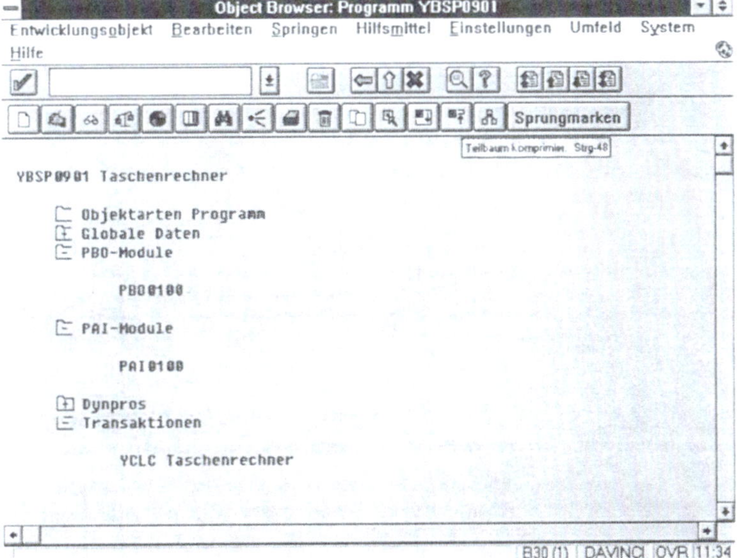

Abb. 9.2 Object Browser (SAP AG©)

9.2 Anlegen von Dynpros

Zuerst muß ein Programm im ABAP/4-Editor angelegt werden. In den Attributen ist der Typ auf `M` zu setzen, um das Programm als Modulpool zu deklarieren.

Dynpronummer

Danach können im Screenpainter (*Werkzeuge → ABAP/4 Workbench → Entwicklung → Screen Painter, SM51*) die Dynpros erstellt werden. Es ist sinnvoll, vorher bereits eine feste Vorstellung vom Ablauf des Programms zu haben, da beim Anlegen des Dynpros in den Attributen auch nach einem Folgedynpro gefragt wird. Dabei ist wichtig zu wissen, daß Dynpros durch den Programmnamen (des Modulpools) und eine **vierstellige Nummer** eindeutig gekennzeichnet sind. Es empfielt sich, die Nummern der Dynpros in 100er-Schritten zu vergeben, um ggf. später noch weitere in den Ablauf einfügen zu können.

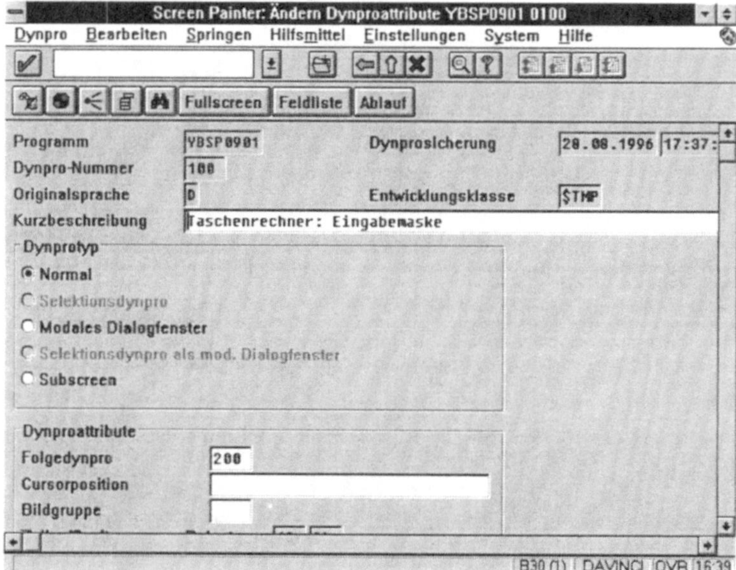

Abb. 9.3 Dynproattribute (SAP AG©)

Fullscreen-Editor

Über die Funktionstaste *Fullscreen* gelangt man aus dem Screen-Painter in den **Fullscreen-Editor**. Dort wird der Bildschirm erstellt. Er setzt sich zusammen aus Eingabefeldern mit textuellen Erklärungen, Auswahlknöpfen, Ankreuzfeldern, Druckknöpfen und Rahmen. Es gibt auch Subscreens, Tableviews und Step-Loop-Felder, auf die in diesem Beitrag nicht eingegangen wird.

Dabei gilt für alle Felder, die mit dem Modulpool Daten austauschen sollen, daß sie dort durch Variablen gleichen Namens und verträglichen Typs repräsentiert sein müssen. D.h., nur Felder, die als Namen den Namen eines Tabellenfeldes oder einer Variable des Modulpools haben, tauschen zu den Zeitpunkten PBO und PAI Daten mit diesem aus. Die Prüfung der Daten auf Typkonformität erfolgt vom System aus.

Abb. 9.4 Fullscreen Editor (SAP AG©)

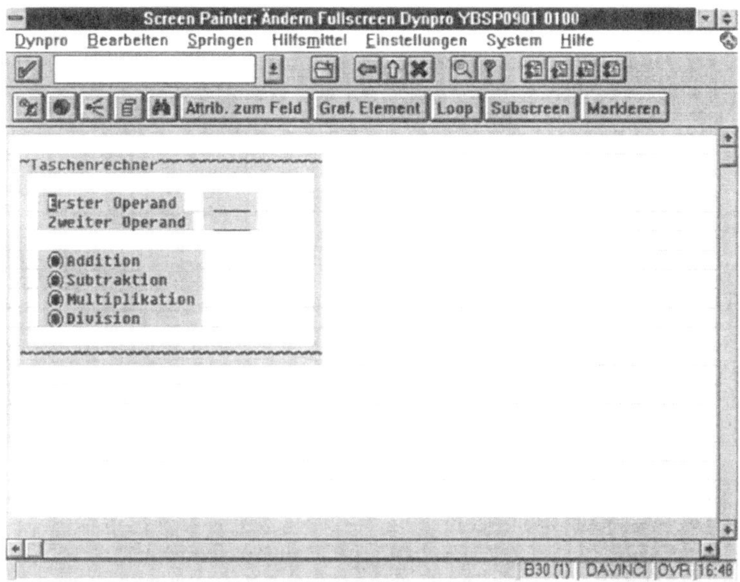

Bildelemente erstellen

Um ein **Textfeld** zu erstellen, reicht es aus, den Text an der gewünschten Stelle zu schreiben. Anstelle von Leerzeichen sind hierbei „Unterstriche" zu verwenden, da Leerzeichen zum Trennen von Bildschirmfeldern benutzt werden.

Um ein **Eingabefeld** zu erstellen, wird wiederum nur ein Text eingegeben, der in diesem Fall als Maske (Feldschablone) aufgebaut ist und mit einem Unterstrich (normales Eingabefeld) oder Fragezeichen (Mußfeld) beginnt. Innerhalb der Maske steht jeder Unterstrich für jeweils ein beliebiges einzugebendes Zeichen. Andere angegebene Zeichen erfordern die Eingabe des gleichen Zeichens. So könnte ein Datumsfeld bspw. als __.__.____ definiert werden und muß dann immer mit zwei Punkten eingegeben werden (z.B. 31.12.1990). Nach der Definition des Feldes ist es unbedingt notwendig, ihm über die Funktion *Attrib. zum Feld* einen Namen zu geben, um später die Eingabe im Programm verwenden zu können. Es können in der Feldlistenansicht (*Springen → Sichten d. Feldliste → Feldtypen*) auch mehrere Felder gleichzeitig benannt werden.

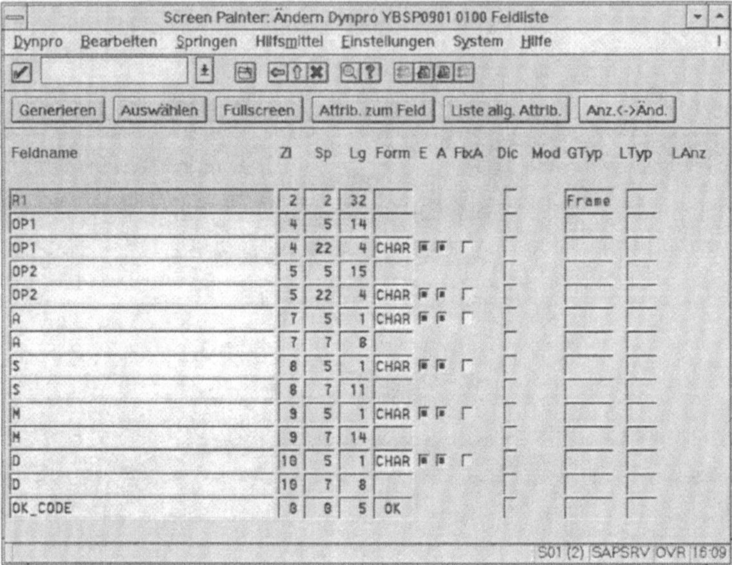

Abb. 9.5 Feldliste (SAP AG©)

Auswahlknöpfe (Radio Buttons) treten nur in Gruppen auf und haben die Eigenschaft, daß jeweils genau ein Element der Gruppe ausgewählt ist. Sie werden durch eine Gruppe von Eingabe- und Textfeldern definiert, wobei das Eingabefeld einstellig ist und typischerweise vor dem Textfeld steht. Eingabefeld und das dazugehörige Textfeld müssen den gleichen Namen tragen. Nachdem mehrere Feldschablonen erstellt und mit einem Datenfeld verbunden wurden, kann diese Gruppe in Auswahlknöpfe gewandelt werden. Dazu wird der Cursor auf das erste Element der Gruppe gesetzt und das *Graf. Element* und *Blokkende mark.* gewählt. Danach werden die anderen Elemente der Gruppe markiert und nacheinander *Auswahlknöpfe* und *Gr.Gruppe definieren* ausgewählt.

Ankreuzfelder (Checkboxes) sind Felder, die gewählt (angekreuzt) oder nicht gewählt sein können. Sie werden genau wie Auswahlknöpfe aus Paaren gleichnamiger Eingabe- und Textfelder definiert, nur daß hierbei auf *Ankreuzfelder* anstelle von *Auswahlknöpfe* gedrückt wird.

Auch kann keine grafische Gruppe definiert werden, da sie als einzelne Schalter betrachtet werden. Für aktivierte Ankreuzfelder und Auswahlknöpfe gilt, daß in dem entsprechenden Zeichenfeld des Programmes ein 'X' steht. Für Deaktivieren steht ansonsten ein Leerzeichen.

Rahmen werden definiert, indem dort ein Textfeld angelegt wird, wo der obere Rand des Rahmens erscheinen soll. Dieses muß dann markiert werden. Anschließend werden *Graf. Element* und *Rahmen* angewählt, und dann wird an der rechten unteren Ecke des Rahmens doppelt geklickt.

Sollen ABAP/4-Dictionary-Felder in das Dynpro übernommen werden, gibt es einen komfortableren Weg, indem man *Springen → Dict/Programmfelder* wählt, die entsprechende Tabelle angibt und die zu übernehmenden Felder markiert. Dann muß man nur noch am Zielpunkt doppelklicken und die Felder werden eingefügt.

9.3 Anlegen von Menüs und Funktionstasten

Im **Menupainter** (*Werkzeuge → ABAP/4 Workbench → Entwicklung → Menu Painter, SE41*) kann zum Programm ein GUI-Status angelegt werden. Ein GUI-Status definiert alle Funktionen des Nutzerinterfaces, die über Maus oder Tastatur erreichbar sein sollen. Dazu gehören ein Menü, die Druckknopfleiste und die Funktionstastenbelegung. Der Status bekommt einen eindeutigen Bezeichner über den er im Programm mittels **`SET PF-STATUS`** `<Bezeichner>.` gesetzt werden kann.

Beim Anlegen des Status kann zwischen verschiedenen Vorbelegungen (Dynpro, Dialogfenster, Liste) gewählt werden. Das Belegen der Tasten ist weitgehend selbsterklärend, Menüs können durch Doppelklick geöffnet und dann definiert werden. Jede Funktion wird durch eine 4-stellige Zeichenfolge beschrieben. Anhand dieser Zeichenfolge, die zum Zeitpunkt PAI in den Feldern `OK_CODE` bzw. `SY-UCOMM` steht, entscheidet das Programm, wie es weiter vorzugehen hat.

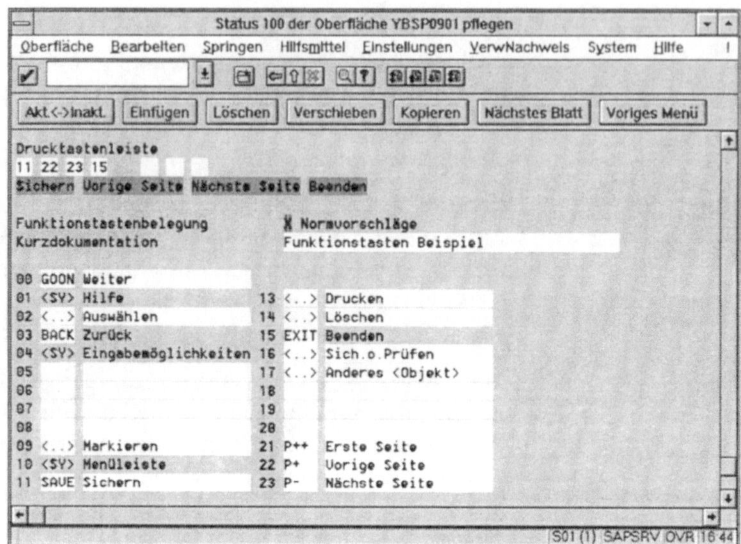

Abb. 9.6 Menu Painter (SAP AG©)

Bemerkt sei nur noch, daß in der Funktionsliste (*Springen → Funktionsliste*) der Funktionstyp E angegeben werden kann. Er definiert Funktionen, die ohne vorherige Typprüfung der Eingaben und ohne Transfer von Daten in die entsprechenden Variablen aufgerufen werden. Sie sind zum Verlassen der Dialogtransaktion gedacht und werden folgendermaßen verwendet:

```
PROCESS AFTER INPUT.
  MODULE EXIT AT EXIT-COMMAND.
```

9.4 Die Ablauflogik

Im Screenpainter wird auch die Ablauflogik für den jeweiligen Bildschirm spezifiziert. Die beiden wichtigsten Zeitpunkte sind, wie bereits erwähnt, PBO und PAI.

PBO

Das Ereignis PBO dient der **Vorbereitung des Bildschirmes**. Hier sollte verifiziert werden, ob der Nutzer autorisiert ist, den Bildschirm zu nutzen und ob alle weiteren Voraussetzungen für das Abarbeiten des Programms erfüllt sind. Hier können außerdem verschiedene Felder vorbelegt werden - anhand des bisherigen Ablaufs oder anhand von Standards. Desweiteren können auch die Merkmale einzelner Felder, z.B. die Merkmale aktiv oder sichtbar), durch eine Veränderung von Daten in der internen Tabelle SCREEN angepaßt werden. Darüber hinaus kann ein neuer GUI-Status geladen oder eine neue Titelleiste gesetzt werden.

PAI

Nach dem Ereignis PAI erfolgt die **Verarbeitung der** eingegebenen **Daten**. Diese kann von einfacher Speicherung oder Vorbereitung von weiteren Bildschirmen bis hin zu Berechnungen neur Daten reichen. Außerdem wird hier üblicherweise der Fortgang des Programmes bestimmt.

Beim Eintritt des Ereignisses PAI können **Prüfungen der Konsistenz** der Eingaben durchgeführt und weitere Voraussetzungen für eine Verarbeitung der Daten geschaffen werden. Die Prüfungen sollten in einem eigenen Modul untergebracht sein. Falls Fehler auftreten, kann das Verlassen des Bildschirmes mit einer Fehlermeldung oder Warnung verhindert werden.

Nachrichten

Hierzu dient der Befehl **MESSAGE** <Nummer> **[WITH** [<Var>]$^{1:4}$]. Die Meldungen werden über *Werkzeuge → ABAP/4 Workbench → Entwicklung → Programmierumfeld → Nachrichten* gepflegt. Dort wird eine Nachrichtenklasse, z.B. YF, angelegt. Die Nachrichten werden entsprechend den Nummern von 000 bis 999, falls benötigt, angegeben. Sollen in der Nachricht variable Teile erscheinen, muß für diese der Platzhalter „&" angegeben werden, dabei sind bis zu vier Platzhalter möglich. Diese werden dann mit den Variablen der WITH-Klausel in der angegebenen Reihenfolge gefüllt.

Um die Nachrichten im Programm zu verwenden, muß die Nachrichtenklasse im Kopf des Reports angegeben werden, z.B. REPORT YBSP MESSAGE-ID YF.. Die Nummer der MESSAGE-Anweisung wird aus einer Meldungsart und der Nummer der Meldung in der Nachrichtenklasse zusammengesetzt. Meldungsarten sind:

E Fehlermeldung, führt zum Abbruch der PAI-Behandlung. Eine Neueingabe des Wertes ist erforderlich.

W Warnung, führt auch zum Abbruch, erfordert aber kein Ändern der Werte vom Nutzer.

I Info, eine Datenfreigabe vom Benutzer ist nötig, bevor es weitergeht.

S Erfolgsmeldung auf dem nächsten Bildschirm.

A Abbruch der Transaktion.

Bspw. kann die unter der Nummer 101 erfaßte Fehlermeldung „Bitte Feld & ausfüllen!" folgendermaßen angezeigt werden:

```
MESSAGE E101 WITH FELDNAME.
```

Ist der Inhalt von FELDNAME 'Postleitzahl', so wird folgende Meldung ausgegeben:

```
Bitte Feld Postleitzahl ausfüllen!
```

weitere Ereignisse

Es gibt noch weitere Ereignisse innerhalb der Ablaufsteuerung. **PROCESS ON VALUE-REQUEST.** ermöglicht eine eigene Bearbeitung bei der Anfrage von Eingabemöglichkeiten (Funktionstaste F4). **PROCESS ON HELP-REQUEST.** ermöglicht ein Reagieren des Programms auf eine Hilfeanforderung des Nutzers mittels F1.

Das folgende Beispiel einer Ablauflogik entstammt einem produktiv eingesetzten Programm. Es steuert die Arbeit eines Selektionsbildschirmes. An ihm können eine Reihe von Besonderheiten der Ablauflogik erklärt werden.

```
PROCESS BEFORE OUTPUT.
  MODULE PBO0050.
PROCESS AFTER INPUT.
  MODULE EXIT AT EXIT-COMMAND.
  CHAIN.
    FIELD: YFDD-VON,
           YFDD-BIS.
    MODULE CHECK_AUFNR.
  ENDCHAIN.
PROCESS ON VALUE-REQUEST.
  FIELD YFDD-VON MODULE VONHELP.
  FIELD YFDD-BIS MODULE BISHELP.
```

Das Modul PBO0050 wird vor dem Senden des Bildschirmes aufgerufen und stellt in diesem Fall nur das Menü und den Titel der Anwendung ein. EXIT wird nur aufgerufen, wenn der Bildschirm über *Abbruch* verlassen wird. Einzelne Felder können mit **FIELD** <Feld> **MODULE** <Name>. getestet werden. Wird innerhalb des Moduls eine Fehlermeldung erzeugt, ist nur dieses Feld eingabebereit. Im vorliegenden Fall können die Felder Selektionsunter- und -obergrenze aber nur als Gemeinschaft abgetestet werden. Dazu muß der Test in ein CHAIN-ENDCHAIN-Konstrukt verlagert werden, in dem alle betroffenen Felder aufgezählt werden. Kommt es hier zu einer Fehlermeldung, sind beide Felder eingabebereit.

Die Eingabemöglichkeiten wurden auch dem jeweiligen Feld zugeordnet. Innerhalb der Module VONHELP beziehungsweise BISHELP wird dann jeweils YFDD-VON oder YFDD-BIS mit dem ausgewählten Wert gefüllt.

Steuerung der Dynprofolge

Ein weiterer Teil der Ablaufsteuerung ist die im Modulpool implementierte globalen Steuerung der Dynproreihenfolge.

Wie in Abschnitt 9.3. erklärt, lassen sich vom Nutzer gewählte Menüpunkte, Tasten und ähnliches über eine Variable OK_CODE abrufen, wenn diese in Programm und Dynpro definiert ist. Der Tastencode steht auch im Feld SY-UCOMM. Die Auswertung kann wie folgt programmiert werden:

```
CASE SY-UCOMM.
  WHEN 'FKT1'.
    ...
  WHEN 'FKT2'.
    ...
ENDCASE.
```

In Abhängigkeit von der gewählten Funktion läßt sich auch der gesamte Transaktionsablauf ändern. Das Folgedynpro ist in den Attributen des aktuellen Dynpros gespeichert. Es kann aber nötig sein, diese Reihenfolge dynamisch zu ändern. Dazu dient der Befehl **SET SCREEN** <Dynpronummer>.. Soll ein Bildschirm nur eingeschoben werden, kann **CALL SCREEN** **<Dynpronummer>.** verwendet werden. Diese Anweisung kehrt zur ursprünglichen Dialogfolge zurück, sobald der gerufene Bildschirm abgearbeitet ist. Der aufrufende Bildschirm hat die Nummer 0. **LEAVE SCREEN.** verläßt das aktuelle Dynpro. Die beiden letztgenannten Fakten werden oft bei der Implementation des Moduls EXIT (Abbrechen) genutzt.

```
MODULE EXIT INPUT.
  SET SCREEN 0.
  LEAVE SCREEN.
ENDMODULE.
```

Weiterhin gibt es in PBO die Möglichkeit, Felder zu aktivieren bzw. zu deaktivieren, indem man die entsprechenden Felder in der (internen) Tabelle SCREEN verändert. Die Tabelle kann zeilenweise über **LOOP AT SCREEN. ... ENDLOOP.** analysiert und verändert werden; die Änderungen werden danach mit **MODIFY SCREEN.** vollzogen.

Alle weiteren Aktionen in Modulen unterscheiden sich nicht von der Datenerfassung in Reports, abgesehen von der Verwendung von Modulen und der Verbuchung eingegebener Daten. Letztere erfolgt über die Befehle INSERT, UPDATE oder MODIFY. Module werden als

```
MODULE <Name> {[INPUT]|OUTPUT}.
  <Anweisungen>.
ENDMODULE.
```

definiert, wobei der Zusatz OUTPUT für PBO-Module, INPUT für PAI-Module und sonstige zu verwenden ist. Die Definition erfolgt im Modulpool.

9.5 Transaktionen erstellen

Transaktionscodes stellen einen Schlüssel zum Starten eines Dialogprogrammes oder sonstigen Programmes dar. Sie können über *Werkzeuge → ABAP/4 Workbench → Entwicklung → Weitere Werkzeuge → Transaktionen* angelegt werden. Dort muß zunächst ein neuer Code (der mit Y beginnen sollte) eingegeben werden. Anschließend wird *Anlegen* gedrückt, *Dialogtransaktion* gewählt, es werden alle Mußfelder entsprechend ausgefüllt und die neue Transaktion gespeichert.

9.6 Einführendes Beispiel

Als Beispiel für eine Dialogtransaktion wird nachfolgend ein sehr einfacher Taschenrechner beschrieben. Die Eingabemaske wird im Dynpro 100 mit dem Folgedynpro 200 definiert. Der Bildschirm hat das nachfolgend dargestellte Aussehen. Die Namen der Felder sind angegeben. OP1 und OP2 sind vom Typ NUMC.

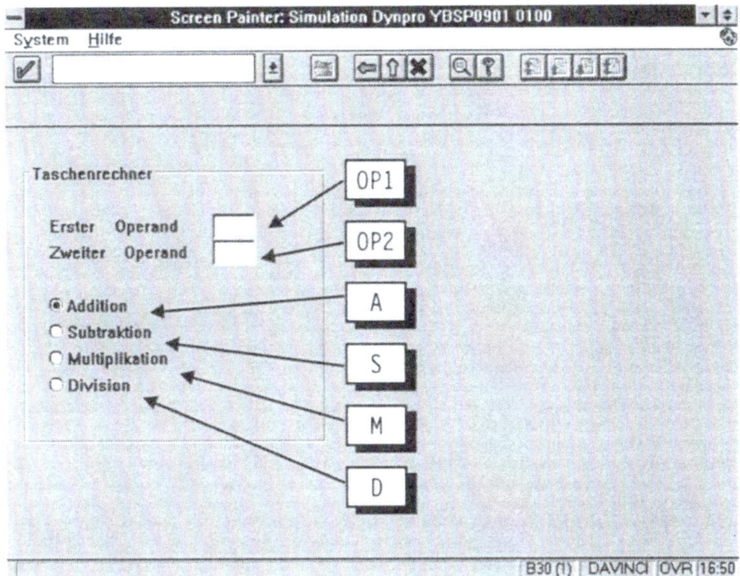

Abb. 9.7
Startdynpro 100
(SAP AG©)

Die Ablauflogik des Dynpros sieht wie folgt aus:

```
PROCESS BEFORE OUTPUT.
  MODULE PBO0100.
PROCESS AFTER INPUT.
  MODULE PAI0100.
```

Im zweiten Dynpro 200 mit dem Folgedynpro 100 werden weitestgehend die gleichen Felder definiert, das Ergebnisfeld kommt noch hinzu. Alle Felder sind als Ausgabefelder definiert, indem in der Feldliste das Merkmal E (Eingabe) deaktiviert wurde. Die Felder können nicht verändert werden. Es sind auch vom Programm keine Aktionen vorzunehmen, weshalb keine zusätzliche Ablauflogik implementiert wurde.

Abb. 9.8
Folgedynpro 200
(SAP AG©)

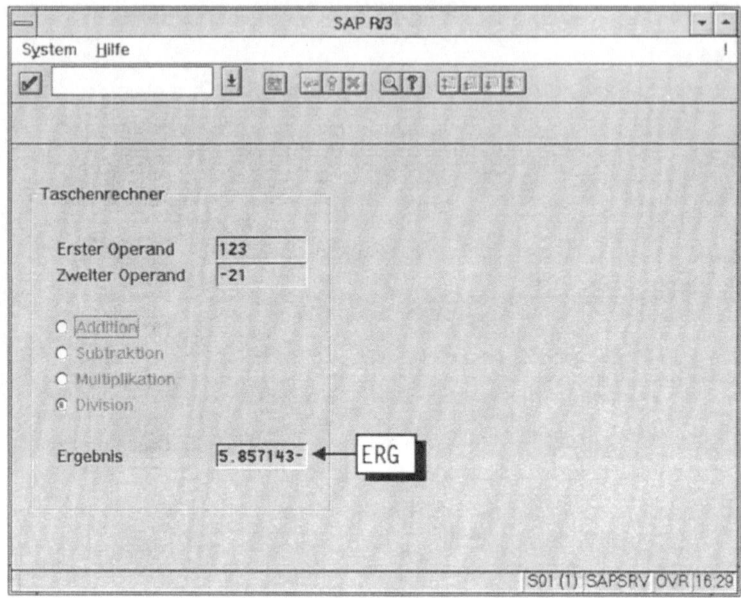

Der Modulpool YBSP0901 ist wie folgt definiert:

```
PROGRAM YBSP0901.
DATA: OP1(4), OP2(4), ERG(9),
      A, S, M, D.

* vor dem Anzeigen des Bildschirms 100
* ausgeführte Funktionen
MODULE PBO0100 OUTPUT.
  CLEAR: OP1, OP2, ERG, S, M, D.
* Vorbelegung von Feld A
  A = 'X'.
ENDMODULE.

* nach dem Bestätigen des Bildschirms 100
* ausgeführte Funktionen (ENTER)
MODULE PAI0100 INPUT.
  IF A = 'X'.
    ERG = OP1 + OP2.
  ELSEIF S = 'X'.
    ERG = OP1 - OP2.
```

```
    ELSEIF M = 'X'.
      ERG = OP1 * OP2.
    ELSE.
      IF OP2 = 0.
        ERG = '      -E-'.
      ELSE.
        ERG = OP1 / OP2.
      ENDIF.
    ENDIF.
  ENDMODULE.
```

Das Programm springt immer nach Drücken der Taste ↵ zum nachfolgenden Bildschirm. Es ist als Endlosschleife angelegt und kann nur durch Angabe eines neuen Transaktionscodes abgebrochen werden. Von den Variablen A, S, M und D, die für die Auswahlknöpfe Addition, Subtraktion, Multiplikation und Divison stehen, kann jeweils nur eine 'X' enthalten, das heißt angekreuzt, sein.

Um das Programm starten zu können, muß noch ein Transaktionscode angelegt werden. Für das Beispiel wurden folgende Werte angegeben:

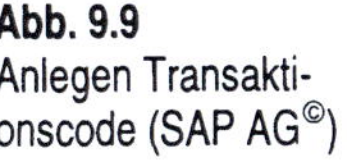

Abb. 9.9
Anlegen Transaktionscode (SAP AG©)

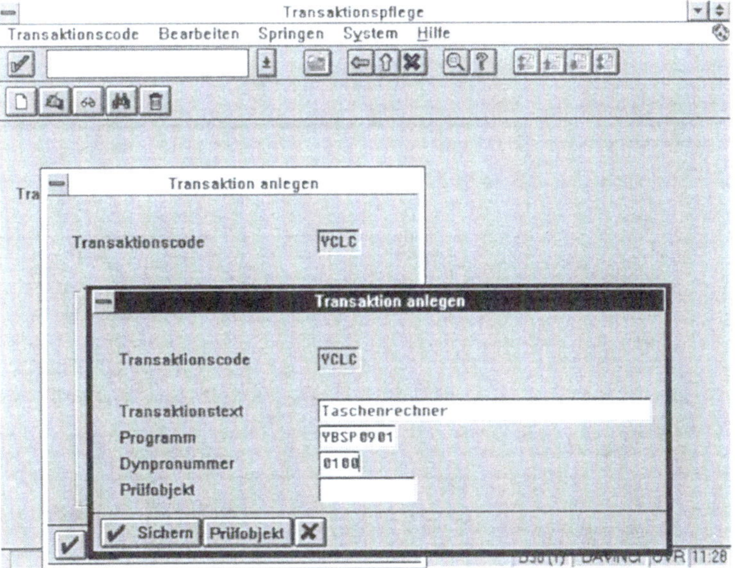

9.7 Gekapselte Dialoge

Dialoge können in Funktionsbausteinen gekapselt werden. Dann können sie wie andere Funktionsbausteine aus jedem Programm aufgerufen werden. Das Grundprogramm des Funktionsbausteins hat immer den Namen SAPL<Funktionsgruppe>, im Falle des folgenden Beispiels aus der Funktionsgruppe Z_DG den Namen SAPLZ_DG. Zu diesem Programm müssen die notwendigen Dynpros angelegt werden. Die Module der Ablauflogik werden in den im Grundprogramm angegebenen Includes definiert. Das Beispiel implementiert einen Dialog zur Abfrage eines Dateinamens, der auch eine Hilfe zum Durchsuchen der lokalen Platten enthält. Der Funktionsbaustein heißt Z_POPUP_FILE_REQUEST und hat folgende Schnittstelle:

Tab. 9.1 Eingabeparameter für gekapselte Dialoge

Eingabeparameter	
DEFAULT_NAME	Vorschlagswert für Dateinamen
DLGTITLE	Titelzeile des Dialogfensters
MSG1	Erste Zeile des Meldungstextes (maximal 60 Zeichen werden angezeigt)
MSG2	Zweite Zeile des Meldungstextes (maximal 60 Zeichen werden angezeigt)
Rückgabewerte	
ANSWER	Gibt die Information zurück, welcher Button gedrückt wurde; 'Y' - Ok, 'N' - Abbruch
FILE_NAME	Gibt den gewählten Dateinamen zurück, wenn ANSWER = 'Y' ist

Die globalen Daten des Funktionsbausteins werden wie folgt festgelegt:

```
FUNCTION-POOL Z_DG.     "MESSAGE-ID ..
DATA: TEXT1(60), TEXT2(60), NAME(60), OK, TITLE(50).
```

Das Dynpro definiert folgenden Dialog:

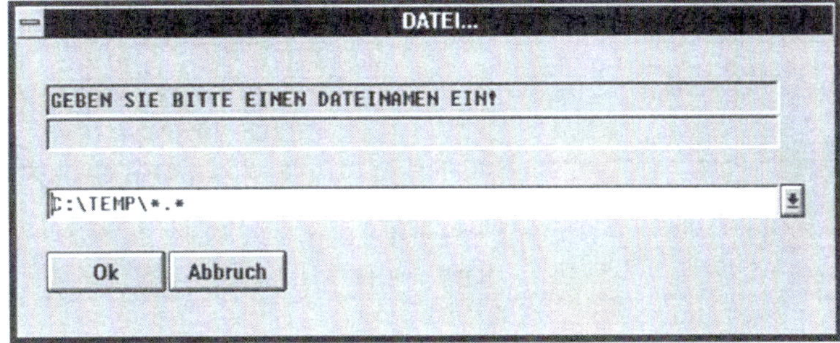

Abb. 9.10 Beispieldynpro (SAP AG©)

mit der Ablauflogik

```
PROCESS BEFORE OUTPUT.
  MODULE PBO0100.
PROCESS AFTER INPUT.
  MODULE PAI0100.
PROCESS ON VALUE-REQUEST.
  FIELD NAME MODULE GET_LOCAL_FILENAME.
```

und den Modulen

```
*-----------------------------------------*
* INCLUDE LZ_DGO10                        *
*-----------------------------------------*
MODULE PBO0100 OUTPUT.
* Titlebar '000' als '&' definiert
  SET TITLEBAR '000' WITH TITLE.
  SET PF-STATUS '0100'.
ENDMODULE.

MODULE GET_LOCAL_FILENAME.
  DATA: TMP_FILENAME LIKE NAME.
* rufe Front-End-Dialog
  CALL FUNCTION 'WS_FILENAME_GET'
       EXPORTING
            DEF_FILENAME     = NAME
            DEF_PATH         = '.'
            MASK             = ',*.*,*.*.'
            MODE             = 'S'
```

```
        IMPORTING
             FILENAME          = TMP_FILENAME
        EXCEPTIONS
             INV_WINSYS        = 01
             NO_BATCH          = 02
             SELECTION_CANCEL = 03
             SELECTION_ERROR  = 04.
* wenn Ruf erfolgreich und nicht vom Nutzer
* abgebrochen, neuen Namen setzen
  IF SY-SUBRC = 0.
    NAME = TMP_FILENAME.
  ENDIF.
ENDMODULE.

MODULE PAI0100 INPUT.
  CASE SY-UCOMM.
    WHEN 'TAKE'. OK = 'Y'.
    WHEN 'LEAV'. OK = 'N'.
  ENDCASE.
  SET SCREEN 0.
  LEAVE SCREEN.
ENDMODULE.
```

Der GUI-Status '100' definiert dabei die Funktionen Abbrechen 'LEAV' und Ok 'TAKE'. Der Quelltext des Funktionsbausteins hat dann das folgende Aussehen:

```
FUNCTION Z_POPUP_FILE_REQUEST.
*----------------------------------------
* Lokale Schnittstelle:
*       IMPORTING
*             DEFAULT_NAME DEFAULT SPACE
*             DLGTITLE DEFAULT 'Datei'
*             MSG1
*             MSG2
*       EXPORTING
*             ANSWER
*             FILE_NAME
*----------------------------------------
  TEXT1 = MSG1.
  TEXT2 = MSG2.
  NAME  = DEFAULT_NAME.
  TITLE = DLGTITLE.
```

```
CALL SCREEN 100 STARTING AT 7  5
                ENDING AT   72 12.

  ANSWER = OK.
  IF OK = 'Y'.
    FILE_NAME = NAME.
  ENDIF.
ENDFUNCTION.
```

Das verbindende Programm SAPLZ_DG hat folgende Form:

```
*******************************************
*   System-defined Include-files.         *
*******************************************
  INCLUDE LZ_DGTOP.        " Global Data
  INCLUDE LZ_DGUXX.        " Function Modules
*******************************************
*      User-defined Include-files (if     *
*           necessary).                   *
*******************************************
* INCLUDE LZ_DGF...        " Subprograms
  INCLUDE LZ_DGO10.        " Function-Modules
* INCLUDE LZ_DGI10.        " PAI-Modules
```

Nach Eingabe und Aktivierung des Funktionsbausteines ist dieser nutzbar. Verwendet wurde diese Funktion z.B. bei der Implementation eines Unterprogramms, das eine Datei vom Server auf das Front-End kopiert und, wenn der Name der Front-End-Datei ungültig ist, dem Nutzer die Chance zum Ändern gibt. Der Quelltext ist nachfolgend abgedruckt.

```
* COPYFILETOCLIENT kopiert eine Datei vom
* Server auf das Front-End. Kann die Ziel-
* Datei nicht erstellt werden, wird der
* Nutzer zur Angabe eines neuen Dateinamens
* aufgefordert, bis das Kopieren erfolgreich
* ist oder der Nutzer abbricht
* Parameter: SRC - Quelldatei (Server)
*            FILECLT - Zieldatei (Front-End)
*            MSG - Erfolgsmeldung (Rückgabe)
FORM COPYFILETOCLIENT USING VALUE(SRC)
                            FILECLT
                            MSG.
  DATA: USERCANCEL, DLGANSWER.
```

```
* Kopieren der Datei im Binärmodus
  CALL FUNCTION
    'ARCHIVFILE_SERVER_TO_CLIENT'
       EXPORTING
          PATH       = SRC
          TARGETPATH = FILECLT
       EXCEPTIONS
          ERROR_FILE = 01.
  IF SY-SUBRC = 0.
    MSG = 'Datei erfolgreich kopiert.'.
  ELSE.
* wenn Fehler, neuer Dateiname und Versuch
    USERCANCEL = 'N'.
    WHILE ( SY-SUBRC <> 0 )
          AND ( USERCANCEL = 'N' ).
      CALL FUNCTION 'Z_POPUP_FILE_REQUEST'
         EXPORTING
              DEFAULT_NAME   = FILECLT
              DLGTITLE       =
                'Datei speichern unter...'
              MSG_1          =
                'Fehler beim Kopieren.'
              MSG_2          =
                'Bitte neuen Namen angeben.'
         CHANGING
              ANSWER         = DLGANSWER
              FILE_NAME      = FILECLT
         EXCEPTIONS
              OTHERS         = 01.
      IF ( SY-SUBRC <> 0 )
         OR ( DLGANSWER = 'N' ).
        USERCANCEL = 'Y'.
        MSG = 'Fehler beim Kopieren.'.
      ELSE.
        CALL FUNCTION
          'ARCHIVFILE_SERVER_TO_CLIENT'
             EXPORTING
                PATH       = SRC
                TARGETPATH = FILECLT
             EXCEPTIONS
                ERROR_FILE = 01.
        IF SY-SUBRC = 0.
          MSG =
```

```
          'Datei erfolgreich kopiert.'.
        ENDIF.
      ENDIF.
    ENDWHILE.
  ENDIF.
ENDFORM.
```

10 Schnittstellen des R/3-Systems

Im folgenden Kapitel werden die Konzepte von mehreren Schnittstellen des R/3-Systems beschrieben. Es enthält neben der allgemeinen Beschreibung unterschiedlicher Schnittstellen ein ausführliches Programmbeispiel zur Fremddatenübernahme, das dem Leser die Programmierung eigener Schnittstellen erleichtern soll.

10.1 Konzepte

Schnittstellen von Systemen, so auch die des R/3-Systems, dienen dem Austausch von Daten und Diensten mit Fremdsystemen. **Daten** sind dabei Tabelleninhalte oder durch Auswertung gewonnene Werte, in einer weiteren Begriffsfassung aber auch Parameter und sonstige ausgetauschte Informationen. Daten, die nur der Protokollierung, der Ordnungsmäßigkeit, der Konversation dienen, sind keine Nutzdaten im eigentlichen Sinne. Sie sind keine Austauschdaten, sondern lediglich austausch-ermögliche oder -überwachende Informationen. **Dienste** sind Funktionen oder Verhaltensweisen des Fremdsystems (Server), die von außen angestoßen werden können. Sie sind oft mit Daten insofern verbunden, als sie diese ermitteln oder auswerten. Benutzt R/3 die Dienste eines anderen Systems, so ist R/3 der Client und das aufgerufene Programm der Server. Werden R/3-Funktionen von außerhalb angesprochen, dann bietet das R/3 seine Dienste als Server einem externen Client an.

BDC

Die Schnittstellen des R/3-Systems lassen sich in **Import- und Exportschnittstellen** unterscheiden. Eine ausschließliche Importschnittstelle ist die BDC-Schnittstelle. BDC steht **für Batch Data Communication** und bedeutet, daß Informationen datensatzweise automatisch oder halbautomatisch in das System eingegeben werden.

BDC verwendet dazu die Eingabemasken des Systems, wodurch eine Datenkonsistenz durch die standardmäßige Prüfung sichergestellt wird. Der Abschnitt 10.2 befaßt sich näher mit dieser Schnittstelle.

Desweiteren gibt es eine Reihe von Schnittstellen, die in beliebiger Richtung genutzt werden können. Es ist allerdings aus Gründen der Systemkonsistenz sinnvoll, sie vorwiegend als Exportschnittstellen zu verwenden. Zu ihnen gehören CPI-C, RFC und OLE. Mit diesen Schnittstellen kann R/3 sowohl als Client als auch als Server arbeiten. Die Implementation von Client- und von Serverfunktionen ist unterschiedlich.

CPI-C

Common Programming Interface - Communication (CPI-C) ist eine aus der UNIX-Welt stammende Schnittstelle, die den Kommunikationsablauf weitestgehend dem Nutzer überläßt. Das schafft zwar Freiheiten, die Erstellung einer solchen Schnittstelle ist aber sehr aufwendig, weil auch die Synchronisation der Kommunikation dem Programmierer obliegt. Aus diesem Grund soll sie hier nicht näher erläutert werden. In der Online-Hilfe ist der Standardablauf einer Kommunikation über CPI-C beschrieben.

RFC

RFC steht für **Remote Function Call** und beinhaltet Funktionsaufrufe an bzw. von einem anderen Softwaresystem. Sie ist eine SAP-eigene Ausprägung der UNIX-Schnittstelle RPC (Remote Procedure Call) und basiert intern auf CPI-C. Sie wird zur Kommunikation zwischen R/3- und R/2-Systemen in beliebiger Kombination benutzt, aber auch Fremdsysteme können mit einer RFC-Schnittstelle ausgestattet werden. Auch sie soll nachfolgend genauer vorgestellt werden.

OLE

Object Linking and Embedding (OLE) wird von R/3 ab der Version 3.0 unterstützt. Es ist eine objektorientierte Standardschnittstelle für alle Microsoft Windows-Umgebungen. Hier kann mit allen Programmen kommuniziert werden, deren OLE-Schnittstelle dem R/3-System über spezielle Tabelleneinträge bekannt gemacht wurde. Diese Einträge können über die Transaktionen SOLE und SOLI erzeugt werden.

Um den Leistungsumfang von OLE zu verdeutlichen, wird in der folgenden Tabelle eine kurze Übersicht über den Funktionsumfang von ABAP/4 zur Kopplung mit externen OLE-Servern gegeben.

Tab. 10.2 Funktionsumfang von ABAP/4 als OLE-Client

Funktion	Bedeutung
CREATE OBJECT	Erzeugen eines OLE-Objektes zur Kommunikation
CALL METHOD	Aufrufen einer Methode des OLE-Objekts
GET PROPERTY	Abfragen einer Eigenschaft des OLE-Objekts
SET PROPERTY	Setzen einer Objekteigenschaft
FREE OBJECT	Freigeben des OLE-Objektes

Für den Einsatz von R/3 als OLE-Server existieren analoge Funktionen.

R/3 bietet noch weitere Schnittstellen, die im folgenden erwähnt werden sollen:

Q-API

Queue Application Programming Interface (Q-API) ist eine Schnittstelle für gepufferte Datenübertragung. Es handelt sich dabei um einen Satz von Funktionen, um Daten temporär in eine Datenbank-Queue zu stellen, die anschließend durch ein asynchron ablaufendes Programm verarbeitet werden.

SAP-XXL

SAP-XXL (extended Excel) ist eine spezielle Schnittstelle, die den Datentransfer vom System R/3 zum Tabellenkalkulationsprogramm Microsoft Excel ermöglicht.

BAPI

Business Application Programming Interface (BAPI) ist eine Schnittstelle, mit der auf betriebswirtschaftliche Objekte (Business Objekte) über objektspezifische Funktionen (Methoden) zugegriffen werden kann.

EDI

Electronic Data Interchange (EDI) beinhaltet den elektronischen Datenaustausch strukturierter Geschäftsdaten zwischen betriebswirtschaftlichen Softwaresystemen. Die entsprechende R/3-Schnittstelle besteht aus einem EDI-Subsystem, welches EDI-Nachrichten aus und in SAP-interne Daten (IDoc-Typen) konvertieren kann und aus einer IDoc-Schnittstelle zur Verbindung dieses Subsystems mit R/3-Anwendungsfunktionen.

Dateitransfer

Der **Datenaustausch über Dateien**, der in Kapitel 8 beschrieben wurde, bildet die einfachste Variante einer Schnittstelle. Dateien können auf dem Server und dem Front-End bearbeitet bzw. erzeugt werden. Der Funktionsbaustein 'WS_EXECUTE' ermöglicht das Starten von Fremdprogrammen auf dem Front-End. Der Exporting-Parameter INFORM steuert die Art des Ausrufes: 'X' ruft synchron, ' ' asynchron auf.

Darüber hinaus beinhaltet R/3 eine Reihe von Schnittstellen zu speziellen Subsystemen, wie Zeiterfassungsprogramme, Archivierungssysteme und Prozeßsteuerungssysteme.

10.2 Import von Daten mit BDC

BDC ist eine Schnittstellenkonzept, mit der systemintern die Daten über die Nutzerschnittstelle, d.h. über die Dynpros, eingegeben und verbucht werden können. Dabei ist wählbar, ob die Abarbeitung im Hintergrund erfolgen soll, ob jeder Bildschirm zur Bestätigung noch einmal angezeigt werden soll oder ob nur fehlerhafte Bildschirme zur Veränderung präsentiert werden sollen. Erfolgt die Verarbeitung ganz im Hintergrund, wird im Fehlerfall ein Protokoll mit den fehlerhaften Daten angelegt, die dann nachbearbeitet werden können.

Anwendungsvarianten

Es gibt grundsätzlich zwei verschiedene Möglichkeiten der Anwendung von BDC. Die erste beinhaltet die Erstellung von Batch-Input-Mappen, die **asynchron** vom Nutzer eingesteuert werden müssen. Diese Variante eignet sich besonders zur Massendatenverarbeitung, das heißt zur Alt- und Fremddatenübernahme. Für sie wird der Begriff Batch-Input-Schnittstelle benutzt. Die Architektur ist nachfolgend dargestellt.

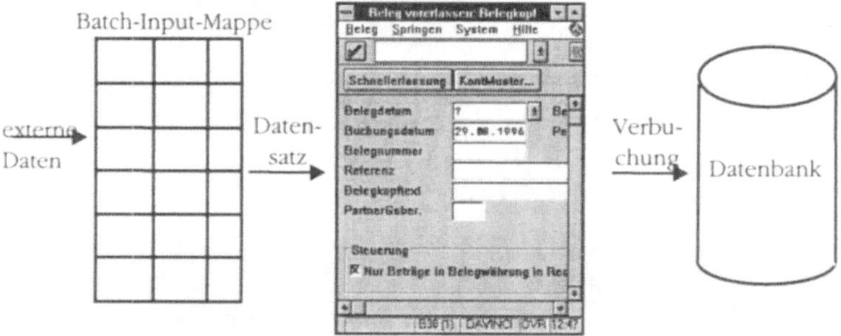

Abb. 10.1 BDC-Architektur (SAP AG©)

Die zweite besteht in der Möglichkeit, **synchron** andere Transaktionen aufzurufen und mit Daten zu versorgen. Letztere eignet sich für eine sehr geringe Anzahl von Datensätzen, die sofort verbucht werden sollen bzw. für die Nutzung anderer Transaktionen in eigenen Programmen. Diese Methode übernimmt die Daten schneller. Sie unterstützt jedoch die Verwaltung der zu übernehmenden Daten und die Fehlerbehebung und weniger als die Batch-Input-Methode.

Die Verwendung folgender Struktur zur Datenübergabe ist beiden Vorgehensweisen gleich:

Tab. 10.2
Struktur BDCDATA

PROGRAM	DYNPRO	DYNBEGIN	FNAM	FVAL
SAPMV45A	0101	X		
			VBAK-AUART	TA
			VBAK-VKORG	0008
			...	
			BDC_OKCODE	/00
SAPMV45A	0402	X		

Die Struktur BDCDATA ist im ABAP/4 Dictionary definiert und muß ähnlich Tabelle 10.2 ausgefüllt werden. D.h., jeder neue Bildschirm wird mit Programm- und Dynproname (Felder PROGRAM und DYNPRO) und einem 'X' in DYNBEGIN angezeigt, dann folgen die Werte aller Felder als Zeichenketten, wobei FNAM das Feld, FVAL den Wert angibt. Hierbei werden alle zu füllenden Felder mit ihren Werten angegeben. Zu beachten ist, daß nicht alle Felder des Dynpros ausgefüllt werden müssen.

Das Feld BDC_OKCODE nimmt die gedrückte Taste bzw. den gewählten Funktionscode auf. Es entspricht dem Feld zur Eingabe von Transaktionscodes auf dem Bildschirm. Das impliziert, daß '/00' für [↵], '/01' bis '/24' für die Funktionstasten F1 bis F24 zu verwenden sind.

Um die Struktur zur Tabellendefinition zu übernehmen, sollte der Befehl INCLUDE STRUCTURE BDCDATA. verwendet werden.

Das folgende Programmbeispiel illustriert das Vorgehen beim Anlegen einer Batch-Input-Mappe. Es entstammt einer Lösung, bei der Kundenaufträge aus dem Internet in einer unten beschriebenen Dateistruktur auf dem lokalen Novell-Netz abgelegt und dann in eine Batch-Input-Mappe gewandelt werden.

Abb. 10.2
Programmablauf
YBSP1101

Batch-Input-Programm
Namen der Quelldatei auf dem Frontend und der Datei auf dem Server eingeben
Datei vom Frontend auf den Server laden
Serverdatei öffnen
Batch-Input-Mappe anlegen
Ersten Datensatz aus der Serverdatei in einen internen Datenpuffer einlesen
Solange das Dateiende nicht erreicht wurde
Daten aus internem Puffer in die Batch-Input-Mappe übertragen (Unterprogramm 1) Nächsten Datensatz lesen Serverdatei schließen
Serverdatei löschen
Batch-Input-Mappe schließen

Unterprogramm 1
Einfügen des Programmnamens und des Namens des 1. Dynpros in eine interne Tabelle
Einfügen des 1. Feldnamens und Übertragen des 1. Feldinhaltes
Einfügen des 2. Feldnamens und Übertragen des 2. Feldinhaltes
...
Einfügen eines OK-Codes
Einfügen des Programmnamens und des Namens des 2. Dynpros
Einfügen des 1. Feldnamens und Übertragen des 1. Feldinhaltes
Einfügen des 2. Feldnamens und Übertragen des 2. Feldinhaltes
...
Einfügen eines OK-Codes
...
Einfügen des letzten OK-Codes
Übertragen des Inhaltes der internen Tabelle in die Batch-Input-Mappe
Löschen des Inhaltes der internen Tabelle

```
REPORT YBSP1101 .
*********************************************
YBSP1101 ist ein Batch-Input-Programm,
* das eine auf dem Front-End zugängliche
* Datei in eine Batch-Input-Mappe zur
* Erstellung von Kundenaufträgen aus den vom
* Internet gelieferten Daten erstellt.
* Die Ausgangsdatei muß dabei Zeilen mit
* folgendem Format aufweisen:
*   Name des Kunden      35 Zeichen
*   Straße               35 Zeichen
Ort                  35 Zeichen
Postleitzahl         10 Zeichen
Menge                19 Zeichen
********************************************

* Puffer zum Einlesen der Daten aus einer
* Datei
DATA: BEGIN OF IBUF,
        NAME(35),
        STRAS(35),
        ORT(35),
        PLZ(10),
        MENGE(19).
DATA: END OF IBUF.
* Interne Tabelle für BDC-Daten
DATA BEGIN OF BDCTAB OCCURS 20.
       INCLUDE STRUCTURE BDCDATA.
DATA END OF BDCTAB.
DATA: BUF(200),
      QID(20),
      COUNT TYPE I,
      DATE TYPE D.
* Parameter: Eingabe der Dateinamen
*   Datei auf Front-End
PARAMETERS: CFILE(70),
*   Datei auf Server
            SFILE(70).

* Laden der Datei auf den Server
SKIP. WRITE: / 'Protokoll'. SKIP 2.
CALL FUNCTION 'ARCHIVFILE_CLIENT_TO_SERVER'
     EXPORTING
```

```
          PATH       = CFILE
          TARGETPATH = SFILE
        EXCEPTIONS
          ERROR_FILE = 1
          OTHERS     = 2.
IF SY-SUBRC <> 0.
  WRITE: / 'Fehler beim Kopieren der Datei',
           ' auf den Server.', / 'Abbruch...'.
  EXIT.
ELSE.
  WRITE: / 'Datei erfolgreich auf Server',
           ' kopiert.'.
ENDIF.

* Datei öffnen
OPEN DATASET SFILE FOR INPUT IN TEXT MODE
     MESSAGE BUF.
IF SY-SUBRC <> 0.
  WRITE: / 'Fehler beim Öffnen der Datei.'.
  WRITE: / 'Abbruch...'.
  EXIT.
ELSE.
  WRITE: / 'Datei erfolgreich geöffnet:',
         SFILE.
ENDIF.

* Batch-Input-Mappe vorbereiten
CALL FUNCTION 'BDC_OPEN_GROUP'
     EXPORTING
       CLIENT              = SY-MANDT
*      DEST                =
       GROUP               = 'INTERNET'
       HOLDDATE            = SY-DATUM
       KEEP                = ' '
       USER                = SY-UNAME
     IMPORTING
       QID                 = QID
     EXCEPTIONS
       CLIENT_INVALID      = 1
       DESTINATION_INVALID = 2
       GROUP_INVALID       = 3
       GROUP_IS_LOCKED     = 4
       HOLDDATE_INVALID    = 5
```

```
          INTERNAL_ERROR       = 6
          QUEUE_ERROR          = 7
          RUNNING              = 8
          SYSTEM_LOCK_ERROR    = 9
          USER_INVALID         = 10
          OTHERS               = 11.
IF SY-SUBRC <> 0.
  WRITE: / 'Fehler beim Anlegen der ',
         'Batch-Input-Mappe.', SY-SUBRC.
  CLOSE DATASET SFILE.
  DELETE DATASET SFILE.
  WRITE: / 'Abbruch...'.
  EXIT.
ELSE.
  WRITE: / 'Batch-Input-Mappe kreiert.'.
ENDIF.
REFRESH BDCTAB.
COUNT = 0.

* Datensätze auslesen
READ DATASET SFILE INTO IBUF.
WHILE SY-SUBRC = 0.
  PERFORM BDC_NEW_ORDER USING IBUF.
  ADD 1 TO COUNT.
  READ DATASET SFILE INTO IBUF.
ENDWHILE.

* Datei schließen und auf Server löschen
WRITE: / 'Dateiende erreicht:', COUNT,
         'Datensätze.'.
CLOSE DATASET SFILE.
DELETE DATASET SFILE.
WRITE: / 'Datei auf Server gelöscht.'.

* Batch-Input-Mappe schließen
CALL FUNCTION 'BDC_CLOSE_GROUP'
     EXCEPTIONS
          NOT_OPEN    = 1
          QUEUE_ERROR = 2
          OTHERS      = 3.
IF SY-SUBRC <> 0.
  WRITE: / 'Fehler beim Schließen der ',
         'Batch-Input-Mappe.'.
```

```
ELSE.
  WRITE: / 'Batch-Input-Mappe geschlossen.'.
ENDIF.

*********************************************
*  Unterprogramme
*********************************************
* Füge einen neuen Datensatz der Batch-
* Input-Mappe hinzu
FORM BDC_NEW_ORDER USING VALUE(IBUF)
     STRUCTURE IBUF.
  WRITE: / 'Neuer Datensatz:'.
  WRITE: IBUF-NAME, IBUF-MENGE.

* Verkaufsbeleg Einstieg
PERFORM ADD_DYNPRO USING 'SAPMV45A' '0101'.
PERFORM ADD_FIELD USING 'VBAK-AUART' 'TA'.
PERFORM ADD_FIELD USING 'VBAK-VKORG' 0008'.
PERFORM ADD_FIELD USING 'VBAK-VTWEG' '08'.
PERFORM ADD_FIELD USING 'VBAK-SPART' '08'.
PERFORM ADD_FIELD USING 'VBAK-VKBUR' '0008'.
PERFORM ADD_FIELD USING 'VBAK-VKGRP' '008'.
PERFORM ADD_FIELD USING 'BDC_OKCODE' '/00'.
* Kundenauftrag anlegen
PERFORM ADD_DYNPRO USING 'SAPMV45A' '0402'.
PERFORM ADD_FIELD USING 'KUAGV-KUNNR'
                        '69002'.
PERFORM ADD_FIELD USING 'VBAK-BSTNK'
        'Internetbestellung'.
DATE = SY-DATUM + 14.
WRITE DATE DD/MM/YYYY TO BUF.
PERFORM ADD_FIELD USING 'VBAK-BSTDK'  BUF.
PERFORM ADD_FIELD USING 'VBAP-MATNR(1)'
                        '901000'.
PERFORM ADD_FIELD USING 'RV45A-KWMENG(1)'
                          IBUF-MENGE.
PERFORM ADD_FIELD USING 'VBAP-VRKME(1)'
                        'ST'.
PERFORM ADD_FIELD USING 'BDC_OKCODE' '/00'.
* Anschrift für CPD-Kunden pflegen
PERFORM ADD_DYNPRO USING 'SAPLV05E' '3000'.
PERFORM ADD_FIELD USING 'SADR-NAME1'
                          IBUF-NAME.
```

```
PERFORM ADD_FIELD USING 'SADR-STRAS'
                        IBUF-STRAS.
PERFORM ADD_FIELD USING 'SADR-ORT01'
                        IBUF-ORT.
PERFORM ADD_FIELD USING 'SADR-PSTLZ'
                        IBUF-PLZ.
PERFORM ADD_FIELD USING 'SADR-LAND1' 'DE'.
PERFORM ADD_FIELD USING 'SADR-SPRAS' 'D'.
PERFORM ADD_FIELD USING 'BDC_OKCODE' '/00'.
* Aus Auftragsdaten zu Position Kaufmann
* wechseln
PERFORM ADD_DYNPRO USING 'SAPMV45A' '0402'.
PERFORM ADD_FIELD USING 'BDC_OKCODE' '/2'.
* Auftrag - Position Kaufmann pflegen und
* Auftrag speichern
PERFORM ADD_DYNPRO USING 'SAPMV45A' '0450'.
PERFORM ADD_FIELD USING 'VBAP-PSTYV' 'TAN'.
PERFORM ADD_FIELD USING 'VBAP-WERKS' '0008'.
PERFORM ADD_FIELD USING 'VBAP-LGORT' '0008'.
PERFORM ADD_FIELD USING 'VBAP-VSTEL' '0008'.
PERFORM ADD_FIELD USING 'BDC_OKCODE' '/11'.

* Vorgang in Batch-Input-Mappe einfügen
  CALL FUNCTION 'BDC_INSERT'
       EXPORTING
         TCODE          = 'VA01'
       TABLES
         DYNPROTAB      = BDCTAB
       EXCEPTIONS
         INTERNAL_ERROR = 1
         NOT_OPEN       = 2
         QUEUE_ERROR    = 3
         TCODE_INVALID  = 4
         OTHERS         = 5.
  IF SY-SUBRC <> 0.
    WRITE: / 'Fehler beim Einfügen eines',
           ' Datensatzes in die',
           'Batch-Input-Mappe.', SY-SUBRC.
  ENDIF.
* Tabelle wieder leeren
  REFRESH BDCTAB.
ENDFORM.
```

```
* Zeile "Neues Dynpro" in interne Tabelle
* einfügen
FORM ADD_DYNPRO USING VALUE(PROGRAM) VALUE(DYNPRO).
  CLEAR BDCTAB.
  BDCTAB-PROGRAM = PROGRAM.
  BDCTAB-DYNPRO = DYNPRO.
  BDCTAB-DYNBEGIN = 'X'.
  APPEND BDCTAB.
ENDFORM.

* Zeile "Neues Feld" in interne Tabelle
* einfügen
FORM ADD_FIELD USING VALUE(FIELD) VALUE(VAL).
  CLEAR BDCTAB.
  BDCTAB-FNAM = FIELD.
  BDCTAB-FVAL = VAL.
  APPEND BDCTAB.
ENDFORM.
```

Die erzeugte Batch-Input-Mappe kann nun über *System → Dienste → Batch-Input → Bearbeiten* aktiviert werden. Sie kann nach dem Entsperren abgespielt werden. Über *Mappe* kann sie noch einmal betrachtet werden.

10.3 Export von Daten mit RFC

Die RFC-Schnittstelle ist vielseitig einsetzbar. Sie erlaubt den Austausch von Feldern und internen Tabellen zwischen Systemen. In diesem Abschnitt wird auf die Kommunikation von R/3-Systemen mittels RFC näher eingegangen, R/2-Systeme verhalten sich ähnlich. Die Anbindung externer Programme, bspw. über die C-Bibliothek der Schnittstelle, zu erklären würde aber den Rahmen dieses Buches sprengen. Informationen darüber enthält die Online-Dokumentation. Der Menüpunkt *Hilfsmittel → RFC-Schnittstelle → Generieren* innerhalb der Funktionsbausteinerstellung *Werkzeuge → ABAP/4 Workbench → Entwicklung → Funktionsbibliothek* (SE37) liefert zusätzliche Unterstützung.

Die grundlegenden Zusammenhänge verdeutlicht das folgende Schema:

Abb. 10.3
RFC-Ablaufschema

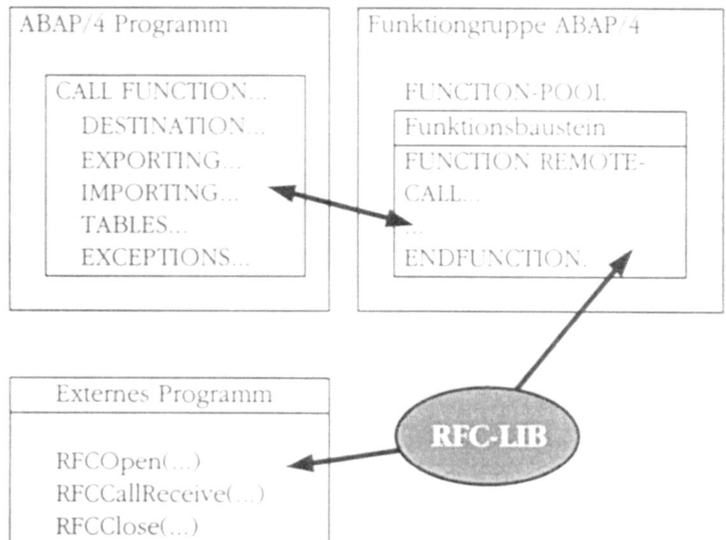

Die **Serverschnittstelle** im R/3 wird durch Funktionsbausteine definiert, die als "über RFC rufbar" definiert wurden. Dazu muß nur diese Eigenschaft in den Attributen des Funktionsbausteins angegeben werden. Zu beachten ist noch, daß allen Parametern ein Typ zugewiesen wird (Vergleichsstruktur genannt), der im ABAP/4-Dictionary definiert ist und daß keine `CHANGING`-Parameter erlaubt sind.

Die **Clientschnittstelle** besteht aus dem Ruf des entsprechenden Funktionsbausteins mit dem Zusatz des Zielrechners, auf dem die Verarbeitung läuft. Dieser Zusatz lautet **`DESTINATION`** `<Dest>` und wird wie folgt verwendet:

```
CALL FUNCTION 'RFC_FUNC'
     DESTINATION 'RFC_DEST'
     TABLES ...
     EXPORTING ...
     IMPORTING ...
     EXCEPTIONS ... .
```

Die Destination kann dabei entweder durch ein Literal oder eine Variable angegeben sein. Die Zieldestination muß im aktuellen System unter *Werkzeuge* → *Administration* → *Verwaltung* → *Netzwerk* → *RFC-Destinationen* (SM59) definiert worden sein, damit alle zum Verbindungsaufbau nötigen Daten zur Verfügung stehen. Hier wird ihr der Name gegeben, der im Programm als Referenz verwendet wird.

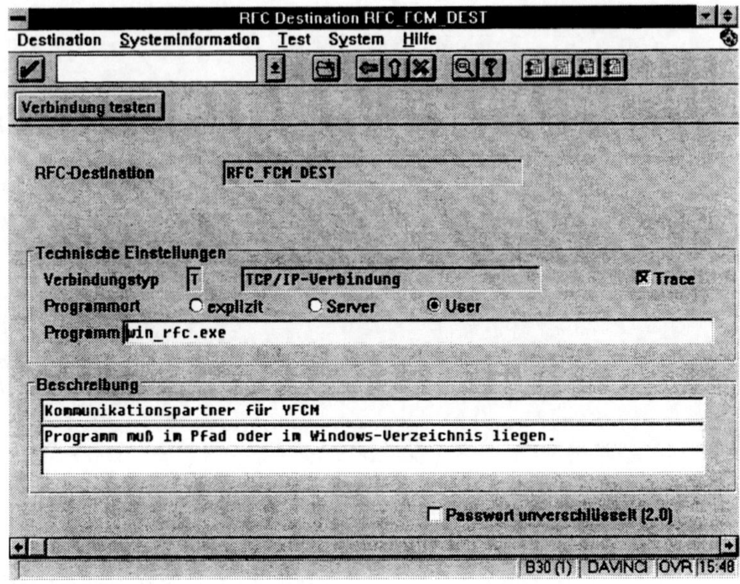

Abb. 10.4 RFC-Destination festlegen (SAP AG©)

Jede Destination definiert einen eigenen Programmkontext. Deshalb kann bei wiederholten Aufrufen eines oder auch verschiedener Funktionsbausteine mit derselben Destination auf die globalen Daten dieser Funktionsbausteine zugegriffen werden.

Bereits vordefiniert sind folgende Destinationen:

`'NONE'` das aufrufende (das heißt lokale) System. Die Funktion erhält aber einen eigenen Programmkontext.

`'BACK'` in der über RFC aufgerufenen Funktion kann somit zum Aufrufer zurückgerufen werden.

Beim Aufruf können zwei spezielle Systemausnahmen auftreten und entsprechend behandelt werden:

- `SYSTEM_FAILURE` - auf der Empfängerseite erfolgt ein Systemabbruch.
- `COMMUNICATION_FAILURE` - es treten Probleme beim Verbindungsaufbau oder bei der Kommunikation auf.

In beiden Fällen kann man mit dem optionalen Zusatz **MESSAGE** `<mess>` eine Beschreibung des Fehlers erhalten.

11 Schlußbemerkung

Im vorliegenden Beitrag wurden Grundlagen der ABAP/4-Programmierung dargelegt. Wie beschrieben, ist die Sprache sehr gut zum Aufbau großer betriebswirtschaftlicher Anwendungssysteme geeignet. Sie ist offen für die Anbindung anderer Softwaresysteme, so daß eine ABAP/4-Applikation gut in ein komplexes Informationssystem integriert werden kann.

Da der größte Teil der kundenspezifischen ABAP/4-Anwendungen die Auswertung vorhandener Datenbestände beinhaltet, wurden die damit verbundenen Konzepte ausführlicher erläutert. Demgegenüber sollten die Kapitel über Schnittstelle und Dialoganwendungen nur einen ersten Einstieg bieten. Weiterführende Darstellungen finden sich in der Online-Dokumentation des R/3-Systems.

Literaturverzeichnis

SAP AG [Hrsg.]: SAP-Online-Dokumentation, Version 3.0d, Walldorf, 1996.

SAP AG [Hrsg.]: Schulungsunterlagen zum SAP-Kurs BC170, Grundlagen der ABAP/4-Programmierung.

SAP AG [Hrsg.]: Vortragsdokumentation SAPPHIRE Wien 96, Walldorf 1996.

Buck-Emden, R., Galimow, J.: Die Client/Server-Technologie des Systems R/3: Basis für betriebswirtschaftliche Standardanwendungen, Addison Wesley, Bonn 1994.

Matzke, B.: ABAP/4: die Programmiersprache des SAP-Systems R/3, Addison Wesley, Bonn 1996.

Kapitel 3

Empirische Ergebnisse zur Rolle der Geschäftsprozeßoptimierung im Business Reengineering

Vorabergebnisse einer Studie über Erfolgsfaktoren des Business Reengineering Management von 1997

Dipl.-Kauffrau Christin Emrich

Universität Hamburg
Institut für Wirtschaftsinformatik (II)

Abstract

Der folgende Beitrag untersucht die Rolle der Geschäftsprozeßoptimierung im Unternehmen, um hieraus Schlußfolgerungen für IV-Investitionen im Rahmen von Business Reengineering (BR) zu ziehen. Dazu wird das Problem der Tragweite von IV-Investitionen am Beispiel integrierter Anwendungssysteme (z. B. Baan IV, SAP R/3) dargelegt. Es werden exemplarisch Auswirkungen der Geschäftsprozeßmodellierung sowie der effektiven Unterstützung von Prozeßabläufen auf den Erfolg von Business Reengineering diskutiert. Die theoretischen Überlegungen werden durch Teilergebnisse einer empirischen Studie zu Erfolgsfaktoren im Business Reengineering Management validiert. Abschließend werden die wichtigsten Ergebnisse zusammengefaßt.

1 Einleitung

Die Untersuchung wurde unter dem Titel: „Messen und bewerten Sie Erfolg beim Management der Geschäftsprozesse", an europäische Unternehmen im deutschsprachigen Raum verschickt. Es wurden 1200 Unternehmen angeschrieben, die Rücklaufquote beträgt bisher 10,3%. Der Fragebogen gliedert sich in verschiedene Abschnitte. Die Auswertungen stellen eine Auswahl aus dem Kapitel Informationsverarbeitung und Kommunikationstechnik dar. Es wurden nur Projekte einbezogen, die sich bereits in der Endphase befinden und meßbare Auswirkungen aufweisen. Die Stellung der Antwortenden lag fast ausschließlich in der Geschäftsleitung. Die Untersuchung wurde branchenübergreifend durchgeführt. Umfragen und Auswertungen sind zwar noch nicht abgeschlossen, deutliche Trends sind aber bereits erkennbar.

2 Theoretische Vorüberlegungen

2.1 Business Reengineering eine condicio sine qua non

Durch gewachsene Organisationsformen sind Produktions-, Handels- und Dienstleistungsunternehmen zu schwerfällig geworden. Die Abläufe erfordern viel Zeit, laufen über viele Stellen und sind somit sehr teuer. Das gilt für Abläufe in Banken und Versicherungen (z. B. Scheckeinlösung, Abwicklung von Versicherungsansprüchen) ebenso wie für Abläufe in Handels- und Produnktionsunternehmen (Auftragsdurchlauf, F+E, Materialwirtschaft etc.).

Weltweiter Wettbewerb und kürzere Produktions- bzw. Produktzyklen, bei gleichzeitig sinkenden Margen, zwingen die Unternehmen heute, ihre betrieblichen Abläufe rationell zu gestalten. Die Globalisierung in allen Branchen verursacht, daß Unternehmen sich beständig flexibel an veränderte Wettbewerbsbedingungen und Kundenwünsche anpassen müssen. Business Reengineering ist ein Leistungsverbesserungskonzept für national wie international tätige Firmen. Durch Business Reengineering erfolgt ein grundsätzliches Überdenken der Ziele des Unternehmens und eine Konzentration auf die Kernkompetenzen. Hierfür wird die Neugestaltung von Geschäftsprozessen vorgenommen. Auch organisatorische und soziale Bestandteile gehören zum Konzept. Um das volle Potential des Business Reengineering auszuschöpfen, sind nicht selten radikale Veränderungen im Unternehmen erforderlich.

Mit der Hoffnung auf eine einträglichen Einnahmequelle, stürzten sich Anfang der 90er Jahre viele Unternehmensberatungen auf das Thema und entwickelten in Form von Verkaufsprodukten spezielle Auslegungen des Business Reengineering (z. B. Business Process Reengineering, Business Process Redesign, Transforming the Enterprise). In der Praxis sind daher unterschiedliche Auffassungen über Umfang und Ausmaß von Veränderungen vorhanden [Nippa/Picot96]. **Business Reengineering** ist ein sehr komplexes strategisches Managementkonzept, bei dem weniger Automatisierungen, sondern vor allem die Erlangung von Innovationen im Vordergrund steht.

Hammer, einer der führenden Protagonisten des Konzepts, hat die Unterschiede von Business Reengineering und den Konzepten der inkrementellen/kontinuierlichen Verbesserung (Kaizen etc.) deutlich gemacht [Ham96]. Der Anspruch des Konzepts besteht darin, Verbesserungen um Größenordnungen in der Leistungsfähigkeit des Unternehmens zu erreichen[1].

Mögliche **Gründe für die Anwendung von Business Reengineering** sind:

veränderte Kunden- und Marktbedingungen

Hierbei handelt es sich um ein strategisch motiviertes Business Reengineering, das sich auf die Erschließung neuer Märkte, die Entwicklung neuer Produkte/Dienstleistungen bezieht, um die Situation des Unternehmens vorausschauend zu behaupten bzw. auszubauen. Diese Strategie wird vor allem von Marktführern angewandt.

Neue Standards

Es handelt sich um ein strategisch wie operativ motiviertes Business Reengineering, das vor allem eingesetzt wird, um ein am Markt positioniertes Unternehmen an einen neuen Standard heranzuführen. Diese Strategie wird sowohl von Marktführern angewandt, um einen noch besseren Standard zu erreichen als auch von Unternehmen, die durch eine Veränderung in der Führung (z. B. Verkauf, Generationenwechsel) einen neuen Standard erreichen wollen.

Interne oder externe Veränderungen

Hierbei handelt es sich um ein Business Reengineering, das durch erhebliche Veränderungen, die innerhalb oder außerhalb eines Unternehmens entstanden sind, motiviert ist (z. B. Verschlechterung der Ertragslage oder der Marktlage). Es soll der Fortbestand des Unternehmens ermöglicht werden.

Business Reengineering ist für jede Branche geeignet. Die Ziele i. d. R.: Flexibilität, Qualitätskriterien auf hohem Niveau, niedriger Zeitbedarf sowie Kostenbewußtsein auf allen Ebenen verhelfen in jeder Branche zu wichtigen Anpassungen[2].

---

1 Auf diese wichtige Frage kann hier nicht näher eingegangen werden. Zu den grundsätzlichen Unterschieden siehe: Emrich, Ch.: Business Process Reengineering: forchierter Unternehmenswandel durch Revolution statt Evolution, in: io managenent 65, 6/96, S. 53-56

2 Siehe dazu genauer bei: Emrich, Ch.: Umbau statt Anbau, Forciertes Business Process Reengineering als Muss für die wettbewerbsfähige Zulieferindustrie, in: CH-D Wirtschaft 45, 11/96, S. 7-11

Abb. 2.1 Konzeptionelle Unterschiede

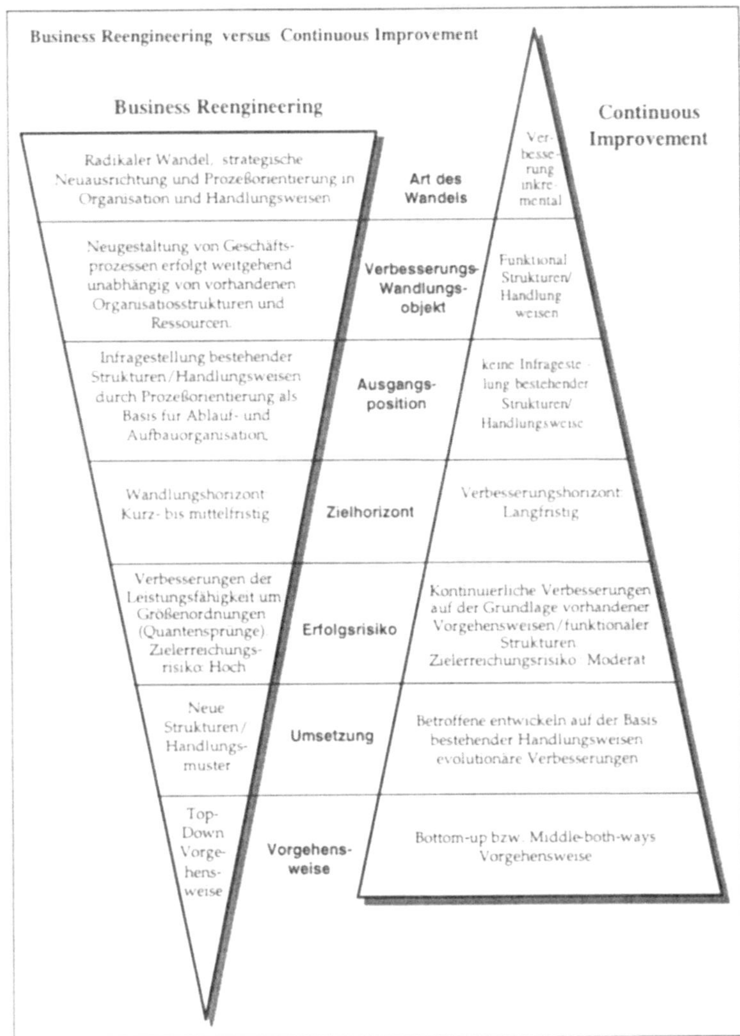

2.2 Vorgehensweisen beim Business Reengineering

„Business Reengineering ist fundamentales Überdenken und radikales Redesign von Unternehmensprozessen mit dem Ziel Verbesserungen um Größenordnungen zu erreichen"[1].

[1] Hamer, M., Champy, J.: Business Reengineering, Die Radikalkur für das Unternehmen, 6. Aufl., Frankfurt/New York 1996, S. 48

Diese Definition des Begriffs Business Reengineering wurde von Michael Hammer, einem der führenden Vertreter des Konzepts, in den späten 80er Jahren erstmals vorgenommen [Ham93]. Zunächst war er der Meinung, das Wort *"radikal"* sei das wichtigste in der Definition. Später erkannte er, daß er sich damit irrte und das Wort *"Prozeß"* das eigentliche Schlüsselwort in der Definition darstellt [Ham97]. Die Neuausrichtung des Unternehmens auf eine Prozeßorientierung und das effektive Management der Prozesse wurde von ihm später als ausschlaggebende Größe für den Erfolg oder Mißerfolg einer BR-Maßnahme angesehen. Business Reengineering ist ein in der Praxis entstandenes Konzept, und die Vorgehensweisen werden zumeist lediglich in Form von Fallbeispielen beschrieben. Das erhöht die Gefahr eines Fehlschlags und führte in der Vergangenheit zu unterschiedlichen Auslegungen.

Die Methodik des Business Reengineering umfaßt **verschiedene Phasen**: Vision, Planung, Analyse, Redesign, Implementierung, Messung und Weiterentwicklung. Danach müssen die neuen Prozesse gemäß des Plan-Do-Check-Act-Kreislaufs (PDCA-Kreislauf) regelmäßig in den Dimensionen Effektivität und Effizienz kontrolliert und beständig verbessert werden.

Abb. 2.2
Die Phasen des Business-Reengineering-Projekts

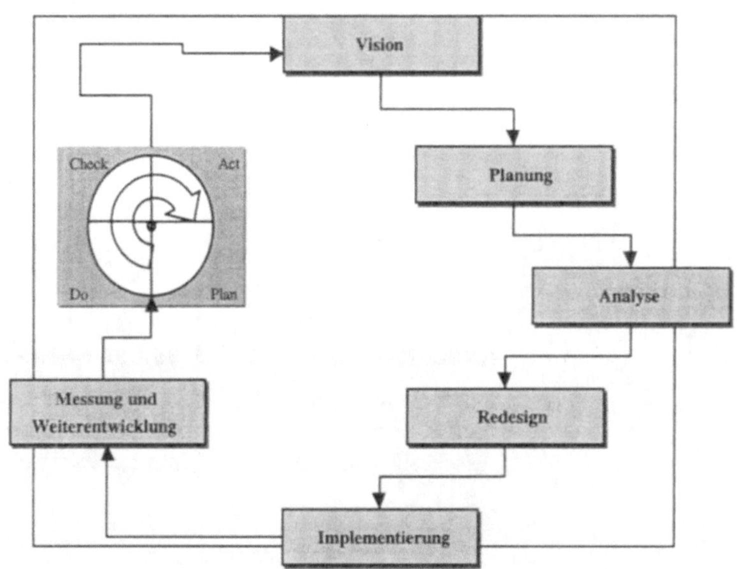

Das strategische Ziel des Business Reengineering besteht darin, durch absolute Markt- und Kundenwunschorientierung das Unternehmen zu flexibilisieren. Kunden sollen - durch auf ihre Wünsche und Bedürfnisse abgestimmte Innovationen - langfristig an das Unternehmen gebunden werden.

Ablauf des Business Reengineering

Business Reengineering beginnt mit eine Analyse der Angebotspalette des Unternehmens. Ziel ist es die Produktpalette zu ermitteln, die die Kernkompetenzen des Unternehmens bilden, um sich darauf zu konzentrieren. Es wird ermittelt, welche der Prozeßmodellierung vorgelagerten bzw. nachgelagerten Integrationen (z. B. Rohstoff- oder Zulieferintegrationen) zur Sicherung dieser Kernkompetenzen möglich sind.

In einem weiteren Schritt wird die Optimierung der Wertschöpfung durchgeführt. Das kann durch eine Anpassung des Preis-/ Leistungsverhältnisses oder Schaffung von Zeitvorteilen sowie Steigerungen von Effektivität, Qualität und Innovationskraft geschehen. Ziel ist, sich möglichst dem Niveau des Marktführers anzunähern.

Prozeßorientierung auf der operativen Ebene bewirkt, daß alle Tätigkeiten einer Wertschöpfungsanalyse unterzogen werden. Dabei soll der Anteil der Tätigkeiten selektiert werden, der einen hohen Mehrwert im Unternehmen erzeugt. Dazu werden Prozeßteil, Deckungsbeiträge, aquisitorische Werte etc. der Tätigkeit analysiert. Hierbei findet die Prozeßkostenrechnung Anwendung. Mit diesem Instrument können nicht nur Kostentreiber ermittelt werden, sondern es ist auch möglich, Kosten direkt einem Prozeß zuzuordnen.

In der **Phase Redesign** werden die Prozesse neu gestaltet. Das geschieht im Sinne der Flußorientierung. Business Reengineering löst in funktional organisierten Unternehmen einen Shift um 90 Grad in der Organisation aus [Ham93, Ham 97, Dav90, Dav93]. Die Betrachtung des Unternehmens ist fortan nicht mehr vertikal, sondern horizontal durchzuführen. Den Unterschied zwischen einem an Prozessen orientierten und einem nach Funktionen gegliederten Unternehmen hat Hammer am Beispiel von Prozeß und Einzelaufgabe deutlich gemacht [Ham97]. „Die Einzelaufgabe läßt sich durch einen Arbeitsgang darstellen, der Prozeß dagegen ist als eine Ansammlung von Einzelaufgaben zu sehen, die miteinander als Wert für den Kunden ein Produkt herstellen"[1]. Statt traditioneller Arbeitsformen erfolgt die Unterstützung der operativer Tätigkeit durch Teams mit Mitgliedern verschiedener Ebenen des Unternehmens.

Nach der Implementierung ergibt sich beim Business Reeengineering häufig die Problematik, daß in Geschäftsprozessen nicht mit herkömmlichen, an Funktionen ausgerichteten Meßgrößen, optimiert werden kann (z. B. bei Durchlaufzeit, Personal, Kosten etc.). Daher sollten die Entwicklung und Implementierung geeigneter Meßinstrumente vorgenommen werden, damit Zeitbedarf und Leistungsfortschritt durch neue Prozeßabläufe effektiv gemessen und weiter verbessert werden[2].

Abb. 2.3 Bereichsübergreifende Prozesse im Unternehmen

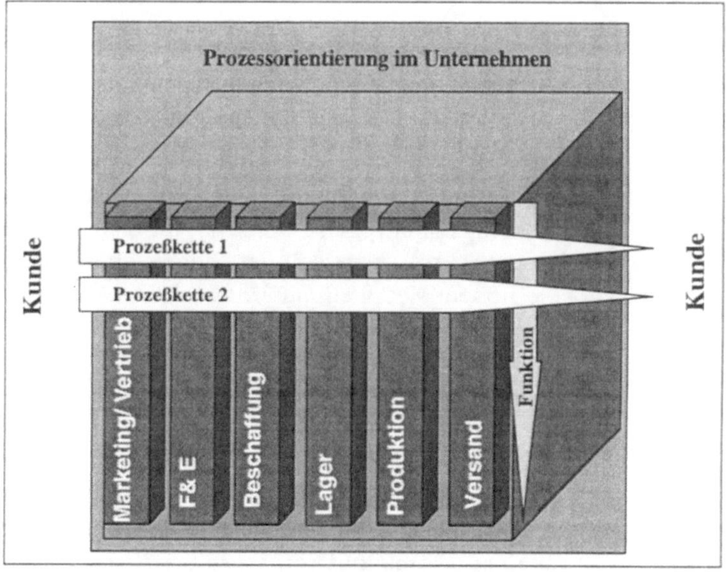

1 Hamer, M., Champy, J.: Business Reengineering, Die Radikalkur für das Unternehmen, 6. Aufl., Frankfurt/New York 1996, S. 45

2 Auf die Zusammenhänge der äußerst wichtigen Frage der Meßbarkeit von Prozessen kann hier nicht eingegangen werden, siehe dazu: Emrich, Ch.: Effizienz messen in Geschäftsprozessen, BPR verlangt die Entwicklung angepaßter Meßgrößen, in: it-Management unternehmensweite Information u. Kommunikation, Heft Juni (1997), S. 38-42.

2.3 Auswirkungen der Geschäftsprozeßorientierung im Unternehmen

Eine an Funktionen ausgerichtete Organisation benötigt zur Koordination arbeitsteiliger Vorgänge viele Hierarchieebenen, die den Durchlauf erheblich verzögern. Außerdem sind in verrichtungsorientierten Organisationen viele Personen direkt und indirekt mit einem Vorgang beschäftigt. Der Anteil wertschöpfender Tätigkeiten liegt dabei nicht immer bei 100%. Hochgradige Arbeitsteilung führt bei den Mitarbeitern nicht selten zur Entfremdung von ihrer Tätigkeit, die sich unwirtschaftlich für Unternehmen auswirkt. Derartige Tendenzen zogen in der Vergangenheit oft Mißtrauensorganisation nach sich. Unwirtschaftliches Verhalten der Mitarbeiter wurde zur Norm und Verantwortlichkeiten nur in geringen Ausmaß gehalten. Darauf ausgerichtete Unternehmenskulturen fördern Egoismen und teure „Bereichsfürstentümer".

Kundenorientierte Geschäftsprozesse erfordern eine weitgehende Rückführung der Arbeitsteilung und eine Ausweitung der Verantwortlichkeiten innerhalb der Prozeßketten. Dadurch wird die Abflachung von Hierarchieebenen bewirkt. Auf Geschäftsprozessen aufgebaute Organisationsstrukturen sind ziel- und aufgabenorientiert. Im Gegensatz zu anderen Organisationsformen dominieren die Prozesse das Unternehmen (structure follows process). Die Unterstützung des Wandels durch eine Unternehmenskultur, im Rahmen derer Werte für eine „Vertrauensorganisation" entwickelt wurden, gehört zu einem aktiven Change Management.

Auf der operativen Ebene erfordern Prozesse eine bereichsübergreifende Bearbeitung von Kundenaufträgen (Vertrieb, F+E, Produktion, Lager etc.) durch Teams, in denen Vertreter aller betrieblichen Funktionsbereiche vertreten sind[1]. Im Rahmen der Führung rücken Fragen der Teamführung, Gruppendynamik und Kommunikation in den Vordergrund. Daneben sind auch Fragen der Entstehung und Förderung von selbstregulierenden Regelkreisen zu beachten. Das erfordert nicht selten erhöhte Qualifikationen bei den Mitarbeitern. Durch Schulungs- und Ausbil-

[1] Zu elektronisch gestützer Kooperationstechnologie siehe dazu: Emrich, Ch.: Vergleichsweise erfolgreich, Globaler Wettbewerb erfordert globale Vernetzung, in: Industrie offizielles Organ der österreichischen Industriellenvereinigung, Nr. 16/1997, S.16-17

dungsmaßnahmen können fehlende Qualifikationen von den Mitarbeitern nachträglich erlangt werden.

Prozesse unterteilen sich in Kernprozesse und Subprozesse. **Kernprozesse** bestehen aus einer Verknüpfung von zusammenhängenden Aktivitäten, Entscheidungen, Informationen und Materialflüssen, die zusammen den Wettbewerbsvorteil eines Unternehmens ausmachen. Sie enthalten unimitierbare Verfahren und ebensolches Wissen.

Subprozesse erfüllen unterstützende Aufgaben, damit Kernprozesse reibungslos ablaufen. Sie haben keine eminente strategische Bedeutung und sind damit prinzipiell Kandidaten für ein Outsourcing. Sie können im Gegensatz zu Kernprozessen einem Benchmarking unterzogen werden, mit der Folge, daß sie schlanker und überschaubarer werden. Das ermöglicht auch die eindeutige Zuordnung zu selbständigen Teams. Kernprozesse und das damit zusammenhängende (Kern-) Wissen in Führung und Belegschaft ist fest mit dem Wettbewerbsvorteil des Unternehmens verbunden. Ein weiterer Ausbau und eine Verteilung auf unterschiedliche Personen erfordert nicht selten auch veränderte Anreizsysteme, die eine Bindung an das Unternehmen erleichtern (z. B. finanzielle Anreize wie Unternehmensbeteiligung, Incentivs,.... in Verbindung mit nichfinanziellen Anreizsystemen, wie z. B. flexible Arbeitseinteilung).

Verbesserungen durch Business Reengineering

Wird das Potential, das durch Business Reengineering erreichbar ist, voll ausgenutzt, sind Verbesserungen um Größenordnungen möglich, mit Auswirkungen auf folgende Geschäftsergebnisse des Unternehmens:

- operative Leistungsfähigkeit
- finanzielle Ergebnisse
- Wettbewerbsposition.

2.4 Die Rolle der Informationsverarbeitung

Business Reengineering ist ein ganzheitlicher Ansatz [Ham96], der auch die Nutzung neuer Informationstechnologie zur innovativen Unterstützung prozeßorientierter Abläufe umfaßt. Diese Aufgabe kann nicht unabhängig gesehen werden. Einem unternehmensübergreifenden Informationsmanagement fällt dabei eine Schlüsselrolle zu [Dav90].

Ziel des Informationsmanagements

Das Ziel des Informationsmanagements ist darin zu sehen, die Entwicklung eines effektiven betrieblichen Informationssystems vorzunehmen, im Rahmen dessen bereichsübergreifende, an Prozessen orientierte Bearbeitungen unterstützt werden. Die Lauffähigkeit moderner integrierter Anwendungen muß genauso gewährleistet sein wie eine effektive Kommunikation, die sowohl Kunden als auch Lieferanten mit einbezieht. Dem Einsatz immens teurer Großrechner ist eine flexible Rechnerarchitektur nach dem Client/Server-Prinzip vorzuziehen. Diese preisgünstigere Alternative ermöglicht die Nutzung unterschiedlicher Hard- und Softwareplattformen sowie Anwendungssysteme.

Voraussetzung hierfür ist jedoch eine angepaßte betriebliche Informationsverarbeitung[1]. Erst wenn Informationen zum rechten Zeitpunkt in der richtigen Qualität vorliegen, ist eine Anpassung an die angestrebten Zeitkriterien im Unternehmen möglich. Ist die Ausgangssituation des Unternehmens, das Business Reengineering durchführt, vor allem von funktionaler Gliederung und verrichtungsorientierten Arbeitsweisen geprägt, werden oft IV-Investitionen nötig. Die folgenden Ausführungen konzentrieren sich auf die Geschäftsprozeßmodellierung und auf die Unterstützung durch ERP-Systeme (ERP= Enterprise Ressource Planning).

2.5 Integrierte Geschäftsprozeßmodellierungs-Tools

Hammer, definiert einen **Unternehmensprozeß** als: "... Bündel von Aktivitäten, für das ein oder mehrere unterschiedliche Inputs benötigt werden und das für die Kunden ein Ergebnis von Wert erzeugt"[2] [Ham96]. Ein Prozeß verläuft horizontal und übergreift die verschiedenen funktionalen Bereiche im Unternehmen. Sein Anfang und Ende liegt beim Kunden (vom Bedarf des Kunden bis zum fertigen Produkt) [Sche97].

Bis ca. 1995 wurde die Modellierung von Geschäftsprozessen durch weitgehend separatisierte Tools vorgenommen. Einführung sowie Konfigurationsmanagement des Standardsoftwaresystems waren aufwendig. Seit ca. Mitte 1995 ist es möglich, eine in das Funktionsspektrum des ERP-Systems ***BAAN IV*** integrierte Geschäftsprozeßmodellierung vorzunehmen. Die dazu nötigen Konzepte und Tools sind vollständig in das Funktionsspektrum des ERP-Systems integriert.

1 Zu dieser Problematik siehe dazu: Emrich, CH.: Der Erfolgsfaktor Inormationstechnik, in: it management, Unternehmensweite Information und Kommunikaktion, Heft 7/8 1997, S. 18-22

2 Hammer, M., Champy, J.: Business Reengineering, Die Radikalkur für das Unternehmen, 6. Aufl., Frankfurt u.a. 1996, S. 52

Die Verwendung von vordefinierten Branchenmodellen (Referenzmodellen) beschleunigt die Modellierung und somit auch die Einführung der ERP-Standardsoftware wesentlich. Durch die große Funktionsvielfalt und flexible Architekturen entsteht eine enorme Komplexität bei der Modellierung und Konfiguration und auch bei der Anpassung an Unternehmensstrukturen. Die Reduzierung der Komplexität erfolgt durch Aufbau und Verknüpfung verschiedener Modelle (Business Function Model, Business Process Model, Business Organization Model) [Baan IV]. Die Integration aus jeder Ebene der Modellierung in die ***BAAN*-Applikationen** ist ein großer Vorteil dieses ERP-Systems. Nicht nur modellierte Geschäftsprozesse können sofort simuliert werden, sondern es ist auch möglich, ohne Aufwand eine automatische Generierung der Systemkonfiguration, z. B. bezogen auf Anwendermenüs, Berechtigungen und Parameter, vorzunehmen [Baan97] [1].

In einem Business-Reengineering-Projekt werden zu Beginn der Analyse-Phase bestehende Prozesse analysiert und die Modellierung neuer Prozesse vorgenommen. Daneben wird der Ablauf der Prozesse abgesichert, um ungewollte Beeinflussungen durch andere Prozesse zu vermeiden. Dazu sind Darstellungen erforderlich, die zum grundsätzlichen Verständnis der Prozesse beitragen. Für alle neu- oder umzugestaltenden Prozesse sind Beschreibungen erforderlich, die den Prozeßablauf verdeutlichen. In ihnen muß ein Überblick über die Details des Prozesses enthalten sein, gleichzeitig dürfen sich die Beschreibungen aber nicht sehr in Einzelheiten verlieren und müssen grundsätzlich für alle Beteiligten verständlich sein. Dieses Unterfangen stellt außerordentlich komplexe Anforderungen an die Mitarbeiter.

Die Aufgabe eines Geschäftsprozeßmodellierungs-Tools ist darin zu sehen, die Darstellung, Gestaltung und Absicherung von Geschäftsprozessen elektronisch zu unterstützen. Zusätzlich sollen verschiedene Möglichkeiten der Reduzierung der Komplexität sowie der Absicherung neu-/umzugestaltender Prozesse bereitgestellt werden. Zur Reduzierung der enormen Komplexität sind im allgemeinen mehrdimensionale Sichten auf die Prozesse möglich. Durch die Verknüpfung verschiedener Modelle können Prozesse schrittweise gestaltet werden. Danach kann der Ablauf problemlos und schnell ausprobiert werden [Baan97].

---

1 Siehe dazu: Schulungsunterlage der Firma Baan zum Dynamic Enterprise Modeller, bei: Baan IV DEM, unveröffentlichte Publikation der Firma Improve it Consulting GmbH

Durch Probeläufe (Simulationen) werden die neugestalteten Prozesse zu anderen Aspekten und Gestaltungsfaktoren (Disfunktionalitäten, Beziehungen untereinander, Arbeitsorganisation etc.) in Beziehung gesetzt und so abgesichert. Auch Alternativen können ohne Aufwand mit den einmal modellierten Prozessen ausprobiert werden.

Risiken und Schwierigkeiten bei einer Prozeßneu- und Prozeßumgestaltung führen zur Erhöhung des Zeitbedarfs für das BR-Projekt und verursachen einen höheren Aufwand an Manpower. Nicht abgesicherte Prozeßgestaltungen wirken sich auf alle nachgeordneten Phasen des BR-Projekts aus. Stellt sich erst in späteren Phasen heraus, daß Prozeßmodellierungen Indifferenzen enthalten, muß immer wieder in die Modellierung zurückgegangen werden, und der weitere Projektablauf verzögert sich. Dagegen tragen abgesicherte Modellierungen entscheidend zum Verständnis der Prozesse und auch zur Akzeptanz der damit verbundenen Veränderungen im Unternehmen bei. Sie ermöglichen einen zügigen Projektablauf, denn Veränderungen der Modellierungen können mit Hilfe der Tools problemlos und schnell erfolgen. Der Erfolg von Business Reengineering hängt ganz entscheidend vom Verständnis der Notwendigkeit veränderter Abläufe im Unternehmen ab. Im Hinblick darauf kann der Einsatz eines Geschäftsprozeßmodellierungs-Tools den Erfolg von Business Reengineering entscheidend beeinflussen.

2.6 Durchgängige Unterstützung der Geschäftsprozesse mit ERP-Systemen

Ein ERP-System ist als integriertes Standardanwendungssystem für verschiedene Bereiche des Unternehmens konzipiert: z.B. für Finanzwesen, Controlling, Anlagenwirtschaft, Vertrieb, Materialwirtschaft, Produktionsplanung, ...[1].

Ca. Anfang 1980 tauchten ERP-Systeme erstmals auf dem Markt auf. Das älteste System war ausschließlich auf verschiedenen Großrechnern mit proprietären Betriebssystemen lauffähig [Han96]. Es war das erste Softwarekomplettpaket, das auf dem Markt verfügbar war.

Seit ca. 1995 ist das ERP-System ***BAAN IV*** als ein **offenes** System auf dem Markt verfügbar. Es läuft auf der Basis einer Client-/ Server-Architektur und ist flexibel auf vielen verschiedenen

1 Hansen, H.R.: Wirtschaftsinformatik I, Grundlagen betrieblicher Informationsverarbeitung, 7.Aufl., Stuttgart 1996, S. 191

Anwendungspakete von BAAN IV

Plattformen einsetzbar. Es besteht aus verschiedenen Anwendungspaketen: Manufacturing, Finance, Projekt, Distribution und Transportation sowie Service. ***BAAN IV*** verfügt über die Unterstützung der Einführung durch eine integrierte Methodik (***Baan Target***).Es bietet nicht nur eine integrierte Lösung, sondern unterstützt auch die Verwaltung von Zulieferketten und ermöglicht so die Integration von Kunden / Firmen / Lieferanten. Es eröffnet damit die Nutzung zusätzlicher, zwischenbetrieblicher Nutzenpotentiale [Baan97]. Das ERP-System ist eine voll integrierte Softwarefamilie, die sich aus verschiedenen Grundkomponenten zusammensetzt. Es umfaßt Organisation, IT-Umgebung, Desktop-Computing und Internetanschluß. Die Geschäftsprozesse werden auf Basis von vordefinierten Branchenmodellen modelliert und abgebildet. Dabei ist eine weitgehende Anpassung an vorhandene Strukturen möglich. Ein Projekt Organizer unterstützt die Bildung von Budgets für Hardware, Software und Serviceleistungen sowie von Milstones und Verantwortlichkeiten im Rahmen des Projektmanagements. Im Anschluß an die Implementierung können die Geschäftsergebnisse auch evaluiert und auf Verbesserungen untersucht werden.

Das **Fertigungsmodul** (Manufacturing) unterstützt die Gestaltung von flexiblen Fertigungsabläufen, die das Fertigen verschiedener Modelle auch mit kleineren Losgrößen möglich machen. Unterstützt werden die unterschiedlichsten Fertigungsarten und Planungsmethoden, z. B. Einzelfertigung, Variantenfertigung, kundenspezifische Fertigung, auftragsbezogene Montage und Serienfertigung.

Die Aufgabe eines ERP-Systems ist darin zu sehen, die Anwendungsunterstützung für die Prozesse im gesamten Unternehmen durch Standardsoftware sicherzustellen. In ein Modul einmal eingegebene Daten stehen sofort auch den anderen Modulen zur Verfügung und werden nur einmal gespeichert. Die Aktualität und Konsistenz der Datenbestände ist vollständig gesichert. Zur Vermeidung von Redundanzen erfolgt eine Vereinheitlichung der Datenstrukturen des Unternehmens sowie eine Klassifizierung der Datenbestände. ERP-Systeme haben allgemein die Anfangsphase hinter sich gelassen. Es sind etablierte und weitverbreitete Standardsoftwareanwendungssysteme, die regelmäßig in neuen Versionen weltweit weiterentwickelt und verbessert werden.

ERP-Standardsoftware-Lösungen sind z. Zt. für produzierende Unternehmen sowie für Handelsunternehmen vorhanden. Es bestehen noch deutliche Lücken in der Verfügbarkeit von Branchenlösungen. Für einige Branchen (z. B. Banken, Versicherungen, Energieversorger) sind in naher Zukunft Lösungen geplant [Baan97].

ERP-Systeme können entweder in einzelnen Modulen eingesetzt werden oder als Komplettpaket für eine integrierte Anwendungsunterstützung im gesamten Unternehmen. In einer Untersuchung von 70 Unternehmen im Jahre 1995 in der Schweiz konnte herausgefunden werden, daß der Trend allgemein zur unternehmensübergreifenden Implementierung geht, vornehmlich um Prozeßintegrationseffekte zu nutzen. Dabei müssen im Rahmen dieser Nutzungsform bei einigen Modulen Abstriche in der Optimalität hingenommen werden[1]. In dieser Untersuchung wurden folgende auslösende Faktoren für den Einsatz des ERP-Systems SAP R/3 ermittelt:[2]

Faktoren für den Einsatz des ERP-Systems SAP R/3

- veraltete bisherige DV-Infrastruktur
- erweiterte Funktionalität
- Verfügbarkeit neuer Technologien
- Probleme mit Insellösungen
- Einsparung von Entwicklungs- und Wartungskosten
- zu teure bisherige DV-Infrastruktur
- Förderung interner Reorganisation

Rund 60% der befragten Anwender gaben an, mit dem ERP-System Individualsoftware zu ersetzen [Kno95]. Diese Tatsache zeigt, daß nicht zuletzt auch durch die gestiegenen Kosten für Erstellung und Wartung von Individualsoftware, Standardsoftware nun auch in Europa auf dem Vormarsch ist. Ein Trend, der in Amerika schon seit längerem existiert. Beim Business Reengineering ist die Unterstützung eines durchlaufenden Informationsflusses im Unternehmen von außerordentlicher Wichtigkeit. Die Integrationsmöglichkeit der einzelnen Module eines ERP-Systems stellen diese Anforderung sicher. ERP-Systeme beeinflussen den Erfolg von Business Reengineering dahingehend, daß durch einen einheitlichen Informationsfluß im Unternehmen

1 Hansen, H.R.: Wirtschaftsinformatik I, Grundlagen betrieblicher Informationsverarbeitung, 7.Aufl., Stuttgart 1996, S. 334

2 Buxmann, P./König, W.: Empirische Ergebnisse zum Einsatz der betrieblichen Standardsoftware SAP R/3, in: Wirtschaftsinformatik 39, 97/4, S. 334f

prozeßorientierte Arbeitsweisen unterstützt werden; dazu gehört auch ein angepaßtes **Informationsmanagement**[1].

3 Ergebnisse zur Rolle der Geschäftsprozeßoptimierung im Business Reengineering

Gegenstand dieses Kapitels sind empirische Vorabergebnisse, die relative Häufigkeiten dargestellt werden. Eine statische Befragung, die lediglich den gegenwärtigen Stand ermittelt, erschien uns nicht ausreichend. Daher konnten die Befragten Antworten geben zu im Einsatz befindliche, nicht eingesetzte und geplantem Einsatz von Technologien.

3.1 Modellierungs- und Entwicklungswerkzeuge

Geschäftsprozeßmodellierungs-Tools lassen sich charakterisieren als Werkzeuge zur Bewältigung von Komplexität innerhalb der Modellierung von Geschäftsprozessen, die sowohl bei Darstellung als auch bei Gestaltung und Absicherung der Geschäftsprozesse zum Einsatz kommen. Hierbei können auch Konsequenzen für die Organisation im Unternehmen ermittelt werden.

Client-/Server-Computing

Client-/Server-Entwicklungs-Tools werden im Rahmen von Client/Server (C/S) Computing eingesetzt. C/S-Computing steht für die Verteilung von Anwendungssystemen über mehrere Ebenen von Computern, denen jeweils Teile der Verarbeitung zugewiesen werden. Die offene Ausrichtung von C/S-Computing erlaubt den Einsatz unterschiedlicher Anwendungen und Plattformen. C/S-Entwicklungs-Tools werden sowohl zur Komplexitätsbewältigung bei der Koordination unterschiedlicher Anwendungen im C/S-Umfeld eingesetzt als auch zur Vereinheitlichung und Anpassung von C/S-Anwendungen. Sie werden in einer speziellen Programmiersprache der 4. Generation programmiert. C/S-Entwick-lungs-Tools sind erst seit einigen Jahren auf dem Markt verfügbar, ihr Einsatz hängt mit C/S-Technologien zusammen.

---

1 siehe zu Informationmanagement: Emrich, Ch./Hummeltenberg, W.: Informationsmanagement im Business Reengineering, erscheint in: Tagungsband der Frühjahrstagung Wirtschaftsinformatik WI98, Vieweg Verlag 1998

Software-Automation-Tools werden vor allem zur Programmgenerierung von Individualsoftware eingesetzt. Sie unterstützen den Softwarelebenszyklus durchgängig und können die IV-Abteilung bei der Entwicklung von Individualsoftware entlasten. Die Tools enthalten verschiedene Programmgeneratoren durch die, aufgrund von eingegebenen Modelldaten, selbständig der benötigte Programmcode erzeugt wird. Software Automation Tools sind schon längere Zeit auf dem Markt verfügbar und mittlerweile auch als objektorientierte Produkte vorhanden.

Wird berücksichtigt, daß BR-Projekte im allgemeinen zwischen 4 und 6 Jahren dauern, stellen die untersuchten Projekte die erste Generation von Anwendern dar.

Bei den Technologien, die eingesetzt werden, um Geschäftsprozesse neu bzw. umzugestalten und abzusichern, ist zu unterscheiden zwischen:

1. Geschäftsprozeßmodellierungs-Tools (z. B. ARIS, BAAN IV)
2. Client-Server-Entwicklungs-Tools (z. B. Select Enterprise, BP-Win)
3. Software Automation Tools (z. B. Excelerator II, Kcy)

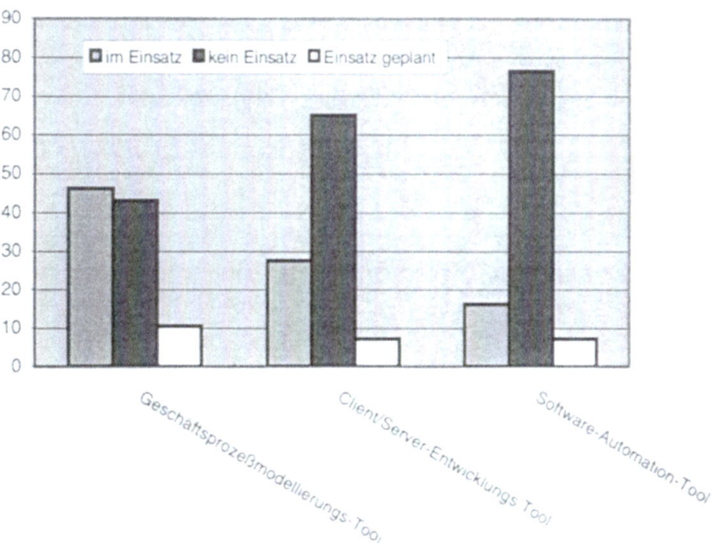

Abb. 3.1
Ergebnisse zum Einsatz von Modellierungs- und Entwicklungs-Tools (Angaben in %)

Wie Abbildung 3.1. zeigt, setzen die Hälfte der befragten Unternehmen Geschäftsprozeßmodellierungs-Tools ein. Etwa ebenso viele Unternehmen setzten diese Tools nicht ein. Client/Server-Entwicklungs-Tools werden nur von knapp 30% der befragten Unternehmen eingesetzt. Sie werden auch zukünftig kaum geplant. Software Automation Tools werden nur zu ca. 16% eingesetzt und werden ebenfalls zukünftig kaum geplant.

Das Ergebnis wirft verschiedene Fragen auf. Wie in Abschnitt 2.5 ausgeführt, ist die Bedeutung einer effektiven Modellierung von Geschäftsprozessen für den Erfolg von Business Reengineering außerordentlich groß. Zudem ist die Komplexität schwer zu bewältigen. In der Untersuchung existieren im Rahmen von Geschäftsprozeßmodellierungs-Tools offensichtlich zwei Lager. Ungefähr die eine Hälfte der Befragten investiert in Geschäftsprozeßmodellierungs-Tools, die andere Hälfte verzichtet darauf, rund 10% plant den Einsatz von Geschäftsprozeßmodellierungs-Tools.

Die Laufzeit von BR-Projekten beträgt durchschnittlich vier bis sechs Jahre. Untersucht wurden nur Projekte, die sich bereits in der Endphase befinden und meßbare Ergebnisse aufweisen. Separate Geschäftsprozeßmodellierungs-Tools sind seit ca. 1994 auf dem Markt verfügbar; neuere, in ein ERP-System integrierte, seit ca. 1995. Geschäftsprozeßmodellierungs-Tools können offenbar den Ablauf von Business-Reengineeering-Projekten wesentlich beschleunigen. Vor allem die Absicherung der Modellierung und die problemlose Übergabe modellierter Prozesse an ein ERP-System kann dazu beitragen.

Vor diesem Hintergrund drängt sich die Frage auf, welche anderen Möglichkeiten gibt es, Geschäftsprozeßmodellierungen zu unterstützen. Investitionen in Geschäftsprozeßmodellierungs-Tools werden von Unternehmen nur vorgenommen, wenn auch eine Notwendigkeit dafür gesehen wird. Es kann nicht ausgeschlossen werden, daß in der Stichprobe Projekte vorhanden sind, bei denen ältere, nur auf Großrechnern lauffähige ERP-Systeme, im Einsatz sind. Bis 1994 gab es keine anderen Lösungen. Bei diesen ERP-Großrechnerlösungen sind Geschäftsprozesse jedoch nur in Form von Programmabläufen vorhanden und Modellierungen und Optimierungen werden demzufolge gar nicht benötigt. Für Großrechnerlösungen wird entweder manuell kodiert, oder es werden mit Hilfe von Case Tools Programmablaufpläne erzeugt und festgelegt.

Es ist anzunehmen, daß diese Großrechnerlösungen auch heute noch im Einsatz sind. Bei diesen älteren, nur auf Großrechnern lauffähigen ERP-Systemen, kann demzufolge auf Geschäftsprozeßmodellierungs-Tools verzichtet werden. Business-Reengineering-Projekte mit dieser Ausrichtung können eine Ursache für das Ergebnis sein.

Neben diesen Projekten kann auch nicht ausgeschlossen werden, daß in der Stichprobe Projekte vorhanden sind, bei denen Umfang und Ausmaß des Wandels durch die speziellen Vorstellungen von Unternehmensberatungen geprägt wurden. Wie unter Kapitel 2.1 ausgeführt, existieren in der Praxis unterschiedlichste Auffassungen über Umfang und Ausmaß des Wandels durch Business Reengineering. Bei vielen Verkaufsprodukten der Unternehmensberatungen ist statt einer Neugestaltung von Geschäftsprozessen lediglich die Umgestaltung/Optimierung vorhandener Prozesse vorgesehen. Durch diese Beschränkung wird der Wandel im Unternehmen in einem überschaubaren Rahmen gehalten. Die dabei zu bewältigende Komplexität läßt sich ohne die Hilfe von Geschäftsprozeßmodellierungs-Tools bewältigen. Obwohl diese Auffassung des Business Reengineering den Grundaussagen des Konzepts widerspricht, haben viele Unternehmen in den vergangenen Jahren diese Verkaufsprodukte von Unternehmensberatungen nachgefragt. Es ist anzunehmen, daß dadurch viele Business-Reengineering-Projekte vorhanden sind, bei denen aus diesem Grunde auf den Einsatz von Geschäftsprozeßmodellierungs-Tools verzichtet wurde.

Client/Server-Entwicklungs-Tools sind in der Stichprobe nur zu ca. 30% im Einsatz. Ein Grund dafür ist in Projekten zu sehen, bei denen statt der Client/Server-Technologie, Großrechner oder Abteilungsrechner im Einsatz sind. Denn trotz der C/S-Euphorie in öffentlichen Mediendiskussionen muß davon ausgegangen werden, daß sich der Wandel vom monolitischen Großrechner zum flexiblen C/S-Computing in den Unternehmen erst vollzieht. Diese Feststellung wird auch durch eine Untersuchung der Firma Trend Resarch aus dem Jahre 1995 unterstrichen. Dort wurden 172 Anwender der Client/Server-Technologie nach ihren **Migrationsstrategien** befragt. Nur 27% der befragten Unternehmen hatten bereits eine vollständige Migration vom Großrechner zur C/S-Technologie vorgenommen, 51% rechneten dagegen mit einer sukzessiven Migration[1].

---

1 Typische Hürden der Client/Server-Projekte, in: it-Management, unternehmensweite Information und Kmunikation, Heft 05/06 1995, S. 6

Die technische Ausrichtung der C/S-Tools ist wohl auch immer noch relatives Neuland für mehrheitlich von Großrechnern geprägten IV-Manager. Die Notwendigkeit der Erlernung einer speziellen Programmiersprache der 4. Generation baut zusätzliche Hürden bei Anwendern auf. Auch in Zukunft wird der Einsatz von C/S-Entwicklungs-Tools kaum geplant. Diese Tatsache kann darauf zurückzuführen sein, daß für Unternehmen, die erst in diese Technologie einsteigen, die große Komplexität der Koordination unterschiedlicher C/S-Anwendungen und Plattformen noch nicht spürbar ist. Allgemein bedeutet das Ergebnis, daß sich C/S-Entwicklungs-Tools noch nicht durchgesetzt haben und ihnen auch im Rahmen von Business Reengineering keine große Bedeutung beigemessen wird.

Die unternehmensübergreifende Unterstützung modellierter und optimierter Geschäftsprozesse erfolgt entweder durch Standardsoftware (ERP-Systeme) oder durch Individualsoftware. Software Automation Tools werden nur zu ca. 16% eingesetzt. Das kann darauf zurückzuführen sein, daß sich die Zahl der Anwender von Individualsoftware - besonders in Europa - immer mehr verringert. Standardanwendungssoftware ist heute preisgünstiger und schneller verfügbar als Eigenentwicklungen. Diese Trendwende zeichnet sich schon länger ab. Bei BR-Projekten verursacht die Unterstützung von Prozessen mit der bisherigen, auf die Unterstützung funktionaler Tätigkeiten ausgerichteten Individualsoftware, große Schwierigkeiten. Zur durchgängigen Prozeßunterstützung muß Individualsoftware nicht selten gänzlich neu entwickelt werden. Das erweist sich als außerordentlich teuer und vor allem als sehr langwierig. Bei Anwendern von Business Reengineering ist offenbar sehr oft Standardsoftware (ERP-Systeme) im Einsatz. Das Ergebnis bedeutet insgesamt, daß Software-Automation-Tools in der Praxis nur wenig eingesetzt werden und für Anwender des Business Reengineering keine große Bedeutung haben.

3.2 Betrieblich und betriebsübergreifend eingesetzte Transaktionssysteme

ERP-Systeme

ERP-Systeme lassen sich charakterisieren als Standardanwendungssysteme, die für verschiedene Bereiche des Unternehmens integrierte Standardsoftwarepakete beinhalten. Sie können als Module oder unternehmensübergreifend eingesetzt werden. Im Unternehmen unterstützen sie **bereichübergreifende Geschäftsprozesse** mit umfangreichen Funktionalitäten.

Betriebsübergreifend unterstützen sie Zulieferketten. Es existiert ein Zusammenhang zwischen Geschäftsprozeßmodellierungs-Tools und integrierten Anwendungssystemen. Die Geschäftsprozesse bestimmen die Struktur des Unternehmens (structure follows process). **Electronic Data Interchange** wird genutzt, um zwischen mehreren (Geschäfts-) Partnern direkt oder über ein Clearinghaus Geschäftsdokumente (Rechnungen, Buchungen, Quittungen etc.) auszutauschen. Vor allem die zunehmende internationale, branchenübergreifende Verflechtung der Wirtschaft forciert EDI in Europa. Vor allem in der Automobilindustrie und in der Konsumgüterbranche wird EDI eingesetzt. CaX-Systeme stammen aus der CIM-Diskussion der 80er Jahre. In einem „integrierten Industriebetrieb“ sollen betriebswirtschaftliche PPS-Systeme und technische Informationsverarbeitungsaufgaben über gemeinsam genutzte Datenbestände integriert werden; verschiedene Module gehören dazu: CAD, CAE, CAP, CAQ. **CaX-Systeme** waren die ersten die Fertigung integrierenden Lösungen. Im Rahmen von virtuellen Unternehmen werden sie auch für betriebsübergreifendes Engineering eingesetzt. Bürokommunikationssysteme stellen die Kommunikationsarchitektur des Unternehmens dar. Es sind Standardsoftwaresysteme (z. B. Windows), deren Ziel ist es, Büroprozesse zu optimieren und Durchlaufzeiten zu minimieren. Diese Softwarewerkzeuge werden zur Erhöhung der Produktivität im Büroumfeld eingesetzt. Durch ihre Ausrichtung auf neue Übertragungsmöglichkeiten (z. B. Internet) hat sich ihr Wirkungsbereich auch über das Unternehmen hinaus erweitert.

Bei den Technologien, die eingesetzt werden, um betriebsübergreifende Transaktionen zwischen einem oder mehreren Betrieben elektronisch gestützt vorzunehmen, ist zu unterscheiden zwischen:

- **ERP-Systemen** (z. B. SAP R/3, Baan IV)
- **Electronic Data Interchange** (EDI: EDIFACT, SEDAS,...)
- **Cax-Systemen** (CAD, CAE, CAM, CAP, CAQ)
- **Bürokommunikationssystemen** (z. B. Windows)

Abb. 3.2
Betrieblich und betriebsübergreifend einsetzbare Transaktionssysteme (Angaben in %)

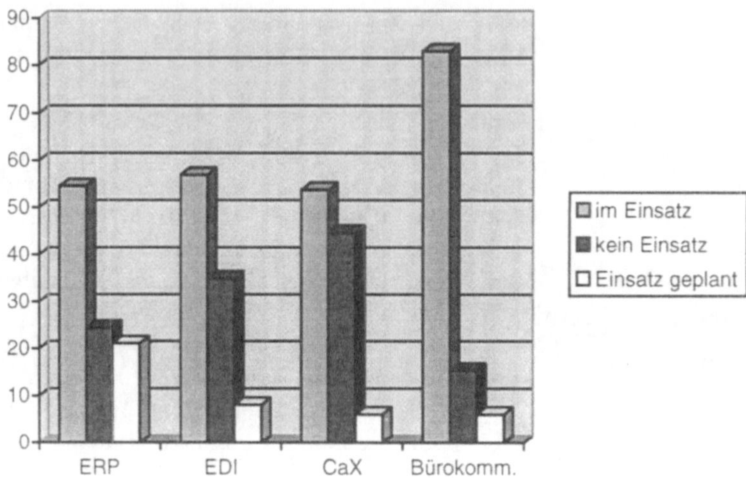

ERP-Systeme

Wie die Abbildung 3.2 zeigt, haben 54,5% der befragten Unternehmen ERP-Systeme implementiert, 24,4% setzt ERP-Systeme nicht ein und 21,1% plant den Einsatz. Das Ergebnis wirft verschiedene Fragen auf.

Zur Zeit sind **ERP-Standardlösungen** hauptsächlich für produzierende Unternehmen und Handelsunternehmen vorhanden. Für einige Branchen (Versicherungen, Banken, Chemie, Energieversorgung etc.) gibt es noch keine Industriestandardsoftware. Daher liegt die Vermutung nahe, daß in der Stichprobe diese Branchen einen Großteil der ablehnenden Fraktion ausmachen. Auch hier sind zwei Lager zu erkennen: 54,5% der Befragten setzt ERP-Systeme ein, 24,4% nicht. ERP-Systeme und Geschäftsprozeßmodellierungs-Tools stehen in einem Zusammenhang. Daher gilt, was schon unter Kapitel 2.1 gesagt wurde, auch hier: Modernere ERP-Systeme sind erst seit ca. 1994/1995 verfügbar. Die ablehnende Fraktion kann auch Firmen mit älteren Großrechnerlösungen enthalten. Diese Lösungen sind für viele keine ERP-Systeme, weil dieser Terminus vor allem für die modernen Lösungen geprägt wurde. Integrierte Anwendungssysteme konkurrieren in der Praxis mit optimierten Insellösungen. Die Nutzung von Integrationseffekten ist vor allem mit unternehmensübergreifenden Lösungen möglich. Durch ein problematisches Schnittstellenmanagement zu anderen Systemen vermindern sich diese.

Einige Speziallösungen sind in ERP-Systeme integrierbar, wobei die Durchführung von Business-Reengineering-Maßnahmen wird durch ERP-Systeme unterstützt wird. Sie gewährleisten eine durchgängige Unterstützung von Prozessen und zwingen auch zu veränderten Strukturen und Arbeitsweisen - die Anzahl der geplanten Projekte stützt diese Behauptung. Das Ergebnis bedeutet, daß ERP-Systeme für Anwender von Business Reengineering einen Nutzen haben.

EDI

EDI (elektronische, papierlose Abwicklung von Auftragsdokumenten) ist zu 56,9% im Einsatz, wird von 35% nicht eingesetzt und ist von 8,1% geplant. EDI wird, wie zuvor beschrieben, vor allem von der produzierenden Industrie und in der Konsumgüterindustrie eingesetzt, in den anderen Branchen nur wenig. Auch das gewählte Anwendungssystem im Unternehmen kann dazu beitragen, daß EDI nicht eingesetzt wird. Eine Einbindung z. B. an PPS-Systeme der 4. Generation, verursacht einen relativ hohen Aufwand. Außerdem ist der Einsatz von EDI häufig mit unternehmenspolitischen Problemen belastet. Unproblematisch ist die Anbindung bei ERP-Systemen; denn hier liegt EDI als fertiges Modul bereits vor und kann ohne besonderen Aufwand customized werden.

CaX-Systeme

CaX-Systeme (CAD, CAE, CAM, CAP, CAQ) werden von 53,7% eingesetzt, von 44,7% nicht eingesetzt und von 1,6% geplant. Die Systeme werden fast nur in der produzierenden Industrie eingesetzt. Es existieren in der Stichprobe aber auch viele Branchen, die sie nicht einsetzen. CaX-Systeme werden kaum noch geplant (von 2 Unternehmen). Das könnte daran liegen, daß es sich um traditionellen Systeme aus der CIM-Diskussion der 80er Jahre handelt. Moderne ERP-Systeme verfügen über integrierte Fertigungsmodule, daher werden CaX-Systeme für ERP-Nutzer obsolet. CaX-Lösungen können aber auch problemlos in ERP-Systeme integriert werden. Eine Investition in CaX-Systeme zieht im Rahmen von Fertigung und Konstruktion viele Veränderungen nach sich. Aus Investitionssicherungsgründen könnten viele Systeme noch im Einsatz sein. Das Ergebnis zeigt deutlich, daß CaX-Systeme im Rahmen von Business Reengineering durchaus einen Nutzen haben.

Bürokommuniikations-systeme

Bürokommunikationssysteme werden von 82,9% der Befragten eingesetzt, von 15,4% nicht und von 1,6% wird der Einsatz geplant. Bürokommunikationssysteme werden mit überwiegender Mehrheit eingesetzt, aber kaum noch geplant (von 2 Unternehmen). Der Markt für Bürokommunikationssysteme ist gesättigt. Verfügen Bürokommunikationssysteme über Schnittstellen zum Internet, sind sie für die zwischenbetriebliche Zusammenarbeit geeignet. Ältere Systeme sind dafür nicht ausgerüstet. Das Ergebnis zeigt, daß die elektronisch gestützte betriebswirtschaftliche Kommunikation in der Praxis weitgehend gesichert ist und diese für Anwender des Business Reengineering einen Nutzen haben.

3.3 Betriebliche Transaktionssysteme

Workflowsysteme

Workflowsysteme werden im Unternehmen zur Bearbeitung von Abläufen eingesetzt, die wiederkehrend sind und bei denen die Bearbeitung vorhersehbar ist. Die Bearbeitung wird standardisiert, um ohne äußere Einwirkung automatisch abzulaufen. Durch Workflowsysteme soll eine Minimierung von unproduktiven Transport- und Liegezeiten erreicht werden. Der Ablauf der vom Unternehmen gewünschten Art der Vorgangsbearbeitung wird durch das System erzwungen.

Workflow-Management-Systeme spielen eine wichtige Rolle in der Qualitätssicherung. Beim **Workgroup Computing** werden Informationen für ein Team oder eine Arbeitsgruppe bereitgestellt. Sie ermöglichen die elektronisch gestützte Verwaltung und Bereitstellung von Informationen für Personengruppen bzw. Teamarbeit. **Workgroup-Computing-Systeme** basieren auf Client-/Server-Architekturen und können auch zur Unterstützung von Teams in mehreren Standorten eingesetzt werden. Prozeßbezogen werden Informationen erzeugt, gesammelt und aufbereitet.

Bei **Multimedia** werden bei der Präsentation von Informationen verschiedene Medien gleichzeitig genutzt. Es werden leistungsfähige Rechner und spezielle Ein- und Ausgabegeräte für Text, Daten, Bild und Ton sowie spezielle Software zur Koordination benötigt. Multimedia wird in der Praxis vor allem im Marketing, Service und Unterhaltung eingesetzt.

Bei den Technologien, die eingesetzt werden, um betriebliche Transaktionen elektronisch gestützt vorzunehmen, ist zu unterscheiden zwischen:

- **Workflow-Systemen** (z. B. FlowMark, CSE/Staffware)
- **Workgroup Computing** (z. B. Lotus Notes)
- **Multimedia** (z. B. Autorensysteme)

Wie Abbildung 3.3 zeigt, setzen 30,1% Workflowsysteme ein, 56,1% setzt diese nicht ein und 9,8% plant den Einsatz. Das Ergebnis wirft verschiedene Fragen auf.

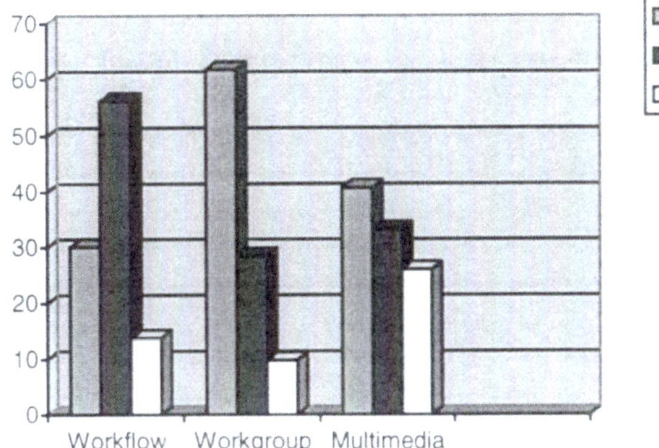

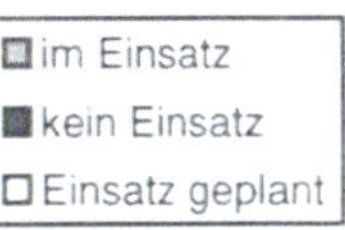

Abb. 3.3 Einsatz von betrieblichen Transaktionssystemen (Angaben in %)

Workflowsysteme repräsentieren eine junge Technologie. Das Ergebnis fällt mit einem ausreichenden Anteil von realisierten und geplanten Implementierungen nicht unerwartet aus. Sie werden in der Praxis vor allem von Versicherungen oder Banken eingesetzt, da hier Vorgangsbearbeitungen existieren, die standardisierbar sind und ohne äußere Einwirkung bearbeitet werden können (z. B. Abwicklung von Ansprüchen aus einer Versicherung, Einlösung von Schecks). Da momentan noch keine ERP-Standardlösungen vorhanden sind, stellen Workflowsysteme für diese Branchen die einzige Möglichkeit dar, ihre Geschäftsprozesse zu optimieren. Es gibt in der Stichprobe eine starke Fraktion, die Workflowsysteme nicht einsetzt. Das können produzierende Unternehmen sein, bei denen es, z. B. bei der Kundenauftragsfertigung oder der Variantenfertigung, kaum Vorgänge gibt, die ohne äußere Einwirkungen bearbeitet werden können. In den Diskussionen ist schon vielfach die Befürchtung laut geworden, daß Kreativität und Flexibilität der Bearbeitung von Vorgängen durch gesteuerte Abläufe leiden. Die Planungen zeigen, daß Workflowsysteme auch zukünftig eingesetzt werden und daher auch für Anwender des Business Reengineering einen Nutzen haben.

Workgroupsysteme werden von 61,8% der Befragten eingesetzt, von 28,5% nicht eingesetzt und von 9,8% geplant. Offensichtlich haben sich bei vielen Unternehmen die Arbeitsformen geändert, denn Workgroup-Computing unterstützt vor allem Teamarbeit. Diese Arbeitsform tritt mittlerweile in allen Branchen in den Vordergrund. Bei Versicherungen und Banken ebenso wie in der produzierenden Industrie. Bei Bedarf kann Workgroup Computing auch für mehrere Standorte eingesetzt werden. Es gibt auch eine starke Fraktion, die Workgroup Computing nicht einsetzt. Das könnte daran liegen, daß im Handel immer noch eher zentriert wird (z. B. Kunden werden einer Person zugeteilt). Es könnte aber auch daran liegen, daß es Firmen in der Stichprobe gibt, bei denen eine Umorganisation auf Teamarbeit noch nicht vorgenommen wurde oder das BR-Konzept der Unternehmensberatung derartiges gar nicht vorsah. Durch Business Reengineering wird, z. B. die Kundenauftragsbearbeitung durch Teams vorgenommen, in denen Vertreter der funktionalen betrieblichen Bereiche den gesamten Prozeß bearbeiten. Die teambasierte Fertigung existiert schon länger. Für Anwender des Business Reengineering gehört die Unterstützung von Teamarbeit zum Konzept. Dieser Anforderung hat in der Untersuchung die Mehrheit der Unternehmen Rechnung getragen.

Abbildung 3.3 zeigt, daß **Multimedia** von 40,7% der Befragten eingesetzt wird, von 33,3% nicht eingesetzt wird und von 26% geplant wird. Das Ergebnis ist nicht unerwartet, denn für Multimedia gibt es immer mehr Einsatzmöglichkeiten. Beispielsweise kann es in der Praxis zur Unterhaltung, Selbstbedienung, bei Standardtätigkeiten (z. B. 24 Stunden Service für Hotelbuchungen auf dem Bahnhof), als Point of Information (z. B. Auskunfts- oder Bestellsysteme) oder auch für Ausbildungen genutzt werden. Auch Online gibt es viele Nutzungsmöglichkeiten, das zeigt der geplante Einsatz. Multimedia verlangt Investitionen in intelligente Client-Rechner und spezielle Software. Anwender des Business Reengineering haben die vielen Einsatzmöglichkeiten erkannt, z. B. im Rahmen von Schulungen usw. Multimedia beinhaltet für Anwender des Business Reengineering Nutzenpotentiale.

4 Resümee und Ausblick

IV-Investitionen zur Unterstützung von Business Reengineering beinhalten das Entscheidungsproblem, Wechselwirkungen zu erkennen und einzubeziehen. In der Stichprobe befinden sich viele Anwender des Business Reengineering der ersten Generation. Es existiert daher auch noch eine deutliche Ausprägung für den Einsatz von Großrechnerlösungen (ERP-Systeme, Geschäftsprozeßmodellierungs-Tools etc.). Daneben ergab sich die Erkenntnis, daß der zeitliche Ablauf von BR-Projekten durch den Einsatz von Geschäftsprozeßmodellierungs-Tools wesentlich beschleunigt werden kann. 54,5% der Befragten setzt Geschäftsprozeßmodellierungs-Tools ein und befindet sich bereits in der Endphase des BR-Projekts. Die Tools sind erst seit ca. drei bzw. vier Jahren auf dem Markt verfügbar, und BR-Projekte laufen normalerweise 4-6 Jahre. Für traditionelle Mainframeanwender, wie z. B. Banken, Versicherungen usw., gibt es noch keine ERP-Systemlösungen. Deshalb ist das Ergebnis für den Einsatz von ERP Systemen sehr erfreulich. Wenn auch Spezialanwendungen, wie z. B. CaX-Systeme, evtl. aus Investitionssicherungsgründen im Einsatz sind: die Zukunft wird deutlich ohne traditionelle Spezial- und Anwendungssysteme geplant. Workflowsysteme zur Vermeidung von unproduktiven Transport- und Lagerzeiten werden nicht so häufig eingesetzt, dagegen ist der Markt für Bürokommunikationssysteme weitgehend gesättigt. Workgroup Computing - zur Unterstützung von Teamarbeit - wird dagegen häufig eingesetzt. Multimedia hat sich stärker durchgesetzt als erwartet. Mit Blick auf den geplanten Einsatz von Multimedia liegt die Vermutung nahe, daß zukünftig Hersteller wohl kaum noch „ohne" auskommen werden.

Das Ergebnis läßt insgesamt vermuten, daß die Ansprüche an Business Reengineering-Maßnahmen hoch sind. Diese Schlußfolgerung begründet die Tatsache, daß auch zukünftig viele der Befragten integrierte Geschäftsprozeßmodellierungs-Tools und ERP-Systeme einsetzen wollen. Für Anwender des BR haben ERP-Systeme eine mittel- bis langfristige Nutzenstrategie, womit die bekanntermaßen hohen Implementierungs- und Einführungskosten in ein anderes Licht gerückt werden. Es kann vermutet werden, daß die untersuchten BR-Anwender der 1. Generation mittelfristig erneut IV-Investitionsentscheidungen treffen müssen. Mit Blick auf den am Softwaremarkt herrschenden Wettbewerbsdruck und die bisherige Entwicklung bei Technologieverbesserungen ist zu vermuten, daß ältere ERP-Großrechnerlösungen in Zukunft immer weniger von den Herstellern unterstützt werden. Sie sind auf Großrechner beschränkt, auf deren Einsatz immer mehr verzichtet wird. Außerdem sind die Lösungen nicht weiter anpaß- oder veränderbar und damit zu unflexibel im Verhältnis zu neuen ERP-Lösungen. Mittelfristig werden auch diese Anwender in die neuen verbesserten ERP-Systeme investieren müssen. Wird berücksichtigt, daß BR-Projekte im Durchschnitt 2-6 Jahre dauern und dann in eine Phase der kontinuierlichen Verbesserung münden, ist zu erwarten, daß die zweite Generation von Anwendern des Business Reengineering die verbesserten Möglichkeiten integrierter Geschäftsprozeßmodellierungs-Tools bzw. ERP-Systemen verstärkt nutzen wird. Es wäre daher außerordentlich interessant, diese Entwicklung weiter zu beobachten. Ob, und wenn ja, in welchem Ausmaß die betrachteten Variablengruppen zu Erfolgsfaktoren i. e. S. gehören, werden die noch folgenden statistischen Auswertungen zeigen.

Literatur

[Baan IV]

Baan Company Standardsoftware Baan IV, Publikation der Firma Baan Deutschland GmbH, 1996

[Baan97]

Schulungsunterlage der Firma Baan zum Dynamic Enterprise Modeller, in: Baan IV DEM, unveröffentlichte Publikation der Firma Improve it Consulting GmbH, Hamburg, 1997

[Davenport90]

Davenport, T.H., Short, J. E.: "The New Industrial Engineering: Information Technology and Business Process Redesign, in: Sloan Management Review, 31, (1990), 4, S.11-27

[Davenport93]

Davenport, T.H.: Process Innovation, Boston, Harvard Business School Press, (1993)

[Hammer93]

Hammer, M. Champy, J.: Reengineering the Corporation, New York, Harper Collins Publishers, (1993)

[Hammer97]

Hammer, M: Das prozeßzentrierte Unternehmen, Die Arbeitswelt nach dem Reengineering, Frankfurt u.a. (1997)

[Hans96]

Hansen, H. R.: Wirtschaftsinformatik 1, Grundlagen betrieblicher Informationsverarbeitung, 7. Auflage, Stuttgart 1996

[Nippa/Picot96]

Nippa, M., Picot, A. [Hrsg]: Prozeßmanagement und Reengineering, Die Praxis im deutschsprachigen Raum, 2. Aufl., Frankfurt/New York 1996

[Sche94]

Scheer, A.W.: IDS Prof. Scheer GmbH [Hrsg]: Aris Toolset-Business Reengineering mit dem Aris-Toolset, Saarbrücken 1994

[Sche97]

Scheer, A.W.: Die Geschäftsprozesse einheitlich steuern, in: Harvard Businessmanager 1,1997, S. 115-122

Kapitel 4

Referenzmodelle zur Auswahl und Einführung von Standardsoftware

Dr. Michael Rosemann, Dr. Thomas Rotthowe, Dr. Reinhard Schütte

Institut für Wirtschaftsinformatik der Westfälischen Wilhelms-Universität Münster, Lehrstuhl für Wirtschaftsinformatik und Informationsmanagement

1 Intention der Informationsmodellierung

1.1 Einführung

Informationsmodelle stellen mit Hilfe einer künstlichen Sprache repräsentiertes betriebswirtschaftliches Wissen dar. Häufig wird gegen die Informationsmodellierung das Argument vorgebracht, dem Modellierungsaufwand stehe kein entsprechender Nutzen gegenüber. Eine solche Auffassung widerspricht jedoch der Notwendigkeit, koordinationsrelevantes Wissen personenunabhängig repräsentieren zu müssen. Dieses gilt vor allem, wenn zur Unterstützung der betrieblichen Aufgaben Anwendungssysteme eingesetzt werden sollen. Derzeit wird betriebswirtschaftliches Wissen, sofern es überhaupt expliziert wird, zumeist in Textform verwaltet. Die textuelle Darstellung besitzt jedoch erhebliche Nachteile, die unter anderem in der mangelnden Formalisierung der natürlichen Sprache begründet sind. Deshalb sind künstliche Sprachen zu wählen.

Besonders effizient wird der Einsatz von Informationsmodellen, wenn auf bereits vorhandene Informationsmodelle zurückgegriffen werden kann. Referenz-Informationsmodelle (kurz Referenzmodelle), die allgemeingültige Modelle für eine Klasse von Unternehmen sind, erlauben eine aufwandsreduzierte Erstellung unternehmensspezifischer Informationsmodelle. Durch die Verfügbarkeit von Referenzmodellen für Standardanwendungssoftware kann ein Unternehmen von dem dokumentierten Wissen in vielfältiger Weise profitieren. Im vorliegenden Beitrag werden die Einsatzbereiche von Referenzmodellen skizziert sowie am Beispiel des SAP R/3-Referenzmodells aufgezeigt, in welcher Weise Referenzmodelle sowohl standardsoftware-dominierte Zwecke (Auswahl und Einführung von Standardsoftware) als auch organisations-dominierte Zwecke (Prozeßmanagement unter Nutzung von Standardsoftware) unterstützen.

1.2 Modellbasierte Organisations- und Anwendungssystemgestaltung

Jede Form der Modellierung in Unternehmen verfolgt bestimmte Zwecke. Vorteile einer modellbasierten Darstellung werden u. a. durch die verwendeten künstlichen Sprachen erzielt. Künstliche Sprachen verwenden im Gegensatz zur natürlichen Sprache graphische oder rein formale Symbole, deren Anordnungsbeziehungen zueinander festgelegten Regeln (Syntax) folgen. Derartige semi-formale Beschreibungsformen zeichnen sich durch eine höhere Exaktheit und Nachvollziehbarkeit aus. Der Vorteil dieser Beschreibungsverfahren, die mittlerweile durch eine Vielzahl an Werkzeugen (Tools) unterstützt werden [1, 2], besteht in der redundanzarmen Darstellung und Verwaltung unterschiedlicher Informationsinteressen. Beispielsweise kann eine Beschreibung sowohl für die Geschäftsprozeßoptimierung, die Zertifizierung nach DIN ISO 9000ff. als auch für Zwecke der Softwareeinführung genutzt werden („multiperspektivisch", vgl. [3, 4, 5]). Dieses ist bei der verbreiteten Praxis, betriebswirtschaftliches Wissen in Textform zu verfassen oder in den Köpfen der Mitarbeiter zu belassen, nicht der Fall. In den Unternehmen existieren darüber hinaus zumeist redundante Repräsentationsformen des Wissens. Beispielsweise werden oft Handbücher verfaßt, in denen die organisatorischen Abläufe detailliert beschrieben sind, und in der EDV-Abteilung existieren zugleich semi-formale Dokumentationen der informationstechnisch relevanten Ablaufbestandteile. Ein Ziel der Informationsmodellierung ist folglich auch die Validierung und Konsolidierung bestehender Modelle.

2 Einsatzzwecke und Bestandteile von Referenzmodellen

2.1 Typen von Referenzmodellen

Es können bei semi-formalen Beschreibungen als übergeordnete Zwecke die Anwendungssystem- und die Organisationsgestaltung unterschieden werden. Entsprechend können verschiedene Referenzmodelltypen differenziert werden, die sich auf oberster Ebene in die beiden Typen Referenz-Anwendungssystemmodelle und Referenz-Organisationsmodelle gruppieren lassen.

2.1.1 Referenz-Anwendungssystemmodell

Referenz-Anwendungssystemmodelle, welche die in Standardanwendungssoftware abgebildete betriebswirtschaftliche Logik wiedergeben, werden in der Praxis vor allem von den großen Softwareunternehmen SAP [6], BAAN [7] und Oracle [8] angeboten. Darüber hinaus werden Überlegungen zu einer CASE-basierten Referenzmodellkonstruktion und -anwendung angestellt [9, 10]. Am Institut für Wirtschaftsinformatik der Universität Münster (Lehrstuhl Prof. Dr. Jörg Becker) wird beispielsweise derzeit an der regelgeleiteten Übersetzung von Referenzmodellen für den Handel [11] in Modelltypen des CASE-Werkzeugs Designer/2000 von Oracle gearbeitet.

2.1.2 Referenz-Organisationsmodell

Eine stärker organisationszentrierte Sicht nehmen Referenz-Organisationsmodelle ein. Hierbei steht die Darstellung der betriebswirtschaftlichen Essenz einer Anwendungsdomäne unabhängig von ihrer technischen Realisierung im Vordergrund. Beispiele für Referenz-Organisationsmodelle sind das Industrie-Referenzmodell von Scheer [12], das Handelsreferenzmodell von Becker, Schütte [11] sowie von Beratungsunternehmen vertriebene Referenzmodelle, wie bspw. die von der IDS Prof. Scheer GmbH angebotenen Modelle.

2.2 Referenzmodelle - Anwendungszwecke

Referenzmodelle werden für vielfältige Zwecke eingesetzt, die im folgenden - den Klassen Anwendungssystem- und Organisationsgestaltung zugeordnet - kurz erörtert werden (vgl. Abb. 1):

Zwecke der Anwendungs-systemgestaltung

- **Auswahl von Standardsoftware**
Sofern die unternehmensspezifischen Anforderungen einerseits und die Möglichkeiten der Standardsoftware andererseits in Modellform vorliegen, wird ein Modellvergleich - in Grenzen - möglich [15]. Die wesentlichen Probleme eines Modellvergleichs sind i. d. R. die nicht korrespondierenden Detaillierungsgrade der Modelle und die Modellsemantik, die sich insbesondere durch fehlende gemeinsame Begriffs- und Namenskonventionen einem Vergleich entzieht.

- **Referenzmodellbasiertes Customizing**
In Standardsoftwarepaketen sind in unterschiedlichem Umfang bereits Lösungen vorhanden, mit denen die Konfigura-

tion der Software durch ein Modellcustomizing möglich ist. Auf diese Weise wird der Software-Einführungsprozeß beschleunigt und qualitativ hochwertiger, da Domänenwissen ohne zusätzliches technisches Wissen für die Softwareeinführung - in weiten Bereichen - ausreichend ist. Die Verantwortung für das Customizing kann damit stärker den Fachvertretern übertragen werden.

- **Softwareentwicklung**
  Tradiertes Einsatzgebiet von Informationsmodellen ist das Software Engineering. Durch die Ermittlung der Anforderungen auf der Basis von Referenzmodellen und deren sukzessiven Formalisierung entstehen Dokumente, die den Ausgangspunkt einer softwaretechnischen Umsetzung bilden.

- **Workflow-Management**
  Der automatisiert steuerbare Teil eines Prozeßmodells wird als Workflow bezeichnet [16]. Referenzmodelle können als Grundlage für die Identifikation und Spezifikation von Workflows dienen. Dazu sind sie u. a. um die unternehmensindividuellen Organisationseinheiten, insb. die Rollen, um Datenstrukturen und um die eingebetteten Applikationen anzureichern. Im Vergleich zu Geschäftsprozeßmodellen weisen sie eine feinere Granularität auf.

- **Simulation**
  Die Simulation dient der Untersuchung des Systemverhaltens im Zeitablauf. Sie unterstützt zum einen die Identifikation von Schwachstellen, die sich bei einer reinen Modellbetrachtung nicht offenbaren (z. B. unzureichende Kapazitätsauslastung, hohe Liegezeiten). Zum anderen soll durch die Simulation aus einer gegebenen Menge von Handlungsalternativen die optimale ausgewählt werden. Damit die Simulation durchgeführt werden kann, sind Zeit-, Mengen- und Kostendaten und die Ressourcenverfügbarkeit im Simulationsmodell zu spezifizieren.

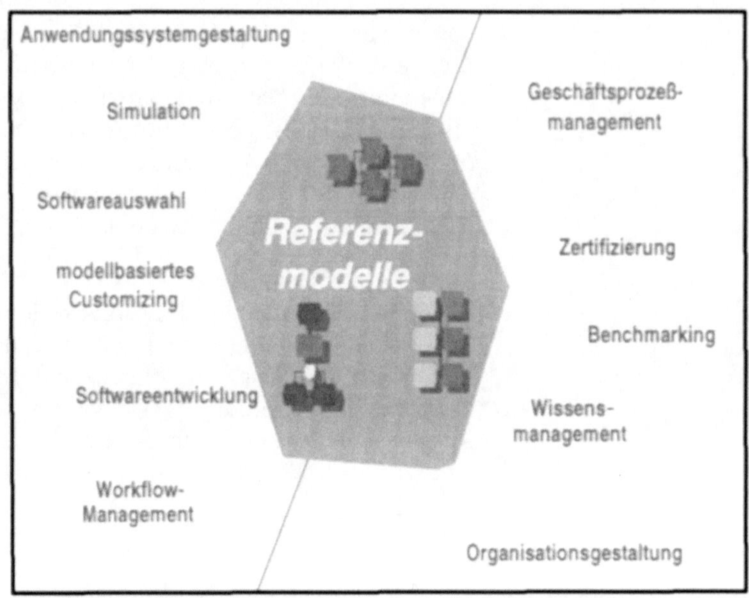

Abb. 2.1 Anwendungszwecke von Referenzmodellen

Zwecke der Organisationsgestaltung

- **Geschäftsprozeßmanagement**
  In der Popularität des Verwendungszwecks Geschäftsprozeßmanagement - sowohl in den Facetten des (revolutionären) Business Process Reengineering als auch im Sinne einer kontinuierlichen (evolutionären) Prozeßverbesserung - ist der wesentliche Grund für die hohe Verbreitung und Akzeptanz von Prozeßmodellen zu sehen. Existentiell sind hierfür anschauliche Prozeßmodelle, damit sich bestehende Schwachstellen schnell erschließen lassen. Zugleich müssen die Modelle aber auch hinreichend formal sein, um bspw. den Vergleich von Soll- und Istmodellen zu erlauben.

- **Zertifizierung nach DIN ISO 9000ff.**
  Die erfolgreiche Zertifizierung eines Unternehmens nach DIN ISO 9000ff. setzt vor allem eine umfassende Dokumentation voraus, so daß sich insbesondere Organisations- und Prozeßmodelle für diese Aufgabe empfehlen. Durch die Verwaltung der entsprechenden Aktivitäten in einem zentralen Repository sind Änderungen bei einem Aufgabentyp nur einmalig und nicht mehrmalig vorzunehmen, wie dies bei einer rein textuellen Beschreibung der Fall ist (dort ist eine Aufgabe, die in unterschiedlichen Kontexten benötigt wird, in jeder Kontextsituation zu ändern). Sofern Textdokumente erforderlich sind, wie für die Erstellung der

Ablaufbeschreibungen und Arbeitsanweisungen eines Qualitätsmanagementhandbuchs, kann mit den heutigen informationstechnischen Möglichkeiten aus den graphischen Beschreibungsformen der erforderliche Text generiert werden.

- **Benchmarking**
  Beim Benchmarking werden Vergleichszahlen als Referenzpunkte (sog. Benchmarks) konkreten Unternehmenszuständen gegenübergestellt. Die Anreicherung von Referenzmodellen um derartige Benchmarkinganforderungen fördert den Sollcharakter von Referenzmodellen, weil durch die Ergänzung um Best Practice-Angaben der Nutzen der Modellumsetzbarkeit erhöht wird.

- **Wissensmanagement**
  Das Wissen über betriebliche Gegebenheiten in einer einheitlichen Form zu explizieren hat den Vorteil, daß alle Aufgabenträger auf diesen Wissensfundus zugreifen können [17]. Die Explikation von Wissen (im Sinne der Wissensbewahrung und der Wissensverteilung) ist damit notwendige Voraussetzung des Wissensmanagements. Je nach Anwendungssituation sind unterschiedliche Sprachen für die Wissensrepräsentation geeignet. Im betriebswirtschaftlichen Kontext hat sich gezeigt, daß semi-formale Beschreibungssprachen i. d. R. geeignet sind, Wissen über die betriebliche Realität in Modellform darzustellen. Modelle eignen sich aus diesem Grund auch für die Einarbeitung in betriebliche Sachverhalte und die Schulung. Referenzmodellen kommt dabei eine hohe Bedeutung für die frühen Phasen des Wissensmanagement bei (Wissensakquise).

2.3 Das SAP-R/3 Referenzmodell als exemplarisches Referenz-Anwendungssystemmodell

Das komplette SAP R/3-System ist durch ein aus mehreren Sichten bestehendes Referenz-Anwendungssystemmodell dokumentiert, mit dem bei hinreichenden methodischen Kenntnissen ein schneller, prozeßorientierter Einstieg in die SAP-Funktionalität möglich ist. Damit unterstützt es alle Projektphasen: von der grundlegenden Bewertung der Einsatzeignung über die Softwarekonfiguration und die Projektdokumentation bis hin zur Verwendung für die Mitarbeiterschulung und die laufende Systemanpassung (Change Management) [18].

Seit der Version 3.0 des SAP R/3-Systems ist das SAP-spezifische Referenzmodell - neben dem Vorgehensmodell, dem Einführungsleitfaden und der SAP-Workflowkomponente - integraler Bestandteil des R/3-Moduls **Business Engineer** [19]. Durch die Modellspeicherung in einem Repository sind die Informationsmodelle mit anderen Systemfunktionen verbunden (z. B. R/3-Transaktionen, Business Objects, Online-Dokumentation, externe Dokumente (via SAP Office)). Das Modell steht auch unabhängig vom R/3-System für Modellierungswerkzeuge anderer Anbieter (z. B. ARIS-Toolset (bei Nutzung des ARIS-Link for R/3) der IDS Prof. Scheer GmbH, LiveModel (SAP R/3 Edition) von IntelliCorp, Visio Business Modeler von Visio Corporation) zur Verfügung. In diesen Werkzeugen kann das SAP-Referenzmodell unternehmensspezifisch individualisiert und anschließend wieder in das SAP-System eingestellt werden (ohne Konsequenzen für die Konfiguration des R/3-Systems).

Die Zielsetzung des Business Engineer ist die beschleunigte Einführung der SAP R/3-Software, indem dem Gedanken des Configure-to-order folgend die Unternehmensstruktur, die Prozesse und die betriebswirtschaftlichen Anforderungen spezifiziert werden, auf deren Grundlage die wissensbasierte Konfiguration der R/3-Software ermöglicht wird [27]. Dieses wird erreicht, indem aus dem SAP R/3-Referenzmodell ein Unternehmensmodell abgeleitet wird. Für diverse Branchen existieren bereits branchenspezifische Vorlagen, so daß nur für einzelne Branchen relevante Informationsobjekte auf ihre unternehmensindividuelle Relevanz hin untersucht werden müssen.

Das im Business Engineer enthaltene Referenzmodell wird mit Hilfe des Navigationswerkzeugs „Business Navigator“ dem Anwender angezeigt. Das Referenzmodell ist so aufgebaut, daß es unterschiedliche Modelltypen integriert. Die Sicht auf die konkrete Gestaltung der Modelle kann dabei verdeckt bleiben (bei einer wissensbasierten Konfiguration), so daß nur das Unternehmensmodell für den Anwender sichtbar wird, oder es wird ein Einstieg in das Referenzmodell vorgenommen. Unabhängig davon ist die Kenntnis des R/3-Referenzmodellaufbaus von Vorteil, weil die Designprinzipien des Modells auch auf Unternehmensmodellebene erhalten bleiben. Zudem zeigt der Aufbau des Referenzmodells, in welcher Art die Konfiguration von Modellen vorgenommen wird.

Modelltypen

Beim R/3-Referenzmodell sind drei Modelltypen für die Nutzung von hoher Bedeutung: das Komponentenmodell, das Prozeßmodell und das Objektmodell. In der **Komponentensicht** erfolgt eine an den SAP-Modulen orientierte Modellgruppierung (wie sind die einzelnen Komponenten des R/3-Systems hierarchisch aufgebaut?), in der **Prozeßsicht** steht demgegenüber eine modulübergreifende Betrachtung im Mittelpunkt (welche Abläufe und Transaktionen sind im R/3-System realisiert?) und in der **Objektsicht** werden betriebswirtschaftliche Objekte beschrieben (welche Objekte beinhaltet das R/3-System mit welchen Daten und welchen darauf ausgeführten Methoden?) [28, 29]. Ergänzt werden diese Modelltypen um das Organisationsmodell (welche systemtechnischen Organisationseinheiten gibt es im R/3-System und wie sind die Beziehungen?), das Kommunikationsmodell (welche Informationsbeziehungen bestehen zwischen den einzelnen systemtechnischen Organisationseinheiten?) und das Informationsflußmodell (welche Informationsbeziehungen existieren zwischen Funktionen?).

2.3.1 Prozeßmodell

Die gegenwärtig mehr als 900 Prozeßmodelle innerhalb des Business Engineers bilden aus betriebswirtschaftlicher Sicht den Schwerpunkt des SAP-Referenzmodells. Sie repräsentieren den Modelltyp, der Aussagen über Integrationsbeziehungen der übrigen Modelltypen zuläßt.

Das Prozeßmodell wird auf der abstraktesten Ebene durch **Unternehmensprozeßbereiche** beschrieben. Unternehmensprozeßbereiche bilden homogenen Aufgabenfelder eines Unternehmens, die prozeßorientiert strukturiert sind (z. B. Vertrieb, Beschaffung, Produktion)[6, 30]. Sie dienen nur der Strukturierung und werden nicht mit Hilfe einer eigenen Sprache beschrieben. Auf einer detaillierteren Ebene wird die betriebswirtschaftliche Logik des R/3-Systems durch **Geschäftsprozeßszenarios** als Muster für Geschäftsprozesse, die einzelnen Unternehmensprozeßbereichen zugeordnet sind (z. B. Lagerverkauf an industrielle Abnehmer im Unternehmensprozeßbereich Vertrieb). Sie werden in anwendungsübergreifenden Wertschöpfungsketten dargestellt, deren einzelne Funktionen durch detaillierte anwendungsbezogene Prozeßmodelle in Form von Ereignisgesteuerten Prozeßketten (EPK) [20] beschrieben werden. Einen einfachen

Einstieg in die unterschiedlichen Szenarios bieten **Prozeßauswahlmatrizen**.

In Matrixform enthalten sie spaltenweise die einzelnen Szenarios und zeilenweise die sogenannten Hauptprozesse, d. h. generelle (szenarioneutrale) Prozeßbeschreibungen von Funktionen (z. B. Lieferantenstammbearbeitung), die Bausteincharakter haben. Die einzelnen Szenarios nehmen dabei nicht zwingend alle Funktionen in Anspruch, und die einzelnen Hauptprozesse müssen nicht in jedem Szenario gleich ausgestaltet sein. Die Szenarios werden abstrakt durch Wertschöpfungsdiagramme und detailliert durch Ereignisgesteuerte Prozeßketten (EPK) beschrieben.

2.3.2 Organisationsmodell

Innerhalb der Organisationsmodelle werden in der SAP-Terminologie Systemorganisationseinheiten (z. B. Einkaufsorganisation, Werk, Buchungskreis) und deren Beziehungen zueinander beschrieben. Die Definition dieser Konstrukte gehört zu den ersten und grundlegendsten Aufgaben im Rahmen des Systemcustomizing. Das Organisationsmodell vermittelt einen anschaulichen, vor allem aber modulübergreifenden Überblick über die bestehenden Beziehungszusammenhänge von Organisationseinheiten.

2.3.4 Business-Objektmodell

Business-Objekte sind zentrale betriebswirtschaftliche Objekte des R/3-Systems. Die inzwischen mehr als 170 Business-Objekte entwickeln sich im SAP-System zunehmend zu den zentralen Informationsobjekten und stellen die Verbindung von der Modellwelt zur Systemimplementierung her. Sie umfassen Daten, Methoden und Ereignisse und sind beispielsweise für die SAP-Internet-Anbindung oder das SAP-Workflow-Konzept von zentraler Bedeutung. Über das Business-Objektmodell wird mittlerweile auch der Einstieg in das Datenmodell realisiert, welches die bestehenden Strukturbeziehungen in der SAP-eigenen Datenmodellierungsmethode (SAP-SERM) darstellt. Diese sieht die Modellierung der existentiellen Abhängigkeit der modellierten

Entitytypen

Entitytypen entsprechend der Existenzabhängigkeit vor. Dabei können hierarchische, aggregierende, konditional-aggregierende, referentielle, konditional-referentielle und temporär-referentielle Beziehungstypen unterschieden werden [18]. Die Entitytypen stehen in enger Beziehung zu den Business Objekten.

2.3.5 Kommunikationsmodell

Die Interaktionsbeziehungen zwischen den Systemorganisationseinheiten werden in Form von Kommunikationsmodellen dargestellt. Aus diesem Modell können Informationen über die Prozesse gewonnen werden, welche die Systemorganisationseinheiten zueinander in Bezug setzen.

2.3.6 Informationsflußmodell

Im Informationsflußmodell werden die Datenaustauschbeziehungen zwischen einzelnen Funktionen dargestellt. Sie dienen der Analyse von modulübergreifenden Interdependenzen. Insbesondere eignen sich Informationsflußmodelle zum Aufzeigen und Bewerten von Schnittstellen und zur Ableitung einer Einführungsreihenfolge der betroffenen Standardsoftwaremodule [21, 22].

2.3.7 Komponentenmodell

Das Komponentenmodell dokumentiert in Form eines Funktionsdekompositionsdiagramms die Anordnung der SAP-Module. Dieses Diagramm dient der Auswahl der Module, die unternehmensindividuell eingesetzt werden sollen. Das konfigurierte Komponentenmodell dient wiederum als Grundlage für diverse Customizingaktivitäten, beispielsweise für die Bestimmung relevanter Berechtigungsprofile, die Spezifikation der relevanten Teile des Einführungsleitfadens oder die Definition benutzerindividueller Modelle (Session Manager).

3 Referenz-Anwendungssystemmodellen in unterschiedlichen Szenarios

Aussagen zum Nutzen von Referenzmodellen können nicht unabhängig vom verfolgten Anwendungszweck getroffen werden. Im folgenden soll daher anhand zweier grundlegender Szenarios skizziert werden, wie Referenzmodelle eingesetzt werden können und welche Implikationen damit verbunden sind. Das erste Szenario untersucht, wie R/3-Referenzmodelle insbesondere mit dem Ziel der R/3-Einführung genutzt werden können.

Idealtypisch wird das Referenzmodell zu diesem Zweck bereits bei der Auswahl der Software genutzt, so daß neben der Systemeinführung auch die Nutzbarkeit der vorgestellten Modelltypen zum Zweck der Standardsoftwareauswahl diskutiert wird. Im zweiten Szenario wird beschrieben, wie Referenzmodelle auch organisatorische Belange stärker unterstützen können.

a) Nutzung des Referenz-Anwendungssystemmodells der SAP

In der Literatur zur Einführung von Standardsoftware werden unterschiedliche Vorgehensmodelle vorgestellt, die sich zum Teil an den klassischen Phasenmodellen der Softwareentwicklung anlehnen. Der Einsatz von Referenzmodellen wird innerhalb dieser Vorgehensweisen jedoch relativ selten explizit vorgestellt. Zu denjenigen Vorgehensmodellen, welche die Nutzung von Referenzmodellen hervorheben, zählen das siebenphasige Vorgehenskonzept von Barbitsch [23] und die geschäftsprozeßorientierte Einführung von Standardsoftware von Kirchmer [24]. Bei der modellbasierten SAP-Einführung ist vor allem das SAP-Vorgehensmodell zur referenzmodellbasierten R/3-Einführung hervorzuheben. Unabhängig von den einzelnen Vorgehensmodellen soll im folgenden skizziert werden, wie die Referenzmodelle der SAP für die Aufgaben der Systemauswahl und –einführung genutzt werden können.

Systemauswahl

Im Rahmen der Evaluation der Eignung des SAP-Systems für die unternehmensindividuellen Zielsetzungen sind die genannten Modelltypen von unterschiedlicher Bedeutung:

- Bezüglich der funktionalen Anforderungen ist der Abgleich der Funktionen (Umfang, Anzahl, Vollständigkeit der Funktionen (Abdeckungsgrad)) und der *Prozeßmodelle* grundlegend. Dabei sind vor allem branchen- und organisationsspezifische Anforderungen an die Abläufe zu berücksichtigen (z. B. unterscheidet sich die Disposition im Handel wesentlich von der der Industrie).

- Zur Überprüfung der Abbildbarkeit der Unternehmensstrukturen in der Software sind vorrangig *Objekt-, Daten- und Organisationsmodelle* zu den Systemorganisationseinheiten heranzuziehen. Ein häufiges K.O.-Kriterium bei der Auswahl von Standardsoftware ist die mangelhafte Abbildbarkeit von vernetzten Unternehmensstrukturen. Datenmodelle werden darüber hinaus für die Definition der Schnittstellen zu den Altsystemen - für die Einmalschnittstellen zur

Datenmigration beim Produktivstart sowie für die periodischen Datenübergabeschnittstellen - eingesetzt.

- Anhand der *Informationsflußmodelle* sowie der *Kommunikationsmodelle* kann überprüft werden, inwieweit die einzuführenden Standardsoftwaremodule in die bestehende Informationssystemlandschaft eingebettet werden können. Durch die Analyse der Schnittstellen und der Informationsflüsse läßt sich eine Einführungsstrategie ableiten.

Systemeinführung

Innerhalb des **Systemeinführungsprozesses** bieten Prozeßmodelle vor allem Unterstützung bei der Schulung des Prozeßteams und den Anwendern. Arbeitsabläufe sind intuitiv nachzuvollziehen und bieten durch die Verknüpfung mit der Transaktion eine einfache Navigation durch das komplexe SAP-System.

Die SAP propagiert unter dem Konzept **AcceleratedSAP** (ASAP) ein Maßnahmenprogramm zur schnelleren Einführung von SAP mit Hilfe einer R/3-spezifischen Vorgehensweise (Roadmap), die durch Werkzeuge wie den Einführungsassistenten, vorgefertigte Checklisten, Formblätter für die Anforderungserhebung und andere Hilfsmittel für die Projektplanung und -durchführung unterstützt wird. Der ASAP-Prozeß wird in **fünf Phasen** eingeteilt [25]: Projektvorbereitung, Business Blueprint (betriebswirtschaftlicher Konstruktionsplan), Realisierung, Produktionsvorbereitung und Produktivstart (Go-Live und Support). Vor allem in der Sollkonzeptphase spielt neben den Checklisten zur Erhebung der für die spezifische Situation erforderlichen Anforderungen der Business Engineer durch betriebswirtschaftliche Geschäftsszenarios und vorkonfigurierte Branchenvorlagen eine zentrale Rolle zur Verdeutlichung der R/3-Funktionalität. Darüber hinaus wird zur Erläuterung der operativen Abläufe auch das SAP-Schulungssystem IDES (International Demo and Education System) genutzt, das mit jedem R/3-System als vollständig konfiguriertes Beispielsystem ausgeliefert wird. Auf der Basis des Sollkonzepts werden die Werkzeuge des Business Engineer für die modellgesteuerte Konfiguration des R/3-Systems genutzt. In der Feinkonzeptphase werden neben der Beratung Dienstleistungen der SAP wie EarlyWatch oder GoingLive-Checks angeboten.

Die Zielsetzung von ASAP erschwert in der Regel ein vollständiges Überdenken der Geschäftsprozesse („Grüne-Wiese-Ansatz").

Die Veränderung der Kernprozesse sollte entweder vor der Systemkonfiguration oder im Anschluß an die Implementierung des

SAP-Systems erfolgen. Eine simultane Anpassung von Software und Organisation in den wichtigen Unternehmensbereichen ist bei der Nutzung des ASAP-Konzeptes nicht anzuraten, weil beide Aufgaben mit erheblichen Ressourcenbedarf einhergehen.

b) Referenzmodelle zur Unterstützung des Prozeßmanagements

Im vorigen Abschnitt wurde eine an den Gegebenheiten des R/3-Referenzmodells orientierte Nutzung von Referenzmodellen beschrieben. In diesem Abschnitt sollen über die bereits genannten Aspekte der Referenzmodellnutzung hinaus Bereiche thematisiert werden, in denen Informationsmodelle von der Anforderungsanalyse bis zur Einführung von Standardsoftware genutzt werden. Die Standardsoftware wird in diesem Szenario mithin stärker in ihrer Rolle als ein Mittel zur Unterstützung von umfassenden Reorganisationsmaßnahmen gesehen.

Zugrundegelegt wird bei dieser Vorgehensweise zunächst eine organisationszentrierte Analyse und Verbesserung der Prozesse unter Nutzung von Referenz-Organisationsmodellen. Die aus dem Referenzmodell hervorgegangen individualisierten Modelle sollten anschließend als quasi semi-formales Pflichtenheft für die Softwareauswahl herangezogen werden. Nach der Entscheidung für ein Standardsoftwaresystem werden im Rahmen der Systemeinführung die Unternehmensmodelle aufgegriffen, um Aspekte zu berücksichtigen, in denen die Informationstechnik als Enabler wirkt. Die Modelle werden dabei im Regelfall weiter detailliert und - im Idealfall - sogar für das Systemcustomizing herangezogen.

Dieses idealisierte Vorgehensmodell ist derzeit und in absehbarer Zukunft noch nicht umsetzbar, weil diverse **Probleme** eine Realisierung verhindern:

Probleme bei der Realisierung

- Es gibt bislang weder einen verbindlichen Standard für das Vorgehen bei der Informationsmodellierung noch einheitliche Regeln für die Benennung (syntaktisch und semantisch) der Funktionen, so daß *nur eine sehr eingeschränkte Vergleichbarkeit zwischen den Modellen und damit den Softwaresystemen* gegeben ist. Dabei ist vor allem die fehlende Normierung von Techniken zur Prozeßmodellierung problematisch, bei denen ein dem Entity-Relationship-Ansatz vergleichbarer Quasi-Standard fehlt. Auch eine allgemein akzeptierte Definition von betriebswirtschaftlichen Objekten (z. B. „Auftrag") und Funktionen (z. B. „Buchen") befindet sich erst am Anfang. Die ersten Ergebnisse stehen aber bereits zur Diskussion (s. insb. die Resultate der Object Applications Group (OAG [26])).

- Es gibt viele unterschiedliche Modellierungssprachen. Die damit verbundenen Probleme der Modellvergleichbarkeit werden zumeist dadurch umgangen, daß bis zur konkreten Nutzung der softwarespezifischen Referenzmodelle ein relativ hoher Abstraktionsgrad gewählt wird, falls sich die eigentlichen Prozeßverbesserungen erst unter Einbezug der konkreten Software identifizieren lassen. Dabei werden die grundlegenden Geschäftsprozesse definiert. In den Bereichen, in denen die Prozeßvarianz gering ist (z. B. Finanzbuchhaltung), oder in denen die Kontrollsphäre der Standardsoftware voraussichtlich gering sein wird, ist auch eine größere Modelldetaillierung denkbar. Gleiches gilt in den Fällen, in denen besondere, d. h. branchenunübliche Funktionsfolgen vorliegen. Diese Modelle dienen u. E. als hinreichende Grundlage der Softwareauswahl, d. h. es erfolgt keine Forderung nach einem vollständigen, detaillierten Abgleich des unternehmensindividuellen Modells mit n softwarespezifischen Referenz-Anwendungssystemmodellen.

- Nach der Entscheidung für ein konkretes Softwaresystem besteht das Problem, die Modelle unter Einbezug der softwarespezifischen Referenzmodelle zu detaillieren. Die spezifischen Modelle sind deutlich um Komplexität zu reduzieren, indem die Vielzahl an Modellen und Modellvarianten eliminiert wird, die irrelevant sind. Die potentiell relevanten Modelle sind in ein Modellierungswerkzeug zu exportieren und dort im nächsten Schritt um irrelevante Prozeßpfade zu bereinigen. Für die Zwecke des Prozeßmanagements besonders wichtig ist die Anreicherung um organisatorische Konstrukte sowie die Komplettierung der Prozeßmodelle um weitere systemexterne Funktionen, so daß sie alle relevanten Aktivitäten - ob manuell oder DV-gestützt wahrgenommen - enthalten. Die Verfügbarkeit dieser Modelle in leistungsstarken Modellierungswerkzeugen, welche u. a. die Simulation, die Erstellung von Zertifizierungsunterlagen oder die Pflege von Prozeßkennzahlen ermöglichen, erlaubt zudem die Befriedigung diverser Informationsinteressen, wie sie eingangs unter dem Stichwort „Multiperspektivische Informationsmodellierung" diskutiert wurden.

Gestaltungsempfehlungen für Modellierungsprojekte

Abschließend sollen Gestaltungsempfehlungen für Modellierungsprojekte gegeben werden, in denen sowohl die Ziele des Prozeßmanagements (Prozeßidentifikation, Prozeßverbesserung, Prozeßcontrolling) verfolgt werden, als auch die Einführung von Standardsoftwaresystemen geplant ist:

- Es ist frühzeitig zu klären, in welchen Unternehmensbereichen Standardsoftware verwendet werden soll, die durch Referenzmodelle dokumentiert ist. Damit werden die Bereiche identifiziert, in denen überhaupt Interdependenzen zwischen organisationszentrierten und softwaredokumentierenden Informationsmodellen zu erwarten sind.

- Die involvierten Modellierer sind bezüglich der von der Software gebotenen Möglichkeiten zur Nutzung der Referenzmodelle zu schulen. Dabei sollten methodische und Toolaspekte stärker als die in den Modellen dokumentierten betriebswirtschaftlichen Inhalte im Vordergrund stehen. Dadurch soll gewährleistet werden, daß sich die Modellierer eigenständig um die Inhalte der relevanten Modelle bemühen, so daß eine integrierte Betrachtung methodischer und inhaltlicher Aspekte durch die Modellierer gefördert wird.

- Die mit der Softwareeinführung bzw. -nutzung beauftragten Mitarbeiter sind ebenfalls zu schulen, denn die Verwendung der Referenzmodelle ist - gleichwohl sie beispielsweise bei SAP R/3 integraler Bestandteil der Software sind, d. h. nicht separat beschafft werden müssen - aufgrund des hohen Innovationsgrads einer modellbasierten Vorgehensweise gegenwärtig eher die Ausnahme als die Regel.

- Einem Modellierungsprojekt sollten Konventionen [13, 14] (Methoden(nutzung), Namens- und Layoutkonventionen) zugrundeliegen, die in der Software genutzte Modellierungskonventionen berücksichtigen. Es ist dabei die voraussichtliche Kontrollsphäre der Standardsoftware - und damit auch des entsprechenden Referenzmodells - kritisch abzuschätzen, damit der Einfluß der Konventionen der Software in einem angemessenen Verhältnis zum erwarteten Anteil von weitgehend unverändert übernommenen Referenzmodellbestandteilen am gesamten Unternehmensprozeßmodell steht.

von weitgehend unverändert übernommenen Referenzmodellbestandteilen am gesamten Unternehmensprozeßmodell steht.

4 Zusammenfassung und Ausblick

Der Einsatz von Referenz-Informationsmodellen befindet sich noch im „Anfangsstadium“. Zur Nutzung des Potentials von Referenzmodellen sind weitere Forschungsanstrengungen erforderlich. Zukünftig werden vor allem die Abbildbarkeit von Modelländerungen in Systemarchitekturen, ein Evolutionsmanagement von Referenzmodellen und eine stärkere Ausrichtung der Referenzmodelle auf den Referenzmodellanwender (Referenzmodellindividualisierung) eine Rolle spielen.

Darüber hinaus können Referenzmodelle ein referenzmodellbasiertes Wissensmanagement ermöglichen, so daß sie zu einem wichtigen Instrument des „organisational change“ werden. Weiterhin fördern Referenzmodelle die Offenlegung des betriebswirtschaftlichen Wissens von Anwendungssystemen, so daß sie die Umsetzung des Gedankenguts der „Component Ware“ fördern.

Literatur

[1] Bach, V. et al.: Software-Tools für das Business Process Redesign. Baden-Baden 1995.

[2] Buresch, M.; Kirmair, M.; Cerny, A.: Auswahl von Organisations-Engineering-Tools. zfo (1997) 6, S. 367-373.

[3] Darke, P.; Shanks, G.: Stakeholder Viewpoints in Requirements Definition: A Framework for Understanding Viewpoint Development Approaches. In: Requirements Engineering, 1 (1996), S. 88-105.

[4] Finkelstein, A.: Inconsistency Handling in Multi-Perspective Specifications. In: Proceedings of the 4th European Software Engineering Conference. Berlin et al. 1993, S. 84-99.

[5] Rosemann, M.: Multiperspektivische Informationsmodellierung auf der Basis der Grundsätze ordnungsmäßiger Modellierung. Management & Computer, 4 (1996) 4, S. 229-236.

[6] Keller, G.; Teufel, T.: R/3 prozeßorientiert anwenden - iteratives Prozeß-Prototyping zur Bildung von Wertschöpfungsketten. Bonn et al. 1997.

[7] Rodim, M.; Henk, A.: Dynamic Enterprise Modeling. Barnevald 1996.

[8] Promatis: Income Referenzmodelle für Oracle Applications. Modellbasierte Implementation betriebswirtschaftlicher Standard-Anwendungssoftware. Karlsbad 1997.

[9] Bold, M.; Hoffmann, M.; Scheer, A.-W.: Parameterassistenten zur Optimierung von betriebswirtschaftlicher Standardsoftware. Information Management & Consulting, o. Jg. (1997) 4, S. 55-61.

[10] Marent, Chr.: Werkzeuggestützte Referenzmodellierung für den Handel. Dissertation, Wirtschaftsuniversität Wien 1995.

[11] Becker, J.; Schütte, R.: Handelsinformationssysteme. Landsberg/Lech 1996.

[12] Scheer, A.-W.: Wirtschaftsinformatik. Referenzmodelle für industrielle Geschäftsprozesse. 7. Aufl., Berlin et al. 1997.

[13] Rosemann, M.: Komplexitätsmanagement in Prozeßmodellen. Methodenspezifische Gestaltungsempfehlungen für die Informationsmodellierung. Wiesbaden 1996.

[14] Schütte, R.: Grundsätze ordnungsmäßiger Referenzmodellierung. Konstruktion konfigurations- und anpassungsgerechter Modelle. Wiesbaden 1998.

[15] Priemer, J.: Entscheidungen über die Einsetzbarkeit von Software anhand formaler Modelle. Sinzheim 1995.

[16] DIN-Fachbericht 50: Geschäftsprozeßmodellierung und Workflow-Management. Hrsg.: DIN Deutsches Institut für Normung e. V. Berlin et al. 1996.

[17] Probst, G.; Romhardt, K.: Bausteine des Wissensmanagements - ein praxisorientierter Ansatz. In: http: //www.cck.uni-kl.de/wmk/papers/public/Bausteine/ (10.01.1998)

[18] Rosemann, M. ; Rotthowe, T.; Schütte, R.: Modellbasierte Organisations- und Informationssystemgestaltung unter Verwendung der R/3-Referenzmodelle. In: Wenzel, P. [Hrsg.], Geschäftsprozeßoptimierung mit SAP R/3: Modellierung, Steuerung und Management betriebswirtschaftlich-integrierter Geschäftsprozesse, Braunschweig-Wiesbaden 1995, S. 14-42.

[19] SAP AG: R/3 Business Engineer. Produktbroschüre. In: http://www.sap.com (15.01.1998).

[20] Keller, G.; Nüttgens, M.; Scheer, A.-W.: Semantische Prozeßmodellierung auf der Basis "Ereignisgesteuerter Prozeßketten (EPK)". In: A.-W. Scheer (Hrsg.), Veröffentlichungen des Instituts für Wirtschaftsinformatik, Heft 89. Saarbrücken 1992.

[21] Rotthowe, T.: Management von Schnittstellen betrieblicher Funktionsbereiche im mehrstufigen Handel - dargestellt am Beispiel der Informationsflüsse zwischen Warenwirtschaft und Rechnungswesen. Dissertation, Universität Münster, 1998.

[22] Schütte, R.; Schüppler, D.: Prozeßorientierte Einführung integrierter Handelsinformationssysteme. HMD Theorie und Praxis der Wirtschaftsinformatik, 32 (1995) 186, S. 115-132.

[23] Barbitsch, Chr.: Einführung integrierter Standardsoftware. München-Wien 1996.

[24] Kirchmer, M.: Geschäftsprozeßorientierte Standardsoftware-Einführung. Wiesbaden 1997.

[25] SAP AG: AcceleratedSAP - Your Implementation Solution. Produktbroschüre. In: http://www.sap.com (15.01.1998).

[26] Engelhardt, A.; Ließmann, H.: OAG (Open Applications Group). Wirtschaftsinformatik, 40 (1998) 1, S. 73-75.

[27] SAP AG: R/3 Business Engineer. Wissensbasierte, interaktive R/3 Konfiguration und kontinuierliche Anpassung. Walldorf, Juli 1997.

[28] SAP AG: System R/3. Der betriebswirtschaftliche Nutzen des Business Framework. Walldorf, Oktober 1997.

[29] SAP AG: System R/3. SAP Business-Objekte. November 1997.

[30] SAP AG: Funktionen im Detail. Business Engineer. Walldorf März 1997.

Kapitel 5

Durch Prozeßbenchmarking zur Verbesserung SAP®-gestützter Geschäftsprozesse

**Dipl.-Wirtsch.-Ing. Christine Legner,
Dr. Leo Brecht, Prof. Dr. Hubert Österle**

Universität St. Gallen,
Institut für Wirtschaftsinformatik

1 Einleitung

Integrierte Informationssysteme erleichtern die Planung, Steuerung und Koordination betrieblicher Prozesse über bestehende Bereichsgrenzen hinweg. Mit der Einführung integrierter Standardanwendungssoftware wie SAP R/3 verbinden Unternehmen deshalb nicht nur die Zielsetzung, Kosten einzusparen. Sie erwarten ebenfalls eine deutliche Verbesserung der betrieblichen Abläufe. Dies zeigen die folgenden Fallbeispiele:

- Die Division Polymere der Ciba Spezialitätenchemie AG gestaltete im Rahmen der Einführung von SAP R/3 die gesamte Warenflußkette neu [1]. Ergebnis dieses Reengineering waren europaweit einheitliche Geschäftsprozesse im Sinne des Euro-Logistik-Konzepts sowie ein integriertes Supply Chain Management. Nach dem Produktivstart des SAP-Systems im Jahre 1996 wurde klar, daß die neuen Geschäftsprozesse nicht beim ersten Mal abschließend zu gestalten waren. Durch Prozeßmessungen und internes Benchmarking kontrollierte das Management, daß die mit dem Reengineering verbundenen Ziele tatsächlich erreicht wurden. Um die neugestalteten Geschäftsprozesse nach der SAP-Einführung zu standardisieren und kontinuierlich zu verbessern, führt Ciba regelmäßige Prozeßmessungen und legt anhand eines internen Benchmarkings verbindliche Arbeitsweisen fest.
- Im Zuge der SAP R/3- Einführung bildete die BMW-Tochter Kontron Elektronik zunächst nur die bestehenden Prozesse in der Standardsoftware ab [2]. Im Anschluß an den Produktivstart in der zweiten Jahreshälfte 1994 verfolgte Kontron eine „Kaizen"-Strategie, um durch Prozeßverbesserungsmaßnahmen eine weitere Effizienz- und Effektivitätssteigerung zu erreichen. Organisatorische Maßnahmen, wie die Dezentralisierung der Auftragsabwicklung und die Orientierung an Prozeßzielen, führten zu einer Senkung der Durchlaufzeit für Standardaufträge von 50 Tagen Mitte 1996 auf unter 25 Tage am Jahresende. Anhand eines internen Benchmarkings überprüft Kontron permanent die Effizienz der im SAP-System abgebildeten Geschäftsprozesse.

In beiden Fällen nutzen Unternehmen Prozeßbenchmarking als Instrument zur Verbesserung ihrer betrieblichen Abläufe. Der vorliegende Beitrag erläutert die Grundlagen des Prozeßbenchmarking und zeigt, wie Benchmarking speziell zur Verbesserung SAP-gestützter Geschäftsprozesse eingesetzt werden kann. Ausgangspunkt sind Ergebnisse des Forschungsprojekts „Process Measurement and Benchmarking – Learning from SAP's Industry Leaders“, das die SAP AG gemeinsam mit dem Institut für Wirtschaftsinformatik an der Universität St. Gallen (IWI-HSG) durchführt.

2 Grundlagen des Prozeßbenchmarkings

Benchmarking-Definition

Benchmarking bezeichnet in der Definition des American Productivity & Quality Centers den Prozeß fortlaufenden Vergleichens und Messens des eigenen Unternehmens mit dem Ziel, eine Verbesserung der eigenen Leistungsfähigkeit zu erreichen [3]. Dies beinhaltet den Blick über den Tellerrand und die Orientierung an Standards, die führende Unternehmen setzen. Benchmarking geht jedoch über den herkömmlichen Kennzahlenvergleich hinaus und zeigt gleichzeitig Ansätze für Verbesserungen auf. Im Mittelpunkt stehen neben den quantitativen Benchmarks die Ermittlung der „Practices“, d. h. allgemeinen Lösungen und Vorgehensweisen, die auf den besten Methoden und Verfahren basieren und Unternehmen zu Spitzenleistungen führen [4].

Besonderheiten des Benchmarking-Konzepts

Die Besonderheiten des Benchmarking-Konzepts lassen sich wie folgt zusammenfassen:

- **Messen**: Das regelmäßige Messen und Vergleichen mit anderen liefert einen objektiven Maßstab für die eigene Leistung. Die Orientierung an einem externen Vergleichsmaßstab verkürzt interne Diskussionen und verdeutlicht Handlungsbedarf.
- **Lernaspekt**: Der Vergleich mit anderen dient der Suche nach rationellen Vorgehensweisen. Die Übertragung auf das eigene Unternehmen wird nicht durch einfaches Kopieren erreicht, sondern setzt das Verstehen des eigenen Prozesses ebenso wie die Bereitschaft zum Lernen voraus.

- ❑ **Innovationspotential:** Durch Benchmarking lösen sich Unternehmen bei der Ideenfindung für Verbesserungsmaßnahmen von den bestehenden Verfahren und Prozessen. Die Orientierung am Besten führt dazu, daß neuartige Konzepte diskutiert und realisiert werden.

Prozeßbenchmarking

In der speziellen Ausprägung als Prozeßbenchmarking stehen die betrieblichen Abläufe im Mittelpunkt des Benchmarking-Vergleichs. Benchmarks sind in diesem Fall Indikatoren für die Qualität und Leistungsfähigkeit eines Geschäftsprozesses. Sie zeigen Schwachstellen des eigenen Prozesses und dadurch realistische Verbesserungspotentiale auf. Durch die Messung der Leistungslücke und die Orientierung an quantitativen Benchmarks werden anspruchsvolle, jedoch erreichbare Ziele für die eigenen Prozesse gesetzt. Benchmarking ist darüber hinaus Quelle für Verbesserungsideen. Die Analyse der Benchmarks umfaßt die Ermittlung der Ursachen für Leistungslücken und liefert so Anhaltspunkte für die Prozeßgestaltung. Prozeßbenchmarking ist folglich ein geeignetes Hilfsmittel für das Management von Geschäftsprozessen: Es unterstützt sowohl den Prozeßentwurf, d. h. die radikale Neugestaltung eines Prozesses, als auch dessen kontinuierliche Weiterentwicklung im Rahmen der Prozeßführung.

Abb. 2.1
Unterstützung des Prozeßentwurfs und der Prozeßführung durch Benchmarking

Setzt man Benchmarking zur Verbesserung von Geschäftsprozessen ein, so ist die Auswahl geeigneter Benchmarking-Partner, eine schnelle und bequeme Informationsbeschaffung und –analyse sowie ein gezieltes Vorgehen zur Ableitung der Potentiale und Verbesserungsmaßnahmen erfolgsentscheidend.

Die folgenden Punkte sind daher als Kernfragen des Benchmarking anzusehen und werden in diesem Beitrag vertieft:

Benchmarking-Kernfragen

- **Auswahl vergleichbarer Benchmarking-Partner:** Welche Unternehmen sind als Benchmarking-Partner geeignet?
- **Informationsbeschaffung als Voraussetzung für den Benchmarking-Vergleich:** Wie lassen sich aussagekräftige Informationen zu Benchmarking-Partnern beschaffen?
- **Identifikation von Benchmarks und Best Practices:** Wie erhält man sinnvolle Ziel- und Gestaltungsvorgaben für die eigenen Geschäftsprozesse?

3 SAP-gestütztes Prozeßbenchmarking

3.1 „Process Measurement and Benchmarking – Learning from SAP's Industry Leaders“

Die SAP AG arbeitet seit 1995 mit dem Institut für Wirtschaftsinformatik an der Universität St. Gallen (IWI-HSG) und verschiedenen SAP-Anwendern im Bereich Prozeßbenchmarking zusammen. Ziel des Forschungsprojekts “Process Measurement and Benchmarking - Learning from SAP's Industry Leaders” ist die Gewinnung branchenübergreifender Benchmarks und die Ableitung von Best Practices für SAP-gestützte Geschäftsprozesse. Im Mittelpunkt stehen die Fragestellungen:

- Was sind Benchmarks für SAP-gestützte Prozesse?
- Wie können Unternehmen aus Benchmarks ehrgeizige, aber realistische Prozeßziele ableiten?
- Wodurch erreichen Unternehmen Bestleistungen?
- Wie können Unternehmen von Best Practices lernen, um vorhandene Verbesserungspotentiale zu realisieren?

Das Benchmarking-Konzept baut auf der am Institut für Wirtschaftsinformatik entwickelten Methode zum Prozeßentwurf PROMET®BPR [5] auf. Es erweitert diese um den Aspekt der Prozeßführung und des Prozeßbenchmarkings. Das Benchmarking-Konzept des Instituts für Wirtschaftsinformatik unterscheidet sich von herkömmlichen Benchmarking-Ansätzen durch die Nutzung des Informationssystems zur Erhebung der relevanten Kennzahlen. So erfolgt die Datengewinnung durch automatisierte Messungen auf Basis des Standardsoftware-Systems SAP R/2 bzw. R/3. Diese Messungen werden in eine zentrale Benchmarking-Datenbank am Institut für Wirtschaftsinformatik eingelesen, um den unternehmensübergreifenden Kennzahlenvergleich und die Ableitung von Benchmarks auf Basis der Messungen zu ermöglichen. Mittlerweile hat das Institut das Konzept in verschiedenen Benchmarking-Projekten erprobt und eine Benchmarking-Datenbank mit mehreren Dutzend Messungen aufgebaut. Als neutrales Benchmarking-Clearinghouse bietet das Institut SAP-Anwendern verschiedene Benchmarking-Services an [6].

Abb. 3.1 Benchmarking-Datenbank für SAP-gestützte Prozesse

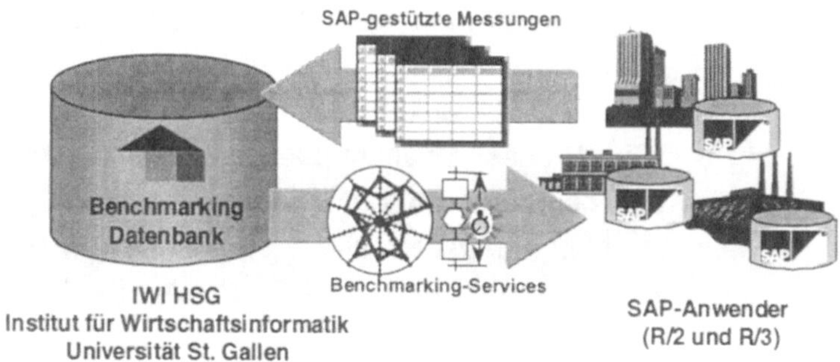

SAP-gestütztes Prozeßbenchmarking umfaßt:

- **Auswahl geeigneter Benchmarking-Partner:** In einer Benchmarking-Datenbank werden Auswahlverfahren implementiert, die prozeßspezifische Kriterien zur Vergleichbarkeit berücksichtigen.
- **Informationsbeschaffung durch computergestützte Erhebung:** Prozeßorientierte Führungsgrößen werden direkt auf Basis des Informationssystems, mit dem die Prozesse operativ abgewickelt werden, erhoben. Zur Durchführung dieser Datenerhebung haben die SAP AG und die IMG St. Gallen, ein Spin-Off des Instituts, spezielle Meßtools für die SAP-Systeme R/2 und R/3 entwickelt.
- **Die Ableitung von Benchmarks, Identifizierung von Leistungslücken:** Auf Basis der Benchmarking-Datenbank werden automatisch Benchmarking-Vergleiche durchgeführt und Benchmarking-Berichte erstellt.

3.2 Auswahl vergleichbarer Benchmarking-Partner

Potentielle Benchmarking-Partner reichen von internen Partnern, wie z. B. einer anderen Verkaufsorganisation desselben Unternehmens, bis hin zu anderen Unternehmen – Wettbewerbern oder Branchenfremden - als externen Benchmarking-Partnern. Entsprechend unterscheidet man die folgenden Formen des Benchmarkings:

- **Internes Benchmarking:** Unter internem Benchmarking versteht man den Vergleich verschiedener Organisationseinheiten innerhalb desselben Unternehmens, z.B. an unterschiedlichen Standorten eines Unternehmens.
- **Externes Benchmarking:** Beim externen Benchmarking werden andere Unternehmen als Benchmarking-Partner gewählt. Dies können entweder direkte Wettbewerber bzw. Unternehmen derselben Branche oder branchenfremde Unternehmen sein.

Abb. 3.2 Formen des Benchmarking

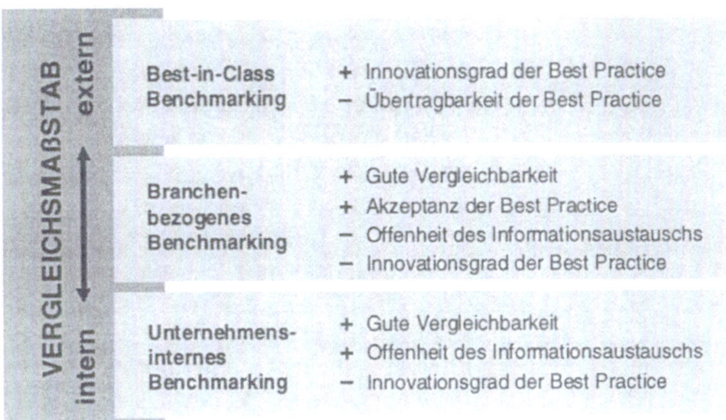

Die Auswahl geeigneter Benchmarking-Partner stellt einen Schlüsselfaktor für den Erfolg eines Benchmarking-Projektes dar. Auf der einen Seite beeinflußt der Faktor Vergleichbarkeit in entscheidendem Masse die Detaillierung und die Umsetzbarkeit der durch Benchmarking gefundenen Lösung. Nur wenn diese auf die eigene Situation übertragbar ist, ist das Benchmarking-Projekt sinnvoll. Deshalb konzentrieren sich viele Benchmarking-Vergleiche auf interne Benchmarking-Partner, direkte Wettbewerber oder Unternehmen der gleichen Branche. Auf der anderen Seite hat der Vergleichsmaßstab erhebliche Auswirkungen auf den

Innovationsgrad und damit die Leistungssprünge, die durch die Übertragung der Best Practice auf das eigene Unternehmen zu erreichen sind. Insgesamt ist die Palette der Unternehmen, von denen man lernen kann, nämlich sehr viel breiter als von den meisten Unternehmen angenommen.

In der Praxis werden häufig Spezialisten, z. B. Unternehmensberater oder Benchmarking-Organisationen, mit der Auswahl geeigneter Benchmarking-Partner beauftragt. Es lassen sich jedoch einige allgemeine Kriterien für die Vergleichbarkeit von Benchmarking-Partnern ableiten:

- Die **Benchmarking-Zielsetzung** setzt bereits Grenzen der Vergleichbarkeit. Beim quantitativen Benchmarking steht der Aspekt des Messens und Positionierens im Vordergrund. Quantitatives Benchmarking beinhaltet den Vergleich von Meßwerten mit dem Ziel, eine objektive Einschätzung der eigenen Prozeßleistung und realistische Zielwerte zu erhalten. Hier sind enge Grenzen der Vergleichbarkeit gegeben. Dagegen steht beim qualitativen Benchmarking oder Konzept-Benchmarking [7] die Ideenfindung für die Prozeßgestaltung und das Lernen von anderen Unternehmen im Mittelpunkt. Dadurch sind die Grenzen der Vergleichbarkeit wesentlich weiter gefaßt.
- Wichtigstes Kriterium für die Auswahl eines geeigneten Benchmarking-Partners ist das Vergleichsobjekt, d. h. der betrachtete **Geschäftsprozeß**. Je nach Prozeß sind die Prozeßcharakteristika zu berücksichtigen, deren Einfluß auf den Ablauf am größten ist. Im Bereich der Auftragsabwicklung spielt beispielsweise der Anpassungsbedarf eines Produkts an einen spezifischen Kundenauftrag eine entscheidende Rolle. Bei technisch komplexen Produkten, wie Investitionsgütern, wird das Produkt auf Basis der Kundenanforderungen konfiguriert. Im Fall kurzlebiger Konsumgüter bestellt der Kunde Standardprodukte auf Basis von Katalogen oder Preislisten, so daß die Auftragsbearbeitung weitgehend standardisiert erfolgen kann. Allgemein läßt sich festhalten, daß administrative Prozesse, wie beispielsweise das Personalmanagement, leichter zu vergleichen sind, da sie weniger stark vom Kerngeschäft beeinflußt werden.
- Die **strategische Ausrichtung** beeinflußt ebenfalls die Vergleichbarkeit von Benchmarking-Partnern. Auf der einen Seite geben Unternehmen durch ihre Kunden- und Produktstruktur Rahmenbedingungen für die betrieblichen Abläufe

vor. Auf der anderen Seite leitet sich aus der Wettbewerbsstrategie und den kritischen Erfolgsfaktoren der Verbesserungsbedarf und dadurch die Schwerpunkte des Benchmarking-Vergleichs ab. So ist für ein Unternehmen des Anlagenbaus, das sich durch einen Technologievorsprung von seinen Konkurrenten differenziert, im Auftragsabwicklungsprozeß eine Verbesserung des Lieferservice und der Termineinhaltung erfolgsentscheidend. Ein Automobil-Zulieferer, dem von seinen Kunden Just-in-Time-Lieferung auferlegt wird, gewichtet hingegen den Aspekt (Durchlauf-) Zeit weitaus stärker, da er schnell und flexibel auf Lieferabrufe seiner Kunden reagieren muß.

Im Projekt „Process Measurement and Benchmarking – Learning from SAP's Industry Leaders“ werden Unternehmen in ein Cluster vergleichbarer Benchmarking-Partner eingeordnet. Dazu wird zu jedem Benchmarking-Teilnehmer ein Profil erhoben, das Aspekte der Unternehmensstrategie und der Geschäftsprozesse abdeckt. Entsprechend der Benchmarking-Zielsetzung werden anhand dieses Profils Kriterien für die Auswahl der Benchmarking-Partner abgeleitet.

Abb. 3.3 Kriterien für die Bildung der Benchmarking-Cluster beim SAP-gestützten Prozeßbenchmarking

Beim Benchmarking SAP-gestützter Prozesse stellt auch die betrachtete Standardsoftware in gewissem Maße Vergleichbarkeit her. SAP-Anwender bilden ihre betrieblichen Abläufe in demselben Standardsoftware-System ab: Sie verwenden ähnliche Begriffe und Prozeßdefinitionen, was die Analyse der Prozesse im Benchmarking-Projekt erheblich vereinfacht. Zudem können Customizing-Einstellungen Hinweise auf Prozeßcharakteristika und damit auf die relevanten Kriterien für die Suche nach Benchmarking-Partnern geben. In der Auftragsabwicklung sind z. B. die verwendeten Belegtypen oder die Festlegung der Produktionssteuerung auf Auftrags- bzw. Lagerproduktion zu nennen.

Die systematische Festlegung von Kriterien für die Auswahl der Benchmarking-Partner führt zu einer Konzentration auf die wesentlichen Charakteristika eines Geschäftsprozesses. Diese Analyse ist notwendig, um den Vorwurf zu entkräften, „Äpfel" mit „Birnen" zu vergleichen. Außerdem entgegnet man häufigen Einwänden gegen Benchmarking, beispielsweise dem „we are unique"-Syndrom. Dieses bezeichnet die Einstellung von Unternehmen, die ihr Unternehmensumfeld als besonders komplex und daher als nicht vergleichbar empfinden.

3.3 Informationsbeschaffung für den Benchmarking-Vergleich

Direkte, prozeßorientierte Führungsgrößen

Von großer Bedeutung ist die Auswahl der richtigen Größen zur Charakterisierung eines Geschäftsprozesses, die als Basis des Benchmarking-Vergleichs dienen. Die Güte eines Geschäftsprozesses kann durch Führungsgrößen, d. h. quantitative Kenngrößen, bewertet werden. Da finanzielle Führungsgrößen, wie Umsatz oder Deckungsbeitrag, auf aggregierter Ebene den wirtschaftlichen Erfolg eines Unternehmens beschreiben, sind sie als Ausgangspunkt für das Prozeßbenchmarking eher ungeeignet. Schwächen oder Verbesserungen innerhalb des Prozesses zeigen sich an ihnen erst mit zeitlicher Verzögerung, qualitative Veränderungen werden nur teilweise erfaßt. Prozeßbenchmarking sollte daher auf sogenannten direkten Führungsgrößen aufbauen, die sowohl Effizienz als auch Effektivität des Prozesses direkt widerspiegeln. Direkte Führungsgrößen erleichtern die Analyse des Ist-Ablaufes im Hinblick auf Schwachstellen und Verbesserungspotentiale. Sie ermöglichen direkten Rückschluß auf die operativen Tätigkeiten und damit rechtzeitige Eingriffe in den Prozeß.

Abb. 3.4
Direkte Führungsgrößen für Supply Chain

Da sich die Informationsbeschaffung sowohl auf das eigene Unternehmen als auch auf die Benchmarking-Partner erstreckt, ist es notwendig, ein möglichst einfaches und objektives Verfahren zur Datenerhebung zu wählen. Voraussetzung des Benchmarking-Vergleichs ist ein gemeinsames Verständnis vom Vergleichsgegenstand unter den Benchmarking-Partnern. Dazu gehört die Verwendung identischer Definitionen sowie das Vorliegen exakter und zuverlässiger Informationen zum Vergleichsgegenstand. Die Art und Weise der Informationsbeschaffung hat dabei starken Einfluß auf die Qualität der erhobenen Informationen. Bei der Verwendung von Fragebögen, die häufig subjektive Einschätzungen widerspiegeln oder Sekundärquellen als Grundlage eines Benchmarkings, ist auf die oben genannten Aspekte besonders zu achten.

Als Informationsquellen für das Benchmarking werden im allgemeinen zahlreiche Sekundärquellen angeführt. Je stärker jedoch prozeßorientierte Informationen oder gar genaue Beschreibungen der zugrunde liegenden „Practices" gefragt sind, desto seltener sind Sekundärinformationen erhältlich und desto uneinheitlicher sind die verwendeten Definitionen für Kennzahlen [7]. Für das Prozeßbenchmarking kommen deshalb meist nur Primärquellen, d. h. die Erhebung per Fragebogen oder Interview bzw. Site Visit in Frage. Entsprechend zeitaufwendig sind im Benchmarking-Projekt die Analysen der eigenen Prozesse sowie der Prozesse der Benchmarking-Partner, um Meßwerte und Informationen über die dahinterstehenden Praktiken zu erhalten. Dies bestätigen Erkenntnisse aus anderen Benchmarking-Projekten, in denen die Beurteilung der eigenen Prozesse sowie Datensammlung und -analyse einen Großteil des Projektaufwands darstellen [8].

Abb. 3.5
Informationsquellen für das Benchmarking

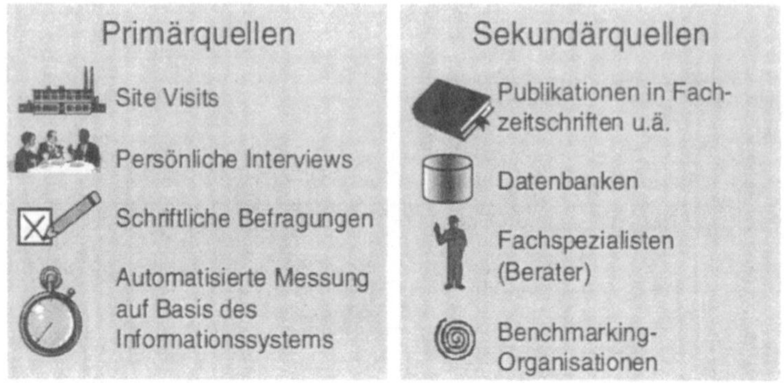

Prozeßmessungen als Basis des Benchmarking-Vergleichs

Das im Projekt „Process Measurement and Benchmarking – Learning from SAP's Industry Leaders" gewählte Verfahren zur Datenerhebung ist als neuartige Informationsquelle für das Benchmarking anzusehen. Da Standardanwendungssoftware Geschäftsprozesse durchgängig abbildet und Informationen über den Ist-Ablauf speichert, liegt es nahe, diese Informationen im Benchmarking-Projekt zu nutzen. Der Vorteil liegt in der Automatisierung der Datenerhebung, der Objektivität der Ergebnisse und der Verwendung identischer Definitionen. Automatisierte Prozeßmessungen auf Basis von Standardsoftware lassen sich auf unterschiedlichste Weise realisieren:

- Die **in Standardsoftware integrierten Reporting-Tools,** wie beispielsweise die SAP-Informationsstrukturen im Logistik-Informationssystems, liefern vordefinierte Kennzahlen zu Reporting-Zwecken.
- **MIS-Tools oder Data Warehouses, die Schnittstellen zu Standardsoftware bieten,** ermöglichen den Zugriff auf die zugrundeliegenden Datenbanken und dadurch die Datenextraktion zu Reporting-Zwecken.
- **Spezialisierte Meßtools** können entwickelt werden, mit deren Hilfe Rohdaten aus den Datenbanken der Standardsoftware extrahiert und anschließend z. B. auf PC-Basis zu Führungsgrößen verdichtet werden.

Prozeßmessungen erfordern die durchgängige Verfolgung des Ist-Ablaufes und dessen Charakterisierung durch entsprechende Kennzahlen. Dies kann einerseits durch eine Online-Fortschreibung erfolgen, d. h. durch die Erhebung von Statistikdaten aus der operativen Anwendung zum Zeitpunkt der Belegverbuchung. Andererseits ist auch eine nachträgliche Erhebung der Prozeßkennzahlen möglich, sofern die Informationen zum Ist-Ablauf nach Abschluß des Geschäftsvorfalls in der operativen Anwendung gespeichert sind.

Im SAP-System ermöglicht der Belegfluß eine nachträgliche Verfolgung des Ist-Ablaufs. Im Projekt „Process Measurement and Benchmarking – Learning from SAP's Industry Leaders" wurden spezielle Meßtools implementiert, um unabhängig von Customizing-Einstellungen prozeßorientierte Führungsgrößen für die Supply Chain zu erheben. Der erste Schritt bestand darin, die zur Berechnung der Führungsgrößen notwendigen Rohdaten auf Basis der SAP-Module MM und SD zu spezifizieren. Darauf folgte die Umsetzung in einem Meßtool (ABAP's), das den Belegfluß verfolgt und einen entsprechenden Datenextrakt liefert. Dieser Datenextrakt aus dem SAP-System stellt die Schnittstelle zur IWI-Benchmarking-Datenbank dar. Das Institut für Wirtschaftsinformatik hat in der IWI-Benchmarking-Datenbank Einleseroutinen sowie Routinen zur Aggregation der Rohdaten, Berechnung der Führungsgrößen und Erstellung des Benchmarking-Berichts implementiert.

Abb. 3.6 Vergleich traditioneller Benchmarking-Ansätze und SAP-gestütztes Prozeßbenchmarking

Traditionelle Benchmarking-Ansätze	SAP-gestütztes Prozeßbenchmarking
➢ Aufwendige Datenerhebung über Fragebögen, Expertenbefragung etc. ➢ Inkonsistente Daten auf Basis von Schätzungen ➢ Verwendung unterschiedlicher Definitionen für Kenngrößen und Prozesse	➢ Automatisierte Datenerhebung mit speziellen Meßtools ➢ Konsistente und objektive Meßergebnisse ➢ Verwendung identischer Definitionen aufgrund der Betrachtung SAP-gestützter Prozesse

3.4 Identifikation von Benchmarks und Best Practices

Es ist empfehlenswert, sich bei der Ableitung von Benchmarks im ersten Schritt auf wenige aussagekräftige Kennzahlen zu beschränken. Diese Kennzahlen sollten jedoch im Sinne direkter Führungsgrößen die kritischen Erfolgsfaktoren Zeit, Kosten, Flexibilität und Qualität widerspiegeln, um ein umfassendes Bild eines Geschäftsprozesses zu erhalten.

Der Benchmark ist der beste erreichte Wert innerhalb eines Clusters vergleichbarer Benchmarking-Partner. Die Leistungslücke für eine Führungsgröße ergibt sich folglich als Differenz zwischen dem ermittelten Benchmarks und dem ermittelten Wert für den eigenen Prozeß.

Abb. 3.7 Ermittlung der Leistungslücke

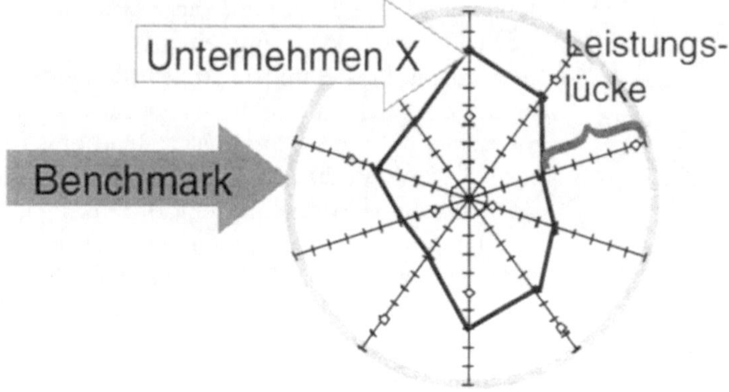

Zur Darstellung von Benchmarking-Vergleichen bieten sich die folgenden Diagramme an:

- Das **Benchmarking-Profil** gibt einen Überblick über die Prozeßleistung im Vergleich zum Benchmark. Der Benchmark entspricht dabei dem äußersten Kreisrand. Auf den Achsen wird die eigene Leistung relativ zu den Benchmarking-Partnern positioniert.

Abb. 3.8 Benchmarking-Profil (Auszug aus einem Benchmarking-Bericht)

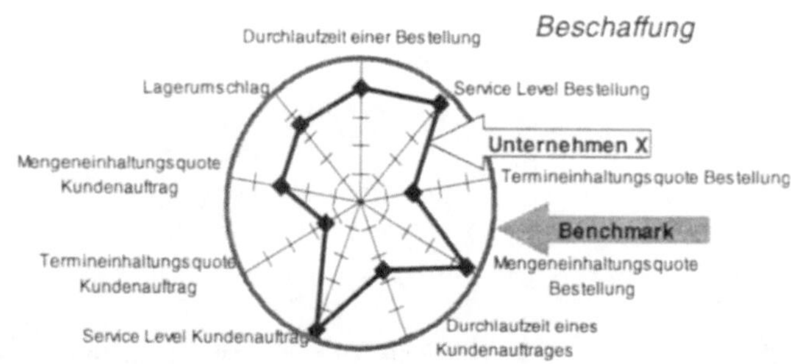

- Das **Benchmarking-Diagramm** stellt die Leistung eines Benchmarking-Clusters für eine bestimmte Führungsgröße dar. Dabei steht die Leistungsdichte innerhalb des Cluster und die absoluten Abweichungen im Vordergrund.

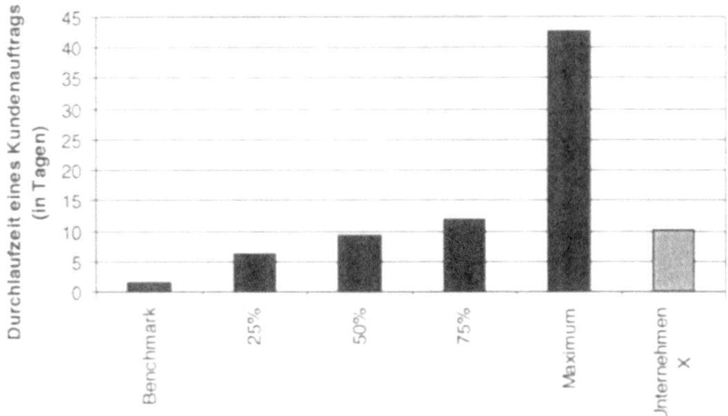

Abb. 3.9 Benchmarking-Diagramm (Auszug aus einem Benchmarking-Bericht)

Bei der Analyse der Leistungslücke und der Identifikation der Best Practices sollte sich ein Unternehmen auf ein bis zwei wesentliche Führungsgrößen konzentrieren. Ausgangspunkt kann einerseits die Größe sein, für die im Benchmarking-Vergleich der größte Leistungsunterschied festgestellt wurde. Andererseits kann es auch die Führungsgröße sein, für die aus strategischen Gründen der größte Verbesserungsbedarf besteht. Die detaillierte Untersuchung der Leistungslücke beginnt mit einer Drill-Down-Analyse.

Dabei werden die Benchmarking-Kennzahlen schrittweise verfeinert, um den Untersuchungsbereich weiter einzugrenzen. Treten beispielsweise große Leistungsunterschiede in der Durchlaufzeit eines Kundenauftrags auf, so konzentriert sich die weitere Analyse auf die Durchlaufzeit der einzelnen Teilprozesse innerhalb der Auftragsabwicklung. Eventuell sind zur Interpretation der Ergebnisse weitere (Analyse-)Kennzahlen, wie bspw. Mengenkennzahlen, einzubeziehen.

Bestimmung der Best Practice

Auf die Eingrenzung der Leistungslücke folgt die Bestimmung der Best Practice, die Ursache für die Leistungsunterschiede ist. Best Practices können dabei vielfältiger Natur sein und sämtliche Komponenten eines betrieblichen Prozesses [5] betreffen:

- die **Prozeßleistungen**, d. h. die (materiellen oder immateriellen) Ergebnisse eines Prozesses,
- die **Aufgabenkette**, d. h. die einzelnen Aufgaben und die Ablauffolge sowie ihre Zuordnung zu den Aufgabenträgern,
- das **Informationssystem**, d. h. die Gesamtheit der Applikationen und Datenbanken zur Unterstützung der Aufgabenausführung,

- das **Prozeßführungssystem**, d. h. die Instrumente zur Planung und Kontrolle des Prozesses, insbesondere Kennzahlen sowie Stellen, Gremien, Funktionen und Dokumente der Führung.

Hilfsmittel zur Bestimmung von Best Practices ist die detaillierte Analyse des Prozesses, der den Benchmark setzt, im Hinblick auf die „Treiber" für die Leistungsunterschiede. Bei der Analyse helfen die folgenden Checkfragen weiter:

Abb. 3.10 Checkfragen für die Bestimmung von Best Practices (Teil 1)

Prozeßleistung	**Checkfragen:** - Was sind die Ergebnisse des Prozesses? - Welche Bestandteile und Merkmale charakterisieren die Prozeßleistungen? **Best Practices (Beispiel):** - Elektronischer Produktkatalog via Internet
Aufgabenkette	**Checkfragen:** - Welche Aufgaben sind Teil der Aufgabenkette? - Welche Hilfsmittel, Instrumente oder Verfahren werden zur Durchführung der Aufgabe verwendet? - Wie ist die Ablauffolge der einzelnen Aufgaben? (Sequenz, Parallelisierung, Gruppierung der Aufgaben, etc.) - Wie wird die Ablauffolge gesteuert? - Welche Aufgaben sind welchen Aufgabenträgern zugeordnet? **Best Practices (Beispiel):** - Auftragsabwicklung: Rechnungserstellung direkt auf Basis der Warenausgangsbuchung
Information ssystem	**Checkfragen:** - Welche Applikationen und Datensammlungen unterstützen den Prozeß? - Wo werden Schnittstellen mit Hilfe des Informationssystems überwunden? **Best Practices (Beispiel):** - Einsatz von EDI zur Anbindung von Lieferanten

Abb. 3.10
Checkfragen für die Bestimmung von Best Practices (Teil 2)

<table>
<tr><td>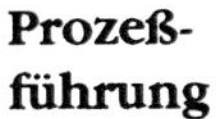
Prozeß-
führung
</td><td>Checkfragen:
- Welche Instrumente werden zur Planung und Kontrolle des Prozesses verwendet?
- Welche Hilfsmittel (Kennzahlen, Dokumente) sind Teil der Prozeßführung?
- Welche Stellen, Gremien und Funktionen führen den Prozeß?
Best Practices (Beispiel):
- Integriertes Supply Chain Management</td></tr>
</table>

Bei der internen Analyse SAP-gestützter Prozesse und der Übertragung der Best Practices auf die eigenen Prozesse sind folgende Hilfsmittel von Nutzen:

- **Prozeßdokumentationen** in Form von Aufgabenketten oder Ereignisgesteuerten Prozeßketten (EPK): Diese Dokumentation des Soll-Ablaufes, die im Rahmen der SAP-Einführung erstellt werden, erleichtert den Prozeßvergleich.
- **SAP-Belegfluß**: Anhand des Belegflusses läßt sich der Ist-Prozeß im SAP-System verfolgen. In der Auftragsabwicklung kann man z. B. den tatsächlichen Ablauf anhand des Auftragsstatus und der Auftragshistorie nachvollziehen.

Im Projekt „Process Measurement and Benchmarking – Learning from SAP's Industry Leaders" führt das Institut für Wirtschaftsinformatik auf Basis der Prozeßmessungen bei den Partnerunternehmen anonyme Benchmarking-Vergleiche durch. Die Benchmarking-Berichte enthalten für jedes teilnehmende Unternehmen ein Benchmarking-Profil sowie eine Detailanalyse der Prozeßleistung für jede Führungsgröße. Erkenntnisse aus den bisherigen Benchmarking-Projekten des Instituts fließen in Form von Interpretationen der Meßergebnisse und individuellen Hinweisen zur Prozeßverbesserung ein.

4 Zusammenfassung

Unternehmen wie Ciba Specialty Chemicals und Kontron Elektronik haben erkannt, daß Prozeßbenchmarking ein mächtiges Instrument zur Verbesserung von Geschäftsprozessen darstellt: Benchmarking zeigt durch den externen Vergleich Schwachstellen und Verbesserungspotentiale der eigenen Prozesse auf. Gleichzeitig liefert der Benchmarking-Vergleich Hinweise auf Best Practices und damit auf geeignete Maßnahmen zur Prozeßverbesserung. Wendet man Prozeßbenchmarking auf SAP-gestützte Prozesse an, so ist das SAP-System nicht nur Element der Prozeßgestaltung, sondern auch Hilfsmittel bei der Durchführung des Benchmarking-Vergleichs. Als integriertes Informationssystem unterstützt es Geschäftsprozesse durchgängig und liefert damit die notwendige Datenbasis, um Ist-Abläufe zu messen, auszuwerten, zu vergleichen und zu analysieren.

Anwendungsbereiche des SAP-gestützten Prozeßbenchmarkings

Die Potentiale des Prozeßbenchmarkings werden anhand der Anwendungsbereiche im SAP-Umfeld deutlich:

- **SAP-Einführung**: Im Rahmen des Roll Outs ist Prozeßbenchmarking als Hilfsmittel zur Standardisierung der Prozesse und zur Optimierung der Customizing-Einstellungen geeignet. Dies trifft besonders dann zu, wenn in verschiedenen Organisationseinheiten einheitliche Prozesse realisiert werden und das zugrundeliegende Referenzmodell aufgrund der Erfahrungen laufend verbessert werden kann.
- **Führung SAP-gestützter Prozesse**: Die regelmäßige Durchführung interner oder externer Benchmarking-Vergleiche liefert eine objektive Einordnung der Prozeßleistung. Dies ergibt frühzeitige Hinweise auf Schwachstellen und Verbesserungspotentiale in den betrieblichen Abläufen.
- **Redesign der Geschäftsprozesse auf Basis von SAP**: Ist ein radikales Redesign der Prozesse geplant, liefert der externe Vergleich Hinweise auf innovative Arbeitsabläufe.
- **Migrationsbenchmarking** (SAP R/2 – SAP R/3): Bei der Ablösung eines R/2-Systems stellt Prozeßbenchmarking ein Hilfsmittel für die Neugestaltung des Prozesses dar. In Form eines Vorher-Nachher-Vergleichs unterstützt Benchmarking außerdem die Kontrolle des Einführungsprojekts.

Literatur

[1] Bäckert, W./Packowski, J.: Business Process Reengineering der europäischen Supply Chain bei der Ciba Spezialitätenchemie AG, Theorie und Praxis der Wirtschaftsinformatik, Heft 198, November 1997, S. 51 – 65

[2] Becker, M./Fleisch, E./Österle H.: Business Reengineering mit SAP R/3 – Fallstudie Kontron Elektronik, Arbeitsbericht am Institut für Wirtschaftsinformatik, Universität St. Gallen, 1997

[3] O'Dell, C./Grayson, J. C.: If We Only Knew What We Know: Identification and Transfer of Internal Best Practices, APQC, Houston/Texas, 1997

[4] Camp, R.: Benchmarking, The search for best practices that lead to superior performance, ASQC Quality Press, Milwaukee, Wisconsin, U.S.A. 1989

[5] Österle, H.: Business Engineering, Prozess- und Systementwicklung, Heidelberg, 1995

[6] http://iwi2.unisg.ch/bm/

[7] Boutellier, R./Kobler, R.-A.: Branchenübergreifendes Konzept-Benchmarking – Ausgangspunkt für neue Ideen, IO Management, Jg. 65, Heft 11, S. 29 – 33, 1996

[8] Lamla, J.: Prozeßbenchmarking, München, 1995

[9] Mertins, K./Siebert, G./Kempf, S.: Benchmarking - Praxis in deutschen Unternehmen, Berlin, 1995

Kapitel 6

Prozeßorientiertes Testen im SAP R/3®-Umfeld - Qualitätssicherung der SAP R/3®-Einführung durch methodisches und systematisches Testen

Dipl. oec. Stefan Zerbe

ITM Informations- und TechnologieManagement Beratungsgesellschaft GmbH, Stuttgart

Prof. Dr. Helmut Krcmar

Universität Hohenheim, Lehrstuhl für Wirtschaftsinformatik, Stuttgart

1 Qualitätssicherung bei der SAP R/3 Einführung

Die Konzentration auf das Kerngeschäft und steigende Kosten der eigenen DV-Abteilungen bewegen immer mehr Unternehmen zur Entscheidung für den Einsatz kaufmännischer Standardsoftware. Verstärkt wird dieser Trend durch hohe erwartete Kosten für die softwaretechnische Lösung des „Problems 2000" sowie durch die noch nicht abschätzbaren Anforderungen an die Software im Zuge der Einführung der gemeinsamen europäischen Währung. Der Ersatz großer Teile eigener Software durch kaufmännische Standardsoftware verspricht die Lösung: Laufende Wartungsarbeiten, notwendige Anpassungen, Unwägbarkeiten der Gesetzgebung und nicht zuletzt der Druck, mit der technologischen Entwicklung Schritt zu halten, werden an Softwarehersteller gegen Lizenzgebühren und Wartungskosten abgetreten - in vielen Fällen sicherlich ein gangbarer Weg und eine gute Lösung.

Mit dem Einsatz von Standardsoftware verlagert sich der Anteil der Eigenentwicklung vom Programmcode hin zur Ermittlung und Einstellung der Software-Parameter, mit denen die besonderen Anforderungen des Unternehmens realisiert werden. Je nach Produkt sind mehr oder weniger Software-Einstellungen vorzunehmen; die Software SAP R/3 ist dafür bekannt, daß die kundenspezifischen Einstellungen, das sog. Customizing, umfangreich sind und spezielle Kenntnisse des Produkts voraussetzen. Je größer die Anzahl der SAP R/3 Funktionen ist, desto mehr Einstellungen sind vorzunehmen und desto mehr Integrationsbeziehungen zwischen den Software-Modulen sind beim Customizing zu berücksichtigen. Die Zahl der Einstellungen steigt aber auch mit der Größe und Komplexität des Unternehmens, wenn die Anzahl unterschiedlich zu behandelnder Varianten von Geschäftsvorfällen steigt, die mit Hilfe von SAP R/3 unterstützt werden soll. Die Einstellungsarbeiten sind so umfangreich, daß die SAP R/3 Einführung in Unternehmen mehrere Monate bis über ein Jahr dauern kann - in Abhängigkeit des Umfangs der Einführung, der Qualität der Sollkonzepte und der Erfahrung der Unternehmensberater, denen häufig eine tragende Rolle bei der Einführung der Software zufällt.

Das Customizing eines SAP R/3 Systems ist eine umfangreiche und komplexe Aufgabe, die Spezialwissen und Erfahrung voraussetzt. Das Umfeld eines SAP R/3 Einführungsprojektes, das durch Zeitdruck, häufig junge und noch unerfahrene Berater und zuweilen auch unklare Anforderungen des Unternehmens gekennzeichnet ist, macht Fehler im Customizing nur allzu wahrscheinlich. Einige dieser Fehler fallen den Entwicklern bei ad-hoc Tests während des Customizings sofort auf; andere werden erst bei der Abnahme der Software entdeckt und eine nicht unerhebliche Zahl von unerkannten Fehlern behindert später in Produktivsystemen die operative Arbeit der Mitarbeiter. Maßnahmen der Qualitätssicherung erhalten oft zu wenig Gewicht mit dem Argument, SAP R/3 sei eine bereits getestete Standardsoftware, die nicht mehr getestet werden müsse. Wohl wahr - es gilt tatsächlich nicht, SAP R/3 zu testen, sondern dafür das Customizing umfassend und möglichst vollständig zu prüfen. Eine Aufgabe, die zwar angestrebt und auch vom Unternehmen verlangt wird, die aber häufig nur sporadisch und nicht systematisch durchgeführt wird.

Eine polarisierende Gegenüberstellung des häufig anzutreffenden Vorgehens für den Test des Customizings und dem anzustrebenden methodischen Vorgehen, wie es hier erläutert wird, zeigt die Abb. 1.1.

Vorüberlegungen zum Customizing-Test

Die wesentlichen Vorteile, die von einer durchgängigen Testmethode für das Customizing von SAP R/3 zu erwarten sind, lassen sich aus den Problemfeldern herkömmlichen Testens ableiten. An erster Stelle steht die Koordination der Testaktivitäten durch ein Rahmenkonzept, das der Qualitätssicherung in einem R/3 Einführungsprojekt eine Struktur gibt. Zweitens sollte die Auswahl der Testfälle, mit denen der Test des Customizings durchgeführt wird, nach einer Methodik erfolgen, die möglichst umfassend viele Fehlerquellen prüft. Drittens verspricht die Zusammenarbeit mit den Fachbereichen und vor allem die Betrachtung von Geschäftsprozessen zur Ermittlung von Testfällen ein rasches Auffinden relevanter Geschäftsvorfälle, mit denen das Customizing des R/3 Systems getestet werden kann. Schließlich sind die Werkzeugunterstützung für effizientes Testen sowie die durchgehende Dokumentation der Testfälle und der Testergebnisse anzustreben.

Abb. 1.1 Vergleich unterschiedlicher Vorgehensweisen zum Test

Herkömmliches Testen	Methodisches Testen mit GPTM
Test eher unkoordiniert,	Rahmenkonzept für alle Testaktivitäten,
Wahl der Testfälle meist intuitiv,	Auswahl der Testfälle erfolgt systematisch,
Test oft durch eine Person,	Kooperation mit Anwendern,
Test auf Programm fixiert,	Test auf Prozeß fixiert,
Dokumentation meist sporadisch,	Dokumentation geregelt,
Kaum Werkzeugunterstützung.	Umfassende Werkzeuge.

Ziele des Tests

Mit Hilfe eines so gestalteten Vorgehensmodells ist eine effektive Qualitätssicherung möglich, weil potentielle Fehlerquellen des Customizings umfassend berücksichtigt werden. Werkzeugunterstützung und systematisches Vorgehen erlauben eine schnelle Testfallermittlung und Testdurchführung. Das Abnahmeverfahren des Unternehmens kann durch definierte Testfälle und deren Testergebnisse transparent gestaltet werden, und erforderliche Korrekturmaßnahmen werden aufgrund aussagekräftiger Fehlerprotokolle unverzüglich eingeleitet. Um diese Ziele zu erreichen, wurde im Rahmen einer SAP R/3 Einführung für **G**eschäfts**p**rozesse eine spezielle **T**est**m**ethode (**GPTM**) entwickelt, die mit Hilfe der Prozeßorientierung und Erkenntnissen der Informatik über Softwaretests in der Lage ist, die Computerunterstützung für Geschäftsprozesse im SAP R/3 effizient und umfassend zu testen. Der folgende Abschnitt erläutert das Rahmenkonzept des Vorgehensmodells; Abschnitt 3 erklärt die Testmethode. Abschnitt 4 berichtet über Erfahrungen mit der vorgestellten Vorgehensweise und Abschnitt 5 zeigt angestrebte Entwicklungsrichtungen auf.

2 Rahmenkonzept des Vorgehensmodells GPTM

Die Qualitätssicherung des SAP R/3 Customizings ist keine punktuelle, sondern eine sich wiederholende Aufgabe, weshalb das Rahmenkonzept des Vorgehensmodells als ein Zyklus angelegt ist. Zwei Gründe sprechen für ein **zyklisches Vorgehensmodell**: Erstens sind Tests notwendig, wenn durch neue Anforderungen des Unternehmens das Customizing geändert oder ergänzt wird. In diesem Fall empfiehlt sich nicht nur der Test der veränderten Einstellung sondern auch der Test umliegender Prozesse und Funktionen, die vom neuen Customizing betroffen sind. Zweitens sind umfassende Testläufe nach dem Einspielen neuer Programmversionen notwendig, um einerseits den Bedarf an Anpassungen von Systemänderungen oder -erweiterungen zu ermitteln und anderseits zu prüfen, ob das Customizing auch in der neuen Version vollständig funktioniert. Weil Änderungen im Customizing nicht selten vorkommen und auch die Programmversionen regelmäßig wechseln, erscheint ein zyklisches Rahmenkonzept notwendig und erfolgversprechend. Die Abb. 2.1 zeigt die **vier Schritte des Rahmenkonzeptes**.

Abb. 2.1
Rahmenkonzept für den Test von SAP R/3 Geschäftsprozessen

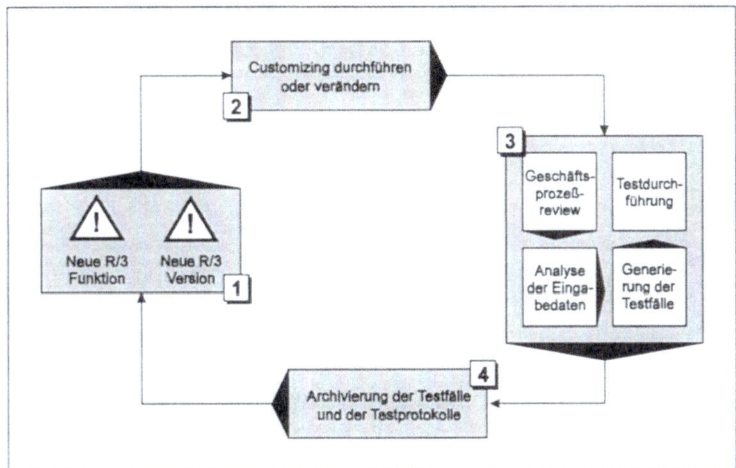

Ausgehend von der Entscheidung über die Einführung neuer R/3 Funktionen oder neuer R/3 Versionen, sind in einem zweiten Schritt die Einstellungen des Customizings zu ändern oder zu ergänzen. Diese Änderungen werden im dritten Schritt der eigentlichen Testmethode unterzogen, die sich auf die Ermittlung relevanter Testfälle konzentriert. Innerhalb von vier Schritten erfolgt die Analyse des zu testenden Geschäftsprozesses, die Untersuchung der Merkmale der zu testenden Geschäftsvorfälle, die Ermittlung der relevanten Testfälle und schließlich die Testdurchführung. Als Ergebnis der Testmethode entstehen erstens eine Bibliothek von Testfällen und zweitens die Protokolle der Testdurchführung. Beides wird im vierten Schritt des Rahmenkonzeptes dokumentiert und für die spätere Verwendung archiviert. Die Protokolle der Testdurchführung dienen dem schnellen Einleiten von evtl. notwendigen Korrekturmaßnahmen.

Zusätzlich dienen die Protokolle der Abnahme der SAP R/3 Einführung, denn sie belegen die korrekte Bearbeitung der unterschiedlichen Geschäftsvorfälle des getesteten Prozesses. Die Dokumentation der durch die Testmethode erzeugten Testfälle dient der Wiederverwendung. Einmal erstellte Testfälle können nach Versionswechseln oder nach Änderungen des Customizings für erneute Testläufe verwendet werden und stellen dadurch eine wichtige Voraussetzung für eine effektive Qualitätssicherung dar.

3 Vorgehensmodell zum Test von Geschäftsprozessen

Softwaretest

Der Test von Software ist eine anspruchsvolle und aufwendige Aufgabe - dennoch kann sie auch bei großer Sorgfalt nie vollständig erfüllt werden: Ein vollständiger Test, der die Fehlerfreiheit einer Software bzw. der Softwareeinstellungen garantieren könnte, ist nach heutigen Erkenntnissen nicht möglich. Die Anzahl unterschiedlicher Kombinationen der Eingabedaten eines Programmes und die Anzahl der programminternen Konstellationen erreichen bereits bei kleinen Anwendungen eine so große Zahl, daß nicht alle diese Situationen getestet werden können. Bereits die Kombination aller denkbaren Werte der Datenfelder einer einfachen SAP R/3 Maske erzeugt eine so große Anzahl von Testfällen, daß ein vollständiger Test weder in einem gegebenen Zeitrahmen, noch innerhalb eines vertretbaren Projektbudgets möglich ist. Aus diesem Grund wird versucht, die Anzahl der Testfälle auf ein möglichst geringes Maß zu reduzieren und durch ihre geschickte Auswahl gleichzeitig möglichst viele Fehler zu finden.

Ermittlung von Testfällen

Die Ermittlung von Testfällen gehört daher zu den wichtigsten Aufgaben der Qualitätssicherung. Die Testfälle sollten so gewählt werden, daß sie jeweils unterschiedliche Fehlerquellen der SAP R/3 Anwendung des Unternehmens prüfen. Durch die Summe der Testfälle können viele Fehlerquellen berücksichtigt und so ein umfangreicher Test der Prozeßunterstützung der R/3 Software sichergestellt werden. Während für die Ermittlung von geeigneten Testfällen für Computerprogramme in der Informatik eine Reihe von Methoden entwickelt worden sind, liegen keine Vorschläge für den Test der Einstellungen kaufmännischer Standardsoftware, z. B. von SAP R/3, vor. Ohne Zweifel können Teile der aus der Informatik stammenden Methoden übernommen und ergänzt werden, um die spezifischen Anforderungen an den Test des Customizings gerecht zu werden. Die **Methode GPTM** greift auf solche Methoden zurück und ergänzt diese um neue Überlegungen. Die Durchführung dieser Methode erfolgt in vier Schritten. In den ersten drei Schritten werden die Testfälle unter Verwendung bestehender Methoden ermittelt; der letzte Schritt betrifft die Testdurchführung.

3.1 Geschäftsprozeßreview

Kaufmännische Standardsoftware unterstützt nicht nur einzelne Transaktionen, sondern in der Regel ganze organisatorische Prozesse, in denen Informationen gesammelt, verarbeitet und erzeugt werden. In diesen Prozessen werden die Geschäftsvorfälle des Unternehmens abgewickelt. **Ziel des Testens** ist es, nicht nur einzelne Teilfunktionen der Software zu testen, sondern sicherzustellen, daß der vollständige Geschäftsvorfall im Prozeß korrekt bearbeitet wird. Die zu ermittelnden Testfälle beziehen sich daher nicht auf eine einzelne Funktion der Software, sondern auf die Geschäftsvorfälle, die im Geschäftsprozeß mit Hilfe der Software bearbeitet werden. Der wesentliche Vorteil der Orientierung auf Prozesse liegt darin, daß der Geschäftsvorfall einen Kontext erzeugt, der die Ausführung aller Funktionen des Prozesses bindet. Dadurch entfällt das Testen aller denkbaren Kombinationen von Eingabedaten für jede einzelne Funktion, denn getestet werden nur die Eingabewerte, die im Zusammenhang mit einem Geschäftsvorfall entstehen.

Die zu ermittelnden Testfälle beziehen sich daher auf Geschäftsvorfälle und nicht nur auf einzelne Funktionen der R/3 Software. Weil verschiedene Testfälle für den umfassenden Test des Customizings heranzuziehen sind, werden zunächst die relevanten Merkmale und deren Ausprägungen gesucht, die Geschäftsvorfälle im zu testenden Prozeß annehmen können, die sie voneinander unterscheiden und deshalb von der Software anders behandelt werden. Die Problematik der Testfallermittlung liegt darin, das Wort „relevant“ zu konkretisieren. Für den Test „relevante“ Merkmale sind in einer ersten Näherung solche Attribute eines Geschäftsvorfalls, die den Ablauf des Prozesses beeinflussen. Denn je nach Ausprägung der Merkmale steuern die Ein-

Relevante Merkmale

stellungen des Customizings den weiteren Prozeßablauf. Der erste Schritt der Testfallermittlung ist daher der **Geschäftsprozeßreview**, der einen Prozeß auf alternative Abläufe untersucht, die zu unterschiedlichen Prozeßwegen der Bearbeitung eines Geschäftsvorfalls führen. Es ist unmittelbar einsichtig, daß für jeden dieser Prozeßwege mindestens ein Testfall ermittelt und in der späteren Testdurchführung geprüft werden muß.

Zur Darstellung und Analyse von Prozessen haben sich **Prozeßmodelle** bewährt. Prozeßmodelle können selbst oder von Beratern erstellt werden oder aber dem Business Navigator des SAP R/3 System entnommen werden.

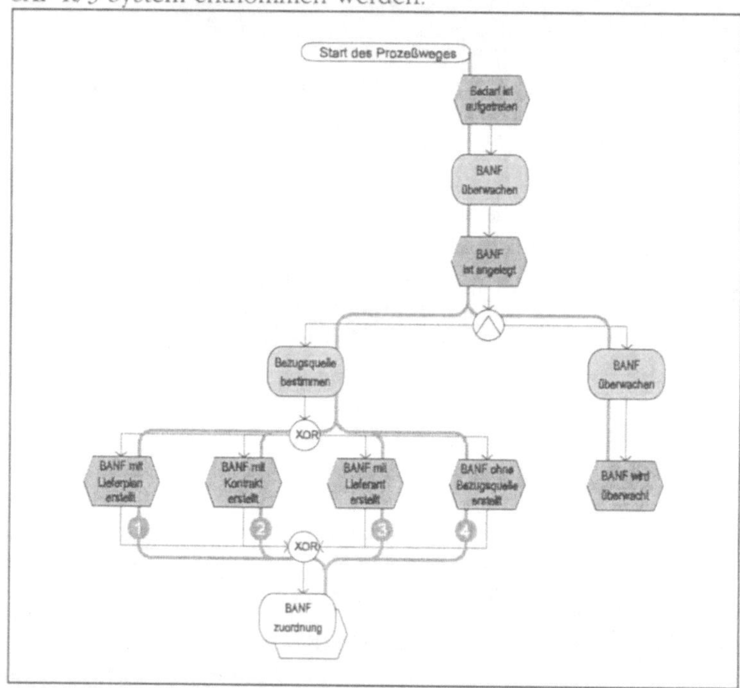

Abb. 3.1 Verkürzter Prozeß und seine Prozeßwege

Die Abb. 3.1 zeigt den verkürzten Prozeß der Bestellanforderungsbearbeitung als eine ereignisorientierte Prozeßkette (EPK) und läßt alternative Prozeßwege anhand der Kontrollflüsse erkennen. Die vier testrelevanten Prozeßwege, die sich durch unterschiedliche Ereignisse nach der Funktion „Bezugsquelle bestimmen" unterscheiden, sind durch eine graue Linie nachgezeichnet. Wenn keine grafischen Prozeßmodelle zur Verfügung stehen, reichen auch verbale Prozeßbeschreibungen aus, um die im Unternehmen vorkommenden Prozeßwege zu identifizieren.

Anhand der Prozeßwege können die verschiedenen Merkmale ermittelt werden, durch die sich die Geschäftsvorfälle unterscheiden, indem nach dem Grund für die unterschiedlichen Prozeßwege gefragt wird. Dazu wird zunächst das Merkmal gesucht, das zur Unterscheidung führt. Im Beispiel ist das Merkmal die Bezugsquelle, die vier Ausprägungen annehmen kann. Das Ergebnis des ersten Schrittes Geschäftsprozeßreview ist also die Sammlung der Merkmale und deren Ausprägungen, die zu unterschiedlichen Prozeßabläufen führen.

3.2 Analyse der Eingabedaten

Die Untersuchung unterschiedlicher Prozeßwege ist aber nur eine erste Näherung zur Identifikation der relevanten Testfälle. Häufig führen unterschiedliche Geschäftsvorfälle nicht zwingend zu einem alternativen Prozeßweg, weil sich der Ablauf der Bearbeitung an sich nicht ändert. Dies ist etwa der Fall, wenn unterschiedliche Regeln der Kontenfindung greifen, alternative Kalkulationsschemata betroffen sind oder verschiedene Stati eines Vorgangs berücksichtigt werden müssen. Diese Situationen sind nicht zwingend aus Prozeßbeschreibungen oder -modellen ableitbar - insbesondere dann nicht, wenn die Modelle ein höheres Abstraktionsniveau haben als die R/3 Referenzmodelle oder wenn neue Buchungsschlüssel, Geschäfts- oder Belegarten verwendet werden, die nicht im Referenzmodell enthalten sind.

Merkmale des Geschäftsvorfalls

Deshalb werden im zweiten Schritt die Daten untersucht, die zur Bearbeitung eines Geschäftsvorfalls im R/3 System notwendig sind. Häufig sind dies die Eingabedaten, die während der Bearbeitung des Geschäftsvorfalls erfaßt werden; daneben können Stamm- und Bewegungsdaten in die Überlegungen einbezogen werden, wenn sich der betrachtete Geschäftsvorfall auf diese bezieht. In der Regel gehen aus diesen Eingabedaten die Merkmale des Geschäftsvorfalls hervor: Die Eingabedaten legen Belegarten fest, bestimmen Auftrags- oder Bestellwerte, beziehen sich auf Inlands- bzw. Auslandskunden oder legen Liefer- oder Zahlungstermine fest. Merkmale, die für den Geschäftsvorfall relevant sind, d. h. die im Geschäftsprozeß erfaßt werden und auf die bei der Bearbeitung Bezug genommen wird, definieren einen Geschäftsvorfall. Ebenso wie bei der Untersuchung der Prozeßabläufe interessieren nur die „**testrelevanten**" Merkmale. Welche Merkmale testrelevant sind, hängt vom Customizing ab. Immer dann, wenn die Customizing Einstellungen auf bestimmte Merkmale Bezug nehmen (z. B. bei Wertgrenzen, Materialarten oder der Anwendung von Kalkulationsschemata) muß dieses Merkmal zur Ermittlung von Testfällen herangezogen werden. Zu den Merkmalen, die beim Geschäftsprozeßreview identifiziert werden konnten, treten also weitere Merkmale aus der Analyse der Eingabedaten.

Eine bloße Sammlung von Merkmalen genügt jedoch nicht, um „gute" Testfälle zu erzeugen. Zusätzlich ist zu untersuchen, welche Werte diese Merkmale - **die Merkmalsausprägungen** - annehmen können. Die Anzahl der möglichen Werte ist jedoch häufig so groß, daß nicht alle Werte für einen Test berücksichtigt werden können. Daher muß sich das weitere Vorgehen auf einzelne ausgewählte Werte beschränken. Um bei der Auswahl nicht testrelevante Werte zu vernachlässigen, wird in der Informatik mit sog. Äquivalenzklassen gearbeitet. Eine Äquivalenzklasse ist eine Gruppe gleichartiger Werte, die ein Merkmal annehmen kann. Alle denkbaren Werte eines Merkmals werden deshalb in Äqivalenzklassen eingeteilt, um später für den Test jeweils einen exemplarischen Wert heranzuziehen. Die Einteilung von Äquivalenzklassen ist wiederum von den akuellen Einstellungen des Customizings abhängig: die Klassen äquivalenter Werte sollten so gebildet werden, daß jede Klasse eine andere Einstellung des Customizings prüft. Eine einfache Einteilung des Merkmals „Kreditor" im Beschaffungsprozeß könnte die Bildung der Klassen „Inlandskreditor" und „Auslandskreditor" sein; zum Test der Freigabestrategie von Bestellanforderungen entsprechen die Intervalle zwischen den Wertgrenzen jeweils einer Äquivalenzklasse.

Äquivalenzklassen

Beispiel

Das Ergebnis der Analyse der Eingabedaten ist eine Sammlung der Merkmale und der Äquivalenzklassen, die die Geschäftsvorfälle eines Geschäftsprozesses charakterisieren. Die Auswahl der Merkmale und ihrer Ausprägungen erfolgte vor dem Hintergrund der Einstellungen des Customizing und der im Betrieb des Unternehmens vorkommenden Geschäftsvorfälle. Aus dieser Grundlage können im nächsten Schritt der Methode GPTM konkrete Testfälle erzeugt werden.

3.3 Generierung der Testfälle und Ermittlung der Sollwerte

Das Ziel der Testmethode GPTM ist es, die Einstellungen des Customizings möglichst umfangreich zu prüfen, um die Qualitätssicherung der R/3 Einführung zu gewährleisten. Aus diesem Grund wird zunächst eine vollständige Liste aller notwendigen Testfälle angestrebt.

Erstellung einer vollständigen Liste von Testfällen

Dazu werden die Äquivalenzklassen aller Merkmale so miteinander kombiniert, daß alle möglichen Kombinationen der Äquivalenzklassen einmal vorkommen. Jede Kombination unterscheidet sich in mindestens einer Äquivalenzklasse von den übrigen Kombinationen und ist als einzelner Testfall zu testen. Mit steigendem Umfang und Komplexität eines Prozesses steigt jedoch die Anzahl der relevanten Merkmale und ihrer Äquivalenzklassen. Dadurch erreicht die Anzahl der Kombinationen ein so großes Maß, daß unüberschaubar viele Testfälle zu erstellen wären. Eine manuelle Erstellung der Testfälle wäre kaum mehr möglich. Durch spezielle Verfahren der Methode GPTM können bestimmte Merkmale isoliert behandelt werden, ohne relevante Testfälle auszuschließen. Dadurch wird die Anzahl der vollständigen Kombinationen deutlich reduziert.

Abb. 3.2 Arbeitsblatt mit der vollständigen Kombination

beispiel

Kombination der Merkmale zu Testfällen

Testfall	Belegart	Kontier.-Typ	Wareneingang	Bewertung	Merkmal 5
1	NBO	k	j	j	
2	NBO	k	j	n	
3	NBO	k	n	j	
4	NBO	k	n	n	
5	NBO	p	j	j	
6	NBO	p	j	n	
7	NBO	p	n	j	
8	NBO	p	n	n	
9	RVO	k	j	j	
10	RVO	k	j	n	
11	RVO	k	n	j	
12	RVO	k	n	n	
13	RVO	p	j	j	
14	RVO	p	j	n	
15	RVO	p	n	j	
16	RVO	p	n	n	

Ablauf / Merkmale / Testfälle / Konsolidierung / Falldaten / Ergänzungen / Sollwei

Neben der Reduzierung der Kombinationen wirkt sich der Einsatz der Softwareunterstützung **effizienzsteigernd** aus: Für jeden zu testenden Prozeß wird eine Arbeitsmappe mit einem Tabellenkalkulationsprogramms erzeugt, das eine Vorformatierung sowie eine Einteilung in unterschiedliche Arbeitsblätter enthält. Ebenso stehen spezielle Makro-Programme bereit, die die wesentlichen Operationen zur Generierung der Testfälle unterstützen und teilweise automatisieren. Die Ergebnisse der einzelnen Arbeitsschritte der Testmethode werden in speziellen Arbeitsblättern erzeugt und für die spätere Verwendung gespeichert. Anhand des Arbeitsblattes „Merkmale“, das die Merkmale und die Äquivalenzklassen ihrer Ausprägungen enthält, erzeugt ein entsprechendes Makro eine Liste der vollständigen Kombinationen, die für die weitere Bearbeitung zur Verfügung steht (vgl. Abb. 3.2). Die vollständige Kombination der Merkmale ist ein automatisierter Vorgang, der zwangsläufig Kombinationen von Äquivalenzklassen erzeugt, die widersprüchlich sind oder in der Realität nicht vorkommen. Durch eine Konsolidierung der Testfälle werden diese Kombinationen entfernt. Entscheidungen, bestimmte Kombinationen nicht zu testen, sind äußerst vorsichtig zu fällen: Testfälle für Geschäftsvorfälle, die betriebswirtschaftlich sinnvoll sind, jedoch heute nicht so durchgeführt werden, sollten dennoch getestet werden. Ebenso können widersprüchliche oder nicht zugelassene Kombinationen beibehalten werden, um zu prüfen, ob das System die Bearbeitung solcher Fälle verweigert. Solche **Negativ-Tests** sind insbesondere dann zu empfehlen, wenn fehlerhafte Eingaben zu schwerwiegenden Konsequenzen führen könnten.

Aufstellung der konkreten Testfälle

Die Liste der konsolidierten Kombinationen von Äquivalenzklassen ist jedoch noch keine Aufstellung der konkreten Testfälle, mit denen der Test durchgeführt werden könnte. Dazu müssen die Äquivalenzklassen durch konkrete Eingabewerte ersetzt, zusätzlich Eingabedaten ergänzt und schließlich die erwarteten und korrekten Sollwerte ermittelt werden. Zur Konkretisierung der Testfälle werden die Äquivalenzklassen im Arbeitsblatt „Falldaten“ durch konkrete Eingabewerte ersetzt, die beim späteren Test in die Datenfelder der Bildschirmmasken eingetragen werden (vgl. Abb. 3.3). Ist eine automatisierte oder zumindest halbautomatische Testdurchführung angestrebt, dann sind die Eingabewerte um die Werte zu ergänzen, die von der Software als „Mußfelder“ verlangt werden, aber nicht berücksichtigt wurden, weil sie nicht testrelevant waren, wie es z. B. beim Tagesdatum oder der Angabe einer Organisationseinheit der Fall sein kann.

Abb. 3.3 Arbeitsblatt mit konkreten Falldaten

	A	B	C	D	E	F	G
1	Mußfeldergänzungen (für Testfälle)						
2							
3							
4	Datenfeld	Belegart	Kontier.-Typ	Lieferdatum	Werk	Einkäufer-	Warengruppe
5	Testfall					gruppe	
6	1	NBO	k	20.12.96	9621	1	60 30 40
7	2	NBO	k	20.12.96	9621	1	60 30 40
8	3	NBO	p	20.12.96	9621	1	60 30 40
9	4	NBO	p	20.12.96	9621	1	60 30 40
10	5	RVO	k	20.12.96	9621	1	60 30 40
11	6	RVO	k	20.12.96	9621	1	60 30 40
12	7	RVO	p	20.12.96	9621	1	60 30 40
13	8	RVO	p	20.12.96	9621	1	60 30 40
14							
15	9	NBO	k	20.12.96	9621	1	60 30 40
16	10	NBO	k	20.12.96	9621	1	60 30 40
17							
18							
19							

beispiel — Ablauf / Merkmale / Testfälle / Konsolidierung / Falldaten / Ergänzungen / Sollw

Schließlich sind die Sollwerte festzulegen, anhand derer das Ergebnis der Programmausführung überprüft wird. Es versteht sich von selbst, daß die Ermittlung der Sollwerte sorgfältig vorgenommen werden muß. Jedoch ist zu entscheiden, in welcher Tiefe und Breite Sollwerte sinnvoll zu ermitteln sind. Denn - wie bereits in der Einleitung angedeutet - soll nicht die R/3 Software, sondern das Customizing dem Test unterzogen werden. Außerdem kostet die Ermittlung der Sollwerte bei einer größeren Zahl von Testfällen viel Zeit und erfordert, z. B. bei finanzmathematischen Berechnungen im Modul FI-Treasury, spezielle Fachkenntnisse. Deshalb ist fallspezifisch zu entscheiden, bei welchen Prozessen lediglich geprüft wird, ob Fehlermeldungen des Systems unterbleiben, ob bereits die Existenz einer Buchung auf bestimmten Konten auf eine korrekte Bearbeitung des Geschäftsvorfalls hindeutet oder ob die konkreten Zahlenwerte zur Beurteilung der Softwarequalität notwendig sind. Grundsätzlich sinnvoll ist die Berücksichtigung der Integrationsbeziehungen zwischen den Modulen bei der Ermittlung der Sollwerte, um einen reibungslosen Arbeitsablauf im Produktivsystem zu gewährleisten.

3.4 Durchführung des Tests

Die Verwendung der Arbeitsmappen von Tabellenkalkulationsprogrammen zur Aufbereitung und Speicherung der Testfalldaten sichert einerseits **Transparenz** und **Nachvollziehbarkeit** der Tests und erlaubt zudem die **Wiederverwendung** der Daten für automatisierte bzw. halbautomatisierte Testläufe. Die Unterstützung der Tests durch Software ist vor allem deshalb sinnvoll, weil durch die Methode GPTM eine große Zahl von Testfällen erzeugt wird. Eine manuelle Testdurchführung ist eine zeitintensive Tätigkeit und verlangt vom Tester ein hohes Maß an Konzentration, das erfahrungsgemäß nicht über lange Zeit aufrecht erhalten werden kann. Daneben erleichtert die Softwareunterstützung eine zyklische Testwiederholung nach Änderungen des Customizings oder nach der Einführung neuer Funktionalitäten. Dabei kann sich der Test nicht nur auf den einen betrachteten Prozeß sondern auch auf umliegende Themenbereiche richten, um eventuelle Fernwirkungen der Einstellungen des Customizings zu berücksichtigen.

Software zur Testunterstützung

Als Software zur Testunterstützung stehen einerseits spezielle Programme bereit, die sich im Rahmen der Softwareentwicklung auf den computergestützten Test spezialisiert haben, und andererseits kann das von der SAP angebotenen Testwerkzeug CATT verwendet werden, das als Teil der ABAP/4 Development Workbench ausgeliefert wird. Die Verwendung einer handelsüblichen Testsoftware ist nicht auf die Anwendung an SAP R/3 gebunden. Das grundsätzliche Prinzip dieser Programme liegt darin, einen bestimmten Testablauf - in diesem Fall den Prozeß der Bearbeitung eines Geschäftsvorfalls - ähnlich wie ein Makro aufzunehmen. Für die Durchführung der Tests ersetzt die Testsoftware die Eingabewerte der Aufnahme durch die Werte einer Datei und führt alle Geschäftsvorfälle der Datei nacheinander aus. Mit Hilfe eines Tabellenkalkulationsprogrammes kann eine solche Datei einfach für die Testsoftware zur Verfügung gestellt werden. Mit dem Testablauf wird gleichzeitig der Prüfablauf aufgenommen, auf dessen Grundlage die Ergebnisse der Prozeßausführung mit den Sollwerten für die einzelnen Testfälle verglichen werden. Anhand des Sollwertes und des tatsächlich ermittelten Wertes erstellt die Testsoftware ein Protokoll des Tests, das Aufschluß über die korrekte Programmausführung aber auch über Abweichungen von den Sollwerten gibt. Zur Unterstützung wiederholter Tests erlauben diese Testwerkzeuge die Verwendung von relativen Datumsangaben und Werten, um z. B Liefer- oder Zahlungstermine in Abhängigkeit vom aktuellen Testtagesdatum zu setzen.

Testtool CATT

Im Gegensatz zur Testsoftware, die für alle Arten von Computerprogrammen geeignet ist, richtet sich das von SAP entwickelte Testtool CATT (Computer Aided Test Tool) speziell auf den Test von SAP R/3 Transaktionen. Durch die Integration in den Development Workbench und die Verwendung SAP eigener Batch-Input Verfahren, setzt dieses Werkzeug spezifische und teure R/3 Kenntnisse voraus, während nicht R/3 spezifische Testwerkzeuge mit „normalen" DV-Kenntnissen eingesetzt werden können. Die enge Integration von CATT mit SAP R/3 hat jedoch auch Vorteile: CATT ermöglicht das Anlegen und Verwalten von Testfalldatenbanken und kann die Sollwerte der Geschäftsvorfälle durch direkten Zugriff auf die Datenbank prüfen, während andere Programme häufig nur ein Dateimanagement für die Testfälle anbieten und die Ist-Werte von der Bildschirmoberfläche abgreifen müssen.

Bedeutung der Software

Egal welche Software für die Durchführung der Tests eingesetzt wird, sie bleibt doch nur Mittel zum Zweck: Dem von den Anbietern suggerierten Eindruck, allein der Einsatz der richtigen Testsoftware führe zu einer effektiven Qualitätssicherung, muß deutlich widersprochen werden. Die Effektivität der Qualitätssicherung hängt weniger von der eingesetzten Software, als vielmehr von den richtig ausgewählten Testfällen ab. Aber nicht nur die Qualität der Methode zur Ermittlung der Testfälle spielt eine Rolle, sondern auch die Integration der Testmethode in die Projektorganisation.

4 Erfahrungen im Umgang mit GPTM

Die vorgestellte Testmethode GPTM für SAP R/3 Geschäftsprozesse wurde in einem SAP R/3 Einführungsprojekt in einem international tätigen Unternehmensstandort mit ca. 2.500 Mitarbeitern entwickelt und angewendet. Das Customizing erfolgte durch Teilprojektgruppen für die Module FI, FI-TR, CO, MM und HR, die auch die Tests mit der Methode GPTM durchgeführt haben. Dabei konnten Erfahrungen über die Leistungsfähigkeit der Methode und über die organisatorische Durchführung der Tests gesammelt werden.

4.1 Erfahrungen bei der Anwendung der Methode GPTM

Bei der Durchführung der Testmethode hat sich bestätigt, daß mit den ermittelten Testfällen das Customizing umfassend geprüft werden kann. Die durch die Tests aufgefundenen Fehler zeigen, daß die Methode fehlersensitiv ist. Dieses positive Ergebnis kann durch zwei sich addierende Wirkungen der Methode erklärt werden. Erstens spielt sicherlich eine Rolle, daß sich im Projekt erstmals Mitarbeiter primär mit dem Test beschäftigen und systematisch nach Fehlern gesucht haben. Zweitens führt die Orientierung der Methode auf die Prozesse und die Customizing-Einstellungen dazu, daß beim Testen nicht einzelne Transaktionen isoliert geprüft werden, sondern ganze Geschäftsprozesse getestet werden, wodurch die Beziehungen zwischen den Transaktionen explizit Berücksichtigung finden. Die große Anzahl der durch die Methode ermittelten Testfälle machte es notwendig, den Test auf wichtige Kernprozesse zu beschränken, bei denen Fehler empfindliche betriebswirtschaftliche Konsequenzen nach sich ziehen. Zwar lassen sich die Testfälle relativ zügig ermitteln, jedoch stellt die Ermittlung der dazu gehörigen richtigen Sollwerte für Organisationen ein Problem dar. Ebenso bindet die Aufbereitung der Testfälle für das automatisierte Testen am Anfang der Testaktivitäten Mitarbeiter, bis Erfahrungen mit dem Umgang des Werkzeugs gesammelt wurden.

Bei der Anwendung der Methode entstehen große Datenmengen, die nur noch sinnvoll mit Software-Werkzeugen gehandhabt werden können. Zur Erhebung der Testfälle hat sich der Einsatz von Tabellenkalkulationsprogrammen bewährt, mit denen die Merkmale der Geschäftsvorfälle einfach miteinander kombiniert werden können. Die Darstellung der Testfälle und der erwarteten Sollwerte in Tabellen ist übersichtlich und erlaubt die einfache Archivierung der Testfälle. Diese Informationen können leicht umgewandelt werden, um sie Software-Werkzeugen für den automatisierten Test zu übergeben. Je größer die Anzahl der zu testenden Prozesse wird, desto mehr empfiehlt sich der Einsatz einer Datenbank zur Pflege und Verwaltung der Testfälle.

4.2 Erfahrungen bei der organisatorischen Durchführung

Die Integration der Testmethode GPTM in das SAP R/3 Einführungsprojekt wurde durch ein Testteam realisiert, dessen Mitglieder sich mit der Ermittlung der Testfälle und der Durchführung der automatisierten Tests beschäftigte. Die methodische Beratung erfolgte durch universitätsnahe externe Berater. Das Testteam organisierte Workshops, an denen Mitglieder der Teilprojekte, der Fachbereiche und des Testteams teilnahmen. Ziel der eintägigen Workshops war es, die Testfälle für die relevanten Prozesse zu erheben.

Die Teilnehmer der Teilprojekte trugen durch ihre Kenntnisse über das Customizing an der Testfallermittlung bei, während die Vertreter der Fachbereiche relevante Sonderfälle und ihre Erfahrungen aus der operativen Arbeit einbrachten. Die Mitglieder des Testteams übernahmen die Moderation der Workshops und die Erfassung der Testfälle auf den Spreadsheets. Damit alle Teilnehmer die Ermittlung der Testfälle verfolgen konnten, wurde der Bildschirminhalt der Tabellenkalkulation projiziert, so daß alle Teilnehmer den Bildschirminhalt sehen und die Testfälle auf Zuruf ergänzt werden konnten. Nachdem die Moderatoren der Workshops Erfahrungen gesammelt hatten, konnten in einem Workshop im Durchschnitt Testfälle für zwischen 6 und 8 kleinere Prozesse ermittelt werden. Die Anzahl der Testfälle für einen Prozeß variierte erheblich und lag zwischen 8 und knapp 100 Fällen, je nach dem wie komplex der Prozeß und wie unterschiedlich die Varianten der Geschäftsvorfälle waren.

Die Einführung der Testmethode führte zunächst auf Skepsis der Teilprojektmitglieder aber auch der Fachbereiche. Sie erwarteten mehr Arbeit ohne einen entsprechenden Nutzen. Die Durchführung der Workshops hat diese Haltung jedoch verändert: Die Mitglieder der Teilprojekte erhielten durch die Workshops relevante Testfälle und wurden durch das automatische Testen von eigenen umfangreichen Testaktivitäten entlastet. Die Fachbereiche sahen ihre Anforderungen an die Software berücksichtigt und erhielten durch die Testprotokolle Material, das die Abnahme der SAP R/3 Einführung beschleunigte.

Die methodische Vorgehensweise der Qualitätssicherung bei der SAP R/3 Einführung hat sich bewährt. Mit Hilfe der Methode GPTM konnten die Geschäftsprozesse der SAP R/3 Anwendung hinsichtlich der Korrektheit und Vollständigkeit überprüft und eine große Zahl von Fehlern identifiziert werden. Die Methode ist in ihrer Anwendung nicht auf SAP R/3 beschränkt, sondern ebenso für andere kaufmännische Standardsoftware geeignet, die Systemeinstellungen zur Anpassung an das Unternehmen erfordern.

5 Entwicklungsmöglichkeiten

Die Erfahrungen mit GPTM bei der SAP R/3 Einführung läßt Verbesserungspotentiale erkennen, die für künftige Projekte anzustreben sind. Weiterentwicklungen betreffen das Feintuning der Methode, die organisatorische Integration und die Verbesserung der Software-Werkzeuge. Die Methode zur Testfallermittlung gibt viele Hinweise darauf, wie „gute" Testfälle zu ermitteln sind. Solche Hinweise können jedoch zur Zeit die Erfahrung im Testen nicht völlig ersetzen. Hinweise zur Ermittlung der Testfälle für den SAP R/3 Kontext müssen daher noch detaillierter gegeben werden, so daß Kenntnisse über die Methode schnell an testverantwortliche Mitarbeiter weitergegeben werden können.

Die organisatorische Integration der Testaktivitäten muß frühzeitig in die Projektplanung eingehen und die Situation der Fachbereiche berücksichtigen. Häufig leben Projekte in ihrem eigenen Zeitplan und sehen zu spät, daß z.B. die Mitarbeiter der Finanzbuchhaltung zur Zeit des Jahresabschluß nicht für Workshops zur Verfügung stehen. Schließlich ist die Weiterentwicklung von Testwerkzeugen notwendig, so daß die Testfallermittlung und die Testdurchführung in einem System erfolgen können.

Kapitel 7

Integration von SAP R/3® mit Fuzzy-Tools zur Bewertung von PPS-Entscheidungen

Dr.-Ing. Lutz Schmidt

Technische Universität Ilmenau
Fakultät für Wirtschaftswissenschaften
Fachgebiet Wirtschaftsinformatik I

1 Einleitung

Im betriebswirtschaftlichen Bereich setzt sich Standardsoftware gegenüber individuell entwickelten Programmen immer mehr durch. Mit dem System R/3 der SAP AG steht ein Softwareprodukt zur Verfügung, welches in fast allen betriebswirtschaftlichen Bereichen eines Unternehmens einen hohen Abdeckungsgrad erreicht. Aber Standardsoftware kann nicht allen Anforderungen genügen, so daß zusätzliche Komponenten in ein gesamtbetriebliches Informationssystem eingebunden werden müssen. Der Beitrag beschäftigt sich mit allgemeinen Vorteilen und Möglichkeiten der Integration von betriebswirtschaftlichen Standardsoftwaresystemen und Personalcomputerprogrammen als Bestandteile eines solchen Informationssystems.

Ein Anwendungsfeld für solche Integrationen ist die Bewertung von Entscheidungen im Produktionsplanungsbereich von Unternehmen. Hier kann durch die Anbindung von Fuzzy-Tools an ein R/3-System die Qualität des Entscheidungsprozesses erhöht werden. Nachfolgend werden eine Realisierung aus dem Bereich der mittelfristigen Produktionsplanungsentscheidungen und eine Umsetzung zur Bestimmung der Rentabilität von Kundenaufträgen vorgestellt.

2 Vorteile der Integration

Betriebswirtschaftliche Standardsoftwaresysteme und Softwareprodukte für Personalcomputer (Desktop-Anwendungen) unterscheiden sich in ihrer Architektur und ihren Leistungsparametern. In diesem Kapitel soll gezeigt werden, daß Desktop-Anwendungen eine sinnvolle Ergänzung betriebswirtschaftlicher Standardsoftwaresysteme darstellen.

R/3-System

Das System R/3 wird als **integriertes Informationssystem** in mittleren und großen Unternehmen eingesetzt. Es stellt eine Vielzahl von Funktionen für Vertrieb, Materialwirtschaft, Produktionsplanung und -steuerung, Rechnungswesen und andere Bereiche bereit. Der Einsatz eines solchen Produktes bietet gegenüber Desktop-Anwendungen mehrere Vorteile:

- große Funktionsvielfalt und damit hoher Abdeckungsgrad betriebswirtschaftlicher Anforderungen;
- Integration aller betriebswirtschaftlichen Funktionsbereiche mit zentraler Datenverwaltung;
- Mechanismen für den Zugriff mehrerer Nutzer auf identische Datenbestände;
- Verwaltung und Verarbeitung von Massendaten;
- anpaßbares Konzept zur Verwaltung der Benutzerrechte.

Desktop-Anwendungen

Es ist jedoch nicht möglich, alle Nutzeranforderungen mit einem Softwaresystem wie R/3 vollständig abzudecken. Unternehmensspezifische Details, wie spezielle Planungsverfahren oder flexible grafische Auswertungen können mit Desktop-Anwendungen durchgeführt werden. Große betriebswirtschaftliche Softwaresysteme müssen an die Unternehmensspezifik angepaßt werden. Aufgrund des Anpassungsaufwandes und der zwangsläufig auftretenden Rückwirkungen auf die betrieblichen Organisationsstrukturen und Geschäftsabläufe muß sich ein Unternehmen langfristig an ein solches Produkt binden. Demgegenüber können Desktop-Anwendungen schnell und mit wenig Aufwand ausgetauscht werden.

Desktop-Anwendungen sind sehr **flexibel einsetzbar** und besitzen eine **hohe Anwendungsbreite**. Neben allgemein anwendbaren Programmen, wie Textverarbeitungsprogrammen und Präsentationssoftware, gibt es eine Vielzahl von Programmen für ganz spezielle Einsatzfälle. Im Gegensatz zu komplexen Standardsoftwaresystemen sind PC-Programme mit relativ geringem Aufwand erstellbar. Deshalb ist auch in Zukunft zu erwarten, daß immer wieder neue, innovative Softwarelösungen auf PC-Basis entwickelt und angewendet werden.

Sowohl komplexe betriebswirtschaftliche Standardsoftwaresysteme wie R/3 als auch Desktop-Lösungen haben ihre Berechtigung und werden deshalb weiterhin koexistieren. Bei Integration beider Seiten können die Vorteile beider Lösungen genutzt werden.

Während mit R/3 als Kern eines betrieblichen Informationssystems der Hauptteil der erforderlichen Standardfunktionen abgedeckt wird, sind die Desktop-Anwendungen individuell für die Lösung spezieller Aufgaben einzusetzen (1).

Ein Datenaustausch zwischen dem zentralen Informationssystem und den Desktop-Anwendungen erspart Mehrfacheingaben der gleichen Daten und die damit verbundenen Fehler. Konsistenzprobleme können verringert werden. Es wird möglich, ohne die gewohnte Bedienoberfläche des einen Systems zu verlassen, Teilfunktionen des anderen Systems zu nutzen.

3 Möglichkeiten der Integration

3.1 Integration aus Sicht des Nutzers

Zielstellung

Durch die Integration von Desktop-Anwendungen werden zusätzliche Funktionalitäten und komfortablere Benutzerschnittstellen für bestimmte Teilaufgaben bereitgestellt. Zentrales Ziel ist dabei die **Verbesserung der Arbeitsweise** des Nutzers und die **Verringerung von Fehlerquellen**. Aus diesem Grund sind die Möglichkeiten der Integration nicht nur aus technischer Sicht, sondern auch aus Sicht des Nutzers zu betrachten.

Bei der Integration von R/3 und Desktop-Anwendungen müssen aus Nutzersicht folgende Fragen gestellt werden:

- Welche zusätzlichen Funktionen und Informationen stehen zur Verfügung?
- Wird der Nutzer mit zusätzlichen Aufgaben wie Datenabgleich belastet?
- Müssen mehrere unterschiedliche Bedienoberflächen benutzt werden?
- Wie schnell und komfortabel verläuft die Kommunikation?

Ein wesentlicher Vorteil einer Softwareintegration besteht in der **Weiterverwendung von Daten**, die in einem der Systeme bereits vorliegen. Je nach Leistungsfähigkeit der Verknüpfung erfolgt die Datenübertragung automatisch oder durch zusätzliche Nutzeraktionen. Hier sollte angestrebt werden, daß der Nutzer lediglich eine Auswahl der zu übertragenden Daten vornimmt und nicht zusätzlich mit Konvertierungen oder manuellen Dateiübertragungen belastet wird. Ein Problem ist die Überwachung der Aktualität übertragener Daten. Oft werden Datenbestände verarbeitet, die einer permanenten Veränderung durch andere Nutzer unterliegen. Die Überwachung von Veränderungen oder manuell anzustoßende Datenabgleiche führen zu Mehrbelastungen des Nutzers und sind mögliche Fehlerquellen.

Deshalb sind Kopplungskonzepte wünschenswert, die automatische Aktualisierungen vornehmen oder die aktuellen Daten erst kurz vor deren Weiterverarbeitung übernehmen. Diese Forderung läßt sich jedoch bei großem Datenvolumen und permanenten Änderungen der Ausgangsdaten nur schwer erfüllen. Unter diesen Voraussetzungen müssen anwendungsspezifische Kompromisse zwischen Aktualität der Daten und Aufwand für deren Abgleich gesucht werden.

Varianten der Kopplung

Arbeitet ein Nutzer überwiegend mit R/3, sollte die Desktop-Anwendung nur bei Bedarf gestartet werden. Gleiches gilt bei vorwiegender Nutzung eines PC-Programmes und seltenem Zugriff auf das R/3-System. Nachfolgend wird das nur sporadisch genutzte System als Zusatzprogramm bezeichnet. Für diesen gelegentlichen Aufruf eines integrierten Programmes gibt es mehrere Varianten. Technisch unproblematisch, aber für den Nutzer aufwendiger, ist es, wenn das **Starten des Programmes durch den Nutzer** erfolgt. Eine komfortablere Variante ist ein **automatischer Aufruf** des Zusatzprogrammes durch die laufende Softwareanwendung. Dabei können die für den Anwendungsfall relevanten Daten geladen und die anstehenden Verarbeitungsfunktionen bereitgestellt oder sogar gestartet werden.

Der Aspekt der Benutzung unterschiedlicher Bedienoberflächen ist ebenfalls zu beachten. Sind keine Nutzerinteraktionen im Zusatzprogramm notwendig, empfiehlt sich, dessen **Funktionen im Hintergrund abarbeiten** zu lassen. Die Ergebnisse sollten danach an das aufrufende Programm zurückübertragen werden. Ähnlich ist zu verfahren, wenn nur die erweiterten Möglichkeiten der Anzeige des Zusatzprogrammes genutzt werden sollen. Auch dann sind dessen Verarbeitungsfunktionen im Hintergrund auszuführen und die **Ergebnisse automatisch anzuzeigen**. Der Nutzer verbleibt bei beiden Varianten der Abarbeitung vollständig in seiner gewohnten Bedienoberfläche. Es ist nicht notwendig, daß er die Bedienung des Zusatzprogramms beherrscht. Nur wenn eine **direkte Nutzerinteraktion im Zusatzprogramm** notwendig ist, läßt sich der Wechsel der Bedienoberfläche nicht vermeiden.

Die Wahl der geeigneten Variante für den Aufruf und die Abarbeitung der externen Funktionen ist sowohl von der Nutzergruppe als auch von deren Aufgabenprofil abhängig.

3.2 Integration aus Sicht der Softwaretechnologie

Kopplungsarten

Die oben beschriebenen Varianten der Nutzung integrierter Softwaresysteme erfordern unterschiedliche softwaretechnische Realisierungen. Aus Sicht der Datenübertragung ist zwischen Online- und Offline-Kopplungen zu unterscheiden.

Die **Offline-Kopplung** ermöglicht nur eine getrennte Systembedienung und erfordert einen Datenaustausch über Dateien. Dafür müssen beide Systeme Schnittstellen zur Ein- und Ausgabe von Daten besitzen. Da die internen Datenformate in der Praxis meist voneinander abweichen, ist eine Konvertierung erforderlich. Günstiger als die Verwendung eines externen Konverters ist es, wenn mindestens eine der Datenschnittstellen an beliebige Dateiformate anpaßbar ist.

Abb. 3.1 Offline-Kopplungen über Dateiaustausch

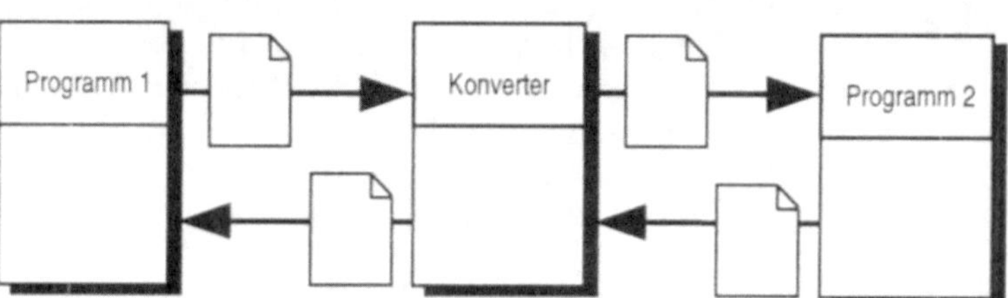

Dateiaustausch über externen Konverter

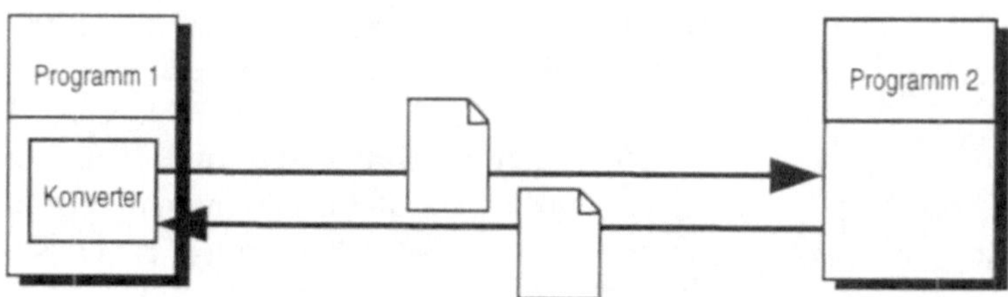

Dateiaustausch über interne Schnittstelle

Beim Aufbau von Konvertierungsprogrammen sollten standardisierte Schnittstellenformate berücksichtigt werden. Die Standardisierungsbestrebungen für betriebswirtschaftliche Daten sind jedoch noch nicht sehr weit fortgeschritten.

Online-Kopplungen ermöglichen den direkten Informationsaustausch zwischen Programmen über Nachrichten. Sie können sich auf das Lesen von Daten des zweiten Systems beschränken oder darüber hinaus dessen Verarbeitungsfunktionen nutzen.

Abb. 3.2 Online-Kopplung über Nachrichtenaustausch

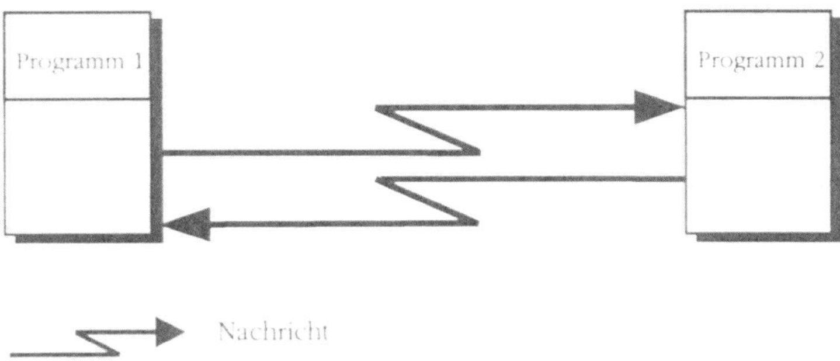

Oftmals bieten Desktop-Anwendungen sehr weitgehende Funktionen der Datenmanipulation. Werden Daten aus einem Standardsoftwaresystem wie R/3 gelesen und weiterverarbeitet, so ist das unproblematisch. Sollen manipulierte Daten zurückgeschrieben werden, treten dann Probleme auf, sobald direkt auf die R/3-Datenbank geschrieben wird. Die Datenkonsistenz ist dann nicht mehr gewährleistet. Dies kann verhindert werden, wenn bei der Datenübertragung alle Prüfungen erfolgen, die bei manueller Eingabe in das Standardsoftwaresystem erfolgen würden. Der lesende Zugriff externer Programme erfordert eine zusätzliche Überprüfung der Zugriffsrechte. Hier bietet es sich an, die Funktionen zur Zugriffskontrolle des aufgerufenen Systems zu nutzen.

Eine **funktionale Kopplung** kann über den reinen Datenaustausch hinausgehen (2). Dann nutzt das aufrufende Programm (Client) Funktionen eines anderen Programms (Server). Dazu müssen einzelne Module des gekoppelten Systems von außen aufrufbar sein. Dies setzt unter anderem voraus, daß diese Funktionen relativ unabhängig von anderen Softwarekomponenten abarbeitbar sind. Bei der Integration von betriebswirtschaftlichen Standardsoftwaresystemen und Desktop-Anwendungen können beide Komponenten sowohl als Server als auch als Client fungieren.

3.3 R/3-Integrationsschnittstellen

Das System R/3 bietet unterschiedliche Schnittstellen, um Kopplungen mit Desktop-Anwendungen zu realisieren (3). Die wichtigsten sind nachfolgend beschrieben.

Dateitransfer

Aus R/3-Programmen ist es möglich, Daten in Dateien auszugeben und aus Dateien einzulesen. Dabei kann der Dateiaufbau frei gestaltet werden. Damit sind die Voraussetzungen für einen **Dateitransfer** gegeben.

ODBC

Über **Open Database Connectivity** werden Daten direkt aus der in das System R/3 eingebundenen relationalen Datenbank unter Umgehung der R/3-Programme bereitgestellt. Diese Schnittstelle eignet sich nur für den lesenden Zugriff, da die R/3-Funktionalitäten zur Datenüberprüfung nicht genutzt werden können. Problematisch ist der Zugriff auf einige spezielle R/3-Tabellen, da bei diesen immer mehrere R/3-Tabellen gemeinsam in einer Datenbanktabelle abgelegt sind. Mit dem Release 3.0 wurde jedoch die Zahl dieser Tabellen stark verringert, so daß sich der Zugriff vereinfacht hat. Eingesetzt wird die Schnittstelle beispielsweise zur Übertragung von Daten an spezielle Auswertungsprogramme. Ein weiteres Problem beim direkten Zugriff auf die Datenbank ist, daß sich bei Release-Wechseln das Datenmodell des R/3-Systems ändern kann und damit eine ODBC-Anbindung nicht aufwärtskompatibel ist.

RFC

Eine funktionale Kopplung kann mit dem **Remote-Function-Call** (RFC) hergestellt werden. Hierbei handelt es sich um R/3-Funktionsbausteine, die über Nachrichten mit einem anderen Programm kommunizieren können. Daten können in beide Richtungen ausgetauscht werden. Über diese Schnittstelle können von R/3 aus andere Programme gestartet und deren Funktionen aufgerufen werden. Es ist aber auch möglich, dafür vorgesehene R/3-Bausteine von außen anzusprechen, um deren Funktionalität zu nutzen. Damit kann R/3 entweder als Client oder als Server benutzt werden.

BDC

Die **Batch Data Communication** (BDC) bietet die Möglichkeit, einen Nutzerdialog automatisch ablaufen zu lassen. Dabei können Daten, die von externen Systemen übernommen wurden, in die R/3-Datenbasis aufgenommen werden. Der Vorteil besteht darin, daß auch mit diesen Daten alle Überprüfungen durchgeführt werden, die bei manueller Eingabe erfolgen würden. Damit bleibt die Datenbank konsistent.

OLE2

Object Linking Embedding (OLE2) ist ein von der Firma Microsoft verwendeter Schnittstellenstandard für Desktop-Anwendungen. Auch im R/3-System stehen Funktionsbausteine zur Verfügung, mit der eine solche Schnittstelle realisiert werden kann. Das erleichtert vor allem die Integration dieser Anwendungen.

BAPI

Das **Business Application Interface** (BAPI) ist die jüngste Schnittstellenentwicklung der SAP AG. Über diese Schnittstelle kann ein Zugang auf betriebswirtschaftliche Objekte im R/3-System, die Business Objects, erfolgen. Lieferant und Bestellung sind solche Objekte. Der Zugriff auf die Daten der Objekte erfolgt über objekteigene Funktionen (Methoden). Die Methoden sind über Standardinterfaces, wie OLE2 oder RFC, ansprechbar. Schrittweise sollen alle wesentlichen betriebswirtschaftlichen Daten als Business Objekts verfügbar werden.

Mit der im R/3-System integrierten Softwareentwicklungsumgebung können diese Schnittstellen anwendungsspezifisch angepaßt werden. Darüber hinaus kann ein Programmcode für die Schnittstellenfunktionalität von Desktop-Anwendungen generiert werden. Im weiteren werden zwei konkrete Realisierungen funktionaler Kopplungen zwischen R/3 und Fuzzy-Tools vorgestellt. Dabei wurde eine OLE2- und eine RFC-Schnittstelle realisiert.

4 Problematik der Bewertung von PPS-Entscheidungen

Im Bereich der Produktionsplanung und -steuerung werden vielfältige Entscheidungen über Termin sowie Art und Weise der Produktion getroffen. Solche Entscheidungen beinhalten jeweils einen Wahlakt zwischen mehreren Handlungsalternativen. Beispiele dafür sind die Annahme oder Ablehnung von Aufträgen, die Entscheidung über Eigen- bzw. Fremdfertigung oder die zeitliche und örtliche Verlagerung von Arbeitsfolgen.

Zielstellungen

Bei jeder Entscheidung sind die Handlungsalternativen anhand ihrer Auswirkungen zu bewerten. Dazu sind die Auswirkungen potentieller Handlungen zu quantifizieren und anhand der Ziele des gesamten Unternehmens zu vergleichen.

Jedoch läßt sich die Erfüllung dieser **globalen Unternehmensziele** nur schwierig bestimmen oder gar vorhersagen. Ein Grund dafür ist, daß die Wirkungen von Handlungsalternativen auf die Unternehmensziele von vielen anderen Faktoren (zum Beispiel Kunden- und Konkurrenzverhalten) überlagert werden. Daher wird in der betrieblichen Praxis zumeist auf **technisch orientierte Ziele** ausgewichen, die meßbar und damit beurteilbar sind.

Bei der Bestimmung der Zielerreichung werden Standardsoftwaresysteme eingesetzt. Beispielsweise wird das Modul Produktionsplanung (PP) des Standardsoftwaresystemes R/3 zur Entscheidungsunterstützung im Produktionsbereich eingesetzt. In diesem können die Auswirkungen einer Entscheidung auf die Fertigung im voraus grob bestimmt werden. Die Kapazitätsplanung liefert Daten über die Auslastung von Maschinengruppen, die Durchlaufzeit und Termintreue der Aufträge sowie den Bestand an Material, halbfertigen Erzeugnissen und Endprodukten. Mögliche Planungsalternativen werden direkt anhand dieser technisch orientierten Ersatzziele bewertet. Im folgenden Bild sind wichtige Unternehmensziele und technisch orientierte Ziele zusammengestellt.

Abb. 4.1
Ziele der Produktionsplanung und -steuerung

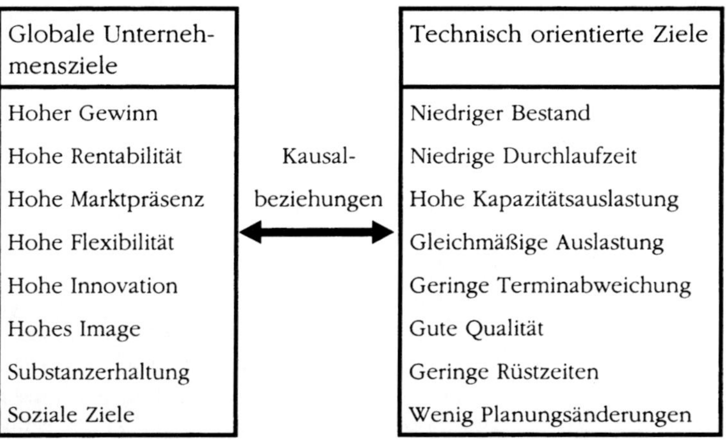

Dabei wird vorausgesetzt, daß eine gute Erfüllung aus der Sicht der technischen Ziele gleichzeitig eine gute Erfüllung in Hinblick auf die globalen Unternehmensziele ist. Diese Bewertung anhand der technisch orientierten Ziele hat jedoch mehrere entscheidende Nachteile:

1. Eine Bewertung unter Berücksichtigung mehrerer technisch orientierter Ziele setzt voraus, daß ein gemeinsamer Maßstab (zum Beispiel die Kosten) dieser Ziele existiert. Solch ein Maßstab läßt sich meist nur unter Zuhilfenahme von starken Vereinfachungen bilden.
2. Die technisch orientierten Ziele können den Zielen des Gesamtunternehmens nicht gleichgesetzt werden. Es bestehen Ursache-Wirkung-Beziehungen zwischen den technisch orientierten Zielen und den globalen Unternehmenszielen, jedoch sind diese nicht vollständig bekannt.
3. Die Ausgangsdaten der Planungsläufe werden als exakt angenommen, obwohl sie in starkem Maße unsicher sind. Beispiel dafür sind pauschale Übergangszeiten für den Wechsel zwischen Arbeitsplätzen. Die Ermittlung der Auswirkungen der Handlungsalternativen berücksichtigt diese Unsicherheiten nicht.
4. Nicht exakt bestimmbare Einflußgrößen zur Beurteilung der Zielerfüllung werden außer acht gelassen. Hier seien beispielsweise ungeplante Ausfälle oder Auftragsänderungen genannt.
5. Die zu berücksichtigenden einzelnen Unternehmensziele sind nicht unabhängig voneinander.

Es ergeben sich mehrere **Schlußfolgerungen**:

- Die direkte Bewertung von PPS-Entscheidungen anhand technisch orientierter Ziele geht von stark vereinfachenden Annahmen aus und berücksichtigt nicht alle Informationen. Die so gefundenen Ergebnisse müssen deshalb in Frage gestellt werden.
- Viele Zusammenhänge und Daten sind nicht bekannt oder unsicher. Eine absolut exakte Bewertung einer PPS-Entscheidung anhand der Unternehmensziele ist aufgrund dieser unzureichenden Ausgangsinformationen und unbekannten Kausalbeziehungen nicht möglich. Es sollte deshalb angestrebt werden, durch die Einbeziehung möglichst vieler relevanter Informationen den Entscheidungsprozeß zu verbessern. Dabei kommt der Verarbeitung unsicherer Informationen eine große Bedeutung zu.
- Mit herkömmlichen PPS-Systemen lassen sich diese Probleme nicht lösen, weil sie nur für die Verarbeitung exakter Daten

ausgelegt sind. Unsichere Informationen lassen sich mit ihnen in der Regel nicht verarbeiten. Diese Systeme müssen deshalb angepaßt oder erweitert werden.

Im folgenden wird untersucht, ob die dargelegten Probleme durch eine Kopplung von Standardsoftwaresystemen und Fuzzy-Systemen überwunden werden können.

5 Eignung von Fuzzy-Systemen

Für einen an den Unternehmenszielen orientierten Entscheidungsprozeß im PPS-Bereich fehlen viele Informationen und Verfahren zu deren Verarbeitung.

Informationsquellen

Betriebswirtschaftliche Standardsoftwaresysteme verwalten-zahlreiche Informationen, die für eine exaktere Entscheidungsbewertung anhand der Unternehmensziele genutzt werden können. Dazu gehören gespeicherte Zusatzinformationen, wie Lieferantenflexibilität, Liquidität des Unternehmens, Störhäufigkeit und Streuung der Durchlaufzeiten. Sie können als Indikatoren für die Erreichung nicht direkt meßbarer Ziele genommen werden. Diese Informationen werden bisher kaum verwendet, weil sie situationsabhängig und unsicher sind und deshalb ihr Einfluß auf die Unternehmensziele nicht mathematisch exakt bestimmbar ist. Andere Informationen liegen nicht als kardinale Werte, sondern nur als linguistische Begriffe vor ("wichtiger Kunde", "Engpaßmaschine", "A-Erzeugnis").

Eine weitere ungenügend genutzte Informationsquelle ist das Wissen der **Mitarbeiter im Unternehmen**. Einige Beispiele:

- Ein Disponent kann einschätzen, wie kritisch eine Kapazitätsüberschreitung an einer bestimmten Maschine ist.
- Die Unternehmensleitung kann angeben, wie die Bestandshöhe und die Auslastung gegeneinander abzuwägen sind.
- Ein Fertigungsleiter kann die Auswirkungen von Durchlaufzeiten auf die Kosten und den Gewinn abschätzen.
- Ein Controller kann einschätzen, wie kurzfristige Erlösänderungen gegenüber langfristigen Kostenentwicklungen zu bewerten sind.

Dieses Expertenwissen ist in der Regel nicht rechentechnisch erfaßt. Meist liegt es nur verbal und unpräzise vor. Beide Informationsquellen können nicht mit herkömmlichen Datenverarbeitungsprogrammen verarbeitet werden. Sie können deshalb bisher nicht in eine automatische Bewertung einbezogen werden. Da in der Regel statistische Daten über die genannten Einflüsse fehlen, sind auch Verfahren des Operation Research nicht ausreichend.

Fuzzy Set Theorie

Als Lösung bietet sich die **Theorie der unscharfen Mengen** (Fuzzy Set Theorie) an. Kernpunkt dieser Theorie ist, daß ein Element nicht exakt einer Menge zugeordnet werden muß. Der Grad der Zuordnung entspricht der Sicherheit der Aussage "Das Element gehört zur Menge". Die gegensätzliche Aussage "Das Element gehört nicht zur Menge" kann gleichfalls mit einer bestimmten Sicherheit angegeben werden. Ausführliche Darstellungen dieser Theorie finden sich in (4), (5) und (6).

Mit den Mitteln der Fuzzy Set Theorie lassen sich eine Reihe von Informationen abbilden und verarbeiten, die mit anderen Methoden nicht oder nur mit hohem Aufwand dargestellt werden können:

Unsichere Ausgangsdaten

Mit Zugehörigkeitsfunktionen können unsichere Ausgangsdaten abgebildet werden. Das heißt, für jeden beliebigen Wert kann bestimmt werden, wie sicher er zuordenbar ist. Abb. 5.1 zeigt die Zuordnung konkreter, normierter Deckungsbeiträge zur Aussage "hoher Deckungsbeitrag". Solch eine Aussage mit sprachlichen Formulierungen, wie "kein", "niedrig" oder "hoch" als Wertebereich, wird linguistische Variable genannt.

Abb. 5.1
Definition der linguistischen Variable „Deckungsbeitrag"

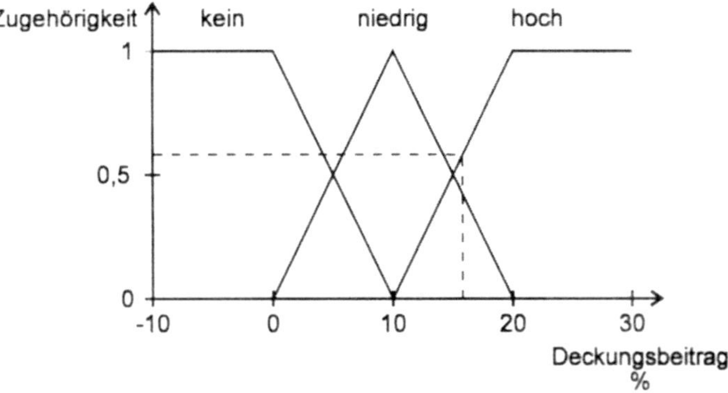

Ein Deckungsbeitrag von 16% der Auftragssumme wird demnach nur mit der Sicherheit von 0,6 als hoch eingeschätzt.

Widersprüchliche Aussagen
Durch die Überlappung von Zugehörigkeitsfunktionen können gleichzeitig zwei gegensätzliche Aussagen, die jeweils zu einem gewissen Grade zutreffen, abgebildet werden (vgl. Entscheidung "ablehnen" und "annehmen" in Abb. 7.2).

Unsichere Verknüpfungen
Einzelaussagen werden im Fuzzy-System durch Regeln und Operatoren miteinander verknüpft. Wenn eine Vorschrift zur Verknüpfung nicht eindeutig ist, kann dieser Sachverhalt beispielsweise als Gewicht (Sicherheit des Zutreffens) der Regel abgebildet und verarbeitet werden. Mit Fuzzy-Entscheidungsmodellen nach Felix (vgl. (7)), welches dem Anwendungsbeispiel im Kapitel 6 zugrundeliegt, können gleich- und gegenläufige Einflüsse auf Ziele berücksichtigt werden.

Nichtlineare Zusammenhänge
Durch spezielle Zugehörigkeitsfunktionen oder Verknüpfungsoperatoren können nichtlineare Beziehungen zwischen Variablen einfach dargestellt werden. So ist im nachfolgend beschriebenen Bewertungsmodell abgebildet, daß mit sinkender Kapazitätsauslastung die Sicherheit wächst, mit der ein Auftrag angenommen werden sollte. Wird jedoch ein bestimmter Schwellenwert der Auslastung unterschritten, verändert sich deren Einfluß auf die Annahmesicherheit nicht mehr.

Abbildung von linguistischem Wissen
Liegen die Informationen nur in sprachlicher Form vor (zum Beispiel "wichtiger Kunde", "normaler Kunde"), so können diese direkt verarbeitet werden. Ist beispielsweise der Deckungsbeitrag noch nicht bestimmbar, reicht es aus, ihn verbal anzugeben (vgl. Abb. 5.1), um ihn weiterverarbeiten zu können.

Ein weiterer Vorteil der Fuzzy Set Theorie ist, daß das zugrundeliegende Modell, bestehend aus Variablen und Verknüpfungen, an die Genauigkeitsansprüche des Benutzers angepaßt werden kann. So kann ein unscharfes Bewertungsmodell mit mehr oder weniger Variablen und diese mit unterschiedlich vielen Ausprägungen aufgestellt werden.

Auf dem Softwaremarkt sind auf Personalcomputern lauffähige Fuzzy-Tools verfügbar, die bereits in verschiedenen Anwendungsfällen zur Unterstützung betriebswirtschaftlicher Entscheidungen eingesetzt werden.

Nachfolgend werden zwei Anwendungsbeispiele beschrieben, deren Nutzen zum großen Teil aus der Integration zwischen dem Standardsoftwaresystem R/3 und Fuzzy-Tools erwächst.

6 Anwendungsbeispiel zur Bewertung von PPS-Entscheidungen

6.1 Geschäftsprozeß "Bewertung einer PPS-Entscheidung"

Für die Bewertung von Handlungsalternativen im Rahmen der mittelfristigen Produktionsplanung wurde ein Prototyp erstellt. Dazu wurde das betriebswirtschaftliche Standardsoftwaresystem R/3 der SAP AG um ein Zusatzmodul zur Aufbereitung und Ergänzung entscheidungsrelevanter Daten erweitert und mit dem FuzzyDecisionDesk der Fuzzy Logik Systeme GmbH gekoppelt (8). In der vorliegenden Realisierung können beliebige Handlungsalternativen im Bereich der Produktionsplanung anhand ihrer Auswirkungen auf Unternehmensziele untereinander verglichen werden.Nachfolgend soll die Vorgehensweise zur Bewertung von PPS-Entscheidungen aus Sicht des Nutzers dargestellt werden. Der Geschäftsprozeß ist in Abb. 6.1 als ereignisgesteuerte Prozeßkette dargestellt.

Abb. 6.1
Geschäftsprozeß „Bewertung einer PPS-Entscheidung"

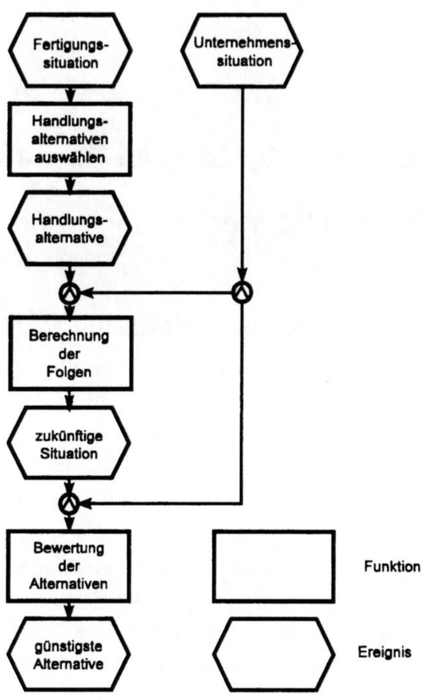

Ablauf des Entscheidungsprozesses

Ausgangspunkt ist eine konkrete Situation des Unternehmens als Ganzes und der Fertigung im Speziellen.

Die **Unternehmenssituation** ist beispielsweise gekennzeichnet durch die Liquidität, die Auftragslage und die Bedingungen des Marktes. Dazu zählen auch die festgelegten Unternehmensziele und ihre Prioritäten.

Die **Fertigungssituation** wird vor allem durch die vorhandenen Ressourcen und die bereits im Prozeß befindlichen Aufträge bestimmt. Beispielsweise liegt eine Situation aus Sicht der Produktionsplanung vor, in der mehrere Aufträge nicht termingerecht fertiggestellt werden können. Grund ist die überlastete Kapazität eines Arbeitsplatzes. Abb. 6.2 zeigt die erfaßten Situationsparameter.

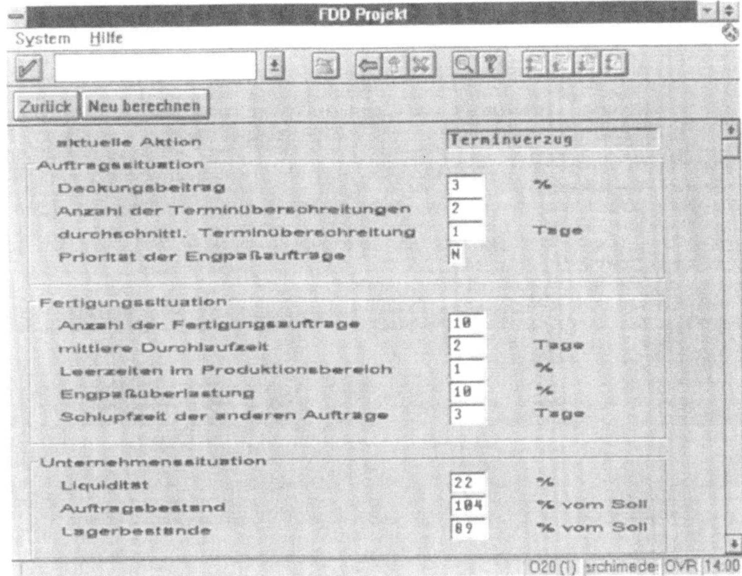

Abb. 6.2
Parameter der Ausgangssituation (SAP AG©)

Die in Abb. 6.2 dargestellte Ausgangssituation kann durch unterschiedliche Handlungen verbessert werden. Mögliche **Handlungsalternativen** sind die Kapazitätserhöhung durch Überstunden sowie die Auswärtsvergabe oder Terminverschiebung von Aufträgen. Für die erfolgversprechendsten Alternativen werden im R/3-System die Folgen nacheinander ermittelt. Das heißt beispielsweise, es wird ein Auftragstermin verschoben oder eine erweiterte Kapazität für eine Engpaßmaschine vorgesehen. Mit Hilfe der R/3-Planungskomponenten wird jeweils berechnet, welche **zukünftige Situation** sich ergeben würde. Aus den entstehenden Planungsdaten werden die gleichen entscheidungsrelevanten Parameter abgeleitet, die in Abb. 6.2 für die Ausgangssituation dargestellt sind. Da sich nicht alle relevanten Größen errechnen lassen, besteht die Möglichkeit, zusätzliche Fakten manuell zu ergänzen.

Nachdem für mehrere Handlungsalternativen die Folgen ermittelt wurden, kann der Nutzer diese anhand der gleichen Situationsparameter bewerten, die bereits zur Beschreibung der Ausgangssituation herangezogen wurden. Da die Parameter nur die erreichten technischen Zielstellungen verkörpern, müssen sie in **Wirkungen auf die Unternehmensziele** umgerechnet werden.

Die Berechnung dieser Wirkungen basiert auf erfaßten Expertenmeinungen über Zusammenhänge zwischen einzelnen technischen Parametern und Unternehmenszielen. Als Entscheidungsgrundlage werden gewichtete Unternehmensziele herangezogen. Aus diesen Angaben wurde im FuzzyDecisionDesk ein Bewertungsmodell aufgestellt, mit dem die Zielerreichung der Handlungsalternativen ermittelt wird. Das Ergebnis (vgl. Abb. 6.3) wird eingeblendet, ohne daß der Nutzer mit der Datenübertragung oder der Bedienung des Fuzzy-Tools belastet wird.

Abb. 6.3 Ergebnis der Entscheidungsbewertung (SAP AG©)

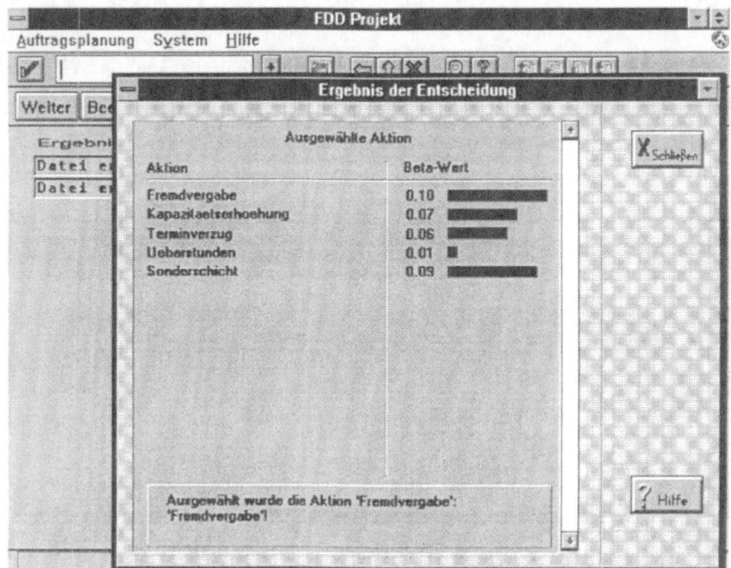

Im dargestellten Beispiel wurde die Alternative nacheinander "Fremdvergabe" als günstigste Alternative ausgewählt.

Aufgrund der realisierten Programm-Programm-Kopplung erfolgen Datenübergabe, Ermittlung der Handlungsalternative und Ausgabe automatisch.

Berücksichtigung der Entscheidungssicherheit

Wie bereits erwähnt, sind viele der Ausgangsdaten und der abgebildeten Zusammenhänge unsicher. Dieser Fakt muß bei der Interpretation des Ergebnisses berücksichtigt werden. Ein Vorteil der realisierten Fuzzy-Lösung ist die **Fehlertoleranz**. Geringe Fehler bei den Eingangsgrößen führen nicht zu großen Abweichungen der Ergebnisse.

Neben der Auswahl der günstigsten Alternative stellt der in Abb. 6.3 dargestellte Beta-Wert ein weiteres Ergebnis der Entscheidungsfindung dar. Er ist ein Maß für die Unterstützung der angestrebten Ziele durch eine Handlungsalternative. Die Differenz zwischen den Beta-Werten verschiedener Alternativen gibt an, wie stark eine Alternative eine andere dominiert. Sie kann als ein **Maß der Entscheidungssicherheit** herangezogen werden. Ist er groß, ist die Entscheidung sicher.

In Abb. 6.3 haben die Alternativen Fremdvergabe und Sonderschicht einen ähnlichen Beta-Wert. Aufgrund der oben beschriebenen Unsicherheit kann deshalb keine sichere Entscheidung gefällt werden. Es empfiehlt sich, insbesondere bei wichtigen Entscheidungen, die Ausgangsinformationen der Bewertung dieser beiden Handlungsalternativen noch einmal exakter zu bestimmen bzw. zusätzliche Informationen einfließen zu lassen. Danach kann eine erneute Bewertung erfolgen. Darüber hinaus kann der Nutzer bei Bedarf die volle Funktionalität des Fuzzy-DecisionDesk nutzen, um den Weg der Entscheidung nachzuvollziehen.

Vorteile der Lösung

Die Praxis in Produktionsunternehmen ist oft dadurch gekennzeichnet, daß viele Entscheidungen unter Zeitdruck getroffen werden müssen. Die beschriebene Vorgehensweise bietet hier mehrere Vorteile:

- Der Nutzer muß die von ihm gewohnte R/3-Umgebung nicht verlassen. Alle externen Funktionen werden automatisch ausgeführt.
- Relativ konstante Einflußfaktoren, wie die Prioritäten der Unternehmensziele, werden ständig berücksichtigt, müssen jedoch nur in größeren Abständen überprüft werden.
- Viele aktuelle entscheidungsrelevante Daten werden automatisch ermittelt und in die Bewertung einbezogen.
- Es ist möglich, klare Entscheidungen schnell zu fällen und mehr Zeit auf die unsicheren Entscheidungen zu verwenden.
- Die Entscheidungen können aufgrund ihrer Sicherheit auf mehrere Nutzergruppen mit unterschiedlicher Kompetenz verteilt werden.

6.2 Softwarerealisation

Bestandteile

Im **System R/3** sind die aktuellen Daten der betriebswirtschaftlichen Funktionsbereiche Rechnungswesen, Vertrieb, Produktionsplanung und Materialwirtschaft gespeichert. Damit steht eine einheitliche Datenbasis aller rechentechnisch erfaßten, betriebswirtschaftlich relevanten Daten zur Verfügung. Aus diesen Daten lassen sich sowohl Informationen über die allgemeine Lage des Unternehmens als auch über die konkrete Situation in einem Produktionsbereich ableiten.

Mit der integrierten Entwicklungsumgebung des Systems R/3 wurde ein **Zusatzmodul zur Gewinnung, Verwaltung und Konvertierung entscheidungsrelevanter Informationen** erstellt. Dieses Modul wertet die Daten aus der R/3-Basis aus, die aufgrund einer spezifischen Planungssituation und der allgemeinen Unternehmenssituation entscheidungsrelevant sind. Die umfangreichen R/3-Datenbestände werden dabei zu wenigen, die Situation charakterisierenden, Parametern zusammengefaßt (vgl. Abb. 6.2). Beispielsweise wird aus den aktuellen Planungsdaten die Anzahl und Höhe der Terminüberschreitungen ermittelt. Die Sachkontenstände der Finanzbuchhaltung bilden die Basis für die Berechnung der Liquidität. Weiterhin können nicht berechenbare Daten, wie entstehende Zusatzkosten, manuell eingegeben werden.

Da es mit den Standardfunktionen des R/3-Systems nicht möglich ist, die Auswirkungen mehrerer Handlungsalternativen zu speichern, werden die ermittelten Parameter der Situation aller Alternativen durch das Zusatzmodul verwaltet. Im Gegensatz zu den umfangreichen Planungsdaten selbst, ist der Umfang der gespeicherten Situationsparameter sehr gering. Das Zusatzmodul beinhaltet weiterhin Funktionen zur Eingabe der Unternehmensziele, ihrer Prioritäten und der Beziehungen zwischen Situationsparametern und Zielen. Im Modul werden die Auswirkungen mehrerer Handlungsalternativen zu einer Wirkungsmatrix zusammengefaßt und an das FuzzyDecisionDesk weitergegeben.

Das für Fuzzy-Entscheidungsunterstützungen konzipierte Tool **FuzzyDecisionDesk** ermittelt, inwieweit mit den gegebenen Handlungsalternativen die Ziele erreicht werden können. Dabei wird die Wichtung der Zielkriterien, Zielkonflikte und Zielgleichläufigkeiten bei der Entscheidungsfindung berücksichtigt. Ergebnis ist die in Bild 6-3 dargestellte Bewertung der Alternativen.

Kopplung

Das R/3-Zusatzmodul läuft auf einem Applikationsserver der R/3-Installation. Das FuzzyDecisionDesk wird auf dem Personalcomputer abgearbeitet, der auch als R/3-Präsentationsserver genutzt wird. Die Kopplung beider Softwaresysteme erfolgt online über eine **OLE2-Verbindung**.

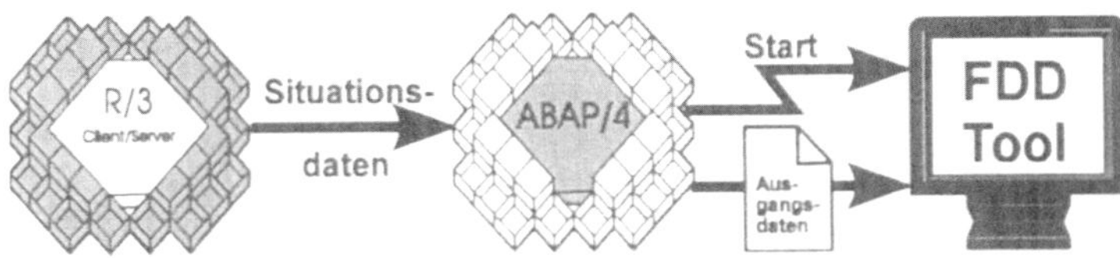

Abb. 6.4 Kopplung zwischen R/3 und FuzzyDecisionDesk

Dabei fungiert R/3 als Client und das FuzzyDecisionDesk als Server. R/3 startet das Fuzzy-Tool und aktiviert dessen Funktionen zur Datenübernahme und zur Entscheidungsermittlung. Die Datenübertragung erfolgt im Format des Fuzzy-Tools, so daß mit den entscheidungsrelevanten Daten auch unabhängig vom R/3-System gearbeitet werden kann. Da nur vorverarbeitete Daten übertragen werden, treten bei der Datenübertragung und der anschließenden Verarbeitung keine Performanceprobleme auf.

7 Anwendungsbeispiel zur Rentabilität von Kundenaufträgen

7.1 Geschäftsprozeß "Bewertung von Kundenaufträgen"

Im folgenden wird eine Realisation zur Bewertung der Rentabilität von Kundenaufträgen dargestellt. Für diesen Anwendungsfall wurde das System R/3 erweitert und mit dem Fuzzy Control Manager der Firma TransferTech GmbH verknüpft (9). Der Geschäftsprozeß zur Bewertung von Kundenaufträgen wird am Beispiel der Annahme oder Ablehnung eines zusätzlich eingegangenen Auftrages dargestellt. Die Lösung ist analog auf andere betriebswirtschaftliche Entscheidungen anwendbar. So kann die Entscheidung, ob ein komplexes Angebot erstellt werden soll oder die Festlegung einer Auftragspriorität ähnlich, erfolgen.

Ablauf des Entscheidungsprozesses

Ausgangspunkt der Auftragsbewertung ist das **Eintreffen eines Kundenauftrages** im Unternehmen. Auch bei diesem Anwendungsbeispiel bilden die R/3-Standardfunktionen der Bereiche Vertrieb und Produktionsplanung die Basis der Berechnung. Wurde ein Kundenauftrag erfaßt, kann der Nutzer über ein Zusatzmodul aus der R/3-Datenbank **entscheidungsrelevante Parameter ermitteln** lassen.

In der betrieblichen Praxis erfolgt die Entscheidung zumeist nur auf Grundlage des durch eine standardisierte Kalkulation ermittelten Deckungsbeitrages. Dabei werden Regelbearbeitungszeiten, durchschnittliche Material- und Bearbeitungskosten dem zu erwartenden Erlös gegenübergestellt. Die Situation im Produktionsbereich während des geplanten Fertigungszeitraumes wird nicht beachtet. Marktorientierte Entscheidungskriterien werden, wenn überhaupt, nur im nachhinein berücksichtigt. In manchen Fällen läßt sich auch keine genaue Kalkulation durchführen. Ein Beispiel dafür sind die Unternehmen, welche kundenspezifische Maschinen und Anlagen projektieren und fertigen. Zum Zeitpunkt der Auftragsannahme lassen sich weder die Kosten noch die Durchlaufzeiten exakt vorherbestimmen, da noch nicht feststeht, was genau produziert werden soll. Aber auch in solchen Fällen liegen Informationen vor, die die Entscheidungsfindung unterstützen können.

Einflußgrößen der Entscheidung

In der vorliegenden Realisierung ist der **Deckungsbeitrag** die zentrale Entscheidungsgröße des vorliegenden Bewertungsmodells. Dieser Wert wirkt sich direkt auf die Unternehmensziele Gewinn und Rentabilität aus. Es ist möglich, den Deckungsbeitrag aus Erlös und variablen Kosten zu bestimmen oder, wenn diese Daten nicht vorliegen ihn, wie in Abb. 5.1 dargestellt, verbal einzuschätzen. Die Entscheidung wird zusätzlich durch nachfolgende Größen beeinflußt:

- Auftragslage
- Priorität des Erzeugnisses aus Marketingsicht
- Kundengruppe
- Kapazitätsengpässe
- Kosten für die Ausweitung des Kapazitätsangebotes
- Bestände in der Produktion
- Schlupfzeiten eingelasteter Aufträge

Da nicht alle Einflüsse exakt ermittelt werden können, werden unsichere Informationen herangezogen, die mögliche Auswirkungen widerspiegeln. So sind beispielsweise Zusatzkosten möglich, wenn bereits eingelastete Aufträge hoher Priorität verschoben werden müßten, um den neuen Auftrag zu fertigen. Die aus den R/3-Daten ermittelten Parameter können manuell ergänzt oder angepaßt werden. Die folgende Abbildung zeigt die Erfassungsmaske:

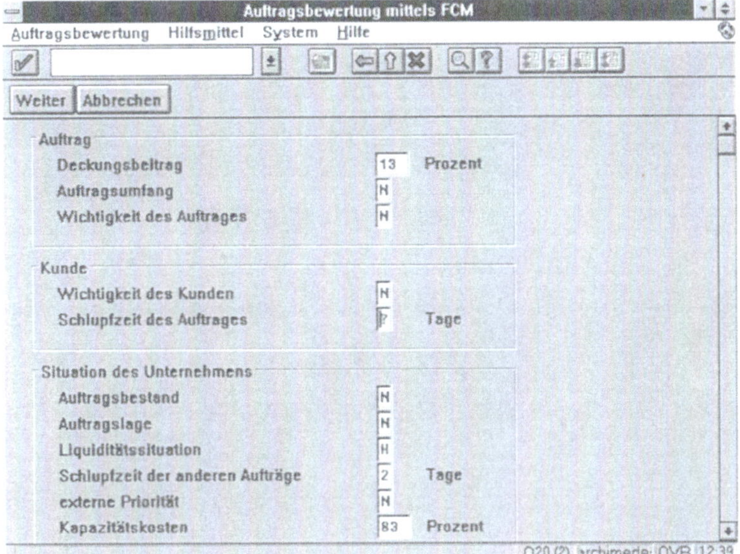

Abb. 7.1 Erfassungsmaske für Situationsparameter (SAP AG©)

Zur **Auswertung** werden die Daten an den Fuzzy Control Manager übergeben und mit einem Bewertungsmodell verarbeitet. Ergebnis ist ein **Entscheidungsvorschlag** über die Annahme oder Ablehnung des erfaßten Kundenauftrages. Der Nutzer kann dabei zwischen zwei Vorgehensweisen wählen:

Alternativen der Abarbeitung

Wird nur ein schnelles Ergebnis des Entscheidungsprozesses gewünscht, kann die **Abarbeitung** des Fuzzy-Reglers **im Hintergrund** erfolgen. Es erscheint nur das an das R/3-System zurückgegebene Ergebnis.

Soll der Weg zur Entscheidung und die Entscheidungssicherheit berücksichtigt werden, kann die Vollversion des Fuzzy-Tools vom R/3-System aufgerufen werden. Der Nutzer kann dann den Fuzzy-Regler **interaktiv abarbeiten** und die Visualisierungsfunktionen des Tools nutzen. Außerdem ist es möglich, die Entstehung der Entscheidung schrittweise nachzuvollziehen und das Modell sowie die Ausgangsdaten bei Bedarf zu konkretisieren. Letzteres ist dann empfehlenswert, wenn die Sicherheit des Entscheidungsvorschlages gering ist.

Berücksichtigung der Entscheidungssicherheit

Zusätzlich zur Entscheidung selbst kann eine Aussage über deren Sicherheit getroffen werden. In Abb. 7.2 werden exemplarisch für die Implementierung des Bewertungsmodells zwei der Einflußgrößen mit ihren Ausprägungen und das berechnete Ergebnis dargestellt.

Abb. 7.2 Bewertungsmodell zur Auftragsannahme (Ausschnitt)

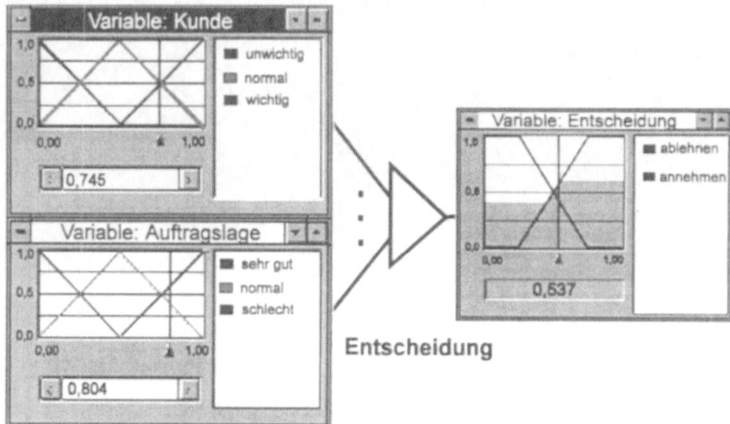

Da die Ergebnisvariable "annehmen" nur unwesentlich stärker bewertet wurde als die Variable "ablehnen", ist die Sicherheit, mit der die Entscheidung getroffen werden kann, relativ gering und sollte deshalb, wie bereits beschrieben, nochmals überprüft werden. Eine automatische Weiterverarbeitung des Entscheidungsergebnisses im R/3-System ist technisch möglich, wurde aber im vorliegenden Beispiel nicht angestrebt.

7.2 Softwarerealisation

Bestandteile

Auch bei diesem Anwendungsbeispiel wird das **R/3-System** als Datenbasis genutzt. Erweitert wurde es auch hier um ein in ABAP/4 erstelltes **Modul zur Datenaufbereitung und zur Eingabe der Vorschlagswerte**. Ein Teil der entscheidungsrelevanten Parameter wird direkt aus dem R/3-Datenbestand berechnet. Beispielsweise wird die Auftragslage aus dem aktuellen Auftragsbestand ermittelt.

Das regelbasierte Bewertungsmodell selbst wurde mit dem **Fuzzy Control Manager** implementiert. Die einzelnen Ausgangswerte des Modells wurden als linguistische Variablen vereinbart, die Beziehungen zwischen den Einflußgrößen als Regelbasis abgelegt. Hier ein Beispiel für eine Beziehung und die dafür implementierte Regel:

- Ein Auftrag sollte auch bei geringerem Deckungsbeitrag angenommen werden, wenn die Auftragslage schlecht ist und der Auftrag von einem wichtigen Kunden kommt.
- WENN (Auftragslage IST schlecht) UND (Kunde IST wichtig) UND (Deckungsbeitrag IST gering) DANN (Entscheidung IST annehmen)

Dieser hierarchische Fuzzy-Regler interpretiert die übermittelten Daten als Fuzzy-Mengen und verknüpft sie miteinander. Das Ergebnis ist der Wert der Zugehörigkeitsfunktionen der Variable „Entscheidung".

Kopplung

Im Kapitel 7.1 wurden zwei durch den Nutzer auswählbare Vorgehensweisen beschrieben. Bei der Abarbeitung im Hintergrund wird ein C-Programm benutzt, welches mit dem Fuzzy Control Manager generiert wurde. Dieses Programm kann automatisch im Hintergrund von R/3 abgearbeitet werden. Im Falle der Abarbeitung im Vordergrund kommt die Vollversion des Fuzzy Control Managers zum Einsatz. Beide Programme werden direkt vom System R/3 aus aufgerufen. Der Aufruf und die Datenübermittlung erfolgen über **RFC**. Lediglich bei der Datenübertragung zur Vollversion wird zusätzlich eine Schnittstellendatei erzeugt. Abb. 7.3 skizziert beide Möglichkeiten.

Abb. 7.3 Kopplung zwischen R/3 und Fuzzy Control Manager

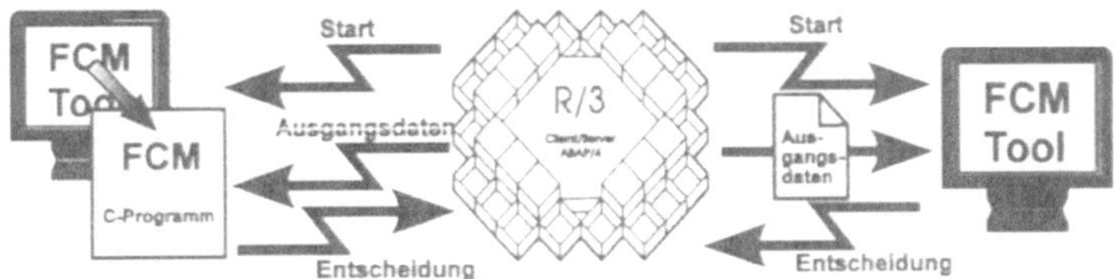

8 Ergebnisse

Die Umsetzung der zwei unscharfen Bewertungsmodelle hat gezeigt, daß unter Anwendung der Fuzzy Set Theorie betriebswirtschaftliche Entscheidungen zielkonformer gefällt werden können. Wichtige bisher nicht berücksichtigte Informationen können mit einer derartigen Kopplung einbezogen werden. Dies gelingt, weil eine Reihe von wichtigen Informationen automatisch aus vorhandenen Datenbeständen des R/3-Systems gewonnen werden und zusätzlich das Wissen der Entscheidungsträger in Bewertungsmodelle einfließt.

Darüber hinaus werden Aussagen zur Sicherheit der Entscheidung abgeleitet. Die Ergebnisse sind fehlertolerant, das heißt geringfügige Abweichungen der Ausgangsdaten führen nicht zu sprunghaften Ergebnisänderungen. Dieses Verhalten wurde aufgrund der vorliegenden stetigen Zusammenhänge zwischen den Einflußgrößen angestrebt.

Es ist ausreichend, die Regelmenge auf signifikante Verknüpfungen zu beschränken. Die Problembereiche müssen deshalb nicht vollständig beschrieben werden. Auf der anderen Seite können aber komplizierte, sprachlich erfaßte Zusammenhänge umgesetzt werden. Eine interaktive Beeinflussung der Ausgangsgrößen und damit der Entscheidung ist einfach realisierbar. Die realisierten Online-Kopplungen führen zu kurzen Antwortzeiten und einer einfachen Handhabung des Gesamtsystems.

Der Entscheidungsprozeß im Bereich der Produktionsplanung wird durch herkömmliche PPS-Systeme nicht hinreichend unterstützt. Durch die Anwendung von Fuzzy-Tools und die Verbindung beider kann jedoch eine bessere Qualität dieser Entscheidung erzielt werden.

Literaturangaben

(1) Tillert, P.: Desktop-Integration mit R/3, In Workshop Desktop-Integration, Walldorf 27.09.1995, Vortragsunterlagen.

(2) Schilling, S.: Integration von Fremdprodukten in R/3 - Vorteile der funktionalen Kopplung, in: Wenzel, P. (Hrsg.): Geschäftsprozeßoptimierung mit SAP-R/3, Vieweg, Wiesbaden, 1995.

(3) SAP AG (Hrsg.): SAP-Online-Dokumentation, Version 3.0d, Walldorf, 1996.

(4) Saliger, E.: Betriebswirtschaftliche Entscheidungstheorie, München, Wien, 1988.

(5) Zimmermann, H.-J. (Hrsg.): Fuzzy Technologien: Prinzipien, Werkzeuge, Potentiale, Düsseldorf, 1993.

(6) Kruse, R.; Gebhardt, J.; Klawonn, F.: Fuzzy-Systeme, Stuttgart, 1993.

(7) Felix, R.: Fuzzy Entscheidungsunterstützung bei Analyse und Optimierungsentscheidungen, in: 6. Ilmenauer Wirtschaftsforum "Produktionsfaktor Information", Tagungsband, Ilmenau 1996.

(8) o.V.: FuzzyDecisionDesk für Windows, Benutzerhandbuch zur Version 1.7, Dortmund, 1995.

(9) o.V.: Fuzzy Control Manager (FCM), Bedienungsanleitung, Braunschweig, 1995.

Kapitel 8

Migration von SAP R/2® nach SAP R/3®

Dipl.-Oec. Bülent Uzuner

Fa. Uzuner Management Consulting GmbH,
Oldenburg

1 Einleitung

Eine SAP R/3-Einführung beinhaltet in der Regel auch eine Datenmigration, da in den seltensten Fällen eine Einführung auf der „grünen Wiese" ohne Altdaten aus einem Vorsystem durchgeführt wird. Sowohl bei einer Migration von SAP R/2 als auch bei einer Migration von SAP-fremden Systemen wird ein Datentransfer vom Alt- zum Neusystem erforderlich. Auch bei einem Systemwechsel innerhalb von SAP (R/2 nach R/3) handelt es sich immer gleichzeitig um eine Neueinführung des R/3-Systems. Hinsichtlich der Datenmigration besteht der Unterschied zwischen einer Migration von SAP R/2 oder einem anderen System nach SAP R/3 darin, daß bei einer Datenübernahme von R/2 nach R/3 die Möglichkeit besteht die SAP-Standard-Migrationstools einzusetzen.

Eine Migration nach R/3 ist in jedem Falle, unabhängig vom Vorsystem, auch die Chance eine Bereinigung der Altdaten durchzuführen und die aktuellen Geschäftsprozesse auf Medienbrüche zu überprüfen. Nichts ist in einem Unternehmen beständiger als dessen Daten und Informationen. Bei einer „reinen 1:1-Migration" besteht die Gefahr, auch unnötige, nicht mehr im Tagesgeschäft benötigte und veraltete Daten zu übernehmen. Nicht zuletzt durch die Altdatenbereinigung kann der zu migrierende Datenbestand erheblich reduziert werden, was wiederum eine Verminderung der Datenübernahmezeit bewirkt. Eine 1:1-Migration ist ohnehin nur eine Wunschvorstellung, um den Aufwand möglichst niedrig zu halten, was in der Realität nicht gelingt. Praxisprojekte zeigen auch, daß dieses nicht sinnvoll ist, da ein Migrationsprojekt einen gewissen Reengineeringaspekt hat.

Die Migration ist nur eine Teilphase innerhalb eines R/3-Einführungsprojektes. Abhängig von der Geschäftsstrategie werden in der Regel die Organisationsabläufe und die Informationsflüsse neu definiert, so daß auf dieser Basis auch das Customizing im R/3-System durchgeführt werden kann (siehe Abb. 1.1). Auch wenn kein ganzheitliches Business Process Reengineering erfolgt, wird es unausweichlich bleiben mindestens ein Business Process Improvement durchzuführen und im Rahmen der Systemumstellung erforderliche Veränderungen zu realisieren.

Das können im einfachsten Falle ein neuer Kontenplan oder eine neue Kostenstellenstruktur sein. Eine technische Migration bedeutet in jedem Falle nur die Migration der Daten und nicht der Funktionen und der Einstellungen (Systemparametrisierung).

Abb. 1.1
Projektteilphasen bei einer R/3-Einführung

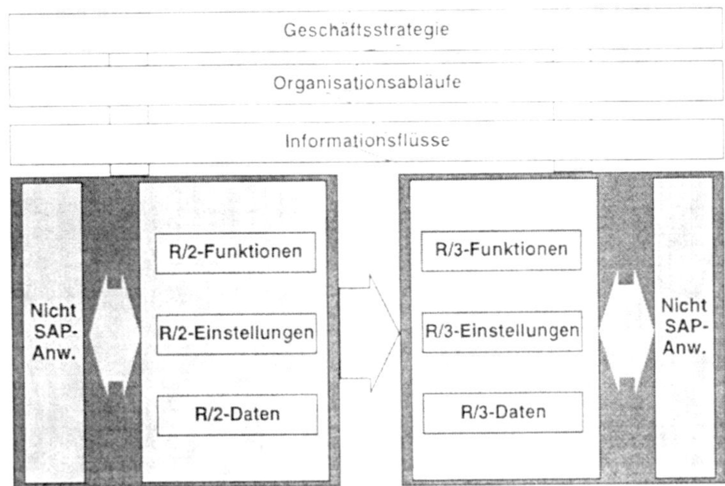

2 Migrationsstrategien

In jedem R/2-/R/3-Migrationsprojekt wird individuell, je nach Rahmenbedingungen und Restriktionen festgelegt, wie migriert werden soll. Grundsätzlich sind folgende Migrationsszenarien denkbar:

Migrationsszenarien

- Migration im Batch-Input-Verfahren (BTCI),
- Migration mit direktem update auf der Datenbank,
- manuelle Datenübernahme oder
- Kombination: BTCI und direkter update auf der Datenbank mit oder ohne manueller Datenübernahme.

Haupteinflußfaktoren für die Frage der Migrationsstrategie sind die

- einzusetzenden Applikationen,
- das Datenvolumen und
- die grundsätzliche Vorgehensweise.

Das Datenvolumen ist ebenso ein Einflußfaktor für die Migrationsstrategie, weil das BTCI-Verfahren bei einem hohen Datenvolumen nicht mehr in einem vertretbarem Zeitaufwand eingesetzt werden kann (siehe Abb. 2.1).

Abb. 2.1
Datenvolumen

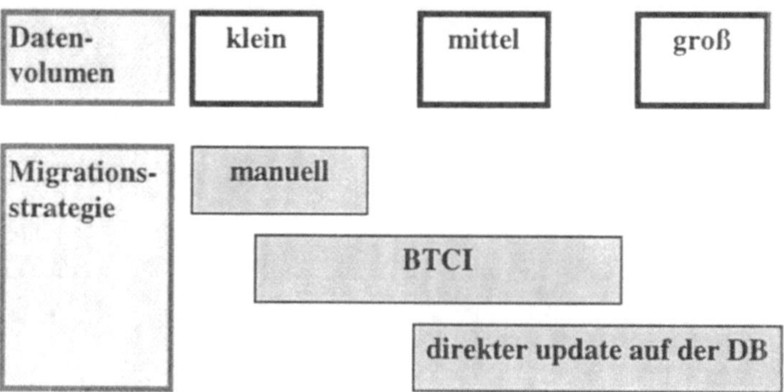

Wenn die Vorgehensweise „Big Bang" heißt, ist bei mittelgroßen bis sehr großen Datenvolumen in der Regel nicht an ein BTCI-Verfahren zu denken. Ein „Little Bang", d. h. temporär versetzte Produktivtermine der einzelnen Applikationen, kann durchaus auch bei mittelgroßen bis großem Datenvolumen mit dem BTCI-Verfahren durchgeführt werden.

Das zukünftige und das vergangene Reorganisationskonzept können ebenfalls die Migrationsstrategie beeinflussen. Falls im Altsystem bis zum Zeitpunkt der Datenmigration keine Reorganisation durchgeführt wurde, aber in jedem Falle alle historischen Daten übernommen werden sollen, ist sicherlich aufgrund des zu vermutenden hohen Datenvolumens eher ein „harter" update vorzuziehen als ein BTCI-Verfahren. In diesem Falle kann im neuen R/3-System eine Reorganisation und ggf. eine Archivierung durchgeführt werden. Die SAP-Migrationstools unterstützen nicht die Übernahme der Archivdaten.

Bei einem BTCI-Verfahren ist es immer empfehlenswert, eine letzte Reorganisation vor oder nach der Migration durchzuführen, um die Altdaten auch später - nach dem Abschalten des R/2-Systems - verfügbar zu haben.

Die Migrationsstrategie hängt vom Einzelfall ab und muß aufgrund der oben genannten Einflußfaktoren individuell entschieden werden. In jedem Fall sollte auf der Basis der Migrationsstrategie ein Migrationskonzept erstellt werden.

3 Migrationskonzept

Ein Migrationskonzept ist eine Aufstellung aller zu migrierenden Datenobjekte. In einem Migrationskonzept sollte festgelegt werden, welche Migrationsobjekte mit welcher Migrationsstrategie zu welchem Zeitpunkt vom Vorsystem nach R/3 übernommen werden sollen. Sehr detailliert sollten auch alle einzusetzenden Migrations- und Hilfsprogramme zur Datenübernahme, Überprüfung und Protokollierung der Migration dokumentiert werden. Als zusammenfassendes Dokument der Migration ist es auch empfehlenswert, daß jegliche Selektionskriterien für die Altdatenübernahme oder auch andere Informationen über die Migration in einem solchen Migrationskonzept aufgeführt sind.

Grundsätzlich können bei einer Migration von R/2 nach R/3 drei technische Verfahren verwendet werden (siehe 2. Abschnitt „Migrationsstrategien").

Bei einer Migration aus einem SAP-fremden System nach R/3 entfällt die zweite Alternative („harter" update) hinsichtlich der Nutzung von SAP-Migrationsstools, da diese nur bei einer Migration von R/2 nach R/3 eingesetzt werden können.

Für die drei oben genannten Techniken zur Datenmigration lassen sich folgende Vor- und Nachteile zusammenfassen:

Tab. 3.1
Vor- und Nachteile der Datenmigration

Technik	Vorteil	Nachteil
manuelle Neueingabe	• kein Customizing des Migrationsregelwerkes • keine Programmierung von Migrationsprogrammen	• hoher Aufwand • Übertragungsfehler mögliche
BTCI	• kein Customizing des Migrationsregelwerkes • Testen des Customizings • einfache Selektion beim Datenextrakt (Datenbereinigung)	• Programmieraufwand • höhere Laufzeiten bei der Migration als beim „harten" update auf die Datenbank
„harter" update (SAP-Migrationstools)	• Migrationsregelwerk für komplexe Zusammenhänge • geringere Laufzeiten bei der Datenübernahme als beim BTCI-Verfahren	• Customizing des Migrationsregelwerkes • übernommene Daten können inkonsistent zum Customizing sein

Es ist nicht zwingend notwendig, sich für das eine oder Verfahren zu entscheiden. Bei der Entscheidung des Migrationsverfahrens ist es keine Frage des „Entweder-oder"; eine Kombination des BTCI-Verfahrens mit der „harten" Datenbankschreibung ist durchaus denkbar. Die manuelle Neueingabe ist je nach Datenvolumen nur als Ergänzung zu den beiden anderen Verfahren anzusehen. Nur beim „harten" update auf der Datenbank mit Unterstützung der SAP-Migrationstools muß vorher das Migrationsregelwerk in R/3 eingestellt werden.

Ein wesentlicher Vorteil des BTCI-Verfahrens liegt darin, daß bei der Datenübernahme gleichzeitig die Systemparametrisierung getestet wird. Laut einer SAP-Studie von 64 Migrationsprojekten wurden bei Möglichkeit der Mehrfachnennung 61% der Datenmigrationen mit dem BTCI-Verfahren und 88% mit den SAP-Standard-Migrationstools durchgeführt[1].

3.1 Batch-Input-Verfahren

Alternativ zu den SAP-Migrationstools bietet SAP auch eine Reihe von Standard-BTCI-Programmen für den Datenimport in R/3. Mit diesen ABAPs können Stamm- und Bewegungsdaten, keine Tabellen, in das R/3-System im BTCI-Verfahren importiert werden. Der Einsatz dieser Programme ist unabhängig vom Quellsystem, lediglich die entsprechende Satzbettstruktur muß vorhanden sein, aber auch hierfür sind teilweise entsprechende Programme standardmäßig verfügbar.

Die Ausgabe aus dem R/2-System bzw. einem Fremdsystem ist in diesem Falle individuell zu programmieren. Für den Export aus dem R/2-System (sequentielles File) können teilweise bereits vorhandene Standard-ABAPs nach geringfügiger Modifikation eingesetzt werden.

Beispiel für den Ablauf der Materialstammdatenmigration von R/2 nach R/3:

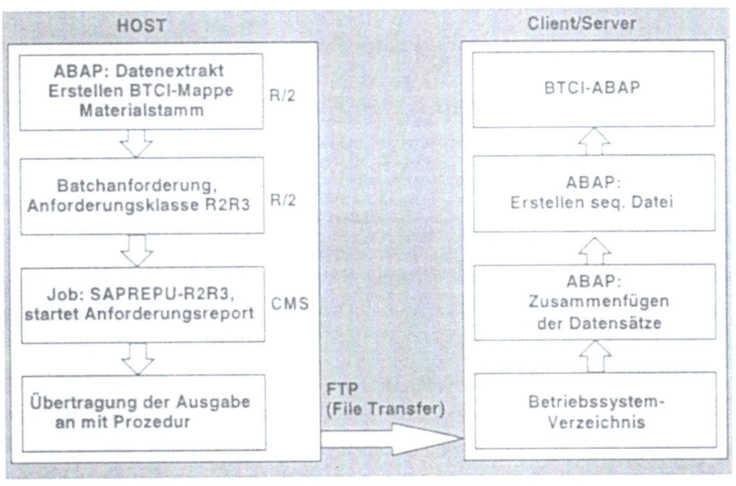

Abb. 3.1 Beispiel für die technische Datenmigration im BTCI-Verfahren

[1] Schäfer, M. (SAP AG): Migration: Ein Überblick, Präsentation beim Internationalen Migrationsforum der SAP AG im April 1996, S. 9

Bei einer Migration von R/2 nach R/3 ist zunächst ein Datenextrakt in R/2 zu erstellen, welcher dann für den File Transfer in das Client-Server-System vorbereitet und durchgeführt wird (Abb. 3.1). In R/3 sind die Datensätze dann in diesem Beispiel mit einem ABAP zusammenzufügen und als sequentielle Datei zu erstellen bevor sie per BTCI eingespielt werden.

Die Programme müssen unbedingt alle nacheinander aufgerufen werden, da sie die Ergebnisse der vorausgegangenen Programme weiterverarbeiten.

Das BTCI-Verfahren ist insbesondere bei der Migration von einem Nicht-SAP-Altsystem nach SAP R/3 relevant.

Migrationsüberblick

Innerhalb eines Migrationskonzeptes für die Migrationsstrategie im BTCI-Verfahren ist es von hoher Bedeutung neben den Detailangaben zur Migration auch pro Applikation die Migration transparent zu machen. Daher empfiehlt es sich, für die entsprechenden Applikationen einen Migrationsüberblick zu erstellen.

In einem solchen Migrationsüberblick sollten folgende Informationen enthalten sein:

- **Migrationsobjekt:**
  Handelt es sich bei den Objekten um Stamm- oder Bewegungsdaten und wie heißen diese?
- **manuell/maschinell:**
  Wie werden die Daten übernommen?
- **Migrationszeitpunkt:**
  Taggenaue Festlegung der Datenübernahme.
  (Größere Datenbestände können auch portioniert in BTCI-Mappen abgelegt und anschließend entweder nacheinander oder auch parallel abgespielt werden, was die Übernahmedauer erheblich reduziert.)
- **R/2-Exportprogramme:**
  Programme, die zur Ausgabe der selektierten oder nicht selektierten Daten dienen.
  (Das können sowohl von SAP bereits zur Verfügung gestellte Standard-ABAPs sein als auch individuell erstellte.)
- **R/3-Importprogramme:**
  Programme, die zum Einlesen der Daten dienen.
  (Das können sowohl von SAP bereits zur Verfügung gestellte Standard-ABAPs sein als auch individuell erstellte.)

- **R/2- oder R/3-Hilfprogramme:**
  Zur Überprüfung der Vollständigkeit der übernommenen Daten können sowohl bereits vorhandene als auch individuell erstellte Hilfsprogramme verwendet werden.
- **Umsetzungstabellen:**
  Eventuell werden Umsetzungstabellen eingesetzt, wenn beispielsweise Stammdatennummern verändert werden oder gleichzeitig mit der Migration eine neue Kostenstellen- oder Sachkontenstruktur aufgebaut wird.

3.2 SAP-Migrationstools

Für eine Migration von R/2 4.3 oder 5.0 nach R/3 bietet die SAP AG kostenlose Migrationsprogramme an.

Diese Migrationstools decken all die Anwendungsbereiche ab, bei denen grundsätzlich die betriebswirtschaftlichen Abläufe in R/2 ähnlich gestaltet werden wie in R/3.

Das sogenannte Migrationspaket umfaßt Programme für den Export aus dem R/2-System, Transport und Import der Daten in das R/3-System. Desweiteren werden Anpassungstabellen, in denen das Mapping der Datenfelder eingestellt werden kann (Regelwerk), zur Verfügung gestellt.

Mit den Migrationstools können grundsätzlich folgende Daten migriert werden:

- Stammdaten,
- Bewegungsdaten und
- ATAB-Tabellen mit Stammdatencharakter.

Nicht migriert werden:

- Modifikationen,
- Branchenlösungen (z.B.: IS-OIL, RIVA, RV-CPG, RV-Export, RV-Transport, Stahlhandel),
- ABAP-Programme (Standard und individuelle),
- Steuerungstabellen und
- Archive.

Archivdaten, die in das entsprechende R/2-System geladen wurden, können migriert werden.

Darüberhinaus werden jene Daten nicht migriert, die in der R/3-Umgebung wieder neu aufgebaut werden können (z. B.: Materialbedarfe, Matchcodes, Sekundärindizes, usw.).

Die Migration von R/2 5.0 nach R/3 4.0 wird voraussichtlich erst ab Ende 1998 mit den Migrationstools von SAP möglich sein, wobei eine Migration von R/2 4.x nach R/3 4.0 wohl nicht mehr unterstützt wird.

3.2.1 Individualentwicklungen

Eine Umsetzung von individuellen ABAP/4-Programmen wird von den SAP-Standardtools nicht unterstützt. Grundsätzlich können die eigenen ABAPs per download und anschließendem upload in das R/3-System transportiert werden, jedoch sind sie nicht lauffähig, da sich im R/3-System die Tabellennamen und teilweise auch die Statements geändert haben.

Eine Migration von R/2 nach R/3 sollte in jedem Falle dazu genutzt werden, um die historisch gewachsene hohe Anzahl von Individual-ABAPs und -Transaktionen zu bereinigen.

Praxisprojekte zeigen, daß eine detaillierte Untersuchung der Individualentwicklungen und deren Nutzung eine erhebliche Reduzierung zulassen. Bei Individual-ABAPs konnten Verminderungen bis zu 75 % erreicht werden, wobei die Aufteilung auf die einzelnen Applikationen folgendermaßen aussah:

- FI: 36 %
- FI-AA: 79 %
- CO: 74 %
- MM: 54 %.

Bei der Anzahl der Individual-Transaktionen konnte in den oben erwähnten Praxisprojekten eine Reduktion von bis zu 63 % erreicht werden.

Eine Verringerung der hohen Individual-ABAP-Anzahl ist nicht allein durch das Wegstreichen von nicht genutzten Reports, sondern auch durch die Substitution von neuen Standard-ABAPs, den ABAP-Query oder durch den Report Writer bzw. Report Painter zu erreichen. Je kleiner die Anzahl der Individual-ABAPs desto niedriger auch der Wartungs- und Pflegeaufwand in der Zukunft.

Eine Umsetzung der Individual-ABAPs kann in einem Migrationsprojekt erheblichen Zeitaufwand beanspruchen. Die SAP AG hat nach einer Untersuchung von 64 Migrationsprojekten ermittelt, daß pro Individual-ABAP externe Beratungskosten von DM 2.300,-- entstanden sind[2]. Eigene Erfahrungen aus diversen Praxisprojekten zeigen, daß der o.g. Aufwand als eher zu niedrig anzusehen ist.

3.2.2 Restriktionen und Aufwand

Die SAP-Migrationstools beinhalten in ihrer Nutzung Einschränkungen sowohl im Zusammenhang mit den entsprechenden R/2- bzw. R/3-Versionen als auch in ihrer Funktionalität.

Die Verfügbarkeit von Migrationstools je nach Versionsstand sieht laut SAP folgendermaßen aus:

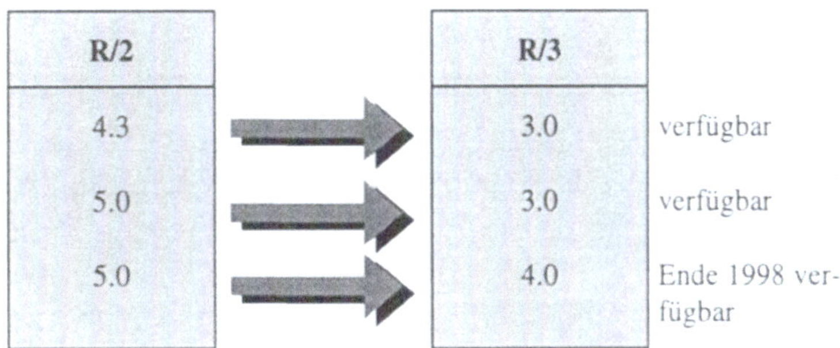

Abb. 3.2 Verfügbarkeit der Migrationstools

Die einzelnen Restriktionen sind der aktuellen SAP Migrationsdokumentation zu entnehmen.

Beim Einsatz der Migrationstools wird davon ausgegangen, daß grundsätzlich innerhalb eines Migrationsobjektes alle Datensätze übernommen werden. Die Migrationstools erlauben in gewissem Umfang ein selektives Einlesen von Daten, jedoch bedeutet dies ein Mehraufwand beim Customizing des Regelwerkes. Alternativ können mit den Exportprogrammen aus dem R/2-System selektiv Daten ausgegeben werden, was allerdings auch nur mit Mehraufwand realisiert werden kann, da die bereits bestehenden Programme individuell modifiziert werden müssen.

2 Schäfer, M. (SAP AG): a.a.O., Seite 11.

Aufwand

Für das Customizing des Migrationsregelwerkes, ohne dessen Hilfe die SAP-Migrationstools nicht einsetzbar sind, beträgt die durchschnittliche Parametrisierungszeit ca. 1,5 Personentage pro Migrationsobjekt.

4 Berechtigungskonzept

Einer der Einflußfaktoren für den Aufwand während und nach der Projektierung ist das Benutzerberechtigungskonzept. Ein „schlankes" Berechtigungskonzept bedeutet eine wartungsfreundlichere Verwaltung der Berechtigungen in der Betriebsphase. Hier ist eine Gratwanderung zwischen „großzügigerem" und „schlankem" und „strengem" und „aufgeblähtem" Berechtigungskonzept zu machen. Ein stringentes Berechtigungskonzept heißt in jedem Falle, daß sehr viele individuelle Berechtigungen in den Profilen zusammengesetzt werden müssen.

Es ist absolut notwendig, jedem User ein eigenes Profil (ggf. eine Kopie der SAP-Standard-Profile) zuzuordnen, da Veränderungen in einem weiteren Releasestand nicht gesichert sind.

Das folgende **Benchmarking** von drei **Energieversorgungsunternehmen (EVU)** zeigt auf, wie differenziert das Berechtigungskonzept bei einer SAP R/3-Einführung in der Praxis gestaltet werden kann.

EVU 1 weist mit der Kennzahl „Verhältnis Einzelprofile/Benutzer" (vgl. Tab. 4.1 bis 4.3) den besten Wert *(„best-practice")* aus, da es bei einer hohen Anzahl von Usern nur relativ wenige Profile zu verwalten hat, weil die User in Gruppen zusammengefaßt sind.

Während das EVU 1 bei 711 Anwendern nur 137 Einzelprofile aufweist (Verhältnis 0,19), hat das **EVU 3** mit 445 Anwendern und 266 Profilen (Verhältnis 0,60) und das **EVU 2** mit 94 Anwendern gar 104 (Verhältnis 1,11).

Tab. 4.1
Einzelprofil bei EVU 1

EVU 1	
Element	**Anzahl/Menge**
Benutzer	711
Sammelprofile	3
Einzelprofile	137
Berechtigungen	925
∅ Anz. Einzelprofile/Benutzer	0,19
∅ Anz. Berechtigungen/Benutzer	1,3

Tab. 4.2
Einzelprofil bei EVU 2

EVU 2	
Element	**Anzahl/Menge**
Benutzer	94
Sammelprofile	
Einzelprofile	104
Berechtigungen	473
∅ Anz. Einzelprofile/Benutzer	1,11
∅ Anz. Berechtigungen/Benutzer	5,03

Tab. 4.3
Einzelprofil bei EVU 3

EVU 2	
Element	**Anzahl/Menge**
Benutzer	94
Sammelprofile	
Einzelprofile	104
Berechtigungen	473
∅ Anz. Einzelprofile/Benutzer	1,11
∅ Anz. Berechtigungen/Benutzer	5,03

5 Schlußbetrachtung

Der Einsatz von SAP-Migrationstools bedeutet nicht zwangsläufig auch eine Reduzierung des Migrationsaufwandes. Eine Verminderung der Datenübernahmezeit kann erreicht werden, wenn das Datenvolumen sehr groß ist und die Migration per „hartem" update geschieht.

Der Hauptzeitfaktor eines Migrationsprojektes R/2 zu R/3 ist allerdings nicht die Datenübernahme selbst, auch wenn sie auf gar keinen Fall unterschätzt werden sollte. Von geringerer Bedeutung ist das Customizing, wenn es um den Zeitaufwand geht. Die größten Zeitfaktoren bilden die Phasen Ist-Aufnahme und Detailkonzept sowie die Kommunikation während des gesamten Projektverlaufes und das Training der Anwender. Es darf nicht unberücksichtigt bleiben, daß eine R/2-/R/3-Migration auch immer wie eine Neueinführung zu behandeln ist.

Nicht nur aufgrund des hohen Zeitaufwands, sondern wegen der besonderen Bedeutung bezüglich des Projekterfolges sind die oben genannten Projektphasen und die Kommunikation nicht zu vernachlässigen. Die Kommunikation ist ein wesentlicher Bestandteil des Akzeptanzmanagements und wird vielfach nur rudimentär durchgeführt. Insbesondere die Integration des Betriebsrates und der Revision/Wirtschaftsprüfer zu einem frühen Zeitpunkt bewahrt das Migrationsprojekt vor unnötigen Kommunikations- und Akzeptanzproblemen in den späteren Projektphasen, was wiederum den Projektaufwand beeinflußt.

Der Einsatz von „wiederverwendbaren Komponenten" aus bereits durchgeführten R/2-/R/3-Migrationsprojekten kann sowohl beim BTCI-Verfahren als auch beim „harten" update für einen erheblichen Zeitvorteil sorgen. Hierbei sind nicht nur bereits erprobte Migrationsprogramme (Standard oder individuell erstellte), sondern auch Komponenten wie Projektplanung und -organisation und Berechtigungs- und Mandantenkonzept mit geringer Modifikation wiederverwendbar.

Kapitel 9

Finanzbuchhaltung aus Sicht des R/3®-Referenzmodelles

Dr. rer. nat. Peter Wolf, M.S.

Siemens Nixdorf Business Service GmbH & Co. KG, Konstanz

1 Organisatorischer Aufbau der Finanzbuchhaltung

In der R/3-Finanzbuchhaltung wird zwischen **externen** und **internen Organisationsstrukturen** unterschieden. Extern sind solche, die vom Gesetzgeber zwingend vorgeschrieben sind (z.B. der *Buchungskreis*), hingegen dienen interne Organisationseinheiten ausschließlich R/3-internen Zwecken. So gibt es z.B. eine Organisationseinheit *Mahnbereich* für spezielle Anforderungen des Mahnwesens.

Als zusätzliche Organisationsstruktur ist der **Mandant** zu sehen, der die **höchste Hierarchieebene** im R/3-System (im vorliegenden Rel. 3.0 C) darstelllt.

1.1 Der Mandant

Der **Mandant** stellt eine Unternehmung dar, die aus einem oder mehreren selbständig bilanzierenden Einheiten (sogenannte Buchungskreise) besteht. Im Mandanten werden die **allgemeinen Daten** abgelegt, die von allen Organisationsstrukturen der Unternehmung genutzt werden. Diese Daten gelten also **für alle** Buchungskreise, Kreditkontrollbereiche usw. dieses Mandanten. Solche Daten sind z.B. die Anschriften von Kreditoren und Debitoren.

Weiterhin gibt es noch sogenannte **mandantenunabhängige Daten**, die in jedem R/3-System standardmäßig vorhanden sind und eigens gepflegt werden können. Es handelt sich dabei um Länderinformationen, Währungen oder Sprachenschlüssel, die von allen im R/3 definierten Mandanten gemeinsam genutzt werden können.

Jeder Benutzer des R/3-Systems muß beim Anmelden einen **dreistelligen Mandantenschlüssel** angeben, d.h. alle seine Transaktionen beziehen sich auf einen von ihm angegebenen Mandanten. Querverbindungen zwischen Mandanten sind auf Anwendungsebene **nicht** vorgesehen. Die meisten Daten, die im R/3-System erzeugt werden, sind mandantenbezogen abgelegt, d.h. es wird in den entsprechenden Tabellen ein Mandantenschlüssel mitgeführt.

Ausgenommen davon sind bestimmte Customizing-Aktionen, bei denen mandantenunabhängige Tabellen gepflegt werden, z.B. die Tabelle mit den Mandanten selbst oder die Länderdaten. Darauf wird jedoch der Benutzer eigens hingewiesen.

1.2 Externe Organisationseinheiten

Als **externe** (oder rechtliche) **Organisationseinheiten** werden solche bezeichnet, die den **rechtlichen Aspekt** einer Unternehmung widerspiegeln. Solche Organisationseinheiten werden in der Regel vom Gesetzgeber zwingend vorgeschrieben und sind daher im R/3-System abzubilden.

1.2.1 Die Gesellschaft

Konzernabschluß

Die Gesellschaft (auch als Konzernunternehmen bezeichnet) ist eine Organisationseinheit für die Erstellung eines Konzernabschlusses, die im R/3 auch als Gesellschaftskonsolidierung bezeichnet wird. Eine Gesellschaft umfaßt einen oder mehrere Buchungskreise.

Die Buchungskreise einer Gesellschaft müssen mit demselben Kontenplan und Geschäftsjahr arbeiten, sie können aber mit unterschiedlichen Währungen geführt werden.

Die Gesellschaft ist insofern eine optionale Organisationseinheit, als sie nur dann eingesetzt werden muß, wenn eine Konsolidierung erforderlich ist. Dazu ist die R/3-Komponente LC (Konsolidierung) einzusetzen.

Die Erstellung von Bilanz sowie Gewinn- und Verlustrechnung erfolgt zunächst auf Buchungskreisebene, sie ist jedoch auch auf Gesellschaftsebene möglich, wenn im Customizing eine Gesellschaft definiert wurde.

1.2.2 Der Buchungskreis

Pro Mandant können mehrere **Buchungskreise** definiert werden, mindestens einer muß jedoch eingerichtet werden. Der Buchungskreis stellt die **Mindest-** und zugleich **Hauptorganisationseinheit der Buchhaltung** dar, alle anderen Organisationseinheiten im Finanzwesen, wie Geschäftsbereich oder Mahnbereich, sind optional.

abgeschlossene Buchhaltung

Der Buchungskreis ist eine **selbständig bilanzierende Einheit**, für die also eine **vollständige, in sich abgeschlossene Buchhaltung** abgebildet werden kann. Dazu gehören die Erfassung aller buchungspflichtigen Ereignisse, die Erstellung von Bilanz und Gewinn- und Verlustrechnung sowie Aufgaben wie die Umsatzsteuervoranmeldung. Geschäftsvorfälle werden auf der Ebene des Buchungskreises bearbeitet, eventuell findet noch eine weitere Detaillierung ,z.B. auf Geschäftsbereichsebene, statt.

Die **Debitoren- und Kreditorenstammsätze** haben neben einem **mandanten-** auch einen **buchungskreisspezifischen Teil**, der diejenigen Daten enthält, die nur für diesen Buchungskreis interessant sind. Dies sind z.B. Daten zum Mahn- und Zahlwesen, die in jedem Buchungskreis anders sein können.

Die Aufteilung in mandanten- und buchungskreisspezifische Ablage trifft im übrigen auch für die **Sachkontenstammsätze** zu: allgemeine Kontoinformationen werden auf Mandantenebene abgelegt, Daten ,wie z.B. die Währung, in der das Konto zu führen ist, werden auf Buchungskreisebene erfaßt, da sie pro Buchungskreis anders sein können.

Jeder Buchungskreis verwendet **genau einen Kontenplan**, während umgekehrt ein Kontenplan von mehreren Buchungskreisen genutzt werden kann.

Im R/3 wird jeder Buchungskreis mit einem **vierstelligen** alphanumerischen **Schlüssel** geführt, der dann bei allen buchungskreisspezifischen Aktionen anzugeben ist (sofern er nicht über Benutzerparameter voreingestellt wurde).

1.3 Interne Organisationseinheiten

1.3.1 Der Kostenrechnungskreis

Der Kostenrechnungskreis ist eine Organisationseinheit der Kostenrechnung. Innerhalb dieser Einheit wird eine vollständige, in sich geschlossene Kostenrechnung durchgeführt.

Jede Kostenstelle, die im R/3 definiert wird, muß einem Kostenrechnungskreis zugeordnet sein. Einem Kostenrechnungskreis können eine oder mehrere Buchungskreise zugeordnet sein, die dann jedoch alle denselben Kontenplan benutzen müssen.

In einem Kostenrechnungskreis werden die **innerbetrieblichen Geschäftsvorfälle** geführt. Es wird zwischen **primären** und **sekundären Kostenarten** unterschieden, wobei die primären direkt aus dem externen Rechnungswesen übernommen werden und die sekundären reine Kostenrechnungsarten sind. Beim Erfassen eines Beleges kann auf Objekte des zugehörigen Kostenrechnungskreises kontiert werden, z.B. auf eine **Kostenstelle** oder auf einen **Innenauftrag**. Die Buchungen in der Finanzbuchhaltung bewirken somit die Fortschreibung von Einzelposten in der Kostenrechnung.

1.3.2 Der Geschäftsbereich

interne Bilanz- und GuV-Rechnung

Der **Geschäftsbereich** ist eine **wirtschaftlich gesonderte Einheit**, für die eine **interne** Bilanz und Gewinn- und Verlustrechnung erstellt werden kann. Voraussetzung dafür ist, daß bei allen Buchungen im Finanzwesen der Geschäftsbereich mitkontiert wird. Dies kann direkt beim Erfassen einer Buchung erfolgen oder über das Controlling gesteuert werden, indem z.B. den Kostenstellen Geschäftsbereiche zugewiesen werden und auf Kostenstellenebene mitkontiert wird.

An die interne Bilanz und Gewinn- und Verlustrechnung werden jedoch nicht so hohe Anforderungen gestellt wie an eine offenzulegende externe Bilanz. Es ist auch möglich, Geschäftsbereiche zu **konsolidieren**, was in der Praxis aber selten genutzt wird.

Für einen Buchungskreis können **mehrere Geschäftsbereiche** definiert werden. Die eingerichtetetn Geschäftsbereiche können bei Vorliegen mehrerer Buchungskreise nicht beliebig für jeden Buchungskreis definiert sein, vielmehr gilt eine einmal definierte Geschäftsbereichsstruktur für alle Buchungskreise des übergeordneten Kostenrechnungskreises bzw. Mandanten. Der Geschäftsbereich wird durch einen **vierstelligen** alphanumerischen **Schlüssel** angegeben, der dann bei der Erfassung der Geschäftsvorfälle zu verwenden ist.

1.3.3 Der Kreditkontrollbereich

Der **Kreditkontrollbereich** gibt für einen Debitor, der in mehreren Buchungskreisen vorhanden ist, ein **gemeinsames Kreditlimit** vor. Einem Kreditkontrollbereich können ein oder mehrere Buchungskreise zugeordnet sein. Kreditbeträge eines Debitors, der in verschiedenen Buchungskreisen desselben Kreditkontrollbereiches vorkommt, **addieren** sich und werden gegen das **Kreditlimit des Kreditkontrollbereiches** geprüft.

1.3.4 Der Mahnbereich

Mahnwesen

Mahnbereiche sind dann erforderlich, wenn innerhalb eines Buchungskreises mehrere Organisationseinheiten für die Durchführung des Mahnwesens zuständig sind. So kann je Produktgruppe ein eigener Mahnbereich definiert werden, oder Mahnbereiche werden gemäß der Sparten, Vertriebswege oder Geschäftsbereiche aufgebaut. Oft ist jedoch das Mahnen auf Buchungskreisebene ausreichend. Dann ist keine Definition von Mahnbereichen erforderlich. Neben Debitoren können auch Kreditoren gemahnt werden, z.B. zur Einforderung von Gutschriften.

Mahnverfahren

Liegen mehrere Mahnbereiche vor, so kann für sie das gleiche oder ein je **unterschiedliches Mahnverfahren** eingestellt werden. In einem Mahnverfahren werden Informationen wie Mahntexte, Mahnrhythmus, Mahnstufen und Kulanztage beschrieben. Wird für alle Mahnbereiche eines Buchungskreises das gleiche Mahnverfahren verwendet, ist dieses im Stammsatz im buchungskreisspezifischen Teil zu hinterlegen. Bei Vorliegen unterschiedlicher Mahnverfahren wird eines davon im Stammsatz eingetragen, die endgültige Zuordnung des richtigen Mahnverfahrens erfolgt dann aber über die Belegposition.

2 Das R/3-Referenzmodell

2.1 Die Bedeutung der Geschäftsprozeßmodellierung

Geschäftsprozess-optimierung

Bei der Einführung von Standardsoftware spielt die Betrachtung von **Geschäftsprozessen** eine immer größere Rolle. Schlagworte wie **Geschäftsprozeßmodellierung (GPM)** oder **-optimierung (GPO)** bzw. der englische Begiff **Business Process Engineering (BPE)** bestimmen immer mehr die Diskussion um die richtige Unternehmens- und DV-Strategie.

Die Gründe für diese Entwicklung sind vor allem in der **verschärften Wettbewerbssituation** der Unternehmen zu sehen. Die Marktsituation zwingt die Unternehmen mehr als früher, sich an den Kundenwünschen zu orientieren, insbesondere schnell und flexibel auf Kundenanforderungen zu reagieren. Daher müssen **kundennahe Organisationsstrukturen** sowohl im Hinblick auf Aufbau- als auch Ablauforganisation geschaffen werden.

Eine Konsequenz aus der Kundenorientierung ist, daß **unternehmenskritische Prozesse,** wie z.B. die Auftragsabwicklung,

optimiert werden müssen. Die Unternehmen können es sich i.d.R. nicht mehr leisten, daß solche Prozesse in ihrem Unternehmen wesentlich länger dauern als bei ihren Konkurrenten. Eine schnelle Reaktionszeit ist vielmehr Grundvoraussetzung dafür, überhaupt noch am Markt tätig sein zu können. Ein Beispiel dafür sind die Zulieferer für die Autoindustrie, die in kürzester Zeit Aufträge bearbeiten und termingerecht vor Ort liefern müssen.

Ein weiteres Ziel der Geschäftsprozeßoptimierung ist neben der Durchlaufzeit- die **Kostenminimierung**. Kostenintensive, viele Ressourcen verbrauchende Prozesse sollen aufgedeckt, analysiert und verbessert werden, was sehr weitreichende Konsequenzen für die gesamte Aufbau- und Ablauforganisation eines Unternehmens zur Folge haben kann. So kann eine Erkenntnis aus der Untersuchung von Geschäftsprozessen sein, daß zu viele Abteilungen und Mitarbeiter an einem Prozeß beteiligt sind.

Um schlanke, effiziente Prozesse zu verwirklichen, wird es auch notwendig sein, überflüssige Hierarchieebenen abzubauen: je mehr Eigenverantwortung die einzelnen Mitarbeiter, Teams oder Fachabteilungen haben, um so weniger Abstimmungsaufwand ist erforderlich, um so mehr können die Beteiligten sich auch mit dem Prozeß identifizieren und ihn eigenverantwortlich vorantreiben.

Bei der Prozeßoptimierung geht es auch darum, **Engpässe, Hindernisse oder Gefahren im Prozeßablauf** zu erkennen und zu vermeiden. So gibt es oft Medienbrüche, wenn Daten, die ein DV-System liefert, ausgedruckt und an anderen Stellen wieder eingetippt werden. Hier entsteht nicht nur unnötiger Mehraufwand, es tun sich vor allem potentielle Gefahren auf, weil Informationen verlorengehen oder falsch weitergegeben werden können. Die **Überwindung redundanter Datenhaltung** und die Verwendung sauberer, **effizienter Schnittstellen** sind daher wichtige Teilziele innerhalb des Reengineering-Prozesses, die vor allem eine Datenkonsistenz und -transparenz sicherstellen sollen.

Ein anderes Beispiel für eine **Prozeßabhängigkeit**, die schnell zu einem großen Problem werden kann, liegt dann vor, wenn ein Mitarbeiter, der eine wichtige Funktion im Prozeß hat, fehlt und kein entsprechender Ersatz für ihn vorgesehen wurde. Eine Prozeßanalyse kann zum einen solche Engpässe verdeutlichen und bewußt machen und andererseits Wege zu ihrer Beseitigung entwickeln helfen.

ganzheitlicher Ansatz

Ein besonders wichtiger Aspekt bei der Geschäftsprozeßoptimierung ist eine **ganzheitliche Unternehmensbetrachtung**. Die einzelnen Fachabteilungen werden nicht mehr isoliert voneinander, sondern in ihrem Zusammenhang gesehen und optimiert. Um die Integrationsmöglichkeiten des R/3-Systems optimal ausnutzen zu können, ist eine solche Sichtweise unbedingt erforderlich.

Die Fachabteilungen müssen wissen, welchen Stellenwert ihre Arbeit im Gesamtunternehmensprozeß hat und wie sie mit den anderer Abteilungen zusammenhängt. Um eine effektive Prozeßabwicklung zu realisieren, ist enge **Zusammenarbei**t und **Abstimmng** erforderlich, nur so können Schnittstellen klar herausgearbeitet und ihre konsequente Nutzung erreicht werden. Denkt man an die vielfältigen **Integrationsbeziehungen** im R/3 (FI-CO, FI-MM, FI-AM, FI-HR, CO-SD,...), wird schon daran deutlich, wie stark die einzelnen Anwendungen zusammenhängen und wie eine Arbeitsweise, die sich immer nur abzugrenzen versucht, dem Prozeßgedanken widerstrebt.

Nutzen des R/3-Referenzmodells

Das R/3-Referenzmodell bietet besonders im Hinblick auf eine Geschäftsprozeßmodellierung und -optimierung den Vorteil, daß die im R/3 realisierten Geschäftsprozesse **offengelegt** werden. Der Kunde kann sich einen Einblick verschaffen, welche Geschäftsprozesse vorhanden sind und wie sie aufgebaut sind. Er kann dann entscheiden, ob er sie in dieser Form beibehalten möchte oder ob sie modifiziert werden sollen. Dabei ist sowohl der Fall denkbar, daß im Unternehmen vorhandene Prozesse im R/3-Referenzmodell nicht zu finden sind, als auch der umgekehrte Fall - der viel häufiger auftreten wird - daß im R/3 abgebildete Prozesse gar nicht benötigt werden.

Die Integrationsfähigkeit des R/3 wird mittels **anwendungsübergreifender Prozeßketten** abgebildet. Durch sie kann schnell erkannt werden, wo Integrationszusammenhänge bestehen und was bei ihrer Nutzung zu beachten ist. Das R/3-Referenzmodell kann somit als **Diskussions- und Arbeitsgrundlage** für eine **prozeßorientierte Einführung von R/3** dienen. Statt R/3-Module wie FI oder MM streng getrennt einzuführen, werden **kritische Kernprozesse** herausgenommen und ihre schnelle Realisierung als Hauptziel betrachtet. Prozesse mit einer geringeren Priorität werden erst in einem zweiten Schritt realisiert. Überhaupt unterliegt ein so eingeführtes R/3-System einer viel stärkeren **Dynamik**, da Prozeßrestrukturierungen unmittelbar durch das System zu unterstützen sind.

Ein Unternehmen kann sich durch eine solche Vorgehensweise schneller als bislang an die wandelnden Bedürfnisse seiner Kunden und seines Umfeldes anpassen. Das Unternehmen erhöht insgesamt die **Qualität** seiner Arbeit und verschafft sich so einen entscheidenden **Wettbewerbsvorteil**.

Ein Vorteil der Verwendung des R/3-Referenzmodell liegt auch darin, daß von vorneherein **einheitliche Begriffe** verwendet werden, die sich zudem noch genau so im zu realiserenden System wiederfinden. Sind die Geschäftsprozesse ausgewählt und eventuell modifiziert worden, so hat man damit bereits eine **Dokumentation** seiner Geschäftsprozesse. Oft ist ja eine solche Dokumentation nur in den Köpfen der Mitarbeiter vorhanden und eine Beschreibung wird u.a. aus Aufwandsgründen nicht durchgeführt. Zudem kann man auch Schulungsmaßnahmen auf die Prozesse hin ausrichten und gemäß dem Referenzmodell die Mitarbeiter ausbilden und somit ein Bewußtsein für fachabteilungsübergreifendes Denken schaffen.

2.2 Das R/3-Referenzmodell und der Business Navigator

Ab **R/3 Rel. 3.0** ist das von SAP entwickelte **R/3-Referenzmodell** in R/3 integriert. Es handelt sich dabei um eine Beschreibung des Leistungsumfanges der R/3-Anwendungskomponenten und der Geschäftsprozesse der R/3-Standardanwendungen. Ein wichtiges Ziel ist dabei die **Sichtbarmachung der Integrationszusammenhänge** in Form von **anwendungsübergreifenden Prozeßketten**.

Die SAP hat mit dem R/3-Referenzmodell einen **Standard** zur graphischen Darstellung und Offenlegung des R/3-Funktionsumfanges geschaffen. Die Transparenz wird durch eine ansprechende **graphische Darstellung** erreicht, die als Diskussions- und Arbeitsgrundlage besser geeignet ist als eine rein textuelle Beschreibung.

Das R/3-Referenzmodell ist bereits ab R/3 Rel. 2.1 erhältlich, und zwar mittels des Produktes **R/3-Analyzer**. Es handelt sich dabei um ein Tool zur graphischen Darstellung des R/3-Referenzmodelles mittels einer Navigationskomponente (Teil des ARIS-Toolsets, von der IDS Prof. Scheer GmbH). Mit weiteren Komponenten des ARIS-Toolsets kann das R/3-Referenzmodell auch modifiziert und erweitert werden.

Business Navigator

Ab R/3 Rel. 3.0 erfolgt die Darstellung des R/3-Referenzmodelles über den sog. Business Navigator. Dieses Werkzeug wird vom R/3-Hauptmenü aus über den Pfad

Werkzeuge → Business Navigator

erreicht. Der Business Navigator ist ein komfortables und umfangreiches **Anzeige- und Navigationstool**, das jedoch im Gegensatz zum R/3-Analyzer (in Verbindung mit dem ARIS-Toolset) **keine** Modifikationen oder Erweiterungen des R/3-Referenzmodelles erlaubt. Außerdem gibt es unterschiedliche Darstellungsformen des R/3-Referenzmodelles im Business Navigator und im R/3-Analyzer, auf die hier jedoch nicht eingegangen wird.

Der Einstieg in das R/3-Referenzmodell über den Business Navigator kann auf zwei Arten erfolgen:

- Über die sogenannte **Komponentensicht** (siehe Abschnitt 2.4.1 „Die Komponentensicht") mit dem Pfad

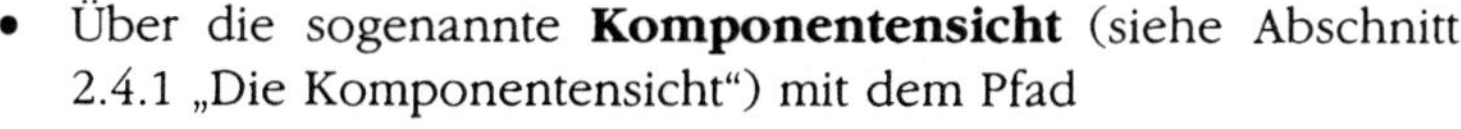

  Werkzeuge → Business Navigator → Komponentensicht;

- oder über die sogenannte **Prozeßsicht** (siehe Abschnitt 2.4.2 „Die Prozeßsicht") mit dem Pfad
  Werkzeuge → Business Navigator → Prozeßsicht.

2.3 Die Elemente des R/3-Referenzmodells

2.3.1 Die Funktion

Mit **Funktion** wird im R/3-Referenzmodell eine **betriebswirtschaftliche Aufgabe** bezeichnet, die zu erfüllen ist. Eine Funktion ist ein **aktiver** Vorgang und bekommt daher auch eine entsprechende Funktionsbezeichnung, z.B. *Debitoranzahlung verrechnen*. In einem Informationssystem kann eine Funktion einer Transaktion entsprechen.

Im R/3-Referenzmodell wird die Funktionaliät einer Funktion durch eine **Prozeßkette** (siehe Abschnitt 2.3.9 „Die ereignisgesteuerte Prozeßkette"), die der Funktion zugeordnet ist, dargestellt. Die Funktion selbst wird im Modell durch ein **Rechteck mit abgerundeten Ecken** abgebildet.

Bei einer Funktion, der ein Transaktionscode zugeordnet ist, kann direkt in die betreffende Transaktion gesprungen werden. Existiert ein Windows Help File, kann unmittelbar in die R/3-Dokumentation verzweigt werden.

2.3.2 Das Ereignis

Mit dem Begriff **Ereignis** wird im R/3-Referenzmodell ein **betriebswirtschaftlich relevanter Zustand** beschrieben. Ein Ereignis gibt Auskunft darüber, **wann** eine Funktion durchgeführt werden soll. So z.B.. soll die Funktion *Verrechnung der Anzahlung prüfen* ausgeführt werden, wenn das Ereignis *Anzahlungsbuchungen sind erstellt* durchgeführt wurde.

Ein Ereignis kann zum Zeitpunkt seines Eingetretenseins das Ergebnis einer oder mehrerer Funktionen sein oder selbst wieder eine oder mehrere Funktionen auslösen. Beispielsweise löst die Funktion *Verrechnung der Anzahlung prüfen* die Ereignisse *Anzahlung ist maschinell verrechenbar* oder *Anzahlung ist nur manuell verrechenbar* aus. An diesem Beispiel sieht man, **daß Ereignisse logisch verknüpft** werden können, was im übrigen auch für Funktionen gilt (siehe Abschnitt 2.3.3 „Funktions- und Ereignisverknüpfung").

Im Modell wird ein Ereignis mittels eines **Sechseckes** dargestellt.

2.3.3 Funktions- und Ereignisverknüpfung

Verknüpfungsoperatoren

Im R/3-Referenzmodell **werden Verknüpfungsoperatoren für Ereignisse und Funktionen** verwendet, um logische Beziehungen zu modellieren. Es gibt die folgenden Verknüpfungsoperatoren:

- **UND**-Verknüpfung (Schreibweise „∧")
- **EXCLUSIVE ODER**-Verknüpfung (Schreibweise „**XOR**")
- **ODER**-Verknüpfung (Schreibweise „∨").

UND-Verknüpfung mehrerer Ereignisse:

Sie tritt entweder in der Form auf, daß alle mit „∧" verknüpften Ereignisse eingetreten sein müssen, damit eine nachfolgende Funktion ausgeführt werden kann oder in der Form, daß eine Funktion als Ergebnis mehrere Ereignisse gleichzeitig hat.

UND-Verknüpfung mehrerer Funktionen:

Hier sind die beiden Fälle denkbar, daß mehrere Funktionen durchgeführt sein müssen, damit ein nachfolgendes Ereignis eintritt, oder daß ein Ereignis mehrere (parallel ablaufende) Funktionen auslöst.

ODER- bzw. EXCLUSIVE ODER-Verknüpfung mehrerer Ereignisse:

Sie bedeutet, daß mindestens bzw. genau eines von mehreren Ereignissen eingetreten sein muß, damit eine nachfolgende Funktion ausgeführt werden kann.

Denkbar ist auch der Fall, daß eine Funktion mindestens bzw. genau eines von mehreren Ereignissen auslöst.

ODER- bzw. EXCLUSIVE ODER-Verknüpfung mehrerer Funktionen:

Hier ist nur der Fall denkbar, daß mindestens bzw. genau eine von mehreren Funktionen ein bestimmtes Ereignis auslöst. Der umgekehrte Fall, daß ein Ereignis (mindestens oder genau) eine von mehreren Funktionen zur Folge hat, ist im Modell nicht vorgesehen und auch nicht sinnvoll: die von einem Ereignis ausgelösten Funktionen sind immer eindeutig.

Diese Verknüpfungsmöglichkeiten werden abschließend nochmals in einer Tabelle zusammengefaßt:

Tab. 2.1 Verknüpfungsmöglichkeiten

Verknüpfungsart	**XOR**	∨	∧
Verknüpfung mehrerer auslösender Ereignisse	ja	ja	ja
Verknüpfung mehrerer eingetretener Ereignisse	ja	ja	ja
Verknüpfung mehrerer Funktionen nach Eintritt eines Ereignisses	nein	nein	ja
Verknüpfung mehrerer Funktionen vor Auslösung eines Ereignisses	ja	ja	ja

2.3.4 Die Organisationseinheit

Die **Organisationseinheit** (in der R/3- Dokumentation als **Systemorganisationseinheitstyp** bezeichnet) legt fest, **wer** eine betriebswirtschafliche Aufgabe durchführen soll. Es handelt sich hier um **Organisationseinheiten im Sinne des R/3**, z.B. Buchungskreis oder Werk. SAP unterscheidet zwischen den Begriffen Systemorganisationseinheitstyp und Organisationseinheit. Letzteres kann auch ein virtuell erzeugtes, im R/3 nicht echt vorhandenes, Organisationselement sein, z. B. die *Kreditorenbuch-*

haltung. Der Einfachheit halber wird wird hier stets der Begriff Organisationseinheit verwendet.

In der graphischen Darstellung sind Organisationseinheiten als **Kreise** dargestellt und mittels **einfacher Linien** mit einer **Funktion** verbunden, d.h. eine Organisationseinheit ist für die Durchführung der mit ihr verbundenen Funktion verantwortlich.

2.3.5 Der Objektidentifizierer

Hier handelt es sich um eine **technische Objektnummer** zur eindeutigen Kennzeichnung eines Objektes im R/3-Referenzmodell. Die erste Zahl gibt dabei an, zu welcher Applikation das Objekt gehört (z.B. 1 = Finanzwesen, 2 = Materialwesen).

2.3.6 Das Informationsobjekt

Das **Informationsobjekt** sagt aus, welche Informationen zur Durchführung einer Aufgabe nötig sind. Es kann **Input** für oder **Output** von einer Funktion sein. Um Mißverständnisse oder Zweideutigkeiten zu vermeiden, wurden die Begriffe, die ein Informationsobjekt kennzeichnen, im R/3 **eindeutig** definiert. Z.B. gibt es kein Informationsobjekt *Auftrag*, wohl aber ein Objekt *Kundenauftrag* oder *Fertigungsauftrag*. Die im R/3-Referenzmodell verwendeten Informationsobjekte sind eine Auswahl der **wichtigsten betriebswirtschaftlichen Datenobjekte** aus dem SAP-Datenmodell. In der Graphik werden sie durch einfache Rechtecke repräsentiert und mittels durchgezogener Pfeile dargestellt. Ist ein Informationsobjekt Input für eine Funktion, führt der Pfeil zur Funktion, ist es Output von einer Funktion, führt der Pfeil von der Funktion weg.

2.3.7 Der Kontrollfluß

Mittels des **Kontrollflusses** werden die Ereignisse und Funktionen in ihrer **zeitlichen und logischen Beziehung** dargestellt. D.h. erst durch ihn wird festgelegt, welche Ereignisse welche Funktionen auslösen und zu welchen Folgeereignissen diese wiederum führen. Der Kontrollfluß wird durch **gestrichelte Pfeile** dargestellt, wobei die Pfeilspitze auf die auslösende Funktion bzw. das auslösende Ereignis zeigt. Die Pfeilspitze endet dabei immer an der Oberkante eines Objektes (Funktion, Ereignis), dagegen verläßt ein Pfeil ein Objekt an dessen Unterkante. Durch die Verknüpfungsoperatoren „∧“, „∨“ und „XOR“

können die Pfeile so verbunden werden, daß daraus logische Beziehungen von Funktionen und Ereignissen entstehen.

2.3.8 Der Prozeßwegweiser

Im R/3-Referenzmodell sind die Geschäftsprozesse in überschaubare Einheiten mit abgegrenzter Funktionalität unterteilt worden. Um die Verbindungen eines Prozesses zu den vor- und nachgelagerten Prozessen darstellen zu können, wurden sogenannte **Prozeßwegweiser** eingeführt. Sie sind als **Rechtecke mit abgerundeten Ecken** und einem **hinterlegten, teilweise sichtbaren Sechseck** dargestellt.

Die Verbindung von Prozessen besteht darin, daß ein Ereignis statt in einer Funktion in einen Prozeßwegweiser mündet bzw. ein Prozeßwegweiser statt einer Funktion ein bestimmtes Ereignis auslöst. Im ersten Fall ist das Endereignis des betrachteten Prozesses das Startereignis des durch den Prozeßwegweiser gekennzeichneten Prozesses, im zweiten Fall ist das Endereignis des durch den Prozeßwegweiser gekennzeichneten Prozesses das Startereignis des dargestellten Prozesses. Durch Doppelklick auf den Prozeßwegweiser kann direkt in den ihm zugeordneten Prozeß verzweigt werden.

2.3.9 Die ereignisgesteuerte Prozeßkette

Im R/3-Referenzmodell werden Geschäftsprozesse mittels sogenannter **ereignisgesteuerter Prozeßketten (EPK)** dargestellt. Die Bestandteile einer ereignisgesteuerten Prozeßkette sind die in den vorigen Abschnitten beschriebenen Elemente Funktion, Ereignis, Verknüpfungsoperator, Organisationseinheit, Informationsobjekt, Kontrollfluß und Prozeßwegweiser.

Jeder Funktion in einer ereignisgesteuerten Prozeßkette wird von mindestens einem Ereignis ausgelöst und erzeugt selbst wieder mindestens ein Ereignis. Weiter kann beschrieben sein, welche Organisationseinheit zur Durchführung einer Funktion verantwortlich ist, welchen Input sie dazu benötigt und welchen Output sie liefert. Durch die Möglichkeit, Funktionen oder Ereignisse zu verknüpfen, entstehen Verteiler- und Verknüpfungsstrukturen. Die Verbindungen zu anderen, vor- oder nachgelagerten Prozessen werden über Prozeßwegweiser hergestellt.

2.3.10 Der Szenarioprozeß

Bei einem **Szenario** oder **Szenarioprozeß** handelt es sich um eine Reihe von **logisch verbundenen Einzelprozessen**, die eine **bestimmte betriebswirtschaftliche Aufgabe größeren Umfanges** darstellen, z.B. in dem die gesamte *Hauptbuchabwicklung* als Szenario dargestellt wird.

Szenarioprozesse stellen **Ausführungsvarianten** für bestimmte Anwendungsbereiche dar. So gibt es beispielsweise für die Anwendung *Produktionsplanung (PP)* Szenarien für die Bereiche *Losfertigung, Einzelfertigung, Serienfertigung* oder *Prozeßfertigung* oder für die Anwendung *Vertrieb (SD)* verschiedene Szenarien für die unterschiedlichen *Auftragsarten*.

Im R/3-Referenzmodell wird ein Szenarioprozeß durch eine Spalte einer sogenannten **Prozeßauswahlmatrix** dargestellt: das erste, oberste Element repräsentiert dabei das Gesamtszenario (z.B. *Serienfertigung*), alle darunterliegenden Elemente sind Prozesse des Szenarios (z.B. der Prozeß *Serienauftragseröffnung*).

2.3.11 Die Prozeßauswahlmatrix

Eine **Prozeßauswahlmatrix** stellt in übersichtlicher Form **alle Szenarioprozesse einer bestimmten Anwendung** zusammen. Welche Szenarioprozesse im Einzelnen verfügbar sind, hängt von der Anwendung ab. So erfolgt bei der Anwendung *Vertrieb (SD)* die Gliederung nach *Auftragsarten*, bei der Anwendung *Materialwirtschaft (MM)* nach *Bestell- und Bestandsarten* und bei der Anwendung *Controlling (CO)* nach *Kostenrechnungsverfahren und Fertigungstypen.*

Eine Prozeßauswahlmatrix ist so aufgebaut, daß in den ersten beiden Spalten eine Gliederung der **Hauptprozesse** (Kennzeichen **H** in der rechten unteren Ecke) nach betriebswirtschaftlichen Gesichtspunkten erfolgt. Solche Hauptprozesse besitzen **keine** ereignisgesteuerte Prozeßkette und sind nur allgemeiner, beschreibender Natur. In den weiteren Spalten sind dann konkrete Szenarioprozesse (Kennzeichen **S**) mit aufrufbaren Einzelprozessen (Kennzeichen **E**) dargestellt.

2.4 Die Sichten des R/3-Referenzmodells

Im R/3-Referenzmodell sind sogenannte **Sichten** definiert, die es erlauben, die Inhalte des Referenzmodells von einer jeweils unterschiedlichen Perspektive aus zu betrachten. So geht es z.B. bei der **Komponentensicht** um die Frage, welche Funktionen zu einer bestimmten Anwendungskomponente (z.B. *Vertrieb*) gehören, während bei der **Prozeßsicht** zu einem Unternehmensbereich (z.B. *Vertriebslogistik*) alle zugehörigen Szenarien und Prozesse angezeigt werden. Die Sichten des R/3-Referenzmodells werden häufig auch als „Sichtweisen" oder „Modelle" bezeichnet, hier wird der Begriff „Sichten" bevorzugt.

Besonders wichtig für das R/3-Referenzmodell sind die Komponenten- und die Prozeßsicht, über die alternativ der Einstieg in den Business Navigator erfolgt.

2.4.1 Die Komponentensicht

Bei der **Komponentensicht** (auch als „Anwendungskomponentensicht" oder einfacher „Anwendungssicht" bezeichnet) handelt es sich um eine Darstellung der **Anwendungskomponenten des R/3-Systems** in Form einer listenartig geführten hierarchischen Struktur. Unter Anwendungskomponenten werden dabei R/3-Module (wie z.B. das *Finanzwesen*) oder Teile davon (z.B. das *Hauptbuch*) verstanden (siehe Abb. 2.1).

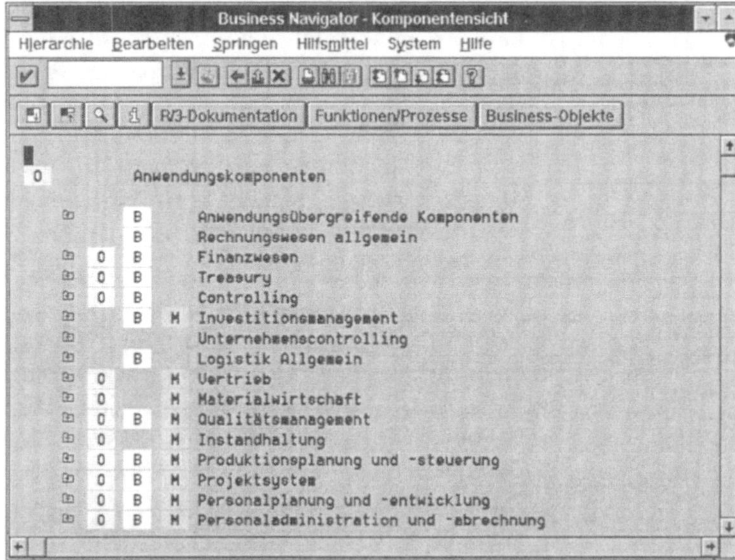

Abb. 2.1 Komponentensicht (SAP AG©)

Die Anwendungskomponenten werden auf **unterschiedlichen Ebenen** geführt, wobei auf der obersten Ebene sehr umfassende Komponenten bzw. Module wie z.B. das *Finanzwesen* erscheinen, während auf unterer Ebene Teilkomponenten mit geringer Funktionalität zu finden sind. Die Anwendungskomponenten auf der untersten Ebene (siehe Abb. 2.2 Komponentensicht) sind entweder Funktionen und mit dem Buchstaben **F** gekennzeichnet (z.B. *Sachkontenbuchung*), oder nicht mehr weiter unterteilbare Komponenten ohne ein Symbol (z.B. *Währungsbuchhaltung*).

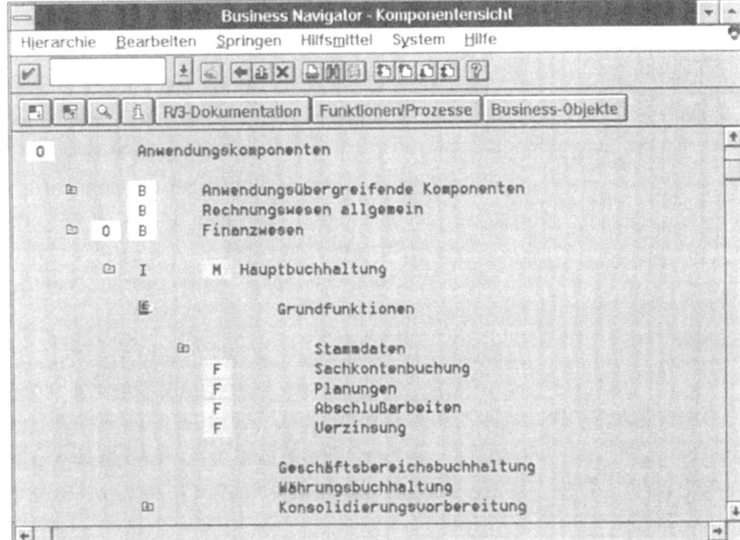

Abb. 2.2 Komponentensicht (SAP AG©)

Ob eine Anwendungskomponente noch weiter untergliedert werden kann, ist an dem ganz links stehenden Symbol zu erkennen: handelt es sich um ein „+"-Symbol, so wird durch Doppelklick darauf eine weitere Hierarchiestufe angezeigt. Liegt dagegen ein „-"-Symbol vor, so ist die unterste Ebene bereits erreicht.

Einer Funktion auf der untersten Ebene können kein, ein oder mehrere **Prozesse** zugeordnet sein. Sind Prozesse vorhanden, dann sind sie mit dem Buchstaben **P** gekennzeichnet und können graphisch mittels ereignisgesteuerter Prozeßketten angezeigt werden. So existieren zur Funktion *Sachkontenbuchung* die Prozesse *Sachkontenbuchung*, *Saldovortrag*, *Sachkontenbuchung und Belegarchivierung*. Zur Funktion *Normale Sachkontenpflege* gehört nur der Prozeß *Sachkontenstammbearbeitung*.

Für eine Anwendungskomponente sind je nach erreichter Tiefe weitere **Diagramme** oder **Listen** aufrufbar. Diese werden durch farblich hinterlegte einzelne Buchstaben angezeigt. In der Komponentensicht werden diese Diagramme und Listen durch folgende Buchstaben gekennzeichnet:

Kennzeichnung von Diagrammen und Listen

O Systemorganigramm
I Informationsflüsse
B Business-Objektmodell
F Funktionen/Prozesse
P Prozeß
M Prozeßauswahlmatrix

Beispielsweise kann man über den Aufruf des **Business-Objektmodells** (Buchstabe **B**) alle Daten zu einem ausgewählten, im R/3 definierten **Business-Objekt** (z.B. *Buchhaltungsbeleg*), erhalten. Solche Daten sind Interfaces, Schlüsselfelder, Attribute, Methoden, Ereignisse u.v.m. Oder man kann sich über die **Prozeßauswahlmatrix** (Buchstabe **M**) alle Prozesse einer Anwendungskomponente und deren Verwendung in Szenarien anzeigen lassen.

Durch den Doppelklick auf den Text einer Anwendungskomponente erhält man einen Dialog, der es erlaubt, aus einer Liste von mehreren Einträgen einen auszuwählen. Es handelt sich hier um eine **weiterführende Information** wie R/3-Dokumentation, IMG-Aktivitäten und Attribute einer Anwendungskomponente. Je nachdem, welcher Buchstabe einer Anwendungskomponente zugeordnet ist, sind mehr erhältlich, z.B. das Systemorganigramm bei Komponenten mit dem Buchstaben **O**.

2.4.2 Die Prozeßsicht

Bei der **Prozeßsicht** handelt es sich zunächst wie bei der Komponentensicht um eine listenartig aufgebaute hierarchische Struktur, die jedoch in nur drei Ebenen gegliedert ist. Während bei der Komponentensicht eine vertikale Struktur (mit zunehmendem Detaillierungsgrad der betrieblichen Anwendungskomponenten) im Vordergrund steht, ist die Prozeßsicht eher horizontal und **anwendungsübergreifend** konzipiert.

Die oberste Ebene stellt den sogenannten **Anwendungs- oder Unternehmensbereich** dar. Es handelt sich dabei um eine exemplarische Organisationseinheit und deren Kommunikationsbeziehungen, z.B. das *externe Rechnungswesen* oder den Bereich *Unternehmensplanung und Controlling*. Auf der mittleren (zweiten) Ebene werden die Szenarioprozesse aufgeführt. Sie setzen sich aus mehreren einzelnen Prozessen zusammen, die auf der letzten (dritten) Ebene angezeigt werden (siehe Abb. 2.3).

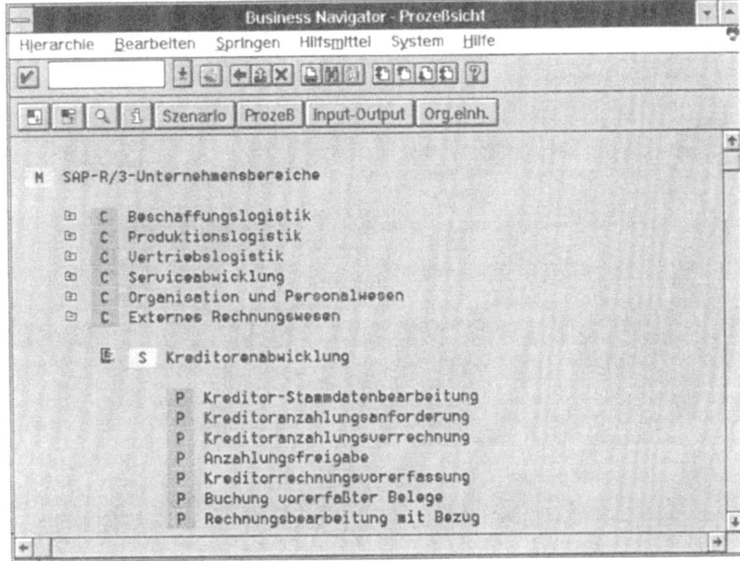

Abb. 2.3
Prozeßsicht
(SAP AG©)

Ob auf einer bestimmten Ebene eine weitere Untergliederung möglich ist, kann man wieder analog zur Komponentensicht am „+"- oder „-"-Symbol am linken Rand eines Eintrages erkennen.

Wie bei der Komponentensicht sind durch Doppelklick auf den Text eines Eintrages **weitere Informationen** erhältlich. Bei den Unternehmensbereichen sind deren Attribute und Kommunikationsdiagramme anzeigbar, bei den Szenarien deren Attribute und die Szenarien in graphischer Form.

Dem **obersten Hierarchieknoten**, der als SAP R/3-Unternehmensbereich benannt ist, ist der Buchstabe **M**, also eine **Auswahlmatrix** zugeordnet. Ruft man diese auf, erhält man eine sehr umfassende Graphik mit allen Szenarien und Prozessen, strukturiert nach den einzelnen Unternehmensbereichen (siehe Abbildung 2.4). Die Prozesse kann man also aus dieser Auswahlmatrix heraus oder direkt über den Aufruf aus der Liststruktur graphisch anzeigen lassen.

Abb. 2.4
Prozeßauswahlmatrix
(SAP AG©)

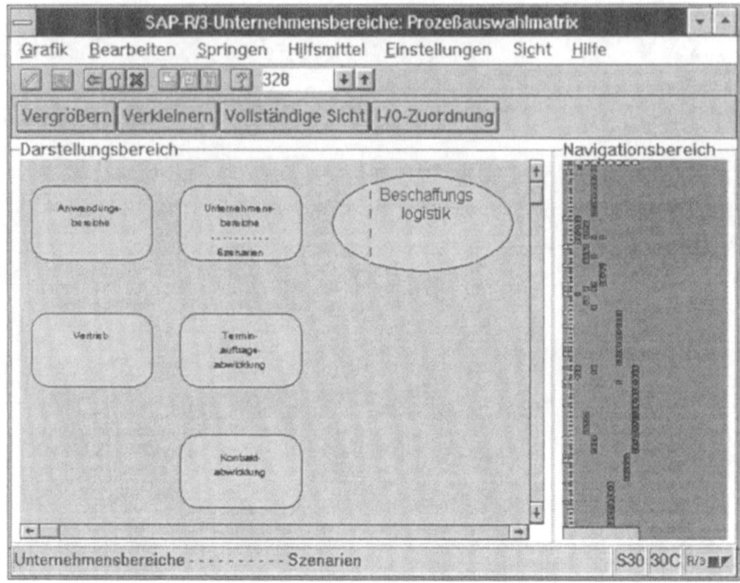

2.4.3 Die Informationsflußsicht

Die **Informationsflußsicht** (auch als Informationsflußmodell oder einfach Informationsflüsse bezeichnet) dient der Analyse von Informationsflußbeziehungen, indem informationelle Beziehungen von einem **Sender** zu einem **Empfänger** dargestellt werden. Sie kann aus der Komponentensicht ausgehend von einer bestimmten Anwendungskomponente (im folgenden als Referenzanwendungskomponente bezeichnet) über den Pfad

Springen → Informationsflüsse

Quellen und Senken

aufgerufen werden. Es werden dann die Informationsflüsse in Listform durch eine Auflistung von Anwendungsbereichen als **Quellen** und **Senken** angezeigt. Quellen sind Anwendungsbereiche, die Informationen an den Referenzanwendungsbereich **senden**, Senken sind Anwendungsbereiche, die Informationen von dem Referenzanwendungsbereich **empfangen**.

Nach Auswahl von Quellen und Senken werden die **relevanten Informationsobjekte** angezeigt, zusätzlich ist eine Online-Dokumentation zum jeweiligen Informationsobjekt erhältlich.

Mittels der Informationsflußsicht können auf einfache Weise die **Integrationsbeziehungen** zwischen den verschiedenen Anwendungskomponenten des R/3-Systems systematisch analysiert werden.

2.4.4 Die Datensicht

Die **Datensicht** (auch als Datenmodell oder Input-Output-Zuordnung bezeichnet) zeigt zu einem Prozeß die **unternehmensrelevanten Beziehungen** an. Die Datensicht wird aus der Komponenten- oder Prozeßsicht über den Pfad

Springen → Input-Output-Zuordnung

aufgerufen. Man erhält dann eine Liste mit zugeordneten Informationsobjekten als Input bzw. Output einer Funktion oder eines Prozesses. Die Informationsobjekte sind entweder vom Typ **B** (Business Objekte) oder vom Typ **E** (Entitäten). Bei Doppelklick auf **B** erhält man eine Graphik zum **Datenmodell** des Business Objekts mit allen zugehörigen Entitäten, bei Doppelklick auf **E** die zugehörige **Entitätsdefinition**.

2.4.5 Die Organisationssicht

Bei der **Organisationssicht** (auch als Organisationsmodell oder Organisationseinheiten-Zuordnung bezeichnet) werden **aufbauorganisatorische Beziehungen des Unternehmens** in Form von **Organigrammen** dargestellt. Der Aufruf der Organisationssicht erfolgt wieder aus der Komponenten- oder Prozeßsicht über

Organigramme

Springen → Organisationseinheiten-Zuordnung.

Man erhält dann eine Liste der einem Prozeß zugeordneten Organisationseinheiten. Damit lassen sich dann Fragestellungen beantworten wie z.B.

- Welche Organisationseinheiten müssen im Customizing gepflegt werden?
- Welche Organisationseinheiten bearbeiten welche Geschäftsprozesse?
- Welche Organisationseinheiten führen welche Funktionen mit welcher Transaktion durch?

2.4.6 Die Kommunikationssicht

Prozeßverantwortlichkeiten

Die **Kommunikationssicht** (auch als Kommunikationsmodell oder -diagramm bezeichnet) zeigt **Prozeßverantwortlichkeiten**

von unternehmerischen Organisationseinheiten sowie deren Kommunikationsbeziehungen bzgl. Daten- und Informationsaustausch. Da diese Sichtweise zwar zu den Sichtweisen des R/3-Referenzmodell gehört, aber **nur im R/3-Analyzer** möglich ist, wird sie hier der Vollständigkeit halber erwähnt.

3 Beispielprozeß Sachkontenbuchung

Die in den Abschnitten 2.1 bis 2.4 dargestellten Bestandteile und Möglichkeiten des R/3-Referenzmodells werden nun an einem sehr einfach gestalteten, im R/3 definierten Prozeß, einer *Sachkontenbuchung*, verdeutlicht.

Zunächst werden zwei alternative Wege aufgezeigt, wie man zu diesem Prozeß gelangt, nämlich über die Komponenten- und über die Prozeßsicht.

3.1 Einstieg über die Komponentensicht

Im Einstiegsbild der Komponentensicht (siehe Abbildung 3.1) ist der Bereich *Finanzwesen* zu sehen. Möchte man sehen, wie der Bereich Finanzwesen weiter unterteilt ist, so führt man einen Doppelklick auf das „+"-Symbol am linken Rand des Eintrages *Finanzwesen* aus. Man sieht dann die in dargestellte Struktur mit den Unterkomponenten *Hauptbuchhaltung, Konsolidierung, Kreditorenbuchhaltung, Debitorenbuchhaltung, Anlagenbuchhaltung* und *Spezielle Ledger.*

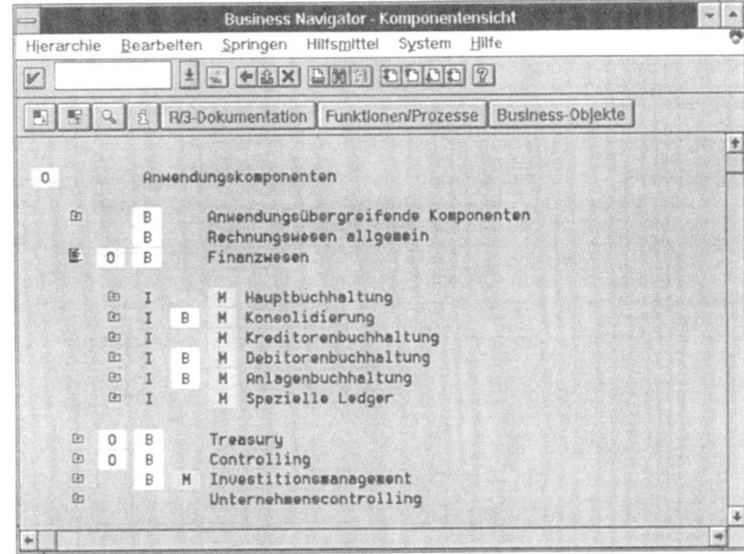

Abb. 3.1 Einstiegsbild der Komponentensicht (SAP AG©)

Dem Bereich Finanzwesen sind die Buchstaben **O** und **B** zugeordnet, d.h. es ist ein Systemorganigramm und ein Business-Objektmodell für diesen Bereich verfügbar.

Systemorganigramm

Durch Doppelklick auf **O** erhält man das Schaubild des Systemorganigrammes, das in Abb. 3.2 dargestellt ist. Darin sieht man alle Organisationseinheiten, die für die Anwendung *Finanzwesen* relevant sind (z.B. *Buchungskreis*, *Gesellschaft*, *Geschäftsbereich* usw.) sowie ihre Beziehungen zueinander. Beispielsweise besteht eine 1:n-Beziehung zwischen dem Kreditkontrollbereich und dem Buchungskreis (d.h. einem Kreditkontrollbereich können n Buchungskreise zugeordnet sein) und eine 1:1-Beziehung zwischen dem Buchungskreis und dem Kreditkontrollbereich. Diese verschiedenen Beziehungstypen sind im Systemorganigramm durch unterschiedliche Pfeiltypen dargestellt.

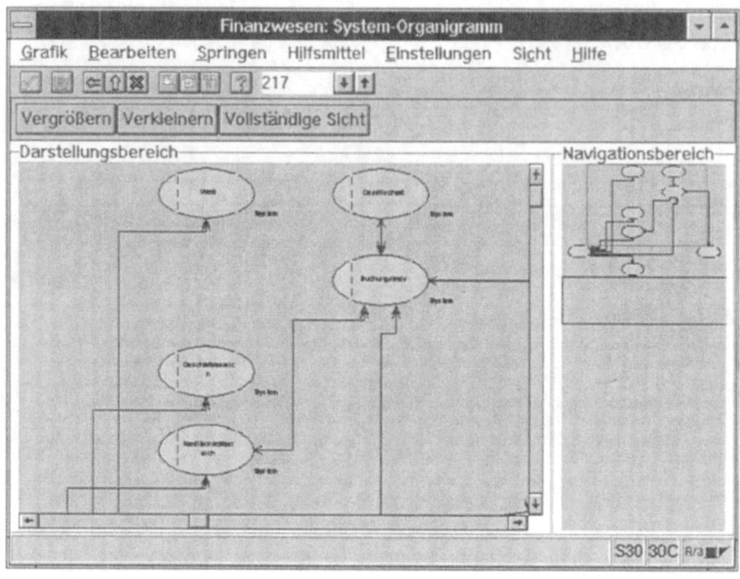

Abb. 3.2
System-Organigramm im Finanzwesen (SAP AG©)

Business-Objektmodell

Durch Doppelklick auf **B** wird in das Business-Objektmodell verzweigt, das in Abb. 3.3 zu sehen ist.

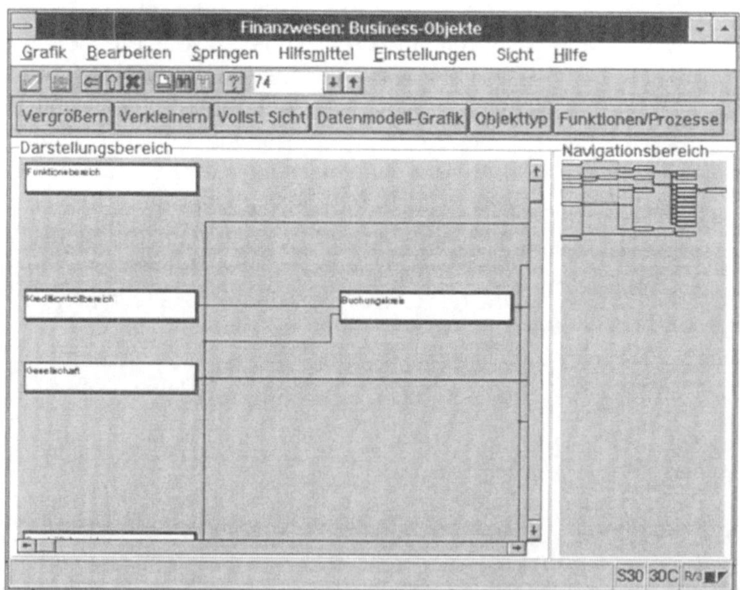

Abb. 3.3
Business-Objektmodell (SAP AG©)

Der Komponente *Hauptbuchhaltung* sind die Buchstaben **I** und **M** zugeordnet, also ein Informationsflußmodell und eine Prozeßauswahlmatrix. Diese erhält man wiederum durch Doppelklick auf die entsprechenden Buchstaben.

Informationsflußmodell

Beim Informationsflußmodell werden für die Komponente *Hauptbuchhaltung* Quellen und Senken angezeigt.Dabei sind Quellen solche Komponenten, die Informationen an den Bereich *Hauptbuchhaltung* liefern und Senken solche, die Informationen von ihm empfangen können.

Dieses Modell ist in Abb. 3.4 zu sehen. Dabei wurden von den möglichen Quellen die Komponenten *Anlagenbuchhaltung (FI-AA)*, *Kreditorenbuchhaltung (FI-AP)* und *Debitorenbuchhaltung (FI-AR)* ausgewählt, von den möglichen Senken die Komponenten *Gemeinkosten-Controlling (CO-OM)*, *Ergebnis- und Marktsegmentrechnung (CO-PA)* und *Produktkosten-Controlling (CO-PC)*.

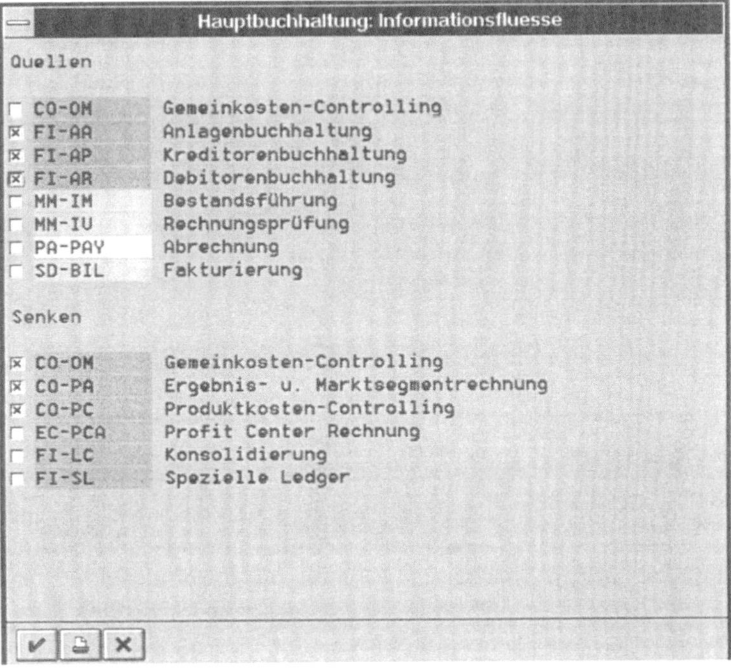

Abb. 3.4 Informationsfluß-modell (SAP AG©)

Durch Bestätigung mit der Enter-Taste erhält man das in Abb. 3.5 dargestellte Fenster. Hier sind die detaillierten Informationsflüse zu sehen, z.B. für die Fluß *Kreditorenbuchhaltung (FI-AP)* →

Hauptbuchhaltung die Informationsobjekte *Kreditor-Rechnung, Kreditor-Ausgleich, Kreditor-Zahlung* und *Kreditor-Zahlung-Buchung-Bestand-Anzahlung* oder für den Fluß *Hauptbuchhaltung → Gemeinkosten-Controlling (CO-OM))* die Informationsobjekte *Buchungskreis-Sachkonto, Hauptbuch-Sachkonto-Verkehrszahl, Geschäftsbereich* und *Buchungskreis.*

Mit einem Doppelklick auf ein Informationsobjekt (z.B. Kreditor-Rechnung) können weitere Informationen aus dem Datenmodell des R/3 angezeigt werden.

Abb. 3.5 Informationsfluß-modell (SAP AG©)

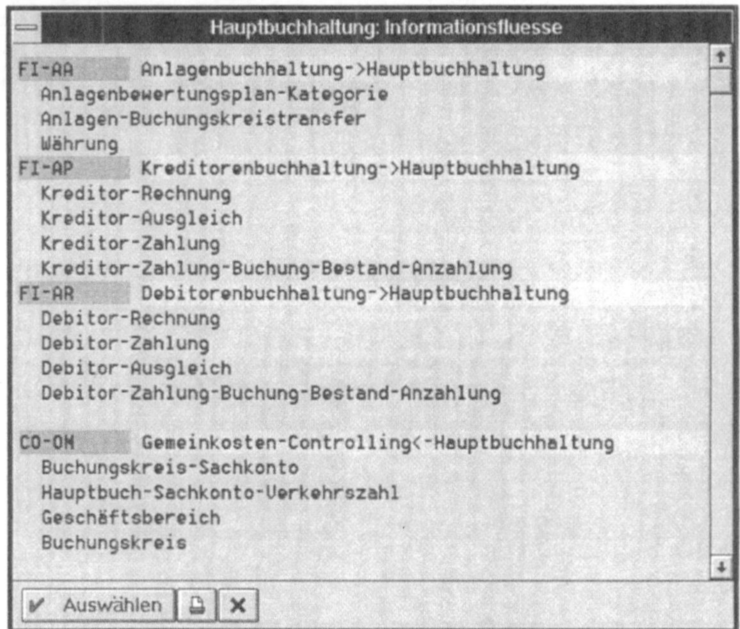

Prozeßauswahlmatrix

Die durch Wahl von **M** erhaltene Prozeßauswahlmatrix hat drei Spalten, wobei in der dritten Spalte alle Prozesse des Szenarios *Hauptbuchhaltung* zu finden sind. Alle Elemente einer Szenariospalte sind doppelt umrandet, d.h. es handelt sich um echte Prozesse, während die Prozesse in den ersten beiden Spalten nur beschreibenden Charakter haben, aber nicht echt aufrufbar sind (siehe Abb. 3.6).

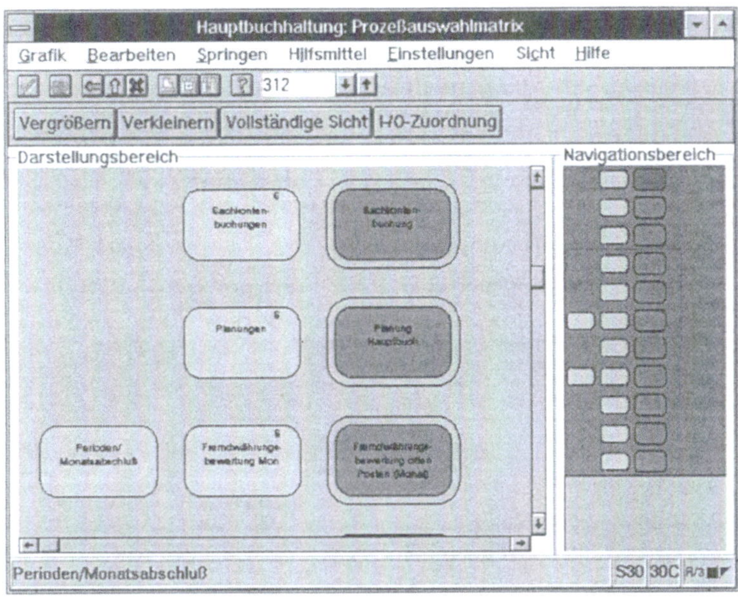

Abb. 3.6
Prozeßauswahlmatrix (SAP AG©)

Durch Doppelklick auf den Prozeß *Sachkontenbuchung* wird dieser markiert und man gelangt zu einem Dialogfenster, indem man aus verschiedenen Einträgen einen auswählen kann (siehe Abb. 3.7).

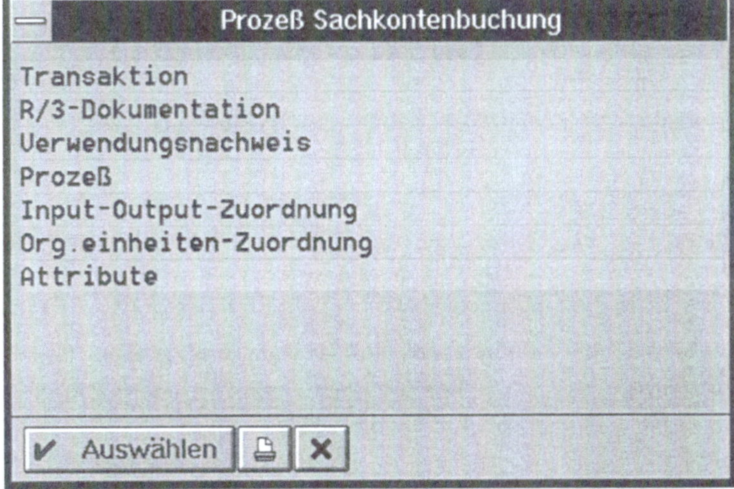

Abb. 3.7
Sachkontenbuchung (SAP AG©)

Durch Wahl von „Prozeß" erhält man schließlich die ereignisgesteuerte Prozeßkette zu diesem Prozeß (siehe Abb. 3.15 in Abschnitt 3.3).

Im Folgenden werden die weiteren Informationsmöglichkeiten ausgehend von dem Dialogfenster der Prozeßauswahlmatrix aufgezeigt.

Transaktion

Durch Wahl von „Transaktion" wird direkt zur R/3-Transaktion gesprungen, die diesem Prozeß zugeordnet ist. Es handelt sich hier um die Transaktion F-02 mit der Bezeichnung *Sachkontenbuchung*. Sie ist in Abb. 3.8 dargestellt.

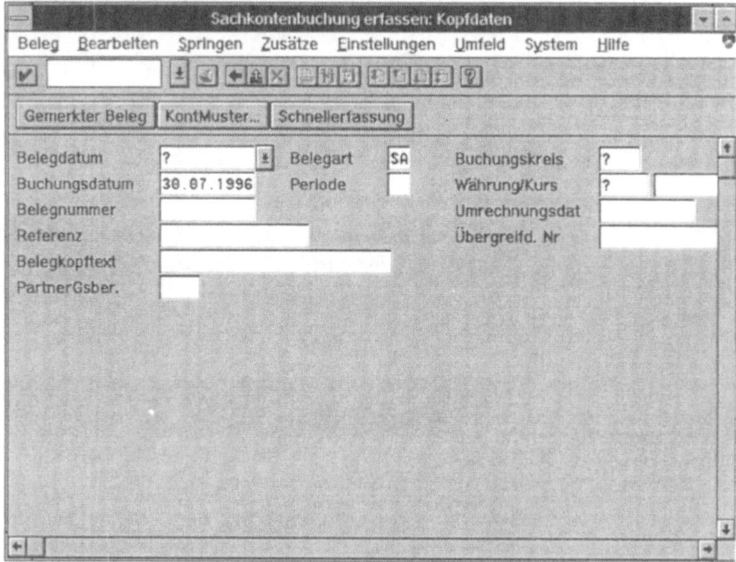

Abb. 3.8 Erfassen Sachkontenbuchung (SAP AG©)

Bei der Auswahl „R/3-Dokumentation" wird die R/3-Online-Dokumentation aufgerufen, wobei sofort das zum Prozeß *Sachkontenbuchung* gehörende Help File aufgerufen wird.

Input-Output-Zuordnung

Beim Aufruf von „Input-Output-Zuordnung" wird die Datensicht zu diesem Prozeß angezeigt (siehe Abb. 3.9). Man bekommt sie auch über den Button „I/O"-Zuordnung bzw. über den Pfad

Springen → Input-Output-Zuordnung.

Abb. 3.9
Input/Output zur Sachkontenbuchung (SAP AG©)

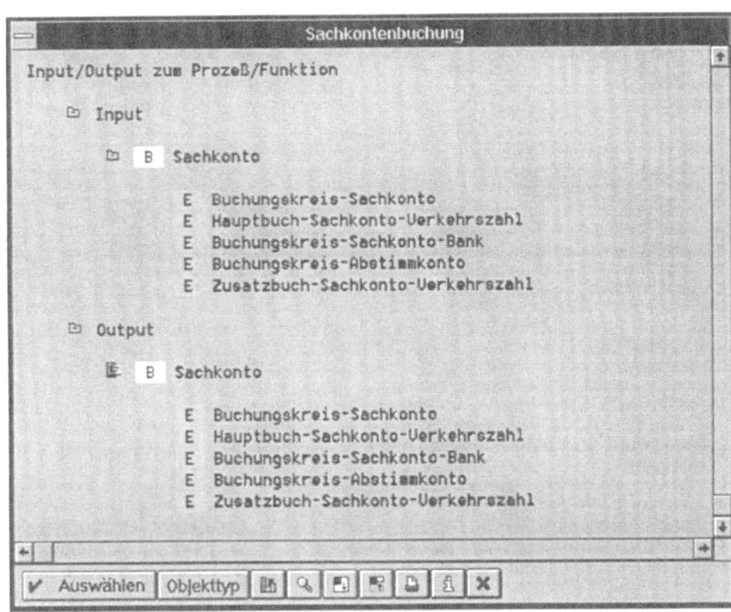

Org.einheiten-Zuordnung

Über die Auswahl „Org.einheiten-Zuordnung" gelangt man zu einer Übersicht über die dem Prozeß zugeordneten Organisationseinheiten (siehe Abb. 3.10).

Abb. 3.10
Zuordnung der Organisationseinheiten (SAP AG©)

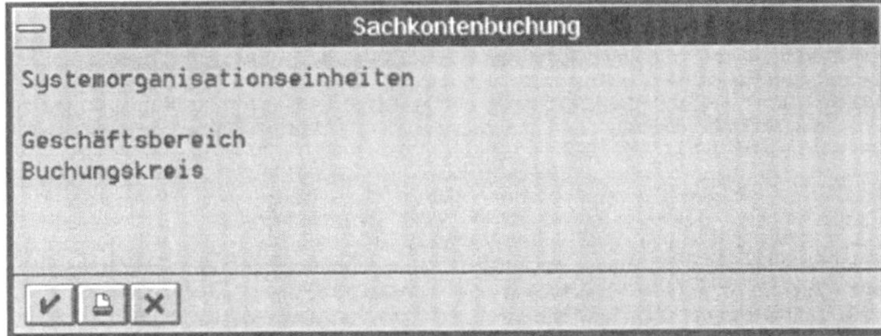

Attribute

Schließlich kann man sich über „Attribute" noch alle Attribute dieses Prozesses anzeigen lassen (Abb. 3.11). Hier ist beispielsweise zu sehen, wer den Prozeß angelegt hat und wann er zuletzt geändert wurde.

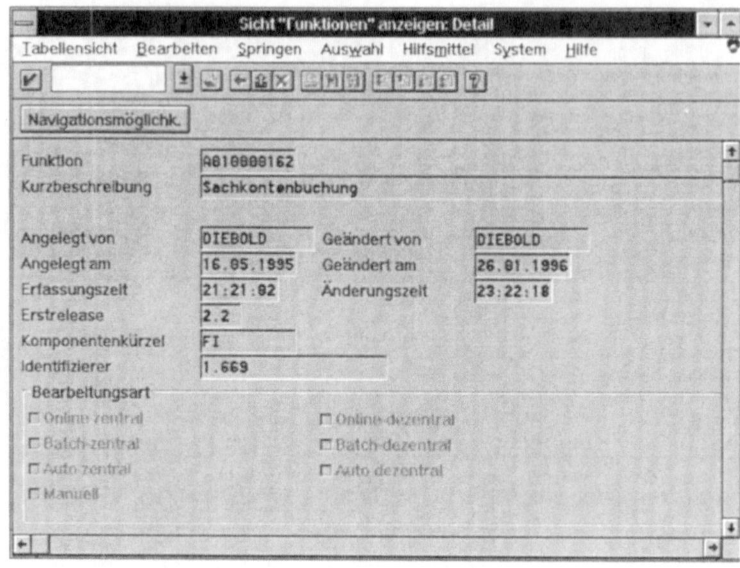

Abb. 3.11
Anzeige von Funktionen im Detail (SAP AG©)

Zum Prozeß *Sachkontenbuchung* kann man auch auf einem alternativen Weg ausgehend von der Komponentensicht mit der bereits ausgewählten Komponete *Finanzwesen* (siehe Abb. 3.1) gelangen.

Die Unterkomponente *Hauptbuchhaltung* läßt sich so lange aufreißen bis man das in Abb. 3.12 gezeigte Fenster erhält.

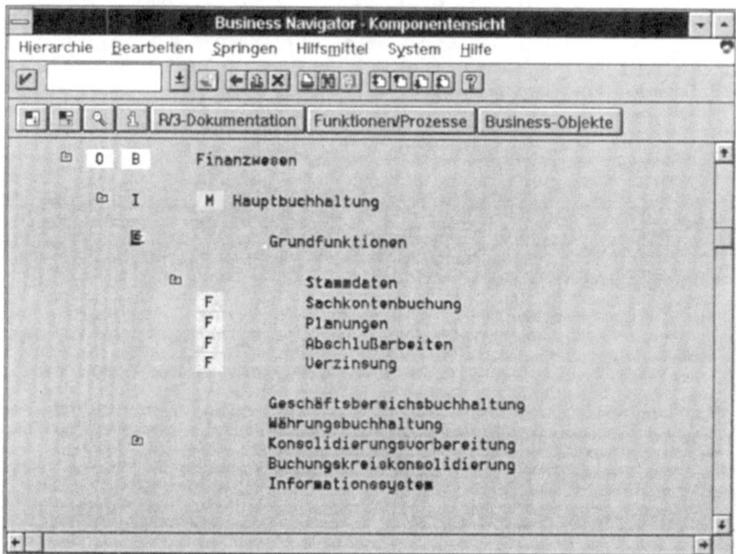

Abb. 3.12
Komponentensicht der Hauptbuchhaltung (SAP AG©)

Man sieht darin die Teilkomponente *Grundfunktionen* mit dem Element *Stammdaten*, zu dem die betriebswirtschaftliche Funktion *Sachkontenbuchung* gehört. Alle ihr zugeordneten Prozesse erhält man durch Positionierung des Cursors auf den entsprechenden Text der Funktion und Betätigen der Drucktaste *Funktionen/Prozesse*. Es sind dies die Prozesse *Sachkontenbuchung*, *Saldovortrag Sachkonten* und *Belegarchivierung*, die in Abb. 3.13 zu sehen sind. Durch Wahl des Buchstabens **P** links von der Bezeichnung des Prozesses erhält man dessen graphische Anzeige.

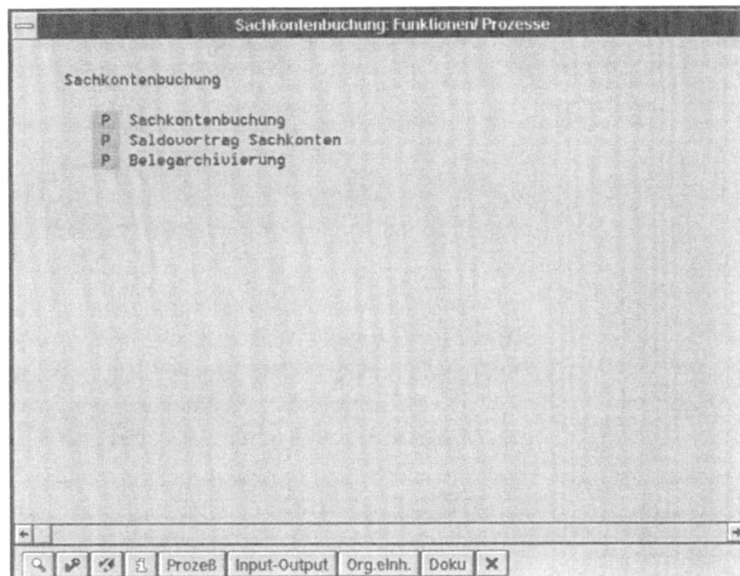

Abb. 3.13 Sachkontenbuchung (SAP AG©)

3.2 Einstieg über die Prozeßsicht

In der Prozeßsicht gelangt man zur ereignisgesteuerten Prozeßkette des Prozesses *Sachkontenbuchung*, indem man zunächst den Unternehmensbereich *Externes Rechnungswesen* anwählt (durch Doppelklick auf das „+"-Symbol). Dann erhält man alle Szenarien dieses Bereiches, so auch das Szenario *Hauptbuchabwicklung*. Die zu diesem Szenario gehörenden Prozesse erhält man wieder durch Doppelklick auf „+" (siehe Abb. 3.14).

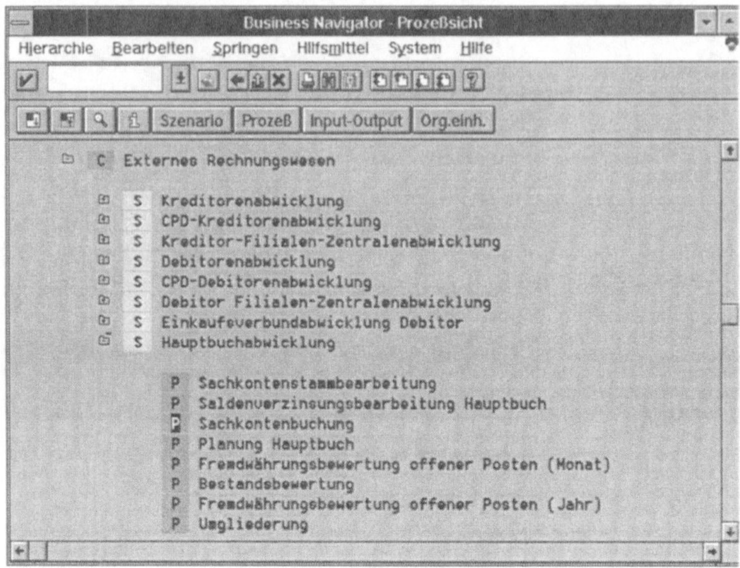

Abb. 3.14 Prozeßsicht Externes Rechnungswesen (SAP AG©)

Sie entsprechen in ihrem Umfang und in ihrer Reihenfolge genau den Prozessen, die auch in der 3. Spalte der Prozeßauswahlmatrix in der Komponentensicht (vgl. Abb. 3.6) zu finden sind. Durch Anwählen des Buchstabens **P** wird dann die ereignisgesteuerte Prozeßkette zu diesem Prozeß aufgerufen.

3.3 Prozeßbeschreibung

Darstellungs- und Navigationsbereich

Der Bildschirm für die graphische Prozeßdarstellung (ebenso wie der Bildschirm für das Systemorganigramm, das Business-Objektmodell, das Szenario und die Prozeßauswahlmatrix) enthält zwei große Bereiche:

- einen **Darstellungsbereich**, um gezielte Ausschnitte des Prozesses betrachten zu können und
- einen **Navigationsbereich** zur Festlegung des Darstellungsbereiches.

Navigationsbereich

Im Navigationsbereich ist der **gesamte Prozeß** abgebildet. Bei sehr umfangreichen Prozessen kann diese Gesamtdarstellung allerdings sehr unübersichtlich werden. Man kann nun mit der Maus einen Ausschnitt aus dem Navigationsbereich definieren, der dann links daneben im Darstellungsbereich detailliert betrachtet werden kann.

Weitere Möglichkeiten zur **Vergrößerung** oder **Verkleinerung** des Darstellungsbereiches sind durch die **Drucktasten** *Vergrößern* und *Verkleinern* sowie durch die **Pfeiltasten** in der Symbolleiste gegeben. Außerdem kann man das Sichtfenster im Darstellungsbereich durch die Verwendung der **horizontalen** bzw. **vertikalen Bildlaufleisten** verschieben.

Da bei großen Ausschnitten aus dem Gesamtmodell die Beschriftung einzelner Elemente im Darstellungsbereich sehr klein ausfallen kann, wird in der **Statusleiste** zusätzlich die **Bezeichnung** dieses Elementes angezeigt.

Der Prozeß beginnt mit dem Startereignis *Sachkontenbuchung ist durchzuführen.* Es löst zwei durch „∧" verknüpfte Funktionen aus, nämlich *Sollbuchungen erfassen* und *Habenbuchungen erfassen* (siehe Abb. 3.15). Durch Doppelklick auf eine dieser beiden Funktionen erhält man wieder einen Auswahldialog, von dem aus man in die R/3-Online-Dokumentation oder in die zugehörige Transaktion springen kann.

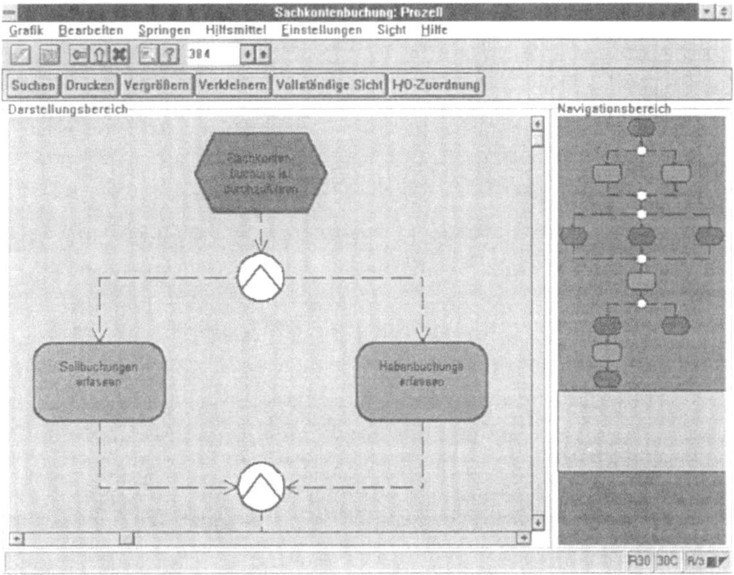

Abb. 3.15
Sachkontenbuchung (SAP AG©)

Sind die beiden Funktionen zu Soll- und Habenbuchungen durchgeführt, so sind die drei folgenden Ereignisse gleichzeitig eingetreten:

1. Konten sind erfaßt
2. Buchungsschlüssel sind erfaßt[1]
3. Beträge sind erfaßt.

Nun kann die Funktion *Saldo prüfen* ausgeführt werden. Dieser Zusammenhang ist in Abb. 3.16 zu sehen.

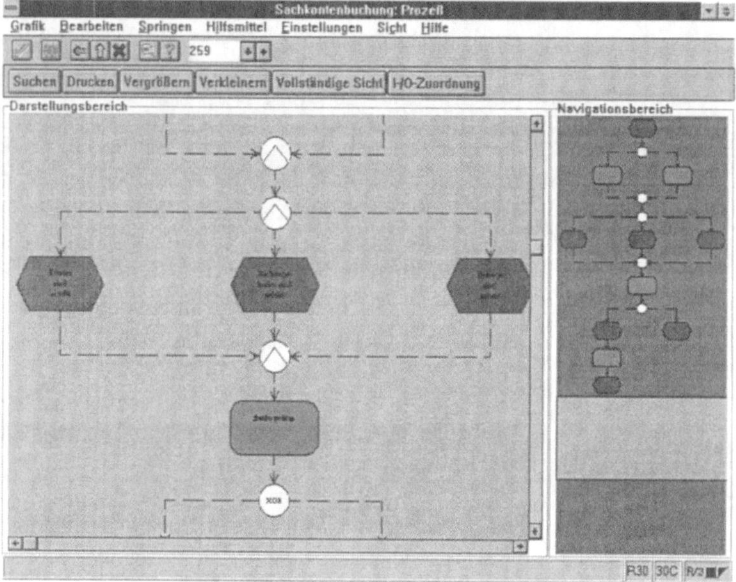

Abb. 3.16 Sachkontenbuchung:Saldoprüfung (SAP AG©)

Schließlich können nach Ausführen der Funktion *Saldo prüfen* zwei alternative Ereignisse vorliegen, was durch eine XOR-Verknüpfung dieser Ereignisse realisiert ist: entweder der aus Soll- und Habenbuchungen entstandene *Saldo ist Null* oder er ist *ungleich Null*. Ist er Null, so sind die Buchungen korrekt und es ist noch die Funktion *Beleg buchen* auszuführen, die zu dem Endereignis *Sachkontenbeleg ist gebucht* führt (Abb. 3.17).

1 Im R/3-System heißt es wohl irrtümlich „*Buchungskreise* sind erfaßt".

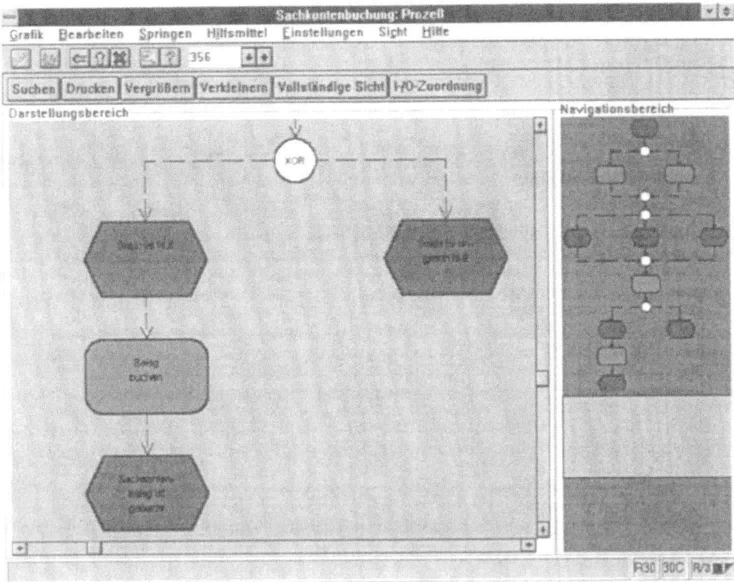

Abb. 3.17 Sachkontenbuchung: Belegbuchung (SAP AG©)

An dieser Stelle wird sich der erfahrene R/3-Benutzer vielleicht fragen, ob es sinnvoll und notwendig ist, einen relativ einfachen Prozeß wie die Sachkontenbuchung mittels einer Prozeßkette abzubilden. Diese Frage soll hier nicht diskutiert werden, sondern lediglich darauf verwiesen werden, daß hier zu Demonstrationszwecken ein sehr einfacher Prozeß verwendet wurde. Die meisten im R/3 vorhandenen Prozesse sind sehr umfangreich und komplex, so daß eine eine graphische Darstellung sicher sehr hilfreich ist.

Abschließend werden noch einige praktische Hinweise über weitere Besonderheiten und Nutzungsmöglichkeiten der Prozeßsicht gegeben.

4 Die Prozesse der R/3-Finanzbuchhaltung im R/3-Referenzmodell

Im R/3-Referenzmodell findet sich zum Thema Finanzwesen eine Vielzahl von Szenarien, die wiederum aus sehr vielen einzelnen Prozessen zusammengesetzt sind. Es würde den Umfang dieses Beitrages weit übersteigen, alle Prozesse detailliert darstellen und beschreiben zu wollen. Bei genauem Hinsehen erkennt man aber, daß sich manche Prozesse in den Szenarien wiederholen bzw. durch analoge ersetzt wurden. Dieses Kapitel verfolgt den Zweck, die Zusammenhänge zwischen den verschiedenen Szenarien zu verdeutlichen.

Szenarien des Unternehmensbereiches „Externes Rechnungswesen“

a) Szenario Kreditorenabwicklung

Das Szenario ***Kreditorenabwicklung*** befaßt sich mit allen Aufgaben, die im Zusammenhang mit Kreditoren auftreten. Die folgenden Prozesse wurden im R/3-Referenzmodell abgebildet:

- Kreditor-Stammdatenbearbeitung
- Kreditoranzahlungsanforderung
- Kreditoranzahlungsverrechnung
- Anzahlungsfreigabe
- Kreditorrechnungsvorerfassung
- Buchung vorerfaßter Belege
- Rechnungsbearbeitung mit Bezug
- Kreditorrechnungsbearbeitung
- Kreditorenmahnung
- Debitor/Kreditor-Saldenverzinsungsbearbeitung
- Kreditor-Zahlungsanforderung
- Maschinelle Zahlung
- Manuelle Zahlung

- Maschinelles Ausgleichen
- Fremdwährungsbewertung offener Posten (Monat)
- Fremdwährungsbewertung offener Posten (Jahr)
- Umgliederung
- Belegarchivierung
- Saldovortrag Debitor/Kreditor

b) Szenario CPD-Kreditorenabwicklung

CPD-Kreditoren sind Kreditoren, für die **kein eigener Stammsatz** angelegt wird, weil sie nur kurzfristig (etwa nur für einen einzigen Geschäftsvorfall) auftreten. Da für solche „Einmal-Kreditoren“ keine Stammdaten angelegt werden, entfallen die Prozesse

- Kreditor-Stammdatenbearbeitung
- Kreditoranzahlungsanforderung
- Kreditoranzahlungsverrechnung
- Anzahlungsfreigabe
- Kreditorrechnungsvorerfassung
- Buchung vorerfaßter Belege.

Außerdem wurde der Prozeß Kreditor-Rechnungsbearbeitung durch den Prozeß CPD-Kreditor-Rechnungsbearbeitung ersetzt.

Alle anderen Prozesse der CPD-Kreditorenabwicklung entsprechen genau den restlichen Prozessen der normalen Kreditorenabwicklung.

c) Szenario Kreditor-Filialen-Zentralenabwicklung

Das Szenario Kreditor-Filialen-Zentralenabwicklung unterscheidet sich vom Szenario Kreditorenabwicklung nur dadurch, daß es einen zusätzlichen Prozeß

Kreditor-Stammdatenbearbeitung Filiale

gibt, der den Belangen der Filialen-Zentralenabwicklung Rechnung trägt.

d) Szenario Debitorenabwicklung

Das Szenario **Debitorenabwicklung** ist analog zum Szenario *Kreditorenabwicklung* aufgebaut. So gibt es statt des Prozesses *Kreditoren-Stammdatenbearbeitung* den Prozeß *Debitoren-*

Stammdatenbearbeitung, statt *Kreditoranzahlungsanforderung* den Prozeß *Debitoranzahlungsanforderung* usw.

Für die Prozesse *Kreditorrechnungsvorerfassung*, *Buchung vorerfaßter Belege* und *Rechnungsbearbeitung mit Bezug* gibt es keinen analogen Pzozeß in der Debitorenabwicklung, dafür jedoch die folgenden speziellen Debitorenprozesse:

- Debitoranzahlung
- Überfälligkeitsverzinsung
- Zahlungsavisbearbeitung
- Manuelle Wechselzahlung
- Wechselverwendung
- Wechselrücknahme
- Kreditkontrolle.

e) Szenario CPD- Debitorenabwicklung

Das Szenario ***CPD-Debitorenabwicklung*** für die „Einmal-Debitoren" ist ähnlich wie das Szenario *Debitorenabwicklung* aufgebaut: es fehlen nur die Prozesse für die Stammdaten (*Debitor-Stammdatenbearbeitung, Debitoranzahlungsanforderung, Debitoranzahlung, Debitoranzahlungsverrechnung, Anzahlungsfreigabe)*. Statt des Prozesses *Debitorrechnungsbearbeitung* gibt es einen anderen Prozeß *CPD-Debitorrechnungsbearbeitung*.

f) Szenario Debitor-Filialen-Zentralenabwicklung

Das Szenario **Debitor-Filialen-Zentralenabwicklung** enthält alle Prozesse des Szenarios Debitorenabwicklung sowie einen zusätzlichen Prozeß Debitor-Stammdatenbearbeitung Filiale.

g) Szenario Einkaufsverbundabwicklung Debitor

Das Szenario ***Einkaufsverbundabwicklung Debitor*** enthält alle Prozesse des Szenarios *Debitorenabwicklung* sowie einen zusätzlichen Prozeß *Manuelle-Zahlung-Einkaufsverbund*.

h) Szenario Hauptbuchabwicklung

Das Szenario ***Hauptbuchabwicklung*** enthält die gegenüber den Kreditoren- und Debitorenszenarien neuen Prozesse

- Sachkontenstammbearbeitung
- Saldenverzinsungsbearbeitung Hauptbuch
- Sachkontenbuchung

- Planung Hauptbuch
- Bestandsbewertung
- und Saldovortrag Sachkonten.

Die vier Prozesse

- Fremdwährungsbewertung offener Posten (Monat)
- Fremdwährungsbewertung offener Posten (Jahr)
- Umgliederung
- Belegarchivierung

gibt es in der Hauptbuchabwicklung ebenso wie im Kreditoren- bzw. Debitorenbereich. Die speziellen Debitoren- und Kreditorenprozesse dagegen entfallen natürlich.

i) Szenario Konsolidierung

Das Szenario ***Konsolidierung*** bildet innerhalb des externen Rechnungswesen einen eigenen, neuen Bereich ab, der folgende Prozesse enthält:

- Positionskatalogänderung
- Zugang einer Gesellschaft
- Abgang einer Gesellschaft
- Gesellschaftssplit
- Neuer Teilkonzern
- Erstellung der Konsolidierungsrichtlinie
- Umsetzen der Konsolidierungsrichtlinie
- Dezentrale Saldenabstimmung
- Dezentrale Handelsbilanz II-Buchungen
- Dezentrale Währungsumrechnung
- Datenübergabe
- Datenübernahme
- Intercompany Saldenklärung
- Stufenkonsolidierung
- Anpassungsbuchungen
- Zentrale Währungsumrechnung
- Schuldenkonsolidierung
- Aufwands- und Ertragseliminierung
- Zwischenergebniseliminierung im Umlaufvermögen
- Zwischenergebniseliminierung im Anlagevermögen

- Erstkonsolidierung
- Beteiligungsabschreibung/-zuschreibung
- Sukzessiver Erwerb
- Indirekte Anteilsänderung
- Kapitalerhöhung/-herabsetzung
- Umbuchung FI-LC
- Folgekonsolidierung
- Saldovortrag FI-LC
- Währungsreform
- Dokumentation des Abschlusses
- Aktives Excel

j) Szenario Sachanlagenabwicklung

Das Szenario ***Sachanlagenabwicklung*** aus dem Bereich der Anlagenbuchhaltung setzt sich aus den folgenden Prozessen zusammen:

- Standortwechsel
- Inventurkorrektur
- Versicherungsabschluß
- Massenänderung
- Arbeitsvorratserstellung
- Bestellungsbearbeitung für Anlage
- WE-Bearbeitung mit Bestellbezug für Anlage
- Rechnungsbearbeitung mit Bezug
- Anlagenzugangsbearbeitung
- Maschinelle Zahlung
- Abrechnung Anlage im Bau
- Zugang Eigenleistung
- Warenausgangsbearbeitung für Lagermaterial
- Nachaktivierung
- Umbuchung
- Zuschreibung
- Rücklagenbildung aus Abgangserlösen
- Übertragung Rücklagen
- Manuelle Abschreibungsplanung

- Manuelle Investitionsförderungsbuchung
- Abgang
- Massenabgang
- Transfer
- Abschreibung
- Investitionsförderungsbeantragung
- Investitionsförderungsbuchung
- Periodische Berichte
- Jahresabschluß
- Aufwertung
- Inventur
- Parallele Bewertungen
- Planungsintegration Kostenstellen
- AfA-Simulation/Vorausschau
- Indexreihen
- Neue Bewertungsmethode
- Neue Investitionsförderung
- Anlagenstammsatzerstellung
- Anlagenstammsatzänderung
- Abschreibungsneurechnung
- Archivierung

Dabei sind die Prozesse *Rechnungsbearbeitung mit Bezug* und *Maschinelle Zahlung* bereits aus anderen Szenarien (z.B. der *Kreditorenabwicklung*) bekannt.

k) Szenario Geringwertige Güter-Abwicklung

Das Szenario ***Geringwertige Güter-Abwicklung*** unterscheidet sich vom Szenario *Sachanlagenabwicklung* dadurch, daß der Prozeß *Abgang* durch den Prozeß *Abgang für geringwertige Güter* ersetzt wurde und daß die Prozesse *Zugang Eigenleistung, Nachaktivierung, Zuschreibung, Rücklagenbildung aus Abgangserlösen, Übertragung Rücklagen, Manuelle Abschreibungsplanung, Manuelle Investitionsförderungsbuchung, Massenabgang* und *Aufwertung* fehlen.

l) Szenario Leasinganlagenabwicklung

Im Szenario ***Leasinganlagenabwicklung*** sind im Vergleich zur *Sachanlagenabwicklung* die neuen Prozesse:

- Leasingvertragsänderung
- Zugang Leasinganlage
- Umbuchung Leasinganlage
- Abgang Leasinganlage
- Leasingzahlung
- und Leasinganlageerstellung

enthalten.

Dagegen fehlen aus der Sachanlagenabwicklung die Prozesse:

- Bestellungsbearbeitung für Anlage,
- WE-Bearbeitung mit Bestellbezug für Anlage,
- Anlagenzugangsbearbeitung,
- Maschinelle Zahlung,
- Abrechnung Anlage im Bau,
- Zugang Eigenleistung,
- Warenausgangsbearbeitung für Lagermaterial,
- Nachaktivierung,
- Umbuchung,
- Zuschreibung,
- Rücklagenbildung aus Abgangserlösen,
- Übertragung Rücklagen,
- Manuelle Abschreibungsplanung,
- Manuelle Investitionsförderungsbuchung,
- Abgang,
- Massenabgang,
- Transfer,
- Investitionsförderungsbeantragung,
- Investitionsförderungsbuchung,
- Aufwertung,
- Planungsintegration Kostenstellen,
- Neue Investitionsförderung und
- Anlagenstammsatzerstellung.

m) Spezielle Ledger

Dieser Bereich ist nicht in einem Szenario zusammengefaßt, sondern besteht aus den folgenden Einzelprozessen:

- Stammdatenverprobung
- Stammdatenbearbeitung anderer SAP-Applikationen für Planung
- Direkte Datenerfassung
- Datenübernahme
- Planung
- Währungsumrechnung
- Umlage
- Verteilung
- Rollup
- Saldovortrag
- Integrationsschnittstelle
- Datenübergabe CO an FI-Special Ledger
- Datenübergabe FI an FI-Special Ledger
- Datenübergabe MM an FI-Special Ledger

5 Schlußbemerkung

In diesem Beitrag wurde das in R/3 3.0 integrierte Referenzmodell am Beispiel der Finanzbuchhaltung vorgestellt. Alle inhaltlichen Angaben und Bildschirmabzüge basieren auf dem Releasestand 3.0C, bei niedrigeren oder höheren Releaseständen kann es daher zu Abweichungen kommen.

Das R/3-Referenzmodell beschreibt den Leistungsumfang der R/3-Anwendungskomponenten und macht deren **Integrationszusammenhänge** sichtbar. Der Einstieg über die Anwendungs- und Prozeßsicht ist übersichtlich gestaltet und graphisch gut aufgearbeitet.

Bei der Darstellung spezieller Sichten (z.B. Systemorganigramm oder Business-Objektmodell) sind jedoch spezielle Kenntnisse (z.B. über Entity-Relationship-Diagramme) erforderlich, um die dargestellten Informationen richtig zu interpretieren.

Kritikpunkte

Besonders bei der graphischen Darstellung der ereignisgesteuerten Prozeßketten stößt man bei vielen Prozessen schnell an die Grenzen des Machbaren: trotz komfortabler Navigationsmöglichkeiten sind die Prozesse aufgrund ihrer Größe und Komplexität ohne Ausdruck auf einem leistungsfähigen Farbdrucker nicht vernünftig bearbeitbar. Auch die Darstellung komplexer UND- bzw. ODER-Verknüpfungen ist nicht immer eindeutig interpretierbar. Es bleibt zu befürchten, daß ein Benutzer ohne intensive Beschäftigung mit der Thematik und dem Tool angesichts der Fülle der Begriffe und Sichtweisen überfordert ist. Auch die unklare Abgrenzung der Begriffe (z.B. **„Wann und wozu braucht man einen Entitätstyp bzw. ein Business-Objekt?“** oder **„Worin unterscheiden sich Funktion und Prozeß?“**) können manchen Benutzer mehr verwirren, als daß sie ihm nützliches Wissen vermitteln würden.

Dennoch ist das mit Hilfe des Business Navigator in R/3 3.0 integrierte R/3-Referenzmodell ein sehr leistungsfähiges und hilfreiches Instrumentarium, nicht nur wegen der Vielzahl der abgebildeten Geschäftsprozesse, sondern auch wegen der vielzähligen Verzweigungsmöglichkeiten, z.B. zur Online Dokumentation, zur IMG-Aktivität oder auch zum Data Browser. Das R/3-Referenzmodell ist daher sicher eine solide Diskussions- und Arbeitsgrundlage für eine prozeßorientierte R/3-Einführung und führt die von SAP verfügbaren Einführungswerkzeuge in sinnvoller Weis fort.

Da der Business Navigator in R/3 3.0 ein reines Anzeige- und Navigationstool ist, also Modelle damit nicht angepaßt oder erweitert werden können, müssen derzeit zusätzliche Werkzeuge herangezogen werden, um eine Geschäftsprozeßgestaltung abbilden und dokumentieren zu können, sofern sie vom R/3-Standard abweicht.

Kapitel 10

Accelerated SAP® im mittelständischen Industriebetrieb - was kann der Anwender dazu beitragen?

Dipl.-Ing. Michael Hubl
Mag. Reinhard Neubauer
Mag. Dr. Martin Lukanowicz
o. Univ.-Prof. Mag. Dr. Alfred Taudes

Wirtschaftsuniversität Wien, Abteilung für Industrielle Informationsverarbeitung des Instituts für Informationsverarbeitung und Informationswirtschaft

1 Einleitung

Die Einführung eines umfassenden Standardsoftwarepakets wie SAP R/3 war bisher eine recht aufwendige Angelegenheit, deren Ergebnis nicht immer den bei der Auswahl der Software gehegten Erwartungen entsprach. SAP und dessen Partnerunternehmen haben auf diesen Problemkreis reagiert und Vorgehensmodelle und diese unterstützenden Werkzeuge entwickelt, die die Effizienz und Effektivität dieses Vorgangs erhöhen sollen. Dabei ist allerdings zu beachten, daß ein SAP-Einführungsprojekt sowohl vom Implementierer als auch vom Anwender zu tragen ist. Wie das vom Österreichischen Fonds zur Förderung der gewerblichen Wirtschaft, SAP Österreich und Siemens Nixdorf geförderte und am IUCCIM (InterUniversitäres Center für CIM), einem Institut der Wirtschaftsuniversität Wien und der Technischen Universität Wien durchgeführte Projekt „VESS" - Vorgehensmodell zur Einführung von Standardsoftware - gezeigt hat, werden immer wieder wichtige Grundsätze einer effizienten Gestaltung des Einführungsprozesses vernachlässigt.

Problembereiche

Interviews, die im Rahmen des VESS-Teilprojekts "Problembereiche bei der Einführung von SAP R/3 im österreichischen Mittelstand" mit 16 Mitarbeitern der Projektleitung aus mittelständischen Industrieunternehmen (ca.1000 - 1200 Mitarbeiter), der Beratung von SAP aus dem Logistikbereich und der Projektleitung aus externen Beratungsunternehmen (SAP-Logopartner) gemacht wurden, zeigten die wichtigsten Problembereiche auf. Generell machten die Projektleiter in den Unternehmen vor allem die herrschende Ressourcenknappheit und das fehlende Know-how aufgrund mangelnder Schulung als Hauptgründe für die Probleme bei der Einführung verantwortlich. Die Berater, sowohl der SAP als auch die ihrer Logo-Partner, sahen die Hauptursachen wiederum in den vorliegenden Soll-Konzepten und den daraus resultierenden Systemerweiterungen.

Im einzelnen ergaben sich folgende Defizite:

- Da kaum Mitarbeiter zu 100% für das Einführungsprojekt abgestellt werden können, entstehen massive Probleme hinsichtlich der zur Verfügung stehenden personellen Kapazitäten.

- Aus obiger Problematik ergeben sich Mängel in der Schulung und zwar nicht nur im Bereich der Standardsoftware selbst, sondern vor allem bei der Einführungsmethodik und der richtigen Handhabung von unterstützenden Tools. Diese kommen daher auch kaum zum Einsatz.
- Im Bereich der Soll-Konzeption stellt sich immer wieder die Frage nach einer effizienten Beschreibungsmethode und einem vernünftigen Detaillierungsgrad. Es werden sehr oft viel Zeit und Geld in Konzepte gesteckt, die sich dann später als zu wenig oder zu sehr detailliert oder, im schlimmsten Fall, als nicht realisierbar herausstellen. Oft fehlen wichtige Informationen oder ganze Geschäftsprozesse, und umfangreiche Nacharbeiten sind notwendig. Dies ist außer dem geleisteten Mehraufwand noch kein allzu großes Problem. Nur stellt die Anpassung der Standardsoftware an diese Detailprozesse die Projektteams meistens vor große Schwierigkeiten. Die Chance einer Anpassung der organisatorischen Abläufe an die von der Standardsoftware gebotenen Möglichkeiten wird nur in den wenigsten Fällen wahrgenommen. So kommt es zu unzähligen Zusatzprogrammierungen und teilweise auch zu externen Anbindungen von Speziallösungen[1].
- Bei der eigentlichen Parametrierung gibt es zwei generelle Gründe für Probleme. Einerseits das fehlende Know-how: beispielsweise wird die integrative Auswirkung einzelner Parameter nicht immer wirklich erkannt. Die Folge sind Probleme in angrenzenden Bereichen. Andererseits stellten auch Fehler in den SAP-Modulen selbst Gründe für einen schleppenden Projektfortschritt dar.
- Fehlende Projektmanagementkenntnisse und eine unzureichende Terminplanung bilden weitere Ursachen für „schlechte Projekte“.

Bei Untersuchungen an der Universität Erlangen-Nürnberg kam man zu ähnlichen Ergebnissen (MER93, S.426). Dort wurden folgende methodische und praktische Defizite beobachtet:

- Fehlende Hilfestellung durch Systemdokumentation.
- Keine Erläuterung der betriebswirtschaftlichen Zusammenhänge der Geschäftsprozesse.

1 Der Umstand, daß während der Einführungsphase aufgrund von Umstellungen in der Unternehmensstruktur auch Änderungen an der Soll-Konzeption notwendig sind, sei hier nur am Rande erwähnt.

- Oft wurde die Chance einer Reorganisierung der Geschäftsprozesse nicht wahrgenommen. Trotz neuer Software wurden die „alten" Prozesse implementiert.
- Die bestehende Aufbau- und Ablauforganisation stimmt mit der Softwarelogik des Standardsoftwarepaketes nicht überein.

Der vorliegende Beitrag zeigt auf, welche Punkte bei der Einführung eines Standardsoftwarepakets in mittelständischen Unternehmen für den Anwender von Bedeutung sind. Er richtet sich hauptsächlich an Projektleiter, Mitarbeiter und externe Berater, stellt aber kein umfassendes Projekthandbuch mit Projektstrukturplan, Termin- und Kapazitätenplanung dar. Vielmehr soll das Umfeld der Standardsoftwareeinführung näher hinterfragt werden. Der effiziente Einsatz von Tools zur Soll-Konzepterstellung oder der Parametrierung stellen nur einen Teilbereich eines Einführungsprojektes dar. Auch Faktoren wie die richtige Auswahl des Projektteams, die Zusammenarbeit von Beratern und Anwendern, das Schulungskonzept oder auch die Durchführung der notwendigen Abschlußarbeiten werden in den folgenden Kapiteln näher betrachtet[2].

2 Neue Konzepte und Tools zur SAP-Einführung

Die oben aufgezeigten Problemkreise einer geeigneten Projektvorgehensweise, einer effizienten Beschreibungsmethode mit einem vernüftigen Detaillierungsgrad und des mangelnden Know-hows bezüglich der Funktionsweise des Systems und der Auswirkungen einzelner Parameter deuten auf Mängel in der Dokumentation und den angebotenen Einführungswerkzeugen hin. Auf diese hat SAP und deren Partner reagiert, so daß hier in letzter Zeit brauchbare Lösungen zur Verfügung stehen. Zwei derartige Zugänge sollen kurz vorgestellt werden.

2 Die Entscheidung ob, man sich an die Referenzprozesse der Standardsoftware anlehnt oder das System den eigenen Bedürfnissen anpaßt und der Themenbereich Evaluierung von Hard- & Software werden aus der Betrachtung ausgeklammert, da dies über den Rahmen der Untersuchung hinausgehen würde. Zu diesem Thema sei auf die vorhandene Literatur verwiesen (GRU91) und (SCH93)

2.1 Live Kit von Siemens Nixdorf

Auf Basis des CHICO-Verfahrens von COMET wurde das Checklisten- und Konfigurationswerkzeug LIVE KIT entwickelt. Ziel ist die effiziente Definition des R/3 Anforderungsprofils eines Unternehmens und, auf dieser Basis, eine Reduzierung der Customizingaktivitäten. Der Live Kit wurde für den Beratereinsatz entwickelt. Er ist ein PC-basiertes System für dezentralen Einsatz mit graphischer Oberfläche. Dieses regelbasierte Expertensystem verfügt über eine Datenbank zur Anforderungsdokumentation und eine Schnittstelle zu SAP R/3 (IMG, Customizingtabellen). Der gesamte Ablauf gestaltet sich dabei nach der ODYSSEUS-Methode. Dieses Modell soll im nächsten Kapitel kurz erklärt werden.

2.1.1 Charakteristika der ODYSSEUS-Methode

2.1.1.1 Wegfall der Ist-Analyse

Auf die aufwendige Durchführung einer Ist-Analyse wird verzichtet. Es wird vorausgesetzt, daß der Anwender seine Prozesse kennt und sie auch beschreiben kann. Gleiches gilt auch für die Beschreibung von Änderungswünschen und Defiziten oder Schwachstellen. Gibt es hier Lücken, so wird lediglich für diesen bestimmten Bereich eine partielle Ist-Analyse durchgeführt. Dabei geht man im betroffenen Bereich in die Detailaufnahme zurück. In solchen Fällen lassen sich folgende Indikatoren (THO96, S.92) charakterisieren:

- Chaos - niemand kann eine Antwort geben, keine Zuständigkeit
- Information Hiding: unvollständige Antworten der Fachabteilungen, Widerstand
- Widerspruch: unterschiedliche Antworten auf gleiche Fragen
- Verständnisschwierigkeiten: außergewöhnliche Abwicklungen

2.1.1.2 Heuristische Suche nach dem Soll-Konzept

Beim Erstellen des Soll-Konzeptes wird in umgekehrter Reihenfolge vorgegangen. Ausgangspunkt ist hier das Angebot der Standardsoftware (HUF95, S.62). Dazu wird ein spezielles Werkzeug benötigt. Es müssen die betriebswirtschaftlichen Potentiale und die funktionalen Alternativen des Systems ersichtlich gemacht werden.

2.1.1.3 Implementierung lösbarer Anforderungen

Die Umsetzung der eindeutigen Anforderungen in das Probesystem erfolgt unmittelbar nach dem ersten Analyseschritt. Anforderungen, die einer eingehenderen Diskussion bedürfen, und Spezialfälle werden parallel dazu bearbeitet. Sobald Teilbereiche einer Lösung zugeführt sind, werden sie in das Basissystem übernommen. Dort können Fehler durch eine eingehende Prüfung rasch erkannt und behoben werden.

Grundvoraussetzung für dieses heuristische und iterative Vorgehen ist eine rasche Realisierbarkeit des Basissystems und die weitgehende Transparenz und Revidierbarkeit von Customizingeinstellungen.

2.1.2 Vorgehensmodell nach der ODYSSEUS-Methode

ODYSSEUS steht für **O**rganisatorisch-**dy**namische **S**pezifikation von **S**oftwarebibliotheken **e**ntsprechend der **U**nternehmens**s**truktur (HUF95, S.61).

Dieses Vorgehensmodell kann durch fünf Schritte beschrieben werden:

- **Präparationsphase:** Wissensaustausch zwischen externem Berater und Anwender
- **Analysephase:** Abgrenzung des zu nutzenden Standardumfangs
- **Designphase:** Realisierung des Basissystems
- **Konstruktionsphase:** Basissystem wird fertiggestellt, getestet und integriert
- **Roll-Out:** Datenmigration und Schulung der Anwender

Das nachstehende Schaubild soll die Aktivitäten in den einzelnen Phasen verdeutlichen.

Abb. 2.1
Phasen der Einführung
Quelle: HUF95, S. 73

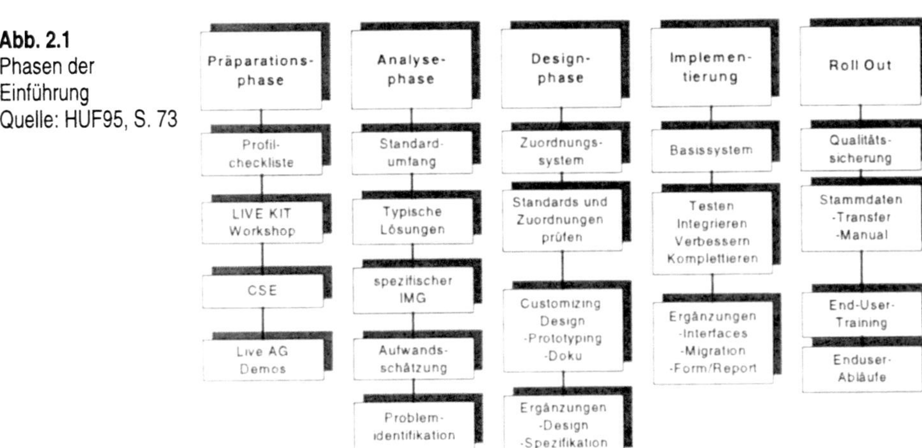

2.1.3 Aufbau und Regellogik des Live Kit

Die Umsetzung der Odysseus-Methode erfolgt mit dem Live Kit. Zuerst entscheidet eine grobe Umfangbestimmung des Projektes über die Auswahl einzelner Anwendungskomponenten und der angebotenen Funktionalitäten innerhalb der Komponentenhierarchie. Dafür werden die Bezeichnungen „*Fachbereichsauswahl*", bzw. für die Vertiefung „*Sachgebietsauswahl*" verwendet.

Diese Auswahlkriterien sind deckungsgleich mit den im SAP-System angebotenen Funktionen und Prozessen. Auch die modulare Gliederung des Live Kit folgt der Einteilung von SAP R/3.

Dieses zweistufige Komponentenmodell, eben mit Fachbereichs- und Sachgebietsauswahl, vereint unterschiedliche Zielsetzungen. Dabei steht jedoch das Standard-Optionsprinzip immer im Vordergrund. Diese Vorgangsweise liegt im Sinne der CSE-Methodik. Darunter versteht man die kontinuierliche Anpassung des organisatorischen Geschehens in Verbindung mit der Adaption des Informationssystems (THO96, S. 78).

Die Absicherung der Komponentenauswahl durch Konsistenz und Integrationsregeln erfolgt unmittelbar bei der Eingabe. Nach jedem Schritt werden sofort die zusätzlich notwendigen Komponenten automatisch aktiviert.

2.1.4 Bestandteile des Live Kit

Der Live Kit besteht im wesentlichen aus folgenden Bestandteilen:

- **Profilcheckliste:** Damit wird versucht, Funktionenauswahl und Anpassungsanforderungen herauszuarbeiten und eine Reduktion des Adaptionsaufwandes zu erreichen.
- **Reduktionscheckliste:** Hier gehen die Fragen in die Richtung: „Welche Anpassungen kann ich weglassen?“ So erfolgt mit diesem zweiten Schritt eine weitere Einschränkung des Adaptionsaufwandes. Anpassungen, die vom Anwender auf jeden Fall geprüft werden müssen, sind in einer sogenannten „Always“-Liste abgelegt.
- **Zuordnungscheckliste:** Hier sind die Ergebnisse der Reduktionscheckliste die Basis für das weitere Vorgehen. Es werden aus mehreren Alternativen bestehende, vorgefertigte betriebswirtschaftliche Lösungen zur Auswahl angeboten.
- **Auswertungen und Integration mit SAP R/3:** Alle Eingaben und die daraus folgenden Ergebnisse werden archiviert und stehen einer weiteren Verarbeitung zur Verfügung. Von Vorteil ist dabei die vollständige Dokumentation und Beschreibung des Vorgehens und der Entscheidungsprozesse. Dies dient der Weiterentwicklung des Unternehmens und entspricht der Methode des CSE. Die Unterlagen unterstützen bei der Mitarbeiterinformation und -schulung.

2.1.5 Phasenweise Detaillierung mit dem Level-Konzept

Im Live Kit gibt es vier Levels. Auf dem ersten Level verschafft man sich einen Überblick durch einen etwa eintägigen Workshop mit der Geschäftsleitung. Hier können mitunter schon Kernprobleme identifiziert und einer weiteren Bearbeitung zugewiesen werden. Nach der getroffenen Einführungsentscheidung wird über den nächsten Level eine Vertiefung vorgenommen. Alle Informationen aus den ersten Ebenen werden nahtlos in die nächsten Levels übernommen. Die Beantwortung kann jederzeit modifiziert und den gegebenen Erfordernissen angepasst werden.

Bei den vier Levels handelt es sich um:

- **Level 1:** Überblick über die relevanten Bereiche
- **Level 2:** Überprüfen und Entscheiden über aufwandsrelevante Themen einschließlich einer Projektkalkulation
- **Level 3:** Integrationsrelevantes Fragenmix von bereichsübergreifendem Interesse
- **Level 4:** Fachspezifische Fragen

2.1.6 Unterschiede zu herkömmlichen Vorgehensmodellen

Im Gegensatz zu anderen Ansätzen wird erst bei Identifizierung eines Bedarfs eine Geschäftsprozeßmodellierung vorgenommen. Der Zeitpunkt kann dabei sehr unterschiedlich liegen: am Anfang oder im Lauf des Projektes, oder aber es kann überhaupt zu einer Vernachlässigung der Modellierung kommen. Die Live Kit-Strategie zielt darauf ab, durch Hilfestellungen bei der Verbesserung des Ist-Zustandes und der Prozeßgestaltung die ansonsten anfallenden hohen Kosten zu reduzieren. Die Daten der Reduktions- und Zuordnungschecklisten sollen die Grundlage für eine effiziente Organisationsanalyse der Geschäftsprozesse darstellen. Modellierungs- und Simulationswerkzeuge helfen bei der Erstellung kundenspezifischer Modelle.

2.2 Accelerated SAP

Dieses Tool, oder vielmehr diese Methode, stellt einen umfassenden Ansatz zur Implementierung von SAP dar. Im Grunde ist ASAP ähnlich aufgebaut wie der Live Kit, d.h. es stehen graphisch aufbereitete Checklisten zur Anforderungsbestimmung zur Verfügung. Im Unterschied zum Live Kit verfügt ASAP aber über eine Fülle von weiteren Tools, Checklisten, Vorlagen etc., welche es dem Anwender erlauben, Teile der R/3-Einführung ohne externe Hilfestellung selbst abzuwickeln.

Accelerated SAP ist als Gesamtlösung zu sehen. Die wesentlichsten Bestandteile sind (SAP97):

- **ASAP Roadmap:** hier sind die Phasen des Einführungsprojektes mit allen Einzelaktivitäten beschrieben.
- **Implementation Assistent**: verwaltet sämtliche Bestandteile von ASAP.

- **Business Engineer im R/3:** graphische Darstellung der R/3-Geschäftsprozesse, Implementierungswerkzeug.
- **Leistungen des Service & Support**, wie Schulung, Beratung, EarlyWatch, GoingLive Check - diese Dienste gewährleisten die Qualität der R/3-Einführung.

Schon zu Beginn des Projektes erfolgt eine Aufwandschätzung, in welcher Parameter wie Umfang und auch Randbedingungen des Projektes eingehen. Durch bloße Aufrechnung von einzelnen Funktionalitäten entstandene Schätzfehler werden dadurch vermieden.

Projektphasen

Das Vorgehen wird in fünf Phasen eingeteilt:

1. **Projektvorbereitung:** Zusammenstellung des Projektteams, ASAP-Schulung und Kickoff-Meeting.
2. **Business Blueprint:** Anforderungsdokumentation, Ableitung des Soll-Konzeptes (Business Blueprint oder Betriebswirtschaftlicher Konstruktionsplan).
3. **Realisierung:** das Baseline-System wird konfiguriert. D.h., 100% der Unternehmensstruktur und 80% der Geschäftsprozesse werden zu Beginn dieser Phase im System abgebildet. Beteiligte Anwender werden funktionsübergreifend in die Aktivitäten eingebunden. Die Ergebnisse werden qualitativ geprüft. Die schrittweise Verfeinerung des Systems bildet die Überleitung zur nächsten Phase.
4. **Produktivvorbereitung:** abschließender Systemtest, Endanwenderschulung, Testen von Schnittstellen- und Umsetzungsprogrammen sowie Belastungstest werden in dieser Phase durchgeführt.
5. **Go-Live und Support:** das System wird nochmals überprüft und ggf. weiter verfeinert.

Hervorzuheben ist die Weiterverwendung von Arbeitsergebnissen. So werden Teile des Business Blueprint später als Grundlage für die Anwenderschulung oder Systemdokumentation verwendet. Auch bildet das Baseline-System die Basis für das Produktivsystem. Es gibt daher keinen Prototypen, der weggeworfen wird.

3 Verbesserungsvorschläge

3.1 Richtiges Vorgehensmodell

Untersucht man die vorgestellten Vorgehensmodelle auf Gemeinsamkeiten, so erkennt man, daß beide vom klassischen Wasserfallmodell der Softwareentwicklung abgehen. Bei diesem klassischen Phasenmodell folgen streng linear die Phasen Spezifikation (Pflichtenheft), Realisierung und Einsatz. Zur Standardsoftwareeinführung ist dieses Modell nicht geeignet, da bei einer detaillierten Pflichtenhefterstellung i. d. R. 90% der SAP-Dokumentation aufwendig nochmals erarbeitet werden. Auch verzichtet man auf die Lerneffekte, indem man nicht auf Vorschläge zur Prozeßgestaltung, die in SAP enthalten sind, eingeht.

Spiralmodell

Die geeignetere und auch von den Lösungsanbietern vorgeschlagene Methodik bedient sich des Prototyping und der Feineinstellungen und erfolgt daher nach den Prinzipien des für die objektorientierte Softwareentwicklung gedachten Spiralmodells. Nachstehende Abbildung zeigt das generelle Ablaufschema eines solchen Vorgehensmodells.

Abb. 3.1 Spiralmodell der Implementierung

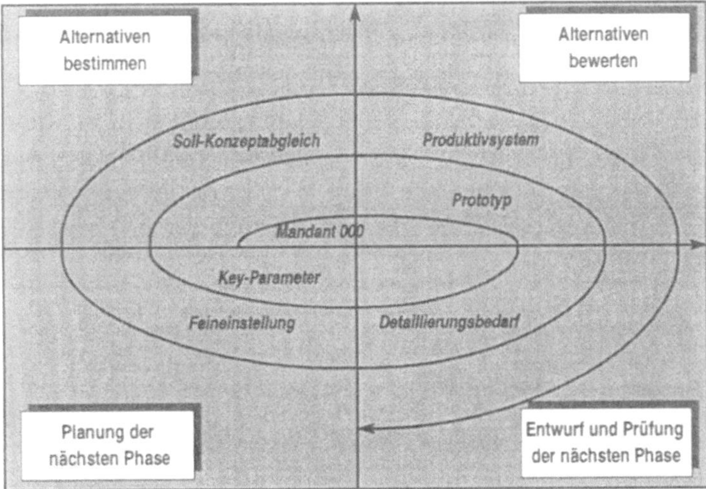

Vereinfacht könnte man das Vorgehen so charakterisieren:

1. Identifizieren von Anforderungen, Alternativen und Einschränkungen;
2. Bewertung der Alternativen;
3. Definition/Implementierung der Geschäftsprozesse;
4. Planung der nächsten Phase – Detaillierung.

Realisierung

Die Implementierung und Feineinstellung des Prototyps läuft nach dem Prinzip „vom Groben ins Feine" ab. Der geforderte Detaillierungsgrad wird über mehrere Schleifen erreicht. Den Ursprung bildet die ausgelieferte Grundversion. Auf Basis des Soll-Konzeptes wird ein Prototyp eingerichtet, in dem die Mitarbeiter ihr Unternehmen erkennen sollen. In der nächsten Schleife wird dieser Prototyp detailliert. In weiteren Schleifen wird die Detaillierung soweit vorangetrieben, bis kein weiterer Bedarf mehr identifiziert wird. In einer letzten Schleife wird das fertige System getestet und kann produktivgesetzt werden. Die weitere Optimierung im Produktivbetrieb erfolgt selbstverständlich nach der gleichen Logik.

Angewendet auf unsere Problemstellung der SAP-Einführung ergeben sich daher folgende Phasen:

1. Phase: Mögliches Reengineering (aus unserer Betrachtung ausgenommen) und Vorbereitung
2. Phase: Soll-Konzeption (Pflichtenheft)
3. Phase: Prototyperstellung
4. Phase: Iterative Detaillierung des Systems

Anhand dieses Schemas erkennt man schon, daß dieser Prozeß sowohl vom Anwender als auch vom Anbieter zu tragen ist. Insbesondere kommt der Anbieter erst in der 3. Phase zum Zug, während die Vorbereitung und Soll-Konzeption in der alleinigen Verantwortung des Anwenders liegen, der sich dabei eventuell von Beratern unterstützen lassen kann. Wir werden daher dieses Modell als Gliederungsschema für die nun folgenden Empfehlungen an den Anwender für die einzelnen Projektschritte verwenden.

3.2 Auswahl des Projektteams

Zu Beginn steht in jedem Projekt die Zusammenstellung des Projektteams. Es wird zu zeigen versucht, welche Aufgabengebiete ein Projektmitarbeiter zu bewältigen hat und wie die Rollenverteilung im Team aussehen soll. Ein weiterer Punkt behandelt das Verhältnis zwischen internem Projektteam und externen Beratern. Hier gilt das Hauptaugenmerk dem reibungslosen und vollständigen Informationsfluß, der Aufgaben- und Kompetenzverteilung sowie dem Wissenstransfer zwischen den Beteiligten.

3.2.1 Aufgaben des Projektleiters

Seitens des Unternehmens sollte für das gesamte Einführungsprojekt ein Projektleiter abgestellt werden, der einen guten Überblick über das Unternehmen, fundiertes betriebswirtschaftlich-technisches Wissen, einen guten Draht zu den Mitarbeitern aus allen Abteilungen, hohe Durchsetzungskraft und vor allem die notwendige Position im Unternehmen besitzt, um die erforderlichen, zukunftsweisenden Entscheidungen treffen zu können. Die Problematik dieser Forderung ergibt sich daraus, daß diejenige Person (in der Regel ein Mitglied der Geschäftsführung) im Tagesgeschäft eines mittelständischen Unternehmens meist unentbehrlich ist.

Primär hat ein Projektleiter folgende Aufgabenbereiche:

- Er sammelt Informationen, arbeitet Vorschläge aus und legt diese der Geschäftsführung zur Entscheidung vor.
- Er plant, steuert und überwacht die personellen und finanziellen Ressourcen sowie die Einhaltung der Termine des Gesamtprojekts.
- Er ist für den Aufbau der Projektorganisation verantwortlich.
- Er erstellt in regelmäßigen Abständen Berichte und leitet diese an die Geschäftsführung weiter.
- Er stellt das Bindeglied zwischen Projektteam und Geschäftsführung dar.

Vor dem Hintergrund dieser Aufgaben ist ein geeigneter Mitarbeiter auszusuchen. Er sollte über die notwendige Sach-, Methoden- und Sozialkompetenz verfügen.

3.2.2 Mitarbeiter im Projektteam

Dem Projektteam sollten weiterhin Mitglieder aus allen Fachabteilungen angehören, die sich sowohl durch gute Kenntnisse ihres eigenen Aufgabenbereiches als auch durch fachliche Beziehung zu benachbarten Gebieten auszeichnen. Dieselben Personen sollten auch in die Phase der Implementierung eingebunden sein, d. h. als Key-User an der Verfeinerung des Systems mitwirken, die Mitarbeiter ihrer Abteilung auf die Umstellung vorbereiten und sie in der Bedienung des Systems einschulen.

In der EDV-Abteilung wird es sicher einen Mitarbeiter geben, der sich mit dem Stand der Technik auf dem Gebiet der Standardsoftware auseinandersetzt und sich auch rasch mit der Verwendung von diversen Software-Werkzeugen vertraut machen kann, die im Zuge der Erstellung eines Soll-Konzeptes Anwendung finden (Projektplanungs-, Modellierungstools etc.).

Insbesondere die Mitglieder des Projektteams sollten sich mit der Einführung des integrierten Informationssystems identifizieren und sich der strategischen Bedeutung dieses Schrittes bewußt sein.

3.2.3 Beratereinsatz

Aus den bisher genannten Anforderungen ist ersichtlich, daß die Projektleitung nicht ohne Unterstützung von externen Spezialisten auskommen kann. Die Sach- und Methodenkompetenz muß gerade bei mittelständischen Betrieben von externen Partnern eingebracht werden.

Die folgende Abbildung zeigt die Notwendigkeit der Zusammenarbeit zwischen externem Berater und Projektleiter des Unternehmens.

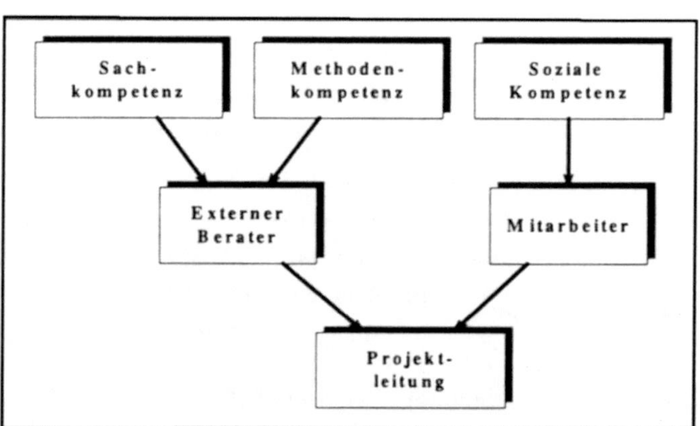

Abb. 3.2 Einfluß des externen Beraters auf die Projektleitung

Bei der Zusammenarbeit mit dem Projektteam müssen folgende Punkte Beachtung finden:

- Informationsfluß
- Aufgaben- und Kompetenzverteilung
- Wissenstransfer - Schulung

3.2.3.1 Informationsfluß

Vor allem zu Beginn eines Einführungsprojektes muß den Beratern eine Fülle von Informationen über das Unternehmen zur Verfügung gestellt werden. In erster Linie kann dies über das Soll-Konzept geschehen. Sind jedoch nicht alle Informationen erfaßt, so muß gewährleistet sein, daß diese Lücken rasch und reibungslos geschlossen werden: d. h. in der Praxis bei Detailproblemen kurze Entscheidungswege und nicht langwierige Verhandlungen mit der Geschäftsführung. Mit anderen Worten, das Projektteam muß mit allen Kompetenzen die Einführung betreffend ausgestattet sein. Es kommt leider immer wieder vor, daß sich Mitarbeiter aus anderen Bereichen in den Projektablauf einschalten und diesen, mangels fehlender Kompetenz, verzögern.

3.2.3.2 Aufgaben- und Kompetenzverteilung

Die Rollenverteilung im Projektteam sollte folgendermaßen aussehen:

Tab. 3.1 Rollenverteilung im Projektteam

Rollen	**Aufgabenbereiche**
DV-Spezialisten Systemadministrator Externe Spezialisten	Betriebssystem, Netzwerk, Endgeräte, Datenbank, Basissystem, Sicherungskonzept, Ressourcenverwaltung, Releasewechsel, Tuning
Prozeßexperten Key-User (Prozeß-Owner) Externe Spezialisten	Detaillierung der Soll-Konzepte, Parametrisierung, Prototyping, Berichts- und Formularwesen, Altdatenübernahme, Berechtigungskonzept, Archivierung, Dokumentation, End-User-Schulung

Die Aufgaben müssen in einer offenen Diskussion und unter Berücksichtigung der vorherrschenden Ressourcenproblematik aufgrund der erkennbaren Kompetenz und der persönlichen

Präferenzen der einzelnen Projektteammitglieder für alle transparent verteilt werden. Aus schon oben genannten Gründen muß eine klare Regelung der Weisungsbefugnisse vorliegen. Nur so kann die Vorgabe der kurzen Entscheidungswege erfüllt werden. Dabei ist es wichtig, daß dem jeweiligen Entscheidungsträger alle notwendigen Informationen sowie die fachliche Kompetenz der Berater zur Verfügung stehen. Nur so kann gewährleistet werden, daß schnell und sicher die richtige Entscheidung getroffen wird.

3.2.3.3 Wissenstransfer - Schulung

Sind alle Aufgaben verteilt, so kommt es darauf an, die Schnittstellen so zu gestalten, daß hier keine Informationsverluste und/oder -verzerrungen auftreten können. Damit die Vorteile eines integrativen Systems auch nach abgeschlossener Einführungsphase weiter genutzt und ausgebaut werden können, muß sichergestellt sein, daß das Wissen und die fachliche Kompetenz der Berater auf Mitarbeiter des Unternehmens übergehen. Die Schulung der Anwender ist dabei nur ein Teil der notwendigen Maßnahmen. Ein Bereich, der oftmals unterschätzt wird, ist der der Customizingeinstellungen. Diese werden vor allem in der ersten Phase der Implementierung allein von den Beratern vorgenommen. Um aber das System im späteren Betrieb weiterentwickeln zu können, ist es wichtig, daß dieses grundlegende Wissen auch den internen Mitarbeitern im Projektteam zugänglich gemacht wird. Der Zugang muß über die Dokumentation der vorgenommenen Einstellungen hinausgehen. Wird dieser Wissenstransfer versäumt, so begibt sich das Unternehmen in die ständige Abhängigkeit von externen Beratungsunternehmen. Den Mitarbeitern muß es möglich sein, die Customizingeinstellungen nachvollziehen zu können. Dieses Wissen soll die Basis für zukünftige Optimierungen und Weiterentwicklungen des Produktivsystems bilden.

Anwenderschulung

Wie schon erwähnt, ist die eigentliche Anwenderschulung von diesem Bereich zu trennen. Bei dieser kommt es in erster Linie darauf an, daß die Abwicklung der Geschäftsprozesse gezeigt wird und die Anwender diese auch von Grund auf verstehen. Wird an dieser Stelle zu sehr gespart, hat dies negative Auswirkungen auf den Echtbetrieb. Die Vorteile des Systems können nicht zur Gänze ausgeschöpft werden. Weiter ist ein hoher Aufwand für First-Level-Support die Folge. Ein umfangreiches Schulungsprogramm hilft somit das Potential der Standardsoftware voll auszuschöpfen und die laufenden Kosten zu senken.

3.3 Soll-Konzeption

Das Soll-Konzept nimmt innerhalb des evolutionären Vorgehensmodells für die Einführung von Standardsoftwaresystemen eine zentrale Stellung ein, da es den Einführungsprozeß von der Zieldefinition bis zur Produktivsetzung unterstützt. Neben seiner Bedeutung für die Auswahl einer Software soll hier insbesondere auf die Möglichkeit eingegangen werden, die Implementierung des Systems zu unterstützen.

Je früher der Produktivstart erfolgen kann, desto geringer sind die Kosten der Einführung. Weiter stellt die Zeitdauer der Implementierung im Hinblick auf das Projektmarketing einen kritischen Faktor dar, da die Akzeptanz des neu einzuführenden Informationssystems und die Konzentration auf das Projekt mit zunehmender Projektlaufzeit sinken.

Ziele

Das Soll-Konzept soll jedoch neben einer effizienten Einführung auch die Effektivität der Software garantieren, denn ein schlecht eingestelltes System hat weitreichende negative Folgen, deren Auswirkungen wesentlich kritischer sind als jene einer zu lange dauernden Einführungsphase. Die Effektivität der Einführung läßt sich über Faktoren definieren, wie den Grad der Erfüllung des Soll-Konzeptes, das Wissen der Key-User über das System, die Zufriedenheit der End-Anwender, die Qualität der Dokumentation etc. Je besser das System eingestellt ist und je reibungsloser die Einführung gelingt, desto eher ist mit der Zufriedenheit der Benutzer und somit mit höherer Produktivität zu rechnen.

Prototyping

Wesentlicher Bestandteil einer erfolgreichen Standardsoftwareeinführung nach dem Spiralmodell ist die möglichst rasche Einrichtung eines in seinen Grundfunktionen lauffähigen und grob an das Unternehmen angepaßten Systems. Kurz gesagt: Das Pflichtenheft ist die Spezifikation eines Prototypen, der durch Setzen der Kernparameter generiert wird und evolutionär mit Anwenderbeteiligung verfeinert wird. Dieser „Prototyp" des Informationssystems soll folgende Aufgaben erfüllen:

- Er stellt den Ausgangspunkt für Verfeinerungen im Sinne einer iterativen Annäherung an das Produktivsystem dar (Spiral-Modell).
- Er dient der Schulung der Anwender - anfangs der Key-User, später der Endanwender.

Wie man ein solches Soll-Konzept erstellt, welcher Detaillierungsgrad notwendig ist und wer es erstellen soll, wird in den nächsten Kapiteln diskutiert.

3.3.1 Anforderungen an ein Soll-Konzept

Eine rasche Anpassung des Informationssystems an die Bedürfnisse des Unternehmens ist in mittelständischen Betrieben nur durch den Softwarepartner bzw. Berater möglich, da auf Unternehmensseite der Know-how-Aufbau zu viel Zeit in Anspruch nehmen würde. Die Einrichtung des Systems kann jedoch nur im koordinierten Zusammenspiel mit den Vertretern der Fachbereiche des Unternehmens erfolgen. Während die Berater ihre Systemkenntnisse und ihr allgemeines betriebswirtschaftliches Verständnis in den Anpassungsprozeß einbringen und in der Lage sein müssen, die Anforderungen der Abteilungen mit all ihren Abhängigkeiten zu erfassen, stehen die Vertreter der Fachbereiche vor der schwierigen Aufgabe, den Beratern jene Informationen zu vermitteln, die für eine grobe, aber präzise Einstellung des Systems relevant sind.

Das Soll-Konzept stellt in dieser Situation das ideale Hilfsmittel für die Kommunikation bzw. die geeignete Diskussionsgrundlage dar. Es dient dem Berater dazu, sich einen Überblick über die zu implementierenden Prozesse zu verschaffen und mit Hilfe von ergänzenden Gesprächen die geeigneten Systemeinstellungen zu finden.

Die folgende Abbildung zeigt das Soll-Konzept als Bindeglied zwischen Berater, Fachbereichsleiter und Informationssystem.

Abb. 3.3 Soll-Konzept als Bindeglied zwischen Berater, Fachbereichsleiter und Informationssystem

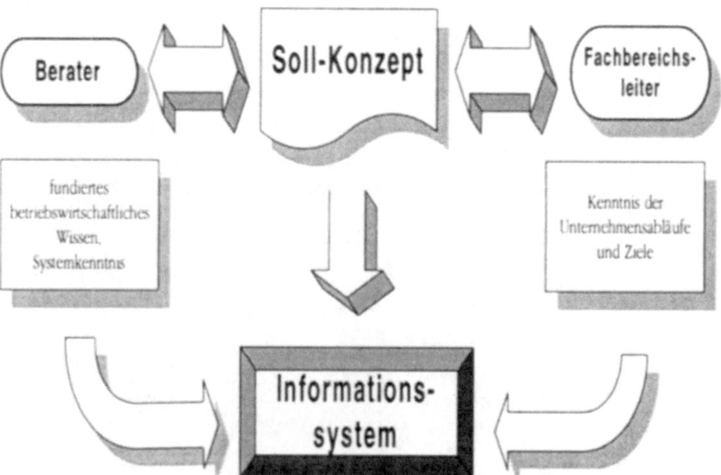

Folgende Anforderungen müssen daher an ein Soll-Konzept gestellt werden:

- eine einfache, klare Darstellung, so daß ein rasches Erfassen des Inhalts möglich ist;
- Konzentration auf die wesentlichen Informationen, die für den betriebswirtschaftlichen Ablauf und damit für die Anpassung des IS Relevanz besitzen;
- eine Strukturierung, die der Implementierung des Standardsoftwaresystems entgegenkommt.

Diese Anforderungen erscheinen trivial, ihre Umsetzung ist es leider nicht. Fragen ergeben sich zu Inhalt, Darstellungsweise, Detaillierungsgrad und Umfang.

Es ist anzumerken, daß die Erstellung eines Soll-Konzeptes niemals als Hindernis oder Pflichtübung auf dem Weg zu einem neuen Informationssystem verstanden werden darf. Das Soll-Konzept sollte sich aus der vom Unternehmen akzeptierten Notwendigkeit ergeben, die umzusetzenden Abläufe sowie die anzubringenden Änderungen zu formulieren und festzuhalten.

Reengineering

Die Phase der Soll-Konzeption bietet die Chance zur intensiven Auseinandersetzung mit den bestehenden Abläufen. Auch wenn in mittelständischen Unternehmen kaum Kapazitäten vorhanden sind, die sich in konzeptiver Weise nur mit organisatorischen Belangen beschäftigen können, so ist den einzelnen Mitarbeitern meist dennoch genau bekannt, wo und wie Veränderungen vorgenommen werden könnten. Der Zeitpunkt der Einführung eines neuen Informationssystems ist in mittelständischen Unternehmen oft die einzige Möglichkeit zur Umsetzung dieser Ideen; das Soll-Konzept ist in diesem Zusammenhang das Mittel, um diese Ideen zu formulieren. Anders ausgedrückt, das Soll-Konzept sollte das Ergebnis eines vorgelagerten BPR-Projektes sein.

3.3.2 In welche Phase fällt die Soll-Konzepterstellung?

Die Erstellung des Soll-Konzeptes sollte im Vorfeld der Entscheidungsfindung für ein neues Softwaresystem erfolgen. Ausschlaggebend ist in dieser Phase, daß sich das Unternehmen darüber klar wird, welche Ziele mit der Einführung erreicht werden sollen. Es darf nicht der Fehler begangen werden, daß nur aus dem Zwang, das alte System bzw. einzelne Insellösungen aufgrund des technologischen Fortschritts ablösen zu müssen, die Entscheidung für ein neues integriertes System getroffen wird, ohne darüber nachzudenken, was mit der Einführung dieses Systems erreicht werden soll. Der Ersatz alter Systeme ist ein guter Grund (Jahrtausendwende, Einführung des Euro), der aber nur als Anlaß dazu verstanden werden sollte, das bisher zugrundegelegte Gesamtkonzept zu überdenken. Durch die hohe Integration moderner Standardsoftwaresysteme ergibt sich eine Vielzahl gewinnbringender Aspekte, die in der neuen Konzeption ihren Niederschlag finden müssen. Eine Reihe von Verfahren zur Wirtschaftlichkeitsbewertung von IV-Projekten wurde in der Literatur entwickelt (vgl. z. B. SCH93, S. 167ff). Viele Unternehmen führen allerdings neue Softwaresysteme ein, ohne vorher eine genaue Wirtschaftlichkeitsbetrachtung durchzuführen. Man erwartet im allgemeinen bei Softwareeinführung Produktivitätssteigerungen oder eine Senkung der Kosten. Eine quantitative Abschätzung der Nutzeneffekte erfolgt nur in den seltensten Fällen. Dabei bieten sich drei Einsatzbereiche für Wirtschaftlichkeitsbetrachtungen an:

- als **Entscheidungshilfe** vor der Einführung eines neuen Systems,
- zur **Kontrolle der Investitionsentscheidung** nach einem abgeschlossenen Einführungsprojekt,
- als **Planungskontrolle im laufenden Projekt**, um ggf. gegensteuern zu können.

Aus einer Wirtschaftlichkeitsrechnung lassen sich sowohl Projektziele als auch, nach Projektabschluß, deren Erreichungsgrad ableiten. Es können unterschiedliche Bewertungsverfahren charakterisiert werden. Die nachfolgende Tabelle soll dazu einen Überblick geben:

Tab. 3.2
Einzelverfahren zur Wirtschaftlichkeitsbeurteilung von IV-Systemen

Einzelverfahren	
Kosten-Nutzen-Analyse	Gegenüberstellung von Investitionen und laufenden Kosten mit den zu erzielenden Einsparungen
Time-Saving *Time-Salary Verfahren*	Umrechnung von Zeiteinsparungen auf Personalkosteneinsparungen
Hedonistische Verfahren	Erweiterung des Time-Saving-Time-Salary Verfahren um die Komponenten Tätigkeitsspektren und Gesamttätigkeitsstruktur
FOAR-Kosten-Nutzen-Analyse	Bewertung von Mengen- und Zeitänderungen in Geschäftsprozessen
Analyse von Nutzeffektketten	Versuch der Überleitung von qualitativen Wirkungen in quantitativ bewertbare Ergebnisse
Transaktionskostenanalyse	Bewertung von Koordinationsaufgaben und Kommunikationsprozessen

Tab. 3.3
Kombinierte Verfahren zur Wirtschaftlichkeitsbeurteilung von IV-Systemen

Kombinierte Verfahren	
Kosten-Nutzen-Analyse kombiniert mit Szenariotechnik	Bei der Szenariotechnik kommen unterschiedliche Kosteneinsparungsmöglichkeiten zum Ansatz: • Eindeutig zurechenbare Einsparungen • Einsparungen in indirekten Bereichen • Einsparungen durch Deckungsbeitragsänderungen aufgrund von Wettbewerbsverschiebungen
Monetäre Bewertung kombiniert mit Nutzwertanalyse	Monetäre Effekte werden mit Verfahren der Investitionsrechnung gemessen, nichtmonetäre Wirkungen mit Hilfe der Nutzwert-Analyse bewertet

Welches Verfahren letztendlich zum Einsatz kommt, hängt von der jeweiligen Situation im Unternehmen ab.

Der Zeitrahmen für die Konzeption sollte nicht zu gering bemessen werden. Es ist besser, für die Vorbereitung der Implementierung etwas mehr Zeit aufzuwenden, um sie dann um so rascher durchführen zu können, als in der Phase der Einrichtung des Systems zu erkennen, daß die Termine für die Produktivsetzung zu eng gewählt wurden. In einem typischen Mittelbetrieb ist für die Konzeption daher ein Zeitraum von mindestens zwei Monaten zu veranschlagen, der dazu ausreichen sollte, daß sich die Fachbereichsleiter gemeinsam Gedanken über die zu erreichenden Unternehmensabläufe machen und diese in strukturierter Form zu Papier bringen.

3.3.3 Wer erstellt das Soll-Konzept?

Nun stellt sich die Frage, wer das Soll-Konzept erstellen soll. Es ist eine große Bandbreite zwischen unternehmensinterner Soll-Konzeption bis hin zur vollständigen Vergabe an externe Berater denkbar.

Zur Abwägung dieser Frage sind die Elemente zu betrachten, die in die Erstellung eines Soll-Konzeptes eingehen:

Elemente der Soll-Konzept-Erstellung

- genaue Kenntnis der Zusammenhänge im Unternehmen;
- Wissen über die Schwachstellen in der bestehenden Konzeption;
- die mit der Standardsoftware zu erreichenden Ziele;
- die Wege zur Beseitigung der Schwachstellen bzw. zur Erreichung der Ziele;
- Wissen über die Möglichkeiten moderner Standardsoftware;
- Methodenwissen für die Gestaltung des Soll-Konzeptes.

Bei der Auswahl der an der Konzeption beteiligten Personen ist das Vorhandensein dieser Ressourcen im Unternehmen zu überprüfen. Während das Wissen über das Unternehmen, seine Schwachstellen und die zu erreichenden Ziele im Unternehmen verankert ist, könnte es - gerade in mittelständischen Unternehmen - der Fall sein, daß ein Mangel an Ideen zur Beseitigung der Schwachstellen, insbesondere in Verbindung mit besonderen Funktionalitäten der Standardsoftware sowie an Methodenwissen zur Gestaltung besteht.

Es empfiehlt sich daher einen Mittelweg zu wählen, bei dem die Soll-Konzeption unter Einbeziehung externer Partner (Konsulenten, Beratungsunternehmen) durchgeführt wird, die bei Bedarf ihr Know-how und ihre Ideen einbringen. Der entscheidende Punkt ist, daß das Unternehmen dabei nie die Verantwortung für die Erstellung des Konzeptes aus der Hand gibt, denn ein Konzept, mit dem sich die Mitarbeiter des Unternehmens nicht identifizieren können oder das sie gar nicht kennen, ist weder für die Software-Auswahl noch für die Implementierung von Nutzen.

3.3.4 Wie erstellt man ein Soll-Konzept?

Die Frage nach dem „Wie" der Soll-Konzepterstellung ergibt sich in mehrfacher Hinsicht:

1. in **methodischer**: Welche Voraussetzungen sind erforderlich, wo soll begonnen werden, welche Hilfsmittel stehen zur Verfügung?
2. in **inhaltlicher**: Welche Elemente soll das Konzept enthalten, wie soll es strukturiert sein?
3. in **gestaltungstechnischer**: Wie soll die Aufbereitung der Inhalte erfolgen?

Die Beantwortung dieser Fragen bildet den Grundstein für die Soll-Konzepterstellung. Die nachfolgende Checkliste soll als Hilfestellung bei der Lösung der Probleme dienen.

Voraussetzungen für die Soll-Konzepterstellung:

- ***Zieldefinition***

Die entscheidende Voraussetzung für den Beginn der Soll-Konzepterstellung ist die Einigung über die mit dem neuen Informationssystem zu erreichenden Ziele, die von allen Mitgliedern des Projektteams akzeptiert, in weiterer Folge aktiv verfolgt und gegenüber den anderen Mitarbeitern vertreten werden müssen.

- ***Prozeßorientierung***

Die Betrachtung des Unternehmens aus ganzheitlicher, prozeßorientierter Sicht ist eine weitere wichtige Voraussetzung. Es muß gelingen, das abteilungsbezogene Denken zu überwinden und die Konzentration auf den betriebswirtschaftlichen Ablauf zu richten.

- ***Beschreibungsmethode***

Die gewählte Beschreibungsmethode für die betriebswirtschaftlichen Abläufe sollte von allen Team-Mitgliedern verstanden und akzeptiert werden, da sie bereits in der Phase der Konzeption als Kommunikationshilfsmittel innerhalb des Projektteams Anwendung finden soll.

- ***Hilfsmittel für die Modellierung***

Strukturelle Zusammenhänge und betriebswirtschaftliche Abläufe, die im Soll-Konzept beschrieben werden, lassen sich im Vergleich zu einer rein verbalen Erklärung oft einfacher und besser verständlich in grafischer Weise abbilden. Das Soll-Konzept wird sich daher zu ca. $^2/_3$ aus einem verbalen Teil und zu ca. $^1/_3$ aus grafischen Darstellungen zusammensetzen. Für die Abbildung betriebswirtschaftlicher Abläufe existieren zahlreiche Beschreibungsmethoden, die jedoch alle auf demselben Grundprinzip aufbauen - der Darstellung der zeitlich-logischen Abhängigkeit von auszuführenden Funktionen, die einen Input benötigen und einen Output hervorbringen.

Zur grafischen Modellierung dieser Abläufe werden zahlreiche Software-Werkzeuge angeboten, die in den meisten Fällen auf einer bestimmten Beschreibungsmethode basieren. Das Spektrum reicht von Flow-Chartern mit der Funktionalität einfacher Zeichenprogramme bis hin zu umfangreichen Modellierungstools, die zeit- und kostenorientierte Auswertungen sowie eine Simulation der erstellten Geschäftsprozesse erlauben.

- ***Inhalt und Gestaltung***

Inhalt und Gestaltung des Soll-Konzeptes sind stark von den Anforderungen anhängig, die das Unternehmen an die Standardsoftware stellt. Je weniger spezielle (nicht dem Standard entsprechende) Funktionalitäten bzw. betriebswirtschaftliche Abläufe gefordert werden, desto flacher kann die Darstellung im Konzept sein.

Um aus dem Soll-Konzept optimale Vorteile für die Implementierung ziehen zu können, sollten die bei der Einstellung der Standardsoftware zu beachtenden systemtechnischen Abhängigkeiten und Restriktionen berücksichtigt werden. Die Einrichtung von betriebswirtschaftlichen Abläufen und Funktionen in Standardsoftwaresystemen erfolgt über die Einstellung einer großen Zahl von Parametern, die ihrerseits jedoch nicht unabhängig voneinander sind, so daß eine gewisse Reihenfolge einzuhalten ist.

Diese Abhängigkeiten bieten den Ansatzpunkt für eine prozeßorientierte Strukturierung des Konzeptes, die im folgenden beispielhaft dargelegt wird:

- Beschreibung des Unternehmens und seiner Struktur
  - allgemeine Informationen, Unternehmensdaten;
  - rechtliche/organisatorische Struktur (aus der Sicht des Rechnungswesens und der Logistik);
  - Produkte (Dienstleistungen) und Produktionsprozeß;
  - Kunden und Lieferanten.
- betriebswirtschaftliche Abläufe
- Darstellung von kritischen Einzelfunktionalitäten innerhalb der beschriebenen Abläufe
- Schnittstellendefinition

Der Berater muß mit Hilfe der Ausführungen im Soll-Konzept in der Lage sein, die in der dargestellten Struktur enthaltenen betriebswirtschaftlichen Anforderungen zu erkennen und die Inhalte in ein Konzept zu transformieren, das dem jeweiligen Standardsoftwaresystem entspricht. Der Klärung von Differenzen ist an dieser Stelle oberste Priorität einzuräumen, da spätere Änderungen mit einem hohen Zeitaufwand und somit hohen Kosten verbunden sind.

Es genügt jedoch nicht, einen einzelnen Fachbereich für sich isoliert zu beschreiben (z. B. die Kostenstellenhierarchie), sondern es sind zusätzlich die Überschneidungen bzw. Verknüpfungen mit anderen Bereichen einzubeziehen (z. B. die Arbeitsplatzhierarchie).

Als Beispiel dafür dient die nächsten Abbildung:

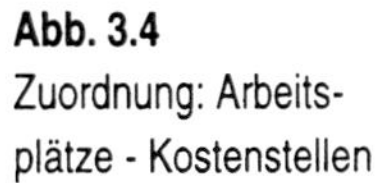
Abb. 3.4
Zuordnung: Arbeitsplätze - Kostenstellen

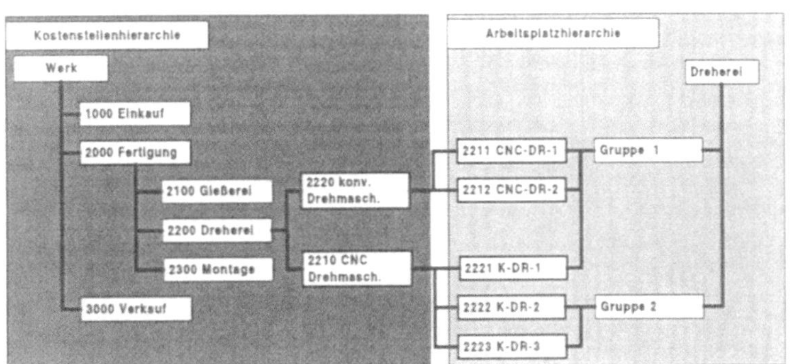

- ***Produkte und Produktionsprozeß***

Bei der Beschreibung der hervorgebrachten Produkte geht es weniger um deren technische Spezifikation als um den Weg ihrer Hervorbringung und ihres Vertriebs. Bei einem Fertigungsbetrieb etwa ist es entscheidend, welche Materialien auf welchem logistischen Pfad in welchen Mengen in den Erzeugungsprozeß einfließen, wo sie gelagert und wie sie disponiert werden. Weiter ist von Bedeutung, wie lange die einzelnen Verarbeitungschritte ungefähr dauern und welchen Wert die einzelnen Teile bzw. Bearbeitungsschritte im Vergleich zum Endprodukt haben, d. h. es sind die Stücklisten- und Arbeitsplanstruktur anzugeben sowie die den Fertigungsablauf planenden, steuernden und unterstützenden Prozesse.

Die vorangegangenen Punkte können und sollen nur einen ersten Ansatz für diesbezügliche Überlegungen darstellen. Je nach Unternehmen werden einige Punkte stärker zu beachten sein und andere weniger. Sie sollen aber das Bewußtsein für einen ganzheitlicheren Ansatz auf dieser Ebene wecken.

3.3.5 Tooleinsatz

Im Laufe der einzelnen Phasen eines Einführungsprojektes stehen die unterschiedlichsten Tools zur Verfügung. Wie aber schon in einem der einleitenden Kapitel dargestellt, stellt der Einsatz dieser Hilfsmittel die Betroffenen vor meist ungelöste Probleme. Tools wie der Live Kit oder ASAP (zum Teil) richten sich in erster Linie an die damit vertrauten externen Berater und nicht an ungeschulte Mitarbeiter. Es gibt viele Hilfsmittel, welche die Arbeit des Projektteams unterstützen. Leider zeigten unsere Untersuchungen den Einsatz falscher oder schlecht geeigneter Tools. So wurde z. B. bei einigen von uns untersuchten Unternehmen das ARIS-Toolset verwendet. Eigentlich war es für den Einsatz in der Soll-Konzeptionsphase gedacht. Da aber der Zeitrahmen für die Einschulung in die Methodik und die Handhabung nicht ausreichte, konnten die Möglichkeiten des Toolsets nicht rasch genug genutzt werden. Erst nach Abschluß der Implementierung wurden die im System abgebildeten Geschäftsprozesse auf der Fachkonzeptebene dokumentiert. Hier zeigte sich der falsche Tooleinsatz besonders gravierend.

3.4 Prototyping

3.4.1 Key-Parameter

Der nach dem Vorgehensmodell nächste Schritt ist die Prototyperstellung. Diese erfolgt durch geeignetes Setzen der Parameter. In einem Forschungsbericht des Bayrischen Forschungszentrums für Wissensbasierte Systeme wird davon ausgegangen, daß das Modul MM-PP ca. 150 Parameter hat (MER97, S.3f). Davon sind rund 40 an das einzelne zu fertigende bzw. zu lagernde Teil gebunden. Multipliziert man diese Größe mit der Anzahl der Materialstämme, erhält man eine enorme Anzahl einzustellender und zu pflegender Parameter. Bei unseren Untersuchungen wurde eine andere Klassifizierungsmethode gewählt. Hier geht es um die Frage, welche Parameter einen entscheidenden Einfluß auf die Abläufe und Funktionalitäten des Systems ausüben und welche Abhängigkeiten in der Phase des Customizing-Prozesses zu beachten sind. Diese Problematik erscheint im Zusammenhang mit der raschen Einrichtung eines auf die Bedürfnisse des Unternehmens grob abgestimmten Systems (Prototyp) als erster Schritt einer Implementierung von Interesse. Es gilt daher, parallel zur Definition der Eigenschaften eines Prototyps jene für die Abbildung der grundlegenden Abläufe erforderlichen Einstellungen (Key-Parameter) zu identifizieren.

Definition

Als Key-Parameter werden nur solche Einstellungen bezeichnet, die einen Geschäftsprozeß, d. h. eine zeitlich-logische Abfolge von Funktionen, ermöglichen bzw. in grundlegender Weise durch die Steuerung einzelner Funktionen beeinflussen. Die Key-Parameter sind somit durch mittelbare oder unmittelbare Auswirkungen auf den Prozeßablauf und die darin enthaltenen Funktionen gekennzeichnet.

Wir wollen diesen Schritt anhand der Prozesse der Programm- und Bedarfsplanung erläutern. Im Rahmen von VESS wurden hier als Key-Parameter identifiziert:

- ***Planungsstrategie***

Die Planungsstrategie stellt eine Zusammenfassung jener Einstellungen dar, die das Zusammenspiel zwischen Programm- und Bedarfsplanung sowie Teilen der Vertriebsabwicklung definiert und somit durch die geeignete Kombination der enthaltenen Parameter den betriebswirtschaftlichen Ablauf entscheidend beeinflußt.

- ***Dispositionsmerkmal***

Das Dispositionsmerkmal steuert einerseits über das Dispositionsverfahren und über die Einbeziehung der Prognose sowie externer Bedarfe die Dispositionsrechnung und beeinflußt andererseits die Vertriebsabwicklung durch die Mitwirkung bei der Findung des Einteilungstyps. Es ist somit eng mit der Ausgestaltung einer Planungsstrategie verbunden.

- ***Terminierungsparameter***

Die Terminierungsparameter steuern die Art der Terminierung und die Erzeugung von Kapazitätsbedarfen im Zuge der Bedarfsplanung und beeinflussen auf diese Weise indirekt die Abläufe in anderen Bereichen.

- ***Sonderbeschaffungsart***

Sind spezielle Beschaffungsarten zu realisieren, so erfolgt die Steuerung über dieses Kennzeichen und seine Attribute.

- ***Steuerung der Verfügbarkeitsprüfung und der Bedarfsübergabe in der Vertriebsabwicklung***

Zur Definition der Verfügbarkeitsprüfung und Bedarfsübergabe aus der Vertriebsabwicklung heraus ist der Einteilungstyp mit dem Weg seiner Bestimmung über Positionstyp, Dispositionsmerkmal und Positionstypengruppe zu betrachten.

Die Auflistung dieser Parameter zeigt, daß von den zahlreichen im IMG vorhandenen Steuerungselementen, nur einige wenige den Ablauf in gravierender Weise beeinflussen. Es wird deutlich, daß ein Ablauf erst durch die geeignete Kombination mehrerer Einstellungen in sinnvoller Weise gesteuert werden kann. Die einzelnen Parameter wirken sich zumeist nur innerhalb einer einzelnen Funktion aus, eine Änderung kann jedoch wegen der logischen Abhängigkeit von anderen Parametern nicht ohne Berücksichtigung dieser Beziehungen erfolgen.

3.4.2 Customizing

Auf dieser Basis kann man nun die für die Erstellung eines Prototypen erforderlichen Customizing-Aktivitäten in strukturierter Weise definieren. Die Gliederung erfolgt nach den unten angeführten Schwerpunkten:

- Grundlegende Systemeinstellungen
- Aufbauorganisation

- Nummernkreise
- Gestaltung der Abläufe - Hinterlegung von Stammdaten
- Anpassung von Funktionen

Dieses Gliederungsprinzip findet sich in ähnlicher Weise auch im Vorgehensmodell von SAP, wo jedoch die allgemein beschreibende, globale Konzeptionsebene nicht verlassen wird, d. h. es werden keine Hinweise auf konkrete Customizing-Aktivitäten gegeben. In diesem Punkt wird auf den Einführungsleitfaden verwiesen, in welchem aber das im Vorgehensmodell angesprochene Konzept nur in sehr beschränkter Weise eine Fortsetzung findet. Deshalb wird nun ein Vorschlag für eine diesem Gliederungskonzept entsprechende Vorgehensweise bei der Einrichtung eines Prototypen, der sich auf der Ebene der Systemeinstellungen bewegt, angegeben.

3.4.2.1 Grundlegende Einstellungen

Diese grundlegenden Einstellungen müssen zu Beginn des Customizing vorgenommen werden, da sie die Voraussetzung für die Nutzung der beschriebenen Funktionalität bilden. Bei Einsatz des Produktionsplanungs-Moduls etwa muß der Bewertungskreis auf Werksebene definiert werden. Die Bedarfsplanung muß für das betreffende Werk aktiviert werden bzw. es ist die Vormerkdatei bei Vorhandensein von Materialstammdaten in diesem Werk aufzubauen.

3.4.2.2 Abbildung der Aufbauorganisation

Die Abbildung der Aufbauorganisation im Bereich der Programm- und Bedarfsplanung beschränkt sich auf die Festlegung der Namen der Disponenten. Dies erscheint im Zuge der Erstellung des Prototypen deshalb wichtig, damit die Key-User ihr Unternehmen abgebildet sehen bzw. sogar sich selbst in ihrer Funktion im Unternehmen wiederfinden.

3.4.2.3 Definition der Nummernkreise

Nummernkreise sind im SAP-System bereits vordefiniert. Wenn Änderungen gewünscht werden, so sind diese Einstellungen vorzunehmen. In unserem Beispiel etwa kann für die Programmplanung ein Intervall für den Nummernkreis festgelegt werden. Da die Vergabe aber nur intern (durch das System) erfolgt und die Nummern nicht angezeigt werden, kann auf die Ausführung dieser Aktivität verzichtet werden. Für den Planungslauf in der Bedarfsplanung können andere als die standardmäßig vordefinierten Nummernkreise und zugehörigen Intervalle für Planaufträge, Sekundärbedarfe, Bestellanforderungen, Dispositionslisten und simulierte Sekundärbedarfe über die Transaktion [omi2] festgelegt werden. Weiter können jene Positionsnummern festgelegt werden, die in automatisch erstellten Bestellanforderungen bzw. Umlagerungsreservierungen (während eines Planungslaufes) verwendet werden, um auf diese Weise eine Unterscheidung zu den Positionen von manuell erstellten Bestellanforderungen bzw. Umlagerungsreservierungen zu treffen. Für die Beschaffungselemente Planauftrag und Bestellanforderung können die Nummernkreise und Intervalle für interne und externe Nummernvergabe gepflegt werden. Durch geeignete Vergabe können die manuell erstellten Beschaffungselemente von den maschinell erstellten unterschieden werden.

3.4.2.4 Gestaltung der Abläufe

Um in unserem Beispiel einen bestimmten Ablauf in der Programm- und Bedarfsplanung inklusive der Verbindung zur Vertriebsabwicklung zu ermöglichen, muß in erster Linie eine geeignete Planungsstrategie kombiniert mit einem Dispositionsmerkmal gefunden bzw. definiert werden.

Eventuell müssen geeignete Sonderbeschaffungsarten definiert werden. Weiter sind ggf. Änderungen in der Bedarfsklasse der Programmplanung oder der Kundenbedarfsverwaltung durchzuführen. Wurde eine geeignete Planungsstrategie identifiziert, so muß eine Strategiegruppe gefunden bzw. definiert werden. Um eine Grundlage für die Verfeinerung des dadurch definierten groben Ablaufs zu geben, sollte für jede zu verwendende Strategie(-gruppe) eine Dispositionsgruppe angelegt werden, die zahlreiche Parameter für die Feinsteuerung v.a. im Bereich der Bedarfs- bzw. Leitteileplanung enthält. Im Bereich der Bedarfsplanung sind die Terminierungsparameter, besonders im Hinblick auf die Erzeugung von Kapazitätsbedarfen, zu überprüfen und ggf. anzupassen.

Für die Steuerung der Verfügbarkeitsprüfung und Bedarfsübergabe in der Vertriebsabwicklung sind aus der Sicht des Ablaufs der Einteilungstyp bzw. der Lieferungspositionstyp sowie deren Zuordnung festzulegen. Die individuelle Einstellung des Umfangs der Verfügbarkeitsprüfung erfolgt im Rahmen der Anpassung von Funktionen.

Nun sollten, unter der Voraussetzung der Übernahme der Einstellungen für die Bedarfsplanung aus dem Standard (z.B. Stücklistenselektion, Umsetzung von Planaufträgen in Fertigungsaufträge), die wesentlichsten Parameter definiert und die prinzipielle Umsetzung einer Planungsstrategie möglich sein.

Die folgende Tabelle gibt nochmals einen Überblick über die vorzunehmenden Einstellungen.

Tab. 3.4 Customizing-Aktivitäten für Prototypen in der Programm- und Bedarfsplanung

IMG-Aktivität	Trans.Code
Bewertungskreis festlegen	ox14
Bedarfsplanung aktivieren	omdu
Disponenten festlegen	omd0
Nummernkreise für Planprimärbedarf festlegen	omid
Nummernkreise für Planungslauf festlegen	omi2
Positionsnummern festlegen	omi5
Nummernkreise für manuelle Bearbeitung festlegen	omi3
Identifizierung bzw. Festlegung einer geeigneten Planungsstrategie	opps
Dispositionsmerkmal überprüfen	omdq
Sonderbeschaffungsarten definieren	omd9
Planung/Verrechnung der Bedarfsklassen überprüfen	ompc
Vorschlagswerte für Verrechnungsart je Bedarfsklasse festlegen	omp6
Bedarfsarten festlegen und der Bedarfsklasse zuordnen	omp1
Strategiegruppe festlegen	oppt
Gesamtpflege der Dispositionsgruppe durchführen	oppr
Terminierungs- und Kapazitätsparameter festlegen	omif
Ablauf je Einteilungstyp bzw. Lieferungspositionstyp festlegen	ovz8 od. ovzk
Einteilungstypenzuordnung festlegen	v_tvepz
Positionstypenzuordnung festlegen	v_t184

3.4.2.5 Hinterlegung von Stammdaten

Bereits parallel zur Gestaltung der Abläufe kann es sinnvoll sein Musterstammdaten zu hinterlegen, um das Funktionieren der getroffenen Einstellungen zu überprüfen.

Im betrachteten Bereich bestehen die zu hinterlegenden Stammdaten v.a. aus Materialstammdaten, die aus der Sicht der Disposition und ggf. des Einkaufs oder Vertriebs gepflegt werden müssen.

Weiter kann es erforderlich sein, Stücklisten, Arbeitsplätze, Arbeitspläne und den Lieferantenstamm zu pflegen bzw. Infosätze anzulegen (für Planlieferzeit und Bestellanforderungszuordnung) oder auch den Kundenstamm zu pflegen (um die Erstellung von Vertriebsbelegen zu ermöglichen).

Die dazu erforderlichen Daten aus dem Unternehmen sollten zum Zeitpunkt der Erstellung des Prototypen zur Verfügung stehen, damit diese Musterstammdaten bereits den Bezug zum Unternehmen und zur realen Situation widerspiegeln.

3.4.2.6 Anpassung von Funktionen

In diesem Schritt sind nun je nach Wichtigkeit des Gebiets die Anpassungen innerhalb einzelner Funktionen vorzunehmen. Der Grad einer detaillierteren Ausgestaltung der Abläufe des Prototypen auf Ebene der Funktionen eines Prozesses ist u.a. von folgenden Faktoren abhängig:

- zur Verfügung gestellte Informationen (Detaillierungsgrad des Soll-Konzepts);
- Bedeutung des betrachteten Bereichs für das Unternehmen;
- Engagement der Key-User.

Der Umfang der in diesem Bereich anfallenden Aktivitäten erstreckt sich situationsabhängig über alle Aktivitäten der Programm- und Bedarfsplanung im Einführungsleitfaden, so daß eine Darstellung in diesem Rahmen nicht zweckmäßig erscheint. Deshalb sollen im folgenden nur kurz die wichtigsten, allgemein zutreffenden Aktivitäten aufgezählt werden (in der Klammer ist der Transaktionscode ersichtlich):

- **Programmplanung**

  Voreinstellung der Historie pro Bedarfsklasse festlegen [omp4];

  Fixierungshorizont für Primärbedarfspflege festlegen [omp9].

- **Dispositionsrechnung**

  Gesamtpflege der Dispositionsgruppe [oppr].

- **Materialbedarfsplanung**

  Gesamtpflege der Werksparameter [oppq];

  Terminierungs- und Kapazitätsparameter festlegen [omif];

  Losgrößenverfahren überprüfen [omi4].

- **Verfügbarkeitsprüfung in der Vertriebsabwicklung bzw. für Komponenten**

  Prüfgruppen definieren [ovz2];

  Verfügbarkeitsprüfung für Komponenten festlegen [oppj].

3.4.3 Vorhandene Hilfestellungen für das Customizing

Nach der Darstellung der Reihenfolge von durchzuführenden Customizing-Aktivitäten soll die Unterstützung der vorgeschlagenen Vorgehensweise durch die Hilfestellungen aus dem Vorgehensmodell von SAP, dem R/3-Referenzmodell und dem Einführungsleitfaden betrachtet werden.

3.4.3.1 SAP R/3-Vorgehensmodell

Das bei der Festlegung der Reihenfolge der Durchführung von Customizing-Aktivitäten verwendete Gliederungsprinzip ist mit jenem im SAP R/3-Vorgehensmodell vergleichbar.

Die Dokumentation zum SAP R/3-Vorgehensmodell enthält in der Konzeptionsphase den Punkt: *„Prototyping ausgewählter Prozesse und Funktionen durchführen"* bzw. in der Phase der Detaillierung und Realisierung den Punkt *„Systemeinstellungen für Prozesse/Funktionen durchführen"*. Es wird dabei jedoch nur auf die im jeweiligen Projekt getroffenen, nicht näher spezifizierten Festlegungen bezüglich des abzubildenden Ablaufs Bezug genommen. Für eine Hilfestellung bei der tatsächlichen Umsetzung wird auf den Einführungsleitfaden (IMG) verwiesen.

3.4.3.2 R/3-Referenzmodell

In der Dokumentation zum SAP R/3-Vorgehensmodell wird auf das Referenzmodell als Hilfsmittel zur Festlegung von Abläufen und zugehörigen Systemeinstellungen hingewiesen. Es wird davon ausgegangen, daß über das Referenzmodell ein softwarespezifisches Soll-Konzept erstellt wird, das den Einführungsprozeß unterstützt.

Es lassen sich jedoch im Bereich der Programm- und Bedarfsplanung selbst aus einem an die Bedürfnisse des Unternehmens angepaßten Referenzmodell in Form der ereignisgesteuerten Prozeßketten die grundlegenden Einstellungen für das Customizing nur über entsprechende Ergänzungen entnehmen. Die Darstellung des ereignisgesteuerten Ablaufs von sich aus nicht dazu geeignet, Planungsstrategien und Dispositionsverfahren abzubilden. Die meisten Einstellungen, die herausgelesen werden können, beziehen sich auf jene, die vom Benutzer während der Bearbeitung zu wählen sind.

Prozeßalternativen

Eine Auswahl des Prozeßablaufs könnte angeben, aus welcher Vorlage die Planprimärbedarfe in die Programmplanung übernommen werden und ob sie gegen Kundenprimärbedarfe, die aus verschiedensten Geschäftsfällen resultieren, zu verrechnen sind. Weiter kann festgelegt werden, daß die Bedarfsplanung über einen Leitteileplanungslauf zu erfolgen hat. Für den Planungslauf kann angegeben werden, ob eine ein- oder mehrstufige Planung durchzuführen ist, welche Planungsart und welche Erstellungskennzeichen zu wählen sind und ob eine Durchlaufterminierung zur Anwendung kommen soll.

Auf welcher Ebene vorgeplant wird, wie die Verrechnung zu erfolgen hat, ob ungeplante Prognosebedarfe einzubeziehen sind etc., d. h. die Ausprägungen von Planungsstrategie und Dispositionsmerkmal, sind der ereignisgesteuerten Prozeßkette jedoch nicht zu entnehmen.

Die Mehrzahl der Einstellungen, die abgelesen werden können, bezieht sich auf Auswahlmöglichkeiten, die dem Anwender vor dem Start der Transaktion angeboten werden (bzw. nur für den Batchlauf im Customizing eingestellt werden müssen) und keinen Einfluß auf das Wesen der Planungsstrategie haben.

Erst durch die Hinterlegung von Informationen über die anzuwendende Planungsstrategie in Abhängigkeit von der Erzeugnisebene ist eine Hilfestellung für das Customizing gegeben, wobei eine kurze verbale Beschreibung des Ablaufs ausreichend erscheint.

3.4.3.3 Einführungsleitfaden (IMG)

Der Einführungsleitfaden stellt das zentrale Element des Customizings des Systems R/3 dar. Die Anordnung der Punkte ist modul- bzw. funktionsorientiert, wodurch keine Trennung zwischen jenen Parametern vorhanden ist, die den Ablauf entscheidend beeinflussen und daher für die Erstellung des Prototypen wichtig sind, und jenen, die sich nur in Detailfunktionen auswirken.

Die Generierung einer Projektsicht der Muß-Aktivitäten im betrachteten Bereich, um den Einführungsleitfaden auf die wesentlichsten Customizing-Transaktionen zu reduzieren, ist nur für folgenden Fall geeignet: Keine vom Standard abweichende Einstellungen an der Planungsstrategie müssen vorgenommen werden, da weder die *Bedarfsklasse der Programmplanung* noch die *Bedarfsklasse der Kundenbedarfsverwaltung* zur Einstellung angeboten werden. Sind keine Änderungen der vordefinierten Parameterkombinationen erforderlich, so kann die Reduzierung auf die Muß-Aktivitäten zu einer Erhöhung der Übersichtlichkeit und einer Konzentration auf die wesentlichen Einstellungen führen. Fraglich ist jedoch, ob nicht durch die mögliche Kennzeichnung der betreffenden Aktivitäten derselbe Effekt unter Wahrung des Vorteils einer Gesamtsicht erreicht wird.

Im Hinblick auf eine übersichtlichere Gestaltung des IMG wäre es auch denkbar, in manchen Bereichen eine weitere Verdichtung hinsichtlich der Muß-Aktivitäten zu erreichen. Die Punkte "Gesamtpflege der Werksparameter" in der Bedarfsplanung oder "Gesamtpflege der Dispositionsgruppe" beinhalten eine Reihe von Transaktionen, die nachfolgend in redundanter Weise nochmals angeboten werden. Zur Veranschaulichung dienen die nächsten Abbildungen. Sie zeigen die Gegenüberstellung des IMG´s im Bereich der Bedarfsplanung mit und ohne Reduzierung.

Tab. 3.5
Aktueller IMG

Bedarfsplanung
Werksparameter
Gesamtpflege der Werksparameter durchführen
Dispositionsgruppen
Gesamtpflege der Dispositionsgruppen durchführen
Nummernkreise
Nummernkreise Planungslauf festlegen
Nummernkreise für manuelle Bearbeitung festlegen
Stammdaten
Disponenten festlegen
Dispositionsmerkmale überprüfen
Sonderbeschaffungsart festlegen
Planungsstrategie
Strategie festlegen
Strategiegruppe festlegen
Dispositionsgruppe der Strategiegruppe zuordnen
Verrechnungsmodus und Anpassungshorizont festlegen
Planung
Erstellungskennzeichen festlegen
Dispositionsrechnung
Planungshorizont festlegen
Fixierungshorizont und Roll-Forward-Horizont festlegen
Bestände
Verfügbarkeit des Sicherheitsbestandes festlegen
Verfügbarkeit vom Umlagerungs- und gesperrtem Bestand festlegen
Umterminierungsprüfung festlegen
Fehlerbehandlung im Planungslauf festlegen
Terminierungs- und Kapazitätsparameter
Pufferzeiten (Horizontschlüssel) festlegen
Terminierungsebenen und Kapazitätsparameter festlegen
Beschaffungsvorschläge
Fremdbeschaffung festlegen
Positionsnummern festlegen
Auswahl Stückliste und Arbeitsplan festlegen
Laufzeitstatistik aktivieren
Beschaffungsvorschläge
Planaufträge
Verfügbarkeitsprüfung für Komponenten festlegen
Umsetzung von Beschaffungsvorschlägen
Auftragsart f. Umsetzung in Fertigungs-/Prozeßauftrag festlegen
Umsetzung Planaufträge in Bestellanforderung festlegen
Umsetzung Bestellanforderung in Bestellung festlegen
Bedarfsplanung aktivieren und Planungsvormerkdatei aufbauen

Tab. 3.6
Unter Ausnützung von Zusammenfassungen reduzierter IMG

Bedarfsplanung
Werksparameter
Gesamtpflege der Werksparameter durchführen
Dispositionsgruppen
Gesamtpflege der Dispositionsgruppen durchführen
Nummernkreise
Nummernkreise Planungslauf festlegen
Nummernkreise für manuelle Bearbeitung festlegen
Stammdaten
Dispositionsmerkmale überprüfen
Planungsstrategie
Strategie festlegen
Strategiegruppe festlegen
Planung
Fehlerbehandlung im Planungslauf festlegen
Terminierungs- und Kapazitätsparameter
Terminierungsebenen und Kapazitätsparameter festlegen
Beschaffungsvorschläge
Fremdbeschaffung festlegen
Laufzeitstatistik aktivieren
Umsetzung von Beschaffungsvorschlägen
Umsetzung Bestellanforderung in Bestellung festlegen
Bedarfsplanung aktivieren und Planungsvormerkdatei aufbauen

Wie schon erwähnt, sollen in einem Prototypen die Kerngeschäftsprozesse in einer groben Struktur ablauffähig sein. Die Grundlage dafür bildet die Einstellung der Kernparameter auf Basis des Soll-Konzeptes. Die hier vorgenommene Parametrierung ist für den gesamten Projektverlauf bindend. Das dafür notwendige Know-how können nur die mit dem System bestens vertrauten Berater mitbringen.

Prototyp

Für den positiven Projektverlauf ist es von entscheidender Bedeutung, daß diese Phase ohne Probleme reibungslos abläuft. Die Geschäftsprozesse im Prototypen spiegeln das Unternehmen wider. Hier wird festgelegt, ob es sich um ein Handels- oder Produktionsunternehmen handelt, ob Einzel- oder Serienfertigung praktiziert wird sowie wieviel Standorte und welche rechtlichen Verhältnisse gegeben sind. Die Mitarbeiter müssen im Prototypen ihr Unternehmen wiedererkennen.

Soll mit der Standardsoftwareeinführung auch ein Reengineering verbunden sein, besteht zu diesem Zeitpunkt hierfür die Möglichkeit. Dabei stellt sich die Frage: Ist es besser die eigenen Geschäftsprozesse an die Abläufe der Standardsoftware anzupassen oder den Weg des geringsten derstandes zu gehen?

Obwohl dieser Prototyp von externen Spezialisten eingestellt wird, spielen auch die Key-User in dieser Phase eine wichtige Rolle. Sie sind die Ansprechpartner für die Spezialisten, sollten sich aus dem Soll-Konzept Unklarheiten ergeben. Weiter müssen sie so weit in die Prototyperstellung eingebunden werden, daß sie die vorgenommen Einstellungen und ihre Auswirkungen auf die Abläufe im System verstehen und nachvollziehen können. Hier ist auch der Softwareanbieter gefordert. Er muß eine detaillierte Systemdokumentation zur Verfügung stellen. In dieser sollten alle wesentlichen Systemparameter einschließlich ihrer integrativen Auswirkungen beschrieben sein.

3.5 Feineinstellung

Im Unterschied zur Prototyperstellung, sind in dieser Phase die Key-User verstärkt gefordert. Sie sollten in der Lage sein, die bisher nur grob eingestellten Geschäftsprozesse zu verfeinern. Es ist klar, daß sie diese Einstellungen nicht gänzlich ohne Unterstützung der externen Berater vornehmen können, doch wird hier teilweise selbständiges Arbeiten erwartet. Denn Key-User sind es, welche das System nach der Einführung weiter betreuen und notwendige Änderungen ohne externe Hilfestellung durchführen müssen.

Standardsoftwareprodukte sind durch ihre Parametrierbarkeit sehr flexibel, doch können hier sehr komplexe Anforderungen zu überaus komplexen Lösungen führen.

System erweiterungen

Wir empfehlen daher die Anpassung der Geschäftsprozesse an die Referenzprozesse der Standardsoftware. Von komplizierten Lösungen oder gar Erweiterungen des Systems ist in dieser Phase Abstand zu nehmen. Sicher gibt es auch Ausnahmen, doch sollte im großen und ganzen die empfohlene Strategie verfolgt werden. Diese Überlegungen müssen in die Phase der Soll-Konzeption eingehen. Die Zeit- und damit auch Kostenersparnis stellt einen wesentlichen Grund für diese Vorgangsweise dar. Sollten später doch Änderungen an den Feineinstellungen erfolgen müssen, können sie von den Key-Usern vorgenommen werden.

Die Feineinstellung umfaßt folgende Teilbereiche:

- **Aufbauorganisation** - Funktionen innerhalb eines Prozesses müssen Stellen zugeordnet werden. Die Aufgabenverteilung kann in einem Funktionendiagramm übersichtlich dargestellt werden. Das Funktionendiagramm ist eine zweidimensionale Matrix, die Stellen und Funktionen zueinander in Beziehung setzt. Aus dem Funktionendiagramm können schließlich die Berechtigungen der Stellen für den Zugriff auf die verschiedenen Funktionen der Standardsoftware abgeleitet werden. Außerdem unterstützt es die Planung der End-User-Schulung.
- **Ablauforganisation:** Die Geschäftsprozesse des Prototypen müssen soweit verfeinert werden, bis sie den Anforderungen des Unternehmens gerecht werden.
- **Formularwesen:** Es sind alle notwendigen Formulare zu gestalten. Es geht dabei nicht nur um das Layout, sondern auch um die Verwendung der Formulare in einem Prozeß.
- **Berichtswesen:** Es gilt, die Voraussetzungen für ein aussagefähiges Berichtswesen zu schaffen.
- **Berechtigungskonzept:** Das Berechtigungskonzept muß auf Basis der oben beschriebenen Funktionendiagramme im System verankert werden.

3.6 Integrationstest

Hat man alle im Soll-Konzept enthaltenen Funktionen vollständig parametrisiert, muß ein Integrationstest aller Komponenten durchgeführt werden. Dabei sind nicht nur die informationstechnischen Funktionen und ihr Zusammenspiel zu prüfen, sondern es müssen auch alle aufgestellten organisatorischen Regelungen, wie sie in der Arbeitsorganisation entworfen wurden, kontrolliert werden. In einem aufzustellenden Testplan ist festzuhalten:

- welche Geschäftsfälle getestet werden sollen,
- welche Ergebnisse erwartet werden und
- wer an dem Test beteiligt und dafür verantwortlich ist.

Der aufgestellte Testplan und die dokumentierten Testergebnisse dienen in Zukunft als Grundlage und Maßstab für die Überprüfung des Informationssystems nach einem durchgeführten Releasewechsel.

3.7 Schulung

Bei der Schlung sind zwei Gruppen von Anwendern zu unterscheiden. Die Schulung der Key-User muß schon während der Erstellung des Prototypen beginnen. Die Anwender müssen die wesentlichsten Einstellungen und ihre Auswirkungen auf die Abläufe im System verstehen und nachvollziehen können. Sie sollten sich so mit dem System vertraut machen, daß sie den gestellten Anforderungen gerecht werden. Als Grundlage für den Know-how-Transfer von Beratern zu Key-Usern sollte eine umfangreiche Systemdokumentation zur Verfügung stehen. In dieser müssen nicht nur die Abläufe aus betriebswirtschaftlicher Sicht erklärt sein, sondern sie muß auch eine Beschreibung der dafür notwendigen Parametereinstellungen und deren integrativer Auswirkungen im System enthalten. Nur so kann der Anwender später notwendige Änderungen der Systemeinstellungen vornehmen.

Schulungs möglichkeiten

Die Schulung der End-User sollte ebenfalls schon in einem frühen Projektstadium beginnen. Dann haben sie genügend Zeit, sich mit den Abläufen im System vertraut zu machen. Schulungen werden von allen Softwarefirmen angeboten. Der Schulungsablauf und die verwendeten Hilfsmittel können unterschiedlich sein. So bieten einige Firmen eigene Schulungssysteme an (IDES von SAP, Live AG von SNI). Der Anwender kann anhand einer Modellfirma einzelne, für ihn relevante Geschäftsprozesse direkt am System durchspielen und sich so das nötige Wissen aneignen. In anderen Fällen besuchen die Anwender von den Softwarefirmen gehaltene Kurse. Dort werden die Systemfunktionen theoretisch erläutert und teilweise am System nachvollzogen. Eine weitere Möglichkeit besteht in der Form der internen Schulung. Dabei kommt ein Mitarbeiter des Beratungsunternehmens zum Anwender. Vorteil dieser Methode ist, daß in Kleingruppen gearbeitet werden kann. Es wird direkt auf die aktuellen Probleme des Anwenders eingegangen und nicht nur auf neutraler Ebene Wissen vermittelt. Unsere Empfehlung geht in die Richtung, daß der End-User am eingestellten Prototypen geschult wird. Hier erkennt er sein Unternehmen, und das Problem der Voreingenommenheit gegen ein fremdes System wird vermieden. Außerdem wird so schon frühzeitig auf die im Unternehmen ablaufenden Geschäftsprozesse sowie auf die speziellen Bedürfnisse der Anwender Rücksicht genommen. Dies erhöht die Qualität der Schulung im Vergleich zum verwendeten Zeitaufwand.

3.8 Abschlußarbeiten

Die Implementierung von Standardsoftware kann erst dann als abgeschlossen angesehen werden, wenn wirklich alle Arbeitspakete des Vorgehensmodells abgearbeitet sind. Sehr oft wird aber wichtigen Punkten teils aus Unkenntnis, teils aus Kostengründen nicht genug Beachtung geschenkt. So etwa werden von vielen Unternehmen die Nachteile eines unvollständigen Berechtigungskonzeptes unterschätzt. Bei der Berechtigungsvergabe sind zwei gegensätzliche Methoden zu unterscheiden:

1. Den Anwendern wird ein breiter Raum an Berechtigungen eingeräumt, der schrittweise eingeschränkt wird.
2. Den Anwendern werden die gerade notwendigen Berechtigungen vergeben und stufenweise erweitert.

Beide Verfahren sind grundsätzlich möglich. Es soll an dieser Stelle auch keine Empfehlung für eine der beiden Lösungen abgegeben werden. Es soll lediglich das Bewußtsein geweckt werden, wie wichtig ein vollständiges, gut durchdachtes und vor allem rasch implementiertes Berechtigungskonzept für ein Unternehmen sein kann.

Die Vorteile der 1. Variante liegen beim geringen Aufwand der Implementierung, auch sind die Mitarbeiter in ihrer Arbeit nicht (oder nur selten) durch fehlende Berechtigungen eingeschränkt. Der Nachteil ist, daß diese Mitarbeiter mehr dürfen als sie können.

Dieser Fall wird durch ein Beispiel aus der Praxis näher erläutert.

Beispiel

Den Mitarbeitern in der Beschaffung wurden weitreichende Berechtigungen erteilt. So kam es, daß zu bestellende Materialien, welche im System nicht sofort gefunden wurden, in Eigeninitiative angelegt wurden. Da aber verbindliche Richtlinien zum Anlegen von Materialstammdaten fehlten, wurde dabei nicht einheitlich vorgegangen. Bspw. fand sich Angaben über Lieferanten im Feld für den Kurztext wieder oder es wurden unterschiedliche Match-Code-Bezeichnungen verwendet. Die Folge waren:

- Stichproben ergaben, daß ein und dasselbe Material im System mit 17 Materialnummern vorhanden war (Spitzenreiter).
- Aus diesem Grund waren auch keine exakten Gesamtauswertungen möglich.
- Es konnten keine Angaben über Bestellmengen bei einzelnen Lieferanten getätigt werden.

- Eine Materialsuche über Match-Code brachte nur selten die gewünschten Ergebnisse.

Diese Probleme ergaben sich nicht nur aus dem fehlenden Berechtigungskonzept. Auch unzureichende Schulung der Mitarbeiter und fehlende Richtlinien zur Materialstammanlage tragen Mitschuld an den Mißständen. Der Ausgangspunkt dieser Schwierigkeiten lag aber im fehlenden Berechtigungskonzept.

Um das Spiralmodell ständig verfeinern und optimieren zu können, müssen sämtliche vorgenommenen Parametereinstellungen ausführlich dokumentiert werden. Nur so können Mitarbeiter, die erst später zum Projektteam stoßen, sich in das System einarbeiten. Eine klare Strukturierung dieser Informationen erleichtert die spätere Verarbeitung.

4 Zusammenfassung und Ausblick

Die bisherigen Darstellungen haben gezeigt, daß es noch eine Vielzahl von Bereichen gibt, in denen Verbesserungen zu Effizienzsteigerungen bei der R/3-Einführung führen könnten. Der Anwender ist für passende Rahmenbedingungen verantwortlich, während der Anbieter angehalten sein sollte, mehr Transparenz in die Beschreibung seines Systems zu bringen. Die angebotenen Hilfsmittel (Vorgehensmodell, R/3-Referenzmodell, Dokumentation und Einführungsleitfaden) und Tools (Live Kit, ASAP) bieten in einem abgegrenzten Bereich eine gute Unterstützung bei der Einführung an. Die Schwierigkeit ergibt sich jedoch aus dem notwendigen Zusammenspiel dieser Elemente, für dessen Realisierung nur eine Reihe von allgemeinen Hinweisen existieren. Gerade deren Umsetzung speziell durch den Anwender ist von entscheidender Bedeutung für den Projekterfolg. Insbesondere sollte der Anwender

- klare, auf einer Wirtschaftlichkeitsbetrachtung beruhende Projektziele vorgeben,
- die evolutionäre Projektvorgehensweise anwenden,
- ein geeignetes Projektteam zusammenstellen,
- ein auf Reengineering basierendes und als Grundlage für einen Prototypen geeignetes Soll-Konzept erstellen,
- Key-user richtig einbinden,
- Schulung, Berechtigungskonzept und Dokumentation als wesentliche Erfolgsfaktoren erkennen und behandeln.

Literaturverzeichnis

GRU91 Grupp, B.: EDV-Pflichtenheft zur Hardware- und Softwareauswahl : praktische Anleitung ; auch für Mittel- und Kleinbetriebe ; mit 4 ausführlichen Praxisbeispielen - 2., überarb. und aktualisierte Aufl. - Köln : Verl. TÜV Rheinland, 1991

HUF95 Hufgard, A.: Wirtschaftliche R/3-Einführung im Mittelstand - Einsatzmöglichkeiten von Methoden und Tools, in: Geschäftsprozeßoptimierung mit SAP R/3, Wenzel, P. (Hrsg.), Vieweg, Braunschweig/Wiesbaden 1995

MER93 Mertens, P., et. al.: Die Auswahl zwischen alternativen Implementierungen von Geschäftsprozessen in einem Standardsoftwarepaket am Beispiel eines Kfz-Zulieferers, in: Wirtschaftsinformatik, 1993/5, S. 424-433

SAP97 Accelerated SAP - Effiziente R/3-Einführung - ein Überblick, SAP 1997

SCH93 Schumann, M.: Wirtschaftlichkeitsbeurteilung für IV-Systeme, in: Wirtschaftsinformatik, 35, 1993, S. 167-178

STI92 Stickel; E.: Eine Erweiterung des hedonistischen Verfahrens zur Ermittlung der Wirtschaftlichkeit des Einsatzes von Informationstechnik, in: ZfB, 62, 1992/7, S. 743-759

THO96 Thome, R./Hufgard, A.: Continuous System Engineering, Vogel Buchverlag, Würzburg 1996

Kapitel 11

Konzeption und Umsetzung einer Systemarchitektur für die Produktionssteuerung in der Prozeßindustrie

Priv. Doz. Dr. Peter Loos

Universität des Saarlandes, Saarbrücken

1 Einleitung

Fertigungsnahe Systeme zur Planung und Steuerung der Produktionslogistik sind bereits seit einigen Jahren in Form von Fertigungsleitständen in der stückorientierten Fertigung erfolgreich im Einsatz. In der prozeßorientierten Industrie besteht dagegen meist eine konzeptionelle und systemtechnische Lücke zwischen lang- und mittelfristiger Planung einerseits und der Prozeßautomation andererseits. Aus diesem Grund wird im R/3-System mit PP-PI ein Modul für die Produktionssteuerung unter besonderer Berücksichtigung der Anforderungen der Prozeßindustrie angeboten. Das Modul PP-PI geht zurück auf die Konzeptionen und Entwicklungen in dem Projekt **CAPISCE** und wird seit Release 3.0 als R/3-Komponente angeboten.
Der Beitrag gibt einen Überblick über typische Anforderungen an Logistikinformationssysteme in der Prozeßindustrie und beschreibt die Umsetzung in dem Projekt CAPISCE anhand der Ausgangsbedingungen und der Modulkonzeption. Anschließend wird die Implementierung als Modul PP-PI und die Integration in R/3 erläutert. Insbesondere wird dabei auf den Integrationsgedanken im Sinne einer durchgängigen Geschäftsprozeßunterstützung eingegangen. Eine kurze Darstellung einiger Installationen und eine Bewertung schließen den Beitrag.

2 Charakterisierung der Prozeßindustrie

Im Gegensatz zur diskreten Produktion der stückorientierten Fertigung, bei der die Herstellung von Teilen in unterschiedlichen Losgrößen im Vordergrund steht, und die das typische Anwendungsgebiet für Computer Integrated Manufacturing (CIM) ist, stehen bei der Prozeßindustrie verfahrenstechnische Umwandlungsprozesse ungeformter Rohstoffe und Endprodukte im Vordergrund. Zu der Prozeßindustrie gehören beispielsweise die Branchen Chemie und Pharma, Nahrungs- und Genußmittel, Gummi sowie Papier. Aufgrund der Herstellungsverfahren ergeben sich spezielle Anforderungen an die unterstützenden Informationssysteme für Logistik und Produktion, die im folgenden anhand einiger Kriterien verdeutlicht werden [7,13,14,16,27]:

- Physische und chemische Eigenschaften der zu verarbeitenden Stoffe und Endprodukte müssen in der Materialwirtschaft berücksichtigt werden, z. B. schwankende Qualität bei mineralischen, pflanzlichen oder tierischen Rohstoffen der Urproduktion, teilweise begrenzte Haltbarkeit von Materialien oder spezielle Lagerbedingungen und -restriktionen.
- In der Prozeßindustrie fallen während des Herstellungsprozesses häufig Kuppelprodukte in einem nur bedingt beeinflußbaren Verhältnis an. Dies gilt insbesondere für die Urproduktion. Die Kuppelprodukte solcher analytischen Stoffumwandlungsprozesse, die sowohl Haupt-, Neben- als auch Abfallprodukte sein können sowie zyklische Materialflüsse, z. B. bei Katalysatoren, führen zu einem komplexen inner- und überbetrieblichen Stoffverbund mit entsprechenden Auswirkungen auf die Produktionsplanung und Materialdisposition.
- Umweltschutzbestimmungen und Gefahrenstoffverordnungen haben einen direkten Einfluß auf die Produktionsplanung und die Durchführung von Logistikprozessen. So kann sich beispielsweise die gleichzeitige Produktion oder Lagerung zweier bestimmter Produkte ausschließen.
- Häufig sind Funktionen für die Berechnung von Input-Output-Beziehungen oder Produktionszeiten nicht-linear (z. B. nicht-lineare Substitution von Rohstoffen) oder enthalten nicht-deterministische Parameter (z. B. Wettereinfluß auf Produktionsprozeß).
- Bedingt durch die physischen Eigenschaften der Materialien muß häufig mit unterschiedlichen Einheiten gerechnet werden, z. B. mit Gewicht, Volumen, Konzentration, Produktionsstunden oder Ansatzmenge.
- In noch stärkerem Maße als bei der diskreten Fertigung müssen die Daten der Produktion protokolliert und archiviert werden. Dies betrifft nicht nur die Qualität der Erzeugnisse, sondern auch die Qualität der Rohstoffe und die Protokolle des Herstellungsprozesses.

Kontinuierliche und chargenweise Produktion

Je nach Art der Stoffausbringung kann zwischen einer kontinuierlichen oder diskontinuierlichen Produktion unterschieden werden. Die **kontinuierliche** Produktion zeichnet sich durch einen gleichförmigen Materialstrom in speziellen Anlagenkonfigurationen aus. Kontinuierliche Prozesse sind typisch für die Massenfertigung der Grundstoffindustrie und Mineralölverarbeitung. Bei der **diskontinuierlichen** Produktion wird dagegen eine bestimmte Menge eines Materials verfahrenstechnisch hergestellt. Eine solche Menge wird als **Partie**, **Charge** oder **Batch** bezeichnet, weshalb hier auch von Chargenproduktion oder Batch Production gesprochen wird (allerdings wird häufig auch eine definierte Menge eines Materials mit homogener Qualität unabhängig von der Art des Herstellungsprozesses als Charge bezeichnet [13], so im Modul MM [24]). Chargenproduktion ist typisch für die Bereiche Feinchemikalien und Spezialitäten, wie z. B. pharmazeutische Produkte.

Bei diskontinuierlicher Fertigung sind die Produkte durch die Kundennähe tendenziell stärkeren Änderungen und Variationen unterworfen, weshalb in der Produktion meist Mehrzweck- und Mehrproduktanlagen eingesetzt werden. Daraus ergibt sich wie bei der diskreten Fertigung die Notwendigkeit, die Produktion flexibel an kurzfristigen Anforderungen auszurichten, was eine ebenso kurzfristige Produktionsplanung und -steuerung notwendig macht. Nicht selten findet man hybride Produktionsformen, deren erste Produktionsschritte kontinuierlich, die folgenden diskontinuierlich ablaufen.

3 Architektonische Einordnung

Während die Logistik- und Produktionsplanungsprozesse der stückorientierten Fertigung schon lange Gegenstand der anwendungsorientierten Forschung und Entwicklung sind, besteht in der prozeßorientierten Industrie dagegen häufig eine **konzeptionelle und systemtechnische Lücke** zwischen lang- und mittelfristiger Planung einerseits und Prozeßautomation andererseits.

Projektziel und -organisation

Das Projekt CAPISCE (Computer Architecture for Production Information Systems in a Competitive Environment) hat sich deshalb zum Ziel gesetzt, eine Architektur und darauf aufbauend Softwaremodule für die kurzfristige Produktionssteuerung zu entwickeln. Eine wichtige Prämisse war dabei die Integration der lang- und mittelfristigen Planung und der Prozeßautomation im

Sinne einer ganzheitlichen Geschäftsprozeßunterstützung. Das Konsortium des Projektes CAPISCE, das von der Europäischen Union im Rahmen des ESPRIT-Programmes gefördert wurde, bestand aus den Partnern Digital Equipment (Warrington, England), IDS Prof. Scheer (Saarbrücken), IWi (Universität des Saarlandes), SAP (Walldorf) und Zeneca (Manchester, England). Die Partner Digital Equipment, IDS und SAP haben bei der Konzeption mitgearbeitet und die Software realisiert. Als Anwender führte Zeneca die ersten Pilotinstallationen in seinen englischen und schottischen Werken durch (dies erklärt auch die englischsprachigen Begriffe des Projektes, die zur besseren Verständlichkeit hier teilweise mitaufgenommen wurden). Als wissenschaftliche Begleitung arbeitete das IWi an der Konzeption und erstellte Studien und prototypische Implementierungen zu ausgewählten Fragestellungen (z. B. [1,12]).

Abb. 3.1
Ebenenkonzept

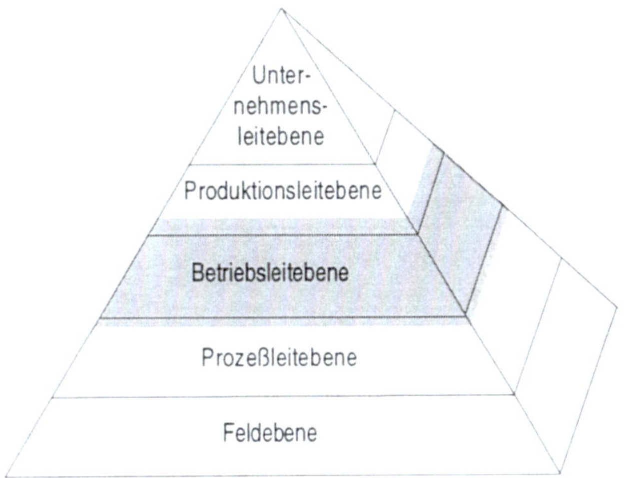

Einordnung in ein Ebenenkonzept

In dem für die chemische Industrie aufgestellten Ebenenkonzept [4,22] läßt sich der Schwerpunkt der Arbeiten in CAPISCE auf den Ebenen Betriebsleitebene und, soweit sie dispositive und logistische Funktionen innerhalb eines Betriebes betreffen, Produktionsleitebene einordnen (vgl. Abbildung 3.1). Die werks- oder unternehmensweite Planung war nicht primäres Ziel des Projektes. Nach dem Ebenenkonzept ist die Unternehmensleitebene neben den kaufmännischen Funktionen auch für die strategische Planung zuständig. Die Produktionsleitebene hat die

Aufgabe der mittelfristigen Planung sowie der Koordination der einzelnen Betriebe. Die Prozeßleitebene und die Feldebene übernehmen die Aufgabe der Automatisierung und der Ausführung der Prozeßschritte [2]. Informationssysteme, die die Funktionen der Betriebsleitebene sowie teilweise die der Produktionsleitebene abdecken, werden als Betriebsführungssysteme (BFS) oder, vor allem in der amerikanischen Literatur, als Manufacturing Execution Systems (MES) bezeichnet [6,19].

Einordnung in das CIP-Konzept

Abbildung 3.2 zeigt in Anlehnung an das Y-CIM-Modell die Informationssysteme für die Produktion in der verfahrenstechnischen Industrie [12,13], die als Computer Integrated Processing (CIP) bezeichnet werden [21]. Die grau hinterlegte Schattierung zeigt die Relevanz der jeweiligen Funktion für die in CAPISCE entwickelten Module.

Abb. 3.2
CIP-Modell

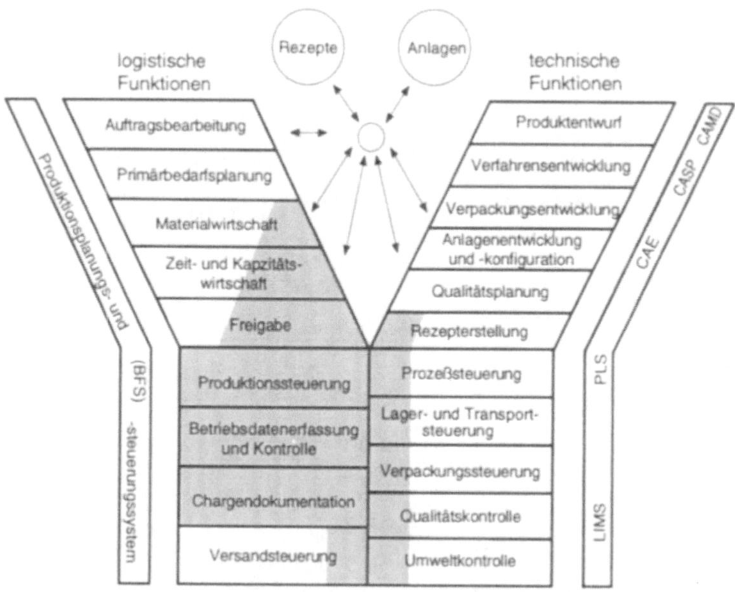

4 Die Anwendungsmodulkonzeption

Die Anwendungskonzeption für die Produktionssteuerung auf Betriebsebene umfaßt mehrere Module. Sie beinhaltet die Module Ressourcenverwaltung (Resource Management), Rezeptverwaltung (Recipe Management), Bestandsführung (Inventory Management), Prozeßplanung (Scheduling) und Prozeßkoordination (Process Management). Weiterhin sind die Schnittstellen für die Verbindung zu den unternehmensweiten Planungssystemen (Links to Business Systems), zu LIM-Systemen (Links to LIMS) sowie zur Prozeßautomatisierung (PDAS - Process Data Acquisition Server) berücksichtigt [15]. Abbildung 4.1 zeigt die einzelnen Module im Zusammenhang. Aufgrund der Bedeutung der Integration wurde besonderer Wert auf eine einfache Einbindung der Prozeßautomatisierung gelegt. Deshalb wurden bei dem Entwurf der Systemstrukturen bestehende Empfehlungen für die Gestaltung von Automatisierungssystemen berücksichtigt, insbesondere die Empfehlung der **NAMUR** [18] sowie der Normierungsentwurf des Gremiums **SP88** der ISA [9].

Abb. 4.1
Anwendungsmodule

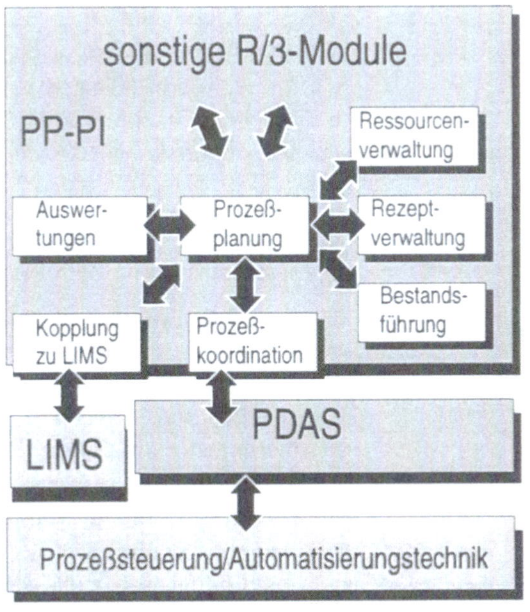

4.1 Ressourcenverwaltung

Das Modul Ressourcenverwaltung hat die Aufgabe, die in einem Betrieb vorhandenen Produktionsressourcen zu verwalten und die für die Aufgaben der Produktionsplanung und -steuerung notwendigen Informationen über die Produktionsfaktoren zur Verfügung zu stellen. Die Hauptressourcen sind dabei i. d. R. die Produktionsanlagen, wie Kessel, Tanks, Mischer, Trockner etc., es können aber auch andere Ressourcenkategorien wie Personal, Transporteinrichtungen, Energien (Gas, Wasser, Strom, Dampf, Chlor) oder Entsorgungseinrichtungen betrachtet werden. Sinnvoll ist die Verwaltung einer Ressource, wenn sie Kapazitätsrestriktionen besitzt und aus Sicht der Produktionsplanung und -steuerung bewirtschaftet werden muß.

Um sowohl die in den Empfehlungen beinhalteten hierarchischen Gliederungen der Ressource Produktionsanlagen (bei [18] wird vom Werk über Anlagenkomplex, Anlage, Teilanlage bis Anlagenteile, bei [9] von Enterprise über Site, Area, Process Cell, Unit, Equipment Module bis Control Module detailliert) als auch unternehmensspezifische Systematiken abbilden zu können, sind verschiedene Konzepte implementiert worden, die eine individuelle Anpassung gestatten:

Ressourcen-klassifizierung

- Die **Ressourcenarten** gestatten eine prinzipielle Unterscheidung der oben genannten Kategorien, wie Anlagen, Personal, Lagertanks etc.
- Mehrere gleichartige Ressourcen einer Ressourcenart können mit Hilfe von **Klassen** verwaltet werden. Bei der Klassendefinition werden Ausprägungen bestimmter Eigenschaften definiert, die für alle Ressourcen der Klasse gleich sind. So kann beispielsweise für eine Gruppe gleichartiger Kessel eine Klasse *KSL* definiert werden. Für jeden Kessel wird eine Instanz *KSLn* angelegt und auf die Klasse *KSL* referenziert.
- Mit den **Ressourcenhierarchien** kann eine NAMUR- oder SP88-konforme Gliederung abgebildet werden. Eine Gliederung kann genutzt werden, um verdichtete Kapazitätszahlen zu ermitteln, z. B. Aussagen über die Auslastung eines Anlagenkomplexes aufgrund der Belegung der zugehörigen Teilanlagen.
- Mit **Ressourcennetzen** können logische Beziehungen zwischen den einzelnen Ressourcen dargestellt werden. Damit können beispielsweise die Verrohrung und Transportmög-

lichkeiten zwischen Anlagen abgebildet und für die Planung der Anlagenreihenfolge eines Auftrages genutzt werden.

- Mit einem **Klassifikationsschema**, ähnlich wie es für Materialien genutzt wird, können Merkmale über die Fähigkeiten und mögliche Verwendung von Ressourcen festgelegt werden.

Ressourcen-kapazitäten

Die Ressourcenverwaltung umfaßt auch Kapazitätsmanagementfunktionen, mit denen das Kapazitätsangebot verwaltet wird. Die zeitliche Verfügbarkeit von Ressourcen wird über Schichtprogramme festgelegt, die die Definition der einzelnen Schichten mit Beginn, Ende und Pausenregelung enthalten. Schichtprogramme werden zeitabhängig den Ressourcen zugeordnet. Bezüglich der Kapazitätsarten weist das System folgende Konzepte auf:

- Ressourcen können **mehrere Kapazitäten** besitzen. So kann eine Anlage sowohl durch ein maximales Volumen als auch ein maximales Füllgewicht begrenzt sein oder für eine Personalressource können neben dem Arbeitszeitmodell die zulässigen Arbeitsplatzkonzentrationen von Gefahrenstoffen zur vorbeugenden Überprüfung als Kontaminationsobergrenzen abgebildet werden.
- Kapazitäten können **exklusiv oder gemeinsam** belegt werden. Exklusive Verwendung von Ressourcen ist typisch für Anlagen, da diese i. d. R. nur von einer Charge gleichzeitig belegt werden können. Ein Mitarbeiter kann dagegen gleichzeitig mehrere Chargen in unterschiedlichen Anlagen fahren.
- Eine Kapazität kann für mehrere Ressourcen gleichzeitig genutzt werden. Solche **Poolkapazitäten** sind typisch für zentrale Servicefunktionen wie Dampf, Strom, Wasser oder für von mehreren Anlagen gemeinsam genutzte Vorrichtungen wie Belade- oder Entladeeinrichtungen.

4.2 Rezeptverwaltung

Rezepte beschreiben den Herstellungsprozeß von Produkten und sind deshalb mit den Arbeitsplänen in der stückorientierten Fertigung vergleichbar. Darüber hinaus enthalten Rezepte auch alle notwendigen Eingangsstoffe, Zwischenprodukte und Endprodukte und weisen damit Merkmale der Stücklisten auf. Um eine allgemeingültige Beschreibung von Prozessen zu gewährleisten, müssen Rezepte in generischen Strukturen definiert werden, mit denen leicht unterschiedliche Bedürfnisse abgedeckt werden können. Die hierzu von der NAMUR und von dem SP88-Gremium erstellten Empfehlungen sind zwar nicht deckungsgleich, folgen aber dem gleichen Grundkonzept.

Rezeptgenerationen

So werden in beiden Empfehlungen verschiedene Rezeptgenerationen unterschieden, um der Entstehung der Rezepturdaten Rechnung tragen zu können. Diese reichen von einer allgemeinen bis zu einer konkreten Beschreibung. NAMUR differenziert zwischen dem **Urrezept** als allgemeine, anlagenunabhängige Beschreibung, dem **Grundrezept** als verfahrensspezifische und produktionsmengenabhängige Beschreibung sowie dem **Steuerrezept** als konkrete Anweisung für eine bestimmte Charge auf einer bestimmten Anlage [11]. In dem SP88-Entwurf werden in ähnlicher Weise die Generation General Recipe, Site Recipe, Master Recipe und Control Recipe unterschieden [9].

Rezeptstrukturierung

Bei den Rezepten wird die Verfahrensbeschreibung nach Bestandteilen mit verschiedener Granularität unterschieden. So teilt sich das Verfahren eines Rezeptes nach der NAMUR-Empfehlung in mehrere Teilrezepte für die Beschreibung der Verfahrensabschnitte, z. B. Sulfonierung. Diese bestehen wieder aus mehreren Operationen, die die kleinsten selbständig ausführbaren Einheiten bilden, z. B. Dosieren H_2SO_4. Operationen setzen sich wiederum aus unterschiedlichen Funktionen zusammen, z. B. Temperieren auf 140 C. Funktionen werden in automatisierten Systemen durch Programme realisiert, die anlagenspezifisch implementiert und aus Rezepten heraus referenziert und parametrisiert werden. Der SP88-Entwurf folgt auch in der Detaillierung einem analogen Konzept. Die Bestandteile der Verfahrensanweisungen sind hier in Unit Procedure, Operation und Phase unterschieden.

Aufgrund des Einsatzbereiches des Systems werden von den genannten Generationen nur das Grundrezept und das Steuerrezept berücksichtigt, die hier als Planungsrezept (Master Recipe) und Steuerrezept (Control Recipe) bezeichnet werden. Darüber hinaus ist ein weiteres Rezeptobjekt eingefügt worden, das als Prozeßauftrag (Process Order) bezeichnet wird. Abbildung 4.2 zeigt einen Vergleich zwischen den Verfahrensbeschreibungen nach der NAMUR-Empfehlung und den hier genutzten Rezepten.

Das Planungsrezept stimmt weitgehend mit dem Grundrezept überein, ist aber, wie das Master Recipe von SP88, anlagenspezifisch. Als Stammdatum werden im Planungsrezept alle notwendigen Informationen über den Herstellungsprozeß in auftragsneutraler Form verwaltet. Die Informationen lassen sich in Rezeptkopf, Verfahren, Ressourcenbedarfe, Materialien und Sicherheitsangaben unterteilen.

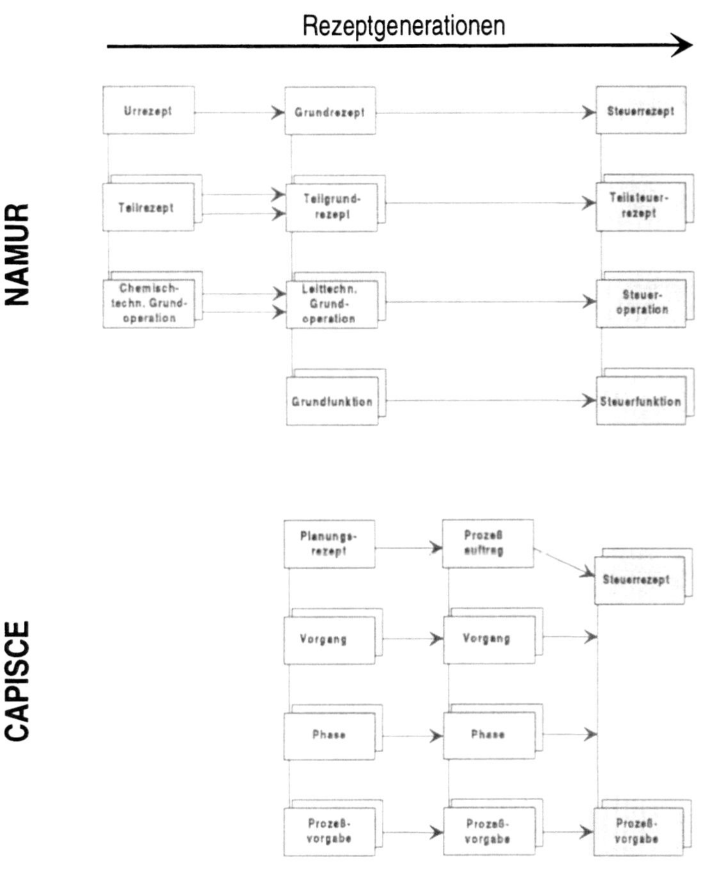

Abb. 4.2 Vergleich NAMUR- und CAPISCE-Rezeptstrukturen

Rezeptkopf

Der Rezeptkopf verwaltet alle allgemeinen Angaben über **Rezeptverwendung** (z. B. Produktions-, Reinigungs-, Umrüst-, Anfahr-, Testrezept), Ansatzmengenbereich, Status, Textbeschreibung, Änderungshistorie und sonstige Verwaltungsdaten.

Verfahren

Die **Verfahrensbeschreibung** besteht aus den Elementen **Vorgang** (Operation), **Phase** (Phase) und **Prozeßvorgaben** (Process Instructions) (vgl. Abbildung 4.2). Vorgänge und Phasen zusammen stellen ein zweistufiges Konzept zur Strukturierung von Prozessen dar. Sie sind ähnlich in ihrem Aufbau und in ihren Attributen. So besitzen beide zeitverbrauchende Elemente wie

Bearbeitungszeiten. Ein typisches Beispiel sind Phasen wie Beladen, Dosieren, Nachreaktion, Abkühlen, Entladen für einen Sulfonierungsvorgang. Die Phasen sind immer eindeutig einem Vorgang zugeordnet. Die zeitlichen Abhängigkeiten können mit Hilfen von **Anordnungsbeziehungen** sowohl zwischen Vorgängen, zwischen Phasen als auch zwischen Phasen und Vorgängen erfolgen. Dabei stehen die aus der Netzplantechnik bekannten Beziehungsarten Anfang-Anfang, Anfang-Ende, Ende-Ende und Ende-Anfang zur Verfügung (vgl. Abbildung 4.3). Damit kann beispielsweise eine zeitliche Synchronisation zwischen der Entladephase des ersten Vorganges und der Beladephase des zweiten Vorganges hergestellt werden.

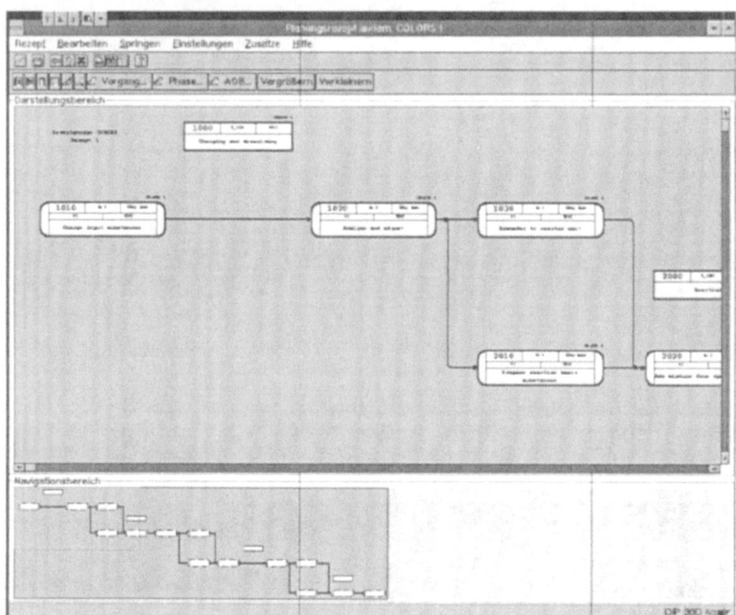

Abb. 4.3
Darstellung der Anordungsbeziehungen

Umsetzung Grundfunktionenkonzept

Jede Phase kann durch beliebig viele Prozeßvorgaben und Prozeßvorgabemerkmale detailliert werden. Prozeßvorgaben werden rezeptunabhängig verwaltet und dienen als Vorlage bei der Erstellung von Rezepten. Es können unterschiedliche Arten von Prozeßvorgaben definiert werden:

- **Prozeßparameter** dienen zur Definition von Anweisungen. Im Fall eines manuellen Prozesses sind Prozeßparameter meist Texte für den Anlagenfahrer. Bei automatisierten Prozessen dienen sie zur Übermittlung von Informationen an das Prozeßleitsystem.

- Mit **Prozeßdatenanforderungen** wird festgelegt, daß das System Istdaten über einen laufenden Prozeß benötigt. Bei Kopplung mit einem Prozeßleitsystem werden hiermit die Informationen definiert, die im Normalfall aus der Prozeßleitebene in die Produktionssteuerung fließen. Für manuelle Fahrweise wird definiert, welche Werte der Anlagenfahrer während des Prozesses erfassen soll.
- **Prozeßdatenabos** dienen zur Festlegung, unter welchen ungeplanten Ereignissen Istdaten über den Prozeß zu melden sind. Bsp.: Falls die Temperatur höher als 143°C steigt, sollen der Druck und der pH-Wert gemeldet werden.
- Mit **Berechnungsformeln** können rezeptspezifische Formeln an das Prozeßleitsystem übermittelt werden, das in Abhängigkeit der Ergebnisse unterschiedliche Aktionen durchführen kann.
- **Prüfergebnisanforderungen** dienen zur Definition von Prüfwerten, die für einen Prozeß erhoben werden sollen.

Es können zu jeder Art beliebig viele Prozeßvorgaben definiert werden, die von beliebig vielen Rezepten genutzt werden. Zusätzlich ist es möglich, neue Arten im System selbst zu generieren. Mit dem Konzept der Prozeßvorgaben kann in eleganter Weise das Grundfunktionenkonzept der NAMUR-Empfehlung abgebildet werden. In Abbildung 4.4 ist die Anwendung der Prozeßvorgaben in einem Planungsrezept dargestellt.

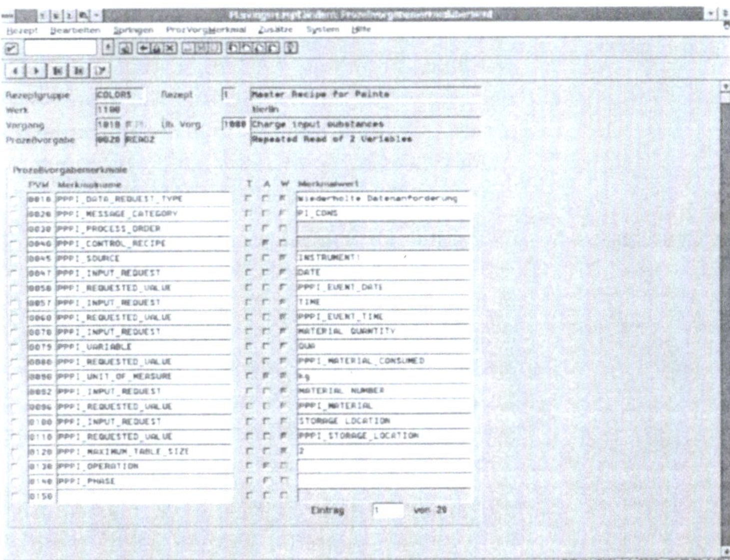

Abb. 4.4 Anwendung der Prozeßvorgaben

Ressourcen-zuordnung

Die für die Durchführung eines Prozesses notwendigen Ressourcen, welche in der Ressourcenverwaltung definiert werden, können sowohl den Vorgängen als auch den Phasen zugeordnet werden. Zusätzlich kann dem Rezeptkopf eine Ressource zugewiesen werden. Die sogenannte Primärressource wird für die gesamte Dauer eines Schrittes belegt. Als **Primärressource** wird man meist die Anlage wählen. Weiterhin können **Sekundärressourcen** für zusätzliche Bedarfe zugeordnet werden. Die Zuordnung kann sich sowohl auf eine bestimmte Ressource als auch auf eine Ressourcenklasse innerhalb einer Ressourcenart beziehen. Anstelle einer direkten Ressourcenzuordnung können auch Anforderungen an die Ressourcen festgelegt werden, für die das bereits oben erwähnte Klassifikationsschema gilt. So kann die konkrete Ressource für einen Bedarf über den Abgleich von Anforderung und Fähigkeit gefunden werden. Dies stellt die flexibelste Art der Verbindung von Rezepten und Ressourcen dar.

Material im Rezept

Die **Materialliste** enthält alle für ein Rezept notwendigen Materialien sowie deren Menge oder Verhältnis. Materialien können in ein Rezept eingehen (Rohstoffe), können erzeugt werden (Endprodukte, Kuppelprodukte, Abfallstoffe), können eingehen und wieder ausgehen (Katalysatoren) oder können erzeugt und wieder verbraucht werden (Intramaterialien). **Intramaterialien** existieren nur zwischen zwei Prozeßschritten, sollen aber beispielsweise aufgrund von sicherheitstechnischen Fragen explizit im Rezept dokumentiert werden. Materialien können mehrfach in einer Materialliste eines Rezeptes aufgeführt sein, z. B. bei Katalysatoren. Für die Verrechnung von Materialmengen können Formeln hinterlegt werden, so daß beispielsweise eine Ausbringungsmenge vom Wirkstoffgehalt des Rohstoffes und vom Luftdruck abhängig sein kann. Die einzelnen Positionen der Materialliste werden entweder auf Rezeptebene, auf Vorgangsebene oder auf Phasenebene dem Prozeß zugeordnet.

Auftragsbezug

Während die Planungsrezepte Stammdaten darstellen, handelt es sich bei den Prozeßaufträgen und bei den Steuerrezepten um auftragsabhängige Rezepte. **Prozeßaufträge** dienen zur Durchführung sämtlicher dispositiver Funktionen innerhalb des Systems, während die **Steuerrezepte** als Schnittstelle zur Prozeßausführung genutzt werden. Durch diese Zweiteilung kann besser auf die unterschiedlichen Anforderungen der Funktionen eingegangen werden.

Ein Prozeßauftrag ist ein Bewegungsdatum, das für die Herstellung einer konkreten Charge gebildet wird. Dazu wird, entsprechend den Produktionsanforderungen, für jede Charge ein Prozeßauftrag als Kopie eines Planungsrezeptes angelegt und eröffnet. Ein Prozeßauftrag besitzt prinzipiell die gleiche Struktur wie ein Planungsrezept, enthält aber zusätzlich Datenfelder für alle Funktionen, die im Rahmen der Auftragsbearbeitung notwendig sind, wie Rezept- und Chargenidentifikation, geplante und realiserte Werte für Mengen, Termine, Zeiten, Kosten, Kontierung, Materialverbräuche etc. Nach Eröffnung des Prozeßauftrages kann dieser abgeändert werden, so daß auch von den Vorgaben des Planungsrezeptes abgewichen werden kann. Der Aufbau des Steuerrezeptes wird im Kapitel über die Prozeßkoordination erläutert.

4.3 Bestandsführung

Die Bestandsführung hat die Aufgabe, die sich im Betrieb befindlichen Materialien zu kontrollieren. Da aus Sicht eines Betriebes keine eigenständige Materialdisposition notwendig ist, ist die betriebsinterne Bestandsführung als eine spezielle, detaillierte Sicht auf die werks- oder unternehmensweite Bestandsführung und nicht als eigenständiges Modul zu betrachten. Zu den Funktionen der betriebsinternen Bestandsführung gehören Lagerverwaltung auf Lagerplatzebene mit chargen- und qualitätsgenauer Bestandsführung, Verwaltung von beschränkten, freien und gesperrten Beständen, Verfallsdatenüberwachung, Verfügbarkeitsprüfungen, Reservierungen, Chargenverfolgung etc.
Die **Chargenverwaltung** stellt eine Querschnittsfunktion dar, die sich über alle Logistikmodule erstreckt, d. h. vom Wareneingang, über Lagerverwaltung, Produktion, Qualitätsmanagement bis zum Warenausgang. Der Einsatz der Chargenverwaltung ist aufgrund steigenden Qualitätsbewußtseins der Kunden und gesetzlicher Auflagen wie Produkthaftung nicht nur auf die chemisch-pharmazeutische Industrie beschränkt, sondern auch in vielen anderen Industriebranchen notwendig.

4.4 Prozeßplanung

Die aus den Produktionsanforderungen und den Planungsrezepten erzeugten Prozeßaufträge werden in der Prozeßplanung den Ressourcen unter Berücksichtigung des Kapazitätsangebotes und der bereits verplanten Kapazität zeitlich zugeordnet. Die **Terminierung** kann der MRP II-Philisophie folgend in zwei Schritten durchgeführt werden [17].

Kampagnenplanung

Bei der Kampagnenplanung wird die Abfolge der Kampagnen auf den Anlagen festgelegt. Eine Kampagne wird als die unmittelbare Folge von Chargen mit produktionstechnisch gleichem Rezept eines Produktes oder sehr ähnlicher Produkte verstanden, bei der zwischen den einzelnen Chargen keine speziellen Reinigungs- oder Umrüstvorgänge durchzuführen sind. Ziel ist dabei die Minimierung des Rüst- und Einrichtungsaufwands der Anlage. Die Kampagnenplanung findet deshalb auf der aggregierten Ebene des Rezeptkopfes und der zugeordneten Ressource statt. Ergebnis der Kampagnenplanung ist die Anzahl der Prozeßaufträge bzw. Chargen pro Kampagne, die Reihenfolge sowie Start- und Endtermine für die Prozeßaufträge.

Planung einer Charge

Bei der Detailplanung erfolgt eine exakte Terminierung aller Vorgänge und Phasen der Prozeßaufträge unter Berücksichtigung sowohl der Primär- als auch der Sekundärressourcen. Eine Detailplanung kann auch ohne vorherige Kampagnenplanung erfolgen.

Abb. 4.5
Plantafeldarstellung

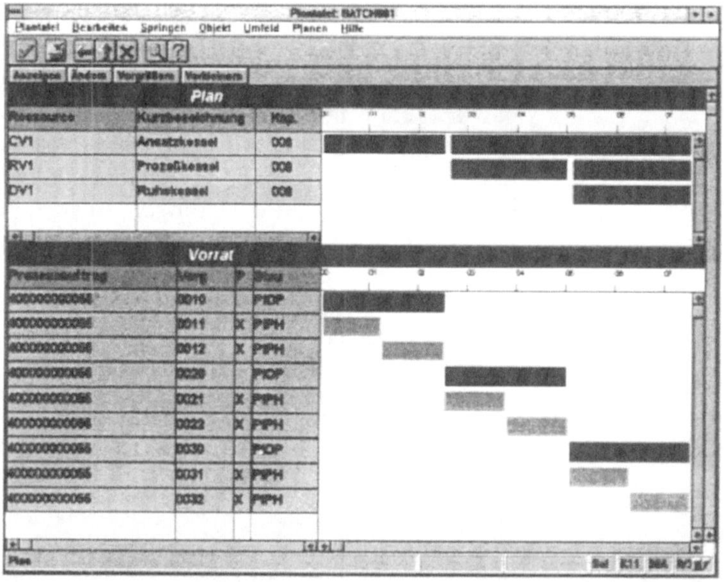

Quelle: SAP

Die Durchführung und Visualisierung der Planung erfolgt interaktiv mit Hilfe einer Plantafel mit Ganttdarstellung, wie sie auch bei Leitstandsystemen für die diskrete Fertigung genutzt wird (vgl. Abbildung 4.5). Dabei sind neben Funktionen für manuelle und automatische Planung, Vorwärts-, Rückwärts- und Mittelpunktsterminierung, Überprüfung der Materialverfügbarkeit etc. zusätzliche, prozeßindustriespezifische Funktionen zu erfüllen, wie

Spezifische Funktionen für die Prozeßindustrie

- die Darstellung der Vorgangs- und Phasenebene,
- die automatische Berücksichtigung von Reinigungsrezepturen bei Produktwechsel,
- die Berücksichtigung der möglichen und tatsächlichen Verrohrung der Produktionsanlagen,
- die Berücksichtigung von Probeentnahmen und Laborprüfungen,
- die Berücksichtigung von maximalen und nicht-linearen Prozeß- und Übergangszeiten oder
- die Berücksichtigung von Umweltbedingungen oder sonstiger Restriktionen für die Produktion.

Nach der Planung der Prozeßaufträge werden diese für die Prozeßdurchführung freigegeben und an die Prozeßkoordination weitergeleitet. Eine Funktion zur Ermittlung von Terminabweichungen errechnet aus den Prozeßmeldungen die Abweichungen zwischen den geplanten und den tatsächlichen Durchführungsterminen (Deviation Recording). Die Art der Abweichungsüberprüfung, die Abweichungsgründe sowie die Reaktion auf Abweichungen können vom Benutzer individuell konfiguriert werden. Insbesondere für die Planung ist die aktuelle Prozeßsituation wichtig, um Planungsanpassungen vornehmen zu können. Damit dient die Plantafeldarstellung auch dem Monitoring des Auftragsfortschrittes.

4.5 Prozeßkoordination

Die **Überwachung der Prozeßdurchführung** wird von der Prozeßkoordination wahrgenommen. Nach der Freigabe werden aus dem Prozeßauftrag ein oder mehrere Steuerrezepte erzeugt. Im Gegensatz zu den Normierungsempfehlungen besteht somit die Möglichkeit, daß ein Planungsrezept (bzw. Grundrezept oder Master Recipe) für die Durchführung auch auf mehrere Steuerrezepte abgebildet wird. Der Sinn liegt darin, daß Planungsrezepte aus Sicht der Disposition gebildet werden und bei der Definition somit Fragen der Belegungsplanung, Stücklistenstrukturierung oder Kalkulation im Vordergrund stehen, während die Steuerrezepte aus Sicht der Prozeßstrukturierung, Anlagenkonfigurierung oder Automatisierung gebildet werden [28].

Steuerrezeptgenerierung

Die Prozeßkoordination erstellt aus allen Phasen eines Prozeßauftrages, die die gleiche Empfängerkennung aufweisen, ein Steuerrezept (vgl. Abbildung 4.6). Daraus folgt, daß nur dann ein Steuerrezept gebildet werden kann, wenn alle Vorgänge der zu einem Steuerrezept gehörenden Phasen freigegeben werden. Mit der Empfängerkennung wird das Ziel des Steuerrezeptes festgelegt. Dies ist bei manueller Fahrweise der Anlagenbediener, bei automatisierten Systemen ist es die Prozeßsteuerung.

Manuelle Fahrweise

Für manuelle Fahrweise wird von der Prozeßkoordination ein Bildschirmdialog angeboten, bei der das Steuerrezept in Form einer **Herstellanweisung** (Process Instruction Sheet) dargestellt wird. Zusätzlich besteht die Möglichkeit, die Herstellanweisung als Arbeitspapier zu drucken. Die Herstellanweisung wird entsprechend der Prozeßvorgaben des Prozeßauftrages bzw. des ursächlichen Planungsrezeptes aufgebaut. So können mit Hilfe von Prozeßparametern Textbausteine am Bildschirm angezeigt und mit Hilfe von Prozeßdatenanforderungen Istdaten oder Unterschriften von der Tastatur abgefragt werden.

Abb. 4.6 Steuerrezeptgenerierung

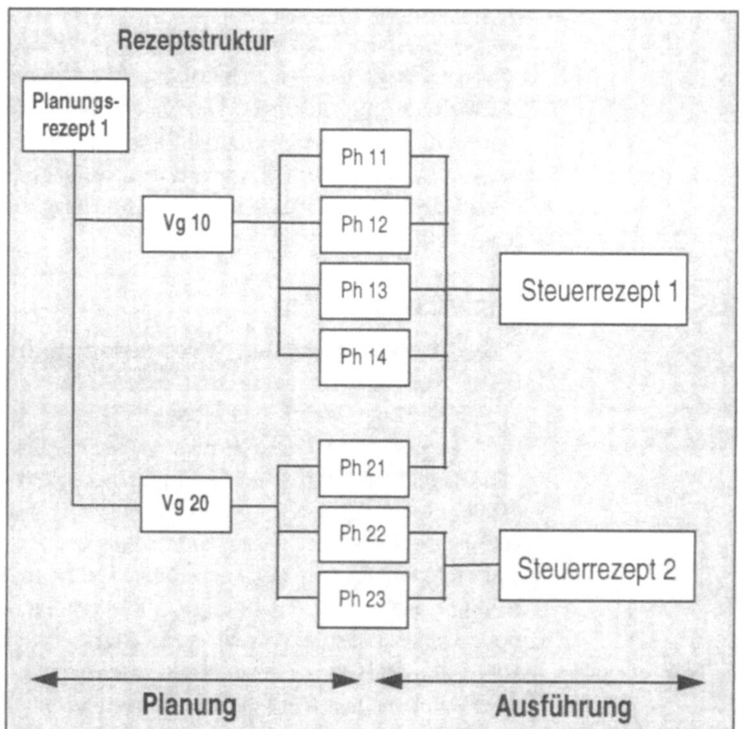

Bei **Einsatz von Prozeßleitsystemen** werden die Steuerrezepte in der definierten Schnittstelle PI-PCS den externen Systemen zur Verfügung gestellt. Mit den Prozeßparametern können beispielsweise Steuerfunktionen, die sich auf die Ausführung von technischen Funktionen der Anlagenteile beziehen, entsprechend der NAMUR-Empfehlung abgebildet und durch unterschiedliche Variablen rezeptspezifisch angepaßt werden.

Prozeßrückmeldungen

Die Prozeßkoordination nimmt auch die Meldungen der laufenden Prozesse entgegen. Die unterschiedlichen Arten der Meldungen werden analog zu den Prozeßvorgaben definiert. So ist beispielsweise für jede in den Prozeßanforderungen verlangte Information ein entsprechender Prozeßmeldungstyp zu definieren. Die Prozeßkoordination überprüft die Meldungen und leitet sie über eine Dispatchfunktion an den oder die für den Meldungstyp konfigurierten Empfänger weiter, die sie dann verarbeiten, z. B. die Ressourcenverwaltung, die Rezeptverwaltung, die Prozeßplanung, die Prozeßdokumentation, die Kopplung zu LIMS oder das Mailsystem für Benutzernachrichten. Dabei ist es unerheblich, ob die Meldungen durch den Bildschirmdialog für Herstellanweisungen oder über die Schnittstelle zu externen Systemen erzeugt wurden.

Monitorfunktionen gestatten die Kontrolle der eingegangenen Prozeßmeldungen sowie der Bearbeitungszustände der laufenden Steuerrezepte.

4.6 Verbindung zur Prozeßautomatisierung

Ist in einem Betrieb ein Prozeßleitsystem im Einsatz, so kann zwischen diesem und der Prozeßkoordination über die Schnittstelle PI-PCS direkt eine Verbindung hergestellt werden. Häufig ist aber kein einheitliches Prozeßleitsystem im Einsatz, sondern es existiert eine heterogene Landschaft unterschiedlicher Regler, Steuerungen, SPS und Terminals verschiedener Hersteller und Intelligenz. Deshalb wurde das Modul **PDAS** (Process Data Acquisition Server) entwickelt, das aus Sicht der Produktionssteuerung eine einheitliche Schnittstelle zur Verfügung stellt. Die Aufgaben des PDAS-Moduls sind die Umsetzung zwischen den unterschiedlichen Geräteformaten und den Prozeßmeldungsformaten, die Verteilung und der Transport der Daten, die Echtzeitaufnahmen und Konsistenzprüfung von Daten sowie das Filtern und Verdichten von Informationen. PDAS besteht aus mehreren Bausteinen, z. B. dem Dynamic Configurator zur Speicherung der Konfigurationen, dem Event Synthesizer für Datenverdichtung und -transport und der Application Toolbox mit Werkzeugen zur Prozeßvisualisierung.

4.7 Verbindung zu LIMS

Neben den logistischen Qualitätsmanagementfunktionen, die den Materialfluß vom Wareneingang bis zum Versand unterstützen, sind in der Prozeßindustrie spezielle Systeme für qualitätssichernde Labors im Einsatz, die als **Labormanagement- und -informationssysteme (LIMS)** bezeichnet werden [8]. Die Labors sind für die Analyse von Rohstoff-, Zwischenprodukt- und Endproduktproben zuständig. Die Ergebnisse der Analyse können den Produktionsprozeß in erheblichem Maße beeinflussen. So können von den Analysewerten einer Intraprozeßkontrolle die weiteren Verfahrensschritte, die Produktionsdauern oder der Materialeinsatz abhängen. Für die Kopplung von LIMS werden die gleichen Mechanismen wie für die Anbindung der Prozeßleitebene genutzt, d. h. Prozeßvorgaben, insbesondere Prüfergebnisanforderung, und Prozeßmeldungen. Das Management wird dabei durch die Prozeßkoordination wahrgenommen. Daneben besteht auch die Möglichkeit, LIM-Systeme an das R/3-Modul QM, das Qualitätsmangementfunktionen für den kompletten logistischen Materialfluß anbietet, anzukoppeln. Hierzu kann die Schnittstelle QM-IDI genutzt werden.

4.8 Auswertung und Dokumentation

Das Modul hat einerseits die Aufgabe, Hilfsmittel für die Erzeugung von Reports und Auswertungen über die durchgeführten Prozesse bereitzustellen, z. B. Ermittlung der Anlagenperformance. Hierzu werden allgemein übliche Standardauswertungen angeboten. Wichtig ist jedoch die Möglichkeit, daß sich der Anwender mit Endbenutzerwerkzeugen relativ einfach aus den zur Verfügung stehenden Daten selbständig individuelle Auswertungen zusammenstellen kann. Dazu können über Selektionsbildschirme Informationen aus Stammdaten (Planungsrezept, Ressourcen etc.) und Prozeßabläufe (Prozeßaufträge, Prozeßmeldungen) extrahiert und nach Übergabe an Windows-Programme, wie Excel und Access, dort aufbereitet und präsentiert werden.

Chargenprotokoll

Als **Dokumentationsaufgabe** ist insbesondere die Bereitstellung der Informationen für elektronische Chargenprotokolle (EBR - Electronic Batch Recording) hervorzuheben. Chargenprotokolle sind notwendig, um der allgemein anerkannten und geforderten GMP (Good Manufacturing Practice) der amerikanischen FDA

(Food and Drug Administration) zu genügen. Dafür werden alle relevanten Werte und Ergebnisse der Prozesse, wie Material- und Ressourcenverbräuche, Gutmengen, Qualitätsinformationen der Analysen und elektronische Unterschriften der verantwortlichen Anlagenfahrer mit Zeitstempel aufgezeichnet und zusammen mit den Prozeßaufträgen einschließlich der Informationen des Planungsrezeptes gespeichert. Für die geforderte langfristige Aufbewahrung steht eine Schnittstelle zu einem optischen Archiv zur Verfügung.

5 Systemintegration

Durch den vorwiegend dispositiven Charakter der CAPISCE-Funktionen sind die Anwendungsmodule transaktionsorientiert, d. h. es überwiegen Dialoganwendungen (z. B. Datenpflege, Adhoc-Auswertungen, interaktive Planung) und automatisierte, zeitunkritische Abläufe (z. B. Generierung von Prozeßaufträgen und Steuerrezepten, Verarbeitung von Prozeßmeldungen). Damit konnten die Module mit der gleichen Systemtechnik wie andere Anwendungen von R/3 realisiert werden, d. h. die Module sind in ABAP/4 auf R/3-Basis entwickelt. Aus Sicht der bestehenden R/3-Logistikanwendungen können die CAPISCE-Module als Erweiterung und Anpassung an die Besonderheiten der Prozeßindustrie betrachtet werden [24]. Es wurden nicht alle Module neu entwickelt, sondern auf die für den Einsatz bei diskreter Fertigung existierenden PP-Module zurückgegriffen.

Bezug zu anderen R/3-Modulen

So ist die Ressourcenverwaltung eine **Erweiterung** des Moduls Arbeitsplätze, die Bestandsführung ist um chargenrelevante Informationen erweitert worden. Die Rezeptverwaltung wurde auf Basis der Module Arbeitspläne und Fertigungsaufträge implementiert. Die Planungsrezeptköpfe und die Vorgänge sind mit den gleichen Tabellen realisiert wie die Arbeitspläne. Dies war möglich, da die Anforderungen der Rezeptverwaltung in einem nicht unerheblichen Maße die Arbeitsplangestaltung beeinflußt haben. Ein Prozeßauftrag ist wie ein Fertigungsauftrag eine spezielle Belegart, für den der Auftragstyp 40 vorgesehen ist. Für die Umsetzung der Prozeßvorgaben wurden neue Tabellen und Masken benötigt.

Die Terminierungsfunktionen und die graphische Darstellung der Plantafel des Prozeßplanungsmoduls wurden gemeinsam mit den Funktionen für das Shop Floor Control-Modul entwickelt, wobei die Erfahrungen der DASS-Leitstandsentwicklung eingeflossen sind. Neben der Ganttdarstellung konnten auch für das Management der Ressourcenstrukturen und der Anordnungsbeziehungen in den Rezepten graphisch-interaktive Verwaltungsfunktionen, wie in [12] vorgeschlagen, realisiert werden.

Die Prozeßkoordination ist dagegen eine **Neuentwicklung**. Die Schnittstelle PI-PCS gestattet die Verbindung zu der Prozeßleitebene, sowohl zu dem PDAS-Modul als auch zu anderen Prozeßleitsystemen. Für die langfristige Archivierung wird die Funktion ArchiveLink, für Auswertungen mit Windows-Programmen die OLE-Schnittstelle des R/3-Systems genutzt.

Die Integration zwischen LIM-Systemen und dem R/3-Qualitätsmanagement (QM) erfolgt über Prüfmerkmale, die für Rezeptvorgänge oder -phasen angelegt werden. Über die Prozeßvorgabeart „Prüfergebnisanforderung" können die Prüfergebnisse der LIM-Systeme den Prüfmerkmalen zugeordnet und von dem QM-Modul weiterverarbeitet werden.

R/3-Integration

Bei der Verwendung bestehender PP-Bausteine hat nicht nur die Reduzierung der Entwicklungsaufwandes im Vordergrund gestanden, sondern vor allem die Anbindung zu den anderen Logistik- und Finanzmodulen. Beispielsweise führen die gemeinsamen Strukturen von Arbeitsplan und Planungsrezept bzw. Fertigungsauftrag und Prozeßauftrag dazu, daß Prozeßaufträge nicht nur terminiert und an Prozeßleitsysteme weitergeleitet werden können, sondern auch alle anderen Funktionen der Fertigungsauftragsabwicklung zur Verfügung stehen, z. B. die Kalkulation. Auch bei der Namensgebung für Systemobjekte und -abläufe sind die allgemeinen Begriffsdefinitionen des R/3-Systems berücksichtigt. Dies hat zwar den Nachteil, daß die Bedeutung und die Begrifflichkeiten nicht vollständig deckungsgleich mit den Normierungsempfehlungen sind (z. B. unterschiedliche Bedeutung der Begriffe Operation, Charge oder Funktion). Das wird allerdings durch den Vorteil der durchgängigen Begriffsgestaltung über den gesamten Logistikprozeß kompensiert, was auch den integrativen Charakter der Konzeption verdeutlicht. Zusammen mit anderen R/3-Anwendungen kann mit den Modulen die Unternehmensleitebene, die Produktionsleitebene und die Betriebsleitebene entsprechend Abbildung 3.1 abgedeckt werden.

Verfügbarkeit von PP-PI

Seit Release 3.0 von R/3 sind die CAPISCE-Module unter der Bezeichnung PP-PI allgemein verfügbar, wobei noch nicht alle Module voll den oben beschriebenen Funktionsumfang aufweisen, insbesondere die Prozeßplanung. Andererseits stehen durch die R/3-Integration auch Funktionen in PP-PI zur Verfügung, die nicht explizit in CAPISCE konzipiert wurden. Die genaue Darstellung des Funktionsumfangs ist der Produktbeschreibung zu entnehmen [24]. Aufgrund der Betriebsstruktur der Pilotinstallationen wurden bei der Implementierung vorrangig die Anforderungen der chemischen Chargenfertigung berücksichtigt. Für die Weiterentwicklung von PP-PI ist neben dem Ausbau der Prozeßplanungsfunktionalität auch mit einer stärkeren Unterstützung spezifischer Anforderungen der kontinuierlichen Produktion sowie anderer Branchen wie Pharma-, Nahrungs- und Genußmittelindustrie zu rechnen. Des weiteren steht mit dem Modell **EH&S** (**E**nvironmental Protection, **H**ealth and **S**afety) eine Stoffdatenbank für den Einsatz in der chemischen Industrie zur Verfügung. Neben einer Verbindung mit den Materialstammdaten und der Vertriebsabwicklung (Gefahrgutabwicklung, Sicherheitsdatenblätter) ist auch eine Integration mit PP-PI anzustreben. Diese ist beispielsweise notwendig, um die Betriebsanweisung nach Gefahrstoffverordnung für die Mitarbeiter in der Produktion zu erstellen.

PDAS-Implementierung

Das Modul PDAS als echtzeitorientierte Anwendung ist nicht Bestandteil des R/3-Systems. Es wurde von Digital Equipment auf Basis des Systems BASEstar entwickelt und ist auf den Betriebssystemen UNIX (OSF/1 und andere), Windows NT und OpenVMS verfügbar.

Daneben gibt es zwischenzeitlich von verschiedenen Herstellern weitere Lösungen, um das Modul PP-PI an die Prozeßleitebene anzubinden, z. B. von Hewlett Packard, Siemens, Foxboro, Honeywell und POMS.

6 Pilotinstallationen und Bewertung

Nachdem in den vorangegangenen Abschnitten die Konzeption sowie die systemtechnische Umsetzung erläutert wurden, widmet sich das letzte Kapitel der Beschreibung von Installationen, um die Bandbreite des möglichen Einsatzspektrums und der Rahmenbedingungen aufzuzeigen.

6.1 Pilotinstallation des CAPISCE-Projektes

Obwohl Zeneca zu einem der ersten SAP-Anwender gehört (Zeneca ist aus einem Teil des ICI-Konzerns entstanden), waren anfangs in den im CAPISCE-Projekt involvierten Unternehmensbereichen nur die SAP-Finanzsysteme im Einsatz. Für den logistischen Bereich wurden ein eigenentwickeltes MRP II-System sowie verschiedene kleinere, meist isolierte Systeme (z. B. ein Short-Term Scheduler) angewandt. Auf der Ebene der Prozeßausführung werden neben manuell betriebenen Anlagen verschiedene Automatisierungssysteme eingesetzt. Zenecas Ziel ist die durchgängige Unterstützung aller Ebenen. Dazu werden die PP-PI-Module als Integrationsinstrument genutzt. Zur Zeit werden sukzessive weitere SAP-Module eingeführt, um den gesamten Logistikbereich abzudecken.

Pilotbetriebe

Für die ersten Pilotinstallationen wurden die beiden Betriebe Fine Chemicals 1 (FC1) in Huddersfield (England) und Procion in Grangemouth (Schottland) gewählt. In FC1 werden Zwischenprodukte für Farben und Agrochemikalien hergestellt. Der Betrieb ist nur teilweise automatisiert und wird vornehmlich manuell gefahren. In Procion werden Textilfarben in stark automatisierten Prozessen hergestellt. Zeneca gibt folgende Nutzen der Installationen an:

Nutzen

- In der Reduzierung von Lagerbeständen, von Nacharbeiten aufgrund Qualitätsproblemen sowie des administrativen Overheads wird das größte Potential gesehen.
- Auch die Verringerung notwendiger Vorlauflaufzeiten und unerwarteter Prozeßereignisse wird als Nutzen genannt.
- In geringerem Umfang werden ebenfalls positive Effekte bezüglich Energie- und Materialausbeute, Abfallaufkommen, Kapazitätsnutzung und Anlagenverfügbarkeit erwartet.

6.2 Produktion Metallchemie

Produkte und Mengenvolumen

In der Sparte Metallchemie eines deutschen Chemiekonzerns werden Phosphatierungsmittel und Entfetter zur Oberflächenbehandlung von Metallen hergestellt, die hauptsächlich an die Autoindustrie geliefert werden. Die Herstellung der Produkte erfolgt in zwei Produktionsstufen, sowohl für Kunden- als auch für Lageraufträge. Es werden rund 900 Produkte hergestellt, wobei aufgrund unterschiedlicher Gebindegrößen etwa 2500 Fertigwaren entstehen, mit denen 1500 Kunden beliefert werden.

In dem Unternehmen wird konzernweit R/3 eingeführt, sowohl die Logistik- als auch die Finanzmodule. Darüber hinaus werden eigenentwickelte Systeme eingesetzt, die aufgrund ihrer unternehmensspezifischen Funktionalität nicht unmittelbar mit der Einführung von R/3 abgelöst werden können. So ist beispielsweise ein Rezepturinformationssystem im Einsatz, das konzernweit für die Rezeptentwicklung und -verwaltung genutzt wird und Stoffdaten enthält. Dies mußte bei der Anlage der Materialstämme im R/3 berücksichtigt werden, indem die Grund- und Klassifikationsdaten vorweg festgelegt wurden und eine Beschränkung auf drei Materialarten erfolgte.

Auftragstypen

In der Produktion sind drei Auftragstypen zu unterscheiden:

- **Flüssigprodukte in Gebinde**
  Flüssigprodukte in Gebinde werden auftragsanonym zur Lagerergänzung produziert. In der ersten Fertigungsstufe wird die lose Bulkware hergestellt, in der anschließenden Stufe erfolgt die Abfüllung in verschiedene Gebindegrößen. Um die benötigte Flexibilität in der Planung zu erhalten, sind die einzelnen Gebindegrößen als eigene Materialnummern abgebildet. Aus einem Ansatz Bulkware werden mehrere Abfüllaufträge bedient. Die Verknüpfung zwischen Herstell- und Abfüllaufträgen wird situativ festgelegt. Dabei kann die Bulkware nicht zwischengelagert werden, sondern verbleibt bis zur Abfüllung in Mischbehältern. Zur Unterstützung dieser Planungsaufgaben wurde die Funktionalität der Plantafel erweitert.

- **Flüssigprodukte Tankzugabfüllung**
  Die Tankzugabfüllung erfolgt kundenauftragsbezogen. Die Bulkware ist identisch mit den Gebindeprodukten. Hier ist es jedoch aufgrund der Kapazität der Mischbehälter erforderlich, mehrere Herstellaufträge mit einem Abfüllauftrag zu verknüpfen. Ebenso muß der Tankzug disponiert werden. Hier-

aus ergibt sich eine höhere Priorität von Tankzugaufträgen bei der Herstellung.

- **Pulverprodukte**
  Die Pulverproduktion erfolgt wie die Tankzugabfüllungen kundenauftragsbezogen. Es steht eine eigene, einstufige Fertigungslinie zur Verfügung, so daß bezüglich der Produktionsressourcen keine Konkurrenz zur Flüssigproduktion besteht.

Nutzen

Zur Planung und Steuerung der Produktion wird PP-PI genutzt, wobei vor allem die folgenden Punkte für den Einsatz ausschlaggebend sind:

- Über die **Anordnungsbeziehungen** (AOB) zwischen den Vorgängen in den Rezepten können verschiedene Prozeßaufträge terminlich miteinander verknüpft werden, so daß Auftragsnetze zwischen Herstell- und Abfüllaufträgen gebildet werden können. Diese rezeptexternen Anordnungsbeziehungen werden bereits in den Planungsrezepten als mögliche Verknüpfung abgelegt (vgl. Abbildung 6.1). In einer kundenindividuellen R/3-Transaktion wird diese Information dazu genutzt, unter Berücksichtigung von Terminen und Mengen, Auftragsnetze aufzubauen. Dadurch können auch in der graphischen Plantafel von PP-PI die zusammenhängenden Prozeßaufträge visualisiert werden, um ein terminliches Auseinanderreißen bei Umplanungen zu verhindern.
- Die einzelnen Ansätze werden über Prozeßaufträge abgebildet. Der hierdurch entstehende Mehraufwand gegenüber der vorherigen Handhabung konnte durch den Einsatz der **Herstellanweisung** zur Erfassung von Rückmeldungen kompensiert werden. Das schriftliche Ausfüllen von Produktionsberichten ist entfallen, wodurch gleichzeitig eine aktuelle Bestandsführung erreicht wurde. Durch die Möglichkeit automatisch generierter Prozeßvorgaben ist der jetzige Pflegeaufwand für Rezepte und Materiallisten nicht höher als der vorherige Aufwand für die Pflege von Arbeitsplänen und Stücklisten.
- Durch die hohe Flexibilität der **Prozeßvorgaben** und der Prozeßvorgabemerkmale, insbesondere durch die Möglichkeit, automatische Bewertungen über den Aufruf von Funktionsbausteinen durchführen zu können, konnten weitere, bisher bestehende Probleme gelöst werden. So konnte aufgrund der externen Anordnungsbeziehungen eine automatische

Vererbung der Chargennummer von der losen Bulkware an die Fertigware realisiert werden. Des Weiteren konnte eine Mengenerfassung für die Herstellaufträge der Bulkware umgesetzt werden, obwohl produktionstechnisch eine Mengenerfassung nach dem Herstellungsprozeß nicht möglich ist. Hierfür werden nach der Abfüllung und der Mengenerfassung über Waagen unter Ausnutzung der externen Anordnungsbeziehungen automatisch die Lagerzugänge für die Herstellaufträge gebucht.

Abb. 6.1 Planungsrezept-übergreifende Anordnungsbeziehungen

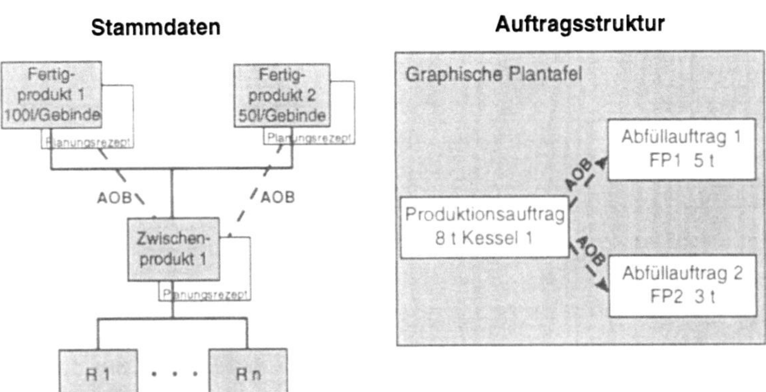

6.3 Pigmentproduktion

Produkte und Mengenvolumen

Das dritte Beispiel beschreibt die Produktion von Pigmenten in einem Betrieb eines deutschen Chemie- und Pharmaunternehmens. Bei den Pigmenten handelt es sich um Glimmer, der während des Bearbeitungsprozesses zermahlen, belegt und gemischt wird. In dem Betrieb werden aus etwa 80 Rohstoffen rund 800 Artikel produziert, wobei zu den Artikeln sowohl Zwischenprodukte wie klassierte Glimmerfraktionen und Pigmente in Form von Bulkware als auch versandfähig verpackte Pigmente gezählt werden. Die Aufbereitung des Rohglimmers erfolgt auf drei, die Klassierung auf einer Produktionsanlage. Für die Belegung stehen 20 Anlagen zur Verfügung, für die sich anschließende Mischung vier Mischer. Das Auftragsvolumen beläuft sich auf monatlich etwa 500 Rohstoffansätze, aus denen rund 160 Mischungen resultieren.

Systemkonfiguration

Zur Planung und Steuerung der Produktion wird neben dem R/3-Model PP-PI unter anderem das SAP-System R/2 für die Materialdisposition, der IDS-Leitstand PI-2 für die Feinplanung [3] und Prozeßleitsysteme von Westinghouse eingesetzt. Die Konfiguration sowie die wichtigsten Informationsströme sind in Abbildung 6.2 dargestellt.

Informationsfluß Produktionsplanung zu Prozeßleitebene

Die betriebsübergreifenden, unternehmensweiten Logistikfunktionen sowie die finanzwirtschaftlichen Funktionen werden im SAP-Systems R/2 abgewickelt. Dies bedeutet, daß die materialwirtschaftlichen Funktionen wie Bestandsführung und Disposition auf dem unternehmenszentralen Hostrechner durchgeführt werden. Das Ergebnis eines Dispositionslaufs sind die Planaufträge, die angeben, welche Artikel in welcher Menge zu welcher Zeit hergestellt werden sollen. Die Planaufträge, die die Herstellung von Pigmenten betreffen, werden an das lokale R/3-System, auf dem PP-PI installiert ist, übergeben. Der entsprechende Informationsfluß ist durch massive Pfeile in Abbildung 6.2 dargestellt.

Abb. 6.2
Konfiguration in der Pigmentproduktion

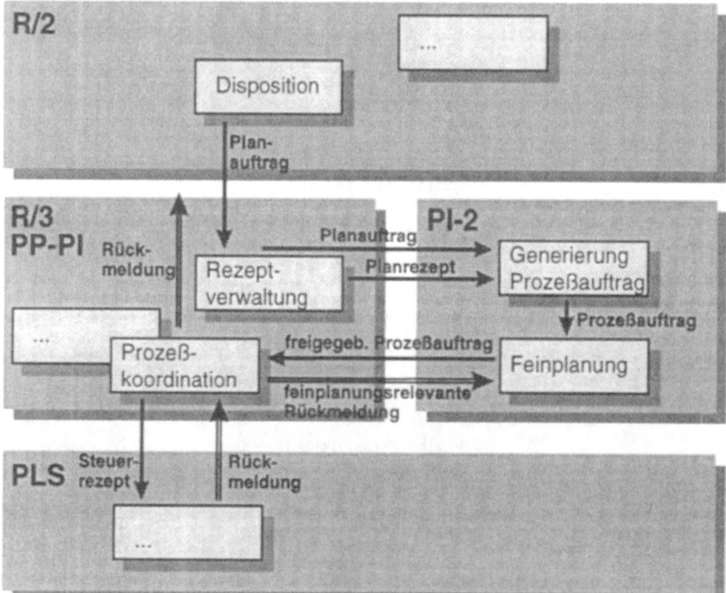

Im PP-PI-Modul Rezeptverwaltung werden die Rezepturen für alle Zwischenprodukte und Endprodukte der Pigmentartikel gepflegt. Die Rezeptverwaltung stellt einerseits sicher, daß die spezifischen Besonderheiten der verfahrenstechnischen Pigmentproduktion abgedeckt werden können. Andererseits stellt die Rezeptverwaltung eine Weiterentwicklung des bereits in System R/2 vorhandenen Arbeitsplanmoduls dar, so daß eine Integration zu Funktionen von R/2 erleichtert wird, z. B. zum Modul RK. Die Planungs- und Terminierungsfunktionen von PP-PI sind allerdings nicht mächtig genug, um die Gegebenheiten der Pigmentproduktion abzudecken. Deshalb wird diese Funktionalität in den IDS-Leitstand PI-2 ausgelagert. Aus Gründen der Konsistenzsicherung ist PP-PI das führende System. So werden die Rezepte nicht redundant in dem PI-2-eigenen Rezeptmodul gepflegt. Vielmehr werden die Planaufträge an PI-2 weitergereicht. PI-2 greift bei der Generierung der Prozeßaufträge online auf die Rezepturdatenbasis von PP-PI zu. Die Generierung kann alternative Planungsrezepte in Abhängigkeit von der aktuellen Belegungssituation der Produktionsanlagen berücksichtigen. Die Prozeßaufträge werden im Feinplanungsmodul terminiert und in der Plantafel von PI-2 visualisiert. Nach der Freigabe werden die Prozeßaufträge an PP-PI weitergereicht. Da PP-PI und PI-2 auf der gleichen logischen Datenbasis arbeiten, ist auch innerhalb von PP-PI der Zusammenhang zwischen Planauftrag, Planungsrezept und Prozeßauftrag bekannt. Aus den freigegebenen Prozeßaufträgen können nun im Modul Prozeßkoordination die Steuerrezepte für die Produktionsanlagen erzeugt werden. Diese werden über die Schnittstelle PI-PCS an die Prozeßleitsysteme übergeben.

Informationsfluß Prozeßleitebene zu Produktionsplanung

Der gegenläufige Informationsfluß ist in Abbildung 6.2 durch Dopppelpfeile gekennzeichnete. Die Betriebsdaten, d. h. die in der Produktion anfallenden Informationen über die realisierten Herstellungsprozesse, werden von den Prozeßleitsystemen über die Schnittstelle PI-PCS in das System PP-PI eingestellt. Die Prozeßkoordination wertet diese Daten aus. Prozeßauftragsbezogene sowie anlagenbezogene Daten, die für die Feinplanung relevant sind, werden an den Leitstand PI-2 weitergegeben. Dadurch kann in PI-2 die Planung aktuell gehalten und online auf Produktionsstörungen durch Umplanung reagiert werden. Innerhalb von PP-PI werden die Informationen u. a. zur Pflege des Status der Prozeßaufträge und zur Prozeßdokumentation genutzt. Des Weiteren werden aggregierte Daten an R/2 weitergegeben, beispielsweise für die Materialwirtschaft.

Nutzen

Diese Konfiguration wurde u.a. aus folgenden Gründen gewählt:

- Das unternehmensweit eingesetzte System R/2 wurde den speziellen Bedürfnissen des Unternehmens angepaßt, so daß eine komplette Migration auf R/3 kurz- und mittelfristig nicht möglich ist. Um dennoch die Funktionen von PP-PI nutzen zu können, insbesondere die Rezeptverwaltung, wird das System R/3 auf Betriebsebene eingesetzt.
- Die Schnittstellen zu dem Leitstand PI-2 werden weitgehend über POI und zu der Prozeßleitebene weitgehend über PI-PCS abgewickelt, da diese Schnittstellendefinitionen als stabil im SAP-Umfeld angesehen werden. So müssen diese Schnittstellen bei einer späteren Umstellung der Materialwirtschaft und der unternehmensweiten Produktionsplanung auf R/3 nicht modifiziert werden.
- Um ausgefeilte Feinplanungsfunktionen nutzen zu können, die über die bisher in PP-PI implementierte Funktionalität hinausgeht, wird der Leitstand PI-2 als dediziertes System eingesetzt. Die Schnittstellen zwischen den Systemen werden durch die Konfiguration minimiert. Auch ist mit PP-PI das führende System für die Stammdatenpflege festgelegt.

6.4 Bewertung

Aufgrund weiterer Installationen und Untersuchungen zu den Einsatzmöglichkeiten [5,23,25,26] können zu PP-PI weitere allgemeine Bewertungen vorgenommen werden:

- Der Hauptvorteil des Systems PP-PI liegt neben der dedizierten Unterstützung spezieller Funktionen der Betriebsleitebene in der Integration mit den unternehmensweiten Logistik- und Finanzsystemen sowie in der Anbindung der Prozeßleitebene. Diese integrativen Aufgaben werden von dem System gut erfüllt.
- In der pharmazeutischen Produktion mit wenig komplexen Verfahrensschritten läßt sich der Vorteil der Integration gut verdeutlichen. Durch die Verbindung zu dem Modul QM lassen sich die Herstellung und die Qualitätssicherung von Wareneingang über Produktion bis Warenausgang durchgängig abbilden. Wichtig hierbei sind auch die Funktionen des Electronic Batch Recording und der Chargenverfolgung sowie die Möglichkeit, sämtliche Unterlagen für die langfristige Dokumentation zu archivieren.

- Mit der komplexen Rezeptverwaltung können sehr detaillierte Produktionsprozesse abgebildet werden. Inwieweit die Funktionalität genutzt wird, muß betriebsindividuell bestimmt werden und hängt stark von dem Automatisierungsgrad der Prozeßführung ab. Manuell betriebene Anlagen lassen sich gut und hinreichend genau abbilden. Die Aufgaben der Prozeßleitebene kann nicht vom PP-PI übernommen werden, so daß sich bei automatisierten Systemen die Frage nach der Redundanz von Rezeptdaten stellt. Da die Prozeßleitsysteme detaillierte Verfahrensbeschreibungen benötigen, wird man im PP-PI die Rezepte vorzugsweise nur so weit spezifizieren, wie dies für die produktionslogistischen Aufgaben notwendig ist. Mit den Prozeßvorgaben in PP-PI können dann komplexe Grundfunktionen der Prozeßleitsysteme adressiert werden.
- Aufgrund des allgemeinen Ansatzes bietet die Prozeßplanung in PP-PI nur Grundfunktionalität. Bei nicht-trivialen Planungsaufgaben mit speziellen Problemstellungen empfehlen sich deshalb dedizierte Leitstände für Feinplanungsaufgaben [3,10,20]. Hierbei ist ein Bruch des Informationsflusses zu vermeiden, um nicht nur eine Offline-Planung zu ermöglichen, sondern auch eine Feinplanung mit reaktiven Steuerungsmöglichkeiten.

Literaturverzeichnis

[1] Allweyer, Th.; Loos, P.; Scheer, A.-W.: An Empirical Study on Scheduling in the Process Industries. In: Veröffentlichungen des Instituts für Wirtschaftsinformatik, Heft 109, Saarbrücken, Juli 1994.

[2] Bertsch, L.; Geibig, K.-F.; Weber, J.: Betriebswirtschaftlicher Nutzen moderner Prozeßleittechnik in der Chemischen Industrie. In: atp - Automatisierungstechnische Praxis, 31(1989)1, S. 5-11.

[3] Bothe, M.: Leitstandsfunktionen der Betriebsleitebene in der Verfahrenstechnik. In: Forst, H.-J. [Hrsg.], Prozeß- und Betriebsleitebene - funktionale und strukturelle Trends, (VDE) Berlin-Offenbach 1996, S. 65-79.

[4] Eckelmann, W.; Geibig, K.-F.: Produktionsnahe Informationsverarbeitung - Basis für CIP. In: CIM Management, 5(1989)5, S. 4-9.

[5] Fouhy, K.; Parkinson, G.; Moore, S.: Batch Plants become a Reality, in: Chemical Engineering, 102(1995)9, S. 29-33.

[6] Friscia, A.; Baer, A.: MES: Manufacturing's Missing Link Is a Tool for Change. In: World Batch Forum 1994 (Proceedings, Phoenix, 7.-9. März 1994).

[7] Hofmann, M.: PPS - nichts für die chemische Industrie? In: io Management, 61(1992)1, S. 30-33.

[8] Hörner, E.; Klur, H.-P.; Kuhle, J.: Trends in der LIMS-Entwicklung, in: GIT Fachz. Lab., 38(1994)6, S. 695-696.

[9] ISA-dS88.01 (International Society for Measurement and Control), Batch Control, Part 1: Models and Terminology, Draft 12, 1994.

[10] Jänicke, W.; Thämelt, W.: Rechnergestützte Systeme zur Rezeptfahrweise, in: atp - Automatisierungstechnische Praxis, 36(1994)10, S. 38-47

[11] Kersting, F.-J.: Rezeptfahrweise chemischer Chargenprozesse: Anwendung der NAMUR-Empfehlung NE33. In: atp - Automatisierungstechnische Praxis, 37(1995)2, S. 28-38.

[12] Loos, P.: Konzeption einer graphischen Rezeptverwaltung und deren Integration in eine CIP-Umgebung. In: Veröffentlichungen des Instituts für Wirtschaftsinformatik, Heft 102, Saarbrücken, Juni 1993.

[13] Loos, P.: Produktionslogistik in der chemischen Industrie – Betriebstypologische Merkmale und Informationsstrukturen, (Gabler) Wiesbaden 1997.

[14] Loos, P.: Produktionsplanung und -steuerung in der chemischen Industrie. In: Scheer, A.-W. [Hrsg.], Beiträge zur Tagung der Wissenschaftlichen Kommission Produktionswirtschaft, Saarbrücken 1993, S. 121-135.

[15] Loos, P.; Scheer, A.-W.: CAPISCE - A System Architecture for Production Management in Process Industries. In: World Batch Forum 1994 (Tagungsband, Phoenix AZ, 7.-9. März 1994), S. 18.1-18.8.

[16] Luber, A.: How to Identify a True Process Industry Solution. In: Production and Inventory Management, 12(1992)2, S. 16-17.

[17] Martin, F. C.: Planning Production Campaigns. In: Production and Inventory Management Journal, 30(1989)2, S. 1-5.

[18] NAMUR-Empfehlung (Normenarbeitsgemeinschaft für Meß- und Regelungstechnik in der Chemischen Industrie) NE33, Anforderungen an Systeme zur Rezeptfahrweise, Mai 1992.

[19] Packowski, J.: Betriebsführungssysteme in der Chemischen Industrie: Informationsmodellierung und Fachkonzeption einer dezentralen Produktionsplanung und -steuerung, (Gabler) Wiesbaden 1996.

[20] Packowski, J.: Ein Leitstand für die Betriebsleitebene der chemischen und pharmazeutischen Industrie. In: Pharma-Technologie Journal, 14(1993)3, S. 57-62.

[21] Polke, M.: CIP in der Verfahrensindustrie. In: CIM Management, 5(1989)5, S. 34-35.

[22] Polke, M.: Produktionsplanung in der chemischen Industrie unter besonderer Berücksichtigung der dispositiven Planung. In: Hahn, D.; Laßmann, G. [Hrsg.]: Produktionswirtschaft, Band 2: Produktionsprozesse, (Physica) Heidelberg 1989, S. 369-413.

[23] SAP [Hrsg.]: Präsentationen zum Industry Forum Chemcial/Pharmaceuticals, http://www.sap-ag.de/germany/events/nov_97/vci_d.html (23.12.97)

[24] SAP AG [Hrsg.]: Produktionsplanung für die Prozeßindustrie, R/3 System, Juni 1997.

[25] Schumann, A.: Einsatz von SAP-R/3 in der Chargenproduktion: Erfahrungen und Perspektiven. In: atp - Automatisierungstechnische Praxis, 39(1997)2, S. 30-34.

[26] Schumann, A.; Bruns, M.: Der Einfluß von SAP auf die Betriebs- und Prozeßleitebene. In: atp - Automatisierungstechnische Praxis, 37(1995)11, S. 23-31.

[27] Schürbüscher, D.; Metzner, W.; Lempp, P.: Besondere Anforderungen an die Produktionsplanung und -steuerung in der chemischen und pharmazeutischen Industrie, in: Chem.-Ing.-Tech., 64(1992)4, S. 333-341.

[28] Uhlig, R. J.; Bruns, M.: Automatisierung von Chargenprozessen, (R. Oldenbourg) München-Wien 1995.

Kapitel 12

Optische Archivierung für SAP R/3®-Systeme

Dr. Ing. Helge Behrends

Fa. Uzuner Management Consulting GmbH, Oldenburg

1 Einleitung

Die Zunahme der Informationsflut, das Streben nach mehr Flexibilität und letztendlich der Druck zur Ausschöpfung von Optimierungspotentialen hat verstärkt zu einem erhöhten Bedarf an intelligenten Lösungen und neuen Wegen im Bereich der Büroorganisation geführt.

Durch den Einsatz neuer Speichermedien, wie WORM und CD-ROM, ist es zumindest gelungen, die reine Masse an Dokumenten effizient und kostengünstig hardwareseitig zu speichern.

Doch es bedarf darüber hinaus auch neuer Ansätze von Büroprozessen, um die Unzulänglichkeiten früherer Archivlösungen zu optimieren. Es gilt das Leistungspotential der Mitarbeiter durch schnellere Informationsbeschaffung zu wecken und gleichzeitig deren Zufriedenheit durch verbesserte Qualität ihrer Leistung zu erhöhen.

Herkömmliche Papierarchive besitzen eine Reihe von Nachteilen:

- die Dokumente in Papierform sind zumeist nur einmal vorhanden;
- hoher Platzbedarf;
- hohe Lagerkosten durch lange Aufbewahrungsfristen;
- aufwendige und umständliche Recherche;
- Anforderung der Dokumente ist oft langsam (Hauspost) und kostenintensiv (Kopien);
- zumeist keine direkte Verknüpfung des Papierdokuments mit Recherchesystem oder Buchhaltungsbelegen (fehlende Integration).

Daraus ergeben sich eine Reihe von Aufgaben, denen ein modernes optisches Archiv gerecht werden muß. Neben der elektronischen Erfassung (Scannen), dem Aufbereiten, dem Speichern und der Verwaltung von Dokumenten in geeigneten Ablagestrukturen, müssen Zugriffs- und Suchstrategien bereitgestellt werden.

Der folgende Beitrag gibt einen Überblick über Konzepte und Büroprozesse einer modernen optischen Archivierung mit Anschluß an die Standardsoftware R/3 der SAP AG. Des weiteren werden Vorgehen und Erfahrungen bei der Einführung eines optischen Archivs bei einem Energieversorgungsunternehmen geschildert.

2 Grundlagen

Die betriebswirtschaftliche Standardsoftware R/3 der Firma SAP ermöglicht einem Unternehmen eine ganzheitliche, anwendungsübergreifende Sicht auf alle ihre Geschäftsprozesse und damit auch auf alle relevanten Informationen eines Unternehmens. Dies führt schließlich zu sehr großen Datenmengen, die ein SAP-Anwender zu verwalten und längerfristig vorzuhalten hat. Die Archivierung betrifft hierbei nicht nur die Stamm- und Bewegungsdaten des SAP-Systems, sondern auch jede Art von Dokument, welches in direkter Beziehung zu diesen Daten steht. Beispielsweise müssen zu einem SAP-Kreditorenbuchhaltungsbeleg die Originalrechnung bzw. Rechnungen archiviert werden. Nur, wenn hier direkte Verbindungen bestehen, kann aus Recherchesicht von einem integrierten System gesprochen werden.

Auch wenn die Notwendigkeit der Einführung einer optischen Archivierung bei allen SAP-Anwendern gegeben ist, so sind doch die Gründe für eine Archivierung vielschichtig.

2.1 Gründe für die Archivierung

Die Gründe für eine Archivierung lassen sich in verschiedene Klassen einteilen. Dies sind z. B. (siehe auch [5]):

Rechtliche Gründe

- Aufbewahrungspflicht
- Produkthaftung

Betriebswirtschaftliche Gründe

- Verbesserte Kundenzufriedenheit durch schnellere Beantwortung von Anfragen
- Senkung der Lagerkosten

- Verbesserung der Recherche
- Optimierung und Qualitätsverbesserung der Büroprozesse
- Einführung eines Workflowsystems
- Erster Schritt zum papierarmen Büro

Systembedingte Gründe

- Laufzeitproblem durch zu große Tabellen für Stamm- und Bewegungsdaten
- Reduzierung des Aufwands für Backup
- Reduzierung von Medienbrüchen

Insbesondere die rechtlichen Gründe sind es, die viele Unternehmen zur längerfristigen Archivierung ihrer Dokumente zwingen.

2.2 Rechtliche Rahmenbedingungen

Aufgrund § 257 des Handelsgesetzbuchs (HGB) und §§ 140 der Abgabenordnung (AO) sind Unternehmen verpflichtet, bestimmte Dokumente, wie z. B. eingehende Kreditorenrechnungen, mindestens 6 bzw. 10 Jahre aufzubewahren und ordnungsgemäß lesbar und bildlich/inhaltlich richtig wiedergebbar vorzuhalten.

Die Wiedergabe von aufbewahrungspflichtigen Informationen ist dann ordnungsgemäß, wenn die angeforderten Informationen

- lesbar und
- bildlich/inhaltlich richtig

wiedergegeben werden können. Diese Forderungen ergeben sich aus §§ 257 Abs. 3 und 261 HGB sowie § 147 Abs. 2 und Abs. 5 AO (siehe [1] und [2]).

Dieser Verpflichtung kommen viele Unternehmen durch die Verfilmung der Dokumente auf Mikrofilmen und Mikrofichen nach. Mikrofilm- und Mikrofichearchive haben aber annähernd die gleichen Nachteile bzgl. Recherche wie Papierarchive.

Werden die Dokumente allerdings auf einem optischen Speichermedium, z. B. WORM, CD oder MO, gespeichert und die Originaldokumente vernichtet, müssen diese Aufzeichnungsverfahren denselben gesetzlichen Anforderungen genügen wie die Aufzeichnung auf Mikrofilm und Mikrofiche (siehe [1]).

Die Arbeitsgemeinschaft für wirtschaftliche Verwaltung e.V. kommt [1] aufgrund der Auswertung von Fallbeispielen und einer Stellungnahme des Bundesministers der Finanzen zu folgendem Schluß: „...*seitens der Finanzbehörden gibt es keine Ablehnung gegen das Aufzeichnen und Archivieren von Dokumenten auf optischen Speicherplattensystemen, wenn die in*

- *§238 HGB, §239 HGB, §257 HGB, §261 HGB und*
- *§146 AO, § 147 AO*

hinterlegten Formerfordernisse im Rahmen des neuen Aufbewahrungsverfahrens zum Tragen kommen bzw. berücksichtigt werden. Das Einholen einer Einzelgenehmigung ist nicht erforderlich".

So werden auch vor Gericht optische Speichermedien ebenso wie mikroverfilmte Unterlagen heute als Beweismittel anerkannt. Es ist aber zu beachten, daß beide Reproduktionen keine Urkunden im Sinne des Gesetzes sind und damit immer „Gegenstand des Augenscheins" bleiben. Möchte man dieses prozeßrechtliche Risiko der freien Beweiswürdigung ausschalten, so muß man stets das Original aufbewahren, was sich insbesondere für Vollmachten und Wertpapiere empfiehlt.

2.3 Anforderungen an die optische Archivierung

Zu den wesentlichen Anforderungen bei der Einführung eines optischen Archivs zählen das langfristige, unveränderbare Speichern der Dokumente und die ebensolange Lesbarkeit derselben. Diese doch recht trivial lautende Forderung birgt im Detail jedoch eine Menge Probleme:

- In welchem Format werden die Daten abgelegt?
- Ist das Format in Jahren noch mit der neueren Software lesbar?
- Ist die Hardware, auf der gespeichert wird, in x Jahren noch verwendbar oder müssen die Daten bei jedem Hardwarewechsel oder sogar bei jedem Softwarereleasewechsel neu konvertiert und überspielt werden?

Im folgenden werden diese Aspekte in zwei Klassen eingeteilt.

Anforderungen an die Software

Als Anforderungen an die Software lassen sich identifizieren:

- Datensicherheit (Unveränderbarkeit der Daten)
- Datenschutz (kein unbefugter Zugriff durch Dritte)
- Formatunabhängigkeit von der Hardware und einem Betriebssystem bzw. Datenbank
- Aufwärtskompatibilität der Formate
- Unterstützung des Anwenders bei der Recherche (z. B. Schlagwortsuche, Thesaurus, Volltextsuche, Auswertungen etc.)
- Integration bzw. Anschluß der Archivsoftware an die betriebswirtschaftliche Software (Direktzugriff)

Anforderungen an die Hardware

Als Anforderungen an die Hardware lassen sich identifizieren:

- Speichersicherheit des Speichermediums (CDs und WORMs wird eine Haltbarkeit von 30 Jahren nachgesagt)
- Lesbarkeit des Speichermediums durch zukünftige Hardware (vgl. z. B. Schallplattenspieler)

Für Software und Hardware gleichermaßen gelten darüber hinaus eine Revisionsfähigkeit durch die jeweilige Finanzbehörde (siehe auch Abschnitt 2.2).

3 Optische Archivierung in Verbindung mit dem R/3-System

Nur ein vollständig in eine vorhandene DV-Landschaft integriertes optisches Archiv, bietet die Möglichkeit ohne Medienbrüche ein effizientes Dokumentenmanagement in einem Unternehmen aufzubauen. Aus dem in der DV-Landschaft „führenden" System muß direkt ohne Medienwechsel auf Originalbelege und Dokumente zugegriffen werden. Solche Bedingungen lassen sich nur schaffen, wenn wohl definierte, offene Schnittstellen zwischen den Systemen existieren. Das System R/3 verfügt mit ArchiveLink über eine solche Schnittstelle (siehe zu diesem Thema auch [3], [4] und [5]).

3.1 ArchiveLink: Der Schlüssel zum Archiv

ArchiveLink wurde von der SAP in Zusammenarbeit mit der Firma iXOS (einem Archivanbieter) entwickelt und stellt aus SAP-Sicht eine neutrale Schnittstelle zu Archivanbietern dar. Um den Anwendern eine möglichst hohe Sicherheit zu gewährleisten, können Archivanbieter die Implementierung ihrer Schnittstelle zu ArchiveLink zertifzieren lassen. Die z. Z. zertifizierten Archivanbieter können im OSS-Hinweis 28570 oder im Internet unter der Adresse: *http://www.sap-ag.de/r3/compl/* oder *http://www.sap.com/r3/compl* nachgelesen werden.

ArchiveLink ist Teil der Standardauslieferung und besteht im wesentlichen aus drei Schnittstellen:

- Einer Benutzerschnittstelle, die es dem Anwender ermöglicht, direkt über die Transaktion OAOR bzw. OAAD ein Archivobjekt anzuzeigen.
- Einer Schnittstelle zwischen Anwendungsbelegen und Archivdokumenten, z. B. aus einem Kreditorenbeleg (TR FB03) über den Menüpfad: UMFELD->OBJEKTVERKNÜPFUNGEN.
- Einer Schnittstelle zwischen R/3 und externen Komponenten, wie z. B. das Programm Word.

Interessant für den Anwender ist die Tatsache, daß die Indexinformationen einer Verknüpfung zwischen SAP-Objekten und einem archivierten Dokument vollständig im SAP-System in sogenannten Verknüpfungstabellen (TOA01-TOA03) gehalten werden. Dies bedeutet, daß die Recherche nicht im Archivsystem abläuft, sondern im R/3 und in der Verknüpfungstabelle nur eine Dokumenten-Id. des Archivsystems gespeichert ist.

Abb. 3.1
Architektur von ArchiveLink

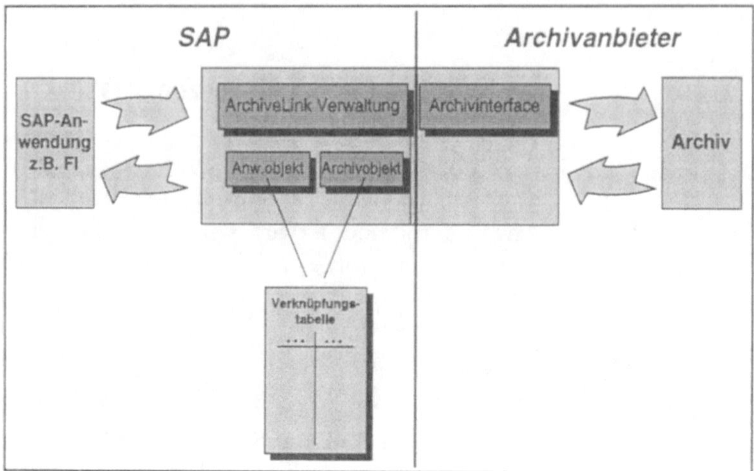

Ausführliche Informationen zum Thema ArchiveLink sollten der SAP-Dokumentation [4] entnommen werden. Ab R/3 Release 3.1.G wird zusätzlich die Dokumentation „SAP ArchiveLink - Szenarien der R/3-Anwendungen" zur Verfügung stehen und beschreiben, auf welche Art und Weise die optische Archivierung in den einzelnen Anwendungsgebieten mit ArchiveLink möglich ist.

3.2 Archivierung von eingehenden Dokumenten

Allgemein lassen sich Dokumente in Non-Coded-Information (NCI-Dokumente) und Coded-Information (CI-Dokumente) untergliedern.

NCI-Dokumente sind eingescannte Originaldokumente (z. B. Kreditorenrechnungen, Lieferscheine etc.), die im folgenden als eingehende Dokumente bezeichnet werden und dem Dokumententyp FAX zugeordnet sind.

CI-Dokumente hingegen werden in SAP erzeugt und als ausgehende Dokumente bezeichnet. Wir werden sie in Abschnitt 3.3 näher betrachten.

Für das Archivieren von eingehenden NCI-Dokumenten stehen im SAP drei Vorgehensweisen zur Verfügung:

- Frühes Archivieren
- Gleichzeitiges Archivieren
- Spätes Archivieren

Im folgenden werden das frühe und das späte Archivieren näher dargestellt, da diese die in der Praxis am häufigsten verwendeten Verfahren sind. Beim gleichzeitigen Archivieren erfolgt das Einscannen eines Dokuments und das Verbuchen in R/3 an einem Arbeitsplatz. Es erfordert daher für jeden Sachbearbieter einen hochauflösenden Bildschirm mit mindestens 21 Zoll und einen Scanner.

3.2.1 Frühes Erfassen mit SAP-Workflow

Das von SAP als frühes Archivieren bezeichnete Verfahren basiert auf dem frühen Erfassen der eingehenden Dokumente, beispielsweise in der Poststelle. Das heißt, daß die Originaldokumente, wie Rechnungen, Briefe etc., bereits beim Posteingang eingescannt und einer SAP-Dokumentenart zugeordnet werden. Große Dokumentenaufkommen werden so zentral an einem Hochleistungsscanner erfaßt. Im Anschluß an eine Qualitätskontrolle der eingescannten Dokumente werden diese vernichtet und nur noch elektronisch über den SAP R/3 Business Workflow weiterverarbeitet. Das elektronische Dokument wird zum einen im optischen Archiv gespeichert und zum anderen mit Hilfe eines Workflows an ein Workitem geknüpft und so z. B. an einen Sachbearbeiter weitergereicht.

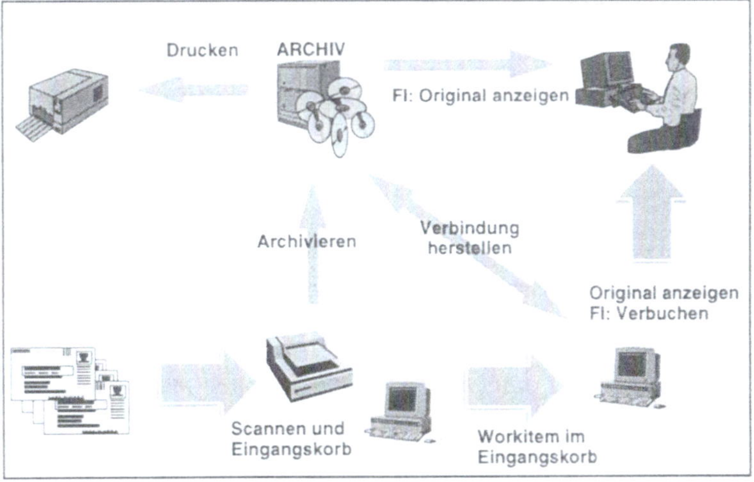

Abb. 3.2 Frühes Erfassen mit SAP-Workflow

Der Sachbearbeiter findet in seinem elektronischen Workflow-eingangskorb ein Workitem und kann durch Drücken eines bestimmten Button das Dokument aus dem Archiv anzeigen. Die Anzeige erfolgt beim Sachbearbeiter durch eine von SAP mitgelieferte Viewer-Software oder einer Viewer-Software eines Archivanbieters.

Aus Sicht der eingangs geäußerten Anforderung, ein papierarmes Büro zu schaffen und Medienbrüche zu vermeiden, zeigt sich das frühe Archivieren mit Workflow als die ideale Lösung. Doch die Praxis zeigt, daß es noch eine Reihe von Detailproblemen zu lösen gilt. Angesprochen seien hier nur

- die **Unterschriftenregelungen** vieler Unternehmen, die vorsehen, daß z. B. auf einer Eingangsrechnung für korrekte Buchung und Kontrolle unterschrieben werden muß. Elektronische Unterschriften werden nicht in jedem Unternehmen akzeptiert, noch sind sie in Verbindung mit SAP z. Z. nicht vollständig nutzbar.
- Die **Akzeptanz beim Anwender** ist oftmals ein Hindernis, insbesondere bei Sachbearbeitern, die ihre gewohnte Tätigkeiten nicht mehr auf dem Papier, sondern am Bildschirm durchführen müssen.
- Auch **Probleme mit dem Datenschutz** und insbesondere der **Arbeitskontrolle**, die durch die Einführung eines Workflowsystems ermöglicht wird, sind nicht zu unterschätzen.

3.2.2 Spätes Erfassen mit Barcode

Beim späten Archivieren mit Barcode wird die gewohnte papierorientierte Vorgangsbearbeitung beibehalten. Unterschriften, Vermerke etc. erfolgen weiterhin direkt auf den Dokumenten.

Im Posteingang werden die Dokumente mit einem Eingangsstempel und mit einem Barcode versehen sowie per Hauspost an die Sachbearbeiter weitergeleitet. Es erfolgt das Prüfen und ggf. Verbuchen im R/3 System. Für das Verknüpfen des Dokuments mit dem SAP-Beleg ist dabei beim Speichern im R/3 der Barcode einzugeben.

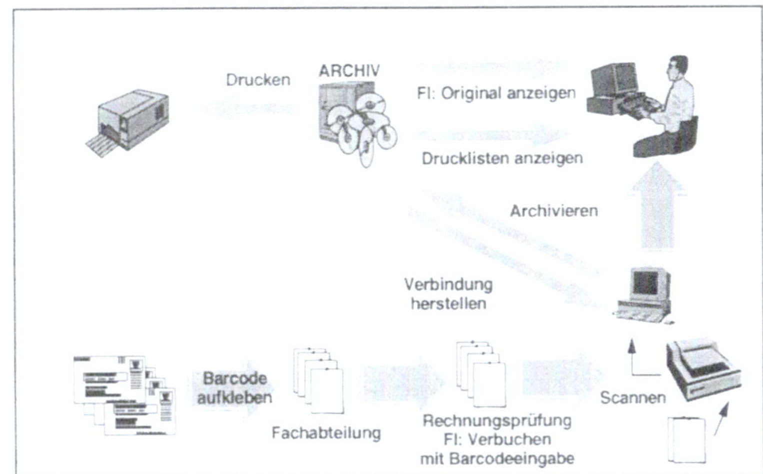

Abb. 3.3
Spätes Erfassen mit Barcode

Erst nach Abschluß der herkömmlichen Papierdokumentenverarbeitung wird das Dokument an einer zentralen Stelle im Unternehmen gescannt. Bei diesem Vorgang wird der auf dem Dokument aufgeklebte Barcode erkannt und das Dokument mit dem SAP-Beleg verknüpft, dem der entsprechende Barcode beim Buchen zugeordnet wurde.

3.3 Archivierung von ausgehenden Dokumenten

Ausgehende CI-Dokumente können nach ihren Dokumenttypen unterschieden werden.

- Drucklisten, die durch verschiedene Anwendungen des R/3-Systems erzeugt werden, liegen im ALF (Advanced List Format) vor.
- Ausgehende Belege, z. B. der Anwendung SD (Vertrieb), werden im OTF (Output Text Format) ausgegeben.
- Eine Besonderheit bilden die Reorganisationsdaten im Format REO. Sie sind zwar als ausgehende Daten des R/3 anzusehen und können als solche auch archiviert werden, doch ist dieser Vorgang nicht mit dem optischen Archivieren von Rechnungen oder Drucklisten zu vergleichen. Abschnitt 3.4 wird dies näher darstellen.

SAP-Drucklisten (COLD Computer Output On Laserdisk)

Das Archivieren von SAP-Drucklisten erfolgt asynchron über den SAP-Spool, d. h. die Anwendung erzeugt eine Druckliste und wird zum Drucken und Archivieren an den R/3 Spool übergeben. Der Spool erzeugt dann eine Datendatei und, sofern Indexinformationen vorliegen, eine Indexdatei und beauftragt ArchiveLink mit der Archivierung.

Abb. 3.4
Archivierung von Drucklisten mit SAP R/3 Rel. 3.0 D

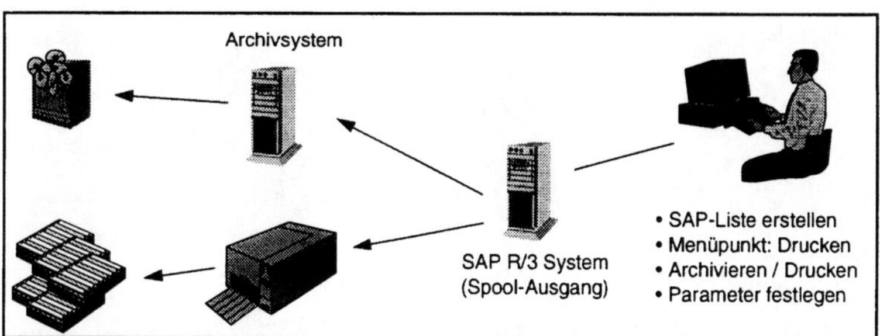

Für das Verständnis ist zusätzlich die Betrachtung des Vorgangs der asynchronen Archivierung wichtig. „Asynchron" meint, daß die zu archivierenden Objekte nicht direkt durch einen Archivierungsauftrag, sondern erst zu einem späteren Zeitpunkt im Archiv abgelegt werden. Für den Anwender ist dies insofern relevant, als daß eine archivierte Druckliste erst zeitversetzt im Archiv anzusehen ist.

3.4 SAP-Reorganisation

Im SAP-System R/3 fallen in den verschiedenen Anwendungsgebieten eine Menge Daten an, die in Datenbanktabellen gespeichert werden. Werden diese Tabellen aufgrund von Massendaten zu groß, so ist es erforderlich, daß die Daten aus der Online-Umgebung in eine Offline-Umgebung verschoben werden. Dieser Vorgang, im R/2 als Reorganisation bekannt, wird im R/3 als datenbankbasiertes Archivieren bezeichnet. In einem sogenannten Archivierungslauf werden die zu archivierenden Daten (z. B. Buchhaltungsbelege) in Archivierungsobjekte zusammengefaßt und in Archivierungsdateien geschrieben (siehe auch [6]). Diese werden zunächst auf Platte gespeichert und können dann in Tertiärspeichermedien überführt werden. In einem speziellen Löschlauf werden die archivierten Daten dann aus den Datenbanktabellen gelöscht.

Abb. 3.5
Datenbankbasiertes Archivieren im SAP-R/3

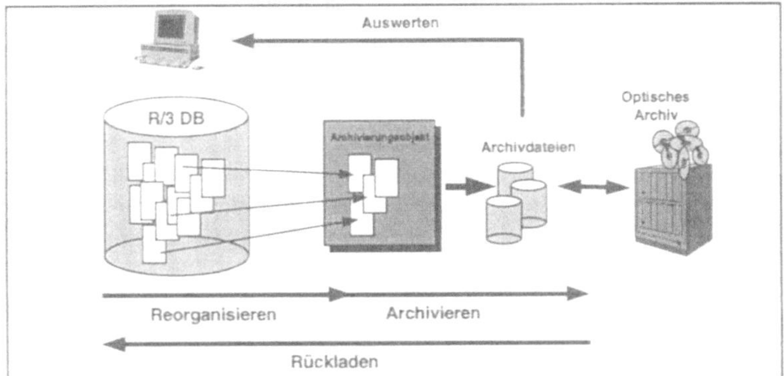

Zur Entwicklung neuer Archivierungsobjekte, z. B. für eigenentwickelte ABAP-Anwendungen, steht das Archiv Development Kit (ADK) zur Verfügung. Das ADK bietet Funktionsbausteine, Schnittstellen etc., um entsprechende Archivierungsprogramme und Programme zum späteren Lesen der Daten zu entwickeln.

4 Einführung eines optischen Archivs bei einem Energieversorgungsunternehmen

Viele Unternehmen, die das System R/2 von SAP im Einsatz haben, archivieren ihre Dokumente mit Mikrofilm und/oder Mikrofiche. Mit der Migration von SAP R/2 nach SAP R/3 (siehe hierzu auch [7]) entscheiden sich viele Unternehmen auch für die Einführung einer modernen optischen Archivierung und der Integration der Archivierung in die Arbeitsabläufe. Dies war auch der Hauptgrund für die Archiveinführung bei einem Energieversorgungsunternehmen, aus dessen Projektverlauf im folgenden einige Aspekte vorgestellt werden.

4.1 Projektinhalt

Als wesentliche Arbeitspakete wurden identifiziert:

IST-Aufnahme
- Interviews
- Sichtung vorhandener Unterlagen
- graphische und verbale Dokumentation
- Qualitätssicherung
- Information der Fachbereiche

Auswahl eines Archivanbieters
- Erstellung eines Kriterienkataloges
- Auswertung von Anbieterinformationen
- Besuch von Anbieterpräsentationen

SOLL-Konzept
- Interviews
- Sichtung vorhandener Unterlagen
- graphische und verbale Dokumentation
- Qualitätssicherung
- Information der Fachbereiche

Einführung des Archivsystems
- Installation und Test
- Customizing Archivsystem
- Customizing SAP R/3 3.0 d

Umsetzung des SOLL-Konzepts
- Organisatorische Maßnahmen
- technische Maßnahmen

Einweisung / Schulung
- Erstellung eines Schulungskonzepts
- Schulung von Archivierungsanwendern
- Schulung von Rechercheanwendern

Im folgenden wird in Abschnitt 4.2 näher auf das Arbeitspaket „Archivanbieterauswahl“ eingegangen, und Abschnitt 4.3 stellt eine grobe Zusammenfassung der IST- und SOLL-Konzepte vor.

4.2 Auswahl eines Archivanbieters

Nach einer IST-Analysephase mit Sichtung der Dokumentenarten und -typen sowie dem Dokumentenaufkommen standen die Randbedingungen für einen Archivanbieter fest. Anhand dieser Randbedingungen und Erfahrungen mit der Softwareauswahl in anderen Projekten wurde ein Kriterienkatalog erarbeitet. Dieser setzte sich aus 65 Einzelpunkten zusammen, die in vier Klassen eingeteilt wurden:

- Anbietermerkmale
  z. B. Firmenprofil, Referenzkunden, ...
- Technische Anforderungen
  z. B. bzgl. Hard- und Software, Betriebssystemplattformen, ...
- Funktionsbezogene Anforderungen
  z. B. bzgl. Archivierung, Rechercheverfahren, ...
- Allgemeine Anforderungen
  z. B. SAP-Zertifikat, Datenschutz, Datensicherheit, BackUp-Konzept, ...

Eine weitere Forderung des Kunden war, daß der Archivanbieter sich dem Zertifizierungsverfahren der ArchiveLink-Schnittstelle (siehe Abschnitt der SAP 3.1) unterzogen hatte.

An sieben vorausgewählte Archvianbieter wurden anschließend die Kriterienkataloge verschickt. Teilweise waren diese Kriterienkataloge aufgrund von Informationen aus Produktblättern bereits vom Projektteam vorausgefüllt. Was eigentlich als Hilfe für den Archvianbieter gedacht war, stellte sich letztendlich als Hilfe für das Projektteam zur Wahrheitsfindung heraus. Oftmals stimmten die Vertriebsangaben auf den Hochglanzbroschüren nicht mit der funktionalen Realität überein.

Eine Bewertung der ausgefüllten Kriterienkataloge erfolgte dann anhand von K.O.-Kriterien und Gewichtungen der verschiedenen Aspekte in Form eines Punktesystems.

Mit den drei erstplazierten Produkten wurden Live-Präsentationen im Hause der Archivanbieter durchgeführt. Für letzte Klarheit sorgten dann weitere Gespräche mit den Archivanbietern direkt beim Kunden und eine prototypische Skizzierung des Projektvorgehens eines jeden Archivanbieters.

4.3 Geschäftsprozeßwandel

Die IST-Analyse ergab eine klare Schwäche im Bereich der Recherche der archivierten Dokumente. Die auf Rollfilm und Mikrofiche vorhandenen Dokumente konnten im Unternehmen, das an zwölf Standorten verteilt ist, nur zentral in der Hauptverwaltung angefordert werden. Insbesondere die Mitarbeiter der Kreditorenbuchhaltung mußten so archivierte Rechnungen per Telefon anfordern und auf ein Fax aus der Hauptverwaltung warten. Hier wurde nach dem Eingang der Anforderung zunächst mit Hilfe der Kreditorenbelegnummer und einer kleinen Datenbank der entsprechende Rollfilm gesucht. Über ein Sichtgerät wurde die Rechnung auf Papier ausgedruckt und an die anfordernde Stelle gefaxt.

Abb. 4.1
IST-Situation und Projektziele

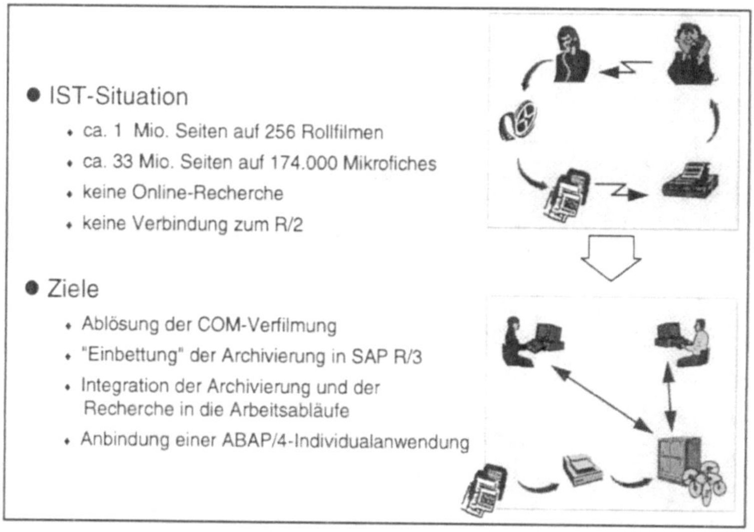

- IST-Situation
  - ca. 1 Mio. Seiten auf 256 Rollfilmen
  - ca. 33 Mio. Seiten auf 174.000 Mikrofiches
  - keine Online-Recherche
  - keine Verbindung zum R/2
- Ziele
  - Ablösung der COM-Verfilmung
  - "Einbettung" der Archivierung in SAP R/3
  - Integration der Archivierung und der Recherche in die Arbeitsabläufe
  - Anbindung einer ABAP/4-Individualanwendung

Da seitens der Fachabteilungen der Wunsch geäußert wurde, mit der Einführung der Archivierung zwar die Recherche zu verbessern, aber möglichst an den bestehenden Arbeitsabläufen keine Änderungen vorzunehmen, wurde die Variante des späten Erfassens mit Barcode für die eingehenden Kreditorenrechnungen gewählt (siehe Abschnitt 3.2.2). Zur Zeit werden mit diesem Verfahren ca. 110.000 Rechnungen im Jahr archiviert.

Ein weiteres Ziel der Archiveinführung war der Anschluß einer mit ABAP/4 eigenentwickelten Verbrauchsabrechnung. Es sollte die Möglichkeit geschaffen werden, Rechnungen, die an Kunden verschickt wurden, zu archivieren und im Online-Zugriff zu behalten. Zu diesem Zweck werden die im Postscript-Format vorliegenden Rechnungen ins TIFF-Format konvertiert und als Dokumente im Archiv abgelegt. Über eine eigens definierte Verknüpfungstabelle wird das Dokument bzw. die Archivdokumenten-Id., einem eindeutigen Schlüssel der Rechnung zugeordnet. So ist es dem Sachbearbeiter möglich, sich zu jedem Rechnungsvorgang mit „einem Klick“ die verschickte Originalrechnung anzuzeigen.

5 Zusammenfassung und Ausblick

Mit der Erhöhung der Mitarbeiterzufriedenheit bzgl. der Verfügbarkeit von Dokumenten aus dem Archiv kann - wie auch das Beispiel des Energieversorgungsunternehmens zeigt - die Produktivität erhöht und die Bearbeitungszeiten verringert werden. Es entfallen zudem das Ausdrucken und Kopieren von Dokumenten sowie das langsame bzw. kostenintensivere Transportieren.

Auch in Richtung der Verbesserung des Kundenservices kann die Einführung einer optischen Archivierung wesentliche Impulse geben. Der Sachbearbeiter ist innerhalb von Sekunden fähig, dem Kunden am Telefon detailliert anhand der gewechselten Dokumente Auskünfte zu erteilen.

Es soll hier aber auch nicht verschwiegen werden, daß die Einführung eines Archivs nur ein Schritt in Richtung einer elektronischen Dokumentenverwaltung ist. Ebenso dazu gehören der Aufbau eines Workflowsystems, mit dem eine vorgangsgesteuerte Bearbeitung der archivierten Dokumente erst möglich wird und der Aufbau individuell abgestimmter Recherchemöglichkeiten, die meist über die Fähigkeiten der Standardarchive hinausgehen. So ist auch bei dem vorgestellten Energieversorgungsunternehmen geplant, die Archivierung der eingehenden Kreditorenrechnungen mittelfristig auf frühes Erfassen umzustellen.

Literaturverzeichnis

[1] AWV - Arbeitsgemeinschaft für wirtschaftliche Verwaltung e.V.: Rechtliche Rahmenbedingungen für den Einsatz optischer Speicherplattensysteme, AWV-Eigenverlag, Eschborn, 1992

[2] Baader, J./Philipp, M.: Rechtliche Grundlagen für den Einsatz betrieblicher Archivierungssysteme, BTW97 Proceedings Datenbanksysteme in Büro Technik und Wissenschaft, S. 299-311, Ulm, 1997

[3] Gulbins, J./Seyfried, M./Strack-Zimmermann, H.: Elektronische Archivierungssysteme: Image-Management-Systeme, Dokumenten-Management-Systeme, Springer Verlag, 1993

[4] Hastedt-Marckwardt, C.: Elektronische Archivierung im Umfeld von SAP R/3, Offene Systeme, Bd. 4, Nr.4, S. 188-196, Springer Verlag, 1995

[5] SAP AG [Hrsg.]: Documentation print files - R/3 System Release 3.0 D, CD-ROM, Waldorf, 1996

[6] Schaarschmidt, R./Röder,W.: Datenbankbasiertes Archivieren im SAP System R/3, Wirtschaftsinformatik, Vieweg Verlag, Heft 5, S. 469-477, Okt. 1997

[7] Uzuner, B.: Migration von SAP R/2 nach SAP R/3. In: Wenzel, P. [Hrsg.]: Geschäftsprozeßoptimierung mit SAP R/3, 2. Aufl., S. 33-52, Vieweg Verlag, 1997

Kapitel 13

Die Dynamik integrierter Informationssysteme im Konsumgütervertrieb

Dipl.-Ing. Matthias Krause

IDS Prof. Scheer GmbH, Saarbrücken

1 Überblick

EDV-Systeme sind im Vertriebsaußendienst der Konsumgüterindustrie seit Jahren weit verbreitet. Meist erfolgte aber nur die Anbindung und Unterstützung der Auftragsbearbeitung der Außendienstmitarbeiter an die zentralen EDV-Systeme. Mit der ständig steigenden Marktmacht des Handels gewinnt die Position des Key Account-Managements im Konsumgütervertrieb stetig an Bedeutung. Dies führt zu neuen Anforderungen an integrierte EDV-Systeme im Konsumgütervertrieb.

Der Beitrag gibt einen Überblick über die heute im Konsumgütervertrieb vorherrschenden Vertriebsorganisationsstrukturen und wesentlichen Geschäftsprozesse einerseits und den Stand der Informationssysteme im Vertriebsaußendienst andererseits. Daraus lassen sich typische Anforderungen an integrierte Computer Aided Selling-Systeme in der Konsumgüterindustrie ableiten. Am Beispiel der Standardsoftware SAP R/3 werden abschließend die Möglichkeiten der Integration eines Computer Aided Selling-Systems aufgezeigt.

2 Organisationsstrukturen im Konsumgütervertrieb

Vor dem Hintergrund der steigenden Wettbewerbsintensität verschärfen sich die Beziehungen zwischen Handel und Industrie. Der Konsumgütervertrieb wird entscheidend von der Beziehung zum Groß- und Einzelhandel, insbesondere dem Lebensmitteleinzelhandel geprägt [1]. Dies wirkt sich besonders auf die vorherrschenden Strukturen im Vertrieb eines Konsumgüterherstellers aus. Bevor diese näher beschrieben werden, erfolgt eine kurze begriffliche Einordnung des Vertriebs.

Begriffsbestimmung

Der Begriff **Vertrieb** wird in der Regel synonym zu dem Begriff **Absatz** verwendet, der in der betriebswirtschaftlichen Literatur als betriebliche Hauptfunktion, die alle zur Veräußerung eines Gutes erforderlich Teilfunktionen umfaßt, und bei Erfolg im Verkauf gipfelt, definiert wird. Dennoch erfolgt mit dieser Begriffswahl eine Betonung im Hinblick auf Funktionen, wie Warenverteilung, Steuerung der Außendienstorganisation und Pflege der Beziehungen eines Herstellers zum Handel. Unter **Verkauf** wird die Veräußerung einer Ware oder Dienstleistung verstanden [2].

Vertriebsfunktionen

Vom Vertrieb eines Konsumgüterherstellers werden in der Regel folgende Funktionen wahrgenommen [3]:

- die Akquisition und Angebotserstellung,
- die Annahme und Abwicklung von Aufträgen,
- das Terminwesen und die Auftragssteuerung,
- der Versand,
- die Fakturierung,
- der Kundendienst,
- die Steuerung der Außenorganisation und
- die Pflege der Beziehungen eines Herstellers zum Handel bzw. beim Direktvertrieb zum Endkunden.

Vertriebsorganisation

Gängige Strukturierungskriterien der Vertriebsorganisation sind z. B. die wahrzunehmenden Vertriebsfunktionen (funktionsorientierte Vertriebsorganisation), die abzusetzenden Produkte bzw. Produktgruppen (produktorientierte Vertriebsorganisation) oder die bestehenden Absatzmärkte bzw. Absatzkanäle (abnehmer- und gebietsorientierte Vertriebsorganisation) [4]. Wesentlich zu unterscheiden in der Aufbauorganisation des Vertriebs sind dabei der Innendienst und der Außendienst. Organisatorisches Abgrenzungskriterium zwischen Verkaufsinnendienst und Verkaufsaußendienst ist in der betriebswirtschaftlichen Literatur das räumliche Betätigungsfeld der Mitarbeiter. Während der Innendienst die Aufgaben von der Koordination der Arbeiten des Außendienstes bis hin zur Auftragsabwicklung in der Zentrale wahrnimmt, obliegt dem Außendienst vor allem die Auftragsgewinnung im Feld.

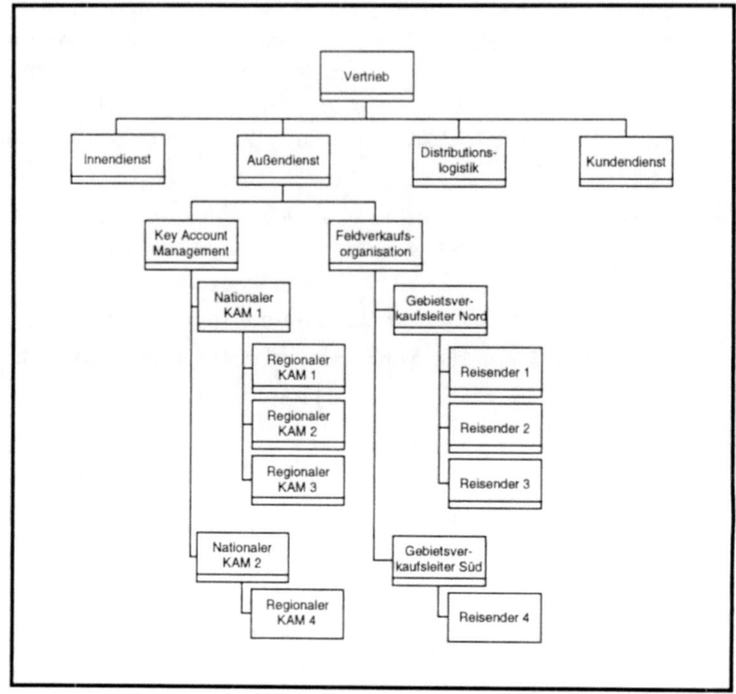

Abb. 2.1 Beispielhafte Organisationsstruktur des Vertriebs eines Konsumgüterherstellers

In der Konsumgüterindustrie besteht eine spezifische Aufteilung der genannten Vertriebsfunktionen auf die einzelnen Elemente der Vertriebsorganisation. Im folgenden werden die für die Konsumgüterindustrie und die Beziehungen zum Handel typischen Vertriebsorganisationselemente mit ihren Aufgaben und Aktivitäten kurz dargestellt.

2.1 Vertriebsinnendienst

Im Vertriebsinnendienst sind die konsumgüterspezifischen Auswirkungen der Vertriebsbeziehung zum Handel nicht so stark zu spüren wie in der Außendienstorganisation. Im Innendienst erfolgt die Auftragsabwicklung und -steuerung wie sie auch aus anderen Branchen bekannt ist. Deshalb werden hier an dieser Stelle die Aufgaben des Innendienstes nur kurz vorgestellt.

Die typischen Vertriebsinnendienstfunktionen eines Konsumgüterherstellers sind:

- Planung von Umsatz und Absatz
  - für unterschiedliche Zeiträume, rollierend,
  - für die Produktstruktur bis hin zum Einzelartikel,
  - für Gebiete; etc.
- Stammdatenpflege sowie das Erstellen von Auswertungen
  - für Handelsorganisationen,
  - für Kunden und
  - für Artikel,
- Auftragsabwicklung,
- Versand und
- Fakturierung.

2.2 Vertriebsaußendienst

Während im **Vertriebsinnendienst** im wesentlichen die Auftragsabwicklung und -steuerung erfolgt, konzentrieren sich im **Vertriebsaußendienst** alle Bemühungen und Aktivitäten um die Auftragsbearbeitung und die dafür notwendigen Rahmenbedingungen. Mit diesen Rahmenbedingungen sind alle Aktivitäten gemeint, die die Abstimmungen und Vereinbarungen mit dem Handel als Abnehmer betreffen. Diese Beziehungen zu den Handelsorganisationen werden in der Regel im Vertriebsaußendienst von Key Account-Managern wahrgenommen. Organisatorisch getrennt vom regionalen Außendienst [5], werden hier national und regional verantwortliche Key Account-Manager unterschieden, aber immer häufiger gibt es aufgrund der Konzentrationsvorgänge im Handel auch stationäre Key Account-Manager (KAM), die für eine einzelne Handelsorganisation, wie Metro, Rewe oder Tengelmann, zuständig sind (vgl. Abbildung 2.1) [6].

Der Vollzug des Verkaufs und damit eine breite Distribution [7] in den einzelnen Märkten liegt dagegen bei der regionalen Außendienstorganisation, auch **Feldverkaufsorganisation** genannt, die üblicherweise hierarchisch in Verkaufsleitung, Gebietsverkaufsleitung und Reisende strukturiert ist [8].

2.2.1 Key-Account-Management

Begriffsbestimmung und Abgrenzung

Das Key-Account-Management (KAM) [9] ist eine strategische Organisationsform des Vertriebs, bei der die Betreuung von Großkunden, auch Schlüsselkunden oder „Key Accounts" genannt, nicht vom jeweils zuständigen regionalen Verkaufspersonal, sondern von bestimmten Mitarbeitern oder neuerdings auch Mitarbeitergruppen übernommen wird [10].

Viele Handelsunternehmen, aber auch große Unternehmen der verarbeitenden Industrie, haben den Einkauf zentralisiert bzw. in den Handelszentralen konzentriert, um eine größere Verhandlungsmacht gegenüber den Verkäufern zu erreichen. Entstanden zunächst in der beratungsintensiven Investitionsgüterindustrie, ist das KAM in den letzten Jahren auch in der Konsumgüterindustrie als Gegenpol zur Einkaufsmacht des Handels eingeführt worden. Dem Zentraleinkäufer soll mit dem KAM ein ebenso kompetenter Verhandlungs- und Gesprächspartner gegenübergestellt werden. Darüber hinaus hat in den letzten Jahren aufgrund der veränderten Marketingstrategien des Handels eine Verschiebung der Kontrolle einiger Marketinginstrumente von der Industrie in Richtung Handel stattgefunden. Zu nennen sind hier insbesondere die Preispolitik, die Sortimentspolitik und die Verkaufsförderung. Beide Aspekte legen eine verstärkte Kooperation zwischen Herstellern und Handel nahe, die unter anderem durch das KAM erreicht werden soll [11].

wesentliche Merkmale des KAM

Einige wesentliche Merkmale des KAM lassen sich durch die Abgrenzung von zwei weiteren maßgeblich am Absatz beteiligten Organisationsformen, dem **Verkauf** und dem **Produktmanagement**, darstellen. Der Verkauf, der in der Regel regionalisiert ist, betreut mit den Außendienstmitarbeitern die einzelnen Outlets oder Point of Sale (POS) des Handels. Hauptaufgabenstellung dabei ist die Auftragsbearbeitung bzw. das Hineinverkaufen in den Handel. Im Blickfeld des überregional, teilweise auch national tätigen **Key- Account-Managers** liegt dagegen sowohl der Einkauf als auch der Verkauf des Handels. Er versucht, den Absatz des eigenen Unternehmens dadurch zu fördern und zu sichern, daß er den Handel bei dessen Marketingaktivitäten unterstützt und die Angebote des Herstellers darauf ausrichtet. Die Aktivitäten des **Produkt-Managers**, wie die Werbeplanung oder die Produktführung, zielen dagegen auf die Akzeptanz des Produktes bei den Endverbrauchern. In Abbildung 2.2 sind diese Zusammenhänge grafisch dargestellt.

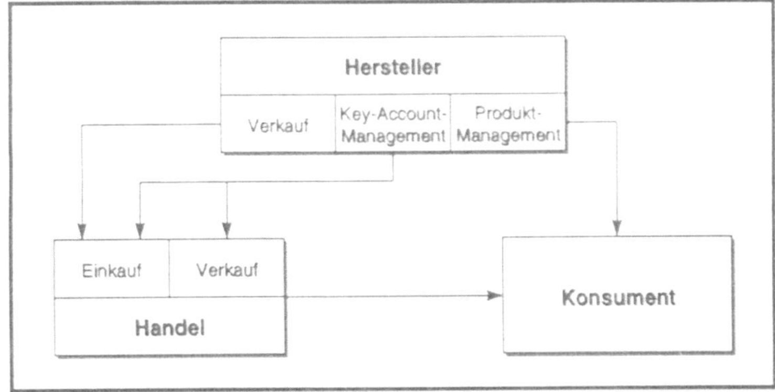

Abb. 2.2 Ausrichtung von Verkauf, Key Account- und Produkt-Management im Konsumgütervertrieb [12]

Aufgabenstellungen und Funktionen des Key-Account-Management

Der Aufgabenbereich des Key-Account-Managers ist an der Schnittstelle von Herstellermarketing, Verkauf und Handelsmarketing angesiedelt. Seine primäre Aufgabe besteht im Aufbau und in der Entwicklung von kontinuierlichen und positiven Beziehungen zu wichtigen Kunden. Die damit beim Handel geschaffene Präferenz soll dank der Koordination aller relevanten Aktivitäten durch eine mit entsprechenden Kompetenzen ausgestattete und organisatorisch adäquat eingebundene Stelle im Sinne der Unternehmensziele genutzt werden. Dementsprechend erstreckt sich die Tätigkeit eines Key-Account-Managers wesentlich auf zwei Aufgabenfelder: Abstimmung von Hersteller- und Handelsmarketing sowie Erbringung von Informations- und Beratungsleistungen für den zu betreuenden Marktpartner [13].

Das KAM kann die gestellten Aufgaben nur erfüllen, wenn die Stelleninhaber alle wichtigen Funktionen ausführen, die eine erfolgreiche kundenbezogene Verkaufstätigkeit auszeichnen. Nach Diller hat das Key-Account-Management vor allem folgende Hauptfunktionen zu erfüllen [14]:

- Eine **Informationsfunktion**, d.h. das KAM, hat alle relevanten Informationen über seine Kunden zu sammeln, zu analysieren und mit diesen zu kommunizieren. Es fungiert damit als „Informationsdrehscheibe für kundenbezogene Informationen" sowohl für den Großkunden als auch für das eigene Unternehmen.
- Eine **Planungsfunktion**, bei der kundenspezifische Verkaufs- und Marketingziele zu entwickeln sind, müssen in der Verkaufsplanung koordiniert werden. Dabei geht es um die Entwicklung einer gezielten und tragfähigen Kundenpolitik, die Umsatz- und Marktanteilsplanung und verschiedene Distributionsziele.

- Eine **Kontrollfunktion**, die neben der Kontrolle der Einhaltung der vereinbarten Handelsleistungen, der Kosten- und Gewinnentwicklung auch die Analyse der Ursachen für eventuelle Abweichungen und gegebenenfalls eine Zielanpassung miteinschließt.
- Eine **Diplomatenfunktion**, bei der es darum geht, Interessenkonflikte auszubalancieren, persönliche Kontakte mit den Handelspartnern zu pflegen, die Eskalation von unterschiedlichen Zielvorstellungen zu offenen Konflikten zu vermeiden und insgesamt für harmonische Beziehungen zu sorgen.
- Eine **Abwicklungs**- und **Koordinationsfunktion** unternehmensintern sowie -extern, bei der die in den Kundengesprächen getroffenen Vereinbarungen und Rahmenverträge (insbesondere Pflicht- und Wahllistung, Konditionen, Plazierung, Merchandisingaktivitäten, Verkaufsförderungsmaßnahmen, Neuprodukteinführung) abgestimmt und durchgesetzt werden müssen.

2.2.2 Feldverkaufsorganisation

Aufgaben der Feldverkaufsorganisation

Die Betreuung der zahlreichen Märkte und Filialen in der Region erfolgt durch die Mitarbeiter der Feldverkaufsorganisation. Hauptaufgabe ist sicherlich der Vollzug des Verkaufs und damit eine breite Distribution in den einzelnen Märkten, die auch Outlet oder Point of Sale (POS) genannt werden. Die Feldverkaufsorganisation ist üblicherweise territorial strukturiert. Bei dieser einfachen Strukturform ist das Gesamtverkaufsgebiet beispielsweise in Anlehnung an die Postleitzahlbezirke in Gebiete, Distrikte und Regionen unterteilt, die einem Verkäufer exklusiv zugeteilt werden. Diese territorial gegliederte Organisation wird in der Regel durch mehrere Ebenen des Verkaufsmanagements geführt [15].

Reisende

Die Besuche der Kunden vor Ort in den Outlets werden durch die Reisenden, die auch Regionalmanager, Bezirksleiter oder Außendienstmitarbeiter (ADM) genannt werden, durchgeführt. Sie besuchen sowohl Märkte, die direkt beliefert werden, als auch Outlets, die ihre Ware über den Großhandel oder über ein Zentrallager beziehen. Neben der Auftragsbearbeitung nehmen die Reisenden eine Reihe weiterer wichtiger Aufgaben wahr. Dazu gehören die sachkompetente Beratung des Marktleiters, die Artikeldisposition und Zusammenstellung des Auftrages, die Bearbeitung und Regelung von Reklamationen, die Koordination von Servicekräften bei der Lieferung, Merchandisingaktivitäten, aber auch die Durchsetzung von Listungs- und Plazierungsvereinbarungen sowie die Koordination von Aktionen und die Outlet- und Wettbewerbsbeobachtung.

Gebietsverkaufsleiter

Hierarchisch den Bezirksleitern übergeordnet, sind die Gebietsverkaufsleiter verantwortlich für die Steuerung eines Gebietes, das üblicherweise aus mehreren Bezirken besteht (vgl. Abbildung 2.1). Dabei werden neben den bereits genannten Aktivitäten der ADM, die im Vertretungsfall auch von Gebietsverkaufsleitern übernommen werden, zusätzlich eine Reihe weiterer Aufgaben wahrgenommen. Hier sind neben der Betreuung der Außendienstmitarbeiter des Gebietes insbesondere die Gebietsplanung und -steuerung mit regionaler Besuchs-, Absatz- und Umsatzplanung, die Verfolgung der Istergebnisse je Outlet und Mitarbeiter, die Besuchsauswertung und -analyse, die Distributionsauswertung sowie die Steuerung und Verfolgung von Aktionen, Sonderdurchgängen, Marktbeobachtungen und Preiserhebungen zu nennen.

3 Geschäftsprozesse des Konsumgütervertriebs

Vertriebslogistik

In der betriebswirtschaftlichen Literatur werden die Geschäftsprozesse des Vertriebs ausgehend vom Kundenkontakt im wesentlichen auf die Auftragsabwicklung bezogen. Nach Scheer begleitet die **Vertriebslogistik** „die logistische Kette von der Angebotserstellung über Auftragsannahme, Auftragssteuerung, Versand bis zur Fakturierung und Weiterleitung der Daten an die Finanzbuchhaltung" [16]. Dabei wird in Literatur und Praxis, aber auch in betriebswirtschaftlicher Standardsoftware, wie SAP R/3, als wesentliches Differenzierungskriterium für die Geschäftsprozesse im Vertrieb die Abwicklung verschiedener Auftragsarten unterschieden [17]. In Abbildung 3.1 sind die wichtigsten Auftragsarten des Konsumgütervertriebs in der Abfolge der zu durchlaufenden betrieblichen Funktionen skizziert.

3.1 Überblick

Ein Terminauftrag ist ein Kundenauftrag, der zu einem bestimmten vom Kunden gewünschten Termin geliefert werden soll. Bei einem Streckenauftrag wird Handelsware von einem Lieferanten des Herstellers direkt an den Kunden geliefert. Auch hier gibt es in der Regel einen Kundenwunschtermin. Bei der kostenlosen Lieferung von z.B. Mustern oder Ersatzware handelt es sich um einen Terminauftrag, der jedoch nicht fakturiert wird. Je nach Auftragsart können einzelne Schritte der Auftragskette ein unterschiedliches Gewicht erhalten, zum Teil sogar entfallen.

Abb. 3.1
Wesentliche Auftragsarten im Konsumgütervertrieb

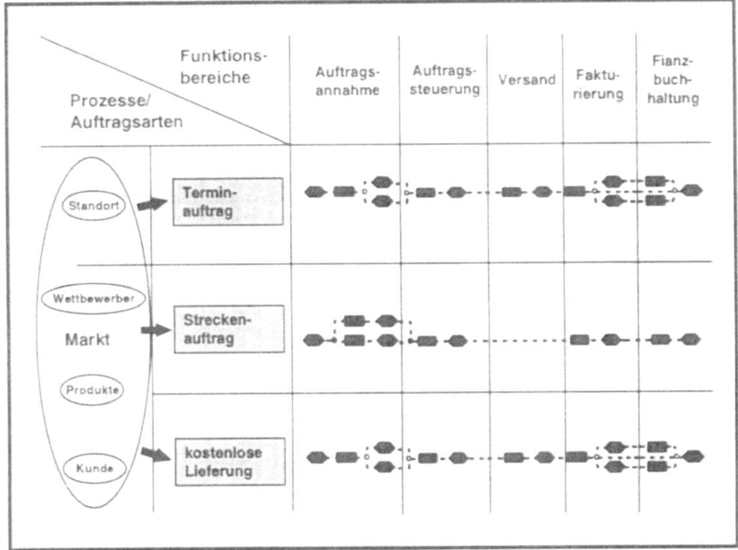

Aufgrund des Konzentrationsprozesses, insbesondere im Lebensmittelhandel, wird der eigentliche Verkauf, d.h. die Auftragsabwicklung, Lieferung und Fakturierung von Waren, auf einer ganz anderen organisatorischen Ebene abgewickelt als die Jahresgespräche und Vereinbarungen mit dem Handel. Die Auftragsabwicklung erfolgt durch den Vertriebsinnendienst und die Vertriebslogistik, wogegen die Rahmenbedingungen für den Verkauf durch den Vertriebsaußendienst, konkret das Key-Account-Management, ausgehandelt werden. Diese umfassen die Vereinbarung des Umsatzvolumens, die Listung und Plazierung von Artikeln sowie die Vereinbarung von Konditionen und Verkaufsförderungsmaßnahmen.

weitere Vertriebsgeschäftsprozesse

Im Konsumgütervertrieb können neben dem eigentlichen Verkauf demnach eine Reihe weiterer **Geschäftsprozesse** unterschieden werden. Dies sind bspw.

- die Grunddatenverwaltung,
- die Umsatz- und Absatzplanung,
- die Listung,
- das Category Management,
- die Aktionsabwicklung,
- der Kundenbesuch und
- die Abwicklung von Sondermaßnahmen.

Unter der **Grunddatenverwaltung** wird allgemein die Stammdatenanlage und -pflege verstanden, aber auch die Verteilung der Stammdaten an alle betroffenen Vertriebs- und Marketingmitarbeiter. Im Vertrieb der Konsumgüterindustrie werden folgende wesentliche Stammdatenobjekte unterschieden:

Stammdatenobjekte

- die Außendienststruktur,
- der Kunden- und der Handelsorganisationsstamm,
- die Kunden- bzw. die Handelsorganisationshierarchie,
- der Artikelstamm,
- die Artikelhierarchie,
- die Listung,
- die Kundenkonditionen,
- die Aktionen,
- die Maßnahmen und
- die Spesenstammdaten.

Andere Datentypen, wie z.B. der Kundenauftrag oder der Besuchsbericht, gehören zu den sogenannten Bewegungsdaten.

An der Stammdatenpflege sind alle Organisationseinheiten des Vertriebs beteiligt. So werden beispielsweise die Kundenstammdaten üblicherweise im Vertriebsinnendienst angelegt, aber durch den Außendienst, der vor Ort beim Kunden ist, aktualisiert. Der Innendienst, der die Änderungsmeldungen vom Außendienst erhält, vollzieht die Änderungen in den Stammdaten nach, so daß diese dann wirksam werden können. Gerade die Kundenstammdaten sind in vielen Unternehmen ein heikles Thema, da sich der Innendienst einerseits die Stammdatenhoheit nicht aus der Hand nehmen lassen will, andererseits bei Stammdatenänderungen durch den Außendienst Inkonsistenzen und Redundanzen zu befürchten sind.

Umsatz- und Absatzplanung

Im Rahmen der Umsatz- und Absatzplanung werden von der Vertriebsleitung, dem Key-Account-Management und der Feldverkaufsorganisation Umsätze und Absätze beispielsweise je Region, je Gebiet, je Key-Account, je Kunde, jeweils auf Produktgruppen bzw. Produktebene geplant. Als Planungsebenen werden eine Jahresgrobplanung auf Produktgruppenebene, eine Jahresfeinplanung auf Einzelartikelebene und eine monatlich rollierende Vertriebsbedarfsplanung auf Einzelartikelebene mit einem Planungshorizont von drei bis sechs Monaten unterschieden. Die Key Account-Planung dient den Key Account-Managern als Vorbereitung für die Jahresvereinbarungen mit ihren Kunden (Handelszentralen). Die Vertriebsbedarfsplanung ist die Basis für die rollierende Produktionsplanung.

Listung

Der Geschäftsprozeß der Listung umfaßt alle Funktionen von der Planung und Vereinbarung der vom Handel zu listenden Artikel bis hin zur Durchsetzung der Listung im Markt (siehe auch Kapitel 3.1). Mit der Vereinbarung der Artikellistung durch den Key Account-Manager mit der Handelszentrale ist üblicherweise auch die Verhandlung der Artikelkonditionen, also der Preis- und Rabattstruktur, verbunden. Diese Konditionen werden im Rahmen der Grunddatenverwaltung festgehalten.

Category Management

Das Category Management als Warengruppenmanagement im Handel ist ein hauptsächlich vom Lebensmittelhandel eingeführtes Konzept zur optimalen Nutzung der knappen Verkaufsfläche im Outlet. Von einem Category Manager des Handels wird die integrierte Planung und Ausführung aller warengruppenbezogenen Aktivitäten übernommen. Damit erfolgt die Bündelung von Einkaufs-, Merchandising- und Verkaufsfunktionen in einer Hand. In einer Warengruppe oder Category werden die Artikel zusammengefaßt, die von den Konsumenten bei einer Kaufentscheidung als substitutiv angesehen werden (z.B. "alkoholfreie Getränke", "Haarwaschmittel", "Kaffee und Tee"). Je nach Zielgruppe und lokaler Käuferstruktur werden die Warengruppen aber unterschiedlich zusammengefaßt. Innerhalb der Warengruppen wird mit dem "Category Captain", dem führenden Lieferanten oder Markenartikelhersteller, zusammengearbeitet. Der Händler liefert die Abverkaufsdaten als Informationsbasis für eine effiziente Sortimentsgestaltung. Der Konsumgüterhersteller erarbeitet als Dienstleistung für den Handel - auf Basis der Scannerdaten - ein optimiertes Sortiment, in dem die Sortimentsbreite und -tiefe an den jeweiligen Betriebstyp und die Bedürfnisse der Konsumenten der Region angepaßt ist. Der Category Captain profitiert beim Category Management durch mehr Regalfläche für seine Produkte und einer leichteren Markteinführung neuer Produkte [18].

Aktionsabwicklung

Mit der Aktionsabwicklung ist der Prozeß der Planung, Vereinbarung, Steuerung und Ausführung von Verkaufsförderungsmaßnahmen gemeint. Üblicherweise werden vom Vertrieb für den Zeitraum eines Jahres die durchzuführenden Aktionen geplant. Der KA-Manager vereinbart dann mit einer Handelsorganisation die Sonderplazierung von Aktionsware in den angeschlossenen

Märkten während eines festgelegten Zeitraumes. Während des Aktionszeitraumes wird die Aktionsdurchführung von den Mitarbeitern des Feldverkaufs koordiniert und überwacht. Nach Ablauf der Aktion erfolgt die Auswertung des Aktionserfolges durch den zuständigen KA-Manager. Eine wirkungsvolle Aktivitätensteuerung ist aber nur dann möglich, wenn die Absprachen des Key-Account-Managements zum flächendeckenden Außendienst hin kommuniziert werden und von dort entsprechende Rückmeldungen erfolgen [19].

Abb. 3.2 Der Geschäftsprozeß Aktionsabwicklung im Überblick

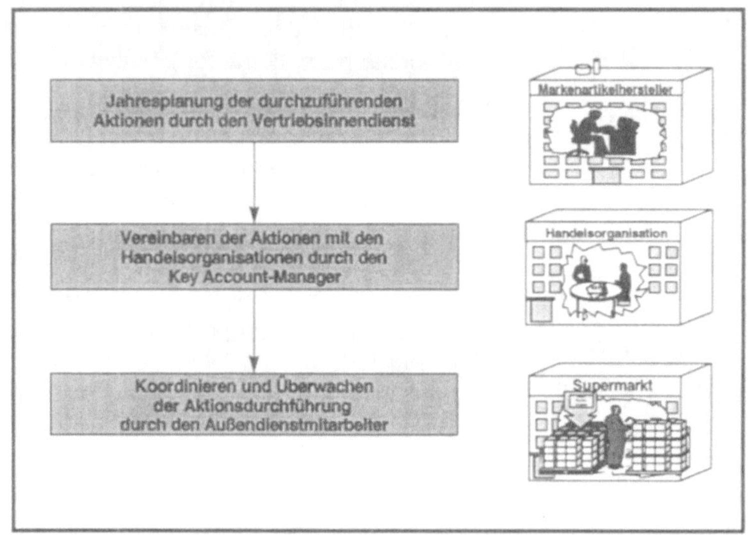

Kundenbesuch

Der Kundenbesuch im Rahmen der Tagestour ist Aufgabe der Reisenden. Dabei hat der Außendienstmitarbeiter neben der Auftragserfassung eine Reihe weiterer Aufgaben zu erledigen (siehe Kapitel 3.2).

Sondermaßnahmen

Die Abwicklung von Sondermaßnahmen umfaßt die Planung, Vereinbarung, Steuerung und Ausführung einer Reihe von Aktivitäten. Darunter fallen beispielsweise die Distributionserhebung, die Preiserhebung, die Marktbeobachtung und der Sonderdurchgang.

Da im Rahmen dieses Beitrags nicht alle Vertriebsgeschäftsprozesse ausführlich behandelt werden können, sollen beispielhaft zwei wesentliche Geschäftsprozesse im Vertriebsaußendienst, die Listung und der Kundenbesuch, dargestellt und der Daten- und Informationsfluß zwischen den betroffenen Organisationseinheiten aufgezeigt werden. Daraus können einerseits Anforderungen an integrierte Informationssysteme im Vertrieb abgeleitet und andererseits die Schnittstellen zwischen einer integrierten Standardsoftware, wie SAP R/3, und einem Computer Aided Selling-System beleuchtet werden.

3.2 Listung

Die Listung stellt neben den Konditionen die wesentlichste Datenbasis für die Auftragsabwicklung in der Konsumgüterindustrie dar. Mit der Artikellistung wird zwischen Hersteller und Handel abgestimmt, welche Produkte eines Lieferanten in den Märkten oder in einer bestimmten Vertriebsschiene des Handels geführt werden. Die zu listenden Artikel werden in die Dispositionslisten der Märkte aufgenommen und können dann von den Marktleitern bestellt werden. Wesentlich zu unterscheiden sind hierbei die Pflicht- und die Wahllistung. Mit der Pflichtlistung verpflichtet sich die Handelsorganisation, bestimmte Produkte in allen Märkten einer Vertriebsschiene im Regal zu führen. Bei der Wahllistung entscheidet der jeweilige Marktleiter darüber, ob das Produkt im Regal steht. Da Listungen Vorteile für den Lieferanten bieten, bspw. eine bessere Distribution des Produktes, sind solche Vereinbarungen mit Gegenleistungen des Herstellers verbunden, z.B. Werbekostenzuschüsse, Boni oder auch Rechnungsrabatte.

Pflicht- und Wahllistung

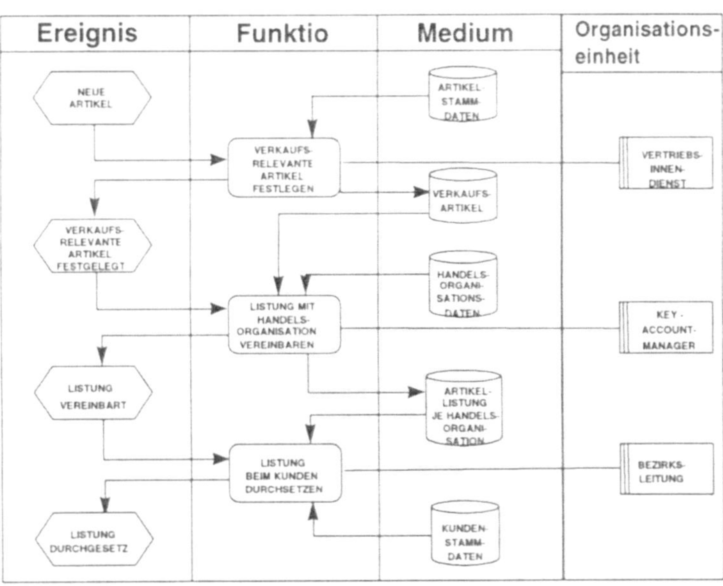

Abb. 3.3
Der Geschäftsprozeß Listung im Überblick

Wie in Abbildung 3.3 dargestellt, umfaßt der Geschäftsprozeß der Listung alle Funktionen von der Planung und Vereinbarung der vom Handel zu listenden Artikel bis hin zur Durchsetzung der Listung am Markt. Im ersten Schritt wird zwischen Produktmanagement und Vertriebsinnendienst abgestimmt, welche Artikel verkauft werden sollen. Daraufhin wird vom Innendienst eine Ziellistung je Geschäftstyp (z.B. Supermarkt, Verbrauchermarkt, Kaufhaus) entwickelt. Im nächsten Schritt vereinbaren die Key-Account-Manager mit den von ihnen betreuten Handelsorganisationen Listungen für bestimmte Vertriebsschienen unter Berücksichtigung der Zielvorgabe. Dies erfolgt in mehreren Schritten. Je nach Handelsorganisation wird die Listung zunächst auf nationaler Ebene abgestimmt. Diese nationale Listung ist für die regionalen Key-Account-Mananger die Basis für die Vereinbarung der regional unterschiedlichen Listungen. In der letzten Zeit ist immer häufiger zu beobachten, daß die Listung bis auf Outletebene heruntergebrochen wird und innerhalb einer Vertriebsschiene bei einzelnen Märkten differenziert wird, je nach Lage oder Größe des Marktes. Dieser Sachverhalt ist in Abbildung 3.4 wiedergegeben.

Abb. 3.4
Die Listungsvereinbarung

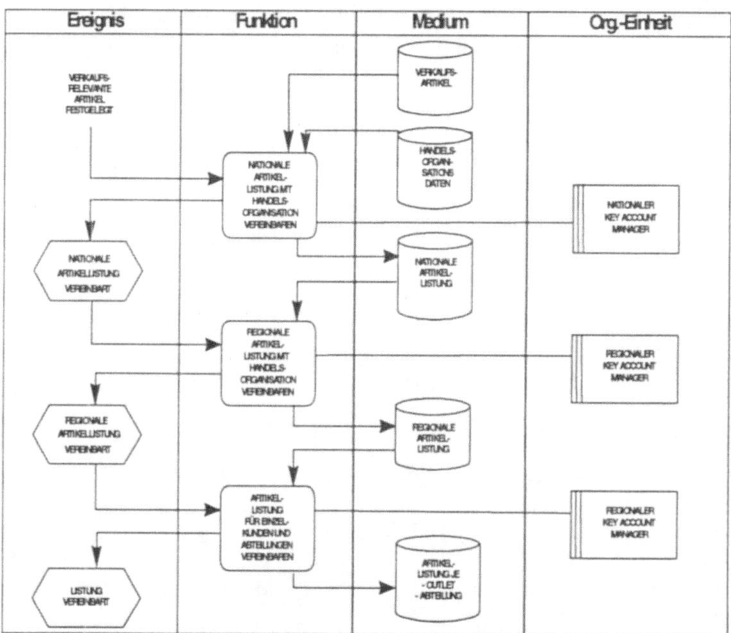

Für die Auftragserfassung im Markt benötigen die Außendienstmitarbeiter die vereinbarten Listungen, der von ihnen betreuten Kunden. Je nach Kunde und vereinbarter Pflicht- bzw. Wahllistung muß oder kann der Marktleiter die gelisteten Artikel bestellen. Desweiteren muß der ADM wissen, ob er bei dem gerade besuchten Kunden auch außerhalb der Listung Ware anbieten kann. Die Listung muß vollständig und in der korrekten Reihenfolge vorliegen, da die Mitarbeiter der Feldverkaufsorganisation für viele Kunden die Aufträge manuell in deren Dispolisten eintragen müssen, die in genau dieser Listungsreihenfolge sortiert sind. Für die Einführung von neuen Produkten, für die auch flankierend geworben wird, ist die Aktualität der vorliegenden Listung von entscheidender Bedeutung, da der Außendienst in der Regel nur gelistete Produkte verkaufen kann. Veraltete Listungen führen zu einer verzögerten Distribution von neuen Produkten.

Im Rahmen seiner Möglichkeiten sorgt der Außendienstmitarbeiter für die Einhaltung der vereinbarten Listungen (vgl. Abbildung 3.3). Zusätzlich kann der KA-Manager zur Überprüfung der Distribution eine Distributionserhebung initiieren, womit der Außendienst prüft, ob die vereinbarten Produkte auch in den Regalen der entsprechenden Märkte vorhanden sind. Die Ergebnisse der Erhebung werden gegen die Listungsvereinbarungen ausgewertet und liefern u.a. Argumentationen für die nächsten Jahresgespräche.

An dem komplexen Geschäftsprozeß der Listungsvereinbarung und der Durchsetzung im Markt sind alle Vertriebsorganisationseinheiten vom Innendienst über den kompletten Außendienst beteiligt. Die geschilderten Abhängigkeiten machen deutlich, wie wichtig der Informationsfluß zwischen KAM, ADM und Innendienst ist, um die Aufgabenstellungen des Konsumgütervertriebs erfüllen zu können.

3.3 Kundenbesuch

Der Kundenbesuch zählt zu den Hauptaufgaben der Reisenden (vgl. Kapitel 2.2.2). Die Außendienstmitarbeiter besuchen im Verlauf einer Tagestour sowohl Märkte, die direkt beliefert werden, als auch Outlets, die ihre Ware über den Großhandel oder über ein Zentrallager beziehen. Durch die Vertriebsleitung sind dem ADM die Märkte, die besucht werden sollen sowie der kundenindividuelle Besuchsrhythmus (zwischen wöchentlich und halbjährlich), vorgegeben.

Mit einer **Wochentouren- bzw. Wochenbesuchsplanung** legt der Außendienstmitarbeiter in Abstimmung mit den Kunden fest, welche Outlets an welchen Tagen einer kommenden Woche besucht werden. Diese Wochenplanung wird von ihm täglich detailliert und aktualisiert. Während des Besuchs eines Kunden nimmt der Außendienstmitarbeiter eine Reihe verschiedener Aufgaben wahr. Er ist der sachkompetente Berater des Marktleiters und der Einkäufer. In den Märkten mit Direktbelieferung ist der ADM verantwortlich für die rechtzeitige und ausreichende Belieferung. Um diese sicherstellen zu können, benötigt er Informationen vom Innendienst über Artikelverfügbarkeit, Lieferrückstände und nicht gelieferte Artikel. Er nimmt den Lagerbestand beim Kunden auf und stellt in Abstimmung mit dem Marktleiter die nächste Bestellung zusammen. Er koordiniert den Einsatz von Servicekräften, die bei der Lieferung die Ware in die Regale einräumen und mit Preisen auszeichnen. Bei den Märkten, die nicht direkt beliefert werden, gibt er Empfehlungen für die Bestellung beim Großhandel. In Abstimmung mit dem Key Account-Management informiert der ADM anläßlich seiner Besuche den Marktleiter über neue Produkte und anstehende Sondermaßnahmen. Auch Merchandisingaktivitäten sowie die Bearbeitung und Regelung von Reklamationen vor Ort werden von den Außendienstmitarbeitern übernommen.

Zu den weiteren Aufgaben der Feldverkaufsorganisation gehören die Durchsetzung und Kontrolle der vom Key-Account-Management mit dem Handel vereinbarten Listungen und Plazierungen (siehe Kapitel 3.1), die Koordination von Aktionen und Sondermaßnahmen sowie die Outlet- und Wettbewerbsbeobachtung [20]. Diese Aufgaben können nur in enger Abstimmung mit dem Key Account-Management erfolgen. Zur Kontrolle der Distribution und damit auch der Durchsetzung der vereinbarten Listungen initiieren die KA-Manager in regelmäßigen Abständen Distributionserhebungen, die von den ADM in festgelegten Outlets durchgeführt werden. Desweiteren führen die Außendienstmitarbeiter während des Kundenbesuchs Marktbeobachtungen, Preiserhebungen oder Sonderdurchgänge aus, die ebenfalls von den KA-Managern angefordert werden.

Nach Beendigung eines Besuches erstellt der Außendienstmitarbeiter einen Besuchsbericht über Art und Dauer des Besuchs sowie besondere Vorkommnisse. Nach Abschluß aller Besuche eines Tages sind noch der Tagesbericht und die Reisekostenerfassung als wesentliche Punkte im Tagesablauf eines ADM zu nennen. Zur besseren Einordnung der Aufgaben eines Reisenden ist ein typischer Tagesablauf eines ADM mit den wichtigsten Funktionen und benötigten Daten in Abbildung 3.5 wiedergegeben.

Abb. 3.5
Tagesablauf eines Reisenden

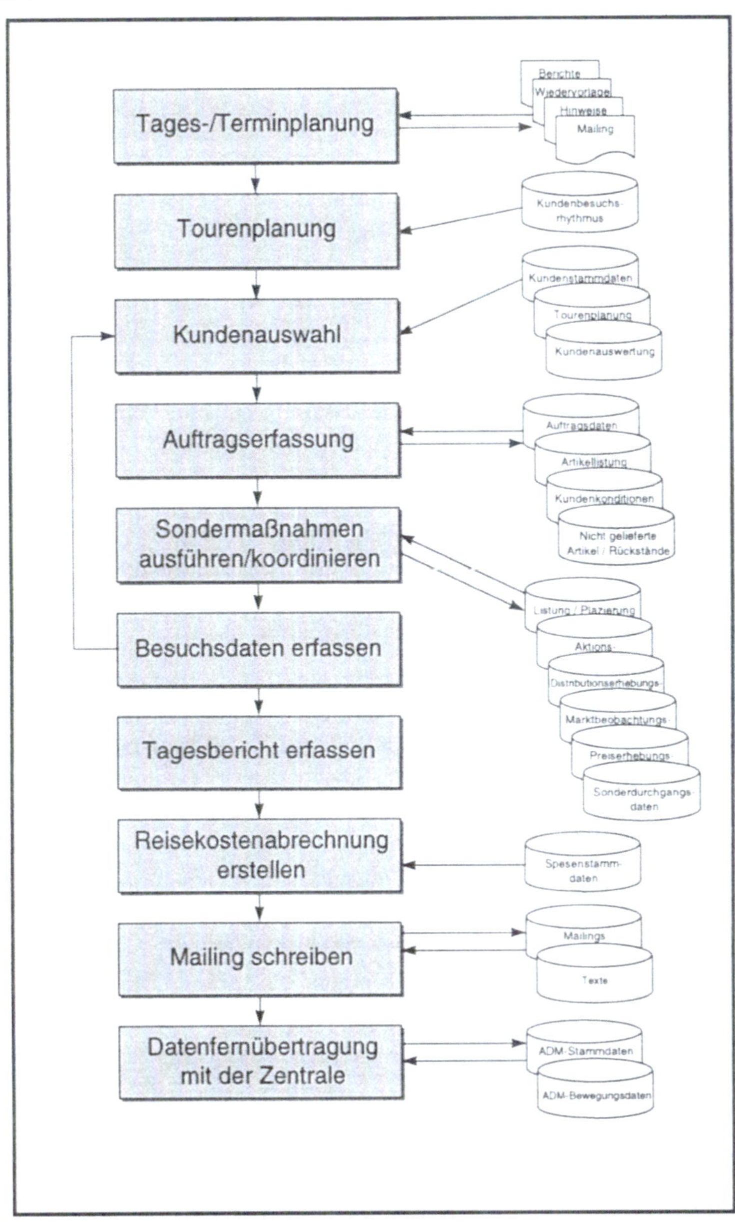

Diese aufgeführten Funktionen des Reisenden erfordern einerseits eine intensive Abstimmung sowohl in vertikaler als auch in horizontaler Richtung mit allen beteiligten Mitarbeitern des Vertriebs. Andererseits sind, wie aus Abbildung 3.5 ersichtlich, eine Reihe von tagesaktuellen Informationen und Daten erforderlich, um eine sinnvolle und erfolgreiche Erfüllung der gestellten Aufgaben zu ermöglichen.

4 EDV-Systeme für den Vertriebsaußendienst

In der EDV-Unterstützung des Vertriebsaußendienstes lassen sich zwei Bereiche abgrenzen. Zum einen handelt es sich um die Bereitstellung von unterschiedlichsten Daten und Informationen. Solche Systeme lassen sich unter dem Begriff Vertriebsinformationssystem (VIS) zusammenfassen. Allen diesen Systemen ist gemein, daß nur Informationen bereitgestellt werden, diese zwar nach verschiedensten Kriterien aggregiert oder analysiert werden können, aber keine operativen Vertriebsfunktionen unterstützt werden.

Vertriebsinformationssystem (VIS)

Der zweite Bereich umfaßt alle Systeme, mit denen operative Vertriebsaußendiensttätigkeiten, wie die Durchführung von Besuchen, die Auftragsbearbeitung oder die Abwicklung von Aktionen unterstützt werden. Wesentlich dabei ist, daß solche Systeme immer auch Informationen, bspw. über Kunden und Artikel zur Verfügung stellen müssen, damit überhaupt erst operative Tätigkeiten unterstützt bzw. ausgeführt werden können. Diese Systeme können unter dem Begriff Computer Aided Selling-System (CAS-System) subsummiert werden.

Computer Aided Selling-System (CAS-System)

In den nachfolgenden Kapiteln wird diese vorgenommene Einteilung in Vertriebsinformations- sowie in CAS-Systeme detailliert erläutert.

4.1 Vertriebsinformationssystem

Der Begriff Vertriebsinformationssystem (VIS) wird in der Literatur für jede Art von EDV-Systemen im Absatzbereich verwendet. Eine nachvollziehbare **Abgrenzung** ist jedoch: Vertriebsinformationssysteme sind ein Teil der gesamten Unternehmensführung.

Sie umfassen interne sowie teilweise auch externe Datenbestände, denn zur operativen und strategischen Planung ist die Analyse von Marktdaten, der getätigten Verkäufe, der Kosten- und Deckungsbeiträge sowie aller Aktivitäten der eigenen Firma und der Mitbewerber erforderlich (siehe Abbildung 4.1) [21].

Abb. 4.1
Umfang von Vertriebsinformationssystemen [22]

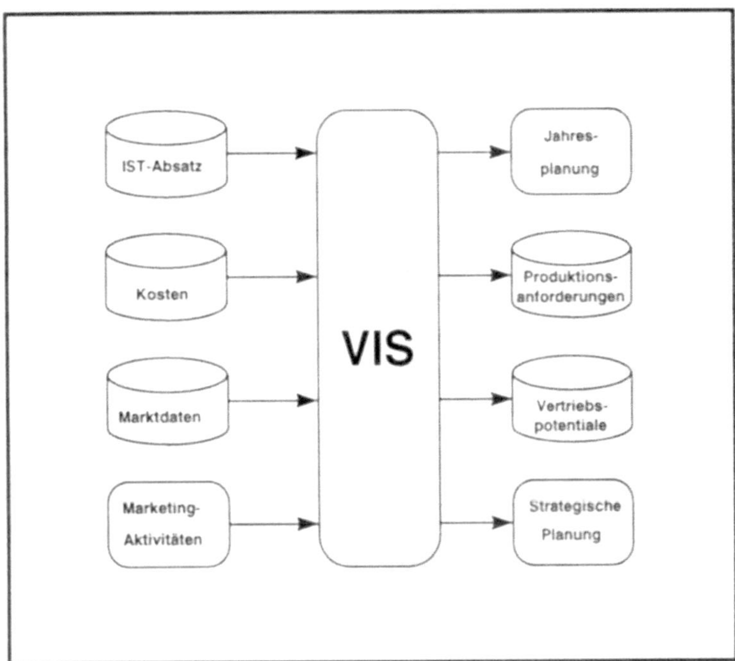

Inhalte von VIS

Demnach muß ein Vertriebsinformationssystem interne wie externe Informationen über Kunden und Interessenten einschließlich aller zentralen und dezentralen Vertriebsaktivitäten sowie der wesentlichen Auftragsabwicklungsdaten enthalten. Es stellt somit eine gemeinsame Wissensbasis für alle Mitarbeiter dar, die am Vertrieb und Marketing im Unternehmen beteiligt sind [23].

Der wesentliche Hauptbestandteil eines Vertriebsinformationssystems ist neben notwendigen List- und Auswertefunktionen eine Datenbank mit allen vorhandenen Kundendaten. Dieser Bestandteil wird in der Literatur vielfach mit „Database Marketing“ bezeichnet. Da sich in der vertrieblichen Praxis hinter diesem Schlagwort erheblich mehr verbirgt als nur eine Kundendatenbank, wird im folgenden Abschnitt dieser Begriff erläutert.

4.2 Database Marketing

Definition

In der betriebswirtschaftlichen Literatur gibt es eine ganze Reihe von Definitionen für das Schlagwort „Database-Marketing" [24]. Eine treffende Definition lautet beispielsweise: „Database-Marketing sammelt, speichert und analysiert Marktinformationen, um bestehende und potentielle Kunden zu identifizieren und zu qualifizieren, mit dem Ziel einer dauerhaften erfolgreichen Beziehung" [25]. Als Voraussetzung für Database-Marketing wird eine „Kunden-Datenbank" genannt, „in der Kunden und Interessenten möglichst vollständig erfaßt und umfassend beschrieben sind" [26].

Kunden- bzw. Interessentendaten

Die Informationsinhalte einer Kundendatenbank hängen im Detail von der jeweiligen Branchenzugehörigkeit der Kunden bzw. Interessenten und der realisierten Ausprägung des Database Marketing ab. Dennoch lassen sich branchenübergreifend die Kunden- bzw. Interessentendaten unterteilen in: [27]

- **Grunddaten** (z.B. Name, Anschrift, Ansprechpartner): Unter Grunddaten werden die Daten über Konsumenten und Unternehmen zusammengefaßt, die über einen längeren Zeitraum unveränderlich bleiben. Bspw. geographische Kriterien (z.B. Nielsen-Gebiet, Wohnortgröße), soziodemographische Merkmale (z.B. Alter, Geschlecht, Familienstand, Ausbildung, Haushaltsgröße, Einkommen) sowie psychographische Kriterien (z.B. Meinungen, Einstellungen) von Konsumenten. Entsprechende Grundmerkmale von Unternehmen sind Branche, Geschäftszweig(e), Produkt-/Leistungsprogramm, Größe (Umsatz, Mitarbeiteranzahl), Bonität, Eigentumsverhältnisse, Unternehmensverflechtungen, Namen und Adreßdaten der Führungskräfte und Ansprechpartner.
- **Potentialdaten** (z.B. Kundenklassifizierung, produktspezifischer Gesamtbedarf): Mit den Potentialdaten soll eine Aussage über die produkt- und zeitpunktbezogene Kundennachfrage getroffen werden. Zum Teil kann das Kundenpotential prognostiziert bzw. aus vorhandenden Informationen abgeleitet werden. Beispielsweise dienen u.a. Merkmale, wie die Ladenfläche, die Anzahl der Kassen und der Standort als Absatzindikatoren zur Schätzung des Kundenpotentials bei Einzelhandelsgeschäften. [28] Auch aus Informationen über Regalplazierungen, die z.B. aus Kundenbesuchen oder im Rahmen eines **Category Managements** ermittelt werden können, lassen sich Aussagen über Bedarfe des Handels ableiten.

- **Aktionsdaten** (z.B. Ationsart, -intensität, -inhalte, Kunde n-betreuer): Zu den Aktionsdaten gehören alle Informationen über kundenbezogene Maßnahmen hinsichtlich ihrer Art, Intensität, Häufigkeit und ihres Zeitpunktes, gegebenenfalls auch ihrer jeweiligen anteiligen Kosten. Zu den Aktionen zählen sämtliche vom Unternehmen durchgeführte und an den jeweiligen Kunden bzw. Interessenten gerichtete Maßnahmen.
- **Reaktionsdaten** (z.B. Auftrags-, Lieferungs-, Fakturierungsdaten): Die Reaktionsdaten geben ein Abbild über das Verhalten von Kunden bzw. Interessenten. Dabei sind insbesondere Informationen über die Wirksamkeit eigener Aktionen und Verkaufsförderungsmaßnahmen sowie der konkurrierender Unternehmen von Interesse.

Abb. 4.2
Inhalte einer Kundendatenbank [29]

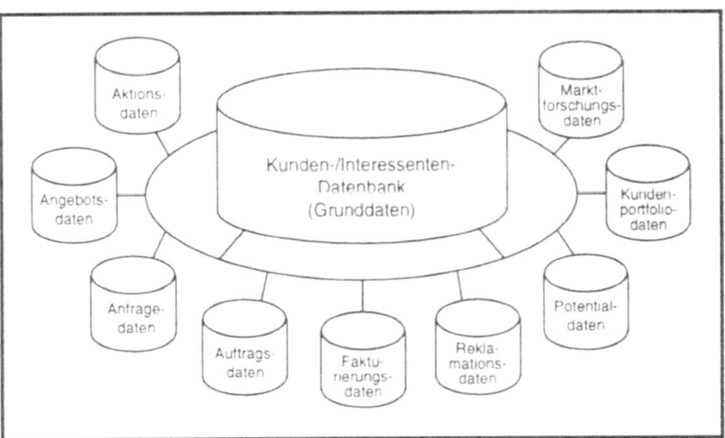

In Abbildung 4.2 sind die unterschiedlichen Dateninhalte einer **Kundendatenbank** skizziert. Hierbei wird der Grundgedanke des Database Marketing deutlich. Auf einer „Database" (Datenbank) sollen für jeden einzelnen Kunden alle Informationen gespeichert werden, die für Marketingaktivitäten gegenüber diesem Kunden von Bedeutung sind. Dies eröffnet die Möglichkeit, die „richtigen" Kunden zum „richtigen" Zeitpunkt mit den „richtigen" Maßnahmen der Werbung, Verkaufsförderung, Beratung sowie Angebots- und Produktgestaltung anzusprechen. Database Marketing ist also ein Marketing auf der Basis kundenindividueller, in einer Datenbank gespeicherten Informationen [30].

Für den Vertriebsaußendienst liegt die wesentliche Bedeutung des Database-Marketings darin, daß es mit der Entwicklung mobiler Computer in den letzten Jahren möglich wurde, dem einzelnen Außendienstmitarbeiter eine Kundendatenbank mit seinen eigenen spezifischen Datenbeständen zur Verfügung zu stellen. Im Vertriebsinnendienst bzw. in der Unternehmenszentrale steht bereits seit Einführung zentraler EDV-Systeme den Vertriebsmitarbeitern der gesamte Datenbestand an Kundendaten zur Verfügung. Für den einzelnen Außendienstmitarbeiter sind jedoch nur die Daten seines Gebietes bzw. Kundenkreises von Interesse. Daher erhält der Mitarbeiter im Außendienst auf seinem Computer nur die Daten, die er benötigt.

Sowohl Merkmale des Database-Marketing als auch Teile eines Vertriebsinformationssystems sind wesentliche Bestandteile eines funktionierenden **Computer Aided Selling-Systems**, mit dem im Gegensatz zum Vertriebsinformationssystem oder dem **Database-Marketing** auch operative Vertriebstätigkeiten unterstützt werden.

4.3 Computer Aided Selling

Begriffsbestimmung und -abgrenzung

Die Güte der Entscheidungen im Vertriebsmanagement steht im engen Zusammenhang zur Qualität und Quantität der zur Verfügung stehenden Informationen. Der Verkauf als Schnittstelle zwischen Unternehmen und Kunde, d.h. der **„point of purchase“** als **„point of information“**, ist somit besonders gefordert. Damit wird CAS zu einem wettbewerbsentscheidenden Faktor. Doch was verbirgt sich hinter dem Begriff **Computer Aided Selling (CAS)** im einzelnen? In Literatur und Praxis konnte sich bislang keine einheitliche Begriffsbildung durchsetzen [31]. Dennoch lassen sich grundsätzlich zwei wesentliche Sichtweisen unterscheiden:

- **CAS als Außendienstunterstützung** und
- **CAS zur Außendienststeuerung**.

Der in den USA in Anlehnung an die Begriffe Computer Aided Design (CAD) und Computer Aided Manufacturing (CAM) geprägte Begriff Computer Aided Selling ist erst 1985 durch Raab in Deutschland eingeführt worden [32]. Dabei wird mit CAS der Einsatz mobiler Computer im Außendienst zur Unterstützung der Aufgabenerfüllung der Außendienstmitarbeiter bezeichnet, wobei die Übertragung von Informationen zwischen Außen- und Innendienst miteinbezogen wird.

Aufgrund der erforderlichen Hardware-, Software- und Kommunikationskomponenten wird auch von einem **CAS-System** gesprochen [33].

Die zweite Sichtweise von CAS ist auf die EDV-gestützte Außendienststeuerung gerichtet. Dabei wird von der Verkaufsleitung das Ziel verfolgt, den Außendienst effizient zu steuern und zu kontrollieren. So wird statt von „CAS" von „Vertriebssteuerungssystem" oder „Außendienstlenkungs- und -steuerungssystem", von „Außendienstunterstützungssystem", „Sales-Support-System", „EDV-orientierte Außendienststeuerung" u.ä.m. gesprochen [34].

Im folgenden soll unter Computer Aided Selling die informationstechnologische Unterstützung aller an Verkaufsprozessen beteiligten Mitarbeiter sowohl des Außen- als auch des Innendienstes verstanden werden. Darunter fällt die Unterstützung der Planungs-, Steuerungs- und Abwicklungsaufgaben im Verkauf. Computer Aided Selling umfaßt dann, wie oben angeführt, Daten und Funktionen sowohl zur Information als auch zur operativen Unterstützung der Vertriebs- und Marketingaktivitäten eines Konsumgüterherstellers [35].

Elemente eines CAS-Systems

Summiert man die in der betriebswirtschaftlichen Literatur genannten Anforderungen an ein CAS-System, ergeben sich zusammengefaßt die nachfolgend aufgeführten Schwerpunkte des Informations- und Unterstützungsbedarfs [36]:

- **CAS als Informationssystem**

  Alle an Vertrieb und Marketing beteiligten Mitarbeiter sollen im Rahmen einer gemeinsamen Wissensbasis Zugriff auf die für den Verkauf und das Marketing relevanten Informationen haben. Dies deckt sich mit den in den vorangegangen Kapiteln genannten Inhalten von Vertriebsinformationssystemen und Database Marketing.

- **CAS als operatives Abwicklungssystem**

  Darunter fallen Teile der Vertriebsabwicklung, wie die Erfassung von Angeboten und Aufträgen, aber auch die Bearbeitung von Reklamationen und die Unterstützung bei der Durchführung von Aktionen bzw. Marketingmaßnahmen. Darüber hinaus müssen Schnittstellen zu vor- und nachgelagerten Systemen existieren, wie der Debitorenbuchhaltung (bspw. offene Posten und Kreditlimitprüfung) und der Produktionsplanung und -steuerung bzw. Warenwirtschaft (bspw. Verfügbarkeitsprüfung und Materialreservierung).

- **CAS als Außendienst-Steuerungssystem**

  Damit sind zwei Aspekte verbunden: einerseits die Steuerung der Außendienstmitarbeiter durch die Vertriebsleitung mittels entsprechender Instrumente des Vertriebscontrollings [37]; andererseits aber auch die Selbststeuerung und Selbstorganisation der Außendienstmitarbeiter durch Elemente der Kundenkontakt- [38], Termin-, Tages-, Besuchs- und Tourenplanung [39].

- **CAS als Administrationssystem**

  Dem Außendienstmitarbeiter sollen DV-Hilfen zur Erleichterung und Beschleunigung administrativer Arbeiten gegeben werden. Dazu gehören das Erstellen und Verwalten von Tages- und Besuchsberichten, aber auch die Reisekostenabrechnung.

- **CAS als Kommunikations- und Koordinationssystem**

  Dies geht über die allgemein bekannte Übertragung von E-Mails und Daten weit hinaus. Hiermit sind Funktionen eines Groupware-Systems [40] gemeint, also sowohl die Kommunikation als auch die Koordination von Informationen, Aufgaben und Vorgängen zwischen allen beteiligten Aufgabenträgern. Damit einher geht eine entsprechende DV-Systemarchitektur und die verteilte Datenhaltung.

5

Aspekte der Integration eines CAS-Systems in R/3

Bei der Integration eines Computer Aided Selling-Systems in eine integrierte betriebswirtschaftliche Standardsoftware, wie SAP R/3, gibt es einerseits fachlich konzeptionelle Aspekte, andererseits Aspekte der technischen Realisierung zu berücksichtigen. An dieser Stelle sollen und können keine erschöpfenden Betrachtungen angestellt werden, allein schon aus dem Grund, da jedes Unternehmen im Detail unterschiedliche Systemfunktionalitäten benötigt. Stattdessen sollen Fragestellungen aufgeworfen und bereits existierende Lösungen bzw. Lösungsansätze vorgestellt werden.

5.1 Fachliche Aspekte

Die vorangegangenen Kapitel haben deutlich gemacht, wie komplex die Geschäftsprozesse und Strukturen des Konsumgütervertriebs heute sind. Zur Integration eines CAS-Systems in R/3 ist daher ein sorgfältig erarbeitetes Fachkonzept erforderlich. Als Rahmen muß festgelegt werden, welche der aufgeführten bzw. im Unternehmen vorhandenen Geschäftsprozesse mit Informationssystemen unterstützt werden sollen.

Die Auftragsabwicklung wird ohne Frage zentral durch das R/3-System unterstützt. Die Aufträge, die von den Außendienstmitarbeitern im Outlet mittels CAS-System erfaßt werden, müssen möglichst zeitnah in das zentrale SAP-System importiert werden.

Da für die Auftragssteuerung, Lieferung und Fakturierung wesentliche Stammdaten benötigt werden, sollte auch die Grunddatenverwaltung, soweit möglich, zentral in R/3 erfolgen (vgl. bspw. Abbildung 5.1). Gleiches gilt für die Umsatz- und Absatzplanung, die Basis für weitere Unternehmensfunktionen ist, wie bspw. die Produktionsplanung- und steuerung oder das Controlling.

Abb. 5.1
Kundenhierarchie im SAP R/3 (SAP AG©)

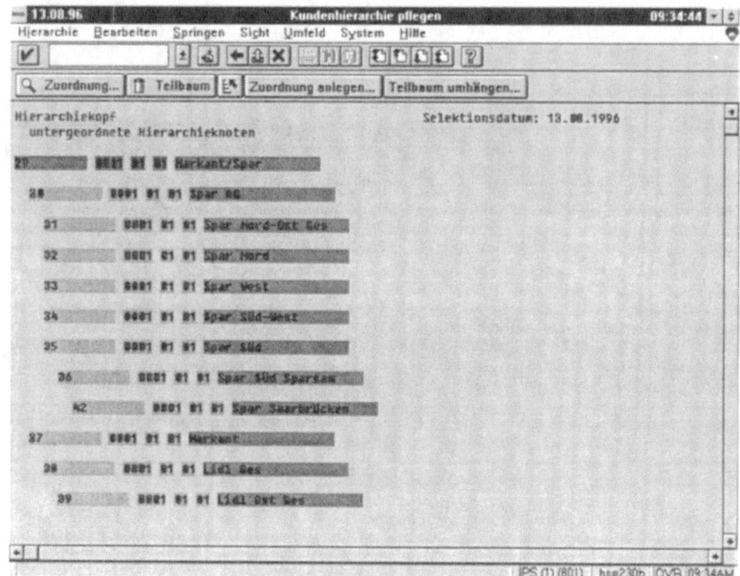

Der im Kapitel 3.1 beschriebene Geschäftsprozeß der Listung erfordert sowohl zentrale R/3- als auch dezentrale CAS-System-Funktionen. Jeder der an dem Geschäftsprozeß beteiligten Mitarbeiter, vom Vertriebsinnendienst über den KA-Manager bis hin zum Außendienstmitarbeiter, benötigt unterschiedliche Systemfunktionen und Datenstrukturen. Gleiches gilt für die Abwicklung von Aktionen und Sondermaßnahmen.

Die im Rahmen des Category Managements von dem Konsumgüterhersteller übernommenen Funkionen und Dienstleistungen erfordern neben dem SAP-System als Informationsbasis weitere Informationssysteme. Die Verarbeitung der vom Handel zur Verfügung gestellten Scannerdaten stellt hierbei sicherlich das größte Problem dar.

Wie in Kapitel 3.2 beschrieben, werden während eines Kundenbesuches von den Außendienstmitarbeitern sehr unterschiedliche Aufgaben wahrgenommen. Hierbei muß im Detail festgelegt werden, welche Funktionen systemtechnisch unterstützt werden sollen und welche Daten dem ADM dafür zur Verfügung gestellt werden.

Als wesentlicher Aspekt der Konzeption ist zu berücksichtigen, daß ein Vertriebsmitarbeiter sowohl im Vertretungsfall als auch auf Dauer die Funktionen mehrerer Aufgabenträger gleichzeitig übernimmt. Ein Außendienstmitarbeiter kann sowohl die Funktionen eines Reisenden, eines Gebietsverkaufsleiters oder auch eines regionalen KA-Managers übernehmen. Ebenso muß es möglich sein, bspw. für Urlaubsvertretungen, einem ADM die Daten eines Kollegen zur Verfügung zu stellen. Die Komplexität der hierfür erforderlichen Schnittstellen darf keinesfalls unterschätzt werden (vgl. Abbildung 5.1).

5.2 Technische Aspekte

Bei der technischen Integration eines CAS-Systems in R/3 müssen von dem Projektteam eine Reihe verschiedenartigster Aspekte betrachtet, berücksichtigt und realisiert werden. Einige wesentliche Fragestellungen, die es zu beantworten gilt, sind dabei:

Fragestellung zur technischen Integration eines CAS-Systems

- Welche Mitarbeiter sollen wann und wie oft, welche Daten erhalten? (Datenverteilungsproblematik);
- Wie sollen die Stammdaten im Innen- und Außendienst synchronisiert werden? (Transaktionsansatz oder „Tankstellenverfahren“);
- Komplette Datenübertragung versus selektive Datenübertragung? (Auch wenn eine Datenselektion von z.B. geänderten Kundenstammdaten aufwendiger ist als eine tägliche Komplettübertragung, so ist aus Gründen der Rechnerkapazität der ADM-Rechner sowie der Übertragungszeit und -kosten eine selektive Übertragung für einzelne Datenbereiche einer kompletten Übertragung vorzuziehen.);
- Zentrale Datenhaltung der Außendienstdaten auf einem separten System versus zentrale Datenhaltung auf dem integrierten Informationssystem des Unternehmens? (Beides ist möglich, erfordert aber für den zweiten Fall erhebliche Anstrengungen zur Abbildung der komplexen Datenstrukturen der ADM-Daten auf dem zentralen System.);
- Wie ist eine Neuausstattung eines Mitarbeiters mit seinen Daten möglich? (Jederzeit muß z.B. bei Rechnerausfall eine Neuausstattung eines ADM mit allen für ihn relevanten Daten möglich sein.);
- Wie sollen die Daten der Außendienstmitarbeiter gesichert werden? (Alle Daten der ADM müssen zentral auch zum Zweck der Neuausstattung gesichert werden.);
- Wie wird die Datensicherheit gewährleistet? (Jeder ADM hat einen Datenteilbereich, der private Daten enthält; andererseits muß abgesichert sein, daß bei der Datenübertragung

nicht geheime Firmendaten abgehört werden; desweiteren dürfen die Daten auf dem Rechner eines ADM, z.B. bei Diebstahl, nicht jedermann zugänglich sein.);

- Wie sollen die Daten zum/vom Außendienst übertragen werden? (DFÜ per Modem, ISDN, Funk, ...);
- Wie soll das CAS-System in SAP R/3 integriert werden? (Per Batch-input-Mappen, Remote Function Calls (RFC) oder Application Link Enabling (ALE));
- Wie soll die Datenselektion und -übertragung in die bestehenden Rechenzentrumsabläufe eingebunden werden?
- Wie können die Datenselektionen und -übertragung automatisiert abgewickelt werden?

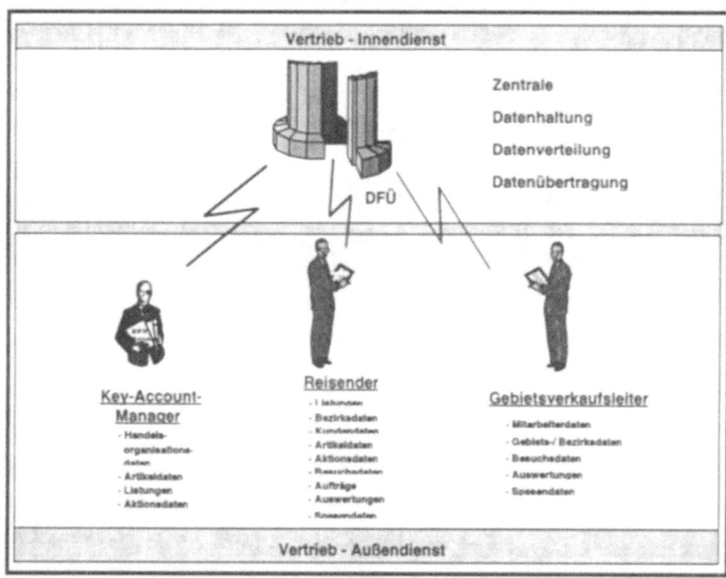

Abb. 5.2 Datenübertragung zwischen Vertriebsinnen- und Vertriebsaußendienst

In Abbildung 5.2 ist bspw. für die einzelnen Mitarbeiter des Vertriebsaußendienstes die Datenhaltung, -verteilung und -übertragung skizziert. Allein die Tatsache, daß die einzelnen Mitarbeiter des Vertriebs teils unterschiedliche, teils identische Daten in einer definierten Abfolge nacheinander benötigen, wirft unzählige Fragen auf.

Im Rahmen eines Wettbewerbs, der von SAP und Apple Computer im Jahre 1994 ausgeschrieben wurde, sind eine Reihe von

ABAP/4-Funktionsbausteinen für die Schnittstelle zu SD realisiert worden. Dabei werden die Daten über Remote Function Calls (RFCs) ausgetauscht. In Abbildung 5.3 sind diese ABAP/4-Bausteine wiedergegeben [41]. In Abbildung 5.4 ist die Kommunikation zwischen R/3 und einem CAS-System mittels RFC skizziert.

Abb. 5.3
ABAP/4-Funktionsbausteine für die Schnittstelle zu SD

- **Kundendaten**
  - Übertragung einer Kundendatentabelle
  - z.B. Adresse, Klassifizierung, Jahresumsatz, Textelemente etc.
- **Ansprechpartner**
  - Abruf aller Ansprechpartner bei einem Kunden möglich
  - Abruf aller Ansprechpartner mit Querverweis auf den Kunden
- **Auftragserstellung**
  - Eingabe eines neuen Auftrags
  - Ergänzung eines Auftrags um weitere Positionen
  - Eingabe von Daten, z.B. wie Liefertermin
  - Abruf des Auftragsstatus, z.B. Lieferbestätigung, Stand der Fakturierung
- **Material- / Artikeldaten**
  - Auswahlkriterien zum Abruf von Materialdaten aus R/3 verfügbar
- **Besuchsbericht**
  - Übertragung von Besuchsberichten vom CAS-System auf R/3 möglich
- **Verkaufszahlen**
  - Abruf ausführlicher Daten über die Schnittstelle, z.B. Gut-/ Lastschriften aus bis zu 12 in R/3 gespeicherten Perioden
- **Prüftabellen**
  - Notwendige Prüftabellen werden auf das CAS-System kopiert, z.B. gültige Mengeneinheiten für Aufträge, andere Daten zur Prüfung der Plausibilität der Daten, Textelemente in der gewünschten Sprache

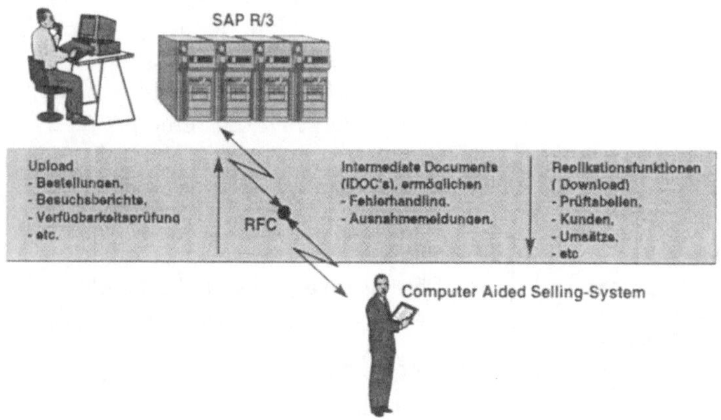

Abb. 5.4 Kommunikation R/3 - CAS-System mittels RFC

Viele Unternehmen haben zunächst aus Zeit- und Kostengründen die Anbindung an R/3 per Übertragung von sequentiellen Dateien und Einspielen von Batch-input-Mappen realisiert. Neuere Entwicklungen basieren bereits teilweise auf **ALE** (Application Link Enabling).

6 Ausblick

Vor dem Hintergrund der steigenden Wettbewerbsintensität zwischen Handel und Industrie, wird der Produktionsfaktor Information zum kritischen Erfolgsfaktor im Konsumgütervertrieb. Dies wurde am Beispiel der vernetzten Geschäftsprozesse Listung und Kundenbesuch verdeutlicht. Um aus Herstellersicht die Potentiale des Key Account-Managements ausschöpfen zu können, sind integrierte Informationssysteme im Vertrieb unerläßlich. Die Integration eines Computer Aided Selling-Systems in eine umfassende betriebswirtschaftliche Standardsoftware, wie SAP R/3, ist ein wesentlicher Schritt zur Beherrschung und Reduktion der Komplexität im Konsumgütervertrieb.

Literaturverzeichnis

[1] Zentes, J.: GDI-Monitor: Fakten, Trends, Visionen, in: Zentes, J.; Liebmann, H.-P. (Hrsg.): GDI-Trendbuch Handel No. 1, Düsseldorf, München 1996, S. 10-36.

[2] Kotler, P.; Bliemel, F.: Marketing-Management - Analyse, Planung, Umsetzung und Steuerung, 8. Aufl., Stuttgart 1995, S. 132 ff., Meffert, H.: Marketing, 7. Aufl., Wiesbaden 1991, S. 481 ff., Nieschlag, R.; Dichtl, E.; Hörschgen, H.: Marketing, 17. Aufl., Berlin 1994, S. 10 ff.

[3] Scheer, A.-W.: Wirtschaftsinformatik - Referenzmodelle für industrielle Geschäftsprozesse, 6. Aufl., Berlin et al. 1995, S. 441.

[4] Kotler, P.; Bliemel, F.: Marketing-Management - Analyse, Planung, Umsetzung und Steuerung, 8. Aufl., Stuttgart 1995, S. 1116 ff., Meffert, H.: Marketing, 7. Aufl., Wiesbaden 1991, S. 540 ff., Nieschlag, R.; Dichtl, E.; Hörschgen, H.: Marketing, 17. Aufl., Berlin 1994, S. 985 ff.

[5] Kuß, A.; Dehr, G.: Account-Management bei Konsumgütern, in: Wirtschaftswissenschaftliches Studium (WiSt), 17. Jg., 1988, Nr. 12, S. 614.

[6] Kalmbach, O.: Konzepte statt Konditionen, in: Lebensmittelzeitung, 43. Jg., 1990, Nr. 16, S. 72, o.V.: Die Rewe-Handelsgruppe: Unternehmen setzt auf Erfolg durch Vielfalt, in Rund um die Unternehmensgruppe Melitta, 1996, Nr. 1, S. 8.

[7] Zum Begriff der Distribution siehe insbesondere Ahlert, D.: Distributionspolitik, 2. Aufl., Stuttgart 1991, Ahlert, D.: Distribution, in: Tietz, B.; Köhler, R.; Zentes, J. (Hrsg.): Handwörterbuch des Marketing (HWM), 2. Aufl., Stuttgart 1995, Sp. 499-515.

[8] Zur Stellung der sogenannten Reisenden siehe Nieschlag, R.; Dichtl, E.; Hörschgen, H.: Marketing, 17. Aufl., Berlin 1994, S. 433. Vgl. auch Kotler, P.; Bliemel, F.: Marketing-Management - Analyse, Planung, Umsetzung und Steuerung, 8. Aufl., Stuttgart 1995, S. 1037 ff.

[9] Diller, H.; Gaitanides, M.; Kusterer, M.; Niewolik, C.; Westphal, J.; Wiegels, I.: Das Key-Account-Management in der deutschen Lebensmittelindustrie: Eine empirische Studie zur Ausgestaltung und Effizienz, Abschlußbericht zum Forschungsprojekt „Kundenorientierte Marketing-Organisation - Zur Effizienzbeurteilung des Kundengruppenmanagements", Hamburg 1988,
Cespedes, F. V.; Doyle, S. X.; Freedman, R. J.: Teamwork for Today´s Selling, in: Harvard Business Review, 67. Aufl., 1989, Nr. 2, S. 44 ff.,
Kuß, A.; Dehr, G.: Account-Management bei Konsumgütern, in: Wirtschaftswissenschaftliches Studium (WiSt), 17. Jg., 1988, Nr. 12, S. 610 ff.,
Zentes, J.: Verkaufsmanagement in der Konsumgüterindustrie, in: Die Betriebswirtschaft, 46. Jg., 1986, Nr. 1, S. 21 ff.,
Rau, H.: Key Account Management: Konzepte für wirksames Beziehungsmanagement, Wiesbaden 1994.

[10] Diller, H.: Key Account-Management: Alter Wein in neuen Schläuchen?, in: Thexis, 10. Jg., 1993, Nr. 3, S. 12.

[11] Meffert, H.; Kimmeskamp, G.: Industrielle Vertriebssysteme im Zeichen der Handelskonzentration, in: Absatzwirtschaft, 26. Jg., 1983, Nr. 3, S. 214 ff., Kuß, A.; Dehr, G.: Account-Management bei Konsumgütern, in: Wirtschaftswissenschaftliches Studium (WiSt), 17. Jg., 1988, Nr. 12, S. 610.

[12] Kuß, A.; Dehr, G.: Account-Management bei Konsumgütern, in: Wirtschaftswissenschaftliches Studium (WiSt), 17. Jg., 1988, Nr. 12, S. 611.

[13] Staudacher, F.: Auswirkungen der Herstellerkonzentration auf das vertikale Marketing, in: Irrgang, W. (Hrsg.): Vertikales Marketing im Wandel: Aktuelle Strategien und Operationalisierungen zwischen Hersteller und Handel, München 1993, S. 39.

[14] Diller, H.: Key-Account-Management auf dem Prüfstand, in LZ, 41. Jg., 1988, Nr. 30, S. F3.

[15] Kotler, P.; Bliemel, F.: Marketing-Management - Analyse, Planung, Umsetzung und Steuerung, 8. Aufl., Stuttgart 1995, S. 1033 ff.

[16] Scheer, A.-W.: Wirtschaftsinformatik - Referenzmodelle für industrielle Geschäftsprozesse, 6. Aufl., Berlin et al. 1995, S. 441.

[17] Keller, G.; Meinhardt, S.: SAP R/3-Analyzer, in: SAP AG (Hrsg.): SAP R/3-Analyzer Informationsbroschüre, Walldorf 1994.

[18] Vgl. Vgl. Bishop, W. Jr.: Category Management and Partnering in the U. S. Grocery Industry, Vortragstext, Hrsg. V. Willard Bishop Consulting Ltd., Barrington, Ill., o.J., S. 6,
Bishop, W. Jr.: Der Handel muß sich klar positionieren, in LZ, 44. Jg., Nr. 14, 1991, S. J6,
Diller, H.: Category Management: Schnittfelder aktueller Entwicklungen im Marketing und Management, Vortrag anläßlich der Euroforum-Konferenz „Category Management & Efficient Consumer Response" vom 24. bis 26. Oktober 1994 in München, hrsg. v. Euroforum, Köln 1994, o. S.,
Laurent, M.: Neue Typen und Strategien der vertikalen Kooperation zwischen Systemen in Industrie und Handel - Die Entwicklung eines Grundmodells und einer Typologie als Rahmen für eine empirisch gestützte Analyse, Diss., Saarbrücken 1995, S. 317 ff.

[19] Vgl. Schmitz-Hübsch, E.: CAS - Computer Aided Selling: Vernetzte Informationssysteme im Innen- und Außendienst, Landsberg am Lech 1992, S. 152 ff.

[20] Vgl. Meffert, H.: Marketing, 7. Aufl., Wiesbaden 1991, S. 482; Schmitz-Hübsch, E.: CAS - Computer Aided Selling: Vernetzte Informationssysteme im Innen- und Außendienst, Landsberg am Lech 1992, S. 15 und Tietz, B.: Die Grundlagen des Marketing, 2. Band, Die Marketing-Politik II, München 1975, S. 1144.

[21] Schmitz-Hübsch, E.: CAS - Computer Aided Selling: Vernetzte Informationssysteme im Innen- und Außendienst, Landsberg am Lech 1992, S. 19 f.

[22] Schmitz-Hübsch, E.: CAS - Computer Aided Selling: Vernetzte Informationssysteme im Innen- und Außendienst, Landsberg am Lech 1992, S. 20.

[23] Arlt, S. G.; Treffert, J.: Aufbau eines Marketing- und Vertriebsinformationssystems (MVIS) in einem mittelständischen Unternehmen, in: Handbuch der Modernen Datenverarbeitung, 30. Jg., 1993, Nr. 173, S. 106.

[24] Huldi, C.: Database-Marketing - Inhalt und Funktion eines Database-Marketing-Systems, Aspekte des erfolgreichen Einsatzes sowie organisatorische Gesichtspunkte, Dissertation, Hochschule St. Gallen, St. Gallen, 1992,
Link, J.; Hildebrand, V.: Database Marketing und Computer Aided Selling: Strategische Wettbewerbsvorteile durch neue informationstechnologische Systemkonzeptionen, München 1993,
Schüring, H.: Database Marketing, Einsatz von Datenbanken für Direktmarketing, Verkauf und Werbung, Landsberg am Lech 1991,
Shaw, R.; Stone, M.: Database Marketing, Aldershot 1988.

[25] Dallmer, H.: Methoden zur Datengewinnung im Database-Management, in: Thexis, 4. Jg., 1987, Nr. 2, S. 26.

[26] Wilde, K. D.: Database-Marketing für Konsumgüter, in: Hermanns, A.; Flegel, V. (Hrsg.): Handbuch des Electronic Marketing, München 1992, S. 792.

[27] Link, J.; Hildebrand, V.: Database Marketing und Computer Aided Selling: Strategische Wettbewerbsvorteile durch neue informationstechnologische Systemkonzeptionen, München 1993.

[28] Vgl. Heinzelbecker, K.: Marketing-Informationssysteme, Stuttgart, 1985, S. 117.

[29] Link, J.; Hildebrand, V.: Database Marketing und Computer Aided Selling: Strategische Wettbewerbsvorteile durch neue informationstechnologische Systemkonzeptionen, München 1993, S. 44.

[30 Vgl. Link, J.: Merkmale und Einsatzmöglichkeiten des Database Marketing, in: Wirtschaftswissenschaftliches Studium (WiSt), 22. Jg., 1993, Nr. 1, S. 23,
Shaw, R.; Stone, M.: Database Marketing, Aldershot 1988, S. 4. Für eine sehr detaillierte Darstellung der Konzeption und des Leistungspotentials des Database Marketing siehe Link, J.; Hildebrand, V.: Database Marketing und Computer Aided Selling: Strategische Wettbewerbsvorteile durch neue informationstechnologische Systemkonzeptionen, München 1993. Für einen Überblick über die aktuelle Verbreitung und den Einsatz des Database Marketing siehe Link, J.; Hildebrand, V.: Verbreitung und Einsatz des Database Marketing und CAS: Kundenorientierte Informationssysteme in deutschen Unternehmen, München 1994.

[31] Mertens, P.: Integrierte Informationsverarbeitung, 8. Aufl., Bd. 1 u. 2, Wiesbaden 1991, Bd. 1, S. 43,
Steppan, G.: Informationsverarbeitung im industriellen Vertriebsaußendienst - Computer Aided Selling (CAS), Berlin et al. 1990, S. 1 ff.,
Link, J.; Hildebrand, V.: Database Marketing und Computer Aided Selling: Strategische Wettbewerbsvorteile durch neue informationstechnologische Systemkonzeptionen, München 1993, S. 94 f.

[32] Raab, P.: CAS Computer Aided Selling: Wettbewerbsvorteil durch Bearbeitungsgeschwindigkeit, in: EDV Magazin, 1985, Nr. 8, S. 7 f.

[33] Hermanns, A.; Prieß, S.: Computer Aided Selling (CAS) - Computereinsatz im Außendienst von Unternehmen, München, 1987, S. 11.

[34] Encarnacao, J. L.; Lockemann, P. C.; Rembold, U. (Hrsg.): AUDIUS - Außendienst-Unterstützungssystem. Anforderungen, Konzepte und Lösungsvorschläge, Berlin et al. 1990,
Gey, T.: EDV-orientierte Außendienststeuerung - Einsatz in der Konsumgüterindustrie, Wiesbaden 1990,
Jantzen, W.; Friedemann, J. C.: Personal-Computereinsatz im Verkauf, Landsberg am Lech 1985,
Schmitz-Hübsch, E.: CAS - Computer Aided Selling: Vernetzte Informationssysteme im Innen- und Außendienst, Landsberg am Lech 1992,
Zentes, J.: Außendienststeuerung - Konstruktion und Implementierung eines computergestützten Entscheidungssystems, Stuttgart 1980.

[35] Link, J.; Hildebrand, V.: Database Marketing und Computer Aided Selling: Strategische Wettbewerbsvorteile durch neue informationstechnologische Systemkonzeptionen, München 1993, S. 95.

[36] Heilmann, H. (Hrsg.); Dornis, P.; Herzig, A.: Marktspiegel: CAS-Standardsoftware zur dezentralen Vertriebs- und Außendienststeuerung mit PC, Köln 1992,
Herzig, A.: Computer Aided Selling (CAS) - Einordnung heutiger Standardsoftware in Vertriebsstrategien und -systeme, in Handbuch der Modernen Datenverarbeitung, 30. Jg., 1993, Nr. 173, S. 47 ff.,

Arlt, S. G.; Treffert, J.: Aufbau eines Marketing- und Vertriebsinformationssystems (MVIS) in einem mittelständischen Unternehmen, in Handbuch der Modernen Datenverarbeitung, 30. Jg., 1993, Nr. 173, S. 106 f.

[37] Zur detaillierten Darstellung des Vertriebscontrolling mit Verweisen auf vertiefende Literatur, siehe Witt, F.-J.: Kundenorientiertes Vertriebscontrolling, in Handbuch der Modernen Datenverarbeitung, 30. Jg., 1993, Nr. 173, S. 56 ff.

[38] Zur Kundenkontaktplanung siehe Reilly, K.; Baron, E.: Teaching Salespeople the Five 'Ws' and the 'H' of Sales Call Planning, in: Business Marketing, 71. Jg., 1986, Nr. 8, S. 62 ff., Mertens, P.: Industrielle Datenverarbeitung 1: Administrations- und Dispositionssysteme, 7. Aufl., Wiesbaden 1988, S. 64 ff.

[39] Zum Stand und der Weiterenwicklung der Tourenplanung siehe Derigs, U.; Grabenbauer, G.: Rechnergestützte Vertriebstourenplanung, in: Handbuch der Modernen Datenverarbeitung, 30. Jg., 93, Nr. 173, S. 116 ff.

[40] Der Begriff Groupware bezeichnet kommerzielle Softwarelösungen zur Unterstützung kooperativen Arbeitens. Er gehört zum Bereich des „Computer Supported Cooperative Work (CSCW). Das Forschungsgebiet des CSCW befaßt sich mit der Rechnerunterstützung kooperativen Arbeitens. Ziel ist es, die Zusammenarbeit von Menschen in Teams durch den Einsatz von Informations- und Kommunikationstechnik zu verbessern. Vgl. Aurich-Haider, A.; Bogdany, C. v.; Gronau, N.: Groupware-Einsatz in Vertrieb und Außendienst in: CIM Management, 11. Jg., 1995, Nr. 5, S. 30, Hasenkamp, U.; Syring, M.: CSCW - Computer Supported Cooperative Work, Bonn 1994.

[41] Treitz, R.: SAP R/3 und mobile Datenverarbeitung - Ergebnisse des Wettbewerbs „Call for Innovation", SAP AG (Hrsg.), Walldorf 1994.

Kapitel 14

Landesspezifische Geschäftsprozesse bei der Einführung von SAP R/3® in globalen Unternehmen: Hemmschuh oder Quelle von Wettbewerbsvorteilen?

Prof. Dr. rer. pol. Michael Rebstock

Managementberater und Professor für Betriebswirtschaftslehre und betriebswirtschaftliche Informationsverarbeitung, Fachhochschule Darmstadt

Dipl.-Kfm. Johannes G. Selig

Director R&D, SAP Japan Co., Ltd.

1 Landesspezifische Geschäftsprozesse und globale Unternehmen

Anläßlich der weltweiten Einführung des integrierten Standardsoftwaresystems SAP R/3 stehen global tätige Unternehmen vor der Aufgabe, für alle Unternehmenseinheiten gültige Strukturen von Geschäftsprozessen[1] zu ermitteln und durch das System R/3 abzubilden. Dabei werden diese Unternehmen mit der Frage konfrontiert, wie auf die spezifischen Anforderungen an Geschäftsprozesse seitens der einzelnen Landesgesellschaften zu reagieren ist. Verursachen diese Anforderungen lediglich zusätzlichen Aufwand, den es zu vermeiden gilt, oder kann durch sie ein zusätzlicher Nutzen für das Gesamtunternehmen erschlossen werden?

In diesem Beitrag wird die Rolle von und der Umgang mit landesspezifischen Geschäftsprozessen im Rahmen der Einführung des Systems SAP R/3 untersucht. Dazu wird zunächst ein allgemeines Schema von Determinanten der Struktur von Geschäftsprozessen vorgestellt, das landesspezifische Einflußfaktoren integriert. Die landesspezifischen Faktoren werden näher erläutert. Anschließend wird die Rolle und Bedeutung von landesspezifischen Geschäftsprozessen insbesondere in der Analysephase eines Projekts beleuchtet. Dazu werden verschiedene Strategien des Umgangs mit landesspezifischen Geschäftsprozessen dargestellt und auf ihre Erfolgswahrscheinlichkeit hin untersucht. Es wird aufgezeigt, daß die Untersuchung landesspezifischer Geschäftsprozesse nicht nur Aufwand verursacht, sondern auch positive Ergebnisse hervorbringen kann. Schließlich wird ein Konzept zur Vorgehensweise und Projektorganisation in globalen Unternehmen entwickelt, das auf die besonderen Anforderungen eingeht, die von landesspezifischen Geschäftsprozessen an Prozeßoptimierung und Einführung von R/3 gestellt werden. Erste Erfahrungen aus der Praxis globaler Einführungsprojekte demonstrieren die Bedeutung eines solchen Konzepts.

2 Einflüsse auf die Struktur von Geschäftsprozessen

Die Struktur von Geschäftsprozessen wird durch eine Vielzahl von Faktoren beeinflußt.[2] Diese Faktoren können einzelnen Dimensionen zugeordnet werden. Fünf Dimensionen sind zu unterscheiden:

- Weltwirtschaft
- Konzern
- Branche
- Land
- Einzelunternehmung

Diese Dimensionen überschneiden sich hinsichtlich Ihrer Einflüsse auf konkrete Geschäftsprozesse. Abb. 2.1 verdeutlicht diesen Zusammenhang.

Abb. 2.1
Dimensionen der Einflußfaktoren

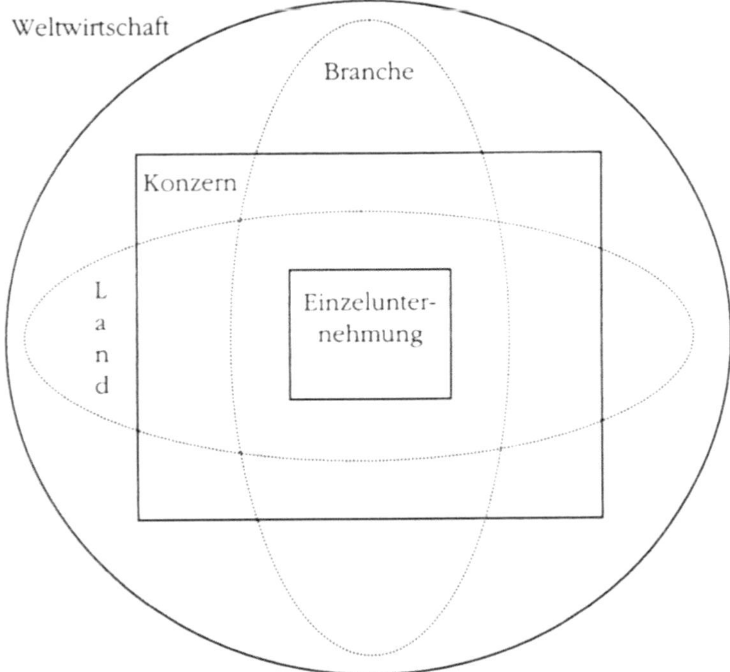

Tab. 2.1
Einflußfaktoren auf Geschäftsprozesse

Weltwirtschaft
• Weltpolitische Rahmenbedingungen
• Natürliche Rahmenbedingungen des globalen Transports
• Globale infrastrukturelle Rahmenbedingungen
• Allgemeine technologische Entwicklung
• Rahmenvereinbarungen des Welthandels
• Länderzusammenschlüsse
• Weltwirtschaftliche Entwicklung
Konzern
• Konzernstrategie
• Länderpräsenz
• Technologie und Ressourcen
• Organisatorische Konzernstrukturen
• Rechtliche Konzern- und Konzernkonsolidierungsstrukturen
• Wirtschaftliche Situation
• Konzernkultur
Branche
• Branchenpolitische Rahmenbedingungen
• Material-, produkt- und produktionstechnische Spezifika
• Branchenstrukturen und Marktbesonderheiten
• Rechtliche und kaufmännische Besonderheiten
• Wirtschaftliche Situation und Entwicklung der Branche
• Branchenkultur und -selbstverständnis
Land
• Wirtschaftspolitische Rahmenbedingungen
• Natürliche und geographische Rahmenbedingungen
• Infrastrukturelle Rahmenbedingungen
• Landesspezifische Markt- und Organisationsstrukturen
• Rechtliche Rahmenbedingungen
• Ökonomische Rahmenbedingungen
• Geschäftspraktiken und andere kulturelle Faktoren
Einzelunternehmung
• Unternehmensstrategie
• Standort
• Technologie und Ressourcen
• Unternehmensstruktur, -größe und Marktbeziehungen
• Rechtsform
• Wirtschaftliche Situation
• Unternehmenskultur

Bei der **weltwirtschaftlichen Dimension** handelt es sich um die globalen Rahmenbedingungen, innerhalb derer weltweit tätige Unternehmen agieren. Die Dimension **Konzern** umfaßt die für das Gesamtunternehmen vorgegebenen, für alle Landesgesellschaften relevanten Rahmenbedingungen innerhalb eines Konzerns. Die Dimension **Branche** umfaßt Bedingungen, die auf den spezifischen Gegebenheiten der jeweiligen Branche beruhen, in denen ein Unternehmen aktiv ist. Ein globales Unternehmen ist dabei häufig in mehreren Branchen tätig. Die Dimension **Land** schließlich umfaßt die in diesem Beitrag besonders zu beleuchtenden Bedingungen, die auf den nationalen Gegebenheiten des Landes beruhen, in dem eine Landesgesellschaft des globalen Unternehmens aktiv ist. Die Organisations- und Prozeßstrukturen eines Unternehmens sind durch diese vier Dimensionen jedoch noch nicht determiniert. Eine letzte Dimension stellt daher das **einzelne Unternehmen** selbst dar, d. h. eine einzelne Landesgesellschaft innerhalb eines globalen Konzerns mit den ihr eigenen, spezifischen Bedingungen.

Den Dimensionen können einzelne Faktoren nach Tab. 2.1 zugeordnet werden. Da in diesem Beitrag nur **landesspezifische Einflußfaktoren** näher beleuchtet werden, zeigt Tab. 2.2 eine detailliertere Übersicht über diese im folgenden zu diskutierenden Faktoren.[3] Den landesspezifischen Einflußfaktoren auf Geschäftsprozesse wurde bisher eher weniger Aufmerksamkeit gewidmet. Die Erfahrungen, die im Rahmen der zunehmenden Zahl von Projekten zur globalen Einführung von SAP R/3 gemacht werden, zeigen jedoch, daß landesspezifischen Anforderungen an Geschäftsprozesse eine große Bedeutung zukommt. Wie sich in der Projektpraxis zeigt, sind einige der Probleme, mit denen diese Projekte zu kämpfen haben, auf die mangelnde Berücksichtigung der landesspezifischen Anforderungen zurückzuführen.

Kategorien der landesspezifischen Einflußfaktoren

Wirtschaftspolitische Rahmenbedingungen als erste Kategorie dieser landesspezifischen Einflußfaktoren beeinflussen unter anderem etwa Geschäftsprozesse in den Bereichen der Import- und Exportabwicklung.

Tab. 2.2 Landesspezifische Einflüsse auf Geschäftsprozesse

Wirtschaftspolitische Rahmenbedingungen
• Tarifäre und nichttarifäre Handelshemmnisse
• Staatliche Eingriffe in Wirtschaftsbereiche
• Unterstützung von Wirtschaftsbereichen
Natürliche und geographische Rahmenbedingungen
• Geographische Gegebenheiten
• Ressourcen und Bodenschätze
• Bevölkerungszahl und -verteilung
Infrastrukturelle Rahmenbedingungen
• Verkehrsinfrastruktur
• Kommunikationsinfrastruktur
Landesspezifische Markt- und Organisationsstrukturen
• Markt- und Wirtschaftsstrukturen
• Arbeits- und Beschäftigungsstrukturen
• Organisationsstrukturelle Besonderheiten
Rechtliche Rahmenbedingungen
• Handelsrecht
• Steuerrecht
• Arbeitsrecht und Sozialgesetze
• Ökologische Gesetze
Ökonomische Rahmenbedingungen
• Wachstumsrate
• Inflationsrate
• Beschäftigungszahlen
Geschäftspraktiken und andere kulturelle Faktoren
• Kaufgebräuche
• Verhandlungsgebräuche und -verhalten
• Vertragsgebräuche
• Organisationskulturelle Besonderheiten

Nationale Vorgaben führen hier i. d. R. zu unterschiedlichen Prozeßstrukturen in den einzelnen Landesgesellschaften mit teilweise erheblichen Komplexitätsunterschieden. Zu Vorgaben in diesem Sinn zählen insbesondere tarifäre und nichttarifäre Handelshemmnisse, wie bspw. Zölle, Kontingente und Normen. Aber auch staatliche Eingriffe in und Unterstützung von bestimmten Wirtschaftsbereichen können Auswirkungen auf Geschäftsprozesse nach sich ziehen. Dies gilt etwa für die Abwicklung und Dokumentation von Subventionen und anderen Fördermaßnahmen.

Die zweite Kategorie, ***natürliche und geographische Rahmenbedingungen*** eines Landes, beeinflußt die Gestaltung und Bedeutung von Geschäftsprozessen ebenfalls in vielerlei Hinsicht. In einem Land mit knapper bebaubarer Fläche und dementsprechender enger Bebauung ist die optimale Nutzung der zur Verfügung stehenden Fläche notwendig. Eine Produktion in kleinen Losen und eine möglichst geringe Beanspruchung von Lagerflächen durch häufige Anlieferprozesse sind nur zwei Folgen dieses Umstandes. Die im System R/3 implementierten Strukturen müssen in diesem Fall etwa eine einfachere und schnellere Abwicklung der Prozesse erlauben. In Flächenländern muß häufig mit mehreren verteilten Lägern statt einem Zentrallager gearbeitet werden. Auch in Ländern mit knapper Fläche können mehrere Läger zu finden sein, wenn etwa aufgrund Erdbebengefahr aus Sicherheitsgründen ein zweites Lager geführt wird. Die logistischen Prozesse müssen in dem jeweiligen Land auf diese veränderte Struktur hin angepasst werden. Aber auch Verfügbarkeitsprüfungen müssen dann bspw. gegen mehrere Lagerbestände laufen.

Die Verkehrsinfrastruktur als Element der dritten Kategorie, der ***infrastrukturellen Rahmenbedingungen***, umfaßt die Art, Verfügbarkeit und Qualität von Verkehrswegen und Transportmitteln. Ein gut ausgebautes Straßennetz und die Verfügbarkeit ausreichender Transportmittel etwa erlaubt die Belieferung von Kunden innerhalb kurzer Zeit nach der Bestellung und führt so zu schnelleren, damit aber oft auch komplexeren Prozeßvarianten gegenüber einem Land, in dem die infrastrukturellen Bedingungen weniger gut sind.

Die Kommunikationsinfrastruktur, d. h. die Art, Verfügbarkeit und Qualität von Kommunikationsmedien und Kommunikationsnetzen, zeigt ebenfalls Einflüsse auf die Struktur von Geschäftsprozessen. Hierbei ist insbesondere die Verfügbarkeit elektronischer Kommunikationsmedien bedeutsam. Ein Austausch von Geschäftsdaten per **EDI** (**E**lectronic **D**ata **I**nterchange) und eine darauf basierende Verkoppelung der Geschäftsprozesse von bspw. Kunde und Lieferant setzt trivialerweise eine entsprechende Verfügbarkeit dieser Infrastruktur voraus. Auch bspw. die Frage, ob und mit welchem Aufwand sich die *Workflow-Komponenten* des Systems R/3 in einer Landesgesellschaft *sinnvoll* implementieren lassen, wird von der dort verfügbaren Kommunikationsinfrastruktur beeinflußt. *Electronic Commerce* und *CSCW* (Computer Supported Cooperative Work) verändern Geschäftsprozesse in großem Umfang. Voraussetzung hierfür ist ebenfalls die Verfügbarkeit entsprechender Infrastruktur, insbesondere in Form von *Internet* und *Intranets.*

Zu ***landesspezifischen Markt- und Organisationsformen*** als der vierten Kategorie von Einflußfaktoren zählen der Verflechtungs- und Konzentrationsgrad des nationalen Marktes, aber auch die Organisationsform und der Organisationsgrad von Arbeitnehmerinteressen. Von diesen Faktoren gehen ebenfalls Einflüsse auf Geschäftsprozesse aus. So spielen in einer hochgradig verflochtenen Wirtschaft etwa ausgefeilte Prozesse zur Marktforschung, Angebotsanalyse oder Lieferantenbeurteilung eine eher geringe Rolle, wenn ein Großteil der Lieferbeziehungen durch die Mitgliedschaft in Konsortien, Verbünden oder ähnlichen Gruppierungen bereits festgelegt ist.

Der Einfluß ***rechtlicher Rahmenbedingungen*** auf Geschäftsprozesse liegt in vielen Fällen unmittelbar auf der Hand. Handelsrechtliche Regelungen (inkl. Rechnungslegungs- und Veröffentlichungspflichten), Steuerrecht oder Arbeitsrecht stellen Vorgaben für betriebliche Prozesse dar. Daß auch ökologisch motivierte Gesetzgebung zu deutlichen Auswirkungen auf Geschäftsprozesse führen kann, läßt sich derzeit in Europa anhand der - bisher allerdings freiwilligen - Realisierung der EU-Verordnung zum Öko-Audit in Unternehmen beobachten.

Nationale ***ökonomische Rahmenbedingungen*** stellen weitere wichtige Einflußfaktoren dar. In Ländern mit hohen Inflationsraten werden bspw. besondere finanzwirtschaftliche Prozesse notwendig. Auch Order- und Vertriebsprozesse weisen unter solchen Bedingungen abweichende Strukturen auf.

Der Bereich der ***Geschäftspraktiken und anderer kultureller Faktoren*** schließlich umfaßt landesspezifische Kauf-, Verhandlungs- und Vertragsgebräuche sowie spezifische organisationskulturelle Besonderheiten. Das Ausmaß der organisatorischen Strukturierung und Programmierung von Orderprozessen bspw., aber auch der Grad der Autonomie von Sachbearbeitern innerhalb dieser Prozesse, wird stark durch die Kultur eines Landes beeinflußt. Komplexe Vertriebsprozesse mit detaillierten Angeboten oder Auftragsbestätigungen fehlen möglicherweise ganz in einem Land, in dem mündliche Absprachen einen hohen Stellenwert einnehmen. Vertriebs- und Serviceprozesse werden insgesamt umfangreicher gestaltetet, je nach vorherrschendem Grad der Kundenorientierung in einem Land. Mahnprozeduren entfallen in Ländern mit allgemein sehr engen Geschäftsbeziehungen zum Teil ersatzlos.

Durch die Kombination der Einflüsse dieser landesspezifischen Rahmenbedingungen entsteht für jede Landesgesellschaft einer globalen Unternehmung ein häufig **einzigartiges Set** an Prozeßstrukturen.

3 Strategien des Umgangs mit landesspezifischen Geschäftsprozessen

In praktisch allen Projekten zur weltweiten Einführung der Standardsoftware SAP R/3 ist mit landesspezifischen Anforderungen an Geschäftsprozesse umzugehen. Ohne Frage kann dieser Umstand **großen finanziellen und zeitlichen Projektaufwand** verursachen, ohne Frage erhöht eine vollständige Analyse, Modellierung und anschließende Berücksichtigung landesspezifischer Geschäftsprozesse die Projektkomplexität erheblich. Es ist verständlich, daß globale Unternehmen versuchen, bei Analyse und Modellierung der Geschäftsprozesse im Rahmen der Standardsoftwareeinführung diesen Aufwand möglichst niedrig zu halten. Landesspezifische Anforderungen werden vor diesem Hintergrund oft als Hemmschuh und **kostentreibendes Übel** angesehen, dem es auszuweichen gilt.

Welche Alternativen bieten sich Unternehmen, auf landesspezifische Anforderungen zu reagieren? Tab. 3.1 gibt drei grundsätzliche Strategien des Umgangs mit diesen Anforderungen wieder.

Tab. 3.1 Strategien des Umgangs mit landesspezifischen Anforderungen im Rahmen der Standardsoftwareeinführung

1.	**Dezentrale Gestaltung landesspezifischer Geschäftsprozesse**
2.	**Zentrale Gestaltung global gültiger Geschäftsprozesse**
3.	**Koordinierte Gestaltung landesspezifischer Geschäftsprozesse**

Strategie 1

Die dezentrale Vorgehensweise nach Strategie 1 bedeutet, daß das globale Unternehmen **keine** weltweite Koordination und gegebenenfalls Harmonisierung der Geschäftsprozesse seiner Landesgesellschaften anstrebt. Die Einführung des Systems R/3 und die damit zusammenhängende Gestaltung der Geschäftsprozesse wird in diesem Fall durch die einzelnen Landesgesellschaften gesteuert. Ein globales Projektteam beschränkt sich, falls überhaupt existent, allein auf die technische Einführungsberatung. Diese Strategie vermeidet **prima facie** globalen Koordinierungs- und Harmonisierungsaufwand und hält somit den Projektaufwand niedrig. Dabei wird jedoch übersehen, daß diese Strategie in der Regel zu höherem *Folgeaufwand* führt, dann nämlich, wenn nach der Einführung von R/3 die fehlende Koordination der Geschäftsprozesse und Systemstrukturen zu Reibungsverlusten innerhalb des Gesamtunternehmens führt. Die Effizienz und Effektivität von Informations- und ggf. auch Güterflüssen wird mit größerer Wahrscheinlichkeit durch inkompatible Informations- und Prozeßstrukturen beeinträchtigt. Außerdem verschenkt diese Strategie, wie gleich zu argumentieren sein wird, *Lernchancen* und damit potentielle *Wettbewerbsvorteile* für das Gesamtunternehmen.

Strategie 2

Die zweite Strategie stellt gewissermaßen das Gegenteil der ersteren dar. Um den Projektaufwand niedrig zu halten, versucht das Unternehmen in diesem Fall, jeweils nur **eine** Version je Geschäftsprozeß zu entwickeln, die dann, so die Idee, in **allen** Landesgesellschaften in gleicher Form implementiert wird. Diese Strategie umfaßt zwar in der Regel bereits eine minimale Anpassung des Systems R/3 an die jeweiligen Länder durch technische Parametrisierung im Rahmen des Customizing, da ohne diese Maßnahmen das System für die jeweilige Landesgesellschaft praktisch nicht nutzbar ist. Sie beabsichtigt aber eben keine landesspezifische Anpassung von *Geschäftsprozessen*, sondern verfolgt das Ziel, jeweils nur eine Version je Geschäftsprozeß *(Ma-*

ster Process) zu entwerfen und im System R/3 zu implementieren. Dieser Prozeß soll in allen Landesgesellschaften zum Einsatz kommen. Die Prozesse der einzelnen Landesgesellschaften, so die Erwartung, sollten sich standardisieren lassen. Der zeitliche, personelle und finanzielle Projektaufwand soll auf diese Weise überschaubar bleiben. Hierbei wird jedoch übersehen, daß die oben beschriebenen landesspezifischen Geschäftsprozesse teilweise bereits durch gesetzliche oder ähnliche imperative Rahmenbedingungen vorgegeben sind und sich daher auch bei gutem Willen der jeweiligen Landesgesellschaft nicht standardisieren lassen. Spezifische Anforderungen führen dann dazu, daß von einem globalen Standard abgewichen werden muß - womit wiederum ein größerer Folgeaufwand aufgrund von Reibungsverlusten oder notwendiger Koordinierung ex post verursacht wird.

Obwohl zu Beginn mit höherem Aufwand verbunden, erscheint Strategie 3 daher letztlich am erfolgversprechendsten. Dabei werden Geschäftsprozesse landesspezifisch analysiert. Im Unterschied zu Strategie 1 wird in diesem Fall allerdings ein **Abgleich** und ggf. eine **Harmonisierung** der Geschäftsprozesse über alle Landesgesellschaften angestrebt. Nur auf diese Weise können landesspezifische Erfordernisse vor der Einführung der Standardsoftware erkannt und bei der Implementation berücksichtigt werden. Zweifellos erhöht dieser Umstand den zeitlichen und finanziellen Projektumfang in der Planungs- und Analysephase. Ohne daß hierzu bereits gesicherte empirische Befunde vorliegen, legen Projekterfahrungen jedoch die Vermutung nahe, daß eine Berücksichtigung der landesspezifischen Erfordernisse bereits in der Analyse- und Designphase einen *insgesamt* geringeren Aufwand nach sich zieht als die nachträgliche Realisierung der sich bei der Einführung oder gar erst im laufenden Betrieb der Landesgesellschaft als notwendig herausstellenden zusätzlichen, eben landesspezifischen, Systemmerkmale.

Strategie 3

In diesem Beitrag wird deshalb nicht nur argumentiert, daß eine Untersuchung und Modellierung der landesspezifischen Geschäftsprozesse ohnehin notwendig, sondern auch, daß diese *sinnvoll* und *vorteilhaft* ist. Der auf den kompletten Lebenszyklus bezogen niedrigere Gesamtaufwand ist jedoch nicht der einzige Grund für Strategie 3. Die Analyse der Geschäftsprozesse bietet darüber hinaus in großem Umfang *Lernchancen*, deren erfolgsrelevantes Potential bisher von globalen Einführungsprojekten meist vernachlässigt wurde.

Wie oben dargestellt, vereint jede Landesgesellschaft ein einzigartiges Set an Prozessen und Praktiken, die auf den verschiedenen landesspezifischen Einflußfaktoren beruhen oder durch diese mitverursacht sind. Bei näherer Betrachtung zeigt sich, daß einige dieser spezifischen Prozeßvarianten im globalen Vergleich erfolgreicher sind als andere, weil sie zu schnelleren, kostengünstigeren oder qualitativ hochwertigeren Ergebnissen führen. In der Zusammenschau über das Gesamtunternehmen ergibt sich damit eine Auswahl an unterschiedlich erfolgreichen Geschäftsprozessen für einzelne Aufgabenstellungen. Es gilt für globale Unternehmen die *Lernchancen*, die in diesen Unterschieden liegen, zur Optimierung ihrer Geschäftsprozesse weltweit zu nutzen und so *Wettbewerbsvorteile* zu gewinnen. Im nächsten Abschnitt wird eine Vorgehensweise entwickelt, die es Unternehmen gestattet, diese Lernchancen wahrzunehmen.

Die Idee, das Erfahrungspotential landesspezifischer Geschäftsprozesse zur Prozeßoptimierung einzusetzen, ist grundsätzlich nicht neu. Konzepte wie **Kaizen** und **TQM** (Total Quality Management), **Lean Management** und **Kanban, Target Costing** oder **Activity Based Costing** demonstrieren, wie die in einem Land erfolgreich ausgeübten Praktiken durch Untersuchung und Strukturierung weltweit nutzbar gemacht wurden. So, wie diese Praktiken von Forschern und Beratern für globale Unternehmen auf einem allgemeinen Niveau verfügbar gemacht wurden, können *erfolgreiche* Geschäftspraktiken einer Landesgesellschaft *innerhalb* eines globalen Unternehmens auf einem *detaillierteren* Niveau für alle anderen Landesgesellschaften dieses globalen Unternehmens verfügbar gemacht werden.

Bereits in der Vergangenheit wurden seitens der SAP AG wesentliche Elemente landesspezifischer Anforderungen für die offiziell unterstützten Länder realisiert. Bereits heute enthält das System R/3 für alle diese Länder zumindest die unmittelbar notwendigen Landesspezifika, d. h. insbesondere technische und rechtliche Anforderungen. Das Umsetzen von Strategie 3 bedeutet aber hinsichtlich des Systems R/3 eben nicht lediglich eine Lokalisierung der Anwendung durch Anpassung von Sprache, Code pages, Tabellen, Zahlen-, Datums- und Währungsformaten, sondern die koordinierte Gestaltung und *Abbildung* landesspezifischer Geschäftsprozesse im System. Aufgrund des hohen damit verbundenen Aufwandes ist eine solche Berücksichtigung landesspezifischer Geschäftsprozesse **bereits im Auslieferungszustand** des Systems R/3 (heute) nicht gegeben.

4

Vorgehensweise und Projektorganisation in globalen Unternehmen

Wie ist vorzugehen, um die in den landesspezifischen Geschäftsprozessen liegenden Lernpotentiale nutzbar zu machen? Im folgenden werden einige Hinweise zu Vorgehensweise und Organisation weltweiter Einführungsprojekte gegeben.[4]

semi-dynamische Zusammensetzung des Projektteams

Zur Durchführung eines entsprechenden Projektes empfiehlt sich eine semi-dynamische Zusammensetzung des Projektteams. Ein Kernteam von wenigen Mitarbeitern betreut das Projekt über die gesamte Projektdauer. Dieses Kernteam kann sich aus unternehmenseigenen und externen Mitarbeitern zusammensetzen. Es sollte in jedem Fall möglichst international besetzt sein, um eine erhöhte Sensibilität für landesspezifische Anforderungen zu gewährleisten. Zur Erhebung dieser Anforderungen wird das Kernteam ergänzt um Mitarbeiter der jeweilig betroffenen Landesgesellschaft oder externe Berater mit Firmensitz im betreffenden Land. Diese Personen übernehmen später die Aufgabe der Implementierung und Betreuung vor Ort. Je Land ändert das Projektteam somit teilweise seine Zusammensetzung. Das Kernteam hat die Funktion, die oben beschriebenen Lernchancen wahrzunehmen und dadurch einen supranationalen Transfer von Know-how innerhalb des globalen Unternehmens zu gewährleisten.

Bei der Analyse in den jeweiligen Landesgesellschaften ist zu unterscheiden zwischen denjenigen Prozeßstrukturen, die durch gesetzliche Regelungen oder andere nationale Rahmenbedingungen zumindest kurz- oder mittelfristig fixiert sind, und solchen, die zu den frei gewählten oder historisch gewachsenen Geschäftspraktiken gehören. Gerade in letzteren liegt ein Großteil des Lernpotentials.

Um dieses Lernpotential allgemein verfügbar zu machen, sind potentiell zunächst alle Geschäftsprozesse aller Landesgesellschaften zu untersuchen und zu modellieren. Um den Projektaufwand allerdings zu beschränken, bietet es sich an, das Wissen der jeweiligen Landesgesellschaften zu nutzen und in einem mehrstufigen Verfahren aktiv einzubringen. Einen Überblick über eine entsprechende Vorgehensweise gibt Abb. 4.1.

Demnach sollten Landesgesellschaften zunächst aufgefordert werden, die nach ihrer Überzeugung *erfolgreichen* Geschäftsprozesse zu *benennen*. Parallel dazu sind diejenigen Prozesse zu benennen, die aufgrund rechtlicher und ähnlich imperativer Rahmenbedingungen im jeweiligen Land *unbedingt* erforderlich sind. Alle benannten Prozesse werden landesspezifisch modelliert. Weisen einzelne Regionen, in denen mehrere Landesgesellschaften aktiv sind, sehr große Ähnlichkeiten hinsichtlich der dargestellten Rahmenbedingungen auf, so kann das dominierende Land dieser Region als **Lead Country** definiert werden.[5] Die in diesem Land analysierten Prozesse bilden als **Lead Processes** die Vorgabe für weitere Länder der Region.

In der an die Analyse anschließenden Bewertung werden die als erfolgreich benannten Prozesse auf verallgemeinerbare Merkmale untersucht. Solche Charakteristika werden in einen Katalog der *„Best Business Practices"* aufgenommen. Daneben werden die nach einem Review als tatsächlich landesspezifisch notwendig beurteilten Prozesse in einen weiteren Katalog aufgenommen.

Auf Basis des aggregierten Wissens über erfolgreiche Geschäftspraktiken kann nun zunächst eine weltweite **Harmonisierung** von Geschäftsprozessen durchgeführt werden, die für die einzelnen Landesgesellschaften zur Verbesserung eines Teils und ggf. zur Bestätigung eines anderen Teils ihrer Prozesse führt. Anschließend sind auf Basis des Katalogs der landesspezifischen Erfordernisse notwendige **Modifikationen** vorzunehmen. Diese Prozesse werden schließlich im System R/3 realisiert und implementiert.

Der Prozeß der Geschäftsprozeßoptimierung ist *fortlaufend*. Bereits bei der Implementierung kann es sich zeigen, daß weitere Modifikationen vorzunehmen sind. In diesem Fall wird eine Neubewertung der entsprechenden Prozesse notwendig, die sich ggf. auf den Katalog der *"Best Business Practices"* auswirkt und zu entsprechenden Anpassungen von Prozessen und Systemmerkmalen führt. Neue Anforderungen, die sich aus den laufenden Operationen ergeben, können sich in gleicher Weise auf die Bewertung der modellierten Prozesse auswirken oder gar eine abermalige Analyse und Modellierung notwendig machen.

Abb. 4.1
Vorgehensweise weltweite Analyse

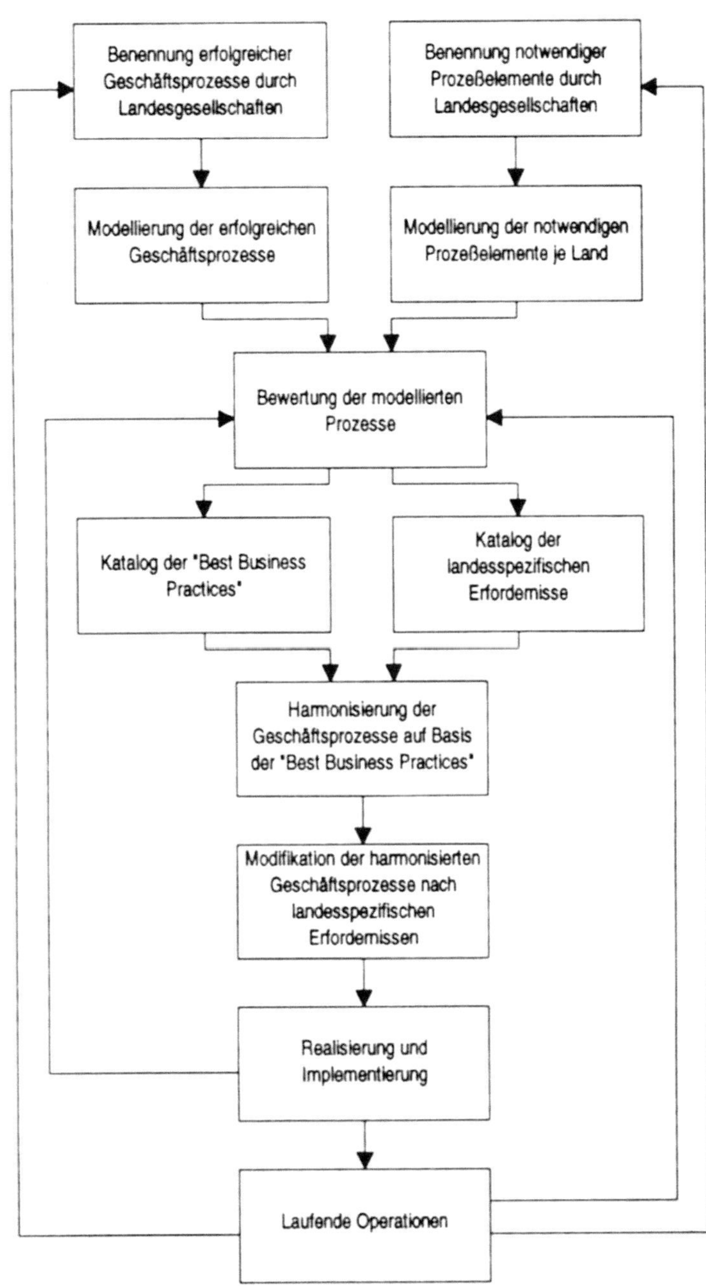

Im Sinne eines *„kontinuierlichen Prozeßverbesserungsprozesses"* werden Prozeßmerkmale damit fortlaufend weiterentwickelt. Dieses Vorgehen setzt ein entsprechend flexibles Konfigurations- und Modellierungswerkzeug voraus, wenn Verbesserungen direkt in der Standardsoftware nachvollzogen werden sollen. Mit der *Business Engineering Workbench* des Systems R/3 steht ein Werkzeug zur Verfügung, das kontinuierliche Anpassungen der Geschäftsprozesse erlaubt.[6]

5 Entwicklung in der Projektpraxis

Erfahrungen aus Projekten zur globalen Einführung des Systems R/3 unterstreichen die Notwendigkeit der Berücksichtigung von und des sinnvollen Umgangs mit landesspezifischen Geschäftsprozessen.

So wurden in einem global operierenden Unternehmen der Automobilbranche zunächst unabhängig voneinander in den USA und in Japan Projekte zur Einführung des Systems R/3 erfolgreich durchgeführt und abgeschlossen (entsprechend Strategie 1). Die zunehmende Verflechtung von Lieferbeziehungen zwischen der japanischen Muttergesellschaft und dem amerikanischen Tochterunternehmen brachte jedoch bereits nach kurzer Zeit die Notwendigkeit eines weitergehenden Prozeßabgleichs mit sich. Im Rahmen dieses Abgleichs stellte sich heraus, daß die bereits implementierten Prozesse in wesentlichen Teilen eine effiziente Zusammenarbeit nicht unterstützen konnten. Es wurde daher ein weiteres Projekt zur Prozeßharmonisierung durchgeführt, das schließlich auf alle Tochtergesellschaften weltweit ausgedehnt wurde. Es ist geplant, die in diesem Folgeprojekt gewählte Vorgehensweise nach Strategie 3 auch in anderen zukünftigen Projekten einzusetzen.

R/3 Competence Center

Ähnliche Erfahrungen wurden von anderen global tätigen Unternehmen in Projekten zur Einführung des Systems R/3 gemacht. Als Konsequenz aus diesen Erfahrungen werden in der Zwischenzeit von einigen Anwenderunternehmen eigenständige Kernteams in Form von R/3 Competence Centers eingerichtet, deren Aufgabe nicht nur der Wissenstransfer bezüglich des Systems R/3 ist, sondern auch die globale Koordination von Ge-

Customer Support Center

schäftsprozessen analog der beschriebenen Strategie 3. In bestimmten Fällen werden gemeinsam von der SAP AG und einem Anwenderunternehmen Customer Support Centers eingerichtet. Auch deren Aufgabe besteht zunehmend in der kontinuierlichen Entwicklung und globalen Harmonisierung von Prozessen neben deren Implementation im System R/3. Der oben bereits angeführten *Business Engineering Workbench* kommt im Rahmen dieser Aufgaben eine besondere Bedeutung zu.

6 Resümee und Ausblick

Die Problematik landesspezifischer Geschäftsprozesse bei der globalen Einführung des Systems SAP R/3 verdient eine hohe Aufmerksamkeit. Erfahrungen aus der Unternehmenspraxis wie konzeptionelle Überlegungen legen dabei eine Vorgehensweise im Projekt nahe, die auf landesspezifische Geschäftsprozesse nicht nur passiv reagiert, sondern deren nutzenstiftendes Potential **aktiv** nutzt. Die in diesem Beitrag vorgestellte Vorgehensweise stellt einen möglichen Weg dar, um die in den landesspezifischen Prozessen liegenden Lernpotentiale zu aktivieren, um *„Best Business Practices"* zu identifizieren und damit auch um **Wettbewerbsvorteile** für globale Unternehmen zu generieren.

Diese Ergebnisse sind nicht nur für die Unternehmenspraxis, sondern auch für die organisationswissenschaftliche Forschung von Interesse. Methodisch gesicherte Erkenntnisse über die Zusammenhänge zwischen Prozeßstrukturen, landesspezifischen Rahmenbedingungen und dem Erfolg von Unternehmen liegen nämlich bislang praktisch nicht vor. Eine nähere Untersuchung dieser Problematik läge daher nicht nur aus unternehmenspraktischen, sondern auch aus wissenschaftlichen Gründen nahe.

Anmerkungen

1 Unter Geschäftsprozeß sei eine Kette von Aktivitäten verstanden, die durch ein oder mehrere Ereignisse (Zustände) ausgelöst wird und ein oder mehrere Ergebnisse (Zustände) generiert, die für einen internen oder externen Kunden von Wert sind. Ähnlich, etwas weniger exakt, definieren etwa

Hammer und Champy (1993), S. 35: „a collection of activities that takes one or more kinds of input and creates an output that is of value to the customer".

2 Die Einflußfaktoren auf Geschäftsprozesse und die Auswirkungen dieser Faktoren auf die Einführung von Standardsoftware in globalen Unternehmen wird von den Autoren in einem Forschungsprojekt näher untersucht. In diesem Zusammenhang werden auch bereits vorliegende Forschungsergebnisse diskutiert, die in Relation zu dieser Thematik stehen und auf die in diesem Beitrag nicht weiter eingegangen werden kann. So werden etwa im Rahmen des situativen Ansatzes der Organisationswissenschaften die Zusammenhänge zwischen Kontextfaktoren und formaler Organisationsstruktur seit längerem untersucht, vgl. dazu Kieser und Kubicek (1992), insb. S. 207-225. Die Erfolgsfaktorenforschung versucht, Bedingungen zu identifizieren, die den Erfolg von Unternehmen beeinflussen; vgl. Grimm (1983), S. 21. Trotzdem liegen hinsichtlich der Wirkungen von Einflußfaktoren auf die Struktur von *Geschäftsprozessen* bisher praktisch keine empirischen Erkenntnisse vor.

3 Die Übersicht über alle Dimensionen dient lediglich der Einordnung der landesspezifischen Einflußfaktoren in einen Gesamtzusammenhang. Die übrigen Dimensionen werden daher an dieser Stelle nicht näher erläutert. Methodisch gesicherte oder empirisch unterstützte Erkenntnisse zur Klassifikation von Einflußfaktoren liegen praktisch nicht vor. Viele Beiträge zum Thema der internationalen Unternehmensführung enthalten aber mehr oder weniger explizit Hinweise auf solche Einflußfaktoren oder beleuchten einzelne Zusammenhänge näher; vgl. bspw. Meffert und Bolz (1992), Sauvant und Aranda (1992), Senti (1992), Welge (1992), Macharzina (1992).

4 Wenige Veröffentlichungen setzen sich bisher mit der konkreten Projektorganisation einer Geschäftsprozeßoptimierung im Zusammenhang mit der globalen Einführung eines Anwendungssystems auseinander. Eine Ausnahme sind etwa Ban und Ito (1995), die dazu Erfahrungen der Firma MELCO (Mitsubishi Electrical Co.) berichten.

5 Vgl. zum Lead-Country-Ansatz Kreutzer (1987).

6 Vgl. SAP AG (1996), Zencke (1996).

Literatur

Ban, K./Ito, T. (1995): Reengineering de kaisha no syuugoutensai ni kaeru hon, Tokyo.

Grimm, U. (1983): Analyse strategischer Faktoren, Wiesbaden.

Hammer, M./Champy, J. (1993): Reengineering the Corporation. A Manifesto for Business Revolution, New York.

Kieser, A./Kubicek, H. (1992): Organisation, 3. Aufl., Berlin/ New York.

Kreutzer, R. T. (1987): Lead-Country-Konzept: Ansatz einer internationalen Marketing-Steuerung, in: WiSt Wirtschaftswissenschaftliches Studium, 8. Jg., S. 416-419.

Kumar, B./Haussmann, H. (Hrsg.) (1992): Handbuch der internationalen Unternehmenstätigkeit, München.

Macharzina, K. (1992): Organisation der internationalen Unternehmenstätigkeit. In: Kumar, B./Haussmann, H. [Hrsg.]: Handbuch der internationalen Unternehmenstätigkeit, München, S. 591-608.

Meffert, H./Bolz, J. (1992): Globalisierung des Marketing bei internationaler Unternehmenstätigkeit. In: Kumar, B./ Haussmann, H. [Hrsg.]: Handbuch der internationalen Unternehmenstätigkeit, München, S. 657-684.

SAP AG [Hrsg.] (1996): Business Engineering Workbench. Efficient R/3 Implementation (3 CD-ROM), Walldorf.

Sauvant, K. P./Aranda, V. (1992): Der internationale Rechtsrahmen für transnationale Unternehmen. In: Kumar, B./ Haussmann, H. [Hrsg.]: Handbuch der internationalen Unternehmenstätigkeit, München, S. 71-98.

Senti, R. (1992): Zölle und nichttarifäre Handelshemmnisse. In: Kumar, B./Haussmann, H. [Hrsg.]: Handbuch der internationalen Unternehmenstätigkeit, München, S. 121-140.

Welge, M. K. (1992): Strategien für den internationalen Wettbewerb zwischen Globalisierung und lokaler Anpassung. In: Kumar, B./Haussmann, H. [Hrsg.]: Handbuch der internationalen Unternehmenstätigkeit, München, S. 569-590.

Zencke, P. (1996): Model-driven configuration of the R/3 System to meet today´s changing business needs. In: SAP info focus March 96: Continuous Business Engineering, S. 6-9.

Kapitel 15

Neue Möglichkeiten der vertikalen Kooperation mit SAP R/3® Retail

Dipl.-Ing. Matthias Krause
Dipl.-Kfm. Dirk Bliesener

IDS Prof. Scheer GmbH, Saarbrücken

1 Überblick

Durch die zunehmende Konzentration von Handelsmacht entsteht ein erhöhter Wettbewerbsdruck zwischen den Handelssystemen. Bei den Herstellern sind die Rationalisierungspotentiale weitgehend ausgeschöpft. Beides zusammen führt zu verstärkten Kooperationsbemühungen zwischen Herstellern und Handel.

Der Einsatz von SAP R/3 in Industrie und Handel wird neue Möglichkeiten der vertikalen Kooperation eröffnen.

Der Beitrag gibt zunächst einen Überblick über die heute bestehenden wirtschaftlichen Rahmenbedingungen für Konsumgüterhersteller und Handel sowie die aktuellen Konzepte der vertikalen Kooperation. Als wesentliche Grundlage der inner- wie zwischenbetrieblichen Kommunikation werden die Verfahren und Standards des elektronischen Datenaustausches (EDI) erläutert. Mit der **Architektur von Handelsinformationssystemen** von Becker und Schütte wird ein ordnender Rahmen für die Geschäftsprozesse im Handel vorgestellt. Am Beispiel des Beschaffungsprozesses des Handels werden Rationalisierungspotentiale im Rahmen der Geschäftsprozeßoptimierung zwischen Industrie und Handel eröffnet. Mit **R/3 Retail** wird die integrierte Branchenlösung der SAP AG für den Handel vorgestellt, um abschließend aufzuzeigen, welche Möglichkeiten das Handelsinformationssystem R/3 Retail bietet, um mit dem Einsatz von EDI zur überbetrieblichen Kommunikation vertikale Prozesse optimiert und durchgängig abzuwickeln.

2 Wirtschaftliche Rahmenbedingungen in Industrie und Handel

2.1 Grundlagen

Insbesondere beim Absatz von Konsumgütern an Privathaushalte bestehen durch den mehrstufigen Absatzweg und die hohe Anzahl an Marktpartnern erhebliche überbetriebliche Rationalisierungspotentiale. Bevor im folgenden auf die Rahmenbedingungen der einzelnen Wirtschaftsstufen eingegangen wird, erfolgen zunächst einige grundsätzliche Abgrenzungen und Definitionen.

Absatzweg

Nach dem Weg der Ware zwischen Produzent und Konsument kann zwischen **direktem und indirektem Absatz** unterschieden werden. Während beim direkten Absatz der Hersteller die Vertriebsorganisation übernimmt, tritt beim indirekten Absatz der Handel zwischen den Produzenten und den Verbraucher und nimmt dem Hersteller eine Reihe von Aufgaben ab.

Handel

Der Handelsbetrieb ist ein Betrieb der gewerblichen Wirtschaft, der Waren im eigenen Namen und auf eigene Rechnung beschafft und unverändert absetzt [1].

Nach der Einbindung gegenüber den Marktpartnern wird zwischen Groß- und Einzelhandel unterschieden [2].

Institutionell und funktionell lassen sich **Groß- und Einzelhandel** wie folgt abgrenzen [3]:

„Großhandel im funktionellen Sinne ist die wirtschaftliche Tätigkeit des Umsatzes (Beschaffung und Absatz) von Handelswaren und sonstigen Leistungen an Wiederverkäufer, Weiterverarbeiter, gewerbliche Verwender oder Großverbraucher. Großhandel im institutionellen Sinne - auch als Großhandelsunternehmen, Großhandelsbetrieb oder Großhandlung bezeichnet - umfaßt jene Institutionen, deren wirtschaftliche Tätigkeit ausschließlich oder überwiegend dem Großhandel im funktionellen Sinne zuzurechnen ist. Großhandel wird auch von den Zentralen der Verbundgruppen betrieben."

„Einzelhandel im funktionellen Sinne ist die wirtschaftliche Tätigkeit des Umsatzes (Beschaffung und Absatz) von Handelswaren und sonstigen Leistungen an Letztverbraucher. Einzelhandel im institutionellen Sinne - auch als Einzelhandelsunternehmen, Einzelhandelsbetrieb oder Einzelhandlung bezeichnet - umfaßt jene Institutionen, deren wirtschaftliche Tätigkeit ausschließlich oder überwiegend dem Einzelhandel im funktionellen Sinne zuzurechnen ist."

Konsumgüter

Herkunfts- und verwendungsorientiert kann zwischen Rohstoff-, Investitions- und Konsumgütermärkten differenziert werden [4]. Konsumgüter dienen dem öffentlichen und privaten Endverbrauch.

Aus der Wirtschaftssystematik der Umsatzsteuerstatistik werden z. B. dem Konsumgütermarkt u.a. folgende Branchen zugeordnet [5]:

- Nahrungs- und Genußmittel,
- Bekleidung, Wäsche, Ausstattungs- und Sportartikel sowie Schuhe,
- Körperpflege,
- Wasch-, Putz und Reinigungsmittel,
- Schreib- und Papierwaren, Schul- und Büroartikel, Bücher, Zeitschriften und Zeitungen,
- feinkeramische Erzeugnisse und Glaswaren für den Haushalt.

2.2 Wirtschaftliche Rahmenbedingungen in Industrie und Handel

ausgewählte Rahmenbedingungen für Einzelhandels-unternehmen

Der deutsche Food-Einzelhandel ist insbesondere durch eine starke Konzentration geprägt. Wachsende Unternehmensgrößen stellen neue Anforderungen an das Informationsinstrumentarium [6]. Der starke horizontale Systemwettbewerb begünstigt dabei die Bereitschaft zur vertikalen Kooperation, um Wettbewerbsvorteile gegenüber Konkurrenten auszubauen.

Wesentlich schwächere Konzentrationstendenzen, dafür beachtliche Abschmelzungsprozesse und ein hohes Maß an horizontaler Kooperation kennzeichnen den Non-food-Handel in Deutschland.

Beide Märkte werden beeinflußt von einer starken Internationalisierung auf Absatz- und Beschaffungsseite. Sowohl die Europäisierung der Beschaffung als auch die hohe Sortimentsdynamik und -expansion stellen **neue Anforderungen an betriebliche Informationssysteme**, insbesondere in den Bereichen Stammdatenverwaltung [7] und Logistik.

Die Qualität der Umsetzung wird zudem ein wichtiger Faktor im Wettbewerb zwischen Handelskonzernen, mit hohen Freiheitsgraden in der Ausgestaltung des internen Informationssystems, und kooperierenden Handelseinheiten, wie etwa den Verbundgruppen selbständiger Einzelhändler, so z.B. Ringfoto, Intersport oder Edeka.

Unter den Betriebstypen werden Versandhandel, Fach- und Verbrauchermärkte weiter zulegen, während Warenhäuser und Fachgeschäfte zusehends unter Druck geraten [8]. Über alle Betriebstypen hinweg ist im Handel mit einer Zunahme der Handelsmarketingaktivitäten, wie Category Management, der verstärkten Einführung von Handelsmarken und der forcierten Nutzung neuer Informationstechnologien zu rechnen.

ausgewählte Rahmenbedingungen für Konsumgüterhersteller

Die Konsumgüterhersteller sehen sich aufgrund stagnierender und weitgehend gesättigter Märkte sowie steigender Konzentrationsgrade einem zunehmenden Verdrängungswettbewerb gegenüber. Kostenminimierung stellt daher ein vorrangiges Ziel vieler Hersteller dar [9].

Trotz teilweise relativ hoher Lagerbestände bei den Herstellern kann es aufgrund langer Durchlaufzeiten zu Fehlbeständen auf Einzelhandelsebene kommen. So liegen die Bestandsreichweiten in Deutschland bei 50 Tagen [10]. Geringe Abverkäufe, ineffiziente Herstellerlogistik und nicht bedarfsgerechte Disposition machen sich in Form von geringem Lagerumschlag und hoher Kapitalbindung bemerkbar [11].

Hinzu kommt eine Inflation von Neuprodukteinführungen aufgrund sich verkürzender Produktlebenszyklen sowie eine hohe Floprate neuer Produkte.

Die Bedeutung des Markenartikels wird durch weitere Veraktionierung und die Zunahme diskontorientierter Betriebstypen bei unveränderten Konzepten weiter zu Gunsten von Handelsmarken abnehmen. Die Markenpolitik wird nicht zuletzt durch ein geändertes Konsumentenverhalten stärker auf individualisierte Kommunikation und verstärkte Maßnahmen am **Point of Sale** (POS) ausgerichtet werden müssen [12].

3 Vertikale Kooperation

3.1 Abgrenzung

Für die Ausgestaltung der vertikalen Beziehungen zwischen den Unternehmen der verschiedenen Wirtschaftsstufen wurden in den letzten Jahren unterschiedliche Konzepte entwickelt.

Im folgenden wird ein grundsätzlicher Ordnungsrahmen für die Beziehungen vorgestellt und werden komplexe aktuelle Entwicklungen, wie ECR (siehe Kapitel 3.3), analysiert und eingeordnet.

vertikale Kooperation

Laurent definiert vertikale Kooperation als „in der Regel auf Dauer angelegte, freiwillige zielorientierte Zusammenarbeit zwischen rechtlich und wirtschaftlich selbständigen Unternehmen oder Systemen in Industrie und Handel durch Harmonisierung oft wichtiger Bereiche der Unternehmenspolitik" [13]. Im Gegensatz zur horizontalen Kooperation betrifft die vertikale Kooperation die Zusammenarbeit von Unternehmen verschiedener Wirtschaftsstufen.

„Voraussetzung für eine Kooperation zwischen Industrie und Handel sind die Erwirtschaftung eines zusätzlichen Kooperationsgewinns, der die Kosten der Kooperation übersteigt, sowie dessen Verteilung auf die kooperierenden Systeme in der Form, daß keiner seine Situation durch Nichtteilnahme verbessern kann" [14].

vertikales Marketing

Vertikales Marketing bezieht sich demgegenüber auf die Integration des Handels als Absatzmittler in das auf Konsumenten gerichtete Marktbearbeitungskonzept der Industrieunternehmen [15].

3.2 Grundtypen der vertikalen Kooperation

In ihrem **Neuen Grundmodell der Kooperation** [16] verweist Laurent auf die beiden Basiskomponenten von Kooperationen: Beziehungsgefüge und Transaktion.

Beziehungsoptimierung

Voraussetzung zur Kooperationsinitiierung sind eine entsprechende Beziehungsqualität und Beziehungsattraktivität. **Hauptdeterminanten des Beziehungsgefüges** sind:

- Das Machtverhältnis,
- subjektive Sympathie und
- aus Sachproblematik und Organisation resultierende Kompetenz.

Die übergeordneten Ziele des Beziehungsmanagements sind Beziehungsprofilierung, Bindung von Geschäftspartnern und Steigerung der Wertschöpfung des Unternehmens.

Transaktionsoptimierung

Eine weitere notwendige Bedingung zur Realisierung eines Kooperationsvorteils stellt die Optimierung von Transaktionen dar. Transaktionen vereinen als Austauschprozeß Aktivitäten, Verfahren und materielle oder immaterielle Tauschobjekte. Hauptziele einer Transaktionsoptimierung sind dementsprechend:

- Reduktion der Transaktionskosten,
- Steigerung des Transaktionsnutzens,
- Reduktion der Transaktionsrisiken.

Differenzierungskriterien vertikaler Kooperationen

Aus den angeführten Grundelementen von Kooperationen leitet Laurent die folgenden grundlegenden Differenzierungskriterien für Typen vertikaler Kooperationen ab [17]:

1. Die Unterteilung nach der Abhängigkeitssstruktur der kooperierenden Akteure in einseitig dominierte und gleichberechtigte Kooperationstypen (Dominanz- und Partnerschaftstypen).
2. Die Unterteilung nach der Zweck- und Zielorientierung der Kooperation in Prozeß- bzw. Programmkooperationen.

Dominanztypen, wie etwa das Trade Marketing, sind durch eine einseitige, hierarchische Zieldominanz gekennzeichnet, während bei Partnerschaften Hersteller und Händler gemeinsam an den Verbraucher verkaufen.

Prozeßkooperationen beziehen sich primär auf Transaktionen und quantitative Maßstäbe an der Schnittstelle Hersteller-Handel, während bei der Harmonisierung qualitativer Maßnahmen im Rahmen der Programmkooperation Bezug auf das Verhältnis Hersteller/Handel-Konsument genommen wird.

3.3 ECR und SRC als Beispiel neuer vertikaler Kooperationen

Um einen aktuellen und umfassenden Ansatz der vertikalen Kooperation handelt es sich bei dem US-amerikanisches Konzept des **Efficient Consumer Response (ECR)** zur Rationalisierung der Distribution im Lebensmittelsektor. Das europäische Gegenstück bildet die von der Coca-Cola Retailing Research Group Europe in Auftrag gegebene Studie **Supplier-Retailer Collaboration in Supply Chain Management (SRC)** [18].

Übergeordnetes Ziel von ECR und SRC ist die Schaffung eines Distributionssystems, in dem die Produktion durch adäquate Waren- und Informationsflüsse direkt durch den Konsumenten am Point of Sale gesteuert wird [19]. Neben den Kostenvorteilen durch die Transaktionsoptimierung unterstützt die verbesserte, filialgenaue Informationsversorgung den Trend zum filialspezifischen Marketing-Mix.

Die beiden Konzepte umfassen unterschiedliche Strategiebausteine als Instrumente zur Effizienzsteigerung der Absatzkette, die Laurent nach Programm- und Prozeßkooperation unterteilt, wie in Abbildung 3.1 wiedergegeben, gegenüberstellt.

Die Strategiebausteine können jeweils einzeln oder kombiniert eingesetzt werden.

Vor der Einführung von ECR ist es erforderlich, ein harmonisiertes Geschäftsprozeß-Reengineering durchzuführen. Dazu zählt auch die Einführung von Category-Management im Handel, d.i. die warengruppenspezifische Funktionsbündelung von z.B. Einkauf, Verkauf und Merchandising einer Warengruppe durch einen Handelsmanager im Sinne eines Warengruppenmanagements [20].

Abb. 3.1 Efficient Consumer Response versus Supplier-Retailer Collaboration

Efficient Consumer Response	Supplier-Retailer Collaboration
Prozeßkooperationsinstrumente	
1. Efficient Replenishment (ER)	1. Efficient Operating Standards (EOS) (Allgemeine Logistikaktivitäten und -verfahren)
	2. Efficient Replenishment (ER) (Warenversorgung und -nachschub)
	3. Efficient Administration (EA) (Geschäftsabwicklung)
Programmkooperationsinstrumente	
2. Efficient Assortments (EA)	4. Efficient Store Assortment (ESA) (Sortimentsgestaltung und Warenpräsentation)
3. Efficient Promotion (EP)	5. Efficient Promotion (EP) (Absatzförderung und Instore-Marketing)
4. Efficient Product Introduction (EPI)	6. Efficient Product Launch and Development (EPD) (Neuprodukteinführung und -markteinführung)

Für die Implementierung aller vier ECR-Bausteine ist ein Zeitraum von zwei bis vier Jahren vorgesehen. Aufbauend auf der Implementierung „bester", aber isolierter Geschäftspraktiken („Best-Practice-Implementation"), erfolgt die volle ECR-Implementierung („Full-ECR-Implementation") durch eine Integration der Aktivitäten innerhalb der Absatzkette [21].

Wichtige technologische Voraussetzungen für ECR/SRC sind die Technologien der Datenerfassung, wie Scannerkassen, der Datenhaltung und der Datenübertragung (EDI).

Durch die Realisierung von ECR können nach in der ECR-Studie angegebenen Schätzungen in den USA bei der Lebensmitteldistribution (Trockensortiment) Effizienzsteigerungen von ca. 11% des Einzelhandelsumsatzes zu Verkaufspreisen erzielt werden. Das Gesamteinsparungspotential durch ECR im Lebensmitteleinzelhandel der USA wird auf insgesamt bis zu 30 Mrd. US-Dollar geschätzt [22]. Für Europa wird mit Einsparungen von 1,5 bis 2,5 % vom Umsatz durch Kooperation im Bereich der Logistik- und Informationsprozesse und 0,8 - 0,9 % vom Umsatz durch harmonisierte Marktbearbeitung gerechnet [23].

3.4 Prozeßkooperation zwischen Industrie und Handel

Da der Schwerpunkt von Programmkooperationsinstrumenten auf strategischen Entscheidungen in Bezug auf Produkte und Beziehungsgefüge liegt, wird im folgenden näher auf die operativ ausgerichteten Instrumente der Prozeßkooperation eingegangen.

Instrumente vertikaler Prozeßkooperation

Als allgemeine Instrumente vertikaler Prozeßkooperationen stellt Laurent heraus [24]:

1. Die effiziente Warenflußgestaltung, d.i. der physische Warenfluß.
2. Die effiziente Informationsflußgestaltung, d.i. die Festlegung und Weitergabe der Informationen über Warenbestände bei der Wiederbeschaffung.
3. Die effiziente Gestaltung der Dispositionsentscheidungen und -verantwortung, d.h. Disposition durch Händler oder Übertragung auf den Lieferanten.
4. Die effiziente Gestaltung der Geschäftsabwicklung, d.i. der papierlose Beleg- und Dokumentenfluß.

Bei der **effizienten Informationsflußgestaltung** geht es zum einen um die Schaffung der technologischen Voraussetzungen für einen effizienten Datenaustausch, zum anderen auch um die Gestaltung und Optimierung des Warenbestandsmanagements. In diesem Sinn gehören auch die Verfahren der Just-in-Time Distribution zur Informationsflußgestaltung.

Weitgehend unabhängig vom Einsatz anderer Kooperationsinstrumente ist die **effiziente Gestaltung der Geschäftsabwicklung**, welche in der Coca-Cola-Studie unter **Efficent Administration** berücksichtigt wird.

Herausragende Bedeutung in Bezug auf effiziente Informationsfluß- und effiziente Geschäftsabwicklungsgestaltung besitzen die innerbetrieblichen Informations- und die inner- wie zwischenbetrieblichen Datenübertragungsverfahren und -standards.

4 EDI - Übertragungstechniken und Standards

Die im folgenden vorgestellten Normen stellen ausschnittsweise den Status-quo vertikaler Kooperationsbemühungen zur Harmonisierung der überbetrieblichen Kommunikation dar. Sie beruhen auf breit angelegten nationalen und internationalen Verbandsinitiativen. Die aufgeführten Übertragungstechniken und Standards bilden die Grundlage bi- und multilateraler Optimierungsmaßnahmen.

4.1 Unternehmensübergreifende Nummern- und Codiersysteme

4.1.1 Internationale Lokationsnummer

Die **Internationale Lokationsnummer (ILN)** ist eine weltweit gültige Norm zur Identifizierung von Unternehmen, Tochterunternehmen, Niederlassungen und Regionalbüros [25]. Darüber hinaus können auch einzelne funktionale Einheiten eines Unternehmens, wie einzelne Läger, Produktionsstraßen, Lieferpunkte, Netzwerk- und sonstige Kommunikationsknoten, identifiziert werden. Die ILN ersetzt seit dem 01.05.1996 die **Bundeseinheitliche Betriebsnummer (bbn)** in Deutschland.

4.1.2 European Article Numbering

EAN (ursprünglich **European Article Numbering**) ist das internationale Artikelnummerierungssystem der International Article Numbering Association. Die Möglichkeit der maschinellen Erfassung der strichcodierten EAN-Nummer bildet eine Grundvoraussetzung EDV-basierter, betrieblicher Informations- und Kommunikationssysteme. Der normale EAN-Code ist 13-stellig, wobei die ersten 7 Stellen die Basisnummer des ILN Typ 2 darstellen, und vornehmlich der Identifizierung von Verbrauchseinheiten dient. Der 13-stellige EAN-Code wird allerdings auch für vordefinierte Handelseinheiten verwendet.

Nachteile der herstellerorientierten Artikelnummerierung sind vor allem, daß der gleiche Artikel von unterschiedlichen Herstellern oder unterschiedlichen Lieferanten verschiedene EAN-Codes besitzt. Ebenso können gleiche Artikel desselben Herstellers durch unterschiedliche EAN-Codes wegen national unterschiedlicher Produktionsstätten gekennzeichnet sein [26]. Handelssysteme verwenden daher oft eigene Nummerierungssysteme oder eine Mischform aus EAN und hausinterner Artikelnummerierung.

Erweiterungen des EAN-Konzeptes sind die Kombination des EAN-Codes mit sogenannten Add-ons und der 14stelligen **Interleave Two of Five Code (ITF)** zur Gebindekennzeichnung.

Andere Artikelnummerierungssysteme sind die branchenspezifische **Internationale Standard-Buchnummer (ISBN)** und der in Nordamerika verwendete 12-stellige **Universal Product Code (UPC)**.

4.1.3 Uniform Code Council / European Article Numbering -128

EAN-128 ist ein richtungsabhängiger, längenvariabler Code zur Übermittlung von Zusatzinformation neben der Artikelidentifikation. Der UCC/EAN-128 (**Uniform Code Council, UCC**) unterstützt den EAN Application Identifier Standard, bei dem alle Datenelemente durch vorangestellten Identifizierer nach Format und Inhalt festgelegt werden. EAN-128 eignet sich als sprechender Code somit z.B. zur Übermittlung von Produktions- und Verfalldaten sowie industriespezifische und firmeninterne Informationen [27].

Eine Sonderanwendung stellt die auf der Grundlage von EAN-128 basierende 18-stellige Nummer der Versandeinheit (NVE, Datenbezeichner 00) dar. Die standardisierte NVE ermöglicht die eindeutige Identifizierung von Versandeinheiten und kundenindividuell zusammengestellten Gebinden [28].

4.2 Elektronischer Datenaustausch

Neuburger definiert den Begriff des elektronischen Datenaustausches (Electronic Data Interchange, EDI) als „eine bestimmte Form der zwischenbetrieblichen Kommunikation, bei der geschäftliche und technische Daten sowie allgemeine Geschäftsdokumente wie Texte, Abbildungen und Grafiken nach standardisierten Formaten strukturiert und zwischen den Computern verschiedener Unternehmen unter Anwendung offener elektronischer Kommunikationsverfahren mit der Möglichkeit der bruchlosen Weiterverarbeitung ausgetauscht werden" [29]. Bezüglich des Kommunikationsinhaltes kann zwischen Handelsdaten-, Produktdaten- und Dokumentenaustausch differenziert werden.

Der Einsatz von EDI ist an allen zwischenbetrieblichen Schnittstellen möglich. Für die Übertragung der Nachrichten kann zwischen direkten Punkt-zu-Punkt-Verbindungen der beteiligten Anwendungssysteme und indirekten Verbindungen, wie durch die Nutzung von Mehrwertdienstnetzen (Value Added Network Services, VANS), unterschieden werden. Ein Beispiel für ein VANS ist der EDI-Datenservice (EDS) der Kölner Centrale für Coorganisation (CCG), vormals SEDAS-Datenservice (SDS), an dem Anfang 1995 etwa 300 Hersteller und 10 Handelszentralen im Rahmen des Rechnungsverkehrs sowie 71 Hersteller und 11 Handelssysteme im Rahmen des Bestellverkehrs in Deutschland teilnahmen.

Neben der Sicherstellung der korrekten Datenübertragung durch eine geeignete technologische Infrastruktur sowie durch Übertragungskonventionen wie das **ISO/OSI-Referenzmodell** [30] wird die Verständigung im Rahmen von EDI durch Nachrichtenstandards garantiert.

4.3 Nachrichtenstandards

4.3.1 SEDAS

Die **Standardregelungen einheitlicher Datenaustauschsysteme (SEDAS)** sind eine seit 1977 bestehende und seit 1985 genutzte nationale Norm für den Datenaustausch im Bereich der Konsumgüterindustrie in Deutschland. SEDAS stellte eine der ersten Initiativen der Kölner Centrale für Coorganisation zur Rationalisierung für Beziehungen zwischen Handel und Industrie dar. Aufgabe der von Markenverband e. V. und DHI Unternehmensverwaltungs GmbH getragenen Gesellschaft sind neben der Förderung eines rationellen und vereinheitlichten Informations- und Warenaustausches die Entwicklung und Gestaltung zweckmäßiger Organisationsabläufe und -strukturen [31]. Ein Beispiel anderer branchenspezifischer Standards ist VDA für die Automobilindustrie [32].

SEDAS umfaßt Standards bzgl. Stamm-, Bestands-, Bestell-, Auftrags-, Liefer-, Rechnungs- und Marketing/Vertriebsdaten. Als nationaler Standard wird SEDAS in Zukunft zugunsten der internationalen EDIFACT-Standards an Bedeutung verlieren.

4.3.2 SINFOS

Seit 1991 ist der bereits 1984 initiierte zentrale Artikelstammdatenpool **SINFOS (Stammdaten-Informationssatz)**, dessen Syntax ebenfalls auf SEDAS basiert, in Betrieb. Aktuelle Artikelstammdaten stellen eine Basisvoraussetzung der integrierten Warenwirtschaftssysteme (WWS), der Berechnung der Direkten Produktrentabilität (DPR) und der überbetrieblichen Kommunikation, horizontal wie vertikal, dar [33].

SINFOS-Datensätze umfassen Artikelbasis- (EAN der kleinsten Verbrauchseinheit, CCG-Klassifikation u.ä.), Artikeltext- (Lang- und Kassenbontext, Herstellername u.ä.) und Logistikinformationen (Art der Verpackung, Einheiten, Gewicht u.ä.).

Die heutige Bedeutung von SINFOS ist aufgrund eigener Handelsinitiativen, teils mangelnder Aktualität der Daten und der Dynamik in den Kommunikationstechnologien eher als gering zu bewerten. Aktuelle Entwicklungen sind die Generierung eines Interstandard-Konverters, der die benötigten Artikelstammdaten in Form einer EANCOM-PRICAT (Abkürzung für price/sales catalogue) Standardnachricht zur Verfügung stellt sowie die Umsetzung von SINFOS auf eine SQL-fähige Datenbankplattform.

4.3.3 MADAKOM

Im Rahmen der **Marktdatenkommunikation (MADAKOM)** übertragen z.Zt. über 220 Ladeneinzelhandelsgeschäfte anonymisiert EAN-codierte, artikelgenaue Ab- und Umsatzdaten an die MADAKOM GmbH, ein Gemeinschaftsunternehmen von CCG und der Gesellschaft für Konsumforschung (GfK) [34].

In Verbindung mit der Erhebung von Daten aus Verkaufsförderungsaktivitäten des Handels werden die Scannerdaten von z. Zt. über 350.000 Artikeln von den beteiligten Systemen, Marktforschungsinstituten und Beratern zu Marktforschungszwecken und Aktionsbeobachtungen genutzt. Ursprünglich war die Bereitstellung der Marktdaten für die Industrie als Gegenleistung des Handels für die von der Industrie vorgenommene EAN-Strichcodierung gedacht [35]. MADAKOM kann wegen der geringen Beteiligung des Handels die klassischen Handelspanels im Moment noch nicht ersetzen.

4.3.4 EDIFACT

Electronic Data Interchange for Administration, Commerce and Transport (UN/EDIFACT) ist eine weltweite, branchenübergreifende Norm zum Austausch strukturierter, formatierter Handelsdaten. Die Komplexität von UN/EDIFACT-Standardnachrichten wird durch branchenspezifische Anwendungsrichtlinien und die Bildung von Subsets reduziert. Subsets sind eine exakt definierte Untermenge nutzbarer Nachrichtenarten, Datenelemente, Codes und Qualifier von UN/EDIFACT. Durch die Nutzung solcher Substandards kann die bilaterale Einzelabstimmung zwischen den Datenaustauschpartnern entfallen [36].

4.3.5 EANCOM

EANCOM ist der branchenspezifische EDIFACT-Subset der Konsumgüterindustrie und Bestandteil des umfassenden EAN-Instrumentariums, zu dem die EAN-Artikelnummerierungen, Strichcode-Standards und Lokationsnummern-Verfahren zählen. Gängige Subsets für andere Branchen sind etwa ODETTE für die Automobilindustrie, CEFIC im Bereich chemisch-pharmazeutischer Produkte und EDITEX für die Textilindustrie.

Zur Zeit existieren 27 EANCOM Nachrichtentypen, die nach Stamm-, Bewegungs-, Berichts- und Planungsdaten unterschieden werden können. Während in den Niederlanden oder Großbritannien rd. 1.200 Anwender mit EANCOM kommunizieren, liegt Deutschland mit 160 Anwendern im europäischen Vergleich weit abgeschlagen [37].

5 Geschäftsprozeßoptimierung zwischen Industrie und Handel

Als Voraussetzung der Prozeßkooperation gilt die innerbetriebliche **Geschäftsprozeßanalyse und -optimierung** der beteiligten Unternehmen [38]. Auf der Grundlage firmenintern optimierter und dokumentierter Aktivitäten und Verfahren erfolgt dann die Abstimmung und Optimierung der vertikal übergreifenden Prozesse. Ein Geschäftsprozeß ist das zielgerichtete Zusammenwirken betrieblicher Aufgabenträger in Form einer objektbezogenen, sachlogischen Abfolge betrieblicher Funktionen zur Erstellung wesentlicher betrieblicher Leistungen mit einer Schnittstelle zu externen Marktpartnern [39].

Geschäftsprozeß

Mit einer einheitlichen und ganzheitlichen Methodik, wie der von Scheer [40] entwickelten **Architektur integrierter Informationssysteme (ARIS)**, können dazu Ist-Prozesse erhoben und basierend auf einer Anforderungsanalyse optimierte Soll-Prozesse modelliert und implementiert werden.

Die Reorganisation der Geschäftsprozesse kann dabei durch den Einsatz von Branchenreferenzmodellen effektiviert werden. In den Branchenreferenzmodellen der IDS Prof. Scheer GmbH für die Konsumgüterindustrie und Handelsunternehmen sind mit dem ARIS-Toolset branchenspezifische Geschäftsprozesse unabhängig von konkreten Unternehmen als schlanke Musterprozesse exemplarisch modelliert. Durch den Einsatz derartiger Ausgangslösungen kann der unternehmensspezifische Entwurfsprozeß erheblich beschleunigt werden [41].

5.1 Informationssystemarchitektur und Prozeßorientierung im Handel

Während sich der Gedanke der Prozeßorientierung in der Industrie weitgehend durchgesetzt hat, wurde die Gestaltung integrierter Informationssysteme im Handel, mit Ausnahme warenwirtschaftlicher Funktionen, von der Forschung bislang stark vernachlässigt. Die funktionsorientierte Systementwicklung in anderen Unternehmensbereichen führte zu heterogenen Insellösungen, welche eine weitere Prozeßorientierung behindern, obgleich die Transaktionszahl, d. i. die Wiederholungshäufigkeit bestimmter Tätigkeiten, wie etwa der Rechnungsprüfung, im Handel ausgesprochen hoch ist [42].

Handels-H

Eine umfassende theoretische Fundierung bildet die **Architektur von Handelsinformationssystemen**: Das Handels-H von Bekker und Schütte (siehe Abbildung 5.1).

Die Architektur beschreibt die Bestandteile eines Informationssystems bezüglich Art, funktionalen Eigenschaften und ihres Zusammenwirkens und ist als Modell auf hoher Abstraktionsebene zu verstehen [43]. Die räumliche Anordnung der einzelnen Funktionen im Handels-H verdeutlicht die Beziehungszusammenhänge zu anderen Funktionsbereichen.

Abb. 5.1
Die Architektur von Hadelsinformationssystemen

Die Architektur von Handelsinformationssystemen umfaßt im linken Schenkel die Teilsysteme der Beschaffung, Einkauf, Disposition, Wareneingang, Rechnungsprüfung und Kreditorenbuchhaltung sowie im rechten Schenkel die den Vertriebsbereich bildenden Teilsysteme Marketing, Verkauf, Warenausgang, Fakturierung und Debitorenbuchhaltung. Die beiden Funktionscluster werden durch die Überbrückungsfunktion des Lagers gekoppelt.

Warenwirtschaftssystem

Nach der Definition von Becker stellt ein Warenwirtschaftssystem (WWS) „... das immaterielle und abstrakte Abbild der warenorientierten dispositiven, logistischen und abrechnungsbezogenen Prozesse für die Durchführung der Geschäftsprozesse eines Handelsunternehmens dar“ [44]. Das WWS wird dementsprechend durch das „H“ im Handels-H-Modell charakterisiert. Der Begriff des Handelsinformationssystems umfaßt weiterhin noch die betriebswirtschaftlich-administrativen Systeme der Haupt- und Anlagenbuchhaltung, Kostenrechnung und Personalwirtschaft, sowie die Auswertungssysteme des Controlling, **Executive Information System (EIS)** und die Unterstützungssysteme der Unternehmensplanung.

wesentliche Geschäftsprozesse des Handels

Die wesentlichen Geschäftsprozesse, die in der Architektur von Handelsinformationssystemen differenziert werden, sind:

- Lagergeschäft,
- Streckengeschäft,
- Delkredere- und Zentralregulierungsgeschäft,
- Aktionsgeschäft und
- Dienstleistungsgeschäft.

Das **Lagergeschäft** mit den Hauptfunktionen Beschaffen, Lagern und Distribution ist der klassische Handelsgeschäftsprozeß. Beim **Streckengeschäft** entfällt die Hauptfunktion des Lagerns, da die Ware vom Lieferanten direkt zum Abnehmer gelangt. Unabhängig von den logistischen Handelsfunktionen, nimmt der Handel beim **Delkredere- und Zentralregulierungsgeschäft** finanzwirtschaftliche Leistungen wahr. Die Handelszentrale reguliert zentral und übernimmt das Delkredere für alle Mitglieder. Das **Aktionsgeschäft** ist eine Sondergeschäftsform, die der Verkaufsförderung dient. Die logistische Aktionsabwicklung kann sowohl als Lager- als auch als Streckengeschäft erfolgen. Beim **Dienstleistungsgeschäft** entfallen die logistischen Funktionen weitgehend.

In der Architektur von Handelsinformationssystemen werden einerseits die genannten Systeme und Geschäftsprozesse in Funktions-, Daten- und Prozeßmodellen beschrieben und andererseits die Zusammenhänge zwischen den einzelnen Funktionsbereichen durch Informationsflußmodelle verdeutlicht. Aufbauend auf den einzelnen Informationsmodellen können konkrete Koordinationsempfehlungen abgeleitet werden. Diese betreffen einerseits die Koordination dezentraler Informationssysteme untereinander (horizontale Koordination) bzw. zentraler Informationssysteme miteinander (vertikale Koordination) und andererseits die Koordination unternehmens- und konzernübergreifender Beziehungen. Die Architektur als ordnender Rahmen eignet sich somit zur Entwicklung und Auswahl von Informationssystemen im Handel.

5.2 POS-Systeme

Im Rahmen marktorientierter Unternehmens- und Kooperationsphilosophien bilden die Technologien der Datenerfassung und die Funktionalitäten der Systeme am **Point of Sale** einen wichtigen Potentialfaktor für mehrstufige Handelsinformationssysteme. Sie stellen die Schnittstelle zum Absatzmarkt dar.

Die in den Abverkaufsstellen eingesetzten Kassenlösungen haben sich durch sukzessive Funktionserweiterungen zu umfassenden POS-Systemen fortentwickelt. Neben der Unterstützung des klassischen Kassiervorgangs bilden die artikelgenaue Erfassung von Abverkäufen sowie die Unterstützung des elektronischen Zahlungsverkehrs die wichtigsten Leistungsmerkmale moderner POS-Systeme. Die Anbindung der Kassen- bzw. POS-Systeme an das zentrale Handelsinformationsystem kann dabei direkt oder über ein Filialwarenwirtschaftssystem (FWWS) bzw. Filialinformationssystem geschehen.

Scanning

Basistechnologie zur warenbezogenen Informationserfassung ist das Scanning, etwa von EAN-Strichcodes. Scanning ermöglicht die automatisierte Erfassung artikelgenauer Abverkaufsdaten. Beim Scannen nicht-sprechender Codes wird mittels Artikelidentifikationsnummer der Preis aus den Artikelstammdaten ausgelesen (Price-Look-Up, PLU).

In der Entwicklung der Nutzung von Scannerdaten und -systemen können fünf Phasen unterschieden werden [45]:

1. Rationalisierung durch Scannersysteme,
2. Tests zur Sortimentsoptimierung,
3. Institutionalisierung der Scannermarktforschung mit Regaloptimierungssystemen und Analysen der Direkten Produktrentabilität,
4. standort- und kundenbezogenes Mikromarketing,

5. lieferantengesteuerte Disposition, *Computer Integrated Trading* (CIT).

Das Einsparungspotential, etwa durch höhere Kassiergenauigkeit, vereinfachte Preisauszeichnung und Minderung der Inventurdifferenzen in der ersten Phase beträgt zwischen 0,7 und 2,2 % des Umsatzes der Handelsunternehmen [46]. Der deutsche Einzelhandel befindet sich z.Zt. in Phase drei. In Pilotprojekten wird jedoch auch bereits die Übertragung des zentralen Bestellwesens an Lieferanten getestet [47].

Zum Stichtag 30.6.1995 zählte die CCG rd. 15.800 Scannermärkte in Deutschland.

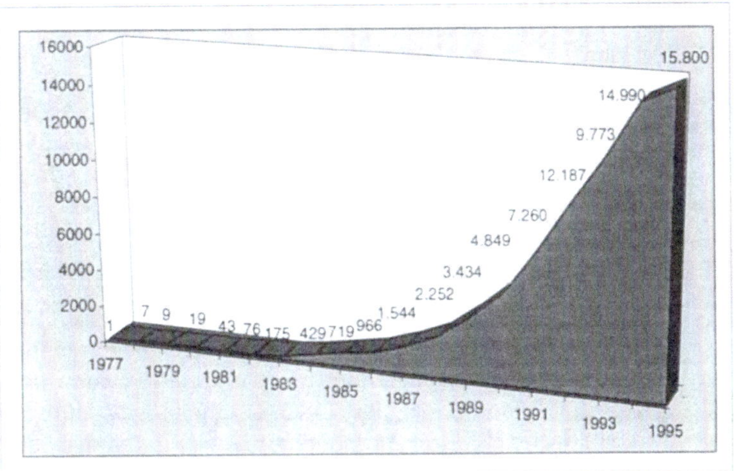

Abb. 5.2 Scannerinstallationen in Deutschland, Entwicklung von 1977 bis 1995. Quelle: CCG

elektronischer Zahlungsverkehr

Die Verfahren des elektronischen Zahlungsverkehrs können in Scheckkarten-, Kreditkarten- und Chip-Karten-Systeme unterschieden werden.

Scheckkarten

Zu den Scheckkarten-Verfahren zählen neben dem klassischen **electronic cash** und dem internationalen **edc/Maestro** mit Autorisierung auch das POS-Verfahren ohne Zahlungsgarantie (POZ, auch Online-Lastschriftverfahren OLV), sowie das Elektronische Lastschriftverfahren (ELV) mit und ohne Zahlungsgarantie. Bei den Lastschriftverfahren wird die Unterschrift des Kunden auf der Einzugsermächtigung durch die PIN ersetzt. Mit electronic cash wurden 1995 rd. 1,5 Milliarden DM und damit 73,7 Prozent mehr als im Vorjahreszeitraum umgesetzt [48].

Kreditkarten

Die Kreditkartensysteme können nach dem Kartenausgeber in Verfahren auf der Grundlage klassischer Kreditkarten und Kundenkarten-Systeme mit Zahlungsfunktion unterteilt werden. Beispiele für Handelsunternehmen mit eigener Kreditkarte sind z.B. Quelle, Hertie, Breuninger und Massa.

Chipkarten

Die Chipkarte ist multifunktional. Neben der Benutzung als Kredit- oder Debitkarte kann sie vor allem auch als elektronische Geldbörse eingesetzt werden, d.h. sie wird mit einem Geldbetrag aufgeladen. Für den Zahlungsausgleich, dem Clearing des von der Chipkarte abgebuchten Geldes, sorgt ein zentraler Systembetreiber. Neben den Serviceanbietern und dem Systembetreiber sind weitere Institutionen beteiligt, wie z.B. Banken der Serviceanbieter und der Chipkarteninhaber und die Herausgeber der Chipkarten.

Die jetzigen Kredit- und Debitkarten (ec-Karten) mit Magnetstreifen sollen in Zukunft durch Chipkarten ersetzt werden. Dazu haben sich Kreditkartenanbieter geeinigt, gemeinsame Schnittstellen-Spezifikationen für den Einsatz von Chipkarten zu erstellen. Die deutsche Kreditwirtschaft testet seit März 1996 in einem Feldversuch die mit Chip ausgestattete ec-Karte (Geldkarte), welche ab 1997 flächendeckend eingeführt werden soll [49].

Mit Hilfe der verschiedenen bargeldlosen Zahlungsarten können zukünftig neben artikelgenauen Informationen auch kundenindividuelle Daten am POS erfaßt werden. Im Ladeneinzelhandel werden daher die verschiedenen Arten von kartenbasierten Zahlungssystemen weiter an Bedeutung gewinnen. Die Herausforderung der nächsten Zeit ist neben der Kontrolle und Steuerung des Sortiments und des Warenbestandes vor allem die Verbindung von quantitativen Abverkaufsdaten mit qualitativen Kundeninformationen in komplexen Analyseverfahren. Im Fall offener Kartensysteme kann dies auch durch die Einschaltung von Trusted-Third-Partnern geschehen.

5.3 Kritische Analyse bestehender Informationssysteme im Handel

In Bezug auf bestehende Handelsinformationssysteme lassen sich heute eine Reihe von Schwachstellen identifizieren [50]:

proprietäre Hard- und Softwarelösungen

In mehrstufigen Handelssystemen existieren auf den einzelnen Stufen bislang noch oft veraltete, proprietäre Hard- und Softwarelösungen, die Insellösungen und Datenredundanzen implizieren. Informationssysteme in der Handelszentrale, Filialwarenwirtschaft und im POS-System sind nur unzureichend integrierbar. Bei der hohen Anzahl von Standorten in stark filialisierten Ketten stellt das damit verbundene hohe Investitionsvolumen zur EDV-technischen Reorganisation ein erhebliches Hindernis für die Schaffung eines integrierten Handelsinformationssystems dar. Die veralteten Software-Entwicklungsumgebungen und -konzepte erlauben häufig lediglich ein Aufschalten offener, relationaler Datenbanken auf proprietäre Kassenprotokolle [51].

traditionell funktionales Denken

Die Struktur der bestehenden Informationssysteme ist weiterhin geprägt durch das im Handel noch vorherrschende traditionell funktionale Denken. Prozeßbestrebungen, wie Wertschöpfungs-, Produktivitäts- und Timingoptimierung werden immer noch als Querschnittspolitiken bezeichnet [52], um das Festhalten an der bestehenden Funktionsteilung zu verdeutlichen. Unternehmensintern horizontal oder vertikal integrierte Systeme sind selten und insbesondere die Anbindung von betriebswirtschaftlich-administrativen Systemen an Steuerungs- und Auswertungssysteme bringt erhebliche Probleme.

artikelgenaue Bestandsführung ist die Ausnahme

Zur Abbildung eines geschlossenen Warenkreislaufes gehören artikelgenau geführte und kurzfristig fortschreibbare Bestandsdaten. Die artikelgenaue Bestandsführung auf Filialebene, insbesondere im Konsumgüterhandel, bildet jedoch noch die Ausnahme. Neben der EDV-technischen Erfassung von Wareneinund Warenausgang sind auch organisatorische Maßnahmen, z.B. zur Erfassung von Bruch, Verderb u.ä., erforderlich [53].

Die überbetriebliche Kommunikation wird durch eine Vielzahl unterschiedlicher Systeme mit abweichenden internen Datenformaten erheblich erschwert.

5.4 Rationalisierungspotentiale durch EDI zwischen Industrie und Handel

Am Beispiel des Beschaffungsprozesses des Handels für das Lagergeschäft sollen exemplarisch die Rationalisierungspotentiale durch den Einsatz von EDI im Rahmen der vertikalen Kooperation verdeutlicht werden.

Der Beschaffungsvorgang im Handel kann grob differenziert werden in Funktionen des Einkaufs und der Beschaffungslogistik. Der Einkauf übernimmt die Vereinbarung von Konditionen und Rahmenverträgen sowie die Rechnungsprüfung. Die logistischen Funktionen dienen der Versorgung der Handelsunternehmen mit Waren. Dazu gehören die Disposition und die Abwicklung von Bestellungen bzw. Abrufen. Dies entspricht einer Trennung in strategischen und operativen Einkauf.

Die Artikeldisposition kann sowohl bei den Kunden bzw. in den Filialen des Handels als auch zentral in den Regional- und Zentrallagern erfolgen. Die Disposition in den Filialen erfolgt auf Basis von Ordersätzen. Dabei ist zwischen Lagerbestellungen und Streckenbestellungen zu unterscheiden. Die Lagerbestellungen werden an das übergeordnete Regional- oder Zentrallager übermittelt, wo eine Verdichtung aller Lagerbestellungen stattfindet. Bei Streckenbestellungen wird der Auftrag durch den Außendienstmitarbeiter des Lieferanten erfaßt und an den Hersteller weitergeleitet, der dann die Filiale direkt beliefert.

In Abbildung 5.3 ist ein Ausschnitt eines optimierten Beschaffungsprozesses des Handels über Zentrallager mit Datenübertragung per EDI dargestellt.

Nach Tagesabschluß werden die Bewegungsdaten des POS-Systems an das Filial-Warenwirtschaftssystem per Netzwerkkopplung oder per EDI übertragen. In der Filiale erfolgt die Artikeldisposition auf Basis der tagesaktuellen Abverkaufsdaten, ohne den Artikelbestand manuell ermitteln und erfassen zu müssen. Damit steuern die Abverkaufsdaten quasi „Real-Time" die automatische, artikelgenaue Nachbestellung [54]. Die Lagerbestellung wird im FWW-System erstellt und an das übergeordnete Lager per EDI übermittelt. Dort erfolgt im WWS des Lagers, ohne die eingehenden Bestellungen erfassen zu müssen, die Verdichtung der Filialbestellungen. Handelt es sich um ein Regionallager, werden die verdichteten Dispositionsergebnisse per EDI an das Zentrallager weitergereicht. Dort wiederholt sich der Dispositionsvorgang bis letztendlich die Bestellung bzw. der Abruf an den Lieferanten per EDI übermittelt wird.

Ohne erneute Erfassung kann die Bestellung beim Lieferanten bearbeitet und ausgeliefert werden. Sowohl die optionale Avisierung der Lieferung als auch die Übermittlung der Versandpapiere und der Rechnung kann per EDI erfolgen. Dies erleichtert die Wareneingangsbearbeitung und Rechnungsprüfung des Handels vom Zentrallager bis zur Filiale.

Das mit den Lieferdaten aktualisierte Filial-WWS bildet die Basis für den POS-Download, womit die aktuellen Artikelstammdaten an das POS-System herunter geladen werden können und am nächsten Tag für den Abverkauf zur Verfügung stehen.

Abb. 5.3
Der Beschaffungsprozeß im Handel mit EDI

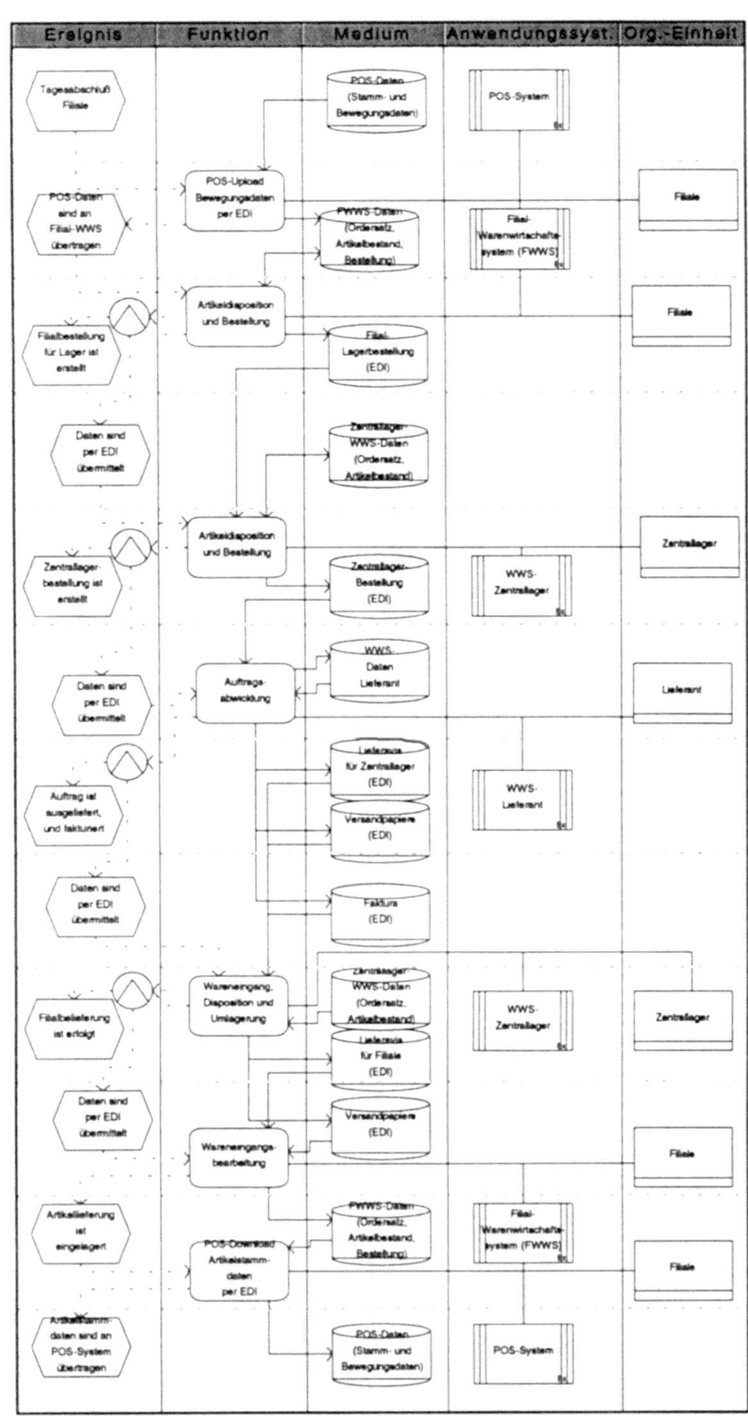

Trotz dieser gerafften Darstellung wird deutlich, daß bei konsequenter Nutzung aller vorhandenen Informationssysteme einerseits und der Datenübermittlung per EDI andererseits eine Reihe von **Integrations- und Rationalisierungspotentialen** gegenüber den heute bestehenden Abläufen realisiert werden können. Insbesondere die Kostengünstigkeit, Genauigkeit und Schnelligkeit der Informationsübermittlung, wie sie durch den Einsatz von EDI erreicht werden kann, bietet im schnellebigen Handel erhebliche **Potentiale zur Verbesserung der relativen Wettbewerbsposition** [55].

Da die Transaktionszahl, d.h. die Wiederholhäufigkeit, im Handel in allen wesentlichen Geschäftsprozessen ausgesprochen hoch ist, läßt sich durch den Einsatz von EDI ein erhebliches Zeit- und Kosteneinsparpotential aufgrund der medienbruchfreien Informationsverarbeitung realisieren [56].

In der Literatur werden u.a. folgende exemplarische Zahlen zu Einsparpotentialen genannt [57]:

- Verkürzung der Zeit von der Bestellung bis zur Plazierung in den Regalen von sieben auf zwei Tage [58],
- Senkung des Zentrallagerbestands um 50 Prozent und die Verdopplung des Warenumschlags [59],
- Einsparung von bis zu 66 Prozent der zur Zeit anfallenden manuellen Kosten, in Abhängigkeit vom internen organisatorischen Reifegrad des Unternehmens und von der Informationsstruktur der Kooperation [60].

Die schnellere Verfügbarkeit von Informationen, die rationellere Ver- und Bearbeitung von Daten, die Vermeidung von redundanter und fehleranfälliger Mehrfacherfassung von Daten, die Möglichkeit zur automatisierten Kontrolle und Verarbeitung der Daten sowie ein engeres Kommunikationsverhältnis zwischen Lieferanten und Einzelhandel sind als wesentliche Vorteile des Einsatzes von EDI in der überbetrieblichen Kommunikation zu nennen [61].

6 SAP R/3® Retail

Mit **R/3® Retail** stellt die SAP AG demnächst eine integrierte Branchenlösung für den Handel vor. Diese wird den Handel, insbesondere Handelskonzerne mit filialisierter, heterogener Firmenstruktur, in die Lage versetzen, alle Geschäftsprozesse in der Logistikkette vom Lieferanten bis zum Konsumenten lückenlos zu planen, zu steuern und durchzuführen.

Zum jetzigen Zeitpunkt liegen noch keine praktischen Erfahrungen aus dem Einsatz von R/3 Retail vor. Daher kann hier nur eine Charakterisierung des Systems vorgenommen werden. [62]

6.1 Charakterisierung von R/3 Retail

SAP entwickelt seit zwei Jahren gemeinsam mit sieben Pilotanwendern die Branchenlösung für den Handel: R/3 Retail. Die Zielsetzung ist die geschlossene Abbildung der „Supply Chain", der Wertschöpfungskette vom Lieferanten bis hin zum Endverbraucher.

SAP-Unternehmensmodell Handel

Die für den Handel typischen Geschäftsprozesse sind als Prozeßmodelle im SAP-Unternehmensmodell Handel modelliert und beschrieben. Dabei werden sechs sogenannte **Hauptszenarien** als Geschäftsvorfälle des Handels unterschieden:

- wiederbeschaffbare Ware,
- nichtwiederbeschaffbare Ware mit kurzfristiger Beschaffungszeit (z.B. Obst und Gemüse, Fische),
- nichtwiederbeschaffbare Ware mit mittelfristiger Beschaffungszeit (z.B. Textilien),
- Katalogware bzw. auftragsbezogene Einzelbeschaffung,
- Versandhandel und
- Eigenverbrauchsartikel.

Organisationselemente und Stammdaten

Mit R/3 Retail werden neue Organisations- und Stammdatenelemente zur Abbildung der Handelsstrukturen eingeführt sowie bestehende Elemente erweitert. Da diese Strukturen neben aktuellen und vollständigen Stammdaten die Basis für ein funktionierendes Handelsinformationssystem sind, werden die wesentlichen Elemente nun kurz vorgestellt.

Betrieb

Ein Handelsunternehmen kauft und verkauft Ware, die häufig in Betrieben zwischengelagert wird. Je nach Zweck der Lagerung werden im R/3 Retail die Handelsbetriebe unterschieden in Verteilzentren, die zur Bereitstellung von Waren für andere Betriebe und/oder Kunden dienen und in Filialen, die der Präsentation und dem Verkauf der Waren an den Endverbraucher dienen. Innerhalb eines Betriebes werden im Rahmen der Bestandsführung die dort lagernden Waren geführt und die zugehörigen Geschäftsprozesse, wie z.B. Wareneingang, Inventur oder Warenausgang, abgebildet.

Warengruppe

Die gehandelten Artikel werden mittels Warengruppen strukturiert und hierarchisiert. Neben diesen sogenannten Basiswarengruppen können weitere Warengruppierungen, z.B. CCG- oder Branchenklassifikationen, gebildet werden.

Artikel

Artikel werden von einem Handelsunternehmen für einen Betrieb eingekauft, disponiert und verkauft. Das Kriterium zur Unterscheidung von Artikeln bildet die nicht mehr teilbare Endverbraucherpackung bzw. die Abgabeeinheit, die eigenständig disponiert wird. Im R/3 Retail werden verschiedene sogenannte Artikeltypen unterschieden, die bestimmten Abwicklungsformen bzw. Problemstellungen entsprechen. Die wichtigsten sind:

- Einzelartikel,
- Varianten zum Sammelartikel (bevorzugt für modische, vielfältige Artikel),
- Warengruppenartikel (zur Bündelung von Artikeln in der Logistik),
- Sets, Lots und Displays,
- bepfandete Leergutartikel,
- Transporthilfsmittel und
- Dienstleistungen.

Je Artikelnummer können pro Abpackung bzw. Mengeneinheit EANs zugeordnet werden. Damit sind die Voraussetzungen für Scanning in allen Logistikprozessen, z.B. Wareneingang, Warenausgang, Verkauf mit unterschiedlichen Verpackungsgrößen (Palette, Umkarton, Stück), geschaffen. Dabei werden verschiedene EAN-Typen unterstützt, wie z. B.:

- Hersteller-EAN,
- Instore-EAN,
- Kurz-EAN,
- Frischwaren-EAN oder

- Gewichts/Preis-EAN.

Sortiment

Mittels der Festlegung von Sortimenten wird im R/3 Retail je Betrieb bzw. je Artikel festgelegt, von welchem Betrieb in welcher Zeit ein konkreter Artikel bewirtschaftet wird. Im Rahmen der Sortimentsgestaltung werden die Verteilzentren festgelegt, über die der Artikel bei Distribution über Lager verteilt werden soll, und es werden die Filialen festgelegt, in denen der Artikel verkauft werden soll.

Lieferant

Im R/3 Retail wird zwischen internen Lieferanten, den Betrieben, und externen Lieferanten unterschieden, die ein bestimmtes Artikelsortiment liefern. Ein Lieferant kann unterschiedliche Funktionen bzw. Rollen wahrnehmen. Er kann bspw. Ware liefern, die Rechnung stellen und/oder die Konditionen vereinbaren.

Kunde

Auch bei den Kunden werden interne Kunden, die Betriebe und externe Kunden unterschieden. Je nach Rolle des Kunden werden bspw. der Auftraggeber, der Warenempfänger, der Rechnungsempfänger und der Regulierer, aber auch der anonyme Kunde im POS unterschieden.

Kondition

Einkaufs- und Verkaufspreise, Zu- und Abschläge, Ausgangssteuern sowie nachträgliche Vergütungen (Boni) werden im R/3 Retail als Konditionen bezeichnet.

Aktion

Die Aktion, als verkaufsfördernde Marketingmaßnahme, ist beim Handelsunternehmen sowohl auf der Einkaufs- als auch auf der Verkaufsseite zu behandeln. Im R/3 Retail umfaßt die Abwicklung von Aktionen:

- das Festlegen der betroffenen Artikel (Preise, Konditionen, Geltungsbereich),
- das Beschaffen der Aktionsware,
- die Bestandsabgrenzung gegenüber der Normalware,
- die Versorgung von Filialen und Großhandelskunden mit Aktionsware,
- die Verkaufsabwicklung am POS sowie
- die Aktionserfolgsrechnung.

Unterstützung von Normen

Neben der bereits erwähnten Europäischen Artikelnummer EAN werden im System R/3 Retail zur unternehmensübergreifenden Kommunikation die Internationale Lokationsnummer ILN sowie die für den nationalen und internationalen Datenaustausch entwickelte EDIFACT-Norm unterstützt.

Funktionsumfang

Das Handelsgeschäft wird in seiner Grundstruktur im R/3 Retail mit den Funktionsblöcken Einkauf, Warenlogistik und Verkauf abebildet, die eine durchgängige Bearbeitung des Warenflusses vom Lieferanten bis zum Konsumenten erlauben.

Einkauf

Der strategische Einkauf legt die zu beschaffenden Artikel fest, wählt die Lieferanten aus und verhandelt die Konditionen. Mit Bestellbüchern werden die Filialen über die aktuellen Einkaufsstammdaten informiert. Vom operativen Einkauf, der zentral oder auch dezentral abgewickelt werden kann, erfolgt die Artikeldisposition, d.h. die maschinelle oder manuelle Bedarfsplanung, die Aufteilung von Artikelmengen auf Betriebe, das Bestellwesen und die Lieferantenbeurteilung sowie die Rechnungsprüfung von aktuellen Lieferantenrechnungen und nachträglichen Bonus- und Rabattabrechnungen.

Warenlogistik

Die Warenlogistik bildet das Bindeglied zwischen Einkauf und Verkauf zur Steuerung und Bearbeitung des Warenflusses in Handelsunternehmen. Hier erfolgt die Bearbeitung von Waren-ein- und -ausgängen, die Artikel-Etikettierung, die artikelgenaue Bestandsführung und Lagerverwaltung sowie die Filialbelieferung und Versanddurchführung. Die Anbindung von MDE- und Scanning-Systemen erlaubt eine einfache und sichere Datenerfassung und Verprobung vor Ort.

Verkauf

Der Verkauf im R/3 Retail berücksichtigt sowohl die Anforderungen des stationären Handels als auch die des Groß- und Versandhandels. Dem *Point of Sale* mit seiner hohen Anzahl anonymer Kunden steht dabei der direkte Kunden-Verkäufer-Kontakt gegenüber. Der strategische Verkauf übernimmt die Festlegung von Sortimenten, Listungen je Betrieb, Verkaufspreisen und Aktionen.

Die POS-Verarbeitung erlaubt die Anbindung der marktüblichen POS- und Kassensysteme mit der Übertragung von Stammdaten an die Filialsysteme (POS-Download) und die Rückübertragung von Verkaufsvorgängen, Waren- und Geldbewegungen an R/3 Retail (POS-Upload) mit anschließender Verarbeitung im SAP-System.

Mittels der Auftragsabwicklung erfolgt die Angebots- und Auftragserstellung im direkten Kundenkontakt sowohl für einmalige oder kurzfristige Geschäfte, wie den Barverkauf, als auch für langfristige und regelmäßige Geschäftsabwicklungen, bspw. mit Rahmenverträgen. Die Filialabrechnung und Fakturierung schließen den Verkaufsvorgang nach der Warenausgangsbearbeitung in der Warenlogistik ab. Dies bezieht sich sowohl auf den Verkauf im direkten Kundenkontakt als auch auf die Warenversorgung der Filialen. Rechnungen, Gut- und Lastschriften werden erstellt und automatisch an die Finanzbuchhaltung übergeben.

Warenwirtschafts-informationssystem

Ergänzend steht mit dem Warenwirtschaftsinformationssystem ein leistungsfähiges, flexibles und übergreifendes Planungs- und Informationssystem zur Verfügung. Dabei kann auf Informationen aus allen operativen Anwendungen zugegriffen werden. Im Warenwirtschaftsinformationssystem des R/3 Retail wird dazu wie in allen anderen R/3 Informationssystemen zwischen vordefinierten Standardanalysen, individuell definierten flexiblen Analysen und der Planung unterschieden. Da die Plandaten auf den gleichen Informationsstrukturen wie die Istdaten beruhen, sind Plan- und Istdaten vergleichbar.

Kommunikation

Der Informationsaustausch mit internen und externen Partnern findet im R/3 Retail mittels Nachrichten statt. Unter dem Begriff **Nachrichten** werden sowohl elektronische Nachrichten, die bspw. per EDI, Mail oder Fax versendet werden, als auch gedruckte Dokumente verstanden. Dabei ist die Verwendung aller denkbarer Kommunikationskanäle vom Postversand der Lieferpapiere bis zur EDI-Bestellung möglich. Verschiedene Nachrichten für praxisübliche Anforderungen sind bereits vordefiniert, und die Erstellung eigener Nachrichten ist jederzeit möglich.

Handelsinformations-system R/3 Retail

Durch die Integration in das R/3 Gesamtsystem ist R/3 Retail nicht nur ein Warenwirtschaftssystem mit Einkauf, Verkauf und Warenlogistik als Bindeglied zwischen Einkauf und Verkauf. R/3 Retail ist eine betriebswirtschaftliche Gesamtlösung, die auch die Anforderungen des Handels an das Rechnungswesen und die Personalwirtschaft sowie die Auswertungssysteme des Controlling, das Executive Information System (EIS) und die Unterstützungssysteme der Unternehmensplanung beachtet. Neben den funktionalen Aspekten werden von R/3 Retail weitere Anforderungen an eine integrierte Informationsverarbeitung im Handel erfüllt [63]: Die integrierte Datenhaltung, die Integration räumlich verteilter Betriebsstätten in ein durchgängiges System und die Umsetzung der Geschäftsprozeßorientierung nicht nur mittels der Business Workflow-Komponente. Damit umfaßt R/3 Retail alle Bestandteile eines Handelsinformationssystems, wie es in der Architektur von Handelsinformationssystemen von Becker und Schütte [64] (vgl. Kapitel 5.1) beschrieben ist.

6.2 R/3 Retail und EDI

EDI stellt eine **Basistechnologie für die vertikale Prozeßkooperation** dar. An dieser Stelle soll aufgezeigt werden, welche Möglichkeiten das Handelsinformationssystem R/3 Retail bietet, um mit dem Einsatz von EDI zur überbetrieblichen Kommunikation vertikale Prozesse optimiert und durchgängig abzuwickeln.

Wie bereits dargestellt, besteht mit der Nachrichtensteuerung die Möglichkeit, unterschiedliche Kommunikationskanäle vom Postversand bis zur Datenübertragung per EDI zu nutzen. Sowohl eingehende als auch ausgehende Nachrichten können mittels EDI übertragen werden. Die Nachrichten werden an eine Schnittstelle übergeben bzw. von dort übernommen. Die Übersetzung in die EDI-Formate und die Kommunikation werden von externen Programmen ausgeführt.

EDI im Einkauf

Im Einkauf besteht die Möglichkeit, einerseits Bestellungen, Bestellanfragen, Rahmenverträge, Abrufe oder auch Bonusabrechnungen an Lieferanten zu übermitteln und andererseits die Bestellbücher sowie Aufteilungsinformationen an die beteiligten Filialen und Handelspartner zu übertragen. Die Bestellbuchdaten können darüber hinaus an alle weiteren Subsysteme, wie POS-Systeme, Etikettiersysteme oder Fremd-WW-Systeme übermittelt werden. Lieferantenangebote und -rechnungen können per EDI empfangen werden. Dabei können die übermittelten Rechnungen wahlweise vorerfaßt oder bereits gebucht werden.

EDI in der Warenlogistik

Im Rahmen der Wareneingangsbearbeitung der Warenlogistik können Lieferbelege, wie Lieferavise, Lieferscheine oder auch Rücklieferungsavise elektronisch empfangen und übermittelt werden. Ebenso können die bei der Warenausgangs- und Versandabwicklung zu erstellenden Versandpapiere per EDI übermittelt werden.

EDI im Verkauf

Die Anbindung der Warenwirtschafts- und POS-Systeme der Filialen erfolgt ebenfalls per EDI. Eine allgemeine POS-Schnittstelle übernimmt die Konvertierung der selektierten Daten aus dem R/3 Retail in ein allgemeines Format. Diese aufbereiteten Daten werden dann elektronisch an die Filialen übertragen und von einem POS-Konverter in das spezifische Format des vorliegenden POS-Systems umgewandelt.

Die Funktionsschwerpunkte der POS-Schnittstelle sind

- Download von Stammdaten (Artikelstammdaten, Artikelpreise, Warengruppen und -hierarchien, EAN-Referenzen, Wechselkurse, Steuern, Kunden- und Mitarbeiterstammdaten),
- Upload von verdichteten und unverdichteten Verkaufsvorgängen (Verkauf, Retoure, Reklamation, Dienstleistung, Umtausch, Pfandartikel, Personalkauf, Konzessionärsartikel),
- Upload von Warenbewegungen (Auswahlware, Eigenentnahme, Bruch, Vernichtung, Verderb, Gewichtsverlust),
- Upload von Geldbewegungen (nachträgliche Reklamation, Einzahlung, Auszahlung, Rechnungsausgleich, unbekannte Retour, Vorauszahlung, Gutscheinverkauf) und
- Upload von Vorgängen, die nicht automatisch zu einer Buchung im R/3 Retail führen können (Fehlerbehandlungen, Artikelstamm- oder Kundenstamm-Änderungen durch die Filialen).

Kundenanfragen und -aufträge im Rahmen der Auftragsabwicklung können per EDI empfangen werden. Dementsprechend können die im Verkauf zu erstellenden ausgehenden Nachrichten, wie Angebote, Auftragsbestätigungen, Rahmenverträge, Rechnungen oder Gut- und Lastschriften, per EDI übermittelt werden.

7 Ausblick

Die Branchenlösung R/3 Retail stellt einen erheblichen Schritt zur Schaffung einer ganzheitlichen und integrierten Datenbasis als Grundlage einer Prozeßorientierung auf Handelsseite dar.

Die zögernde Nutzung des elektronischen Datenaustausches wird häufig auf die Vielzahl unterschiedlicher und nicht integrierter Anwendungssysteme zurückgeführt. Die Verbreitung eines auf Standardsoftware basierenden Handelsinformationssystems wird daher zu einem verstärkten Einsatz von EDI zur überbetrieblichen Kommunikation führen.

EDI stellt eine Basistechnologie für die vertikale Prozeßkooperation dar. Erst durch die mit EDI verbundene Vermeidung von Medienbrüchen ergeben sich Automatisierungsmöglichkeiten und wird die Realisierung von Kooperationsgewinnen ermöglicht. Integrierte Informationssysteme bei den Marktpartnern und deren Vernetzung mittels EDI ergeben somit einen optimalen und durchgängigen DV-Unterstützungsgrad zur Abwicklung der vertikalen Prozesse.

Durch den hohen Verbreitungsgrad von SAP-Systemen in der Industrie werden mit Einführung von R/3-Retail im Handel zunehmend identische Anwendungssysteme an den beiden Enden der „Supply Chain" stehen. Diese homogenen Systeme erleichtern einerseits bilaterale Kooperationsbestrebungen und Absprachen zwischen einzelnen Hersteller- und Handelssystemen. Dies kann von einer Flexibilisierung und Eigendefinition auszutauschender Nachrichtenarten über die einzelne Nutzung von Remote Function Calls (RFCs) oder Intermediate Documents (IDOCs) im Rahmen der Übernahme von betriebswirtschaftlichen Funktionen durch den Lieferanten, wie z.B. die Artikeldisposition [65], bis hin zur weitgehenden Kopplung der Systeme reichen [66].

Andererseits werden die in den SAP-Systemen bereits integrierten Schnittstellen zu EDI-Anwendungen den Übergang von bilateralen zu rationelleren multilateralen Kommunikationen fördern. Aber erst die Auflösung der funktional getrennten Datenhaltung zwischen Industrie und Handel in der „Supply Chain" ermöglicht eine endgültige Geschäftsprozeßoptimierung in Hinblick auf die Schaffung virtueller Unternehmen.

Durch den Einsatz von R/3-Retail im Handel wird unter informationstechnologischen Gesichtspunkten ein erheblicher Schritt in Richtung auf die Realisierung vertikaler Kooperationsstrategien vollzogen. Dennoch hängt die konkrete Realisierung der Kooperationsvorteile und -gewinne wesentlich von der Einsicht und dem Kooperationswillen der beteiligten Unternehmen ab.

Literaturverzeichnis

[1] Wöhe, G.: Einführung in die allgemeine Betriebswirtschaftslehre, 18. Auflage, München 1993, S. 643.

[2] Tietz, B.: Der Handelsbetrieb, 2. Auflage, München 1993, S. 26.

[3] Ausschuß für Begriffsdefinitionen aus der Handels- und Absatzwirtschaft: Katalog E - Begriffsdefinitionen aus der Handels- und Absatzwirtschaft, 3. Ausgabe, Köln 1982, S. 20 ff.

[4] Tietz, B.: Marketing, 2. Auflage, Düsseldorf 1989, S. 112.

[5] Tietz, B.: Konsument und Einzelhandel - Strukturwandelungen in der Bundesrepublik Deutschland von 1970 bis 1995, 3 Auflage, Frankfurt 1983, S. 475.

[6] Werner, G.-W.: Der Weg bestimmt das Ziel, in: Dynamik im Handel, 40. Jg., 1996, Nr. 2, S. 108-111.

[7] Jansen, H.: Vom Langstreckenläufer zum Sprinter - „Intersport EDI 2000" - der weite Weg zum Global Network, in: Dynamik im Handel, 39. Jg., 1995, Nr. 7, S. 6-9.

[8] o.V.: Retail is Detail, in: Dynamik im Handel, 39. Jg., 1995, Nr. 4, S. 2-5, S. 4.

[9] o.V.: Optimierung des Lagernachschubs - wichtiges Kooperationsfeld zwischen Industrie und Handel, in: Dynamik im Handel, 39. Jg., 1995, Nr. 7, S. 40-41.

[10] o.V.: Retail is Detail, in: Dynamik im Handel, 39. Jg., 1995, Nr. 4, S. 2-5.

[11] Kaleck, P. G.: Continous Replenishment - Ein Fallbeispiel aus dem Handel, in: Dynamik im Handel, 39. Jg., 1995, Nr. 11, S. 28-30.

[12] Zentes, J.: GDI-Monitor: Fakten, Trends, Visionen, in: Zentes, J. und Liebmann, H.-P.: GDI-Trendbuch Handel No. 1, Düsseldorf und München 1996, S. 10-36.

[13] Laurent, M.: Neue Typen und Strategien der vertikalen Kooperation zwischen Systemen in Industrie und Handel - Die Entwicklung eines Grundmodells und einer Typologie als Rahmen für eine empirisch gestützte Analyse, Diss., Saarbrücken 1995, S. 98.

[14] Laurent, M.: a.a.O., S. 99.

[15] Irrgang, W.: Strategien im vertikalen Marketing der Industrie, in: Irrgang, W. (Hrsg.): Vertikales Marketing, 2. Aufl., München 1993, S. 1-24.

[16] Laurent, M.: a.a.O., S. 116 ff.

[17] Laurent, M.: a.a.O., S. 161 ff.

[18] GEA Consulenti Associati di Gestione Aziendale: Supplier-Retailer Collaboration in Supply Chain Management, hrsg. v. The Coca-Cola Retailing Research Group-Europe (CCRRGE), Mailand et al. 1994.

[19] Tietz, B.: Efficent Consumer Response (ECR), in: Wirtschaftswissenschaftliches Studium (WiSt), 24. Jg., 1995, Nr. 10, S. 529-530.

[20] Tietz, B.: a.a.O., S. 529-530.

[21] Kurt Salmon Associates, Inc: Efficient Consumer Response - Enhacing Consumer Value in the Grocery Industry, hrsg. v. Food Marketing Institute, Washington 1993, S. 5 ff.

[22] Kurt Salmon Associates, Inc: a.a.O., S. 3.

[23] GEA Consulenti Associati di Gestione Aziendale: Supplier-Retailer Collaboration in Supply Chain Management, hrsg. v. The Coca-Cola Retailing Research Group-Europe (CCRRGE), Mailand et al. 1994, S. 20.

[24] Laurent, M.: a.a.O., S. 240.

[25] Centrale für Coorganisation GmbH (Hrsg.): Arbeitsbericht 1995 - Ausblick 1996, Köln o. J., S. 16 f.

[26] Hertel, J.: Design mehrstufiger Warenwirtschaftssysteme, Heidelberg 1992, S. 55.

[27] Hertel, J.: a.a.O.,, S. 59.

[28] o.V.: EAN der Handelseinheit plus Nummer der Versandeinheit? - Im Zwiefel Ja, in: Coorganisation, 1996, Nr. 1, S. 49.

[29] Neuburger, R.: Electronic Data Interchange - Einsatzmöglichkeiten und ökonomische Auswirkungen, Wiesbaden 1994, S. 6.

[30] Für allgemeine Informationen zu EDI, vgl. Jaspersen, T. und Warsch, C. (Hrsg.): EDI in der Praxis, Bergheim 1994.

[31] Centrale für Coorganisation GmbH (Hrsg.): Arbeitsbericht 1995 - Ausblick 1996, Köln o. J., S. 1 ff.

[32] Neuburger, R.: Electronic Data Interchange - Einsatzmöglichkeiten und ökonomische Auswirkungen, Wiesbaden 1994, S. 20.

[33] Hertel, J.: a.a.O., S. 67 ff.

[34] Centrale für Coorganisation GmbH (Hrsg.): Arbeitsbericht 1995 - Ausblick 1996, Köln o. J., S. 34.

[35] Hagen, K.: Zusammenarbeit Industrie/Handel in Organisation und Logistik, in: Markenartikel, 54. Jg., Nr. 5, 1992, S. 216-221.

[36] Hertel, J.: a.a.O., S. 78.

[37] Hallier, B.: Auf dem Weg zum Computerintegrated Trading, in: Dynamik im Handel, 39. Jg., 1995, Nr. 7, S. 2-4, S. 4.

[38] Laurent, M.: a.a.O., S. 132.

[39] Kruse, C.: Referenzmodellgestütztes Geschäftsprozeßmanagement - Ein Ansatz zur prozeßorientierten Gestaltung vertriebslogistischer Systeme, Diss., Saarbrücken 1995, S. 24,

Scheer, A.-W.: Wirtschaftsinformatik - Referenzmodelle für industrielle Geschäftsprozesse, 6. Auflage, Berlin et. al. 1995, S. 10 ff.,

Becker, J.; Schütte, R.: Handelsinformationssysteme, Landsberg/Lech 1996, S. 53.

[40] Scheer, A.-W.: Architektur integrierter Informationssysteme - Grundlagen der Unternehmensmodellierung, 2. Auflage, Berlin et al. 1992.

[41] Scheer, A.-W.: Wirtschaftsinformatik - Referenzmodelle für industrielle Geschäftsprozesse, 6. Auflage, Berlin et. al. 1995, S. 83 f.

[42] Schütte, R.: Prozeßorientierung in Handelsunternehmen, in: Vossen, G.; Becker, J. (Hrsg.): Geschäftsprozeßmodellierung und Workflow-Management - Modelle, Methoden, Werkzeuge, Bonn et al. 1996.

[43] Scheer, A.-W.: Architektur integrierter Informationssysteme - Grundlagen der Unternehmensmodellierung, 2. Auflage, Berlin et al. 1992, S. 2.

[44] Becker, J.; Schütte, R.: Handelsinformationssysteme, Landsberg/Lech 1996, S. 13.

[45] Hallier, B.: Auf dem Weg zum Computerintegrated Trading, in: Dynamik im Handel, 39. Jg., 1995, Nr. 7, S. 2-4.

[46] Hallier, B.: a.a.O., S. 2-4, S. 2.

[47] o.V.: Mehr Ertrag auf gleicher Fläche, in: Dynamik im Handel, 40. Jg., 1996, Nr. 2, S. 102-107.

[48] GZS Gesellschaft für Zahlungssysteme mbH (Hrsg.): Geschäftsbericht 1995, Frankfurt am Main 1996.

[49] Maushart, M.-A.: Einführung der Chipkarte stößt nicht nur auf technische Probleme, in: Computer-Zeitung, 14.02.1996, S. 15.

[50] Becker, J.; Schütte, R.: Handelsinformationssysteme, Landsberg/Lech 1996, S. 16 ff.

[51] o.V.: Somerfield bestellt automatisch, in: Dynamik im Handel, 39. Jg., 1995, Nr. 11, S. 31-33.

[52] Tietz, B.: Der Handelsbetrieb, 2. Auflage, München 1993, S. 104 f.

[53] Hertel, J.: Warenwirtschaftssysteme, in: Tietz, B.; Köhler, R.; Zentes, J. (Hrsg.): Handwörterbuch des Marketing (HWM), Stuttgart 1995, Sp. 2658-2669.

[54] o.V.: Somerfield bestellt automatisch, in: Dynamik im Handel, 39. Jg., 1995, Nr. 11, S. 31-33, S. 31 f.

[55] Zentes, J.: Nutzeffekte von Warenwirtschaftssystemen im Handel, in: Information Management, 1988, Nr. 3, S. 58-67.

[56] Rupprecht-Däullary, M.: Zwischenbetriebliche Kooperation, Wiesbaden 1994.

[57] Zu weiteren Beispielen realisierter Einsparpotentiale durch den Einsatz von EDI und EDIFACT vgl. u.a. Bekker, J.; Schütte, R.: Handelsinformationssysteme, Landsberg/Lech 1996, S. 454, Neuburger, R.: Electronic Data Interchange - Einsatzmöglichkeiten und ökonomische Auswirkungen, Wiesbaden 1994, S. 32 ff.

[58] o.V.: Retail is Detail, in: Dynamik im Handel, 39. Jg., 1995, Nr. 4, S. 2-5.

[59] Kaleck, P. G.: Continous Replenishment - Ein Fallbeispiel aus dem Handel, in: Dynamik im Handel, 39. Jg., 1995, Nr. 11, S. 28-30.

[60] Förster, H.: EDI in Europa, in: Coorganisation, 1995, Nr. 2, S. 14-19.

[61] Astor, J.: Daten statt Papier?, in: Dynamik im Handel, 38. Jg., 1994, Nr. 7, S. 23-26.

[62] SAP AG (Hrsg.): Funktionen im Detail - Das Warenwirtschaftssystem der SAP - R/3 Retail, Walldorf 1995.

[63] Schütte, R.: Prozeßorientierung in Handelsunternehmen, in: Vossen, G.; Becker, J. (Hrsg.): Geschäftsprozeßmo dellierung und Workflow-Management - Modelle, Methoden, Werkzeuge, Bonn et al. 1996.

[64] Becker, J.; Schütte, R.: Handelsinformationssysteme, Landsberg/Lech 1996.

[65] Kaleck, P. G.: Continous Replenishment - Ein Fallbeispiel aus dem Handel, in: Dynamik im Handel, 39. Jg., 1995, Nr. 11, S. 28-30.

[66] Hofmann, M. und Killer, B.: Kommunikation von Anwendungen innerhalb und zwischen Unternehmen, hrsg. v. SAP AG, Walldorf 1995.

Kapitel 16

Reporting unter SAP R/3® - Probleme und Lösungsansätze.

Der Einsatz des Moduls EC/EIS unter Berücksichtigung der Konzepte Data Warehouse, OLAP, MIS/EIS

Dipl.-Inf. (FH) Reinhard Bär und Norbert Egger

Geberit Verwaltungs AG, Jona (Schweiz)

1 Einführung

Die Notwendigkeit der Auseinandersetzung mit der Problematik von Reportingwerkzeugen nimmt zu. Dies ist u.a. in den allgemeinen Rahmenbedingungen für unternehmerische Entscheidungen und der sich verändernden Situation auf dem Gebiet der betriebswirtschaftlichen Anwendungssysteme begründet: In Zeiten sich verschärfenden Wettbewerbs und sich rasch ändernder Marktbedingungen werden hochaktuelle, mit allen entscheidungsrelevanten Informationen ausgestattete Reportinginstrumente mehr und mehr ein entscheidender strategischer Wettbewerbsvorteil, wenn nicht gar Voraussetzung zum Überleben für ein Unternehmen.

Während die Standardsoftware SAP R/3 auf dem Gebiet der DV-Unterstützung der operativen Prozesse sehr erfolgreich ist und eine dementsprechende Beachtung in der Literatur findet, werden die Reportingwerkzeuge dieses Produktes in entsprechenden Benchmarks meist nicht einmal genannt. Die Erkenntnis der SAP AG bzgl. des in diesem Bereich akuten Handlungsbedarfes zeigt sich an den zur Jahresmitte 1996 bis in die SAP-Führungsspitze reichenden Aktivitäten zur Strukturierung und Systematisierung des in der Anwendungssoftware R/3 vorfindbaren Konglomerats an Reportingwerkzeugen.

Der vorliegende Artikel will daher ein Beitrag zur Reflexion der verschiedenen theoretischen Ansätze und Werkzeuge mit der Orientierung auf den Entwurf, die Realisierung und den Betrieb eines einsatzfähigen und kostenseitig akzeptablen Reporting-Konzeptes unter SAP R/3 sein.

Die folgenden Ausführungen gliedern sich in drei Hauptabschnitte:

- Skizzierung der vorliegenden Reporting-Konzepte
- Kurzdarstellung der in R/3 zur Verfügung stehenden Instrumente
- Darstellung der Möglichkeiten des R/3-EC/EIS mit einem für Endanwender geeigneten Front-End unter Berücksichtigung der Data Warehousing-, OLAP- und EIS-Anforderungen.

Im ersten Teil werden, nach einer Einordnung der Reportingprozesse in die Prozeßtotalität von Unternehmen, die Kernaussagen der konzeptionellen Ansätze beleuchtet. Es wird nachgewiesen, daß ein erheblicher Teil der Ansätze von zumindest teilweise falschen Prämissen ausgeht und für die realen Anforderungen nicht tragfähig ist. Als Fazit wird ein Zukunftsentwicklungen berücksichtigender, aber auch von den Gegebenheiten der betrieblichen Praxis ausgehender und umfassend tragfähiger Ansatz als Basis für die Teile 2 und 3 skizziert.

Im Teil 2 werden die zur Verfügung stehenden Reportingkomponenten von SAP R/3 kurz dargestellt. Hier wird ein besonderes Gewicht auf die Problembereiche dieser Instrumente gelegt. Insbesondere gehen hier praktische Erfahrungen von Produktivsetzungen unter Release 2.2 und 3.0D ein. Darüber hinaus werden, soweit dies zum heutigen Zeitpunkt bereits seriös möglich ist, realisierte und in Vorbereitung befindliche Erweiterungen zu Release 3.0D und folgende berücksichtigt. Mit Hilfe einer pointierten Darstellung wird gezeigt, daß die Koexistenz der funktional zugeordneten Reportinginstrumente in der Anwendungssoftware SAP R/3 für die praktische Nutzung erhebliche Probleme mit sich bringt und eine Konzentration auf ein Instrument mit echten Data Warehousing- und OLAP-Fähigkeiten dringend erforderlich ist.

Der dritte Teil schließlich dient der ausführlichen und systematischen Darstellung des sich aus dem vorangegangenen Teil ergebenden Lösungsansatzes unter Berücksichtigung von Release 3.0-Funktionalität.

Die Arbeit behandelt den Aspekt „Reporting“. Da die SAP AG derzeit erst konzeptionelle Überlegungen bezüglich einer „Planungsintegration“ innerhalb R/3 anstellt und selbst zu Release 3.0 eine solche nicht einmal im Ansatz vorhanden ist, wird der ebenso bedeutsame Aspekt der Planungsfunktionen nur gelegentlich in kurzen Querverweisen angesprochen.

2 Die besondere Problematik der Reportingprozesse

2.1 Definition und Einordnung in die Prozeßtotalität

2.1.1 Grobdarstellung der Prozeßtotalität - Primär- und Sekundärprozesse

Der Kern aller Reportingprozesse in der betrieblichen Praxis ist im weitesten Sinne die „Zur-Verfügung-Stellung" von entscheidungsrelevanten Informationen. Die weithin übliche Fokussierung und Reduktion des betrieblichen Berichtswesens auf Vergangenheitsdaten und der Versuch, damit Entwicklungen zu erklären, ist hierin eingeschlossen. Bei der Reflexion des genannten Ansatzes wird eine in ihren Konsequenzen oft nicht zu Ende gedachte Annahme präsent: Nur bei einem hinreichenden Niveau der Verfügbarkeit von entscheidungsrelevanten Informationen **können** optimale Führungsentscheidungen erreicht werden.

Abb. 2.1
Qualität von Führungsentscheidungen

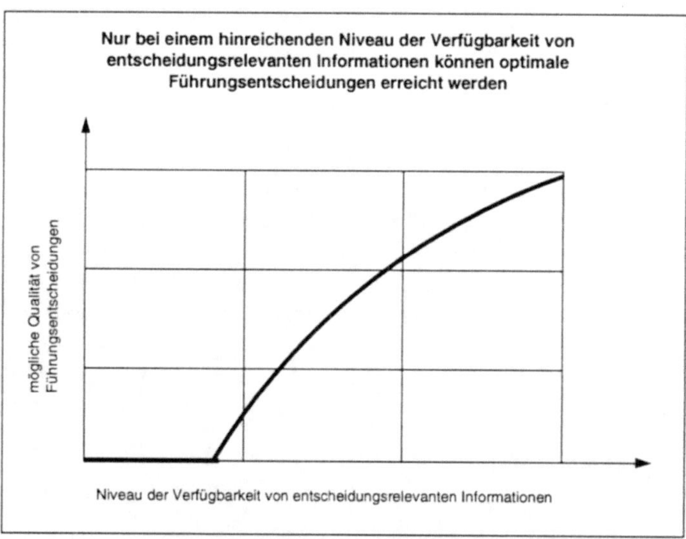

Weiterhin ist im Controlling und beim Reporting eine funktionale Sicht weit verbreitet. Der eigentliche Charakter und die daraus erwachsenden Anforderungen des Reportings an Organisation und Informatik sind jedoch nur mittels eines prozessualen Ansatzes hinreichend zu erfassen.

grundlegende Elemente von Reportingprozessen

Wenn nun in einem ersten Schritt die grundlegenden Elemente von Reportingprozessen reflektiert werden, ergeben sich als **auslösende Ereignisse** von Reportingprozessen

- zyklische Aspekte (z.B. Monatswechsel, Rekursion) und
- Ausnahmesituationen (z.B. Kapazitätsprobleme, Einbrüche bei Auftragseingängen oder Umsätzen, kritische Werte bei Kostenentwicklungen oder Deckungsbeiträgen, politische oder gesamtwirtschaftliche Veränderungen)

mit besonders ausgeprägtem **Regelkreischarakter**.

Eine statisch funktionale Betrachtung dagegen verschließt den Blick für die Einbindung des Reportingprozesses in operative -, Führungs- und Entscheidungsprozesse insgesamt. Ebenso wird in der Folge die Notwendigkeit, organisationsinterne und externe Informationen zusammenzuführen ebenso außer Acht gelassen wie die notwendige Integration des Reportings mit allen anderen relevanten betrieblichen Prozessen. Hier stellt die oftmals vorzufindende Verkürzung des Berichtswesens auf kundenauftragsbezogene Kennzahlen (Auftragseingänge, Umsätze) eine erhebliche Gefahr durch wesentliche Aspekte vernachlässigende und somit nicht-optimale Entscheidungen provozierende Informationen dar.

Abb 2.2
Regelkreischarakter betrieblicher operativer Prozesse

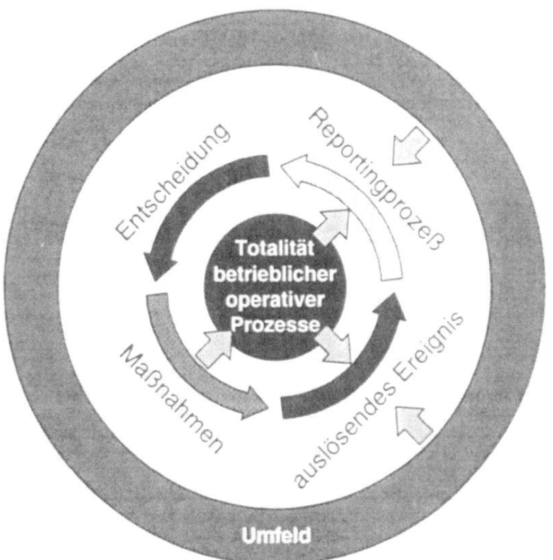

Eine vielleicht aufgrund von Wunschdenken oft vorzufindende unzulässige Verkürzung erfolgt durch die von vielen Theoretikern, Tool-Anbietern, Beratern und Informatikern gleichermaßen vorgenommene Fokussierung auf das Top-Management als Zielgruppe von Reportingwerkzeugen. Diese Reduktion der Orientierung auf oberste Hierarchiestufen ist in vielerlei Hinsicht falsch:

- Die Verflachung der Hierarchien und die damit einhergehende Verteilung von Kompetenzen an mittlere und untere Führungsebenen wird ebensowenig berücksichtigt wie
- die Ignoranz einer (noch) bestehenden weitverbreiteten Hemmschwelle des Top-Managements, Reportinginstrumente selbst anzuwenden.
- Zusätzlich wird durch eine derartige Reduktion der Einsatz verschiedenartiger Reportinginstrumente in einem Unternehmen mit inkonsistenten Datenbeständen und erhöhten Informatikkosten (für Einführung und Unterhalt) provoziert.

Aus dem Genannten ergeben sich vielerlei Verzerrungen und Fehlentwicklungen sowohl im Hinblick auf die theoretischen Ansätze als auch auf Realisierung, Einführung und Betrieb von Reportinginstrumenten. Ein diese Fehler vermeidender Ansatz ist der des unternehmensweiten, die verschiedenartigsten Informationsbedürfnisse befriedigenden Data Warehouse mit OLAP-tauglichen Abfrageinstrumenten. Hier wird die gleiche Datenbasis verwendet egal, ob für obere, mittlere oder untere Führungsebenen abgefragt wird. Die Gefahr von Inkonsistenzen und verschiedenartigen Definitionen von Merkmalen und Kennzahlen wird so vermieden. In diesem Fall wird die gleiche Datenbasis verwendet, unabhängig davon, ob die Zielgruppe eines Berichtstyps die obere, mittlere oder untere Führungsebene ist.

Weiterhin ist die oft unreflektiert übernommene Einseitigkeit der Verbindung von Transaktionsdaten und Data Warehouse kritisch zu beleuchten. Die Aggregation von Transaktionsdaten in Reporting-Datenbanken ist nur eine Richtung der in der Praxis bestehenden Anforderungen. Die Trennung von OLTP und OLAP ist notwendig. Aber aus der Analyse innerhalb eines Reportingsystems wünscht der Anwender bei eventuell vorgefundenen Grenzen des Data Warehouse den Durchgriff auf die Transaktionsdaten. Auch beim Data Mining können bei Verifizierungsversuchen Durchgriffe auf die Basisdaten notwendig werden.

Abb 2.3
Reportingpyramide mit Datenzugriff und Datenbereitstellung

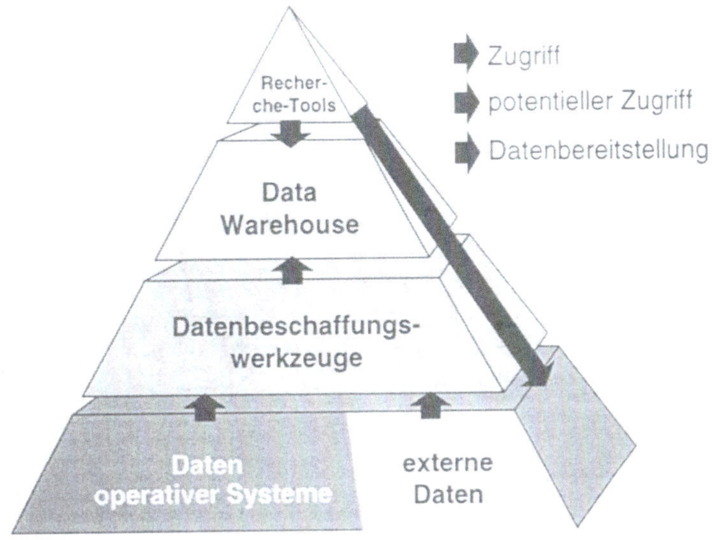

2.1.2 Der Prozeß der Informationsbereitstellung als kritischer Erfolgsfaktor

Die Mehrzahl der Unternehmen sind heute bemüht, die für sie kritischen Erfolgfaktoren zu identifizieren und schließlich dafür geeignete Optimierungsmechanismen auszulösen. Besonders deutlich sichtbar wurde dies in den vergangenen Jahren, als mittels verschiedenster Konzepte, wie Business Process Reengineering, TQM, Kaizen etc., völlig unterschiedliche Umsetzungswege gewählt wurden. Dabei wurde der Gegenstand der Verbesserungsansätze allerdings kaum hinterfragt: Meist waren dies verschiedenste Aspekte der Logistik. Riesige Projekte wurden aufgesetzt, viele Mittel wurden investiert und oft nur geringfügige Erfolge erzielt - wenn nicht gar ein vollständiges Scheitern hingenommen werden mußte.

Identifikation des Erfolgsfaktors Information

Sicherlich lagen und liegen hier je nach Unternehmen noch enorme Potentiale. Allerdings hat die Masse der Unternehmen einen **für alle gleichermaßen kritischen Erfolgsfaktor** evtl. noch gar nicht identifiziert, zumindest aber noch kaum Aktivitäten entfaltet, um diesen zu optimieren: Die Entscheidungsprozesse und hierin insbesondere den Aspekt der Informationsbereitstellung, hier als Reportingprozeß bezeichnet.

Auf dieses Problem wurde bereits in der Diskussion der vergangenen Jahre hingewiesen. Allerdings sind auch hier konzeptionelle Schieflagen aufgrund der im vorigen Abschnitt ausgeführten Verkürzungen zu beachten: „Bei steigender Entscheidungskomplexität" stellt sich „der Faktor Information immer mehr als Führungsmedium dar, das die Koordination und Integration der unternehmerischen Aktivitäten regelt. Information ist hier zunächst einmal wichtig als Produktionsfaktor für den operativen Betrieb. Weitaus wichtiger jedoch ist die Rolle, die sie spielt in allen Phasen der Entscheidungsprozesse von der Entscheidungsvorbereitung über die Entscheidungsfindung hin zur Erfolgskontrolle. Hier kann Information zum wichtigen Wettbewerbsfaktor werden, wenn ein Unternehmen es schafft, die kritischen Erfolgsfaktoren „Art und Qualität der Informationen" sowie „Qualität und Effizienz der Entscheidungsprozesse" angemessen zu gestalten."[1]

Die wichtige Erkenntnis der Bedeutung der Informationsbereitstellung wird durch die Trennung von operativen und strategischen Informationsbedürfnissen verwässert.

Zugleich muß bei vielen Software-Anbietern, internen und externen Beratern und Informatikern eine Ignoranz der theoretischen Ansätze konstatiert werden.

2.2 Vorliegende Versuche der wissenschaftlich-theoretischen Durchdringung

2.2.1 Data Warehouse

William H. Inmon, der „Vater des Data Warehousing", hat folgende Definition geprägt: „The data warehouse is the foundation of decision support system processing. A data warehouse is a subject oriented, integrated, nonvolatile, time variant collection of data in support of management's decision".[2]
Die wesentlichen Attribute sind nach Inmon hierbei:

- **Subjektorientiertheit**

Zu den Funktionen des Data-Warehouse gehört es, operative Daten in Informationen umzusetzen, die Menschen, vor allem Führungskräfte, direkt oder über entscheidungsunterstützende Front-end-Tools (Decision-Support-Systeme) verstehen und benutzen können. Ein gut entworfenes Data Warehouse bildet die

---

[1] Produktivitätsfaktor Information: Data Warehouse, Data Mining und Führungsinformationssysteme im betrieblichen Einsatz, Hrsg.: H.-J. Bullinger, K.-P. Fähnrich, T. v. Hoof, R. Nestdal, Fraunhofer Institut Arbeitswirtschaft und Organisation, IAO-Forum Stuttgart, 7./8. November 1995, S. 16

[2] William H. Inmon: Building the Data-warehouse, John Wiley&Sons, 1993

Unternehmensprozesse in einer verständlichen Weise ab. Ein Data Warehouse ist somit ausgerichtet auf identifizierende Führungsbedürfnisse.[3] Allgemein kann man sogar sagen, daß überall dort, wo erhöhter Informationsbedarf besteht, Data Warehouse-Anwendungen sinnvoll sind.

- **Integration**

Um Unternehmensprozesse vollständig abzubilden, müssen verschieden formatierte Daten aus unterschiedlichen Quellen und Datenhaltungssystemen zusammengeführt und so konsolidiert werden, daß man in einer einheitlichen Weise darauf zugreifen kann. Daten werden daher mit der Übernahme in ein Data Warehouse gleichzeitg konvertiert, bereinigt und an die Zieldatenstruktur und -zustand angepaßt.[4]

- **Zeitvariabilität**

Operative Daten spiegeln nur einen Moment des Unternehmensgeschehens wider, nicht aber den Wandel der Ereignisse. Um jedoch über eine Geschäftsentwicklung urteilen zu können, werden Informationen über Veränderungen benötigt. Aufgrund der Zeitbezogenheit der Daten im Data Warehouse können Entwicklungen in der Vergangenheit nachvollzogen und daraus Prognosen für künftige Entwicklungen abgeleitet werden.

- **Beständigkeit**

In einem Data Warehouse werden Informationen benötigt, die in einer operativen Datenbank längst gelöscht worden wären. In einem Data Warehouse dagegen ergänzen neue operative Daten bestehende Informationen zu immer länger werdenden Zeitreihen. Im Gegensatz zu den operativen und somit flüchtigen Daten werden die Daten im Data Warehouse auf Dauer gespeichert und zugriffsbereit gehalten.[5] Während operative Daten im allgemeinen nur die Daten einiger Monate vorhalten, muß ein Data Warehouse zur Analyse längerfristiger Trends eine Datenhaltung über mehrere Jahre ermöglichen.[6]

Data-Warehouse als umfassende Informationsstruktur

Unter dem Begriff Data Warehouse werden somit sowohleine umfassende Informationsarchitektur und der zugehörige Prozeß zur Unterstützung sowohl für strategische, als auch operative

[3] STG-Coopers&Lybrand, Folien zu MIS-Management-Forum, Zürich/Regensdorf, 6./7. Mai 1996

[4] Dieter E. Jenz: Was ist ein Data-Warehouse, itManagment Spezial

[5] Michael Schrempf: Alter Wein in neuen Schläuchen, itManagement Spezial

[6] Hermann Gfaller: Ein Data-Warehouse ist nur mit viel Aufwand zu bauen, COMPUTERWOCHE vom 24.2.95, S. 7

Entscheidungen in Unternehmen verstanden. Hierbei handelt es sich jedoch nicht um ein fertiges Produkt. Vielmehr wird beim Data Warehousing eine Kombination aus unterschiedlichen organisatorischen, fachlichen, Hardware- und Softwarekomponenten realisiert. In einer speziellen Informationsdatenbank werden hierzu aus verschiedenen Quellen Daten zusammengefaßt.[7]

Worin besteht aber der Unterschied zu traditionellen MIS- und EIS-Ansätzen? Bei letzteren versuchen Unternehmen in der Regel im Top-Down-Verfahren Informationsbedürfnisse zu ermitteln und die notwendigen Unternehmensdaten in hochverdichteter Form anforderungsgerecht bereitzustellen. Diese bisherigen Ansätze der MIS und EIS-Systeme hatten den Nachteil, daß Informationen meist nicht so aufbereitet wurden, wie sie gebraucht oder gefordert wurden. Das hatte in der Vergangenheit zur Folge, daß selbst entscheidungsrelevante Informationen gar nicht oder nur teilweise in dem vorgedachten Konzept berücksichtigt wurden. Im Data Warehousing dagegen wird eine ganzheitliche Bereitstellung geschäftsrelevanter Informationen angestrebt.[8]

traditionelle Systeme geraten früher an ihre (Daten-)Grenzen

Ein weiterer Vorteil des Data Warehouse-Ansatzes liegt in der Überwindung eines Schwachpunktes traditioneller MIS-/EIS-Ansätze: Der typische hohe Verdichtungsgrad von MIS-/EIS-Daten. Ein in dieser Systemumgebung typischer Problemlösungs-Prozeß weist folgende Charakteristika auf: Problem identifizieren und lokalisieren, Ursache analysieren, Lösungsalternativen entwickeln und bewerten, Maßnahmen und anschließende Erfolgskontrolle durchführen. Aufgrund des hohen Verdichtungsgrades bei herkömmlichen EIS-/MIS-Systemen können zahlreiche Probleme nicht identifiziert werden, die mit einer detaillierteren Datenbasis hätten erkannt werden können. Bei der Lokalisierung des Problems, die üblicherweise durch eine Drill-Down-Technik erfolgt, geraten traditionelle Systeme ebenfalls früher an ihre (Daten-)Grenzen. Gleichzeitig treten hier System- und organisatorische Brüche auf: Das identifizierte und teilweise lokalisierte Problem wird nun zur weiteren Untersuchung delegiert. Der entsprechende Mitarbeiter muß aber andere Informationsquellen nutzen, die möglicherweise auch zu anderen Ergebnissen führen. Dies hat eine vermehrte Belastung der DV-Abteilungen mit ad-hoc Anfragen zur Folge. Dabei tritt die weitere Problemanaly-

[7] Bernhard Rose: Die Marketing Schlacht beginnt im Data-Warehouse, itManagement Spezial

[8] Jörg Seidl, Einbeziehung der Anwender ist das A und O beim Warehousing, COMPUTERWOCHE 50/95, S. 57

se zugunsten der neu entstehenden unproduktiven Aufgabe der Abstimmung der korrekten oder vermeintlich falschen Daten zwischen den einzelnen Systemen oft in den Hintergrund. Je breiter die Nutzung des Data Warehouse angelegt ist, desto größer kann die Entlastung der Informatikabteilungen von diesbezüglichen Anfragen sein; denn dem Anwender wird letztendlich ein durchgängiges und konsistentes System zur Verfügung gestellt. Eine unproduktive Diskussion über richtige Datenquellen kann somit zur Vergangenheit gezählt werden. Die Auswertungs- und Weiterverarbeitungsmöglichkeiten auf der Basis eines erfolgreichen Data Warehouses sollten außerdem Anlaß für eine deutliche Reduzierung dezentraler und teurer (PC-)Insellösungen sein.[9]

2.2.2 OLAP und OLTP

Aus Prozeßsicht lassen sich unter dem Bickwinkel der Informationstechnologie grundsätzlich zwei Aufgabentypen definieren: Dies ist einerseits die operative Tätigkeit - man spricht an dieser Stelle von OLTP (Online Transaction Processing) - und andererseits die analytische, steuernde und planende Tätigkeit - als OLAP (Online Analytical Processing) bezeichnet. Basierend auf diesen beiden Typen lassen sich verschiedene Eigenschaften gegenüberstellen:

Abb 2.4 Differenzierung OLTP und OLAP[10]

	OLTP	OLAP
Anwendersicht	einzelfallbezogen	kumuliert, statistisch
Datenbereich pro Benutzeraktion	Transaktion	gesamte Datenbank
Datenzugriff	vordefinierte oder feste Zugriffspfade	nicht vordefinierte und dynamische Zugriffe
Rechnernutzung	beständig	dynamisch
Aktualität der Daten	jeder Fall führt zur Aktualisierung	periodenbezogen, unveränderlich
Datenhistorie	weniger wichtig	sehr wichtig

[9] ebenda

[10] Nigel Pendse, Richard Creeth: The OLAP Report, Succeeding with On-Line Analytical Processing, Business Intelligence 1995 und Software AG, Folien zu MIS-Management-Forum, Zürich/Regensdorf, 6./7. Mai 1996

Datenflüchtigkeit	hoch (nach jeder Transaktion Update)	niedrig (seltene Datenupdates durch Queries)
Struktur	normalisiert, redundanzfrei	redundant, verschiedene Aggregationslevel
Lesbarkeit der Daten	verschlüsselt für optimalen Programmablauf	klar verständlich für den Anwender
Datenbeschaffenheit	Grundtyp (detaillierte Darstellung)	abgeleitete Formen (Summationen)
Performance-Priorität	vorrangig	nachrangig
Zahl der betroffenen Daten pro Benutzeraktion	spezieller Datensatz	mehrere Datensatzgruppen
Antwortzeit	Sekunden	Sekunden bis hin zu Minuten
Datenschutz	integrativ	durch kontrollierte Weitergabe oder Aggregation
Prioritäten	hohe Performance, hohe Verfügbarkeit	hohe Flexibilität, hohe Benutzerfreiheit

Auf Grund dieser unterschiedlichen Eigenschaften beider Systeme entstehen spezifische Anforderungen. Mit Hilfe spezieller Datenbanksysteme und Software-Tools wird versucht, diesen Anforderungen gerecht zu werden. Insbesondere im OLTP-Bereich wurden hierzu viele verschiedene Tools geschaffen. Dagegen kam es beim OLAP erst in jüngster Vergangenheit zu nennenswerten Entwicklungen (das Data Warehousing-Konzept, die technische Möglichkeit zur Realisierung, die speziellen Informationsdatenbanken etc.). Wichtige Kriterien, die ein OLAP-Tool auszeichen, hat Codd mittels seiner „12 Gebote" formuliert:

Codd's 12 Gebote

- **Mehrdimensionale konzeptionelle Sichten**

Ein OLAP-Modell sollte sich in mehrdimensionalen Strukturen oder Modellen abbilden lassen. In der Sichtweise eines Analytikers stellt sich ein Unternehmen naturgemäß mehrdimensional dar.

- **Transparenz**

Kein Anwender sollte mit der seinem Analysewerkzeug zugrunde liegenden Technologie behelligt werden, damit seine Produktivität nicht leidet. Dem Anwender muß daher nicht bewußt sein, ob die zugrunde liegende Architektur auf einer homogenen oder heterogenen Datenbankumgebung basiert.

- **Zugriffsmöglichkeiten**
Ein OLAP-System muß in der Lage sein, Daten aus unterschiedlichen Vorsystemen in eigene Modellstrukturen zu integrieren. Dem Benutzer wird somit eine kohärente und konsistente Datenrepräsentation ermöglicht.

- **Konsistente Berichtsgenerierung**
Weder zunehmende Datenbankgröße noch wachsende Zahl an Dimensionen oder Benutzern dürfen zu Leistungsabfall bei der Berichtsgenerierung führen.

- **Client/Server-Architkektur**
Ein OLAP-Server muß unterschiedliche Clients mit minimalem Aufwand integrieren können. Zusätzlich muß der Server in der Lage sein, ungleichartige logische und physikalische Systeme so zu behandeln, daß der Anwender ein allgemeines konzeptionelles, logisches und physikalisches Schema vorfindet.

- **Gleichgestellte Dimensionen**
Für alle Dimensionen sollte die Struktur und die funktionale Fähigkeit äquivalent sein. Wird eine Dimension um zusätzliche Funktionen erweitert, müssen diese auch für die anderen Dimensionen bereitgestellt werden.

- **Dynamische Behandlung wenig gefüllter Matrizen**
Innerhalb eines mehrdimensionalen Modells sind oft nicht alle Zellen mit Werten gefüllt (Beispiel: Nicht jedes Produkt wird in jeder Region verkauft). Das OLAP-Werkzeug sollte in der Lage sein, spärlich gefüllte Matrizen mittels geeigneter Verfahren effizient zu verwalten.

- **Mehrbenutzerunterstützung**
Konkurrierender Zugriff und die Integrität der Datenbasis müssen gewährleistet sein.

- **Unbeschränkte kreuzdimensionale Dimensionen**
Berechnungen und andere Aktivitäten zwischen und über Dimensionen dürfen nicht den Eingriff des Anwenders erfordern. Insbesondere sollte das OLAP-Werkzeug Berechnungen, die aus einer Hierarchiebeziehung ableitbar sind, selbst ableiten. Für andere Berechnungen sollte die Definition von Formeln mit Hilfe einer Beschreibungssprache, die für die Berechnungsergebnisse vollständig ist, möglich sein.

- **Intuitive Datenbearbeitung**

Geeignete Mechanismen sollen dem Anwender die Navigation in der Modellhierarchie ermöglichen. Diese Navigation soll direkt aus den Zellen des Analysemodells steuerbar sein und keine Menüauswahl oder langwierigen Aktivitäten in der Benutzerschnittstelle erforderlich machen.

- **Flexible Berichterstellung**

Der Analytiker soll seine Ergebnisdaten völlig frei anordnen können - idealerweise entsprechen sie dann den realen Bedingungen im Unternehmen.

- **Unbegrenzte Dimensions- und Aggregationsebenen**

Werkzeuge sollten in der Lage sein, zwischen 15 und 20 Dimensionen zu unterstützen. Viele Unternehmensmodelle kommen bereits mit sechs bis zwölf aus. Innerhalb der Dimensionen müssen beliebig viele Aggregationsebenen möglich sein.[11]

Diese „12 Gebote" stellen die wesentlichen Grundlagen für ein OLAP-Tool dar. Es können jedoch noch andere Kriterien angeführt werden: Laut Garnter Group zum Beispiel das Vorhandensein und die Definition einer SQL-Schnittstelle, vernünftige Datenbankmanagement-Werkzeuge usw.. Weitere Kriterien werden von verschiedenen Herstellern angeführt, so daß sich die Anzahl der Regeln auf etwa 50 summiert. Viele sind jedoch sehr produktbezogen und daher zur Unterstützung eines Auswahlprozesses ungeeignet.[12]

Eine prägnante Definition liefern die Autoren des OLAP-Reports Nigel Pendse und Richard F. Creeth. Sie fassen diese Regeln mittels folgender 5 Hauptkriterien zusammen: Fast Analysis of Shared Multidimensional Information, kurz FASMI.

FASMI

- **Fast**

Dieses Kriterium betrifft in erster Linie die Anwendersicht. Für den Großteil an Anfragen und Auswertungen sollte innerhalb von 5 Sekunden ein Ergebnis ermöglicht werden. Komplexere Anfragen sollten nicht länger als 20 Sekunden dauern.

- **Analysis**

Die in einem Unternehmen vorhandenen Strukturen und Statistiken sollten so in einem OLAP-Tool abbildbar sein, daß sie für den Endbenutzer einfach und verständlich zu handhaben sind.

[11] E.F. Codd: OLAP On-Line Analytical Processing mit TM/1, E.F. Codd&Associates und MIS GmbH, 1994

[12] Jürgen Dierecks, Neue Datensichten mit Online-Analytical Processing: Unbegrenzte Dimensionen, iX 4/1996

Außerdem sollte die Erstellung von ad-hoc Anfragen ohne den Einsatz von komplizierten 4GL-Sprachen realisierbar sein. Zusätzliche Eigenschaften, wie zum Beispiel Zeitreihenanalyse oder Währungsumrechnung, sind erforderlich.

- **Shared**

Das implementierte System muß über alle erforderlichen Maßnahmen zur Datensicherheit und Datenintegrität verfügen. Desweiteren muß es konkurrierenden Zugriff durch spezielle Sperrmechanismen erlauben und somit mehrbenutzerfähig sein.

- **Multidimensional**

Es sollte eine mehrdimensionale Sicht auf das Datenmodell möglich sein.

- **Information**

Als Information werden Daten und die daraus abgeleiteten Berechnungen benötigt. Entscheidend ist auch, daß der Datenbestand für die einzelnen Auswertungen in diesem System vernünftig und in einer realistischen Arbeitzeit verwaltet werden kann. Weniger wichtig sind Fragen, wie z.B. wieviel Giga-Byte-Speicher ein solches System letztendlich benötigt.[13]

2.2.3 EIS und MIS

Management-Informationssysteme bieten einen enormen Funktionsumfang.[14] Sie dienen als anspruchsvolle Analyse-, Planungs- und Berichtssysteme dem Controller oder als spezialisiertes Informationssystem dem mittleren Management in den Funktionsbereichen. Beispielsweise werden sie im Vertrieb zur aktuellen Absatz- und Umsatzkontrolle oder in Produktion und Logistik als Informationssystem, das aktuelle Kennzahlen über Ausschuß, Lieferrückstände u.ä. zur Verfügung stellt, eingesetzt.[15]

Speziell für Führungskräfte in der Unternehmensspitze wurden EIS entwickelt, die an das Konzept der Management-Informationssysteme anknüpften. Diese EIS dienen unter anderem der Planung und Kontrolle unternehmensbezogener Vorgänge

[13] Nigel Pendse, Richard Creeth: The OLAP Report, Succeeding with On-Line Analytical Processing, Business Intelligence 1995

[14] Michael Moritz, Rolf Hichert: Wunsch nach Transparenz, Personal-Computer, 03/92

[15] Rudolf Fiedler, Uwe Gackstatter: DV-gestütztes Geschäftsbereichs-Controlling in einem Unternehmen der Kfz-Zulieferindustrie, Wirtschaftsinformatik 37/1995

sowie der Präsentation von Informationen.[16] Executive Informationssysteme (EIS) sind sehr komfortable Systeme und typischerweise speziell auf das Top-Management ausgerichtet. Der Komfort wird daran deutlich, daß die Bedienung tastaturarm, z.B. über Touchscreen oder Maus, erfolgt. Die Oberfläche ist grafikorientiert. Meist sind vordefinierte und einfach strukturierte Berichtskataloge vorhanden. Die Daten können im Vergleich zum MIS nur einer eingeschränkten Analyse unterzogen werden. So ist ein Zugriff auf Detaildaten, komplexe Entscheidungsmodelle, What-if und How-to-achieve-Analysen meist nicht vorgesehen. Executive Information Systems können außerdem Bürokommunikationsfunktionen, den Anschluß externer Datenbanken und elektronische Nachrichtendienste bieten. Beispielsweise können zusätzlich Marktanalysen oder Börsenkurse in einem EIS hinterlegt sein.[17] EIS stellen daher hoch spezialisierte, an den Bedarf und die Wünsche eventuell einzelner Führungskräfte individuell angepaßte, Systeme dar. EIS sind demzufolge nicht nur ein Softwareprodukt. Es handelt sich hierbei um ein komplexes organisatorisches Gebilde, das neben der Software auch personelle und andere Ressourcen zu seiner Funktion erfordert.[18]

In der folgenden Abbildung wird der Zusamenhang der einzelnen Systeme EIS, MIS und Data Warehouse und deren jeweilige Zielgruppe veranschaulicht:[19]

[16] Hans-Peter Wagner und Christoph Vogel, Executive Information Systems, Controlling + Computer, Controlling Heft 4 Juli/August 94

[17] Rudolf Fiedler, Uwe Gackstatter: DV-gestütztes Geschäftsbereichs-Controlling in einem Unternehmen der Kfz-Zulieferindustrie, Wirtschaftsinformatik 37/1995

[18] Rudolf Vetschera, Informationssysteme der Unternehmensführung, Konstanz, Dezember 1994

[19] Jörg Seidl, Einbeziehung der Anwender ist das A und O beim Warehousing, COMPUTERWOCHE 50/95, S. 58

Abb 2.5
Zusammenhang EIS, MIS und Data Warehouse

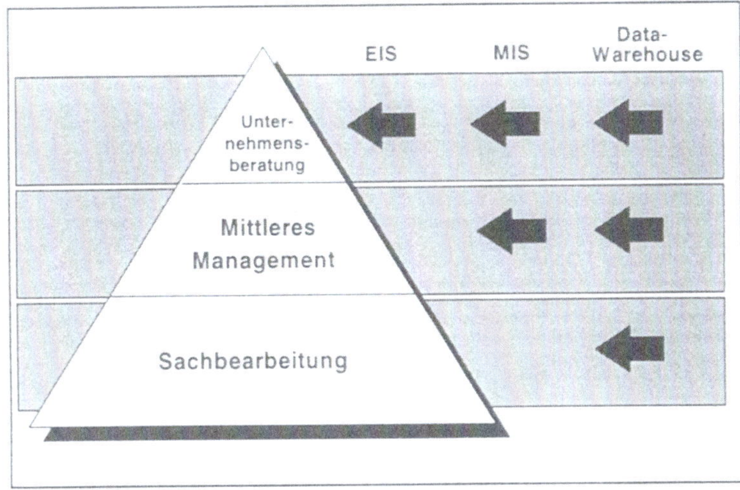

2.2.4 Datengewinnung und Datenpräsentation

Informationssysteme lassen sich im Groben in zwei Hauptkomponenten aufteilen. Zum einen gibt es die eigentliche Informationsdatenbank, als Data Warehouse oder OLAP-Datenbank bezeichet. Diese Konzepte wurden in den vorherigen Abschnitten behandelt. In diesem Abschnitt wird der zweite Teil, die Datenextraktion und -darstellung, betrachtet.

Decision Support Systeme

Decision Support Systeme beinhalten Tools zur Unterstützung von strategischen Analysen und Auswertungen. Sie stellen somit flexible, interaktive und einfach handzuhabende Werzeuge zur Verfügung, mittels derer Datenbankabfragen erzeugt werden können. Hierbei sollten periodisch auftretende Berichte in die DSS-Architektur miteinbezogen werden. Diese Systeme liefern nicht nur Informationen, sie beinhalten ebenso Prognose- und Entscheidungsfunktionalitäten.

Weitere Anforderungen an DSS-Systeme lauten wie folgt:

- Sicherheit: Zugriffskontrolle auf einzelne Datenarten;
- Kontrollmöglichkeiten, um bspw. Endlosqueries zu vermeiden;
- Experten- und Anfängermodi;
- Drill-Down-Möglichkeiten für effizienten Zugriff auf Problemdaten in untergeordneten Stufen;
- Schnittstellen für den Export von Daten;

- Unterstützung von Query-by-Example;
- einfache Kontrollmöglichkeit der Querydefinition basierend auf den auswählbaren und verfügbaren Warehouse-Daten;
- Customizing-Unterstützung zur Optimierung ineffizienter Abfragen.[20]

Data-Mining

Data-Mining ermöglicht Entscheidungsfindung durch effizientes und automatisches Aufdecken von verborgenen und unbekannten Informationsmustern, strategischen Erkenntnissen, Regeln und Zusammenhängen in großen Datenbeständen.[21] Es handelt sich um Verfahren, die ohne Zutun des Anwenders aktiv nach Mustern, versteckten Informationen und Trends fahnden. Ein typisches Beispiel in diesem Zusammenhang stellt die Kundenbewertung dar. Mit Hilfe von Data-Mining soll versucht werden, Verhaltensmuster ausfindig zu machen, um Erkenntnisse für zukünftige Aussagen zu gewinnen. Zur Aufgabenstellung des Data Minig gehören u.a. Segmentierung und Clusteranalyse. Hierbei ist zu beachten, daß folgendes grundsätzlich gilt: hybride Systeme erbringen beim Data-Mining bessere Ergebnisse als solche, die nur mit einer Methode arbeiten.[22] Neben den klassisch-mathematischen Vorgehensweisen und dem Ansatz der genetischen Algorithmen sind im Umfeld von Segmentierung und Klassifizierung vermehrt auch neuronale Netze im Einsatz.[23] Auf Grundlage einer Analogie mit dem menschlichen Gehirn wurden neuronale Netze programmiert. Die Schlüsselidee hierbei ist, daß neuronale Netze durch Erfahrung lernen. Der eigentliche Schlüssel zum letztendlichen Erfolg besteht weiterhin in der Interpretation der Ergebnisse und in der Umsetzung der Resultate in die strategische Unternehmensplanung und Unternehmensführung.[24]

2.3 Reflexion der theoretischen Ansätze

Eine genaue Abgrenzung der einzelnen Begriffe in der Welt der Informationssysteme ist heute kaum noch möglich. Ein Beispiel hierfür ist die Abkürzung EIS. Ursprünglich als Executive Infor-

---

[20] Jack McElreath, CSC's Consulting&Systems, Data Warehouse An Architectural Perspective, WWW .CSC.COM, 1995

[21] Johannes Grabmeier: Verborgene Schätze, Business-Computing, 7/96

[22] Hermann Gfaller (gfh): Algorithmen schürfen nach Gold im Datenberg, COMPUTERWOCHE 32/96, S.13

[23] Sabine Meinitz und Rolf Jürgen Müller, Neckermann prüft Kunden neuronal auf ihre Bonität, COMPUTERWOCHE 29/96, S.41

[24] Elaine Appleton, Support Decision Makers With A Data Warehouse Datamation, 15 March 1995

mation System definiert, wird es in jüngster Zeit mit Enterprise Information System bezeichnet[25] oder in völliger Begriffsverwässerung gar in Everybodies Information System umdefiniert. Im wesentlichen sind zwei Trends erkennbar:

Einerseits der Trend weg von einem System für jede Hierarchiestufe bzw. jede Zielgruppe hin zu einem umfassenden Informationssystem, wie es mittels des Data Warehouse-Ansatzes angestrebt wird. Die Informationsgewinnung stellt einen wichtigen Faktor in diesem Zusammenhang dar. Durch flexiblere Tools oder durch die Einbeziehung von neuen Informatiktechnologien können hier gegenüber den früheren Ansätzen erhebliche Verbesserungen erzielt werden. Desweiteren kann dies zu einer erheblichen Entlastung auf Seiten der Informatik führen (z.B. durch eine Reduktion der durch diese zu erstellenden Adhoc-Auswertungen). Diese Zurverfügungstellung von einfach handhabbaren Tools ermöglicht eine Reduzierung des „Wildwuchses" von lokalen PC- und Insellösungen.

Andererseits führen die Erkenntnisse aus den beiden unterschiedlichen Aufgabentypen OLTP und OLAP zu Einflüssen auf die Architektur der Informationssysteme. So ist die Aufsplittung auf zwei Systeme sicherlich von Vorteil: Die Daten sind unterschiedlicher Natur und bedürfen daher verschiedenartiger Behandlung. Außerdem werden von den jeweiligen Anwendern der verschiedenen Systeme unterschiedliche Anforderungen an die jeweiligen Systeme gestellt. Bei einer physischen Trennung der Systeme sind allerdings noch weitere Aspekte zu berücksichtigen: Für eine Unterstützung des Data Mining entstehen bei einer Trennung von OLTP- und OLAP-Systemen evtl. zusätzliche Anforderungen, falls aus den Analysedaten heraus auf Transaktionsdaten zugegriffen werden soll.

Während die Entwicklung von RDBMS-Produkten in den vergangenen Jahren intensiv betrieben wurde, stehen die OLAP-Datenbanken noch in den Anfängen. Die verschiedenen OLAP-Kriterien sind hierbei immer in einem kritischen Zusammenhang zu betrachten. Es handelt sich hauptsächlich um Kataloge, die von Herstellern von OLAP-Produkten aufgestellt wurden. Die Frage, welche Produkte diese Kriterien erfüllen können, ist oftmals sehr schnell beantwortet. Gerade auf diesem Gebiet fehlt es jedoch noch an unabhängigen Definitionen und Standardisie-

[25] Bloor Research, Data Warehousing ändert Unternehmenskulturen, COMPUTERWOCHE 29/96, S.13

rungen. Für OLAP-Datenbanken gibt es keine Standardzugriffsmethoden, wie zum Beispiel SQL oder APIs. Im Vergleich zu den relationalen Modellen gibt es kein standardisiertes mehrdimensionales Modell. OLAP-Datenbanken sind häufig spezielle anbieterspezifische Tools und somit proprietär.

Zur Vermeidung derartiger Probleme findet unter dem Gesichtspunkt der Realisierung mittels gängiger relationaler Datenbanken mehr und mehr eine Besinnung auf die Kern-Erkenntnisse der OLAP-Konzepte statt: Der hieraus erwachsende Ansatz wird als rOLAP (relational Online Analytical Processing) bezeichnet.

3 Reportinganforderungen mittels SAP R/3

Zur besseren Orientierung wird in der Struktur der Darstellungen den durchaus kritisierenswerten Strukturierungen der SAP AG gefolgt. Die Darstellung folgt - allerdings bereits mit kritischer Distanz - den Inhalten der funktionalen Struktur, wie sie von der SAP AG in Dokumentationen, Schulungen und Präsentationen verwendet wird. Die folgenden Abschnitte beinhalten eine kritische Auseinandersetzung mit den verschiedenen Komponenten und die Skizze eines möglichen Lösungsansatzes.

3.1 Auswertungen in den operativen Modulen

R/3 stellt bereits in den operativen Modulen Auswertungsinstrumente zur Verfügung. Hierbei muß allerdings betont werden, daß die SAP AG für diese Instrumente nicht den Anspruch eines hinreichenden Reportingsystems formuliert: Als Beispiel für die Logistikkomponenten von R/3 sei das Modul SD (Sales & Distribution) genannt. Hier wird je eine Liste

Auswertungen im operativen Modul SD

- zu den Top-Kunden
- zu den Top-Materialien
- zum Auftragseingang und
- zum Auftragsbestand

angeboten. Voraussetzung für die Verwendbarkeit ist dabei eine Batcheinplanung der jeweiligen Verdichtungsprogramme. Anpassungen der Listeninhalte an Anwenderbedarfe müssen durch Programmierung erfolgen.

Weitere Auswertungsmöglichkeiten innerhalb der operativen Module bestehen in Form vielfältiger Listanzeigen mit Sortier- und Summationsfunktionen. Die operative Liste „Liefervorrat bearbeiten“ beispielsweise ermöglicht in einem beschränkten Ausmaß die Erstellung von Statistiken im beschriebenen Sinne.

Bereits wesentlich erweiterte Berichtsfunktionen innerhalb der operativen Bestandteile liefern die betriebswirtschaftlichen R/3-Module FI, AM und CO. Hier ist der Übergang zu den modulspezifischen „Informationssystemen“ fließend.

Bei einem Einsatz vorgenannter Instrumente werden allerdings nahezu alle grundlegenden Erkenntnisse bzgl. der Reportingsysteme vernachlässigt:

- So werden mittels dieser Programme Auswertungen auf OLTP-Daten durchgeführt. Dies bedeutet im produktiven Betrieb enorme Performancebelastungen durch das Reporting für die operativen Module, unakzeptabel lange Antwortzeiten bis hin zu Time-Outs und Rollbereichs-Überläufen.
- Ein Customizing gemäß Kundenanforderungen ist nicht in dem erforderlichen Ausmaß möglich. Vielmehr wird bei einem Einsatz oft Programmierung notwendig.
- Alle operativen Reportinginstrumente ermöglichen ausschließlich Auswertungen auf die Daten des jeweiligen Moduls, teilweise sogar nur auf jene von einzelnen Komponenten eines Moduls.

3.2 Das Logistik-Informationssystem

3.2.1 Überblick

Eine seriöse Einordnung des Logistik-Informationssystems bedingt vorab eine inhaltliche Richtigstellung: Der Begriff LIS suggeriert ein die Logistikanwendungen umspannendes Informationssystem. Dieser falsche Eindruck kann auch durch die Auflistung der SAP in der Online-Dokumentation ab Release 3.0 entstehen, wenn formuliert wird: „Das Logistikinformationssystem (LIS) umfaßt die folgenden Informationssysteme:

Informationssysteme des LIS

- Vertriebsinformationssystem
- Einkaufsinformationssystem
- Bestandscontrolling
- Fertigungsinformationssystem
- Instandhaltungsinformationssystem
- Qualitätsmanagementinformationssystem

Mit dem Logistikinformationssystem können nicht nur Istdaten ausgewertet, sondern auch Plandaten erfaßt werden. Die Informationssysteme verfügen über eine komfortable Planungsfunktionalität mit Prognoseunterstützung. Ab Release 3.0 wurde die Planungsfunktionalität der Informationssysteme und der Komponente Absatz- und Produktionsgrobplanung (SOP, Sales and

Operation Planning) zu einem zentralen Planungs- und Prognose-Werkzeug zusammengefaßt und erweitert." [26]

Eine Anwendung jedweden Systembegriffs führt hier allerdings in die Irre. Auch eine Differenzierung hinsichtlich der Releasestände hilft nur bedingt weiter. Bis Release 2.2 gilt, daß es innerhalb des sogenannten Logistikinformationssystem keine Möglichkeit von modulübergreifenden Reportingtabellen gibt. D.h., daß eine für ein adäquates Informationssystem notwendige Verknüpfung von Vertriebsinformationen, z. B. mit Fertigungsinformationen, nicht gibt. SAP formuliert dies verklausuliert: „Die Informationssysteme, die zum LIS gehören, sind modular aufgebaut, verfügen jedoch über eine Vielzahl von zentralen Techniken zur Auswertung der Daten. Der modulare Aufbau ermöglicht jedoch auch spezifische Besonderheiten für jedes Informationssystem." [27]

eigendefinierte Applikationen

Ab Release 3.0 hilft sich die SAP AG mit dem Konstrukt der „eigendefinierten Applikationen" innerhalb des sogenannten „Logistics Data Warehouse": „Die Einstellungen der Datenbeschaffung" ist jeweils „genau einer Applikation zugeordnet," daher „müssen für 'gemischte' Betrachtungen neue Applikationen definiert werden, die Eigenschaften mehrerer Standardapplikationen beinhalten. Dabei werden ... zunächst alle SAP-Appli-kationen angeboten, die im Logistik-Informationssystem integriert sind. Auf dieser Grundlage können „... die für ... Unternehmen erforderlichen 'Mischapplikationen'"[28] zusammengestellt werden.

Dieser Overhead über die bestehenden (durchaus willkürlichen) Grenzen der modulbezogenen Komponenten bietet eine provisorische Lösung. Sie stellt aber keineswegs einen hinreichenden Data Warehouse-Ansatz dar. Die daraus erwachsende Redundanz an Customizing-Einstellungen wird offensichtlich, wenn die Anleitung für die Pflege der eigendefinierten Applikationen des „Logistics Data Warehouse" die Notwendigkeit der Definition von eigenen Feldkatalogen (über die modulbezogenen hinaus) beschreibt. Sauberer wäre hier ein Ansatz, der die Verknüpfung der den verschiedenen Applikationen zugeordneten Informationssystemen über Views erlauben würde.

[26] Online-Dokumentation SAP R/3, Topic: Komponenten des Logistikinformationssystems (LIS), SAP AG, Januar 1996

[27] ebenda

[28] Online-Dokumentation SAP R/3, Release 3.0B, Topic: Customizing Einführungsleitfaden „Logistik-Informationssystem", Eigendefinierte Aplikationen, SAP AG, November 1995

Weiterhin drängt der Begriff Logistik-Informations-System eine Systematik und über die den verschiedenen Modulen zugeordneten Geschäftsvorfällen gleichartige Funktionalität und Struktur auf. Dies ist selbst zu Release 3.0D keineswegs gegeben. Wenn SAP in Präsentationen und Veröffentlichungen meist das „Vertriebsinformationssystem" („VIS") anführt, so muß darauf hingewiesen werden, daß dies der weitentwickeltste Bestandteil des LIS ist (und selbst innerhalb des „VIS" ist die Funktionalität für ein Versand-Reporting gegenüber dem klassischen „Vertriebsreporting" bzgl. Auftragseingängen und Umsätzen deutlich unterentwickelt, teilweise sogar extrem fehlerhaft). Demgegenüber ist das „Fertigungsinformationssystem" noch unter Release 2.2 derart rudimentär, daß es für einen praktischen Einsatz nahezu wertlos ist.

Erst zu Release 3.0 verfügen die verschiedenen Elemente des LIS über einen vergleichbaren Funktionsumfang. Alle bereits zu Release 2.2 vorhandenen Komponenten

Komponenten des LIS zu Release 3.0

- Vertriebsinformationssystem
- Einkaufsinformationssystem
- Bestandscontrolling
- Qualitätsmanagementinformationssystem
- Instandhaltungsinformationssystem
- Fertigungsinformationssystem

erhalten wesentliche Erweiterungen. Dies gilt vor allem im Bereich der Feldkataloge, die im Release 2.2 an vielen Stellen völlig unzureichend waren. Auch die zu Release 2.2 hinderliche Begrenzung auf 6 Kennzahlen in Drilldown-Analysen wurde im Release 3.0 aufgehoben. Das Fertigungsinformationssystem erfuhr eine völlige Überarbeitung und ist ab Release 3.0 erstmalig einsatzfähig. Ab diesem Release existieren Feldkataloge, auf deren Basis eigene Informationsstrukturen erstellt werden können. Zusätzlich stehen innerhalb des LIS ab Release 3.0 Informationsstrukturen für das Warehouse Management innerhalb der Komponente Bestandscontrolling zur Verfügung.

Fortschreibung im „LIS"

SAP positioniert das „LIS" als existentiellen Bestandteil des Open Information Warehouse. Dies ist im Sinne eines Datensammlers korrekt. Im eigentlichen Sinne, der Vernetzung von Informationen jeder Art, ist dies allerdings unkorrekt. Denn eine grundsätzliche Problematik bleibt bei allen genannten vorhandenen oder möglichen Ansätzen existent: Die Beschränkung auf Merkmale und Kennzahlen der Logistik, d.h. die Unmöglichkeit der Verkettung dieser Informationen mit andersartigen, wie z. B. CO- oder HR-seitigen bzw. externen Informationen.

In der SAP-Online-Dokumentation ab Release 3.0B wird unter dem Thema „Das Logistikinformationssystem als Teil des Open Information Warehouse" die Fortschreibungsmethodik des „LIS" skizziert: „Gemäß dem Konzept des Open Information Warehouse werden die Informationssysteme des LIS permanent mit Daten aus den operativen Anwendungen (Vertrieb, Einkauf, Fertigung, Instandhaltung usw.) versorgt. Diese Ebene wird auch als OLTP (Online Transaktion Processing) bezeichnet. Über der OLTP-Ebene befindet sich das Logistics Data Warehouse. Bei jedem Geschäftsvorfall innerhalb der operativen Anwendung werden wesentliche Informationen in die Statistikdatenbasis des LIS fortgeschrieben." [29]

Hier kommt ein für synchrone oder asynchrone Fortschreibung einstellbarer Verbucher zum Einsatz. Dabei findet eine quantitative Reduzierung des Datenvolumens durch die periodenweise Fortschreibung und eine qualitative Reduktion der Informationen auf die statistikrelevanten Anteile statt. Das Data Warehouse wird also mit den operativen Daten aus der OLTP-Ebene versorgt. Diese Daten fließen in die Informationsstrukturen und bilden die Datenbasis des LIS. Innerhalb des LIS gibt es sowohl im Standard ausgelieferte Informationsstrukturen als auch die Möglichkeit, Informationsstrukturen selbst zusammenzustellen und die Regeln für deren Fortschreibung selbst zu definieren. Mit Hilfe der eigendefinierten Informationsstrukuren können die Informationssysteme des LIS individuell erweitert werden (siehe dazu auch die Releaseinformationen in den folgenden Abschnitten).

Auswertungs-instrumente

Die SAP AG positioniert die Reportinginstrumente des „LIS" im Feld der OLAP-Tools: „Für die Auswertung der Daten stehen auf der OLAP-Ebene (Online Analytical Processsing) Analyse- bzw. Reporting-Werkzeuge zur Verfügung. Zu diesen Reporting-Werkzeugen gehören:

- Standardanalysen ...
- flexible Analysen ...
- Planung ...

[29] Online-Dokumentation SAP R/3, Topic: Das Logistikinformationssystem als Teil des Open Information Warehouse: Das Open Information Warehouse der SAP (LIS), SAP AG, Januar 1996

- Frühwarnsystem ... (ab Rel. 3.0, Anm.d.Verf.)".[30]

Bereits an dieser Stelle muß auf die dem angeführten OLAP-Konzept widersprechende

- Begrenzung der Merkmale des multidimensionalen Würfels im „LIS" auf nur 9,
- nicht vorhandene Möglichkeit, in Drilldown-Analysen beliebige berechnete Kennzahlen anzuzeigen (z. B. Deckungsbeitrag als Differenzrechnung aus Nettoumsatz, Standarderlösminderung und HKGK/HKVK),
- zu Release 2.2 nicht und zu Release 3.0 nur rudimentär vorhandenen Verdichtungs- und Aggregationsinstrumente und deren Auswirkung in Form der Nichterfüllung des OLAP-Kriteriums „Fast Reporting" (die Autoren hatten nach einem Monat des produktiven Einsatzes des VIS in Verbindung mit SD Antwortzeiten von bis zu 2 ½ Stunden für einen einzelnen Bericht zu verzeichnen!)

hingewiesen werden.

Elemente des LIS

Die Basis der Elemente des Logistikinformationssystems bilden die **Informationsstrukturen**. Dies sind Statistiktabellen, deren Felder aus den Zeitbezügen sowie sogenannten Merkmalskatalogen (Schlüsselfeldern) und Kennzahlenkatalogen stammen (neben den - als Templates zu verstehenden - SAP-Standardfeldkatalogen können eigene Feldkataloge definiert werden). Im System R/3 sind für die o.g. Anwendungsbereiche Informationsstrukturen vordefiniert. Mit von LIS-Komponente zu LIS-Komponente unterschiedlichen Freiheitsgraden können eigene Informationsstrukturen definiert werden. Dies ist im Rahmen des LIS-Customizing möglich und stellt somit keine Modifikation dar.

Für die Fortschreibung der Informationsstrukturen stehen i.d.R. eine Reihe von Steuerungselementen zur Verfügung: Die **Grobsteuerung** erfolgt über die Fortschreibungsgruppen. Hier erfolgt die grundsätzliche Einordnung über die Art der Fortschreibung. Dies kann z. B. die Belegart sein: Kunden-Auftragseingänge z. B. sollen anders als Retouren in das LIS verbucht werden.

Die **Feinsteuerung** erfolgt über die Fortschreibungsregeln und die Fortschreibungssteuerung: In den Fortschreibungsregeln erfolgt die Definition der Fortschreibung für Merkmale und Kennzahlen. In der Fortschreibungssteuerung erfolgt die Festlegung der Fortschreibung des Zeitbezuges.

[30] ebenda

Im Folgenden soll exemplarisch die Vertriebskomponente des LIS etwas ausführlicher beschrieben werden. Die meist gleichartig arbeitenden anderen Komponenten werden nur kurz beleuchtet.

3.2.2 Vertriebsinformationssystem als Beispielkomponente des LIS

Die SAP AG positioniert das VIS als „ein flexibles Werkzeug, das dazu dient, Daten aus der Vertriebsabwicklung zu sammeln, zu verdichten und auszuwerten". Mittels VIS sei es möglich, „aus der Vielzahl aller Daten, die im SD-System existieren, ... die ... wichtigen auf dem Weg der Verdichtung herauszufiltern." So seien „kompakte, aussagekräftige Informationen" zu erhalten, die auf das individuelle „Informationsbedürfnis zugeschnitten" seien. Dabei sei der „Grad der Informationstiefe ... selbst (zu) bestimmen." Die SAP AG weiter: „Es ist mit Hilfe des Vertriebsinformationssystem jedoch nicht nur möglich, Istdaten aus der Vertriebsabwicklung zu sammeln und zu verdichten, sondern auch Plandaten zu erfassen. Die dadurch mögliche Gegenüberstellung von Plan- und Istdaten trägt damit wesentlich zur Entscheidungsunterstützung im Vertrieb bei."[31]

Nachfolgend werden die Elemente des Vertriebsinformationssystems vorgestellt.

Datenbasis

SAP Standardinformationsstrukturen des VIS

Die von SAP ausgelieferten Standardinformationsstrukturen:

S001 Kundenstatistik
Merkmale: Auftraggeber, Verkaufsorganisation, Vertriebsweg, Sparte, Material

S002 Verkaufsbüro
Merkmale: Verkaufsorganisation, Verkäufergruppe, Verkaufsbüro, Vertriebsweg, Sparte

S003 Verkaufsorganisation
Merkmale: Verkaufsorganisation, Vertriebsweg, Sparte, Kundenbezirk, Auftraggeber, Material

S004 Material
Merkmale: Material, Verkaufsorganisation, Vertriebsweg

S005 Versandstelle
Merkmale: Versandstelle, Route, Spediteur, Empfangsland

[31] Online-Dokumentation SAP R/3, Topic: Vertriebsinformationssystem (Vertriebsabwicklung), SAP AG, Januar 1996

S006 Vertriebsbeauftragter
Merkmale: Vertriebsbeauftragter, Verkaufsorganisation, Vertriebsweg, Sparte, Auftraggeber, Material

enthalten einige wenige (siehe Problem: Begrenzung der Merkmalsanzahl) Merkmale und ein akzeptables Maß an Kennzahlen. Die i.d.R. zu definierenden unternehmenseigenen VIS-Informationsstrukturen können Merkmale und Kennzahlen aus den vorhandenen Feldkatalogen nutzen. Durch die Definition von eigenen Feldkatalogen können Erweiterungen vorgenommen werden. Diese Erweiterungen haben allerdings den Charakter von Modifikationen.

Folgende Ereignisse aus der Vertriebsabwicklung schreiben die Informationsstrukturen fort:

- Verkaufsbelege (z. B. Aufträge, Retouren, Anfragen, Angebote),
- Lieferungen,
- Fakturen (Lastschriften, Gutschriften, Storni).

Aus der Belegstruktur fließen die Daten in die Informationsstrukturen ein.

Fortschreibung

Die flexibel zu definierende Fortschreibung stützt sich auf eine Grob- und eine Feinsteuerung:

Grobsteuerung der Fortschreibung im VIS

Die Grobsteuerung erfolgt, wie oben erläutert, via Fortschreibungsgruppen. Die relativ tragfähige Voreinstellung des VIS sieht die Fortschreibungsgruppen

- 000001 für „normale" Verkäufe (Aufträge, Lieferungen, Fakturen) und
- 000002 für Gutschriften und Retouren vor.

Feinsteuerung der Fortschreibung im VIS

Die Feinsteuerung wird im VIS durch zwei Ebenen realisiert. Zum einen wird mit Hilfe der Fortschreibungssteuerung die Periodizität und somit die Verdichtungsstufe auf der Zeitachse festgelegt. Hier kann zwischen den Ausprägungen Tag, Woche, Monat und Buchungsperiode gewählt werden. Desweiteren wird die Verbuchungsart synchron bzw. asynchron bestimmt.

Den zweiten Teil bilden die Fortschreibungsregeln: Die Fortschreibungsregeln, die in Abhängigkeit zu den in der Grobsteuerung definierten Fortschreibungsgruppen stehen, legen den Informationsfluß der operativen Daten in das Informationssystem fest. Hierzu werden für die Kennzahlen und Merkmale entsprechende Konvertierungsregeln eingestellt. In diesem Zusammenhang wird das Verhalten von neuen und bereits vorhandenen Statistikdaten definiert. Hierbei können Kumulationen, Datentransport oder Zähler verwendet werden. Desweiteren werden die auslösenden Ereignisse für die Fortschreibung bestimmt. Dies können innerhalb des VIS z. B. Auftrags-, Lieferungs- oder Fakturabelege sein. Für die Periodenbestimmung wird aus diesem Beleg ein entsprechendes Datum ausgewählt. Für komplexere Fortschreibungsregeln können in der Feinsteuerung Bedingungen und Formeln hinterlegt werden. Hierzu können User-Exits eingesetzt werden. Dies sind spezielle, dem Konzept nach releasefähige Subroutinen, die ABAP/4-Coding darstellen. Mit Hilfe dieser Steuermechanismen wird somit die Schnittstelle zwischen dem operativen System und dem Vertriebsinformationssystem spezifiziert. Diese Spezifikation erfolgt jeweils auf der Ebene eines Einzelbeleges. Zum Fortschreibungszeitpunkt stehen somit die Beleginformationen für die Übernahme in die Statistik zur Verfügung. Die Übernahme kann bis hin zu einer synchronen Datenfortschreibung geführt werden. Jede vorgenommene Beleganderung oder dessen Anlage führt zu einer Aktualisierung der Datenbasis innerhalb des VIS. Mit Hilfe der Fortschreibungstechnik steht somit eine einfach handhabbare und dennoch mächtige Schnittstelle zwischen Reporting und operativem System zur Verfügung.

Grenzen und Problemfälle dieser Fortschreibungstechnik

Die Koppelung der Fortschreibung an einzelne Belege bietet allerdings nicht nur Vorteile: Denn bei der Datenverarbeitung ist hierbei zu beachten, daß auch nur jene Daten, die dieser Beleg mit sich führt, verwertet werden können. Innerhalb des Tools VIS tritt dieses Problem besonders deutlich bei den Belegen aus der Lieferung auf. Es sind zwar Wertfelder an dieser Stelle vorgesehen, aber diese werden nicht gefüllt. Lieferbelege können daher nur für Mengenanalysen herangezogen werden. Desweiteren ist zu beachten, daß innerhalb des Vertriebsinformationssystems ausschließlich die Belege des Moduls SD zur Verfügung stehen. Ein direkter Vergleich von Daten aus Verkaufsbelegen und Einkaufsbelegen ist somit nicht möglich. Das Laden von Informationen aus externen Quellen kann ebenfalls hiermit nicht durchgeführt werden.

Erwähnenswert im Zusammenhang mit der Fortschreibungstechnik ist weiterhin, daß erhebliche Fortschreibungsfehler bzw. Fortschreibungslücken existieren. Neben den üblichen Programmierfehlern basieren diese dramatischerweise z. T. auf grundlegenden konzeptionellen Mängeln. So erhält z. B. bei buchungskreisübergreifenden Verkäufen die liefernde Gesellschaft keinerlei Auftragseingänge oder Auftragsbestände. Ein weiteres Beispiel ist die enge Begrenzung der Zahl der auswertbaren Zwischensummen aus dem SD-Kalkulationsschema. Bei Auswertung auf Basis von Rabattarten sind die vorhandenen Kennzahlen nahezu niemals ausreichend. Ein einzelner Beleg kann nur auf einer Ebene übertragen werden. Bei der Definition wird bestimmt, ob Daten aus der Kopf-, Positions- oder sogar Einteilungsebene verwendet werden.

Statistikneuaufbau

Weitere Probleme treten bei einem eventuell vorzunehmenden Statistikneuaufbau auf. Dies ist bei einem Einführungsprozeß ein durchaus übliches Mittel, um Daten aus den bereits produktiven Modulteilen in das Informationssystem aufzunehmen, das oftmals erst nach der Produktivsetzung der einzelnen operativen Komponenten aufgebaut wird. Abgesehen von erheblichen Performance- und Laufzeitunzulänglichkeiten verbergen sich im Statistikaufbau einige Tücken: Von der SAP wurde der Sammelhinweis 0017557 „Neuaufbau von Statistikdaten" im OSS veröffentlicht, mit dessen Hilfe ein Großteil der bekannten Programmfehler und Performance-Probleme beseitigt werden können.[32] Dennoch verbergen sich auch im Statistikneuaufbau grundlegende Fehler. SAP selbst schreibt zum Beispiel im OSS-Hinweis 0034232: „Es besteht KEINE Möglichkeit, die Felder MCVLIPS-AP*** bei einem Statistikdaten-Neuaufbau wieder zu füllen."[33] Die SAP AG erläutert weiter, daß die offenen Auftragswerte bzw. -mengen (Felder: APOAUWE bzw. APOAUME) eine Ausnahme darstellen, da beim Neuaufbau der Aufträge die reduzierten Kennzahlen verwendet werden und somit die Fortschreibung aus der Lieferung nicht vonnöten sei. An dieser Stelle bleibt anzumerken, daß durch die Verwendung der reduzierten Felder „Offene Auftragsmenge" bzw. „Offener Auftragswert" die Information bezüglich der Bestandsveränderung in ihrem Zeitbezug verloren geht.

Restriktionen in der Datenbasis

Weitere Restriktionen befinden sich innerhalb der Datenbasis. Auf Grund technischer Vorgaben ist die freie Definition von nur 9 unterschiedlichen Merkmalen möglich. Besonders im Bereich des Vetriebs stellt sich dies als untragbar dar.

---

[32] OSS-Hinweis 0017557, „Neuaufbau von Statistikdaten", SAP AG, 27.09.1996

[33] OSS-Hinweis 0034232, „Felder MCLIPS-AP*** bei Stat.-Neuaufbau für Lief.", SAP AG, 16.07.1996

Ein Beispiel könnte folgende Konstellation besitzen: Verkaufsorganisation – Vertriebsweg - Sparte - Region - Verkaufsbüro - Kunde - Werk - Produkthierarchie 1 bis 3 - Material. Dies ist für viele Fragestellungen bei weitem nicht ausreichend. Es sind aber bereits 11 Merkmale und somit innerhalb des VIS nicht abbildbar. Seit der Version 3.0C bietet die SAP eine allerdings außerordentlich problematische Notlösung: Hierzu werden Merkmale, die wiederum von anderen Merkmalen eindeutig ableitbar sind, als Kennzahlen in die Info-Struktur aufgenommen. Als Beispiel kann hier die Produkthierarchie, die vom Material ableitbar ist, angeführt werden. SAP macht in diesem Zusammenhang selbst auf einige entstehende Probleme aufmerksam: So werden solche zusätzlichen Merkmale nicht von flexiblen Analysen oder der flexiblen Planung unterstützt. Die Anwendbarkeit reduziert sich somit auf die Verwendung innerhalb von Standardanalysen.

Im Release 2.2 stellte sich der konzeptionelle Aufbau der Datenbasis außerdem als enormer Performancekiller dar. Zu diesem Zeitpunkt entsprach die VIS-Datenbasis bei weitem nicht einem echten Data Warehousing-Konzept. Selbst aggregierende Statistiktabellen mußten parallel fortgeschrieben werden, was zu erheblichen Belastungen des operativen Systems bereits durch die Verbuchung führte. Außer den negativen Auswirkungen durch - im Sinne des Data Warehouse - nicht sinnvolle Datenredundanz ist besonders durch die Notwendigkeit, Plandaten redundant (d.h. in mehreren VIS-Informationsstrukturen) zu pflegen, nicht praktikabel. Ab Release 3.0 stehen diesbezüglich rudimentäre Aggregationsinstrumente, wie zum Beispiel das „Copy-Management", zur Verfügung. Dieses Tool bietet erste Möglichkeiten, Datenübertragungen mit Aggregationsfunktionalitäten durchzuführen. Hierbei werden die kumulierbaren Kennzahlen auf vorhandene addiert und die restlichen mittels Datentransport übertragen. Komplexere Übertragungssteuerungen müssen mittels der Methodenpflege eingerichtet werden. An dieser Stelle wird ein ABAP-Programm mit einer Formroutine aufgerufen. Diese Routine muß eine bestimmte und vor allem zu programmierende Schnittstelle besitzen. Dieses Werkzeug erfüllt somit bei weitem nicht die Anforderungen an ein adäquates Datenmanagement im Sinne der Konzepte Data Warehousing und OLAP.

Berichtsaufbau

Die **Berichtsgestaltung** stellt sich als weiterer Schwachpunkt innerhalb des VIS dar. Unter Release 2.2 konnte der Aufbau von Berichten durchaus komplexe Formen annehmen, insbesondere dann, wenn bestimmte Layout-Anforderungen zu berücksichtigen waren und somit von den SAP-Standardvorlagen abgewichen und die Berichtserstellung mit dem Tool Report-Writer vorgenommen werden mußte. Zu Release 3.0 wurde hier das Tool Report-Painter eingeführt, mit dessen Hilfe eine einfachere Gestaltung vorgenommen werden kann. Dennoch bleiben einige Probleme bei der Berichtsdefinition offen. So ist es derzeit nicht möglich, spezielle Zellen in einer zweidimensionalen Matrix zu definieren. Die flexiblen Analysen besitzen weiterhin keine Drill-Down-Funktionalitäten. Das Antwortzeitverhalten dieser Berichte stellt sich als völlig untragbar dar. Selbst mit geringen Datenmengen bei sonst akzeptablen Antwortzeiten kann der Aufruf mehrere Minuten, bei einigen zehntausend Datensätzen evtl. mehr als 2 Stunden dauern. Somit ist dieses Werkzeug für Anwender nicht zumutbar, sogar technisch nicht mehr im Dialog ausführbar (sinnvoll wäre dies ohnehin nicht). Oftmals treten beim Einsatz dieser Analysen sogar in der Batchverarbeitung Rollbereichsprobleme und Abbrüche bei einer erheblichen Belastung des Gesamtsystems auf.

Das Vertriebsinformationssystem wurde in dieser Arbeit als Beispiel für das Logistikinformationssystem herangezogen. Es ist zu bedenken, daß es sich beim VIS um den ausgereiftesten Bestandteil dieses Konglomerats an verschiedenartigsten Informationssystemen handelt. Selbst dieses aber erfüllt bei weitem nicht die für Reportinginstrumente eingangs erwähnten Kriterien.

3.2.3 Weitere Informationssysteme innerhalb des LIS

Als weitere Komponenten des LIS sind folgende Informationssysteme zu nennen:

- Einkaufsinformationssystem
- Bestandscontrolling
- Qualitätsmanagementinformationssystem
- Instandhaltungsinformationssystem
- Fertigungsinformationssystem.

Diese einzelnen Informationssysteme weisen im Vergleich zu dem zuvor behandelten Vertriebsinformationssystem erhebliche Unterschiede auf.

Insbesondere bei der Verbuchung von Mengen und Währungsbeträgen wird die Flexibilität des Vertriebsinformationssystems bei diesen Systemen nicht erreicht. Es ist folgendes anzumerken:

- Die Verbuchung von Währungsbeträgen erfolgt immer in der zum Buchungskreis hinterlegten Hauswährung.
- Mengen werden in der im Materialstammsatz festgelegten Basismengeneinheit verbucht. Die Basismengeneinheit ist die Mengeneinheit, in der das System die Materialbestände verwaltet.[34]

Die Fortschreibungsfunktionalität steht nicht für jede Komponente des LIS im vollen Umfang zur Verfügung, was besonders auf das Informationssystem Bestandscontrolling zutrifft. Die Fortschreibung der Kennzahlen zu den Standardanalysen Bedarf/ Bestand (Aktuell, Langfristplanung) und Parametercontrolling kann nicht kontinuierlich erfolgen. Diese Fortschreibung muß vielmehr über einen Report initialisiert und angestoßen werden.[35] Es besteht aber die Möglichkeit, diesen Report als Batch-Job ablaufen zu lassen. Außerdem kann ad-hoc die zugehörige Standardanalyse ohne Durchführung der Fortschreibung aufgerufen werden; die Daten werden dann direkt gelesen. Um ein Controlling der Bestände auch ohne Fortschreibung durchführen zu können, bietet SAP im Bestandscontrolling zusätzlich Belegauswertungen an. In diesen Auswertungen werden die Daten direkt aus den Belegen gelesen. Es handelt sich hierbei um Analysen, wie zum Beispiel Reichweite, Umschlagshäufigkeit, Lagerhüter oder Bestandswert.

Diese Analysen sind, unter Berücksichtigung von Antwortzeiten und Systembelastung, sicher indiskutabel. Vielmehr dürfte ein praktikables Handling, insbesondere bei einer typischen Online-Ausführung einer Abfrage, bei einem mittleren Datenvolumen kaum noch einsetzbar sein.

[34] Online-Dokumentation SAP R/3, Topic: Verbuchung von Währungen und Mengen: Einkaufsinformationssystem (LIS), SAP AG, Januar 1996

[35] Online-Dokumentation SAP R/3, Topic: Fortschreibung für Standardanalysen Bedarf/Bestand und Parametercontrolling(LIS), SAP AG, Januar 1996

3.3 Personalinformationssystem

Eine besondere Problematik zeigt sich bei jenen Reporting-Komponenten, die die SAP AG als „Personalinformationssystem“ (PIS, HRIS oder HIS[36]) bezeichnet. Insbesondere im Zusammenhang mit der propagierten Struktur des sogenannten „Open Information Warehouse“ wird das „Personalinformationssystem“ als Zwischenschicht auf der Ebene der „User Department Information Systems“ positioniert.

„Das Personalinformationssystem im PD-System (SAP R/3-Komponente Personalplanung und -entwicklung, Anm. d. Verf.) ermöglicht ... die vereinfachte Anforderung von Reports. Hier können Sie Auswertungen in der Strukturgrafik starten... Die im Informationssystem angebotenen Auswertungen kommen aus verschiedenen PD- und PA-Komponenten (z. B. Organisation und Planung, Qualifikationen usw.). Um diese Auswertungen aufzurufen, ist es normalerweise notwendig, bestimmten Menüpfaden in der entsprechenden Komponente zu folgen. Im Informationssystem entfällt dies. Von hier aus können Sie Auswertungen verschiedener Komponenten von einer Stelle aus starten und ausführen.“[37] In der Folge schränkt die SAP AG das Personalinformationssystem selbst ein: „Das Personalinformationssystem ermöglicht Ihnen den Zugriff auf die in der Personalplanung und -entwicklung verfügbaren Standardauswertungen innerhalb der Strukturgrafik. Darüber hinaus können Sie mit Hilfe des Personalinformationssystems, ausgehend von der Organisationsstruktur, auch Personalstammdaten auswerten.“[38]

---

[36] SAP-Präsentation: „Business Intelligence And Standard Application Packages“, Folie 13: „Integrated Information Warehouse Architecture“, CD SAP-Visual: CeBIT '96

[37] Handbuch „PD - Organisation und Planung“, SAP AG Walldorf, Mai 1996, S. 238

[38] Online-Dokumentation SAP R/3, Release 3.0D, Customizing Einführungsleitfaden „Globale Einstellungen der Personalplanung und -entwicklung“, Topic „Personalinformationssystem“, SAP AG, April 1996

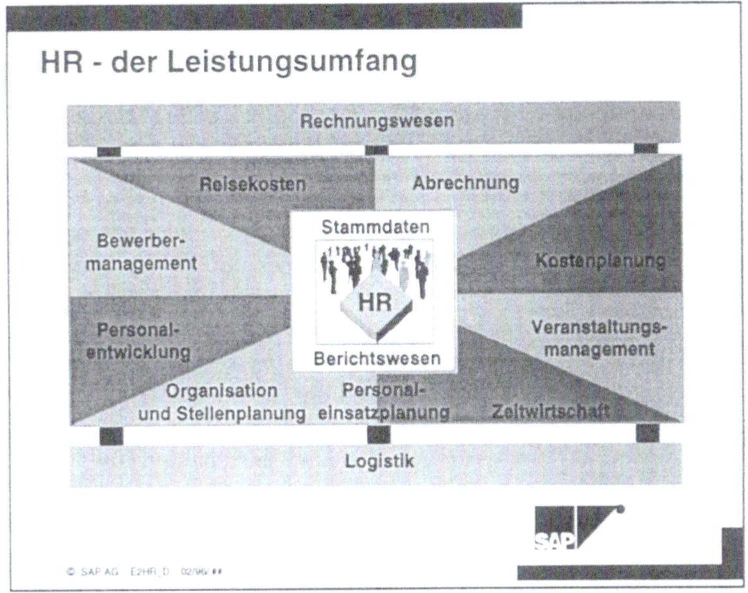

Abb. 3.1
HIS-Folie der SAP AG: Leistungsumfang

Hier wird auf den ersten Blick suggeriert, das Personalinformationssystem sei ein das Modul HR, mindestens aber die Komponenten „Personalplanung und -entwicklung" und „Personaladministration" umfassendes Reportinginstrument. Bei intensiver Betrachtung reduziert sich das Personalinformationssystem jedoch als Instrument zum vereinfachten Aufruf von List-Programmen.

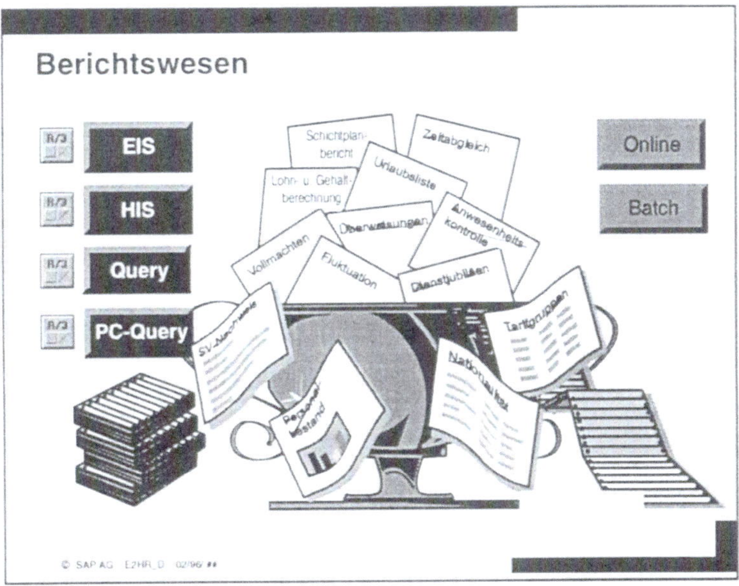

Abb. 3.2
HIS-Folie der SAP AG: Berichtswesen

In derartigen Folien wird ein integriertes Personalinformationssystem (HIS) und ein das Gesamtmodul HR umfassendes Berichtswesen suggeriert[39] (siehe ebenso Abb. 3.4: „Integrated Information Warehouse Architecture", Kapitel 3.7.1).

Es ist innerhalb des gesamten PIS, HIS oder HRIS an keiner Stelle mehr die Rede von der sonst unter der Überschrift „Open Information Warehouse" propagierten Anpassung an die Unternehmensanforderungen durch Customizing bei durchgängiger Oberfläche und Funktionalität. Demgegenüber wird im Einführungsleitfaden die Notwendigkeit der Modifikation und Zusatzprogrammierung bzw. das Instrument ABAP/4-Query zur Abdeckung der jeweiligen Unternehmensanforderungen hervorgehoben: „Im Abschnitt zur Anpassung des Selektionsbildes wird beschrieben, wie Sie das Selektionsbild eines Reports an Ihre individuellen Anforderungen anpassen können. ... Mit Hilfe der ABAP/4-Query besteht die Möglichkeit, ohne Kenntnis der ABAP/4-Sprache und ohne Kenntnis der einzelnen Tabellen- und Feldnamen, kundeneigene Auswertungen zu definieren."[40]

Somit erfüllt das sogenannte „Personalinformationssystem" bei weitem nicht die Anforderungen an ein entsprechend gestaltbares Informationssystem: Dies gilt sowohl im Hinblick auf die Funktionalität, die nicht-hinreichenden Möglichkeiten der Anpassung an die Kundenbedürfnisse, die Problematik der HR-eigenen Programmierlogik und die Unvollständigkeit der eigentlichen Berichte des „Personalinformationssystems" vor dem Hintergrund des Gesamtumfanges des Moduls HR.

Bedarf eines customizebaren Berichtsinstruments

Daraus ergibt sich für das Personalwesen der dringende Bedarf eines Berichtsinstrumentes, das im Rahmen des Customizing anzupassen ist. Da im Personalwesen noch nicht einmal fragmentarisch die Anforderungen an ein fachbereichsspezifisches Informationssystem im Sinne des propagierten „Open Information Warehouse" erfüllt sind, sind von Seiten der SAP R/3-Anwender von der SAP AG für diesen Bereich vehement entsprechende Lösungen einzufordern:

- Entweder ein in etwa dem LIS vergleichbares Reportinginstrument mit allen Verbuchungs-, Datenablage und Berichtsinstrumenten oder

[39] SAP-Präsentation „SAP-Personalwirtschaft", CD SAP-Visual CeBIT'96

[40] Online-Dokumentation SAP R/3, Release 3.0D, Customizing Einführungsleitfaden „Personaladministration", Topic „Reporting", SAP AG, April 1996

- die Ermöglichung der Nutzung vorhandener Data Warehouse- und Berichtsinstrumente (wie sie z. B. in den allgemeinen Recherchefunktionen des CO-PA und EIS zur Verfügung gestellt werden) und Bereitstellung entsprechender Datenübergabeinstrumente an ein solches Instrument.

Dabei sind solche Funktionen unter besonderer Berücksichtigung der Sensibilität von Personaldaten zu realisieren.

3.4 Reportingwerkzeuge im Rechnungswesen am Beispiel des FIS

3.4.1 Das Finanzinformationssystem (FIS) innerhalb des Moduls FI

Mittels Finanzinformationssystem können Auswertungen nach Debitoren und Kreditoren durchgeführt werden. Die Datenbasis des Finanzinformationssystems sind die Daten des Moduls FI (Finanzbuchhaltung). Dieses aggregiert als zentraler Abrechnungskreis die Wertdaten eines Unternehmens.

Dabei stellt das FIS im Standard ein Set von Gruppierungsmerkmalen zur Verfügung (Buchungskreis, Geschäftsbereich, Land, Kreditrisikoklasse, Kreditsachbearbeitergruppe, Kreditkontrollbereich), welches im gewissen Rahmen durch andere Felder ergänzt werden kann.

Ebenso wird eine Anzahl von Übersichtslisten angeboten (Mandanten-, Kreditkontrollbereichs-, Buchungskreis- und Geschäftsbereichsebene), für welche Aufrisse (abhängig von der Art der Übersichtsliste) möglich sind.

Die SAP AG führt im Handbuch zu Release 3.0 die Möglichkeiten des Finanzinformationssystem aus: Für die Debitoren können Auswertungen und Analysen „bezüglich:

Debitorenanalysen

- Fälligkeitsstruktur
- Zahlungsverhalten
- Währungsrisiko
- überfällige Posten
- DSO (Days Sales Outstanding) - Analyse
- Tage vereinbart/Tage realisiert“

und für die Kreditoren „bezüglich

Kreditorenanalysen

- Fälligkeitsstruktur
- Währungsrisiko

- überfällige Posten"[41]

erstellt werden.

Die Konfiguration des FIS ermöglicht die Definition von Auswertungssichten, Auswertungssichttypen und Auswertungen.

Auswertungssichten

Auswertungssichten bieten die Möglichkeit der organisatorischen Gliederung oder der Differenzierung der Datenaktualisierung. In der Pflege dieser Sichten wird eine Besonderheit des FIS sichtbar: Um für eine Auswertungssicht die Daten zu beschaffen, ist ein Datenbeschaffungsreport anzugeben. Dieser selektiert die Daten aus der Datenbank und stellt sie zur Verarbeitung zur Verfügung. Bereits hier wird die Mengengerüstproblematik offensichtlich. Auf der Basis der definierten Auswertungssichten sind die für die einzelnen Auswertungssichten vorgesehenen Auswertungssichttypen (Fälligkeitsstruktur, Zahlungsverhalten, Währungsrisiko etc., siehe oben) festzulegen.
In der Konfiguration der Auswertungen schließlich ist zu definieren, wie die Auswertungen aufbereitet werden sollen, z. B. über welches Datenbankfeld die selektierten Daten zu gruppieren sind.

Zusammenfassend ist auf folgende Punkte hinzuweisen:

- Das Finanzinformationssystem kann nur als beschränkt flexibel bezeichnet werden: Selektions- und Gruppierungsmerkmale sind nur bedingt variierbar, Aufbau und Darstellung der Auswertungen sind nicht frei einstellbar.
- Die Konfiguration des FIS ist durchaus DV-spezifisch. Der Anforderung eines weitestgehend endanwenderfähigen Tools - auch bezüglich des Customizings - wird somit nicht hinreichend Rechnung getragen.
- Die Begrenzung auf Teile der im Modul FI vorhandenen Daten bei sehr spezifischem Customizing schränkt den Einsatzbereich erheblich ein.
- Die Datenbeschaffung und -haltung erfüllt weder die Anforderungen des Data Warehouse-Ansatzes noch der OLAP-Konzepte. Ebenso werden die Anforderungen, die an ein umfängliches Reportinginstrument bei hinreichender Flexibilität gestellt werden, nicht erfüllt.

[41] Handbuch „FI - Finanzinformationssystem" zu Release 3.0, SAP AG Walldorf, September 1995, S. 2-5

3.4.2 FI-Spezielle Ledger, Report-Writer und Report-Painter

3.4.2.1 FI-Spezielle Ledger

Mit Hilfe des FI-SL-Systems kann auf mehreren Ebenen über die aus den verschiedenen Anwendungen stammenden Werte berichtet werden. Die im FI-SL-System verfügbaren Module geben die Möglichkeit, Informationen zu sammeln, miteinander zu kombinieren, Summen zu bilden, zu modifizieren sowie Ist- und Planwerte umzulegen bzw. zu verteilen, die aus anderen SAP-Anwendungen und aus externen Systemen in das FI-SL-System übertragen werden.

Operative Funktionen der anderen SAP-Anwendungen werden hierdurch nicht beeinträchtigt.

Das FI-SL-System ist ein Werkzeug, mit dem die von anderen SAP R/3-Anwendungen, wie Hauptbuchhaltung (FI-GL), Profit-Center-Rechnung (EC-PCA) und Kostenstellenrechnung (CO-CCA), angebotene Funktionalität erweitert bzw. besser genutzt werden kann, ohne das Standardsystem modifizieren zu müssen. Mit dem FI-SL-System gibt es beispielsweise die Möglichkeit, weitere Codingblockdimensionen in die Datenbanktabellen aufzunehmen.

Ab Release 3.0 werden im FI-SL-System folgende zwei Ledgertypen verwendet:

Ledgertypen

- Standard-Ledger
- Spezielle Ledger.

Welche Funktionalität das FI-SL-System und andere Systeme gemeinsam haben, hängt von den mit den jeweiligen SAP-Anwendungen ausgelieferten Standard-Ledgern ab. Standard-Ledger werden von SAP konfiguriert und ausgeliefert und unterliegen der Kontrolle der jeweiligen Anwendung. Spezielle Ledger sind vom Anwender definierte Ledger, mit deren Hilfe spezielle Anforderungen gemäß den benötigten Dimensionen bearbeitet werden können. Im FI-SL-System können ausschließlich Spezielle Ledger anlegt werden.

Abb. 3.3 Zusammenhang der Speziellen Ledger[42]

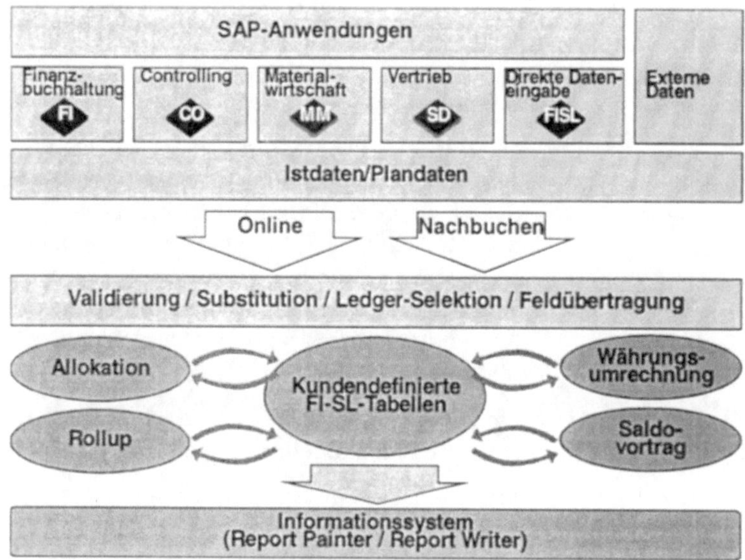

Das FI-SL-System übernimmt zum Zeitpunkt der Eingabe Daten aus anderen Systemen, diese Daten werden während der Eingabe verprobt. Durch diese maximale Integration werden keine Batch-Schnittstellen benötigt, die Daten können direkt in das FI-SL-System übernommen werden.

Validierung

Bei der Eingabe in das SAP-System werden nahezu alle Daten validiert bzw. gegen Tabellen und Stammdaten verprobt. Da manche Validierungsarten nicht standardisiert werden können, bietet das FI-SL-System die Möglichkeit, eigene Validierungsvorgänge zu definieren.
Mit Hilfe der Validierungsfunktion können eingegebene Werte und Wertintervalle überprüft werden. Wenn Daten in das System eingegeben werden, verprobt der Regel-Manager die Daten gegen die Validierungsregeln. Da die Validierung vor der Buchung durchgeführt wird, werden nur verprobte Daten in das FI-SL-System aufgenommen.

Substitution

Substitutionsregeln werden im Regel-Manager gespeichert. Wenn Daten in das System eingegeben werden, werden sie vom Integration-Manager substituiert; der Integration-Manager ruft den Regel-Manager auf. Die Substitution wird durchgeführt, bevor die Daten in den FI-SL-Tabellen fortgeschrieben werden.

[42] Handbuch „FI-SL - Grundfunktionen" zu Release 3.0, SAP AG Walldorf, Mai 1996, S. 13

Allokation

Unter Allokation (Umlage/Verteilung) versteht man die Übertragung eines bereits gebuchten Betrages von einem Senderobjekt auf ein oder mehrere Empfängerobjekte. Die wichtigsten Allokationsarten sind Umlage und Verteilung.

RollUp

Wenn ein Ledger sehr viele Daten enthält, wirkt sich das negativ auf die Verarbeitungszeit aus. Um günstigere Verarbeitungszeiten zu erhalten, können Rollup-Ledger angelegt werden, die summierte und verdichtete Daten aus einem oder mehreren anderen Ledgern enthalten. In einem Rollup-Ledger werden die Informationen aus einem oder mehreren Ursprungs-Ledger(n) verdichtet. Jeder in einem Rollup-Ledger enthaltene Datensatz besteht aus Datensätzen anderer Ledger.

Ab Release 3.0 können Ledger so definiert werden, daß die Daten in die normalen Durchbuchungs-Ledger verdichtet werden können. Es müssen keine speziellen Rollup-Ledger mehr angelegt werden. Die in das Rollup-Ledger übernommenen summierten Daten können weiter verdichtet werden, indem nur ein Teil der Dimensionen des (der) Ursprungs-Ledger(s) in das Rollup-Ledger kopiert wird, oder indem eine bzw. mehrere Dimensionen des Ursprungs-Ledgers durch eine neue Dimension ersetzt wird.

3.4.2.2 Report-Writer und Report-Painter

Mit Hilfe des Report-Writers bzw. des Report-Painters können Berichte über Daten aus verschiedenen Anwendungen erstellt werden. Insbesondere über Daten aus dem System der speziellen Ledger oder anderen SAP-Anwendungen, wie z. B. dem Modul FI oder CO. Die angeforderten Daten werden selektiert und in der gewünschten Form aufbereitet. Durch die Verwendung der verschiedenen FI-SL-Komponenten, wie Sets, Variablen, Formeln, Zellen und Kennzahlen, können Berichte erstellt werden, die ganz spezifischen Anforderungen entsprechen.[43]

Bibliotheken

Als Basis für den Aufbau von Berichten dienen Bibliotheken. Eine Bibliothek ist eine Sammlung von Merkmalen, Kennzahlen und vordefinierten Spalten aus dem maximalen Codingblock einer Datenbanktabelle.[44] Bibliotheken bieten hierbei folgende Möglichkeiten. Vergabe von Benutzerberechtigungen: Auftrennung in Produktiv- und Entwicklungsberichte und Untergliede-

[43] Handbuch „FI-SL - Report Writer" zu Release 3.0, SAP AG Walldorf, Mai 1996, S. 9

[44] ebenda, S. 33

rung nach Benutzergruppen. Bei der Anlage einer Bibliothek muß entschieden werden, welche Merkmale, Kennzahlen und vordefinierten Spalten aufgenommen werden sollen. Bei der Definition von Bibliotheken können entweder vorhandene Bibliotheken kopiert werden oder eine Tabelle angegeben und dann aus dieser Tabelle die gewünschten Merkmale, Kennzahlen und vordefinierten Spalten ausgewählt werden. Berichte können nur die für diese spezielle Bibliothek definierten Merkmale, Kennzahlen und vordefinierten Spalten verwenden.

Sets

Die Struktur der zu erstellenden Berichte basieren auf verschiedenen Sets. Ein Set ist eine Struktur, mit der bestimmte Werte oder Wertintervalle unter einem Setnamen zusammengefaßt werden. Durch die Reihenfolge der Werte im Set wird festgelegt, welche Summen und Zwischensummen der Bericht enthält und in welcher Reihenfolge Daten ausgegeben werden. Die Sethierarchie bestimmt darüber hinaus die Struktur und das Layout des Berichts. Bestimmte Merkmale (z. B. die Merkmale „Ledger", „Gesellschaft", „Version" und „Periode") müssen in jedem Bericht verwendet werden.

Variable

Beim Berichtsaufbau können verschiedene Variable verwendet werden. Als Variable werden Platzhalter für Daten bezeichnet, die bei der Ausführung eines Berichts geändert werden können. Eine Variable könnte beispielsweise eine Gesellschaft, das laufende Jahr, der laufende Monat oder der Name eines Benutzers sein. Es können hierbei drei Arten von Variablen angelegt werden:

- Wertvariablen, d.h. Variable, die direkt eingeben werden.
- Formelvariablen, d.h. Variable, deren Wert aus einer Formel abgeleitet wird, über die bestimmt wird.
- Setvariablen, d.h. ein bereits definiertes Set und die in diesem Set enthaltenen Werte.

Mit Hilfe von Formeln können innerhalb eines Sets mathematische Operationen bestimmt werden. Wird das betreffende Set in einem Bericht verwendet, erscheint das Ergebnis der mathematischen Operation in einer Berichtszeile bzw. einer Berichtsspalte. Mathematische Operationen können auf Zeilen bzw. Spalten, Wertvariablen oder symbolischen Namen auf Zellen eingesetzt werden. Ein symbolischer Name kann in einem Bericht für die Zeilen- oder Spaltenkoordinate eines einzelnen Wertes (einer Zelle) oder eines Wertintervalls (mehrere Zellen) stehen. Das System verwendet Zellen zur Bestimmung von Koordinaten der Zeilen-/Spaltenmatrix von Berichten.

Report-Writer

Nachfolgend werden die beiden Tools Report-Writer und Report-Painter näher betrachtet. Der Report-Writer bietet bei der Definition von Berichten folgende Funktionalitäten:

- Errechnung von Kennzahlen, Prozentsätzen und Abweichungen;
- Umrechnung von Beträgen in verschiedene Währungskurse; darüber hinaus können dieselben Beträge in verschiedenen Währungsarten (Transaktionswährung, Hauswährung und Konzernwährung) ausgeben werden;
- Unterdrückung von bestimmten Summen und Zwischensummen;
- Vergleich von bestimmten Daten (z. B. Istdaten und Plandaten oder die Daten des vergangenen Geschäftsjahres und die Daten des aktuellen Geschäftsjahres);
- Graphische Darstellung innerhalb der begrenzten Möglichkeiten der SAP-Graphikschnittstelle;
- Download auf PC-Datei zur weiteren Verarbeitung;
- Versendung an Mail-Benutzer;
- Anzeige der Ursprungsbelege, die den in den Berichten enthaltenen Summen und Zwischensummen zugrunde liegen.[45]

Bei der Arbeit mit dem Report-Writer können Sets folgendermaßen verwendet werden:

- als **Zeilenblock** - der Zeilenblock enthält die Merkmale, die in den Zeilen des Berichts erscheinen sollen (z. B. Kostenstellen und Konten);
- als **Spaltenblock** - der Spaltenblock enthält die Merkmale, die in den Spalten des Berichts erscheinen sollen (z. B. Buchungsperioden, Währungen und Beträge);
- als **allgemeine Selektionskriterien** - die allgemeinen Selektionskriterien enthalten weitere Merkmale, über die die Berichtsdaten ausgewählt werden (z. B. Geschäftsjahr, Periode, Gesellschaft und Ledger);

Ab Release 3.0B ist der Report-Writer in die neue Bericht-Bericht-Schnittstelle integriert. Mit Hilfe dieser neuen Bericht-

[45] Handbuch „FI-SL - Report Writer“ zu Release 3.0, SAP AG Walldorf, Mai 1996, S. 9

Bericht-Schnittstelle besteht die Möglichkeit, bei der Ausgabe der Berichtsdaten Berichte aus anderen SAP-Anwendungen aufzurufen. Es können sowohl Berichtsheftberichte, Drill-Down-Berichte und Transaktionen als auch Report-Writer-, Report-Painter-Berichte und ABAP/4-Programme aufgerufen werden.

Report Painter

Der Report Painter erfüllt eine ähnliche Funktion wie der Report Writer. In den Report Painter wurde ein Großteil der Report Writer Funktionalität eingearbeitet. Die verschiedenen Report-Writer-Konzepte (z. B. Sets) müssen jedoch nicht bekannt sein. Der Report Painter ist ein Werkzeug, mit dem weniger komplexe Berichte angelegt werden können als mit dem Report Writer. Die Definition von Report-Painter-Berichten erfolgt mit Hilfe einer graphischen Berichtsstruktur, in der die Berichtszeilen und Berichtsspalten so angezeigt werden, wie sie später im Bericht ausgegeben werden. Um die gesamte Funktionalität von Report-Writer-Berichten zu verwenden, besteht die Möglichkeit Report-Painter-Berichte in Report -Writer-Berichte umzuwandeln.

Vorteile des Report Painter

Vorteile des Report Painters sind u.a.

- flexible und einfache Berichtsdefinition
- Berichtsdefinition ohne Verwendung von Sets
- direkte Layoutkontrolle: Die Zeilen und Spalten werden so angezeigt, wie sie anschließend im Bericht ausgegeben werden; ein Testlauf ist nicht mehr nötig. Der Report Painter verwendet eine graphische Berichtsstruktur, die die Grundlage der Berichtsdefinition bildet und in der die Zeilen und Spalten des Berichts so angezeigt werden, wie sie anschließend im Bericht ausgegeben werden.

3.4.2.3 Fazit

Zusammenfassend kann gesagt werden, daß die Komplexität der Definition von Report-Writer-Berichten mit Hilfe der Report-Painter-Techniken reduziert werden kann. Die Kenntnisse über Sets oder andere Funktionalitäten sind hierbei von untergeordneter Bedeutung. Der Zusammenhang und das Zusammenspiel der einzelnen Komponenten muß allerdings für den grundlegenden Aufbau dem Zuständigen bekannt sein. Im Gegensatz zum Report-Writer sind Ansätze für ein WYSIWYG-Prinzip vorhanden. Außerdem wird auch in diesen Komponenten eine Standardisierung der Ausdrücke innerhalb des SAP-Systems vollzogen.

Bspw. wird an dieser Stelle nicht mehr von Feld oder Dimension gesprochen, sondern von Merkmalen. Mit Hilfe dieser Tools besteht die Möglichkeit, verschiedene Listen und Auswertungen zu definieren. Hierbei kann die Merkmalsdefinition auf Zeilenebene sehr flexibel vorgenommen werden. Jedoch ist anzumerken, daß der Aufbau von Berichten, insbesondere von Matrixstrukturen mit Definitionen auf Zellenebene, mit diesen beiden Tools auch zu Release 3.0 nicht erstellt werden kann.

Weiterhin muß festgestellt werden, daß zumindest bis Release 2.2 eine Aggregation von Kennzahlen zu unerwünschten Effekten führen kann, wenn die Währung oder Mengeneinheit innerhalb eines Datensatzes zum Beispiel „Blank" ist und somit zu der eigentlichen Einheit differiert. Dieses Phänomen trat bei der Fortschreibung von Versanddaten in der SAP-Komponente VIS auf und führte nicht zur Addition von Werten, sondern zu deren Verkettung.

Es zeigt sich, daß die operativen Rechnungswesen-Komponenten Reportinganforderungen weitgehend abdecken. Allerdings sind die wesentlichsten aus den Data Warehousing- und OLAP-Konzepten resultierenden Anforderungen auch hier nicht erfüllt.

3.5 Ergebniscontrolling mittels Ergebnis- und Marktsegmentrechnung (CO-PA)

3.5.1 Aufgaben

Als „klassische" Komponenten für das Ergebniscontrolling stellt SAP R/3 die Komponenten Ergebnis- und Marktsegmentrechnung (CO-PA) und Profit-Center-Rechnung (EC-PCA) zur Verfügung. Die Profit-Center-Rechnung, deren Funktion die Ermittlung von internen Betriebsergebnissen für Profit Center (d.h. der Unterstützung der internen Beurteilung von Unternehmenseinheiten bzw. Teilbereichen des Unternehmens, die selbständig am Markt operieren) ist, wird zugunsten der knappen Darstellung vernachlässigt.

Im Folgenden wird exemplarisch die Komponente CO-PA - Ergebnis- und Marktsegmentrechnung skizziert.

Ergebnis- und Marktsegmentrechnung CO-PA

Im Handbuch „CO - Ergebnis- und Marktsegmentrechnung" zu Release 3.0 positioniert die SAP AG die Komponente CO-PA wie folgt: „Das System ... dient der Beurteilung von Marktsegmenten - gegliedert nach Produkten, Kunden, Aufträgen und beliebigen Verdichtungen dieser Begriffe - oder Unternehmenseinheiten wie

Buchungskreise oder Geschäftsbereiche im Hinblick auf Ihren Ergebnisbeitrag bzw. Deckungsbeitrag. Ziel des Systems ist es, aus der Sicht des Markts die Bereiche Vertrieb, Marketing, Produkt-Management und Unternehmensplanung mit Informationen für das Controlling und die Entscheidungsfindung zu unterstützen ... In der Ergebnis- und Marktsegmentrechnung (CO-PA) wird das Ergebnis nach dem Umsatzkostenverfahren ermittelt (im Unterschied zur Komponente „Profit-Center-Rechnung" EC-PCA, welche nach dem Gesamtkostenverfahren arbeitet, Anm. d. Verf.). ... Weiterhin wird innerhalb des Systems CO-PA zwischen zwei Formen der Ergebnisrechnung unterschieden - der kalkulatorischen und der buchhalterischen Ergebnisrechnung."[46]

kalkulatorische und buchhalterische Ergebnisrechnung

Hierbei stellt das kalkulatorische Verfahren dasjenige dar, in dem frei zu definierenden Merkmalsfeldern frei zu definierende Kennzahlen beigefügt werden. Da verschiedene kalkulatorische Verfahren zur Kennzahlermittlung zur Verfügung stehen (z. B. statistische Konditionen aus der SD-Faktura), kann dieses Verfahren zeitnah angewendet werden. Das buchhalterische Verfahren hingegen dient der Ergebnisrechnung auf Kontenebene. Dieses Verfahren ermöglicht eine permanente Abgestimmtheit mit der Finanzbuchhaltung.

3.5.2 Datenbasis und Datenbeschaffung

Aus Sicht der Ergebnisrechnung stellt sich der Ergebnisbereich datentechnisch als die maximal auszuwertende Reportingtabelle dar. In ihm wird festgelegt, auf welche Merkmale verdichtet werden soll. Die Kombination der Merkmalsausprägungen aller Merkmale eines Ergebnisbereiches stellt ein sogenanntes Ergebnisobjekt dar (z. B. bei Merkmalen Buchungskreis, Kunde, Material stellt die Ausprägungskombination Buchungskreis X, Kunde Y, Material Z ein Ergebnisobjekt der Nummer N dar). Im kalkulatorischen Verfahren können im Ergebnisbereich Wertfelder definiert werden (fakturierte Menge, Erlös, Warenaufwand etc.).

Das System CO-PA bietet die Möglichkeit, **Stammdaten** bzw. **Grundstrukturen** der Ergebnisrechnung frei zu definieren (Merkmale und Kennzahlen **pro Ergebnisbereich**).

Hier ist die Zahl von kundeneigenen Merkmalen (über die Fix-Merkmale, wie Kunde, Material hinaus) auf maximal 30 begrenzt.

[46] Handbuch „CO - Ergebnis- und Marktsegmentrechnung" zu Release 3.0, SAP AG Walldorf, September 1995, S. 1-2f

Die Anzahl Kennzahlen (hier Wertfelder genannt) ist auf 120 begrenzt. Während für die Standardmerkmale die SAP-Prüftabellen verwendet werden, müssen für weitere eingestellte Merkmale eigene Prüftabellen gepflegt werden. Die Komponente Ergebnis- und Marktsegmentrechnung bietet im Hinblick auf die **Datenbeschaffung** folgende Möglichkeiten:

Kundenaufträge und Fakturen aus dem SD, Kosten aus Kostenstellen, Aufträgen, Projekten sowie Direktkontierungen (Sachkontenbuchung im FI, Rechnungseingang im MM usw.) oder Leistungsverrechnungen aus dem CO auf Ergebnisobjekte können direkt in das CO-PA übernommen werden.

Datenbeschaffung aus Kundenaufträgen

Kundenaufträge können im Sinne von erwarteten Erlösen bewertet in das CO-PA übernommen werden. Bei Verbuchungsfehlern werden die fehlerhaften 'Ursprungssätze' der Schnit t-stelle in einer eigenen Fehlertabelle gespeichert und können via Batch-Input-Mappe nachverbucht werden.

Datenbeschaffung aus Fakturen

Bei der Buchung von Fakturen, Gutschriften und Stornos werden diese in die Ergebnisrechnung transferiert. Für jede Position des Fakturabelegs wird automatisch ein Einzelposten in der Ergebnisrechnung online erzeugt. Bei einem Verbuchungsfehler der Fakturadaten in die Ergebnisrechnung kann durch die Funktion „Freigabe Buchhaltung" eine Nachverbuchung erfolgen.

Erlöse, Kosten, Umlagen

Für die per Leistungsverrechnung auf Fertigungsaufträge in den Bestand verrechneten Kosten erfolgt in der Ergebnisrechnung eine proportionale Zuordnung je verkaufter Produkteinheit durch die Bewertung mit einer Plankalkulation. Die nicht in den Bestand verrechneten Kostenstellenkosten können periodisch in die Ergebnisrechnung per variabler Verteilung überführt werden. Die Buchung von **Umlagen** ist möglich.

Erlöse, Erlösschmälerungen und Kosten können direkt aus der Finanzbuchhaltung auf die Ergebnisobjekte gebucht werden. Das CO-PA erlaubt eine beliebig differenzierte Datenhaltung. Hier bietet das CO-PA gegenüber dem VIS z. B. auch bei einer Vielzahl von Rabatten und Zuschlägen differenzierte Analysen

Für die **Leistungsverrechnungen aus CO** ist es möglich, die direkte Verrechnung innerbetrieblicher Leistungen an Ergebnisobjekte durchzuführen. Neben Sender und Empfänger wird hierbei die geleistete Menge erfaßt, mit dem Planpreis der Leistungsart bewertet, der resultierende Betrag auf der sendenden Kostenstelle entlastet und auf dem empfangenden Ergebnisobjekt belastet.

Fremddaten können mittels eines Schnittstellenprogrammes in das System R/3 eingespielt werden. Auch hier erfolgt eine Verprobung. Fehlerhafte Daten werden in eine anzugebende Datei oder in eine Batch-Input-Mappe gestellt. Weiterhin stellt das CO-PA eine Oberfläche für die manuelle Datenerfassung bereit.

Die Anreicherung von Basismerkmalen, wie Kunde/Material mit Zusatzmerkmalen, findet im Rahmen der Datenbeschaffung statt: Dies wird im CO-PA als **„Ableitung von Merkmalen"** bezeichnet. Hierzu werden die hierarchischen Zusammenhänge zwischen verschiedenen Merkmalen, sogenannte Ableitungsstrukturen, definiert. Für diese können schließlich die Ableitungsregeln eingestellt werden (Definition jener Ausprägungen von „abgeleiteten" Merkmalen, die sich aus den Ausprägungen von Basismerkmalen ergeben). Eine Stärke der Komponente liegt im bestehenden Zeitbezug der Ableitungsregeln.

An dieser Stelle ist allerdings auf das grundlegende Problem hinzuweisen, daß die „Ableitungen" fix in den Bewegungsdatentabellen abgelegt werden. Hieraus erwächst das erhebliche Problem der Notwendigkeit eines Neuaufbaues der aggregierten Tabellen bei Verbuchungsfehlern oder veränderten Hierarchien. Bereits Unternehmen mit einem mittleren Mengengerüst sind nach kurzer Zeit nicht mehr in der Lage, einen solchen Neuaufbau zu bewerkstelligen.

3.5.3 Informationssystem

Informationssystem des CO-PA

Das Informationssystem der Komponente CO-PA bietet die Möglichkeit interaktiver Recherchen im Sinne eines multidimensionalen Datenwürfels mit frei definierbarem ein- und zweidimensionalem Berichtsaufbau und komfortablen Navigationsmöglichkeiten (Drill-down, Hierarchiewechsel etc.). Abweichungsanalysen, z. B. im Sinne von Plan-Ist- und Geschäftsjahresvergleichen, sind möglich. Es enthält eine Vielzahl von Funktionen zur interaktiven Bearbeitung von Listen, wie Bedingungsvorgaben, Sortierungen, Top-N etc., die zu Release 3.0 wesentlich verbesserte SAP-Grafik, das SAPmail und der SAP-XXL-Listviewer sind angeschlossen.

Mit Hilfe des **Reportingbaumes** können Berichtshierarchien aufgebaut werden, mit denen es möglich ist, mehrere Berichte innerhalb eines Bereichs zentral zu sammeln, benutzerspezifische Bibliotheken anzulegen, die Berichte hierarchisch zu gliedern und den Zugriff der Anwender auf Berichte zu vereinfachen.

Zur Vereinfachung der **Bedienbarkeit** sind drei Userlevels definierbar, für welche nur der jeweils relevante Funktionsumfang und somit nur die benötigte Komplexität bereitgestellt wird.

Weiterhin steht ein **Berichtsverzeichnis** zur Verfügung, aus dem voreingestellte Berichte online oder im Hintergrund gestartet werden können. Die für einen Bericht selektierten Daten können abgespeichert werden und führen bei einem Berichtsaufruf auf Basis der abgelegten Daten zu schnelleren Antwortzeiten. Diese Funktion ist insbesondere bei nur periodisch (z. B. monatlich) zu aktualisierenden Berichten ressourcensparend einsetzbar.

Rechenschema

Mit dem sogenannten Rechenschema steht eine frei definierbare Formelsammlung zur Verfügung. Die mathematischen Verknüpfungen werden im **Formeleditor** eingestellt.

An dieser Stelle sei nur kurz auf die zu Release 3.0 auch im CO-PA vorhandene Bericht-Bericht-Schnittstelle hingewiesen (vgl. Abachnitt 3.4.2.2). Hier ergeben sich Möglichkeiten zur Minimierung der Datenredundanz und zur Performanceoptimierung.

Das Informationssystem umfaßt hinsichtlich der Berichtsfunktionalität die gleichen Eigenschaften wie die sogenannte Komponente EIS im (zu Release 3.0 als eigenständiges Modul positionierten) Unternehmenscontrolling EC.

3.5.4 Weitere Funktionen

Zur Behebung des besonders im CO-PA weit verbreiteten **Performanceproblems** im Berichtswesen bietet die SAP zwei Ansätze an:

- Die Vorhaltung von **Verdichtungsdaten** basiert auf der Datenablage in der Tabelle COIX_DATA. Dies geschieht berichtsbezogen.
- Soll nun ein Bericht, für den Verdichtungsdaten abgelegt sind, mit aktualisierten Daten angezeigt werden, so kann die Neuselektion der Daten minimiert werden, indem statt der Objekttabelle und der Objektebene die Verdichtungsdaten gelesen werden und mittels des **Deltaleseverfahrens** lediglich die Daten derjenigen Einzelposten in den Bericht hinzugelesen werden, die nach dem Zeitstempel der Verdichtungsdaten verbucht wurden. Dabei erfolgt wiederum eine aktualisierte Datenablage.

Im Handbuch „CO - Ergebnis- und Marktsegmentrechnung" räumt die SAP AG selbst ein: „Wie wir gesehen haben, erfordern sehr große Datenmengen nichttriviale Strategien, wenn die Laufzeiten in vertretbarem Rahmen gehalten werden sollen. Es bleibt aber zu bemerken, daß durch Einsatz aller zur Verfügung stehenden Techniken die Laufzeiten gegenüber dem naiven Ansatz ganz erheblich reduziert werden konnten.

Dem Ziel „Online-Berichterstattung" konnte mindestens nahegekommen werden."[47] Weiterhin bietet die Komponente eine vergleichsweise mächtige **Planungsfunktionalität**: Es kann ein Absatz- und Ergebnisplan erstellt werden. Die Pflegeoberfläche unterstützt die freie Definition der Planungstableaus mit Anzeige von Referenzdaten, Formelrechnung, Prognosemethoden etc. Die Planung kann dabei auf einem beliebigen Verdichtungslevel erfolgen und auf untergeordnete Hierarchien heruntergebrochen werden. Es ist möglich, Absatzmengen von der Ergebnisplanung an die Produktionsplanung zur Erstellung eines Produktionsprogrammes zu übergeben.

Berechtigungssteuerung

Das **Berechtigungskonzept** des CO-PA ermöglicht eine freie Definition von eigenen Berechtigungsobjekten in der Kombination von Merkmalen und Kennzahlen.

Die Bewegungsdaten, die in die Ergebnisrechnung verbucht wurden, können mittels der **Archivierung** reorganisiert werden. Diese beinhaltet die Funktionen

- Ablegen der Bewegungsdaten;
- Löschen der Bewegungsdaten;
- Zurückladen der Bewegungsdaten vom Archiv;
- Verwaltung der Archivierungsfunktionen

für Datensätze der Ist- und Planeinzelposten und Verdichtungen.

3.5.5 Fazit

Die Bewertung der konzeptionellen Seite im Release 3.0, unter Berücksichtigungen von Erfahrungen eines extensiven produktiven Einsatzes von CO-PA unter Release 2.2, ergeben folgende Gesamteinschätzung:

[47] Handbuch „CO - Ergebnis- und Marktsegmentrechnung" zu Release 3.0, SAP AG Walldorf, September 1995, S. 5-25

Stärken

Die entscheidende Stärke des CO-PA bietet dessen stabil arbeitendes Verbuchungskonzept. Hier muß aufgrund von Erfahrungen des produktiven Einsatzes des Vertriebsinformationssystems unter Release 2.2 (erhebliche und von Seite der SAP AG nicht zu behebende Verbuchungsfehler für Merkmale und Kennzahlen im VIS mit daraus erwachsenden Inkonsistenzen mit der Finanzbuchhaltung) der Stabilität des CO-PA der Vorzug gegeben werden. Erfahrungen aus dem produktiven Einsatz von Release 3.0 mit nennenswertem Mengengerüst liegen zur Zeit der Drucklegung noch nicht vor.

Weitere Stärken des CO-PA liegen in dessen (auch wiederum gegenüber dem Vertriebsinformationssystem flexibleren) offenen Merkmalskonzept, der Planungsfunktionalität und dem außerordentlich leistungsfähigen Berichtswesen.

Schwächen

Wesentliche Schwächen der „Ergebnis- und Marktsegmentrechnung" liegen in der Ablage der angereicherten Merkmale in den Auswertungstabellen. Dies führt bei - in der Praxis regelmäßig anzutreffenden - Neuzuordnungsanforderungen zu erheblichen Problemen beim Neuaufbau, auch im Zusammenhang mit der dann entstehenden Notwendigkeit, Korrekturprogramme auf Belegebene zu erstellen.

Des weiteren ist, wie bereits ausgeführt, das Konzept der Ablage der Verdichungsdaten auf Berichtsebene problematisch. Den Anforderungen der Data Warehouse-Konzepte kann hier bei weitem nicht entsprochen werden. Ebenso kann das CO-PA unter Architektur- und Performance-Gesichtspunkten nicht zu den Data Warehouse- und OLAP-tauglichen Produkten[48] gezählt werden. Auch die Begrenzung der fortschreibbaren Kennzahlen auf bestimmte Daten-Segmente[49] ist nicht tragfähig. Daraus empfiehlt sich der Einsatz des CO-PA zur Datenbeschaffung im Rahmen des zur Verfügung stehenden Kennzahlen-Segmentes ohne intensive Nutzung von Merkmalsanreicherungen.

3.6 ABAP/4-Query

Die Komponente ABAP/4-Query, die im Modul BC-Basissystem angesiedelt ist, ermöglicht die Definition von Reports, ohne daß der Anwender Kenntnisse bzgl. der SAP-internen Programmiersprache ABAP/4 besitzen muß.

[48] E.F.Codd und S.B.Codd: OLAP. On-Line Analytical Processing mit TM/1, Darmstadt 1994, S. 6

[49] siehe Abschnitt 3.5.2 „Datenbasis und Datenbeschaffung"

Die freie Nutzung dieses Werzeuges setzt eine intensive Kenntnis der R/3-Datenstrukturen voraus.

Basis eines Queries

Um dies zu ermöglichen, bilden die Sachgebiete, auf denen ein Query letztendlich aufbaut, die erforderliche Grundlage. Mit Hilfe dieser Sachgebiete kann somit dem Query-Anwender über die zugehörige Benutzergruppe der Zugriff auf die gewünschten Daten ermöglicht werden. Logische Datenbanken und deren Felder sowie weitere Elemente, wie

- Zusatztabelle,
- Zusatzfeld,
- Parameter und
- Selektionskriterium,

stellen die verschiedenen Tools zur Definition der einzelnen Sachgebiete dar. Zusatztabellen werden hierbei mit Hilfe einer Select-Single-Anweisung in das Sachgebiet aufgenommen. Um spezielle Berechnungen oder Selektionen durchzuführen, bieten im Vergleich hierzu Zusatzfelder die Möglichkeit, frei formulierbaren ABAP/4-Code zu hinterlegen, zuzüglich der Option Subroutinen aus separaten ABAP/4-Programmen aufzurufen. Um beispielsweise Schlüsselfelder von angeschlossenen Zusatztabellen zu füllen oder zur Verwendung innerhalb des selbstdefinierten ABAP/4-Codings, können Parameter oder auch Selektionskriterien definiert werden. Weiterer ABAP/4-Code kann zu verschiedenen Verarbeitungsphasen, unter anderem innerhalb der Start-of-Selection bzw. End-of-Selection, dem GET-Zeitpunkt, vor der Listausgabe oder als Data-Anweisung, ergänzt werden. Desweiteren wird ab Release 3.0 die Join-Technik innerhalb von Sachgebieten ermöglicht. Zu beachten ist hierbei jedoch, daß derzeit nur Inner-Joins möglich sind.

Die Schnittstelle zu den ABAP/4-Queries wird letztendlich durch die Sachgruppen und Benutzergruppen spezifiziert. Durch die Zuordnung der im Sachgebiet zugreifbaren Felder und deren Beschreibung zu Sachgruppen, wird die Auswahl innerhalb eines Queries bestimmt. Die einzelnen Anwender können mit Hilfe von Benutzergruppen entsprechend ihrer Anforderungen zusammengefaßt werden. Durch die Anbindung eines Sachgebiets an eine Benutzergruppe wird diesem Anwenderkreis der Zugriff auf die entsprechenden Daten ermöglicht.

Bei der Definition eines Queries ist es daher nur noch notwendig, einzelne Texte, wie zum Beispiel den Titel, einzugeben, die gewünschten Felder und Optionen zu markieren sowie den Listaufbau zu definieren. Durch das System wird anschließend aus der Query-Definition ein ABAP/4-Programm generiert. Dieses ABAP/4-Programm kann natürlich bei Bedarf modifiziert werden.

Zu beachten ist hierbei jedoch, daß bei einer Neugenerierung des Queries der zusätzlich eingefügte Code verloren geht. Die generierten Programme haben hierbei folgenden Aufbau: AQbbmmqq, wobei 'bb' für die Benutzergruppe und qq für den Query-Namen steht. Der Mandant wird zweistellig unter 'mm' abgelegt.

Im Groben können innerhalb der Informationsverarbeitung und -gewinnung **zwei Funktionalitäten von Queries** unterschieden werden. Zum einen kann das Query als eigenständiges Reporting-Tool dienen, oder es kann als Datenlieferant zum Beispiel für das Modul SAP-EC eingesetzt werden.

Query als Reporting-Tool

Beim Einsatz von ABAP/4-Queries als Reports stehen die drei unterschiedliche Typen Grundliste, Statistik und Rangliste zur Verfügung. Ein Query kann eine Grundliste, maximal 9 Statistiken und 9 Ranglisten, beinhalten. Bei der Ausführung des Queries werden in der Listausgabe zuerst die Grundliste, anschließend die Statistiken und zuletzt die Ranglisten aufgeführt. Die einzelnen Listtypen können außerdem mit Hilfe der SAP Präsentationsgrafik visualisiert werden. Für das Handling der ausgegebenen Auswertungen stehen verschiedene interaktive Funktionen zur Verfügung. Mit Hilfe der Listenübersicht kann auf einfache Art zwischen verschiedenen Teillisten gewechselt werden. Die Funktion „Abgrenzung“ liefert Informationen zur Belegung der einzelnen Selektionsparameter. Im weitesten Sinne steht bei mehrstufigen Grundlisten eine Drill-Down-Technik zur Verfügung. Durch einen Doppelklick auf eine Zeile einer verdichten Grundliste wird der zugehörige Abschnitt vollständig ausgegeben. Eine Verdichtung kann sich hierbei über mehrere Stufen erstrecken. Die Reihenfolge des Drilldowns kann jedoch nur bedingt bei der Definition beeinflußt werden. Weitere Möglichkeiten stellen zum Beispiel das Ausblenden von Einzelwerten und somit das Anzeigen der Gesamtsumme und eventueller Zwischensummen dar. Durch die Darstellung als Tabelle kann der Benutzer weitere Tools anwenden, wie z. B. Sortieren, Umrechnung von Währungsbeträgen, Summieren, Aus- und Einblenden von Spalten sowie deren Fixierung. In der Version3.0 wird auch die Bericht-Bericht-Schnittstelle unterstützt. Es ist daher möglich, unter anderem direkt aus einem Query-Report Transaktionen, Report-Writer-Berichte, EIS-Recherche-Berichte oder Berichtsheft-Berichte aufzurufen. Ein Query kann allerdings nicht nur als Sender sondern auch als Empfänger dienen und somit aus anderen Berichten gestartet werden.

Query als Datenlieferant

Die zweite Variante des ABAP/4-Queries stellt die des Datenlieferanten aus dem operativen SAP-System dar. Hierzu stehen Übergabemöglichkeiten der Daten in eine Tabellenkalkulation bzw. Textverarbeitung, in das EIS oder in eine lokale Datei zur Verfügung. Bei der Weitergabe der Analysen ist zu beachten, daß bei mehrteiligen Auswertungen nur eine einzelne Teilliste übertragen werden kann, wobei Grundlisten eine einzeilige Struktur aufweisen müssen. Bei der Darstellung eines Queries als Tabelle werden ausgeblendete Werte nicht berücksichtigt. Bei der lokalen Dateiablage werden die Daten mit Hilfe des Funktionsbausteins DOWNLOAD auf den Präsentationsserver geschrieben. Das Dateiformat und natürlich der Dateiname können bei dieser Funktion bestimmt werden. Die Schnittstelle zur Tabellenkalkulation bietet drei Funktionalitäten. Es können hierbei die Werte über die XXL-Schnittstelle an MS-Excel gesendet werden, die Daten als speziell konvertierte Datei für Tabellenkalkulationsprogramme abgelegt werden, oder es erfolgt eine Dokumenterstellung im SAP-Office. Analog hierzu besteht die Schnittstelle zur Textverarbeitung. Die Auswertung kann hierbei über die Serienbriefverarbeitung an MS-Word über spezielle OLE2-Verknüpfungen übermittelt werden. Als zweite Option steht die Ablage eines Dokuments im RTF-Format zur Auswahl. Eine weitere bedeutende Schnittstelle stellt jene zum SAP-EC/EIS dar. Dieser Anschluß bietet somit die Möglichkeit, Query-Ergebnisse direkt in einer EIS-Datenbank abzulegen. Die Übertragung kann im EIS mittels den Übertragungsregeln genauer spezifiziert werden.

ABAP/4-Query als mächtiges Datenbeschaffungswerkzeug

ABAP/4-Query stellt somit ein mächtiges Tool dar. Dies gilt im Speziellen bei einem Einsatz innerhalb des Data Warehouse im Bereich der Datenbeschaffungswerkzeuge. Zu beachten ist jedoch, daß ABAP/4-Query Möglichkeiten zur Datenpräsentation bietet, diese aber im Vergleich zum Modul SAP-EIS oder anderen Informationssystemen sehr begrenzt sind. Eine Drill-Down-Funktionalität wie sie bei anderen Analysen anzutreffen ist, ist im ABAP/4-Query nur unter Berücksichtigung verschiedener Parameter möglich. Zum einem muß der Aufbau eine mehrzeilige Grundliste sein. Und zum anderen werden die Verdichtungsstufen und die zugehörigen Zeilen durch die Struktur der zugrundeliegenden logischen Datenbank bestimmt.[50]

Von einer Verwendung von ABAP/4-Query als Reporting-Tool ist unter dem Blickwinkel der OLAP- und Data Warehouse-Konzepte abzuraten.

Joins

Desweiteren ist anzumerken, daß bei dem Einsatz von ABAP/4-Queries erhebliche Laufzeiten auftreten können, insbesondere bei der Verwendung von Joins. Laufzeiten, die auf Grund einer Join-Definition mit umfangreichen Inhalt basieren, können mit Hilfe der Definition eines User-Exits, wie er zum Beispiel in dem OSS-Hinweis 0048296 (ABAP/4 Query: Joins von Datenbanktabellen) beschrieben wird, reduziert werden.[51]

View-Problematik

Weitere Probleme beim Einsatz von ABAP/4-Query sind oftmals systemtechnischer Natur. Die Funktionalität Zusatztabellen mittels der Select-Single-Anweisung ist nur für Tabellen einsetzbar, deren Schlüsselanzahl kleiner als zehn Schlüsselfelder ist. Die Aufnahme einer LIS-Tabelle, bei der alle 9 möglichen Merkmale definiert wurden, ist somit nicht möglich. Die Lösung mit Hilfe von Views, die für die Dateiverkettung nicht einsetzbaren Schlüsselfelder auszublenden, kann bis mindestens unter Release 3.0D nicht verwendet werden. Dies liegt in der nicht tragfähigen Änderung der View-Definition zu Release 3.0 durch die SAP AG begründet: Wenn einzelne Key-Felder für den Tabellenjoin nicht verwendet werden, so wird der komplett-selektierte Satz als Schlüssel generiert, seien es Merkmale oder Kennzahlen. Eine select-single-Anweisung muß an dieser Stelle scheitern; denn in der Regel ist zur Laufzeit der Inhalt von Kennzahlen unbekannt. Andernfalls wäre eine Dateiverkettung nicht notwendig. Um eventuelle Probleme im Vorfeld zu umgehen, sollte z. B. bei der Namensvergabe in Zusatzfeldern keine Bindestriche verwendet werden. [52]

Bindestriche besitzen eine Trennzeichenfunktionalität und deren Einsatz führt bei der Generierung zu einem vermeidbaren Mehraufwand.

[50] Handbuch „ABAP/4-Query“ zu Release 3.0, SAP AG Walldorf, Mai 1996, S. 28

[51] OSS-Hinweis 0048296, „ABAP/4-Query: Joins von Datenbanktabellen“, SAP AG Walldorf, 25.11.1996

[52] OSS-Hinweis 0050520 „ABAP/4-Query: Zusatzfelder mit Bindestrich“, SAP AG Walldorf, 20.09.1996

3.7 Die Komponente EIS des Moduls Unternehmenscontrolling

Mit der Komponente EIS wird innerhalb von SAP R/3 ein relativ junges Instrument zur Verfügung gestellt (ein produktiver Einsatz soll gemäß der Empfehlung der SAP AG erst ab Release 2.2 stattfinden). Dabei ist für eine adäquate Einordnung zu berücksichtigen, daß die SAP-Bezeichnung unter dem Blickwinkel der theoretischen Ansätze für EIS-Systeme den Charakter und die Fähigkeiten des Werkzeugs bei weitem nicht beschreibt.

SAP-EIS als zentraler Bestandteil des Unternehmens-Controllings

Das SAP-EC/EIS ist ein zentraler Bestandteil des neugebildeten Moduls Unternehmenscontrolling, dessen Modulkürzel „EC" für Enterprise Controlling steht. Innerhalb dieses Moduls positioniert die SAP AG das EIS als Executive Information System, d.h. als Führungsinformationssystem für die Unternehmensspitze. Dies geschieht durch eine ausdrückliche Einschränkung des Einsatzgebietes in Abgrenzung des „Executive Information System" zu den „User Department Information Systems":[53]

Abb. 3.4 Positionierung des EC-EIS durch die SAP AG

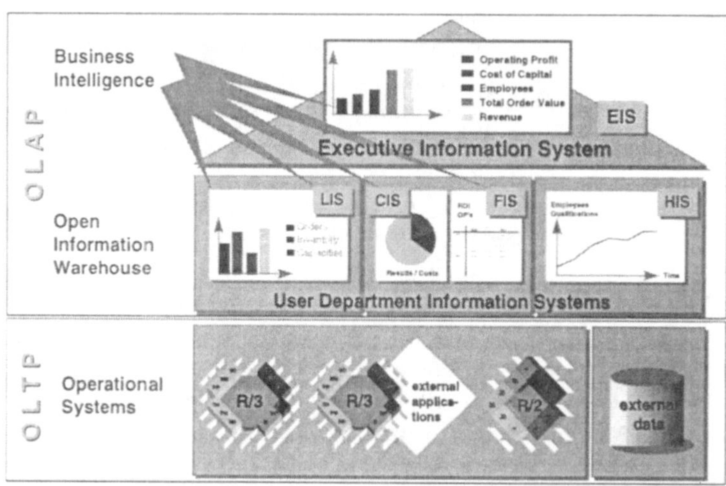

Analog wird diese Trennung in den Ausführungen der SAP fortgesetzt. Als ein Beispiel sei das LIS-Handbuch angeführt: „Das LIS ist auf der Fachbereichsebene ein Teil des Open Information Warehouse der SAP.

[53] SAP-Präsentation: „Business Intelligence And Standard Application Packages", Folie 13: „Integrated Information Warehouse Architecture", CD SAP-Visual: CeBIT '96

Zu dieser Fachbereichsebene gehören u. a. auch das Finanzinformationssystem (FIS) und das Personalinformationssystem (PIS)."[54]

Im Zuge der kritischen Auseinandersetzung mit den Informationssystemen auf „Fachbereichsebene“ und unter Berücksichtigung der Gesamtfunktionalität ab Release 3.0 wird dieser Gliederung aufgrund der ausgeführten Schwächen der spezialisierten Informationssysteme nicht gefolgt und das sogenannte EIS in seinem vollständigen Umfang unter dem Blickwinkel eines für alle vertikalen und horizontalen Unternehmensbereiche einsetzbaren Reportingsystems behandelt.

3.7.1 Kurzdarstellung der Komponente EIS

Das SAP-EIS bietet die Möglichkeit, **beliebige Daten** aus verschiedenen Quellen zusammenzuführen:

- Unter dem **Blickwinkel der Unternehmensprozesse** bedeutet dies die (in anderen Reportingkomponenten des Systems SAP R/3 nicht oder nur sehr eingeschränkt vorhandene) Option zur Zusammenführung von Daten aus allen Unternehmensbereichen auch in gemeinsamen Bewegungsdaten-Tabellen, z. B. ist eine Beschränkung auf Kennzahlen aus dem Verkauf, dem Versand oder der Finanzbuchhaltung nicht gegeben.
- Unter dem **Blickwinkel der DV-Technik** ergibt sich die Option einer skalierbaren Integration: Aus externen Quellen stammende Daten können ebenso integriert werden wie Daten aus allen R/3-Modulen. Für die Überführung von Daten in das EIS stehen vielfältige, sehr flexibel customizebare Werkzeuge zur Verfügung. Dies gilt auch für die Überführung von Daten aus den partiellen Informationssystemen des Systems R/3.

Die Reportingdatenbank des sogenannten Führungsinformationssystems ist völlig frei gestaltbar. Dies bedeutet sowohl hinsichtlich der Merkmale als auch hinsichtlich der Kennzahlen keine Beschränkung auf im sonstigen SAP-System vorhandene Datenelemente. Auch hier beschreibt der Begriff der skalierbaren Integration die Optionen am zutreffendsten:

---

[54] Handbuch „LO - Logistikinformationssystem“ zu Release 3.0, SAP AG Walldorf, September 1995, S. 1-3

Bei Bedarf können Prüftabellen der operativen R/3-Module für die EIS-Merkmale genutzt werden. Ebenso können solche Prüftabellen mit einfach einzustellenden Mitteln in das EIS überführt und unabhängig gemacht werden (dies entspricht einer losen Koppelung der Prüftabellen). Falls keinerlei Integration gewünscht ist, können EIS-eigene Merkmale mit verschiedenen Stufen von Stammdatenausprägungen erstellt werden.

Für die Anzahl der Merkmale und Kennzahlen in einzelnen Tabellen (hier **Aspekte** genannt) bestehen außer den datenbanktechnischen Grenzen praktisch keine Beschränkungen:

- die voreingestellte maximale Satzlänge von ca. 1800 Byte kann in der überwiegenden Zahl der Datenbanken erweitert werden: Oracle ermöglicht z. B. ca. 4000 Byte.
- Die Problematik der nach SAA-Norm maximalen Zahl von 16 Schlüsselfeldern wird im EIS umgangen, so daß die Zahl der Merkmale nur durch die Systemgrenzen von 255 Feldern beschränkt wird (z. B. im Unterschied zum Logistikinformationssystem, wo die Anzahl einstellbarer Merkmale auf nur 9 pro Tabelle begrenzt ist).
- Die Anzahl der Merkmale im EIS ist praktisch unbegrenzt, ab Release 3.0 können mindestens 200 EIS-eigene Merkmale mit Stammdatenfunktionalität definiert werden: Im Unterschied dazu begrenzt das CO-PA die Zahl der komplett definierbaren kundeneigenen Merkmale auf insgesamt 30 für eine Gesamt-Installation!

Viewaspekt

Mit Release 3.0 wird im EIS zusätzlich erstmalig die Möglichkeit der Normalisierung auch der Bewegungsdaten in der für die Berichtswerkzeuge zugänglichen Datenbasis geboten. Auch dies ist in den anderen R/3-Reportingkomponenten nicht gegeben. In der SAP-Dokumentation wird ausgeführt: „Um die Daten mehrerer Aspekte gemeinsam auszuwerten, können Sie einen **Viewaspekt** anlegen. Hierzu treffen Sie eine beliebige Auswahl aus den Merkmalen und Basiskennzahlen der beteiligten Aspekte. Damit definieren Sie eine Sicht auf zwei oder mehr bestehende Aspekte, ohne daß eine neue Datenbanktabelle angelegt wird. Ein Viewaspekt liest seine Daten aus den Datenbanktabellen der beteiligten Aspekte und aggregiert sie in einen gemeinsamen Kontext ... Die Datensätze werden vom System so behandelt, als ob sie aus einem einzelnen Aspekt gelesen worden wären.“[55]

[55] Online-Dokumentation SAP R/3, EC - Führungsinformationssystem, Topic: Aspekt pflegen, SAP AG, Januar 1996

In das EIS zusammengeführte Daten können mit vielfältigen Instrumenten bearbeitet und verwaltet werden: Es stehen systemeigene, mit den Mitteln des Customizing anzupassende, Werkzeuge zur Verfügung, u. a.

systemeigene Werkzeuge

- zur Stammdaten-Pflege für Merkmale und externe Hierarchien über Merkmale;
- zur Bewegungsdaten-Pflege: Ab Release 3.0 wesentlich verbessert in Form von frei einstellbaren Plegeformularen (Eingabetabellen) mit ersten Verteilungsmechanismen;
- zur Aggregation und Umsetzung von Bewegungsdaten (Aspektverdichtung): Ab Release 3.0 wesentlich verbessert mit der freien Vergabe Namensgebung der generierten Objekte, verfeinerten Regeln hinsichtlich der Verprobung und Steuerung der Überschreibung von Kennzahlen (Übertragungsregeln);
- zur Reorganisation (Löschwerkzeuge);
- zur Archivierung;
- für die steuerbare Berichtsdatenablage zur Performanceoptimierung;
- für Plausibilitätsprüfungen mit feldübergreifenden Regeln und Formeln über die einfachen Verprobungen mit Stammdaten hinaus.

Datenbeschaffung

Die Datenbeschaffung bietet sowohl für Stamm- als auch für Bewegungsdaten ein vielseitiges Instrumentarium, das zu Release 3.0 noch wesentlich erweitert wurde:

- Der Import von externen Dateien ist für Stammdaten, Stammdatenhierarchien und Bewegungsdaten mittels Customizing mit den oben genannten Verbesserungen in den Übertragungsregeln möglich.
- Mittels ABAP/4-Query können (ggf. unter Nutzung komplexer Quelldatei-Verknüpfungen und dem Einsatz der User Exits) beliebig komplexe Übertragungen aus allen SAP-Modulen in Bewegungsdaten und seit Release 3.0 auch Stammdaten eingestellt und vorgenommen werden
- Seit Release 3.0 sind auch erste Funktionen zur Direktverbuchung aus den Modulen FI und **CO** für Bewegungsdaten vorhanden: Die Komponenten FI-LC und FI-GL stellen Beschaffungsprogramme zur Verfügung. Die Komponente Ergebnisrechnung (CO-PA) bietet die Möglichkeit der direkten Datenübergabe mittels frei einstellbarer Ad-hoc-Berichte. Die Kom-

ponente CO-CCA bietet die Möglichkeit der Datenübergabe mittels Report-Writer.

Auswertung und Präsentation

Auch hinsichtlich der Auswertung und Präsentation der Daten stellt sich das native SAP-EIS als mächtigstes und offenstes Instrument innerhalb der Anwendungssoftware SAP R/3 dar:

Im EIS-Handbuch wird korrekt beschrieben: „Zur Auswertung und Präsentation der Daten stehen die Recherche und das Berichtsheft zur Verfügung. Mit Hilfe der **Recherche** können Sie SAP-EIS-Daten interaktiv auswerten. Dabei treffen Sie eine Auswahl aus den Merkmalen und Kennzahlen der Datenbasis. Beliebige Abweichungsanalysen (Plan-Ist-Vergleich, Zeitvergleiche, Objektvergleiche) sind möglich. Die Recherche enthält komfortable Funktionen zur Navigation im Datenbestand (Drill-Down).“[56]

Ergänzend ist hier anzuführen, daß die formularbasierte Rechercheberichts-Definition die größte Flexibilität innerhalb des R/3-Systems überhaupt bietet (dies gemeinsam mit den die gleichen R/3-Bausteine nutzenden Berichtsfunktionen des CO-PA). Im Unterschied zu der dem Namen nicht gerecht werdenden „Flexiblen Analyse“ des FIS und LIS sind hier beliebige Formulare mit merkmals-, kennzahl- und formelbezogenen Definitionen bis auf die Ebene der einzelnen Zellen innerhalb von zweidimensionalen Zeilen/Spaltenstrukturen erstellbar.[57]

Zusatzfunktionen

Auf der Basis der Rechercheberichte bietet das SAP-EIS neben den in den anderen R/3-Reportingkomponenten vorhandenen darüber hinausgehende Zusatzfunktionen, u.a.:

- Funktionen zur interaktiven Bearbeitung einer Liste (Bedingungsvorgabe, Exceptions, Sortierungen, TOP-N und vieles mehr);
- SAP-Grafik;
- SAPmail;
- Option zur Kommentierung von Auswertungen;
- verschiedene Druckfunktionen mit Microsoft Word für Windows;

[56] Handbuch „EC - Führungsinformationssystem“ zu Release 3.0, SAP AG Walldorf, September 1995, S. 1-4

[57] Handbuch „Allgemeines Recherchebuch“ zu Release 3.0, SAP AG Walldorf, September 1995, S. 1-12

- Downloadfunktionen in Microsoft Excel via „Extended Excel Listviewer" entweder in Native-Excel oder mit Metadatenübergabe in die XXL-Oberfläche bzw. andere PC-Dateitypen;
- Bericht-Bericht-Schnittstelle zur Verzweigung aus EIS-Berichten in andere EIS-Berichte (z. B. für Verzweigung aus hochaggregierten Auswertungen in detailliertere Auswertungen), in beliebige andere SAP-Programme (wie Report Writer, Analysen des Logistikinformationssystems, R/3-Queries, eigene Programme oder beliebige PC-Anwendungen) mit Übergabe der aktuellen Parameter an die nachfolgenden Objekte.

Die Ergebnisse von interaktiv oder automatisiert ausgeführten Recherchen können in Berichtsheften zusammengestellt werden. SAP positioniert das **Berichtsheft** als benutzergruppenabhängige Funktion „für Anwender ..., die mit minimalen Kenntnissen vom System, die für sie persönlich zusammengestellte Informationen abrufen möchten."[58] Für Aufrufe von Objekten aus Berichtsheften ohne weitere R/3-Kenntnisse werden ein grafisches Menü und Berichtsanzeigen mit vereinfachtem Handling angeboten.

Das EIS-Berichtsheft bietet die Möglichkeit, jegliche SAP- oder PC-Anwendung aus dem grafischen Menü zu starten. Somit werden dem Benutzer sämtliche relevanten Objekte in einer grafischen Oberfläche zur Verfügung gestellt. Damit werden alle technischen Eingaben überflüssig: Die Problematik, die EIS-Aspekt- bzw. VIS-Infostrukturnummer und den technischen Berichtsnamen zu kennen, ist somit hinfällig. Zusätzlich können neben dem Exception Reporting innerhalb der Rechercheberichte in der Hierarchiegrafik Übersichtsexceptions dargestellt werden (vgl. Abb. 3.5).

[58] Handbuch „EC - Führungsinformationssystem" zu Release 3.0, SAP AG Walldorf, September 1995, S. 1-4

Abb. 3.5
Beispiel für ein Berichtsheft (SAP AG©)

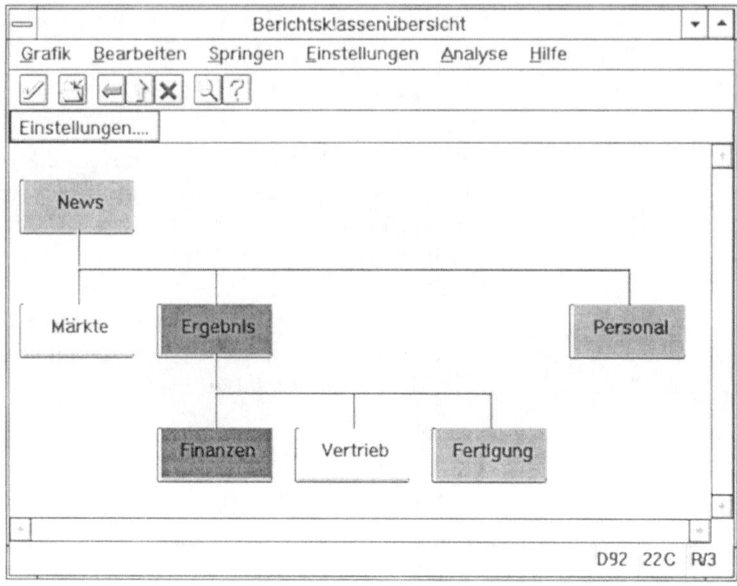

Berichtsbaum

Der Berichtsbaum ermöglicht Berichtsgliederung, -selektion und -aufruf. Berichte innerhalb von Unternehmensbereichen können damit gesammelt und hierarchisch gegliedert werden. Der Berichtsbaum bietet somit weitere Möglichkeiten der vereinfachten Nutzung von Berichten durch die Endanwender. Auch hier entfällt die Notwendigkeit, technische Eingaben durchführen zu müssen.

Unterstützung verschiedener User-Levels

Eine weitere Funktion auf der Ebene der Rechercheausführung unterstützt die Anforderung hinsichtlich verschiedener **Userlevels**: Unter der Bezeichnung „Funktionsstufen für verschiedene Benutzerkategorien“ bietet das EIS abgestufte Funktionseinschränkungen, d.h. Oberflächenvereinfachungen an, „so daß verschiedene Benutzerkategorien entsprechend ihres Informationsbedarfs und ihrer Aufgaben eine der definierten Funktionsstufen benutzen können.“[59] Die leider fix vorgegebenen Abstufungen lassen sich pro Benutzer zuordnen.

Besonders die angebotenen Funktionen zu den Aspekten Auswertung und Präsentation spiegeln die ursprüngliche Konzeption dieser Komponente als Führungsinformationssystem im Sinne eines klassischen EIS für das TOP-Management im positiven Sinne wider.

[59] Handbuch „EC - Führungsinformationssystem“ zu Release 3.0, SAP AG Walldorf, September 1995, S. 5-7f

Dies gilt insbesondere im Vergleich mit den in anderen R/3-Reportingkomponenten verfügbaren Möglichkeiten. Allerdings zeigt die betriebliche Praxis, daß das SAP-EIS trotz der genannten Optionen für viele Endanwender in seiner Bedienung zu komplex und mit der typischen SAP R/3-Oberfläche zu starr ist.

Third-Party-EIS-Tool-Integration

Hier setzt im Hinblick auf den letztgenannten Aspekt mit der **„Third-Party-EIS-Tool-Integration“**[60] ein im Vergleich der R/3-Reportingkomponenten bislang einmaliges Add On auf:

RFC-Technik

Die Integration der Third-Party-Applikationen basiert auf der Offenlegung der die Berichtsfunktionen steuernden Objekte. Mittels Remote Function Call die Original-SAP-Funktionen der Berichtsausführung nutzend, setzen solche Add Ons, wie das Produkt „inSight“, auf das SAP R/3-EIS auf. Durch die RFC-Technik werden somit die Original-SAP-Funktionen (z. B. incl. Berechtigungssteuerung) zusammen mit den zusätzlichen Funktionen solcher Produkte zur Verfügung gestellt. Ab Release 3.0C ist die Möglichkeit des produktiven Einsatzes gegeben.

Die volle Funktionalität des genannten Produktes steht seit 3.0D zur Verfügung. Über den Releasehorizont anderer Produkte kann derzeit noch keine verläßliche Aussage vorgenommen werden.

Add-On „inSight“

Die gemeinsame Verwendung des SAP R/3-EC/EIS mit „inSight“ als Berichtswerkzeug bietet die volle Funktionalität des R/3-EIS mit einer echten Windowsapplikation als Oberfläche. Dies geht von der völlig frei gestaltbaren WYSIWYG-Oberfläche (z. B. hinsichtlich Drag & Drop-Funktionen, Pulldown-Menüs, eigenen Buttons, Farben, Schriften usw.) über dedizierte Dialoganwendungs- und Druckfunktionen, mächtige eigene Makrosprache und sehr komplexe Grafikmöglichkeiten (von den klassischen Diagrammtypen bis hin zu Ampel- und Landkartengrafiken)

Für die Erstellung von komplexen Auswertungen und Berichtsheften stehen komfortable, endbenutzertaugliche Instrumente zur Verfügung. Die Funktionen solcher Auswertungen und Berichtshefte werden gegenüber R/3-nativen wesentlich erweitert (z. B. von der Kombination einer beliebigen Anzahl von Berichtstabellen und Grafiken auf einem Reporting-Sheet bis hin

---

[60] SAP-Präsentation: „SAP's EIS Solution“, Folie 30: „Third Party EIS Tool Integration“, CD SAP-Visual: Discover R/3 3.0,
Dokument: „SAP-EIS mit individuell gestaltbarer Benutzeroberfläche“, CD SAP-Visual: CeBIT '96,
sowie Bericht: „Ein neuer Markt ist im Entstehen: Tools für Reporting und einfachen R/3-Zugriff“, COMPUTERWOCHE 26/96 vom 28.6.1996, S. 14

zur Ausprägung einer eigenen Windows-Steuerung oder per Mausklick steuerbare Landkartengrafiken). Gleichzeitig kann damit das Customizing von SAP-EIS-Berichten in Grenzen gehalten werden, da auf der Ebene des Desktops auf der Basis ein und desselben SAP-Rechercheberichtes eine beliebige Anzahl von unterschiedlichsten Auswertungen erzeugt werden kann.

Die Kombination des SAP R/3-EIS und solcher Add Ons kann sowohl unter dem Blickwinkel der intuitiven Bedienung als auch unter demjenigen der Funktionalität mit dedizierten EIS-Tools konkurrieren. Zusätzlich bietet diese Kombination allerdings noch die gesamte Mächtigkeit eines SAP R/3-Systems (hinsichtlich Integration, Funktionalität, Performance usw.).

Planung

In **Realisierung** befindet sich eine bisher nur fragmentarisch umrissene Funktionalität, die in den SAP-Präsentationen mit Planungsintegration[61] bezeichnet wird. Erste Funktionserweiterungen sind bereits zu Release 3.0C verwendbar, allerdings ohne bisher den in den Präsentationen skizzierten Attributen gerecht zu werden.[62]

[61] SAP-Präsentation: „Planning, Budgeting and Decision Support in FI / CO", Dr. Werner Sinzig, CD SAP-Visual: CeBIT '96

[62] ebenda, Folien: „Positioning EC" und „Enterprise planning"

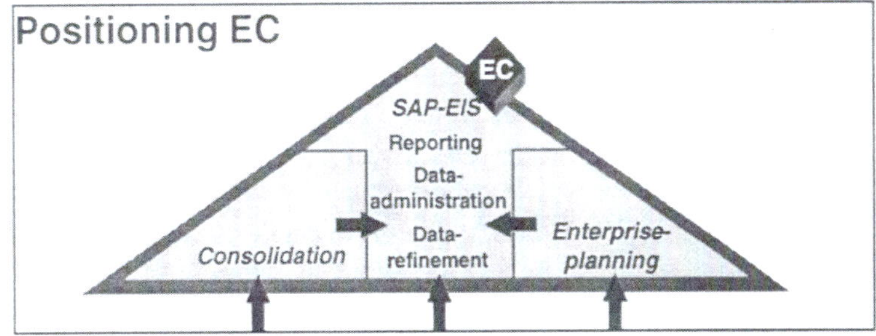

Abb. 3.6
Positioning EC

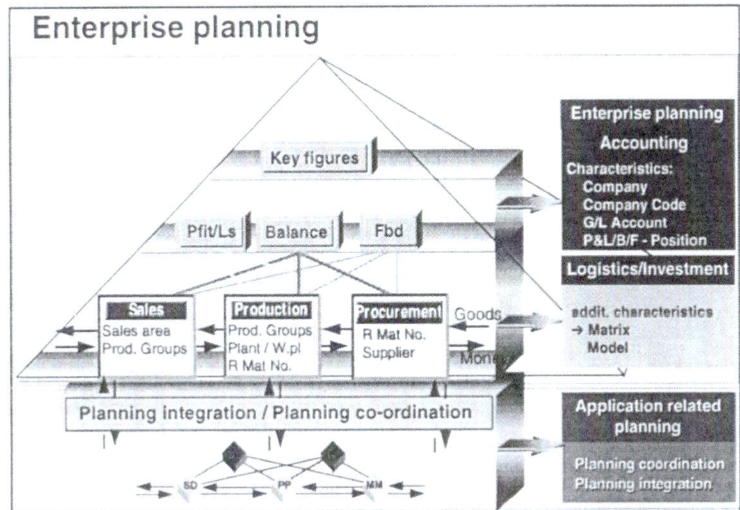

Abb. 3.7
Enterprise planning

Eigenen Aussagen der SAP AG zufolge, befindet sich die Planungsthematik erst in der Konzeptphase. Derzeit sind bei der SAP Walldorf Diskussionen im Gange, ob anstelle einer echten Planungsintegration eine EIS-eigene Rumpf-Funktionalität in der Planung bereitgestellt oder ob ggf. eine Koexistenz beider Ansätze realisiert wird.[63] Das Zurückbleiben hinter der R/2-Planungsfunktionalität wäre nach Auffassung der Autoren eine Fehlentwicklung. Vielmehr wird eine echte Planungsintegration benötigt.

[63] Mitarbeiter der SAP AG, Walldorf, im November 1996

3.7.2 Fazit

Das sogenannte SAP R/3-EIS erfüllt (spätestens durch die Funktionserweiterungen zu Release 3.0) alle Anforderungen zur Realisierung eines umfänglichen Data Warehouse für ein Unternehmen. Dies kann (basierend auf den Erfahrungen der Autoren mit dem produktiven Einsatz verschiedener SAP R/3-Reportingkomponenten) auch für die Anforderungen des praktischen Betriebes gelten: Sowohl Datenbeschaffung als auch Datenübertragungen innerhalb des „EIS-Data Warehouse" sind in hinreichendem Maße möglich. Die im praktischen Einsatz anderer Komponenten oft auftretenden Probleme des Neuaufbaues mit gleichzeitiger Änderung der Anreicherung abgeleiteter Merkmale sind unproblematisch.

OLAP-Anforderungen

Soweit die zusätzlichen Anforderungen des Betriebes einer relationalen Datenbank unter OLAP-Gesichtspunkten akzeptiert werden[64], ist die Erfüllung der OLAP-Anforderungen im wesentlichen seit Release 2.2 gegeben. Die Bericht-Bericht-Schnittstelle an Release 3.0 bietet zusätzliche Möglichkeiten und zugleich den Ansatz eines durch die Realität getriggerten Paradigmenwechsels in der wissenschaftlichen Theorie (Aufhebung der Trennung von OLAP- und OLTP-Daten, Data-Mining aus der OLAP-Datenbank bis zu den Rohdaten in der OLTP-Datenbank etc.).

Reporting-Anforderungen

Die Anforderungen der Reportingseite werden mittels EIS gemeinsam mit der identischen Berichtsfunktionalität des CO-PA innerhalb des Systems SAP R/3 weitgehendst befriedigt. Mit der Integration von Third-Party-Frontend-Tools werden alle Bedürfnisse hinsichtlich der Flexibilität und Bedienerfreundlichkeit abgedeckt. Der praktische Einsatz der Kombination R/3-EIS und inSight durch die Autoren ergab eine hohe Benutzerakzeptanz.

Bereits seit Release 2.2 stehen innerhalb des SAP-EIS-Standards tragfähige Werkzeuge zur Berechtigungssteuerung, Reorganisation, Archivierung etc. zur Verfügung.

Bei dem Plädoyer für den Einsatz des R/3-EIS für ein Unternehmens-Data-Warehouse und Reportingsystem für alle vertikalen und horizontalen Unternehmensbereiche muß auf die Frage der Datenbeschaffung hingewiesen werden.

[64] Colin White: „Mit multidimensionalen und relationalen Daten. Die reine OLAP-Lehre gilt im Anwendungsfall nur wenig", COMPUTERWOCHE 26/96 vom 28.6.1996, S. 15f

Sind weitere R/3-Module im Einsatz, so wird in der Regel die Nutzung der Integration auch für die Datenbeschaffung angestrebt. Hier hat das EC/EIS nachvollziehbarerweise nicht die „Business Intelligence" der dedizierten R/3-Module. Daher wird in den folgenden Überlegungen hinsichtlich des Aufbaues eines Data Warehouse auf diesen Aspekt besonderes Augenmerk gelegt.

Diese Anwendung erfüllt somit als einzige R/3-Komponente die aus den Data Warehouse- und OLAP-Konzepten entspringenden Anforderungen. Auch die im Zusammenhang mit verschiedenen R/3-Reportingkomponenten sonst vielfach mißbräuchliche Verwendung des Begriffs des „Open Information Warehouse" ist hier angesichts der Freiheitsgrade legitim.

4 Skizzierung eines Lösungsansatzes

4.1 Komponenten eines tragfähigen Lösungsansatzes

Aus der bisher geführten Auseinandersetzung mit den zur Verfügung stehenden Bestandteilen sowie deren Möglichkeiten und Grenzen empfiehlt sich nach Auffassung der Autoren unter SAP R/3 der Einsatz folgender Komponenten:

Datenbeschaffung

- Zur Nutzung der „Business Intelligence" empfiehlt sich ein Einsatz der verfügbaren dedizierten Instrumente zur Extraktion und ggf. Voraggregation von operativen Daten ausschließlich zur Datenbeschaffung. Die Begründung liegt in den z.T. guten Fähigkeiten zur Datenbeschaffung durch ein angemessenes einstellbares und stabiles Verbuchungsprinzip. So leisten verschiedene Komponenten des Moduls Controlling (CO), z. B. die **Komponente Marktsegment- und Ergebnisrechnung** oder die **Kostenstellenrechnung,** mit Einsatz der entsprechenden integrierten Datenübergabeinstrumente zum R/3-EC/EIS gute Dienste. Dies gilt ebenso für die Komponenten des Moduls **Finanzbuchhaltung** (FI). Weiter können - soweit die Probleme der Anwendung berücksichtigt werden - Komponenten des **Logistikinformationssystems** (Vertriebsinformations-, Einkaufsinformationssystem etc.) mit Datenübergabe via **ABAP/4-Query genutzt werden.** Ggf. können die Funktionen zur Übernahme externer Dateien der Komponente EC/EIS genutzt werden.
- Angebracht ist der Einsatz der **Komponente EIS** des SAP R/3-Moduls Unternehmenscontrolling (EC) als **Datenbank des Data Warehouse:** Diese Empfehlung ist u.a. in der freien Gestaltbarkeit der EIS-Datenbasis sowie der Überwindung von in anderen Modulen vorzufindenden technischen Grenzen begründet. Als **Instrument zum Datenmanagement des Data Warehouse** eingesetzt, überzeugt EIS u.a. mit der ausgereiften und flexiblen Steuerungstechnik für Datenverdichtungen (rOLAP-Ansatz). Dabei sollte die Fähigkeit des R/3-EC/EIS zur **skalierbaren Integration** genutzt werden: Soweit als möglich sollten Stammdaten und Verprobungstabellen der operativen Module verwendet werden.

Berichtswerkzeuge

Zu empfehlen ist der Einsatz der Komponente EC/EIS als **unmittelbares (Basis-)Berichtswerkzeug:** Diese Empfehlung ist u.a. darin begründet, daß die zugrunde liegende Berichtstechnologie die mächtigste Funktionalität innerhalb von SAP R/3 bietet.

Das Third-Party-Produkt **inSight** bietet sich als Werkzeug für die Gestaltung von Berichten auf der Basis der SAP-Rumpfberichte und End-Anwender-Tools an: Diese Empfehlung resultiert u.a. in der umfassenden (über R/3 weit hinausgehenden) Funktionalität des PC-Tools, seiner Integration zum R/3-EC/EIS, der adäquaten Oberfläche und der leichten Bedienbarkeit.

Im Folgenden werden skizzenhaft Überlegungen und Entwürfe eines Reportingsystems auf der Basis obiger Empfehlungen ausgeführt.

4.2 Die Systemarchitektur

Unter dem systemtechnischen Aspekt stehen zur Lösung der Reporting-Problematik grundsätzlich zwei Varianten zur Verfügung:

- **Betrieb des Reportingsystems auf dem operativen System** (in diesem Falle sinnvollerweise im gleichen Mandanten): Diese Variante bietet einerseits den Vorteil der geringsten Aufwände für die Datenübergabe an das Reportingsystem und der Option der integrativen Nutzung der aus den operativen Modulen vewendeten Stammdaten ohne Zusatzaufwand.
- **Betrieb des Reportingsystems auf einem eigenen System:** Diese Variante enthält lt. Empfehlung der Autoren noch mehr Vorteile als die im vorangegangenen Punkt dargestellte Vorgehensweise:
  - Ein solches System kann hinsichtlich der Anforderungen eines Reportingsystems technisch optimiert werden (während ein OLTP-System einen großen Durchsatz von zeitkritischen Verbuchungen ermöglichen muß, hat ein OLAP-System den schnellen Zugriff auf große Datenbestände zu ermöglichen).
  - Der Verlust der systemtechnischen Integration ist differenziert zu bewerten. Es müssen Maßnahmen zur Synchronisation von Stammdaten vorgenommen werden. Bei den meisten Unternehmen sind allerdings ohnehin heterogene und/oder verteilte DV-Landschaften vorzufinden. Somit sind Daten zwischen verschiedenen Systemen auszutauschen. Hier bietet das eigenständige Re-

portingsystem letztendlich wiederum den Vorteil der skalierbaren Integration, indem ohne Probleme für einzelne operative Systeme Stammdaten zusammengeführt werden können.

- Ein solches eigenes System entlastet das operative System vom Datenvolumen, minimiert die Verbuchungen und befreit dieses von der Performancebelastung der Abfragen. Die Senkung des Datenvolumens und der Verbuchungen hat weitgehende Auswirkungen: Damit sinkt der Zeitbedarf für Datensicherung und ggf. notwendiges Recovery (Restore, Wiedereinspielen der Journaleinträge) erheblich.

Die heute gängige Client/Server-Architektur erlaubt eine den Unternehmensanforderungen angemessene Dimensionierung einer solchen Architektur und damit eine Kostenminimierung.

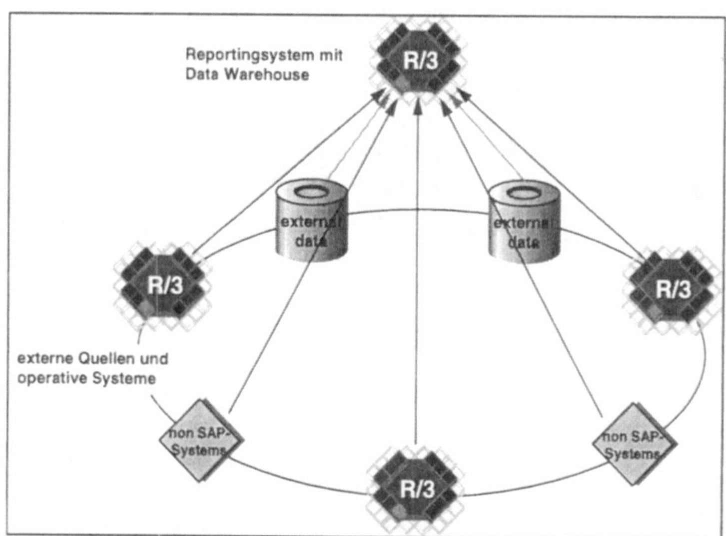

Abb. 4.1 Architektur des Reportingsystems (SAP AG©)

4.3 Die Datenbasis

4.3.1 Grundsätzliche Überlegungen

In der Architektur des Data Warehouse wählen die Autoren bewußt einen anderen Ansatz, als durch die SAP AG vorgeschlagen: Die Positionierung des EIS als Werkzeug, „das Informationen aus den verschiedensten Bereichen des Unternehmens und seiner Umwelt sammelt und auswertet",[65] führt zu dem Fehlschluß, daß die Abgrenzung der Data Warehouse-Tabellen entlang der betriebswirtschaftlichen Bereiche vorzunehmen sei: „Da diese Daten sehr heterogen strukturiert sind, kann die SAP-EIS-Datenbasis in betriebswirtschaftlich abgeschlossene Datenbereiche gegliedert werden. Diese Datenbereiche werden im SAP-EIS **Aspekte** genannt. Verschiedene Aspekte, die beispielsweise Informationen zum Finanzstatus, zur Logistik, zur Personalwirtschaft, zur Marktsituation und zu Aktienkursen enthalten, können für Ihr Unternehmen individuell definiert werden." [66]

Die Überlegungen hinsichtlich der Tabellenstruktur eines derartigen Data Warehouse haben über die Grenzen betriebswirtschaftlicher Bereiche hinaus vielerlei weitere Gesichtspunkte zu berücksichtigen. Als Beispiele seien hier nur

- Performanceüberlegungen (welche Daten werden auf welchen Aggregationsstufen getrennt oder gemeinsam analysiert?) und
- Handlingüberlegungen (welche Daten gehören aus Sicht eines Analysten zusammen?)

genannt.

Im Folgenden werden anhand von Beispielen einige Überlegungen ausgeführt:

Gliederung der Datenbank in Aspekte

Die Einrichtung der Struktur der Bewegungsdaten innerhalb des EC/EIS erfolgt im Einführungsleitfaden oder dem EC/EIS-Einstellungsmenü unter dem Menüpfad *Datenbasis.*

Zusammenführung von Daten verschiedener Bereiche:

Soll mittels R/3-EC/EIS z. B. eine Deckungsbeitrags-Rechnung abgebildet werden, so sind neben den klassischen Umsatzkennzahlen (z. B. Brutto- und Nettoumsatz, direkte Erlösminderungen, fakturierte Mengen etc.) auch Kostenelemente (z. B. Standarderlösminderungen) auf vielleicht gleicher Aggregationsebene Buchungskreis/Markt/Region mit anderen Kostenelementen (z. B. Herstellgrenz- und Herstellfixkosten) auf der Aggregationsebene Buchungskreis zusammenzuführen. Zusätzlich sind evtl. Deckungsbeitrags-Analysen auf der Aggregationsebene Kunde/Material bereitzustellen.

[65] Handbuch „EC - Führungsinformationssystem" zu Release 3.0, SAP AG Walldorf, Mai 1996, S. 6

[66] ebenda

Hier empfiehlt sich z. B. keine Gliederung nach betriebswirtschaftlichem Gebiet, sondern eine Zusammenführung von Daten gleicher Aggregationsebene in einer Reportingtabelle (Aspekt), während Kennzahlen des gleichen betriebswirtschaftlichen Gebietes in einer niedrigeren Aggregationsstufe aus Performancegründen in einem eigenen Aspekt vorgehalten werden.

Performanceüberlegungen

Bei großem Mengengerüst (größer 500.000 Sätzen) sind Datenselektionen und Online-Aggregationen in Berichten nicht mehr sinnvoll möglich: Die Ausführung solcher Berichte führt Online oft zu Time-Outs, sie führt z.T. sogar bei der Hintergrundverarbeitung zu Abbrüchen und stellt eine erhebliche Perfomancebelastung dar. Daher kann für niedrige Aggregationsstufen (siehe genanntes Beispiel mit Kunde/Material) ein eigener Aspekt sinnvoll sein, während ein weiterer gleiche Kennzahlen auf höherer Aggregation (z. B. Buchungskreis/Geschäftsfeld) anbietet.

Sind neben dem Deckungsbeitrags-Reporting noch Analysen zu Auftragseingängen, Auftragsbeständen und Versandanalysen (Ausbringungskennzahlen, Liefervorratsentwicklung etc.) zu ermöglichen, so sind die zufälligen Modulgrenzen nicht zur Aspektgliederung zu empfehlen. Während Auftragseingänge und -bestände im gleichen Aspekt wie Deckungsbeitrags-Kennzahlen auf Monatsbasis angesiedelt sein könnten, sollten die auf Tagesbasis vorzuhaltenden Lieferkennzahlen in einem gesonderten Aspekt abgelegt werden.

Falls auf der Basis gleicher Merkmals- und Kennzahlenkombinationen sowohl Monatszeitreihen (z. B. mit Verlauf pro Monat und Hochrechnung auf Basis von Saisonalisierungsfaktoren, Ist- und Plan-Zahlen) als auch per-Stands-Betrachtungen (z. B. aufgelaufene Werte Januar mit September) zu analysieren sind, so empfehlen sich bei großen Mengengerüsten aus Performancegesichtspunkten zwei Aspekte: Ein Aspekt mit Monatswerten (ggf. auch mit noch bevorstehenden Perioden des aktuellen Planungszeitraumes) und ein weiterer mit per-Stands-Werten. Vom gleichen Konzept geht die doppelte Aufnahme der gleichen Kennzahl als Wert laufendes Jahr und Wert Vorjahr in einen Aspekt aus.

Schnittstellenaspekt

Da u. U. Daten aus verschiedenen Systemen zusammenzuführen sind, empfiehlt sich z. B. ein oder mehrere Schnittstellenaspekt(e) für die Bereitstellung der Umsatz-, Auftragseingangs-, Auftragsbestands- und Warenaufwandskennzahlen einzusetzen. Auf Basis dieses Aspektes sind vor einer Weiterverarbeitung innerhalb des Data Warehouse ggf. Umsetzungen und Anreicherungen vorzunehmen.

View-Aspekt

Besonders interessant zur Minimierung der Datenredundanz innerhalb des Data Warehouse ist die seit Release 3.0 im EIS angebotene Join-Technik: Bestimmte Kennzahlen werden nicht in mehrere Aspekte übertragen, sondern mittels Viewaspekt angehängt. Ein möglicher Einsatz sind z. B. Plandaten, die sowohl im Umsatz- als auch im Deckungsbeitragsreporting verwendet werden. Mittels Viewaspekt wird der Join von in mehreren Aspekten abgelegten Ist- und zentral abgelegten Plandaten erreicht.

In Abb. 4.2 ist die Aspekt-Architektur vereinfacht dargestellt.

Abb. 4.2
Darstellung einer Aspekt-Architektur

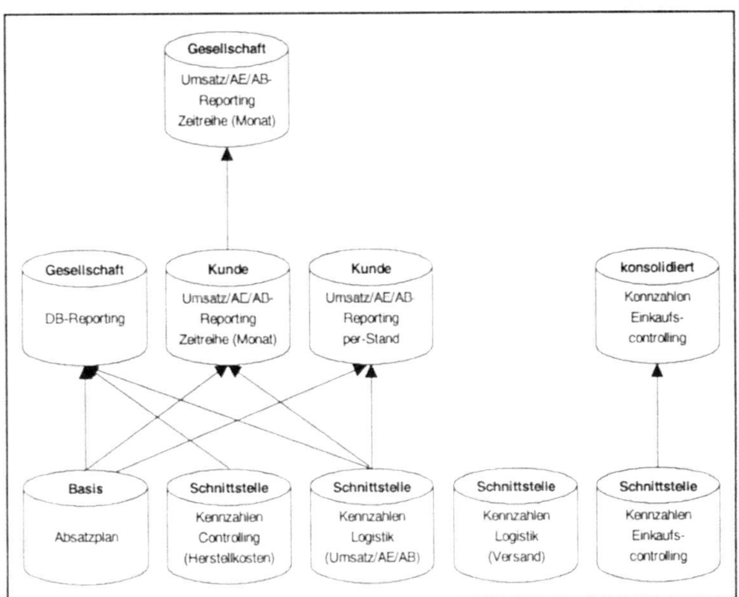

4.3.2 Anlage der Merkmale

Die Fähigkeit des R/3-EC/EIS, **Merkmale** des operativen Systems als Schlüsselfelder zu nutzen, sollte weitestgehend eingesetzt werden. Damit ist auch von den Datenstrukturen des Data Warehouse in Verbindung mit dem operativen System Releasestabilität gegeben. Vor allem aber stehen im Reportingsystem ohne redundante Stammdatenhaltung (und Pflege mit den bei ungekoppelten Data Warehouse-Systemen bekannten Konsistenzproblemen) alle gewünschten Stammdaten des Unternehmens zur

Verfügung. Dies bietet auch in der Verprobung (siehe Abschnitt 3.5.2 Datenbeschaffung) erhebliche Vorteile. Bei dieser Variante werden die Prüf- und Texttabellen des operativen Systems genutzt.

Merkmale auf Basis des operativen Systems

Beispiel 1: Die Materialnummer MATNR der Materialstammtabelle MARA wird als Merkmal in die Datenbasis des EC/EIS aufgenommen. Damit dient die Tabelle MARA mit dem Feld Materialnummer für das Data Warehouse als Prüftabelle bei der Verprobung in der Datenbeschaffung und mit dem Feld Materialkurztext als Texttabelle zur Bezeichnungs-Ermittlung in den Auswertungen (siehe Abb. 4.3).

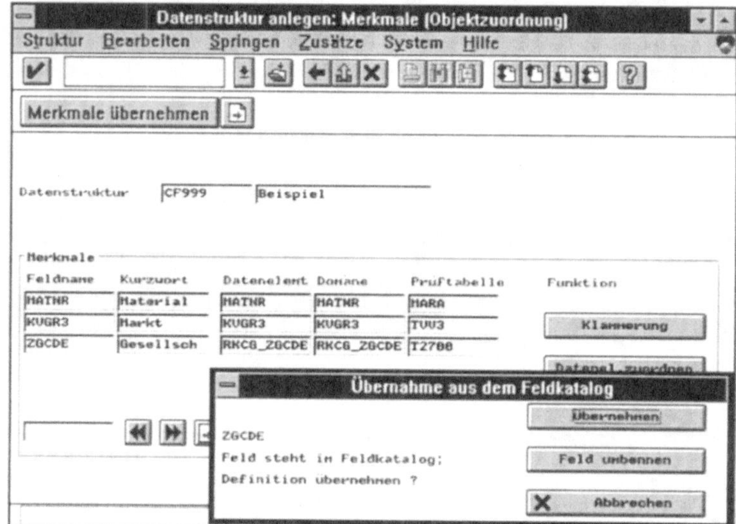

Abb. 4.3 Objektzuordnung zu einem Merkmal (SAP AG©)

Beispiel 2: Im Zusatzfeld Vertrieb/Kundengruppe1 des Kundenstamms sei der Einkaufsring hinterlegt, dem der Kunde zugehört. Mit der Zuordnung des Datenelements KVGR1 als Merkmalsklammerung zum EC/EIS-Merkmal ERING wird die operative Tabelle TVV1 automatisch zur Prüftabelle bei der Verprobung in der Datenbeschaffung des Data Warehouse. Die Tabelle TVV1T wird damit zur Texttabelle für die Ermittlung der Bezeichnungen in den Auswertungen.

EIS-eigene Merkmale

Im Sinne der skalierbaren Integration kann allerdings auch eine Entkoppelung gewünscht oder notwendig werden: Sind bestimmte Merkmale in den operativen Systemen nicht vorhanden (z. B. von extern importierten Daten, z. B. Downloads von fremden Informationsdatenbanken) oder sind Merkmale operativer Systeme nicht nutzbar, da die Schlüsselung, Vollständigkeit oder Datenqualität den Anforderungen eines Data Warehouse nicht genügt, kann durch die Definition von EIS-eigenen Merkmalen eine Entkoppelung erreicht werden. Diese kann vollständig oder partiell gestaltet werden.

Problem der alphanumerischen und numerischen Materialnummern

Beispiel 3: Die Verwendung der SAP-Materialnummer führt für alle Unternehmen, welche SAP R/3 seit Release 2.x produktiv einsetzen und sowohl alphanumerische, als auch numerische Materialnummern verwenden, zu erheblichen Problemen. Die rein numerischen Materialnummern werden mit führenden Nullen abgelegt (z. B. Material 1000.0000.0001 wird als 000000100000000001 auf der Datenbank codiert), während die alphanumerischen Materialnummern linksbündig abgelegt werden (z. B. Material 1000.A000.0001 wird linksbündig als 1000A0000001 mit Leerzeichen-Auffüllung rechts codiert). Dieser schwerwiegende SAP-Grundlagenfehler führt einerseits zu falscher Sortierung, da alle rein numerischen Materialnummern wegen der führenden Nullen kleiner sind als die kleinste alphanumerische Materialnummer. Andererseits führt die generische Suche zu unvollständigen und damit im Sinne eines Analysetools falschen Ergebnissen (die Abfrage der generischen Materialien 1000.* liefert nur die alphanumerischen Materialien). Für sämtliche andere Reportinginstrumente innerhalb von SAP R/3 besteht innerhalb des Standards keine Möglichkeit der Problemlösung. Die Flexibilität des EC/EIS ermöglicht einen Lösungsansatz für dieses Problem:

Neben der eigentlichen Materialnummer, referenziert auf die MATNR-MARA wird ein EIS-eigenes Merkmal mit der lexikographischen Materialnummer definiert. Dieses Feld erhält die benötigte Länge als reines Charakterfeld. In dieses Feld werden die Materialnummern der operativen Systeme konvertiert (die reine alphanumerische Definition führt zur Ablage der im Beispiel genannten Materialien als

100000000001 und
1000A0000001

mit jeweils rechtsseitiger Auffüllung mit Blanks.

Somit wird sowohl die Sortierung korrekt als auch die generische Abfrage vollständig.

unterschiedliche Datenfelder der DV-Systeme

Beispiel 4: Besonders in Konzernunternehmen mit verschiedenen SAP-Installationen oder heterogenen DV-Systemen werden oft gegebene Datenfelder zweckentfremdet. Dies führt bei einer Zusammenführung von Daten verschiedener Systeme zu Problemen der Nicht-Vergleichbarkeit oder der Verwendbarkeit. In solchen Fällen kann ein EC/EIS-eigenes Merkmal definiert werden, das alle unternehmensweit gültigen Codes enthält und in das die verschiedenen Quellfelder übergeben werden.

Verwendung verschiedener Codes

Beispiel 5: Es kommt im praktischen Betrieb von verteilten Anwendungen oft vor, daß verschiedene Codes, historisch gewachsen, nicht einheitlich verwendet werden (z. B. der Buchungskreis müßte nach einer unternehmensweiten Regelung mit den Codes DE01, US01 etc. benannt sein, ist aber mit Code X1, X2 etc. benannt). Hier bietet sich die Lösung, ein EC/EIS-eigenes Merkmal zu definieren, an welchem (unabhängig von operativen Systemen) die korrekte Codierung abgelegt ist. Die Problematik der Umsetzung wird im Zuge der Datenbeschaffung gelöst (siehe unten).

Beim Design der EIS-Aspekte sind bei der Aufnahme von Verdichtungsstufen als Merkmale bereits Überlegungen zur Verwendung von externen Hierarchien zu empfehlen.

4.3.3 Bildung von Merkmalshierarchien

externe Hierarchien

In allen Reportingsystemen stellt sich die Bildung von Merkmalshierarchien als zentrale Problematik dar. Dies können Aggregationsstufen über das Material (bis hin zu Geschäftsfeldern), über Kunden (bis hin zu Einkaufsorganisationen) oder über territoriale Gliederungen (Regionen, Länder) etc. sein.

Es gilt, grundsätzliche Überlegungen zur Architektur des Data Warehouse vorzunehmen:

- Die bis incl. Release 2.2 bei allen Reportingwerkzeugen unter SAP R/3 einzig einsetzbare Methode war die Ablage solcher Hierarchien in den gängigen Flat-Files als eigene Merkmale. Alle R/3-Reportingtools, außer dem R/3-EC/EIS, boten hier keine Möglichkeit der nachträglichen Ausprägungsumsetzung. Auch die im R/3-EC/EIS angebotene Lösung der Aspektverdichtung war mit nicht zu unterschätzenden Problemen behaftet (Programm-Laufzeiten; Umsetzungen sind nur noch möglich, wo Basisdaten in hinreichender Detaillierung vorliegen etc.). Dieser Variante ist allerdings optimale Performance zu bescheinigen.

- Seit Release 3.0 wird die Möglichkeit von (auch alternativen) n-stufigen externen Hierarchien über jeweils ein Merkmal geboten. Die Hierarchie wird in einer aspektübergreifenden Struktur einmalig definiert. Dies gilt sowohl für EIS-eigene als auch für aus den operativen Modulen genutzte Merkmale. Damit müssen abhängige Verdichtungen nicht als Merkmale angelegt werden. Die Basisausprägung einer Hierarchie muß grundsätzlich eine Merkmalsausprägung sein, d.h. nur das Basismerkmal ist in der Datenbasis des EC/EIS-Aspektes anzulegen.

Eine Änderung der Hierarchie-Zuordnung erzwingt demzufolge kein Umsetzen aller Datensätze (evtl. vieler Aspekte), sondern ist mit dem Umhängen der Merkmalsausprägung innerhalb der Hierarchie zu realisieren. Insofern ist der Einsatz von Hierarchien gegenüber der nichtnormalisierten Technik der Ablage in weiteren Merkmalen zu bevorzugen.[67] Es ist allerdings darauf hinzuweisen, daß hier weitere Tabellen einzulesen und somit Perfomanceeinbußen die Folge sein können.

Produkthierarchie als externe Hierarchie

Beispiel 1: Klassischerweise legen Unternehmen im SAP R/3 eine Hierarchie über die Materialien im Feld Produkthierarchie (z. B. PRDHA-MARA) des Materialstammes ab. Diese Hierarchie kann mehrstufig sein, in unserem Beispiel sei sie zweistufig, bestehend aus der ersten Hierarchiestufe Artikelgruppe und einer oberen Zusammenfassung als Geschäftsfeld. Dieses Quellfeld ist bereits im operativen R/3 nicht normalisiert und somit äußerst problematisch. Wenn nun Verbuchungen auf ein Material vorgenommen wurden, findet sich in den Belegen nicht nur die Materialnummer, sondern ebenso die Produkthierarchie. Sehr oft ist zu einem gegebenen Zeitpunkt ein Material auch für rückwirkende Vergleiche in eine andere Artikelgruppe umzusetzen oder eine gesamte Artikelgruppe einem anderen Geschäftsfeld zuzuordnen. Ist die Produkthierarchie im EC/EIS nun als externe Hierarchie abgebildet, genügt im ersten Falle die Umsetzung des Materials in die neue Hierarchieausprägung. Fall 2 zeigt die Vorteile noch deutlicher: Hier genügt die Umsetzung der Zuordnung der unteren Hierarchieausprägung (Artikelgruppe) zur neuen oberen Hierarchieausprägung (Geschäftsfeld). In beiden Fällen sind keinerlei Bewegungsdaten umzuladen. Mit der zentralen Änderung der Hierarchie verwenden alle Auswertungen zeitgleich die neue Hierarchie.

---

[67] Online-Dokumentation SAP R/3, EC - Führungsinformationssystem, Topic: Stammdatenhierarchie, SAP AG Walldorf, Januar 1996

Obsolet ist, daß für all jene Verdichtungen, die **nicht** automatisch geändert werden dürfen (z. B. Kunde K1 war bis zum Zeitpunkt T1 Mitglied im Einkaufsring E1, ab Zeitpunkt T2 ist er Mitglied im Einkaufsring E2), dieses Verfahren nicht angewendet werden darf. Es ist zu prüfen, ob eine hinreichende Stabilität der Hierarchie gegeben ist. In diesem Falle kann eine ggf. konkurrierende Hierarchie aufgebaut werden. Ist dies nicht der Fall, empfiehlt sich die Ablage in eigenen Merkmalsfeldern.

Eliminierung des Binnenumsatzes

Beispiel 2: Ein Marktcode soll zur Eliminierung des Binnenumsatzes einer Unternehmensgruppe nach Umsätzen mit verbundenen Unternehmen und mit Dritten unterschieden werden. Hierzu kann eine einfache zweistufige Hierarchie gebildet werden. Da die Summation von Binnen- und Außenumsätzen nicht gewünscht ist, wird keine zusammenfassende Hierarchieebene definiert. Im Bericht wird damit keine Gesamtsumme gebildet (vgl. Abb. 4.4).

Abb. 4.4 Hierarchiestruktur Außen- und Binnenmärkte

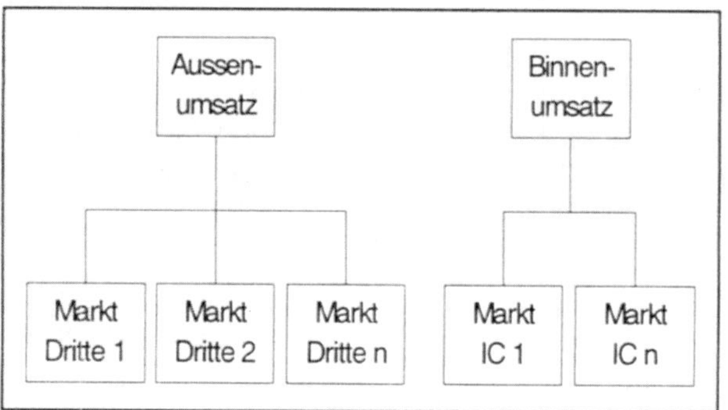

Absatzregionen

Beispiel 3: Konkurrierend zur obigen Hierarchie soll eine weitere nach Absatzregionen gebildet werden. Diese weitere Hierarchie ist nicht in allen Stufen gleich detailliert ausgeprägt. Es sind nur selektierte Merkmalsausprägungen zu listen und über diese eine Gesamtsumme zu bilden.

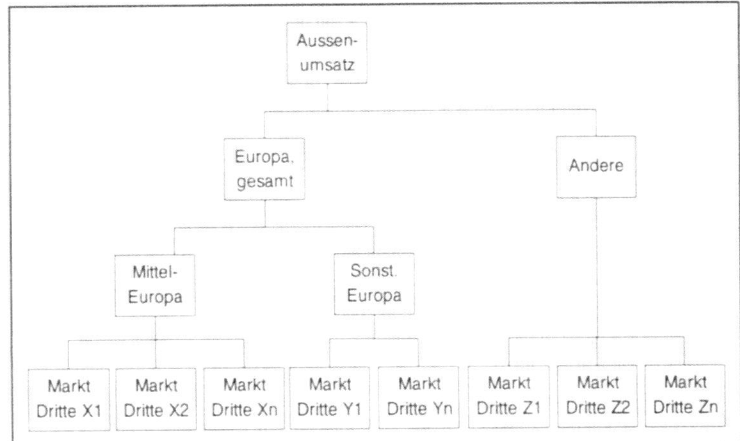

Abb. 4.5 Hierarchiestruktur der Absatzregionen

Im Folgenden werden einige Überlegungen zum Einsatz von externen Hierarchien skizziert:

Kriterien für den Einsatz von Hierarchien

- Es wird die redundanzfreie Ablage von auf der Basis eines Merkmals gebildeten Hierarchiestrukturen auch über mehrere Aspekte hinweg ermöglicht.
- Zeitintensive Programmläufe für das Umladen für derart abgebildete abhängige Merkmale entfallen. Geänderte Hierarchiezuordnungen stehen sofort in allen auf externen Hierarchien basierenden Auswertungen zur Verfügung.
- Die Abbildung von alternativen Hierarchien ist möglich: So kann z. B. für Gesamtanalysen eine Konzernstruktur über Produkte gebildet werden, während einzelne Konzerngesellschaften eine oder mehrere alternative Hierarchien für ihre jeweilige Gesellschaftssicht verwenden.
- Ebenfalls bereits angesprochen wurde die Problematik, daß die Zuordnungen von Merkmalsausprägungen in externen Hierarchien nicht zeitbezogen realisiert sind. Dies schränkt die Einsatzmöglichkeiten ein.
- Eine weitere Einschränkung ergibt sich aus der Tatsache, daß die Funktionalität von externen Hierarchien in Berichten im Vergleich zu Merkmalsaggregationen nicht voll ausgeprägt ist. Dies gilt sowohl für Selektionsmöglichkeiten als auch für die Fixierung eines selektiven Hierarchieaufrisses.
- Für den Bereich des Datenmanagements muß darauf hingewiesen werden, daß die externen Hierarchien nur mittels manueller Pflege oder Dateiimport angelegt und gepflegt werden können. Die Datenbeschaffung via ABAP/4-Query steht im Unterschied zu den Stamm- (Prüf- und Texttabellen)

und Bewegungsdaten für externe Hierarchien unverständlicherweise nicht zur Verfügung. Auch hier ist der dringende Bedarf an die SAP AG zu formulieren, diese Form der Datenbeschaffung baldmöglichst zu realisieren.

Im Falle des gemeinsamen Einsatzes von SAP R/3 und inSight für R/3 bieten sich weitere Möglichkeiten des Einsatzes von Hierarchien: Das Produkt inSight unterstützt die externen Hierarchien aus SAP-Berichten. Zugleich bietet inSight die Möglichkeit, aus Merkmalen und Sekundärtabellen ohne View-Bezug Hierarchien zu bilden. Hierbei sind offene Lösungen realisierbar, wie z. B. die Ablage der Hierarchiestrukturen in eigenen EIS-Aspekten und die Bildung von Hierarchien innerhalb der inSight-Dokumente.

Vor allem aber bietet eine differenzierte Nutzung des Front-End-Werkzeugs die Möglichkeit, die Hierarchiestruktur ausschließlich über das PC-Tool zugänglich zu machen. Damit wird sowohl im Hinblick auf die Darstellung als auch im Hinblick auf die Performance eine optimale Lösung geboten.

Ein Einsatz von Hierarchien ist aus Sicht der Autoren zu empfehlen, da die funktionalen Einschränkungen im Einzelfall nicht hinderlich sind.

Eine Anforderung an die SAP AG in der Weiterentwicklung der Technik der externen Hierarchien ist die Option zur Hinterlegung eines Gültigkeitszeitraumes in den externen Hierarchien. Mit dieser Erweiterung könnte die letztgenannte Konstellation abgebildet werden.

4.3.4 Nutzung der Fixmerkmale und Anordnung der eigendefinierten Merkmale

Bereits beim Design der einzelnen Aspekte sind Überlegungen zur Performance anzustellen. Dabei ist der Einsatz der **SAP-Fixmerkmale** zu überdenken: Während der Anwendung der Merkmale Geschäftsjahr und Periode klar vorgegeben sind, kann sich der EIS-Designer frei für die Verwendung der weiteren Fixmerkmale Version und Wertetyp entscheiden.

Fixmerkmal Version

Das Fixmerkmal Version ist der erste Schlüssel des Datensatzes, was mit einer optimalen Performance hinsichtlich der Selektion einhergeht. Allerdings ist zu berücksichtigen, daß Zeilen/Spaltenstrukturen und Berichte für einzelne Versionen definiert werden müssen. Das Fixmerkmal Wertetyp wird als letzter inhaltlicher Schlüssel des Datensatzes eingefügt. Dies bedeutet für Selekti-

Fixmerkmal Wertetyp

onsvorgänge die ungünstigste Ausgangsbasis. Andererseits können in Berichten mit Zeilen/Spaltenstrukturen Daten verschiedener Wertetypen zusammengeführt werden. Eingeschränkt werden die Optionen für die Wertetyp-Verwendung allerdings durch die Beschränkung in Ad-hoc-Berichten, die bei der Ausführung nur jeweils einen Wertetyp zur Selektion erlaubt. Die Erfahrung der Autoren zeigt, daß ein hier nicht-optimal gewähltes Design äußerst ungünstige Auswirkungen hinsichtlich der Berichts-Perfomance hat.

Beispiel 1: Sollen bei großen Mengengerüsten Planwerte in den EIS-Aspekten leicht zugreifbar, zu den Ist-Daten abgrenzbar und in Berichten nicht einsetzbar (z. B. im Sinne einer Kopiervorlage) vorgehalten werden, empfiehlt sich dringend die Verwendung der Version anstelle der Wertetypen. Die Plan-Werte würden für die Verwendung in Auswertungen in diesem Fall per Aspektverdichtung von der Plan-Version in die Auswertungsversion in eigene Plan-Felder (also neben Feldern wie Ist-Nettoumsatz, Ist-Absatzmenge, in Felder wie Plan-Nettoumsatz, Plan-Absatzmenge etc.) überführt werden.

Beispiel 2: Bei eher kleinen Mengengerüsten kann ggf. ein anderes Design gewählt werden. Falls hier die Konstellation gewünscht ist, daß z. B. im gleichen Feld Nettoumsatz je nach Ausprägung Ist- oder Planzahlen für die unmittelbare Verwendung in Auswertungen abgelegt sein sollen, so ist die Verwendung von Wertetypen vorzusehen. Es ist je ein Wertetyp für Ist und Plan zu definieren. Im gleichen Datenfeld ist dann, je nach Wertetyp, entweder der Ist- oder der Plan-Wert abgelegt. In Zeilen/Spaltenstrukturen könnte dann eine Spaltenselektion über das Merkmal Wertetyp vorgenommen und so Ist- und Plan-Werte einander gegenübergestellt werden.

Anwendung weiterer selbstdefinierter Merkmale

Neben der nicht-beeinflußbaren Anordnung der Fixmerkmale (Version, Geschäftsjahr, Periode, Wertetyp) wird das Performanceverhalten durch die **Anordnung der weiteren Merkmale** erheblich beeinflußt: Wenn die hauptsächlich verwendeten Selektions- und Sortiermerkmale zu Beginn des Datensatzes angeordnet werden, so ist eine wesentlich bessere Performance zu erzielen, als wenn diesen in dieser Hinsicht weniger relevante Merkmale vorangestellt sind (desgleichen gilt für die Drill-Down-Folge). Der Einsatz der durch die SAP AG empfohlenen Sekundärindize ist u. E. in Grenzen zu betreiben. Die parallele Fortschreibung beliebig vieler Indizes kann bei einer Vielzahl von

Tabellen bei großem Mengengerüst eine erhebliche Beeinträchtigung der Gesamtsystem-Performance zur Folge haben.

4.3.5 Prüftabellen für Merkmalsausprägungen und Stammdatentexte

Für all jene Merkmale, für die die Integrationsmöglichkeiten zu operativen Modulen genutzt werden, gilt, wie bereits erwähnt, die **Prüftabellen** bilden die Tabellen der entsprechenden Module (z. B. Tabelle MARA für die Materialnummer, TVV-Tabellen für Zusatzfelder aus dem Kundenstamm) mit den zugehörigen Texttabellen (in den genannten Beispielen die Tabelle MARA selbst bzw. die Tabelle TVVxT-Tabellen).

Die Fixmerkmale Version, Geschäftsjahr, Periode und Wertetyp sind in EC/EIS-eigenen von SAP vorgegebenen Prüf- und Texttabellen einzustellen (Einführungsleitfaden bzw. das EC/EIS-Einstellungsmenü unter Menüpfad *Datenbasis ⇨ Fixmerkmale*):

- Die Einstellungen zum Fixmerkmal **Wertetyp** sind im View V_T242W (Prüftabelle T242W mit Texttabelle T241W) zu pflegen.
- Die gültigen **Geschäftsjahre** sind in der allgemeinen Merkmalstabelle T242B zu pflegen.
- Die Einstellungen zu den **Perioden** sind über die gängige Geschäftsjahresvariante vorzunehmen (Anzahl Sonderperioden etc.).
- Die Einstellungen zu den **EC/EIS-Versionen** sind im View V_T242V (Prüftabelle T242V mit Einstellung Versionswährung und Geschäftsjahresvariante mit Texttabelle T241V) zu pflegen.

Für alle kundendefinierten EIS-eigenen Merkmale können im R/3-Customizing EIS-eigene Prüf- und Texttabellen eingestellt werden. Hierbei kann ein Namensraum von T27xx für die Prüftabellen vergeben werden. Die Texttabellen erhalten analoge Namen T28xx. Die Verbindung zur Stammdatenpflege erfolgt über die Views V_T27xx. Hierbei ist zu beachten, daß, z. B. bei Nutzung der Währungsableitung aus Merkmalsausprägungen, diese Steuerungsfelder zu Release 3.0D noch nicht mittels EIS-Stammdaten-Pflegeoberfläche ansprechbar sind. Vorläufig müssen diese Felder mittels der Basisfunktionen angesprochen werden. Seit Release 3.0 werden Stammdaten in der Datenbeschaffung (z. B. Einlesen externer Dateien, ABAP/4-Query) gleich behandelt wie Bewegungsdaten (siehe Abschnitt Datenbeschaffung).

4.3.6 Kennzahlen

Das SAP R/3-EIS unterscheidet zwei Typen von Kennzahlen:

1. Basiskennzahlen, d. h. Kennzahlen, die Bestandteile der EIS-Bewegungsdatentabellen sind;
2. Berechnete Kennzahlen, d. h. Kennzahlen, die auf der Grundlage der Basiskennzahlen durch mathematische Operationen abgeleitet sind.

Basiskennzahlen

Grundsätzlich sind Basiskennzahlen im SAP R/3-EIS frei zu definieren. Hierbei ist zwischen Betrags- und Mengenkennzahl zu wählen. Die Vorgabe der Einheit (z. B. Mengeneinheit) kann vorgenommen werden. Begrenzt wird die Anzahl Kennzahlen nur durch die mögliche Satzlänge der verwendeten Datenbank. Allerdings ist der SAP-DB-Parameter auf den Wert derjenigen Datenbank eingestellt, der die kürzeste Satzlänge ermöglicht. Dieser Parameter kann, je nach Datenbank, ggf. auf über 4000 Byte erhöht werden. Eine echte dimensionslose Kennzahl (z. B. für die Definition Zähler, wie Anzahl Positionen, oder von Quoten-Kennzahlen, wie Verteilungsschlüssel über die Zeit) ist zu Release 3.0D noch nicht realisiert.

Namensvergabe bei Kennzahlen

Bei der Namensvergabe ist angesichts der geringen zur Verfügung stehenden Namenslänge eine strenge Systematik zu empfehlen: Da alle generierten Objekte das Präfix „RKCG_" erhalten, und gerade bei der Vergabe der Kennzahlen auf die Beachtung des Kundennamensraumes Z zu achten ist, verbleiben für die freie Verwendung nur noch 4 Zeichen. Um eine schelle Auffindbarkeit einer gewünschten Kennzahl in den langen Listen von Kennzahlen zu ermöglichen, sind Strukturen, wie z. B. die in Abb. 4.6 dargestellten, dringend zu empfehlen.

Abb. 4.6 Struktur für die Namensvergabe bei Kennzahlen

Stelle	Inhalt	Bedeutung
1	Z	Kundennamensraum
2	U	Umsatzkennzahl
	E	Kundenauftrags-Eingang
3	B	Brutto
	N	Netto
	M	Menge
4	L	Laufendes Jahr, per-Stand
	M	Laufendes Jahr, Monat
5	G	Gesellschaftswährung
	K	Konsolidierte Währung

Ebenso empfiehlt sich die Vergabe von Standards für die Lang- und Kurztexte mit den Kennzahlenbeschreibungen.

dimensionslose Kennzahlen

Eine besondere Problematik stellt die Abbildung der dimensionslosen Kennzahlen dar. Hier bleibt nur die Möglichkeit (je nach gewünschter Anzahl der Dezimalstellen), solche Kennzahlen in Betrags- (2 Nachkommastellen) oder Mengenfeldern (3 Nachkommastellen) abzulegen.

Hierbei ist das leicht zu lösende Problem der Ablage von dimensionslosen Kennzahlen mit mehr als 3 Nachkommastellen zu bedenken. Mit der Ablage in beliebigen Zehnerpotenzen kann eine tragfähige Behelfslösung geschaffen werden. Kritischer kann das noch ausführlicher zu behandelnde Thema der Einheiten (Währungs- bzw. Mengeneinheit / vgl. Kapitel 4.3.7 und 4.3.8) sein. Da die EIS-Reporte die Einheiten bei Formelrechnungen korrekt mitführen, kann ein Problem auftreten, das im anschließenden Beispiel verdeutlicht wird.

Beispiel: In einer Auswertung ist auf der Basis des Feldes Nettoumsatz (Währungseinheit DEM) mittels eines Saisonalisierungsfaktors (Betragsfeld in ‰ mit der Einheit ATS abgelegt) eine Hochrechnung durchzuführen. Für diese Hochrechnung soll nun die absolute Abweichung zum zugehörigen Plan-Wert (Währungseinheit DEM) ermittelt werden. Die allgemeinen Formelfunktionen arbeiten auf folgende Weise:

Abb. 4.7 Beispielformel zur Problematik der dimensionslosen Kennzahlen

```
                         [Wert Nettoumsatz] DEM * 1000
Hochrechnung     =       ---------------------------------------------
                         [Wert Saisonalisierungsfaktor] ATS
```

Das Ergebnis wird in der „Einheit“ DEM/ATS ausgegeben. Der Versuch, von diesem Wert einen anderen in der Einheit DEM zu subtrahieren, führt zum Fehler bei der Definition der Zeilen/Spaltenstruktur.

Eine mögliche Lösung besteht in der Mitführung einer Hilfskennzahl, die stets den Wert 1 mit der Einheit der (eigentlich) dimensionslosen Kennzahl enthält. Die nun mögliche Division der (eigentlich) dimensionslosen Kennzahl durch die Korrekturkennzahl ergibt eine tatsächlich dimensionslose Kennzahl, welche z. B. korrekt für obige Anforderung einsetzbar ist.

Zu einem Input größer 3.0D soll eine funktionierende Behelfslösung mittels Eingabevariable mit Dimension durch die SAP bereitgestellt werden. Trotzdem bleibt hier die dringende Anforderung an die SAP-Entwicklung, die dimensionslose Kennzahl innerhalb des EIS bereitzustellen. Grundsätzliche Überlegungen sind hinsichtlich der Steuerung der Einheitenzuordnung vorzunehmen. Sowohl für Betrags- als auch für Mengenfelder stehen verschiedene Varianten zur Verfügung.

berechnete Kennzahlen

Die auf der Grundlage von Basiskennzahlen eines Aspektes (!) gebildeten berechneten Kennzahlen bieten die Möglichkeit, auf die Ablage von derart abgeleiteten Kennzahlen in physischen Tabellen zu verzichten. Zugleich kann durch den Einsatz der berechneten Kennzahlen eine Minimierung des Customizing-Aufwandes für Berechnungen vorgenommen werden: Eine Formel (z. B. Ermittlung der direkten Erlösminderungen als Differenzrechnung zwischen Brutto- und Nettoumsatz) wird einmal pro Aspekt zentral definiert und steht allen auf der Basis dieses Aspektes zu definierenden Berichten zur Verfügung. Auf diesem Wege können Berechnungen in Ad-hoc-Berichten eingesetzt werden.

4.3.7 Das Währungskonzept

Für die Abbildung der Währungseinheiten stehen im SAP R/3-EIS drei Varianten zur Auswahl:[68]

1. **Festlegung der Währung über die Version:** Im Customizing des Fix-Merkmals Version wird festgelegt, in welcher Währung Beträge abzulegen sind. Da die Definition der Version aspektübergreifend ist, wirkt sich die Versionswährung ebenso aspektübergreifend aus.
2. **Festlegung der Währung pro Basiskennzahl:** Pro Betrags-Basiskennzahl kann eine Währung eingestellt werden. Diese ist, da die Basiskennzahlen-Definition aspektübergreifend wirkt, ebenso aspektübergreifend und übersteuert wie die Versionswährung.
3. **Kopplung der Währung an einen Merkmalswert:** In dieser mächtigsten Funktion kann die Währungseinheit einer Basiskennzahl an die Ausprägung eines Merkmals gekoppelt werden. Hier ist in den Stammdaten pro Merkmalsausprägung die zugehörige Währungseinheit zu definieren. Bei der Verbuchung im SAP R/3-EIS wird dann die Währungseinheit abhängig von der vorliegenden Merkmalsausprägung gesetzt. Dabei gilt selbstverständlich, daß

[68] Handbuch „EC - Führungsinformationssystem" zu Release 3.0, SAP AG Walldorf, Mai 1996, S. 38

die Zuordnung Merkmalsausprägung ⇨ Währungseinheit eindeutig sein muß.

Je nach Konstellation und Anforderung kann die gewünschte Variante gewählt werden. Hier soll auf mehrere Probleme und Lösungsmöglichkeiten hingewiesen werden. Die sinnvolle und echte Verwendbarkeit von Versions- und Basiskennzahl-Währung ist bei Konzernunternehmen in der Praxis kaum gegeben. Auch die merkmalsgekoppelte Währung ist mit erheblichen Problemen behaftet. Sobald mehrere Währungen möglich sind (seien es mehrere Fakturawährungen oder die Koexistenz von Buchungskreiswährung und Konsolidierungswährung), scheidet die Versionswährung bereits aus. Diese Lösung würde eine Version pro Währung erfordern. Da Zeilen/Spaltenstrukturen aber an die Version gekoppelt sind, müßten alle Zeilen/Spaltenstrukturen redundant für jede währungsbedingte Version gehalten werden.

Die Basiskennzahl-Währung würde die Definition einer Basiskennzahl pro möglicher Währung erforderlich machen. Sämtliche Zeilen/Spaltenstrukturen und Berichte müßten pro Währung mit anderen Betragskennzahlen gepflegt werden. Somit ist diese Lösung ebenso nicht praktikabel.

Der Einsatz einer Kopplung der Währungseinheit an eine Merkmalsausprägung reicht technisch nicht aus, falls mehr als eine Währung pro Merkmalsausprägung notwendig ist. Falls dies nicht der Fall ist, ist diese Lösung hinreichend flexibel.

Als Notlösung ist dann z. B. folgende Konstellation tragfähig: Es wird beim Vorkommen mehr als einer Währung vollständig auf das SAP R/3-EIS-Währungskonzept verzichtet. Dabei muß bewußt sein, daß damit auf einen Teil der mächtigen Währungsumrechnungsfunktionen im EIS verzichtet werden muß. Die Belegung der Währungseinheiten der Basiskennzahlen wird somit unbedeutend und die Nutzung einer Versionswährung wird möglich. Wenn nun Betragskennzahlen zu definieren sind, so kann evtl. für einen Teil der Einsatz der an die Basiskennzahl gekoppelten Währung gewählt werden (z. B. alle Felder in der Konsolidierungswährung). Für einen oder mehrere andere Typen mit wechselnden Währungseinheiten (wie z. B. verschiedenen Beleg- oder Buchungskreiswährungen) kann nun ein **Merkmal** angelegt werden, welches als Schlüsselfeld die Währung der entsprechenden Betragsfelder enthält. Somit kann auf die Währung selektiv zugegriffen werden, die Währungsumrechnung bei der Aspektverdichtung bleibt praktikabel, und es sind verschiedene Währungen in der gleichen Kennzahl (z. B. verschiedene Währungen einer Kennzahl innerhalb eines Buchungskreises) möglich.

Aus der skizzierten Problematik wird sichtbar, daß eine dringende Anforderung an die SAP AG für die Weiterentwicklung des EIS besteht, einerseits die korrekte (sprich Ermöglichung einer 1:1-) Übernahme von Einheitenfeldern aus vorgelagerten Systemen in die Einheitenfelder der Betragskennzahlen des EIS zu realisieren und andererseits das korrekte Handling der Währungen in den Berichten zumindest in der Form des Logistikinformationssystems zu realisieren (jenes zeigt bei der Summation über Kennzahlen verschiedener Währungseinheiten mittels Ausblendung der Währung Wert „***" an, daß eine Summation nicht sinnvoll ist).

4.3.8 Konzept der Zuordnung von Mengeneinheiten

Auch hier bietet das R/3-EC/EIS, ähnlich wie das Währungskonzept, 3 Varianten:[69]

1. **Festlegung der Mengeneinheit pro Basiskennzahl:** Hier wird in der Definition der Basiskennzahl deren Einheit festgelegt.
2. **Festlegung der Mengeneinheit pro Datenübernahme:** In diesem Falle wird die Mengeneinheit im Customizing der Übertragungsregeln festgesetzt. Alle auf Basis dieser Übertragungsregeln im EIS verbuchten Sätze erhalten für diese Mengen-Basiskennzahl die gesetzte Mengeneinheit.
3. **Kopplung der Mengeneinheit an eine Merkmalsausprägung:** Analog zur Merkmalskopplung der Währungseinheit von Betrags-Basiskennzahlen wird bei einer Mengen-Basiskennzahl die Mengeneinheit aus der Ausprägung eines Merkmals ermittelt.

Der Einsatz der Variante mit der „Festlegung der Mengeneinheit pro Basiskennzahl" ist sehr begrenzt. Nur wenn eine Kennzahl in definierter Weise für nur einen Mengentyp vorgesehen ist, z. B. eine Kennzahl Maschinenstunden, ist ein Einsatz möglich. Gleiches gilt für die Variante „Festlegung der Mengeneinheit pro Datenübernahme"; ein Einsatz ist meist nur in oben skizziertem Fall möglich. Die Ableitung der Mengeneinheit einer typischen Mengenkennzahl, wie z. B. für Feld „fakturierte Menge", das pro

[69] ebenda, S. 38f

Artikel verbucht wird, ist mit der Variante „Kopplung der Mengeneinheit an eine Merkmalsausprägung“ hinreichend abgedeckt. Die Referenzierung auf ein Mengeneinheitsfeld in einem Stammdatum ermöglicht die korrekte Befüllung im EIS.

Auch wenn im Falle der Mengeneinheiten die Übernahmeproblematik den allgemeinen Anforderungen eher gerecht wird als dies im Falle der Währungsermittlung ist, so sollte durch die SAP AG trotzdem auch in diesem Falle die korrekte (sprich Ermöglichung einer 1:1-) Übernahme von Einheitenfeldern aus vorgelagerten Systemen in die Einheitenfelder der Mengenkennzahlen des EIS vorangetrieben werden und das korrekte Handling der Mengeneinheiten in den Berichten, zumindest in der Form des Logistikinformationssystems, realisierbar sein (jenes zeigt bei der Summation über Kennzahlen verschiedener Mengeneinheiten mittels Ausblendung der Mengeneinheit an, daß eine Summation nicht sinnvoll ist).

4.4 Das Datenmanagement: Datenpflege, Datenbeschaffung und Aspekt-Verdichtung

4.4.1 Gemeinsamkeiten der Datenbeschaffung

Alle Formen der programmgestützten Datenbeschaffung für das R/3-EIS verfahren in den wesentlichen Schritten identisch:

Hauptschritte der Datenbeschaffung

1. Durchführung der „Senderstruktur“-Definition, d.h. die Struktur der Quelldaten muß vorgenommen werden. Diese Struktur muß alle Datenfelder der Quelltabelle beschreiben, auch wenn diese nicht für die Datenbeschaffung verwendet werden. Ebenso ist hier das Übertragungsziel festzulegen: Für Bewegungsdaten ist dies der Zielaspekt, für Stammdaten (Merkmale) ist dies das Zielmerkmal.

2. Einrichtung der „Übertragungsregeln“: Hier wird die Umsetzung der Quelldaten in die EIS-Datenbank vorgenommen, dabei stehen komplexe Steuerungsmöglichkeiten zur Verfügung. Für alle gewünschten Felder der Zieles ist die Definition vorzunehmen, wobei übergreifende Regeln im Einführungsleitfaden bzw. dem EC/EIS-Einstellungsmenü unter dem Menüpfad *Datenbasis ⇨ Anreicherung* zu pflegen sind.

3. Start der Datenbeschaffung, je nach Datenquelle durch die jeweils entsprechende Transaktion *ABAP/4: Programmausführung, ABAP/4-Query ausführen* oder *Datei einlesen.*

Bei jeglicher Datenbeschaffung lassen sich durch die Deaktivierung der Optionen „Anzeige/Ausgabe" und „Sendersätze zwischensichern" erhebliche Performanceverbesserungen erzielen. Wird die Protokollierung genutzt, ist zu beachten, daß die Daten in der Datei INDX zwischengesichert werden. Entsprechend ist die Größe dieser Datei zu überwachen. Nicht mehr benötigte Übertragungsprotokolle sollten gelöscht werden, um ein unkontrolliertes Wachstum der Tabelle INDX zu vermeiden.

4.4.2 Stammdaten

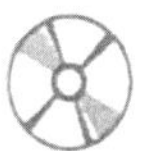

Stammdaten im Sinne der Komponente EC/EIS sind Merkmale

- mit genutzten Prüf- und Texttabellen aus anderen R/3-Modulen (z. B. Materialnummer aus Tabelle MARA);
- mit eigenen Prüf- und Texttabellen der Komponente EC/EIS;
- ohne eigene Prüftabellen.

Pflegeoberfläche für Merkmale

Für Merkmale stehen Pflegeoberflächen innerhalb des R/3-EC/EIS zur Verfügung. Die Pflegeprogramme für EIS-eigene Merkmale werden als Bestandteil des Aspektumfeldes generiert. In dieser Oberfläche sind Merkmalsausprägungen aspektübergreifend mittels Menüpfad *Stammdaten* ⇨ *Merkmalswerte* zu pflegen. Der Aufruf erfolgt zugunsten der vereinfachten Selektion über die Aspektnummer.

Bei der integrierten Nutzung von Stammdaten verzweigt die Anwendung automatisch zur eigentlichen Pflegetransaktion. Wird z. B. die Materialnummer der SAP-Materialstamm-Tabelle MARA, wie oben skizziert, als Merkmal im EC/EIS eingesetzt, verzweigt die Stammdaten-Pflegeoberfläche automatisch zur Materialstamm-Pflegetransaktion *MM02.*

Zur Ableitung von Währungen oder Mengeneinheiten werden Währungs- bzw. Mengeneinheitenfelder verwendet. Falls es sich um EIS-eigene Merkmale handelt, sind diese Felder bis Release 3.0D nicht mit der EIS-eigenen Stammdaten-Pflegetransaktion zu verwalten. Es sind hierfür SAP R/3-Basisfunktionen zu verwenden. Bei Verwendung von Merkmalen aus operativen Komponenten sind die entsprechenden Währungs- oder Mengenfelder i.d.R. über die Transaktionen der operativen Module ansprechbar. Beispiele hierfür sind die Basismengeneinheit des Materialstammes (Transaktion MM01/MM02) bzw. die Buchungskreiswährung (Transaktion OBY6).

Stammdaten-Import

Für EIS-eigene Merkmale steht die Importfunktion über den Menüpfad *Stammdaten* ⇨ *Merkmalswerte* ⇨ *Datei einlesen* zur Verfügung. Es gelten die oben skizzierten Gemeinsamkeiten aller EIS-Datenbeschaffungsinstrumente.

Die Definition erfolgt via EC/EIS-Einführungsleitfaden oder Einstellungsmenü über den Menüpfad *Datenübertragung* ⇨ *Stammdaten*.

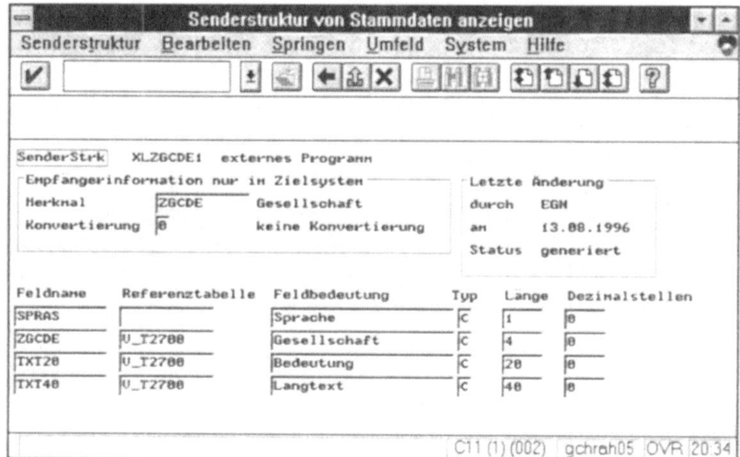

Abb. 4.8 Beispiel für eine Senderstruktur von Stammdaten (SAP AG©)

- Die Datenbeschaffung für Merkmale erwartet analog zur Bewegungsdaten-Beschaffung **unabhängige** Quell-Datensätze.
- In der Beschreibung der Senderstruktur ist neben der oben beschriebenen Quellstruktur das betreffende Merkmal als Übertragungsziel anzugeben.
- Für das Übertragungsziel sind Regeln für den jeweiligen Merkmalswert mit zugehörigem Sprachschlüssel, Kurz- und Langtext zu pflegen.

Abb. 4.9 Beispiel für Übertragungsregeln bei Merkmalen (SAP AG©)

Übertragungsregeln anzeigen

Regeln Bearbeiten Springen Utilities System Hilfe

Ausgeben...

Senderstruktur XLZGCDE1 externes Programm

Empf.feld	Bedeutung	Typ	Lange	Zugeordn. Konstante
ZGCDE	Gesellschaft	C	4	
TXT20	Bedeutung	C	20	
TXT40	Langtext	C	40	
LANGU	Sprache	C	1	

C11 (1) (002) gchrah05 OVR 20 36

Für den Stammdatenimport können Dateien des Datenbank-/ Applikationsservers (z. B. Unix-Files) oder des Präsentationsservers (z. B. PC-Dateien) in verschiedenen Formaten genutzt werden. Die Verwendung von Dateien im CSV-Format erlaubt eine Nutzung von Front-End-Tools, wie Microsoft Access oder Microsoft-Excel zur Pflege der Quelldateien.

Stammdaten-Beschaffung mittels ABAP/4-Query

Sämtliche mittels ABAP/4-Query ansprechbare Dateien können zur Stammdatenbeschaffung von EIS-eigenen Merkmalen eingesetzt werden. Typischerweise sind dies wiederum Stammdatentabellen der operativen Module, wie Materialstamm, Produkthierarchie etc.

Die Definition der verschiedenen Komponenten erfolgt via *ABAP/4 Development Workbench* über den Menüpfad *Hilfsmittel* ⇨ *ABAP/4 Query* bzw. via EC/EIS-Einführungsleitfaden oder Einstellungsmenü über den Menüpfad *Datenübertragung* ⇨ *Stammdaten*.

Die Nutzung der ABAP/4-Query setzt, wie im gleichnamigen Abschnitt beschrieben, die Definition eines „Sachgebietes" voraus. Dieses regelt die Datenselektion (bezogen auf Tabellenverwendung und -verknüpfung, Auswahl von Tabellenzeilen- und Tabellenspalten) und ermöglicht den Einsatz von eigenem Coding im Sinne von User-Exits; beispielsweise kann hier ggf. eine eigene lexikografische EIS-Materialnummer aus der SAP-Materialnummer erzeugt werden.

Nach Zuordnung des Sachgebietes zu einer Benutzergruppe können auf dessen Basis Queries definiert werden: Wie oben beschrieben sind hierzu nur die Kopfinformation (Sachgebietszuordnung, Query-Beschreibung und Festlegung des **einzeiligen Listentyps**), die Feldauswahl, die zur Selektion verwendbaren Felder und der Listenaufbau zu definieren. Hierbei ist eine Sortierung, Gruppierung etc. im Query nicht relevant. Die notwendigen Einstellungen können in den Senderstrukturangaben und den Übertragungsregeln ebenfalls vorgenommen werden.

Die erstmalige Ausführung des Queries fordert zur Festlegung der Art der Datenübertragung auf (zu Release 3.0D: Bewegungs- oder Stammdaten). Die im vorliegenden Falle zutreffende Auswahl der Stammdaten verzweigt in ein reduziertes Kopfbild, in dem das Übertragungsziel anzugeben ist. Der Satzaufbau (Senderstruktur) ist im Unterschied zum Datei-Import bereits durch die Query-Definition eingestellt. Analog zum Datei-Import sind die Übertragungsregeln zu definieren.

Bei Ausführung des Queries

- **im Dialog** wird die Datenübertragung nach der Auswahl der Übertragungsart Stammdaten angegeben;
- **im Hintergrund** wird die Art der Datenübertragung automatisch nach den vorzufindenden Regeln vorgenommen.

Hinweis

Trotz der mächtigen Import-Funktionen mittels Transaktion „Datei einlesen" und Übertragungsfunktionen mittels ABAP/4- Query sollten die Vorteile der Nutzung der Integration nicht außer Acht gelassen werden. Die Nutzung von Stammdaten aus den operativen Modulen innerhalb der gleichen DV-technischen Installation erspart ggf. aufwendige Synchronisationen und lauftzeitintensive Übertragungen. Eine Nutzung der Import- und Übertragungsfunktionen ist u.E. sinnvoll, falls die Notwendigkeit von Umsetzungen oder Ergänzungen besteht (siehe Beispiel: lexikographische Materialnummer) oder, falls ein eigenes Data Warehouse-System eingesetzt wird, in das Stammdaten von operativen Systemen zu übernehmen sind.

4.4.3 Externe Hierarchien

Bei der Verwendung von externen Hierarchien ist zu beachten, daß solche Stammdatenhierarchien zwar über ein Merkmal angelegt werden, allerdings eine nachträgliche Anlage einer neuen Merkmalsausprägung keinerlei Auswirkungen auf die Stammdatenhierarchie hat. Wird nun eine derartige neue Merkmalsausprägung nicht explizit in die externe Hierarchie aufgenommen, so bildet die Summe über die Hierarchieknoten nicht das Gesamt-Total.

Pflegeoberfläche

Für die Pflege von externen Hierarchien stellt das SAP R/3-EIS eine eigene Pflegeoberfläche zur Verfügung. Hierbei gilt analog zur Stammdatenpflege, daß externe Hierarchien aspektübergreifend für das jeweilige Merkmal gelten. Die Pflege wird aus dem Anwendermenü über den Menüpfad *Stammdaten* ⇨ *Stammdatenhierarchie* ⇨ *Bearbeiten* aufgerufen.

Die Pflegeoberfläche umfaßt die Angabe der Kopfinformation mit der EIS-Merkmal, Nummer der Hierarchievariante sowie der Hierarchiebeschreibung. Die Pflege der Kopfinformation wird bei Neuanlage einer Hierarchie automatisch angesprungen.

Aus dem Startbild können die Hierarchieknoten (unbebuchbare Knoten) via *Springen* ⇨ *Pflege unbebuchbarer Knoten* gepflegt werden (vgl. Abb. 4.10). Diese Knotenbeschreibungen gelten hierarchie- und aspektübergreifend für alle Hierarchien über das betreffende Merkmal.

Abb. 4.10
Beispiel für die Abbildung von Hierarchieknoten (SAP AG©)

Die im Rahmen der Umfeldfunktionen angebotene Dialogbearbeitung solcher n-stufiger Hierarchien stellt ein komfortables Instrument dar[70]:

[70] ebenda, S. 33f

Das Eingangsbild erlaubt die Definition bzw. Auswahl verschiedener Hierarchien pro Merkmal. Die Hierarchiepflege selbst bietet Möglichkeiten

- zur Einzelpflege (Anlegen eines Eintrages: Hierarchieknoten, Merkmalsausprägung);
- zum Massen-Insert (z. B. Einfügen aller Materialnummern von A1000 bis B9999);
- zum Massen-Cut&Paste von Einträgen und Teilbäumen etc.

Hierbei wird automatisch eine Doppelverwendung abgefangen; dies gilt auch für den Massen-Insert. Sind die Materialien A1111 und B2222 bereits einem Hierarchieknoten H1 zugeordnet, so werden diese beim Massen-Insert des oben genannten Nummernbandes in einen Hierarchieknoten H2 übersprungen.

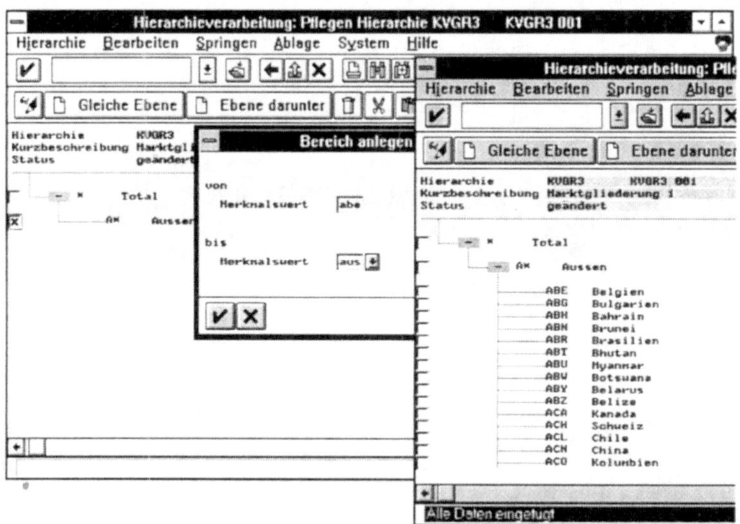

Abb. 4.11 Pflege von Hierarchien (SAP AG©)

Die Einfügung einer Merkmalsausprägung oder eines bereits definierten Hierarchieknotens fügt die Textbeschreibung desselben mit ein. Für neue Hierarchieknoten sind Beschreibungstexte zu vergeben.

Import externer Hierarchien

Für Stammdaten-Hierarchien steht die Importfunktion unter dem Menüpfad *Stammdaten ⇨ Stammdatenhierarchie ⇨ Datei einlesen* zur Verfügung. Es gelten die oben skizzierten Gemeinsamkeiten aller EIS-Datenbeschaffungsinstrumente. Im Folgenden sind einige wesentliche Besonderheiten skizziert. Der Import externer Hierarchien erwartet die vollständige Ablage aller

Merkmalsausprägungen in den Stammdaten. Somit wird eine nicht in den Stammdaten hinterlegte Merkmalsausprägung als nicht bebuchbarer (Hierarchie-) Knoten angelegt.[71]

Ein weiterer Unterschied zur Stammdaten-Beschaffung, die unabhängige Merkmalsausprägungen bereitstellt, bildet die Restriktion, daß Stammdaten-Hierarchien - da diese Abhängigkeiten definieren - nur als gesamte Hierarchien verbucht werden können. Die Definition erfolgt via EC/EIS-Einführungsleitfaden oder Einstellungsmenü über den Menüpfad *Datenübertragung* ⇨ *Stammdatenhierarchie*.

Die Datenbeschaffung für externe Hierarchien erwartet eine einer Stücklistenstruktur ähnliche Datenbereitstellung. Diese ist in der Senderstruktur zu definieren. Es kann zwischen einer Datenbereitstellung auf der Basis von Stufennummern und zwei Varianten auf der Basis von Referenzen auf übergeordnete Hierarchieknoten gewählt werden:

Abb. 4.12
Datei-Aufbau für externe Hierarchien

Stufennummern		**Referenzen (Variante 1)**	
Stufe	**Merkmalsausprägung**	**Merkmalsausprägung**	**Ausprägung „Vater“**
1	Außenumsatz	Außenumsatz	
2	Europa, gesamt	Europa, gesamt	Außenumsatz
3	Mittel-Europa	Mittel-Europa	Europa, gesamt
4	Markt Dritte X1	Markt Dritte X1	Mittel-Europa
4	Markt Dritte X2	Markt Dritte X2	Mittel-Europa
...		...	...
4	Markt Dritte Xn	Markt Dritte Xn	Mittel-Europa
3	Sonst. Europa	Sonst. Europa	Europa, gesamt
4	Markt Dritte Y1	Markt Dritte Y1	Sonst. Europa
...		...	...
4	Markt Dritte Yn	Markt Dritte Yn	Sonst. Europa
2	Andere	Andere	Außenumsatz
3	Markt Dritte Z1	Markt Dritte Z1	Andere
3	Markt Dritte Z2	Markt Dritte Z2	Andere
...		...	...
3	Markt Dritte Zn	Markt Dritte Zn	Andere

[71] Online-Dokumentation SAP R/3, Release 3.0D, Customizing Einführungsleitfaden „SAP-EIS“, Topic: Stammdatenhierarchie, SAP AG Walldorf, April 1996

Die Variante 1 der Referenzierung weist zwei Besonderheiten auf:

1. Derjenige Hierarchieknoten, für den kein „Vater"-Wert angegeben wird, bildet die oberste Hierarchiestufe.
2. Die Anordnung der Ausprägungen auf gleicher Hierarchieebene ist nicht signifikant. Falls eine Anordnung auf gleicher Ebene erzwungen werden soll, steht Variante 2 mit Referenz auf den übergeordneten Knoten (Vaterknoten) und gleichgeordneten Vorgängerknoten (linken Bruder) zur Verfügung.[72]

Die Übertragungsregeln für externe Hierarchien weisen ebenso eine wesentliche Besonderheit auf; hier ist die Empfängerstruktur fest vorgegeben. Für das Übertragungsziel sind nur jene Empfängerfelder zu pflegen, die für die gewählte Datenbereitstellungsvariante notwendig sind (vgl. Abb. 4.13).

Abb. 4.13
Übertragungsregeln für Hierarchien

Zielfeld	Variante 1	Variante 2	Variante 3	Inhalt
FIELD				Merkmal
HVERS				Hierarchievariante
HSTEP	Stufennummer	Konstante 0	Konstante 0	
KEYID				Merkmalswert
PARNT	Konstant leer	Vaterknoten	Vaterknoten	
LEFTK	Konstant leer	Konstant leer	linker Bruder	
LANGU				Sprache
TXT_M				Kurzbedeutung oder leer
TXT_L				Langbedeutung oder leer

Unverständlicherweise wird die Datenbeschaffung für externe Hierarchien mittels Query auch unter Release 3.0D **nicht angeboten**. Nach den den Autoren vorliegenden Aussagen durch die SAP AG ist eine Realisierung dieser Beschaffungsmethode mittelfristig nicht vorgesehen! Somit müßte für eine Datenbeschaffung aus operativen Modulen (z. B. mittels ABAP/4-Query) ein Export in eine externe Datei vorgenommen werden, um dieselbe anschließend mittels Datei-Import-Funktion in das SAP R/3-EIS zu laden.

Die Realisierung des „Query-Anschlusses" durch die SAP AG ist u. E. dringend notwendig.

[72] Online-Dokumentation SAP R/3, Release 3.0B, Customizing Einführungsleitfaden „SAP-EIS", Topic: Senderstruktur für Stammdatenhierarchien beschreiben, SAP AG, November 1995

Es sei an dieser Stelle auf die obigen Ausführungen im Zusammenhang mit den Überlegungen zur Architektur hingewiesen. Der **sinnvolle Einsatz externer Hierarchien** kann eine erhebliche Vereinfachung des Datenmanagements innerhalb des mittels SAP R/3-EC/EIS realisierten Data Warehouse darstellen. Allerdings sind die Besonderheiten und Beschränkungen zu beachten; der Einsatz von Stammdatenhierarchien bringt erhebliche Performanceeinbußen mit sich. Bereits an dieser Stelle soll auf eine alternatives Szenario zur Abbildung von Hierarchien im Berichtswesen durch die Kombination des SAP R/3-EC/EIS und inSight hingewiesen werden.

4.4.4 Bewegungsdaten

Erfassungslayout

Mit Release 3.0 wird eine über die unkomfortable Einzelsatz-Pflege der Releases 2.x weit hinausgehende flexible Pflegeoberfläche für Bewegungsdaten angeboten. Das sogenannte Erfassungs-Layout stellt eine Teilfunktionalität des aus der Ergebnisrechnung bekannten Planungstableaus dar. Hier kann ein dem Berichtsformular ähnliches Spreadsheet definiert werden. Dabei ist der Begriff Erfassungslayout irreführend, weil auch Datenänderungen unterstützt werden. Zusätzlich steht mit dem Werkzeug ein Instrument zur Verteilung zur Verfügung.[73]

Das Erfassungslayout ist auf Aspektebene zu pflegen. Pro Aspekt können beliebig viele solcher Fomulare angelegt werden. Der allgemeine Aufbau gliedert sich in drei Bestandteile: Den allgemeinen Selektionen, dem Bestandteil für die Eingabe oder Vorgabe von Merkmalskombinationen sowie demjenigen für die Eingabe der angebotenen Kennzahlen.

Die Datenpflege wird aus dem Anwendungsmenü über den Menüpfad *Bewegungsdaten* ⇨ *Datenerfassung* ⇨ *Pflege mit Layout* aufgerufen. Die Layouts sind im Customizing via Menüpfad *Datenbasis* ⇨ *Erfassungslayout* zu definieren. Das Customizing bietet vielerlei Gestaltungsmöglichkeiten. Im Folgenden sind exemplarisch drei Lösungen aufgeführt:

Beispiel 1: Ein Aspekt beinhaltet neben den Fixmerkmalen die Merkmale Buchungskreis, Kunde und Verkaufsartikel sowie die Kennzahlen Bruttoumsatz, Nettoumsatz und Warenaufwand.

[73] Handbuch „EC - Führungsinformationssystem" zu Release 3.0, SAP AG Walldorf, Mai 1996, S. 40ff

Für zu selektierende Monate und einen variabel vorzugebenden Buchungskreis sollen Kunden und Artikel mit zugehörigen Umsatzkennzahlen und Warenaufwänden in einer offenen Liste pro Monat gepflegt werden können.

Hier empfiehlt sich die Definition von allgemeinen Selektionen für die Merkmale Geschäftsjahr, Periode und Buchungskreis. Diese sollten via Variablen flexibel gestaltet sein, die Variablen sollten ausschließlich als Einzelwerte zulässig und als Muß-Eingabefelder definiert werden. Die Merkmale Kunde und Verkaufsartikel würden als Führungsspalten definiert, gefolgt von den drei Kennzahlen.

Abb. 4.14 Definition eines Erfassungslayouts (SAP AG©)

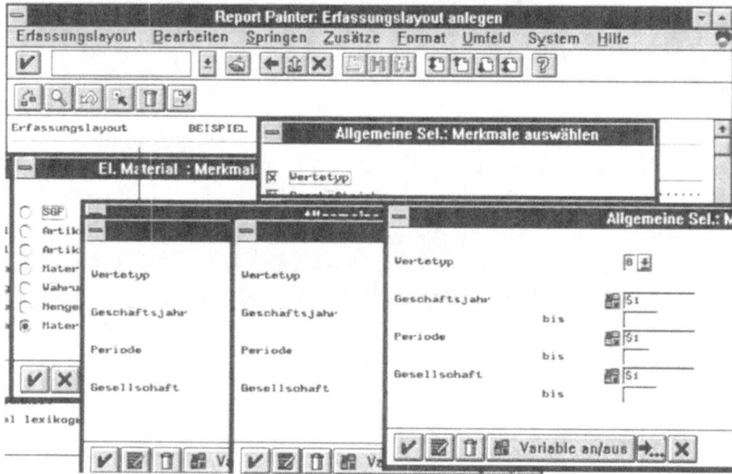

Somit würde nach einer erzwungenen Vorselektion eine offene Liste für die Eingabe/Pflege von beliebigen Kunde-/Material-Kombinationen angeboten. Durch die Einschränkung auf eine Periode würde keine Verteilung über die Zeit erfolgen.

Beispiel 2: Die oben genannte Merkmals-/Kennzahlen-Kombination soll zur Absatzplanung für ein gesamtes Geschäftsjahr genutzt werden.
In diesem Falle wäre nur die oben erzwungene Selektion einer Periode eines Geschäftsjahres durch die automatische Auswahl der Perioden 1 bis 12 (allgemeine Selektion mit Festwerten) eines anzugebenden Jahres zu ersetzen. Bei der Eingabe eines Wertesets für eine Kunde-/Material-Kombination im Übersichtsbild erfolgt die Verteilung auf die betroffenen Perioden.

Bei der Erfassung einer neuen Kombination werden die Werte über die Zeitreihe gleichverteilt. Liegen für die Einzelmonate bereits Daten vor, so werden Änderungen gemäß der vorgefundenen Verteilung auf die jeweiligen Perioden zugeordnet. Diese Funktionalität kann, falls vor der Erfassung entsprechende Koeffizienten in die Perioden gestellt werden, als Planungsinstrument mit Saisonalisierungsrechnungen genutzt werden.

Beispiel 3: Eine Planung solle in Form einer zentralen Vorgabe für die Buchungskreise einer Unternehmensgruppe mit vorgegebenen Geschäftsfeldern für die oben genannten Kennzahlen erfolgen.

Hier bietet sich die Anlage eines zweidimensionalen Formulars an: Neben der automatischen Auswahl der Perioden 1 bis 12 (allgemeine Selektion mit Festwerten ohne Benutzereingabe) eines anzugebenden Jahres und der Ermöglichung der flexiblen Auswahl eines Buchungskreises via allgemeiner Selektion wird die erste (im vorliegenden Fall Schlüssel-) spalte mit den zu planenden Ausprägungen des Merkmals Geschäftsfeld pro Zeile festgelegt. Die Merkmalsspalte ist nach dieser Einstellung im Customizing nicht mehr eingabebereit. In den folgenden Spalten sind die Kennzahlen als eingabebereite Felder zu definieren. Die Verteilung erfolgt analog zu dem unter Beispiel 2 dargestellten Modus.

Unverständlich ist angesichts der Nutzung gleicher Komponenten wie in der Ergebnisrechnung, daß nicht die volle Funktionalität des CO-PA-Planungslayouts zur Verfügung gestellt wird. Sowohl Prognosemodelle als auch Rechenspalten/Rechenzeilen und die Übergabe an/Übernahme aus anderen R/3-Modulen, um nur ausgewählte Funktionen zu nennen, sind dringend erforderliche Bausteine.

Probleme / Schwächen des Erfassungslayouts

Die im Berichtswesen der Komponenten vielfältig definierbaren Variablen sind im Erfassungslayout nicht einsetzbar. Es können jeweils nur lokale Variablen eingerichtet werden. Eine Übernahme der globalen Variablen wäre zur Reduktion der Redundanz im Customizing und zur Sicherstellung gleichartiger Definitionen wünschenswert. Desweiteren ist es nicht möglich, den Zeitbezug analog zu anderen Merkmalen zu behandeln. Das Erfassungslayout erzwingt die Pflege der Zeitreihen im sogenannten Periodenbild. Die optionale Gleichbehandlung der Fixmerkmale und der freien Merkmale wäre ebenso wünschenswert.

maschinelle Bewegungsdatenbeschaffung

Die maschinelle Bewegungsdatenbeschaffung ist eine der Hauptstärken der Komponente EC/EIS. Neben der Beschaffung via Datei-Import kann diese mittels ABAP/4-Query aus jeder, durch dieses Instrument ansprechbare, R/3-Tabelle sowie seit Release 3.0 auch mittels Beschaffungsreports aus verschiedenen R/3-Modulen erfolgen. Allen Werkzeugen ist die gleiche Flexibilität mit gleicher Funktionalität und Oberfläche gemein.

Somit sind auch komplexe Verbuchungskonzepte ohne Eigenentwicklung zu realisieren. Unter Nutzung der Coding-Abschnitte (im Sinne von User-Exits) können alle durch Programmcode definierbaren Lösungen innerhalb des Standards abgedeckt werden. Falls diese Instrumente nicht eingesetzt werden sollen, bietet die EIS-Komponente die Möglichkeit der Verwendung der SAP-Standardfunktionsbausteine zur Steuerung und Verbuchung unter Verwendung der Customizing-Einstellungen.[74] Ebenso werden Funktionen zur Übernahme von Daten aus R/2-Systemen sowie zur direkten Verbindung physisch getrennter SAP R/3-EC/EIS-Installationen angeboten.[75]

Allen Instrumenten der Bewegungsdaten-Beschaffung sind folgende Charakteristika gemein: Pro Aspekt können beliebig viele Übertragungsprogramme eingerichtet werden, dies gilt auch für Übertragungsprogramme des gleichen Übertragungsweges. Somit kann die Datenversorgung eines Aspektes zu verschiedenen Zeitpunkten aus verschiedenen Quellen in die jeweils gewünschten Zielmerkmale und -kennzahlen erfolgen.

Die Datenbeschaffung für Bewegungsdaten erwartet **unabhängige** Quell-Datensätze, etwa in der Art von Excel-Spreadsheets. Diese müssen die zu übertragenden Merkmale und Kennzahlen beinhalten. Dabei sind nicht zwingend alle Merkmale und Kennzahlen der Zielstruktur mit einem „Senderprogramm" zu füllen. Ebenso müssen nicht alle Felder der Quellstruktur für die Übertragung genutzt werden.

[74] Online-Dokumentation SAP R/3, Release 3.0D, Customizing Einführungsleitfaden „SAP-EIS", Topic: Programmierhinweise für eigene Datenübertragungsprogramme, SAP AG Walldorf, April 1996

[75] Online-Dokumentation SAP R/3, Release 3.0D, Customizing Einführungsleitfaden „SAP-EIS", Topic: Datenübertragung aus dem R/2, SAP AG Walldorf, April 1996

Das **Einrichten der Bewegungsdaten-Beschaffung** erfolgt grundsätzlich in den zwei nachfolgend skizzierten Schritten:

Definition der Senderstruktur

- Schritt 1: In der Beschreibung der Senderstruktur ist neben der oben beschriebenen Quellstruktur der zu füllende EC/EIS-Aspekt als Übertragungsziel anzugeben. Zusätzlich sind ggf. noch weitere Kopfinformationen, wie die Option Zulässigkeit „doppelte Schlüssel“, in der Quellstruktur und die Option „Konvertierung“ anzugeben. Bei der Datenbeschaffung via ABAP/4-Query und via Beschaffungsreport werden die Einstellungen teilweise generiert, so daß nur noch ergänzende Angaben vorzunehmen sind (siehe Abb. 4.15).

Abb. 4.15
Pflege der Senderstruktur für Bewegungsdaten (SAP AG©)

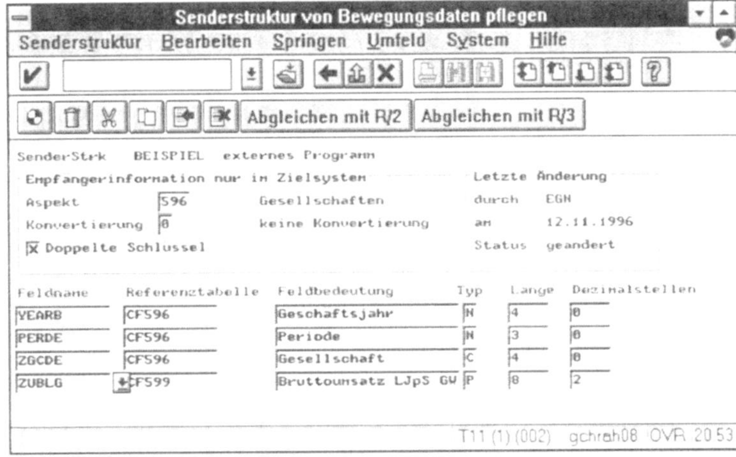

Definition der Übertragungsregeln

- Schritt 2: Es sind Übertragungsregeln einzustellen. Diese steuern feldweise die Erzeugung der Zieldaten aus den Quelldaten. Hierzu sind grundsätzlich zwei Bestandteile zu unterscheiden:

Abb. 4.16 Pflege der Übertragungsregeln (Merkmale) (SAP AG©)

- Bestandteil Merkmale: Pro Merkmal stehen verschiedene Einstellungsmöglichkeiten zur Verfügung. Dies kann z. B. die Vorgabe einer Konstanten, einer einfachen Übertragung, komplexer Gruppierungs- und/oder Combine-Regeln von mehreren Quellfeldern auf ein Zielmerkmal bedeuten. Kombinationen verschiedener Regeltypen (z. B. als Default einfache Übertragung, bei Sonderfällen Umsetzung) sind in einer Übertragung möglich. Diese sehr mächtige Funktionalität ist im SAP-Einführungs-leitfaden ausführlich beschrieben.[76] Seit Release 3.0 kann pro Merkmal das Verprobungsverhalten eingestellt werden. Es ist möglich, für einen Teil der Merkmale keine Übertragungsregeln zu definieren. Die Werte dieser Merkmale bleiben damit in der Zieltabelle initial.
- Bestandteil **Kennzahlen**: Pro Kennzahl stehen verschiedene Einstellungsmöglichkeiten zur Verfügung. Aus einer oder mehreren Kennzahlen der Quellstruktur können Formeln zur Errechnung der Zielkennzahl definiert werden. Auf der Basis des ermittelten Wertes wird ggf. eine Währungs- bzw. Einheitenumrechnung vorgenommen. Für den schließlich ermittelten Wert wird die eingestellte Gesamtoperation (Summation, Verwendung des kleinsten oder größten, ersten oder letzten Wertes oder die Ermittlung der Anzahl Sendersätze) auf den Zielsatz ausgeführt. Mit der eingestellten Gesamtoperation wird abschließend, je nach Einstellung, der aktuelle

[76] Online-Dokumentation SAP R/3, Release 3.0D, Customizing Einführungsleitfaden „SAP-EIS“, Topic: Übertragungsregeln von Bewegungsdaten pflegen, SAP AG Walldorf, April 1996

Wert der Kennzahl (wenn vorhanden) im Zielsatz überschrieben oder (bei der Summationsregel) hinzuaddiert.[77]

Abb. 4.17
Pflege der Übertragungsregeln (Kennzahlen)
(SAP AG©)

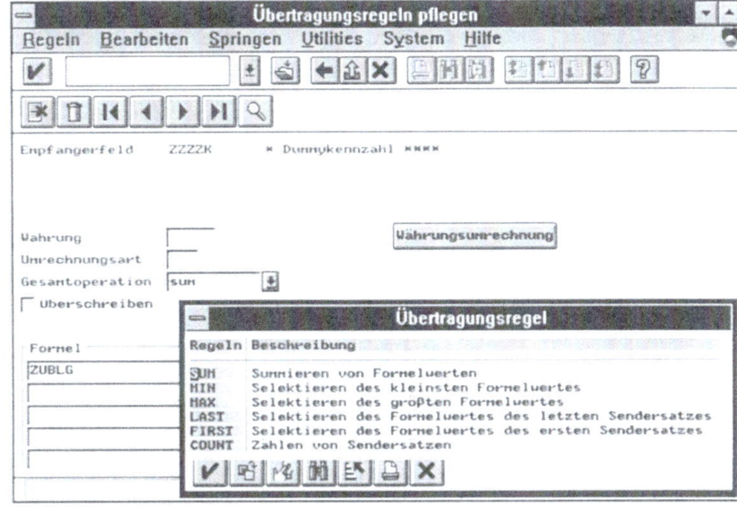

Import von Bewegungsdaten mittels „Datei einlesen"

Der Import von Bewegungsdaten kann mittels Menüpfad *Bewegungsdaten ⇨ Datei einlesen* aufgerufen werden. Es gelten die oben skizzierten Gemeinsamkeiten aller EIS-Datenbeschaffungsinstrumente.

Eine Ausnahme auf die oben genannte Unabhängigkeit im Sinne erweiterter Funktionalität bilden Zeitreihenwerte, d.h. nicht im Schlüssel enthaltene Zeitbezüge. Das EC/EIS ermöglicht die Transformation solcher Quellsätze mit Kennzahlen-Wiederholungen mit Zeitbezug.[78]

- Die oben genannten Schritte zum Customizing der Datenbeschaffung sind auszuführen.
- Bei der Anwendungsfunktion „Datei einlesen" sind abschließend operative Einstellungen vorzunehmen, z. B. ob eine Datei des Datenbank-/Applikationsservers (z. B. Unix-Files) oder des Präsentationsservers (z. B. PC-Dateien) genutzt werden soll. Pfad, Dateiname und Datei-Format (z. B. CSV-Format, festes Textformat etc.) sind anzugeben.

[77] ebenda

[78] Handbuch „EC - Führungsinformationssystem" zu Release 3.0, SAP AG Walldorf, Mai 1996, S. 49ff

Hinweis zu CSV-Format und UNIX

Die Verwendung des CSV-Formats erlaubt eine komfortable Nutzung von Front-End-Tools, wie Microsoft Access oder Microsoft-Excel, zur Pflege der Quelldateien. Allerdings ist darauf hinzuweisen, daß der Import von PC-Dateien nur Online ausgeführt werden kann. Dies führt bei großen Dateien allerdings wiederum zum Problem des Time-Out. Die Autoren empfehlen daher für große Dateien die Verwendung von Dateien auf dem Applikationsserver (z. B. UNIX).

Die letztgenannte Empfehlung spielt wiederum gut mit einer weiteren EC/EIS-Standardfunktion, der Archivierung, zusammen. Die in dieser Art in einem System archivierten EIS-Bewegungsdaten können mit minimalem Aufwand in ein anderes physisches System eingespielt werden. Diese Methode bietet die einfachste Möglichkeit der - gemäß der empfohlenen Architektur - Zusammenführung von Daten getrennter operativer Systeme in einem Data Warehouse-System.

Datenbeschaffung mit ABAP/4-Query

Sämtliche mittels ABAP/4-Query ansprechbare Dateien können zur Bewegungsdaten-Beschaffung eingesetzt werden. Somit können Belegtabellen ebenso wie ggf. voraggregierte Infostrukturen, z. B. des Logistikinformationssystems, verwendet werden.

Die Definition des „Sachgebietes" (ggf. unter Nutzung von Coding-Abschnitten im Sinne von User-Exits) und die Benutzergruppenzuordnung erfolgen wie im Zuge der Stammdaten-Beschaffung beschrieben.

Die erstmalige Ausführung des Queries fordert zur Festlegung der Art der Datenübertragung auf. Die im vorliegenden Falle zu treffende Auswahl der Bewegungsdaten-Übertragung verzweigt in ein reduziertes Kopfbild (Einrichtung Senderstruktur), in dem das Übertragungsziel anzugeben ist. Der Satzaufbau ist im Unterschied zum Datei-Import bereits durch die Query-Definition eingestellt.

Die oben genannten Schritte zur Einstellung der Datenbeschaffung sind auszuführen.

Bei Ausführung des Queries

- **im Dialog** wird die Datenübertragung nach der Auswahl der Übertragungsart Bewegungsdaten angegeben,
- **im Hintergrund** wird die Art der Datenübertragung automatisch nach den vorgefundenen Einstellungen vorgenommen.

Die Verarbeitung kann mittels Menüpfad *Bewegungsdaten ⇨ Übernahmen online* oder via Transaktion *Programmausführung (System ⇨ Dienste ⇨ Reporting, SA38)* gestartet werden.

Datenbeschaffung mit Beschaffungsreports

Die seit Release 3.0 verfügbare Möglichkeit des integrierten Beschaffungsreports erweitert die Möglichkeiten der Bewegungsdaten-Beschaffung für das EC/EIS. Der Aufruf erfolgt mittels Menüpfad *Bewegungsdaten ⇨ Übernahmen online*.

Diese Art der Datenbeschaffung erfolgt mittels SAP-Standardprogrammen oder generierten Berichten:[79]

- Die Datenbeschaffung aus FI-LC (Konsolidierung) erfolgt durch den Report RGCEISS1 (konsolidierte Abschlußdaten) über Senderstruktur FILCEIS.
- Die Datenbeschaffung aus FI-GL (Bilanz/GuV) erfolgt durch den Report RFBILA00 (Bilanz und GuV) und Senderstruktur EISFI.
- Die Datenbeschaffung aus FI-SL (Spezielle Ledger), CO-OM (Gemeinkostencontrolling) und der Komponente EC-PCA (Profit-Center-Rechnung) erfolgt mittels Report-Writer. Berichte zur Weitergabe von Daten müssen die Kennzahlen in den Spalten enthalten. Die Zeilen bzw. allgemeinen Selektionen müssen die Merkmalswerte enthalten. Eine entsprechende Senderstruktur wird automatisch generiert
- Die Datenbeschaffung aus CO-PA (Ergebnisrechnung) erfolgt mittels der Ad-Hoc-Recherche, auch hier wird eine entsprechende Senderstruktur automatisch generiert.

Die direkte Datenbeschaffung soll anhand der Schnittstelle der Ergebnisrechnung beschrieben werden. Die Übernahme aus dem CO-PA via Recherchebericht bietet die Möglichkeit der vollständigen Übernahme sowie der Übernahme nach dem Delta-Leseverfahren: Es können alle Daten einer Selektion vollständig neu übernommen werden oder nur die Differenzen zum vorangegangenen Lauf übertragen werden. Die Einrichtung und Ausführung ist wie folgt durchzuführen:

direkte Datenbeschaffung

Schritt 1: Definition eines Ad-hoc-Berichtes in der Ergebnisrechnung. Da die gleichen SAP R/3-Komponenten genutzt wer-

[79] ebenda, S. 57

den wie im EC/EIS, wird die Definition des Berichtes an dieser Stelle nicht weiter ausgeführt.[80]

Schritt 2: Auswahl des Ad-hoc-Berichtes als Bewegungsdaten-Beschaffungsinstrument im SAP R/3-EC/EIS.

Schritt 3: Festlegung der Kopfinformationen (Zielaspekt und Optionen) der Datenübertragung Beschaffungsinstrument im SAP R/3-EC/EIS gemäß des oben genannten Schrittes 1 der allgemeinen Charakteristika der Bewegungsdaten-Beschaffung.

Schritt 4: Pflege der Übertragungsregeln im SAP R/3-EC/EIS gemäß des oben genannten Schrittes 2 der allgemeinen Charakteristika der Bewegungsdaten-Beschaffung.

Schritt 5: Pflege von Variablengruppen im CO-PA für den ausgewählten Bericht.

Schritt 6: Aufruf des Berichtes zur Datenbeschaffung, z. B. via EIS-Anwendermenü Online-Übernahme der Bewegungsdaten.

4.4.5 Aspektverdichtung

Für die angemessene Abbildung eines „relationalen OLAP" bietet das EC/EIS zwei Konzepte: Neben der Möglichkeit, bereits aggregierte Berichtsdaten abzulegen, können durch die freie Einrichtbarkeit der EC/EIS-Datenbasis Tabellen mit unterschiedlichem Aggregationsniveau zu den gleichen Kennzahlen angelegt werden.[81]

ein- oder mehrstufiges Aggregationstabellen-Konzept

Ist z. B. das niedrigste im Data Warehouse vorzuhaltende Detaillierungsniveau für Umsatzkennzahlen Kunde/Material, so sind für viele Reports Auswertungen auf Buchungskreis/Geschäftsfeld-Ebene ausreichend. Ggf. empfiehlt sich alternativ oder ergänzend zur Berichtsdaten-Ablage die Umsetzung von einem ein- oder mehrstufigen Aggregationstabellenkonzept. Je nach den relevanten Zugriffsarten könnte die eine Aggregation in einen Aspekt „Kunde Total" oder „Kunde pro Geschäftsfeld", in einen weiteren Aspekt „Artikel pro Buchungskreis" oder „Profitcenter Total" und in einem höchstaggregierten „Buchungskreis/Geschäftsfeld" sein.

[80] siehe Abschnitt zum Berichtswesen des EC/EIS, Online-Dokumentation SAP R/3, Release 3.0, Customizing Einführungsleitfaden „Allgemeines Recherchebuch", Topics: Ad-hoc-Bericht und Bericht mit Formular, Bericht anlegen,SAP AG Walldorf, September 1995

[81] siehe Abschnitt 2.3.3.1

Für die Synchronisation solcher Aggregations-Aspekte stehen drei wesentliche Instrumente zur Verfügung:

- Aspektverdichtungsprogramme
- ABAP/4-Query
- User-Exits für die Datenübertragung.

Aspektverdichtungs-programme

Durch die SAP AG werden die Aspektverdichtungsprogramme als per Customizing einzurichtende Werkzeuge für die Übertragung von Daten aus einer EC/EIS-Bewegungsdatentabelle in eine andere positioniert. Diese bieten den Komfort einer sehr leichten Generierung und Einrichtung. Allerdings ist zu beachten, daß Aspektverdichtungsprogramme ausschließlich Daten aus **einem** Quellaspekt in je **einen** Zielaspekt überführen können. Hierbei können Quell- und Zielaspekt identisch sein (somit kann dieses Instrument auch zum Umladen von Daten, z. B. der Neuzuordnung von abgeleiteten Merkmalen genutzt werden).[82]

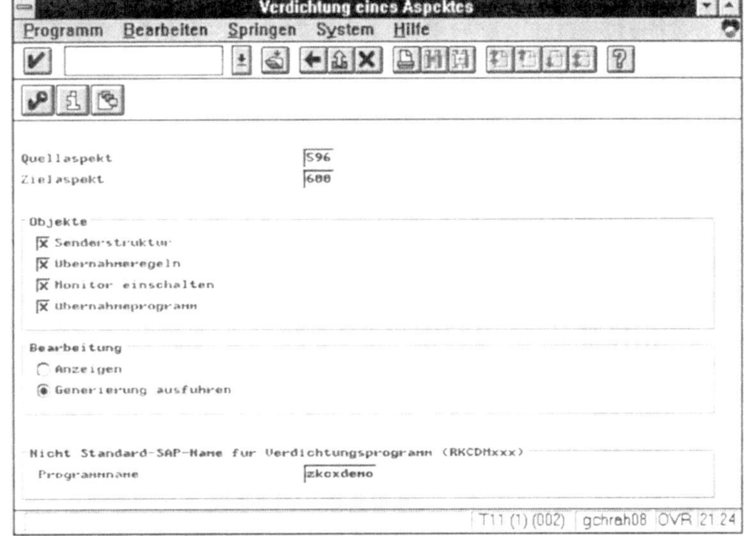

Abb. 4.18 Defintion eines Aspektverdichtungs-programms (SAP AG©)

Seit Release 3.0 können bei der Definition von Aspektverdichtungsprogrammen im Customizing Quell- und Zielaspekt bereits bei der Generierung angegeben werden (Einführungsleitfaden bzw. Einstellungsmenü via Menüpfad *Werkzeuge ⇨ Datenübertragung ⇨ Aspektverdichtung def.*).

[82] Handbuch „EC - Führungsinformationssystem" zu Release 3.0, SAP AG Walldorf, Mai 1996, S. 58

Ebenso kann ein Programmname (z. B. im Kundennamensraum) angegeben werden. Die Einrichtung der Kopfinformation (Senderstruktur) und der Übertragungsregeln erfolgt analog zur Datenbeschaffung.[83]

Die Aspektverdichtungsprogramme können ebenso zur Zusammenführung von Informationen aus verschiedenen Quellaspekten genutzt werden. Enthält z. B. ein Aspekt A_1 Umsatzkennzahlen und ein Aspekt A_2 Kennzahlen zu Kosten, so können diese in einem Aspekt A_3 mittels zweier Aspektverdichtungsprogramme (Programm P_1 überträgt von A_1 nach A_3, Programm P_2 überträgt von A_2 nach A_3) zusammengeführt werden.

ABAP/4-Query

Die Grenzen der Aspektverdichtungsprogramme sind allerdings erreicht, wenn die Notwendigkeit besteht, für die Überführung von einer EC/EIS-Bewegungsdatentabelle in eine andere Dateiverknüpfungen zu nutzen. Soll z. B. ein in einem Aspekt abgelegtes Jahresbudget mittels einer in einer anderen Tabelle abgelegten Saisonalisierung einzelnen Monaten zugeteilt werden, so bleibt außer der manuellen Programmierung der Einsatz von ABAP/4-Query zur Realisierung der Verknüpfung von Tabellen. Hier ist dieses Instrument analog zur Datenbeschaffung einzurichten.

USER-Exits in der Datenübertragung

Als dritte Variante, ggf. in Kombination mit den oben genannten Möglichkeiten, stehen die USER-Exits in der Datenübertragung zur Verfügung.[84] Die hier gegebene Möglichkeit von eigenem Zusatzcoding innerhalb des SAP-Standards bietet eine gute Ergänzung zu den genannten Werkzeugen. Insbesondere unter Performance-Überlegungen und der Vermeidung von redundantem Customizing bzw. redundantem ABAP/4-Query-Zusatzcoding können diese USER-Exits eine interessante Alternative bieten.

4.4.6 Übergreifende Merkmalsanreicherung

Mit dem Begriff der **Merkmalsanreicherung** beschreibt die SAP AG den Vorgang der Ableitung von abhängigen Merkmalen aus Basismerkmalen. Ein einfaches Beispiel veranschaulicht das

[83] Online-Dokumentation SAP R/3, Release 3.0D, Customizing Einführungsleitfaden „SAP-EIS“, Topic: Aspektverdichtung definieren, SAP AG Walldorf, April 1996

[84] Online-Dokumentation SAP R/3, Release 3.0D, Customizing Einführungsleitfaden „SAP-EIS“, Topic: USER-Exits in der Datenübertragung, SAP AG Walldorf, April 1996

Konzept: Während die Materialnummer die Ausprägung des Basismerkmals Material darstellt, gibt es über das Material Hierarchien, wie z. B. die Zusammenfassung in Artikelgruppen. Aus der Ausprägung Materialnummer ergibt sich hierbei die Ausprägung des abhängigen Merkmals Artikelgruppe. Die Merkmalsanreicherung stellt nun die Ermittlung und Ablage der Ausprägung eines abhängigen Merkmals per Datenübertragungsregeln dar.

zentrale Definitionen

Bis incl. Release 2.2 konnten Merkmalsanreicherungen ausschließlich innerhalb der Übertragungsregeln einzelner Übertragungsprogramme eingerichtet werden. Dies hatte ggf. erhebliche Redundanzen im Customizing der Anreicherungsregeln zur Folge. Seit Release 3.0 bietet SAP die Möglichkeit, Merkmalsanreicherungen zentral zu definieren. Somit ist ein Set von Ableitungen für alle Datenbeschaffungs- und Aspektverdichtungsprogramme der Komponente EC/EIS verwendbar.

Die Einrichtung dieser Anreicherungsregeln erfolgt im Customizing (Menüpfad *Datenbasis ⇨ Anreicherung*). Die Vorgehensweise im EC/EIS unterscheidet hierbei zwei Szenarien:

1. Bei der manuellen Datenerfassung werden die nicht spezifizierten Merkmalswerte des Satzes nach der Eingabe eines neuen Datensatzes bzw. vor dem Lesen vorhandener Datensätze mittels der im Customizing angelegten Regeln angereichert.
2. Bei der maschinellen Datenübernahme werden die Anreicherungsregeln nach den Übertragungsregeln für die Senderstruktur ausgeführt.[85]

Bei beiden Szenarien sind folgende Prioritäten gültig:

- Ist ein Feld bereits mit einem Merkmalswert gefüllt, so wird es nicht überschrieben.
- Kann ein Merkmalswert aufgrund der Regeln nicht zugeordnet werden, so bleibt der Initialwert bestehen.[86]

[85] Handbuch „EC - Führungsinformationssystem“ zu Release 3.0, SAP AG Walldorf, Mai 1996, S. 37f

[86] Online-Dokumentation SAP R/3, Release 3.0D, Customizing Einführungsleitfaden „SAP-EIS“, Topic: Anreicherung bei der Datenerfassung und Übernahme pflegen, SAP AG Walldorf, April 1996

4.4.7 Monitor-Funktionen

Übertragungsprotokolle

Zur Überwachung, Steuerung und ggf. Nachbearbeitung der Datenbeschaffung in das SAP R/3-EC/EIS stehen im EC/EIS-Anwendermenü verschiedene Monitoring-Funktionen zur Verfügung. Neben einer Übersichtsfunktion mit der Anzeige der abgelegten Datenübertragungen und deren Status, bietet die Transaktion „Übertragungsprotokoll bearbeiten" vielfältige Kontroll- und Bearbeitungsfunktionen: Neben der Anzeige von Sendersätzen, Empfängersätzen bzw. von ggf. fehlerhaften Sätzen mit Fehlerhinweisen stehen Optionen, wie nachträgliches Laden von fehlerhaften Sätzen (z. B. nach einer Korrektur von Verprobungs-, Plausibilitäts- und/oder Anreicherungsregeln, Stammdaten o.ä.) oder das Erzeugen einer Batchinput-Mappe zur Verbuchung bei manueller Nachbearbeitung zur Verfügung (vgl. Abb. 4.19).[87]

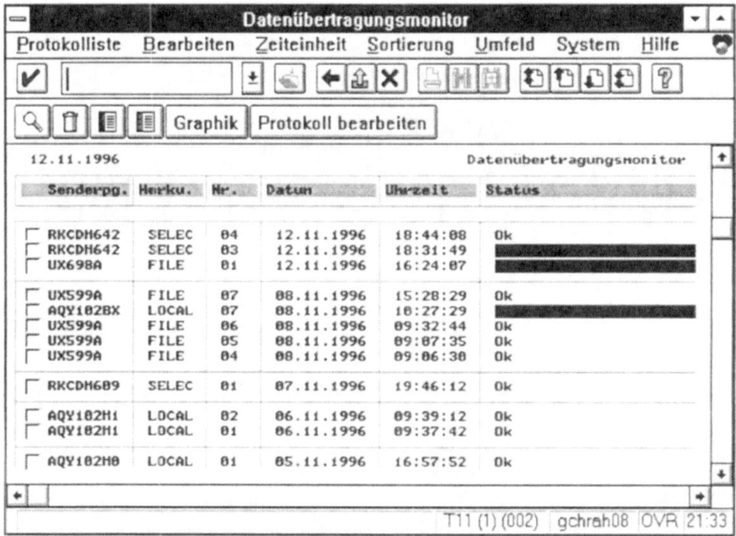

Abb. 4.19 Datenübertragungsmonitor (SAP AG©)

Hierzu ist die Protokollierung im Customizing (Menüpfad *Datenübertragung* ⇨ *Fremdsystem* ⇨ *Partnersystem/Protkl*) zu aktivieren. Zwischen den Monitor-Funktionen bestehen entsprechende Verzweigungsmöglichkeiten, z. B. aus der Übersicht zur Anzeige der Sender- oder Empfängersätze.

[87] Handbuch „EC - Führungsinformationssystem" zu Release 3.0, SAP AG Walldorf, Mai 1996, Seite 56 und Online-Dokumentation SAP R/3, Release 3.0D, Customizing Einführungsleitfaden „SAP-EIS", Topic: Partnersystem / Protokolle pflegen, SAP AG Walldorf, April 1996

Durch die Funktion *Auswählen* kann aus dem Datenübertragungsmonitor in die Datenübertragungsstatistik verzweigt werden:

Abb. 4.20
Beispiel einer Datenübertragungsstatistik (SAP AG©)

Protokoll-Nr.	03
Herkunft der Daten	SELEC
Beschaffungsprogramm	RKCDM642
Sendersatzlänge	983
Konvertierte Satzlänge	1527
Beschaffungsdatum	12.11.1996
Beginn der Beschaffung	18:31:49
Ende der Beschaffung	18:33:32
Übertragungsdatum	12.11.1996
Beginn der Übertragung	18:31:49
Ende der Übertragung	18:33:32
Anzahl gesendete Sätze	7036
Anzahl empfangene Sätze	7036
Verdichtungsprogramm	UKC64224
Empfängertabelle	CF642
Doppelte Schlüssel erlaubt	Nein
Beginn Verarb. Übertragungsregeln	18:33:32
Ende Verarb. Übertragungsregeln	18:36:13
Anzahl verdichtete Sätze	7035
Beginn der Verbuchung	18:36:13
Fehlerhafte Sendersätze	1
Fehler beim Verbuchen	0

Detailinformationen bis auf Satzebene sowie Nachbearbeitungsmöglichkeiten stehen im Fehlerbehandlungsbild zur Verfügung (z. B. Verzweigung *Protokoll bearbeiten* aus dem Datenübertragungsmonitor):

Abb. 4.21
Fehlerbehandlungsbild (SAP AG©)

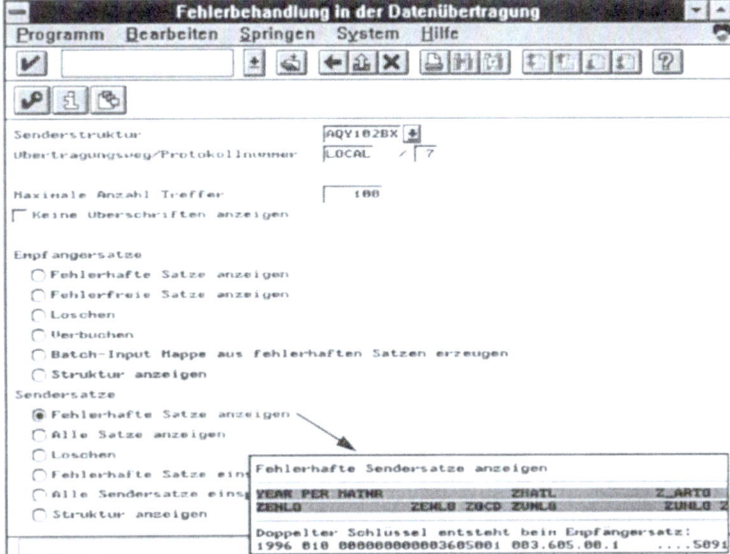

Bei der Nutzung der List- und Monitor-Funktionen in der Datenübertragung sind Performance- und Speicherplatzaspekte zu beachten.

Problematik bei der Zwischenspeicherung der Übertragungsdaten

Die Zwischensicherung von Übertragungsdaten erfolgt unverständlicherweise in der Datei INDX. Die Vorhaltung von Übertragungsdaten kann leicht ohne praktischen Nutzwert Plattenplatz im Gigabyte-Bereich belegen, u.U. sogar zur Überschreitung der maximalen Anzahl von Extends führen. Die angemessene Dimensionierung der Dateierweiterungen für die besagte Tabelle und vor allem die Löschung von nicht mehr benötigten Übertragungsprotokollen können deshalb erhebliche Behinderungen des produktiven Betriebes verhindern.[88]

Die SAP-Default-Einstellung für die Datenübertragung „Sätze ausgeben“ ist eine die Laufzeit der Datenübertragung drastisch beeinflussende Option. Falls auf die Erzeugung einer Spool-Liste verzichtet werden kann, so ist ein Performancegewinn um den Faktor 2 bis 3 die Regel. Eine weitere deutliche Performanceverbesserung ergibt sich, falls auf die Zwischenspeicherung der Daten verzichtet werden kann. Dies ist z. B. dann der Fall, wenn die zu übertragenden Daten bereits einer entsprechenden Verprobung und Plausibilitätsprüfung unterzogen wurden.

4.4.8 Operative Systeme und das SAP R/3-Data Warehouse

Aus obigen Ausführungen werden die vielfältigen Möglichkeiten der Komponente EC/EIS zur adäquaten Datenbeschaffung und Datensynchronisation ersichtlich. Davon ausgehend soll nun die Frage nach der Architektur und der Steuerung der Datenübertragung in das Data Warehouse erörtert werden.

Es empfiehlt sich die Nutzung der Business Intelligence der verschiedenen Komponenten der operativen Module. Hierbei sind die operativen Module und die sogenannten „User Departement Information Systems“ optimal als Datensammler einzusetzen (siehe obige Abschnitte zur Ergebnisrechnung, zum Logistikinformationssystem etc.). Gleichwohl sollten für einen optimalen Einsatz der verschiedenen Komponenten deren Fähigkeiten, Grenzen und ggf. Unzulänglichkeiten berücksichtigt werden.

Die genannte Notwendigkeit zur kritischen Reflektion sollte einerseits unter dem Blickwinkel „welche Komponente bietet für

[88] Online-Dokumentation SAP R/3, Release 3.0D, Customizing Einführungsleitfaden „SAP-EIS“, Topic: Datenübertragungsprotokolle löschen, SAP AG Walldorf, April 1996

welche Art von Daten die günstigsten Voraussetzungen", als auch unter dem Blickwinkel, „wie 'schlank' kann die jeweilige Komponente für eine hinreichende Datenbereitstellung genutzt werden", stattfinden.

Datensammler-Komponente

Beispiele zur Auswahl der „Datensammler"-Komponente: Bei der Abwägung der Komponenten für die Bereitstellung von Fakturadaten bietet sich angesichts der Stabilität die (kalkulatorische) Ergebnisrechnung gegenüber dem Vertriebs-Informationssystem an. Bei der Überlegung, ob Kostenstellenumlagen direkt oder via Ergebnisrechnung in das Data Warehouse geliefert werden sollen, ist bereits die vorzufindende Komplexität zu reflektieren. Sind die Möglichkeiten des CO-PA hinreichend, so empfiehlt sich eine Nutzung dieser Komponente zur Datenbereitstellung von Kostenstellendaten für das Data Warehouse. Sind die geforderten Umlageverfahren derart komplex, daß diese im Standard der Ergebnisrechnung nicht abgebildet werden können, so empfiehlt sich eine direkte Übergabe aus der Kostenstellenrechnung in das Data Warehouse und die Umlage mittels den Möglichkeiten der Komponente EC/EIS. Diese Überlegungen führen unmittelbar zu der Problematik „Schlankheit" der Datensammler-Komponenten, wie nachfolgendes Beispiel zeigt: Die gängige Methode der Speicherung von abgeleiteten Merkmalen (z. B. Produkthierarchie über Material, Land des Kunden etc.) in den „Datensammler"-Komponenten wie der Ergebnisrechnung oder den Elementen des Logistik-Informationssystems (VIS etc.) muß als problematisch bezeichnet werden. Außer dem EC/EIS besitzt keine R/3-Komponente adäquate Instrumente zum Datenmanagement, d.h., daß in diesen Komponenten keine per Customizing einrichtbare Werkzeuge zur Nachbearbeitung oder Umsetzung von **falsch gespeicherten** (sowohl Verbuchungsfehler als auch Stammdatenfehler sind in der Praxis nahezu immer anzutreffende Probleme) oder **geänderten abgeleiteten Merkmalen** zur Verfügung stehen.

Die zur Verfügung stehenden rudimentären Instrumente sind im praktischen Betrieb nicht einsetzbar. Bereits nach wenigen Monaten der produktiven Nutzung von R/3 sind die Programme des LIS zum Statistikneuaufbau bei einem mittleren Mengengerüst nicht mehr in der Lage, an entsprechenden Systemverfügbarkeitszeiten (Wochenenden etc.) einen Neuaufbau der Aggregationstabellen durchzuführen.

Somit empfiehlt sich ein weitestgehender Verzicht auf die Ablage von abgeleiteten Merkmalen in den Datensammler-Komponenten und die Anreicherung bzw. Hierarchiebildung innerhalb des Data Warehouse mit den vielfältigen Möglichkeiten des EC/EIS. Seine Grenzen findet diese Vorgehensweise, falls abgeleitete Informationen nur im Beleg zur Verfügung stehen. Bei häufigem Wechsel von Kunden zwischen verschiedenen Einkaufsringen ist ggf. die Ablage des jeweils eingegebenen Einkaufsringes unumgänglich.

Bei der Nutzung der skizzierten Architektur von verteilten operativen Systemen und einem Data Warehouse in einem gesonderten System sind weiterhin Überlegungen zur Datenübertragung zwischen den operativen Systemen und dem Data Warehouse-System anzustellen.

ALE

Strategisch empfiehlt sich der Einsatz der Application Link Enabling-Funktionalität[89]. Hierbei wird z. B. eine verteilte Ergebnisrechnung eingerichtet. In den operativen Systemen erfolgt die Fortschreibung der Ergebnisrechnung analog zum nichtverteilten Szenario in Abhängigkeit von den Geschäftsvorfällen. Im Data Warehouse-System ist die Ergebnisrechnung ebenso eingerichtet. Die Versorgung des CO-PA im Reportingsystem erfolgt per ALE aus den Ergebnisbereichen der operativen Systeme.[90] Aus dem „zentralen" CO-PA werden die Daten an das Data Warehouse übergeben. Dabei sind nach unserer Auffassung insbesondere zwei propagierte Positionen kritisch zu beleuchten:

1. In diversen Unterlagen[91] empfiehlt die SAP AG die Einrichtung von reduzierten zentralen Ergebnisbereichen. Bei

[89] Handbuch „ALE - Application Link Enabling" zu Release 3.0, SAP AG Walldorf, Mai 1996, S. 8: „Das mit dem R/3-Release 3.0 verfügbare ALE-Konzept (Application Link Enabling) unterstützt den Aufbau und Betrieb von verteilten Anwendungen. Es umfaßt einen betriebswirtschaftlich kontrollierten Nachrichtenaustausch bei konsistenter Datenhaltung auf lose gekoppelten SAP-Applikationen. Die Anwendungsintegration erfolgt nicht über eine zentrale Datenbank, sondern über synchrone und asynchrone Kommunikation ... Das Grundkonzept von ALE ist die Gewährleistung einer verteilten, aber integrierten R/3-Installation. Die Anwendungen laufen autark, also mit einer eigenen Datenbasis in den verteilten Installationen."

[90] Handbuch „CO - Ergebnis- und Marktsegmentrechnung" zu Release 3.0, SAP AG Walldorf, Mai 1996, S. 108f sowie Online-Dokumentation SAP R/3, Release 3.0B, Customizing Einführungsleitfaden „Vertriebs- und Ergebniscontrolling", Topic: Verteilte Ergebnisrechnung, SAP AG Walldorf, November 1995

[91] z. B. Unterlagen zu Kurs „Ergebnis- und Marktsegmentrechnung AC605", SAP AG Walldorf, Juli 1996 S. 7-4

dieser Position wird impliziert, daß das CO-PA alsReporting-instrument genutzt und eine zentrale Komponente die Funktion eines Konzernberichtswesens hat. Die Autoren haben sich mit beiden Aspekten dieses Ansatzes bereits kritisch auseinandergesetzt.

2. Vor dem von der SAP AG angebotenen Szenario der vorgangsbezogenen Verteilung ist zu warnen. Darüber hinaus erfordern wenige Szenarien mehr als einen periodischen Roll-up auf Tagesbasis (Anm. d. Verf.: Viele Unternehmen sind von tagesgenauem, abgestimmtem und konsolidiertem Berichtswesen weit entfernt. Derartige aus einer vorgangsbezogenen Verteilung erwachsende Abhängigkeiten und Systembelastungen sind in der Praxis selten zu rechtfertigen).

Bestehen Hinderungsgründe für einen Einsatz der ALE-Technologie (produktive Releases unter 3.0 oder Nicht-SAP-Systeme), so bietet die EC/EIS-Komponente den leicht einzurichtenden und anwendbaren Datei-Import. In vielen Fällen (insbesondere bei größeren Datenbereitstellungs-Zyklen wie z. B. einer Monatsverarbeitung) ist diese Technologie oft ausreichend. Bei darüber hinausgehenden Anforderungen bietet die bereits genannte CPIC-Schnittstelle eine hinreichende Funktionalität zur Kopplung verteilter Data Warehouses.

Fazit

Die vielfältigen und flexiblen Möglichkeiten der Datenübertragung in das SAP R/3-EC/EIS sind u.E. eine der Hauptstärken des Data Warehousing unter SAP R/3. Eine der Hauptaufgaben in konzeptionellen Überlegungen für den Einsatz dieser Komponenten bildet die Entscheidung für eine angemessene Technologie.

4.4.9 Erweiterungen in Form von Validierung und Konsolidierung

Seit Release 3.0D ist es möglich, im EIS Validierungen vorzunehmen. R/3 unterstützt hierbei Einzelsatzvalidierungen und Matrixvalidierungen.

Validierung

Bei der **Einzelsatzvalidierung** werden Validierungsregeln auf die Elemente des einzelnen Datensatzes bezogen angewendet. Die **Matrixvalidierung** bietet die Möglichkeit, über mehrere Datensätze hinweg, Prüfungen vorzunehmen.

Die entsprechenden Transaktionen sind vorläufig nicht in den Menüs angehängt und müssen somit direkt aufgerufen werden.

Falls Validierungen eingesetzt werden sollen, sind mit der Transaktion KCVA Validierungen zu pflegen. Mittels der Transaktion KCVC können Validierungen kopiert werden. Für die Mehrfachverwendung von Regeln können diese unabhängig von einer einzelnen Validierung definiert werden.

Nach der Pflege der Validierungen sind diese aus dem Menü des Startbildes der genannten Transaktion für die Datenerfassung oder die Datenübertragung zu aktivieren. Die Aktivierung für die Datenerfassung kann erfassungslayoutbezogen erfolgen. Die Aktivierung für die Datenübertragung kann senderprogrammbezogen erfolgen. Die Ergebnisse der Validierungen sind aus dem Menü des Startbildes der genannten Transaktion als Protokolle auszuwerten.

Die Funktionalität kann durch die Verwendung der User Exit-Option in den SAP-Programmen erweitert werden. Im Coding des Programmes RGGBR000 (Exit routines for Rules) sind Beispiele für Einzelsatz- und Matrixvalidierungen enthalten. Eigene Programme mit User-Exits sind mittels Transaktion GCX2 (FI-SL: Mandantenabhängige Benutzerexits) in die Tabelle T80D (FI-SL: Steuertabelle für mandantenabhängige Benutzerexits) für das Arbeitsgebiet GBLR (Val/Sub:Exits for Rules) hinzuzufügen.

Diese hier nur kurz skizzierten neuen Funktionen eröffnen viele neue Möglichkeiten zur Lösung praktischer Probleme beim komplexen Einsatz des EC/EIS im Data Warehousing.

Konsolidierung

Zu Release 3.0 wurde durch die SAP AG eine mittels User-Exit zu steuernde Konsolidierungsfunktionalität angeboten. Diese wirkt bei der Online-Berichtsausführung entsprechend frei programmierbarer Regeln auf die jeweiligen Aggregationsstufen. Zu einem späteren Release soll diese Funktion allgemein zur Verfügung gestellt werden.

4.5 Berichtswesen innerhalb SAP R/3-EC/EIS

4.5.1 Rechercheberichte

Im Unterschied zu den vordefinierten Berichtsheftberichten bieten die Rechercheberichte im SAP R/3-EC/EIS eine interaktive Recherche mit freien Navigationsmöglichkeiten (selbstverständlich innerhalb der Grenzen des eingestellten Berichtes). Rechercheberichte sind in zwei grundsätzliche Berichtsarten zu unterteilen: **Ad-hoc-Berichte** sowie **Berichte mit Formular** (Zeilen/Spaltenstruktur).

Berichte sind für **eine** Version anzulegen. Die versionsübergreifende Anzeige ist demzufolge nicht möglich. Diese Restriktion verleitet u.U. zur Nutzung des Feldes Wertetyp, z. B. für die Qualifikation von Plan- und Ist-Daten. An dieser Stelle ist allerdings auf die - bei einem derartigen Einsatz - durch dieses in der Feldfolge letzte inhaltliche Schlüsselfeld genannten provozierbaren Performanceprobleme zu verweisen.

Neben der bereits in Release 2.2 angebotenen Funktionalität der Neuanlage von Formularen und Berichten mit Vorlage sind ab Release 3.0 wesentlich verbesserte Kopiermöglichkeiten vorhanden: Formulare können auch aspektübergreifend kopiert werden. Kopf- und Fußzeilen können berichtsübergreifend kopiert werden.

Grundsätzlich können Rechercheberichte gesicherte (voraggregierte) Daten anzeigen oder eine Neuselektion zum Ausführungszeitpunkt durchführen. Die Arbeit mit gesicherten Daten bietet sich insbesondere zur Performanceoptimierung bei Standardberichten mit abgeschlossenen Perioden an. Die Nutzung dieser Option sollte in Abwägung zu Aggregationstabellen bzw. evtl. in Kombination erfolgen.

Ad-hoc-Berichte

Der Ad-hoc-Bericht bietet die Möglichkeit einer einfachen Erstellung. Mußangaben sind:

- die Eingabe der Selektionskriterien (dies sind beim Ad-hoc-Bericht die Fixmerkmale Geschäftsjahr, Periode von/bis sowie Wertetyp) via *Variableneingabe*: Die Werte können vorbelegt werden, die Eingabefähigkeit ist leicht ausschaltbar. Eine Selektion von mehreren Geschäftsjahren oder Wertetypen ist nicht möglich. Weitere Selektionen (auf Merkmalsausprägungen) sind nur via *Merkmale einschränken* möglich.
- die Angabe der Merkmale für den Berichts-Drilldown (Bild *Merkmalsauswahl*): Hier sind die anzuzeigenden Merkmale sowie deren Reihenfolge im Drilldown anzugeben; mindestens ein Merkmal ist auszuwählen.
- die Angabe der aufzulistenden Kennzahlen (Bild *Kennzahlauswahl*): Hier sind die aufzulistenden Kennzahlen sowie deren Anordnung anzugeben; mindestens eine Kennzahl ist auszuwählen.

Der Aufbau der Ad-hoc-Berichte ist vorgegeben. Die Übersichtsliste enthält in den Spalten die ausgewählten Kennzahlen, die Merkmale werden in der angegebenen Drilldown-Folge als Zeilenkopf angezeigt. In der Detailliste werden alle Kennzahlen in einer Liste untereinander für den jeweiligen Drilldown angezeigt.

Darüber hinaus bietet der Ad-hoc-Bericht eine Reihe von allgemeinen Optionen, die in den allgemeinen Funktionen beschrieben werden. Dies sind u.a. die Funktionen

- Merkmale einschränken incl. Nutzung von Stammdatenhierarchien zur Selektion
- Bericht-Bericht-Schnittstelle
- Hierarchieauswahl
- abweichender Aufbau von Bildschirm- und Drucklayout
- Sortierung der Variablen im Selektionsbild
- Pflege der Variablen
- Definition von Kopf- und Fußzeilen incl. Ersetzungsvariablen (z. B. Selektionsparameter)
- sämtliche für den Ad-hoc-Bericht relevante Einstellungsfunktionen zum Ausführungszeitpunkt

Im Unterschied zu den Standardanalysen des Logistik-Informationssystems können im Ad-hoc-Bericht im EC/EIS auch Berechnungen über Kennzahlen vorgenommen werden. Hierzu ist die Anwenderfunktionalität *Kennzahlen pflegen* zu nutzen. Sämtlich über einen Aspekt eingerichtete Kennzahlen werden im Ad-hoc-Bericht wie physische Kennzahlen zur Auswertung angeboten. Hierdurch sind z. B. Berechnungen, wie direkte Erlösminderungen als Differenz von Bruttoumsatz zu Nettoumsatz oder auch Plan-Ist-Vergleiche (falls beiderlei Kennzahlen im gleichen Datensatz angeordnet wurden) absolut oder relativ in Ad-hoc-Berichten möglich.

Der Ad-hoc-Bericht erhält durch die Funktionserweiterungen zu Release 3.0 eine erhöhte Bedeutung. Insbesondere im Zusammenhang mit der Nutzung der SAP-Rechercheberichte via inSight als Front-End kann dieses Werkzeug intensiv eingesetzt werden. Im Vergleich zu Berichten mit komplexen Zeilen/Spaltenstrukturen bietet der Ad-hoc-Bericht eine wesentlich bessere Performance.

Berichtsformulare

Formulare für Rechercheberichte sind gemäß dem SAP-Konzept als „Halbfabrikate" zu verstehen.[92] Ein Formular kann einem oder mehreren Berichten zugeordnet werden und ermöglicht so

[92] Handbuch „Allgemeines Recherchebuch" zu Release 3.0, SAP AG Walldorf, Mai 1996, S. 26

eine gemeinsame Nutzung. Dies kann für verschiedene Optimierungsansätze eingesetzt werden: Ein einheitlicher Listaufbau kann z. B. für verschiedene Selektionen oder für verschiedene Merkmal-Drilldowns (detaillierte und hochaggregierte Berichte auf der gleichen Datenbasis) genutzt werden. Dieser Ansatz bietet sich insbesondere beim Einsatz eines Front-Ends, wie inSight an, bei welchem SAP-Berichte ausschließlich der Datenbereitstellung dienen. Werden mehrere Berichte auf der Basis eines Formulars realisiert, so bietet dies die Möglichkeit der Reduktion von Customizing-Aufwand (bei gut konzeptioniertem Einsatz können insbesondere auch Redundanzen im Customizing vermieden werden).

Der Einsatz des Formulars kann wiederum in einer (einfachen) eindimensionalen Zeilen/Spaltenstruktur oder in einer Matrix (zweidimensionale Zeilen/Spaltenstruktur) erfolgen. Bei Berichten mit Formularen können jeweils ein oder mehrere Berichte über ein Formular definiert werden.

Beispiel 1: einkoordinatige Zeilen/Spaltenstruktur mit Kennzahl

Das einkoordinatige Formular mit Kennzahl ist vom Aufbau vergleichbar mit dem Ad-hoc-Bericht. Die Übersichtsliste bietet einen analogen Spaltenaufbau. Zusätzliche Möglichkeiten bestehen u.a.

- in erweiterten komfortablen Kopierfunktionen (seit Release 3.0). Alle Formulare können nicht nur als Vorlage innerhalb eines Aspektes, sondern nunmehr auch aspektübergreifend kopiert werden.
- in der Definition von Formeln (über die bereits im Abschnitt zu den Ad-hoc-Berichten bereits genannten berechneten Kennzahlen hinaus) mit sehr komfortablen mathematischen Funktionen.
- in der wesentlich flexibleren Steuerung von allgemeinen Selektionen und Selektionen über Kennzahlenspalten:
  - Die allgemeinen Selektionen ermöglichen Selektionen für das gesamte Formular.
  - In den Selektionen pro Spalte können für beliebige Kennzahlen unabhängige Selektionen fix oder variabel hinterlegt werden: In Spalte 1 können z. B. die Umsätze der Perioden 001-006, in Spalte 2 diejenigen der Perioden 003 plus 006, in Spalte 3 diejenigen per Variablenselektion anzugebenden Geschäftsjahre oder anderer Merkmale selektiert werden. Mit numerischen und Datums-Merkmalen können Berechnungen vorgenommen werden (dadurch

ist mit der Eingabe eines in einer Spalte anzuzeigenden Geschäftsjahres durch Subtraktion in einer anderen Spalte die variable Selektion des jeweiligen Vorjahres möglich).

Hierbei sind für beide Selektionsmöglichkeiten beliebige Kombinationen von fixen oder variablen Bereichen und/oder Listen von Einzelwerten möglich. Ebenso können Selektionen via Stammdatenhierarchien fix oder variabel vorgenommen werden. Neben lokalen Variablen (wie bereits in der Funktion *Merkmale Einschränken* der Ad-hoc-Berichte beschrieben) können auch globale Variablen eingesetzt werden.

- Variable Definition von Spaltenüberschriften: Neben einer freien Vergabe von fixen Spaltenüberschriften ist die Nutzung von Ersetzungsvariablen möglich. Damit kann z. B. das selektierte Geschäftsjahr in der Spaltenüberschrift variabel angezeigt werden. Es stehen Kurz-, Mittel- und Langtexte für Spaltenüberschriften zur Verfügung.

Darüber hinaus bieten Berichte mit einkoordinatigen Formularen die genannten Möglichkeiten des Ad-hoc-Berichtes.

Beispiel 2: zweikoordinatige Zeilen/Spaltenstruktur (Matrix)

Das zweikoordinatige Formular bietet alle Möglichkeiten des einkoordinatigen Formulars mit Kennzahl. Vom Aufbau stellt dieses mächtigste Werkzeug einen Spreadsheet dar, der auf Zeilen-, Spalten- und Zellenebene alle Definitionsmöglichkeiten bietet. Einige zusätzliche wesentliche Möglichkeiten bestehen u.a.

- in der Definition von Formeln auch zwischen Zellen, Spalten und Zeilen;

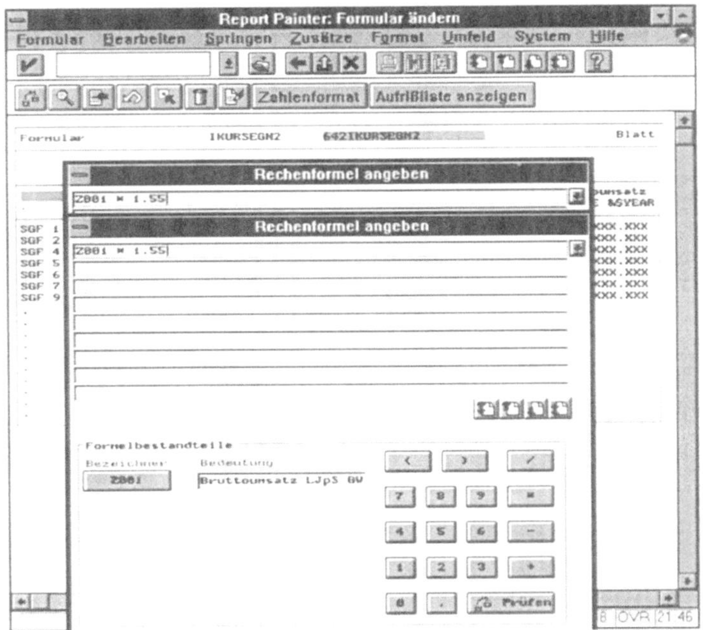

Abb. 4.22
Definition einer Formel in einem Formular (SAP AG©)

- in der erweiterten flexiblen Steuerung der Selektionen über Spalten, Zeilen und Zellen:
  - Pro Spalte, Zeile und/oder Zelle können beliebige Selektionen von Kombinationen aus (auch variablen) Merkmalsausprägungen mit beliebigen Kennzahlen oder Formeldefinitionen vorgenommen werden.
  - Für konkurrierende Spalten-, Zeilen- und Zellen-Formeln können auf Gesamtberichts-, Zeilen, Spalten- oder Zellenebene Vorrangsregeln definiert werden.
- in der formularbezogenen Festlegung von Darstellungsformen pro Kennzahlenspalte bzw. Kennzahlenzeile;
- in erweiterten Layout-Möglichkeiten, z. B.
  - in der freien Vergabe der Spaltenbreite
  - in der Möglichkeit zur flexibleren Aufbereitung des Formulars mit Leerzeilen, Trennlinien und freien Textelementen etc.
- in erweiterten Kopiermöglichkeiten:
  - Nunmehr ist die Ersetzung, z. B. der Kennzahlenspalten, mit den Werten eines anderen Formulars möglich.
  - Nutzung der Option mit den Ausprägungen eines Merkmals, alle Zeilen eines Formulars vorzugeben.

- Die allgemeine SAP-Rechercheberichtsfunktionalität ermöglicht beim Bericht mit zweikoordinatigem Formular die Nutzung der Übersichtsliste für den unabhängig vom Formularaufbau im Bericht selbst zu definierendem Drilldown und der Anzeige des Spreadsheets als Detailliste.

Das SAP R/3-EC/EIS bietet die Möglichkeit der Abbildung nahezu aller Anforderungen von Auswertungsinhalten und -Gestaltungen. Allerdings ist darauf hinzuweisen, daß bei sehr komplexen Formularen bereits bei mittlerem Mengengerüst erhebliche Performanceeinbußen auftreten können.

Der Einsatz der SAP-Rechercheberichte mit Formular erhält unter dem Blickwinkel der Nutzung von inSight als Front-End-Werkzeug einen grundlegend geänderten Charakter: Das Customizing der SAP-Formulare kann extrem einfach gehalten werden (nur in Ausnahmefällen wird ein zweikoordinatiges Formular notwendig sein) und dient im wesentlichen einer standardisierten Anordnung von Kennzahlenspalten und der Einrichtung von freien Selektionskriterien.

Berichtsausführung

Bei der Nutzung der SAP R/3-native-Berichtsfunktionalität stehen mächtige Funktionen zur Verfügung. Einige wesentliche Merkmale sind:

- sehr mächtige Funktionen zur freien Navigation innerhalb von Rechercheberichten,
- eine Annäherung an WYSIWYG-Funktionalität (trotz des starren SAPGUI's) durch maussensitive Ansteuerung von Funktionen, wie der Auswahl der aktuellen Liste mittels Mini-Icons, beliebige Möglichkeiten der Selektion eines Datenwürfels innerhalb der multidimensionalen Struktur, der Option nach ausgeführtem Drilldown auch durch die Ausprägungen übergeordneter Merkmale zu blättern bzw. zur ersten- oder letzten Merkmalsausprägungen oder Kennzahlenspalten zu springen.

Abb. 4.23 Übersichtsbild Recherchebericht (SAP AG©)

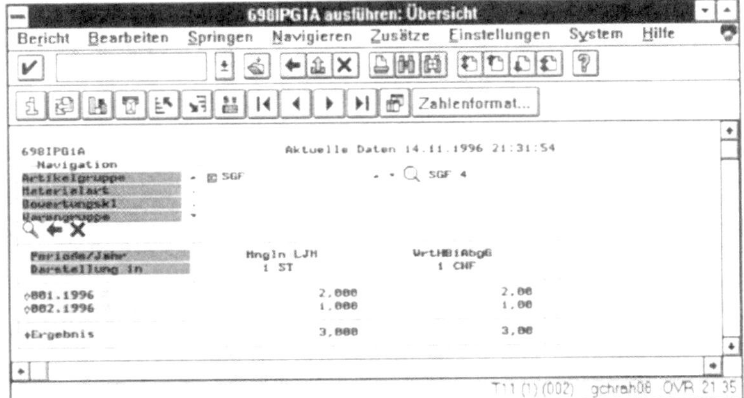

- unterschiedliche Gestaltung des Berichtsaufbaues für Dialog- und Druckbetrieb;
- flexible Bearbeitung des Berichts zum Zeitpunkt der Ausführung, wie
  - beliebige Änderung der Reihenfolge von Merkmalen für den Berichts-Drilldown;
  - beliebige Anordnung, Ausblendung oder Löschung von Spalten aus dem Recherchebericht;
  - Sortierung von Berichten nach Merkmalen oder Kennzahlen, Anzeige kumulierter Werte, Definition und Anwendung von Bedingungen für die Anzeige von Merkmalsausprägungen, Ranglistenfunktionen für absolute Werte und prozentuale Anteile, Anzeige von absoluten Werten oder prozentualen Anteilen etc.
- die (allerdings meist unzureichende) Standard-SAP-Grafikfunktionalität;
- verschiedene Export-Optionen, wie Export in MS-Excel, in XXL (extended Excel Listviewer), Export in MS-Word für Windows, direkter ASCII-Export, Versenden von Berichten mittels SAPmail etc.;
- die Selektion von Stammdatenhierarchien und deren Darstellung zum Zeitpunkt der Berichtsausführung;
- das Exception-Reporting mit der Möglichkeit der Exceptiondefinition zur Berichtslaufzeit;

Abb. 4.25
Definition von Exceptions (SAP AG©)

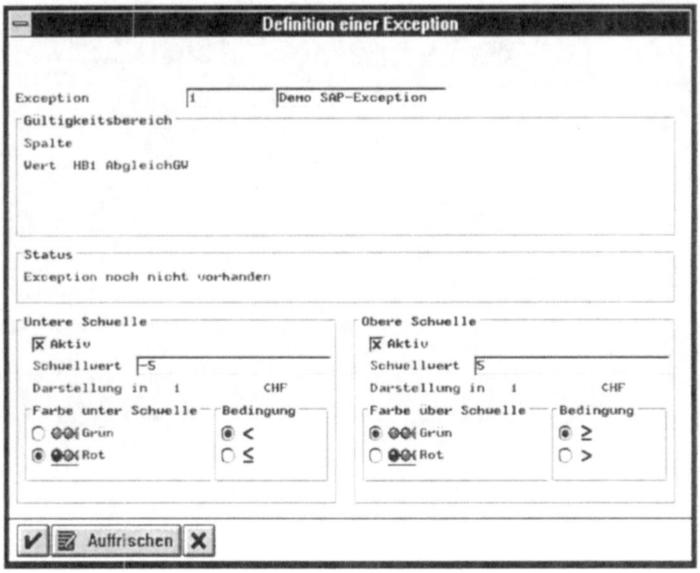

Definition einer Exception

Exception | 1 | Demo SAP-Exception

Gültigkeitsbereich
Spalte
Wert HB1 AbgleichGW

Status
Exception noch nicht vorhanden

Untere Schwelle
[X] Aktiv
Schwellwert -5
Darstellung in 1 CHF
Farbe unter Schwelle: ( ) Grün (•) Rot
Bedingung: (•) < ( ) ≤

Obere Schwelle
[X] Aktiv
Schwellwert 5
Darstellung in 1 CHF
Farbe über Schwelle: (•) Grün ( ) Rot
Bedingung: (•) ≥ ( ) >

Auffrischen

- die i.d.F. noch skizzierte Berichts/Berichtsschnittstelle (z. B. zur Verzweigung aus hochaggregierten Berichten in detailliertere, zur Verzweigung aus Rechercheberichten in beliebige Reports, Transaktionen etc. anderer Anwendungen).

Voraggregation auf Auswertungsebene

In Auswertungen wird klassischerweise oftmals auf sich nicht mehr verändernde Daten zugegriffen, z. B. verändern sich Umsatzkennzahlen von abgeschlossenen Buchungsperioden nicht mehr. Weiterhin greifen ggf. verschiedene Anwender auf gleiche Daten zu, sei es mit gleichen oder verschiedenen Sichten und/oder Selektionen.

Hier bietet das EC/EIS die Möglichkeit der Voraggregation auch auf der Ebene der Auswertung. Neben der Ablage von voraggregierten Informationen im Berichtsheft (siehe unten) können auch voraggregierte Informationen für Rechercheberichte abgelegt werden. Außer der Option der Ablage bei der Online-Ausführung steht mit dem Dienstprogramm RKCBATCH[93] ein Werkzeug zur Sicherung von voraggregierten Daten auch für Rechercheberichte ohne Online-Ausführung zur Verfügung. Dieses Werkzeug bietet die Möglichkeit, ggf. ereignisgesteuert, im Hintergrund variabel einzustellende Voraggregationen von Daten für Rechercheberichte vorzunehmen.

[93] Handbuch „EC - Führungsinformationssystem" zu Release 3.0, SAP AG Walldorf, Mai 1996, S. 69ff

Ein möglicher Einsatz besteht z. B. in der nächtlichen Aggregation der per-Stands-Daten. Bei der Verwendung der gesicherten Daten ergeben sich bei Online-Abfragen erhebliche Performance-Verbesserungen.

Wird nun gemäß dem skizzierten Szenario aus einem Front-End, wie inSight, auf gesicherte Daten zugegriffen, so können bei geeigneter Architektur auch für unterschiedliche Selektionen innerhalb einer Totalität von gesicherten Daten erhebliche Performancegewinne erzielt werden. Für verschiedene Kennzahlenauswahlen innerhalb des gleichen SAP R/3-Rechercheberichtes gilt dies ohnehin.

Fazit

Beim Einsatz der R/3-Berichte ist gemäß dem bereits skizzierten Konzept zu berücksichtigen, daß die Präsentation mittels inSight für R/3 erfolgen soll. Dieses Konzept basiert auf verschiedenen Ansätzen:

- Das Customizing von komplexen Formularen in SAP R/3 ist aufwendig und unkomfortabel, formularübergreifende Objekteigenschaften im Sinne eines Bibliothekskonzeptes sind nicht realisierbar. Die Reduktion des Customizingaufwandes bei Nutzung zeitgemäßer OO-Ansätze ist nach Auffasung der Autoren anzustreben.
- Das Customizing von komplexen Formularen kann i.d.R. nicht durch den Endanwender erfolgen. Die Folge sind entsprechende Anforderungen an die Bereitstellung von Informatikkapazitäten. Der Entwurf von Layouts und Berichten sollte aber u.E. aus der Informatik in die Fachbereiche übertragen werden können.
- Bei komplexen Formularen sind auch bei hochaggregierten Daten Laufzeitprobleme zu erkennen.
- Das Konzept der Formularerstellung innerhalb von R/3 bewirkt bei einem ausgeprägten Einsatz von Standardberichten redundantes Customizing. Angesichts des Pflegeaufwandes und der drohenden Inkonsistenzen ist dies u.E. nicht tragfähig.
- Das zentrale Customizing von traditionell dezentral abweichenden Anforderungen erzeugt (vermeidbare) Risiken. Zugleich wird zentrales Berichts-Customizing den klassischen Anforderungen der skalierbaren Integration nicht gerecht: Ähnliche Berichte sind oft als zentral bereitzustellende Standardberichte und durch Endanwender modifizierbare Objekte vorzuhalten.

Daher ist nach Auffassung der Autoren eine grundlegende Änderung der Customizing-Konzepte zu empfehlen:

Customizing-Konzept für Recherche-berichte

SAP-Formulare sollten, soweit möglich, nur noch der Definition von allgemeinen Selektionen und der Auswahl von Kennzahlen dienen. SAP-Berichte sollten demgemäß nur noch zur Festlegung der Merkmale und ggf. fürVorselektionen und zugleich als Basis für die Voraggregation und Ablage von Berichtsdaten genutzt werden. Auf der Basis dieses Rumpf-Customizing innerhalb von SAP R/3 wird die Ausprägung der Präsentation auf dem Front-End inSight vorgenommen.

Ein Beispiel: Sind für ein Umsatzreporting Auswertungen der Umsätze von Konzerngesellschaften einzeln sowie gesamt, entsprechend die Umsätze in einzelnen Länder oder mit einzelnen Artikeln oder Artikelgruppen mit Monatszeitreihen zu realisieren, so kann ggf. ein einziges einfaches eindimensionales Formular alle Anforderungen abdecken: Alle relevanten Kennzahlen werden ohne weitere Selektionen als Spalten, alle geforderten Selektionen als variable allgemeine Selektionen mit globalen Variablen definiert (in unserem Beispiel Gesellschaft, Markt, Artikelgruppe und Artikel jeweils als Range-Selektion).

Auf diesem Formular basierend sind nun Berichte zu definieren. In verschiedenen Berichten sind die jeweiligen Selektionen zu nutzen (oder zu ignorieren): Eine Analyse „Außenumsatz total“ hat nur eine Selektion zur Eliminierung des Binnenumsatzes sowie des Zeitbezuges vorzunehmen. Sämtliche Selektionen, wie Gesellschaft, Artikelgruppe, Artikel etc., sind zu ignorieren. Dieser Bericht beinhaltet außer dem Zeitbezug keinerlei Drilldown. Ein Bericht pro Land benötigt zusätzlich den Drilldown (nicht Selektion!) auf das Merkmal Markt. Berichte, die einen Drilldown via Bericht-Bericht-Schnittstelle ermöglichen sollen, beinhalten ggf. zwei oder mehr Merkmale. Somit entsteht auf der Basis des einfachen Fomulars ein Netzwerk von einfachen Berichten.

Sämtliche Aspekte der Anordnung von Daten, Layouts, Grafiken etc. werden auf der Basis des nunmehr rudimentären SAP R/3-Customizing innerhalb des Front-End-Tools inSight realisiert. Dieses ermöglicht über die Abdeckung aller uns bekannten Darstellungsformen hinaus die Nutzung von Objektorientierung, Ereignissteuerungen und Bibliothekskonzepten.

4.5.2 Bericht-Bericht-Schnittstelle

Mit der sogenannten Bericht-Bericht-Schnittstelle bietet SAP R/3 die Möglichkeit der Verzweigung von physisch getrennten Programmen und Tansaktionen. Hierbei kann aus einer Funktion bei Verwendung der Absprunginformationen eine andere Funktion gestartet werden. Die Bericht-Bericht-Schnittstelle kann für verschiedenste Einsatzgebiete genutzt werden:

Navigation über verschiedene Detaillierungsstufen

- **Innerhalb des SAP R/3-EC/EIS**[94] Da Berichte mit großer Merkmalstiefe weniger performant sind als solche mit geringer, kann diese Schnittstelle zur Performanceoptimierung bei der Navigation über verschiedene Detaillierungsstufen ein und derselben Auswertungsart genutzt werden: Wenn ein Recherchebericht z. B. auf Außenumsatz total pro Periode und Buchungskreis aggregiert und weitere Rechercheberichte diese Merkmale als Selektionsvariablen nutzen, so kann mittels Bericht-Bericht-Schnittstelle aus dem hochaggregierten Bericht in diese Berichte abgesprungen werden. Der Aufruf der Detail-Berichte nutzt die Absprung-Information zur Selektion. Somit wird die Möglichkeit zur performanceoptimierten Navigation über verschiedene Detaillierungsgrade geboten. Zugleich kann ein gewissermaßen modularisiertes Netzwerk von Berichten auch zur Nutzung von Querverzweigungen gebildet werden. Der Einsatz dieser Funktionalität hat allerdings auch den Aspekt der Überschaubarkeit zu berücksichtigen: Mit der Anzahl der derart gesplitteten Berichte erhöht sich der Wartungsaufwand.

[94] Handbuch „Allgemeines Recherchebuch“ zu Release 3.0, SAP AG Walldorf, Mai 1996, S. 41f

Abb. 4.26 Definition einer Bericht-Bericht-Schnittstelle (SAP AG©)

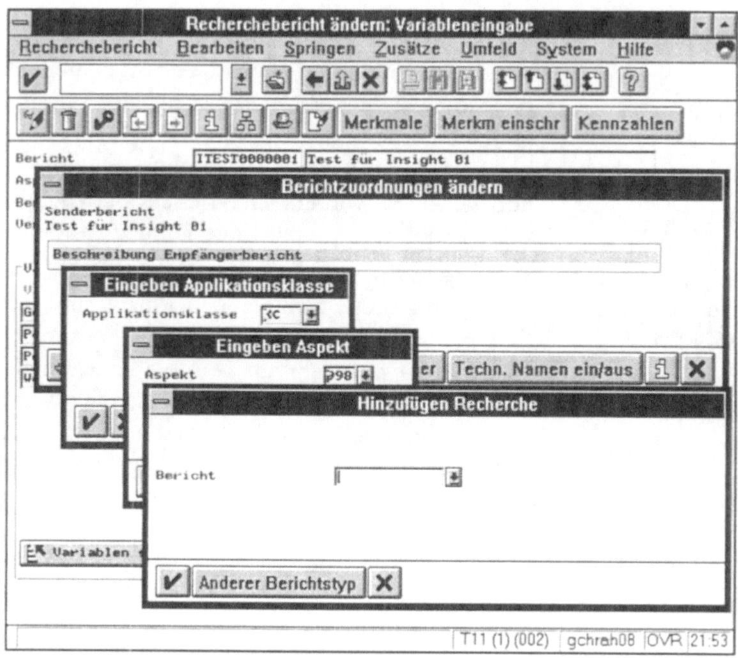

Verzweigung über Anwendungen hinweg

- **Zwischen verschiedenen Anwendungen** Die sogenannte Bericht-Bericht-Schnittstelle ermöglicht Verzweigungen über Anwendungen hinweg. Sogar Verzweigungen zwischen verschiedenartigsten Objekten sind möglich: Verzweigungen zwischen Berichtsheft-Berichten, Rechercheberichten, Report Writer Berichten, Transaktionen, ABAP/4-Berichten und ABAP/4-Query. Auch diese Arten von Verzweigungen nutzen die Übergabe der Absprung-Information zur Selektion des nachgeordneten Objektes!

Einrichtung von systemeigenen Bericht-Bericht-Schnittstellen

Die Bericht-Bericht-Schnittstelle kann auf verschiedene Arten eingerichtet werden:

- **Systemgestützte Einrichtung mittels Funktion „Bericht teilen“** Nach der Definition eines Recherche-Berichtes kann dieser mittels *Werkzeuge* ⇨ *Infosystem* ⇨ *Bericht teilen* in mehrere Recherche-Berichte aufgeteilt werden. Hierbei ist ausschließlich festzulegen, welchen Berichtsnamen und Beschreibungstext der zu erzeugende Bericht erhalten soll bzw. welche Merkmale aus dem Drilldown des primären Berichtes in den nachfolgenden Bericht übernommen werden sollen. Die Verkettungsinformation wird durch die *Bericht teilen*-Funktion automatisch hinterlegt.

manuelle Einrichtung

- **Manuelle Einrichtung in der Berichtsdefinition** In der Funktion *Recherchebericht ändern* kann die Bericht-Bericht-Schnittstelle manuell eingerichtet werden. Mittels *Zusätze ⇨ Berichts-Zuordnungen* kann die Verkettung für andere Berichte hinzugefügt werden. Die durch die Funktion *Bericht teilen* generierten Verzweigungen werden hier nicht angezeigt. Gewöhnungsbedürftig ist die Technik des Umschaltens der Verzweigungsart, z. B. von einem Recherchebericht auf ein ABAP/4-Query. Nach Betätigen des Buttons *Zeile einfügen* ist sowohl die Applikationsklasse KC als auch die Aspektnummer zu bestätigen bevor im Popup *Hinzufügen Recherche* mittels *Schaltfläche Anderer Berichtstyp* auf den Typ ABAP/4-Query verzweigt werden kann.

Bei der Ausführung der Bericht-Bericht-Schnittstelle werden alle Selektionen (via Aufrufparameter und Drilldown) an den abhängigen Bericht übergeben. Falls der Absprung in einen nachfolgenden Bericht vor Erreichen der untersten Drilldown-Ebene erfolgt, so werden die fehlenden Parameter in einem zur Laufzeit definierten Selektions-Popup automatisch abgefragt.

Die Verzweigung in nachgeordnete Berichte kann mittels der Funktion *Bericht aufrufen* via Schaltfläche oder Menü gestartet werden. Ist nur ein abhängiger Bericht vorhanden, erfolgt die Verzweigung automatisch. Wenn mehrere nachgeordnete Berichte angesprungen werden können, so werden diese im Popup *Bericht auswählen* angeboten. Die Kette der aufgerufenen Berichte kann mittels *Springen ⇨ Aufrufkette* zur Anzeige gebracht werden.

Leider steht diese Funktion bis incl. SAP R/3, Relase 3.0D und inSight Version 1.6.1 nicht für die Nutzung mittels inSight-Front-End zur Verfügung.

4.5.3 Weitere Funktionen des SAP R/3-native Front-End: Berichtsheft und Berichtsbaum

Für den Fall der Verwendung der SAP R/3-native-Funktionalität stehen auf der Front-End-Seite einige wesentliche Erweiterungen zur Verfügung.

Das den Versuch der Überwindung des starren SAPGUI mit SAP-Mitteln **darstellende grafische Berichtsheft** bildet hierin eine Alternative.

Bereits unter dem Release 2.2 wurde durch dieses Instrument die Möglichkeit geboten, EIS-Analysen ohne die üblichen Hindernisse aller SAP-Berichtsinstrumente zur Präsentation zu bringen. Mittels der Schaltflächen-Menüs besteht seit Release 2.2 die Möglichkeit, Analysen aufzurufen ohne Kenntnis und Eingabe von Aspektnummern und technischen Berichtsnamen. Mittels dieser Schaltflächen konnten mit sprechenden Bezeichnungen versehene Berichte selektiert werden.

Mit Release 3.0 stehen nun weitere Funktionen im SAP-Standard zur Verfügung:

Beliebige SAP-Objekte (EIS-Berichte, Auswertungen anderer SAP-Berichtswerkzeuge, Transaktionen, beliebige Programme und ABAP/4-Queries) sowie die fragmentarisch realisierte Möglichkeit der Einbindung von PC-Objekten in die grafische Oberfläche des SAP-EC/EIS öffnen die Option, das grafische Berichtsheft als zentrales Navigationsinstrument für den EIS-Anwender zur Verfügung zu stellen.

Das Exception-Reporting wurde auf das grafische Berichtsheft ausgedehnt: Mit Exceptions bewertete Berichte übergeben bei der Ablage im Berichtsheft ihre Farbsymbolik an die Schaltflächen und „vererben" diese an die nächsthöhere Ebene. Ist z. B. für einen Bericht in einer Berichtklasse von n Berichten mittels Exception-Reporting ein kritischer Zustand festgestellt, so wird die darüberliegende Berichtklasse mit der Symbolik des kritischen Zustands versehen.

Auch unter Release 3.0 müssen allerdings Performance (beim Aufruf des grafischen Berichtsheftes) und Einstellungsflexibilität als problematisch eingestuft werden.

Eine Alternative zum grafischen Berichtsheft bietet der mit Release 3.0 SAP R/3-weit zur Verfügung stehende **Berichtsbaum**. Die Möglichkeiten der Einbindung von verschiedensten Objekten bestehen analog zu den im Abschnitt „grafische Berichtsheft" beschriebenen Funktionen.

Der Berichtsbaum stellt allerdings keine grafische Oberfläche zur Verfügung. Andererseits sind dafür die oben genannten Probleme der SAP-Grafik vermieden.

4.5.4 Data Mining

In verschiedenen Präsentationen werden seit 1995 die Data Mining-Funktionalität der R/3-Komponente EC/EIS zu Release 3.0 vorgestellt. Bereits in der Präsentation „SAP´s EIS SOLUTION" führte J. H. Daum im November 1995 aus: "For large data volumes and/or complex data structures (e.g. marketing data) it's often no longer possible to perform a multidimensional drill down analysis manually to detect important data constellations because it takes too much time to analyze all possible dimensions. In cases such as this, you can use the automatic multidimensional analysis tool (Data Mining tool) which sweeps the EIS database to identify irregularities. It systematically analyses all available dimensions and displays the sweeps the EIS database to identify irregularities. It sysematically analyses all available dimensions and displays the results."[95]

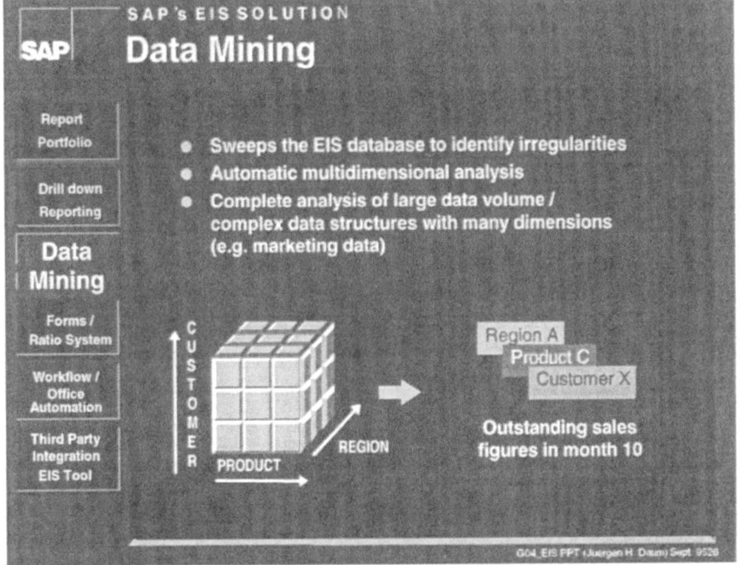

Abb. 4.27
SAP-Folie zu Data-Mining

Die Detailfunktionalität des SAP-Verständnisses von Data Mining mittels EC/EIS wird in den Unterlagen zum Workshop: IR328/

[95] Juergen H. Daum: SAP´s EIS SOLUTION, G04_EIS.PPT auf CD: SAP Visual Discover R/3 3.0, SAP AG Walldorf, November 1995, weiterhin: Dr. Werner Sinzig: Planning, Budgeting and Decision Support in FI / CO, FCO0064e.PPT auf CD: SAP Visual CeBIT '96, SAP AG Walldorf, März 1996

Executive Information System über mehrere Folien ausführlich erläutert (vgl. Abb. 4.27 und 4.28).[96]

Abb. 4.28
SAP-Folie Data-Mining Überblick

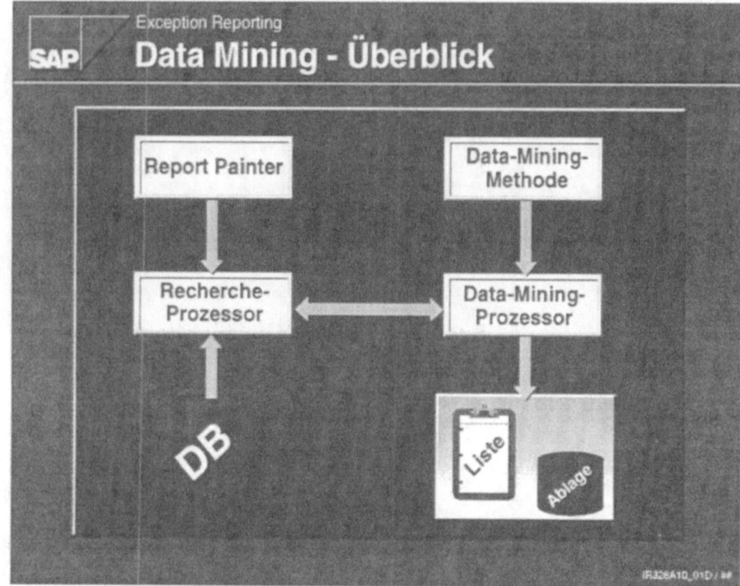

Data Mining in EC/EIS wird unter dem Überbegriff „Exception Reporting" geführt: U.a. wird ein „Automatischer Drill Down" bei periodischer „Suche nach interessanten Controlling-Objekten" mittels (Folien: Exception Reporting, Data Mining - Überblick) des mit einem „Data-Mining-Prozessor" kommunizierenden Rechercheprozessors präsentiert. Als Elemente des Data Mining sind aufgeführt:

- Controlling-Größe
  (Kennzahl, nach der gesucht wird)
- Gewicht
  (Einfluß der Controlling-Größe im Unternehmen)

Formel

$$\textbf{Controlling-Größe}^{a} * \textbf{Gewicht}^{b} = \textbf{Relevanz des Objekts}$$

[96] Andreas Tomek: Executive Information System, IR328/28A1001D.PPT, CD: SAP Visual R/3 3.0 Delta Training, SAP AG Walldorf, Dezember 1995

Leider findet sich weder in den Benutzerhandbüchern des Moduls bzw. zur Funktionalität des Rechercheberichtes („EC - Führungsinformationssystem“ bzw. „Allgemeines Recherchebuch“), noch im Einführungsleitfaden des EC/EIS unter Release 3.0D ein Verweis auf die Verwendung bzw. gar die Einrichtung der Data-Mining-Funktionen. Eine Reihe von Data-Mining-Transaktionen sind allerdings bereits zu Release 3.0D direkt ansprechbar. Unter anderem sind dies die Transaktionen:

Data-Mining-Transaktionen

KCD0	Pflegen Datenstrukturen
KCD1	Data-Mining-Bericht ausführen
KCD2	Data-Mining-Bericht anlegen
KCD3	Data-Mining-Bericht ändern
KCD4	Data-Mining-Bericht anzeigen
KCD5	Data-Mining-Formular anlegen
KCD6	Data-Mining-Formular ändern
KCD7	Data-Mining-Formular anzeigen
KCD8	Anzeigen der Data-Mining-Ergebnisse.

Unter der Dokumentation zu Programm SAPFKCBD findet sich in der ABAP/4 Development Workbench eine Kurzbeschreibung zum SAP-Konzept des Data Mining allgemein, dessen Formulare, Berichte, der Methode sowie der Ergebnispräsentation.

Die Initiative der SAP AG ist sicherlich positiv zu beurteilen, auch wenn (siehe obige Abschnitte zu den theoretischen Ansätzen) die Funktionalität weder in der Realisierung noch im Ansatz einem umfassenden Begriff des Data Mining, wie z. B. durch die Gartner Group formuliert, gerecht wird, nämlich Data Mining nicht nur als Analysetechnik, sondern vielmehr als Prozeß zu verstehen, in dem - abhängig von den Anforderungen - viele Methoden und Techniken verwendet werden. Und dies ausdrücklich unter Einbeziehung von neuronalen Netzen, Visualisierung und verschiedensten statistischen Methoden.[97]

4.6 InSight als Front-End für SAP-Rechercheberichte

Mit inSight für R/3 steht seit Release 3.0 ein mächtiges Front-End-Werkzeug für das SAP-Modul EC/EIS zur Verfügung (vgl. Abb. 4.29). Dabei sind einige wesentliche Gesichtspunkte hervorzuheben:

[97] Using Data Mining to Gain a Competitive Edge, Part 2. In: Gartner Goup This Week, August 1995

Abb. 4.29
inSight für SAP R/3 (SAP AG©)

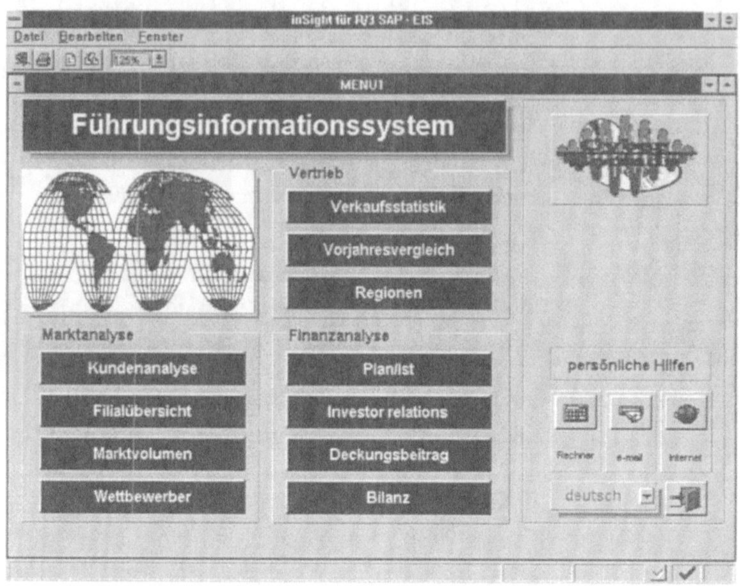

1. inSight für R/3 ist eine die Rechercheberichts-Funktion des EC/EIS **integriert** nutzende Oberfläche:

Integration von inSight in SAP

Im Unterschied zur Mehrzahl der anderen angebotenen Tools bedient sich dieses Instrument derTransaktion „Recherchebericht ausführen" (KCR0). Die meisten anderen Werkzeuge dagegen nutzen Direktzugriffe auf die Datenbank via ODBC[98] oder (im besten Falle) zu programmierende RFC[99]-Zugriffe.

Problematik des ODBC-Zugriffs

Hierbei bedeutet die Variante ODBC-Zugriff, daß sämtliche Zugriffe an der SAP-Funktionalität vorbei direkt auf der jeweils zugrunde liegenden Datenbank erfolgen. Die Nachteile dieser Methode werden bereits an zwei Beispielen offensichtlich: Es wird sowohl die Business Intelligence des SAP R/3 nicht eingesetzt als auch die gesamte SAP-Berechtigungssteuerung umgangen! Zudem ist nur ein Teil der SAP-Tabellen ansprechbar.

---

[98] Open Database Connectivity

[99] Remote Function Call: RFC (Remote Function Call) entspricht in etwa dem Remote Procedure Call in Unix, der den Zugriff auf Funktionen auf unterschiedlichen Plattformen ermöglicht. Mit OLE 2.0 kompatible Desktop-Anwendungen können mit R/3 3.0 kommunizieren. Zur Kommunikation mit R/3 vom Desktop aus verwendet die OLE-Schicht RFC-API-Befehle.

Problematik des RFC-Zugriffs

Die Variante des RFC-Zugriffs bedeutet meist, daß der Zugriff für jede neue anzusprechende Tabelle neu programmiert werden muß. Bei der Vielzahl anzusprechender Tabellen ist dies mit dem Verzicht auf den Einsatz der Standardsoftware identisch. Beispielsweise sind bei einer Bewegungsdatentabelle mit nur 20 Merkmalen zur Ermittlung der Bewegungsdaten und der zugehörigen Prüf- und Texttabellen bereits 21 Tabellen manuell anzusprechen!

Beiden letztgenannten Zugriffsmethoden ist der weitere Nachteil gemeinsam, daß keinerlei SAP-native-Aggregationsinstrumente zur Verfügung stehen. Alle Tabellen müßten direkt angesprochen werden. Somit sind zum einen sämtliche Anforderungen und Erkenntnisse des Data Warehousing nicht berücksichtigt, zum anderen sind derartige Werkzeuge bereits bei mittlerem Mengengerüst nicht mehr einsetzbar. Bereits voraggregierte Tabellen mit nur einer Million Sätzen sind mit einem Desktop-Werkzeug nicht mehr sinnvoll auswertbar.

Abb. 4.30
InSight-Bericht
(SAP AG©)

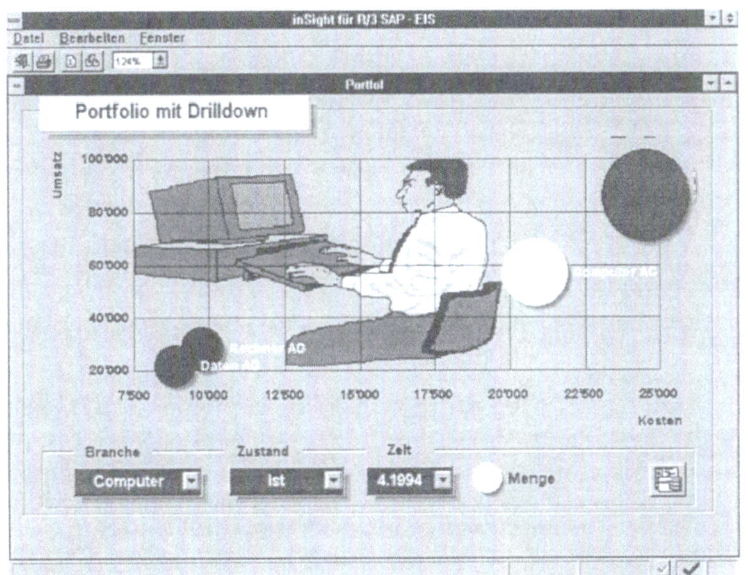

Demgegenüber bietet die integrierte Methode eine Reihe von Vorteilen:

Vorteile der integrierten Methode

- Die meisten SAP R/3-EC/EIS-Rechercheberichts-Funktionen stehen zur Verfügung; sowohl SAP-Ad-hoc-Berichte als auch Berichte mit eindimensionalen und Matrix-Formularen können (im wesentlichen) mit der SAP-native-Funktionalität 1:1 verwendet werden.
- Werden SAP-Rechercheberichte geändert, so stehen diese Änderungen unmittelbar in der veränderten Form im Front-End-Werkzeug zur Verfügung.
- Wird die SAP-Funktionalität der gesicherten Berichtsdaten verwendet, so werden diese durch inSight genutzt, was zu erheblichen Performance-Verbesserungen führt.
- Sämtliche Prüftabellen und Textbausteine der SAP-Rechercheberichte werden analog genutzt: Dies bedeutet, daß SAP-Aufrufvariablen bei der Selektion die Original-Prüftabellen bei der Variableneingabe verwendet. Ebenso werden die Stammdaten- und Stammdatenhierarchietexte automatisch verwendet.
- Die volle Funktionalität der berechneten Kennzahlen des SAP-EC/EIS steht bei dem Berichtsaufbau innerhalb inSight für R/3 zur Verfügung.
- Weitere Rechercheberichts-Funktionen, wie Exceptions und Bedingungen, stehen zur Verfügung.
- Die umfangreiche SAP-Berechtigungssteuerung kommt zum Einsatz.

2. InSight-Berichte vs. SAP R/3-native-Berichtsfunktionen

InSight Berichtsfunktionalität im Vergleich zu SAP

Der Vergleich der Berichtsfunktionalität von inSight für R/3 und der SAP R/3-native-Berichtsfunktionen hat verschiedenste „Für und Wider" zu berücksichtigen:

R/3-native verfügt übereine Reihe von Funktionen, die innerhalb inSight nicht zur Verfügung stehen: Die sogenannte Bericht-Bericht-Schnittstelle (incl. applikationsübergreifender Verzweigungsmöglichkeit), die komfortable Bericht-Teilen-Funktionalität, die Fähigkeit des SAP-Rechercheberichtes, auch größte Datenmengen bei beliebiger Navigation im multidimensionalen Datenwürfel zu verarbeiten, die Fähigkeit, zwischen Formularansicht (Detailliste) und Drilldown (Übersichtsliste) zu springen, sind nur einige Beispiele für Vorteile der SAP-native-Funktionalität. Des weiteren ist zu bedenken, daß inSight für R/3 mit der „Recherchebericht-ausführen"-Transaktion nur einen Bruchteil der R/3-Funktionalität unterstützt.

Bei dem Einsatz von inSight für R/3 stehen wiederum gänzlich andere Optionen zur Verfügung:

- Im Unterschied zum starren SAPGUI[100] werden mit diesem Werkzeug alle WYSIWYG-Anforderungen erfüllt. Dies beinhaltet z. B. vollständige OLE2-, Drag & Drop-Fähigkeit, sämtliche Windows-Funktionen, wie beliebige Einstellungen von Schriften, Farben, Einbeziehung von Bildobjekten, beliebige Anordnung von Grafiken usw.. Die Kombination von Grafikobjekten und Berichten, z. B. in Form eines Exception-Reporting via Landkartengrafik, ist nicht nur als optisch ansprechendes Feature abzutun, sondern ermöglicht bei entsprechendem Einsatz eine Konzentration auf die wesentlichen Informationen.

Abb 4.31 Berichtserstellung in inSight (SAP AG©)

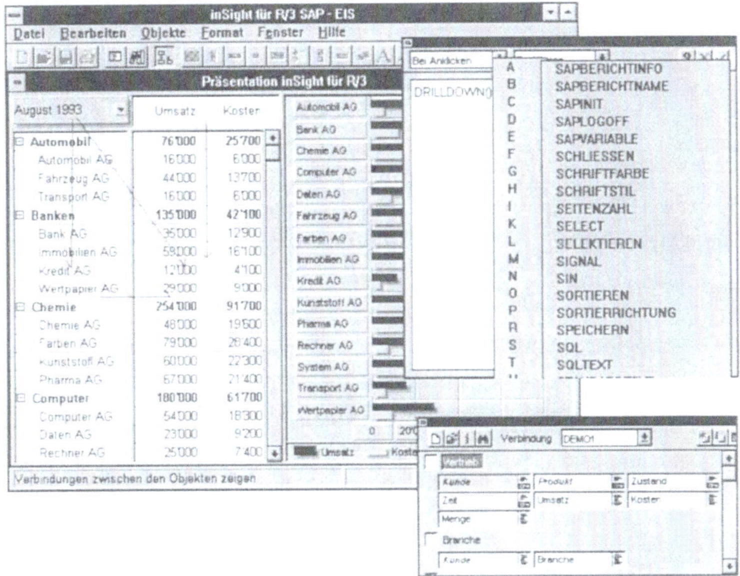

- Die Erstellung von neuen Berichten (von einfachen Ad-hoc-Berichten bis hin zu komplexen Anwendungen) ist gegenüber SAP-R/3-native wesentlich vereinfacht. Einfache Berichte können aus dem in inSight komfortabel angebotenen SAP-Berichten mit weniger Hintergrundwissen als in SAP-native, auch von Anwenderseite, erstellt werden. Die Erstellung und Betreuung komplexer Anwendungen kann

[100] SAP-Graphical User Interface für SAP R/3

(zumindest teilweise) in die Hände geschulter und routinierter Anwender übergeben werden. Durch Vorauswahl der angebotenen Berichte können ggf. systembelastende unkontrollierte Abfragen eingedämmt werden.[101]

- Die Navigation in einer bestehenden Anwendung für den End-User schließlich ist mit der Benutzerführung des SAP R/3-EC/EIS nicht mehr zu vergleichen (auch unter Berücksichtigung der Berichtsheft-Funktionalität und den Neuerungen zu Release 3.0. Dies beinhaltet aufgrund der WYSIWYG-Funktionalität Möglichkeiten für zeitgemäße Benutzerführung via einfach einzurichtender Pulldown-Menüs und Schaltflächen bis hin zur Einbindung aller Windows-Objekte (z. B. auch eigenen WinHelp-Dokumentationen). Durch die freie Einrichtbarkeit der inSight-Anwendungen kann die gesamte Oberfläche mehrsprachig und benutzerindividuell gestaltet werden.
- Nicht zuletzt bieten die z. B. ähnlich den Excel-Befehlen gestalteten Funktionen eine Vielzahl Steuerungs- und Berechnungsmöglichkeiten. Somit können Berechnungen jeglicher Art mit geringstem Aufwand in beliebigen Formeln auf dem Front-End realisiert werden. Über die SAP-Funktionalität weit hinausgehend sind die Möglichkeiten, auf Objekt- (Zeilen, Spalten, Tabellen etc.) und Teilobjektebene Bedingungen zu definieren.
- Eine weitere Funktion ohne vergleichbares Pendant auf R/3-Seite bietet das Vorlagen- und Bibliothekskonzept von inSight. Von standardisierten und zentral zu pflegenden Vorlageobjekten (z. B. Rahmen-Layout für alle Dokumente einer Anwendung) bis hin zu einzelnen Objekten mit deren Attributen und Steuerungsfunktionen können Realisierung und Wartung bestehender Anwendungen erleichtert werden.
- Die Option Informationen verschiedenster Quellen gleichzeitig zu nutzen, z. B. SAP-Berichte mit Microsoft-Access- oder inSight-native-Datenbanken bieten - beginnend von Performanceoptimierungen bis hin zu Data Mart-Techniken - vielerlei Einsatzgebiete.

[101] Handbuch: inSight. Die neue Sicht der Dinge, arcplan Information Services GmbH, 1994, S. 11ff und README-File: inSight® für R/3® SAP-EIS. Ergänzung zum Benutzerhandbuch, arcplan Information Services GmbH, 1996, S. 5ff

Als optimale Kombination ist u.E. der Einsatz von inSight für R/3 und Nutzung der SAP-native-Funktionen zu wählen. Die gesamte Steuerung der Datenbeschaffung, Datenablage, Datensynchronisation und Voraggregation im Sinne eines rOLAP sowie der Einsatz des R/3-Zusatzfunktionen, wie Data-Minig-Ansätze, applikationsübergreifende Bericht-Bericht-Schnittstelle etc., verbleibt im SAP R/3-EC/EIS. Das Front-End-Werkzeug ermöglicht eine Reduktion und Vereinfachung des SAP R/3-Customizing über SAP-Front-End und SAP-Funktionalität. Dies kann auch im Sinne der skalierbaren Integration eingesetzt werden: Hier bilden die für inSight zur Verfügung gestellten SAP-Recherchebrichte den „zentralen" Kern. Auf diesen aufsetzend können inSight-Anwendungen beliebig als zentrale und/oder dezentrale Serveranwendungen oder rein dezentral auf der Client-Ebene angesiedelt werden. Der Zugriff von verschiedenen Lokalitäten in einem unternehmensweiten Netzwerk auf entsprechende SAP-Installationen ist ohne Eingriff durch den End-Anwender steuerbar. Auch diese Optionen sind im Sinne einer Reduktion der Veränderungen von zentralem SAP-Customizing einsetzbar.

5 Schlußbetrachtung

Auf der Basis unserer praktischen Erfahrungen mit dem Einsatz von verschiedenen Reportingwerkzeugen unter SAP R/3 (Komponenten des Logistikinformationssystems, Ergebnisrechnung, EC/EIS) unter Release 2.2 und 3.0 bildet u.E. wie gezeigt folgende Konfiguration die geeignete Basis zur Abbildung von Reporting-Anforderungen:

Systemtechnisch ist dies der Betrieb des Data Warehouse mit einer eigenständigen, d.h. physisch getrennten Installation bei loser Kopplung an operative Systeme. Soweit möglich empfiehlt sich der Einsatz der Application Link Enabling-Technologie. Beim R/3-Data Warehouse-System sollten die Erkenntnisse des Einsatzes entsprechender Client/Server-Architekturen berücksichtigt werden.

Folgende **Komponenten** bieten die Möglichkeit zur optimalen Umsetzung der Anforderungen an Konzepte wie die des Data Warehousing und OLAP berücksichtigenden Ansatzes:

- Nutzung der Komponente EC/EIS als Kern des Data Warehouse, d.h. der Einsatz der Funktionen dieser Komponente zur Einrichtung der Datenbasis, zur Datenbeschaffung und zum Datenmanagement (Synchronisation für relationalen OLAP, Zusammenführung von Daten verschiedenster technischer und inhaltlicher Quellen) sowie zur Bereitstellung der Basis-Berichtsfunktionen.
- Einsatz von inSight für R/3 als Front-End mit Abbildung auch komplexer Anforderungen bei Realisierung einfachst zu bedienender Anwendungen.
- Nutzung der jeweils geeignetsten anderen R/3-Komponenten zur Datensammlung in den operativen Systemen (z. B. R/3-Ergebnisrechnung für Umsatz und Kosten etc., des Vertriebsinformationssystems für Versanddaten usw.).

Bereits beim Design sollten systematische Überlegungen zu der Performanceoptimierung angestellt werden:

- De-Normalisierung der Bewegungsdaten, ggf. Nutzung von Aggregationstabellen und Einsatz von gesicherten Berichtsdaten.
- In gewissen Umfang Einschränkung bzw. Ausschluß von R/3-Funktionalität unter dem Performance-Aspekt:
  - z. B. durch Verzicht auf SAP-Stammdatenhierarchien mittels physischer Ablage abgeleiteter Merkmale, Nutzung der Ablage von Hierarchiestrukturen im Front-End-Werkzeug bzw. (dies ist meist der günstigste Ansatz) eine Kombination der beiden letztgenannten Ansätze.
  - z. B. durch Verzicht auf View-Aspekte mittels physischer Zusammenführung in eigenen Reporting-Aspekten oder Zusammenführung im Front-End-Werkzeug.
  - z. B. durch Verzicht auf komplexe EC/EIS-Berichte mit entsprechenden Formularen und Abbildung der komplexen Anforderungen mittels inSight.

Bei einem Einsatz einer derartigen Konfiguration läßt sich mit den Mitteln der Standardsoftware SAP R/3 incl. dem Front-End inSight für R/3 ein adäquates und den Werkzeugen anderer Anbieter durchaus ebenbürtiges Reportingsystem unter gleichzeitiger Nutzung von Vorteilen, wie der skalierbaren Integration, der Nutzung eines Softwareproduktes für die Unterstützung operativer und Reportingprozesse etc. realisieren.

Literaturverzeichnis

Bücher:

Bullinger, H.-J. [Hrsg.], Fähnrich, K.-P., Hoof, T. v., Nestdal, R.: Produktivitätsfaktor Information: Data Warehouse, Data Mining und Führungsinformationssysteme im betrieblichen Einsatz, Fraunhofer Institut Arbeitswirtschaft und Organisation, IAO-Forum Stuttgart, 7./8. November 1995

Inmon, William H.: Building the Data-warehouse, John Wiley & Sons, 1993

Pendse, Nigel und Creeth, Richard: The OLAP Report, Succeeding with On-Line Analytical Processing, Business Intelligence 1995

Vetschera, Rudolf: Informationssysteme der Unternehmensführung, Konstanz, Dezember 1994

Zeitschriften:

Bloor Research: Data Warehousing ändert Unternehmenskulturen, COMPUTERWOCHE 29/96

Codd, E.F. und Codd, S.B.: OLAP. On-Line Analytical Processing mit TM/1, Darmstadt 1994

Codd, E.F.: OLAP On-Line Analytical Processing mit TM/1, E.F. Codd & Associates und MIS GmbH, 1994

Dierecks, Jürgen: Neue Datensichten mit Online-Analytical Processing: Unbegrenzte Dimensionen, iX 4/1996

Fiedler, Rudolf und Gackstatter, Uwe: DV-gestütztes Geschäftsbereichs-Controlling in einem Unternehmen der Kfz-Zulieferindustrie, Wirtschaftsinformatik 37/1995

Gfaller, Hermann (gfh): Algorithmen schürfen nach Gold im Datenberg, COMPUTERWOCHE 32/96

Gfaller, Hermann: Ein Data-Warehouse ist nur mit viel Aufwand zu bauen, COMPUTERWOCHE vom 24.2.95

Grabmeier, Johannes: Verborgene Schätze, Business-Computing, 7/96

Jenz, Dieter E.: Was ist ein Data-Warehouse, itManagment Spezial

Meinitz, Sabine und Müller, Rolf Jürgen: Neckermann prüft Kunden neuronal auf ihre Bonität, COMPUTERWOCHE 29/96

Moritz, Michael und Hichert, Rolf: Wunsch nach Transparenz, Personal-Computer, 03/92

N.N.: „Ein neuer Markt ist im Entstehen: Tools für Reporting und einfachen R/3-Zugriff“, COMPUTERWOCHE 26/96 vom 28.6.1996

N.N.: Using Data Mining to Gain a Competitive Edge, Part 2. In: Gartner Goup This Week, August 1995

Rose, Bernhard: Die Marketing Schlacht beginnt im Data-Warehouse, itManagement Spezial

Schrempf, Michael: Alter Wein in neuen Schläuchen, itManagement Spezial

Seidl, Jörg: Einbeziehung der Anwender ist das A und O beim Warehousing, COMPUTERWOCHE 50/95

Wagner, Hans-Peter und Vogel, Christoph: Executive Information Systems, Controlling + Computer, Controlling Heft 4 Juli/ August 94

White, Colin: Bericht: „Mit multidimensionalen und relationalen Daten. Die reine OLAP-Lehre gilt im Anwendungsfall nur wenig“, COMPUTERWOCHE 26/96 vom 28.6.1996

Sonstige Quellen:

Appleton, Elaine: Support Decision Makers With A Data Warehouse Datamation, 15 March 1995

Arcplan: Handbuch: inSight. Die neue Sicht der Dinge, arcplan Information Services GmbH, 1994

Arcplan: README-File: inSight® für R/3® SAP-EIS. Ergänzung zum Benutzerhandbuch, arcplan Information Services GmbH, 1996

Daum, Juergen H.: SAP´s EIS SOLUTION, G04_EIS.PPT auf CD: SAP Visual Discover R/3 3.0, SAP AG Walldorf, November 1995

McElreath, Jack: CSC's Consulting&Systems, Data Warehouse An Architectural Perspective, WWW .CSC.COM, 1995

SAP AG: Dokument: „SAP-EIS mit individuell gestaltbarer Benutzeroberfläche", CD SAP-Visual: CeBIT '96

SAP AG: Handbuch „ABAP/4-Query" zu Release 3.0, Mai 1996

SAP AG: Handbuch „ALE - Application Link Enabling" zu Release 3.0, Mai 1996

SAP AG: Handbuch „Allgemeines Recherchebuch" zu Release 3.0, SAP AG Walldorf, Mai 1996

SAP AG: Handbuch „CO - Ergebnis- und Marktsegmentrechnung" zu Release 3.0, September 1995

SAP AG: Handbuch „CO - Ergebnis- und Marktsegmentrechnung" zu Release 3.0, Mai 1996

SAP AG: Handbuch „EC - Führungsinformationssystem" zu Release 3.0, September 1995

SAP AG: Handbuch „EC - Führungsinformationssystem" zu Release 3.0, Mai 1996

SAP AG: Handbuch „FI - Finanzinformationssystem" zu Release 3.0, September 1995

SAP AG: Handbuch „FI-SL - Grundfunktionen" zu Release 3.0, Mai 1996

SAP AG: Handbuch „FI-SL - Report Writer" zu Release 3.0, Mai 1996

SAP AG: Handbuch „LO - Logistikinformationssystem" zu Release 3.0, September 1995

SAP AG: Handbuch „PD - Organisation und Planung", Mai 1996

SAP AG: Kurs „Ergebnis- und Marktsegmentrechnung AC605", Juli 1996

SAP AG: Mitarbeiter der SAP AG, Walldorf, im November 1996

SAP AG: Online-Dokumentation SAP R/3, EC - Führungsinformationssystem, Januar 1996

SAP AG: Online-Dokumentation SAP R/3, Release 3.0, Customizing Einführungsleitfaden „Allgemeines Recherchebuch", September 1995

SAP AG: Online-Dokumentation SAP R/3, Release 3.0B, Customizing Einführungsleitfaden „SAP-EIS", November 1995

SAP AG: Online-Dokumentation SAP R/3, Release 3.0B, Customizing Einführungsleitfaden „Vertriebs- und Ergebniscontrolling", November 1995

SAP AG: Online-Dokumentation SAP R/3, Release 3.0B, Customizing Einführungsleitfaden „Logistik-Informationssystem", Eigendefinierte Aplikationen, November 1995

SAP AG: Online-Dokumentation SAP R/3, Release 3.0D, Customizing Einführungsleitfaden „Globale Einstellungen der Personalplanung und -entwicklung", April 1996

SAP AG: Online-Dokumentation SAP R/3, Release 3.0D, Customizing Einführungsleitfaden „Personaladministration", April 1996

SAP AG: Online-Dokumentation SAP R/3, Release 3.0D, Customizing Einführungsleitfaden „SAP-EIS", April 1996

SAP AG: Online-Dokumentation SAP R/3, Logistikinformationssystem, Januar 1996

SAP AG: Online-Dokumentation SAP R/3, Vertriebsinformationssystem (Vertriebsabwicklung), Januar 1996

SAP AG: OSS-Hinweis 0017557, „Neuaufbau von Statistikdaten", 27.09.1996

SAP AG: OSS-Hinweis 0034232, „Felder MCLIPS-AP*** bei Stat.-Neuaufbau für Lief.", 16.07.1996

SAP AG: OSS-Hinweis 0048296, „ABAP/4 Query: Joins von Datenbanktabellen", 25.11.1996

SAP AG: OSS-Hinweis 0050520 „ABAP/4 Query: Zusatzfelder mit Bindestrich", 20.09.1996

SAP AG: Präsentation „SAP-Personalwirtschaft", CD SAP-Visual CeBIT'96

SAP AG: Präsentation: „Business Intelligence And Standard Application Packages", Folie 13: „Integrated Information Warehouse Architecture", CD SAP-Visual: CeBIT '96

SAP AG: Präsentation: „Planning, Budgeting and Decision Support in FI / CO", Dr. Werner Sinzig, CD SAP-Visual: CeBIT '96

SAP AG: Präsentation: „Positioning EC" und „Enterprise planning", Dr. Werner Sinzig, CD SAP-Visual: CeBIT '96

SAP AG: Präsentation: „SAP's EIS Solution", Folie 30: „Third Party EIS Tool Integration", CD SAP-Visual: Discover R/3 3.0,

Sinzig, Dr. Werner: Planning, Budgeting and Decision Support in FI / CO, FCO0064e.PPT auf CD: SAP Visual CeBIT '96, SAP AG Walldorf, März 1996

Software AG: Folien zu MIS-Management-Forum, Zürich/Regensdorf, 6./7. Mai 1996

STG-Coopers&Lybrand: Folien zu MIS-Management-Forum, Zürich/Regensdorf, 6./7. Mai 1996

Tomek, Andreas: Executive Information System, IR328/ 28A1001D.PPT, CD: SAP Visual R/3 3.0 Delta Training, SAP AG Walldorf, Dezember 1995

Kapitel 17

Einsatz von SAP R/3® in Hochschulen

Dipl.-Inf., Dipl.-Kfm. Erik Landwehr
Dipl.-Kfm. Christoph Niewöhner
Dipl.-Kfm. Olaf Keitzel

IBC Unternehmensberatung GmbH, Saarbrücken

Universität des Saarlandes,
IWI – Institut für Wirtschaftsinformatik, Saarbrücken

1 Motivation

Die wachsende Komplexität in den öffentlichen Aufgabenfeldern, allgemein wie auch speziell im Hochschulbereich, hat zu der Einsicht geführt, daß eine zentrale Steuerung durch die Ministerialebene nicht mehr sachgerecht ist. In der Anwendung des „Neuen Steuerungsmodells" auf die Hochschulen wurden in Form von Modellversuchen bereits Globalhaushalte eingeführt und den Hochschulen mehr Autonomie zugestanden. Die Zuweisung der Mittel erfolgt dabei in der Regel leistungsorientiert, das heißt, daß sie an die Erfüllung von Kennzahlen im Rahmen eines Kontraktmanagements gebundenen ist.

Die globale kennzahlengesteuerte Zuweisung von Mitteln erfordert eine zielorientierte Lenkung des Ressourceneinsatzes in der einzelnen Hochschule, über den im Rahmen eines Berichtswesens Rechenschaft abgelegt werden muß. Dabei werden die klassischen Instrumente wie Rechnungslegung, Verwendungsnachweis, Forschungs- und Lehrberichte sowie Statistiken um aussagefähigere Berichtsformen und Leistungsindikatoren bis hin zu Leistungsvergleichen ergänzt.

Die Hochschulen benötigen dafür entscheidungsrelevante Planungs-, Steuerungs- und Kontrollinformationen. Diese sind effizienter und effektiver Weise nur durch einen Auf- bzw. Ausbau von Hochschulinformationssystemen, die die in einer Vielzahl vorhandenen Datenbestände der operativen Systeme zusammenfassen und den Entscheidern zugänglich machen, zu gewährleisten.

Unabhängig von der Art der Mittelzuweisung sehen sich die deutschen Hochschulen immer rigider werdenden Einsparauflagen ausgesetzt, die durch die Finanzierungskrise ihrer staatlichen Träger bedingt sind. Wachsende Aufgaben müssen mit den verbleibenden Mitteln bewältigt werden. Somit sind die Hochschulen gezwungen, stille Kapazitätsreserven aufzulösen. In zunehmenden Maße versuchen sie, die Potentiale moderner Informations- und Kommunikationstechnologien zur Effizienzsteigerung der Verwaltungsabläufe zu nutzen. Dazu adaptieren sie betriebswirtschaftliche Strategien und Instrumente, indem sie sich von der durch das Bürokratiemodell begründeten tayloristischen Arbeitsteilung ab- und einer prozeßorientierten Aufbau- und Ablauforganisation zuwenden.

Doch nicht nur im Bereich der staatlichen Auftragsverwaltung gilt es für die Hochschulen Effizienzsteigerungen zu erreichen. Auch im Hinblick auf die Studenten- bzw. Prüfungsadministration, die Raumverwaltung oder die Veranstaltungsplanung sind Verbesserungen hinsichtlich einer kosteneffizienten Abwicklung vonnöten. Bedingt durch den wachsenden Wettbewerb um Studenten werden zunehmend Serviceangebote ausgebaut, wie die Realisierung von Self-Service-Konzepten in Verbindung mit multifunktionalen Chipkarten oder die Einrichtung von Studienbüros.

Den wachsenden Anforderungen an die Datenverarbeitung stehen aber die veralteten Ausstattungen an Hard- und Software in den Hochschulverwaltungen gegenüber. Die dv-gestützte Informationsverarbeitung in diesem Bereich ist in der Vergangenheit dem Prinzip der spezialisierten Arbeitsteilung à la Taylor gefolgt, so daß häufig bereichsbezogene Zuschnitte der Datenverarbeitung vorzufinden sind. Sie ist oftmals noch gekennzeichnet durch eine Mainframe-zentrierte Infrastruktur und viele heterogene Insellösungen: ein hohes Maß an redundanter Datenhaltung und Mehrfachverrichtungen, häufige Abteilungswechsel innerhalb von Abläufen oder Medienbrüche sind mit langen Bearbeitungszeiten, hohen Kosten, geringer Flexibilität und fehlender Transparenz verbunden. Eine integrierte Vorgangsbearbeitung ist damit ebensowenig zu bewerkstelligen wie ein dv-gestütztes Berichtswesen. Deshalb stehen viele Hochschulen momentan vor einer großen DV-Investition, um aufbauend auf neuesten Hardware- und Softwaretechnologien eine moderne, integrierte Informationsverarbeitung zu implementieren. Durch die Jahr-2000-Problematik und die bevorstehende Einführung des Euro sind die Hochschulen gezwungen, eine Modernisierung ihrer DV zügig voranzutreiben.

Die Zentralverwaltung der Universität des Saarlandes in Saarbrücken sah sich 1994 vor diese Aufgabe gestellt und führte deshalb in Zusammenarbeit mit dem Institut für Wirtschaftsinformatik, Prof. Dr. A.-W. Scheer, ein Projekt durch, das die Reorganisation der Zentralverwaltung zum Ziel hatte. Aufbauend auf die Modellierung und die daran anschließende Schwachstellenanalyse der bestehenden Organisation wurde ein Soll-Konzept entwickelt, mit dem die Hochschulverwaltung den wachsenden Aufgaben begegnen kann. Damit verbunden war der Vorschlag, ein integriertes Standardsoftwaresystem einzuführen. Eine im Anschluß an das Projekt durchgeführte Machbarkeitsstudie hat zu dem Ergebnis geführt, daß das SAP R/3-System die gestellten Anforderungen am weitesten erfüllen kann.

2 Effizientes Verwaltungs- und Bildungsmanagement an Hochschulen

Hochschulen müssen ihr Handeln nach den vom Gesetz her vorgeschriebenen **Grundsätzen der Wirtschaftlichkeit und Sparsamkeit** ausrichten. Wirtschaftlich zu Handeln ist aber für Hochschulen nur möglich, wenn die Entscheidungsträger mit ausreichenden Informationen versorgt werden. Als Informationssystem dient den Hochschulen das kameralistische Rechnungswesen. Da die Tätigkeit von Hochschulen primär auf die Stiftung von gesellschaftlichen Nutzen ausgelegt ist und sich zu großen Teilen aus Steuermitteln finanziert, liegt der Schwerpunkt der Kameralistik in der Finanzrechnung. Das kameralistische Rechnungswesen liefert Aufzeichnungen über die Ansätze des Haushaltsplanes, verwaltungsintern angeordneten Zahlungen, Vormerkungen und tatsächlichen Zahlungsströmen. Aus den Aufzeichnungen der Kameralistik lassen sich Informationen über die Differenz (bzw. Übereinstimmung) zwischen Haushaltsplanung und Haushaltsvollzug, über vorhandene Ausgabe- und Einnahmereste, über den Zahlungsmittelbestand und über das finanzwirtschaftliche Ergebnis gewinnen.

Systemimmanente Schwächen des kameralen Rechnungswesens

Das derzeit an Hochschulen praktizierte kamerale Rechnungswesen vernachlässigt vollständig die Erfassung der Kosten- und Leistungssphäre, d. h. es fehlen z. B.:

- eine vollständige und wertmäßige Erfassung von Vermögen als Voraussetzung zur Berücksichtigung des tatsächlichen Werteverzehrs bei der Leistungserstellung,
- eine Trennung der Erfolgswirksamkeit von Ein- und Auszahlungen,
- eine Ermittlung von kalkulatorischen Kosten.

Durch die systemimmanenten Schwächen der Kameralistik fehlt folglich eine ausreichende Datenbasis zur Einführung moderner betriebswirtschaftlicher Kontroll- und Steuerungsinstrumente - z. B. einer Kosten- und Leistungsrechnung und eines darauf aufbauenden Controllings.

Betriebswirtschaftliche Kontroll- und Steuerungsinstrumente sind für eine effiziente Führung von Hochschulen eine unabdingbare Voraussetzung.

Neben der Modernisierung des Rechnungswesens müssen an Hochschulen insbesondere die Ablauf- und Aufbauorganisation optimiert werden. Die vorhandenen organisatorischen Strukturen sind i. d. R. stark funktional orientiert, da die Organisationseinheiten an den Hochschulen oftmals aus ihren Schwerpunktaufgaben entstanden sind. Funktional orientierte Strukturen besitzen den Vorteil, daß die Spezialisierung der Mitarbeiter sehr hoch ist und dadurch Routinetätigkeiten gut durchgeführt werden können. Durch die hohe arbeitsteilige Gliederung werden aber die Geschäftsprozesse an den Hochschulen entgegen ihres logischen Ablaufes gesplittet und auf verschiedene Organisationseinheiten verteilt. Die Konsequenz der vielen Schnittstellen innerhalb eines Prozesses sind Zeitverschleppungen in Form von Übergabe-, Warte- und Liegezeiten, redundante Ausführungen von Funktionen, Mehrfacherfassungen sowie vor allem ein extrem überhöhter Bedarf an Kommunikation, Koordination und Abstimmung.

Beispiel: Beschaffungsprozeß

Die **Schnittstellenproblematik** zwischen den Organisationseinheiten läßt sich exemplarisch an einem Beschaffungsprozeß darstellen. An einem Beschaffungsvorgang ist die anfordernde Institution, das Referat für Haushalts-, Kassen- und Rechnungswesen, die Referatsleitung des Referates Beschaffung und Bewirtschaftung, die Beschaffungsabteilung, die Vermögens- und Bestandsverwaltung, das Amt für EDV und die Kontaktstelle beteiligt. Der Beschaffungsvorgang beginnt oftmals mit einem ersten informellen Beratungsgespräch über den Ablauf der Beschaffung zwischen der anfordernden Institution und dem Referat für Beschaffung und Bewirtschaftung. Anschließend erstellt die anfordernde Institution einen Antrag auf Beschaffung und leitet sie an die zuständige Sachbearbeitergruppe im Referat für Beschaffung und Bewirtschaftung weiter. Nach den notwendigen Prüfungen holt der zuständige Sachbearbeiter Angebote ein. Bevor der Auftrag erteilt wird, muß der Auftrag an die Referatsleitung zur Unterschrift weitergeleitet werden. In Abhängigkeit von der Auftragshöhe muß allerdings vorher eine Mittelprüfung und ggfs. eine Mittelreservieung durch das Referat Haushalts-, Kassen- und Rechnungswesen durchgeführt werden. Dazu wird der Auftrag an die Kontaktstelle weitergeleitet, die die anfallenden Formulare sammelt und an das Amt für EDV zur Eingabe weiterleitet. Im Amt für EDV werden Listen erstellt und über die Kontaktstelle an die zuständigen Sachbearbeiter zur Prüfung zurückgesendet. Anschließend – vorausgesetzt entsprechende Mittel sind vorhanden, führt der Sachbearbeiter die Bestellung beim Lieferanten durch und übergibt Bestelldurchschläge an die Inventarisierung und die anfordernde Institution. Der Lieferant aversiert dem Sachbearbeiter aus der Beschaffung den genauen Liefertermin. Der Sachbearbeiter gibt die Informationen an die Bestellannahme und die anfordernde Institution weiter. Bei der Lieferannahme erfolgt die sachliche Prüfung und gegebenenfalls die Inventarisierung. Nach Rechnungseingang erfolgt die rechnerische Prüfung durch den Sachbearbeiter aus dem Rechnungswesen. Die gegengezeichnete Rechnung wird an die Referatsleitung zur Unterschrift weitergeleitet. Anschließend erfolgt die Weiterleitung an das Haushalts-, Kassen- und Rechnungswesen zur weiteren Bearbeitung und zur Archivierung der Rechnungskopie und des Lieferscheines. Die Daten werden durch die Datenverarbeitung in das Rechnungssystem eingegeben und durch die zuständige Stelle im Haushaltswesen angewiesen. Anschließend erfolgt die Rechnungsbegleichung über die Kasse.

Status-quo der Hochschul-DV-Ausstattungen

Die vorhandene funktional orientierte Aufbau- und Ablauforganisation fördert ebenfalls das Entstehen von softwaretechnischen Insellösungen und insgesamt heterogenen DV-Landschaften an den Hochschulen. Die Folge sind DV-technische Brüche, Systeminkompatibilitäten und Medienbrüche innerhalb der Geschäftsprozesse.

Die DV-Landschaft in den Hochschulverwaltungen ist derzeit zu einem großen Teil von historisch gewachsenen DV-Systemen mit überwiegend batch- und dateiorientierter Verarbeitung geprägt. Für den beschriebenen Beschaffungsprozeß bedeutet dies, daß viele Vorgänge überhaupt nicht durch EDV unterstützt werden und papierzentriert erfolgen. Der Antrag der bestellenden Institution wird in Papierform erstellt, geprüft und weitergeleitet. Die Mittelprüfung und Mittelreservierung erfolgt dagegen teilweise EDV-gestützt. Die Verarbeitung der Haushaltsüberwachungslisten wird mit einem batchorientierten COBOL-Programm durchgeführt. Die von den Sachbearbeitern benötigten Daten, z. B. für die Mittelprüfung, werden allerdings in Listenform bereitgestellt.

Die Sachbearbeiter müssen sich die notwendigen Informationen aus diesen Listen zusammensuchen. Ad hoc-Abfragen sind nicht möglich. Ebenso können spezielle Listen nur sehr aufwendig durch das Amt für EDV fallbezogen realisiert werden.

Für den beschriebenen Prozeß bedeutet der organisatorische Aufbau und die DV-technische Unterstützung, daß der Prozeß der Bestellabwicklung durch lange Liege- und Transportzeiten, Schnittstellenproblemen und Koordinationsaufwände zwischen den Organisationeinheiten, Medienbrüchen und Redundanzen in der Bearbeitung geprägt ist und somit eine integrierte und prozeßorientierte Vorgangsbearbeitung **nicht** möglich ist.

Anforderungen an ein modernes Hochschulbildungs- und Verwaltungsmanagement

Um ein modernes Bildungs- und Vewaltungsmanagement an deutschen Hochschulen einzuführen, müssen die vorhandenen organisatorischen Strukturen und Geschäftsprozesse kunden-, zeit-, kosten- und qualitätsorientiert optimiert werden. Im Rahmen von Business Process Reengineering werden die Geschäftsprozesse der Hochschule dahingehend untersucht, ob sie notwendig sind und effizient abgewickelt werden. Wichtig bei der Analyse von Prozessen öffentlicher Verwaltungen ist die Personalintensität bei der Erledigung der Aufgaben. Aufgrund dieser Position bilden die Personalkosten im Gegensatz zu einem Industriebetrieb, bei dem ein Großteil der Kosten auf einem hohen Materialeinsatz basieren kann, den gr66ßten Kostenfaktor. Von daher ist es besonders wichtig, von Anfang an den Personalrat der Hochschule in das Konzept mit einzubinden.

Die Primärziele, die innerhalb eine Reorganisationsprojektes verfolgt werden, um eine „moderne und innovative" Hochschule zu entwickeln, lauten dabei:

Primärziele des Reorganisationsprojektes

- Verbesserung und Erweiterung der Dienstleistungen gegenüber dem „Kunden", d. h. gegenüber den Studenten, den Instituten, den Mitarbeitern der Hochschule oder auch gegenüber anderen Verwaltungseinheiten;
- Beschleunigung der Abläufe;
- Verbesserung der Wirtschaftlichkeit;
- Erhöhung der Transparenz und der Flexibilität der Verwaltungsstrukturen;
- Humanisierung der Arbeitsabläufe, d. h. mitarbeiterorientierte Verwaltungsabläufe.

Im Rahmen einer Reorganisation müssen insbesondere Schwachstellen im Rechnungswesen behoben werden. Die bisher praktizierte Kameralistik muß bei der Modernisierung der Hochschulen durch die doppelte kaufmännische Buchführung abgelöst werden. Nur mit einem auf der Doppik basierenden Rechnungswesen ist es für die Hochschulen möglich, die notwendige Informationsbasis für eine wirtschaftliche Steuerung zu erhalten. Durch gesetzliche Rahmenbedingungen ist es allerdings nicht möglich, die Kameralistik einfach durch eine „normale" doppelte kaufmännische Buchführung abzulösen. Vielmehr muß die Doppik um Elemente aus der Kameralistik ergänzt werden, um die Rechenschaftspflichten der Hochschulen gegenüber ihren Trägern zu gewährleisten.

Basierend auf der neuen Buchhaltungsform können die Hochschulen moderne Kontroll- und Steuerungsinstrumente implementieren. Die Einführung einer Kosten- und Leistungsrechnung erschließt den Hochschulen u. a. Informationen und Daten über ihre Wirtschaftlichkeit, zur Steuerung der Verwaltung, zur Erfolgsermittlung und zur Ermittlung verursachungsgerechter Gebührensätze. Aufbauend auf der Kosten- und Leistungsrechnung schafft das Instrument des Controllings die Möglichkeit, Kennzahlen und Infomationen über:

Kennzahlenermittlung durch Controlling

- Kapazitätsangebot und –nachfrage der Hochschule,
- zur Haushaltsaufstellungs-, Verteilungs- und Bewirtschaftungssystem,
- Aufbau- und Ablauforganisation in der Verwaltung,
- Haushaltsaufstellungs-, Verteilungs- und Bewirtschaftungssystem,
- Beschaffungswesen,
- Inventarisierung,
- Ressourcenverbrauch,
- Studien und Prüforganisation,
- strategische Planung,
- Basis für Uniranking

zu bilden. Für die Hochschulen werden solche leistungsbezogenen Daten zukünftig unverzichtbar sein, da Wirtschaft und öffentliche Institutionen ihre Mittel in zunehmenden Maße zweck-/projektgebunden vergeben und der Wettbewerb zwischen den Hochschulen um Drittmittel zunimmt.

Parallel zur Modernisierung der Prozesse und Organisationsstrukturen ist die Ausnutzung modernster Datenverarbeitungstechnologie zur Optimierung des unternehmensweiten Informationsmanagements (Technologie Reengineering) notwendig. Dabei ist zu beachten, daß beide, Business Process Reengineering und Technologie Reengineering, nicht unabhängig voneinander betrachtet werden dürfen, sondern nur der ganzheitliche Ansatz langfristig zum Erfolg führt. Sowohl eine Automatisierung bestehender Abläufe durch moderne EDV ohne ein vorangegangenes BPR-Projekt als auch die Erstellung eines Sollkonzeptes für neue Geschäftsprozesse und Organisationsstrukturen, ohne Wissen um die Möglichkeiten moderner Datenverarbeitungstechnologie, lassen weitreichende Möglichkeiten der Effizienzsteigerung, die sich durch einen integrierten Ansatz ergäben, weitgehend ungenutzt.

Der zunehmende Konkurrenzkampf um ihre „Kunden" – die Studenten - zwingt die Hochschulen verstärkt Servicedienstleistungen in diesem Bereich anzubieten. Dazu eignen sich insbesondere Chipkartensysteme und Internet. Chipkarten können im Bereich der Studenten- und Prüfungsverwaltung (z. B. Rückmeldung, Prüfungsanmeldung, Bibliotheksausweis), als Zugangskontrollinstrument (z. B. Zutrittskontrolle, Parkautomaten), als Rechnerzugang (z. B. für Datenbanken, Internet und Mailboxen) und als Zahlungsmittel (z. B. für Kopierer, Mensa, Verpflegungsautomaten, Kantine, Cafeteria, Faxgeräte) eingesetzt werden.

Internet, E-Mail und Videoconferencing erlauben es den Hochschulen, sowohl den Studienbetrieb zu optimieren als auch die Geschäftsprozesse der Verwaltung zu unterstützen. Im Bereich der Lehre können diese modernen Kommunikationstechnologien das Studium auch für Studenten aus anderen Städten und Ländern ermöglichen. Bereits heute werden in einigen Bereichen Vorlesungen, Übungen und Prüfungen über das Internet abgewickelt. Dieser Trend wird sich in der Zukunft noch verstärken.

Auf dem Weg zu einer **virtuellen Hochschule** können auch die Geschäftsprozesse in der Verwaltung durch den Einsatz neuer Technologien vereinfacht und unterstützt werden. Die Integration von Informationsverarbeitung und Telekommunikation erlaubt den Aufbau moderner Verwaltungsstrukturen.

3 Ein integriertes Anwendungssystem für Hochschulen – IQ-Campus

Nach Schätzungen der Gartner Group wurde bereits 1995 weltweit die Hälfte des verfügbaren DV-Budgets in Unternehmen für betriebswirtschaftliche Standardsoftware ausgegeben. Der Erwerb von Standardsoftware setzt sich immer mehr gegenüber der Eigenentwicklung von Anwendungsprogrammen durch. Gründe hierfür sind:

Gründe für den Erwerb/Einsatz von Standardsoftware

- **Kostenvorteile**: Fremdbezug ist oft erheblich kostengünstiger und besser kalkulierbar.
- **Zeitvorteile**: Entwicklungszeiten entfallen.
- **Qualitätsvorteile**: Das Know-how des Softwareherstellers übersteigt meist das eigene.
- **Kapazitätsvorteile**: Keine Personalengpässe, keine Einstellung von Entwicklern erforderlich
- **Umstellungsvorteile**: Die Software ist bereits erprobt, die meisten Fehler sind behoben
- **Zukunftssicherheit**: Die Flexibilität von (guten) Standardsystemen erlaubt eine relativ einfache Anpassung an neue organisatorische Anforderungen. Releasewechsel durch den Hersteller halten die Software aktuell und effizient.

Die geforderten Charakteristika einer moderner Standardsoftware lassen sich in erster Linie durch folgende Aspekte beschreiben:

Anforderungen an eine Standardsoftware

- Integrationsfähigkeit
- Offene Standards und Schnittstellen
- Modularität und Anpassungsfähigkeit

Moderne Client/Server-Architekturen gelten hierbei als Schlüsseltechnologie für Integration, Modularität und Anpassungsfähigkeit. Immer mehr zum Auswahlkriterium für betriebswirtschaftliche Softwaresysteme wird zudem die Verfügbarkeit einer leistungsfähigen Workflowkomponente, die insbesondere für die stark strukturierten Verwaltungsabläufe in den Hochschulen eine effiziente Unterstüzung darstellen kann.

Die folgende Tabelle verdeutlicht die offensichtlichen Vorteile einer Standardsoftware, die die genannten Kriterien erfüllt, gegenüber einer Individuallösung, die auch für mehrere Hochschulen entwickelt worden sein kann.

Tab. 3.1 Gegenüberstellung Standardsoftware - Individualsoftware

Standardtypen / Merkmale	Individualentwicklung, auch für mehrere Hochschulen	Adaptierbare Standardsoftware
Funktionsbreite	Mittel	Groß
Betriebswirtschaftliches Profil	Punktuell sehr speziell (z. B. Kameralistik)	Generell und speziell ausprägbar
Systematik der Entwicklung	Eher unsystematisch	Umfassend
Mächtigkeit der Adaptionswerkzeuge	Keine	Technisch mächtig
Flexibilität	Starre Lösung	Sehr flexibel

Bereits heute nutzen Hochschulverwaltungen bei der Optimierung administrativer Prozesse vermehrt die Hilfen des SAP R/3 Systems sehr erfolgreich. Im Mittelpunkt stehen hierbei z. B. die Bereiche Planung, Organisation, Personalverwaltung, Mittelbewirtschaftung, Technische Betriebsdirektion oder Materialwirtschaft, die durch die Module FI (Finanzwesen), TR-FM (Haushaltsmanagement und Drittmittelverwaltung), CO (Controlling), MM (Materialwirtschaft), HR (Personalwirtschaft), PM (Instandhaltungsmanagement) oder FI-AA (Anlagenwirtschaft) weitgehend abgedeckt werden.

Die eigentlichen „Kernprozesse" der Hochschulen, die vorwiegend in dezentralen Bereichen, wie z. B. Dekanaten, Lehrstühlen, Studentensekretariat, Bibliotheken oder Prüfungsämtern ablaufen, werden aber bisher zum einen durch das System R/3 überhaupt nicht unterstützt, zum anderen besteht keine befriedigende Integration bestehender Insellösungen zu bereits eingesetzten SAP-Modulen.

Eine ganzheitliche Lösung, in der alle Prozesse in den Hochschulen durch eine integriete DV-Lösung effizient unterstützt wird, existiert bis dato nicht. Dies ist um so erforderlicher, da die Abwicklung sowohl der universitären Kernprozesse als auch der rein administrativen Prozesse sehr personal- und somit auch kostenintensiv ist. Durch eine integrierte Lösung ließe sich sowohl auf der Kosten-/Ressourcenseite als auch auf der Serviceseite - die im internationalen Wettbewerb um den Kunden Student von größter Bedeutung ist - ein weites Verbesserungspotential realisieren.

Aus diesem Grund hat die SAP AG beschlossen, das Produkt **IQ-Campus** (International Qualification System) zu entwickeln. Den Hochschulen wird somit ein umfassendes, objektorientiertes Anwendungssystem zur Verfügung stehen, das die integrierte Abwicklung der Bildungsprozesse sowie die Planung, Budgetierung und Bewirtschaftung dazu notwendiger finanzieller und sachlicher Ressourcen ermöglicht.

Funktionalitäten im IQ-Campus

Folgende Funktionalitäten sollen im IQ-Campus abgebildet werden:

- In der Informationsphase werden potentielle Studierende, Sponsoren und Dozenten zielgerichtet die gewünschten Informationen zur Verfügung gestellt werden, wie z. B. Vorlesungsverzeichnisse, Stipendien, die Wohnungssituation, das Renommee der Universität, Forschungseinrichtungen und vieles mehr.
- Bewerbung um einen Studienplatz, Zulassung und Zuteilung von Studierenden durch zentrale Stellen (wie z. B. in Deutschland und Großbritannien üblich) und Anmeldung zu Veranstaltungen unter Berücksichtigung von länder- bzw. institutsspezifischen Varianten.
- Administration (z. B. Rückmeldung, Auslandssemester usw.)
- Prüfungsadministration
- Verwaltung von Ehemaligen
- Wohnungsvergabe
- Integrierte Stipendienabwicklung
- Drittmittelbeschaffung und - verwaltung
- Planung und Verwaltung von Vorlesungen und Veranstaltungen, wie Studiengänge, Vorlesungen, Tutorien, Offene Zusatzveranstaltungen, Praktika, Forschungssemester oder Sabbaticals.

Neben dieser umfassende Funktionalität wird das Anwendungssystem IQ-Campus durch folgende Leistungsmerkmale gekennzeichnet sein:

Internationale Einsetzbarkeit

IQ-Campus wird den länderspezifischen Anforderungen entsprechend anpassbar sein. Daneben existieren zahlreiche Sprachversionen und die Unterstützung verschiedener Währungen. Dieser Funktionalität kommt insbesondere wegen der Einführung der europäischen Währung eine hohe Bedeutung zu. Die Unterstützung einer vierstelligen Jahresdarstellung und ein problemloser Jahrtausendwechsel ist ebenfalls gegeben.

Zukunftsorientierte Softwaretechnologie

Durch sein objektorientiertes Design erhält das System IQ-Campus eine hohe Flexibilität und Modularität. Dadurch wird eine effiziente Einführung und Wartung ermöglicht. In das System IQ-Campus ist bereits der Einsatz von Smartcards als Studentenausweis, Zutrittskontrolle und Zahlungsmittel vorgesehen.

Self-Service-Funktionalität

Durch die Self-Service-Funktinalität wird zum einen der Verwaltungsaufwand minimiert und zum anderen die Informations- und Servicequalität entscheidend erhöht. Durch den Einsatz von elektronischen Kiosken (Intranet oder Internet) wird ein breites Serviceangebot zur Verfügung gestellt, daß zeit- und ortsungebunden wahrgenommen werden kann.

4 Einführung des Systems SAP R/3 an der Universität des Saarlandes

Die Universität des Saarlandes und das Institut für Wirtschaftsinformatik, Prof. Dr. A.-W. Scheer, haben neben dem Projekt „Prozeßorientierte Verwaltung der Universität des Saarlandes“ weitere Projekte in den Bereichen innovatives Verwaltungs- und Bildungsmanagement durchgeführt. So z. B. ein Projekt mit dem Kultusministerium Thüringen, das Gestaltungsvorschläge für effiziente Verwaltungsabläufe an den Hochschulen Jena, Ilmenau und Thüringen zum Inhalt hat. Ein weiteres Beispiel ist das von der Bertelsmann-Stiftung und Siemens-Nixdorf-Stiftung im Rahmen der Initiative „B.I.G. – Bildungswege in die Informationsgesellschaft“ geförderte Projekt WINFO-Line, in dem ein Distance-Learning konzeptioniert und implementiert wird.

Aufgrund dieser vielfältigen Expertise und den bisherigen Vorarbeiten (Geschäftsprozeßoptimierung und SAP-Machbarkeitsstudie) wurde die Universität Saarbrücken als Kooperationspartner von der SAP AG für die Entwicklung und Testimplementierung von IQ-Campus ausgewählt. Weitere Kooperationspartner der SAP AG in diesem Umfeld sind z. B. die University of Newcastle, die Wirtschaftsuniversität Wien, das MIT in Cambridge oder die Bayerische Julius-Maximilian-Universität in Würzburg.

Zum Zeitpunkt der Verfassung dieses Artikels, Januar 1998, bereitet die Universität des Saarlandes die Einführung der Standardmodule (Fi, CO, TR-FM, MM, FI-AA, SD, PM und HR) vor. Es finden noch Vertragverhandlungen mit der SAP AG statt, in der insbesondere einige hochschulspezifische Merkmale bei der Lizenzierung diskutiert werden. So zum einen die Behandlung von studentischen Mitarbeitern im Modul HR: Die Verträge studentischer Mitarbeiter sind zum Teil nur sehr kurzfristig, die Anzahl der studentischen Mitarbeiter insgesamt aber sehr hoch. Die Lizenzgebühren des Moduls HR wird durch die Anzahl der Abrechnungsfälle mitbestimmt. Desweiteren wird durch die hohe Anzahl der dezentralen Mittelbewirtschafter in den Lehrstühlen und Instituten, die lesenden und schreibenden Zugriff auf ihre Budgetdaten haben, die Lizenzkosten nach dem bisherigen Schlüssel stark beeinflußt.

Die Qualifizierung der Verwaltungsmitarbeiter ist von großer Bedeutung. Schon im Vorfeld der Einführung wird umfassend der Umgang mit den neuesten Office-Applikationen und dem Betriebssystem Windows NT Workstation vermittelt. Die Mitarbeiter des Amtes für EDV werden in der Systemadministration des Systems SAP R/3 und in der Programmiersprache ABAP geschult. Da das Modul FI Kenntnisse der doppelten Buchführung erfordert, wird zusätzlich ein speziell auf die Belange der Verwaltung zugeschnittener Kurs durchgeführt. In diesem werden insbesondere die Unterschiede zwischen Kameralistik und Doppik und die Prinzipien einer Kostenrechnung und des Controllings vermittelt.

Aufgaben der Multiplikatioren

Eine wichtige Aufgabe wird den sogenannten Multiplikatoren zukommen, deren Tätigkeit sich wie folgt gliedern läßt:

- Mitarbeit bei der Einführung des SAP R/3-Systems,
- Mitarbeit bei der Entwicklung von IQ-Campus,
- langfristige Organisationsentwicklung der Zentralen Verwaltung der Universität des Saarlandes („Prozeßowner").

Allen Aufgabengebieten gleich ist, daß die Multiplikatoren als Interessensvertreter ihrer Abteilungen/Referate die Geschäftsprozesse und deren DV-technische Unterstützung mitgestalten. Sie haben die Aufgabe, in internen Workshops ständig Verbesserungsvorschläge aufzunehmen und zu diskutieren.

Die Multipliklatoren werden im Vorfeld der Implementierung umfassend in den einzuführenden Modulen geschult. Innerhalb des Projektes kommt ihnen die Aufgabe zu, die Verwaltungsmitarbeiter gemäß ihrer individuellen Bedürfnisse in der Handhabung des R/3-Systems zu schulen.

In der ersten Phase der Einführung gilt es auch, das betriebswirtschaftlichen Fachkonzept zu verfeinern. So ist ein Verfahren zu entwickeln, das sicherstellt, daß trotz Doppik eine externe kamerale Rechnungslegung durchführbar ist. Zusätzlich ist der für die doppelte Buchführung unerläßliche Kontenrahmen zu detaillieren.

Die Einführung eines integrierten Standardsoftwaresystems für die wichtigsten Bereiche eines Unternehmens kann erhebliche Ressourcen binden. Eine effiziente Gestaltung des Einführungsprozesses stellt somit eine wesentliche Voraussetzung für die spätere Nutzung des Systems dar.

Der Einsatz integrierter Projektteams ist hierfür ein Erfolgsfaktor. Dieser „partizipative Ansatz“, bei dem die Verwaltungsmitarbeiter, der Personalrat, Mitarbeiter der internen Datenverarbeitung, die Kunden der Verwaltung (Studenten, Lehrstühle und Institute) und externe Berater eng zusammenarbeiten, hat sich bereits in den vorgelagerten Projekten (Geschäftsprozeßoptimierung und SAP-Machbarkeitsstudie) bewährt.

Die Einführung der SAP-Module soll im „Big Bang“ Verfahren (evtl. HR vorgelagert) bis Ende 1998 erfolgen. Ein wichtiges Argument für ein R/3 Einführung im „Big Bang“ Verfahren ist die Vielzahl von bestehenden, engverzahnten Systemen, in verschiedenen Verwaltungsbereichen. Eine sukzessive Einführung der entsprechenden SAP R/3-Module würde eine hohe Komplexität bei der Konzeption und Implementierung der Schnittstellen erfordern und dadurch die Einführung verzögern. Der Termindruck, der durch die Jahr 2000-Problematik entsteht, liefert ein weiteres Argument für das „Big-Bang“-Verfahren.

Parallel zur Einführung der Standardmodule wird in einem Testumfeld das IQ-Campus System implementiert werden, dessen Funktionalität bis Ende 1998 weit ausgebildet sein soll.

Kapitel 18

Evaluierung des Leistungsspektrums zweier betriebswirtschaftlicher Modellunternehmen am Beispiel von IDES (SAP AG) und der LIVE AG (SNI AG)

Dipl.-Betriebswirt (FH) Stefan Schwarz
Prof. Dr. rer. pol. Paul Wenzel

Fachhochschule Konstanz
Hochschule für Technik, Wirtschaft und Gestaltung

1 Einleitung

Unternehmen sehen sich zum Ende des 20. Jahrhunderts vielen neuen Herausforderungen ausgesetzt. Durch rasante politische, soziale, wirtschaftliche und technische Veränderungen in unserer Zeit nimmt der Druck auf alle Unternehmen ständig zu. Sowohl Märkte als auch der Wettbewerb werden immer globaler. Der Markt eines modernen Unternehmens ist nicht mehr nur vor der eigenen Haustüre zu finden, sondern er erstreckt sich über die ganze Welt. Ebenso ist die Konkurrenz nicht nur in der direkten Nachbarschaft zu suchen, sondern rund um den Globus. Um den neuen Anforderungen gerecht zu werden, muß ein Unternehmen rechtzeitig die „Weichen" für die Zukunft stellen und die notwendigen Investitionen tätigen, damit es flexibel reagieren kann. Eine der Schlüsselfragen bezüglich der Flexibilität ist sicherlich die Technologie, auf die ein Unternehmen setzt und damit auch die Auswahl der Software, mit der die innerbetrieblichen Abläufe gesteuert werden. Es steht zweifellos außer Frage, daß kein Unternehmen auf den Einsatz der elektronischen Datenverarbeitungstechnologie verzichten kann, aber: Welches EDV-System ist für welches Unternehmen geeignet? Diese Frage muß jedes Unternehmen anhand sorgfältiger Analysen der eigenen betrieblichen Gegebenheiten und durch Vergleiche verschiedener Produkte für sich selbst klären.

Das bestgeeignete EDV-System nützt jedoch einem Unternehmen nichts, wenn die Mitarbeiter nicht damit umgehen können und dadurch kein Wettbewerbsvorteil erwächst. Im Gegenteil sogar: schlecht durchgeführte EDV-Einführungsprojekte können ein Unternehmen in Schwierigkeiten bringen, wenn durch Unkenntnis der Bediener betriebliche Abläufe gestört werden. Deshalb kommt der Schulung des Personals eine oft unterschätzte Bedeutung zu. Mit der Lektüre der mit der Software gelieferten Dokumentation ist es bei komplexen Systemen, die in alle Bereiche der Wertschöpfungskette eingreifen, nicht allein getan. Die betrieblichen Abläufe müssen vom Benutzer zunächst verstanden werden und dann am System praktisch nachvollzogen werden. Nur so kann ein Benutzer lernen, sinnvoll mit einem komplexen System zu arbeiten.

Wie ist dies in einem System, das die Unternehmensrealität widerspiegeln soll, möglich? Zunächst einmal gar nicht, da sich Aktionen in einem Bereich des komplexen Systems oft auf andere Bereiche auswirken und deshalb irreversibel sein müssen (man denke hier nur an die Erzeugung eines Geschäftsvorfalls, der in die Buchhaltung eingeht). Zur Lösung dieses Problems ist es notwendig, für das verwendete Softwaresystem ein unabhängiges Modell zu entwickeln, das die Realität eines Unternehmens möglichst genau wiedergibt und das jeder Benutzer zu Übungszwecken verwenden kann, ohne daß dabei in reale Unternehmensabläufe eingegriffen wird. Solche Modelle existieren für verschiedene Softwaresysteme mehr oder weniger geeignet ausgeprägt.

Im folgenden soll nun die Leistungsfähigkeit und Eignung zweier Modelle untersucht werden. Es handelt sich dabei um das **International Demonstration And Education System (IDES)** der SAP AG und die **LIVE AG** der SNI AG. Beide Modelle basieren auf der betriebswirtschaftlichen Anwendungssoftware R/3 der SAP AG. Ziel ist es, das Leistungsvermögen beider Modelle darzustellen, zu vergleichen und herauszuarbeiten, für welche Zwecke und Benutzergruppen die Modelle geeignet sind. Da sowohl die Software R/3 als auch die beiden Modelle ständig weiterentwickelt werden, kann es sich nur um eine Momentaufnahme handeln, die keineswegs den Anspruch auf Allgemeingültigkeit erhebt. Der Leser soll jedoch eine möglichst detaillierte Vorstellung davon erhalten, was der R/3 Anwender vom Einsatz der beiden Modelle zu erwarten hat.

2 Begriffliche Abgrenzungen

Systeme, Modelle, Simulationen, Systemsimulation, Simulationsmodelle, Nachbildungen, Unternehmensmodelle, Modellunternehmen, Planspiele, Unternehmensplanspiele: Die Vielfalt der Begriffe und ihrer Variationen scheint schier unendlich zu sein.

2.1 Systeme

Der Begriff System läßt sich vielfältig verwenden, so daß es nahezu unmöglich ist, eine allgemein gültige Definition zu formulieren. In der Literatur finden sich zahlreiche Definitionen des

System

Begriffs System, von stark abstrahierten und simplifizierten bis zu hoch komplizierten. Eine einfache Definition erklärt den Begriff wie folgt: „Ein System ist eine Anhäufung oder Sammlung von Objekten, welche durch eine regelmäßige Wechselwirkung oder gegenseitige Abhängigkeit zusammenhängen."[1] Als Bestandteile von Systemen werden immer wieder Objekte oder auch Elemente genannt. Jedoch werden Objekte selbst manchmal als Systeme bezeichnet. Um hier einer Begriffskonfusion vorzubeugen, spricht man von „interessierenden Objekten", wenn es sich dabei um die Elemente eines Systems handelt. Eine weitere Definition des Begriffs „System“ betont noch mehr die Bestandteile eines Systems und die Notwendigkeit der Strukturierung: „Ein System besteht aus einem oder mehreren strukturell verbundenen Elementen, deren Zustände von anderen Elementen (oder sich selbst) abhängen und die die Zustände anderer Elemente (oder sich selbst) beeinflussen. Das bedeutet, daß ein System Elemente und Struktur enthält; beide sind notwendige Bestandteile eines Systems."[2] Diese Definition gibt bereits recht genaue Aufschlüsse, was ein System charakterisiert. Als Beispiel für ein System nach dieser Definition sei hier ein Industrieunternehmen genannt. Es besteht aus einzelnen Elementen (den Abteilungen wie Einkauf, Materiallager, Teilefertigung, Montage, Endlager, Vertrieb usw.), die sich gegenseitig beeinflussen (z. B. Nachfrage der Fertigung nach Material aus dem Lager) und eine feste Struktur aufweisen.

Weitere Faktoren, die ein System determinieren, werden im folgenden kurz angesprochen:[3]

1. Das Objekt erfüllt eine bestimmte Funktion, die sich als **Systemzweck** definieren läßt. Im Beispiel Industrieunternehmen, liegt der Systemzweck in Produktion und Verkauf von Gütern.
2. Ein System ist **nicht teilbar**. D. h. ein System verliert seinen Systemzweck, wenn einzelne Elemente aus dem System herausgelöst werden. Die Identität des Systems würde sich verändern oder zerstört. In unserem Beispiel würde die

[1] Gordon, G.: Systemsimulation, R. Oldenbourg München, 1972, S. 11

[2] Bossel, H.: Simulation dynamischer Systeme, Braunschweig/Wiesbaden, 1989, S. 10

[3] vgl. Bossel, H.: Modellbildung und Simulation, Braunschweig/Wiesbaden, 1992, S. 11 f

Identität des Industrieunternehmens zerstört werden, wenn eine Abteilung nicht mehr existieren würde.

3. Ein System hat eine **Systemgrenze**, die es von seiner **Systemumwelt** trennt. Die Systemgrenze zur Systemumwelt läßt sich nicht immer eindeutig festlegen. Eine eindeutige Festlegung ist nur dann möglich, wenn kein Austausch von Stoffen, Energie oder Information mit der Systemumwelt stattfindet. Das System selbst steht in Wechselwirkung zu seiner Umwelt, d. h. System und Systemumwelt beeinflussen sich gegenseitig. Für ein Industrieunternehmen stellen Kunden, Lieferanten, Konkurrenzunternehmen, Staaten (als Gesetzgeber) usw. die Systemumwelt dar. Dabei beeinflußt die Umwelt das Unternehmen bspw. durch eine erhöhte Nachfrage nach Gütern, durch die Erzielung höherer Umsätze und damit durch Wachstum. Das Unternehmen andererseits beeinflußt die Umwelt durch die Versorgung mit den gewünschten Gütern.

Der Begriff „System" ist nicht auf alles anwendbar, was landläufig als System bezeichnet wird. Wie jedoch gezeigt wurde, handelt es sich per Definitione bei einem Unternehmen zweifellos um ein System. Dies belegt auch der sog. systemorientierte Erklärungsansatz von Unternehmen des Betriebswirtschaftstheoretikers Hans Ulrich, der Unternehmen als „produktive, soziale, ziel- und zweckgerichtete, künstliche und offene Systeme"[1] definiert.

Oft sind Systeme sehr komplexe Gebilde, die nicht als ganzes überschaubar sind und deren Interdependenzen nicht ohne weiteres zu erkennen sind. Aus diesem Grund werden komplexe Systeme zu Beschreibungs-, Erklärungs- oder Prognosezwecken häufig in Modelle gefaßt, was auf die in diesem Beitrag untersuchten Modellunternehmen zutrifft. Hier jedoch existieren die Systeme der Modellunternehmen nicht real, sondern werden realen Systemen nachempfunden.

2.2 Modelle

Definition

Auch für den Begriff „Modell" existieren zahlreiche Definitionen in der Literatur, die mehr oder weniger Gemeinsamkeiten aufweisen. Eine der einfachsten Definitionen, die besagt: „Jedes Modell ist entweder eine vereinfachte ... Wirklichkeit, ... oder

[1] Ulrich, H.: Die Unternehmung als produktives soziales System, o.O., 1968

eine künstliche Wirklichkeit."[1] Man erkennt bereits aus dieser einfachen Definition, daß es bei Modellen prinzipiell um die Abbildung der Wirklichkeit geht. Eine weitere Definition aus der Literatur greift den Gedanken der Wirklichkeit, der hier synonym mit „Realität" bezeichnet wird, ebenfalls auf: „Ein Modell ist immer eine vereinfachte Abbildung eines interessierenden Realitätsausschnitts."[2]

Diese beiden Definitionen sind sehr allgemein gehalten und beziehen den Begriff **Modell** lediglich auf die Wirklichkeit oder einen Ausschnitt davon. Der Gedanke des Systems, von dem ein Modell abgeleitet wird, ist hier noch außer Acht gelassen. Da im letzten Abschnitt festgestellt wurde, daß es sich bei Unternehmen um Systeme handelt, ist deren Abbildbarkeit als Modell von besonderem Interesse. Verknüpft man den Systemgedanken mit der allgemeinen Modelldefinition, so könnte man ein Modell als die Menge aller Informationen über ein System bezeichnen, die für die Untersuchung des Systems zusammengestellt wurde.[3]

Bei der Kompelexität der Systeme stellt sich die Frage, welche Informationen über das System gesammelt und verwendet werden sollen, da nicht das gesamte System untersucht werden kann und soll. Die Frage beantwortet sich durch die Festlegung des **Modellzwecks**. Je nach dem Zweck, den das Modell erfüllen soll, können für ein und dasselbe System verschiedene Modelle erstellt werden. Daher bestimmt der Modellzweck auch weitgehend die Art, den Umfang, den Inhalt, die Aussage und die Eigenschaften des Modells. Beispielsweise wird sich das Modell eines Waldes, das zum Zweck der forstlichen Betriebsplanung entworfen wurde, erheblich von dem Modell desselben Waldes unterscheiden, das zur Untersuchung des Nährstoffkreislaufs entwickelt wurde.

Zusammenfassend läßt sich die Modellbildung von Systemen etwa so schematisieren:

1. Festlegung des Modellzwecks;
2. Analyse des Systems mit Sammlung der relevanten Informationen;

---

1) Rohn, W.: Führungsentscheidungen im Unternehmensplanspiel, Essen, 1964, S.12/14

2) Bossel, H.: Modellbildung und Simulation, Braunschweig/Wiesbaden, 1992, S. 27

3) vgl. Gordon, G.: Systemsimulation, R. Oldenbourg München, 1972, S. 15

3. Zusammensetzung der Informationen zu einem abstrahierten Modell.

Bei den untersuchten Modellunternehmen handelt es sich um Modelle von Unternehmen. Obwohl es sich bei den Unternehmen nicht um real existierende Objekte handelt, wurde auch hier, wie bei der Modellbildung üblich, zunächst der Zweck der konstruierten Modelle festgelegt. Dieser Zweck und die daraus resultierenden Folgen sollen in späteren Kapiteln diskutiert werden.

Selbstverständlich lassen sich Modelle in zahlreiche Arten von Modellen unterteilen, wobei nachfolgend ein knapper Überblick und eine Gegenüberstellung der wichtigsten Modellarten gegeben wird und geprüft wird, in welche Kategorien sich die untersuchten Modellunternehmen einordnen lassen:

1. **Einfache und komplexe Modelle**

   Es läßt sich keine saubere Trennung vornehmen. Der Übergang zwischen einfach und komplex ist fließend und hängt von der subjektiven Einschätzung des Betrachters ab. Die untersuchten Objekte dürfen aufgrund des Umfangs zu den Modellen **komplexer Art** gerechnet werden.

2. **Statische und dynamische Modelle**

   Von statischen Modellen spricht man, wenn sich das Modell nach der Fertigstellung nicht mehr verändern läßt oder selbständig ändert. Es ist quasi als Momentaufnahme zu betrachten. Ein Beispiel hierfür ist der Bau eines Modellhauses durch einen Architekten. Sobald an einem Modell Parameter geändert werden oder sich selbst ändern, die das Modell ändern, wird das Modell als dynamisch bezeichnet. Die beiden Modellunternehmen können somit als **dynamisch** bezeichnet werden.

3. **Deterministische und stochastische Modelle**

   Deterministische Modelle sind auf eindeutigen Entscheidungsparametern aufgebaut, d. h. Modellgrößen lassen sich nur durch die Entscheidung der Modellerbauer oder Betreiber ändern. Stochastische Modelle hingegen lassen den Einfluß von Zufallsvariablen auf Modellgrößen zu. Unter diesem Aspekt sind die beiden Modellunternehmen den **deterministischen** Modellen zuzuordnen.

4. **Stetige und diskrete Modelle**

   Ein Modell wird als stetig bezeichnet, wenn die Veränderungen, die im Modell ablaufen, überwiegend gleichmäßig sind. Sind die Änderungen eher ungleichmäßig, so spricht man von einem diskreten Modell. Unternehmen und damit auch Modellunternehmen zählen zu den **diskreten** Modellen.

5. **Manuelle und computergestützte Modelle**

   Manuelle Modelle werden nur von Hand und mit Hilfsmitteln wie Papier, Stiften, Bastelmaterial usw. erstellt. Bei Computermodellen werden alle relevanten Daten in einen Computer eingegeben, der das Modell mit Hilfe der verwendeten Software erstellt. Die beiden Modellunternehmen basieren auf der Software R/3 und existieren nur **im Computer**.

Im Zusammenhang mit computergestützten Modellen spricht man auch oft von **Computersimulation**. Die Begriffe „Modell" und „Simulation" sind jedoch nicht synonym zu verwenden. Vielmehr liegt der Simulation immer ein Modell zugrunde. Bei der Simulation wird ein Vorgang innerhalb des Modells erzeugt, der ein bestimmtes Ergebnis zur Folge hat. Computer sind deshalb für Simulationen so geeignet, weil sie aufgrund ihrer enormen Rechengeschwindigkeit komplexe Vorgänge in minimaler Zeit – oft sogar schneller als in der Realität – erzeugen können. Bei den beiden untersuchten Modellunternehmen handelt es sich nicht um Computersimulationen, sondern lediglich um Computermodelle, da Vorgänge nur von den Modellbetreibern (Benutzern) erzeugt werden können und die Ergebnisse nicht vom Computer und dessen Parametern abhängig sind.

2.3 Planspiele und Unternehmensplanspiele

Planspiele beruhen auf dynamischen Modellen (Verlaufsmodelle), die die Interaktion zwischen den Spielern und der simulierten Entscheidungsumwelt im Zeitablauf darstellen.[1)] Hieraus wird deutlich, daß Planspiele prinzipiell auf **Modellen** beruhen. Weiter ist erkennbar, daß für das Planspiel **Mitspieler** benötigt werden. Die Mitspieler beeinflussen dabei das Modell durch ihre **Entscheidungen**.

1) vgl. Löffler, R.: Strategos: Ein dynamisches und computergestütztes Planspiel des Wettbewerbs zwischen Unternehmen zur Unterstützung des Strategischen Managements; Mannheim, 1986, S. 1

Im weiteren Verlauf dieses Abschnitts soll insbesondere auf das Unternehmensplanspiel eingegangen werden, da gezeigt werden soll, warum es sich bei den untersuchten Objekten nur um Modelle und nicht um Planspiele handelt. Der Begriff Unternehmensplanspiel läßt sich wie folgt definieren:[1] „Unternehmensplanspiele sind Simulationen von Entscheidungsprozessen im Rahmen und in den Begrenzungen eines ökonomischen Modells, das aus der mathematischen Nachbildung eines Wirtschaftsbereiches samt seinen inneren und äußeren Zusammenhängen (Interdependenzen) gewonnen wurde."

Unternehmens-planspiel

Prinzipiell besteht jedes Unternehmensplanspiel aus zwei Teilen. Zum einen besteht es aus dem Modell, das den Spielrahmen und den Spielhintergrund abgibt. Das Modell ist dabei ein realer oder erfundener Ausschnitt aus der Wirtschaft, z. B. ein Betriebsteil, Betrieb, Werk, Unternehmen, eine Branche oder ein Markt. Die relevanten Daten des Wirtschaftsausschnitts sind dabei in mathematische Formeln gefaßt, die die Wirklichkeit so gut wie möglich wiedergeben. Zum anderen besteht das Unternehmensplanspiel aus dem Spiel selbst, in dem nun das Modell die Rolle des gewählten Wirtschaftsgebildes übernimmt und damit Gegenstand der vorgesehenen Geschäftsmaßnahmen wird.[2] Unternehmensplanspiele (und Planspiele allgemein) sind konzipiert, um den Teilnehmern oder Mitspielern Entscheidungen abzuverlangen. Im Verlauf des Spiels ändert sich das Modell, das Gegenstand des Spiels ist, durch die getroffenen Entscheidungen, die auf die Variablen der Formeln, die das Modell bestimmen, Einfluß nehmen.

Analog zu den Modellen lassen sich Unternehmensplanspiele klassifizieren. Hier unterscheidet man zunächst nach Art der verwendeten Simulationstechnik deterministische und stochastische Spiele[3] sowie Spiele mit und ohne zeitliche Verzögerungen (timelags), marginalen Veränderungen und Computereinsatz. Weiter unterscheidet man nach Art des abgebildeten Simulationsobjektes Spiele mit einem oder mehreren Unternehmen, Funktionsbereichen oder Märkten sowie Spiele, deren Daten und Strukturen rein hypothetischer Natur sind, branchenspezifische

1) Rohn, W.: Führungsentscheidungen im Unternehmensplanspiel, Essen, 1964, S. 14

2) vgl. ebenda S. 14

3) Anmerkung: anstatt „Spiel" heißt es im Quelltext „Modell", was nach Meinung des Autors nicht korrekt und nur irreführend ist, da das Spiel selbst die genannten Eigenschaften besitzt und nicht primär das Modell, das Gegenstand des Spiels ist.

Verhältnisse reflektieren oder konkrete Unternehmen repräsentieren.[1]

Es liegt auf der Hand, daß es sich bei den beiden untersuchten Modellunternehmen nicht um Unternehmensplanspiele handeln kann, da ihnen hierfür die wesentlichen Kriterien fehlen. Die Modellunternehmen sind nicht Gegenstand eines Spieles, das einen definierten Anfang und ein definiertes Ende hat, in dem Mitspieler im Wettbewerb Entscheidungen treffen und die Entscheidungen das Modell verändern. Das Modell läßt sich ändern (Dynamik), jedoch hängt dies nur von den Entscheidungen der oder des Modellbetreiber(s) ab, der das Modell gerade benutzt oder bearbeitet und nicht auch von anderen, auf deren Entscheidungen der oder die Modellbetreiber keinen Einfluß haben.

3 Leistungsumfang der Modellfirmen

Zunächst sollen Hintergründe der Modellunternehmen, wie Konzeption oder Zielsetzung, beleuchtet werden. Anschließend wird der Aufbau und die Struktur erläutert. In den dann folgenden Kapiteln werden die wichtigsten R/3-Module untersucht. Dabei werden die vorhandenen Stammdaten der Modelle dokumentiert und betriebliche Abläufe aus den Übungsbeispielen des jeweiligen Unternehmens durchgeführt und getestet.

3.1 Hintergrund der LIVE AG

Die LIVE AG wurde von der Firma Siemens Nixdorf AG in Zusammenarbeit mit dem Lehrstuhl für Betriebswirtschaft und Wirtschaftsinformatik von Prof. Dr. Rainer Thome an der Universität Würzburg entwickelt. 1992 wurde begonnen die LIVE AG für das Release 1.2A von R/3 zu entwickeln, und im Frühjahr 1993 wurde eine erste Version freigegeben. Seitdem wird die LIVE AG ständig weiterentwickelt und den Releaseständen von R/3 angepaßt. Die Ausführungen zur LIVE AG sind gültig für Release 3.0.

[1] vgl. Löffler, R.: Strategos: Ein dynamisches und computergestütztes Planspiel des Wettbewerbs zwischen Unternehmen zur Unterstützung des Strategischen Managements; Mannheim, 1986, S. 20

Mit der Entwicklung und Pflege der LIVE AG verfolgen die Entwickler bestimmte Ziele. „Die Modellfirma soll in ihren unterschiedlichen Versionen **vier Aufgaben** gerecht werden:[1)]

1. **Testfirma** für die Einführung und den Funktionalitätstest von R/3.
2. **Beispielfirma** für die Ausbildung von Schulungsteilnehmern in den Trainingszentren.
3. **Demofirma** für die Präsentation von R/3 auf Messen und zur Fachberatung von Anwendern.
4. **Customizingfirma** in unterschiedlichen voreingestellten Ausprägungen als typische Lösung für bestimmte Unternehmensanforderungen."

Weitere Ziele der LIVE AG sind, die Struktur eines realen Unternehmens möglichst genau abzubilden sowie weitgehend in die Stammdaten und Funktionen von R/3 einzuführen. Außerdem muß die LIVE AG für den Benutzer immer übersichtlich, betriebswirtschaftlich korrekt und konsistent bleiben.

Die LIVE AG ist durch ein spezielles didaktisches Konzept geprägt. Der Anwender soll systematisch in die Stammdaten der LIVE AG eingeführt werden und durch die Bearbeitung gezielt erstellter Fallstudien[2)] die Bedienung von R/3 erlernen. Die Fallstudien stellen in der LIVE AG das wichtigste didaktische Hilfsmittel dar. Sie sind auf folgende Zielgruppen ausgerichtet:

- Siemens Nixdorf Vertriebsmitarbeiter, Fachberater und Customizer.
- R/3-Anwender unterteilt nach Hierarchien: Geschäftsführer, Führungskräfte und Sachbearbeiter. Dies ist die Hauptzielgruppe, auf die die Fallstudien speziell zugeschnitten sind.
- Kursleiter in Schulungen.

Als Folge der Zielsetzung und der unterschiedlichen Zielgruppen wurden die Fallstudien lt. Dokumentation der LIVE AG in ein dreistufiges Schema unterteilt:[3)]

1) vgl. Dokumentation der LIVE AG: Kapitel „Arbeiten mit der LIVE AG", 05/96

2) Noch für das Release 2.2 umfaßte der Lernbereich auch das Customizing. Dieser Teil wird zwar in der Dokumentation der Version 3.0c der LIVE AG als Lernbestandteil genannt (Kapitel: "Arbeiten mit der LIVE AG", S.3), wurde aber aus der Dokumentation herausgenommen.

3) vgl. Dokumentation der LIVE AG: Kapitel „Arbeiten mit der LIVE AG", 05/96

Abb. 3.1
Fallstudienaufbau in der LIVE AG

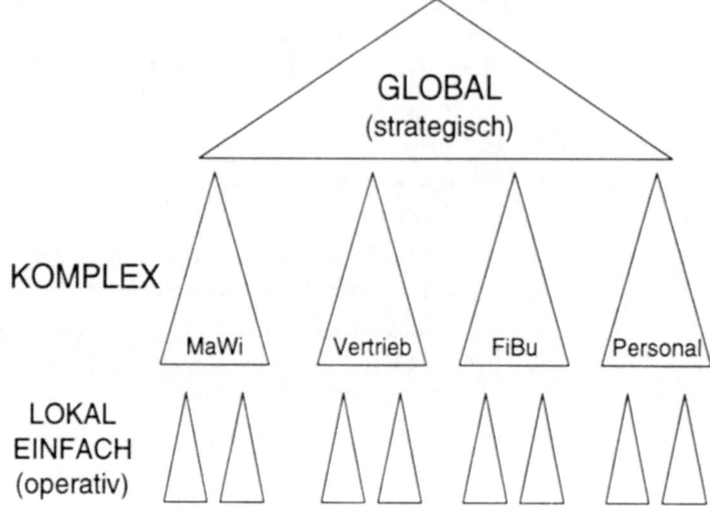

Die höchste Stufe der Fallstudien sollen die global-strategischen Fallstudien darstellen. Die Aufgabenstellung soll sowohl die Softwareseite als auch das Bearbeiten betriebswirtschaftlicher Abläufe abdecken und damit einen Einblick in komplexe Zusammenhänge des Unternehmens vermitteln. Die Betonung liegt dabei auf „Soll", da die global-strategischen Fallstudien nur im Kapitel „Arbeiten mit der LIVE AG" erwähnt werden, in der Dokumentation der vorliegenden Version jedoch nicht enthalten sind. Später wird in dem genannten Kapitel darauf hingewiesen, daß sich die vorliegende Version auf die lokal-komplexen Fallstudien konzentriert. Es ist zu vermuten, daß spätere Versionen auch global-strategische Fallstudien enthalten werden.

Die lokal-komplexen Fallstudien bauen auf mehreren lokal-operative Fallstudien auf und beziehen sich auf einen bestimmten Aufgabenbereich eines Sachbearbeiters, wie z. B. die Abwicklung einer Materialbestellung (MM) oder die Verbuchung eines Wareneingangs mit anschließender Rechnungszahlung und Ausgleich des offenen Postens (FI). Die lokal-operativen Fallstudien behandeln jeweils nur eine konkrete Einzelfunktion des R/3, wie z. B. das Anlegen eines Materialstammsatzes oder der Ausgleich eines offenen Postens.

Jede Fallstudie ist auf eine oder mehrere Teilgruppen der Zielgruppe der R/3-Anwender zugeschnitten. Die Zuordnung der Teilgruppen zu den Fallstudien richtet sich nach den Interessensgebieten der Fallstudien. Um dies transparent zu machen, ist jede Fallstudie in der Dokumentation mit Symbolen für die jeweilige Anwendergruppe versehen. Für die verschiedenen Teilgruppen verwendet die Dokumentation der LIVE AG folgende Symbole:

Dieses Symbol steht für die Teilgruppe „Management". Das Management ist hauptsächlich an Analysen, Planung und Umgebungskennzahlen interessiert. Für diese Teilgruppe sind Fallstudien im Bereich Controlling und Logistik-Controlling interessant.

Dieses Symbol repräsentiert die Teilgruppe der „Abteilungsleiter". Für sie sind besonders die Vorgänge von Interesse, die die jeweilige Abteilung betreffen. Abteilungsleiter müssen somit die Funktionalitäten des sie betreffenden Moduls erlernen sowie die Zusammenhänge und Abhängigkeiten von und mit anderen Modulen. Die Dokumentation der LIVE AG gibt an, daß für diese Teilgruppe überwiegend die globalen Fallstudien gedacht sind. Dies ist zumindest für die vorliegende Version nicht zutreffend. Wie bereits oben erwähnt, gibt es für diese Version keine globalen Fallstudien. Das Symbol der Abteilungsleiter ist daher überwiegend bei den komplexen Fallstudien zu finden und manchmal auch bei den lokal-operativen.

Dieses Symbol repräsentiert die Teilgruppe der „Sachbearbeiter". Diese Teilgruppe ist überwiegend mit der Erledigung der täglichen Arbeiten befaßt. Die Logik von speziellen Funktionen, die den entsprechenden Aufgabenbereich betreffen, muß hier erlernt werden. Für Sachbearbeiter sind überwiegend die lokal-operativen Fallstudien vorgesehen, aber auch komplexe.

Neben der Zuordnung zu den einzelnen Zielgruppen verwendet die LIVE AG noch weitere Symbole, die dem Benutzer auf einen Blick Aufschluß über die Einsatzmöglichkeiten der Fallstudien geben:

Fallstudien mit diesem Symbol können nur einmal durchgeführt werden, da der genaue Ablauf der Fallstudie nach der Durchführung nicht mehr möglich ist. Beispiel hierfür ist das Anlegen eines Materialstammsatzes. Es können zwar weitere Materialstammsätze nach dem Konzept der Fallstudie angelegt werden, die Daten des Materials (z. B. Materialnummer) aus der Fallstudie können jedoch nicht mehr verwendet werden, da ein Material nur einmal vorhanden sein kann.

Fallstudien, die mit diesem Symbol gekennzeichnet sind, können beliebig oft durchgeführt werden.

Dieses Symbol verweist darauf, daß die Fallstudie Funktionen aus mehreren Modulen zu einem Geschäftsablauf integriert. Beispiel für eine integrative Fallstudie ist die Erstellung eines Reparaturauftrags für ein Anlagevermögensteil mit anschließender Kostenstellenverrechnung im Bereich Controlling. Um den Reparaturauftrag zu erstellen, muß das benötigte Material bestellt werden.

3.2 Hintergrund von IDES

Das Modellunternehmen IDES wird von der SAP AG hergestellt, die auch Hersteller der Software R/3 ist, auf der beide Modellfirmen basieren. Der Name IDES steht für **International Demonstration And Education System**. Hinter dem Namen verbirgt sich im wesentlichen das Selbstverständnis von IDES. Das Modellunternehmen wurde zur Demonstration des Produktes R/3 entwickelt, damit die SAP AG eine Plattform zu Marketingzwekken auf Messen und bei Kunden besitzt, anhand der das Leistungsvermögen von R/3 dargestellt werden kann.

Name und Selbstverständnis

Weiter soll IDES zur Ausbildung von R/3-Anwendern dienen. Die SAP AG selbst besitzt an ihrem Hauptsitz in Walldorf ein Schulungszentrum mit einer Kapazität für über 2.000 Auszubildende. Um R/3 sinnvoll zu vermitteln, muß allen Ausbildern ein möglichst reales System zur Verfügung stehen, wie es die Auszubildenden in ihren Unternehmen vorfinden. Gleichzeitig soll dieses Ausbildungssystem alle Funktionalitäten von R/3 abdekken. Aber nicht nur die SAP AG selbst verwendet IDES zu Schulungszwecken, die SAP-Kunden sollen in den jeweiligen Unternehmen ihre Mitarbeiter schulen können. SAP sieht die IDES-Schulung als Teil des R/3-Implementierungsprozesses. Das folgende Schaubild verdeutlicht, wie die IDES-Schulung in den Implementierungsprozeß integriert ist:

Abb. 3.2 Integration von IDES in den R/3-Implementierungsprozeß (Quelle: IDES-Online Dokumentation, CD-ROM,1997)

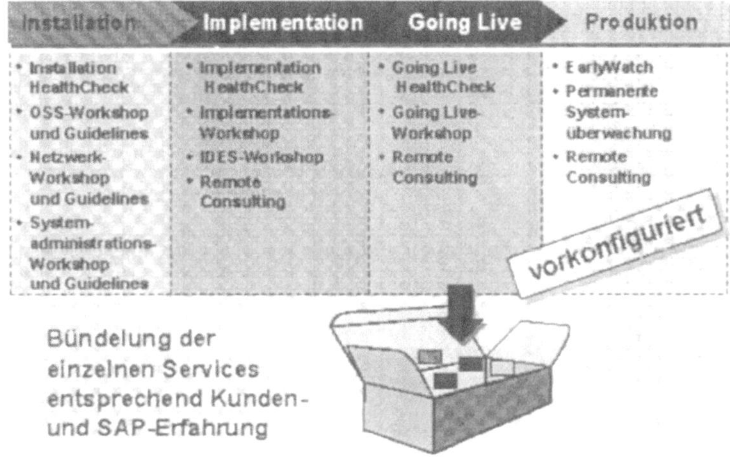

Außerdem soll IDES durch die Internationalität für R/3-Anwender auf der ganzen Welt zugänglich sein. SAP gibt an, IDES in Deutsch, Englisch, Französisch, Spanisch und Japanisch auszuliefern. Die Dokumentation von IDES war bisher nur in Englisch und Deutsch zu haben. Selbst in der für diesen Beitrag verwendeten Version 3.1G sind viele Übungsbeispiele nur in Englisch vorhanden.

Zielsetzung von IDES

Zum Teil stecken die Ziele von IDES bereits im Selbstverständnis, das nachfolgend konkretisiert werden soll:

- Durch IDES soll ein möglichst breites Anwendungsspektrum von R/3 abgedeckt werden und anhand von praktischen Anwendungsbeispielen erklärt werden.

- Der hohe Integrationsgrad von R/3 soll mit IDES transparent gemacht werden.
- Da die Erkenntnisse aus R/3-Schulungen von den Kursteilnehmern schnell wieder vergessen werden, können Kursinhalte durch Übungsaufgaben des IDES in den Unternehmen der Kursteilnehmer wiederholt werden. Die Effektivität von Schulungen wird somit wesentlich gesteigert. Voraussetzung ist natürlich, daß IDES auch in den Unternehmen der Kursteilnehmer verwendet wird.
- IDES soll eine Plattform sein, durch die möglichst viele Funktionalitäten von R/3 zu Marketingzwecken dargestellt werden können.
- IDES soll als Hilfsmittel für sog. Early-Prototyping genutzt werden können. Neue Geschäftsprozesse können zunächst in IDES implementiert werden, deren Wirkung dann erst im Modell getestet und analysiert wird.
- Mit IDES soll die Entscheidungsfindung in Unternehmen beschleunigt werden, indem verschiedene Varianten neuer Geschäftspraktiken in IDES ausprobiert und demonstriert werden.

Voraussetzungen

Um diese Ziele erreichen zu können, muß IDES bestimmte Voraussetzungen erfüllen:

- Die aufbau- und ablauforganisatorischen Strukturen von IDES müssen vollständig sein. Definitionen im Customizing dürfen nicht mehrfach vorhanden sein oder fehlen.
- Beispiele in IDES müssen prozeßorientiert dargestellt werden und die Anforderungen der Praxis widerspiegeln.
- Jede Kernfunktion des R/3 muß in ihrem aktuellsten Stand verfügbar sein.

Technischer Aufbau von IDES

IDES wird von SAP mit dem R/3-System ausgeliefert. IDES kann jedoch nicht im selben R/3-System verwendet werden wie das Produktivsystem, d. h. der Mandant, in dem real gearbeitet wird. IDES benötigt also eine komplett eigene R/3-Installation. Der Grund dafür sind mandantenübergreifende Einstellungen im Customizing von IDES. Diese hätten Auswirkungen auf das Produktivsystem. Zusammen mit der R/3-Standardinstallation benötigt IDES ca. 12 Gigabyte Plattenkapazität, wobei IDES in Abhängigkeit von Hardware und Datenbank 1 Gigabyte mehr benötigt als die Standardinstallation. In den Tabellen von IDES sind Customizing, Stammdaten und Bewegungsdaten enthalten.

SAP liefert R/3 für verschiedene Plattformen (z. B. Windows oder OS/2). Für alle freigegebenen R/3-Umgebungen ist IDES ebenfalls erhältlich.

Mit IDES werden drei Mandanten geliefert: Der **Mandant 800**, als produktives IDES-System mit sämtlichen Modellen, der **Mandant 810**, der als Sondermandant für die ALE-Szenarien1) zum Vertrieb gedacht ist und der **Mandant 811** für die ALE-Szenarien zur Produktion. SAP empfiehlt den Mandant 800 vor der ersten Benutzung zu sichern, um immer wieder auf den ursprünglichen Datenbestand zugreifen zu können. SAP weist in diesem Zusammenhang darauf hin, daß Änderungen im Customizing, der Stammdaten und der Bewegungsdaten zur Unbrauchbarkeit der Beispiele führen können. Die Ausführungen in diesem Beitrag beziehen sich auf den Mandanten 800.

4 Aufbau der Modellunternehmen

Im folgenden soll dargestellt werden, wie die beiden Modellunternehmen (LIVE AG und IDES) aufgebaut und strukturiert sind. In diesen Kapiteln handelt es sich noch nicht um Stammdaten, sondern lediglich um die **globalen Parameter** der Unternehmen, die in R/3 im Customizing festgelegt werden. Dazu gehören z. B. Buchungskreise, Lagerorte in der Materialwirtschaft, Verkaufsorganisationen im Vertrieb oder die Verwendung eines Kontenrahmens im Finanzwesen.

4.1 Aufbau der LIVE AG

Die LIVE AG ist ein Unternehmen, das sowohl produziert als auch Handel treibt. Sie ist damit in der metallverarbeitenden Branche beheimatet, in der sie Fahrräder und Autozubehör produziert und vertreibt. Die LIVE AG ist als Holding von sechs Unternehmen mit Sitz in sechs verschiedenen Ländern aufgebaut. In R/3 wird die LIVE AG als Mandant Nr. 200 geführt. (Dies ist die Mandantennummer bei Auslieferung durch SNI. Die Nummer kann vom Benutzer nachträglich geändert werden.) Die Länder, in denen die LIVE AG tätig ist, sind: Deutschland, Schweiz, England, Spanien, Kanada und Italien. Diese Länder sind in der Dokumentation der LIVE AG für die Version 3.0c enthalten.

Zum Zeitpunkt der Erstellung dieses Beitrags existieren bereits Niederlassungen in Frankreich, Belgien, den Niederlanden und Schweden.

Abb. 4.1
Logo der LIVE AG

Die Darstellung der LIVE AG - in diesen Ausführungen - beschränkt sich lediglich auf den Buchungskreis 0001. Für diesen Buchungskreis werden vom Hersteller der LIVE AG auch nur brauchbare Daten, d. h. Einstellungen im Customizing und Stammdaten, geliefert. Die Durchführung und Beschreibung betrieblicher Abläufe ist somit auch nur in diesem Buchungskreis möglich.

Die einzelnen Bereiche der LIVE AG sind wie folgt aufgebaut:

Materialwirtschaft in der LIVE AG

Die LIVE AG ist in zwei großen Sparten tätig: Dem **Handel mit Autozubehör** und der **Produktion und dem Vertrieb von Fahrrädern**. Einzelprodukte der Fahrradsparte sind Rennräder, Mountainbikes, Trekkingräder, Kinderräder, Tandems sowie allerlei Ersatzteile und Zubehör. Zu den Produkten der Autozubehörsparte zählen Reifen, Felgen, Auspuffanlagen, Lenkräder und Sportsitze. Aus der Struktur der Produktpalette ergibt sich, daß die LIVE AG in R/3 in zwei Branchen unterteilt wird: Dem Großhandel und der Metallindustrie, da die LIVE AG sowohl produziert als auch vertreibt und handelt.

Die LIVE AG bezieht ihr Material über einen **Zentraleinkauf** (in R/3-Einkaufsorganisation 0001) für die Werke Würzburg und Walldorf. Der Einkauf ist in zwei Einkäufergruppen unterteilt: der Einkäufergruppe für Handelsware (001)[1)] und der Einkäufergruppe für Rohstoffe und Zulieferteile (002).

1) Die Zahlen in Klammern sind im folgenden stets die Nummern aus den R/3-Nummernkreisen.

Es existiert u den beiden Werken jeweils ein **Lagerort**, dessen Belegung sich aus der Organisationsform der LIVE AG ergibt: Im Lagerort Würzburg (0001) befindet sich Handelsware und im Lagerort Walldorf (0002) befinden sich Zulieferteile und Fertigerzeugnisse. Für den Lagerort Walldorf wurde im R/3 ein Lagerverwaltungssystem mit drei Lagertypen und Lagerplätzen eingerichtet.

Vertrieb in der LIVE AG

Die LIVE AG besitzt drei **Verkaufsorganisationen**: Deutschland (0001), Europa (0002) und Übersee (0003).

Als mögliche **Vertriebswege** wurden die Verkaufsfiliale (im Werk für z. B. zweite Wahl), der Großkunde bzw. der Verein (als Endabnehmer), der Großhändler, die Verkaufsniederlassung (im Ausland) und der Generalimporteur (nur für USA und Japan) festgelegt.

Die **Sparten** entsprechen den Produktgruppen Fahrräder (01) und Autozubehör (03).

Die **Innenorganisation** ist in drei Verkaufsbüros und vier Verkäufergruppen gegliedert. Die LIVE AG hat zwei Verkaufbüros in Würzburg, von denen das eine für den Vertrieb innerhalb Deutschlands (0001) zuständig ist und das andere für den Auslandsvertrieb (0002). Als weiteres Verkaufsbüro wird die Werksfiliale in Walldorf eingestuft (0003). Die **Verkäufergruppen** in den Verkaufsbüros sind:

- Verkäufer Inland (8 Mitarbeiter) im Verkaufsbüro 0001;
- Verkäufer Europa (4 Mitarbeiter) im Verkaufsbüro 0002;
- Verkäufer Übersee (2 Mitarbeiter) im Verkaufsbüro 0002;
- Verkäufer Filiale (2 Mitarbeiter) im Verkaufsbüro 0003.

Finanzwesen in der LIVE AG

Dem Finanzwesen der LIVE AG liegt der **Gemeinschaftskontenrahmen** (GKR) zu Grunde, der im R/3 zusammen mit dem Industriekontenrahmen (IKR) standardmäßig enthalten ist. Das Geschäftsjahr der LIVE AG ist das Kalenderjahr, welches in 12 Buchungsperioden und 4 Sonderperioden aufgeteilt wird. Sonderperioden sind eine Aufteilung der letzten Buchungsperiode in mehrere Abschlußperioden. Der Sachanlagespiegel wird in folgende Anlageklassen unterteilt: Grundstücke, Gebäude, technische Anlagen und Maschinen, Fuhrpark, andere Anlagen, Büroeinrichtungen und geringwertige Wirtschaftsgüter. Es werden die standardmäßigen Belegarten und Buchungsschlüssel des R/3 verwendet.

Produktion in der LIVE AG

Produziert wird ausschließlich im Werk Walldorf, in dem Fahrräder in **Losfertigung** hergestellt werden. Die Organisation der Fertigung entspricht der Idee der **Gruppenfertigung** für die Montage. In der Laufräderfertigung ist das Konzept der **Linienfertigung** realisiert. Außerdem ist eine Qualitätssicherung eingerichtet worden.

Die **Arbeitspläne** unterscheiden sich in Standard- und Normalarbeitspläne. Die **Arbeitsplätze** sind gemäß des Layoutplans (siehe Abb. 4.2) des Werkes angelegt. Für die Gruppenfertigung wird eine Poolkapazität eingerichtet. Die **Fertigungshilfsmittel** zur Montage der Fahrräder sind ebenfalls im System hinterlegt.

Abb. 4.2 Layoutplan Werk Walldorf

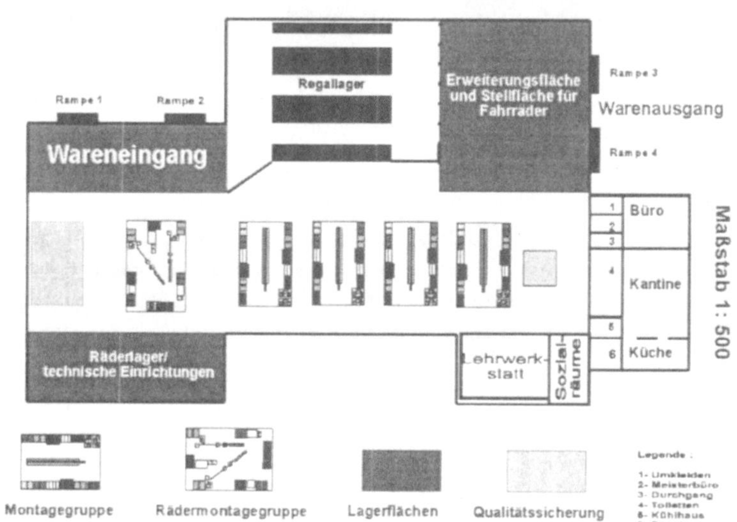

Personalwesen in der LIVE AG

Die **Werke** der LIVE AG sind in Würzburg (0001) und Walldorf (0002) unterteilt. Das Werk Walldorf ist zusätzlich in einen **Betriebsteil** Montage (0001) unterteilt.

Für das Werk Würzburg ist der **Tarifvertrag** der bayerischen Metallindustrie und für das Werk Walldorf der Tarifvertrag der Metallindustrie Nordwürttemberg/Nordbaden anzuwenden. Es gelten die aktuellen gesetzlichen Bestimmungen, Grenzen und Beitragssätze der Sozialversicherungsträger.

Für die LIVE AG sind die Feiertagskalender der Bundesländer Bayern und Baden-Württemberg relevant.

Im Werk Walldorf wird ein 2-Schicht-Betrieb gefahren. Die Frühschicht verläuft von 6:00 Uhr bis 14:15 Uhr und am Freitag von 6:00 Uhr bis 12.30 Uhr, die Spätschicht von 14:15 Uhr bis 22:30 Uhr und am Freitag von 12:30 Uhr bis 19:00 Uhr. Für Angestellte gilt Gleitzeit von 8:30 Uhr bis 17:00 Uhr.

Für das Werk Walldorf wird der Betriebsurlaub jeweils in den ersten 3 September-Wochen sowie 2 Wochen um den Weihnachtszeitraum eingepflegt.

4.2 Aufbau von IDES

Mit IDES soll möglichst das gesamte Leistungsspektrum von R/3 abgedeckt werden. Deshalb ist IDES als internationaler Konzern entworfen worden, der eine große Bandbreite an Möglichkeiten der Produktion und des Handels nutzt. Der Konzern, den IDES darstellt, heißt „IDES-Gruppe" mit Sitz in Frankfurt.

Teilkonzerne von IDES

Der **Gesamtkonzern** IDES-Gruppe ist in vier Teilkonzerne aufgeteilt. Die Plazierung der Teilkonzerne ist geographisch ausgerichtet. Die folgende Tabelle zeigt die vier Teilkonzerne mit dem jeweiligen Land und Sitz der Unternehmen, die die Teilkonzerne beinhalten.

Abb. 4.3 IDES-Teilkonzerne mit Einzelunternehmen

IDES-Nordamerika	IDES-Lateiamerika	IDES-Europa	IDES-Asien
USA / New York Kanada / Toronto	Mexiko / Mexiko-City	Deutschland /Frankfurt Portugal / Porto Spanien / Barcelona Frankreich / Paris England / London	Japan / Tokio

Fast jedes einzelne IDES-Unternehmen hat eine klar definierte betriebswirtschaftliche Aufgabe im Gesamtkonzern. Die Aufgaben sind wie folgt auf die Unternehmen verteilt:

Aufgabenverteilung im IDES-Unternehmen

- Die Gesellschaften in Deutschland und in den USA sind voll ausgebaut für die Bereiche Vertrieb, Produktion und Einkauf und Kostenrechnung.
- Für die Gesellschaft in Frankreich ist der Vertrieb und eine schlanke Kostenrechnung im Aufbau.
- Für die Gesellschaften in England und in Kanada ist die Produktion, der Vertrieb, der Einkauf sowie eine schlanke Kostenrechnung vorhanden.

- Die Gesellschaften in Portugal und Spanien besitzen den Bereich Produktion und einen Vertrieb über ALE.
- Für die Gesellschaft in Mexiko ist ein Materialledger eingerichtet. Außerdem wird eine Dritt-Währung für Hochinflations-Prozesse verwendet.
- Für die Gesellschaft in Japan hat SAP noch keine Aufgabe definiert.

Externes Rechnungswesen in IDES

Im Bereich des externen Rechnungswesens werden alle in IDES existierenden Unternehmen nach den gesetzlichen Bestimmungen des jeweiligen Landes abgerechnet. Es wird zwar ein internationaler Kontenplan verwendet (mit Ausnahme von Frankreich), jedoch wird ein nationaler Kontenplan mitgeführt. Bilanztechnisch konsolidieren sich die Teilkonzerne zum Gesamtkonzern IDES-Gruppe, wobei der Teilkonzern IDES-Lateinamerika über IDES-Nordamerika konsolidiert wird. Die einzelnen Unternehmen in Deutschland und den USA sind weiter untergliedert nach den strategischen Geschäftsfeldern der Unternehmen, so daß sich eine Organisation nach Sparten ergibt. Die Gewinn- und Verlustrechnung spiegelt auch den Spartenerfolg wider.

Kostenrechnung in IDES

Für IDES sind drei große **Kostenrechnungskreise** eingerichtet. Dies sind die Kostenrechnungskreise Nordamerika, Mexiko und Europa. Innerhalb Europas besitzt Frankreich einen eigenen Kostenrechnungskreis, da Frankreich (wohl aus technischen Gründen) nicht mit dem internationalen Kontenplan arbeiten kann. Die Kostenrechnung läuft innerhalb der jeweiligen Kostenrechnungskreise firmenübergreifend ab. IDES arbeitet mit einer Grenzplankostenrechnung und einer Prozeßkostenrechnung. Ergebnisse der Kostenrechnung können völlig unabhängig von der Aufbaustruktur des IDES ausgewertet werden.

Logistik und Produkte in IDES

Die Logistik in den einzelnen IDES-Gesellschaften richtet sich nach der Art der dort produzierten Produkte. Da IDES ein möglichst breites Spektrum abdecken soll, wurden völlig unterschiedliche Produkte gewählt, die alle mit verschiedenen Fertigungsarten produziert werden. Die folgende Tabelle gibt einen Überblick über die IDES-Produkte mit der jeweiligen Fertigungsart:

Abb. 4.4
Produkte und Fertigungsarten in IDES

Produkte	Fertigungsart
Aufzüge	Projektfertigung
Motorräder	Kundeneinzelfertigung
Autos	Montagefertigung
Pumpen	Losfertigung
Personal Computer	Serienfertigung
Lacke, Lösungsmittel, Medikamente	Prozeßfertigung
Leuchtstoffröhren, Glühbirnen	Massenfertigung

Die Produkte sind auf die einzelnen Werke der Gesellschaften verteilt. Daraus ergibt sich, daß pro Werk nur eine Fertigungsart verwendet wird.

Finanzwesen in IDES

Dem Teilkonzern IDES Europa, der den Finanzkreis 1000 und den Kreditkontrollbereich 1000 darstellt, sind **fünf Buchungskreise** zugeordnet – für jedes Land, in dem eine IDES-Gesellschaft tätig ist, einen. Die Struktur der Buchungskreise in Europa läßt sich folgendermaßen darstellen:

Abb. 4.5
Buchungskreise in IDES Europa

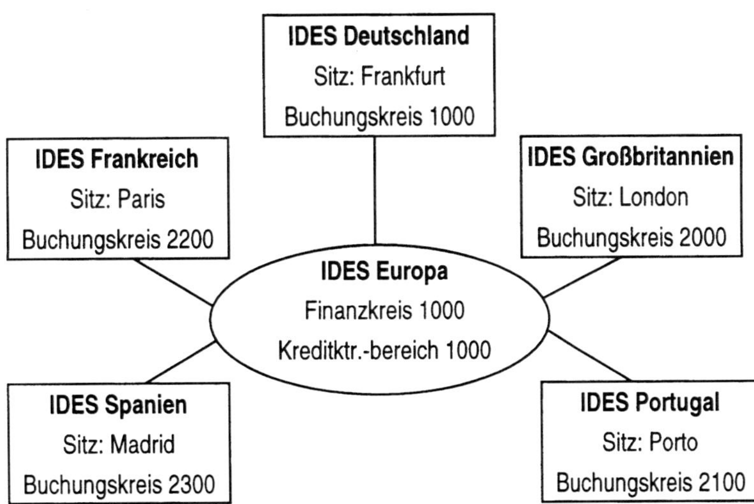

In den verschiedenen Buchungskreisen wird jeweils mit der Landeswährung gerechnet. Der internationale Kontenplan INT liegt als operativer Kontenplan zu Grunde (Ausnahme: Frankreich).

In Deutschland und Großbritannien wird als Alternative ein nationaler Kontenplan mitgeführt.

Auch der Teilkonzern IDES Nordamerika hat mehrere Buchungskreise. Diese sind in den Finanzkreis 3000 bzw. den Kreditkontrollbereich 3000 integriert, der den Teilkonzern IDES Nordamerika darstellt. Der Aufbau der Buchungskreise des Teilkonzerns IDES Nordamerika läßt sich folgendermaßen darstellen:

Abb. 4.6 Buchungskreise in IDES Nordamerika

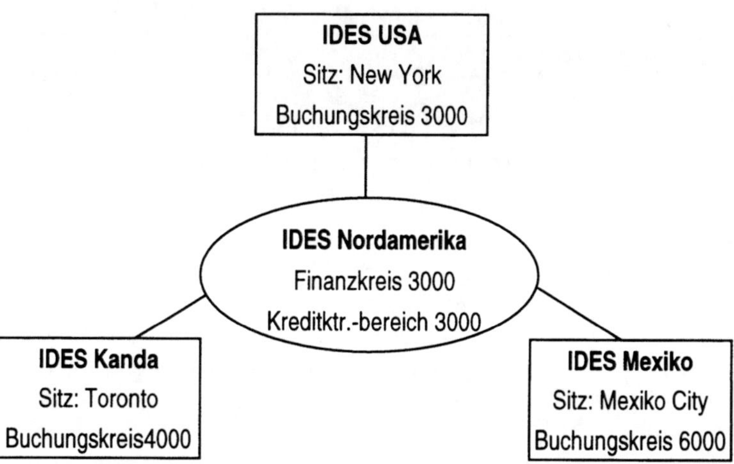

Für Währungen und Kontenpläne gilt für die Buchungskreise in Nordamerika gleiches wie für Europa. Für den Teilkonzern IDES Asien sind zum Zeitpunkt der Erstellung dieses Beitrags noch keine Buchungskreise definiert.

Materialwirtschaft in IDES

Die Produktpalette, die IDES produziert, wurde bereits in Abb. 3.5 vorgestellt. Alle zur Herstellung dieser Produkte benötigten Teile werden beschafft bzw. an den entsprechenden Arbeitsplätzen produziert oder montiert. Die Materialbeschaffung läuft in IDES über **zwei strategische und zentrale Einkaufsorganisationen** ab, die den Teilkonzernen IDES Europa und IDES Nordamerika entsprechen. Strategisch bedeutet hier, daß auf dieser Organisationsebene Preise, Konditionen usw. mit Lieferanten ausgehandelt werden. „Zentral" hat hier die Bedeutung, daß auf dieser Ebene Bestellanforderungen in Bestellungen umgesetzt werden und der Einkaufsvorgang durchgeführt wird.

Die beiden Einkaufsorganisationen auf Teilkonzernebene werden mit „Einkorg. 1" und „Einkorg. 2" bezeichnet. Ihnen sind mehrere dezentrale Einkaufsorganisationen zugeordnet, die den Nummern und dem Aufbau nach den Buchungskreisen entsprechen. D. h. es gibt für jedes Standortland eine dezentrale Einkaufsorganisation. Diese ist für den Einkauf in allen in dem jeweiligen Land liegenden Werken zuständig. Für die „Einkorg. 1" IDES Europa sieht die Struktur folgendermaßen aus:

Abb. 4.7 Einkaufsorganisationen in IDES

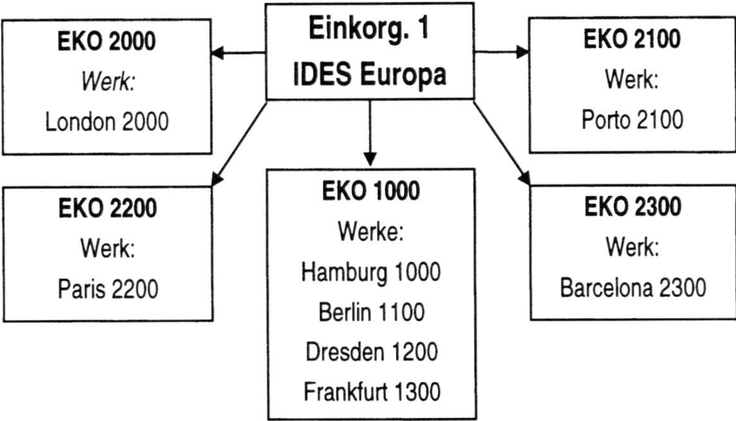

Die Abkürzung „EKO" steht im obigen Schaubild für „Einkaufsorganisation" (= dezentrale Einkaufsorganisation). Für die „Einkorg. 2" IDES Nordamerika existiert eine entsprechende Struktur.[1)]

Für die Werke im Buchungskreis 1000 sind Lager eingerichtet. Dabei sind die vorhandenen **Lagerorte** in den Werken Hamburg (1000), Frankfurt (1300) und Stuttgart (1400) identisch. Es existieren jeweils die Lagerorte 0001 Materiallager, 0002 Fertigwaren, 0003 Wareneingang, 0004 FHM-Lager, 0005 Gefahrenstoffe und 0006 Außenlager. Für das Werk Dresden (1200) existieren diese sechs Lagerorte ebenfalls. Jedoch gibt es hier noch weitere Lagerorte mit der Nummer 1500 und höher, die für Fahrzeuge im Servicebereich vorgesehen sind. Da im Werk Berlin (1100) chemische Stoffe produziert werden, sind hier spezielle Lagerorte notwendig.

1) Anmerkung: Aus anderen Teilen der verwendeten Unterlagen geht hervor, daß im Buchungskreis 1000 noch ein weiteres Werk 1400 in Stuttgart existiert. Dieses wird jedoch nicht im Zusammenhang mit den Einkaufsorganisationen genannt.

Die Nummern und Bezeichnungen sind hier 0001 Auslieferungslager, 0002 Zentrallager, 0003 Produktion und 0004 Tanklager. Zusätzlich existiert ein werksübergreifender Lagerort 0088. Dieser ist der Lagernummer 001 zugeordnet. Es handelt sich hierbei um ein Warehouse-Management-Lager, welches zwei Lagertypen hat, nämlich ein Hochregallager mit der Nummer 001 und eine Produktionsversorgung (Nr. 100).

Vertrieb in IDES

Ein Arbeiten mit IDES ermöglicht die exemplarische Durchführung aller für einen Vertrieb typischen Aufgaben. Dazu zählen der Verkauf, der Versand, die Fakturierung und die Integration des Vertriebs in andere Unternehmensbereiche. Mit den in IDES vorhandenen Stammdaten können alle möglichen Geschäftsvorfälle mit den damit verbundenen Funktionen bearbeitet werden, wie z. B. in der Verkaufsphase die Preisfindung, Verfügbarkeitsprüfung und den Druck der relevanten Dokumente oder bei der Versandabwicklung die Versand- und Transportterminierung, Kommissionierung und das Verladen und den Druck der Versandpapiere oder bei der Fakturierung die Bearbeitung von Rechnungen, Gutschriften und Lastschriften.

IDES verfügt über vier **Hauptverkaufsorganisationen**. Davon haben jeweils zwei ihren Sitz in Deutschland und in den USA. Die Verkaufsorganisationen in Frankfurt mit der Nummer 1000 und Philadelphia (Nr. 3000) vertreiben Pumpen, Aufzüge, Beleuchtungen, Motorräder und High-Tech Produkte. Die Organisationen in Berlin (Nr. 1020) und Denver (Nr. 3020) hingegen vermarkten Konsumgüter, chemische und pharmazeutische Produkte und Kosmetika. Neben den vier Hauptverkaufsorganisationen gibt es noch **fünf weitere Verkaufsorganisationen** mit speziell definierten betriebswirtschaftlichen Aufgaben. Dazu gehören Mexiko (Nr. 6000) für Material-Ledger Szenarien, Spanien (Nr. 2300) und Portugal (Nr. 2100) für ALE-Szenarien und Kanada (Nr. 4000) und England (Nr. 2000), denen bisher noch keine spezielle Aufgabe zugeteilt wurde.

Für die zwei Hauptverkaufsorganisationen in Deutschland sind **Vertriebsbereiche** eingerichtet (siehe Abb. 4.8). Über die Vertriebsbereiche ist festgelegt, welche Materialien in welcher Organisationseinheit vermarktet werden. Die Vertriebsbereiche werden durch definierte **Vertriebswege** unterschieden. Jedoch erfolgt der Verkauf über alle Vertriebswege spartenübergreifend, nämlich über die **Sparte 00**. Für die beiden Hauptverkaufsorganisationen ergibt sich folgende Struktur:

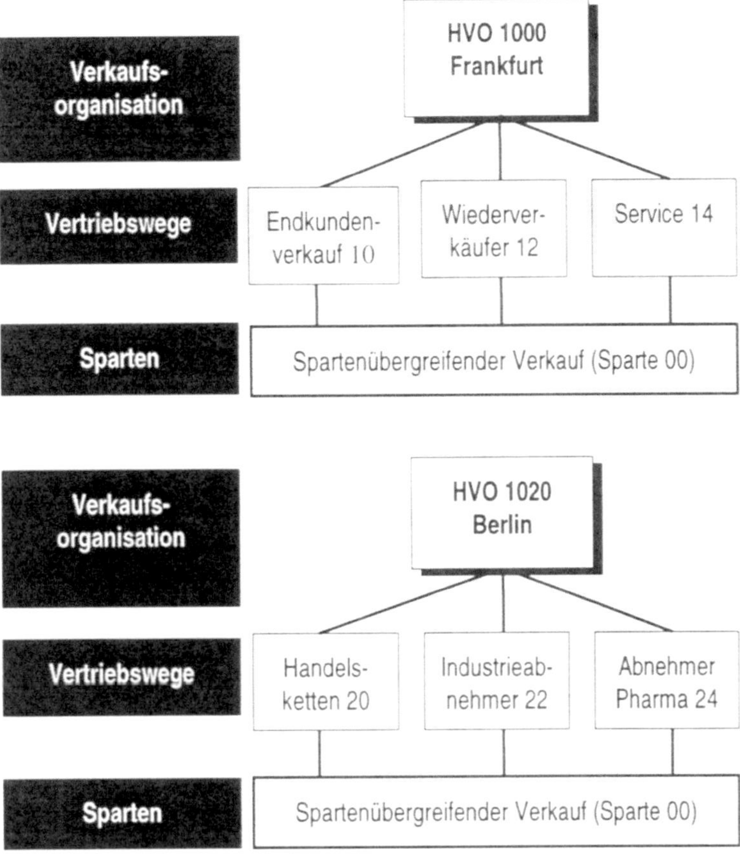

Abb. 4.8
Vertriebsbereiche Deutschland in IDES

Außer der Sparte 00 existieren noch weitere Sparten, die den jeweiligen Produkten entsprechen. Sie sind für die Geschäftsbereichsfindung im Vertriebsbeleg, das Vertriebsinformationssystem und die Ergebnisrechnung von Bedeutung.

Für die Verkaufsorganisationen in Deutschland gibt es vier Verkaufsbüros (siehe Abb. 4.9). Die Verkaufszentrale hat dabei ihren Sitz in Frankfurt (Nr. 1000), und die drei übrigen Verkaufsbüros sind in Hamburg (Nr.1010), Berlin (Nr.1020) und Stuttgart (Nr. 1030) ansässig. Für jedes Verkaufsbüro sind mehrere Verkäufergruppen eingerichtet, die die personelle Besetzung der Verkaufsbüros widerspiegeln. Die einzelnen Verkäufergruppen sind folgendermaßen organisiert:

Abb. 4.9
Verkaufsbüros und Verkäufergruppen in IDES

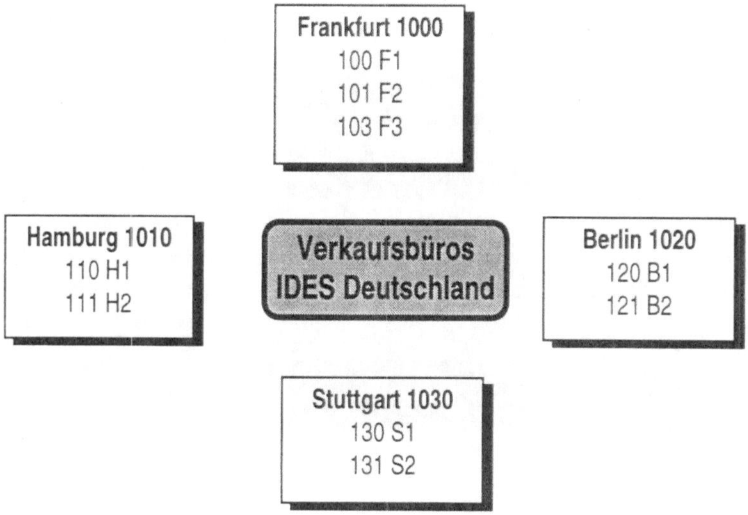

Die Planung und die Bearbeitung von Lieferungen an Kunden oder an eigene Lager werden für IDES in Deutschland über 6 Versandstellen abgewickelt, die den Werken in Deutschland zugeordnet sind. Dem Werk in Dresden sind dabei zwei Versandstellen zugeordnet: eine normale Versandstelle und eine Sonderversandstelle für die Sammelkommissionierung. Diese unterliegt der Quittierungspflicht, d. h. der Warenausgang für die kommissionierten Mengen kann erst gebucht werden, wenn die Mengen bestätigt worden sind.

Produktion in IDES

Jedem Land, in dem produziert wird oder logistische Abläufe dargestellt werden, ist ein Werk zugeordnet. Außer den bereits genannten Werken sind in IDES noch folgende Werke eingerichtet: New York (Nr. 3000), Chicago (Nr. 3100), Atlanta (Nr. 3200), Los Angeles (Nr. 3300), Seattle (Nr.3400), Toronto (Nr. 4000), Montreal (Nr. 4100), Mexico City (Nr. 6000) und Monterrey (Nr. 6100).

Die von IDES hergestellten Produkte werden alle mit verschiedenen **Fertigungsarten** produziert:

- **Aufzüge** werden in Projektfertigung im Werk Frankfurt hergestellt.
- **Motorräder** werden in Kundeneinzelfertigung in den Werken Hamburg und New York hergestellt. Sie sind als konfigurierbare Produkte aufgebaut. D. h. die im Vertrieb erfaßten Merkmale werden in der Stücklistenauflösung und der

Generierung der Arbeitspläne für den Fertigungsauftrag berücksichtigt.

- **Autos** werden in Montagefertigung im Werk Hamburg hergestellt. Die Bordcomputer für die Autos werden im Werk in London produziert. Wie Motorräder sind Autos auch als konfigurierbare Produkte aufgebaut. Die im Vertrieb erfaßten Merkmale werden somit in die Stücklistenauflösung und die Generierung der Arbeitspläne für den Fertigungsauftrag übernommen. Der Fertigungsauftrag wird als Montageauftrag direkt im Vertrieb erzeugt. Die Zuführung von Katalysatoren, Auspuffen und Krümmern in die Fertigung erfolgt über eine Kanbansteuerung.
- **Pumpen** werden in Losfertigung in den Werken Hamburg und New York hergestellt. Für die produzierten Pumpen sind Zeichnungen hinterlegt mit Anbindung an „Auto-CAD". Je nach Art der Pumpen werden unterschiedliche Planungsstrategien verwendet.
- **Personal Computer** werden in Serienfertigung in den Werken Dresden und Atlanta hergestellt. Es werden sowohl Standard-PCs als auch konfigurierbare PCs produziert. Die Produktionsplanung ist dabei kurzfristig angelegt.
- **Glühbirnen** werden in Massenfertigung in den Werken Dresden und Atlanta hergestellt. Die Produktionsplanung ist hier langfristig angelegt. Die Absatzzahlen der Glühbirnen aus dem Vertriebsinformationssystem dienen als Basis für die Absatz- und Produktionsgrobplanung.
- **Lacke**, **Lösungsmittel** und **Tabletten** werden in Prozeßfertigung in den Werken Berlin und Los Angeles hergestellt.

Personalwesen in IDES

Hauptaufgabe des Personalwesen in IDES ist die Beschaffung und Verwaltung von personellen Ressourcen. Dazu gehören die Verwaltung von Mitarbeiterstammdaten, die Erstellung von Lohn- und Gehaltsabrechnung, die Zeitwirtschaft, die Personalplanung, die Personalbeschaffung und die Reisekostenermittlung und Abrechnung.

Das Personalwesen in IDES ist in **neun Organisationseinheiten** unterteilt. Diese sind aus Gründen der Länderspezifika nach Staaten getrennt. Von den neun Einheiten sind jedoch bisher nur die Einheiten 100 Deutschland und 300 USA vollständig ausgebaut. Die hierarchische Struktur ist in IDES bis ins kleinste Detail angelegt. Als Beispiel sei hier der Vorstandsbereich der Organisationseinheit Deutschland gezeigt:

Abb. 4.10
Vorstandsbereich Deutschland in IDES

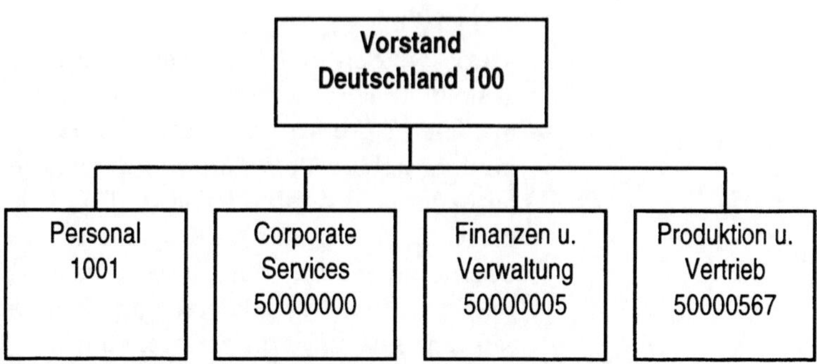

Jeder der vier Bereiche in der Abbildung ist weiter untergliedert bis zum einzelnen Mitarbeiter.

Im Februar 1997 sind in IDES insgesamt 500 Mitarbeiter angelegt, davon 230 in Deutschland. Alle Stammsätze enthalten sämtliche praxisrelevanten Daten.

Für die IDES-Werke sind die für den jeweiligen Standort gültigen Feiertagskalender eingerichtet. Außerdem sind in IDES mehrere Arbeitszeitpläne eingerichtet:

- „FLEX“ für Gleitzeitarbeitsplätze
- „M2-N“ für den Zwei-Schichtenbetrieb
- „M3-1“ bis „M3-4“ für den Drei-Schichtenbetrieb

Service-Management in IDES

Die Aufgabe des Service-Managements in IDES ist die effektive Abwicklung von Service-Leistungen für Kunden. Für IDES wurden zwei zentrale Objekte ausgewählt, die zu allen Übungszwecken herangezogen werden. Dies sind zum einen die Personal Computer vom Type R-1001 und zum anderen der Hauptkunde Nr. 1171, die HiTech AG. Die PCs des genannten Typs werden im Werk Dresden hergestellt, von wo aus auch der Service durchgeführt wird. Der genannte Kunde bezieht regelmäßig PCs dieses Typs und hat selbst eine größere Anlage aus diesen PCs in Betrieb, für die er Service-Leistungen bezieht. Die PCs sind zur Identifizierung beim Service mit einer eindeutigen Seriennummer versehen. Für die Serviceabwicklung der PCs ist in IDES eine eigene Service-Stückliste vorhanden, die zur Identifizierung von einzelnen Ersatzteilen dient. Die Stückliste unterscheidet sich jedoch inhaltlich nicht von der Stückliste aus dem Bereich Produktionsplanung.

Instandhaltung in IDES

Die Aufgabe der Instandhaltung ist die Erhaltung bzw. die Wiederherstellung der Betriebsfähigkeit eigener Anlagen oder Geräte. Wie im Service-Management existieren in der Instandhaltung zwei zentrale Objekte für die Durchführung aller Beispiele. Dies sind für Deutschland die Kläranlage K1 und für die USA die Kläranlage C1. Die Bezeichnungen K1 und C1 sind dabei als **Technischer Platz** zu verstehen, der mit dem Equipment vom Typ P-1000 ausgestattet ist. Der Standort von K1 ist das Werk in Hamburg. Die Anlage wird dort selbst betrieben, und die Pumpen vom genannten Typ werden auch im Werk Hamburg hergestellt. Die hierarchische Struktur der Kläranlagen ist in IDES anhand von Technischen Plätzen authentisch bis ins Detail abgebildet, so daß sowohl eine Wartung der gesamten Anlagen als auch eine Wartung von Teilen der Anlagen möglich ist. Zur Identifizierung von einzelnen Ersatzteilen wurde eine eigene Materialstückliste angelegt, die der Stückliste aus der Produktion entspricht.

Controlling in IDES

In IDES existieren drei große Kostenrechnungskreise für Europa, Amerika und Mexiko und ein weiterer für Frankreich. Diese werden in einem IDES-Ergebnisbereich namens „IDEA" zusammengeführt und ausgewertet. Die Kostenrechnung selbst in IDES ist buchungskreisübergreifend angelegt. D. h. mehrere Buchungskreise sind einem Kostenrechnungskreis zugeordnet und haben neben ihrer Landeswährung eine zusätzliche Kostenrechnungskreiswährung. Die Kostenrechnungskreise tragen folgende Nummern und Bezeichnungen, denen folgende Buchungskreise zugeordnet sind:

Abb. 4.11 Kostenrechnungs- und Buchungskreise in IDES

Kostenrechnungskreise	Buchungskreise
Europa 1000 (DEM)	Deutschland 1000 (DEM) England 2000 (GBP) Portugal 2100 (PTE)
Frankreich 1220 (FRF)	Frankreich 2200 (FRF)
Amerika 2000 (USD)	USA 3000 (USD) Kanada 4000 (CAD)
Mexiko 6000 (USD)	Mexiko 6000 (MXN oder USD)

In Abbildung 4.11 stehen die Abkürzungen der jeweils verwendeten Währungen in Klammern. Für Japan ist ein weiterer Kostenrechnungskreis geplant.

Die Sachkonten des verwendeten Kontenplans sind Basis für die Kostenarten in IDES. D. h. Bezeichnungen und Nummern der Kostenarten richten sich nach den Sachkonten.

4.3 Materialwirtschaft (MM) in der LIVE AG

Die folgenden Kapitel geben einen Überblick darüber, welche Stammdaten dem Anwender im Bereich Materialwirtschaft in der LIVE AG zur Verfügung stehen. Weiter werden einige betriebliche Abläufe im Bereich Materialwirtschaft beschrieben, wie sie dem Benutzer in der Dokumentation der LIVE AG vorliegen.

4.3.1 Stammdaten der Materialwirtschaft (LIVE AG)

Es werden mit der LIVE AG in der Materialwirtschaft Stammdaten der Lieferanten, des Materials, des Einkaufs und der Lagerhaltung ausgeliefert.

Lieferanten der LIVE AG

Die LIVE AG hat lt. Dokumentation 30 Lieferanten, die dort aufgelistet sind. In der LIVE AG in R/3 sind jedoch 35 Lieferanten angelegt. Der Nummernkreis der Lieferanten ist fünfstellig und bewegt sich zwischen den Nummern 70001 und 99999, wobei der Aufbau der Nummern nicht erläutert wird. Das Lieferantenverzeichnis, das in der Dokumentation abgedruckt ist, enthält folgende Daten:

- Lieferantennummer
- Lieferantenname und Adresse
- Kreditorengruppe
- Suchbegriff
- Einkaufsorganisation und -bezeichnung
- Währung
- Zahlungsbedingungen
- Incoterms

Exemplarisch ist in Abb. 4.12 die Ansicht „Anschrift" des Lieferanten 90520 (nicht in der LIVE AG-Dokumentation) aus der Einkaufssicht des Lieferantenstamms dargestellt:

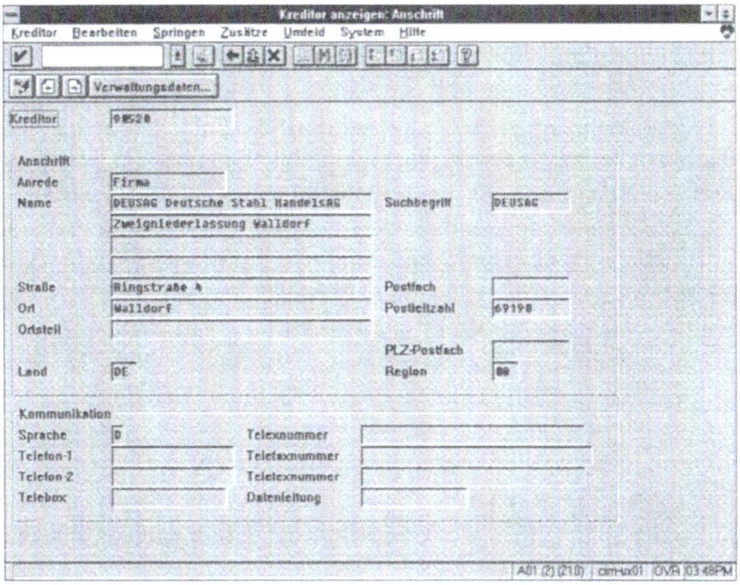

Abb. 4.12
Lieferantenstamm der LIVE AG

Für alle Lieferanten werden die Ansichten „Anschrift", „Steuerung", „Zahlungsverkehr (allgemein)", „Kontoführung", „Zahlungsverkehr (Buchhaltung)", „Korrespondenz", „Einkaufsdaten" und „Partnerrollen" gepflegt, wobei sich die Angaben auf das Notwendige beschränken.

Materialstamm in der LIVE AG

In der LIVE AG steht dem Anwender bereits ein umfassender Materialstamm zur Verfügung (vgl. Dokumentation). Die Erzeugung der Liste wird dem Anwender ebenfalls erklärt.

Die Materialliste der LIVE AG enthält folgende Daten:

- Materialnummer
- Werk
- letztes Änderungsdatum der Stammdaten
- Materialart
- Warengruppe
- Basismengeneinheit
- Einkäufergruppe
- ABC-Kennzeichen
- Dispositionsmerkmal
- Bewertungsklasse
- Preissteuerung

- Preis mit Währung für welche Einheit
- Materialkurztext
- Ersteller

Abb. 4.13 Ausschnitt aus der Materialliste der LIVE AG

Hier exemplarisch ein Ausschnitt aus der Materialliste der LIVE AG:

14.02.1997				Materialverzeichnis									1
Material Kurztext	Werk Ersteller	ÄndDat	Mart	Waren-grp.	ME	EKG	ABC	DMk	BwKl	Prs	Preis	Währ	pro
111001 Rinora Super Trekking	0001 WENZEL	20.10.1995	HAWA	HTB	ST	1	A	VB	3101	V	864,43	DEM	1
111002 Gigant Attack	0001 WENZEL	30.04.1996	HAWA	HTB	ST	1	A	VM	3101	V	480,38	DEM	1
111003 Journey	0001 WENZEL	17.07.1995	HAWA	HTB	ST	1	A	VM	3101	V	868,89	DEM	1
111004 Crossroads Sport	0001 WENZEL	12.07.1994	HAWA	HTB	ST	1	A	VM	3101	V	666,73	DEM	1
111101 RR Peugeot Aspin 500 (D58)	0001 EINKAUF-HW	16.05.1994	HAWA	HRR	ST	1	A	ND	3101	V	650,32	DEM	1
111102 RR Peugot Aspin 500 (D60)	0001 EINKAUF-HW	14.03.1994	HAWA	HRR	ST	1	A	ND	3101	V	650,32	DEM	1
111201 RR Peugeot Aspin 500 (H58)	0001 EINKAUF-HW	14.03.1994	HAWA	HRR	ST	1	A	ND	3101	V	650,32	DEM	1
111202 RR Peugeot Aspin 500 (H60)	0001 EINKAUF-HW	03.03.1994	HAWA	HRR	ST	1	A	ND	3101	V	650,32	DEM	1

Die Artikelnumerierung ist in der LIVE AG extern geregelt, d. h. die Materialnummern werden nicht automatisch vom System vorgegeben, sondern manuell nach einer bestimmten Nummernkreisordnung. Bei der Nummernvergabe werden sechsstellige Zahlen verwendet. Die Stellen der Artikelnummern haben dabei folgende Bedeutung:[1)]

1. Stelle:	Materialart
2. und 3. Stelle:	Warengruppe (bei Fertigerzeugnissen aus Eigenfertigung: 2. Stelle: Fahrradart 3. Stelle: Benutzungszweck)
4. bis 6. Stelle:	Prüfziffer, fortlaufende Nummer (bei Fertigerzeugnissen aus Eigenfertigung: 4. Stelle: Benutzerkreis 5. Stelle: Farbe 6. Stelle: Variante)

Die Nummern von Materialarten, Warengruppen, Farben, Varianten etc. sind in der Dokumentation beschrieben, so daß der Anwender die Vergabe der Artikelnummern nachvollziehen kann.

In der Dokumentation der LIVE AG wird die externe Nummernvergabe erklärt. Jedoch wird auch der Nummernkreis einer internen Nummernvergabe (1000000 bis 9999999999999) erwähnt, der aber nicht in der Dokumentation erklärt wird. Es wird auch nichts darüber ausgesagt, ob von der internen Nummernvergabe Gebrauch gemacht wird. In der Tat scheinen einige Artikel der LIVE AG mit interner Nummernvergabe erfaßt worden zu sein. So gibt es Artikel mit einer siebenstelligen Nummer, die nicht in das oben beschriebene Schema passen. Z. B. die Eigenschaften des Artikels „3134100 Kinderfahrradrahmen klein, pink" sind nach dem System der externen Nummernvergabe nicht nachzuvollziehen.

Einkauf in der LIVE AG

Für fast alle Artikel wurden Infosätze generiert, für die meisten Artikel Orderbücher. Es besteht keine Orderbuchpflicht in den Werken.

---

1) vgl. Dokumentation der LIVE AG: Kapitel „MM-Stammdaten", 05/96

In den Stammdaten des Einkaufs sind bereits Lieferpläne und Rahmenverträge angelegt. In der Dokumentation der LIVE AG sind Daten aus einem Lieferplan und zwei Rahmenverträgen enthalten. Es existieren jedoch noch mehr Einkaufsverträge als in der Dokumentation gezeigt wird. Hier ein Ausschnitt aus der Listenansicht der Verträge:

Abb. 4.14
Ausschnitt aus der Einkaufsvertragsliste der LIVE AG

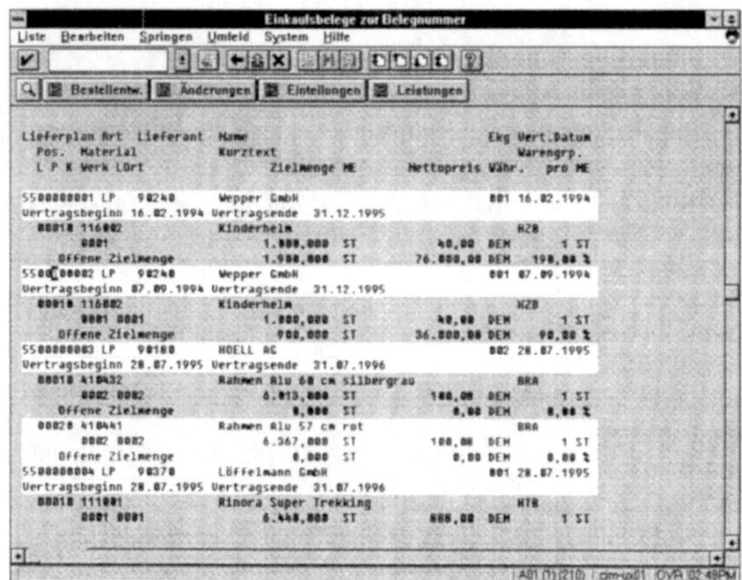

Lagerverwaltungssystem in der LIVE AG

Im Werk Walldorf besteht ein Lagerverwaltungssystem. Es handelt sich dabei um ein Regallager und ein Blocklager, wobei auf dem Blocklager nur eigengefertigte Fahrräder gelagert werden. Von den Lagertypen aus R/3 werden lt. Dokumentation das Regallager (002), die WE-Zone (902), das Blocklager (004), der Qualitätsprüfstand (917) und die WA-Zone allgemein (910) verwendet. Für den Lagertyp Wareneingangszone sind in der LIVE AG jedoch keine Daten vorhanden. Dafür ist ein Hochregallager (001) mit einigen Lagerplätzen zu finden und 5 weitere Lagertypen (920, 921, 922, 998, 999) mit jeweils einem Lagerplatz. Für das Regallager wurden die Lagerplätze gemäß dem vorgeschlagenen Koordinatensystem angelegt.

Die nachfolgende Abbildung 4.15 zeigt einen Ausschnitt aus dem Lagerspiegel des Regallagers:

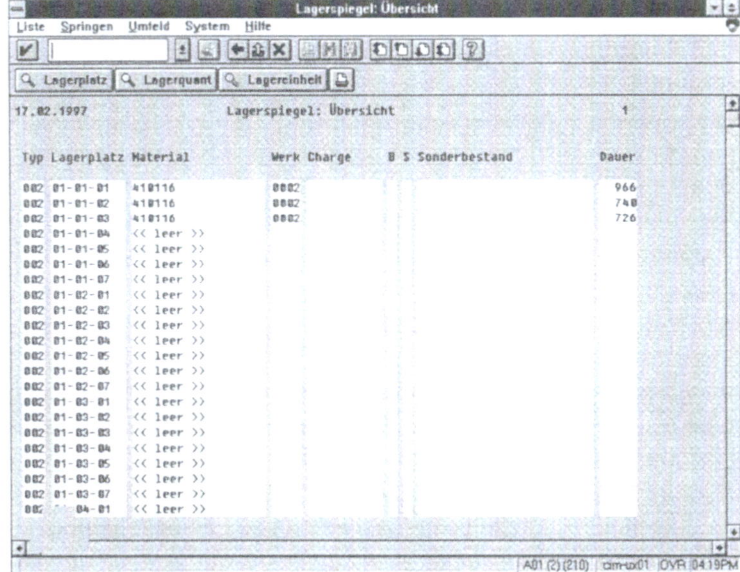

17.02.1997 Lagerspiegel: Übersicht 1

Typ	Lagerplatz	Material	Werk	Charge	B	S	Sonderbestand	Dauer
002	01-01-01	410116	0002					966
002	01-01-02	410116	0002					740
002	01-01-03	410116	0002					726
002	01-01-04	<< leer >>						
002	01-01-05	<< leer >>						
002	01-01-06	<< leer >>						
002	01-01-07	<< leer >>						
002	01-02-01	<< leer >>						
002	01-02-02	<< leer >>						
002	01-02-03	<< leer >>						
002	01-02-04	<< leer >>						
002	01-02-05	<< leer >>						
002	01-02-06	<< leer >>						
002	01-02-07	<< leer >>						
002	01-03-01	<< leer >>						
002	01-03-02	<< leer >>						
002	01-03-03	<< leer >>						
002	01-03-04	<< leer >>						
002	01-03-05	<< leer >>						
002	01-03-06	<< leer >>						
002	01-03-07	<< leer >>						
002	[illegible]-04-01	<< leer >>						

Abb. 4.15 Ausschnitt aus dem Lagerspiegel des Regallagers der LIVE AG

Für das Regallager sind in der LIVE AG Lagerbereiche angelegt. Eine Liste der Lagerbereiche mit Nummer und Bezeichnung ist in der Dokumentation enthalten. Lagerbereiche werden jedoch nicht wie die anderen Daten des Lagerverwaltungssystems in den Stammdaten der Lagerverwaltung angelegt, sondern im Customizing. Der Hinweis darauf fehlt in der Dokumentation. Über den Einführungsleitfaden des Customizing ist die Maske zum Anlegen/Ändern der Lagerbereiche zu erreichen.

Es ist folgendem Pfad zu folgen:

Materialwirtschaft ⇨ Lagerverwaltung ⇨ Stammdaten ⇨ Lagerbereich definieren

Nachfolgend ein Ausschnitt aus der Listenansicht der Lagerbereiche:

Abb. 4.16
Liste der Lagerbereiche der LIVE AG

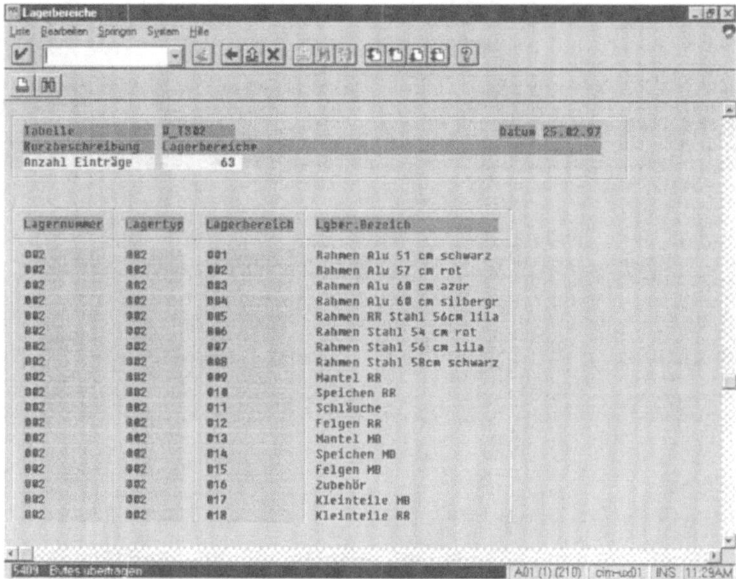

Lagerbereiche

Liste Bearbeiten Springen System Hilfe

Tabelle V_T302 Datum 25.02.97
Kurzbeschreibung Lagerbereiche
Anzahl Einträge 63

Lagernummer	Lagertyp	Lagerbereich	Lgber.Bezeich
002	002	001	Rahmen Alu 51 cm schwarz
002	002	002	Rahmen Alu 57 cm rot
002	002	003	Rahmen Alu 60 cm azur
002	002	004	Rahmen Alu 60 cm silbergr
002	002	005	Rahmen RR Stahl 56cm lila
002	002	006	Rahmen Stahl 54 cm rot
002	002	007	Rahmen Stahl 56 cm lila
002	002	008	Rahmen Stahl 58cm schwarz
002	002	009	Mantel RR
002	002	010	Speichen RR
002	002	011	Schläuche
002	002	012	Felgen RR
002	002	013	Mantel MB
002	002	014	Speichen MB
002	002	015	Felgen MB
002	002	016	Zubehör
002	002	017	Kleinteile MB
002	002	018	Kleinteile RR

5409 Bytes übertragen A01 (1) (210) cim-ux01 INS 11:29AM

Als Einlagerungsstrategie ist für das Blocklager in der Dokumentation „P“ für Palettierung angegeben und für das Regallager eine Festplatzzuordnung („F“). Dies ist nicht der Fall. Für das Blocklager ist als Einlagerungsstrategie „Zulagerung“ existent; dasselbe gilt für das Regallager. Die Auslagerungsstrategie soll lt. Dokumentation generell FIFO sein. Dies trifft jedoch nur für das Blocklager zu. Das Regallager hat die Auslagerungsstrategie „Anbruchverwaltung“ (A). Auch die Einstellungen zur Ein- und Auslagerungsstrategie sind nicht in den Stammdaten der Lagerverwaltung sondern im Customizing zu finden.

4.3.2 Betriebliche Abläufe in der Materialwirtschaft (LIVE AG)

In der Dokumentation der LIVE AG sind zahlreiche Fallstudien enthalten, mit denen der Anwender gezielt den Umgang mit R/3 anhand der Modellfirma LIVE AG lernen kann. Es soll hier im Rahmen der Durchführung einiger ausgewählter Fallstudien die Leistungsfähigkeit der LIVE AG geprüft und gezeigt werden. Im weiteren Verlauf wird für die LIVE AG stets der Begriff „Fallstudie" verwendet, da die Dokumentation der LIVE AG ihre Übungsbeispiele so definiert und der Begriff „Fallstudie“ auch bisher zur Erklärung des didaktischen Konzepts der LIVE AG verwendet wurde.

4.3.2.1 Fallstudie 1: Phasenmodell Beschaffungsmanagement

Diese komplexe Fallstudie ist für die Zielgruppen Abteilungsleiter und Sachbearbeiter konzipiert und mehrfach durchführbar. Die Aufgabenstellung der Fallstudie lautet:[1)]

- Für den Artikel Trekking-Bike (Artikelnr.: 111002) soll in zwei Monaten eine Sonderaktion im Verkauf gestartet werden. Es soll dazu eine **Bestellanforderung** über 200 Stück generiert werden. Die Lieferung soll in sieben Wochen erfolgen.
- Im **Orderbuch** sollen die potentiellen Bezugsquellen eingesehen werden.
- Um sich Angebote von den in Frage kommenden Lieferanten (Gigant und Löffelmann) zukommen zu lassen, sollen **Anfragen** erstellt werden. Diese Anfragen können mit Bezug zur Bestellanforderung (Banf) angelegt und dann verschickt werden.
- Die **Angebote** der beiden Lieferanten sollen erfaßt werden. (Gigant 532,15 DM/St. und Löffelmann 538,20 DM/St. mit 3% Rabatt vom Bruttopreis.)
- Die Angebote sollen mit Hilfe des **Preisspiegels** analysiert werden.
- Für den günstigsten Lieferanten wird eine **Bestellung** mit Bezug zur Anfrage generiert.
- Die Bestellung soll mit der Funktion **Bestellung: Anzeigen** ausgewertet werden.

Bestellanforderung wird generiert

Das Menü zur Generierung einer Bestellanforderung erreicht man über folgenden Pfad:

Logistik ⇨ Materialwirtschaft ⇨ Einkauf ⇨ Banf ⇨ Anlegen

---

1) vgl. Dokumentation der LIVE AG: Kapitel „Fallstudien Materialwirtschaft", S. 1-1, 05/96

Man erhält folgendes Einstiegsbild:

Abb. 4.17 Einstieg zur Generierung einer Bestellanforderung

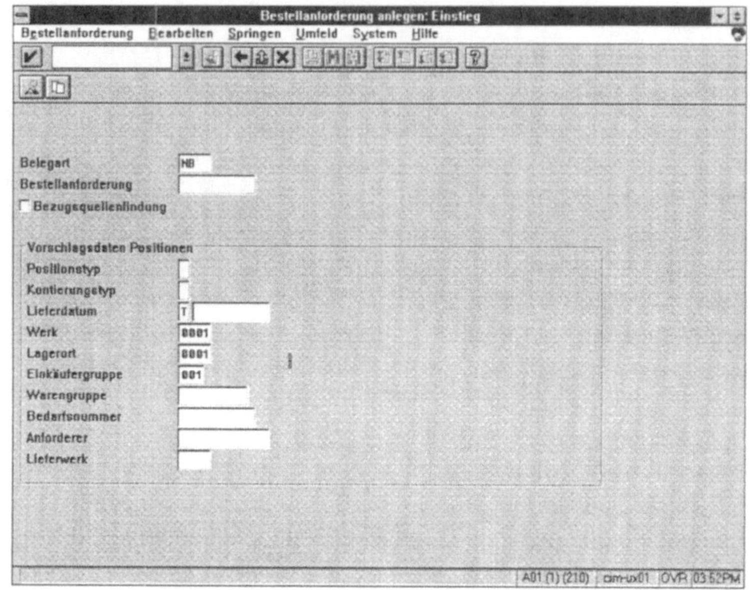

In der Einstiegsmaske zur Generierung von Bestellanforderungen müssen das gewünschte Lieferdatum, das Werk, der Lagerort und die Einkäufergruppe eingegeben werden. In der Eingabemaske der Bestellanforderung müssen die Materialnummer und die Menge des Artikels eingegeben werden, für den die Bestellanforderung erstellt werden soll. Die Daten hierzu wurden der Fallstudie entnommen. Dieser Abschnitt der Fallstudie wurde vom Autor getestet und in der Lotus Screencam-Datei **Clip1** dokumentiert.

Screencam Clip 1

Ansicht der Bezugsquellen

Das Orderbuch erreicht man innerhalb des Einkaufs über folgenden Pfad (siehe Abb. 4.18):

Stammdaten ⇨ Orderbuch ⇨ Anzeigen

Im Orderbuch können die möglichen Lieferanten für den Artikel eingesehen werden. In diesem Fall gibt es zwei in Frage kommende Lieferanten: Löffelmann GmbH (90370) und GIGANT Deutschland (90120).

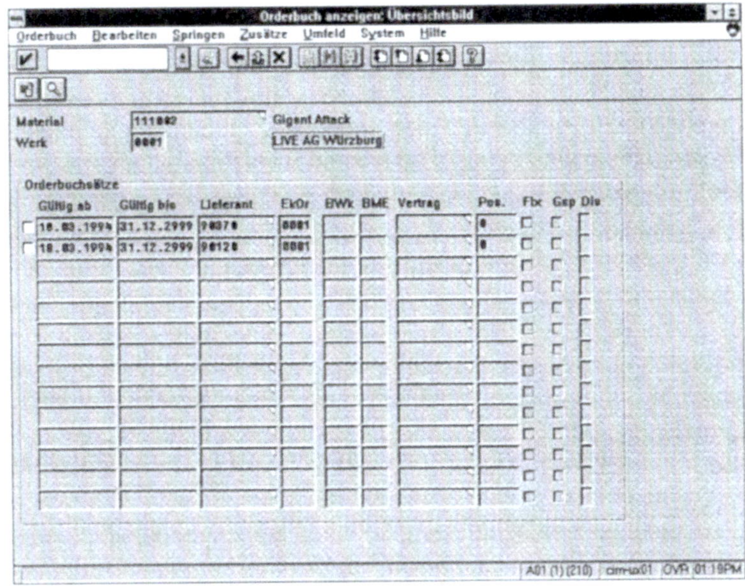

Abb. 4.18 Orderbuchanzeige für den Artikel 111002

Anlegen der Anfrage

Das Menü zum Anlegen einer Anfrage erreicht man innerhalb des Einkaufs über den Pfad:

Angebot/Anfrage ⇨ Anfrage ⇨ Anlegen

Die Felder der Einstiegsmaske zum Anlegen einer Anfrage wurden laut den Anweisungen der Dokumentation der LIVE AG ausgefüllt:

Abb. 4.19 Einstiegsmaske zum Anlegen einer Anfrage

Anfrage anlegen : Einstieg
Anfrage Bearbeiten Kopf Position Umfeld System Hilfe
Detail

Anfrageart AN
Sprache D
Anfragedatum 28.02.1997
Angebotsfrist 14.03.1997
Anfrage

Organisationsdaten
EinkOrganisation 0001
Einkäufergruppe 001

Vorschlagsdaten Positionen
Positionstyp
Lieferdatum T
Werk 0001
Lagerort
Warengruppe
Bedarfsnummer

A01 (1) (210) cim-ux01 OVR 02:40PM

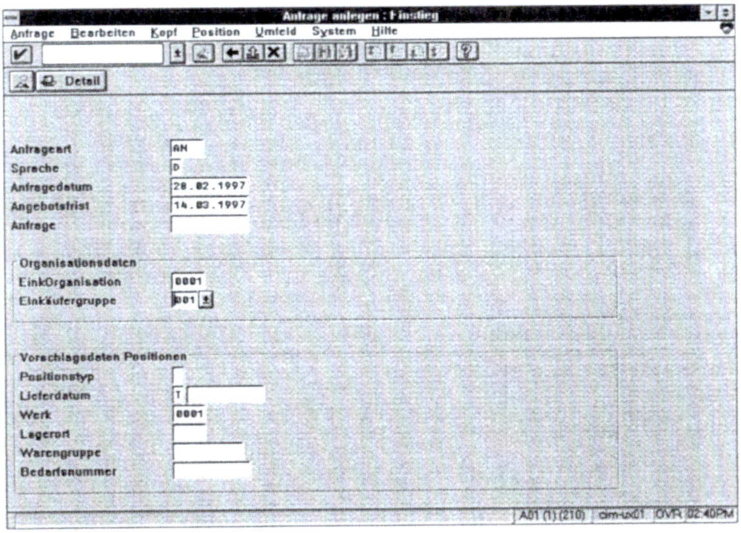

Screencam Clip 2
Clip 3

Die weiteren Schritte wurden vom Autor ausgeführt und in zwei Schritten aufgezeichnet: **Clip2** zeigt die Bezugsherstellung zur Bestellanforderung. **Clip3** zeigt die Eingabe der Submissionsnummer, die Auswahl des Lieferanten (hier Nr. 90370), für den die Anfrage gestellt werden soll und die Sicherung der Anfrage.

Angebot erfassen

Aus den Anfragen sollen nun Angebote erfaßt werden. Die Einstiegsmaske zum Erfassen von Angeboten erreicht man innerhalb des Einkaufs über den Pfad:

Angebot/Anfrage ⇨ Angebot ⇨ Pflegen

Screencam Clip 4
Clip 5

Die Erfassung des Angebots wurde in zwei Schritten aufgezeichnet. **Clip4** zeigt die Eingabe des Nettopreises und **Clip5** die Erfassung der speziellen Konditionen. Es wurden zur Erstellung der Clips die Angebotsdaten aus der Dokumentation der LIVE AG für den Lieferanten 90370 Löffelmann GmbH verwendet.

Angebote analysieren

In diesem Abschnitt werden die erfaßten Angebote miteinander verglichen. Dies geschieht mit dem „Angebotspreisspiegel“, den man innerhalb des Einkaufs über folgenden Pfad erreicht:

Angebot/Anfrage ⇨ Angebot ⇨ Preisspiegel

Screencam Clip 6

Der Vergleich der Angebote wurde in **Clip6** aufgezeichnet. Das Angebot des Lieferanten 90370 Löffelmann GmbH ist trotz des höheren Bruttopreises aufgrund des Rabatts von 3% günstiger.

Bestellung generieren

Es soll für das beste Angebot, hier das Angebot des Lieferanten 90370 Löffelmann GmbH, eine Bestellung erstellt werden. Der Pfad zur Generierung einer Bestellung mit Bezug zur Anfrage innerhalb des Einkaufs lautet:

Bestellung ⇨ Anlegen ⇨ Lieferant bekannt

In der Einstiegsmaske wird weiter der Pfad gewählt:

Bestellung ⇨ Anlegen mit Bezug ⇨ Zur Anfrage

Screencam Clip 7

Die Generierung der Bestellung mit Bezug zur Anfrage wurde in **Clip7** aufgezeichnet. Laut Dokumentation der LIVE AG entspricht die Übernahme der Anfrage in die Bestellung der Übernahme der Bestellanforderung in die Anfrage. Dies kann vom Autor nicht bestätigt werden. Der Ablauf ist hier nicht derselbe (vgl. hierzu: Clip3). Es muß keine Submissionsnummer eingegeben werden, und der Lieferant sowie Material, Preis und Konditionen werden automatisch übernommen. Stattdessen wird der Anwender zur Eingabe eines Steuerkennzeichens aufgefordert, da dies ein Mußfeld ist. Es wurde für den Clip das Steuerkennzeichen "Vorsteuer 15%" ausgewählt.

Bestellung auswerten

Als letzter Schritt wird die Bestellung statistisch ausgewertet. Dies geschieht im Einkaufsmenü über den Pfad:

Bestellung ⇨ Anzeigen

Screencam Clip 8

Nach Aufruf der Bestellung (hier die Nummer 4500000730) können die Daten über den Pfad *Position ⇨ Statistik ⇨ Allgemein* eingesehen werden. Die Auswertung der Bestellung wurde in **Clip8** aufgezeichnet.

Die folgende Abbildung zeigt eine Ansicht der Auswertung der Bestellung.

Abb. 4.20 Statistische Auswertung der Bestellung

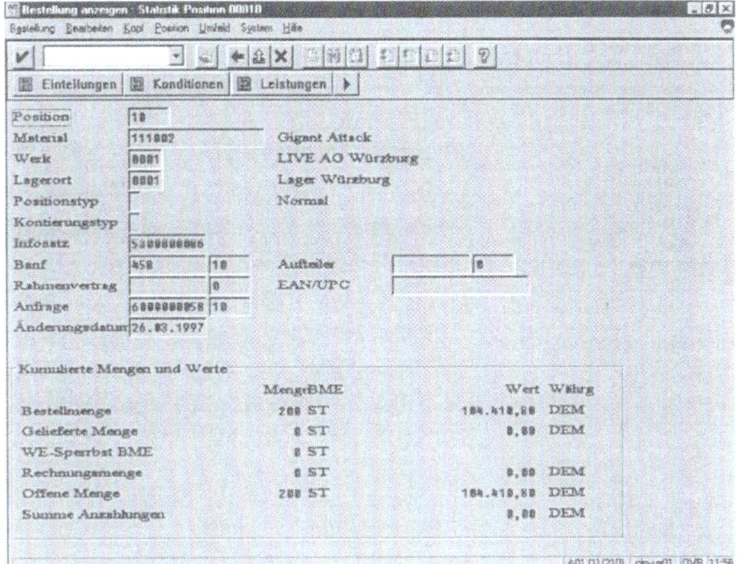

Bewertung der Fallstudie

Obwohl diese Fallstudie aus dem Bereich der komplexen Fallstudien stammt, ist sie doch so übersichtlich aufgebaut, daß auch ein weniger geübter Benutzer den Vorgang verstehen und nachvollziehen kann. Das Gesamtziel der Fallstudie wird eingangs erläutert und alle Einzelschritte sind hinreichend erklärt und mit Symbolen aus R/3 und Grafiken illustriert.

Das wichtigste bei einer Fallstudie, insbesondere komplexer Art, ist jedoch, daß sie von Anfang bis Ende durchgeführt werden kann, ohne daß der Benutzer an einer bestimmten Stelle nicht mehr weiter kommt und abbrechen muß. Dies ist bei dieser Fallstudie größtenteils gewährleistet. Zwar wurden in Schritt 6 "Bestellung generieren" einige Ungenauigkeiten entdeckt, die jedoch nicht so schwerwiegend sind, daß sie zum Abbruch der Fallstudie führen würden. Dies aber nicht zuletzt auch deshalb, weil das R/3 inzwischen so ausgereift ist, daß es den Benutzer auf Dinge wie fehlende Steuerkennzeichen (Beispiel), selbständig aufmerksam macht. Insgesamt ist die Fallstudie durchaus mit gut zu bewerten.

4.3.2.2 Fallstudie 2: Logistische Kette

Die folgende Fallstudie, die für die Zielgruppen Abteilungsleiter und Sachbearbeiter konzipiert ist, ist komplexer Natur und mehrfach durchführbar. Die Aufgabenstellung der Fallstudie lautet:

- Es soll nach einer Anfrage aus dem Verkauf überprüft werden, ob genügend Helme TT (Artikelnummer 116001) am Lager sind. 500 Stück werden benötigt. Dazu soll die **Bedarfs-/Bestandsliste** für den Artikel überprüft werden.
- Es sollen 100 Helme TT bestellt werden. Dazu soll eine Bestellung generiert werden, die dem Stammlieferanten zugeordnet werden soll.
- Die Ware wird zusammen mit der Rechnung geliefert. Der Eingang der Ware soll verbucht werden.
- Als letztes soll die eingegangene Rechnung verbucht werden. Der Bruttopreis für die Bestellung beträgt 5.865,- DM inklusive Mehrwertsteuer.[1)]

Aktuelle Bedarfs-/ Bestandsliste anzeigen

Der Einstieg zur Ansicht der Bedarfs-/Bestandsliste erfolgt in R/3 über folgenden Pfad:

Logistik ⇨ Materialwirtschaft ⇨ Bestandsführung ⇨ Umfeld ⇨ Bestand ⇨ Akt.Bed./Best.Liste

Nach Eingabe der Materialnummer (116001) und des Werks (0001) erscheint die aktuelle Bedarfs-/Bestandsliste (vgl. Abb. 4.21):

1) vgl. Dokumentation der LIVE AG: Kapitel „Fallstudien Materialwirtschaft", S. 2-1, 05/96

Abb. 4.21
Aktuelle Bedarfs-/Bestandsliste des Artikels 116001

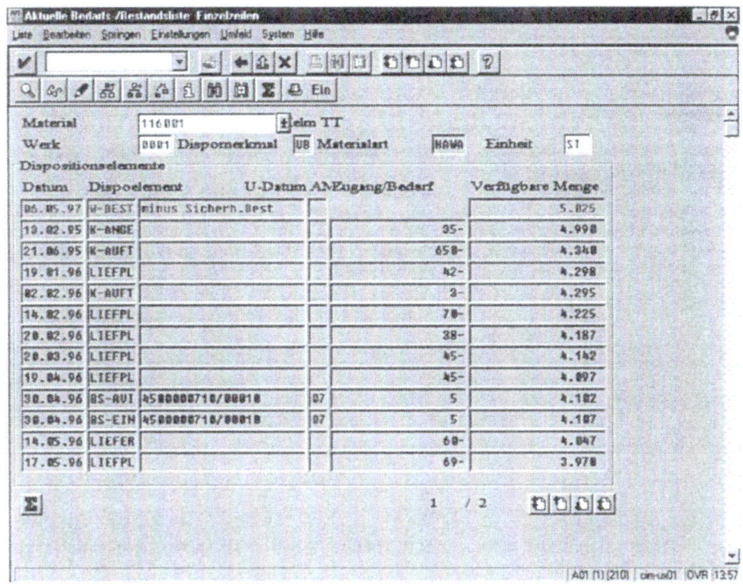

Daraus ist ersichtlich, daß zur Zeit der Durchführung der Fallstudie 5.025 Stück verfügbar sind.

Bestellung generieren und zuordnen

Dennoch soll eine Bestellung über 100 Stück generiert und einem Lieferanten zugeordnet werden. Den Einstieg zum Anlegen einer Bestellung erreicht man über folgenden Pfad:

Logistik ⇨ Materialwirtschaft ⇨ Einkauf ⇨ Bestellung ⇨ Anlegen ⇨ Lieferant unbekannt

Screencam Clip 9

Nach Eingabe der Bestell- und Lieferdaten wird der Artikel ausgewählt und die Bestellmenge eingegeben. Danach wird die Bezugsquelle vom System zugeordnet und die Bestellung kann erzeugt werden. Es muß lediglich der Vorsteuersatz eingegeben werden. Dieser Schritt der Fallstudie wurde in **Clip9** aufgezeichnet.

Wareneingang verbuchen

Die 100 Stück des Artikels wurden geliefert. Außerdem soll zusätzlich ein Wareneingang verbucht werden. Den Einstieg zur Verbuchung von Wareneingängen erreicht man über folgenden Pfad:

Logistik ⇨ Materialwirtschaft ⇨ Bestandsführung ⇨ Warenbewegung ⇨ Wareneingang ⇨ Zur Bestellung ⇨ Bestell-Nr. bekannt

Screencam Clip 10

Der Vorgang wurde in **Clip10** aufgezeichnet und konnte nicht so, wie in der Fallstudienbeschreibung, abgeschlossen werden. Beim Buchen erschien die Fehlermeldung "Periode 005/1997 ist für Kontoart S und Hauptbuch 191100 nicht geöffnet". In der Eingangsbeschreibung der Fallstudie wird der Benutzer darauf hingewiesen, daß möglicherweise vor der Verbuchung des Wareneingangs eine Periodenverschiebung durchgeführt werden muß. Es wird ausdrücklich auf die entsprechende Fallstudie zur Periodenverschiebung hingewiesen. Eine Periodenverschiebung löst das Problem jedoch nicht. Es wird kein weiterer Hinweis zur Behebung des Problems gegeben. Es ist zwar durchaus denkbar, daß der Fehler nicht von der LIVE AG verursacht wurde, sondern auf mangelnde Systempflege, verfälschte Einstellungen durch Unkenntnis der Benutzer oder einen Fehler in R/3 zurückzuführen ist. Jedoch sollte der Benutzer zumindest im Fall der mangelnden Systempflege und der falschen Einstellungen auf diese Möglichkeiten aufmerksam gemacht werden, da das Konzept der LIVE AG schließlich so ausgerichtet ist, daß die LIVE AG auch von ungeschulten Benutzern verwendet werden kann, ohne daß dies zu Komplikationen führt.

Rechnungseingang verbuchen

Mit der Ware ist der Rechnungseingang für die bestellte Ware verbunden, die ebenfalls verbucht werden soll. Um dies zu erreichen, wählt man folgenden Pfad:

Logistik ⇨ Materialwirtschaft ⇨ Rechnungsprüfung ⇨ Rechnungsprüfung ⇨ Belegerfassung ⇨ Rechnung hinzufügen

Nach der Eingabe der Rechnungsdaten in den Feldern „Belegdatum", „Buchungskreis", „Periode", „Währung" und „Bestellung" meldete das System mehrere Fehler, die z. T. nur mit großer Mühe behoben werden konnten. So mußte z. B. erst das Geschäftsjahr für die Zeitintervalle der Perioden, die dem Buchungskreis zugeordnet sind, geändert werden. Weiter ist zum Objekt RF_BELEG das Nummernkreisintervall 51 nicht vorhanden. Die weiterführende Hilfe empfiehlt, die Einstellung im Customizing vorzunehmen. Es ist auch hier, wie bei der Verbuchung des Wareneingangs, letztendlich nicht zu klären, worauf die Fehler zurückzuführen sind.

Screencam Clip 11

Die Fallstudie mußte aus o. g. Gründen bei der Verbuchung des Rechnungseingangs abgebrochen werden. Der letzte Schritt wurde in **Clip11** bis zur Fehlermeldung dokumentiert.

4.3.2.3 Fallstudie 3: Auswertungen im Einkauf

Bei dieser Fallstudie handelt es sich um eine lokal-operative, die für Abteilungsleiter und Sachbearbeiter angelegt und mehrfach durchführbar ist. Sie beinhaltet folgende Aufgabenstellung:

Es soll für den Kreditor mit der Nummer 70005 überprüft werden, ob für ihn alle Rechnungen aus Wareneingängen beglichen worden sind. Um diese Auswertung vorzunehmen, wird folgender Pfad ausgewählt:

Logistik ⇨ Materialwirtschaft ⇨ Einkauf ⇨ Bestellung ⇨ Listenanzeige ⇨ Zum Lieferant

Screencam Clip 12

Diese Fallstudie konnte problemlos durchgeführt werden und wurde in **Clip12** dokumentiert. Die Beschreibung der Fallstudie in der Dokumentation der LIVE AG ist ausführlich und gut verständlich.

4.3.2.4 Fallstudie 4: ABC-Analyse

Diese Fallstudie ist lokal-operativ konzipiert und für die Zielgruppen Management und Abteilungsleiter gedacht. Die Aufgabenstellung der Fallstudie lautet:

Für die Verbrauchswerte der Zulieferteile in den letzten drei Monaten soll eine ABC-Analyse erstellt werden, d. h. es soll analysiert werden, welche Materialien 70% des Verbrauchs, welche 20% des Verbrauchs und welche 10% des Verbrauchs (so die Vorgaben der Fallstudie in der Dokumentation) ausmachen. Der Pfad zur Durchführung der ABC-Analyse lautet:

Infosystem ⇨ Logistik ⇨ Bestandsführung ⇨ Material ⇨ ABC-Analyse ⇨ Gesamtanalyse

Die Fallstudie konnte jedoch nicht durchgeführt werden und mußte bei der Fehlermeldung „Gesamtwert=0, Analyse nicht durchgeführt“ abgebrochen werden.

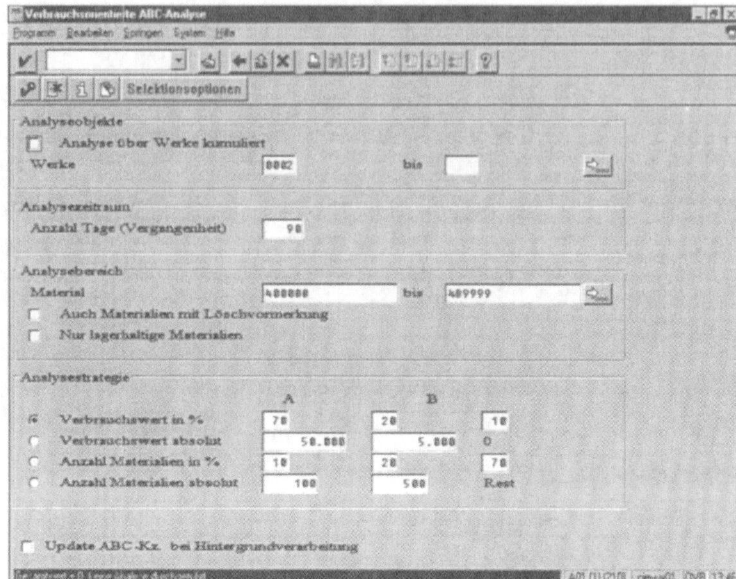

Abb. 4.22 Einstiegsmaske zur ABC-Analyse

Die Undurchführbarkeit der ABC-Analyse hat folgenden Grund: In der Beschreibung der Fallstudie wird nicht erwähnt, daß die Voraussetzung zur Analyse der Materialverbräuche das Vorhandensein von Verbräuchen ist. Verbräuche kommen aber nur durch Materialentnahmen aus dem Lager zustande, wenn von der Fertigung Material zur Produktion benötigt wird. Daraus folgt, wenn von den Benutzern noch keine Fertigungsaufträge im Bereich Produktion (PP) durchgeführt wurden, kann auch keine Analyse der Materialverbräuche durchgeführt werden. Deshalb sollte unbedingt ein Hinweis in der Dokumentation der LIVE AG erfolgen, daß vor der Durchführung der ABC-Analyse erst die Fallstudien aus der Produktion, die sich mit Fertigungsaufträgen beschäftigen, bearbeitet werden müssen.

4.4 Das Modul Materialwirtschaft (MM) in IDES

Wie für die LIVE AG, soll in den folgenden Kapiteln nun für IDES ein Überblick über das Modul Materialwirtschaft gegeben werden. SAP verzichtet in der IDES-Dokumentation auf eine ausführliche Beschreibung von Stammdaten. Vor jedem Übungsbeispiel wird lediglich in einem Verweis zusammengefaßt, welche Stammdaten oder Bewegungsdaten für die jeweilige Übung notwendig sind. Der Anwender kann dies überprüfen und ggf.

Daten nacherfassen. Leider wird nicht angegeben, wo die genannten Daten in R/3 zu finden sind.

4.4.1 Stammdaten in der Materialwirtschaft (IDES)

Die fehlende Dokumentation von Stammdaten in IDES hat zwei Gründe. Zum einen ändern sich die Stammdaten in Abhängigkeit der Bereiche, aus denen Übungsbeispiele durchgeführt werden, je mehr Übungsbeispiele in IDES durchgeführt wurden. Aus diesem Grund kann eine Dokumentation der Stammdaten nie ganz korrekt sein. Zum anderen ist die Menge der Stammdaten in IDES so gewaltig, daß eine vollständige Dokumentation der Stammdaten die Gesamtdokumentation unverhältnismäßig aufblähen würde. SAP hat sich aus diesen Gründen entschieden, auf eine Dokumentation der Stammdaten zu verzichten.

Für den Bereich Materialwirtschaft in IDES wurde lediglich eine unvollständige Liste der Materialarten gefunden, die noch aus dem System ergänzt wurde:

Tab. 4.1 Materialarten in IDES

Abkürz.	Bezeichnung	Abkürz	Bezeichnung
COMP	Komponenten, zugekauft	KMAT	Konfigurierbares Material
CONT	KANBAN-Behälter	LEER	Leergut
DIEN	Dienstleistungen	NLAG	Nichtlagermaterial
ERSA	Ersatzteile	PIPE	Pipeline-Material
FERT	Fertigerzeugnis	PROC	Prozeß-Material
FHMI	Fertigungshilfsmittel	PROD	Produktgruppe
HALB	Halbfabrikat	ROH	Rohstoff
HAWA	Handelsware	UNBW	Unbewertetes Material
HIBE	Hilfs-/Betriebsstoff	VERP	Verpackung
IBAU	Instandhaltungsbaugr.	WETT	Wettbewerbsprodukt
INTR	Intramaterial		

4.4.2 Betriebliche Abläufe in der Materialwirtschaft (IDES)

In der Dokumentation von IDES sind zahlreiche Übungsbeispiele enthalten, anhand derer der Anwender den Umgang mit R/3 verstehen und erlernen kann. Die Übungsbeispiele in der Materialwirtschaft untergliedern sich in: Logistik allgemein, Prognose/MRP, Einkaufsabwicklung, Dienstleistungsabwicklung, Lagerbewegung/WM, Rechnung prüfen, Inventur/Bewertung und Logistikinformationssystem.

Es soll nun an der Durchführung eines Beispiels aus der Einkaufsabwicklung die Leistungsfähigkeit von IDES im Bereich Materialwirtschaft überprüft und gezeigt werden. Die Übungsbeispiele in IDES sind im Gegensatz zu denen der LIVE AG **alle** komplexer Art. D. h. im Übungsbeispiel wird nicht nur eine R/3-Funktion herausgegriffen, sondern es werden immer mehrere Funktionen zu einer Prozeßkette verknüpft. Die Durchführung eines kompletten Übungsbeispiels ist daher sehr aufwendig. Zur besseren Übersicht wurde zu Beginn eines neuen Einzelschritts der Prozeßkette ein Schlagwort des kommenden Abschnitts fett markiert.

Übungsbeispiel: Anfrage-/Angebotsabwicklung

Die Bestellanforderungen werden aus dem MRP übernommen. Die Abkürzung MRP steht für Material Requirement Planning, was sich mit Materialbedarfsplanung übersetzen läßt. Für das Material wird keine Bezugsquelle gefunden, so daß eine Anfrage-/Angebotsabwicklung aus der optimierten Bestellgenerierung heraus angestoßen wird. Es werden Lieferanten für Materialien bzw. Dienstleistungen im Zusammenhang mit dem PC gesucht. Angebote werden eingereicht und ausgewertet. Für ungünstige Angebote werden Absagen erteilt. Im Gegensatz dazu werden für günstige Angebote Bestellungen erzeugt.

Die Daten in der folgenden Übersicht werden in diesem Beispiel verwendet und müssen deshalb zwingend im System vorhanden sein:[1)]

Tab. 4.2 Beispieldaten

Felder	Daten Deutschland	Daten USA	Beschreibung
Buchungskreis	1000	3000	Musterfirma
Werk	1200	3000	Werk der Musterfirma
Lieferanten	1010		zuständige Lieferanten
	1030		
	1950 (CpD)		
Materialnummer	R-1170		
	R-1171		
Einkaufsorganisation	1000		zuständ. Einkaufsorg.
Einkäufergruppen	008		zuständ. Einkäufergrp.

Zunächst soll eine Bestellanforderung angelegt werden. Dieser Abschnitt entspricht dem ersten Schritt der Fallstudie 1 in der Materialwirtschaft in der LIVE AG (vgl. hierzu: Einstiegspfad, Abb. 4.14).

1) IDES-Online-Dokumentation, Bereich Materialwirtschaft

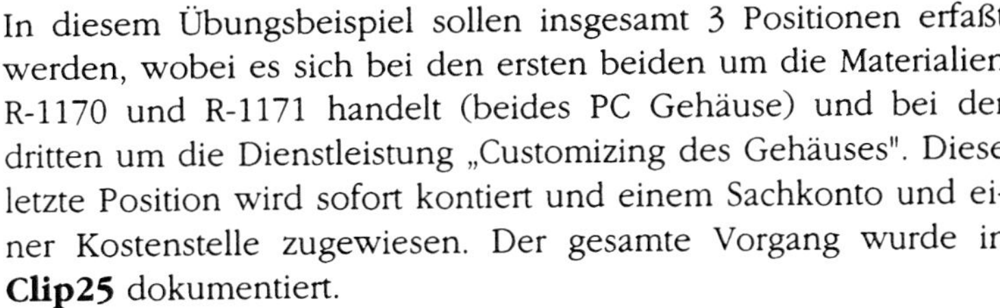

In diesem Übungsbeispiel sollen insgesamt 3 Positionen erfaßt werden, wobei es sich bei den ersten beiden um die Materialien R-1170 und R-1171 handelt (beides PC Gehäuse) und bei der dritten um die Dienstleistung „Customizing des Gehäuses". Diese letzte Position wird sofort kontiert und einem Sachkonto und einer Kostenstelle zugewiesen. Der gesamte Vorgang wurde in **Clip25** dokumentiert.

Screencam Clip 25

Im nächsten Schritt soll die erstellte Bestellanforderung zu einer Anfrage verarbeitet werden. Es ist in der Einkaufsübersichtsmaske folgender Pfad zu wählen:

Banf ⇨ Folgefunktionen ⇨ Zuordn. u. bearbeit.

Hier soll die eben erfaßte Bestellanforderung selektiert werden. Nach Erscheinen des Belegs sollen die Positionen markiert und dann Bezugsquellen zugeordnet werden. Es werden jedoch keine Bezugsquellen gefunden. Dies bedeutet, daß für die Bestellanforderung neue Lieferanten über die Anfrageabwicklung gefunden werden müssen. Über den Pfad *Bearbeiten ⇨ Vormerken f. Anfrage ⇨ Mit Lieferant* gelangt man in ein Zusatzfenster, in dem die Lieferanten 1010,1030 und 1950 (CpD) zugeordnet werden sollen. Die Zuordnung muß dabei für jede einzelne Position vorgenommen werden. Der Vorgang wurde bis zur Zuordnung zur ersten Position in **Clip26** aufgezeichnet. In der untersten Zeile jeder Position erscheint nach der Zuordnung der Hinweis *„Zur Anfrage vorgemerkt bei mehreren Lieferanten"*.

Screencam Clip 26

Danach sollen die Zuordnungen durch Klicken auf den entsprechenden Schaltbutton eingesehen werden. In dieser Positionsübersicht sieht man, welcher Lieferant zur Anfrage vorgemerkt ist. Mit einem Doppelklick auf die untere Zeile der Position, kann man die Abwicklung fortsetzen. In dem erscheinenden Fenster ist die Angebotsfrist anzugeben. Im darauffolgenden Fenster ist die frei wählbare Submissionsnummer einzugeben. Nach Bestätigung erscheint erneut eine Positionsübersicht, in der alle Positionen übernommen, im Detail betrachtet und ggf. geändert werden sollen. Sind alle Daten in Ordnung, so können sie gesichert werden. Der Vorgang wurde bis hierhin in **Clip27** dokumentiert. Nach der Sicherung erhält die Position des gerade bearbeiteten Lieferanten den Status angefragt.

Screencam Clip 27

Abb. 4.23
Angefragte Lieferanten beim Zuordnen von Bestellanforderungen

```
EKOr BArt BuKr Rahmenver. UArt Laufzeit von .. bis   Banfs  Bearbeitungsvermerk
Lieferant        1010       Sunny Electronics GmbH
1000 NB    1000 Zur Anfragebearbeitung vorgemerkt           angefragt     3
Lieferant        1030       Jotachi Deutschland AG
1000 NB    1000 Zur Anfragebearbeitung vorgemerkt           3
Lieferant        1950       CPD L-2
1000 NB    1000 Zur Anfragebearbeitung vorgemerkt           3
```

Der Vorgang soll nun für die anderen beiden Lieferanten wiederholt werden. Beim Lieferanten 1950 muß zusätzlich eine vom Anwender frei wählbare Lieferanschrift eingegeben werden.

Als nächstes sollen die Anfragen angezeigt werden. Dazu ist innerhalb des Einkaufsmenüs folgender Pfad zu wählen:

Screencam Clip 28

Anfrage/Angebot ⇨ Anfrage ⇨ Listanzeige ⇨ Zur Submission

Durch Eingabe der Submissionsnummern können die Anfragen angezeigt werden. Dieser Schritt wurde in **Clip28** aufgezeichnet.

Um zu den Anfragen Angebote zu erfassen, muß im Einkaufsmenü der Pfad *Anfrage/Angebot ⇨ Angebot ⇨ Pflegen* gewählt werden. Nach Eingabe der Anfragenummer (hier Nr. 6000000004) müssen die Einzelpositionen selektiert und die Angebotsdaten erfaßt werden. Dieser Vorgang muß für alle drei Anfragen mit den Daten aus der IDES-Dokumentation durchgeführt werden. Die Bearbeitung wurde für die erste Anfrage in **Clip29** dokumentiert.

Screencam Clip 29

Im nächsten Schritt sollen die eingegangenen und erfaßten Angebote miteinander verglichen werden, um das günstigste zu selektieren. Es muß innerhalb des Einkaufs der Pfad *Anfrage/Angebot ⇨ Angebot ⇨ Preisspiegel* gewählt werden. Nach Selektion durch die Submissionsnummern soll für die drei Positionen des günstigsten Gesamtangebots in der Detailansicht ein Info-Update durchgeführt werden. Dieser Vorgang wurde für die erste Position durchgeführt und in **Clip30** aufgezeichnet.

Screencam Clip 30

Zusätzlich kann in der Ansicht des Angebotsvergleichs der Preis des besten Angebots als neuer Marktpreis übernommen und die schlechteren Angebote abgesagt werden. Diese beiden Einzelschritte wurden in **Clip31** aufgezeichnet.

Screencam Clip 31

Im letzten Schritt dieses Übungsbeispiels soll eine Bestellanforderung zu einer **Bestellung** verarbeitet werden. Dazu muß im Einkaufsmenü der Pfad *Banf ⇨ Folgefunktionen ⇨ Zuordn. u. Bearbeit.* gewählt werden.

Nach Auswahl der Bestellanforderung (hier Nr. 10004409) kann mit dem entsprechenden Schaltbutton für die drei Positionen die Bezugsquelle zugeordnet werden. Der Lieferant 1030 ist derjenige mit dem günstigsten Gesamtangebot. Über den Schaltbutton „Zuordnungen" kann man in einer Positionsübersicht sehen, welcher Lieferant zur Bestellung vorgemerkt ist. Durch Doppelklicken auf die untere Zeile können weitere Fenster aufgerufen werden, in denen die Bestellung erzeugt wird. Dieser letzte Schritt des Übungsbeispiels „Anfrage-/Angebotsabwicklung" wurde in **Clip32** aufgezeichnet.

Screencam Clip 32

Das komplette Übungsbeispiel ließ sich problemlos durchführen. Die Angaben in der Dokumentation des Beispiels sind präzise und vollständig. Leider fehlen in der Dokumentation des Beispiels (und auch in allen anderen Übungen) Angaben über Zusammenhänge und Hintergründe. Der Benutzer wird zwar genau durch das Übungsbeispiel geführt, weiß aber bisweilen nicht genau, was er gerade tut und warum er es tut. (Beispiel aus der Übung: Es wird nicht erklärt, was ein Info-Update ist und warum dieses durchgeführt wird.)

4.5 Das Modul Produktionsplanung (PP) in der LIVE AG

In den nun folgenden Kapiteln soll ein Überblick gegeben werden, welche Stammdaten dem Anwender im Bereich Produktionsplanung in der LIVE AG zur Verfügung stehen. Weiter werden einige betriebliche Abläufe im Bereich Produktionsplanung beschrieben, wie sie dem Benutzer in der Dokumentation der LIVE AG vorliegen.

4.5.1 Stammdaten der Produktionsplanung (LIVE AG)

Die im folgenden beschriebenen Stammdaten der Produktionsplanung werden mit der LIVE AG ausgeliefert. Bei den Stammdaten handelt es sich um Stücklisten, Arbeitsplätze, Arbeitspläne und Fertigungshilfsmittel.

Stücklisten in der LIVE AG

Im Werk Walldorf (0002) der LIVE AG werden z. Z. acht Produkte hergestellt, für die alle Baukastenstücklisten mit den entsprechenden Untergruppen existieren. Insgesamt sind mehr als 70 Einzelstücklisten vorhanden.[1] Die nachfolgende Abbildung zeigt exemplarisch die Stückliste für das Fertigerzeugnis MB Boulder lila (Nr. 313124):

[1] Dokumentation der LIVE AG, Kapitel „PP-Stammdaten", S. 1-1, 05/96

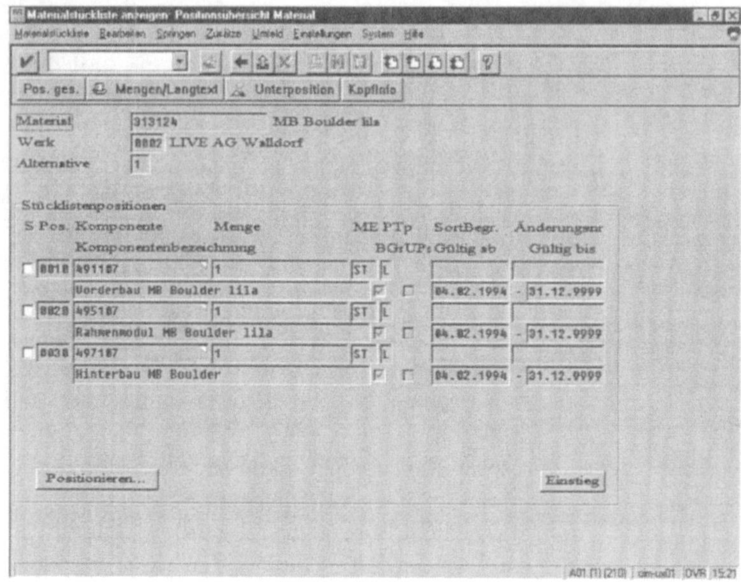

Abb. 4.24
Stückliste des Fertigprodukts Nummer 313124

Arbeitsplätze in der LIVE AG

In der LIVE AG sind bereits die Arbeitsplätze, die für die Fahrradproduktion von Bedeutung sind, eingerichtet. Die Arbeitsplätze in der Produktion sind außerdem in zwei Hierarchien aufgeteilt. Dies sind die Hierarchie Laufradfertigung (PP-LF) und die Hierarchie Fahrradmontage (PP-MONT). In der folgenden Abbildung werden die Arbeitsplätze der Hierarchie PP-LF des Werkes Walldorf (0002) gezeigt. Außer den Arbeitsplätzen in der Produktion existieren noch weitere Arbeitsplätze in den Bereichen Qualitätsmanagement (QM), Instandhaltung (PM) und Projektmanagement (PS).[1)]

Abb. 4.25
Arbeitsplätze in der LIVE AG

Arbeitsplatzliste

ArbPlatz	Werk	Art	Verantw.	Bezeichnung
LAUFRAD	0002	0002	001	Werksbereich Laufradfertigung
L10	0002	0003	001	Speichensteckplatz
L11	0002	0001	001	Einspeichmaschinengruppe
L11A	0002	0001	001	Einspeichmaschine Gruppe A
L11B	0002	0001	001	Einspeichmaschine Gruppe B
L12	0002	0001	001	Stabilisiermaschine
L12A	0002	0001	001	Stabilisiermaschine
L12B	0002	0001	001	Einspeichmaschine
L13	0002	0001	001	Zentriermaschine
L13A	0002	0001	001	##
L13B	0002	0001	001	Zentriermaschine
L14	0002	0001	001	Reifenaufziehmaschine
L17	0002	0003	001	##

1) Dokumentation der LIVE AG, Kapitel „PP-Stammdaten“, S. 2-1, 05/96

Arbeitspläne in der LIVE AG

Für die Fahrradproduktion sind in der LIVE AG bereits Arbeitspläne eingerichtet. Diese werden unterschieden in Standardarbeitspläne und Normalarbeitspläne.

In den Standardarbeitsplänen werden Montagevorgänge für die Bauteile beschrieben, wie z. B. Bremse, Lenker oder Licht. Einem Standardarbeitsplan sind dabei ein oder mehrere Arbeitsvorgänge oder auch Untervorgänge zugeordnet mit Details über Arbeitsplätze, benötigte Materialkomponenten oder Arbeitszeiten. Standardarbeitspläne werden in sog. Plangruppen zusammengefaßt. Die Plangruppe „Bremse" umfaßt in der LIVE AG beispielsweise neun Standardarbeitspläne, die nahezu identisch sind, sich aber in den Materialkomponenten und Arbeitsplätzen unterscheiden. In der LIVE AG sind viele Arbeitspläne und Plangruppen in englischer Sprache angelegt, wofür die Dokumentation keine weitere Erklärung liefert.

In den Normalarbeitsplänen ist die endgültige Fahrradmontage und Laufräderfertigung angelegt. Hier werden die Standardarbeitspläne zur weiteren Montage zusammengefaßt. Dabei stellt jeder Standardarbeitsplan wiederum einen Vorgang dar. In der Fahradmontage der LIVE AG sind die Vorgänge 0005, 0035, 0080 und 0100 jedoch keine Standardarbeitspläne, sondern eigene Arbeitsvorgänge, wie z. B. der Vorgang 0080, der das Klemmen der Pedale auf den Gepäckträger darstellt. Absprungvorgang ist immer der Vorgang 0005, und Rücksprungvorgang ist der Vorgang 0100. In der Laufräderfertigung ist der Absprungvorgang der Vorgang 0015 und der Rücksprung der Vorgang 0030.

Jeder Normalarbeitsplan besteht in der LIVE AG aus zwei sog. Folgen. Die Folge 0 ist die Stammfolge. In der Stammfolge ist die Montagegruppe zugeordnet, auf der das Produkt normalerweise gefertigt wird. Die Folge 1 stellt die Alternativfolge dar. Ihr ist eine Montagegruppe zugeordnet, auf der das Produkt ebenfalls gefertigt werden kann, wenn die standardmäßige Montagegruppe ausfällt oder die Kapazität nicht ausreicht.

Wie die Standardarbeitspläne sind auch die Normalarbeitspläne in Plangruppen zusammengefaßt. Es werden bei den Normalarbeitsplänen die Pläne für alle Moutainbikes, alle Rennräder und alle Laufräder zu jeweils einer Plangruppe zusammengefaßt.

In der folgenden Darstellung (Abb. 4.26) ist beispielhaft der Standardarbeitsplan für die Lenkermontage des Mountainbikes Boulder abgebildet:

Abb. 4.26 Beispiel eines Standardarbeitsplans in der LIVE AG

```
Druckliste Arbeitsplan

Plangr.  LENKER              PlGrZ. 1   Lenker-Montage MB Boulder Band 1
         LGr. von                   0   LGr. bis      99.999.999      ST
         Verwendung 1                   Status   4

 Vorgang     0010 ArbPlatz     FMGRP.1   Lenker MB - Montage
                  SteuSchl.    PP01
                  Basismenge                  1  ST
                  Rüstzeit          1,500  MIN  Personalzt.         3  MIN
  UnterVrg.  0001 ArbPlatz     FMGRP.1   Gummigriffe auf Lenker aufstecken
                  SteuSchl.    PP02
                  Rüstzeit          0,300  MIN  Personalzt.     0,200  MIN
  UnterVrg.  0002 ArbPlatz     FMGRP.1   Klingel anbringen
                  SteuSchl.    PP02
                  Rüstzeit          0,300  MIN  Personalzt.     0,600  MIN
  UnterVrg.  0003 ArbPlatz     FMGRP.1   Schalthebel (vorne und hinten) MB -
                  SteuSchl.    PP02
                  Rüstzeit          0,300  MIN  Personalzt.     0,850  MIN
  UnterVrg.  0004 ArbPlatz     FMGRP.1   Bremshebel (rechts und links) MB - Mon-
                  SteuSchl.    PP02
                  Rüstzeit          0,300  MIN  Personalzt.     0,950  MIN
  UnterVrg.  0005 ArbPlatz     FMGRP.1   Lenker MB auf Vorbau montieren
                  SteuSchl.    PP02
                  Rüstzeit          0,300  MIN  Personalzt.     0,400  MIN
 ----> 441107             0002
 ----> 441107             0002
```

Fertigungshilfmittel in der LIVE AG

Unter Fertigungshilfsmitteln versteht man Werkzeuge, Vorrichtungen oder Prüfmittel. Im Werk Walldorf 0002 werden diese hauptsächlich in der Fahrradmontage eingesetzt.[1)] Laut Dokumentation der LIVE AG handelt es sich hierbei um jeweils eine Tretlagermontagevorrichtung pro Montagegruppe, jeweils neun Druckluftschrauber pro Montagegruppe, ein Handzentriergerät und eine Reifenaufziehvorrichtung. Die Druckluftschrauber konnten vom Autor in der LIVE AG jedoch nicht vorgefunden werden.

4.5.2 Betriebliche Abläufe in der Produktionsplanung (LIVE AG)

Auch für das Modul Produktionsplanung sind zahlreiche Fallstudien in der Dokumentation der LIVE AG vorhanden, wobei folgende anhand der Durchführung einiger ausgewählter Fallstudien die Leistungsfähigkeit der LIVE AG geprüft und gezeigt werden soll.

4.5.2.1 Fallstudie 1: Vorplanung anlegen

Bei der Fallstudie „Vorplanung anlegen" handelt es sich um eine lokal-operative Fallstudie, die jedoch Teil einer komplexen Fallstudie ist. Zielgruppen sind Abteilungsleiter und Sachbearbeiter. Es soll im Rahmen der Programmplanung eine Vorplanung über 2000 Mountainbikes des Typs MB Denver (Materialnummer 313145) für den kommenden Monat angelegt werden.

1) Dokumentation der LIVE AG, Kapitel „PP-Stammdaten", S. 4-1, 05/96

Um die Vorplanung anzulegen, muß folgender Pfad gewählt werden:

Logistik ⇨ Produktion ⇨ Produktionsplanung ⇨ Programmplanung ⇨ Primärbedarf ⇨ Anlegen

Im ersten Schritt werden die **Kopfdaten**, wie Material, Werk usw., und die **Bedarfsparameter** eingegeben. Weiter wird der **Bedarfstermin** und die **Planmenge** festgelegt. Als letztes wird die Planmenge auf den angegebenen Zeitraum – hier Juni 1997 – aufgeteilt und die generierte Aufteilung anschließend gesichert. Als Aufteilungseinheit wird in diesem Beispiel Wochen gewählt.

Screencam Clip 13

Die Fallstudie ließ sich ohne Probleme durchführen. Sie ist ausführlich und übersichtlich in der Dokumentation beschrieben. Der Benutzer erhält einen guten Einblick in die Produktionsplanung. Bisweilen fehlen einige Detailangaben, wie z. B. die Bedeutung der „Version" oder der „Bedarfsart", die zwar für die Fallstudie selbst irrelevant sind, für späteres selbständiges Arbeiten des Benutzers durchaus von Vorteil sein können. Die Durchführung der Fallstudie wurde in **Clip13** dokumentiert.

4.5.2.2 Fallstudie 2: Stücklistenauswertung

Diese Fallstudie setzt sich eigentlich aus zwei Fallstudien aus der Dokumentation der LIVE AG zusammen. Die beiden Fallstudien unterscheiden sich nur geringfügig in den jeweils letzten Abschnitten. Daher wurden sie vom Autor zusammengefaßt und die unterschiedlichen Abschnitte hintereinander durchgeführt. Bei den beiden Fallstudien handelt es sich um lokal-operative Fallstudien mit den Zielgruppen Abteilungsleiter und Sachbearbeiter. Die Aufgabenstellung der Fallstudie ist folgende:

Es soll für das Mountainbike „MB Denver“ (Materialnummer 313145) die Materialstückliste angezeigt und eine **Stücklistenauflösung** durchgeführt werden. Anschließend soll die Stückliste grafisch angezeigt werden. Danach soll ein **Verwendungsnachweis** für die Komponente „Bremsegruppe vorne MB“ (Materialnummer 494117) erzeugt und zwei Stücklisten verglichen werden, in die die Komponente eingeht.

Um ein Materialstückliste anzuzeigen, muß man folgenden Pfad wählen:

Logistik ⇨ Produktion ⇨ Stammdaten ⇨ Stücklisten ⇨ Stückliste ⇨ Materialstückliste ⇨ Anzeigen

Screencam Clip 14

Nach Eingabe der Auswahldaten werden die Baugruppen der Stücklisten angezeigt (vgl. Abb. 4.24). Dieser Schritt wurde in **Clip14** aufgezeichnet.

Die Auflösung einer Materialstückliste erfolgt wie das Anzeigen im Hauptmenü der Stücklisten. Zur Auflösung wählt man den Pfad:

Auswertungen ⇨ Stücklistenauflösung ⇨ Baukasten mehrstufig

Screencam Clip 15

Nach Eingabe der Auswahlkriterien und Anzeige der aufgelösten Stückliste, kann man die Stücklistenstruktur grafisch auswerten, indem man den Pfad *Springen ⇨ Grafik* wählt. Die folgende Abbildung zeigt die grafisch aufgelöste Stückliste des Moutainbikes „MB Denver" (Materialnummer 313145). Der Vorgang der Stücklistenauflösung und der grafischen Anzeige wurde in **Clip15** aufgezeichnet.

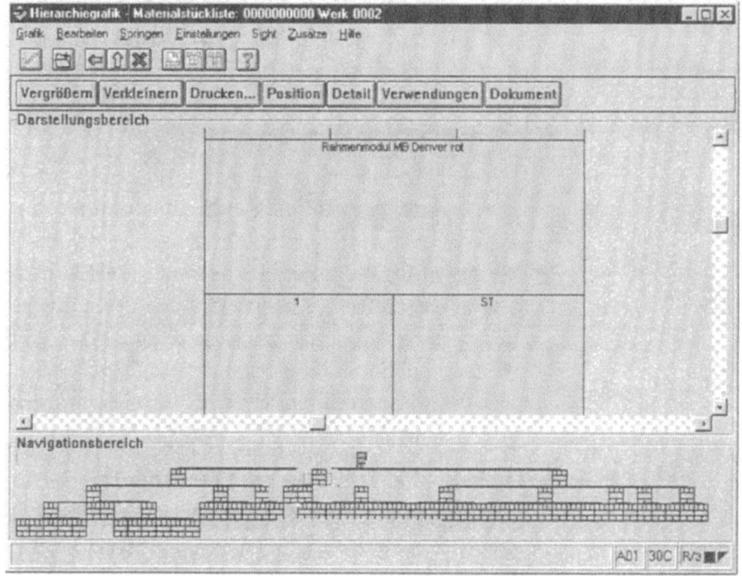

Abb. 4.27 Grafisch aufgelöste Stückliste in der LIVE AG

Screencam Clip 16

Im nächsten Schritt soll ein Verwendungsnachweis für die Komponente „Bremsegruppe vorne MB" (Materialnummer 494117) erzeugt werden. Dazu wird die grafisch aufgelöste Stückliste wieder verlassen, die Zeile „Bremsegruppe vorne MB" innerhalb der Baugruppe „Vorderbau MB Denver rot" markiert und auf „Verwendungsnachweis" geklickt. Dieser Vorgang wurde in **Clip16** dokumentiert.

Als letztes wird ein Stücklistenvergleich durchgeführt. Hierzu wählt man folgenden Pfad innerhalb des Hauptmenüs der Stücklisten:

Auswertungen ⇨ Stücklistenvergleich

Screencam Clip 17

Es soll hier die bisher verwendete Stückliste (Materialnummer 313145) mit der Stückliste für das Mountainbike Boulder (Materialnummer 313124), die als Sekundärstückliste gewertet werden soll, verglichen werden. Dieser Vorgang wurde in **Clip17** aufgezeichnet.

Diese beiden Fallstudien zeigen recht eindrucksvoll, daß die LIVE AG im Stammdatenbereich recht weit entwickelt ist. Der Anwender sieht komplizierte Stücklistenstrukturen und arbeitet mit diesen. Er gewinnt dadurch einen sehr guten Eindruck, was mit R/3 im Bereich Produktion alles möglich ist. Die Fallstudien decken ein Spektrum an Auswertungsmöglichkeiten ab, die für den realen Einsatz von R/3 von großer Bedeutung sind (z. B. der Verwendungsnachweis). Außerdem sind sie ausführlich beschrieben und gut gegliedert. Der Lerneffekt für den Benutzer wird somit optimiert.

4.5.2.3 Fallstudie 3: Fertigungsauftrag

Bei dieser Fallstudie handelt es sich um eine komplexe Aufgabenstellung mit den Zielgruppen Abteilungsleiter und Sachbearbeiter. Folgende Vorgänge sollen dazu durchgeführt werden:

Für das Vorderrad MB City (Materialnummer 420111) soll ein Fertigungsauftrag erstellt werden. Es wird angenommen, daß kein Planauftrag vorliegt und 16 Vorderräder produziert werden sollen. Die Terminierung soll rückwärts erfolgen. Der Endtermin sollte ungefähr drei Wochen nach dem Tagesdatum angesetzt werden. Nach der Erstellung soll der Fertigungsauftrag freigegeben und die Plankosten ermittelt werden. Anschließend soll die Buchung des Warenausgangs stattfinden, die die Entnahme der benötigten Komponenten aus dem Lager vornimmt. Danach wird der Auftrag rückgemeldet und die Ist-Kosten berechnet. Schließlich wird der Wareneingang verbucht und das gefertigte Produkt wird an das Lager geliefert.[1)]

1) Dokumentation der LIVE AG, Kapitel „PP-Fallstudien", S. 4-1, 05/96

Fertigungsauftrag anlegen

In diesem Schritt wird zunächst der Fertigungsauftrag zum Material angelegt. Die Einstiegsmaske erreicht man über den Pfad:

Logistik ⇨ Produktion ⇨ Fertigungssteuerung ⇨ Fertigungsaufträge ⇨ Auftrag ⇨ Anlegen ⇨ Mit Material

Screencam Clip 18

Nach Auswahl der Materialnummer und der Einstiegsdaten werden die Kopfdaten mit der Gesamtmenge und dem Endtermin erfaßt. Anschließend führt das System eine Planselektion durch, in der ein Normalarbeitsplan gesucht wird, dem dieses Material als Baugruppe zugeordnet ist. Die Einstellungen für die Suche des Normalarbeitsplans sind bereits im Customizing der Auftragsart „PP01" zugeordnet. Dieser Vorgang wurde in **Clip18** dokumentiert.

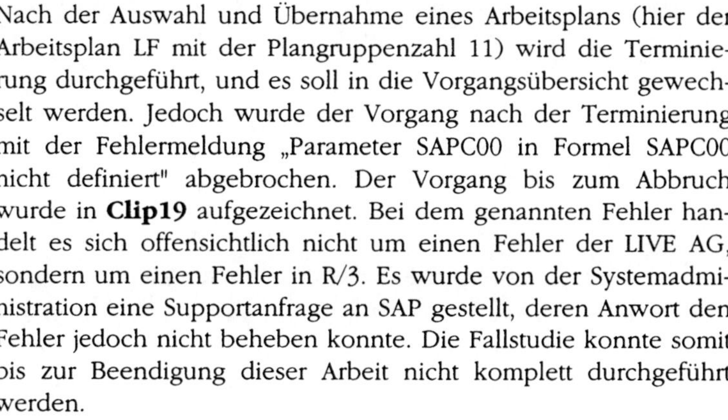

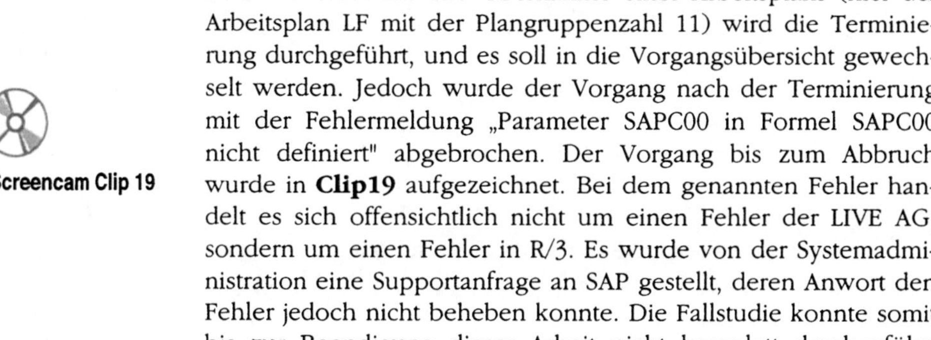

Screencam Clip 19

Nach der Auswahl und Übernahme eines Arbeitsplans (hier der Arbeitsplan LF mit der Plangruppenzahl 11) wird die Terminierung durchgeführt, und es soll in die Vorgangsübersicht gewechselt werden. Jedoch wurde der Vorgang nach der Terminierung mit der Fehlermeldung „Parameter SAPC00 in Formel SAPC00 nicht definiert" abgebrochen. Der Vorgang bis zum Abbruch wurde in **Clip19** aufgezeichnet. Bei dem genannten Fehler handelt es sich offensichtlich nicht um einen Fehler der LIVE AG, sondern um einen Fehler in R/3. Es wurde von der Systemadministration eine Supportanfrage an SAP gestellt, deren Anwort den Fehler jedoch nicht beheben konnte. Die Fallstudie konnte somit bis zur Beendigung dieser Arbeit nicht komplett durchgeführt werden.

4.6 Das Modul Produktionsplanung (PP) in IDES

Wie für die LIVE AG soll in den folgenden Kapiteln nun auch für IDES ein Überblick über das Modul Produktionsplanung gegeben werden. **SAP verzichtet in der IDES-Dokumentation auf eine ausführliche Beschreibung von Stammdaten**. Vor jedem Übungsbeispiel wird in einem Verweis zusammengefaßt, welche Stammdaten oder Bewegungsdaten für die jeweilige Übung notwendig sind. Der Anwender kann dies dann überprüfen und ggf. Daten nacherfassen. Anders wie in der Materialwirtschaft wird in der Produktionsplanung in den meisten Übungsbeispielen beschrieben, wie im R/3-System eine korrekte Ausgangssituation geschaffen werden kann, damit die Übungsbeispiele lauffähig sind.

4.6.1 Stammdaten in der Produktionsplanung (IDES)

Auch in der Produktionsplanung sind in IDES keine Stammdaten dokumentiert. An dieser Stelle kann nur auf das Kapitel „Aufbau der Produktion in IDES" verwiesen werden, in dem die wichtigsten Eckdaten der Produktionsplanung dokumentiert sind.

4.6.2 Betriebliche Abläufe in der Produktionsplanung (IDES)

In der Dokumentation von IDES sind zahlreiche Übungsbeispiele zum Modul Produktionsplanung enthalten, anhand derer der Anwender den Umgang mit R/3 verstehen und erlernen kann. Für jede in IDES vertretene Fertigungsart gibt es mehrere Beispiele. Es soll nun an der Durchführung eines Beispiels die Leistungsfähigkeit von IDES im Bereich Produktionsplanung überprüft und gezeigt werden.

Übungsbeispiel: Vorplanung mit Endmontage

Dieses Beispiel stammt aus den IDES-Szenarien für die Losfertigung, d. h. es handelt sich hier um ein Beispiel aus der Pumpenproduktion. Die Übung ist sowohl für das Werk 1000 in Deutschland als auch für das Werk 3000 in den USA durchführbar. Es soll zunächst eine Vorplanung zur Produktion auf Lager durchgeführt werden. Nach der Bedarfsplanung soll ein Kundenauftrag eingegeben und die Verrechnung mit dem Planprimärbedarf gezeigt werden.

Die Daten in der folgenden Übersicht werden in diesem Beispiel verwendet und müssen deshalb zwingend im System vorhanden sein:[1)]

Tab. 4.3 PP-Planungsdaten

Felder	Daten Deutschland	Daten USA	Beschreibung
Werk	1000	3000	Werk der Musterfirma
Materialnummer	P-100	P-100	Pumpe Etanorm 150-200 GG
Auftragsart	TA	OR	SD-Auftragsart
Verkaufsorganisation	0001	3000	
Vertriebsweg	01	01	
Sparte	01	01	
Auftraggeber	1000	3000	Debitor, Kunde

In diesem Übungsbeispiel muß zunächst überprüft werden, ob die Bestände der zu verwendenden Materialien im System den Angaben aus der Dokumentation entsprechen. Sind die Bestände unterschiedlich, so müssen Bestandskorrekturen vorgenommen werden. Folgende Bestände sind unbedingt notwendig:

1) IDES-Online-Dokumentation, Bereich Produktionsplanung

Tab. 4.4
Planungsbestände

Material	Menge	Lagerort	Werk Deutschland / USA
P-100	10	0001	1000 / 3000
100-100	65	0001	1000 / 3000
100-200	46	0001	1000 / 3000
100-300	164	0001	1000 / 3000
100-400	50	0001	1000 / 3000
100-500	124	0001	1000 / 3000
100-600	34	0001	1000 / 3000
100-700	55,8	0001	1000 / 3000

Zur Überprüfung der Bestände soll folgender Pfad gewählt werden:

Logistik ⇨ Materialwirtschaft ⇨ Bestandsführung ⇨ Umfeld ⇨ Bestand ⇨ Bestandsübersicht

In der Bestandsübersicht kann jedes einzelne Material aufgerufen und eingesehen werden. Einfacher und schneller geht es jedoch, wenn man sich eine Liste der Materialien anzeigen läßt und dann zu den gewünschten Materialien scrollt. Diese Variante wurde von den IDES-Autoren wohl nicht gewählt, weil die gewünschten Materialien nicht in dieser Reihenfolge sind. Der Einstiegspfad lautet hier:

Logistik ⇨ Materialwirtschaft ⇨ Bestandsführung ⇨ Umfeld ⇨ Bestand ⇨ Lagerbestand

Die folgende Abbildung 4.28 zeigt die Einstiegsmaske mit den Einstellungen zur Listenansicht:

Abb. 4.28
Einstiegsbild zur Materiallistenanzeige

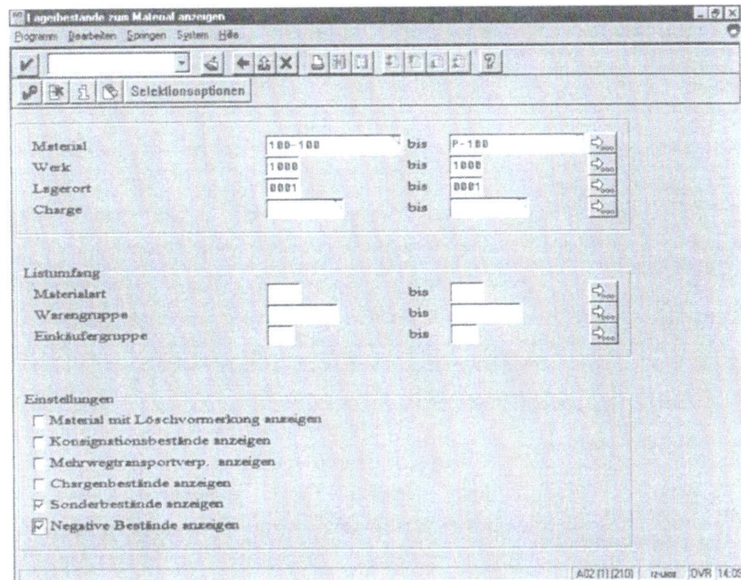

Die Überprüfung zeigt, daß einige Bestände der benötigten Materialien nicht mit der IDES-Dokumentation übereinstimmen und zu niedrig sind. Sie müssen daher aktualisiert werden. Zur Erhöhung der Bestände über Warenzugänge ist folgender Pfad zu wählen:

Logistik ⇨ Materialwirtschaft ⇨ Bestandsführung ⇨ Warenbewegung ⇨ Wareneingang ⇨ Sonstige

Es sollen zunächst Bewegungsart, Werk und Lagerort ausgewählt werden. Beim Aufruf der Positionserfassung zeigt sich jedoch, daß durch die Bestandsveränderung ein Beleg erzeugt wird und dieser in die aktuelle Periode gebucht werden muß. Ist die aktuelle Periode nicht geöffnet, so muß zuerst eine Periodenverschiebung durchgeführt werden. **Der Hinweis auf eine evtl. notwendige Periodenverschiebung wurde in der IDES-Dokumentation vergessen.** Bei Unkenntnis hat der Anwender nur noch die Möglichkeit, das Beleg- und Buchungsdatum zu ändern und in die gerade geöffnete Periode zu buchen. Erscheint dann schließlich die Positionserfassung, so sind dort die Materialnummern und die Differenzen zwischen den erforderlichen und tatsächlichen Mengen einzugeben. Die Positionserfassung wurde in **Clip33** aufgezeichnet.

Screencam Clip 33

Die Bestandsaktualisierung durch Warenausgänge verläuft analog. Sie kann hier jedoch nicht gezeigt werden, da keine Überbestände vorhanden waren.

Im nächsten Schritt soll nun die Vorplanung eines Erzeugnisses mit Endmontage durchgeführt werden. Dazu soll folgender Pfad gewählt werden:

Logistik ⇨ Produktion ⇨ Produktionsplanung ⇨ Programmplanung ⇨ Planprimärbedarf ⇨ Anlegen

Screencam Clip 34

Nach Auswahl des Werks und des Materials müssen die Bedarfsparameter erfaßt werden. Dies geschieht in einem Zusatzfenster, das sich über den entsprechenden Schaltbutton öffnen läßt. Dieser Schritt wurde in **Clip34** dokumentiert.

Screencam Clip 35

Als nächstes soll der Primärbedarf angelegt werden. Die Erfassungsmaske dazu erreicht man durch Bestätigen des Einstiegsbilds. Als Wunschmenge sind 100 Stück vorgesehen. Vor der Aufteilung über einen Zeitraum soll noch der Lagerbestand kontrolliert werden. Dies geschieht über den Pfad *Umfeld ⇨ Akt.Bed./Best.Liste.* In einem Zusatzfenster wird dann die Aufteilung über einen Zeitraum vorgenommen und die Vorplanung anschließend gesichert. Der Vorgang wurde in **Clip35** aufgezeichnet.

Im nächsten Schritt soll die Bedarfssituation des Materials P-100 angezeigt werden. Dazu ist folgender Pfad zu wählen:

Logistik ⇨ Produktion ⇨ Bedarfsplanung ⇨ Auswertungen ⇨ Bedarfs/Best.liste

In der Einstiegsmaske sind das Material und das Werk einzugeben. Die folgende Abbildung 4.29 zeigt die Bedarfs-/Bestandssituation.

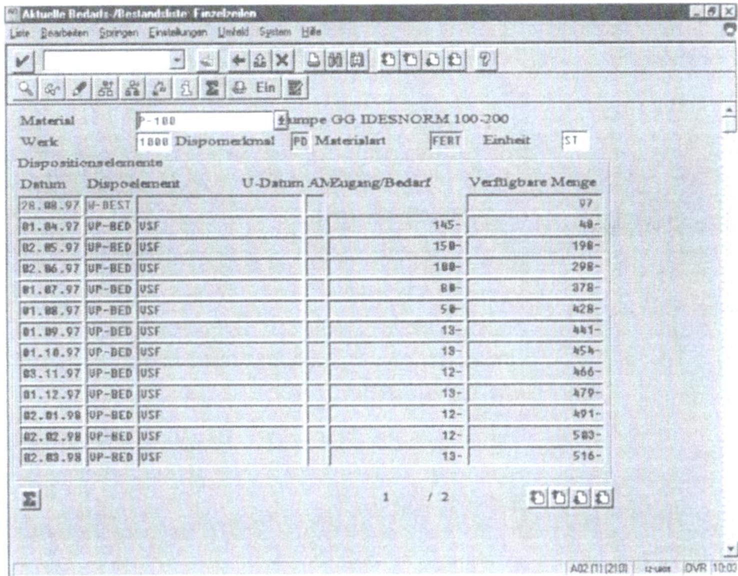

Abb. 4.29 Bedarfs-/Bestands-situation des Materials P-100

Fortgesetzt wird das Übungsbeispiel mit der **Durchführung einer mehrstufigen Bedarfsplanung**. Zur Durchführung einer mehrstufigen Bedarfsplanung muß folgender Pfad gewählt werden:

Logistik ⇨ Produktion ⇨ Bedarfsplanung ⇨ Bedarfsplanung ⇨ Einzelpl. mehrstufig.

Screencam Clip 36

Nach Eingabe der Daten in der Einstiegsmaske erscheint zunächst die Statistikübersicht. Über den Schaltbutton „Materialien" gelangt man in die Übersicht „Planungsergebnis". Es soll nun die erste Position in der Liste (Primärbedarf) ausgewählt werden. Über den Schaltbutton „Ergebnis" kann man das Planungsergebnis mit den von der Bedarfsplanung erzeugten Planaufträgen für das Enderzeugnis sehen. Über den Schaltbutton „Details zum Element" kann man Details des Planauftrages analysieren. Mit dem Schaltbutton „Nächstes Ergebnis" kann man in der Übersicht „Planungsergebnis" weitere Materialien bzw. Planaufträge der Sekundärbedarfe auswählen und untersuchen. Der Vorgang wurde bis hierhin in **Clip36** aufgezeichnet.

Nach Durchführung der mehrstufigen Bedarfsplanung soll nun im nächsten Schritt ein **Kundenauftrag** angelegt werden. Dazu muß in das Modul Vertrieb gewechselt werden:

Logistik ⇨ Vertrieb ⇨ Verkauf ⇨ Auftrag ⇨ Anlegen

Nach Eingabe der Daten in der Einstiegsmaske (Terminauftrag, Verkaufsorganisation 0001, Vertriebsweg 01, Sparte 01) soll für den Kunden 1000 ein Auftrag für zwei Pumpen mit der bekannten Materialnummer P-100 angelegt werden. Nach Bestätigung der Auftragsdaten muß im Zusatzfenster „Partner" noch ein Warenempfänger ausgewählt werden. Das Erfassen des Kundenauftrags wurde in **Clip37** dokumentiert.

Screencam Clip 37

Der Kundenauftrag wird nun in der Bedarfs-/Bestandsliste verrechnet. Dazu soll die aktuelle Bedarfs-/Bestandsliste noch einmal angezeigt werden. Der Einstiegspfad ist wieder *Logistik ⇨ Produktion ⇨ Bedarfsplanung ⇨ Auswertungen ⇨ Bedarfs/Best.liste.*

Der angelegte Kundenauftrag hat einen Planprimärbedarf entlastet. Die folgende Abbildung 4.30 zeigt die neue Bedarfs-/Bestandssituation:

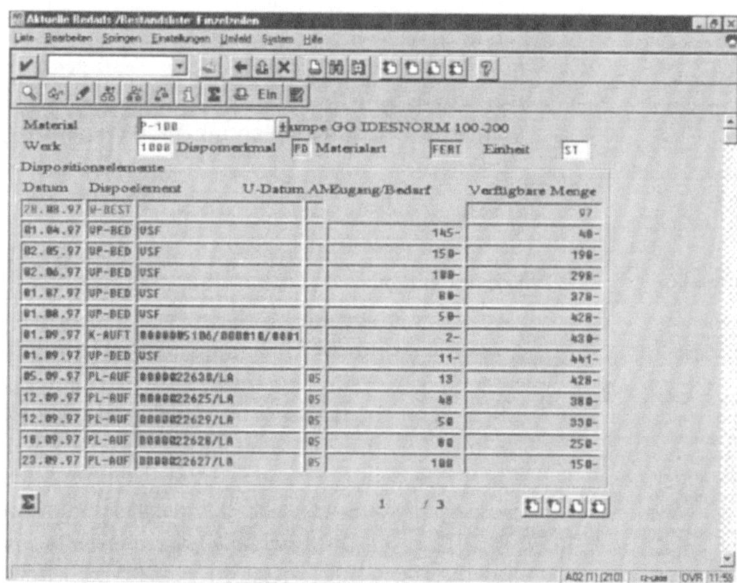

Abb. 4.30 Bedarfs-/Bestandssituation nach Eingabe des Kundenauftrags

Im nächsten Schritt soll der Versand der beiden Pumpen an den Kunden 1000 erfaßt werden. Dazu ist folgender Pfad zu wählen:

Logistik ⇨ Vertrieb ⇨ Versand ⇨ Lieferung ⇨ Anlegen

Der Versand der Pumpen erfolgt von der Versandstelle 1000 (Hamburg). Die Daten des Kundenauftrags sind in der Mengenübersicht zu übernehmen. Anschließend soll über den Pfad *„Übersicht ⇨ Kommissionierung"* in die Kommissionierungsansicht gewechselt werden, dort die Pick-Menge „zwei" eingegeben und der Warenausgang gebucht werden. Versand und Kommissionierung wurden in **Clip38** aufgezeichnet.

Screencam Clip 38

Nach dem Versand soll noch einmal die aktuelle Bedarfs-/Bestandsliste eingesehen werden. Die IDES-Dokumentation gibt hier als Material P-103 an. Hierbei handelt es sich um einen Druckfehler. Die Liste soll für die Pumpe P-100 eingesehen werden. Der Kundenauftrag ist nun nicht mehr auf der Liste.

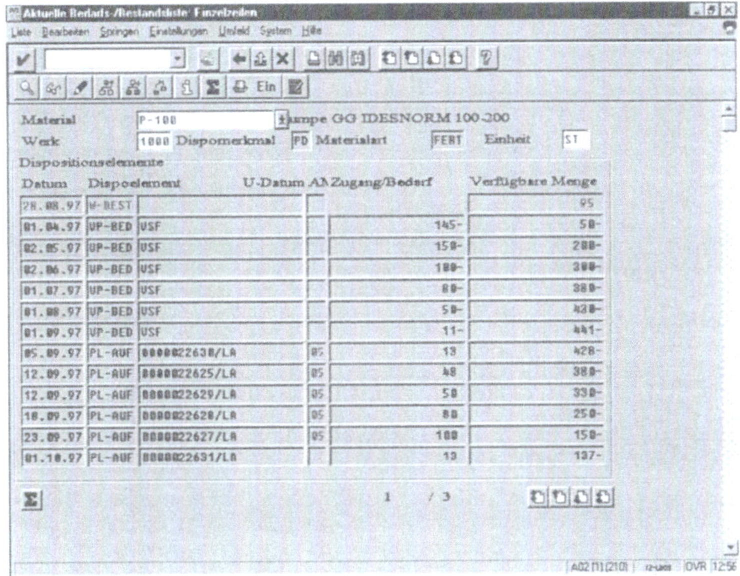

Aktuelle Bedarfs-/Bestandsliste: Einzelzeilen

Liste Bearbeiten Springen Einstellungen Umfeld System Hilfe

Material P-100 Pumpe GG IDESNORM 100-200

Werk 1000 Dispomerkmal PD Materialart FERT Einheit ST

Dispositionselemente

Datum	Dispoelement		U-Datum A	Zugang/Bedarf	Verfügbare Menge
28.08.97	W-BEST				95
01.04.97	UP-BED	USF		145-	50-
02.05.97	UP-BED	USF		150-	200-
02.06.97	UP-BED	USF		100-	300-
01.07.97	UP-BED	USF		80-	380-
01.08.97	UP-BED	USF		50-	430-
01.09.97	UP-BED	USF		11-	441-
05.09.97	PL-AUF	0000022630/LA	05	13	428-
12.09.97	PL-AUF	0000022625/LA	05	48	380-
12.09.97	PL-AUF	0000022629/LA	05	50	330-
18.09.97	PL-AUF	0000022628/LA	05	80	250-
23.09.97	PL-AUF	0000022627/LA	05	100	150-
01.10.97	PL-AUF	0000022631/LA		13	137-

1 / 3

Abb. 4.31
Bedarfs-/Bestandssituation nach Versand der Ware an den Kunden

Im letzten Schritt der Prozeßkette soll der abgewickelte Auftrag fakturiert werden. Die **Fakturierung** erreicht man über den Pfad *Logistik ⇨ Vertrieb ⇨ Fakturierung ⇨ Faktura ⇨ Anlegen.*

In der Maske erscheint die Belegnummer, die beim Buchen des Warenausgangs vergeben wurde (80003509). Durch Bestätigen erscheint die Fakturaposition des abgewickelten Auftrags. Die Fakturierung wurde in **Clip39** aufgezeichnet.

Screencam Clip 39

Wie im Bereich Materialwirtschaft ließ sich das komplette Übungsbeispiel problemlos durchführen. Bis auf einen Druckfehler sind die Angaben in der Dokumentation des Beispiels präzise und vollständig. Leider fehlen auch in der Dokumentation dieses Beispiels Angaben über Zusammenhänge und Hintergründe. Das Beispiel verdeutlicht eindrucksvoll, wie in R/3 komplette Prozesse abgewickelt werden können. Jedoch wird dabei vergessen, daß alle Schritte der Übung in der Realität von total verschiedenen Benutzern aus verschiedenen Abteilungen durchgeführt werden. Hier greift z. B. der Vertrieb in ein Beispiel aus der Produktion ein, was eine nicht realitätsnahe Situation darstellt.

4.7 Das Modul Finanzwesen (FI) in der LIVE AG

Die folgenden Kapitel geben Aufschluß darüber, welche Stammdaten dem Anwender im Bereich Finanzwesen in der LIVE AG zur Verfügung stehen. Weiter werden einige betriebliche Abläufe im Bereich Finanzwesen beschrieben, wie sie dem Benutzer in der Dokumentation der LIVE AG vorliegen.

4.7.1 Stammdaten des Finanzwesens (LIVE AG)

Die im folgenden beschriebenen Stammdaten des Finanzwesens werden mit der LIVE AG ausgeliefert. Bei den Stammdaten handelt es sich um Sachkonten, Debitoren, Kreditoren, Banken, den Kontenplan und Dauerbuchungen.

Sachkonten der LIVE AG

Die LIVE AG verwendet den Gemeinschaftskontenrahmen, der standardmäßig mit dem R/3-System mitgeliefert wird. Für die Belange der LIVE AG wurden einige Konten des GKRs abgeändert und die Einzelpostenanzeige eingestellt. In der folgenden Liste (Tab. 4.5) sind diese Konten aufgeführt.

Tab. 4.5
Angepaßte Konten in der LIVE AG

Konto-Nr.	Sortierschlüssel	Konto-Nr.	Sortierschlüssel
140000	003	170000	031
140100	003	170100	031
141000	003	170200	031
141100	003	170300	031
141200	003	170400	031
141300	003	170500	031
141400	003	170600	031
141500	003	191000	014
141600	003	191100	014
160000	003	1000	018
160100	003	1010	018
161000	003	2000	018
161100	003	2010	018
161200	003	11000	018
161300	003	11010	018
161400	003	11020	018
161500	003	12000	018
161600	003	12010	018
21000	018	21010	018
22000	018	22010	018
32000	018	32010	018
34000	018	34010	018

Debitoren der LIVE AG

Für die Stammsätze der Debitoren sind in der LIVE AG die Sichten Allgemeine Daten, Buchungskreisdaten und Vertriebsbereichsdaten gepflegt. Die Vertriebsdaten können jedoch nicht aus dem Menü „Rechnungswesen" eingesehen oder geändert werden, sondern nur im eigenständigen Modul Vertrieb (SD). Zum Zeitpunkt der Erstellung dieser Arbeit gibt es 57 Debitoren, wobei für 6 davon der automatische Zahlungsverkehr durchgeführt wird. Dies sind die Debitoren Nr. 10001, 10002, 10004, 10009, 10013 und 11001. Für diese Kunden ist kein Mahnverfahren möglich, da dieses über den automatischen Zahlungsverkehr überwacht wird.

Die Debitoren Nr. 10010 und Nr. 10020 sind zugleich Kreditoren in der LIVE AG (Nr. 70005 und Nr. 99900). Für den Debitor Nr. 10012 wird der Zahlungsverkehr über den Zahlungsregulierer Nr. 10009 ausgeführt. Der Rechnungsempfänger ist hier der Debitor Nr. 10010.

Es gibt ein sog. CpD-Konto Inland mit der Nr. 19999 für inländische Debitoren, die nur selten beliefert werden.

Das Bankeinzugsverfahren läuft nur über die Deutsche Bank und die Hypo-Bank.

Hier ein Auszug aus der Debitorenliste der LIVE AG mit den ersten drei Debitoren (Nr. 10001, 10002 und 10003):

Abb. 4.32
Debitoren der LIVE AG

```
Debitor  Sortierung: Debitor

10001    Suchbegr.  FAHRRAD              Kontengr.  0001    Erfasser   WALZ      ErÖffDat
         Kommunikation mit Debitor
         Firma                                              Sprache    D         Telefon-
         Fahrrad & Rennsport                                                     Telefax
         Hackenstr. 13

         D-80331 München

10002    Suchbegr.  SCHOLZ               Kontengr.  0001    Erfasser   WALZ      ErÖffDat
         Kommunikation mit Debitor
         Firma                                              Sprache    D         Telefon-
         Scholz & Friends                                                        Telefax
         Sierichstr. 40

         D-22301 Hamburg

10003    Suchbegr.  FS                   Kontengr.  0001    Erfasser   WALZ      ErÖffDat
         Kommunikation mit Debitor
         Firma                                              Sprache    D         Telefon-
         Fahrrad Scholz                                                          Telefax
         Münzweg 1
```

Kreditoren in der LIVE AG

Zu den Kreditoren werden in der Dokumentation der LIVE AG keine weiteren Angaben gemacht. Es wird lediglich die Liste aller Kreditoren mitgeliefert. Es soll in diesem Falle wohl davon ausgegangen werden, daß es für die Kreditoren keine weiteren Besonderheiten gibt und daß ansonsten die gleichen Voraussetzungen gelten, wie für die Debitoren (z. B. Kontenrahmen). In der Tat findet man im Kreditorenstamm des Menüs Rechnungswesen analog zum Debitorenstamm die Sichten Allgemeine Daten, Buchungskreisdaten und Einkaufsorganisationsdaten, wobei letztere nicht im Modul Finanzwesen eingesehen und geändert werden können, sondern nur im Einkauf.

Banken in der LIVE AG

Die Bankenstammdaten werden in R/3 zentral verwaltet. Es kann nicht aus dem Modul Finanzwesen darauf zugegriffen werden, sondern nur aus dem Customizing. Das Bankenverzeichnis kann dort maschinell eingelesen werden. Für die LIVE AG sind folgende Hausbanken mit den zugehörigen Konten-Identifikationen bereits angelegt:

Abb. 4.33
Hausbankenliste der LIVE AG

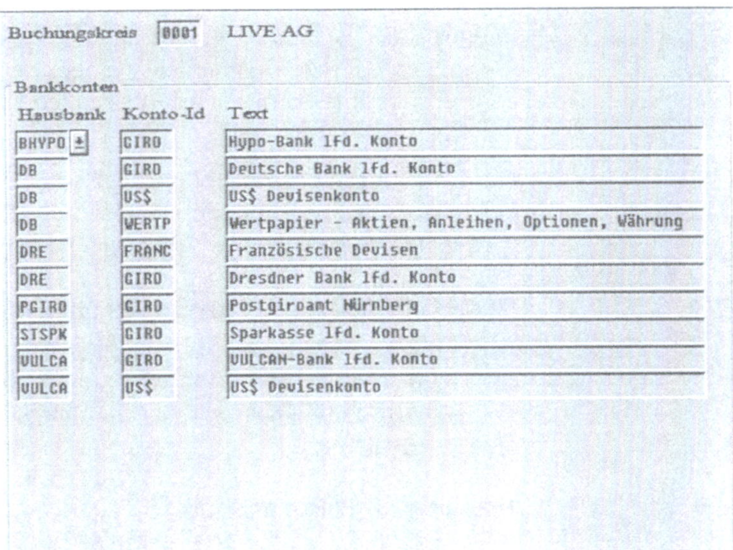

Buchungskreis 0001 LIVE AG

Bankkonten

Hausbank	Konto-Id	Text
BHYPO	GIRO	Hypo-Bank lfd. Konto
DB	GIRO	Deutsche Bank lfd. Konto
DB	US$	US$ Devisenkonto
DB	WERTP	Wertpapier - Aktien, Anleihen, Optionen, Währung
DRE	FRANC	Französische Devisen
DRE	GIRO	Dresdner Bank lfd. Konto
PGIRO	GIRO	Postgiroamt Nürnberg
STSPK	GIRO	Sparkasse lfd. Konto
VULCA	GIRO	VULCAN-Bank lfd. Konto
VULCA	US$	US$ Devisenkonto

Kontenplan in der LIVE AG

Wie bereits erwähnt, verwendet die LIVE AG grundsätzlich den Gemeinschaftskontenrahmen (GKR). Dieser wurde für die Belange der LIVE AG geringfügig geändert und um einige Konten erweitert.

Hier eine Ansicht der ersten Konten des Kontenplans:

Abb. 4.34
Ausschnitt aus Kontenplan der LIVE AG

Kontenplan:	GKR - Gemeinschaftskontenrahmen
Sachkonto	Kontenbezeichnung
0000001000	Grundstuecke, grundstuecksgleiche Rechte
0000001010	WB Grundstuecke, grundstuecksgleiche Rechte
0000002000	Bauten
0000002010	WB Bauten
0000011000	Technische Anlagen und Maschinen
0000011010	WB Technische Anlagen und Maschinen
0000011020	KS Technische Anlagen und Maschinen
0000012000	Geringwertige Wirtschaftsgueter (Maschinen)
0000012010	WB Geringwertige Wirtschaftsgueter (Maschinen)
0000021000	Betriebs- und Geschaefts-Ausstattung
0000021010	WB Betriebs- und Geschaefts-Ausstattung
0000022000	Geringwertige Wirtschaftsgueter (B/G.-Aust.)
0000022010	WB Geringwertige Wirtschaftsgueter (B/G.-Ausst.)
0000031000	Geleistete Anzahlungen auf Sachanlagen
0000031010	Vorsteuer-Verrechnung auf Anzahl. fuer Sachanlagen
0000031100	Aktivierte Anzahlungen auf Sachanlagen
0000031200	Verrechnung aktivierte Anzahlungen auf Sachanlagen
0000032000	Anlagen im Bau
0000032010	WB Anlagen im Bau
0000033000	Leasinggegenstände
0000033010	WB Leasinggegenstände

Dauerbuchungen der LIVE AG

In der LIVE AG existieren bereits eine Menge Dauerbuchungen. Diese befinden sich im Nummernkreis der Belegnummern von 9100000002 bis 9100000055. Die Liste der Dauerbuchungen kann innerhalb des Rechnungswesens im Hauptbuch unter dem Menü „Periodische Arbeiten" gefunden werden. Beispiele für Dauerbuchungen sind Telefonkosten, SAP-Hotline-Kosten, Stromkosten, Versicherungskosten, Mietkosten usw.

Die Dokumentation der LIVE AG gibt keine weiteren Informationen über Hintergrund und Gebrauch der Dauerbuchungen. Es wird lediglich die Liste aller Dauerbuchungen gezeigt.

4.7.2 Betriebliche Abläufe im Finanzwesen (LIVE AG)

Auch für das Modul Finanzwesen sind zahlreiche Fallstudien in der Dokumentation der LIVE AG vorhanden, von denen einige exemplarisch hinsichtlich der Leistungsfähigkeit der LIVE AG geprüft werden.

4.7.2.1 Fallstudie 1: Debitor anlegen

Diese Fallstudie gehört zu den lokal-operativen Fallstudien und ist an die Gruppen der Abteilungsleiter und Sachbearbeiter gerichtet. In der Fallstudie soll ein Debitorenstammsatz eines neuen Kunden angelegt werden. Es werden die allgemeinen Sichten und die buchungskreisabhängigen Sichten angelegt, wobei Vertriebsdaten nicht erfaßt werden. Mit dem anzulegenden Kunden wurde der Bankeinzug zum Forderungsausgleich vereinbart. Es wird ein Gesamtkreditlimit von DM 2.000.000,- und ein Einzelkreditlimit von DM 200.000,- eingeräumt.

Um einen Debitor anzulegen, muß folgender Pfad gewählt werden:
Rechnungswesen ⇨ Finanzwesen ⇨ Debitoren ⇨ Stammdaten ⇨ Anlegen

Zunächst muß dem neuen Kunden eine Nummer zugeordnet und der Buchungskreis (0001) und die Kontengruppe ausgewählt werden. In den dann folgenden Masken müssen Adressdaten, Steuerdaten, Bankverbindung, Kontoführungsdaten und Zahlungskonditionen eingegeben werden. In der letzten Maske „Mahnverfahren" muß nichts eingegeben werden, da Kunden mit Bankeinzugsverfahren nicht am Mahnwesen teilnehmen. Der Vorgang wurde in **Clip20** aufgezeichnet. Er endet in der letzten Maske „Mahnverfahren" vor der Abspeicherung der Daten.

Screencam Clip 20

Um dem eben angelegten Debitor ein Kreditlimit einzuräumen, wählt man innerhalb des Moduls Finanzwesen folgenden Pfad: *Stammdaten ⇨ Kreditmanagement ⇨ ändern*

In der Einstiegsmaske muß der Debitor und der Kreditkontrollbereich ausgewählt werden. Der Kreditkontrollbereich entspricht in der LIVE AG dem Buchungskreis. Benötigt werden die Sichten „Zentraldaten" und „Status". In den folgenden Masken wird ein Gesamtkreditlimit von DM 2.000.000.- und ein Einzelkreditlimit von DM 200.000,- eingegeben. Die Eingabe der Kreditlimits wurde in **Clip21** dokumentiert.

Screencam Clip 21

Die Beschreibung der Fallstudie in der Dokumentation der LIVE AG ist übersichtlich aufgebaut, und der Ablauf ist verständlich beschrieben. Alle Funktionen sind so ausführbar, wie sie in der Dokumentation dargestellt sind. Einziger Kritikpunkt an dieser Fallstudie ist, daß in der Eingangsbeschreibung „Szenario" nur erwähnt wird, daß dem Kunden ein Kreditlimit von DM 200.000,- eingeräumt wird und an dieser Stelle nicht schon, wie später in der Fallstudie, zwischen Einzel- und Gesamtkreditlimit unterschieden wird.

4.7.2.2 Fallstudie 2: Ausgleich eines offenen Postens

Auch bei dieser Fallstudie handelt es sich um eine lokal-operative Fallstudie, die für die Zielgruppen Abteilungsleiter und Sachbearbeiter bestimmt ist. Es sollen vom Lieferanten mit der Nummer 90120 gelieferte Waren bezahlt werden. Dabei werden 15% Vorsteuer geltend gemacht. Nach der Disposition wird der Betrag über das Sachkonto Nr. 113400 zu Lasten der Hypo-Bank abzüglich 2% Skonto überwiesen. Der Benutzer soll sich zur Durchführung der Fallstudie einen offenen Posten aus der Offenen-Posten-Liste aussuchen.

Um einen offenen Posten auszugleichen, wählt man folgenden Pfad:

Rechnungswesen ⇨ Finanzwesen ⇨ Kreditoren ⇨ Buchung ⇨ Zahlungsausgang ⇨ Buchen

In der erscheinenden Erfassungsmaske werden die Daten aus der Fallstudie eingegeben. Anschließend wird der offene Posten anhand der Belegnummer aufgerufen und der Zahlungsausgang gebucht. Die Durchführung der Fallstudie wurde in **Clip22** aufgezeichnet. Es wurde dazu nicht der oben genannte Kreditor verwendet, sondern der Kreditor mit der Nummer 90170, da für diesen ein offener Posten vorhanden war.

Screencam Clip 22

Die Fallstudie ist übersichtlich aufgebaut, und der Ablauf ist in der Dokumentation der LIVE AG verständlich beschrieben. Der Anwender kann hier auf sehr einfache Art und Weise lernen, wie ein offener Posten in R/3 auszugleichen ist. Die Fallstudie ist in der Dokumentation der LIVE AG als mehrfach durchführbar gekennzeichnet. Dies ist für die zu verwendenden Daten nur eingeschränkt zutreffend. Der angegebene Kreditor kann nur solange verwendet werden, wie für ihn offene Posten vorhanden sind. Um einen Kreditor mit offenen Posten zu verwenden, muß der Anwender wissen, wo eine entsprechende Liste mit Kreditoren und offenen Posten in R/3 zu finden ist. In der Fallstudie wird kein Hinweis darauf gegeben, wo eine solche Liste zu finden ist.

4.7.2.3 Fallstudie 3: Sachkontenbuchung und Kostenstellenbuchung

Auch bei dieser Fallstudie handelt es sich um eine lokal-operative Fallstudie, die für die Zielgruppen Abteilungsleiter und Sachbearbeiter bestimmt ist. Außerdem ist diese Fallstudie als integrativ gekennzeichnet, d. h. sie nimmt Einfluß auf andere Bereiche außerhalb des Finanzwesens. In diesem Fall wird die Kostenrechnung im Bereich Controlling (CO) angesprochen.

In dieser Fallstudie sollen zwei eingegangene Rechnungen verbucht werden und die fälligen Beträge über das Sachkonto 113500 bei der Städtischen Sparkasse überwiesen werden. Aus der ersten Rechnung für Telefonkosten werden zwei Sollbuchungen für das Aufwandskonto der Telefongrundgebühr und der Kosten der Gebühreneinheiten erzeugt. Die zweite Rechnung wird auf das Aufwandskonto für KFZ-Kosten gebucht. Für Telefoneinheiten und KFZ-Kosten kann jeweils Vorsteuer geltend gemacht werden. Um in die Sachkontenbuchung zu gelangen, muß folgender Pfad gewählt werden:

Rechnungswesen ⇨ Finanzwesen ⇨ Hauptbuch ⇨ Buchung ⇨ Sachkontenbuchung

Screencam Clip 23

Screencam Clip 24

Die Erfassung der Buchung der KFZ-Kosten und der Telefongrundgebühr wurde in **Clip23** aufgezeichnet. Die Buchung auf die entsprechenden Kostenstellen erfolgt hier automatisch durch Kontenzuordnung. Die Erfassung der Buchung der Telefoneinheiten sowie die Habenbuchung auf das Sachkonto 113500 wurde in **Clip24** dokumentiert. Bei der Buchung der Telefoneinheiten wird in der Dokumentation der LIVE AG keine Buchung auf eine Kostenstelle verlangt. Bei der Durchführung der Fallstudie war dies jedoch der Fall. Es wurde deshalb vom Autor die neutrale Kostenstelle 999900 gewählt. Am Ende des Clips wird der fertige Beleg noch einmal angezeigt.

Wie die bisherigen Fallstudien ist auch diese übersichtlich aufgebaut und verständlich erklärt. Die Fallstudie ist integrativ und soll das Finanzwesen mit der Kostenrechnung verbinden. Durch die Auswahl der Beispiele wird dies bei der Durchführung der Fallstudie jedoch nicht besonders deutlich. Bei den drei Sollbuchungen soll die Buchung automatisch auf die richtige Kostenstelle durch die Zuordnung des Kostenstellenkontos zu dem bebuchten Sachkonto erfolgen. Dem Anwender wird somit nicht notwendigerweise bewußt, daß er hier auch eine Kostenstellenbuchung vornimmt. Wie sich gezeigt hat, ist die Beschreibung der Fallstudie in der Dokumentation der LIVE AG jedoch nicht korrekt, und es muß für die Buchung der Telefoneinheiten doch eine Kostenstelle angegeben werden. Eine zu bebuchende Kostenstelle sollte daher unbedingt in die Beschreibung der Fallstudie aufgenommen werden, damit die Fallstudie zum einen korrekt ist und zum anderen dem Integrationsanspruch gerecht wird.

4.8 Das Modul Finanzwesen (FI) in IDES

Synonym zur Vorgehensweise bei der LIVE AG soll in den folgenden Kapiteln auch für IDES ein Überblick über das Modul Finanzwesen gegeben werden. Für Stammdaten und Übungsbeispiele gilt in diesem Modul das gleiche wie für die bisher beschriebenen IDES-Module.

4.8.1 Stammdaten im Finanzwesen (IDES)

Da keine Stammdatendokumentation vorliegt, kann lediglich folgendes über FI-Stammdaten in IDES ausgesagt werden:

Für den Buchungskreis 1000 - IDES Deutschland sind jeweils ca. 70 Debitoren und Kreditoren angelegt. Davon sind ca. 60 Debitoren der Verkaufsorganisation 1000 zugeordnet und ca. 50 Kreditoren der Einkaufsorganisation 1000. Außer den Kreditoren und Debitoren sind im Buchungskreis 1000 ca. 200 Anlagestammsätze angelegt.

4.8.2 Betriebliche Abläufe im Finanzwesen (IDES)

In der Dokumentation von IDES sind zahlreiche Übungsbeispiele zum Modul Finanzwesen enthalten, anhand derer der Anwender den Umgang mit R/3 verstehen und erlernen kann. Die Beispiele gliedern sich in Kreditorenbuchhaltung, Debitorenbuchhaltung, Anlagenbuchhaltung, Hauptbuchhaltung, Abschlußarbeiten, Konsolidierung, Treasury und Workflow im Rechnungswesen.

Es soll nun an der Durchführung jeweils eines Beispiels aus der Kreditoren- und Debitorenbuchhaltung die Leistungsfähigkeit von IDES im Bereich Finanzwesen überprüft und gezeigt werden.

4.8.2.1 Übungsbeispiel 1: Mahnen von Debitoren mit bereits vorhandenen offenen Posten

In diesem Prozeß werden Debitoren, deren Forderungen überfällig sind, gemahnt. Ein Teil der offenen Posten wird aufgrund vorhergehender Mahnungen bereits mit einer höheren Mahnstufe geführt. Um den Prozeß beliebig oft durchführen zu können, sollen nur Testläufe (Mahnläufe ohne Ausdruck) durchgeführt werden. Im Echtlauf werden die gemahnten Posten in Abhängigkeit vom Mahnrhythmus bis zum nächsten Lauf gesperrt. Der Mahnrhythmus ist in den Debitorenstammdaten festgelegt. Es ist meistens das Mahnverfahren 0001 den Stammdaten zugeordnet, was einer vierstufigen Mahnung im 14-tägigen Rhythmus entspricht.

Folgende Daten werden in diesem Beispiel verwendet und müssen deshalb zwingend im System vorhanden sein:[1)]

Tabelle 4.6 Debitorendaten

Felder	Daten Deutschland	Daten USA	Beschreibung
Buchungskreis	1000	3000	Beispiels-Buchungskreis
Belegart	DR	DR	Debitoren-Rechnung
Währung	DEM	USD	Hauswährung
Debitor	1-100001	3400	Beispiel-Debitoren
Identifikation	M1000	start1	Beliebiger sechsstelliger, alphanumerischer Eintrag

Im ersten Schritt des Übungsbeispiels sollen die Parameter gepflegt werden, d. h. alle zur Mahnung fälligen Debitoren werden selektiert. Dazu muß folgender Pfad gewählt werden:

Rechnungswesen ⇨ Finanzwesen ⇨ Debitoren ⇨ Period. Arbeiten ⇨ Mahnen.

Screencam Clip 40

Im Einstiegsbild sind zwei Felder auszufüllen. Der „Tag der Ausführung" gibt den Tag an, der als Basis für die Verrechnung der Verzugszinsen benutzt wird. Die Identifikation ist eine beliebige sechsstellige alphanumerische Bezeichung (hier: M-1000). In der nachfolgenden Maske werden die Debitoren im Bereich der Nummern 1 bis 10001 selektiert, die anschließend gemahnt werden sollen. Das Pflegen der Parameter wurde in **Clip40** aufgezeichnet.

Screencam Clip 41

Weiter soll der **Mahnlauf** eingeplant werden. Dazu klickt man in der Einstiegsmaske auf den Schaltbutton „Einplanen". Im darauf folgenden Zusatzfenster soll „Sofort starten" ausgewählt werden. Nach dem Mahnlauf soll das Mahnprotokoll und die Mahnliste angezeigt werden. Mahnlauf, Listen- und Protokollanzeige wurden in **Clip41** dokumentiert.

Im Anschluß soll nun der Debitor 1360 aus dem Mahnverfahren genommen werden, da er seine offenen Posten lt. Bankauskunft bereits ausgeglichen hat. Die folgende Abbildung zeigt den Ausschnitt des Debitors 1360 aus der Mahnliste:

Abb. 4.35 Offene Posten des Debitors 1360

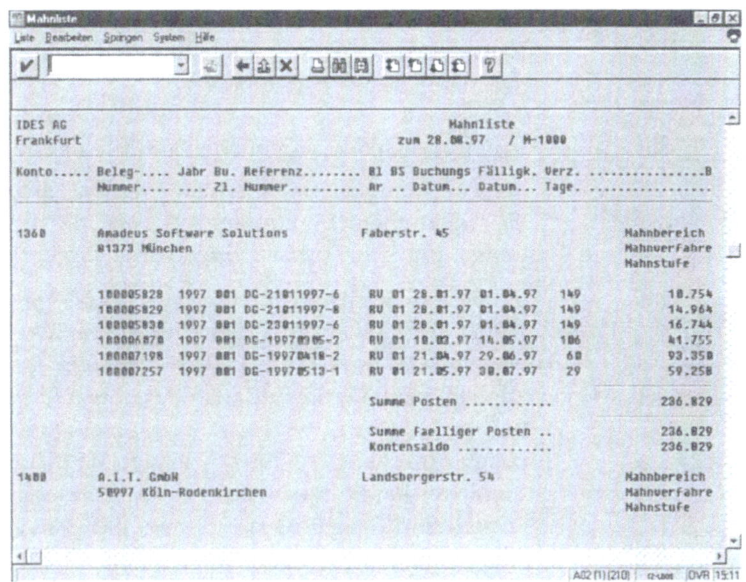

Screencam Clip 42

Zur Löschung des Debitors 1360 muß man auf den Schaltbutton „Mahnungen ändern" klicken und den Debitor selektieren. Nach der Bearbeitung ist der Debitor 1360 aus der Mahnliste verschwunden. Der Vorgang wurde in **Clip42** aufgezeichnet.

Screencam Clip 43

Nach dem Mahnlauf soll nun ein **Probedruck** der Mahnungen vorgenommen werden. Dafür steht der Schaltbutton „Probedruck" zur Verfügung. Am Bildschirm soll überprüft werden, ob das Layout der Mahnungen in Ordnung ist. Falls nicht, könnte es noch nachträglich geändert werden. Ist der Probedruck in Ordnung, so soll ein Spool-Auftrag erzeugt und die Probemahnungen gedruckt werden. **Clip43** zeigt die Ansicht des Probedrucks.

Screencam Clip 44

Im letzten Schritt sollen die Mahnungen gedruckt werden. Dabei wird die Mahnstufe für jeden Debitor um eine Stufe höher gesetzt. Zum **Mahndruck** soll wieder der Schaltbutton "Einplanen" betätigt, "Sofort starten" angeklickt und der Name des verwendeten Ausgabegeräts angegeben werden. Anschließend soll der Mahndruck über die Ausgabesteuerung gedruckt werden. **Clip44** zeigt die Erstellung des Spool-Auftrags.

Auch dieses Übungsbeispiel ließ sich wie die vorherigen problemlos durchführen. Alle Anweisungen in der Dokumentation sind sehr präzise und verständlich. Der Anwender kann mühelos die einzelnen Schritte bearbeiten. Positiv ist gegenüber den bisherigen IDES-Beispielen zu bemerken, daß der Eingangstext des Beispiels die Vorgänge der Übung erläutert, so daß der Anwender eine gewisse Übersicht hat.

4.8.2.2 Übungsbeispiel 2: Automatischer Zahlungsverkehr

Dieses Übungsbeispiel stammt aus der Kreditorenbuchhaltung. Es sollen hier Kreditorenpositionen mit anschließendem Zahlungs- und Druckprozeß eingegeben werden.

In diesem Beispiel wird ein sog. **CATT** verwendet. Die Abkürzung „CATT" steht für „Computer Aided Test Tool". Ein CATT ist ein von SAP mit IDES geliefertes Programm, das beim Ausführen ähnlich wie eine Batch-Datei einen Ablauf selbständig durchführt und somit Daten für den Benutzer erzeugen kann. Der CATT erzeugt zunächst Bestellungen in der Materialwirtschaft. Anschließend werden Wareneingänge und Rechnungen gebucht. Daraus entstehen offene Posten, die mit Hilfe des automatischen Zahlprogramms beglichen werden sollen.

Nach Ausführung des CATT und Abruf der Liste der hiermit generierten offenen Posten im Infosystem müssen Parameter für den Zahllauf erfaßt werden, die zur Selektion der zu zahlenden Posten dienen werden.

Weiter wird eine Zahlungsvorschlagsliste erstellt und deren Protokoll geprüft. Die Liste soll bearbeitet werden, um Zahlungssperren der Rechnungsprüfung in der Materialwirtschaft manuell aufzuheben. Für zwei Rechnungen sind keine Wareneingänge gebucht worden. Es wird davon ausgegangen, daß die Rechnungen per Fälligkeit trotzdem bezahlt werden müssen und die Sperre deswegen aufgehoben werden muß.

Danach wird der Echtlauf gestartet. Anschließend stellt man das Druckprogramm ein, um die Zahlungsformulare, zugehörende Avise und Begleitliste dem Zahllauf richtig zuzuordnen. Letztendlich werden die Zahlungsformulare ausgedruckt. Für US-Daten wird anschließend das Scheckregister analysiert.

Um den Prozeß abzuwickeln, wurde das Zahlprogramm von SAP im voraus konfiguriert. Dadurch wurden bestimmte Banken der IDES AG als Hausbanken definiert, durch die die offenen Posten nach bestimmten Auswahlkriterien bezahlt werden. In den Stammdaten der Kreditoren sind Zahlwege vorgegeben. Für die Zahlwege wurden Betragsgrenzen und Valutadatum festgelegt. Alle Einstellungen sind im Umfeldmenü des Zahlprogramms änderbar.

Folgende Daten müssen zur Durchführung des Beispiels unbedingt vorhanden sein:[1)]

Tabelle 4.7 Lieferantendaten

Felder	Daten Deutschland	Daten USA	Beschreibung
Lieferant (Material)	1000 (DPC1005)		
Lieferant (Material)	1000 (DPC1006)		
Lieferant (Material)	1001 (100-430)		
Lieferant (Material)	1001 (100-431)		
Lieferant (Material)	1002 (100-130)		
Lieferant (Material)	1002 (100-300)		
Lieferant (Material)	1003 (100-110)		
Lieferant (Material)	1003 (100-120)		
Lieferant (Material)	1005 (100-310)		
Lieferant (Material)	1005 (100-400)		
Buchungskreis	1000	3000	Bsp.-Buchungskreis
Währung	DEM	USD	Hauswährung
Zahlungslaufdatum	Heute + 10 Tage		
Identifikation	IDES		
Zahlwege	L, S, U		

Im ersten Schritt der Prozeßkette soll der CATT zur Erzeugung der offenen Posten ausgeführt werden. Um den CATT ablaufen zu lassen, muß folgender Pfad gewählt werden:

Werkzeuge ⇨ ABAP/4 Workbench ⇨ Test ⇨ Test Workbench ⇨ CATT-Abläufe

1) IDES-Online-Dokumentation, Bereich Rechnungswesen

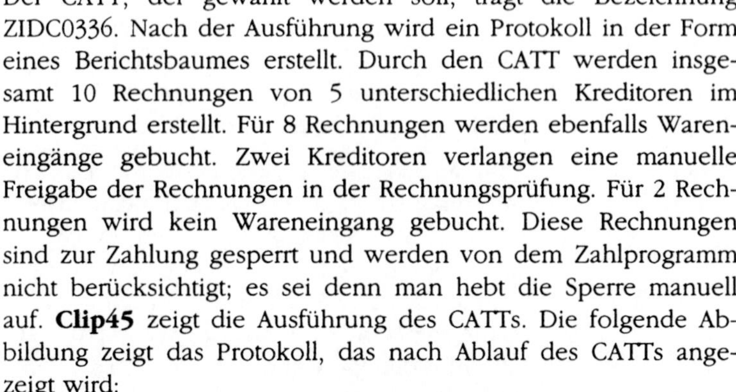

Der CATT, der gewählt werden soll, trägt die Bezeichnung ZIDC0336. Nach der Ausführung wird ein Protokoll in der Form eines Berichtsbaumes erstellt. Durch den CATT werden insgesamt 10 Rechnungen von 5 unterschiedlichen Kreditoren im Hintergrund erstellt. Für 8 Rechnungen werden ebenfalls Wareneingänge gebucht. Zwei Kreditoren verlangen eine manuelle Freigabe der Rechnungen in der Rechnungsprüfung. Für 2 Rechnungen wird kein Wareneingang gebucht. Diese Rechnungen sind zur Zahlung gesperrt und werden von dem Zahlprogramm nicht berücksichtigt; es sei denn man hebt die Sperre manuell auf. **Clip45** zeigt die Ausführung des CATTs. Die folgende Abbildung zeigt das Protokoll, das nach Ablauf des CATTs angezeigt wird:

Screencam Clip 45

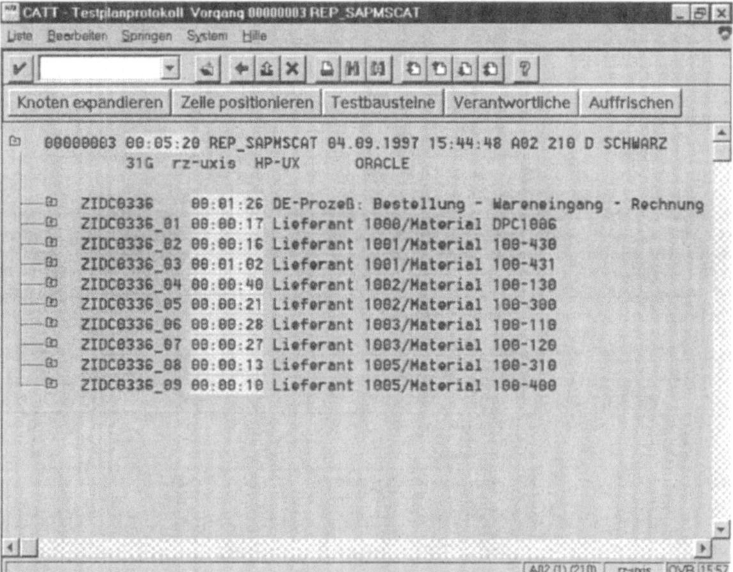

Abb. 4.36
Protokoll des CATT-Ablaufs

Im nächsten Schritt müssen einige Rechnungen von der Rechnungsprüfung freigegeben werden. Die Rechnungen sind automatisch gesperrt worden, weil das System Abweichungen zwischen Rechnungseingang und Wareneingang festgestellt hat.

Andere Rechnungen werden automatisch bei Wareneingang vom System zur Zahlung freigegeben. Zur **Rechnungsfreigabe** muß folgender Pfad gewählt werden:

Logistik ⇨ Materialwirtschaft ⇨ Rechnungsprüfung ⇨ Rechnungsprüfung ⇨ Weiterverarbeitung ⇨ Rechnungen freigeben

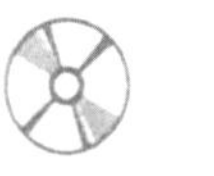

Screencam Clip 26

In der Einstiegsmaske sollen Buchungskreis, Geschäftsjahr und Kreditor (Nr. 1000) ausgewählt und die durch den CATT generierten Rechnungen des Kreditors freigegeben werden. Die freizugebenden Rechnungen sind die letzten beiden in der Liste. Die Rechnungsfreigabe wurde in **Clip26** aufgezeichnet. Dasselbe soll für den Kreditor Nr. 1002 durchgeführt werden. Das System meldete jedoch, daß für das in der Dokumentation angegebene Geschäftsjahr 1996 keine Rechnungen vorhanden seien. Im Geschäftsjahr 1997 sind zwar Rechnungen vorhanden, jedoch sind davon nur einige gesperrt, und es ließ sich nicht erkennen, welche Rechnungen freizugeben sind.

Im nächsten Schritt der Prozeßkette soll die **Liste der offenen Posten** angezeigt werden. Diese erreicht man über folgenden Pfad:

Rechnungswesen ⇨ Finanzwesen ⇨ Kreditoren ⇨ Period. Arbeiten ⇨ Infosystem ⇨ Berichtsauswahl

Screencam Clip 47

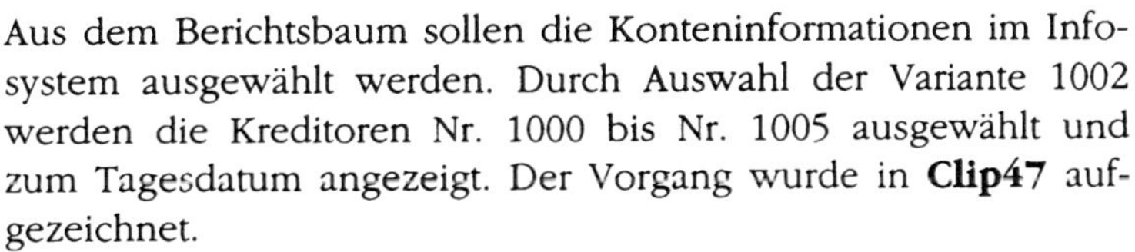

Aus dem Berichtsbaum sollen die Konteninformationen im Infosystem ausgewählt werden. Durch Auswahl der Variante 1002 werden die Kreditoren Nr. 1000 bis Nr. 1005 ausgewählt und zum Tagesdatum angezeigt. Der Vorgang wurde in **Clip47** aufgezeichnet.

Als nächstes sollen die **Zahlungsprogrammparameter** gepflegt werden. D. h. daß für die Kreditoren Nr. 1000 bis Nr. 1005 im Buchungskreis 1000 der Tag der Zahlung festgelegt wird sowie mögliche Zahlwege selektiert und die Zahlungen für den nächsten Buchungstermin vorgemerkt werden. Der Einstiegspfad lautet:

Rechnungswesen ⇨ Finanzwesen ⇨ Kreditoren ⇨ Period.Arbeiten ⇨ Zahlen

Screencam Clip 48

Die selektierten Kreditoren werden auf Fälligkeit geprüft. Das System entscheidet in Bezug auf das Datum des nächsten Zahllaufes, welche Posten zu zahlen sind, damit kein Skonto verloren geht. Als letztes wird ein Zusatzprotokoll zu Auswertungszwecken erstellt. Das Pflegen der Zahlungsprogrammparameter wurde in **Clip48** dokumentiert.

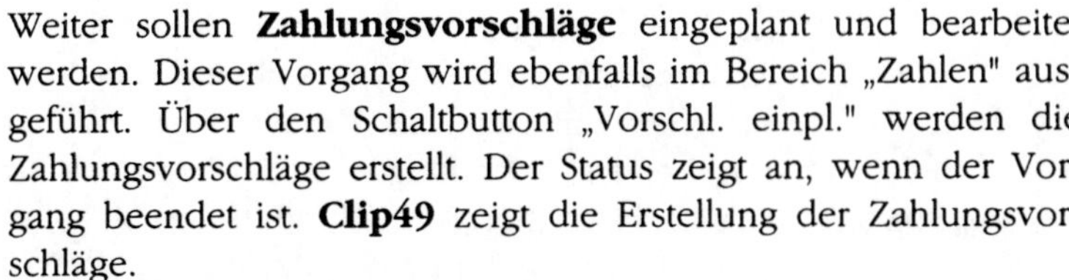

Weiter sollen **Zahlungsvorschläge** eingeplant und bearbeitet werden. Dieser Vorgang wird ebenfalls im Bereich „Zahlen" ausgeführt. Über den Schaltbutton „Vorschl. einpl." werden die Zahlungsvorschläge erstellt. Der Status zeigt an, wenn der Vorgang beendet ist. **Clip49** zeigt die Erstellung der Zahlungsvorschläge.

Screencam Clip 49

Screencam Clip 50

Über den Schaltbutton „Vorschl.prot." können die Vorschläge in einem Protokoll angezeigt und ausgedruckt werden. **Clip50** zeigt diesen Schritt.

Zwei Rechnungen, die mit dem CATT generiert wurden, sind mit dem Sperrkennzeichen **R** (Rechnungsprüfung) zur Zahlung gesperrt. Der Grund dafür ist die Tatsache, daß noch keine Wareneingänge gebucht wurden. Über *Bearbeiten* ⇨ *Vorschlag* ⇨ *Bearbeiten* erhält man eine Liste der Zahlungen, die pro Kreditor auszuführen sind und die sog. **Ausnahmen**. Ausnahmen sind Posten, die gesperrt oder fehlerhaft sind und die aus diesem Grund nicht ausgeglichen werden können. Es soll nun die Ausnahmenzeile des Kreditors Nr. 1005 in der Liste mit Doppelklick selektiert werden.

Das System zeigt eine Liste von gesperrten Rechnungen. Weiter soll die letzte oder vorletzte der Rechnungen markiert und über den Schaltbutton „Ändern" die Zahlungssperre **R** entfernt werden. An dieser Stelle wird die IDES-Dokumentation wahrscheinlich aus Gründen unterschiedlicher R/3-Releases inkorrekt. Für die eben entsperrte Rechnung sollen lt. Dokumentation noch Zahlungsweg, Hausbank und Konto-ID eingegeben werden. Dies ist jedoch nicht nötig, da die entsperrte Rechnung aus den Ausnahmen verschwindet und bei den „normalen“ Rechnungen erscheint, für die diese Daten bereits vorhanden sind. Die entsperrte Rechnung wird nun auch ohne Wareneingang bezahlt. Der Vorgang wurde in **Clip51** aufgezeichnet.

Screencam Clip 51

Im nächsten Schritt werden die **Zahlungen** ausgeführt und verbucht. Das System liest in diesem Schritt die Vorschlagsliste und gleicht die zur Zahlung selektierten Posten aus. In der Kreditorenbuchhaltung werden die Posten ausgeglichen. In der Hauptbuchhaltung verringern sich dementsprechend die Verbindlichkeiten. Die Zahlungen werden auf Bankunterkonten für Überweisungen und Schecks gebucht.

Zum Start des Zahlungslaufs wird der Schaltbutton „Zahl. einpl." gewählt. Nach Beendigung kann über den Button „Zahl. prot." das Protokoll des Vorgangs angezeigt werden. Anschließend soll über den Pfad *Bearbeiten ⇨ Zahlungen ⇨ Zahlungsliste* eine Liste der ausgeführten Zahlungen mit detaillierten Angaben über die bezahlten Posten und die dafür gewählten Zahlungswege aufgerufen werden. **Clip52** und **Clip53** demonstrieren diesen Schritt.

Screencam Clip 52 und Clip 53

Im Anschluß soll das **Druckprogramm** eingestellt werden, so daß die Daten beim Ausdruck automatisch an der richtigen Stelle im Zahlungsformular stehen. Dazu wählt man den Schaltbutton „Druckprog.". Den ersten vier Reports wird nun eine Formularvariante zugewiesen. Anschließend wird über *Umfeld ⇨ Variante pflegen* für jede Variante ein Ausführungsdatum sowie ein Drukker gewählt. Die Auswahl der Varianten und die Pflege der Variante „Avis" wurde in **Clip54** aufgezeichnet.

Screencam Clip 54

Im letzten Schritt der Prozeßkette sollen die **Zahlungsformulare** und die **Begleitliste** ausgedruckt werden. Dies geschieht über den Schaltbutton „Druck einpl.". Nach der Ausführung werden Spoolaufträge der Zahlungsträger erstellt. Über *System ⇨ Dienste ⇨ Ausgabesteuerung* werden die Spoolaufträge angezeigt und können über *Spoolauftrag ⇨ Drucken* und den Schaltbutton „Alle Drucken" gedruckt werden. Der Vorgang wurde in **Clip55** und **Clip56** dokumentiert.

Screencam Clip 55 und Clip 56

Dieses Übungsbeispiel ließ sich fast problemlos durchführen. Die Ausführung des CATTs erwies sich als schwierig. Denn zur Ausführung eines CATTs benötigt der Benutzer eine Berechtigung, die i. d. R. vom Systemadministrator vergeben wird. Auch der Mandant, in dem der CATT ausgeführt wird, muß für CATT-Abläufe erst freigegeben werden. Während des CATT-Ablaufs kam es zu zwei Unterbrechungen. In einem solchen Fall tritt der CATT-Ablauf in den Systemvordergrund. Zum einen wurde gemeldet, daß bei einer Rechnungsbuchung keine Rechnungspositionen gefunden wurden. Der CATT ließ sich aber nach Bestätigung der Meldung fortsetzen. Zum anderen kam es zu einem Abbruch, weil die richtige Periode nicht geöffnet war. Es mußte deshalb erst manuell eine Periodenverschiebung durchgeführt werden. Neben den Schwierigkeiten bei der CATT-Ausführung waren bei der Rechnungsfreigabe für den zweiten Debitor Nr. 1002 keine Rechnungsdaten vorhanden. Weiter besteht eine Differenz zwischen der Dokumentation und dem System bei manueller Entsperrung der Rechnungen.

Sehr positiv ist bei diesem Übungsbeispiel zu vermerken, daß die IDES-Dokumentation die Teilschritte der Prozeßkette erläutert. Der Benutzer wird somit auch aus betriebswirtschaftlicher Sicht durch die Übung geführt und erledigt nicht nur sture Anweisungen aus.

5 Zusammenfassung und Bewertung

Im letzten Teil sollen die Ergebnisse der Untersuchung beider Modellunternehmen LIVE AG und IDES zusammengefaßt, ausgewertet und gegenübergestellt werden.

5.1 Größe und Umfang

Technische Sicht

Aus technischer Sicht ist die LIVE AG ein Mandant (Nr. 200) in R/3, der auf das R/3-System „aufgesetzt" ist. Der Mandant „LIVE AG" benötigt alleine ca. 3 GByte.

IDES hingegen ist nicht auf R/3 aufgesetzt, sondern benötigt - wegen der mandantenübergreifenden Einstellungen im Customizing - eine eigene R/3-Installation. Außerdem besteht IDES nicht nur aus einem Mandanten, sondern aus drei; dem IDES-Mandanten (Nr. 800), dem Mandanten für ALE-Szenarien (Nr. 810) und dem Mandanten für ALE-Szenarien Produktion (Nr. 811). Die Installation des Mandanten 800 benötigt ca. 12 GByte an Speicherkapazität.

Aus technischer Sicht läßt sich folgendes Fazit ziehen: Die LIVE AG hat die Vorteile, daß sie in jedes bestehende R/3-System integriert werden kann, vorausgesetzt die Versionen passen zusammen. Es wird im Vergleich zu IDES wenig Plattenkapazität benötigt. Da die Erfahrung aus der Praxis lehrt, daß Plattenkapazität auch auf modernen, leistungsfähigen Servern immer noch knapp und dadurch kostbar ist, ist die LIVE AG IDES hinsichtlich des sparsamen Umgangs mit Hardwareressourcen deutlich überlegen. Dabei darf ein Aspekt jedoch nicht außer Acht gelassen werden: Änderungen im Customizing der LIVE AG, die eventuell mandantenübergreifend sind, sind unbedingt zu unterlassen, wenn sie dadurch ein Produktivsystem gefährden können.

Datensicht

Wie aus den Kapiteln 4.1 „Aufbau der LIVE AG“ und 4.2 „Aufbau von IDES“ hervorgeht, hat IDES den wesentlich größeren und weiter ausgebauteren Datenbestand.

Die folgende Tabelle (Tab. 5.1) faßt alle wichtigen Daten von IDES und der LIVE AG zusammen:

Tab. 5.1 Datenumfang im Vergleich

	LIVE AG	IDES
Mandanten	1	3
Buchungskreise davon verwendbar	10 (lt. Doku 6) 1	8 (+ 1 im Aufbau) 2
Werke davon verwendbar	7 2	21 12
Module mit Stammdaten / Übungsbeispielen	FI, CO, AM, TR, PS, MM, PP, SD, PM, QM, HR, BC	FI, CO, AM, TR, MM, PP, PM, QM, IM, SM, SD, HR
Produktgruppen	2	7
Fertigungsarten in Produktion	1	7
Verkaufsorganisationen	3	4 Haupt + 5 weitere
Verkaufsbüros	3	4
Verkäufergruppen	4	9
Einkaufsorganisationen	1 (zentral)	2 (zentral) 7 (dezentral)
Einkäufergruppen	2	51

Wie die Tabelle (Tab. 5.1) zeigt, sind die Strukturen von IDES auf allen Hierarchieebenen wesentlich stärker ausgeprägt als in der LIVE AG. Besonders deutlich wird dies in einem der Schlüsselbereiche von R/3: der Produktion. Während die LIVE AG lediglich die Losfertigung für die Fahrradproduktion anbietet, sind in IDES alle gängigen Fertigungsarten für die unterschiedlichsten Produkte vertreten. Diese Vielfalt an Möglichkeiten in der Produktion öffnet IDES einem breiten Anwenderkreis. IDES ist hier besonders für Großunternehmen interessant, die ebenfalls mit verschiedenen Fertigungsarten arbeiten. Durch die Vielfalt wird eine gewisse Branchenneutralität bewahrt, die die LIVE AG vermissen läßt. Diese ist lediglich auf die Metallverarbeitung fixiert.

5.2 Preis

Die LIVE AG ist komplett mit der Dokumentation zu einem Preis von 15.000,- DM zu haben. IDES hingegen wird jedem Kunden von SAP, der R/3 erwirbt, kostenlos zur Verfügung gestellt. Beim Preisvergleich muß jedoch die erweiterte Hardwareausstattung, die IDES benötigt, berücksichtigt werden. Hier hat IDES durch den immensen Preisverfall auf dem Hardwaremarkt in den letzten Jahren die Vorteile auf seine Seite gezogen. So sind die Preise für Festplatten in den letzten zwei Jahren um ca. 2/3 gefallen. Dieser Trend wird sich auch in den nächsten Jahren noch fortsetzen, so daß IDES im Preisvergleich zur LIVE AG weitere Vorteile gewinnen wird. Ein Server mit einer Plattenkapazität von 32 GB, der für IDES komplett und ein Produktivsystem erforderlich wäre, ist derzeit ca. 7.000,- DM teurer als ein Server mit 16 GB Plattenkapazität, der für die LIVE AG und ein Produktivsystem ausreichend wäre. In dem Preis von 7.000,- DM sind nicht nur die zusätzlichen Platten eingerechnet, sondern auch die zusätzlich erforderliche Hardware wie Doppelkontroller, die die gleiche Leistung hinsichtlich Geschwindigkeit und Sicherheit gewährleisten wie bei einem Server mit geringerer Plattenkapazität.

Vergleicht man die Kosten der beiden Modellunternehmen vor diesem Hintergrund, so ist die Einführung von IDES um ca. 8.000,- DM günstiger als die LIVE AG. Diese Preisdifferenz darf für eine Entscheidung zwischen IDES und der LIVE AG jedoch nicht überbewertet werden. Betrachtet man die Preisdifferenz in der Relation zum gesamten Investitionsvolumen bei einer R/3-Einführung von, je nach Bedarf des Kunden, mehreren Hunderttausend DM, so fällt die Preisdifferenz bei einer Entscheidungsfindung kaum noch ins Gewicht.

5.3 Zielerreichung

An dieser Stelle soll beurteilt werden, zu welchem Grad die beiden Modellunternehmen die formulierten Ziele erreichen und Aufgaben erfüllen.

Die **LIVE AG** versteht sich als

- **Testfirma für R/3.**

  Diesem Ziel wird die LIVE AG sehr gut gerecht, denn sie bietet durch ihre ausgeprägte Struktur eine hervorragende Oberfläche, um die Vielfalt der R/3-Funktionalitäten zu testen.

- **Beispielfirma für Schulungen.**

  Durch die umfassende Dokumentation des Aufbaus, der Stammdaten und durch die zahlreichen Fallstudien ist die LIVE AG ein nahezu ideales Instrument zur R/3-Schulung. Besonders überzeugend ist hier das didaktische Konzept der LIVE AG. Die hierarchische Struktur der Fallstudien ermöglicht dem Anwender eine gezielte Auswahl der Fallstudien und somit eine bedarfsorientierte Schulung.

D. h. der Anwender wird nur in dem Bereich ausgebildet, den er auch wirklich benötigt. Durch die Übersichtlichkeit und Einfachheit der Anwendung ist die LIVE AG besonders für mittelständische R/3-Anwenderunternehmen sehr interessant.

- **Demonstrationsfirma zu Marketingzwecken.**

  Auch diese Aufgabe erfüllt die LIVE AG, da durch das Vorhandensein der Customizingeinstellungen und der Stammdaten viele R/3-Funktionalitäten ohne weitere Vorarbeiten genutzt werden können und somit das Leistungsvermögen von R/3 demonstriert werden kann.

- **Customizingfirma.**

  Anwender, die bereits mit dem R/3-Customizing umgehen können, können die LIVE AG ohne weiteres dafür benutzen, Customizing-Einstellungen zu ändern und zu testen. Da der Customizing-Teil aus der Dokumentation der LIVE AG inzwischen entfernt wurde, ist ungeübten Anwendern jedoch dringend davon abzuraten, in der LIVE AG mit dem Customizing zu arbeiten. Durch das Fehlen der Customizing-Übungen kann also nur noch bedingt von der LIVE AG als „Customizingfirma“ gesprochen werden.

Für die **Hauptanwendergruppe** der **Geschäftsführer**, **Führungskräfte** und **Sachbearbeiter/Anwender** bieten das didaktische Konzept und die klare Struktur der Fallstudien ein optimales Forum zur R/3-Ausbildung. Auch für die übrigen Zielgruppen - SNI-Vertriebsmitarbeiter, Fachberater, Customizer und Schulungsleiter - stellt die LIVE AG ein anspruchsvolles und nützliches Werkzeug zur Arbeit mit R/3 dar.

IDES versteht sich als

- **Demonstrationsfirma zu Marketingzwecken.**

  Da IDES fast das gesamte Spektrum der R/3-Einsatzmöglichkeiten abdeckt, ist es ein vorzügliches Mittel, um das Leistungsvermögen von R/3 den Kaufinteressenten nahe zu bringen. Durch den umfassenden Datenbestand im Customizing und Stammdatenbereich ist IDES zu Demonstrationszwecken sehr gut geeignet.

- **Schulungsinstrument.**

  Auch für dieses Ziel kann IDES ein hoher Erreichungsgrad bescheinigt werden. Zu annähernd allen R/3-Bereichen sind umfassende Übungsbeispiele vorhanden, anhand derer der Anwender den Umgang mit R/3 erlernen kann und einen tiefen Einblick in die Komplexität und Integration von R/3 erhält. Einschränkend muß an dieser Stelle jedoch erwähnt werden, daß IDES weniger für Autodidakten geeignet ist als für Kurse mit Kursleiter, da in IDES kein didaktisches Konzept vorhanden ist, die Übungsbeispiele vom einzelnen Anwender deshalb nur schwer zu selektieren sind und auch durchweg für die meisten Anwender zu komplex sind. Hier spielt auch die Speicherplatzproblematik wieder eine Rolle. Ein Unternehmen, das IDES als Schulungsinstrument einsetzen möchte, muß zunächst die Hardwarevoraussetzungen dafür schaffen. IDES ist daher zur Inhouseschulung eher für Großunternehmen zu empfehlen, deren Investitionskapazitäten weniger beschränkt sind.

- **internationales Subjekt.**

  IDES ist lt. SAP bereits in fünf Sprachen erhältlich. Dennoch scheint SAP hier noch nicht am Ziel angekommen zu sein, da die Beschreibung des allgemeinen Aufbaus von IDES sowie einige Übungsbeispiele in der deutschen Version nur in Englisch vorhanden sind.

Als weitere Ziele von IDES wurden das **„Early-Prototyping"** und die Hilfe bei der Entscheidungsfindung genannt. Über die Erreichung dieser beiden Ziele kann im Rahmen dieser Arbeit keine Aussage gemacht werden, da beides vom Autor nicht praktisch getestet wurde.

Für die Zielerreichung der beiden Modellunternehmen läßt sich folgendes Fazit ziehen: Beide Modelle erfüllen in erster Linie ihren Zweck. Abstriche müssen bei der LIVE AG im Customizing-Bereich gemacht werden, der bei IDES jedoch ganz fehlt und bei IDES für die Internationalität und die autodidaktische Inhouseschulung.

5.4 Qualität der Modellfirmen im R/3-System

Es gestaltet sich schwierig, über die Qualität der beiden Modellunternehmen eine stichhaltige Aussage zu treffen. Wie sich gezeigt hat, mußten viele Fallstudien der LIVE AG aufgrund von Fehlermeldungen unterbrochen oder abgebrochen werden.

In den meisten Fällen war nicht zu klären, worauf die Fehler zurückzuführen waren. Mögliche Ursachen sind erstens Fehler in R/3, zweitens Inkonsistenzen in den Datenbeständen und Einstellungen der LIVE AG und drittens durch unpfleglichen Umgang mit dem System seitens der Benutzer verursachte Fehler.

Die aus der IDES-Dokumentation ausgewählten Übungsbeispiele ließen sich komplett annähernd reibungslos durchführen. Lediglich die Übung, die die Ausführung eines CATTs voraussetzt, bereitete geringfügige Schwierigkeiten und enthielt kleine Fehler, die sich jedoch beheben ließen und nicht zu einem Abruch der Übung führten. Die Voraussetzungen bei der Durchführung der Übungen unterschieden sich jedoch erheblich von denen bei der Durchführung der Fallstudien der LIVE AG. Dem Autor stand ein IDES-Mandant zur Verfügung, der zuvor von keinem anderen Anwender benutzt worden war; d. h. eine unbenutzte Originalversion. Während der Testphase von IDES benutzte auch keine andere Person den untersuchten Mandanten.

Fazit

Es kann nur vermutet werden, daß die LIVE AG in unbenutztem oder später gepflegtem Zustand störungsfrei funktionstüchtig ist. Eine sichere Aussage darüber kann jedoch nicht getroffen werden. IDES erscheint zumindest in den getesteten Bereichen in unbenutztem Zustand zuverlässig zu funktionieren.

5.5 Qualität der Dokumentation

Wie sich im Verlauf der Arbeit mit den beiden Modellunternehmen gezeigt hat, sind die Dokumentationen beider Modellunternehmen sehr unterschiedlich aufgebaut.

Medien

Sowohl SAP als auch SNI verwenden als **Trägermedien** für ihre Dokumentationen nur die CD-ROM. Die Dokumentation der LIVE AG ist im PDF-Format angelegt, welches sich mit dem Adobe Acrobat Reader lesen läßt.

Der Acrobat Reader befindet sich auf der Dokumentations-CD und kann von dort auf der lokalen Festplatte installiert werden. Die Dokumentation selbst kann entweder auf der Festplatte installiert werden oder über ein Verknüpfungsicon direkt von der CD-ROM gestartet werden. Der Acrobat Reader bietet eine sehr komfortable Oberfläche zur Durchsicht der Dokumentation am Bildschirm, und es können immer ganze Kapitel gedruckt werden.

Die IDES-Dokumentation ist in der R/3-Version für Windows im HLP-Format angelegt und wie alle Windows-Hilfen zu verwenden. Sie befindet sich auf der R/3-Dokumentations-CD und ist ein Bestandteil der R/3-Dokumentation. Von der Startoberfläche der R/3-Hilfe kann in die IDES-Dokumentation verzweigt werden.

Aufbau

Die LIVE AG enthält ein **Inhaltsverzeichnis**, von dem über Links in alle Dokumentationsteile verzweigt werden kann. Im ersten Kapitel werden Hintergrund und didaktisches Konzept der LIVE AG erläutert. Der Anwender erhält hier einen sehr guten Einblick über die Verwendungsmöglichkeiten der LIVE AG. Das zweite Kapitel enthält eine betriebswirtschaftliche Darstellung der LIVE AG. Hier wird die komplette Aufbauorganisation der LIVE AG erklärt. In den folgenden Kapiteln werden für jedes R/3-Modul, das die LIVE AG verwendet, die vorhandenen Stammdaten dargestellt. Weiter sind für jedes verwendete Modul die Fallstudien hinterlegt.

Beim Start der **IDES-Dokumentation** zeigt die Online-Hilfe ein Startmenü, von dem aus in die Übungsbeispiele der einzelnen Module verzweigt werden kann. Die Übungsbeispiele selbst sind mehrstufig gegliedert. Das Modul Finanzwesen ist z. B. in die Bereiche Debitoren, Kreditoren usw. unterteilt, für die jeweils mehrere Übungsbeispiele existieren. Ein Überblick über das Modellunternehmen IDES ist ebenfalls vom Startmenü der IDES-Dokumentation aufrufbar. Auch dieser Teil ist nach Themengebieten untergliedert.

Inhalt

Alle Teile der **Dokumentation** der LIVE AG sind sehr ausführlich und gut verständlich beschrieben. Der erste Teil führt den Anwender sehr genau in die Arbeitsweise mit der Dokumentation ein. Allerdings ist hier zu bemängeln, daß global-strategische Fallstudien als Bestandteil der Dokumentation genannt werden, diese jedoch nicht in der Dokumentation enthalten sind. Die betriebswirtschaftliche Darstellung gibt dem Anwender eine detailliertes Bild über den Aufbau der LIVE AG.

Dadurch erhält der Benutzer schon vor dem Beginn seiner Arbeit mit der LIVE AG einen Einblick, welche betriebswirtschaftlichen Vorgänge mit der LIVE AG möglich sind. Für die einzelnen Module sind alle notwendigen Stammdaten sehr genau beschrieben und die einzelnen Werte (z. B. der Artikelstamm) zum Teil in Listen mitgeliefert. Für den Anwender ist dies sehr komfortabel, da er anhand der Stammdatendokumentation überblicken kann, welche Stammdaten bereits vorhanden sind und welche nicht, ohne R/3 Listen einsehen zu müssen. Die Dokumentation der Stammdaten verliert jedoch mit zunehmendem Gebrauch der LIVE AG ihre Qualität und damit ihren Nutzen, da durch die Durchführung der Fallstudien die Stammdaten verändert werden. Besondere Aufmerksamkeit gilt der Dokumentation der Fallstudien. Diese erläutern zunächst die Szenarien, die in den Fallstudien durchgeführt werden, geben dann mit der Angabe der R/3-Menüpfade einen Funktionsüberblick über alle Arbeitsschritte und führen mit ausführlichen Beschreibungen und Erklärungen durch die Fallstudien. An vielen Stellen wurden auch Bildschirmabbildungen eingefügt, so daß der Anwender seine eigene Bildschirmansicht mit diesen vergleichen kann. Noch einmal soll an dieser Stelle das didaktische Konzept der Dokumentation positiv erwähnt werden. Jeder Anwender kann dadurch exakt die Fallstudien aus der Dokumentation selektieren, die er für seine Belange benötigt.

Die IDES-Dokumentation besteht im wesentlichen aus zwei Teilen: dem Überblick über IDES und den Übungsbeispielen. Der Überblick über das Modellunternehmen IDES existiert bis jetzt nur in englischer Sprache. Es werden hier die wichtigsten Aufbauelemente von IDES erläutert. Bei der Durchsicht wurden einige Inkonsistenzen und Widersprüche zum IDES-System festgestellt, wie z. B. Anzahl und Standorte der IDES-Werke und IDES-Produkte. Die Dokumentation scheint an dieser Stelle noch nicht vollständig auf die Version 3.1G upgedatet worden zu sein. Übungsbeispiele sind zu allen Modulen, die von IDES benutzt werden, zahlreich vorhanden. Dabei wird auf eine vorhergehende Dokumentation der Stammdaten wie in der LIVE AG verzichtet. Stattdessen wird in jedem Übungsbeispiel angegeben, welche Stammdaten für die Lauffähigkeit des Übungsbeispiels vorhanden sein müssen. Bisweilen wird auch beschrieben, wo fehlende Stammdaten nacherfaßt werden können. Dieses Konzept ist als sehr positiv zu betrachten, da ein Ausgangszustand von IDES immer wieder hergestellt werden kann und die Durchführbarkeit der Übungen somit auch bei längerem IDES-Einsatz gewährleistet bleibt. Die Übungsbeispiele sind so ausgelegt, um möglichst alle R/3-Funktionen abzudecken.

Um Zusammenhänge der R/3-Funktionen zu verdeutlichen, bestehen die Übungen meistens aus langen Ablaufketten. Für viele Anwender wären jedoch kleinere Übungen, die nur Teilbereiche beschreiben, ausreichend. Leider gibt die Beschreibung vieler Übungen nur an, mit welchen Daten die Eingabefelder ausgefüllt werden sollen. Der Anwender wird dadurch nicht zum selbständigen Arbeiten mit R/3 erzogen, sondern lediglich zum sturen Ausführen von Vorgaben. Es wäre wünschenswert, wenn die IDES-Dokumentation in den Übungsbeispielen mehr Hintergründe vermitteln würde und die Übungsbeispiele mit konkreten Szenarien aus der Praxis eingeleitet würden.

Dokumentationen

Wie sich gezeigt hat, sind beide Dokumentationen sehr unterschiedlich aufgebaut und ausgeprägt. Beide Dokumentationen haben ihre Vorteile und ihre Nachteile. Hier muß jeder potentielle Anwender selbst entscheiden, wo seine Prioritäten zu setzen sind. Als Glanzpunkte der Dokumentation der LIVE AG sind sicherlich die „Reife" und das didaktische Konzept zu nennen. Die IDES-Dokumentation überzeugt vor allem durch die große Menge an Übungen und die Auflistung der benötigten Daten zu Beginn jeder Übung.

Schlußbetrachtung

Die prinzipielle Leistungsfähigkeit beider Modellunternehmen ist nicht in Frage zu stellen. Sowohl IDES als auch die LIVE AG erfüllen die durch ihre Ziele formulierten Aufgaben im wesentlichen. Es ist daher nicht möglich, eine generelle Wertung abzugeben, die das eine oder das andere Modell favorisiert, da die Unterschiede bekanntlich im Detail liegen und jeder Benutzer sowieso unterschiedliche Bedürfnisse und Anforderungen hat. Jeder potentielle Anwender muß für sich selbst entscheiden, ob die in diesem Beitrag analysierten Qualitäten der beiden Modelle für ihn als Vorteil oder als Nachteil auszulegen sind. Ein Beispiel hierfür ist sicherlich die Unterstützung zahlreicher Fertigungsarten durch IDES. Ein Unternehmen, das die gleichen Fertigungsarten benutzt, ist mit IDES als Schulungsinstrument gut beraten. Für ein Unternehmen, das nur eine oder gar keine der verwendeten Fertigungsarten benutzt, wäre der Bereich Produktion in IDES sicherlich zu „aufgebläht".

Aus den „**Highlights**" beider Modelle lassen sich daher nur wenige allgemeine Empfehlungen folgern, die für den Anwenderkreis richtungsweisend sein können: Die LIVE AG überzeugt durch ihre klaren und übersichtlichen Strukturen und die ausgereifte und umfassende Dokumentation mit ihrem didaktischen Konzept der Fallstudien. Die LIVE AG ist daher besonders als Schulungsinstrument für „kleinere" R/3-Anwenderfirmen zu empfehlen, die nicht alle R/3-Funktionalitäten verwenden und deren Mitarbeiter vor allem am Erlernen von operationalen Teilvorgängen interessiert sind. IDES hingegen erscheint vor allem für „große" R/3-Anwender und Beratungs- und Schulungsunternehmen ein überaus geeignetes Werkzeug zu sein, da es annähernd alle R/3-Funktionalitäten abdeckt und dadurch sehr flexibel ist. Auch die Übungsbeispiele sind durch ihre Komplexität weniger für den einzelnen Sachbearbeiter zum Selbstunterricht geeignet, sondern eher für Schulungspersonal, welches einen gesamten Überblick benötigt. Noch einmal muß hier jedoch betont werden, daß diese Empfehlungen keine Allgemeingültigkeit haben können, sondern jeder Interessent nach seinen individuellen Bedürfnissen entscheiden muß.

IDES wird sicherlich auch in Zukunft von SAP an die Weiterentwicklung von R/3 angepaßt und weiter verbessert werden, da es nicht nur als Schulungsinstrument verwendet, sondern von SAP auch als Marketinginstrument eingesetzt wird. SAP sollte bei der Weiterentwicklung in jedem Fall die Dokumentation weiter ausbauen, so daß auch mit IDES ein autodidaktisches Lernen möglich wird und der Benutzer mehr Informationen über IDES selbst und die Hintergründe der Vorgänge erhält. Bei der Weiterentwicklung der LIVE AG könnte das Modell durchaus noch erweitert werden, z. B. durch weitere Buchungskreise, Werke oder Fertigungsarten. Dadurch wäre auch für die LIVE AG eine höhere Flexibilität erreichbar. Das Konzept der Dokumentation sollte auch in Zukunft in jedem Fall beibehalten werden, könnte aber noch verfeinert werden. So darf man z. B. auf die globalstrategischen Fallstudien gespannt sein. Eine weitere Verbesserungsmöglichkeit für zukünftige Entwicklungen wäre sicherlich die Auflistung der benötigten Daten vor jeder Fallstudie, so wie in den Übungsbeispielen der IDES-Dokumentation.

Literaturverzeichnis

Bücher:

Bossel, H.: Modellbildung und Simulation, Vieweg-Verlag, Braunschweig, 1989

Bossel, H.: Simulation dynamischer Systeme, Vieweg-Verlag, Braunschweig, 1989

Gordon, G.: Systemsimulation, R. Oldenbourg-Verlag, München, 1972

Löffler, R.: Strategos: Ein dynamisches und computergestütztes Planspiel des Wettbewerbs zwischen Unternehmen zur Unterstützung des strategischen Managements, Mannheim, 1986

Rohn, W.: Führungsentscheidungen im Unternehmensplanspiel, Verlag W. Giradet, Essen, 1964

Ulrich, H.: Die Unternehmung als produktives soziales System, o.O., 1968

Wenzel, P. [Hrsg.]: Betriebswirtschaftliche Anwendungen des integrierten Systems SAP R/3, 2. Aufl., Vieweg-Verlag, Braunschweig/Wiesbaden, 1996

Sonstige Quellen: (CD-ROM, Internet)

CD: Discover R/3 3.0, 1995

CD: Dokumentation der LIVE AG, 1996

CD: IDES-Online Dokumentation, 1997

Internet: http://www.sap-ag/germany/discsap/index.htm: „Geschichte der SAP AG“, 1997

Internet: http://www.sni.de/public/uk.sys/about/sniprofd.htm: „Unternehmensprofil“, 1997

Autorenverzeichnis

Autor: Dr.-Ing. Lutz Schmidt

Beitrag: „Einführung in SAP R/3®"; S. 1-66

Studien: Dipl.-Ing. der Technischen Kybernetik und Automatisierungstechnik in Chemnitz

Berufliche Tätigkeit: Wissenschaftlicher Mitarbeiter an der Fakultät für Wirtschaftswissenschaften, Fachgebiet Wirtschaftsinformatik I, der Technischen Universität Ilmenau; verantwortlich für die SAP R/3-Aktivitäten des Fachbereichs.

Wiss. Aktivitäten: Bewertung von Produktionsplanungsentscheidungen unter Berücksichtigung unsicherer Informationen mit Hilfe von betriebswirtschaftlichen Standardsoftwaresystemen und Fuzzy-Tools.

Autor: Dipl. W.-inf. Thomas Döring

Beitrag: „Einführung in SAP R/3®"; S. 1-66

Studien: Dipl.-Wirtschaftsinformatiker der TU-Ilmenau

Berufliche Tätigkeit: Wissenschaftlicher Mitarbeiter an der Fakultät für Wirtschaftswissenschaften, Fachgebiet Wirtschaftsinformatik I, der Technischen Universität Ilmenau.

Autor: Dipl. W.-inf. Andreas Weiß

Beitrag: „Einführung in SAP R/3®"; S. 1-66

Studien: Dipl.-Wirtschaftsinformatiker der TU-Ilmenau

Berufliche Tätigkeit: SAP R/3®-Dozent bei der IBM Deutschland GmbH.

Autor: Dr.-Ing. Lutz Schmidt

Beitrag: „Programmieren mit ABAP/4® – Eine Einführung“; S. 67-166

Studien: Dipl.-Ing. der Technischen Kybernetik und Automatisierungstechnik in Chemnitz

Berufliche Tätigkeit: Wissenschaftlicher Mitarbeiter an der Fakultät für Wirtschaftswissenschaften, Fachgebiet Wirtschaftsinformatik I, der Technischen Universität Ilmenau; verantwortlich für die SAP R/3-Aktivitäten des Fachbereichs.

Wiss. Aktivitäten: Bewertung von Produktionsplanungsentscheidungen unter Berücksichtigung unsicherer Informationen mit Hilfe von betriebswirtschaftlichen Standardsoftwaresystemen und Fuzzy-Tools.

Autor: Dipl. cand. W.-inf. Thomas Kaciuba

Beitrag: „Programmieren mit ABAP/4® – Eine Einführung“; S. 67-166

Studien: Wirtschaftsinformatik an der TU-Ilmenau

Berufliche Tätigkeit: Student an der Fakultät für Wirtschaftswissenschaften, Fachgebiet Wirtschaftsinformatik I, der Technischen Universität Ilmenau. Schwerpunkt der Tätigkeit am Institut bildet die R/3-Schnittstellenprogrammierung.

Autor: Dipl.-Kauffrau Christin Emrich

Beitrag: „Empirische Ergebnisse zur Rolle der Geschäftsprozeßoptimierung im Business Reengineering“; S. 167-196

Studien: Studium der Betriebswirtschaftslehre und parallel Lehramt berufliche Schulen zur Dipl.-Handelslehrerin. Arbeit an einer Promotion im Fach Betriebswirtschaftslehre über das Thema „Erfolgsfaktoren beim Business Reenigeering Management – Ableitung und empirische Messung“.

Berufliche Tätigkeit: Wiss. Assistentin an der Technischen Universität Dresden, Fakultät Wirtschaftswissenschaften, von 1993-1996. Seitdem Unternehmensberaterin und externe Doktorandin an der Universität Hamburg, Fachbereich Wirtschaftsinformatik (II), Lehrstuhl Prof. Dr. W. Hummeltenberg.

Wiss. Aktivitäten: Unternehmensführung, Organisation, Personal- und Ausbildungsmanagement, Informationsmanagement, Unternehmensmodellierung, Artificial Intelligence, Data Warehouse, Data Mining.

Hobbies: Hochseesegeln (Skipperin), Golfspielen

Autor: Dr. Michael Rosemann

Beitrag: „Referenzmodelle zur Auswahl und Einführung von Standardsoftware"; S. 197-216

Studien: Betriebswirtschaftslehre an der Westfälischen Wilhelms-Universiät Münster. Promotion am dortigen Institut für Wirtschaftsinformatik.

Berufliche Tätigkeit: Wiss. Assistent am Institut für Wirtschaftsinformatik der Westfälischen Wilhelms-Universität Münster. Gastdozent an der Queensland University of Technology, Brisbane, Australien, Vorlesung: „Process Engineering with SAP R/3".

Wiss. Aktivitäten: Informationsmodellierung, Prozeß- und Workflowmanagement, Mitarbeiter im BMBF-Verbundprojekt „Grundsätze ordnungsmäßiger Modellierung (GoM)" und im DFG-Forschungsprojekt „Controlling und Monitoring von verteilten Workflows zur kontinuierlichen Geschäftsprozeßoptimierung (CONGO)".

Autor: Dr. Thomas Rotthowe

Beitrag: „Referenzmodelle zur Auswahl und Einführung von Standardsoftware"; S. 197-216

Studien: Betriebswirtschaftslehre und Wirtschaftsinformatik an der Westfälischen Wilhelms-Universität Münster und der Azusa Pacific University, USA. Promotion am Institut für Wirtschaftsinformatik der Universität Münster.

Berufliche Tätigkeit: Wiss. Assistent am Institut für Wirtschaftsinformatik der Westfälischen Wilhelms-Universität Münster.

Wiss. Aktivitäten: Organisation und Informationsmodellierung, Prozeßmanagement, Handelsinformationssysteme; ehemaliger Mitarbeiter im DFG-Projekt „Modellierung einheitlicher und globaler Abläufe in Handelssystemen (Megahandel): Referenzmodelle für Handelsinformationssysteme".

Autor: **Dr. Reinhard Schütte**

Beitrag: „Referenzmodelle zur Auswahl und Einführung von Standardsoftware"; S. 197-216

Studien: Betriebswirtschaftslehre an der Westfälischen Wilhelms-Universität Münster. Promotion am dortigen Institut für Wirtschaftsinformatik.

Berufliche Tätigkeit: Wiss. Assistent am Institut für Produktion und Industrielles Informationsmanagement der Universität GH Essen. Lehrauftrag an der Westfälischen Wilhelms-Universität Münster, Vorlesung: „Software Engineering I".

Wiss. Aktivitäten: Informationsmodellierung, insb. Referenzmodellierung, Wissenschaftstheorie, System- und Modelltheorie, Handelsinformationssysteme, Systemplanung und –entwicklung; ehemaliger Mitarbeiter im DFG-Projekt „Modellierung einheitlicher und globaler Abläufe in Handelssystemen (Megahandel): Referenzmodelle für Handelsinformationssysteme" und Mitarbeiter im BMBF-Verbundprojekt „Grundsätze ordnungsmäßiger Modellierung (GoM)".

Autor: **Dipl.-Wirtsch.-Ing. Christine Legner**

Beitrag: „Durch Prozeßbenchmarking zur Verbesserung SAP®-gestützter Geschäftsprozesse"; S. 217-236

Studien: 1989-1995 Studium des Wirtschaftsingenieurwesens an der Universität Karlsruhe (TH) und der Volkswirtschaftslehre an der Université Paris-Dauphine.

Berufliche Tätigkeit: Seit 1995 wissenschaftliche Mitarbeiterin am Institut für Wirtschaftsinformatik der Universität St. Gallen (HSG) mit Schwerpunkt Prozeßbenchmarking.

Autor:	**Dr. Leo Brecht**
Beitrag:	„Durch Prozeßbenchmarking zur Verbesserung SAP®-gestützter Geschäftsprozesse"; S. 217-236
Studien:	1983-1988 Studium der Wirtschaftsinformatik an der Universität Ulm, Promotion an der Fakultät für Wirtschaftswissenschaften und Statistik an der Universität Konstanz. Abschluß 1991 zum Dr.rer.nat.
Berufliche Tätigkeit:	1991-1993 Projektleiter im Informationsmanagement der AEG; 1993–1996 Leiter des Forschungsprogramms Informationsmanagement an der Universität St. Gallen (HSG) und verantwortlich für die Kompetenzzentren Prozeßentwicklung und Prozeßbenchmarking. Seit 1993 Lehrbeauftragter für Wirtschaftsinformatik an der Universität St. Gallen und Chefberater für Business Engineering der IMG Information Management Gesellschaft, St. Gallen.

Autor:	**Prof. Dr. Hubert Österle**
Beitrag:	„Durch Prozeßbenchmarking zur Verbesserung SAP®-gestützter Geschäftsprozesse"; S. 217-236
Studien:	Studium an den Universitäten Innsbruck und Linz; Promotion an der Universität Erlangen-Nürnberg; Habilitation an der Universität Dortmund.
Berufliche Tätigkeit:	Systemspezialist bei der IBM Deutschland GmbH in Stuttgart; seit 1980 Professor für Wirtschaftsinformatik und Informatik-Beauftragter an der Universität St. Gallen; seit 1.1.1989 geschäftsführender Direktor des Instituts für Wirtschaftsinformatik an der Universität St. Gallen (HSG), Partner der IMG Information Management Gesellschaft, St. Gallen.
Wiss. Aktivitäten:	Zahlreiche Vorträge, Aufsätze und Bücher zu den Themengebieten Informationsmanagement, Business Engineering, Prozeß- und Systementwicklung; umfangreiche Forschungs- und Praxisprojekte auf diesen Gebieten.

Autor: Univ.-Prof. Dr. Helmut Krcmar

Beitrag: „Prozeßorientiertes Testen im SAP R/3®-Umfeld – Qualitätssicherung der SAP R/3®-Einführung durch methodisches und systematisches Testen"; S. 237-254

Berufliche Tätigkeit: Inhaber des Lehrstuhls für Wirtschaftsinformatik und Leiter der Forschungsstelle für Informationsmanagement an der Universität Stuttgart-Hohenheim

Wiss. Aktivitäten: Computerunterstützte Gruppenarbeit (CATeam), Informationsmanagement, Integratives Stoffstrommanagement.

Autor: Dipl. oec. Stefan Zerbe

Beitrag: „Prozeßorientiertes Testen im SAP R/3®-Umfeld – Qualitätssicherung der SAP R/3®-Einführung durch methodisches und systematisches Testen"; S. 237-254

Studien: Studium der Wirtschaftswissenschaften; Dissertation zum Thema „Globale Teams - Gestaltungsvorschläge für verteilte teamorientierte Organisationsformen"

Berufliche Tätigkeit: Unternehmensberater bei der ITM Informations- und Technologie Management Beratungsgesellschaft mbH in Stuttgart, mit den Beratungsschwerpunkten SAP R/3, IT-Outsourcing und Informationsmanagement.
Zuvor wiss. Mitarbeiter am Lehrstuhl für Wirtschaftsinformatik der Universität Hohenheim (Inh. Prof. Dr. H. Krcmar).

Wiss. Aktivitäten: Projektarbeit über neue IT-ermöglichte Organisationsformen (insb. globale Projektteams), Prozeßmodellierung und flexible Workflow-Management Systeme.

Autor: Dr.-Ing. Lutz Schmidt

Beitrag: „Integration von SAP R/3® mit Fuzzy-Tools zur Bewertung von PPS-Entscheidungen"; S. 255-282

Studien: Dipl.-Ing. der Technischen Kybernetik und Automatisierungstechnik in Chemnitz

Berufliche Tätigkeit: Wissenschaftlicher Mitarbeiter an der Fakultät für Wirtschaftswissenschaften, Fachgebiet Wirtschaftsinformatik I, der Technischen Universität Ilmenau; verantwortlich für die SAP R/3-Aktivitäten des Fachbereichs.

Wiss. Aktivitäten: Bewertung von Produktionsplanungsentscheidungen unter Berücksichtigung unsicherer Informationen mit Hilfe von betriebswirtschaftlichen Standardsoftwaresystemen und Fuzzy-Tools.

Autor: Dipl.-Oec. Bülent Uzuner

Beitrag: „Migration von SAP R/2® nach SAP R/3®"; S. 283-296

Studien: Wirtschaftswissenschaftstudium an der Universität Bremen.

Berufliche Tätigkeit: Geschäftsführender Gesellschafter der Uzuner Management Consulting GmbH, Oldenburg. Langjährige Beratungserfahrung in den betriebswirtschaftlichen Gebieten Rechnungswesen, Controlling und Logistik. Projektleiter von zahlreichen SAP-Projekten (R/3 Neueinführungen, Migrationen), insbesondere in der Energieversorgungswirtschaft. Seit sechs Jahren SAP-Erfahrung in den Bereichen: Finanz- und Rechnungswesen, Materialwirtschaft, optische Archivierung, Business Workflow, Projekt- und Investitionsmanagement.

Wiss. Aktivitäten: Autor zahlreicher Fachveröffentlichungen, z. B. Optimale Kapazitätsauslastung, In: Logistik Management II/90, S. 14 ff, Produktionswechsel gut im Griff, In: Logistik Heute 1990, Nr. 10, S. 48 f, Methode der Zukunft, In: Logistik Heute 1990, Nr. 11, S. 50 ff, Sorgfalt zahlt sich aus - Innerbetrieblicher Transport, In: Logistik Heute 1991, Nr. 5, S 24 f, Analyse des Materialflusses und des Transportsystems in einem Maschinenbauunternehmen, In: Informationswirtschaft in mittelständischen Unternehmen, Bremer Institut für Mittelstandsforschung [Hrsg.], Bremen 1993, Seiten 203 - 248, Migration von SAP R/2 nach R/3, In: Geschäftsprozeßoptimierung mit SAP R/3, Wenzel, P. [Hrsg.], 2. Aufl., Wiesbaden 1997, Seiten 33 - 52.

Autor: Dr. rer. nat. Peter Wolf, M.S.

Beitrag: „Finanzbuchhaltung aus Sicht des R/3®-Referenzmodelles"; S. 297-340

Studien: Dipl.-Wirtschaftsmathematik an der Universität Ulm. Promotion in Mathematik auf dem Gebiet der Entscheidungstheorie. Auslandsstudium an der University Syracuse mit dem Abschluß: Master of Science.

Berufliche Tätigkeit: Mitarbeiter der Siemens Nixdorf Business Service GmbH & Co. OHG, Konstanz. Er ist zuständig für R/3-Einführungsprojekte, insb. in den Bereichen Basis und Rechnungswesen.
Zuvor beschäftigte sich Dr. Wolf mit Softwarequalitätssicherung in Netzwerkumgebungen.

Wiss. Aktivitäten: Fachveröffentlichungen, z. B. in Decision Support Systems, zum Thema „Mehrattributive Entscheidungstheorie".

Autor: DI Michael Hubl

Beitrag: „Accelerated SAP® im mittelständischen Industriebetrieb - Was kann der Anwender dazu beitragen?"; S. 341-384

Studien: Studium der Fertigungstechnik an der Technischen Universität Wien.

Berufliche Tätigkeit: Freier Mitarbeiter am Institut für Fertigungstechnik der Technischen Universität Wien, SAP-Beratung im Bereich Logistik.

Autor: Mag. Dr. Martin Lukanowicz

Beitrag: „Accelerated SAP® im mittelständischen Industriebetrieb - Was kann der Anwender dazu beitragen?"; S. 341-384

Studien: Studium der Betriebswirtschaftslehre an der Wirtschaftsuniversität Wien.

Berufliche Tätigkeit: Universitätsassistent am Institut für Informationsverarbeitung und Informationswirtschaft/Abt. für Industrielle Informationsverarbeitung der Wirtschaftsuniversität Wien.

Wiss. Aktivitäten: Lehrunterstützung in SAP-bezogenen Lehrveranstaltungen an der Wirtschaftsuniversität Wien, Geschäftsprozeßmodellierung, Simulation

Autor: Mag. Reinhard Neubauer

Beitrag: „Accelerated SAP® im mittelständischen Industriebetrieb - Was kann der Anwender dazu beitragen?"; S. 341-384

Studien: Studium der Betriebswirtschaftslehre an der Wirtschaftsuniversität Wien.

Berufliche Tätigkeit: Freier Mitarbeiter am Institut für Informationsverarbeitung und Informationswirtschaft/Abt. für Industrielle Informationsverarbeitung der Wirtschaftsuniversität Wien.

Wiss. Aktivitäten: Lehrunterstützung in SAP-bezogenen Lehrveranstaltungen an der Wirtschaftsuniversität Wien, SAP-Einführung, Prozeßmanagement.

Autor: o. Univ.-Prof. Mag. Dr. Alfred Taudes

Beitrag: „Accelerated SAP® im mittelständischen Industriebetrieb - Was kann der Anwender dazu beitragen?"; S. 341-384

Studien: Studium der Betriebswirtschaftslehre an der Wirtschaftsuniversität Wien sowie der Betriebs- und Wirtschaftsinformatik an der Universität Wien.

Berufliche Tätigkeit: o. Univ.-Prof. und Leiter der Abteilung für Industrielle Informationsverarbeitung des Instituts für Informationsverarbeitung und Informationswirtschaft der Wirtschaftsuniversität Wien.

Wiss. Aktivitäten: R/2®, RK-Einführung bei der SDP AG, Wien, erster Lehrstuhl in Österreich, der SAP R/3® einsetzt.

Autor: Priv. Doz. Dr. Peter Loos

Beitrag: „Konzeption und Umsetzung einer Systemarchitektur für die Produktionssteuerung in der Prozeßindustrie"; S. 385-418

Studien: Studium der Betriebswirtschaftslehre, Promotion über das Thema „Datenstrukturierung in der Fertigung - Ein methodischer Modellierungsansatz für die Gestaltung von Fertigungsinformationssystemen".

Berufliche Tätigkeit: Privatdozent im Fachbereich Wirtschaftswissenschaften an der Universität des Saarlandes und Softwareentwicklung bei der Fa. IDS Prof. Scheer GmbH in Saarbrücken.

Wiss. Aktivitäten: Betriebliche Informationssysteme, insb. in der industriellen Produktion, Informationsmodellierung und -management, Implementierung betrieblicher Informationssysteme, betrieblicher Einsatz von Datenbanksystemen und Telekommunikationstechniken.

Autor: Dr.-Ing. Helge Behrends

Beitrag: „Optische Archivierung für SAP R/3 Systeme"; S. 419-436

Studien: Informatikstudium an der Universität Karlsruhe. Promotion an der Universität Oldenburg.

Berufliche Tätigkeit: Seniorconsultant bei der Uzuner Management Consulting GmbH, Oldenburg. Mehrjährige Beratungserfahrung im SAP-Umfeld, insb. zu den Themen optische Archivierung, Materialwirtschaft, Instandhaltung und Workflow.

Wiss. Aktivitäten: Wissenschaftlicher Mitarbeiter an der Universität Oldenburg. Promotion im Bereich Datenbanken und Informationssysteme. Autor zahlreicher Fachveröffentlichungen, z. B. „Simulation-based Debugging of Active Databases", in Proc. Of the 4th Int. Workshop on Research Issues in Data Engineering: Active Database Systems, IEEE Society Press, Houston, Texas, 1994.

Active Database Technology Supports Cancer Clustering", in ADB-94 Proc. Int. Conference on Applications of Databases, Lecture Notes in Computer Science No 819, Springer Verlag, 1994 (zusammen mit H.-J. Appelrath, H. Jasper, V. Kamp).

„Spezifikation und Verarbeitung von Ereignissen in aktiven Datenbanken", in „Informatik-Wirtschaft-Gesellschaft", Tagungsband 23, GI-Jahrestagung, Dresden, 1993 (zusammen mit H. Jasper).

Autor: **Dipl.-Ing. Matthias Krause**

Beitrag: „Die Dynamik integrierter Informationssysteme im Konsumgütervertrieb“; S. 437-474

Studien: Studium der Verfahrenstechnik an der Technischen Universität Clausthal, in Clausthal-Zellerfeld, mit Abschluß als Diplom-Ingenieur von 1985 bis 1990.

Berufliche Tätigkeit: Seit 1990 Mitarbeiter der IDS Prof. Scheer, Gesellschaft für integrierte Datenverarbeitungssysteme mbH in Saarbrücken.
Als Bereichsleiter im SAP Competence Center verantwortlich für die SAP R/3-Einführungsprojekte in der Konsumgüterindustrie und dem Handel.

Tätigkeitsschwerpunkte: Betriebswirtschaftliche Unternehmensberatung, Erstellung und Umsetzung von Konzepten für integrierte Informationssysteme in Konsumgüterindustrie und Handel, langjährige SAP-Beratung und Projektleitung.

Die IDS Prof. Scheer GmbH ist Logo-Partner der SAP AG und hat das ARIS Toolset entwickelt.

Autor: **Prof. Dr. rer. pol. Rebstock**

Beitrag: „Landesspezifische Geschäftsprozesse bei der Einführung von SAP R/3 in globalen Unternehmen: Hemmschuh oder Quelle von Wettbewerbsvorteilen?“; S. 475-494

Studien: Betriebswirtschaftslehre und Promotion an der Universität Mannheim.

Berufliche Tätigkeit: Seit 1988 Beratungspraxis als Informations- und Organisationsberater in den Bereichen SAP R/3, Vertriebsinformationssysteme, EDI, Business Reengineering und Electronic Commerce. Seit 1995 Professor für Betriebswirtschaftslehre und betriebswirtschaftliche Informationsverarbeitung an der Fachhochschule Darmstadt

Autor: Dipl.-Kfm. Johannes G. Selig

Beitrag: „Landesspezifische Geschäftsprozesse bei der Einführung von SAP R/3 in globalen Unternehmen: Hemmschuh oder Quelle von Wettbewerbsvorteilen?"; S. 475-494

Studien: Betriebswirtschaftslehre an der Universität Mannheim und Swansea.

Berufliche Tätigkeit: Seit 1995 SAP Japan Co., Ltd.,
zuvor Tätigkeit für Unternehmensberatungen in Deutschland.

Autor: Dipl.-Kfm. Dirk Bliesener

Beitrag: „Neue Möglichkeiten der vertikalen Kooperation durch SAP R/3®-Retail", S. 495-532

Studien: Studium der Betriebswirtschaftslehre an der Universität des Saarlandes in Saarbrücken

Berufliche Tätigkeit: Seit 1992 Mitarbeiter der IDS Prof. Scheer, Gesellschaft für integrierte Datenverarbeitungssysteme mbH in Saarbrücken; als Assistent tätig im Bereich Handel des SAP Competence Center.
Die IDS Prof. Scheer GmbH ist Logo-Partner der SAP AG und hat das ARIS Toolset entwickelt.

Autor: Dipl.-Ing. Matthias Krause

Beitrag: „Neue Möglichkeiten der vertikalen Kooperation durch SAP R/3®-Retail"; S. 495-532

Studien: Studium der Verfahrenstechnik an der Technischen Universität Clausthal, in Clausthal-Zellerfeld, mit Abschluß als Diplom-Ingenieur von 1985 bis 1990.

Berufliche Tätigkeit: Seit 1990 Mitarbeiter der IDS Prof. Scheer, Gesellschaft für integrierte Datenverarbeitungssysteme mbH in Saarbrücken.
Als Bereichsleiter im SAP Competence Center verantwortlich für die SAP R/3-Einführungsprojekte in der Konsumgüterindustrie und dem Handel.

Tätigkeitsschwerpunkte: Betriebswirtschaftliche Unternehmensberatung, Erstellung und Umsetzung von Konzepten für integrierte Informationssysteme in Konsumgüterindustrie und Handel, langjährige SAP-Beratung und Projektleitung.

Die IDS Prof. Scheer GmbH ist Logo-Partner der SAP AG und hat das ARIS Toolset entwickelt.

Autor: Dipl.-Inf. (FH) Reinhard Bär

Beitrag: „Reporting unter SAP R/3® - Probleme und Lösungsansätze. Der Einsatz des Moduls EC/EIS unter Berücksichtigung der Konzepte Data Warehouse, OLAP, MIS/EIS"; S. 533-678

Studien: Studium der Wirtschaftsinformatik an der Fachhochschule für Technik, Wirtschaft und Gestaltung, Konstanz.

Berufliche Tätigkeit: Mitarbeiter im Holdingbereich der Geberit-Verwaltungs-AG, Jona/Schweiz. Mitwirkender bei der Realisierung des lokalen Reportingsystems im Zuge der R/3-Einführung bei Geberit-Gesellschaften in Deutschland. Er hat Anteil an der Realisierung verschiedener MIS/Data Warehouse-Projekte in der Geberit-Gruppe.

Autor: Norbert Egger

Beitrag: „Reporting unter SAP R/3® - Probleme und Lösungsansätze. Der Einsatz des Moduls EC/EIS unter Berücksichtigung der Konzepte Data Warehouse, OLAP, MIS/EIS"; S. 533-678

Berufliche Tätigkeit: Informatiker und vwtl. Gesamtprojektleiter für SAP-Anwendungen der Geberit-Gesellschaften in Deutschland. Er ist Leiter mehrerer MIS/Data Warehouse-Projekte unter Einsatz des SAP R/3®-EIS und inSight für R/3 in der Geberit-Gruppe und berät verschiedene Unternehmen in MIS/Data Warehouse-Projekten außerhalb der Geberit-Gruppe.

Autor: **Dipl.-Inf., Dipl.-Kfm. Erik Landwehr**

Beitrag: „Einsatz von SAP R/3® in Hochschulen"; S. 679-694

Studien: Studium der Informatik und Betriebswirtschaftslehre. Promotionsthema: „Entwicklung eines integrierten, IKT-gestützten Ansatzes für die Unternehmensberatung".

Berufliche Tätigkeit: Wissenschaftlicher Assistent am Institut für Wirtschaftsinformatik – IWi (Direktor: Prof. Dr. A.-W. Scheer), an der Universität des Saarlandes, Saarbrücken.
Projektleiter des IWi im Projekt „Prozeßorientierte Organisation der Zentralen Verwaltung der Universität des Saarlandes"; Mitarbeit im Projekt „Innovatives Verwaltungsmanagement an den Hochschulen des Freistaates Thüringen" und in div. weiteren BPR-Projekten.
Seit 1997 Geschäftsführender Gesellschafter der IBC Unternehmensberatung GmbH, Saarbrücken. Zudem Gesellschafter der Firma Innoserv GmbH, Gesellschaft für integrierte Informations- und Kommunikationsdienstleistungen, Saarbrücken.

Wiss. Aktivitäten: Geschäftsprozeßmanagement, Innovationspotential von IKT – insb. im Dienstleistungssektor, Informations- und Knowledgemanagement, Lehrtätigkeit.

Autor: **Dipl.-Kfm. Christoph Niewöhner**

Beitrag: „Einsatz von SAP R/3® in Hochschulen"; S. 679-694

Studien: Studium der Betriebswirtschaftslehre.

Berufliche Tätigkeit: Seit Juni 1997 Partner der IBC Unternehmensberatung GmbH.

Wiss. Aktivitäten: Mitarbeiter im Projekt „Innovatives Verwaltungsmanagement an den Hochschulen des Freistaates Thüringen".

Autor: **Dipl.-Kfm. Olaf Keitzel**

Beitrag: „Einsatz von SAP R/3® in Hochschulen"; S. 679-694

Studien: Studium der Betriebswirtschaftslehre an der Universität des Saarlandes, Saarbrücken.

Berufliche Tätigkeit: Wissenschaftlicher Assistent am Institut für Wirtschaftsinformatik – IWi (Direktor: Prof. Dr. A.-W. Scheer), an der Universität des Saarlandes, Saarbrücken.

Projektleiter des IWi im Projekt „Innovatives Verwaltungsmanagement an den Hochschulen des Freistaates Thüringen".

Seit 1998 Referent am CHE - Centrum für Hochschulentwicklung.

Wiss. Aktivitäten: Geschäftsprozeßmanagement, Steuerungsinstrumente im Bereich Verwaltung.

Autor: Dipl.-Betriebswirt (FH) Stefan Schwarz

Beitrag: „Evaluierung des Leistungsspektrums zweier betriebswirtschaftlicher Modellunternehmen am Beispiel von IDES (SAP AG) und der LIVE AG (SNI AG)"; S. 695-788

Studien: Studium der Betriebswirtschaftslehre an der Fachhochschule für Technik, Wirtschaft und Gestaltung, Konstanz.

Berufliche Tätigkeit: SAP-Berater bei der Fa. Realtime Consulting GmbH, Konstanz, im Bereich Logistik.

Autor: Prof. Dr. rer. pol. Paul Wenzel

Beitrag: „Evaluierung des Leistungsspektrums zweier betriebswirtschaftlicher Modellunternehmen am Beispiel von IDES (SAP AG) und der LIVE AG (SNI AG)"; S. 695-788

Studien: Studium der Betriebswirtschaftslehre an der Fachhochschule für Wirtschaft, Pforzheim, zum Dipl.-Betriebswirt (FH) sowie Universitätsstudien zum Dipl.-Kfm., Dipl.-Hdl. und Promotion an der Johann Wolfgang Goethe-Universität, Frankfurt.

Berufliche Tätigkeit: Seit 1992 Professor für allg. BWL und betriebliche Anwendungssysteme im Studiengang Wirtschaftsinformatik an der Fachhochschule für Technik, Wirtschaft und Gestaltung, Konstanz. Mitglied im Kooperations-Arbeitskreis „SAP R/3® in Hochschule und Wirtschaft".

Vormals Hauptabteilungsleiter und Sonderbeauftragter für EDV-Rationalisierungen des Vorstandes im Konzernstab der Quandt-Gruppe in Bad Homburg.

Wiss. Aktivitäten: Autor zahlreicher Fachveröffentlichungen im Umfeld Standard-Software und Informationsmanagement. Mitglied im SAP-Arbeitskreis Hochschulen e.V., dem DSAG e.V. (Deutsche SAP-Anwendergruppe) und im WIV e.V. (Wirtschaftsinformatik Verband für Forschung und Praxis in Europa, Gruppe VULCAN).

Leiter des ***„Business Computing Instituts“*** in Hainburg sowie Herausgeber der Buchreihe ***„Edition Business Computing“*** im Vieweg-/Gabler-Verlag, Braunschweig/Wiesbaden.

Stichwortverzeichnis

A

B

C

D

E

F

G

H

I

J

K

L

M

N

O

P

R

S

T

U

V

W

X

Y

Z

Bezugsquellenverzeichnis *(postalische Sortierung)*

IDS Prof. Scheer GmbH

Postfach 101534	Altenkesseler Straße 17
66015 Saarbrücken	**66115 Saarbrücken**

Tel.: 0681 / 9921-0
Fax: 0681 / 9921-101
eMail: ids@ids-scheer.de
Internet: http://www.ids-scheer.de

Steeb Anwendungssysteme GmbH
Marketing und Vertrieb
Frau Karin Rad
Heilbronner Straße 4

74232 Abstatt

Tel.: 07062 / 673-181
Fax: 07062 / 673-308
eMail: steeb.service@sap-ag.de
Internet: http://www.steeb.de

3C Plus-INSO

Tullastraße 25-29

76131 Karlsruhe

Tel.: 0721 / 96202-01
Fax: 0721 / 96202-22
eMail: info@3cplus-inso.de
Internet: http://www.3cplus-inso.de

IXOS Software AG
Technopark Neukeferloh
Bretonischer Ring 12

85630 Grasbrunn b. München

Tel.: 089 / 46005-0
Fax: 089 / 46005-199
eMail: office@munich.ixos.de
Internet: http://www.ixos.com/de

Bedienung & Installation der beiliegenden CD

Die beiliegende **CD zum Buch** ist mit Hilfe einer **HTML-Oberfläche** gestaltet. Weiterführende Informationen, wie Screencam-Filme, HTML-Shows, WinHelp-Dateien und PowerPoint-Präsentationen, zu den betrieblichen R/3-Anwendungen können durch einfaches Anklicken innerhalb der nachfolgenden Kapitel-Verzeichnisse angefahren werden:

Kapitel 9

Der Business Navigator

Kapitel 16

Reporting unter SAP® R/3® - Probleme und Lösungsansätze

Kapitel 16

inSight für R/3® von arcplan Information Services GmbH, voll lauffähige Evaluation-Version (siehe auch *„Readme.txt“*). Alle beiliegenden Objekte können (mit Ausnahme der inSight-Evaluationsversion) entweder direkt von der CD gestartet oder auf ein Laufwerk kopiert und gestartet werden.

Kapitel 16

MIS/EIS-Präsentation von Herrn Jürgen Daum (SAP AG, Walldorf) ist direkt von der CD - in Form einer selbstlauffähigen PowerPoint-Show - abspielbar.

Kapitel 18

Clip1 – Clip56 zeigen den Einsatz der Modellmandanten **LIVE AG** und **IDES** in den Bereichen MM, PP und FI.

TU-Ilmenau stellt das Projekt **PROBAS** mit einer PowerPoint-Show vor (sie ist nicht in die multimediale Oberfläche eingebunden!), die jedoch nur über Power Point 7/8 und nicht über den PowerPoint-Viewer abspielbar ist. Die Datei ***„Gesamt.ppt“*** sollte von der CD (Ordner: „Ilmenau\ PROBAS“) aufgerufen oder auf Festplatte kopiert, dann mit PowerPoint 7/8 hochgefahren werden (siehe auch *„Hinweis.txt“*).

Der **Einstieg in die CD** (Voraussetzung: Windows 98 oder Windows NT 4.0 & Internet Explorer 4.0) erfolgt durch Einlegen ins CD-Laufwerk – Autorun-Datei startet (nicht unter Win95) – oder über das Root-Verzeichnis (oberste Ebene auf der CD, z. B. d:\) mit Anklicken der **Startdatei**:

„index.htm“

Die Screencam-, WinHelp-, HTML- und PowerPoint-Dateien sind alle **selbstlaufende Files**, deren **Abspielprogramme sich auf der CD** befinden (Ausnahme: „Gesamt.ppt“ der TU-Ilmenau) und nicht gesondert installiert werden müssen. Es wird jedoch empfohlen, die Lotus-Screencam von der CD auf dem eigenen Rechner zu installieren.

Zeitfracht Medien GmbH
Ferdinand-Jühlke-Straße 7
99095 Erfurt, Deutschland
produktsicherheit@kolibri360.de